공동주택 리모델링 관련 법령집

국토교통부

2015년 4월 30일 1판 1쇄 인쇄
2015년 4월 30일 1판 1쇄 발행

지 은 이 국토교통부
발 행 인 이헌숙
표   지 김학용
발 행 처 생각심표 & 주)휴먼컬처아리랑
　　　　　서울특별시 영등포구 여의도동 45-13 코오롱포레스텔 309
전   화 070) 8866 - 2220 FAX • 02) 784-4111
등록번호 제 2009 - 000008호
등록일자 2009년 12월 29일

www.휴먼컬처아리랑.kr
ISBN 979-11-5565-433-0

공동주택 리모델링 관련 법령집

국토교통부

목 차

1. 주택법 ·· 1
2. 공동주택 리모델링 관련 하위지침 ·· 405
   - 가. 리모델링기본계획 수립지침 ·· 407
   - 나. 증축형 리모델링 안전진단기준 ··· 421
   - 다. 수직증축형 리모델링 전문기관 안전성 검토기준 ················· 430
   - 라. 수직증축형 리모델링 구조기준 ··· 433
   - 마. 리모델링 시공자 선정기준 ·· 443
3. 공동주택 리모델링 관련 하위 매뉴얼 ··· 449
   - 가. 증축형 리모델링 안전진단기준 매뉴얼 ································· 451
   - 나. 수직증축형 리모델링 전문기관 안전성 검토기준 매뉴얼 ··· 501
   - 다. 수직증축형 리모델링 구조기준 매뉴얼 ································· 565
4. 건축법 ··· 617

1. 주택법

주 택 법 (영·칙)

법 률	시 행 령	시 행 규 칙

제1장 총칙 | 제1장 총칙 |

제1조 목적 ·· 13
제2조 정의 ·· 13
제3조 국가 등의 의무 ································ 20
제4조 주택정책에 대한 협의 ···················· 21
제5조 주거실태조사 ···································· 22
제5조의2 최저주거기준의 설정 등 ·········· 23
제5조의3 최저주거기준 미달 가구에 대한 우선 지원 등 ······································· 23
제5조의4 주택임차료의 보조 ···················· 24
제6조 다른 법률과의 관계 ························ 24

제2장 주택종합계획의 수립 등

제7조 주택종합계획의 수립 ···················· 25
제8조 시·도 주택종합계획의 수립 ·········· 27

제3장 주택의 건설 등

제1절 주택건설사업자 등

제9조 주택건설사업 등의 등록 ················ 27
제10조 공동사업주체 ································ 32

제1조 목적 ·· 13
제2조 공동주택의 종류와 범위 ················ 13
제2조의2 준주택의 범위와 종류 ·············· 14
제2조의3 세대구분형 공동주택 ··············· 14
제3조 도시형 생활주택 ····························· 15
제4조 주택단지의 구분기준이 되는 도로 ··············· 16
제4조의2 수직증축형 리모델링의 허용 요건 ············· 19
제4조의3 에너지절약형 친환경주택의 종류와 범위 ··· 20
제4조의4 공구의 구분 기준 ····················· 20
제5조 주택정책에 대한 협의범위 및 절차 ·············· 21
제6조 주거실태조사 ··································· 22
제7조 최저주거기준 ··································· 23

제2장 주택종합계획

제8조 주택종합계획 ··································· 25
제9조 시·도 주택종합계획의 범위 ·········· 27

제3장 주택의 건설 등

제1절 주택건설사업자 등

제1조 목적 ·· 13
제2조 주거전용면적의 산정방법 ············· 14
제3조 주택단지의 구분기준이 되는 도로 ·· 17
제4조 주택정책에 대한 협의범위 ············ 21
제5조 주택종합계획에 반영되어야 하는 소관별 계획서 등 ························ 25
제6조 주택건설사업 등의 등록신청 ········ 29
제7조 등록사업자에 대한 처분결과의 통지 등 ······································· 34
제8조 영업실적 등의 제출 및 확인 ········ 36
제9조 사업계획의 승인신청 등 ················ 40
제10조 표본설계도서의 승인신청 ············ 44
제11조 사업계획의 변경승인신청 등 ······ 44
제12조 공사착수 연기 및 착공신고 ········ 48
제13조 감리원의 배치기준 등 ················· 66
제13조의2 건축구조기술사와의 협력 ····· 69
제14조 체비지의 양도가격 ······················· 71
제15조 사용검사 등 ··································· 73
제16조 입주예정자의 사용검사 ··············· 74
제17조 주택조합의 설립인가신청 등 ······ 76
제18조 조합원의 자격확인 등 ················· 80
제19조 직장주택조합의 설립신고서 등 ······································ 83

- 3 -

제11조 등록사업자의 결격사유 ·············· 33	제10조 주택건설사업자 등의 범위 및 등록기준 등 ··· 27	제19조의2 입주자의 동의 없이 저당권
제12조 등록사업자의 시공 ···················· 34	제11조 주택건설사업 등의 등록절차 ·············· 29	설정 등을 할 수 있는 금융
제13조 주택건설사업의 등록말소 등 ······· 34	제12조 공동사업주체의 사업시행 ················· 32	기관의 범위 ················ 104
제14조 등록말소 처분 등을 받은 자의 사업 수행 ··· 36	제13조 등록사업자의 주택건설공사 시공기준 ······· 34	제19조의3 투기과열지구의 지정기준 107
제15조 영업실적 등의 제출 ··················· 37	제14조 등록사업자의 등록말소 및 영업정지처분기준	제19조의4 이전공공기관 종사자 등 ·· 109
	························· 34	제19조의5 분양가상한제 적용주택 등
제2절 주택건설사업의 시행	제14조의2 일시적인 등록기준 미달 ········· 35	의 부기등기 말소 신청 ···· 110
		제20조 행위허가신청 등 ················ 113
제16조 사업계획의 승인 ···················· 38	제2절 주택건설사업의 시행	제20조의2 안전진단 결과보고서 ······· 120
제16조의2 사업계획의 통합심의 등 ········· 49		제20조의3 세대수 증가형 리모델링의
제17조 다른 법률에 따른 인가·허가 등의 의제 등 ··· 52	제15조 사업계획의 승인 ······················ 38	시기 조정 ················· 124
제18조 토지에의 출입 등 ···················· 55	제15조의2 주택단지의 분할 건설·공급 ········ 42	제21조 입주자대표회의 임원의 업무
제18조의2 매도청구 등 ······················ 56	제16조 표본설계도서의 승인 ·················· 42	범위 등 ················· 126
제18조의3 소유자를 확인하기 곤란한 대지 등에 대한	제17조 사업계획의 승인절차 등 ·············· 43	제22조 삭제
처분 ······························ 57	제18조 공사착수기간의 연장 ·················· 44	제23조 공동주택의 공동관리 등 ···· 134
제19조 토지에의 출입 등에 따른 손실보상 ···· 58	제18조의2 사업계획 승인의 취소 ·············· 44	제24조 관리방법 결정 및
제20조 주택건설공사의 시공 제한 등 ········· 58	제18조의3 공동위원회의 구성 ················ 50	입주자대표회의 구성 등의
제21조 주택건설기준 등 ···················· 59	제18조의4 위원의 제척·기피·회피 ············ 50	신고 ··················· 138
제21조의2 공동주택성능등급의 표시 ········· 60	제18조의5 통합심의의 방법과 절차 ··········· 51	제24조의2 폐쇄회로 텔레비전의 설치
제21조의3 환기시설의 설치 등 ··············· 61	제19조 수수료 등의 면제기준 ················ 55	절차 및 관리 ············· 138
제21조의4 바닥충격음 성능등급 인정 등 ····· 61	제20조 주택건설공사의 시공제한 등 ········· 58	제24조의3 촬영자료 열람·제공 등의
제21조의5 소음방지대책의 수립 ············· 63	제21조 주택의 규모 및 규모별 건설비율 ······ 59	제한 ··················· 139
제22조 주택의 설계 및 시공 ················· 63	제22조 주택건설기준 등에 관한 규정 ········· 60	제25조 관리주체의 업무 ················ 140
제23조 간선시설의 설치 및 비용의 상환 ····· 64	제23조 주택의 설계 및 시공 ················· 63	제25조의2 하자보수 종료확인 ·········· 162
제24조 주택의 감리 등 ······················ 65	제24조 간선시설의 설치 등 ··················· 64	제25조의3 하자보수보증금의 사용내역
제24조의2 감리자의 업무 협조 ··············· 68	제25조 간선시설 설치비의 상환 ·············· 65	신고 ··················· 156
제24조의3 건축구조기술사와의 협력 ········ 69	제26조 감리자의 지정 및 감리원의 배치 등 ··· 65	제25조의4 조정등의 신청 등 ·········· 157
제24조의4 부실감리자 등에 대한 조치 ······· 70	제27조 감리자의 업무 ······················· 67	제25조의5 조정비용 등의 부담 ········ 160
제25조 국공유지 등의 우선 매각 및 임대 ···· 70	제28조 이의신청의 처리 ····················· 67	제25조의6 수당 ······················· 164
제26조 환지 방식에 의한 도시개발사업으로 조성된	제29조 감리자의 교체 등 ···················· 67	제25조의7 조사관 증표 ················ 174

대지의 활용 ·· 71
제27조 「공익사업을 위한 토지 등의 취득 및 보상에
　　　관한 법률」의 준용 ······························ 72
제28조 토지매수 업무 등의 위탁 ······················ 72
제29조 사용검사 등 ·· 73
제30조 공공시설의 귀속 등 ································ 75
제31조 서류의 열람 ·· 75

제3절 주택조합

제32조 주택조합의 설립 등 ································ 76
제32조의2 관련 자료의 공개 ······························ 84
제33조 삭제
제34조 주택조합에 대한 감독 등 ······················ 84

제4절 공업화주택의 인정 등

제35조 공업화주택의 인정 등 ···························· 85
제36조 공업화주택의 인정취소 ·························· 86
제37조 공업화주택의 건설 촉진 ························ 86

제4장 주택의 공급

제38조 주택의 공급 ·· 87
제38조의2 주택의 분양가격 제한 등 ················ 89
제38조의3 견본주택의 건축기준 ······················· 92
제38조의4 분양가심사위원회의 운영 등 ·········· 93
제38조의5 삭제
제38조의6 주택건설사업 등에 의한 임대주택의 건설 등 · 98

제30조 다른 법률에 의한 감리자의 자료제출 ········ 68
제30조의2 건축구조기술사와의 협력 ······················ 69
제31조 국·공유지 등의 우선 매각 등 ····················· 70
제32조 체비지의 우선매각 ·· 71
제33조 토지매수업무 등의 위탁 ······························ 72
제34조 사용검사 등 ·· 73
제35조 시공보증자 등의 사용검사 ·························· 74
제36조 임시사용승인 ·· 74

제3절 주택조합

제37조 주택조합의 설립인가 등 ······························ 76
제38조 조합원의 자격 ·· 79
제39조 지역·직장주택조합 조합원의 교체·신규가입
　　　등 ··· 81
제40조 주택조합의 사업계획승인신청 등 ··············· 82
제41조 직장주택조합의 설립신고 ····························· 83
제41조의2 자료의 공개 ··· 84
제42조 주택조합의 회계감사 ···································· 85

제4장 주택의 공급

제42조의2 택지 매입가격의 범위 및 분양가격
　　　공시지역 ·· 90
제42조의3 주의문구의 명시 ····································· 92
제42조의4 위원회의 설치·운영 ································ 93
제42조의5 기능 ··· 93
제42조의6 구성 ··· 94
제42조의7 회의 ··· 95

제26조 장기수선계획의 수립기준 등 · 175
제27조 안전관리진단대상 등 ············· 178
제28조 방범교육 및 안전교육 ············· 178
제28조의2 주택관리사 및 주택관리사
　　　보에 대한 안전점검교육
　　　기관 ······································ 180
제29조 공동주택의 안전점검 ············· 180
제30조 장기수선충당금의 적립 ········· 181
제31조 주택관리업의 등록신청 등 ···· 183
제31조의2 주택임대관리업의 등록신청
　　　등 ·· 185
제31조의3 주택임대관리업 등록의
　　　공고 ······································ 187
제32조 관리사무소장의 업무 등 ······· 191
제33조 주택관리사 자격증 등 ············· 194
제34조 응시원서 ·································· 198
제35조 주택관리사등의 교육 ············· 200
제36조 검사공무원의 증표 ················· 203
제37조 국민주택기금의 운용·관리에
　　　관한 위탁수수료 등 ············ 206
제38조 국민주택기금 결산보고서의
　　　작성 및 제출 ························· 207
제38조의2 국민주택기금 대출채권의
　　　상각 등 ································ 212
제38조의3 국민주택채권 등록발행의
　　　방법 및 절차 ······················· 214
제38조의4 국민주택채권 매입내역의
　　　전자적 처리 및 관리 ········· 216
제38조의5 국민주택채권의 상환 통지
　　　 ·· 217

제38조의7 자료제공의 요청 ············· 100
제39조 공급질서 교란 금지 ················ 101
제40조 저당권설정 등의 제한 ············ 103
제41조 투기과열지구의 지정 및 해제 ······· 107
제41조의2 주택의 전매행위 제한 등 ······· 109
제41조의3 주택공영개발지구의 지정 ······· 111

제5장 주택의 관리

제1절 주택의 관리방법 등

제42조 공동주택의 관리 등 ·············· 113
제42조의2 권리변동계획의 수립 ········· 118
제42조의3 증축형 리모델링의 안전진단 ····· 119
제42조의4 전문기관의 안전성 검토 등 ······ 120
제42조의5 수직증축형 리모델링의 구조기준 ······· 121
제42조의6 리모델링 기본계획의 수립권자 및 대상 지역 등 ······················ 121
제42조의7 리모델링 기본계획 수립절차 ······· 123
제42조의8 리모델링 기본계획의 고시 등 ····· 124
제42조의9 세대수 증가형 리모델링의 시기 조정 ·· 124
제42조의10 리모델링 지원센터의 설치·운영 ···· 125
제43조 관리주체 등 ···················· 126
제43조의2 입주자대표회의 운영교육 ······ 131
제43조의3 소규모 공동주택의 안전관리 ······ 140
제43조의4 부정행위 금지 ················ 140
제43조의5 전자적 방법을 통한 입주자등의 의사결정 ··················· 141
제44조 공동주택관리규약 ··············· 141

제42조의8 위원이 아닌 자의 참석 등 ········· 96
제42조의9 위원의 대리출석 ·············· 96
제42조의10 위원의 의무 등 ·············· 96
제42조의11 회의록 등 ·················· 97
제42조의12 운영세칙 ··················· 98
제42조의13 삭제
제42조의14 삭제
제42조의15 삭제
제42조의16 주택건설사업 등에 따른 임대주택의 비율 등 ······················ 98
제43조 양도가 금지되는 증서 등 ········· 102
제44조 입주자의 동의 없이 저당권 설정 등을 할 수 있는 경우 등 ··············· 103
제45조 부기등기 등 ··················· 104
제45조의2 전매행위 제한기간 및 전매가 불가피한 경우 ························ 109
제45조의3 주택공영개발지구의 지정을 위한 심의사항 등 ························ 112

제5장 주택의 관리

제1절 주택의 관리방법 등

제46조 주택관리의 적용범위 ············ 113
제47조 행위허가 등의 기준 등 ·········· 115
제47조의2 리모델링의 시공자 선정 등 ····· 116
제47조의3 권리변동계획의 내용 ········· 118
제47조의4 증축형 리모델링의 안전진단 ······ 119
제47조의5 전문기관의 안전성 검토 등 ····· 120

제39조 제1종국민주택채권의 매입면제 ······················ 218
제40조 건축허가시의 채권매입 면제 등 ······················ 219
제41조 면허권자등의 채권매입 확인 ·· 220
제42조 삭제
제43조 삭제
제44조 중도상환 사실증명 등 ··········· 221
제45조 주택상환사채에의 기재사항 등 ······················ 222
제46조 주택상환사채 모집공고 ········· 224
제47조 주택상환사채의 양도 등 ········· 225
제48조 보증업무의 수행 등 ············· 232
제49조 국민주택사업특별회계 운용상황의 보고 ··········· 227
제49조의2 주택거래의 신고절차 등 ·· 233
제50조 공동주택관리정보체계의 구축·운영 ···················· 243
제50조의2 주택정보체계 구축·운영 ·· 244
제51조 주택관련 업무처리의 전산화를 위한 조치 ·················· 245
제51조의2 포상금의 지급기준 등 ······ 249
제52조 검사공무원의 증표 ············· 250
제53조 규제의 재검토 ················· 254

부칙 ··························· 265

제44조의2 공동주택 층간소음의 방지 등 ············ 142	제47조의6 리모델링 기본계획의 수립 등 ············ 121
제45조 관리비등의 납부 및 공개 등 ··················· 143	제48조 주택관리업자 등에 의한 의무관리대상
제45조의2 관리비예치금 ··· 153	공동주택의 범위 ··· 126
제45조의4 회계서류의 작성·보관 ··························· 154	제49조 사업주체의 관리 ·· 126
제45조의5 계약서의 공개 ·· 155	제50조 입주자대표회의 구성 등 ······························ 127
제45조의6 공사·용역의 적정성 자문 등 ··············· 155	제50조의2 동별 대표자 등의 선거관리 ················· 130
제45조의7 공동주택관리정보시스템 ······················· 155	제50조의3 입주자대표회의 운영 및 윤리교육 ······ 131
제46조 담보책임 및 하자보수 등 ······························ 156	제51조 입주자대표회의 의결사항 등 ····················· 132
제46조의2 하자심사·분쟁조정위원회 설치 ············· 164	제52조 관리방법의 결정 등 ······································ 134
제46조의3 위원회의 구성 등 ···································· 164	제52조의2 혼합주택단지의 관리 ···························· 136
제46조의4 조정등 ··· 169	제53조 공동주택관리기구 ·· 137
제46조의5 조정등의 신청의 통지 등 ······················ 171	제54조 관리업무의 인수·인계 ·································· 138
제46조의6 「민사조정법」 등의 준용 ······················· 172	제55조 관리주체의 업무 등 ······································ 139
제46조의7 하자진단 및 감정 ···································· 172	제55조의2 관리비등의 사업계획 및 예산안 수립 등 ·· 143
제46조의8 위원회의 운영 및 사무처리의 위탁 ···· 173	제55조의3 관리주체의 회계감사 등 ······················· 143
제46조의9 절차 등의 비공개 ···································· 174	제55조의4 관리비등의 집행을 위한 사업자 선정 ···· 144
제46조의10 사실 조사·검사 등 ································· 174	제55조의5 주민운동시설의 위탁 운영 ··················· 145
제47조 장기수선계획 ··· 175	제56조 관리현황의 공개 ·· 146
제48조 공동주택 리모델링에 따른 특례 ················ 177	제56조의2 전자적 방법을 통한 입주자등의 의사결정
제49조 안전관리계획 및 교육 등 ····························· 177	·· 147
제50조 안전점검 ··· 179	제57조 관리규약의 준칙 ·· 148
제51조 장기수선충당금의 적립 ································ 181	제57조의2 층간소음의 종류 ····································· 151
제52조 공동주택관리 분쟁조정위원회 ··················· 182	제58조 관리비등 ··· 151
제52조의2 공동주택관리분쟁의 상담 지원 등 ······ 183	제59조 사업주체의 하자보수 ···································· 157
	제59조의2 입주자대표회의등의 직접 보수 ··········· 157
제2절 주택의 전문관리 등	제60조 하자보수보증금 ·· 158
	제60조의2 하자보수보증금의 용도 ························· 160
제53조 주택관리업 ·· 183	제60조의3 하자의 조사방법 등 ································ 161
제53조의2 주택임대관리업의 등록 ························· 185	제60조의4 하자보수의 종료 ····································· 161
제53조의3 주택임대관리업의 등록의 말소 등 ······ 186	제61조 하자보수보증금의 반환 ································ 162

제53조의4 보증상품의 가입 ················· 187
제53조의5 주택임대관리업자에 대한 지원 ····· 187
제53조의6 등록의제 ························ 187
제53조의7 주택임대관리업자에 대한 감독 ····· 188
제54조 주택관리업의 등록말소 등 ············ 188
제55조 관리사무소장의 업무 등 ·············· 190
제55조의2 관리사무소장의 손해배상책임 ······ 193
제56조 주택관리사등의 자격 ················· 194
제56조의2 주택관리사보 시험위원회 ·········· 199
제57조 주택관리사등의 자격취소 등 ·········· 199
제58조 주택관리업자 등의 교육 ·············· 200
제58조의2 주택관리업자에 대한 입주자 등의 만족도
       평가 ································ 202
제59조 공동주택관리에 관한 감독 ············ 202

제6장 주택자금

제1절 국민주택기금

제60조 국민주택기금의 설치 등 ·············· 204
제61조 국민주택기금에의 자금의 예탁 ········ 205
제62조 국민주택기금의 운용·관리 및 기금수탁자의
       책임 등 ····························· 206
제62조의2 자료제공의 요청 ·················· 208
제62조의3 국민주택기금 운용·관리업무의 전자화 ··· 208
제62조의4 자료 및 정보의 수집 등 ············ 208
제63조 국민주택기금의 운용 제한 ············ 209
제64조 국민주택기금의 회계기관 ············· 211
제65조 국민주택기금 대출채권의 상각 ········ 212

제62조 안전진단 ·························· 163
제62조의2 위원회의 사무 ··················· 164
제62조의3 분과위원회의 구성 등 ············ 164
제62조의4 위원장 및 부위원장의 직무 ········ 165
제62조의5 소위원회의 구성 등 ··············· 165
제62조의6 위원의 제척·기피·회피 ············ 166
제62조의7 위원의 해임·해촉 ················ 167
제62조의8 위원회의 회의 등 ················· 167
제62조의9 조정등의 거부 및 중지 ············ 168
제62조의10 하자 여부 판정서의 기재사항 ····· 169
제62조의11 조정안의 기재사항 ·············· 170
제62조의12 조정안의 수락 ·················· 170
제62조의13 당사자가 임의로 처분할 수 없는 사항 ·· 170
제62조의14 하자진단 및 하자감정 ············ 172
제62조의15 위원회의 운영 및 사무처리 ······· 173
제62조의16 관계 공공기관의 협조 ············ 174
제63조 장기수선계획의 수립 ················· 175
제64조 시설물의 안전관리 ··················· 177
제65조 공동주택의 안전점검 ················· 179
제66조 장기수선충당금의 적립 등 ············ 181
제67조 공동주택관리분쟁조정위원회의 구성 ··· 182

제2절 주택의 전문관리 등

제68조 주택관리업의 등록기준 및 등록절차 등 ······ 183
제69조 주택관리업자의 관리상 의무 ·········· 184
제69조의2 주택임대관리업의 등록대상 및 등록기준 · 185
제69조의3 주택임대관리업의 등록절차 ········ 186
제69조의4 주택임대관리업 등록말소 등의 기준 등 · 186
제69조의5 과징금의 부과 및 납부 ············ 187

제66조 이익금과 손실금의 처리 ············ 213

제2절 국민주택채권

제67조 국민주택채권의 발행 등 ············ 214
제68조 국민주택채권의 매입 ················ 214

제3절 주택상환사채

제69조 주택상환사채의 발행 ················ 222
제70조 발행책임과 조건 등 ···················· 226
제71조 주택상환사채의 효력 ················ 226
제72조 「상법」의 적용 ························· 226

제4절 국민주택사업특별회계 등

제73조 국민주택사업특별회계의 설치 등 ······ 227
제74조 삭제
제75조 입주자저축 ································ 228

제5절 대한주택보증주식회사

제76조 대한주택보증주식회사의 설립 ········ 228
제77조 업무 ······································· 229
제78조 자본금 및 출자 ·························· 232
제79조 삭제
제80조 다른 법률과의 관계 ···················· 232

제69조의6 보증상품의 가입 ···················· 188
제70조 주택관리업 등록말소 등의 기준 ······ 189
제71조 과징금의 부과 및 납부 ················ 189
제72조 관리사무소장의 배치 ···················· 190
제72조의2 손해배상책임의 보장 ················ 190
제72조의3 보증설정의 변경 ···················· 193
제72조의4 보증보험금 등의 지급 등 ·········· 194
제73조 주택관리사 자격증의 교부 등 ········ 194
제74조 주택관리사보자격시험 ·················· 195
제75조 시험합격자의 결정 ······················ 196
제76조 시험의 시행·공고 ······················ 196
제77조 주택관리사보 시험위원회 ·············· 197
제78조 응시원서 등 ······························ 198
제79조 시험수당 등의 지급 ···················· 198
제80조 시험부정행위자에 대한 제재 ·········· 198
제81조 주택관리사등의 자격취소 등의 기준 ······ 199
제81조의2 주택관리업자에 대한 입주자등의 만족도
　　　　　 평가 ····························· 202
제82조 공동주택관리에 관한 감독 ············ 202
제82조의2 공동주택 우수관리단지 선정 ······ 203

제6장 주택자금

제1절 국민주택기금

제83조 국민주택을 공급받고자 하는 자의 저축자금
　　　　························· 204
제84조 국민주택기금 대출자산의 매각 ······ 205
제85조 국민주택기금에의 예탁자금 ·········· 205

제7장 주택의 거래

제80조의2 주택거래의 신고 ·················· 233
제80조의3 신고 내용의 조사 등 ············ 235

제8장 협회

제81조 협회의 설립 등 ·························· 236
제81조의2 공제사업 ······························ 236
제82조 협회의 설립인가 등 ···················· 238
제83조 「민법」의 준용 ···························· 238

제9장 주택정책심의위원회

제84조 주택정책심의위원회의 설치 등 ······ 238
제85조 시·도 주택정책심의위원회 ············ 242

제10장 보칙

제86조 주택정책 관련 자료 등의 종합관리 ·············· 243
제87조 권한의 위임·위탁 ························ 245
제88조 등록증 등의 대여 등 금지 ············ 247
제89조 체납된 분양대금 등의 강제징수 ······ 247
제89조의2 분양권 전매 등에 대한 신고포상금 ·········· 248
제90조 보고·검사 등 ······························ 249
제91조 사업주체 등에 대한 지도·감독 ······ 250

제86조 국민주택기금의 운용·관리 ············ 206
제87조 결산보고서의 제출 ······················ 207
제87조의2 삭제
제88조 국민주택기금의 운용용도 ·············· 211
제89조 국민주택기금 여유자금의 운용방법 ········ 211

제2절 국민주택채권

제90조 국민주택채권의 발행절차 ············· 214
제91조 국민주택채권의 발행방법 등 ·········· 214
제92조 국민주택채권의 이자율 등 ············ 216
제93조 국민주택채권의 사무취급기관 등 ···· 216
제94조 삭제
제95조 국민주택채권의 매입 ···················· 217
제95조의2 국민주택채권의 분할 발행 ········ 218
제96조 국민주택채권의 중도상환 ·············· 218
제97조 국민주택채권원부의 비치 ·············· 220

제3절 주택상환사채

제98조 주택상환사채의 발행 ···················· 222
제99조 등록사업자의 주택상환사채발행 ······ 222
제100조 주택상환사채의 발행요건 등 ········ 223
제101조 주택상환사채의 상환 등 ·············· 225
제102조 납입금의 사용 ·························· 225

제4절 국민주택사업특별회계 등

제103조 국민주택사업특별회계의 편성·운용 등 ······· 227
제104조 삭제

제92조 협회 등에 대한 지도·감독 ·················· 250	제105조 입주자저축 등 ·································· 228
제93조 청문 ·· 251	
	제5절 대한주택보증주식회사
제11장 벌칙	제106조 보증의 종류와 보증료 ······················· 229
	제107조 보증과 관련된 업무 ···························· 231
제94조 벌칙 ·· 256	
제95조 벌칙 ·· 256	**제6장의2 주택의 거래**
제95조의2 벌칙 ·· 256	
제96조 벌칙 ·· 257	제107조의2 주택거래신고지역의 지정 등 ········ 233
제97조 벌칙 ·· 257	제107조의3 주택거래신고지역에서의 신고사항 등 ··· 234
제97조의2 벌칙 ·· 259	
제98조 벌칙 ·· 259	
제99조 벌칙 ·· 260	**제6장의3 공제사업**
제100조 양벌규정 ··· 260	
제101조 과태료 ·· 261	제107조의4 공제사업의 범위 ·························· 236
제101조의2 과태료 ·· 264	제107조의5 공제규정 ······································ 237
제102조 벌칙 적용 시의 공무원 의제 ·············· 265	제107조의6 공제사업 운용실적의 공시 ············ 237
부칙 ·· 265	**제7장 주택정책심의위원회**
	제108조 주택정책심의위원회의 구성 ················ 238
	제109조 위원장의 직무 ···································· 239
	제109조의2 위원의 제척·기피·회피 ·················· 239
	제109조의3 위원의 해촉 ··································· 240
	제110조 회의소집 및 의결정족수 ····················· 241
	제111조 실무위원회의 구성 ····························· 241
	제112조 관계기관 등의 협조 ···························· 242

제113조 수당 등 ··· 242
제114조 운영세칙 ··· 242
제115조 시·도 주택정책심의위원회 ························· 243

제8장 보칙

제116조 주택행정정보화 및 자료의 관리 등 ············ 243
제117조 권한의 위임 ·· 245
제118조 업무의 위탁 ·· 246
제118조의2 신고포상금의 지급대상 등 ······················ 248
제119조 사업주체 등에 대한 감독 ····························· 250
제120조 협회의 감독 ·· 250
제121조 대한주택보증주식회사의 경영건전성 검사 ·· 251
제121조의2 고유식별정보의 처리 ······························· 252
제121조의3 규제의 재검토 ·· 254

제9장 벌칙

제122조 과태료의 부과 ··· 260

부칙 ··· 265

주택법 [법률 제12248호, 2014.1.14.]	주택법 시행령 [대통령령 제25448호, 2014.7.7.]	주택법 시행규칙 [국토교통부령 제88호, 2014.4.25.]
제1장 총칙 <개정 2009.2.3>	**제1장 총칙**	
제1조(목적) 이 법은 쾌적한 주거생활에 필요한 주택의 건설·공급·관리와 이를 위한 자금의 조달·운용 등에 관한 사항을 정함으로써 국민의 주거안정과 주거수준의 향상에 이바지함을 목적으로 한다.	제1조(목적) 이 영은 「주택법」에서 위임된 사항과 그 시행에 관하여 필요한 사항을 규정함을 목적으로 한다. <개정 2005.3.8>	제1조(목적) 이 규칙은 「주택법」 및 동법 시행령에서 위임된 사항과 그 시행에 관하여 필요한 사항을 규정함을 목적으로 한다. <개정 2005.3.9>
제2조(정의) 이 법에서 사용하는 용어의 뜻은 다음과 같다. <개정 2009.3.20, 2010.4.5, 2011.3.30, 2011.9.16, 2012.1.26, 2013.3.23, 2013.6.4, 2013.8.6, 2013.12.24, 2014.1.14> 1. "주택"이란 세대(世帶)의 구성원이 장기간 독립된 주거생활을 할 수 있는 구조로 된 건축물의 전부 또는 일부 및 그 부속토지를 말하며, 이를 단독주택과 공동주택으로 구분한다. 1의2. "준주택"이란 주택 외의 건축물과 그 부속토지로서 주거시설로 이용가능한 시설 등을 말하며, 그 범위와 종류는 대통령령으로 정한다. 2. "공동주택"이란 건축물의 벽·복도·계단이나 그 밖의 설비 등의 전부 또는 일부를 공동으로 사용하는 각 세대가 하나의 건축물 안에서 각각 독립된 주거생활을 할 수 있는 구조로 된 주택을 말하며, 그 종류와 범위는 대통령령으로 정한다. 2의2. "세대구분형 공동주택"이란 공동주택의 주택 내부 공간의 일부를 세대별로 구분하여 생활이 가능한 구	제2조(공동주택의 종류와 범위) ①「주택법」(이하 "법"이라 한다) 제2조제2호의 규정에 의한 공동주택의 종류와 범위는 「건축법 시행령」 별표 1 제2호 가목 내지 다목의 규정이 정하는 바에 의한다. <개정 2005.3.8> ②제1항의 규정에 의한 공동주택은 그 공급기준 및 건설기준 등을 고려하여 국토교통부령으로 그 종류를 세분할 수 있다. <개정 2008.2.29, 2013.3.23>	

조로 하되, 그 구분된 공간 일부에 대하여 구분소유를 할 수 없는 주택으로서 대통령령으로 정하는 건설기준, 면적기준 등에 적합하게 건설된 주택을 말한다. 3. "국민주택"이란 제60조에 따른 국민주택기금으로부터 자금을 지원받아 건설되거나 개량되는 주택으로서 주거의 용도로만 쓰이는 면적(이하 "주거전용면적"이라 한다)이 1호(戶) 또는 1세대당 85제곱미터 이하인 주택(「수도권정비계획법」 제2조제1호에 따른 수도권을 제외한 도시지역이 아닌 읍 또는 면 지역은 1호 또는 1세대당 주거전용면적이 100제곱미터 이하인 주택을 말한다. 이하 "국민주택규모"라 한다)을 말한다. 이 경우 주거전용면적의 산정방법은 국토교통부령으로 정한다. 3의2. "국민주택등"이란 제3호의 국민주택과 국가·지방자치단체, 「한국토지주택공사법」에 따른 한국토지주택공사(이하 "한국토지주택공사"라 한다) 또는 「지방공기업법」 제49조에 따라 주택사업을 목적으로 설립된 지방공사(이하 "지방공사"라 한다)가 건설하는 주택 및 「임대주택법」 제2조제2호의 건설임대주택으로서 제5호의 공공택지에 제16조에 따라 사업계획의 승인을 받아 건설하여 임대하는 주택 중 주거전용면적이 85제곱미터 이하인 주택을 말한다. 3의3. "민간건설 중형국민주택"이란 국민주택 중 국가·지방자치단체·한국토지주택공사 또는 지방공사 외의 사업주체가 건설하는 주거전용면적이 60제곱미터 초과 85제곱미터 이하의 주택을 말한다. 3의4. "민영주택"이란 국민주택등을 제외한 주택을 말한다. 4. "도시형 생활주택"이란 300세대 미만의 국민주택규모	제2조의2(준주택의 범위와 종류) 법 제2조제1호의2에 따른 준주택의 범위와 종류는 다음 각 호와 같다. <개정 2012.3.13, 2014.3.24> 1. 「건축법 시행령」 별표 1 제2호라목에 따른 기숙사 2. 「건축법 시행령」 별표 1 제4호거목 및 제15호다목에 따른 다중생활시설 3. 「건축법 시행령」 별표 1 제11호나목에 따른 노인복지시설 중 「노인복지법」 제32조제1항제3호의 노인복지주택 4. 「건축법 시행령」 별표 1 제14호나목에 따른 오피스텔 [본조신설 2010.7.6] 제2조의3(세대구분형 공동주택) ① 법 제2조제2호의2에서 "대통령령으로 정하는 건설기준, 면적기준 등에 적합하게 건설된 주택"이란 다음 각 호의 기준에 적합하게 건설된 공동주택을 말한다. 1. 세대구분형 공동주택의 세대별로 구분된 각각의 공간마다 별도의 욕실, 부엌과 현관을 설치할 것 2. 세대구분형 공동주택의 세대별로 구분된 각각의 공간은 주거전용면적이 14제곱미터 이상일 것 3. 하나의 세대가 통합하여 사용할 수 있도록 세대간 연결문 또는 경량구조의 경계벽 등을 설치할 것 4. 세대구분형 공동주택은 주택단지 공동주택 전체 호수의 3분의 1을 넘지 아니할 것 5. 세대구분형 공동주택의 세대별로 구분된 각각의 공간의 주거전용면적 합계가 주택단지 전체 주거전용면적 합계의 3분의 1을 넘지 아니하는 등 국토교통부장관	제2조(주거전용면적의 산정방법) ① 삭제 <2004.3.30> ② 「주택법」(이하 "법"이라 한다) 제2조제3호 후단의 규정에 의한 주거전용면적의 산정방법은 다음 각호의 기준에 의한다. <개정 2004.3.30, 2005.3.9> 1. 단독주택의 경우에는 그 바닥면적(「건축법 시행령」 제119조제1항제3호의 규정에 의한 바닥면적을 말한다. 이하 같다)에서 지하실(거실로 사용되는 면적을 제외한다), 본 건축물과 분리된 창고·차고 및 화장실의 면적을 제외한 면적 2. 공동주택의 경우에는 외벽의 내부선을 기준으로 산정한 면적. 다만, 2세대 이상이 공동으로 사용하는 부분으로서 다음 각목의 1에 해당하는 공용면적을 제외하며, 이 경우 바닥면적에서 주거전용면적을 제외하고 남는 외벽면적은 공용면적에 가산한다. 가. 복도·계단·현관 등 공동주택의 지상층에 있는 공용면적 나. 가목의 공용면적을 제외한 지하층·관리사무소 등 그 밖의 공용면적

에 해당하는 주택으로서 대통령령으로 정하는 주택을 말한다.
5. "공공택지"란 다음 각 목의 어느 하나에 해당하는 공공사업에 의하여 개발·조성되는 공동주택이 건설되는 용지를 말한다.
   가. 제18조제2항에 따른 국민주택건설사업 또는 대지조성사업
   나. 「택지개발촉진법」에 따른 택지개발사업. 다만, 같은 법 제7조제1항제4호에 따른 주택건설등 사업자가 같은 법 제12조제5항에 따라 활용하는 택지는 제외한다.
   다. 「산업입지 및 개발에 관한 법률」에 따른 산업단지개발사업
   라. 「공공주택건설 등에 관한 특별법」에 따른 공공주택지구조성사업
   마. 「도시개발법」에 따른 도시개발사업(같은 법 제11조제1항제1호부터 제4호까지의 시행자가 같은 법 제21조에 따른 수용 또는 사용의 방식으로 시행하는 사업과 혼용방식 중 수용 또는 사용의 방식이 적용되는 구역에서 시행하는 사업만 해당한다)
   바. 「경제자유구역의 지정 및 운영에 관한 특별법」에 따른 경제자유구역개발사업(수용 또는 사용의 방식으로 시행하는 사업과 혼용방식 중 수용 또는 사용의 방식이 적용되는 구역에서 시행하는 사업만 해당한다)
   사. 「공공기관 지방이전에 따른 혁신도시 건설 및 지원에 관한 특별법」에 따른 혁신도시개발사업
   아. 「신행정수도 후속대책을 위한 연기·공주지역 행

이 정하는 주거전용면적의 비율에 관한 기준을 충족할 것
② 세대구분형 공동주택의 건설과 관련하여 법 제21조에 따른 주택건설기준 등을 적용하는 경우 세대구분형 공동주택의 세대수는 그 구분된 공간의 세대에 관계없이 하나의 세대로 산정한다.
[본조신설 2013.12.4]

제3조(도시형 생활주택) ① 법 제2조제4호에서 "대통령령으로 정하는 주택"이란 「국토의 계획 및 이용에 관한 법률」에 따른 도시지역[제2호의 경우에는 도시관리 또는 주거환경에 지장을 주지 아니하기 위하여 특별시·광역시·도 또는 특별자치도(이하 "시·도"라 한다) 또는 시·군의 조례로 정하는 구역은 제외한다]에 건설하는 다음 각 호의 주택을 말한다. <개정 2009.11.5, 2010.4.20, 2010.7.6, 2011.6.29, 2013.5.31, 2013.6.17>
1. 단지형 연립주택: 「건축법 시행령」 별표 1 제2호나목에 해당하는 주택 중 제2호의 원룸형 주택을 제외한 주택. 다만, 「건축법」 제5조제2항에 따라 같은 법 제4조에 따른 건축위원회의 심의를 받은 경우에는 주택으로 쓰는 층수를 5층까지 건축할 수 있다.
1의2. 단지형 다세대주택: 「건축법 시행령」 별표 1 제2호다목에 해당하는 주택 중 제2호의 원룸형 주택을 제외한 주택. 다만, 「건축법」 제5조제2항에 따라 같은 법 제4조에 따른 건축위원회의 심의를 받은 경우에는 주택으로 쓰는 층수를 5층까지 건축할 수 있다.
2. 원룸형 주택: 「건축법 시행령」 별표 1 제2호가목부터 다목까지의 어느 하나에 해당하는 주택으로서 다음 각 목의 요건을 모두 갖춘 주택

정중심복합도시 건설을 위한 특별법」에 따른 행정중심복합도시건설사업
자. 「공익사업을 위한 토지 등의 취득 및 보상에 관한 법률」제4조에 따른 공익사업으로서 대통령령으로 정하는 사업
6. "주택단지"란 제16조에 따른 주택건설사업계획 또는 대지조성사업계획의 승인을 받아 주택과 그 부대시설 및 복리시설(福利施設)을 건설하거나 대지를 조성하는 데 사용되는 일단(一團)의 토지를 말한다. 다만, 다음 각 목의 시설로 분리된 토지는 각각 별개의 주택단지로 본다.
가. 철도·고속도로·자동차전용도로
나. 폭 20미터 이상인 일반도로
다. 폭 8미터 이상인 도시계획예정도로
라. 가목부터 다목까지의 시설에 준하는 것으로서 대통령령으로 정하는 시설
6의2. "혼합주택단지"란 분양을 목적으로 한 공동주택과 「임대주택법」제2조제1호에 따른 임대주택이 함께 있는 주택단지를 말한다.
7. "사업주체"란 제16조에 따른 주택건설사업계획 또는 대지조성사업계획의 승인을 받아 그 사업을 시행하는 다음 각 목의 자를 말한다.
가. 국가·지방자치단체
나. 한국토지주택공사
다. 제9조에 따라 등록한 주택건설사업자 또는 대지조성사업자
라. 그 밖에 이 법에 따라 주택건설사업 또는 대지조성사업을 시행하는 자
8. "부대시설"이란 주택에 딸린 다음 각 목의 시설 또는

가. 세대별로 독립된 주거가 가능하도록 욕실, 부엌을 설치할 것
나. 욕실 및 보일러실을 제외한 부분을 하나의 공간으로 구성할 것. 다만, 주거전용 면적이 30제곱미터 이상인 경우 두 개의 공간으로 구성할 수 있다.
다. 세대별 주거전용면적은 14제곱미터 이상 50제곱미터 이하일 것
라. 각 세대는 지하층에 설치하지 아니할 것
3. 삭제 <2010.7.6>
② 하나의 건축물에는 도시형 생활주택과 그 밖의 주택을 함께 건축할 수 없으며, 제1항제1호의 단지형 연립주택 또는 제1호의2의 단지형 다세대주택과 제2호의 원룸형 주택을 함께 건축할 수 없다. 다만, 다음 각 호의 경우는 예외로 한다. <개정 2009.11.5, 2010.4.20, 2010.7.6, 2011.4.6>
1. 제1항제2호의 원룸형 주택과 그 밖의 주택 1세대를 함께 건축하는 경우
2. 「국토의 계획 및 이용에 관한 법률 시행령」제30조에 따른 준주거지역 또는 상업지역에서 제1항제2호의 원룸형 주택과 도시형 생활주택 외의 주택을 함께 건축하는 경우
[본조신설 2009.4.21]

제4조(주택단지의 구분기준이 되는 도로) 법 제2조제6호 라목에서 "대통령령으로 정하는 시설"이란 보행자 및 자동차의 통행이 가능한 도로로서 다음 각 호의 어느 하나에 해당하는 도로를 말한다. <개정 2005.3.8, 2008.2.29, 2009.4.21, 2012.4.10, 2013.3.23>
1. 「국토의 계획 및 이용에 관한 법률」에 의한 도시·

설비를 말한다.
가. 주차장, 관리사무소, 담장 및 주택단지 안의 도로
나. 「건축법」 제2조제1항제4호에 따른 건축설비
다. 가목 및 나목의 시설·설비에 준하는 것으로서 대통령령으로 정하는 시설 또는 설비
9. "복리시설"이란 주택단지의 입주자 등의 생활복리를 위한 다음 각 목의 공동시설을 말한다.
가. 어린이놀이터, 근린생활시설, 유치원, 주민운동시설 및 경로당
나. 그 밖에 입주자 등의 생활복리를 위하여 대통령령으로 정하는 공동시설
10. "간선시설(幹線施設)"이란 도로·상하수도·전기시설·가스시설·통신시설 및 지역난방시설 등 주택단지(둘 이상의 주택단지를 동시에 개발하는 경우에는 각각의 주택단지를 말한다) 안의 기간시설(基幹施設)을 그 주택단지 밖에 있는 같은 종류의 기간시설에 연결시키는 시설을 말한다. 다만, 가스시설·통신시설 및 지역난방시설의 경우에는 주택단지 안의 기간시설을 포함한다.
11. "주택조합"이란 많은 수의 구성원이 주택을 마련하거나 리모델링하기 위하여 결성하는 다음 각 목의 조합을 말한다.
가. 지역주택조합: 다음 구분에 따른 지역에 거주하는 주민이 주택을 마련하기 위하여 설립한 조합
  1) 서울특별시·인천광역시 및 경기도
  2) 대전광역시·충청남도 및 세종특별자치시
  3) 충청북도
  4) 광주광역시 및 전라남도
  5) 전라북도
	군계획시설인 도로로서 국토교통부령이 정하는 도로
	2. 「도로법」에 의한 일반국도·특별시도·광역시도 또는 지방도
	3. 그 밖에 관계 법령에 의하여 설치된 도로로서 제1호 및 제2호에 준하는 도로
		제3조(주택단지의 구분기준이 되는 도로) 「주택법 시행령」(이하 "영"이라 한다) 제4조제1호에서 "국토교통부령이 정하는 도로"란 「도시·군계획시설의 결정·구조 및 설치기준에 관한 규칙」 제9조에 따른 주간선도로·보조간선도로·집산도로 및 폭 8미터 이상인 국지도로를 말한다. <개정 2005.3.9, 2008.3.14, 2012.7.26, 2013.3.23>

6) 대구광역시 및 경상북도
　　　7) 부산광역시·울산광역시 및 경상남도
　　　8) 강원도
　　　9) 제주특별자치도
　　나. 직장주택조합: 같은 직장의 근로자가 주택을 마련
　　　하기 위하여 설립한 조합
　　다. 리모델링주택조합: 공동주택의 소유자가 그 주택을
　　　리모델링하기 위하여 설립한 조합
12. "입주자"란 다음 각 목의 구분에 따른 자를 말한다.
　　가. 제13조·제38조·제86조·제89조 및 제98조의 경우:
　　　주택을 공급받는 자
　　나. 제54조 및 제57조의 경우: 주택의 소유자
　　다. 제42조부터 제45조까지, 제55조 및 제59조의 경우:
　　　주택의 소유자 또는 그 소유자를 대리하는 배우자
　　　및 직계존비속(直系尊卑屬)
13. "사용자"란 주택을 임차하여 사용하는 자 등을 말한
　　다.
14. "관리주체"란 공동주택을 관리하는 다음 각 목의 자
　　를 말한다.
　　가. 제43조제4항에 따른 자치관리기구의 대표자인 공
　　　동주택의 관리사무소장
　　나. 제43조제6항에 따라 관리업무를 인계하기 전의 사
　　　업주체
　　다. 제53조제1항에 따른 주택관리업자
　　라. 「임대주택법」 제2조제4호에 따른 임대사업자
15. "리모델링"이란 제42조제2항 및 제3항에 따라 건축
　　물의 노후화 억제 또는 기능 향상 등을 위한 다음 각
　　목의 어느 하나에 해당하는 행위를 말한다.
　　가. 대수선(大修繕)

나. 제29조에 따른 사용검사일(주택단지 안의 공동주택 전부에 대하여 임시사용승인을 받은 경우에는 그 임시사용승인일을 말한다) 또는 「건축법」 제22조에 따른 사용승인일부터 15년[15년 이상 20년 미만의 연수 중 특별시·광역시·도 또는 특별자치도(이하 "시·도"라 한다)의 조례로 정하는 경우에는 그 연수로 한다]이 경과된 공동주택을 각 세대의 주거전용면적[「건축법」 제38조에 따른 건축물대장 중 집합건축물대장의 전유부분(專有部分)의 면적을 말한다]의 10분의 3 이내(세대의 주거전용면적이 85제곱미터 미만인 경우에는 10분의 4 이내)에서 증축하는 행위. 이 경우 공동주택의 기능향상 등을 위하여 공용부분에 대하여도 별도로 증축할 수 있다.

다. 나목에 따른 각 세대의 증축 가능 면적을 합산한 면적의 범위에서 기존 세대수의 100분의 15 이내에서 세대수를 증가하는 증축 행위(이하 "세대수 증가형 리모델링"이라 한다). 다만, 수직으로 증축하는 행위(이하 "수직증축형 리모델링"이라 한다)는 다음 요건을 모두 충족하는 경우로 한정한다.

    1) 최대 3개층 이하로서 대통령령으로 정하는 범위에서 증축할 것

    2) 리모델링 대상 건축물의 구조도 보유 등 대통령령으로 정하는 요건을 갖출 것

15의2. "리모델링 기본계획"이란 세대수 증가형 리모델링으로 인한 도시과밀, 이주수요 집중 등을 체계적으로 관리하기 위하여 수립하는 계획을 말한다.

16. "에너지절약형 친환경주택"이란 저에너지 건물 조성 기술 등 대통령령으로 정하는 기술을 이용하여 에너

제4조의2(수직증축형 리모델링의 허용 요건) ① 법 제2조제15호다목1)에서 "대통령령으로 정하는 범위"란 3개층을 말한다. 다만, 수직으로 증축하는 행위(이하 "수직증축형 리모델링"이라 한다)의 대상이 되는 건축물의 기존 층수가 14층 이하인 경우에는 2개층을 말한다.

② 법 제2조제15호다목2)에서 "리모델링 대상 건축물의 구조도 보유 등 대통령령으로 정하는 요건"이란 수직증축형 리모델링 대상 건축물 건축 당시의 구조도를 보유하고 있는 경우를 말한다.

지 사용량을 절감하거나 이산화탄소 배출량을 저감할 수 있도록 건설된 주택을 말하며, 그 종류와 범위는 대통령령으로 정한다. 16의2. "건강친화형 주택"이란 건강하고 쾌적한 실내환경의 조성을 위하여 실내공기의 오염물질 등을 최소화할 수 있도록 대통령령으로 정하는 기준에 따라 건설된 주택을 말한다. 17. "공구"란 하나의 주택단지에서 대통령령으로 정하는 기준에 따라 둘 이상으로 구분되는 일단의 구역으로, 착공신고 및 사용검사를 별도로 수행할 수 있는 구역을 말한다. 18. "주택임대관리업"이란 다음 각 목의 업무를 행하는 업을 말한다. 　가. 임대를 목적으로 하는 주택(준주택을 포함한다. 이하 같다)의 시설물 유지·보수·개량 등 　나. 임대를 목적으로 하는 주택의 임대료 징수 및 임차인 관리(임차인의 명도 및 퇴거 업무 등을 말하며, 「공인중개사의 업무 및 부동산 거래신고에 관한 법률」제2조제3호에 따른 중개업은 제외한다. 이하 같다) 　다. 그 밖에 임대를 목적으로 하는 주택의 임차인(「임대주택법」제2조제1호에 따른 임대주택의 임차인을 포함한다. 이하 제53조의2부터 제53조의7까지에서 같다)의 주거 편익을 위하여 필요하다고 대통령령으로 정하는 업무 [전문개정 2009.2.3] 제3조(국가 등의 의무) 국가 및 지방자치단체는 주택정책을 수립·시행할 때에는 다음 각 호의 사항을 위하여 노	[본조신설 2014.4.24] 제4조의3(에너지절약형 친환경주택의 종류와 범위) 법 제2조제16호에 따른 에너지절약형 친환경주택의 종류와 범위는 법 제16조에 따라 사업계획의 승인을 받아 건설하는 다음 각 호의 공동주택으로 한다. 1. 「건축법 시행령」별표 1 제2호가목에 따른 아파트 2. 「건축법 시행령」별표 1 제2호나목에 따른 연립주택 3. 「건축법 시행령」별표 1 제2호다목에 따른 다세대주택 [본조신설 2012.3.13] 제4조의4(공구의 구분 기준) 법 제2조제17호에서 "대통령령으로 정하는 기준"이란 다음 각 호의 기준을 모두 충족하는 것을 말한다. 1. 다음 각 목의 어느 하나에 해당하는 시설을 설치하거나 공간을 조성하여 6미터 이상의 폭으로 공구 간 경계를 설정할 것 　가. 「주택건설기준 등에 관한 규정」제26조에 따른 주택단지 안의 도로 　나. 주택단지 안의 지상에 설치되는 부설주차장 　다. 주택단지 안의 옹벽 또는 축대 　라. 식재, 조경이 된 녹지 　마. 그 밖에 어린이놀이터 등 부대시설이나 복리시설로서 사업계획승인권자가 적합하다고 인정하는 시설 2. 공구별 세대수는 300세대 이상으로 할 것 [본조신설 2012.7.24]

력하여야 한다. 1. 국민이 쾌적하고 살기 좋은 주거생활을 할 수 있도록 할 것 2. 주택시장의 원활한 기능 발휘와 주택산업의 건전한 발전을 꾀할 수 있도록 할 것 3. 주택이 공평하고 효율적으로 공급되며 쾌적하고 안전하게 관리될 수 있도록 할 것 4. 국민주택규모의 주택이 저소득자·무주택자 등 주거복지 차원에서 지원이 필요한 계층에게 우선적으로 공급될 수 있도록 할 것 [전문개정 2009.2.3]		
제4조(주택정책에 대한 협의) ① 중앙행정기관의 장과 특별시장·광역시장·도지사 또는 특별자치도지사(이하 "시·도지사"라 한다)는 다음 각 호의 업무와 관련하여 이 법에 규정된 사항 외에 소관 업무에 관하여 필요한 조치를 하려면 미리 국토교통부장관과 협의하여야 한다. <개정 2013.3.23> 1. 주택의 건설·공급 및 관리 2. 제1호의 업무를 위한 자금의 조달·운용에 관련되는 사항 ② 제1항에 따른 협의대상 기관, 협의의 범위 및 절차 등에 관하여는 대통령령으로 정한다. [전문개정 2009.2.3]	제5조(주택정책에 대한 협의범위 및 절차) ①중앙행정기관의 장 및 특별시장·광역시장·도지사 또는 특별자치도지사(이하 "시·도지사"라 한다)는 다음 각 호의 어느 하나에 해당하는 사항에 관한 조치를 하려면 법 제4조제1항에 따라 미리 국토교통부장관과 협의하여야 한다. <개정 2008.2.29, 2009.4.21, 2013.3.23> 1. 법 제4조제1항 각호의 사항으로서 주택종합계획의 수립·실시에 중대한 영향을 미치는 사항 2. 주택의 수급체계 및 가격동향에 중대한 영향을 미치는 사항 3. 그 밖에 국토교통부령이 정하는 사항 ②국토교통부장관은 제1항의 규정에 의하여 협의요청을 받은 때에는 그 요청을 받은 날부터 30일 이내에 회신하여야 한다. <개정 2008.2.29, 2013.3.23>	제4조(주택정책에 대한 협의범위) 영 제5조제1항제3호에서 "국토교통부령이 정하는 사항"이라 함은 다음 각호의 1에 해당하는 사항을 말한다. <개정 2008.3.14, 2013.3.23> 1. 주택건설자재의 유통·공급과정에 대한 제한 또는 규제

		2. 법이 정하는 사항외의 주택의 건설·공급 및 관리과정에 대한 제한 또는 규제
제5조(주거실태조사) ① 국토교통부장관, 특별시장·광역시장·특별자치도지사·시장 또는 군수는 다음 각 호와 관련하여 대통령령으로 정하는 사항에 대하여 주거실태조사를 할 수 있다. <개정 2010.4.5, 2013.3.23> 1. 주거 및 주거환경에 관한 사항 2. 가구특성에 관한 사항 3. 그 밖에 주거실태파악을 위한 사항 ② 국토교통부장관이 제1항에 따라 하는 주거실태조사는 정기조사와 수시조사로 구분하여 실시할 수 있으며, 수시조사는 국토교통부장관이 특히 필요하다고 인정하는 경우에 조사항목을 별도로 정할 수 있다. <개정 2010.4.5, 2013.3.23> ③ 국토교통부장관은 다음 각 호의 자에 대하여는 정기적으로 조사를 실시할 수 있다. <신설 2012.12.18, 2013.3.23> 1. 「국민기초생활 보장법」 제2조에 따른 수급권자 및 차상위계층 2. 「가족관계의 등록 등에 관한 법률」에 따른 혼인의 신고 후 2년이 지나지 아니한 신혼부부 3. 그 밖에 대통령령으로 정하는 자 ④ 특별시장·광역시장·특별자치도지사·시장 또는 군수가 제1항에 따라 하는 주거실태조사에 관하여는 제2항을 준용한다. <개정 2012.12.18> ⑤ 제1항에 따른 주거실태조사의 주기·방법 및 절차 등은 대통령령으로 정한다. <신설 2010.4.5, 2012.12.18> [전문개정 2009.2.3]	제6조(주거실태조사) ①법 제5조제1항 각 호 외의 부분에서 "대통령령으로 정하는 사항"이란 다음 각 호의 사항을 말한다. <개정 2008.12.9, 2010.7.6> 1. 지역별 주택의 유형, 규모 및 점유형태 2. 주택의 시설 및 설비 3. 주거환경 만족도 4. 주택가격 및 임대료 5. 향후 주거이동 및 주택구입계획 6. 가구의 구성 및 계층별 소득수준 7. 최저주거기준 미달가구의 현황 ②국토교통부장관은 법 제5조제2항의 규정에 의한 주거실태조사중 정기조사의 조사항목과 조사표를 기획재정부장관에게 통보하여야 한다. <개정 2008.2.29, 2013.3.23> ③ 국토교통부장관은 법 제5조제2항에 따른 주거실태조사를 다음 각 호의 구분에 따라 실시한다. <신설 2010.7.6, 2013.3.23> 1. 정기조사: 주택정책 수립 등에 활용하기 위하여 2년마다 실시하는 조사 2. 수시조사: 국토교통부장관이 필요하다고 인정하는 경우 실시하는 조사 ④ 주거실태조사는 조사원 면접조사의 방법으로 실시한다. 다만, 조사의 성격에 따라 조사방법을 달리 할 수 있다. <신설 2010.7.6>	

	⑤ 국토교통부장관은 주거실태조사 실시에 앞서 조사일시, 조사목적 및 내용, 조사방법 등을 포함한 조사계획을 수립하여야 한다. <신설 2010.7.6, 2013.3.23>	
제5조의2(최저주거기준의 설정 등) ① 국토교통부장관은 국민이 쾌적하고 살기 좋은 생활을 하기 위하여 필요한 최저주거기준을 설정·공고하여야 한다. <개정 2013.3.23> ② 제1항에 따라 국토교통부장관이 최저주거기준을 설정·공고하려는 경우에는 미리 관계 중앙행정기관의 장과 협의한 후 제84조에 따른 주택정책심의위원회(이하 "주택정책심의위원회"라 한다)의 심의를 거쳐야 한다. 공고된 최저주거기준을 변경하려는 경우에도 또한 같다. <개정 2013.3.23> ③ 최저주거기준에는 주거면적, 용도별 방의 개수, 주택의 구조·설비·성능 및 환경요소 등 대통령령으로 정하는 사항이 포함되어야 하며, 사회적·경제적인 여건의 변화에 따라 그 적정성이 유지되어야 한다. [전문개정 2009.2.3] 제5조의3(최저주거기준 미달 가구에 대한 우선 지원 등) ① 국가 또는 지방자치단체는 최저주거기준에 미달되는 가구에 대하여 우선적으로 주택을 공급하거나 국민주택기금을 지원하는 등 혜택을 줄 수 있다. ② 국가 또는 지방자치단체가 주택정책을 수립·시행하거나 사업주체가 주택건설사업을 시행하는 경우에는 최저주거기준에 미달되는 가구를 줄이기 위하여 노력하여야 한다. ③ 국토교통부장관 또는 지방자치단체의 장은 주택의 건	제7조(최저주거기준) 법 제5조의2의 규정에 의하여 국토교통부장관이 설정·공고하는 최저주거기준에는 다음 각호의 사항이 포함되어야 한다. <개정 2008.2.29, 2013.3.23> 1. 가구구성별 최소 주거면적 2. 용도별 방의 개수 3. 전용부엌·화장실 등 필수적인 설비의 기준 4. 안전성·쾌적성 등을 고려한 주택의 구조·성능 및 환경기준	

설과 관련된 인가·허가 등을 할 때 그 건설사업의 내용이 최저주거기준에 미달되는 경우에는 그 기준에 맞게 사업계획승인신청서를 보완할 것을 지시하는 등 필요한 조치를 하여야 한다. 다만, 도시형 생활주택 중 대통령령으로 정하는 주택에 대하여는 그러하지 아니하다. <개정 2010.4.5, 2013.3.23>
④ 국토교통부장관 또는 지방자치단체의 장은 최저주거기준에 미달되는 가구가 밀집한 지역에 대하여는 우선적으로 임대주택을 건설하거나 「도시 및 주거환경정비법」에서 정하는 바에 따라 우선적으로 주거환경정비사업을 시행할 수 있도록 하기 위하여 필요한 조치를 할 수 있다. <개정 2013.3.23>
[전문개정 2009.2.3]

제5조의4(주택임차료의 보조) ① 국가 또는 지방자치단체는 임차료 부담이 과다하여 주거생활을 하기가 어려운 무주택임차인가구에 대하여 예산의 범위에서 주택임차료의 전부 또는 일부를 보조할 수 있다.
② 주택임차료를 보조받을 수 있는 무주택임차인가구의 대상기준, 지원금 수준, 시행절차 및 방법 등에 관하여 필요한 사항은 대통령령으로 정한다.
[본조신설 2012.1.26]

제6조(다른 법률과의 관계) ① 임대주택의 건설·공급 및 관리에 관하여 「임대주택법」에서 정하지 아니한 사항에 대하여는 이 법을 적용한다.
② 주거환경의 정비에 관하여 「도시 및 주거환경정비법」에서 정하지 아니한 사항에 대하여는 이 법을 적용한다.

[전문개정 2009.2.3]

제2장 주택종합계획의 수립 등 제7조(주택종합계획의 수립) ① 국토교통부장관은 국민의 주거안정과 주거수준의 향상을 도모하기 위하여 다음 각 호의 사항이 포함된 주택종합계획을 수립·시행하여야 한다. <개정 2012.1.26, 2013.3.23> 1. 주택정책의 기본목표 및 기본방향에 관한 사항 2. 국민주택·임대주택의 건설 및 공급에 관한 사항 3. 주택·택지의 수요·공급 및 관리에 관한 사항 4. 주택자금의 조달 및 운용에 관한 사항 5. 저소득자·무주택자 등 주거복지 차원에서 지원이 필요한 계층에 대한 주택임차료 보조 및 주택 지원에 관한 사항 6. 건전하고 지속가능한 주거환경의 조성 및 정비에 관한 사항 7. 주택의 리모델링에 관한 사항 ② 주택종합계획은 연도별 계획과 10년 단위의 계획으로 구분하며, 연도별 계획은 10년 단위의 계획을 토대로 해당 연도 2월 말까지 수립하여야 한다. ③ 주택종합계획은 「국토기본법」에 따른 국토종합계획에 적합하여야 하며, 국가·지방자치단체·한국토지주택공사 및 지방공사인 사업주체는 주택종합계획으로 정하는 바에 따라 주택건설사업 또는 대지조성사업을 시행하여야 한다. <개정 2010.4.5> ④ 국토교통부장관은 주택종합계획을 수립하려는 경우에는 미리 관계 중앙행정기관의 장 및 시·도지사에게 주택종합계획에 반영되어야 할 정책 및 사업에 관한 소관	**제2장 주택종합계획** 제8조(주택종합계획) ①법 제7조제4항에 따라 소관별 계획서의 제출을 요청받은 관계 중앙행정기관의 장 및 시·도지사는 매년 12월말까지 다음 연도의 주택종합계획에	 제5조(주택종합계획에 반영되어야 하는 소관별 계획서 등) 영 제8조제1항의 규정에 의한 소관별 계획서는 별지 제1호서식에

별 계획서의 제출을 요청할 수 있다. 이 경우 관계 중앙행정기관의 장 및 시·도지사는 특별한 사유가 없으면 요청에 따라야 한다. <개정 2013.3.23> ⑤ 국토교통부장관은 제4항에 따라 받은 소관별 계획서를 기초로 주택종합계획안을 마련하여 관계 중앙행정기관의 장과 협의한 후 주택정책심의위원회의 심의를 거쳐 확정한다. 이 경우 국토교통부장관은 확정된 주택종합계획을 지체 없이 관계 중앙행정기관의 장 및 시·도지사에게 통보하여야 한다. <개정 2013.3.23> [전문개정 2009.2.3]	반영되어야 할 정책 및 사업에 관한 소관별 계획서를 작성하여 국토교통부장관에게 제출하여야 한다. <개정 2008.2.29, 2008.12.9, 2013.3.23> ② 제1항의 규정에 의한 소관별 계획서에는 다음 각호의 사항이 포함되어야 한다. <개정 2005.3.8, 2008.2.29, 2013.3.23> 1. 주택 및 택지의 현황 2. 다음 연도의 주택건설계획 3. 다음 연도의 택지수급계획 4. 주택자금조달계획 및 투자계획 5. 주택건설자재의 수급계획 6. 저소득층의 주거수준 향상을 위한 지원계획 7. 주택의 개량 및 리모델링 추진계획 8. 「도시 및 주거환경정비법」에 의한 주거환경개선사업 등 정비사업 추진계획 9. 그 밖에 국토교통부령으로 정하는 사항 ③ 국토교통부장관은 주택종합계획을 수립함에 있어 필요한 경우에는 기금수탁자(법 제62조제2항의 규정에 의하여 국민주택기금의 운용·관리에 관한 사무를 위탁받은 금융기관을 말한다. 이하 같다)에 대하여 다음 연도의 주택자금조달계획서를 제출하게 할 수 있다. <개정 2008.2.29, 2013.3.23> ④ 중앙행정기관의 장 및 제95조제5항에 따른 공공기관의 장은 주택을 건설하거나 그 소속직원을 위하여 주택을 건설·공급하려는 경우에는 국토교통부령으로 정하는 바에 따라 주택건설사업계획을 작성하여 매년 12월 말일까지 국토교통부장관에게 제출하여야 한다. <개정 2009.2.3, 2013.3.23>	의하고, 동조제3항의 규정에 의한 주택자금조달계획서는 별지 제2호서식에 의하며, 동조제4항의 규정에 의한 주택건설사업계획은 별지 제3호서식에 의한다.

제8조(시·도 주택종합계획의 수립) ① 시·도지사는 제7조에 따른 주택종합계획과 대통령령으로 정하는 범위에서 그 특별시·광역시·도 또는 특별자치도(이하 "시·도"라 한다)의 조례로 정하는 바에 따라 연도별 시·도 주택종합계획 및 10년 단위의 시·도 주택종합계획을 수립하여야 한다. 이 경우 시·도 주택종합계획은 제7조에 따른 주택종합계획에 적합하여야 하며, 연도별 시·도 주택종합계획은 10년 단위의 시·도 주택종합계획에 적합하여야 한다. ② 시·도지사는 제1항에 따라 연도별 시·도 주택종합계획 또는 10년 단위의 시·도 주택종합계획을 수립하였을 때에는 지체 없이 이를 국토교통부장관에게 제출하여야 한다. <개정 2013.3.23> ③ 시·도 주택종합계획의 수립기준에 대하여는 국토교통부장관이 정할 수 있다. <개정 2013.3.23> [전문개정 2009.2.3]	제9조(시·도 주택종합계획의 범위) 법 제8조제1항에 따른 10년 단위의 시·도 주택종합계획에는 다음 각 호의 사항이 포함되어야 한다. <개정 2007.3.16, 2012.7.24, 2013.5.31> 1. 시·도 주택종합계획의 기본목표 및 기본방향 2. 시·도 주택시장의 현황 및 전망 3. 주택의 형별·규모별·점유유형별 수요 전망 4. 주거수준의 목표 5. 제8조제2항 각호의 사항(동항제2호 및 제3호의 경우에는 10년 단위의 계획을 말한다)에 대한 시·도의 추진계획 6. 저소득층의 주거수준 향상을 위한 대책 7. 그 밖에 관할 지역의 주거안정 및 주거복지 향상을 위하여 필요한 사항
제3장 주택의 건설 등 제1절 주택건설사업자 등 제9조(주택건설사업 등의 등록) ① 연간 대통령령으로 정하는 호수(戶數) 이상의 주택건설사업을 시행하려는 자 또는 연간 대통령령으로 정하는 면적 이상의 대지조성사업을 시행하려는 자는 국토교통부장관에게 등록하여야 한다. 다만, 다음 각 호의 사업주체의 경우에는 그러하지 아니하다. <개정 2010.4.5, 2013.3.23> 1. 국가·지방자치단체 2. 한국토지주택공사	**제3장 주택의 건설 등** 제1절 주택건설사업자 등 제10조(주택건설사업자 등의 범위 및 등록기준 등) ①법 제9조제1항 각 호 외의 부분 본문에서 "대통령령으로 정하는 호수"란 단독주택의 경우에는 20호, 공동주택의 경우에는 20세대(제3조제1항에 따른 도시형 생활주택의 경우와 같은 조 제2항제1호의 경우에는 30세대)를 말하며, "대통령령으로 정하는 면적"이란 1만제곱미터를 말한다. <개정 2006.2.24, 2010.7.6, 2011.4.6> ②법 제9조에 따라 주택건설사업 또는 대지조성사업의

3. 지방공사 4. 「공익법인의 설립·운영에 관한 법률」 제4조에 따라 주택건설사업을 목적으로 설립된 공익법인(이하 "공익법인"이라 한다) 5. 제32조에 따라 설립된 주택조합(제10조제2항에 따라 등록사업자와 공동으로 주택건설사업을 하는 주택조합만 해당한다) 6. 근로자를 고용하는 자(제10조제3항에 따라 등록사업자와 공동으로 주택건설사업을 시행하는 고용자만 해당하며, 이하 "고용자"라 한다) ② 제1항에 따라 등록하여야 할 사업자의 자본금과 기술인력 및 사무실면적에 관한 등록의 기준·절차·방법 등에 필요한 사항은 대통령령으로 정한다. ③ 「임대주택법」 제17조제1항제2호에 따른 특수 목적 법인 등에 대하여는 대통령령으로 정하는 바에 따라 제2항에 따른 사업자 등록기준 중 인적(人的) 기준 등을 완화하여 적용할 수 있다. [전문개정 2009.2.3]	등록을 하려는 자는 다음 각 호의 요건을 갖추어야 한다. <개정 2004.9.17, 2005.3.8, 2007.7.30, 2009.6.30, 2011.6.29, 2012.7.24, 2014.2.6, 2014.5.22> 1. 자본금 3억원(개인인 경우에는 자산평가액 6억원) 이상 2. 주택건설사업의 경우에는 「건설기술 진흥법 시행령」 별표 1의 규정에 의한 건축분야기술자 1인 이상, 대지조성사업의 경우에는 동표의 규정에 의한 토목분야기술자 1인 이상 3. 사무실 면적 22제곱미터 이상 ③ 다음 각 호의 어느 하나에 해당하는 경우에는 해당 각 호의 자본금, 기술인력 또는 사무실 면적을 제2항 각 호의 기준에 포함하여 산정한다. <신설 2012.7.24> 1. 「건설산업기본법」 제9조에 따라 등록한 건설업자(건축공사업 또는 토목건축공사업으로 등록한 자만 해당한다)가 주택건설사업 또는 대지조성사업의 등록을 하려는 경우: 이미 보유하고 있는 자본금, 기술인력 및 사무실 면적 2. 「부동산투자회사법」 제2조제1호나목에 따른 부동산투자회사가 주택건설사업의 등록을 하려는 경우: 「부동산투자회사법」 제22조의2제1항에 따라 해당 부동산투자회사가 자산의 투자·운용업무를 위탁한 자산관리회사가 보유하고 있는 기술인력 및 사무실 면적 ④주택건설사업을 등록한 자가 대지조성사업을 함께 영위하기 위하여 등록하는 때에는 제2항의 규정에 의한 대지조성사업의 등록기준에 적합한 기술자를, 대지조성사업을 등록한 자가 주택건설사업을 함께 영위하기 위하여 등록하는 때에는 제2항의 규정에 의한 주택건설사

	업의 등록기준에 적합한 기술자를 각각 확보하여야 한다. <개정 2012.7.24> ⑤다른 법률에 따라 설립된 무자본특수법인이 국가업무를 위탁받은 범위에서 주택건설사업을 시행하는 경우에는 제2항제1호의 요건을 적용하지 아니하며, 법 제9조제3항에 따라 「임대주택법」 제17조제1항제2호에 따른 특수목적법인 등이 주택건설사업을 시행하는 경우에는 제2항제2호 및 제3호를 적용하지 아니한다. <신설 2007.7.30, 2008.6.20, 2012.7.24>	
	제11조(주택건설사업 등의 등록절차) ①법 제9조의 규정에 의하여 주택건설사업 또는 대지조성사업의 등록을 하고자 하는 자는 국토교통부령이 정하는 바에 의하여 등록신청서를 국토교통부장관에게 제출하여야 한다. <개정 2008.2.29, 2013.3.23> ②국토교통부장관은 주택건설사업 또는 대지조성사업의 등록을 한 자(이하 "등록사업자"라 한다)에 대하여는 이를 주택건설사업자등록부 또는 대지조성사업자등록부에 등재하고, 등록증을 교부하여야 한다. <개정 2008.2.29, 2013.3.23> ③등록사업자는 등록사항에 변경이 있는 때에는 국토교통부령이 정하는 바에 의하여 변경사유가 발생한 날부터 30일 이내에 국토교통부장관에게 신고하여야 한다. 다만, 국토교통부령이 정하는 경미한 사항에 대하여는 그러하지 아니하다. <개정 2008.2.29, 2013.3.23>	제6조(주택건설사업 등의 등록신청) ①영 제11조제1항의 규정에 의하여 주택건설사업 또는 대지조성사업의 등록을 하고자 하는 자는 별지 제4호서식의 (주택건설·대지조성)사업등록신청서에 다음 각 호의 서류를 첨부하여 영 제118조제1항제2호에 따라 그 등록업무를 위탁받은 기관(이하 "사업등록수탁기관"이라 한다)에 제출(전자문서에 의한 제출을 포함한다)하여야 하되, 사업등록수탁기관이 「전자정부법」 제36조제2항에 따른 행정정보의 공동이용을 통하여 다음 각 호의 서류를 확인할 수 있는 경우에는 그 확인으로 제출을 대신하여야 한다. 다만, 신청인이 다음 각 호의 서류 중 주민등록표 등본, 여권정보, 외국인등록사실증명 및 「국가기술자격법」에 따른 기술자격증에 대해서 확인에 동의하지 아니하는 경우에는 해당 서류 또는 그 사본을 제출하여야 한다.

		<개정 2005.3.9, 2006.2.24, 2007.12.13, 2011.4.11, 2012.3.16, 2012.7.26, 2014.5.22> 1. 법인인 경우에는 법인 등기사항증명서, 개인인 경우에는 주민등록표등본[재외국민(「재외국민등록법」 제3조의 규정에 의한 재외국민을 말한다. 이하 같다)인 경우에는 재외국민등록증 사본 및 여권 사본, 외국인인 경우에는 「출입국관리법」 제88조의 규정에 의한 외국인등록사실증명] 2. 법인인 경우에는 납입자본금에 관한 증빙서류, 개인인 경우에는 자산평가서와 그 증빙서류 3. 기술자[영 제10조제3항제2호에 따른 부동산투자회사(이하 "부동산투자회사"라 한다)인 경우에는 자산관리회사에 고용된 기술자를 말한다]의 보유를 증명하는 다음 각목의 서류 가. 「국가기술자격법」에 의한 기술자격증 사본 또는 「건설기술 진흥법」 제21조제2항에 따른 건설기술경력증 사본 나. 고용계약서 사본 4. 건물 등기사항증명서·건물사용계약서 등 사무실(부동산투자회사인 경우에는 자산관리회사의 사무실을 말한다)의 보유를 증명하는 서류 5. 향후 1년간의 주택건설사업계획서 또는 대지조성사업계획서

②영 제11조제2항의 규정에 의한 주택건설사업자등록부 및 대지조성사업자등록부는 별지 제5호서식에 의하고, 등록증은 별지 제6호서식에 의한다.
③사업등록수탁기관은 영 제11조제2항의 규정에 의하여 주택건설사업 또는 대지조성사업의 등록을 한 자(이하 "등록사업자"라 한다)별로 별지 제7호서식의 등록사업자대장을 작성하여 이를 관리하여야 한다.
④등록사업자는 영 제11조제3항 본문의 규정에 의하여 등록사항의 변경신고를 하고자 하는 때에는 별지 제8호서식의 (주택건설·대지조성)사업등록사항변경신고서에 변경내용을 증명하는 서류를 첨부하여 사업등록수탁기관에 제출하여야 한다. 다만, 등록사업자가 개인인 경우에는 상속의 경우에 한하여 등록한 사업자 명의의 변경을 신고할 수 있다.
⑤사업등록수탁기관은 등록사업자에 대하여 등록증을 교부하거나 등록사항의 변경신고를 받은 때에는 그 내용을 관할 특별시장·광역시장·도지사 또는 특별자치도지사(이하 "시·도지사"라 한다)에게 통보하고, 분기별로 국토교통부장관에게 보고하여야 한다. <개정 2008.3.14, 2008.6.30, 2012.3.16, 2013.3.23>
⑥영 제11조제3항 단서에서 "국토교통부령이 정하는 경미한 사항"이라 함은 자

제10조(공동사업주체) ① 토지소유자가 주택을 건설하는 경우에는 제9조제1항에도 불구하고 대통령령으로 정하는 바에 따라 제9조에 따라 등록을 한 자(이하 "등록사업자"라 한다)와 공동으로 사업을 시행할 수 있다. 이 경우 토지소유자와 등록사업자를 공동사업주체로 본다. ② 제32조에 따라 설립된 주택조합(세대수를 증가하지 아니하는 리모델링주택조합은 제외한다)이 그 구성원의 주택을 건설하는 경우에는 대통령령으로 정하는 바에 따라 등록사업자(지방자치단체·한국토지주택공사 및 지방공사를 포함한다)와 공동으로 사업을 시행할 수 있다. 이 경우 주택조합과 등록사업자를 공동사업주체로 본다. <개정 2010.4.5, 2012.1.26> ③ 고용자가 그 근로자의 주택을 건설하는 경우에는 대통령령으로 정하는 바에 따라 등록사업자와 공동으로 사업을 시행하여야 한다. 이 경우 고용자와 등록사업자를 공동사업주체로 본다. ④ 제1항부터 제3항까지의 규정에 따른 공동사업주체 간의 구체적인 업무·비용 및 책임의 분담 등에 관하여는 대통령령으로 정하는 범위에서 당사자 간의 협약에 따른다. [전문개정 2009.2.3]	제12조(공동사업주체의 사업시행) 법 제10조에 따라 토지소유자·주택조합(세대수를 증가하지 아니하는 리모델링주택조합은 제외한다) 또는 고용자(이하 이 조에서 "토지소유자등"이라 한다)와 등록사업자[주택조합의 경우에는 지방자치단체, 「한국토지주택공사법」에 따른 한국토지주택공사(이하 "한국토지주택공사"라 한다) 및 「지방공기업법」 제49조에 따라 주택건설사업을 목적으로 설립된 지방공사(이하 "지방공사"라 한다)를 포함한다]가 공동으로 주택을 건설하려는 경우에는 다음 각 호의 요건을 갖추어 법 제16조에 따른 사업계획승인을 신청하여야 한다. <개정 2005.3.8, 2006.2.24, 2009.4.21, 2009.9.21, 2012.3.13, 2012.7.24> 1. 등록사업자가 제13조제1항 각호의 요건을 갖춘 자이거나 「건설산업기본법」 제9조의 규정에 의한 건설업(건축공사업 또는 토목건축공사업에 한한다)의 등록을 한 자일 것. 다만, 지방자치단체·한국토지주택공사 및 지방공사의 경우에는 그러하지 아니하다. 2. 토지소유자등이 주택건설대지의 소유권(지역주택조합 또는 직장주택조합이 법 제16조제2항제1호에 따라 「국토의 계획 및 이용에 관한 법률」 제49조에 따른 지구단위계획의 결정이 필요한 사업으로 법 제10조제	본금, 기술자의 수 또는 사무실 면적이 증가하거나 등록기준에 미달하지 아니하는 범위에서 감소한 경우를 말한다. <개정 2008.3.14, 2008.6.30, 2013.3.23> ⑦ 제3항의 등록사업자등록대장은 전자적 처리가 불가능한 특별한 사유가 없으면 전자적 처리가 가능한 방법으로 작성·관리하여야 한다. <신설 2007.12.13>

	2항에 따라 등록사업자와 공동으로 사업을 시행하는 경우에는 100분의 95 이상의 소유권을 말한다)을 확보하고 있을 것 3. 주택건설대지(제2호에 따라 토지소유자등이 소유권을 확보한 대지를 말한다)가 저당권·가등기담보권·가압류·전세권·지상권 등(이하 "저당권등"이라 한다)의 목적으로 되어 있는 경우에는 그 저당권등을 말소할 것. 다만, 저당권등의 권리자로부터 해당 사업의 시행에 대한 동의를 받은 경우에는 그러하지 아니하다. 4. 토지소유자등과 등록사업자간에 대지 및 주택(부대시설 및 복리시설을 포함한다)의 사용·처분, 사업비의 부담, 공사기간 그 밖에 사업추진상의 각종 책임 등에 관하여 법 및 이 영이 정하는 범위안에서 협약이 체결되어 있을 것
제11조(등록사업자의 결격사유) 다음 각 호의 어느 하나에 해당하는 자는 제9조에 따른 주택건설사업 등의 등록을 할 수 없다. 1. 미성년자·금치산자 또는 한정치산자 2. 파산선고를 받은 자로서 복권되지 아니한 자 3. 「부정수표단속법」 또는 이 법을 위반하여 금고 이상의 실형을 선고받고 그 집행이 끝나거나(집행이 끝난 것으로 보는 경우를 포함한다) 집행이 면제된 날부터 2년이 지나지 아니한 자 4. 「부정수표단속법」 또는 이 법을 위반하여 금고 이상의 형의 집행유예를 선고받고 그 유예기간 중에 있는 자 5. 제13조에 따라 등록이 말소된 후 2년이 지나지 아니한 자	

6. 임원 중에 제1호부터 제5호까지의 규정 중 어느 하나에 해당하는 자가 있는 법인 [전문개정 2009.2.3]		
제12조(등록사업자의 시공) ① 등록사업자가 제16조에 따른 사업계획승인(「건축법」에 따른 공동주택건축허가를 포함한다)을 받아 분양 또는 임대를 목적으로 주택을 건설하는 경우로서 그 기술능력, 주택건설 실적 및 주택규모 등이 대통령령으로 정하는 기준에 해당하는 경우에는 그 등록사업자를 「건설산업기본법」 제9조에 따른 건설업자로 보며 주택건설공사를 시공할 수 있다. ② 제1항에 따라 등록사업자가 주택을 건설하는 경우에는 「건설산업기본법」 제40조·제44조·제93조·제94조 및 제98조부터 제101조까지의 규정을 준용한다. 이 경우 "건설업자"는 "등록사업자"로 본다. [전문개정 2009.2.3]	제13조(등록사업자의 주택건설공사 시공기준) ①법 제12조의 규정에 의하여 주택건설공사를 시공하고자 하는 등록사업자는 다음 각호의 요건을 갖추어야 한다. <개정 2005.3.8, 2014.5.22> 1. 자본금 5억원(개인인 경우에는 자산평가액 10억원) 이상 2. 「건설기술 진흥법 시행령」 별표 1의 규정에 의한 건축분야 및 토목분야기술자 3인 이상. 이 경우 동표의 규정에 의한 건축기사 및 토목분야기술자 각 1인이 포함되어야 한다. 3. 최근 5년간의 주택건설실적 100호 또는 100세대 이상 ②등록사업자가 법 제12조의 규정에 의하여 건설할 수 있는 주택의 규모는 5층(각층 거실의 바닥면적 300제곱미터 이내마다 1개소 이상의 직통계단을 설치한 경우에는 6층) 이하로 한다. 다만, 6층 이상의 아파트를 건설한 실적이 있거나 최근 3년간 300세대 이상의 공동주택을 건설한 실적이 있는 등록사업자는 6층 이상의 주택을 건설할 수 있다. ③등록사업자가 법 제12조의 규정에 의하여 주택건설공사를 시공함에 있어서는 당해 건설공사비(총공사비에서 대지구입비를 제외한 금액을 말한다)가 자본금과 자본준비금·이익준비금을 합한 금액의 10배(개인인 경우에는 자산평가액의 5배)를 초과할 수 없다.	
제13조(주택건설사업의 등록말소 등) ① 국토교통부장관은	제14조(등록사업자의 등록말소 및 영업정지처분기준) ①법	제7조(등록사업자에 대한 처분결과의 통지

등록사업자가 다음 각 호의 어느 하나에 해당하면 그 등록을 말소하거나 1년 이내의 기간을 정하여 영업의 정지를 명할 수 있다. 다만, 제1호 또는 제5호에 해당하는 경우에는 그 등록을 말소하여야 한다. <개정 2013.3.23, 2013.5.22, 2013.12.24>
1. 거짓이나 그 밖의 부정한 방법으로 등록한 경우
2. 제9조제2항에 따른 등록기준에 미달하게 된 경우. 다만, 「채무자 회생 및 파산에 관한 법률」에 따라 법원이 회생절차개시의 결정을 하고 그 절차가 진행 중이거나 일시적으로 등록기준에 미달하는 등 대통령령으로 정하는 경우는 예외로 한다.
3. 고의 또는 과실로 공사를 잘못 시공하여 공중(公衆)에게 위해(危害)를 끼치거나 입주자에게 재산상 손해를 입힌 경우
4. 제11조제1호부터 제4호까지 또는 제6호 중 어느 하나에 해당하게 된 경우. 다만, 법인의 임원 중 제11조제6호에 해당하는 사람이 있는 경우 6개월 이내에 그 임원을 다른 사람으로 임명한 경우에는 그러하지 아니하다.
5. 제88조를 위반하여 등록증의 대여 등을 한 경우
6. 다음 각 목의 어느 하나에 해당하는 경우
  가. 「건설기술 진흥법」 제54조제1항 또는 제80조에 따른 시정명령을 이행하지 아니한 경우
  나. 「건설기술 진흥법」 제48조제4항에 따른 시공상세도면의 작성 의무를 위반하거나 건설사업관리를 수행하는 건설기술자 또는 공사감독자의 검토·확인을 받지 아니하고 시공한 경우
  다. 「건설기술 진흥법」 제55조에 따른 품질시험 및 검사를 하지 아니한 경우

제13조의 규정에 의한 등록사업자의 등록말소 및 영업정지처분에 관한 기준은 별표 1과 같다.
② 삭제 <2009.4.21>
③ 삭제 <2009.4.21>
④등록기준 미달로 등록말소 또는 영업정지처분사유에 해당하게 된 등록사업자가 법 제93조의 규정에 의한 청문시 또는 「행정절차법」 제22조제3항의 규정에 의한 의견제출시까지 등록기준을 보완하고 이를 증명하는 서류를 제출하는 때에는 당초 처분기준의 2분의 1까지 감경한다. 다만, 당초 처분기준이 등록말소인 경우에는 영업정지 6월로 한다. <개정 2005.3.8>
⑤국토교통부장관은 법 제13조의 규정에 의하여 등록말소 또는 영업정지의 처분을 한 때에는 지체없이 이를 관보에 고시하여야 한다. 그 처분을 취소한 때에도 또한 같다. <개정 2008.2.29, 2013.3.23>

제14조의2(일시적인 등록기준 미달) 법 제13조제1항제2호 단서에서 "「채무자 회생 및 파산에 관한 법률」에 따라 법원이 회생절차개시의 결정을 하고 그 절차가 진행 중이거나 일시적으로 등록기준에 미달하는 등 대통령령으로 정하는 경우"란 다음 각 호의 어느 하나에 해당하는 경우를 말한다.
1. 제10조제2항제1호에 따른 자본금 기준에 미달한 경우 중 다음 각 목의 어느 하나에 해당하는 경우
  가. 「채무자 회생 및 파산에 관한 법률」 제49조에 따라 법원이 회생절차개시의 결정을 하고 그 절차가 진행 중인 경우
  나. 회생계획의 수행에 지장이 없다고 인정되는 경우로서 해당 등록사업자가 「채무자 회생 및 파산에

등) 시·도지사는 법 제13조제1항의 규정에 의하여 등록사업자의 등록말소 또는 영업정지의 처분을 한 때에는 지체없이 사업등록수탁기관에 그 내용을 통보(전자문서에 의한 통보를 포함한다)하여야 하며, 그 통보를 받은 사업등록수탁기관은 등록사업자대장에 그 내용을 기재하고 관리하여야 한다. <개정 2005.3.9, 2007.12.13>

라. 「건설기술 진흥법」 제62조에 따른 안전점검을 하지 아니한 경우
7. 「택지개발촉진법」 제19조의2제1항을 위반하여 택지를 전매(轉賣)한 경우
8. 그 밖에 이 법 또는 이 법에 따른 명령이나 처분을 위반한 경우
② 제1항에 따른 등록말소 및 영업정지 처분에 관한 기준은 대통령령으로 정한다.
[전문개정 2009.2.3]

제14조(등록말소 처분 등을 받은 자의 사업 수행) 제13조에 따라 등록말소 또는 영업정지 처분을 받은 등록사업자는 그 처분 전에 제16조에 따른 사업계획승인을 받은 사업은 계속 수행할 수 있다. 다만, 등록말소 처분을 받은 등록사업자가 그 사업을 계속 수행할 수 없는 중대하고 명백한 사유가 있을 경우에는 그러하지 아니하다.
[전문개정 2009.2.3]

관한 법률」 제283조에 따라 법원으로부터 회생절차종결의 결정을 받고 회생계획을 수행 중인 경우
다. 「기업구조조정 촉진법」 제5조에 따라 채권금융기관이 채권금융기관협의회의 의결을 거쳐 채권금융기관 공동관리절차를 개시하고 그 절차가 진행 중인 경우
2. 「상법」 제542조의8제1항 단서의 적용대상법인이 등록기준 미달 당시 직전의 사업연도말 현재 자산총액의 감소로 인하여 제10조제2항제1호에 따른 자본금 기준에 미달하게 된 기간이 50일 이내인 경우
3. 제10조제2항제2호에 따른 기술인력의 사망·실종 또는 퇴직으로 인하여 등록기준에 미달하게 된 기간이 50일 이내인 경우
[본조신설 2014.4.24]

제8조(영업실적 등의 제출 및 확인) ①등록사업자는 법 제15조제1항의 규정에 의하여 전년도의 영업실적과 당해연도의 영업계획 및 기술인력 보유현황을 별지 제9호서식에 의하여 매년 1월 10일까지 영 제118조제1항제3호에 따라 그 접수 업무를 위탁받은 기관(이하 이 조에서 "실적접수업무수탁기관"이라 한다)에 제출(전자문서에 의한 제출을 포함한다)하여야 한다. 이 경우 보유 기술인력의 명세서를 첨부하여야 한다. <개정 2006.2.24, 2007.12.13>
②실적접수업무수탁기관은 제1항의 규정에 의하여 제출받은 영업실적 등을 별지 제10호서식에 의하여 종합한 후 매년 1월말까지 국토교통부장관에게 제출(전자문서에 의한 제출을 포함한다)하여야 한다. <개정 2007.12.13, 2008.3.14, 2013.3.23>

		③실적접수업무수탁기관은 제출받은 영업실적의 내용중 주택건설사업실적에 대하여 등록사업자가 확인을 요청하는 경우에는 별표 1의 기준에 의하여 확인한 후 별지 제11호서식의 주택건설실적확인서를 발급(전자문서에 의한 발급을 포함한다)할 수 있다. <개정 2007.12.13> ④등록사업자는 법 제15조제2항의 규정에 의하여 월별 주택분양계획 및 분양실적을 매월 5일까지 실적접수업무수탁기관에 제출(전자문서에 의한 제출을 포함한다)하여야 하며, 실적접수업무수탁기관은 그 내용을 특별시·광역시·도 또는 특별자치도별로 종합하여 매월 15일까지 시·도지사에게 통보(전자문서에 의한 통보를 포함한다)하고 국토교통부장관에게 보고(전자문서에 의한 보고를 포함한다)하여야 한다. <개정 2007.12.13, 2008.3.14, 2012.3.16, 2013.3.23>
제15조(영업실적 등의 제출) ① 등록사업자는 국토교통부령으로 정하는 바에 따라 매년 영업실적(개인인 사업자가 해당 사업에 1년 이상 사용한 사업용 자산을 현물출자하여 법인을 설립한 경우에는 그 개인인 사업자의 영업실적을 포함한 실적을 말하며, 등록말소 후 다시 등록한 경우에는 다시 등록한 이후의 실적을 말한다)과 영업계획 및 기술인력 보유 현황을 국토교통부장관에게 제출하여야 한다. <개정 2013.3.23> ② 등록사업자는 국토교통부령으로 정하는 바에 따라 월별 주택분양계획 및 분양 실적을 국토교통부장관에게		

제출하여야 한다. <개정 2013.3.23> [전문개정 2009.2.3]	
제2절 주택건설사업의 시행	**제2절 주택건설사업의 시행**

제16조(사업계획의 승인) ① 대통령령으로 정하는 호수 이상의 주택건설사업을 시행하려는 자 또는 대통령령으로 정하는 면적 이상의 대지조성사업을 시행하려는 자는 사업계획승인신청서에 주택과 그 부대시설 및 복리시설의 배치도, 대지조성공사 설계도서 등 대통령령으로 정하는 서류를 첨부하여 다음 각 호의 사업계획승인권자(이하 "사업계획승인권자"라 한다. 국가 및 한국토지주택공사가 시행하는 경우와 대통령령으로 정하는 경우에는 국토교통부장관을 말하며, 이하 이 조, 제16조의2 및 제17조에서 같다)에게 제출하고 사업계획승인을 받아야 한다. 다만, 주택 외의 시설과 주택을 동일 건축물로 건축하는 경우 등 대통령령으로 정하는 경우에는 그러하지 아니하다. <개정 2009.4.1, 2010.4.5, 2012.1.26, 2013.3.23, 2013.6.4>
1. 주택건설사업 또는 대지조성사업으로서 해당 대지면적이 10만 제곱미터 이상인 경우: 시·도지사 또는 「지방자치법」 제175조에 따라 서울특별시와 광역시를 제외한 인구 50만 이상의 대도시(이하 "대도시"라 한다)의 시장
2. 주택건설사업 또는 대지조성사업으로서 해당 대지면적이 10만 제곱미터 미만인 경우: 특별시장·광역시장·특별자치도지사 또는 시장·군수
② 주택건설사업을 시행하려는 자는 해당 주택단지를 공구별로 분할하여 주택을 건설·공급할 수 있다. 이 경우
	제15조(사업계획의 승인) ①법 제16조제1항 각 호 외의 부분 본문에서 "대통령령으로 정하는 호수"란 다음 각 호의 구분에 따른 호수 및 세대를 말하며, "대통령령으로 정하는 면적"이란 1만제곱미터를 말한다. <개정 2010.7.6, 2011.4.6, 2011.6.29, 2012.7.24, 2014.6.11>
	1. 단독주택: 30호. 다만, 다음 각 목의 어느 하나에 해당하는 주택인 경우에는 50호로 한다.
	  가. 법 제2조제5호 각 목의 어느 하나에 해당하는 공공사업에 따라 조성된 용지를 개별 필지로 구분하지 아니하고 일단(一團)의 토지로 공급받아 해당 토지에 건설하는 단독주택
	  나. 「건축법 시행령」 제2조제16호에 따른 한옥
	2. 공동주택: 30세대(리모델링의 경우에는 증가하는 세대수가 30세대인 경우를 말한다). 다만, 다음 각 목의 어느 하나에 해당하는 주택인 경우에는 50세대로 한다.
	  가. 다음의 요건을 모두 갖춘 제3조제1항제1호 및 제1호의2에 따른 단지형 연립주택 또는 단지형 다세대주택
	    1) 세대별 주거전용 면적이 30제곱미터 이상일 것
	    2) 해당 주택단지 진입도로의 폭이 6미터 이상일 것
	  나. 「도시 및 주거환경 정비법」 제2조제2호가목에 따른 주거환경개선사업(같은 법 제6조제1항제1호에 해당하는 방법으로 시행하는 경우로 한정한다)

대상이 되는 주택단지의 주택호수, 대지규모 등에 관한 기준은 대통령령으로 정한다. <신설 2012.1.26>
③ 제2항에 따라 주택건설사업을 분할하여 시행하려는 자는 사업계획승인신청서에 제1항에 따른 서류와 함께 다음 각 호의 서류를 첨부하여 사업계획승인권자에게 제출하고 사업계획승인을 받아야 한다. <신설 2012.1.26>
1. 공구별 공사계획서
2. 입주자모집계획서
3. 사용검사계획서
④ 제1항 또는 제3항에 따라 주택건설사업계획의 승인을 받으려는 자는 해당 주택건설대지의 소유권을 확보하여야 한다. 다만, 다음 각 호의 어느 하나에 해당하는 경우에는 그러하지 아니하다. <개정 2010.4.5, 2012.1.26, 2013.8.6>
1. 「국토의 계획 및 이용에 관한 법률」 제49조에 따른 지구단위계획(이하 "지구단위계획"이라 한다)의 결정[제17조제1항제5호에 따라 의제(擬制)되는 경우를 포함한다]이 필요한 주택건설사업의 해당 대지면적의 100분의 80 이상을 사용할 수 있는 권원(權原) [제10조제2항에 따라 등록사업자와 공동으로 사업을 시행하는 주택조합(리모델링주택조합은 제외한다)의 경우에는 100분의 95 이상의 소유권을 말한다. 이하 제18조의2 및 제18조의3에서 같다]을 확보하고(국공유지가 포함된 경우에는 해당 토지의 관리청이 해당 토지를 사업주체에게 매각하거나 양여할 것을 확인한 서류를 사업계획승인권자에게 제출하는 경우에는 확보한 것으로 본다), 확보하지 못한 대지가 제18조의2 및 제18조의3에 따른 매도청구 대상이 되는 대지에 해당

또는 같은 법 제2조제2호마목에 따른 주거환경관리사업을 시행하기 위한 같은 조 제1호의 정비구역[같은 법 시행령 제13조제1항제4호에 따른 정비기반시설의 설치계획대로 정비기반시설 설치가 이루어지지 아니한 지역으로서 시장·군수 또는 구청장(자치구의 구청장을 말한다. 이하 같다)이 지정·고시하는 지역은 제외한다]에서 건설하는 공동주택
② 법 제16조제1항 단서에 따라 「국토의 계획 및 이용에 관한 법률」에 따른 도시지역 중 상업지역(유통상업지역은 제외한다) 또는 준주거지역에서 300세대 미만의 주택과 주택 외의 시설을 동일 건축물로 건축하는 경우로서 다음 각 호의 요건을 충족하는 경우와 「농어촌주택개량 촉진법」에 의한 농어촌주거환경개선사업중 농업협동조합중앙회가 조달하는 자금으로 시행하는 사업에 대하여는 이를 사업계획승인대상에서 제외한다. <개정 2005.3.8, 2009.4.21, 2010.7.6>
1. 1세대당 주택의 규모가 제21조제1항의 규정에 의한 공동주택의 규모에 적합한 경우
2. 당해 건축물의 연면적에 대한 주택연면적 합계의 비율이 90퍼센트 미만인 경우
③ 제1항 및 제2항 각 호 외의 부분에 따른 주택건설규모를 산정함에 있어 동일한 사업주체(「건축법」 제2조제1항제12호에 따른 건축주를 포함한다)가 일단의 주택단지를 수 개의 구역으로 분할하여 주택을 건설하려는 경우에는 전체 구역의 주택건설호수 또는 세대수의 규모를 주택건설규모로 산정한다. 이 경우 주택의 건설기준, 부대시설 및 복리시설의 설치기준과 대지의 조성기준의 적용에 있어서는 전체 구역을 하나의 대지로 본다. <개

하는 경우 2. 사업주체가 주택건설대지의 소유권을 확보하지 못하였으나 그 대지를 사용할 수 있는 권원을 확보한 경우 3. 국가·지방자치단체·한국토지주택공사 또는 지방공사가 주택건설사업을 하는 경우 ⑤ 제1항 또는 제3항에 따라 승인받은 사업계획을 변경하려면 변경승인을 받아야 한다. 다만, 국토교통부령으로 정하는 경미한 사항을 변경하는 경우에는 그러하지 아니하다. <개정 2012.1.26, 2013.3.23> ⑥ 제1항 또는 제3항의 사업계획은 쾌적하고 문화적인 주거생활을 하는 데에 적합하도록 수립되어야 하며, 그 사업계획에는 부대시설 및 복리시설의 설치에 관한 계획 등이 포함되어야 한다. <개정 2012.1.26> ⑦ 사업계획승인권자는 제1항 또는 제3항에 따라 사업계획을 승인할 때 사업주체가 제출하는 사업계획에 해당 주택건설사업 또는 대지조성사업과 직접적으로 관련이 없는 공공청사 등의 용지의 기부채납(寄附採納)이나 간선시설 등의 설치에 관한 계획을 포함하도록 요구하여서는 아니 된다. <개정 2012.1.26> ⑧ 사업계획승인권자는 제1항 또는 제3항에 따라 사업계획을 승인하였을 때에는 이에 관한 사항을 고시하여야 한다. 이 경우 국토교통부장관 또는 시·도지사는 사업계획승인서 및 관계 서류의 사본을 지체 없이 관할 시장·군수·구청장(자치구의 구청장을 말한다. 이하 같다)에게 송부하여야 한다. <개정 2012.1.26, 2013.3.23> ⑨ 제1항 또는 제3항에 따라 사업계획승인을 받은 사업주체는 승인받은 사업계획대로 사업을 시행하여야 하고, 다음 각 호의 구분에 따라 공사를 시작하여야 한다. 다	정 2005.3.8, 2006.2.24, 2012.7.24> ④법 제16조제1항 본문에서 "대통령령이 정하는 경우"라 함은 다음 각호의 경우를 말한다. <개정 2005.3.8, 2008.2.29, 2013.3.23> 1. 330만제곱미터 이상의 규모로 「택지개발촉진법」에 의한 택지개발사업 또는 「도시개발법」에 의한 도시개발사업을 추진하는 지역중 국토교통부장관이 지정·고시하는 지역안에서 주택건설사업을 시행하는 경우 2. 수도권·광역시 지역의 긴급한 주택난 해소가 필요하거나 지역균형개발 또는 광역적 차원의 조정이 필요하여 국토교통부장관이 지정·고시하는 지역안에서 주택건설사업을 시행하는 경우 ⑤법 제16조의 규정에 의하여 주택건설사업계획(주택건설사업에 필요한 대지조성공사를 우선 시행하고자 하는 경우를 포함한다) 또는 대지조성사업계획의 승인을 얻고자 하는 자가 제출하여야 하는 서류는 다음과 같다. <개정 2005.3.8, 2006.2.24, 2008.2.29, 2009.9.21, 2013.3.23> 1. 주택건설사업계획 승인신청의 경우 : 다음 각목의 서류. 다만, 제16조의 규정에 의한 표본설계도서에 의하여 사업계획승인을 신청하는 경우에는 라목의 서류를 제외한다. 가. 주택건설사업계획승인신청서 나. 주택건설사업계획서 다. 주택과 부대시설 및 복리시설의 배치도 라. 제2호 다목의 서류(대지조성공사를 우선 시행하는 경우에 한한다) 마. 「국토의 계획 및 이용에 관한 법률 시행령」 제	제9조(사업계획의 승인신청 등) ①영 제15조제5항제1호 가목 및 나목의 규정에 의한 주택건설사업계획승인신청서 및 주택건설사업계획서는 별지 제12호서식에 의한다.

만, 사업계획승인권자는 대통령령으로 정하는 정당한 사유가 있다고 인정하는 경우에는 사업주체의 신청을 받아 그 사유가 없어진 날부터 1년의 범위에서 제1호 또는 제2호가목에 따른 공사의 착수기간을 연장할 수 있다. <개정 2012.1.26, 2013.6.4>
1. 제1항에 따라 승인을 받은 경우: 승인받은 날부터 3년 이내
2. 제3항에 따라 승인을 받은 경우
   가. 최초로 공사를 진행하는 공구: 승인받은 날부터 3년 이내
   나. 최초로 공사를 진행하는 공구 외의 공구: 해당 주택단지에 대한 최초 착공신고일부터 2년 이내
⑩ 제1항 또는 제3항에 따라 사업계획승인을 받은 사업주체가 공사를 시작하려는 경우에는 국토교통부령으로 정하는 바에 따라 사업계획승인권자에게 신고하여야 한다. <개정 2012.1.26, 2013.3.23>
⑪ 사업주체가 제10항에 따라 신고한 후 공사를 시작하려는 경우 사업계획승인을 받은 해당 주택건설대지에 제18조의2 및 제18조의3에 따른 매도청구 대상이 되는 대지가 포함되어 있으면 해당 매도청구 대상 대지에 대하여는 그 대지의 소유자가 매도에 대하여 합의를 하거나 매도청구에 관한 법원의 승소판결(판결이 확정될 것을 요하지 아니한다)을 받은 경우에만 공사를 시작할 수 있다. <신설 2013.6.4>
⑫ 사업계획승인권자는 다음 각 호의 어느 하나에 해당하는 경우 그 사업계획의 승인을 취소(제2호 또는 제3호에 해당하는 경우 이 법 제77조제1항에 따라 주택분양보증이 된 사업은 제외한다)할 수 있다. <개정 2013.6.4>

96조제1항제3호 및 동법 시행령 제97조제6항제3호의 사항을 기재한 서류(법 제18조제2항의 규정에 의하여 토지를 수용 또는 사용하고자 하는 경우에 한한다)
바. 제12조 각호의 사실을 증명하는 서류(공동사업시행의 경우에 한하며, 법 제32조제1항의 규정에 의한 주택조합이 단독으로 사업을 시행하는 경우에는 제12조제2호 및 제3호의 사실을 증명하는 서류를 말한다)
사. 법 제17조제3항의 규정에 의한 협의에 필요한 서류
아. 법 제30조제1항의 규정에 의한 공공시설의 귀속에 관한 사항을 기재한 서류
자. 주택조합설립인가서(법 제32조제1항의 규정에 의한 주택조합의 경우에 한한다)
차. 법 제35조제2항 각호의 1의 사실 또는 이 영 제13조제1항 각호의 사실을 증명하는 서류(「건설산업기본법」 제9조의 규정에 의한 건설업 등록을 한 자가 아닌 경우에 한한다)
카. 그 밖에 국토교통부령이 정하는 서류
2. 대지조성사업계획 승인신청의 경우 : 다음 각 목의 서류
가. 대지조성사업계획승인신청서
나. 대지조성사업계획서
다. 대지조성공사설계도서. 다만, 사업주체가 국가·지방자치단체, 한국토지주택공사인 경우에는 국토교통부령이 정하는 도서로 한다.
라. 제1호 마목·사목 및 아목의 서류
마. 조성한 대지의 공급계획서

② 영 제15조제5항제1호 카목에서 "국토교통부령이 정하는 서류"라 함은 다음 각 호의 서류를 말한다. <개정 2005.3.9, 2006.8.7, 2008.3.14, 2010.7.6, 2011.4.11, 2012.3.16, 2013.3.23>
1. 간선시설설치계획도(축척 1만분의 1 내지 5만분의 1)
2. 삭제 <2012.7.26>
3. 삭제 <2006.8.7>
3의2. 삭제 <2012.7.26>
4. 사업주체가 토지의 소유권을 확보하지 못한 경우에는 토지사용승낙서(「택지개발촉진법」 등 관계법령에 의하여 택지로 개발·분양하기로 예정된 토지에 대하여 해당 토지를 사용할 수 있는 권원을 확보한 경우에는 그 권원을 증명할 수 있는 서류를 말한다). 다만, 사업주체가 국가·지방자치단체·「한국토지주택공사법」에 따른 한국토지주택공사(이하 "한국토지주택공사"라 한다) 또는 「지방공기업법」 제49조에 따라 주택건설사업을 목적으로 설립된 지방공사(이하 "지방공사"라 한다)인 경우는 제외한다.
5. 영 제23조제1항의 규정에 의하여 작성하는 설계도서중 국토교통부장관이 정하여 고시하는 도서
6. 별표 2에 규정된 서류(국가·지방자치단체 또는 한국토지주택공사가 사업계

- 41 -

1. 사업주체가 제9항(제2호나목은 제외한다)을 위반하여 공사를 시작하지 아니한 경우 2. 사업주체가 경매·공매 등으로 인하여 대지소유권을 상실한 경우 3. 사업주체의 부도·파산 등으로 공사의 완료가 불가능한 경우 ⑬ 사업계획승인권자는 제12항제2호 또는 제3호의 사유로 사업계획 승인을 취소하고자 하는 경우에는 사업주체에게 사업계획 이행, 사업비 조달 계획 등 대통령령으로 정하는 내용이 포함된 사업 정상화 계획을 제출받아 계획의 타당성을 심사한 후 취소 여부를 결정하여야 한다. <신설 2013.6.4> ⑭ 제12항에도 불구하고 사업계획승인권자는 해당 사업의 시공자 등이 제4항에 따른 해당 주택건설대지의 소유권 등을 확보하고 사업주체 변경을 위하여 제5항에 따른 사업계획의 변경승인을 요청하는 경우에 이를 승인할 수 있다. <신설 2013.6.4> [전문개정 2009.2.3]	바. 그 밖에 국토교통부령이 정하는 서류 제15조의2(주택단지의 분할 건설·공급) ① 법 제16조제2항에 따라 공구별로 분할하여 주택을 건설·공급할 수 있는 주택단지의 주택호수 및 대지규모에 관한 기준은 다음 각 호의 어느 하나에 해당하는 경우로 한다. 1. 전체 세대수가 1천세대 이상인 주택단지 2. 대지 면적이 5만제곱미터 이상인 주택단지 ② 제1항의 경우에 사업계획승인권자는 지역별 인구 및 주택수요 등을 고려하여 제1항 각 호에 따른 기준의 100분의 10의 범위에서 해당 시·도 또는 시·군의 조례로 완화하여 정할 수 있다. ③ 제1항 및 제2항 외에 주택단지의 공구별 분할 건설·공급의 절차와 방법에 관한 세부기준은 국토교통부장관이 정하여 고시한다. <개정 2013.3.23> [본조신설 2012.7.24] 제16조(표본설계도서의 승인) ① 한국토지주택공사, 지방공사 또는 등록사업자는 동일한 규모의 주택을 대량으로 건설하고자 하는 경우에는 국토교통부령이 정하는 바에 의하여 국토교통부장관에게 주택의 형별로 표본설계도서를 작성·제출하여 그 승인을 얻을 수 있다. <개정 2005.3.8, 2006.2.24, 2008.2.29, 2009.9.21, 2013.3.23> ② 국토교통부장관은 제1항의 규정에 의한 승인을 하고자 하는 때에는 관계 행정기관의 장과 협의하여야 하며, 협의요청을 받은 기관은 정당한 사유가 없는 한 그 요청을 받은 날부터 15일 이내에 국토교통부장관에게 의견을 통보하여야 한다. <개정 2008.2.29, 2013.3.23> ③ 국토교통부장관은 제1항의 규정에 의하여 표본설계도	획승인을 신청하는 경우에 한한다) 7. 사업등록수탁기관에서 발급 받은 등록사업자의 행정처분 사실을 확인하는 서류(사업등록수탁기관이 관리하는 전산정보자료를 포함한다) ③ 법 제16조제1항 또는 제3항에 따라 주택건설사업계획이나 대지조성사업계획의 승인신청을 받은 사업계획승인권자는 「전자정부법」 제36조제1항에 따른 행정정보의 공동이용을 통하여 토지 등기사항증명서(사업주체가 국가, 지방자치단체, 한국토지주택공사 또는 지방공사인 경우는 제외한다)와 토지이용계획확인서를 확인하여야 한다 <신설 2006.8.7, 2011.4.11, 2012.3.16, 2012.7.26> ④ 영 제15조제5항제2호 가목 및 나목의 규정에 의한 대지조성사업계획승인신청서 및 대지조성사업계획서는 별지 제12호서식에 의한다. <개정 2006.8.7> ⑤ 영 제15조제5항제2호 다목 본문의 규정에 의한 대지조성공사설계도서는 별표 3과 같으며, 동목 단서에서 "국토교통부령이 정하는 도서"라 함은 별표 3에 규정된 도서중 위치도·지형도·평면도와 부대시설설계도를 말한다. <개정 2006.8.7, 2008.3.14, 2013.3.23> ⑥ 영 제15조제5항제2호 마목의 규정에 의한 공급계획서에는 다음 각호의 사항이 포함되어야 하며, 이에는 대지의 용도별

	서의 승인을 한 때에는 그 내용을 시·도지사에게 통보하여야 한다. <개정 2008.2.29, 2013.3.23> 제17조(사업계획의 승인절차 등) ①국토교통부장관 또는 시·도지사는 법 제16조의 규정에 의한 사업계획승인의 신청을 받은 때에는 정당한 사유가 없는 한 그 신청을 받은 날부터 60일 이내에 사업주체에게 승인여부를 통보하여야 한다. <개정 2008.2.29, 2013.3.23> ②국토교통부장관은 제15조제4항 각호에 해당하는 주택건설사업계획의 승인을 한 때에는 지체없이 관할 시·도지사에게 그 내용을 통보하여야 한다. <개정 2008.2.29, 2013.3.23> ③국토교통부장관 또는 시·도지사는 법 제60조에 따른 국민주택기금(이하 "국민주택기금"이라 한다)을 지원받은 사업주체에 대하여 법 제16조제5항 본문에 따른 사업계획의 변경승인을 한 때에는 그 내용을 해당 사업에 대한 융자를 취급한 기금수탁자에게 통지하여야 한다. <개정 2005.3.8, 2008.2.29, 2012.7.24, 2013.3.23> ④ 국민주택기금을 지원받은 사업주체가 사업주체를 변경하기 위하여 법 제16조제5항 본문에 따른 사업계획의 변경승인을 신청하는 경우에는 기금수탁자의 사업주체 변경에 관한 동의서를 첨부하여야 한다. <신설 2008.11.5, 2012.7.24> ⑤법 제16조제8항에 따른 고시에는 다음 각 호의 사항이 포함되어야 한다. <개정 2005.3.8, 2005.9.16, 2008.11.5, 2012.7.24> 1. 사업의 명칭 2. 사업주체의 성명·주소(법인인 경우에는 법인의 명칭·소재지와 대표자의 성명·주소를 말한다)	·공급대상자별 분할도면을 첨부하여야 한다. <개정 2006.8.7> 1. 대지의 위치 및 면적 2. 공급대상자 3. 대지의 용도 4. 공급시기·방법 및 조건 ⑦영 제15조제5항제2호 바목에서 "국토교통부령이 정하는 서류"란 제2항제1호, 제2호, 제3호의2, 제4호 및 제7호의 서류를 말한다. <개정 2006.8.7, 2008.3.14, 2010.7.6, 2013.3.23> ⑧사업계획승인권자(법 제16조 및 영 제117조에 따라 주택건설사업계획 및 대지조성사업계획의 승인을 하는 국토교통부장관 또는 시·도지사를 말한다. 이하 같다)는 법 제16조제1항 또는 제3항에 따라 주택건설사업계획 또는 대지조성사업계획의 승인을 한 때에는 별지 제13호서식의 사업계획(변경)승인서를 신청인에게 발급하여야 한다. <개정 2006.8.7, 2008.3.14, 2012.7.26, 2013.3.23> ⑨시·도지사는 매월말일 기준으로 별지 제14호서식에 따른 주택건설사업계획승인 결과보고서 및 별지 제15호서식에 따른 주택건설실적보고서를 작성하여 다음 달 15일까지 국토교통부장관에게 송부(전자문서에 의한 송부를 포함한다)하여야 한다. 다만, 제50조에 따른 공동주택관리정보체계에 관련 정보를 입력하는

3. 사업시행지의 위치·면적 및 건설주택의 규모 4. 사업시행기간 5. 법 제17조제1항의 규정에 의하여 고시가 의제되는 사항 제18조(공사착수기간의 연장) 법 제16조제9항 각 호 외의 부분 단서에서 "대통령령으로 정하는 정당한 사유"란 다음 각 호의 어느 하나에 해당하는 경우를 말한다. <개정 2005.3.8, 2005.9.16, 2007.8.17, 2012.7.24, 2013.5.31> 1. 「문화재보호법」 제56조의 규정에 의하여 문화재청장의 발굴통지서 교부가 있은 경우 2. 당해 사업시행지에 대한 소유권 분쟁(소송절차가 진행중인 경우에 한한다)으로 인하여 공사착수가 지연되는 경우 3. 사업계획승인의 조건으로 부과된 사항을 이행함에 따라 공사착수가 지연되는 경우 4. 천재지변 또는 사업주체에게 책임이 없는 불가항력적인 사유로 인하여 공사착수가 지연되는 경우 5. 공공택지의 개발·조성을 위한 계획에 포함된 기반시설의 설치 지연으로 공사착수가 지연되는 경우 6. 해당 지역의 미분양주택 증가 등으로 사업성이 악화될 우려가 있거나 주택건설경기가 침체되는 등 공사에 착수하지 못할 부득이한 사유가 있다고 사업계획승인권자가 인정하는 경우 제18조의2(사업계획 승인의 취소) 법 제16조제13항에서 "사업계획 이행, 사업비 조달 계획 등 대통령령으로 정하는 내용"이란 다음 각 호의 내용을 말한다. 1. 공사일정, 준공예정일 등 사업계획의 이행에 관한 계획	경우에는 이를 송부한 것으로 본다. <개정 2006.8.7, 2007.12.13, 2008.3.14, 2010.7.6, 2013.3.23> 제10조(표본설계도서의 승인신청) 영 제16조제1항의 규정에 의한 표본설계도서의 승인을 얻고자 하는 자는 표본설계도서에 다음 각호의 도서를 첨부하여 국토교통부장관에게 제출(전자문서에 의한 제출을 포함한다)하여야 한다. <개정 2007.12.13, 2008.3.14, 2013.3.23> 1. 마감표 2. 각층(지하층을 포함한다) 평면도 및 단위평면도 3. 입면도(전후면 및 측면) 4. 단면도(계단부분을 포함한다) 5. 구조도(기둥·보·슬라브 및 기초) 6. 구조계산서 7. 설비도(급수·위생·전기 및 소방) 8. 창호도 제11조(사업계획의 변경승인신청 등) ①법 제16조제5항 본문에 따른 사업계획의 변경승인을 받으려는 사업주체는 별지 제12호서식의 사업계획(변경)승인신청서에 사업계획변경내용 및 그 증빙서류를 첨부하여 사업계획승인권자에게 제출(전자문서에 의한 제출을 포함한다)하여야 한다. <개정 2005.3.9, 2007.12.13, 2012.3.16,

| | | 2. 사업비 확보 현황 및 방법 등이 포함된 사업비 조달 계획
3. 해당 사업과 관련된 소송 등 분쟁사항의 처리 계획
[본조신설 2013.12.4]
[종전 제18조의2는 제18조의3으로 이동 <2013.12.4>] | 2012.7.26>
②사업계획승인권자는 법 제16조제5항 본문에 따른 사업계획변경승인을 한 때에는 별지 제13호서식의 사업계획(변경)승인서를 신청인에게 발급하여야 한다. <개정 2005.3.9, 2012.7.26>
③사업계획승인권자는 사업주체가 입주자 모집의 공고(법 제10조제2항 및 제3항에 따른 사업주체가 주택을 건설하는 경우에는 법 제16조제1항 또는 제3항에 따른 사업계획승인을 말한다)를 한 후에는 다음 각 호의 어느 하나에 해당하는 사업계획의 변경을 승인하여서는 아니된다. 다만, 사업주체가 미리 입주예정자(법 제16조제2항에 따라 주택단지를 공구별로 건설·공급하여 기존 공구에 입주자가 있는 경우 제2호에 관하여는 그 입주자를 포함한다. 이하 이 항에서 같다)에게 사업계획의 변경에 관한 사항을 통보하여 입주예정자 5분의 4 이상의 동의를 얻은 경우에는 그러하지 아니하다. <개정 2012.7.26>
1. 주택(공급계약이 체결된 주택에 한한다)의 공급가격에 변경을 초래하는 사업비의 증액
2. 호당 또는 세대당 주택공급면적(바닥면적에 산입되는 면적으로서 사업주체가 공급하는 주택의 면적을 말한다. 이하 같다) 및 대지지분의 변경. 다만, |

다음 각목의 1에 해당하는 경우를 제외한다.
　가. 호당 또는 세대당 공용면적(제2조제2항제2호 가목의 규정에 의한 공용면적을 말한다) 또는 대지지분의 2퍼센트 이내의 증감
　나. 입주예정자가 없는 동 단위 공동주택의 세대당 주택공급면적의 변경
④법 제16조제5항 단서에서 "국토교통부령으로 정하는 경미한 사항"이란 다음 각 호의 사항을 말한다. 다만, 제1호·제3호 및 제7호는 사업주체가 국가·지방자치단체·한국토지주택공사 또는 지방공사인 경우에 한정한다. <개정 2005.3.9, 2008.3.14, 2011.4.11, 2012.7.26, 2013.3.23, 2014.2.7>
1. 총사업비의 20퍼센트의 범위안에서의 사업비의 증감. 다만, 국민주택을 건설하는 경우에는 국민주택기금이 증가되는 경우를 제외한다.
2. 건축물이 아닌 부대시설 및 복리시설의 설치기준 변경으로서 다음 각 목의 요건을 모두 충족하는 변경
　가. 해당 부대시설 및 복리시설 설치기준 이상으로의 변경일 것
　나. 위치변경(「건축법 시행규칙」 제2조제1항제4호에 따른 건축설비의 위치변경은 제외한다)이 발생하지 아니하는 변경일 것

		3. 대지면적의 20퍼센트의 범위안에서의 면적의 증감. 다만, 지구경계의 변경을 수반하거나 토지 또는 토지에 정착된 물건 및 그 토지나 물건에 관한 소유권외의 권리를 수용할 필요를 발생시키는 경우를 제외한다. 4. 세대수 또는 세대당 주택공급면적을 변경하지 아니하는 범위안에서의 내부구조의 위치나 면적의 변경(사업계획승인을 얻은 면적의 10퍼센트 범위안에서의 변경에 한한다) 5. 내장재료 및 외장재료의 변경(재료의 품질이 사업계획의 승인을 얻을 당시의 재료와 같거나 그 이상인 경우에 한한다) 6. 사업계획승인의 조건으로 부과된 사항을 이행함에 따라 발생되는 변경. 다만, 공공시설설치계획의 변경을 필요로 하는 경우를 제외한다. 7. 건축물의 설계와 용도별 위치를 변경하지 아니하는 범위안에서의 건축물의 배치조정 및 주택단지내 도로의 선형 변경 8. 「건축법 시행령」 제12조제3항 각호의 1에 해당하는 사항의 변경 ⑤사업주체는 제4항 각 호의 사항을 변경한 때에는 지체 없이 그 변경내용을 사업계획승인권자에게 통보(전자문서에 의한 통보를 포함한다)하여야 한다. 이 경

	우 사업계획승인권자는 사업주체로부터 통보받은 변경내용이 제4항 각 호의 범위에 해당하는지의 여부를 확인하여야 한다. <개정 2006.2.24, 2007.12.13>
	제12조(공사착수 연기 및 착공신고) ①사업주체는 법 제16조제9항 단서에 따라 공사착수기간을 연장하려는 때에는 별지 제16호서식의 착공연기신청서를 사업계획승인권자에게 제출(전자문서에 의한 제출을 포함한다)하여야 한다. <개정 2005.3.9, 2005.9.16, 2007.12.13, 2012.7.26>
	②사업주체는 법 제16조제10항에 따라 공사착수(법 제16조제3항에 따라 사업계획승인을 받은 경우에는 공구별 공사착수를 말한다)를 신고하려는 때에는 별지 제17호서식의 착공신고서에 다음 각 호의 도서를 첨부하여 사업계획승인권자에게 제출(전자문서에 의한 제출을 포함한다)하여야 한다. 다만, 제2호부터 제4호까지의 도서는 주택건설사업의 경우에 한정한다. <개정 2005.3.9, 2005.9.16, 2007.12.13, 2008.3.14, 2012.7.26, 2013.3.23>
	1. 사업관계자 상호간 계약서 사본
	2. 흙막이 구조도면(지하 2층 이상의 지하층을 설치하는 경우에 한한다)
	3. 영 제23조제1항의 규정에 의하여 작성하는 설계도서중 국토교통부장관이 정

		하여 고시하는 도서 4. 감리자(법 제24조제1항의 규정에 의하여 주택건설공사를 감리할 자로 지정받은 자를 말한다. 이하 같다)의 감리계획서 및 감리의견서 ③사업계획승인권자는 제1항 및 제2항의 규정에 의한 착공연기신청서 또는 착공신고서를 제출받은 때에는 별지 제18호서식의 착공연기확인서 또는 별지 제19호서식의 착공신고필증을 신청인 또는 신고인에게 교부하여야 한다.
제16조의2(사업계획의 통합심의 등) ① 사업계획승인권자는 필요하다고 인정하는 경우에 도시계획·건축·교통 등 사업계획승인과 관련된 다음 각 호의 사항을 통합하여 검토 및 심의(이하 "통합심의"라 한다)할 수 있다. 1. 「건축법」에 따른 건축심의 2. 「국토의 계획 및 이용에 관한 법률」에 따른 도시·군관리계획 및 개발행위 관련 사항 3. 「대도시권 광역교통관리에 관한 특별법」에 따른 광역교통개선대책 4. 「도시교통정비 촉진법」에 따른 교통영향분석·개선대책 5. 그 밖에 사업계획승인권자가 필요하다고 인정하여 통합심의에 부치는 사항 ② 제16조제1항 또는 제3항에 따라 사업계획승인을 받으려는 자가 통합심의를 신청하는 경우 제1항 각 호와 관련된 서류를 첨부하여야 한다. 이 경우 사업계획승인권자는 통합심의를 효율적으로 처리하기 위하여 필요한 경우 제출기한을 정하여 제출하도록 할 수 있다.		

③ 사업계획승인권자가 통합심의를 하는 경우에는 다음 각 호의 어느 하나에 해당하는 위원회에 속하고 해당 위원회의 위원장의 추천을 받은 위원들과 사업계획승인권자가 속한 지방자치단체 소속 공무원으로 소집된 공동위원회를 구성하여 통합심의를 하여야 한다. 이 경우 공동위원회의 구성, 통합심의 방법 및 절차에 관한 사항은 대통령령으로 정한다. 1. 「건축법」에 따른 중앙건축위원회 및 지방건축위원회 2. 「국토의 계획 및 이용에 관한 법률」에 따라 해당 주택단지가 속한 시·도에 설치된 지방도시계획위원회 3. 「대도시권 광역교통관리에 관한 특별법」에 따라 광역교통개선대책에 대하여 심의권한을 가진 국가교통위원회 4. 「도시교통정비 촉진법」에 따른 교통영향분석·개선대책심의위원회 ④ 사업계획승인권자는 통합심의를 한 경우 특별한 사유가 없으면 심의 결과를 반영하여 사업계획을 승인하여야 한다. ⑤ 통합심의를 거친 경우에는 제1항 각 호에 대한 검토·심의·조사·협의·조정 또는 재정을 거친 것으로 본다. [본조신설 2012.1.26]	제18조의3(공동위원회의 구성) ① 법 제16조의2제3항에 따른 공동위원회(이하 "공동위원회"라 한다)는 위원장 및 부위원장 각 1명을 포함하여 25명 이상 30명 이하의 위원으로 구성한다. ② 공동위원회 위원장은 법 제16조의2제3항 각 호의 어느 하나에 해당하는 위원회의 위원장의 추천을 받은 위원 중에서 호선(互選)한다. ③ 공동위원회 부위원장은 사업계획승인권자가 속한 지방자치단체 소속 공무원 중에서 위원장이 지명한다. ④ 공동위원회 위원은 법 제16조의2제3항 각 호의 위원회의 위원이 각각 5명 이상이 되어야 한다. [본조신설 2012.7.24] [제18조의2에서 이동, 종전 제18조의3은 제18조의4로 이동 <2013.12.4>] 제18조의4(위원의 제척·기피·회피) ① 공동위원회 위원(이하 이 조 및 제18조의5에서 "위원"이라 한다)이 다음 각 호의 어느 하나에 해당하는 경우에는 공동위원회의 심의·의결에서 제척(除斥)된다. <개정 2013.12.4> 1. 위원 또는 그 배우자나 배우자이었던 사람이 해당 안건의 당사자(당사자가 법인·단체 등인 경우에는 그 임원을 포함한다. 이하 이 호 및 제2호에서 같다)가 되거나 그 안건의 당사자와 공동권리자 또는 공동의무자인 경우 2. 위원이 해당 안건의 당사자와 친족이거나 친족이었던 경우 3. 위원이 해당 안건에 대하여 자문, 연구, 용역(하도급을 포함한다), 감정 또는 조사를 한 경우 4. 위원이나 위원이 속한 법인·단체 등이 해당 안건의

| | 당사자의 대리인이거나 대리인이었던 경우
5. 위원이 임원 또는 직원으로 재직하고 있거나 최근 3년 내에 재직하였던 기업 등이 해당 안건에 대하여 자문, 연구, 용역(하도급을 포함한다), 감정 또는 조사를 한 경우
② 해당 안건의 당사자는 위원에게 공정한 심의·의결을 기대하기 어려운 사정이 있는 경우에는 공동위원회에 기피 신청을 할 수 있고, 공동위원회는 의결로 이를 결정한다. 이 경우 기피 신청의 대상인 위원은 그 의결에 참여하지 못한다.
③ 위원이 제1항 각 호에 따른 제척 사유에 해당하는 경우에는 스스로 해당 안건의 심의·의결에서 회피(回避)하여야 한다.
[본조신설 2012.7.24]
[제18조의3에서 이동, 종전 제18조의4는 제18조의5로 이동 <2013.12.4>]

제18조의5(통합심의의 방법과 절차) ① 법 제16조의2제3항에 따라 사업계획을 통합심의하는 경우 사업계획승인권자는 공동위원회를 개최하기 7일 전까지 회의 일시, 장소 및 상정 안건 등 회의 내용을 위원에게 알려야 한다.
② 공동위원회의 회의는 재적위원 과반수의 출석으로 개의(開議)하고, 출석위원 과반수의 찬성으로 의결한다.
③ 공동위원회 위원장은 통합심의와 관련하여 필요하다고 인정하는 경우 또는 사업계획승인권자가 요청한 경우에는 사업계획승인을 받으려는 자 등 당사자 또는 관계자를 출석하게 하여 의견을 듣거나 설명하게 할 수 있다.
④ 공동위원회는 사업계획승인과 관련된 사항, 당사자 | |

	또는 관계자 등의 의견 및 설명, 관계 기관의 의견 등을 종합적으로 검토하여 심의하여야 한다. ⑤ 공동위원회는 회의내용을 녹취하고, 회의록을 작성하여야 한다. ⑥ 공동위원회의 회의에 참석한 위원에게는 예산의 범위에서 수당 및 여비를 지급할 수 있다. 다만, 공무원인 위원이 그 소관업무와 직접 관련되어 위원회에 출석하는 경우에는 그러하지 아니하다. ⑦ 이 영에서 규정한 사항 외에 위원회의 운영에 필요한 사항은 위원회의 의결을 거쳐 위원장이 정한다. [본조신설 2012.7.24] [제18조의4에서 이동 <2013.12.4>
제17조(다른 법률에 따른 인가·허가 등의 의제 등) ① 사업계획승인권자가 제16조에 따라 사업계획을 승인할 때 다음 각 호의 허가·인가·결정·승인 또는 신고 등(이하 "인·허가등"이라 한다)에 관하여 제3항에 따른 관계 행정기관의 장과 협의한 사항에 대하여는 해당 인·허가등을 받은 것으로 보며, 사업계획의 승인고시가 있은 때에는 다음 각 호의 관계 법률에 따른 고시가 있은 것으로 본다. <개정 2009.3.25, 2009.6.9, 2010.1.27, 2010.4.15, 2010.5.31, 2011.4.14, 2014.1.14> 1. 「건축법」 제11조에 따른 건축허가, 같은 법 제14조에 따른 건축신고 및 같은 법 제20조에 따른 가설건축물의 건축허가 또는 신고 2. 「공유수면 관리 및 매립에 관한 법률」 제8조에 따른 공유수면의 점용·사용허가, 같은 법 제10조에 따른 협의 또는 승인, 같은 법 제17조에 따른 점용·사용 실시계획의 승인 또는 신고, 같은 법 제28조에 따른 공유수면의 매립면허, 같은 법 제35조에 따른 국가 등	

이 시행하는 매립의 협의 또는 승인 및 같은 법 제38조에 따른 공유수면매립실시계획의 승인
3. 삭제 <2010.4.15>
4. 「광업법」 제42조에 따른 채굴계획의 인가
5. 「국토의 계획 및 이용에 관한 법률」 제30조에 따른 도시·군관리계획(같은 법 제2조제4호다목의 계획 및 같은 호 마목의 계획 중 같은 법 제51조제1항에 따른 지구단위계획구역 및 지구단위계획만 해당한다)의 결정, 같은 법 제56조에 따른 개발행위의 허가, 같은 법 제86조에 따른 도시·군계획시설사업 시행자의 지정, 같은 법 제88조에 따른 실시계획의 인가, 같은 법 제118조에 따른 토지거래계약의 허가 및 같은 법 제130조제2항에 따른 타인의 토지에의 출입허가
6. 「농어촌정비법」 제23조에 따른 농업생산기반시설의 목적 외 사용의 승인
7. 「농지법」 제34조에 따른 농지전용(農地轉用)의 허가 또는 협의
8. 「도로법」 제36조에 따른 도로공사 시행의 허가, 같은 법 제61조에 따른 도로점용의 허가
9. 「도시개발법」 제3조에 따른 도시개발구역의 지정, 같은 법 제11조에 따른 시행자의 지정, 같은 법 제17조에 따른 실시계획의 인가 및 같은 법 제64조제2항에 따른 타인의 토지에의 출입허가
10. 「사도법」 제4조에 따른 사도(私道)의 개설허가
11. 「사방사업법」 제14조에 따른 토지의 형질변경 등의 허가, 같은 법 제20조에 따른 사방지(砂防地) 지정의 해제
12. 「산지관리법」 제14조·제15조에 따른 산지전용허가 및 산지전용신고, 같은 법 제15조의2에 따른 산지일

시사용허가·신고와 「산림자원의 조성 및 관리에 관한 법률」 제36조제1항·제4항에 따른 입목벌채등의 허가·신고 및 「산림보호법」 제9조제1항 및 제2항제1호·제2호에 따른 산림보호구역에서의 행위의 허가·신고. 다만, 「산림자원의 조성 및 관리에 관한 법률」에 따른 채종림·시험림과 「산림보호법」에 따른 산림유전자원보호구역의 경우는 제외한다.		
13. 「소하천정비법」 제10조에 따른 소하천공사 시행의 허가, 같은 법 제14조에 따른 소하천 점용 등의 허가 또는 신고		
14. 「수도법」 제17조 또는 제49조에 따른 수도사업의 인가, 같은 법 제52조에 따른 전용상수도 설치의 인가		
15. 「연안관리법」 제25조에 따른 연안정비사업실시계획의 승인		
16. 「하수도법」 제34조제2항에 따른 개인하수처리시설의 설치신고		
17. 「유통산업발전법」 제8조에 따른 대규모점포의 등록		
18. 「장사 등에 관한 법률」 제27조제1항에 따른 무연분묘의 개장허가		
19. 「지하수법」 제7조 또는 제8조에 따른 지하수 개발·이용의 허가 또는 신고		
20. 「초지법」 제23조에 따른 초지전용의 허가		
21. 「측량·수로조사 및 지적에 관한 법률」 제15조제3항에 따른 지도등의 간행 심사		
22. 「택지개발촉진법」 제6조에 따른 행위의 허가		
23. 「하수도법」 제16조에 따른 공공하수도에 관한 공사 시행의 허가		

24. 「하천법」 제30조에 따른 하천공사 시행의 허가 및 하천공사실시계획의 인가, 같은 법 제33조에 따른 하천의 점용허가 및 같은 법 제50조에 따른 하천수의 사용허가 ② 인·허가등의 의제를 받으려는 자는 제16조제1항 또는 제3항에 따른 사업계획승인을 신청할 때에 해당 법률에서 정하는 관계 서류를 함께 제출하여야 한다. <개정 2012.1.26> ③ 사업계획승인권자는 제16조에 따라 사업계획을 승인하려는 경우 그 사업계획에 제1항 각 호의 어느 하나에 해당하는 사항이 포함되어 있는 경우에는 해당 법률에서 정하는 관계 서류를 미리 관계 행정기관의 장에게 제출한 후 협의하여야 한다. 이 경우 협의 요청을 받은 관계 행정기관의 장은 사업계획승인권자의 협의 요청을 받은 날부터 20일 이내에 의견을 제출하여야 하며, 그 기간 내에 의견을 제출하지 아니한 경우에는 협의가 완료된 것으로 본다. <개정 2013.6.4> ④ 제3항에 따라 사업계획승인권자의 협의 요청을 받은 관계 행정기관의 장은 해당 법률에서 규정한 인·허가등의 기준을 위반하여 협의에 응하여서는 아니 된다. <신설 2013.6.4> ⑤ 대통령령으로 정하는 비율 이상의 국민주택을 건설하는 사업주체가 제1항에 따라 다른 법률에 따른 인·허가 등을 받은 것으로 보는 경우에는 관계 법률에 따라 부과되는 수수료 등을 면제한다. <개정 2013.6.4> [전문개정 2009.2.3] 제18조(토지에의 출입 등) ① 국가·지방자치단체·한국토지주택공사 및 지방공사인 사업주체가 사업계획의 수립을	제19조(수수료 등의 면제기준) 법 제17조제5항에서 "대통령령으로 정하는 비율"이란 50퍼센트를 말한다. <개정 2013.12.4>	

위한 조사 또는 측량을 하려는 경우와 국민주택사업을 시행하기 위하여 필요한 경우에는 다음 각 호의 행위를 할 수 있다. <개정 2010.4.5>
1. 타인의 토지에 출입하는 행위
2. 특별한 용도로 이용되지 아니하고 있는 타인의 토지를 재료적치장 또는 임시도로로 일시 사용하는 행위
3. 특히 필요한 경우 죽목(竹木)·토석이나 그 밖의 장애물을 변경하거나 제거하는 행위
② 제1항에 따른 사업주체가 국민주택을 건설하거나 국민주택을 건설하기 위한 대지를 조성하는 경우에는 토지나 토지에 정착한 물건 및 그 토지나 물건에 관한 소유권 외의 권리(이하 "토지등"이라 한다)를 수용하거나 사용할 수 있다.
③ 제1항의 경우에는 「국토의 계획 및 이용에 관한 법률」 제130조제2항부터 제9항까지 및 같은 법 제144조제1항제2호·제3호를 준용한다. 이 경우 "도시·군계획시설사업의 시행자"는 "사업주체"로, "제130조제1항"은 "이 법 제18조제1항"으로 본다. <개정 2011.4.14>
[전문개정 2009.2.3]

제18조의2(매도청구 등) ① 제16조제4항제1호에 따라 사업계획승인을 받은 사업주체는 다음 각 호에 따라 해당 주택건설대지 중 사용할 수 있는 권원을 확보하지 못한 대지(건축물을 포함한다. 이하 이 조 및 제18조의3에서 같다)의 소유자에게 그 대지를 시가(市價)로 매도할 것을 청구할 수 있다. 이 경우 매도청구 대상이 되는 대지의 소유자와 매도청구를 하기 전에 3개월 이상 협의를 하여야 한다. <개정 2012.1.26>
1. 주택건설대지면적 중 100분의 95 이상에 대하여 사용

권원을 확보한 경우: 사용권원을 확보하지 못한 대지
　　의 모든 소유자에게 매도청구 가능
　2. 제1호 외의 경우: 사용권원을 확보하지 못한 대지의
　　소유자 중 지구단위계획구역 결정고시일 10년 이전에
　　해당 대지의 소유권을 취득하여 계속 보유하고 있는
　　자(대지의 소유기간을 산정할 때 대지소유자가 직계
　　존속·직계비속 및 배우자로부터 상속받아 소유권을
　　취득한 경우에는 피상속인의 소유기간을 합산한다)를
　　제외한 소유자에게 매도청구 가능
② 제32조제1항에 따라 인가를 받아 설립된 리모델링주
택조합은 그 리모델링 결의에 찬성하지 아니하는 자의
주택 및 토지에 대하여 매도청구를 할 수 있다.
③ 제1항 및 제2항에 따른 매도청구에 관하여는 「집합
건물의 소유 및 관리에 관한 법률」 제48조를 준용한다.
이 경우 구분소유권 및 대지사용권은 주택건설사업 또
는 리모델링사업의 매도청구의 대상이 되는 건축물 또
는 토지의 소유권과 그 밖의 권리로 본다.
[전문개정 2009.2.3]

제18조의3(소유자를 확인하기 곤란한 대지 등에 대한 처
분) ① 제16조제4항제1호에 따라 사업계획승인을 받은
사업주체는 해당 주택건설대지 중 사용할 수 있는 권원
을 확보하지 못한 대지의 소유자가 있는 곳을 확인하기
가 현저히 곤란한 경우에는 전국적으로 배포되는 둘 이
상의 일간신문에 두 차례 이상 공고하고, 공고한 날부터
30일 이상이 지났을 때에는 제18조의2에 따른 매도청구
대상의 대지로 본다. <개정 2012.1.26>
② 사업주체는 제1항에 따른 매도청구 대상 대지의 감정
평가액에 해당하는 금액을 법원에 공탁(供託)하고 주택

건설사업을 시행할 수 있다. ③ 제2항에 따른 대지의 감정평가액은 사업계획승인권자가 추천하는 「부동산 가격공시 및 감정평가에 관한 법률」에 따른 감정평가업자 2명 이상이 평가한 금액을 산술평균하여 산정한다. [전문개정 2009.2.3] 제19조(토지에의 출입 등에 따른 손실보상) ① 제18조제1항에 따른 행위로 인하여 손실을 입은 자가 있는 경우에는 그 행위를 한 사업주체가 그 손실을 보상하여야 한다. ② 제1항에 따른 손실보상에 관하여는 그 손실을 보상할 자와 손실을 입은 자가 협의하여야 한다. ③ 손실을 보상할 자 또는 손실을 입은 자는 제2항에 따른 협의가 성립되지 아니하거나 협의를 할 수 없는 경우에는 「공익사업을 위한 토지 등의 취득 및 보상에 관한 법률」에 따른 관할 토지수용위원회에 재결(裁決)을 신청할 수 있다. ④ 제3항에 따른 관할 토지수용위원회의 재결에 관하여는 「공익사업을 위한 토지 등의 취득 및 보상에 관한 법률」 제83조부터 제87조까지의 규정을 준용한다. [전문개정 2009.2.3] 제20조(주택건설공사의 시공 제한 등) ① 제16조에 따른 사업계획승인을 받은 주택의 건설공사는 「건설산업기본법」 제9조에 따른 건설업자로서 대통령령으로 정하는 자 또는 제12조에 따라 건설업자로 간주하는 등록사업자가 아니면 이를 시공할 수 없다. ② 공동주택의 방수·위생 및 냉난방 설비공사는 「건설	제20조(주택건설공사의 시공제한 등) ①법 제20조제1항에서 "대통령령이 정하는 자"라 함은 「건설산업기본법」 제9조의 규정에 의한 토목건축공사업 또는 건축공사업의 등록을 한 자를 말한다. <개정 2005.3.8>

산업기본법」 제9조에 따른 건설업자로서 대통령령으로 정하는 자(특정열사용기자재를 설치·시공하는 경우에는 「에너지이용 합리화법」에 따른 시공업자를 말한다)가 아니면 이를 시공할 수 없다.
③ 국가 또는 지방자치단체인 사업주체는 제16조에 따른 사업계획승인을 받은 주택건설공사의 설계와 시공을 분리하여 발주하여야 한다. 다만, 주택건설공사 중 대통령령으로 정하는 대형공사로서 기술관리상 설계와 시공을 분리하여 발주할 수 없는 공사의 경우에는 대통령령으로 정하는 입찰방법으로 시행할 수 있다.
[전문개정 2009.2.3]

제21조(주택건설기준 등) ① 사업주체가 건설·공급하는 주택의 건설 등에 관한 다음 각 호의 기준(이하 "주택건설기준등"이라 한다)은 대통령령으로 정한다. <개정 2011.3.30, 2013.6.4>
1. 주택의 배치, 세대 간의 경계벽, 바닥충격음 차단구조, 구조내력(構造耐力) 등에 관한 주택건설기준
2. 부대시설의 설치기준
3. 복리시설의 설치기준
4. 주택의 규모 및 규모별 건설 비율
5. 대지조성기준
6. 세대구분형 공동주택, 에너지절약형 친환경주택 및 건강친화형 주택의 건설기준
② 지방자치단체는 그 지역의 특성, 주택의 규모 등을 고려하여 주택건설기준등의 범위에서 조례로 구체적인 기준을 정할 수 있다.
③ 사업주체는 제1항의 주택건설기준등 및 제2항의 기준

② 법 제20조제2항중 "대통령령이 정하는 자"라 함은 「건설산업기본법」 제9조의 규정에 의하여 다음 각호의 1에 해당하는 건설업의 등록을 한 자를 말한다. <개정 2005.3.8>
1. 방수설비공사 : 미장·방수·조적공사업
2. 위생설비공사 : 기계설비공사업
3. 냉·난방설비공사 : 기계설비공사업·난방시공업
③ 법 제20조제3항에서 "대통령령이 정하는 대형공사"라 함은 총공사비(대지구입비를 제외한다)가 500억원 이상인 공사를 말하며, "대통령령이 정하는 입찰방법"이라 함은 「국가를 당사자로 하는 계약에 관한 법률 시행령」 제79조제1항제5호의 규정에 의한 일괄입찰을 말한다. <개정 2005.3.8>

제21조(주택의 규모 및 규모별 건설비율) ①법 제21조제1항제4호의 규정에 의하여 사업주체가 건설·공급할 수 있는 주택의 규모는 단독주택은 1호당 330제곱미터 이하로 하고, 공동주택(주택과 주택 외의 시설을 동일 건축물로 건축한 경우로서 층수가 50층 이상이거나 높이가 150미터 이상인 건축물 내 공동주택은 제외한다)은 1세대당 297제곱미터 이하로 한다. <개정 2012.3.13>
② 국토교통부장관은 도시의 건전한 발전과 산업 및 관광

에 따라 주택건설사업 또는 대지조성사업을 시행하여야 한다. [전문개정 2009.2.3]	의 진흥을 위하여 필요하거나 그 밖에 특별한 사유가 있는 경우에는 제1항의 기준에 의하지 아니하고 사업주체가 건설·공급할 수 있는 주택의 규모를 따로 정할 수 있다. <개정 2008.2.29, 2013.3.23> ③제1항 및 제2항의 규정에 의한 주택규모는 주거전용면적을 기준으로 산정한다. ④국토교통부장관은 주택수급의 적정을 기하기 위하여 필요하다고 인정하는 때에는 법 제21조제1항제4호의 규정에 의하여 사업주체가 건설하는 주택의 75퍼센트(법 제10조제2항 및 제3항의 규정에 의한 주택조합이나 고용자가 건설하는 주택은 100퍼센트) 이하의 범위안에서 일정 비율 이상을 국민주택규모로 건설하게 할 수 있다. <개정 2008.2.29, 2013.3.23> ⑤제4항의 규정에 의한 국민주택규모 주택의 건설비율은 단위사업계획별로 적용한다. 제22조(주택건설기준 등에 관한 규정) 법 제21조제1항제1호부터 제3호까지, 제5호 및 제6호(세대구분형 공동주택의 건설기준은 제외한다)의 주택건설기준 등에 관하여는 따로 대통령령으로 정한다. <개정 2013.12.4> [제목개정 2013.12.4]	
제21조의2(공동주택성능등급의 표시) 사업주체가 대통령령으로 정하는 호수 이상의 공동주택을 공급할 때에는 주택의 성능 및 품질을 입주자가 알 수 있도록 「녹색건축물 조성 지원법」에 따라 다음 각 호의 공동주택성능에 대한 등급을 발급받아 국토교통부령으로 정하는 방법으로 입주자 모집공고에 표시하여야 한다. 1. 경량충격음·중량충격음·화장실소음·경계소음 등 소음 관련 등급		

2. 리모델링 등에 대비한 가변성 및 수리 용이성 등 구조 관련 등급
3. 조경·일조확보율·실내공기질·에너지절약 등 환경 관련 등급
4. 커뮤니티시설, 사회적 약자 배려, 홈네트워크, 방범안전 등 생활환경 관련 등급
5. 화재·소방·피난안전 등 화재·소방 관련 등급
[본조신설 2013.12.24]

제21조의3(환기시설의 설치 등) 사업주체는 공동주택의 실내 공기의 원활한 환기를 위하여 대통령령으로 정하는 기준에 따라 환기시설을 설치하여야 한다.
[전문개정 2009.2.3]

제21조의4(바닥충격음 성능등급 인정 등) ① 국토교통부장관은 제21조제1항제1호에 따른 주택건설기준 중 공동주택 바닥충격음 차단구조의 성능등급을 대통령령으로 정하는 기준에 따라 인정하는 기관(이하 "바닥충격음 성능등급 인정기관"이라 한다)을 지정할 수 있다. <개정 2013.3.23>
② 바닥충격음 성능등급 인정기관은 성능등급을 인정받은 제품(이하 "인정제품"이라 한다)이 다음 각 호의 어느 하나에 해당하면 그 인정을 취소할 수 있다. 다만, 제1호에 해당하는 경우에는 그 인정을 취소하여야 한다. <개정 2013.6.4>
1. 거짓이나 그 밖의 부정한 방법으로 인정받은 경우
2. 인정받은 내용과 다르게 판매·시공한 경우
3. 인정제품이 국토교통부령으로 정한 품질관리기준을 준수하지 아니한 경우

4. 인정의 유효기간을 연장하기 위한 시험결과를 제출하지 아니한 경우 ③ 제1항에 따른 바닥충격음 차단구조의 성능등급 인정의 유효기간 및 성능등급 인정에 드는 수수료 등 바닥충격음 차단구조의 성능등급 인정에 필요한 사항은 대통령령으로 정한다. <신설 2013.6.4> ④ 바닥충격음 성능등급 인정기관의 지정 요건 및 절차 등에 대하여는 대통령령으로 정한다. <개정 2013.6.4> ⑤ 국토교통부장관은 바닥충격음 성능등급 인정기관이 다음 각 호의 어느 하나에 해당하는 경우 그 지정을 취소할 수 있다. 다만, 제1호에 해당하는 경우에는 그 지정을 취소하여야 한다. <신설 2013.6.4> 1. 거짓이나 그 밖의 부정한 방법으로 인정기관으로 지정을 받은 경우 2. 제1항에 따른 바닥충격음 차단구조의 성능등급의 인정기준을 위반하여 업무를 수행한 경우 3. 제4항에 따른 인정기관의 지정 요건에 맞지 아니한 경우 4. 정당한 사유 없이 2년 이상 계속하여 인정업무를 수행하지 아니한 경우 ⑥ 국토교통부장관은 바닥충격음 성능등급 인정기관에 대하여 성능등급의 인정현황 등 업무에 관한 자료를 제출하게 하거나 소속 공무원에게 관련 서류 등을 검사하게 할 수 있다. <신설 2013.6.4> ⑦ 제6항에 따라 검사를 하는 공무원은 그 권한을 나타내는 증표를 지니고 이를 관계인에게 내보여야 한다. <신설 2013.6.4> [전문개정 2009.2.3]		

제21조의5(소음방지대책의 수립) ① 사업계획승인권자는 주택의 건설에 따른 소음의 피해를 방지하고 주택건설지역 주민의 평온한 생활을 유지하기 위하여 주택건설사업을 시행하려는 사업주체에게 대통령령으로 정하는 바에 따라 소음방지대책을 수립하도록 하여야 한다. ② 사업계획승인권자는 대통령령으로 정하는 주택건설지역이 도로와 인접한 경우에는 해당 도로의 관리청과 소음방지대책을 미리 협의하여야 한다. 이 경우 해당 도로의 관리청은 소음 관계 법률에서 정하는 소음기준 범위 내에서 필요한 의견을 제시할 수 있다. [본조신설 2012.12.18]		
제22조(주택의 설계 및 시공) ① 제16조에 따른 사업계획승인을 받아 건설되는 주택(부대시설과 복리시설을 포함한다. 이하 이 조, 제29조, 제38조, 제40조 및 제77조에서 같다)을 설계하는 자는 대통령령으로 정하는 설계도서 작성기준에 맞게 설계하여야 한다. ② 제1항에 따른 주택을 시공하는 자(이하 "시공자"라 한다)와 사업주체는 설계도서에 맞게 시공하여야 한다. [전문개정 2009.2.3]	제23조(주택의 설계 및 시공) ①법 제22조제1항에서 "대통령령이 정하는 설계도서작성기준"이라 함은 다음 각호의 기준을 말한다. 1. 설계도서는 설계도·시방서(示方書)·구조계산서·수량산출서·품질관리계획서 등으로 구분하여 작성할 것 2. 설계도 및 시방서에는 건축물의 규모와 설비·재료·공사방법 등을 기재할 것 3. 설계도·시방서·구조계산서는 상호 보완관계를 유지할 수 있도록 작성할 것 4. 품질관리계획서에는 설계도 및 시방서에 의한 품질확보를 위하여 필요한 사항을 정할 것 ②국토교통부장관은 제1항 각호의 기준에 관한 세부기준을 정하여 고시할 수 있다. <개정 2008.2.29, 2013.3.23>	

제23조(간선시설의 설치 및 비용의 상환) ① 사업주체가 대통령령으로 정하는 호수 이상의 주택건설사업을 시행하는 경우 또는 대통령령으로 정하는 면적 이상의 대지조성사업을 시행하는 경우 다음 각 호에 해당하는 자는 각각 해당 간선시설을 설치하여야 한다. 다만, 제1호에 해당하는 시설로서 사업주체가 제16조제1항 또는 제3항에 따른 주택건설사업계획 또는 대지조성사업계획에 포함하여 설치하려는 경우에는 그러하지 아니하다. <개정 2012.1.26> 1. 지방자치단체: 도로 및 상하수도시설 2. 해당 지역에 전기·통신·가스 또는 난방을 공급하는 자: 전기시설·통신시설·가스시설 또는 지역난방시설 3. 국가: 우체통 ② 제1항 각 호에 따른 간선시설은 특별한 사유가 없으면 제29조제1항에 따른 사용검사일까지 설치를 완료하여야 한다. ③ 제1항에 따른 간선시설의 설치 비용은 설치의무자가 부담한다. 이 경우 제1항제1호에 따른 간선시설의 설치비용은 그 비용의 2분의 1의 범위에서 국가가 보조할 수 있다. ④ 제3항에도 불구하고 제1항의 전기간선시설을 지중선로(地中線路)로 설치하는 경우에는 전기를 공급하는 자와 지중에 설치할 것을 요청하는 자가 각각 100분의 50의 비율로 그 설치 비용을 부담한다. 다만, 사업지구 밖의 기간시설로부터 그 사업지구 안의 가장 가까운 주택단지(사업지구 안에 1개의 주택단지가 있는 경우에는 그 주택단지를 말한다)의 경계선까지 전기간선시설을 설치하는 경우에는 전기를 공급하는 자가 부담한다. ⑤ 지방자치단체는 사업주체가 자신의 부담으로 제1항제	제24조(간선시설의 설치 등) ①법 제23조제1항 각 호 외의 부분 본문에서 "대통령령으로 정하는 호수"라 함은 100호(리모델링의 경우에는 증가하는 세대수가 100세대)를 말하며, "대통령령으로 정하는 면적"이라 함은 1만6천500제곱미터를 말한다. <개정 2006.2.24, 2012.7.24> ②국토교통부장관 또는 시·도지사는 제1항에 규정된 규모 이상의 주택건설 또는 대지조성에 관한 사업계획을 승인한 때에는 지체없이 법 제23조제1항 각호의 규정에 의한 간선시설 설치의무자(이하 "간선시설 설치의무자"라 한다)에게 그 사실을 통지하여야 한다. <개정 2008.2.29, 2013.3.23> ③간선시설 설치의무자는 사업계획에서 정한 사용검사예정일까지 해당 간선시설을 설치하지 못할 특별한 사유가 있는 때에는 제2항의 규정에 의한 통지를 받은 날부터 1월 이내에 그 사유와 설치가능시기를 명시하여 당해 사업주체에게 통보하여야 한다. ④법 제23조제6항에 따른 간선시설의 종류별 설치범위는 별표 2와 같다. <개정 2008.12.9>	

1호에 해당하지 아니하는 도로 또는 상하수도시설(해당 주택건설사업 또는 대지조성사업과 직접적으로 관련이 있는 경우로 한정한다)의 설치를 요청할 경우에는 이에 따를 수 있다.
⑥ 제1항에 따른 간선시설의 종류별 설치 범위는 대통령령으로 정한다.
⑦ 간선시설 설치의무자가 제2항의 기간까지 간선시설의 설치를 완료하지 못할 특별한 사유가 있는 경우에는 사업주체가 그 간선시설을 자기부담으로 설치하고 간선시설 설치의무자에게 그 비용의 상환을 요구할 수 있다.
⑧ 제7항에 따른 간선시설 설치 비용의 상환 방법 및 절차 등에 필요한 사항은 대통령령으로 정한다.
[전문개정 2009.2.3]

제25조(간선시설 설치비의 상환) ①사업주체가 법 제23조제7항에 따라 간선시설을 자기 부담으로 설치하려는 경우 간선시설 설치의무자는 같은 조 제8항에 따라 사업주체와 간선시설의 설치비상환계약을 체결하여야 한다. <개정 2008.12.9>
②제1항의 규정에 의한 간선시설의 설치비상환계약에서 정하는 설치비의 상환기간은 당해 공사의 사용검사일부터 3년 이내로 하여야 한다.
③간선시설 설치의무자가 제1항의 규정에 의한 간선시설의 설치비상환계약에 의하여 상환하여야 하는 금액은 다음 각호의 금액을 합산한 금액으로 한다. <개정 2005.3.8, 2010.11.15>
1. 설치비용
2. 상환 완료시까지의 설치비용에 대한 이자. 이 경우 그 이자율은 설치비상환계약체결일 당시의 정기예금 금리(「은행법」에 의하여 설립된 은행중 수신고를 기준으로 한 전국 상위 6개 시중은행의 1년 만기 정기예금 금리의 산술평균을 말한다. 이하 제85조제4항에서 같다)로 하되, 설치비상환계약에서 달리 정한 경우에는 그에 의한다.

제24조(주택의 감리 등) ① 사업계획승인권자는 제16조제1항 또는 제3항에 따른 주택건설사업계획을 승인하였을

제26조(감리자의 지정 및 감리원의 배치 등) ①시·도지사는 법 제24조제1항 본문에 따라 다음 각 호의 구분에 따

때와 시장(특별자치도의 경우에는 특별자치도지사를 말한다. 이하 같다)·군수·구청장이 제42조제2항제2호에 따른 리모델링의 허가를 하였을 때에는 「건축사법」 또는 「건설기술 진흥법」에 따른 감리자격이 있는 자를 대통령령으로 정하는 바에 따라 해당 주택건설공사를 감리할 자로 지정하여야 한다. 다만, 사업주체가 국가·지방자치단체·한국토지주택공사·지방공사 또는 대통령령으로 정하는 자인 경우와 「건축법」 제25조에 따라 공사감리를 하는 도시형 생활주택의 경우에는 그러하지 아니하다. <개정 2010.4.5, 2012.1.26, 2013.5.22>
② 제1항에 따라 감리할 자로 지정받은 자(이하 "감리자"라 한다)는 자기에게 소속된 자를 대통령령으로 정하는 바에 따라 감리원으로 배치하고, 다음 각 호의 업무를 수행하여야 한다. <개정 2013.5.22>
1. 시공자가 설계도서에 맞게 시공하는지 여부의 확인
2. 시공자가 사용하는 건축자재가 관계 법령에 따른 기준에 맞는 건축자재인지 여부의 확인
3. 주택건설공사에 대하여 「건설기술 진흥법」 제55조에 따른 품질시험을 하였는지 여부의 확인
4. 시공자가 사용하는 마감자재 및 제품이 제38조제3항에 따라 사업주체가 시장·군수·구청장에게 제출한 마감자재 목록표 및 영상물 등과 동일한지 여부의 확인
5. 그 밖에 주택건설공사의 시공감리에 관한 사항으로서 대통령령으로 정하는 사항
③ 감리자는 제2항 각 호에 따른 업무의 수행 상황을 국토교통부령으로 정하는 바에 따라 사업계획승인권자 및 사업주체에게 보고하여야 한다. <개정 2013.3.23>
④ 감리자는 제2항 각 호의 업무를 수행하면서 위반 사항을 발견하였을 때에는 지체 없이 시공자 및 사업주체

라 주택건설공사를 감리할 자를 지정하여야 한다. 이 경우 당해 주택건설공사를 시공하는 자의 계열회사(「독점규제 및 공정거래에 관한 법률」 제2조제3호에 따른 계열회사를 말한다)인 자를 지정하여서는 아니되며, 인접한 2 이상의 주택단지에 대하여는 감리자를 공동으로 지정할 수 있다. <개정 2004.3.29, 2005.3.8, 2007.3.16, 2014.5.22>
1. 300세대 미만의 주택건설공사 : 「건축사법」에 따라 건축사업무신고를 한 자 및 「건설기술 진흥법」에 따른 건설기술용역업자
2. 300세대 이상의 주택건설공사 : 「건설기술 진흥법」에 따른 건설기술용역업자
②국토교통부장관은 제1항의 규정에 의한 지정에 필요한 제출서류 그 밖에 지정에 관한 세부적인 기준을 정하여 고시할 수 있다. <개정 2008.2.29, 2013.3.23>
③제1항의 규정에 의하여 지정된 감리자는 법 제24조제2항의 규정에 의하여 다음 각호의 기준에 따라 감리원을 배치하여 감리를 하여야 한다. <개정 2004.3.29, 2005.3.8, 2008.2.29, 2013.3.23>
1. 국토교통부령이 정하는 감리자격이 있는 자를 공사현장에 상주시켜 감리할 것
2. 공사에 대한 감리업무를 총괄하는 총괄감리원 1인과 공사분야별 감리원을 각각 배치할 것
3. 총괄감리원은 주택건설공사 전 기간에 걸쳐 배치하고, 공사분야별 감리원은 해당 공사의 기간동안 배치할 것
4. 감리원을 다른 주택건설공사에 중복하여 배치하지 아니할 것
⑤감리자는 법 제16조제10항에 따라 착공신고를 하거나

제13조(감리원의 배치기준 등) ① 삭제 <2005.3.9>
②영 제26조제3항제1호에서 "국토교통부령이 정하는 감리자격이 있는 자"라 함은 다음 각 호의 자를 말한다. <개정 2005.3.9, 2006.2.24, 2007.3.16, 2008.3.14, 2010.12.20, 2013.3.23, 2014.5.22>
1. 감리업무를 총괄하는 총괄감리원의 경우
　가. 1천세대 미만의 주택건설공사 :

에게 위반 사항을 시정할 것을 통지하고, 7일 이내에 사업계획승인권자에게 그 내용을 보고하여야 한다. ⑤ 시공자 및 사업주체는 제4항에 따른 시정 통지를 받은 경우에는 즉시 해당 공사를 중지하고 위반 사항을 시정한 후 감리자의 확인을 받아야 한다. 이 경우 감리자의 시정 통지에 이의가 있을 때에는 즉시 그 공사를 중지하고 사업계획승인권자에게 서면으로 이의신청을 할 수 있다. ⑥ 사업주체는 감리자에게 국토교통부령으로 정하는 절차 등에 따라 공사감리비를 지급하여야 한다. <개정 2013.3.23> ⑦ 사업계획승인권자는 감리자가 감리자의 지정에 관한 서류를 부정 또는 거짓으로 제출하거나, 업무 수행 중 위반 사항이 있음을 알고도 묵인하는 등 대통령령으로 정하는 사유에 해당하는 경우에는 감리자를 교체하고, 그 감리자에 대하여는 1년의 범위에서 감리업무의 지정을 제한할 수 있다. ⑧ 사업주체와 감리자 간의 책임 내용 및 범위는 이 법에서 규정한 것 외에는 당사자 간의 계약으로 정한다. ⑨ 국토교통부장관은 제8항에 따른 계약을 체결할 때 사업주체와 감리자 간에 공정하게 계약이 체결되도록 하기 위하여 감리용역표준계약서를 정하여 보급할 수 있다. <개정 2013.3.23> ⑩ 제1항에 따른 감리자의 감리 방법 및 절차와 제5항에 따른 이의신청의 처리 등에 필요한 사항은 대통령령으로 정한다. [전문개정 2009.2.3]	감리업무의 범위에 속하는 각종 시험 및 자재확인 등을 하는 경우에는 서명 또는 날인을 하여야 한다. <개정 2005.3.8, 2005.9.16, 2012.7.24> ⑤주택건설공사에 대한 감리는 법 또는 이 영에서 정하는 사항외에는 「건축사법」 또는 「건설기술 진흥법」에서 정하는 바에 의한다. <개정 2005.3.8, 2014.5.22> 제27조(감리자의 업무) ①법 제24조제2항제5호에서 "대통령령이 정하는 사항"이라 함은 다음 각 호의 업무를 말한다. <개정 2008.2.29, 2008.12.9, 2013.3.23> 1. 설계도서가 당해 지형 등에 적합한지 여부의 확인 2. 설계변경에 관한 적정성의 확인 3. 시공계획·예정공정표 및 시공도면 등의 검토·확인 4. 방수·방음·단열시공의 적정성 확보, 재해의 예방, 시공상의 안전관리 그 밖에 건축공사의 질적 향상을 위하여 국토교통부장관이 정하여 고시하는 사항에 대한 검토·확인 ②국토교통부장관은 주택건설공사의 시공감리에 관한 세부적인 기준을 정하여 고시할 수 있다. <개정 2008.2.29, 2013.3.23> 제28조(이의신청의 처리) 시·도지사는 법 제24조제5항의 규정에 의한 이의신청이 있는 때에는 그 이의신청을 받은 날부터 10일 이내에 그 처리결과를 회신하여야 한다. 이 경우 감리자에게도 그 결과를 통보하여야 한다. 제29조(감리자의 교체 등) ①법 제24조제7항에서 "대통령령이 정하는 사유에 해당하는 경우"라 함은 다음 각 호의 어느 하나에 해당하는 경우를 말한다. <개정	「건설기술 진흥법 시행령」 별표 1 제2호에 따른 건설사업관리 업무를 수행하는 특급기술자 또는 고급기술자. 다만, 300세대 미만의 주택건설공사인 경우 「건축사법」에 따른 건축사 또는 건축사보로서 「건설기술 진흥법 시행령」 별표 1 제2호에 따른 건설사업관리 업무를 수행하는 특급기술자 또는 고급기술자의 등급에 해당하고 「건설기술 진흥법 시행령」 별표 3 제2호나목에 따른 기본교육 및 전문교육을 받은 자를 포함한다. 나. 1천세대 이상의 주택건설공사 : 「건설기술 진흥법 시행령」 별표 1 제2호에 따른 건설사업관리 업무를 수행하는 특급기술자 2. 공사분야별 감리원의 경우 : 「건설기술 진흥법 시행령」 별표 1 제2호에 따른 건설사업관리 업무를 수행하는 건설기술자. 다만, 300세대 미만의 주택건설공사인 경우 「건축사법」에 따른 건축사 또는 건축사보로서 「건설기술 진흥법 시행령」 별표 1 제2호에 따른 건설사업관리 업무를 수행하는 건설기술자 등급에 해당하고 「건설기술 진흥법 시행령」 별표 3 제2호나목에 따른 기본교육 및 전문교육을 받은 자를 포함한다.

	2006.2.24> 1. 감리업무 수행중 발견한 위반사항을 묵인한 경우 2. 법 제24조제5항의 규정에 의한 이의신청 결과 동조제4항의 규정에 의한 시정통지가 3회 이상 잘못된 것으로 판정된 경우 3. 공사기간중 공사현장에 1월 이상 감리원을 상주시키지 아니한 경우. 이 경우 기간계산은 제26조제3항의 규정에 의하여 감리원별로 상주시켜야 할 기간에 각 감리원이 상주하지 아니한 기간을 합산한다. 4. 감리자의 지정에 관한 서류를 거짓 그 밖의 부정한 방법으로 작성·제출한 경우 ②시·도지사는 법 제24조제7항의 규정에 의하여 감리자를 교체하고자 하는 때에는 당해 감리자 및 시공자·사업주체의 의견을 들어야 한다.	③감리자는 사업주체와 협의하여 감리원의 배치계획을 작성한 후 사업계획승인권자 및 사업주체에게 각각 이를 보고하여야 한다. 배치계획을 변경하는 경우에도 또한 같다. ④감리자는 법 제24조제3항의 규정에 의하여 사업계획승인권자 및 사업주체에게 분기별로 감리업무수행사항을 보고(전자문서에 의한 보고를 포함한다)하여야 하며, 감리업무를 완료한 때에는 최종보고서를 제출(전자문서에 의한 제출을 포함한다)하여야 한다. <개정 2007.12.13>
제24조의2(감리자의 업무 협조) ① 감리자는 「전력기술관리법」 제14조의2, 「정보통신공사업법」 제8조, 「소방시설공사업법」 제17조에 따라 감리업무를 수행하는 자 (이하 "다른 법률에 따른 감리자"라 한다)와 서로 협력하여 감리업무를 수행하여야 한다. ② 다른 법률에 따른 감리자는 공정별 감리계획서 등 대통령령으로 정하는 자료를 감리자에게 제출하여야 하며, 감리자는 제출된 자료를 근거로 다른 법률에 따른 감리자와 협의하여 전체 주택건설공사에 대한 감리계획서를 작성하여야 한다. ③ 감리자는 주택건설공사의 품질·안전 관리 및 원활한 공사 진행을 위하여 다른 법률에 따른 감리자에게 공정보고 및 시정을 요구할 수 있으며, 다른 법률에 따른 감리자는 요청에 따라야 한다. [전문개정 2009.2.3]	제30조(다른 법률에 의한 감리자의 자료제출) 법 제24조의2제2항에서 "대통령령이 정하는 자료"라 함은 다음 각호의 자료를 말한다. 1. 공정별 감리계획서 2. 공정보고서 3. 공사분야별로 필요한 부분에 대한 상세시공도면 [전문개정 2005.3.8]	

제24조의3(건축구조기술사와의 협력) ① 수직증축형 리모델링(세대수가 증가되지 아니하는 리모델링을 포함한다. 이하 같다)의 감리자는 감리업무 수행 중에 다음 각 호의 어느 하나에 해당하는 사항이 확인된 경우에는 「국가기술자격법」에 따른 건축구조기술사(해당 건축물의 리모델링 구조설계를 담당한 자를 말하며, 이하 "건축구조기술사"라 한다)의 협력을 받아야 한다. 다만, 구조설계를 담당한 건축구조기술사가 사망하는 등 대통령령으로 정하는 사유로 감리자가 협력을 받을 수 없는 경우에는 대통령령으로 정하는 건축구조기술사의 협력을 받아야 한다. 1. 수직증축형 리모델링 허가 시 제출한 구조도 또는 구조계산서와 다르게 시공하고자 하는 경우 2. 내력벽(耐力壁), 기둥, 바닥, 보 등 건축물의 주요 구조부에 대하여 수직증축형 리모델링 허가 시 제출한 도면보다 상세한 도면 작성이 필요한 경우 3. 내력벽, 기둥, 바닥, 보 등 건축물의 주요 구조부의 철거 또는 보강 공사를 하는 경우로서 국토교통부령으로 정하는 경우 4. 그 밖에 건축물의 구조에 영향을 미치는 사항으로서 국토교통부령으로 정하는 경우 ② 제1항에 따라 감리자에게 협력한 건축구조기술사는 분기별 감리보고서 및 최종 감리보고서에 감리자와 함께 서명날인하여야 한다. ③ 제1항에 따라 협력을 요청받은 건축구조기술사는 독립되고 공정한 입장에서 성실하게 업무를 수행하여야 한다. ④ 수직증축형 리모델링을 하려는 자는 제1항에 따라 감	제30조의2(건축구조기술사와의 협력) ① 법 제24조의3제1항 각 호 외의 부분 단서에서 "구조설계를 담당한 건축구조기술사가 사망하는 등 대통령령으로 정하는 사유로 감리자가 협력을 받을 수 없는 경우"란 다음 각 호의 어느 하나에 해당하는 경우를 말한다. 1. 구조설계를 담당한 건축구조기술사의 사망 또는 실종으로 감리자가 협력을 받을 수 없는 경우 2. 구조설계를 담당한 건축구조기술사의 해외 체류, 장기 입원 등으로 감리자가 즉시 협력을 받을 수 없는 경우 3. 구조설계를 담당한 건축구조기술사가 「국가기술자격법」에 따라 국가기술자격이 취소되거나 정지되어 감리자가 협력을 받을 수 없는 경우 ② 법 제24조의3제1항 각 호 외의 부분 단서에서 "대통령령으로 정하는 건축구조기술사"란 리모델링주택조합 등 수직증축형 리모델링(세대수가 증가되지 아니하는 리모델링을 포함한다. 이하 같다)을 하는 자(이하 이 조에서 "리모델링주택조합등"이라 한다)가 추천하는 건축구조기술사를 말한다. ③ 수직증축형 리모델링의 감리자는 제1항 각 호의 어느 하나에 해당하는 경우 지체 없이 리모델링주택조합등에 건축구조기술사 추천을 의뢰하여야 한다. 이 경우 추천	제13조의2(건축구조기술사와의 협력) ① 법 제24조의3제1항제3호에서 "국토교통부령으로 정하는 경우"란 다음 각 호의 어느 하나에 해당하는 경우를 말한다. 1. 내력벽(耐力壁), 기둥, 바닥, 보 등 건축물의 주요 구조부의 철거 공사를 하는 경우로서 철거 범위나 공법의 변경이 필요한 경우 2. 내력벽, 기둥, 바닥, 보 등 건축물의 주요 구조부의 보강 공사를 하는 경우로서 공법이나 재료의 변경이 필요한 경

리자에게 협력한 건축구조기술사에게 적정한 대가를 지급하여야 한다.
[본조신설 2013.12.24]

[종전 제24조의3은 제24조의4로 이동 <2013.12.24>]

제24조의4(부실감리자 등에 대한 조치) 사업계획승인권자는 제24조에 따라 지정·배치된 감리자 또는 감리원(다른 법률에 따른 감리자 또는 그에게 소속된 감리원을 포함한다)이 그 업무를 수행할 때 고의 또는 중대한 과실로 감리를 부실하게 하거나 관계 법령을 위반하여 감리를 함으로써 해당 사업주체 또는 입주자 등에게 피해를 입히는 등 주택건설공사가 부실하게 된 경우에는 그 감리자의 등록 또는 감리원의 면허나 그 밖의 자격인정 등을 한 행정기관의 장에게 등록말소·면허취소·자격정지·영업정지나 그 밖에 필요한 조치를 하도록 요청할 수 있다.
[전문개정 2009.2.3]

[제24조의3에서 이동 <2013.12.24>]

제25조(국공유지 등의 우선 매각 및 임대) ① 국가 또는 지방자치단체는 그가 소유하는 토지를 매각하거나 임대할 때 다음 각 호의 어느 하나의 목적으로 그 토지의 매수 또는 임차를 원하는 자가 있으면 그에게 우선적으로 그 토지를 매각하거나 임대할 수 있다.
1. 국민주택규모의 주택을 대통령령으로 정하는 비율 이상으로 건설하는 주택의 건설
2. 제32조에 따라 설립된 주택조합이 건설하는 주택(이하 "조합주택"이라 한다)의 건설
3. 제1호 또는 제2호의 주택을 건설하기 위한 대지의 조성

의뢰를 받은 리모델링주택조합등은 지체 없이 건축구조기술사를 추천하여야 한다.
[본조신설 2014.4.24]

제31조(국·공유지 등의 우선 매각 등) 법 제25조제1항제1호에서 "대통령령이 정하는 비율"이라 함은 50퍼센트를 말한다.

우
② 법 제24조의3제1항제4호에서 "국토교통부령으로 정하는 경우"란 다음 각 호의 어느 하나에 해당하는 경우를 말한다.
1. 수직·수평 증축에 따른 골조 공사 시 기존 부위와 증축 부위의 접합부에 대한 공법이나 재료의 변경이 필요한 경우
2. 건축물 주변의 굴착공사로 구조안전에 영향을 주는 경우
[본조신설 2014.4.25]

② 국가 또는 지방자치단체는 제1항에 따라 국가 또는 지방자치단체로부터 토지를 매수하거나 임차한 자가 그 매수일 또는 임차일부터 2년 이내에 국민주택규모의 주택 또는 조합주택을 건설하지 아니하거나 그 주택을 건설하기 위한 대지조성사업을 시행하지 아니한 경우에는 환매(還買)하거나 임대계약을 취소할 수 있다. [전문개정 2009.2.3]		
제26조(환지 방식에 의한 도시개발사업으로 조성된 대지의 활용) ① 사업주체가 국민주택용지로 사용하기 위하여 도시개발사업시행자[「도시개발법」에 따른 환지(換地) 방식에 의하여 사업을 시행하는 도시개발사업의 시행자를 말한다. 이하 이 조에서 같다]에게 체비지(替費地)의 매각을 요구한 경우 그 도시개발사업시행자는 대통령령으로 정하는 바에 따라 체비지의 총면적의 2분의 1의 범위에서 이를 우선적으로 사업주체에게 매각할 수 있다. ② 제1항의 경우 사업주체가 「도시개발법」 제28조에 따른 환지 계획의 수립 전에 체비지의 매각을 요구하면 도시개발사업시행자는 사업주체에게 매각할 체비지를 그 환지 계획에서 하나의 단지로 정하여야 한다. ③ 제1항에 따른 체비지의 양도가격은 국토교통부령으로 정하는 바에 따라 「부동산가격공시 및 감정평가에 관한 법률」에 따른 감정평가업자가 감정평가한 감정가격을 기준으로 한다. 다만, 임대주택을 건설하는 경우 등 국토교통부령으로 정하는 경우에는 국토교통부령으로 정하는 조성원가를 기준으로 할 수 있다. <개정 2013.3.23> [전문개정 2009.2.3]	제32조(체비지의 우선매각) 법 제26조제1항의 규정에 의하여 도시개발사업시행자가 체비지를 사업주체에게 국민주택용지로 매각하는 때에는 경쟁입찰의 방법에 의한다. 다만, 매각을 요구하는 사업주체가 하나인 때에는 수의계약에 의할 수 있다.	제14조(체비지의 양도가격) ①법 제26조제3항의 규정에 의한 체비지의 양도가격은 「부동산가격공시 및 감정평가에 관한 법률」의 규정에 의한 감정평가업자 2인 이상의 감정평가가격을 산술평균한 가격을 기준으로 산정한다. <개정 2005.3.9> ②법 제26조제3항 단서에서 "국토교통부령이 정하는 경우"라 함은 85제곱미터 이하의 임대주택을 건설하거나 60제곱미

터 이하의 국민주택을 건설하는 경우를 말하며, "국토교통부령이 정하는 조성원가"라 함은 「택지개발촉진법 시행규칙」 별표의 규정에 의하여 산정한 원가를 말한다. <개정 2005.3.9, 2008.3.14, 2013.3.23>

제27조(「공익사업을 위한 토지 등의 취득 및 보상에 관한 법률」의 준용) ① 제18조제2항에 따라 토지등을 수용하거나 사용하는 경우 이 법에 규정된 것 외에는 「공익사업을 위한 토지 등의 취득 및 보상에 관한 법률」을 준용한다.
② 제1항에 따라 「공익사업을 위한 토지 등의 취득 및 보상에 관한 법률」을 준용하는 경우에는 ""「공익사업을 위한 토지 등의 취득 및 보상에 관한 법률」 제20조제1항에 따른 사업인정"을 "제16조에 따른 사업계획승인"으로 본다. 다만, 재결신청은 「공익사업을 위한 토지 등의 취득 및 보상에 관한 법률」 제23조제1항 및 제28조제1항에도 불구하고 사업계획승인을 받은 주택건설사업 기간 이내에 할 수 있다.
[전문개정 2009.2.3]

제28조(토지매수 업무 등의 위탁) ① 국가 또는 한국토지주택공사인 사업주체는 주택건설사업 또는 대지조성사업을 위한 토지매수 업무와 손실보상 업무를 대통령령으로 정하는 바에 따라 관할 지방자치단체의 장에게 위탁할 수 있다. <개정 2010.4.5>
② 사업주체가 제1항에 따라 토지매수 업무와 손실보상 업무를 위탁할 때에는 그 토지매수 금액과 손실보상 금액의 100분의 2의 범위에서 대통령령으로 정하는 요율

제33조(토지매수업무 등의 위탁) ①국가·한국토지주택공사인 사업주체는 법 제28조제1항의 규정에 의하여 토지매수업무와 손실보상업무를 지방자치단체의 장에게 위탁하는 때에는 매수할 토지 및 위탁조건을 명시하여야 한다. <개정 2009.9.21>
②법 제28조제2항에서 "대통령령이 정하는 요율"이라 함은 「공익사업을 위한 토지 등의 취득 및 보상에 관한 법률 시행령」 별표의 요율을 말한다. <개정 2005.3.8>

의 위탁수수료를 해당 지방자치단체에 지급하여야 한다. [전문개정 2009.2.3]		
제29조(사용검사 등) ① 사업주체는 제16조에 따른 사업계획승인을 받아 시행하는 주택건설사업 또는 대지조성사업을 완료한 경우에는 주택 또는 대지에 대하여 국토교통부령으로 정하는 바에 따라 시장·군수·구청장(국가 또는 한국토지주택공사가 사업주체인 경우와 대통령령으로 정하는 경우에는 국토교통부장관을 말한다. 이하 이 조에서 같다)의 사용검사를 받아야 한다. 다만, 제16조제3항에 따라 사업계획을 승인받은 경우에는 완공된 주택에 대하여 공구별로 사용검사(이하 "분할 사용검사"라 한다)를 받을 수 있고, 사업계획승인 조건의 미이행 등 대통령령으로 정하는 사유가 있는 경우에는 공사가 완료된 주택에 대하여 동별로 사용검사(이하 "동별 사용검사"라 한다)를 받을 수 있다. <개정 2010.4.5, 2012.1.26, 2013.3.23> ② 사업주체가 제1항에 따른 사용검사를 받았을 때에는 제17조제1항에 따라 의제되는 인·허가등에 따른 해당 사업의 사용승인·준공검사 또는 준공인가 등을 받은 것으로 본다. 이 경우 제1항에 따른 사용검사를 하는 시장·군수·구청장(이하 "사용검사권자"라 한다)은 미리 관계 행정기관의 장과 협의하여야 한다. ③ 제1항에도 불구하고 다음 각 호의 구분에 따라 해당 주택의 시공을 보증한 자, 해당 주택의 시공자 또는 입주예정자는 대통령령으로 정하는 바에 따라 사용검사를 받을 수 있다. <개정 2011.9.16> 1. 사업주체가 파산 등으로 사용검사를 받을 수 없는 경우에는 해당 주택의 시공을 보증한 자 또는 입주예정	제34조(사용검사 등) ①법 제29조제1항 본문에서 "대통령령으로 정하는 경우"란 제15조제4항 각 호에 해당하여 국토교통부장관으로부터 사업계획의 승인을 얻은 경우를 말한다. <개정 2008.2.29, 2012.7.24, 2013.3.23> ② 법 제29조제1항 단서에서 "사업계획승인 조건의 미이행 등 대통령령으로 정하는 사유가 있는 경우"란 다음 각 호의 어느 하나에 해당하는 경우를 말한다. <신설 2012.7.24> 1. 사업계획승인 조건의 미이행 2. 하나의 주택단지의 입주자를 분할 모집하여 전체 단지의 사용검사를 마치기 전에 입주가 필요한 경우 3. 그 밖에 사업계획승인권자가 동별로 사용검사를 받을 필요가 있다고 인정하는 경우 ③법 제29조의 규정에 의한 사용검사권자(이하 "사용검사권자"라 한다)는 사용검사의 대상인 주택 또는 대지가 사업계획의 내용에 적합한지 여부를 확인하여야 한다. <개정 2012.7.24> ④제3항에 따른 사용검사는 그 신청일부터 15일 이내에 하여야 한다. <개정 2012.7.24> ⑤법 제29조제2항 후단의 규정에 의하여 협의요청을 받은 관계 행정기관의 장은 정당한 사유가 없는 한 그 요청을 받은 날부터 10일 이내에 그 의견을 제시하여야	제15조(사용검사 등) ①법 제29조의 규정에 의하여 사용검사를 받거나 임시사용승인을 얻고자 하는 자는 별지 제20호서식의 사용검사(임시사용승인)신청서에 다음 각 호의 서류를 첨부하여 사용검사권자(법 제29조 및 영 제117조의 규정에 의하여 사용검사 또는 임시사용승인을 하는 시·도지사 또는 시장·군수·구청장을 말한다. 이하 같다)에게 제출(전자문서에 의한 제출을 포함한다)하여야 한다. <개정 2007.12.13> 1. 감리자의 감리의견서(주택건설사업의 경우에 한한다) 2. 시공자의 공사확인서(영 제35조제1항 단서의 규정에 의하여 입주예정자대표회의가 사용검사 또는 임시사용승인을 신청하는 경우에 한한다) ②사용검사권자는 영 제34조제2항 또는 영 제36조제3항에 따른 확인을 한결과 적합한 경우에는 사용검사 또는 임시사용승인을 신청한 자에게 별지 제21호서식의 사용검사 확인증 또는 별지 제22호서식의 임시사용승인서를 발급하여야 한다. <개정 2012.7.26>

자 2. 사업주체가 정당한 이유 없이 사용검사를 위한 절차를 이행하지 아니하는 경우에는 해당 주택의 시공을 보증한 자, 해당 주택의 시공자 또는 입주예정자. 이 경우 사용검사권자는 사업주체가 사용검사를 받지 아니하는 정당한 이유를 밝히지 못하는 한 사용검사를 거부하거나 지연할 수 없다. ④ 사업주체 또는 입주예정자는 제1항에 따른 사용검사를 받은 후가 아니면 주택 또는 대지를 사용하게 하거나 이를 사용할 수 없다. 다만, 대통령령으로 정하는 경우로서 사용검사권자의 임시 사용승인을 받은 경우에는 그러하지 아니하다. [전문개정 2009.2.3]	한다. <개정 2012.7.24> 제35조(시공보증자 등의 사용검사) ①사업주체가 파산 등으로 주택건설사업을 계속할 수 없는 경우에는 법 제29조제3항제1호에 따라 해당 주택의 시공을 보증한 자(이하 "시공보증자"라 한다)가 잔여공사를 시공하고 사용검사를 받아야 한다. 다만, 시공보증자가 없거나 시공보증자가 파산 등으로 시공을 할 수 없는 경우에는 입주예정자의 대표회의(이하 "입주예정자대표회의"라 한다)가 시공자를 정하여 잔여공사를 시공하고 사용검사를 받아야 한다. <개정 2012.3.13> ②제1항의 규정에 의하여 사용검사를 받은 경우에는 사용검사를 받은 자의 구분에 따라 시공보증자 또는 세대별 입주자의 명의로 건축물관리대장 등재 및 소유권보존등기를 할 수 있다. ③제1항 단서의 규정에 의한 입주예정자대표회의 구성·운영 등에 관하여 필요한 사항은 국토교통부령으로 정한다. <개정 2008.2.29, 2013.3.23> ④ 법 제29조제3항제2호에 따라 시공보증자, 해당 주택의 시공자 또는 입주예정자가 사용검사를 신청하는 경우 사용검사권자는 사업주체에게 사용검사를 받지 아니하는 정당한 이유를 제출할 것을 요청하여야 한다. 이 경우 사업주체는 요청을 받은 날부터 7일 이내에 의견을 통지하여야 한다. <신설 2012.3.13> 제36조(임시사용승인) ①법 제29조제4항 단서에서 "대통령령이 정하는 경우"라 함은 주택건설사업의 경우에는 건축물의 동별로 공사가 완료된 때, 대지조성사업의 경우에는 구획별로 공사가 완료된 때를 말한다.	제16조(입주예정자의 사용검사) 사용검사권자는 영 제35조제1항 단서의 규정에 의하여 입주예정자대표회의가 사용검사를 받아야 하는 경우에는 입주예정자로 구성된 대책회의를 소집하여 그 내용을 통보하고, 건축공사현장에 10일 이상 그 사실을 공고하여야 한다. 이 경우 입주예정자는 그 과반수의 동의를 얻어 10인 이내의 입주예정자로 구성된 입주예정자대표회의를 구성하여야 한다.

	②법 제29조제4항 단서의 규정에 의한 임시사용승인을 얻고자 하는 자는 국토교통부령이 정하는 바에 의하여 사용검사권자에게 임시사용승인을 신청하여야 한다. <개정 2008.2.29, 2013.3.23> ③사용검사권자는 제2항의 규정에 의한 임시사용승인의 신청을 받은 때에는 임시사용승인대상인 주택 또는 대지가 사업계획의 내용에 적합하고 사용에 지장이 없는 경우에 한하여 임시사용을 승인할 수 있다. 이 경우 임시사용승인의 대상이 공동주택인 경우에는 세대별로 임시사용승인을 할 수 있다.	
제30조(공공시설의 귀속 등) ① 사업주체가 제16조제1항 또는 제3항에 따라 사업계획승인을 받은 사업지구의 토지에 새로 공공시설을 설치하거나 기존의 공공시설에 대체되는 공공시설을 설치하는 경우 그 공공시설의 귀속에 관하여는 「국토의 계획 및 이용에 관한 법률」 제65조 및 제99조를 준용한다. 이 경우 "개발행위허가를 받은 자"는 "사업주체"로, "개발행위허가"는 "사업계획승인"으로, "행정청인 시행자"는 "한국토지주택공사 및 지방공사"로 본다. <개정 2010.4.5, 2012.1.26> ② 제1항 후단에 따라 행정청인 시행자로 보는 한국토지주택공사 및 지방공사는 해당 공사에 귀속되는 공공시설을 해당 국민주택사업을 시행하는 목적 외로는 사용하거나 처분할 수 없다. <개정 2010.4.5> [전문개정 2009.2.3]		
제31조(서류의 열람) 국민주택을 건설·공급하는 사업주체는 주택건설사업 또는 대지조성사업을 시행할 때 필요한 경우에는 등기소나 그 밖의 관계 행정기관의 장에게 필요한 서류의 열람·등사나 그 등본 또는 초본의 발급을		

무료로 청구할 수 있다. [전문개정 2009.2.3]		
제3절 주택조합	**제3절 주택조합**	
제32조(주택조합의 설립 등) ① 많은 수의 구성원이 주택(제16조에 따른 사업계획의 승인을 받아 건설하는 주택을 말한다)을 마련하거나 리모델링하기 위하여 주택조합을 설립하려는 경우(제3항에 따른 직장주택조합의 경우는 제외한다)에는 관할 시장·군수·구청장의 인가를 받아야 한다. 인가받은 내용을 변경하거나 주택조합을 해산하려는 경우에도 또한 같다. <개정 2014.5.21> ② 제10조제2항에 따라 주택조합과 등록사업자가 공동으로 사업을 시행하면서 시공할 경우 등록사업자는 시공자로서의 책임뿐만 아니라 자신의 귀책사유로 사업 추진이 불가능하게 되거나 지연됨으로 인하여 조합원에게 입힌 손해를 배상할 책임이 있다. ③ 국민주택을 공급받기 위하여 직장주택조합을 설립하려는 자는 관할 시장·군수·구청장에게 신고하여야 한다. 신고한 내용을 변경하거나 직장주택조합을 해산하려는 경우에도 또한 같다. ④ 주택조합(리모델링주택조합은 제외한다)은 그 구성원을 위하여 건설하는 주택을 그 조합원에게 우선 공급할 수 있으며, 제3항에 따른 직장주택조합에 대하여는 사업주체가 국민주택을 그 직장주택조합원에게 우선 공급할 수 있다. ⑤ 제1항에 따라 인가를 받는 주택조합의 설립방법·설립절차, 주택조합 구성원의 자격기준 및 주택조합의 운영·관리 등에 필요한 사항과 제3항에 따른 직장주택조합의	제37조(주택조합의 설립인가 등) ①법 제32조제1항에 따라 주택조합의 설립·변경 또는 해산의 인가를 받으려는 자는 인가신청서에 다음 각 호의 구분에 따른 서류와 해당 주택건설대지의 100분의 80 이상의 토지에 대한 토지사용승낙서(지역·직장주택조합의 경우만 해당한다)를 첨부하여 주택조합의 주택건설대지(리모델링주택조합의 경우에는 해당 주택의 소재지를 말한다. 이하 같다)를 관할하는 시장(특별자치도의 경우에는 특별자치도지사를 말한다. 이하 같다)·군수 또는 구청장에게 제출하여야 한다. 이 경우 토지사용승낙의 비율을 산정할 때 등록사업자의 사용승낙분이 포함되어 있는 경우에는 이를 없는 것으로 본다. <개정 2005.3.8, 2006.2.24, 2007.3.16, 2007.7.30, 2008.2.29, 2009.4.21, 2013.3.23, 2014.6.11> 1. 설립인가의 경우 　가. 지역·직장주택조합의 경우 　　(1) 창립총회의 회의록 　　(2) 조합장선출동의서 　　(3) 조합원 전원이 자필로 연명한 조합규약 　　(4) 조합원 명부 　　(5) 사업계획서 　　(6) 그 밖에 국토교통부령이 정하는 서류 　나. 리모델링주택조합의 경우 　　(1) 가목 (1) 내지 (5)의 서류 　　(2) 다음의 결의를 증명하는 서류. 이 경우 결의서에	제17조(주택조합의 설립인가신청 등) ①영 제37조제1항 전단의 규정에 의한 인가신청서는 별지 제23호서식에 의한다. ②영 제37조제1항제1호 가목(5)의 규정에 의한 사업계획서에는 조합주택건설예정세대수, 조합주택건설예정지의 지번·지목·등기명의자, 도시·군관리계획상의 용도, 대지 및 주변현황을 기재하여야 한다. <개정 2012.4.13> ③영 제37조제1항제1호 가목(6)에서 "국토교통부령이 정하는 서류"라 함은 다음 각 호의 서류를 말한다. <개정 2006.8.7, 2008.3.14, 2013.3.23> 1. 고용자가 확인하는 근무확인서(직장주택조합의 경우에 한한다) 2. 조합원 자격이 있는 자임을 확인하는 서류 ④법 제32조제1항에 따라 지역·직장주택조합의 설립인가신청을 받은 특별자치도지사나 시장·군수·구청장(이하 "시장·군수 또는 구청장"이라 한다)은 「전자정부법」 제36조제1항에 따른 행정정보의 공동이용을 통하여 조합원의 주민등록표등본을 확인하여야 하며, 신청인이

설립요건 및 신고절차 등에 필요한 사항은 대통령령으로 정한다. 다만, 제41조제1항에 따른 투기과열지구에서 제1항에 따라 설립인가를 받은 지역주택조합이 구성원을 선정하는 경우에는 신청서의 접수 순서에 따라 조합원의 지위를 인정하여서는 아니 된다. [전문개정 2009.2.3]	는 제47조제4항제1호 각 목의 사항을 기재하여야 한다. 가) 주택단지 전체를 리모델링하고자 하는 경우에는 주택단지 전체 및 각 동의 구분소유자(「집합건물의 소유 및 관리에 관한 법률」 제2조제2호의 규정에 의한 구분소유자를 말한다. 이하 같다)와 의결권(「집합건물의 소유 및 관리에 관한 법률」 제37조의 규정에 의한 의결권을 말한다. 이하 같다)의 각 3분의 2 이상의 결의 나) 동을 리모델링하고자 하는 경우에는 그 동의 구분소유자 및 의결권의 각 3분의 2 이상의 결의 (3) 「건축법」 제5조의 규정에 의하여 건축기준의 완화적용이 결정된 경우에는 이를 증명할 수 있는 서류 (4) 당해 주택이 사용검사를 받은 후 10년[증축에 해당하는 경우에는 15년(15년 이상 20년 미만의 연수중 시·도 조례가 정하는 경우 그 연수)] 이상의 기간이 경과하였음을 증명하는 서류 2. 변경인가의 경우 : 변경의 내용을 증명하는 서류 3. 해산인가의 경우 : 조합원의 동의를 얻은 정산서 ②제1항제1호가목(3)에 따른 조합규약에는 다음 각호의 사항이 포함되어야 한다. <개정 2008.2.29, 2012.3.13, 2013.3.23> 1. 조합의 명칭 및 소재지 2. 조합원의 자격에 관한 사항 3. 주택건설대지의 위치 및 면적 4. 조합원의 제명·탈퇴 및 교체에 관한 사항 5. 조합임원의 수·업무범위(권리·의무를 포함한다)·보	확인에 동의하지 아니하는 경우에는 해당서류를 첨부하도록 하여야 한다. <신설 2006.8.7, 2011.4.11, 2013.1.14> ⑤영 제37조제2항제9호 후단의 규정에 의하여 반드시 총회의 의결을 거쳐야 하는 사항은 다음 각호와 같다. <개정 2006.8.7> 1. 조합규약(영 제37조제2항 각호에 규정된 사항에 한한다)의 변경 2. 자금의 차입과 그 방법·이자율 및 상환방법 3. 예산으로 정한 사항외에 조합원에게 부담이 될 계약의 체결 4. 시공자의 선정·변경 및 공사계약의 체결 5. 조합임원의 선임 및 해임 6. 사업비의 조합원별 분담내역 7. 조합해산의 결의 및 해산시의 회계보고 ⑥국토교통부장관은 주택조합의 원활한 사업추진 및 조합원의 권리보호를 위하여 표준조합규약 및 표준공사계약서를 작성·보급할 수 있다. <개정 2006.8.7, 2008.3.14, 2013.3.23> ⑦시장·군수 또는 구청장(자치구의 구청장을 말한다. 이하 같다)은 법 제32조제1항의 규정에 의하여 주택조합의 설립·변경 또는 해산을 인가한 때에는 별지 제24호서식의 주택조합설립인가대장에

	수·선임방법·변경 및 해임에 관한 사항 6. 조합원의 비용부담 시기·절차 및 조합의 회계 7. 사업의 시행시기 및 시행방법 8. 총회의 소집절차·소집시기 및 조합원의 총회소집요구에 관한 사항 9. 총회의 의결을 요하는 사항과 그 의결정족수 및 의결절차. 이 경우 반드시 총회의 의결을 거쳐야 하는 사항은 국토교통부령으로 정한다. 10. 사업이 종결된 때의 청산절차, 청산금의 징수·지급방법 및 지급절차 11. 조합비의 사용내역과 총회의결사항의 공개 및 조합원에 대한 통지방법 12. 조합규약의 변경절차 13. 그 밖에 주택조합의 사업추진 및 조합의 운영을 위하여 필요한 사항 ③주택조합은 주택건설예정세대수(설립인가 당시의 사업계획서에 따른 세대수를 말하되, 법 제38조의6에 따라 임대주택으로 건설·공급하여야 하는 세대수는 제외하며 법 제16조에 따른 사업계획승인 등의 과정에서 세대수가 변경된 경우에는 변경된 세대수를 말한다. 이하 제39조에서 같다)의 2분의 1 이상의 조합원으로 구성하되, 조합원은 20명 이상이어야 한다. 다만, 리모델링주택조합의 경우에는 그러하지 아니하다. <개정 2007.7.30, 2009.4.21, 2012.3.13> ④리모델링주택조합의 설립에 동의한 자로부터 건축물을 취득한 자는 조합의 설립에 동의한 것으로 본다. <신설 2007.3.16> ⑤시장·군수 또는 구청장은 당해 주택건설대지에 대한 다음 각 호의 사항을 종합적으로 검토하여 주택조합의	이를 기재하고, 별지 제25호서식의 주택조합(설립·변경·해산)인가필증을 신청인에게 교부하여야 한다. <개정 2006.8.7> ⑧시장·군수 또는 구청장은 법 제32조제1항 및 법 제34조제2항의 규정에 의하여 주택조합이 해산하거나 주택조합의 설립인가를 취소한 때에는 주택조합설립인가대장에 그 내용을 기재하고, 주택조합설립인가필증을 회수하여야 한다. <개정 2006.8.7> ⑨ 제8항의 주택조합설립인가대장은 전자적 처리가 불가능한 특별한 사유가 없으면 전자적 처리가 가능한 방법으로 작성·관리하여야 한다. <신설 2007.12.13>

설립인가여부를 결정하여야 하며, 당해 주택건설대지가 이미 인가를 받은 다른 주택조합의 주택건설대지와 중복되지 아니하도록 하여야 한다. <개정 2005.3.8, 2007.3.16, 2007.7.30, 2012.4.10>
1. 주택건설을 위한 건축심의 기준
2. 「국토의 계획 및 이용에 관한 법률」에 의하여 수립되었거나 당해 주택건설사업기간에 수립될 예정인 도시·군계획에의 부합 여부
3. 이미 수립되어 있는 토지이용계획
4. 주택건설대지 중 토지사용승낙서를 확보하지 못한 토지가 있는 경우 그 토지의 위치가 사업계획서상의 사업시행에 지장을 초래할 우려가 있는지 여부
⑥주택조합은 법 제10조제2항의 규정에 의하여 공동으로 사업을 시행하는 등록사업자에게 주택조합의 업무(주택조합에의 가입을 알선하는 업무를 제외한다)를 대행하게 할 수 있다. <개정 2007.3.16>
⑦주택조합의 설립·변경 또는 해산인가에 관하여 이 영에서 정하지 아니한 사항은 국토교통부령으로 정한다. <개정 2007.3.16, 2008.2.29, 2013.3.23>

제38조(조합원의 자격) ①법 제32조에 따른 주택조합의 조합원이 될 수 있는 자는 다음 각 호의 자로 한다. <개정 2004.3.29, 2005.9.16, 2007.3.16, 2007.7.30, 2008.2.29, 2008.10.29, 2009.4.21, 2013.3.23>
1. 지역주택조합 조합원의 경우 다음 각 목의 요건에 적합한 자
  가. 주택조합설립인가신청일(해당 주택건설대지가 법 제41조에 따른 투기과열지구 안에 있는 경우에는 주택조합설립인가신청일 1년 전의 날을 말한다)부

	터 해당 조합주택의 입주가능일까지 주택을 소유 (주택의 유형, 입주자 선정방법 등을 고려하여 국토교통부령이 정하는 지위에 있는 경우를 포함한다. 이하 이 호에서 같다)하지 아니하거나 주거전용면적 60제곱미터 이하의 주택 1채를 소유한 세대주인 자[세대주를 포함한 세대원(세대주와 동일한 세대별 주민등록표상에 등재되어 있지 아니한 세대주의 배우자 및 배우자와 동일한 세대를 이루고 있는 세대원을 포함한다) 전원이 주택을 소유하고 있지 아니하거나 세대원중 1인에 한하여 주거전용면적 60제곱미터 이하의 주택 1채를 소유한 세대의 세대주를 말하며, 이에 해당하는지 여부에 관한 구체적인 기준은 국토교통부령으로 정한다]일 것 나. 조합설립인가신청일 현재 법 제2조제11호가목의 지역에 6개월 이상 거주하여 온 자일 것 2. 직장주택조합 조합원의 경우 다음 각목의 요건에 적합한 자 가. 제1호 가목에 해당하는 자일 것. 다만, 법 제32조제3항 전단의 규정에 의한 설립신고의 경우에는 무주택자에 한한다. 나. 조합설립인가신청일 현재 동일한 특별시·광역시·시 또는 군(광역시의 관할구역에 있는 군을 제외한다)안에 소재하는 동일한 국가기관·지방자치단체·법인에 근무하는 자일 것 3. 리모델링주택조합 조합원의 경우에는 다음 각 목의 어느 하나에 해당하는 자. 이 경우 당해 공동주택 또는 복리시설의 소유권이 수인의 공유에 속하는 경우에는 그 수인을 대표하는 1인을 조합원으로 본다.	제18조(조합원의 자격확인 등) ①영 제38조제1항제1호가목에서 "국토교통부령으로 정하는 지위"란 「주택공급에 관한 규칙」 제2조제13호에 따른 당첨자(당첨자의 지위를 승계한 자를 포함한다)의 지위(당첨된 주택에 입주할 수 있는 권리·자격 등을 보유하고 있는 경우를 말한다)를 말한다. <신설 2007.8.30, 2008.3.14, 2013.3.23, 2013.10.1> ②영 제38조제1항제1호 가목의 규정에 의한 조합원 자격의 판정기준은 다음 각호와 같다. <개정 2004.3.30, 2005.3.9, 2007.8.30> 1. 상속·유증 또는 주택소유자와의 혼인으로 인하여 주택을 취득한 때에는 사업주체로부터 「주택공급에 관한 규칙」 제21조의2제3항에 따라 부적격자로 통보받은 날부터 3월 이내에 당해 주택을 처분한 경우에는 주택을 소유하지 아니한 것으로 볼 것 2. 제1호외의 경우에는 「주택공급에 관한 규칙」 제6조의 규정을 준용할 것 ③시장·군수 또는 구청장은 지역주택조합 또는 직장주택조합에 대하여 다음 각호의 행위를 하고자 하는 경우에는 국토교통부장관에게 주택전산망에 의한 전산검색을 의뢰하여 영 제38조세1항세1호

가. 법 제16조의 규정에 의한 사업계획승인을 얻어 건설한 공동주택의 소유자
나. 복리시설을 함께 리모델링하는 경우에는 당해 복리시설의 소유자
다. 「건축법」 제11조에 따른 건축허가를 받아 분양을 목적으로 건설한 공동주택의 소유자와 그 건축물중 공동주택 외의 시설의 소유자
② 주택조합의 조합원이 근무·질병치료·유학·결혼 등 부득이한 사유로 인하여 세대주자격을 일시적으로 상실한 경우로서 시장·군수 또는 구청장이 인정하는 경우에는 제1항의 규정에 의한 조합원자격이 있는 것으로 본다. <신설 2004.9.17>
③ 제1항의 규정에 의한 조합원 자격의 확인절차는 국토교통부령으로 정한다. <개정 2004.9.17, 2008.2.29, 2013.3.23>

제39조(지역·직장주택조합 조합원의 교체·신규가입 등)
① 지역주택조합 또는 직장주택조합은 그 설립인가를 받은 후에는 해당 조합원을 교체하거나 신규로 가입하게 할 수 없다. 다만, 조합원수가 주택건설예정세대수를 초과하지 아니하는 범위에서 시장·군수 또는 구청장으로부터 국토교통부령으로 정하는 바에 따라 조합원 추가모집의 승인을 받은 경우와 다음 각 호의 어느 하나에 해당하는 사유로 결원이 발생한 범위에서 충원하는 경우에는 그러하지 아니하다. <개정 2006.2.24, 2008.2.29, 2009.4.21, 2013.3.23>
1. 조합원의 사망
2. 법 제16조에 따른 사업계획승인 이후[지역주택조합 또는 직장주택조합이 제12조제2호에 따라 해당 주택

및 동항제2호의 규정에 의한 조합원 자격에의 해당여부를 확인하여야 한다. <개정 2007.8.30, 2008.3.14, 2013.3.23>
1. 주택조합의 설립인가를 하고자 하는 경우
2. 당해 주택조합에 대한 사업계획을 승인하고자 하는 경우
3. 당해 조합주택에 대하여 사용검사 또는 임시사용승인을 하고자 하는 경우
④ 지역주택조합 또는 직장주택조합은 영 제39조제1항 각 호 외의 부분 단서에 따라 조합원 추가모집의 승인을 얻고자 하는 경우에는 다음 각 호의 사항이 포함된 추가모집안을 작성하여 시장·군수 또는 구청장에게 제출하여야 한다. <개정 2006.2.24, 2007.8.30>
1. 주택조합의 명칭·소재지 및 대표자의 성명
2. 설립인가번호·인가일자 및 조합원수
3. 법 제10조제2항의 규정에 의하여 등록사업자와 공동으로 사업을 시행하는 경우에는 그 등록사업자의 명칭·소재지 및 대표자의 성명
4. 조합주택건설대지의 위치 및 대지면적
5. 조합주택건설예정세대수 및 건설예정기간
6. 추가모집세대수 및 모집기간
7. 호당 또는 세대당 주택공급면적
8. 부대시설·복리시설 등을 포함한 사업

	건설대지 전부의 소유권을 확보하지 아니하고 법 제16조에 따른 사업계획승인을 받은 경우에는 해당 주택건설대지 전부의 소유권(해당 주택건설대지가 저당권등의 목적으로 되어 있는 경우에는 그 저당권등의 말소를 포함한다)을 확보한 이후를 말한다)에 입주자로 선정된 지위(해당 주택에 입주할 수 있는 권리·자격 또는 지위 등을 말한다)가 양도·증여 또는 판결 등으로 변경된 경우. 다만, 법 제41조의2에 따라 전매가 금지되는 경우는 제외한다. 3. 조합원의 탈퇴 등으로 조합원수가 주택건설예정세대수의 2분의 1 미만이 되는 경우 4. 조합원이 무자격자로 판명되어 자격을 상실하는 경우 5. 법 제16조에 따른 사업계획승인 과정 등에서 주택건설예정세대수가 변경되어 조합원수가 변경된 세대수의 2분의 1 미만이 되는 경우 ②제1항 단서의 규정에 의하여 조합원으로 추가 모집되는 자와 동항 각호의 사유로 충원되는 자에 대한 제38조제1항제1호 및 제2호에 규정된 조합원 자격요건 충족 여부의 판단은 당해 주택조합의 설립인가신청일을 기준으로 한다. 다만, 제1항제1호의 사유로 인하여 조합원의 지위를 상속받는 자는 제38조제1항제1호 및 제2호에 규정된 조합원 자격요건을 필요로 하지 아니한다. ③제1항 단서에 따른 조합원 추가모집의 승인과 조합원 추가모집에 따른 주택조합의 변경인가신청은 사업계획승인신청일까지 하여야 한다. <개정 2007.7.30> 제40조(주택조합의 사업계획승인신청 등) ①주택조합은 설립인가를 받은 날부터 2년 이내에 법 제16조에 따른 사업계획승인(30세대 이상 세대수가 증가하지 아니하는 리	개요 9. 사업계획승인신청예정일·착공예정일 및 입주예정일 10. 가입신청자격, 신청시의 구비서류, 신청일시 및 장소 11. 조합원 분담금의 납부시기 및 납부방법 등 조합원의 비용부담에 관한 사항 12. 당첨자의 발표일시·장소 및 방법 13. 이중당첨자·부적격당첨자의 처리 및 계약취소에 관한 사항 14. 그 밖에 시장·군수 또는 구청장이 필요하다고 인정하여 요구하는 사항

	모델링의 경우에는 법 제42조제3항에 따른 허가를 말한다. 이하 이 조 및 제42조에서 같다)을 신청하여야 한다. <개정 2012.7.24, 2014.6.11> ②주택조합은 등록사업자가 소유하고 있는 토지를 주택건설대지로 사용하여서는 아니된다. 다만, 경매 또는 공매를 통하여 등록사업자의 토지를 매입하는 경우에는 그러하지 아니하다. <개정 2007.7.30> 제41조(직장주택조합의 설립신고) ①법 제32조제3항의 규정에 의하여 국민주택을 공급받기 위한 직장주택조합을 설립하고자 하는 자는 직장주택조합설립신고서에 다음 각호의 서류를 첨부하여 관할 시장·군수 또는 구청장에게 제출하여야 한다. 이 경우 담당 공무원은 「전자정부법」 제36조제1항에 따른 행정정보의 공동이용을 통하여 주민등록표 등본을 확인하여야 하며, 신고인이 확인에 동의하지 아니하는 경우에는 이를 첨부하도록 하여야 한다. <개정 2006.6.12, 2010.5.4> 1. 조합원의 명부 2. 조합원이 될 자가 당해 직장에 근무하는 자임을 증명할 수 있는 서류(그 직장의 장이 확인한 서류에 한한다) 3. 무주택자임을 증명하는 서류 ②제1항에서 정한 사항외에 국민주택을 공급받기 위한 직장주택조합의 신고절차, 주택의 공급방법 등은 국토교통부령으로 정한다. <개정 2008.2.29, 2013.3.23>	제19조(직장주택조합의 설립신고서 등) ① 영 제41조제1항의 규정에 의한 직장주택조합설립신고서는 별지 제26호서식에 의한다. ②시장·군수 또는 구청장은 직장주택조합설립신고서를 접수한 때에는 그 신고내용을 확인한 후 별지 제27호서식의 직장주택조합설립신고대장에 이를 기재하고, 별지 제28호서식의 직장주택조합설립신고필증을 신고인에게 교부하여야 한다. ③시장·군수 또는 구청장은 법 제32조제3항의 규정에 의하여 직장주택조합이 해산한 때에는 직장주택조합설립신고대장에 그 내용을 기재하고 직장주택조합설립신고 필증을 회수하여야 한다. ④ 제2항의 직장주택조합설립신고대장은 전자적 처리가 불가능한 특별한 사유가 없으면 전자적 처리가 가능한 방법으로 작성·관리하여야 한다. <신설 2007.12.13>

제32조의2(관련 자료의 공개) 주택조합의 임원은 주택조합사업의 시행에 관한 다음 각 호의 서류 및 관련 자료가 작성되거나 변경된 후 15일 이내에 이를 조합원이 알 수 있도록 인터넷과 그 밖의 방법을 병행하여 공개하여야 한다. 1. 조합규약 2. 공동사업주체의 선정 및 주택조합이 공동사업주체인 등록사업자와 체결한 협약서 3. 설계자 등 용역업체 선정 계약서 4. 조합총회 및 이사회, 대의원회 등의 의사록 5. 사업시행계획서 6. 해당 주택조합사업의 시행에 관한 공문서 7. 회계감사보고서 8. 그 밖에 주택조합사업 시행에 관하여 대통령령으로 정하는 서류 및 관련 자료 [본조신설 2013.8.6]	제41조의2(자료의 공개) 법 제32조의2제8호에서 "대통령령으로 정하는 서류 및 관련 자료"란 다음 각 호의 서류 및 관련 자료를 말한다. 1. 연간 자금운용 계획서 2. 월별 자금 입출금 명세서 3. 월별 공사진행 상황에 관한 서류 4. 주택조합이 사업주체가 되어 법 제38조제1항에 따라 공급하는 주택의 분양신청에 관한 서류 및 관련 자료 [본조신설 2014.2.6]	
제33조 삭제 <2005.1.8>		
제34조(주택조합에 대한 감독 등) ① 국토교통부장관 또는 시장·군수·구청장은 주택공급에 관한 질서를 유지하기 위하여 특히 필요하다고 인정되는 경우에는 국가가 관리하고 있는 행정전산망 등을 이용하여 주택조합 구성원의 자격 등에 관하여 필요한 사항을 확인할 수 있다. <개정		

2013.3.23> ② 시장·군수·구청장은 주택조합 또는 그 조합의 구성원이 이 법 또는 이 법에 따른 명령이나 처분을 위반한 경우에는 주택조합의 설립인가를 취소할 수 있다. ③ 주택조합은 대통령령으로 정하는 바에 따라 회계감사를 받아야 하며, 그 감사결과를 관할 시장·군수·구청장에게 보고하고, 인터넷에 게재하는 등 해당 조합원이 열람할 수 있도록 하여야 한다. [전문개정 2009.2.3]	제42조(주택조합의 회계감사) ①주택조합은 법 제34조제3항의 규정에 의하여 다음 각호의 1에 해당하는 날부터 30일 이내에 「주식회사의 외부감사에 관한 법률」 제3조의 규정에 의한 감사인의 회계감사를 받아야 한다. <개정 2005.3.8> 1. 법 제16조의 규정에 의한 사업계획승인을 얻은 날부터 3월이 경과한 날 2. 법 제29조의 규정에 의한 사용검사 또는 임시사용승인을 신청한 날 ②제1항의 규정에 의한 회계감사는 법 제16조의 규정에 의한 사업계획승인을 얻은 사업별로 실시하여야 한다. ③제1항의 규정에 의한 회계감사에 대하여는 「주식회사의 외부감사에 관한 법률」 제5조의 규정에 의한 감사기준을 적용한다. <개정 2005.3.8> ④회계감사를 실시한 자는 회계감사 종료일부터 15일 이내에 회계감사결과를 관할 시장·군수 또는 구청장과 당해 주택조합에 통보하여야 한다. ⑤시장·군수 또는 구청장은 제4항의 규정에 의하여 통보받은 회계감사결과의 내용을 검토하여 위법 또는 부당한 사항이 있다고 인정되는 경우에는 그 내용을 당해 주택조합에 통보하고 시정을 요구할 수 있다.	
제4절 공업화주택의 인정 등 제35조(공업화주택의 인정 등) ① 국토교통부장관은 주요		

구조부의 전부 또는 일부를 국토교통부령으로 정하는 성
능기준 및 생산기준에 따라 조립식 등 공업화공법으로
건설하는 주택을 공업화주택으로 인정할 수 있다. <개정
2013.3.23>
② 국토교통부장관 또는 시·도지사는 다음 각 호의 구분
에 따라, 주택을 건설하려는 자에 대하여 「건설산업기
본법」 제9조제1항에도 불구하고 대통령령으로 정하는
바에 따라 해당 주택을 건설하게 할 수 있다. <개정
2011.9.16, 2013.3.23, 2013.5.22>
1. 국토교통부장관: 「건설기술 진흥법」 제14조에 따라
   국토교통부장관이 고시한 새로운 건설기술을 적용하
   여 건설하는 주택
2. 시·도지사: 제1항에 따른 공업화주택
③ 공업화주택의 인정에 필요한 사항은 대통령령으로 정
한다.
[전문개정 2009.2.3]

제36조(공업화주택의 인정취소) 국토교통부장관은 제35조
제1항에 따라 공업화주택을 인정받은 자가 다음 각 호의
어느 하나에 해당하는 행위를 한 경우에는 공업화주택의
인정을 취소할 수 있다. <개정 2013.3.23>
1. 거짓이나 그 밖의 부정한 방법으로 인정을 받은 경우
2. 인정을 받은 날부터 1년 이내에 공업화주택의 건설에
   착공하지 아니한 경우
3. 인정을 받은 기준에 맞지 아니하게 공업화주택을 건
   설한 경우
[전문개정 2009.2.3]

제37조(공업화주택의 건설 촉진) ① 국토교통부장관, 시·도

지사 또는 시장·군수 사업주체가 건설할 주택을 공업화주택으로 건설하도록 사업주체에게 권고할 수 있다. <개정 2013.3.23, 2013.6.4>
② 공업화주택의 건설 및 품질 향상과 관련하여 국토교통부령으로 정하는 기술능력을 갖추고 있는 자가 공업화주택을 건설하는 경우에는 제22조·제24조 및 「건축사법」 제4조를 적용하지 아니한다. <개정 2013.3.23>
[전문개정 2009.2.3]

제4장 주택의 공급

제38조(주택의 공급) ① 사업주체(「건축법」 제11조에 따른 건축허가를 받아 주택 외의 시설과 주택을 동일 건축물로 하여 제16조제1항에 따른 호수 이상으로 건설·공급하는 건축주와 제29조에 따라 사용검사를 받은 주택을 사업주체로부터 일괄하여 양수받은 자를 포함한다. 이하 이 장에서 같다)는 다음 각 호에서 정하는 바에 따라 주택을 건설·공급하여야 한다. 이 경우 국가유공자, 장애인, 철거주택의 소유자, 그 밖에 국토교통부령으로 정하는 대상자에 대하여는 국토교통부령으로 정하는 바에 따라 입주자 모집조건 등을 달리 정하여 별도로 공급할 수 있다. <개정 2010.4.5, 2012.1.26, 2013.3.23, 2014.5.21>
1. 사업주체(다음 각 목에 해당하는 자는 제외한다)가 입주자를 모집하려는 경우: 국토교통부령으로 정하는 바에 따라 시장·군수·구청장의 승인(복리시설의 경우에는 신고를 말한다)을 받을 것
　가. 국가·지방자치단체·한국토지주택공사 및 지방공사
　나. 가목에 해당하는 자가 단독 또는 공동으로 총지분의 100분의 50을 초과하여 출자한 부동산투자회사

제4장 주택의 공급

2. 사업주체가 건설하는 주택을 공급하려는 경우: 국토교통부령으로 정하는 입주자모집의 조건·방법·절차, 입주금(입주예정자가 사업주체에게 납입하는 주택가격을 말한다. 이하 같다)의 납부 방법·시기·절차, 주택공급계약의 방법·절차 등에 적합할 것
3. 사업주체가 주택을 공급하려는 경우: 국토교통부령으로 정하는 바에 따라 벽지·바닥재·주방용구·조명기구 등을 제외한 부분의 가격을 따로 제시하고, 이를 입주자가 선택할 수 있도록 할 것
② 주택을 공급받으려는 자는 국토교통부령으로 정하는 입주자자격, 재당첨 제한 및 공급 순위 등에 맞게 주택을 공급받아야 한다. <개정 2013.3.23>
③ 사업주체가 제1항제1호에 따라 시장·군수·구청장의 승인을 받으려는 경우(사업주체가 국가·지방자치단체·한국토지주택공사 및 지방공사인 경우에는 견본주택을 건설하는 경우를 말한다)에는 제38조의3에 따라 건설하는 견본주택에 사용되는 마감자재의 규격·성능 및 재질을 적은 목록표(이하 "마감자재 목록표"라 한다)와 견본주택의 각 실의 내부를 촬영한 영상물 등을 제작하여 승인권자에게 제출하여야 한다. <개정 2010.4.5>
④ 사업주체는 주택공급계약을 체결할 때 입주예정자에게 다음 각 호의 자료 또는 정보를 제공하여야 한다. 다만, 입주자 모집공고에 이를 표시(인터넷에 게재하는 경우를 포함한다)한 경우에는 그러하지 아니하다. <개정 2013.6.4>
1. 제3항에 따른 견본주택에 사용된 마감자재 목록표
2. 공동주택 발코니의 세대 간 경계벽에 피난구를 설치하거나 경계벽을 경량구조로 건설한 경우 그에 관한 정보

⑤ 시장·군수·구청장은 제3항에 따라 받은 마감자재 목록표와 영상물 등을 제29조제1항에 따른 사용검사가 있은 날부터 2년 이상 보관하여야 하며, 입주자가 열람을 요구하는 경우에는 이를 공개하여야 한다.
⑥ 사업주체가 마감자재 생산업체의 부도 등으로 인한 제품의 품귀 등 부득이한 사유로 인하여 제16조에 따른 사업계획승인 또는 제3항에 따른 마감자재 목록표의 마감자재와 다르게 마감자재를 시공·설치하려는 경우에는 당초의 마감자재와 같은 질 이상으로 설치하여야 한다.
⑦ 사업주체가 제6항에 따라 마감자재 목록표의 자재와 다른 마감자재를 시공·설치하려는 경우에는 그 사실을 입주예정자에게 알려야 한다.
[전문개정 2009.2.3]

제38조의2(주택의 분양가격 제한 등) ① 사업주체가 제38조에 따라 일반인에게 공급하는 공동주택은 이 조에서 정하는 기준에 따라 산정되는 분양가격 이하로 공급(이에 따라 공급되는 주택을 "분양가상한제 적용주택"이라 한다. 이하 같다)하여야 한다. 다만, 다음 각 호의 어느 하나에 해당하는 경우에는 그러하지 아니하다. <개정 2010.4.5>
1. 도시형 생활주택
2. 「경제자유구역의 지정 및 운영에 관한 특별법」 제4조에 따라 지정·고시된 경제자유구역에서 건설·공급하는 공동주택으로서 같은 법 제25조에 따른 경제자유구역위원회에서 외자유치 촉진과 관련이 있다고 인정하여 이 조에 따른 분양가격 제한을 적용하지 아니하기로 심의·의결한 경우
3. 「관광진흥법」 제70조제1항에 따라 지정된 관광특구

에서 건설·공급하는 공동주택으로서 해당 건축물의 층수가 50층 이상이거나 높이가 150미터 이상인 경우 ② 제1항의 분양가격은 택지비와 건축비로 구성되며, 구체적인 명세, 산정방식, 감정평가기관 선정방법 등은 국토교통부령으로 정한다. 이 경우 택지비는 다음 각 호에 따라 산정한 금액으로 한다. <개정 2010.3.31, 2010.4.5, 2013.3.23> 1. 공공택지에서 주택을 공급하는 경우에는 해당 택지의 공급가격에 국토교통부령으로 정하는 택지와 관련된 비용을 가산한 금액 2. 공공택지 외의 택지에서 주택을 공급하는 경우에는 「부동산 가격공시 및 감정평가에 관한 법률」에 따라 감정평가한 가액에 국토교통부령으로 정하는 택지와 관련된 비용을 가산한 금액. 다만, 택지 매입가격이 다음 각 목의 어느 하나에 해당하는 경우에는 해당 매입가격(대통령령으로 정하는 범위 내에 한한다)에 국토교통부령으로 정하는 택지와 관련된 비용을 가산한 금액을 택지비로 볼 수 있다. 이 경우 택지비는 주택단지 전체에 동일하게 적용하여야 한다. 　가. 「민사집행법」, 「국세징수법」 또는 「지방세기본법」에 따른 경·공매 낙찰가격 　나. 국가·지방자치단체 등 공공기관으로부터 매입한 가격 　다. 그 밖에 실제 매매가격을 확인할 수 있는 경우로서 대통령령으로 정하는 경우 ③ 제2항의 분양가격 구성항목 중 건축비는 국토교통부장관이 정하여 고시하는 건축비(이하 "기본형건축비"라 한다)에 국토교통부령으로 정하는 금액을 더한 금액으로 한다. 이 경우 기본형건축비는 시장·군수·구청장이	제42조의2(택지 매입가격의 범위 및 분양가격 공시지역) ① 삭제 <2009.4.21> ②법 제38조의2제2항제2호 각 목 외의 부분 단서에서 "대통령령으로 정하는 범위 내"란 법 제38조의2제2항제2호 각 목 외의 부분 본문에 규정된 「부동산 가격공시 및 감정평가에 관한 법률」에 따라 감정평가한 가액의 100분의 120에 상당하는 금액 또는 개별공시지가의 100분의 150에 상당하는 금액 이내를 말한다. <개정 2008.2.29, 2009.4.21, 2012.3.13> ③사업주체가 법 제38조의2제2항제2호 각 목 외의 부분 단서에 따라 제2항에 따른 금액 이내의 금액을 택지비로 인정받으려면 시장·군수 또는 구청장에게 「부동산 가격공시 및 감정평가에 관한 법률」에 따라 감정평가를 신청하여야 한다. 이 경우 감정평가의 실시와 관련된

해당 지역의 특성을 고려하여 국토교통부령으로 정하는 범위에서 따로 정하여 고시할 수 있다. <개정 2010.4.5, 2013.3.23>
④ 사업주체는 분양가상한제 적용주택으로서 공공택지에서 공급하는 주택에 대하여 입주자모집 승인을 받았을 때에는 입주자 모집공고에 다음 각 호[국토교통부령으로 정하는 세분류(細分類)를 포함한다]에 대하여 분양가격을 공시하여야 한다. <개정 2013.3.23>
1. 택지비
2. 공사비
3. 간접비
4. 그 밖에 국토교통부령으로 정하는 비용
⑤ 시장·군수·구청장이 제38조에 따라 공공택지 외의 택지에서 공급되는 분양가상한제 적용주택(「수도권정비계획법」 제2조제1호에 따른 수도권 등 분양가 상승 우려가 큰 지역으로서 대통령령으로 정하는 기준에 해당되는 지역에서 공급되는 주택만 해당한다)에 대하여 입주자모집 승인을 하는 경우에는 다음 각 호의 구분에 따라 분양가격을 공시하여야 한다. 이 경우 제2호부터 제6호까지의 금액은 기본형건축비[시(특별자치도의 경우에는 특별자치도를 말한다)·군·구별 기본형건축비가 따로 있는 경우에는 시·군·구별 기본형건축비]의 항목별 가액으로 한다. <개정 2012.1.26, 2013.3.23>
1. 택지비
2. 직접공사비
3. 간접공사비
4. 설계비
5. 감리비
6. 부대비

구체적인 사항은 법 제38조의2제2항의 감정평가의 예에 따른다. <개정 2009.4.21, 2010.7.6>
④ 법 제38조의2제2항제2호나목에 따른 공공기관은 다음 각 호의 어느 하나에 해당하는 기관을 말한다. <개정 2009.4.21>
1. 국가
2. 지방자치단체
3. 「공공기관의 운영에 관한 법률」 제5조에 따라 공기업, 준정부기관 또는 기타공공기관으로 지정된 기관
4. 「지방공기업법」에 따른 지방직영기업, 지방공사 또는 지방공단
⑤ 법 제38조의2제2항제2호다목에서 "대통령령으로 정하는 경우"란 「부동산등기법」에 따른 부동산등기부 또는 「지방세법 시행령」 제18조제3항제2호에 따른 법인장부에 해당 택지의 거래가액이 기록되어 있는 경우를 말한다. <개정 2009.4.21, 2012.3.13>
⑥ 법 제38조의2제5항 각 호 외의 부분 전단에서 "대통령령으로 정하는 기준에 해당되는 지역"이란 다음 각 호의 어느 하나에 해당되는 지역을 말한다. <개정 2008.2.29, 2013.3.23>
1. 「수도권정비계획법」 제2조제1호에 따른 수도권 안의 투기과열지구(법 제41조에 따라 투기과열지구로 지정된 지역을 말한다. 이하 같다)
2. 다음 각 목의 어느 하나에 해당하는 지역으로서 법 제84조에 따른 주택정책심의위원회의 심의를 거쳐 국토교통부장관이 지정하는 지역
  가. 「수도권정비계획법」 제2조제1호에 따른 수도권 밖의 투기과열지구 중 그 지역의 주택가격의 상승률, 주택의 청약경쟁률 등을 고려하여 국토교통부

7. 그 밖에 국토교통부령으로 정하는 비용 ⑥ 제4항 및 제5항에 따른 공시를 할 때 국토교통부령으로 정하는 택지비 및 건축비에 가산되는 비용의 공시에는 제38조의4에 따른 분양가심사위원회 심사를 받은 내용과 산출근거를 포함하여야 한다. <개정 2013.3.23> [전문개정 2009.2.3]	장관이 정하여 고시하는 기준에 해당되는 지역 나. 해당 지역을 관할하는 시장·군수 또는 구청장이 주택가격의 상승률, 주택의 청약경쟁률이 지나치게 상승할 우려가 크다고 판단하여 국토교통부장관에게 지정을 요청하는 지역 [본조신설 2007.7.30]
	제42조의3(주의문구의 명시) ①시장·군수 또는 구청장은 입주자모집승인을 하는 경우에는 사업주체로 하여금 입주자모집공고안에 "분양가격의 항목별 공시내용은 사업에 실제 소요된 비용과 다를 수 있다."는 문구를 명시하도록 하여야 한다. ②국가·지방자치단체·한국토지주택공사 또는 지방공사인 사업주체는 입주자모집공고안에 "분양가격의 항목별 공시내용은 사업에 실제 소요된 비용과 다를 수 있다."는 문구를 명시하여야 한다. <개정 2009.9.21> [본조신설 2007.7.30]
제38조의3(견본주택의 건축기준) ① 사업주체가 주택의 판매촉진을 위하여 견본주택을 건설하려는 경우 견본주택의 내부에 사용하는 마감자재 및 가구는 제16조에 따른 사업계획승인의 내용과 같은 것으로 시공·설치하여야 한다. ② 사업주체는 견본주택의 내부에 사용하는 마감자재를 제16조에 따른 사업계획승인 또는 마감자재 목록표와 다른 마감자재로 설치하는 경우로서 다음 각 호의 어느 하나에 해당하는 경우에는 일반인이 그 해당 사항을 알 수 있도록 국토교통부령으로 정하는 바에 따라 그 공급가격을 표시하여야 한다. <개정 2013.3.23> 1. 분양가격에 포함되지 아니하는 품목을 견본주택에 전	

시하는 경우 2. 마감자재 생산업체의 부도 등으로 인한 제품의 품귀 등 부득이한 경우 ③ 견본주택에는 마감자재 목록표와 제16조에 따라 사업계획승인을 받은 서류 중 평면도와 시방서(示方書)를 갖춰 두어야 하며, 견본주택의 배치·구조 및 유지관리 등은 국토교통부령으로 정하는 기준에 맞아야 한다. <개정 2013.3.23> [전문개정 2009.2.3]		
제38조의4(분양가심사위원회의 운영 등) ① 시장·군수·구청장은 제38조의2에 관한 사항을 심의하기 위하여 분양가심사위원회를 설치·운영하여야 한다. ② 시장·군수·구청장은 제38조제1항제1호에 따라 입주자 모집 승인을 할 때에는 분양가심사위원회의 심사결과에 따라 승인 여부를 결정하여야 한다. ③ 분양가심사위원회는 주택 관련 분야 교수, 주택건설 또는 주택관리 분야 전문직 종사자, 관계 공무원 또는 변호사·회계사·감정평가사 등 관련 전문가 10명 이내로 구성하되, 구성 절차 및 운영에 관한 사항은 대통령령으로 정한다. <개정 2010.4.5> ④ 분양가심사위원회의 위원은 제1항부터 제3항까지의 규정에 따른 업무를 수행할 때에는 신의와 성실로써 공정하게 심사를 하여야 한다. [전문개정 2009.2.3]	제42조의4(위원회의 설치·운영) ①시장·군수 또는 구청장은 법 제16조에 따른 사업계획승인 신청(「도시 및 주거환경정비법」 제28조에 따른 사업시행인가, 「건축법」 제11조에 따른 건축허가를 포함한다)이 있는 날부터 20일 이내에 법 제38조의4제1항에 따른 분양가심사위원회(이하 이 장에서 "위원회"라 한다)를 설치·운영하여야 한다. <개정 2008.10.29> ②사업주체가 국가·지방자치단체·한국토지주택공사 또는 지방공사인 경우에는 해당 기관의 장이 위원회를 설치·운영하여야 한다. 이 경우 제42조의5부터 제42조의12까지의 규정을 준용한다. <개정 2009.9.21> [본조신설 2007.7.30] 제42조의5(기능) 위원회는 다음 각 호의 사항을 심의한다. <개정 2009.9.25> 1. 법 제38조의2제1항에 따른 분양가격 및 발코니 확장비용 산정의 적정성 여부 2. 법 제38조의2제4항 및 제5항에 따른 분양가격 공시내역의 적정성 여부	

3. 법 제38조의2제3항 후단에 따른 시·군·구별 기본형건축비 산정의 적정성 여부
4. 분양가상한제 적용주택과 관련된 제2종국민주택채권 매입예정상한액 산정의 적정성 여부
5. 분양가상한제 적용주택의 전매행위 제한과 관련된 인근지역 주택매매가격 산정의 적정성 여부
[본조신설 2007.7.30]

제42조의6(구성) ①위원회는 민간위원을 6명 이상 포함하여야 한다.
②위원회의 위원장은 시장·군수 또는 구청장이 민간위원 중에서 1명을 지명한다.
③시장·군수 또는 구청장은 주택건설 또는 주택관리 분야에 관한 학식과 경험이 풍부한 자로서 다음 각 호의 어느 하나에 해당하는 자를 제1항에 따른 민간위원으로 위촉한다. 이 경우 다음 각 호에 해당하는 위원은 1명 이상으로 한다. <개정 2010.7.6>
1. 법학·경제학·부동산학 등 주택분야와 관련된 학문을 전공한 자로서 「고등교육법」에 따른 대학에서 조교수 이상으로 1년 이상 재직한 자
2. 변호사·회계사·감정평가사 또는 세무사의 직에 1년 이상 근무한 자
3. 토목·건축 또는 주택분야 업무에 5년 이상 종사한 자
4. 주택관리사로서 공동주택 관리사무소장의 직에 5년 이상 근무한 자
④시장·군수 또는 구청장은 다음 각 호의 어느 하나에 해당하는 자를 민간위원 외의 위원(이하 "공공기관의 위원"이라 한다)으로 지명한다. 이 경우 다음 각 호에

	해당하는 위원은 1명 이상으로 한다. <개정 2009.9.21>	
	1. 국가 또는 지방자치단체에서 주택사업의 인·허가 등 관련 업무를 수행하는 5급 이상 공무원으로서 해당 기관의 장으로부터 추천을 받은 자. 다만, 해당 지방자치단체에 소속된 공무원의 경우에는 추천을 필요로 하지 아니한다.	
	2. 한국토지주택공사 또는 지방공사에서 주택사업 관련 업무에 종사하고 있는 임직원으로서 해당 기관의 장으로부터 추천을 받은 자	
	⑤제3항에 따른 민간위원의 임기는 2년으로 하되, 연임할 수 있다.	
	[본조신설 2007.7.30]	
	제42조의7(회의) ①위원회의 회의는 시장·군수 또는 구청장이나 위원장이 필요하다고 인정하는 경우에 소집한다.	
	②시장·군수 또는 구청장은 회의 개최일부터 2일 전까지 회의와 관련된 사항을 위원에게 알려야 한다.	
	③위원회의 회의는 재적위원 과반수의 출석으로 개의하고, 출석위원 과반수의 찬성으로 의결한다.	
	④위원장은 위원회의 의장이 된다. 다만, 위원장이 부득이한 사유로 그 직무를 수행할 수 없을 때에는 위원장이 지명하는 위원이 그 직무를 대행한다.	
	⑤시장·군수 또는 구청장은 위원회의 사무를 처리하기 위하여 해당 지방자치단체의 주택업무 관련 직원 중 1명을 간사로 선정하여야 한다.	
	⑥위원회의 회의진행은 공개하지 아니한다. 다만, 위원회의 의결이 있는 경우에는 이를 공개할 수 있다.	
	[본조신설 2007.7.30]	

제42조의8(위원이 아닌 자의 참석 등) ①위원장은 제42조의5 각 호의 사항을 심의하기 위하여 필요하다고 인정하는 경우 해당 사업장의 사업주체·관계인 또는 참고인을 위원회의 회의에 출석하게 하여 의견을 듣거나 관계 자료의 제출 등 필요한 협조를 요청할 수 있다.
②위원회의 회의사항과 관련하여 시장·군수 또는 구청장 및 사업주체는 위원장의 승인을 받아 회의에 출석하여 발언할 수 있다.
③위원장은 위원회에서 심의·의결된 결과를 지체 없이 시장·군수 또는 구청장에게 제출하여야 한다.
[본조신설 2007.7.30]

제42조의9(위원의 대리출석) 공공기관의 위원은 부득이한 사유가 있을 때에는 해당 직위에 상당하는 공무원 또는 공사의 임직원을 지명하여 대리출석하게 할 수 있다.
[본조신설 2007.7.30]

제42조의10(위원의 의무 등) ①위원은 회의과정, 그 밖의 직무수행 상 알게 된 사항으로서 공개하지 아니하기로 한 사항을 누설하여서는 아니되며, 위원회의 품위를 손상하는 행위를 하여서는 아니된다.
②다음 각 호의 어느 하나에 해당되는 위원은 해당 심의 대상 안건의 심의·의결에서 제외된다.
1. 해당 심의안건에 관하여 용역이나 그 밖의 방법에 의하여 직접 또는 상당한 정도로 관여한 경우
2. 해당 심의안건에 관하여 직접 또는 상당한 이해관계가 있는 경우
③제2항 각 호의 어느 하나에 해당하는 위원은 스스로 해당 안건의 심의에서 회피하여야 하며, 회의개최일 전

까지 이를 간사에게 통보하여야 한다.
④시장·군수 또는 구청장은 다음 각 호의 어느 하나에 해당하는 민간위원이 있는 경우에는 그 위원을 해촉할 수 있으며, 해촉된 위원의 후임으로 위촉된 위원의 임기는 전임자의 잔여기간으로 한다.
1. 법 제38조의4제4항을 위반한 경우
2. 제1항을 위반한 경우
3. 제2항 각 호의 어느 하나에 해당함에도 불구하고 회피신청을 하지 아니한 경우
4. 해외출장·질병·사고 등으로 인하여 6개월 이상 위원회의 직무를 수행할 수 없는 경우
⑤시장·군수 또는 구청장은 제4항 각 호의 어느 하나에 해당하는 공공기관의 위원이 있는 경우에는 해당 기관의 장으로부터 제42조의6제4항 각 호에 해당하는 다른 자를 추천받아 위원회의 위원으로 지명할 수 있다. 다만, 해당 지방자치단체에 소속된 공무원의 경우에는 추천 없이 지명할 수 있다.
[본조신설 2007.7.30]

제42조의11(회의록 등) ①간사는 위원회의 회의 시 다음 각 호의 사항을 회의록으로 작성하여 「공공기록물 관리에 관한 법률」에 따라 보존하여야 한다.
1. 개회일시·장소 및 공개여부
2. 출석위원 서명부
3. 상정된 의안 및 심의결과
4. 그 밖에 주요 논의사항 등
②위원회의 회의에 참석한 위원에 대하여는 예산의 범위 내에서 수당 및 여비를 지급할 수 있다. 다만, 공무원인 위원이 그 소관업무와 직접적으로 관련되어 위원회에

	출석하는 경우에는 그러하지 아니하다. [본조신설 2007.7.30]
	제42조의12(운영세칙) 이 영에 규정된 사항 외에 위원회의 운영에 관하여 필요한 사항은 시장·군수 또는 구청장이 정한다. [본조신설 2007.7.30]
제38조의5 삭제 <2009.4.22>	제42조의13 삭제 <2009.10.19> 제42조의14 삭제 <2009.10.19> 제42조의15 삭제 <2009.10.19>
제38조의6(주택건설사업 등에 의한 임대주택의 건설 등) ① 사업주체(리모델링을 시행하는 자는 제외한다)가 다음 각 호의 사항을 포함한 사업계획승인신청서(「건축법」 제11조제3항의 허가신청서를 포함한다. 이하 이 조에서 같다)를 제출하는 경우 사업계획승인권자(건축허가권자를 포함한다)는 「국토의 계획 및 이용에 관한 법률」 제78조의 용도지역별 용적률 범위 안에서 특별시·광역시·특별자치도·시 또는 군의 조례로 정하는 기준에 따라 용적률을 완화하여 적용할 수 있다. <개정 2012.1.26> 1. 제16조제1항에 따른 호수 이상의 주택과 주택 외의 시설을 동일 건축물로 건축하는 계획 2. 임대주택의 건설·공급에 관한 사항 ② 제1항에 따라 용적률을 완화하여 적용하는 경우 사업주체는 완화된 용적률의 100분의 60 이하의 범위에서 대통령령으로 정하는 비율 이상에 해당하는 면적을 임대주택으로 공급하여야 한다. 이 경우 사업주체는 임대	제42조의16(주택건설사업 등에 따른 임대주택의 비율 등) ① 법 제38조의6제2항 전단에서 "대통령령으로 정하는

주택을 국토교통부장관, 시·도지사, 한국토지주택공사 또는 지방공사(이하 "인수자"라 한다)에 공급하여야 하며 시·도지사가 우선 인수할 수 있다. 다만, 시·도지사가 임대주택을 인수하지 아니하는 경우 시장·군수·구청장이 제1항의 사업계획승인(「건축법」 제11조의 건축허가를 포함한다. 이하 이 조에서 같다)신청 사실을 시·도지사에게 통보한 후 국토교통부장관에게 인수자 지정을 요청하여야 한다. <개정 2010.4.5, 2013.3.23> ③ 제2항에 따라 공급되는 임대주택의 공급가격은 「임대주택법」 제16조제3항에 따라 임대주택의 매각 시 적용하는 공공건설임대주택의 분양전환가격에 산정기준에서 정하는 건축비로 하고, 그 부속토지는 인수자에게 기부채납한 것으로 본다. ④ 사업주체는 제16조에 따른 사업계획승인을 신청하기 전에 미리 용적률의 완화로 건설되는 임대주택의 규모 등에 관하여 인수자와 협의하여 사업계획승인신청서에 반영하여야 한다. ⑤ 사업주체는 공급되는 주택의 전부(제32조의 주택조합이 설립된 경우에는 조합원에게 공급하고 남은 주택을 말한다)를 대상으로 공개추첨의 방법에 의하여 인수자에게 공급하는 임대주택을 선정하여야 하며, 그 선정 결과를 지체 없이 인수자에게 통보하여야 한다. ⑥ 사업주체는 임대주택의 준공인가(「건축법」 제22조의 사용승인을 포함한다)를 받은 후 지체 없이 인수자에게 등기를 촉탁 또는 신청하여야 한다. 이 경우 사업주체가 거부 또는 지체하는 경우에는 인수자가 등기를 촉탁 또는 신청할 수 있다. [본조신설 2009.2.3]	비율"이란 100분의 30 이상 100분의 60 이하의 범위에서 시·도의 조례로 정하는 비율을 말한다. ② 국토교통부장관은 법 제38조의6제2항 단서에 따라 시장·군수·구청장으로부터 인수자 지정의 요청을 받은 경우 30일 이내에 인수자를 지정하여 시·도지사에게 통보하여야 하며, 국토교통부장관으로부터 통보를 받은 시·도지사는 지체 없이 국토교통부장관이 지정한 인수자와 임대주택의 인수에 관하여 협의하여야 한다. <개정 2013.3.23> [본조신설 2009.4.21]	

제38조의7(자료제공의 요청) ① 국토교통부장관은 제38조제2항에 따라 주택을 공급받으려는 자의 입주자자격을 확인하기 위하여 본인, 배우자, 본인 또는 배우자와 세대를 같이하는 세대원의 주민등록 전산정보(주민등록번호·외국인등록번호 등 고유식별번호를 포함한다), 가족관계등록사항, 국세, 지방세, 금융, 토지, 건물(건물등기부·건축물대장을 포함한다), 자동차, 건강보험, 국민연금, 고용보험 및 산업재해보상보험 등의 자료 또는 정보의 제공을 관계 기관의 장에게 요청할 수 있다. 이 경우 관계 기관의 장은 특별한 사유가 없으면 이에 따라야 한다. ② 국토교통부장관은 「금융실명거래 및 비밀보장에 관한 법률」 제4조제1항과 「신용정보의 이용 및 보호에 관한 법률」 제32조제2항에도 불구하고 제38조제2항에 따라 주택을 공급받으려는 자의 입주자자격을 확인하기 위하여 본인, 배우자, 본인 또는 배우자와 세대를 같이하는 세대원이 제출한 동의서면을 전자적 형태로 바꾼 문서에 의하여 금융기관 등(「금융실명거래 및 비밀보장에 관한 법률」 제2조제1호에 따른 금융회사등 및 「신용정보의 이용 및 보호에 관한 법률」 제25조에 따른 신용정보집중기관을 말한다. 이하 같다)의 장에게 다음 각 호의 자료 또는 정보의 제공을 요청할 수 있다. 1. 「금융실명거래 및 비밀보장에 관한 법률」 제2조제2호·제3호에 따른 금융자산 및 금융거래의 내용에 대한 자료 또는 정보 중 예금의 평균잔액과 그 밖에 국토교통부장관이 정하는 자료 또는 정보(이하 "금융정보"라 한다) 2. 「신용정보의 이용 및 보호에 관한 법률」 제2조제1호에 따른 신용정보 중 채무액과 그 밖에 국토교통부장관이 정하는 자료 또는 정보(이하 "신용정보"라 한		

다)
3. 「보험업법」 제4조제1항 각 호에 따른 보험에 가입하여 납부한 보험료와 그 밖에 국토교통부장관이 정하는 자료 또는 정보(이하 "보험정보"라 한다)

③ 국토교통부장관이 제2항에 따라 금융정보·신용정보 또는 보험정보(이하 "금융정보등"이라 한다)의 제공을 요청하는 경우 해당 금융정보등 명의인의 정보제공에 대한 동의서면을 함께 제출하여야 한다. 이 경우 동의서면은 전자적 형태로 바꾸어 제출할 수 있으며, 금융정보등을 제공한 금융기관 등의 장은 「금융실명거래 및 비밀보장에 관한 법률」 제4조의2제1항과 「신용정보의 이용 및 보호에 관한 법률」 제35조에도 불구하고 금융정보등의 제공사실을 명의인에게 통보하지 아니할 수 있다.

④ 국토교통부장관 및 사업주체(국가, 지방자치단체, 한국토지주택공사 및 지방공사에 한한다)는 제1항과 제2항에 따른 자료를 확인하기 위하여 「사회복지사업법」 제6조의2제2항에 따른 정보시스템을 연계하여 사용할 수 있다.

⑤ 국토교통부 소속 공무원 또는 소속 공무원이었던 자와 제4항에 따른 사업주체의 소속 임직원은 제1항과 제2항에 따라 얻은 정보와 자료를 이 법에서 정한 목적 외의 다른 용도로 사용하거나 다른 사람 또는 기관에 제공하거나 누설하여서는 아니 된다.

[본조신설 2013.6.4]

제39조(공급질서 교란 금지) ① 누구든지 이 법에 따라 건설·공급되는 주택을 공급받거나 공급받게 하기 위하여 다음 각 호의 어느 하나에 해당하는 증서 또는 지위를

양도·양수(매매·증여나 그 밖에 권리 변동을 수반하는 모든 행위를 포함하되, 상속·저당의 경우는 제외한다. 이하 이 조에서 같다) 또는 이를 알선하거나 양도·양수 또는 이를 알선할 목적으로 하는 광고(각종 간행물·유인물·전화·인터넷, 그 밖의 매체를 통한 행위를 포함한다)를 하여서는 아니 되며, 누구든지 거짓이나 그 밖의 부정한 방법으로 이 법에 따라 건설·공급되는 증서나 지위 또는 주택을 공급받거나 공급받게 하여서는 아니 된다. <개정 2011.9.16> 1. 제32조에 따라 주택을 공급받을 수 있는 지위 2. 제69조에 따른 주택상환사채 3. 제75조에 따른 입주자저축 증서 4. 그 밖에 주택을 공급받을 수 있는 증서 또는 지위로서 대통령령으로 정하는 것 ② 국토교통부장관 또는 사업주체는 다음 각 호의 어느 하나에 해당하는 자에 대하여는 그 주택 공급을 신청할 수 있는 지위를 무효로 하거나 이미 체결된 주택의 공급계약을 취소할 수 있다. <개정 2013.3.23> 1. 제1항을 위반하여 증서 또는 지위를 양도하거나 양수한 자 2. 제1항을 위반하여 거짓이나 그 밖의 부정한 방법으로 증서나 지위 또는 주택을 공급받은 자 ③ 사업주체가 제1항을 위반한 자에게 대통령령으로 정하는 바에 따라 산정한 주택가격에 해당하는 금액을 지급한 경우에는 그 지급한 날에 그 주택을 취득한 것으로 본다. ④ 제3항의 경우 사업주체가 매수인에게 주택가격을 지급하거나, 매수인을 알 수 없어 주택가격의 수령 통지를 할 수 없는 경우 등 대통령령으로 정하는 사유에 해당	제43조(양도가 금지되는 증서 등) ①법 제39조제1항제4호에서 "대통령령이 정하는 것"이라 함은 다음 각호의 1에 해당하는 것을 말한다. 1. 시장·군수 또는 구청장이 발행한 무허가건물확인서·건물철거예정증명서 또는 건물철거확인서 2. 공공사업의 시행으로 인한 이주대책에 의하여 주택을 공급받을 수 있는 지위 또는 이주대책대상자확인서 ②사업주체는 법 제39조제1항의 규정을 위반한 자에 대하여 다음 각호의 금액을 합산한 금액에서 감가상각비(「법인세법 시행령」 제26조의 규정에 의한 정액법에 준하는 방법으로 계산한 금액을 말한다)를 공제한 금액을 지급한 때에는 법 제39조제3항의 규정에 의하여 그 지급한 날에 당해 주택을 취득한 것으로 본다. <개정 2005.3.8> 1. 입주금 2. 융자금의 상환원금	

하는 경우로서 주택가격을 그 주택이 있는 지역을 관할하는 법원에 공탁한 경우에는 그 주택에 입주한 자에 대하여 기간을 정하여 퇴거를 명할 수 있다.
⑤ 국토교통부장관은 제1항을 위반한 자에 대하여 10년 이내의 범위에서 국토교통부령으로 정하는 바에 따라 주택의 입주자자격을 제한할 수 있다. <신설 2011.9.16, 2013.3.23>
[전문개정 2009.2.3]

제40조(저당권설정 등의 제한) ① 사업주체는 주택건설사업에 의하여 건설된 주택 및 대지에 대하여는 입주자 모집공고 승인 신청일(주택조합의 경우에는 사업계획승인 신청일을 말한다) 이후부터 입주예정자가 그 주택 및 대지의 소유권이전등기를 신청할 수 있는 날 이후 60일까지의 기간 동안 입주예정자의 동의 없이 다음 각 호의 어느 하나에 해당하는 행위를 하여서는 아니 된다. 다만, 그 주택의 건설을 촉진하기 위하여 대통령령으로 정하는 경우에는 그러하지 아니하다. <개정 2012.1.26, 2014.5.21>
1. 해당 주택 및 대지에 저당권 또는 가등기담보권 등 담보물권을 설정하는 행위
2. 해당 주택 및 대지에 전세권·지상권(地上權) 또는 등기되는 부동산임차권을 설정하는 행위
3. 해당 주택 및 대지를 매매 또는 증여 등의 방법으로

3. 제1호 및 제2호의 금액을 합산한 금액에 생산자물가상승률을 곱한 금액
③법 제39조제4항에서 "대통령령이 정하는 사유에 해당하는 경우"라 함은 다음 각호의 1에 해당하는 경우를 말한다.
1. 매수인을 알 수 없어 주택가액 수령의 통지를 할 수 없는 경우
2. 매수인에게 주택가액의 수령을 3회 이상 통지(통지일부터 다음 통지일까지의 기간이 1월 이상이어야 한다)하였으나 매수인이 수령을 거부한 경우
3. 매수인이 주소지에 3월 이상 살지 아니하여 주택가액의 수령이 불가능한 경우
4. 주택의 압류 또는 가압류로 인하여 매수인에게 주택가액을 지급할 수 없는 경우

제44조(입주자의 동의 없이 저당권 설정 등을 할 수 있는 경우 등) ① 삭제 <2009.4.21>
②법 제40조제1항 단서에서 "대통령령이 정하는 경우"라 함은 다음 각 호의 어느 하나에 해당하는 경우를 말한다. <개정 2005.3.8, 2006.3.29, 2006.11.7, 2008.2.29, 2010.11.15, 2013.3.23>
1. 당해 주택의 입주자에게 주택구입자금의 일부를 융자하여 줄 목적으로 국민주택기금이나 다음 각 목의 금

처분하는 행위
② 제1항에서 "소유권이전등기를 신청할 수 있는 날"이란 사업주체가 입주예정자에게 통보한 입주가능일을 말한다.
③ 제1항에 따른 저당권설정 등의 제한을 할 때 사업주체는 해당 주택 또는 대지가 입주예정자의 동의 없이는 양도하거나 제한물권을 설정하거나 압류·가압류·가처분 등의 목적물이 될 수 없는 재산임을 소유권등기에 부기등기(附記登記)하여야 한다. 다만, 사업주체가 국가·지방자치단체 및 한국토지주택공사 등 공공기관이거나 해당 대지가 사업주체의 소유가 아닌 경우 등 대통령령으로 정하는 경우에는 그러하지 아니하다. <개정 2010.4.5>
④ 제3항에 따른 부기등기는 주택건설대지에 대하여는 입주자 모집공고 승인 신청(주택건설대지 중 주택조합이 사업계획승인 신청일까지 소유권을 확보하지 못한 부분이 있는 경우에는 그 부분에 대한 소유권 이전등기를 말한다)과 동시에 하여야 하고, 건설된 주택에 대하여는 소유권보존등기와 동시에 하여야 한다. 이 경우 부기등기의 내용 및 말소에 관한 사항은 대통령령으로 정한다.
⑤ 제4항에 따른 부기등기일 이후에 해당 대지 또는 주택을 양수하거나 제한물권을 설정받은 경우 또는 압류·가압류·가처분 등의 목적물로 한 경우에는 그 효력을 무효로 한다. 다만, 사업주체의 경영부실로 입주예정자가 그 대지를 양수받는 경우 등 대통령령으로 정하는 경우에는 그러하지 아니하다.
⑥ 사업주체의 재무 상황 및 금융거래 상황이 극히 불량한 경우 등 대통령령으로 정하는 사유에 해당되어 제76조에 따라 설립된 대한주택보증주식회사(이하 "대한주

융기관으로부터 주택건설자금의 융자를 받는 경우
가. 「은행법」에 따른 은행
나. 「중소기업은행법」에 따른 중소기업은행
다. 「상호저축은행법」에 따른 상호저축은행
라. 「보험업법」에 따른 보험회사
마. 그 밖의 법률에 따라 금융업무를 행하는 기관으로서 국토교통부령으로 정하는 것
2. 당해 주택의 입주자에게 주택구입자금의 일부를 융자하여 줄 목적으로 제1호 각 목의 금융기관으로부터 주택구입자금의 융자를 받는 경우
3. 사업주체가 파산(「채무자 회생 및 파산에 관한 법률」 등에 의한 법원의 결정·인가를 포함한다. 이하 같다)·합병·분할·등록말소·영업정지 등의 사유로 사업을 시행할 수 없게 되어 사업주체가 변경되는 경우

제45조(부기등기 등) ①법 제40조제3항 본문의 규정에 의한 부기등기에는 동조제4항 후단의 규정에 의하여 대지의 경우 "이 토지는 「주택법」에 따라 입주자를 모집한 토지(주택조합의 경우에는 주택건설사업계획승인이 신청된 토지를 말한다)로서 입주예정자의 동의를 얻지 아니하고는 당해 토지에 대하여 양도 또는 제한물권을 설정하거나 압류·가압류·가처분 등 소유권에 제한을 가하는 일체의 행위를 할 수 없음"이라는 내용을 명시하고, 주택의 경우 "이 주택은 「부동산등기법」에 따라 소유권보존등기를 마친 주택으로서 입주예정자의 동의를 얻지 아니하고는 당해 주택에 대하여 양도 또는 제한물권을 설정하거나 압류·가압류·가처분 등 소유권에 제한을 가하는 일체의 행위를 할 수 없음"이라는 내용을 명

제19조의2(입주자의 동의 없이 저당권 설정 등을 할 수 있는 금융기관의 범위) 영 제44조제2항제1호 마목에서 "그 밖의 법률에 따라 금융업무를 행하는 기관으로서 국토교통부령으로 정하는 것"이라 함은 다음 각 호의 어느 하나에 해당하는 것을 말한다. <개정 2008.3.14, 2012.3.16, 2013.3.23>
1. 「농업협동조합법」에 따른 조합, 농업협동조합중앙회 및 농협은행
2. 「수산업협동조합법」에 따른 수산업협동조합과 수산업협동조합중앙회
3. 「신용협동조합법」에 따른 신용협동조합과 신용협동조합중앙회
4. 「새마을금고법」에 따른 새마을금고와 새마을금고중앙회
5. 「산림조합법」에 따른 산림조합과 산림조합중앙회
6. 「한국주택금융공사법」에 따른 한국주택금융공사
7. 「우체국예금·보험에 관한 법률」에 따른 체신관서
[본조신설 2006.11.7]
[종전 제19조의2는 제19조의3으로 이동

택보증주식회사"라 한다)가 분양보증을 하면서 주택건설대지를 대한주택보증주식회사에 신탁하게 할 경우에는 제1항과 제3항에도 불구하고 사업주체는 그 주택건설대지를 신탁할 수 있다.
⑦ 제6항에 따른 대한주택보증주식회사의 신탁의 인수에 관하여는 「자본시장과 금융투자업에 관한 법률」을 적용하지 아니한다.
⑧ 제6항에 따라 사업주체가 주택건설대지를 신탁하는 경우 신탁등기일 이후부터 입주예정자가 해당 주택건설대지의 소유권이전등기를 신청할 수 있는 날 이후 60일까지의 기간 동안 해당 신탁의 종료를 원인으로 하는 사업주체의 소유권이전등기청구권에 대한 압류·가압류·가처분 등은 효력이 없음을 신탁계약조항에 포함하여야 한다. <신설 2011.9.16>
⑨ 제6항에 따른 신탁등기일 이후부터 입주예정자가 해당 주택건설대지의 소유권이전등기를 신청할 수 있는 날 이후 60일까지의 기간 동안 해당 신탁의 종료를 원인으로 하는 사업주체의 소유권이전등기청구권을 압류·가압류·가처분 등의 목적물로 한 경우에는 그 효력을 무효로 한다. <신설 2011.9.16>
[전문개정 2009.2.3]
	시하여야 한다. <개정 2005.3.8>
	② 사업주체는 법 제40조제4항 후단의 규정에 의하여 사업계획승인이 취소되거나 입주예정자가 소유권이전등기를 신청한 경우를 제외하고는 제1항의 규정에 의한 부기등기를 말소할 수 없다. 다만, 소유권이전등기를 신청할 수 있는 날부터 60일이 경과한 때에는 그러하지 아니하다.
	③ 법 제40조제3항 단서에서 "사업주체가 국가·지방자치단체 및 한국토지주택공사 등 공공기관이거나 해당 대지가 사업주체의 소유가 아닌 경우 등 대통령령으로 정하는 경우"란 다음 각 호의 경우를 말한다. <개정 2005.3.8, 2006.2.24, 2009.9.21, 2010.7.6>
	1. 대지의 경우 : 다음 각 목의 어느 하나에 해당하는 경우. 이 경우 라목 또는 마목에 해당되는 경우로서 법원의 판결이 확정되어 소유권을 확보하거나 권리가 말소되었을 때에는 지체 없이 제1항에 따른 부기등기를 하여야 한다.
	  가. 사업주체가 국가·지방자치단체·한국토지주택공사 또는 지방공사인 경우
	  나. 사업주체가 「택지개발촉진법」 등 관계 법령에 의하여 조성된 택지를 공급받아 주택을 건설하는 경우로서 당해 대지의 지적정리가 되지 아니하여 소유권을 확보할 수 없는 경우. 이 경우 대지의 지적정리가 완료된 때에는 지체없이 제1항의 규정에 의한 부기등기를 하여야 한다.
	  다. 조합원이 주택조합에 대지를 신탁한 경우
	  라. 해당 대지가 다음 1)부터 3)까지 중 어느 하나에 해당하는 경우. 다만, 2) 및 3)의 경우에는 법 제18조의3제2항 및 제3항에 따른 감정평가액을 공탁
		<2006.11.7>]

	하여야 한다. 1) 법 제18조의2 또는 제18조의3에 따른 매도청구소송(이하 이 항에서 "매도청구소송"이라 한다)을 제기하여 법원의 승소판결(판결이 확정될 것을 요구하지 아니한다)을 받은 경우 2) 해당 대지의 소유권 확인이 곤란하여 매도청구소송을 제기한 경우 3) 사업주체가 소유권을 확보하지 못한 대지로서 법 제16조에 따라 최초로 주택건설사업계획승인을 받은 날 이후 소유권이 제3자에게 이전된 대지에 대하여 매도청구소송을 제기한 경우 마. 사업주체가 소유권을 확보한 대지에 저당권, 가등기담보권, 전세권, 지상권 및 등기되는 부동산임차권이 설정된 경우로서 이들 권리의 말소소송을 제기하여 승소판결(판결이 확정될 것을 요구하지 아니한다)을 받은 경우. 2. 주택의 경우 : 당해 주택의 입주자로 선정된 지위를 취득한 자가 없는 경우. 다만, 소유권보존등기 후 입주자모집공고의 승인을 신청하는 경우를 제외한다. ④법 제40조제5항 단서에서 "대통령령이 정하는 경우"라 함은 다음 각호의 경우를 말한다. 1. 제44조제2항제1호 또는 제2호에 해당되어 당해 대지에 저당권 등을 설정하는 경우 2. 제44조제2항제3호에 해당되어 다른 사업주체가 당해 대지를 양수하거나 시공보증자 또는 입주예정자가 당해 대지의 소유권을 확보하거나 압류·가압류·가처분 등을 하는 경우 ⑤법 제40조제6항에서 "대통령령이 정하는 사유"라 함은 다음 각호의 1에 해당하는 경우를 말한다.	

	1. 최근 2년간 연속된 경상손실로 인하여 자기자본이 잠식된 경우 2. 자산에 대한 부채의 비율이 500퍼센트를 초과하는 경우 3. 사업주체가 법 제40조제3항의 규정에 의한 부기등기를 하지 아니하고 법 제76조의 규정에 의한 대한주택보증주식회사(이하 "대한주택보증주식회사"라 한다)에 당해 대지를 신탁하고자 하는 경우	
제41조(투기과열지구의 지정 및 해제) ① 국토교통부장관 또는 시·도지사는 주택가격의 안정을 위하여 필요한 경우에는 주택정책심의위원회(시·도지사의 경우에는 제85조에 따른 시·도 주택정책심의위원회를 말한다. 이하 이 조에서 같다)의 심의를 거쳐 일정한 지역을 투기과열지구로 지정하거나 이를 해제할 수 있다. 이 경우 투기과열지구의 지정은 그 지정 목적을 달성할 수 있는 최소한의 범위로 한다. <개정 2013.3.23> ② 제1항에 따른 투기과열지구는 해당 지역의 주택가격 상승률이 물가상승률보다 현저히 높은 지역으로서 그 지역의 청약경쟁률·주택가격·주택보급률 및 주택공급계획 등과 지역 주택시장 여건 등을 고려하였을 때 주택에 대한 투기가 성행하고 있거나 성행할 우려가 있는 지역 중 국토교통부령으로 정하는 기준을 충족하는 곳이어야 한다. <개정 2013.3.23> ③ 국토교통부장관 또는 시·도지사는 제1항에 따라 투기과열지구를 지정하였을 때에는 지체 없이 이를 공고하고, 그 투기과열지구를 관할하는 시장·군수·구청장에게 공고 내용을 통보하여야 한다. 이 경우 시장·군수·구청장은 사업주체로 하여금 입주자 모집공고 시 해당 주택건설 지역이 투기과열지구에 포함된 사실을 공고하게		제19조의3(투기과열지구의 지정기준) 법 제41조제2항에서 "국토교통부령이 정하는 기준을 충족하는 곳"이란 다음 각 호의 어느 하나에 해당하는 곳을 말한다. <개정 2013.3.23> 1. 주택공급이 있었던 직전 2개월간 해당 지역에서 공급되는 주택의 청약경쟁률이 5대 1을 초과하였거나 법 제2조제3

하여야 한다. 투기과열지구 지정을 해제하는 경우에도 또한 같다. <개정 2013.3.23> ④ 국토교통부장관 또는 시·도지사는 투기과열지구에서 제2항에 따른 지정 사유가 없어졌다고 인정하는 경우에는 지체 없이 투기과열지구 지정을 해제하여야 한다. <개정 2013.3.23> ⑤ 제1항에 따라 국토교통부장관이 투기과열지구를 지정하거나 해제할 경우에는 시·도지사의 의견을 들어야 하며, 시·도지사가 투기과열지구를 지정하거나 해제할 경우에는 국토교통부장관과 협의하여야 한다. <개정 2013.3.23> ⑥ 국토교통부장관은 1년마다 주택정책심의위원회의 회의를 소집하여 투기과열지구로 지정된 지역별로 해당 지역의 주택가격 안정 여건의 변화 등을 고려하여 투기과열지구 지정의 유지 여부를 재검토하여야 한다. 재검토 결과 투기과열지구 지정의 해제가 필요하다고 인정되는 경우에는 지체 없이 투기과열지구 지정을 해제하고 이를 공고하여야 한다. <개정 2013.3.23> ⑦ 투기과열지구로 지정된 지역의 시·도지사 또는 시장·군수·구청장은 투기과열지구 지정 후 해당 지역의 주택가격이 안정되는 등 지정 사유가 없어졌다고 인정되는 경우에는 국토교통부장관 또는 시·도지사에게 투기과열지구 지정의 해제를 요청할 수 있다. <개정 2013.3.23> ⑧ 제7항에 따라 투기과열지구 지정의 해제를 요청받은 국토교통부장관 또는 시·도지사는 요청받은 날부터 40일 이내에 주택정책심의위원회의 심의를 거쳐 투기과열지구 지정의 해제 여부를 결정하여 그 투기과열지구를 관할하는 지방자치단체의 장에게 심의결과를 통보하여야 한다. <개정 2013.3.23>		호에 따른 국민주택규모 이하 주택의 청약경쟁률이 10대 1을 초과한 곳
		2. 다음 각 목의 어느 하나에 해당하여 주택공급이 위축될 우려가 있는 곳
		  가. 주택의 분양계획이 지난 달보다 30퍼센트 이상 감소한 곳
		  나. 법 제16조에 따른 주택건설사업계획의 승인이나 「건축법」 제11조에 따른 건축허가 실적이 지난 해보다 급격하게 감소한 곳
		3. 신도시 개발이나 주택의 전매행위 성행 등으로 투기 및 주거불안의 우려가 있는 곳으로서 다음 각 목의 어느 하나에 해당하는 곳
		  가. 시·도별 주택보급률이 전국 평균 이하인 경우
		  나. 시·도별 자가주택비율이 전국 평균 이하인 경우
		  다. 해당 지역의 주택공급물량이 법 제75조에 따른 입주자저축 가입자 중 주택청약 제1순위자에 비하여 현저하게 적은 경우
		[본조신설 2008.6.30]
		[종전 제19조의3은 제19조의4로 이동 <2008.6.30>]

⑨ 국토교통부장관 또는 시·도지사는 제8항에 따른 심의 결과 투기과열지구에서 그 지정 사유가 없어졌다고 인정될 때에는 지체 없이 투기과열지구 지정을 해제하고 이를 공고하여야 한다. <개정 2013.3.23> [전문개정 2009.2.3]		
제41조의2(주택의 전매행위 제한 등) ① 사업주체가 건설·공급하는 주택 또는 주택의 입주자로 선정된 지위(입주자로 선정되어 그 주택에 입주할 수 있는 권리·자격·지위 등을 말한다. 이하 같다)로서 다음 각 호의 어느 하나에 해당하는 경우에는 10년 이내의 범위에서 대통령령으로 정하는 기간이 지나기 전에는 그 주택 또는 지위를 전매(매매·증여나 그 밖에 권리의 변동을 수반하는 모든 행위를 포함하되, 상속의 경우는 제외한다. 이하 같다)하거나 이의 전매를 알선할 수 없다. 이 경우 전매제한기간은 주택의 수급 상황 및 투기 우려 등을 고려하여 대통령령으로 지역별로 달리 정할 수 있다. 1. 투기과열지구에서 건설·공급되는 주택의 입주자로 선정된 지위 2. 분양가상한제 적용주택 및 그 주택의 입주자로 선정된 지위. 다만, 「수도권정비계획법」 제2조제1호에 따른 수도권 외의 지역으로서 투기과열지구가 지정되지 아니하거나 제41조에 따라 지정 해제된 지역 중 공공택지 외의 택지에서 건설·공급되는 분양가상한제 적용주택 및 그 주택의 입주자로 선정된 지위에 대하여는 그러하지 아니하다. 3. 제41조의3에 따라 지정된 주택공영개발지구에서 제38조의2에 따른 분양가격의 제한을 받지 아니하고 제41조의3제2항에 따른 공공기관이 건설·공급하는 공동주	제45조의2(전매행위 제한기간 및 전매가 불가피한 경우) ①법 제41조의2제1항제1호의 규정을 적용함에 있어서 "대통령령이 정하는 기간"이라 함은 투기과열지구안에서 건설·공급되는 주택(법 제41조의2제1항제2호에 해당하는 경우의 주택은 제외한다)의 입주자모집을 하여 최초로 주택공급계약 체결이 가능한 날부터 다음 각 호의 어느 하나의 기간에 도달한 때를 말한다. <개정 2007.7.30, 2014.3.18> 1. 「수도권정비계획법」 제2조제1호의 규정에 의한 수도권(이하 "수도권"이라 한다), 충청권(대전광역시·세종특별자치시·충청남도 및 충청북도를 말한다)의 행정구역에 속하는 지역의 경우 : 당해 주택(건축물에 대하여만 소유권이전등기를 하는 경우에는 당해 건축물)에 대한 소유권이전등기를 완료한 때. 이 경우 전매제한기간은 5년을 초과하지 아니한다. 2. 제1호 외의 지역의 경우 : 1년 ②법 제41조의2제1항제2호를 적용함에 있어서 "대통령령으로 정하는 기간"이란 분양가상한제 적용주택의 입주자모집을 하여 최초로 주택공급계약 체결이 가능한 날부터 별표 2의2에 따른 기간에 도달한 때를 말한다. 다만, 별표 2의2에 따른 기간이 3년 이내인 경우로서 그 기간이 지나기 전에 해당 주택(건축물에 대하여만 소유권이전등기를 하는 경우에는 해당 건축물을 말한다. 이	제19조의4(이전공공기관 종사자 등) 영 별표 2의2 제2호에서 "국토교통부령으로 정하는 자"란 다음 각 호의 어느 하나에 해당하는 자를 말한다.

택 및 그 주택의 입주자로 선정된 지위
② 제1항 각 호의 어느 하나에 해당하여 입주자로 선정된 자 또는 제1항제2호 또는 제3호에 해당하는 주택을 공급받은 자의 생업상의 사정 등으로 전매가 불가피하다고 인정되는 경우로서 대통령령으로 정하는 경우에는 제1항을 적용하지 아니한다. 다만, 제1항제2호 또는 제3호에 해당하는 주택을 공급받은 자가 전매하는 경우에는 한국토지주택공사(사업주체가 지방공사인 경우에는 지방공사를 말한다. 이하 이 조 및 제63조에서 같다)가 그 주택을 우선 매입할 수 있다. <개정 2010.4.5>
③ 제1항을 위반하여 주택의 입주자로 선정된 지위의 전매가 이루어진 경우, 사업주체가 이미 납부된 입주금에 대하여 "은행법"에 따른 은행의 1년 만기 정기예금 평균이자율을 합산한 금액(이하 "매입비용"이라 한다. 이 조에서 같다)을 그 매수인에게 지급한 경우에는 그 지급한 날에 사업주체가 해당 입주자로 선정된 지위를 취득한 것으로 보며, 제2항 단서에 따라 한국토지주택공사가 분양가상한제 적용주택을 우선 매입하는 경우의 매입 비용에 관하여도 이를 준용한다. <개정 2010.4.5, 2010.5.17>
④ 사업주체가 제1항제2호 또는 제3호에 해당하는 주택을 공급하는 경우에는 그 주택의 소유권을 제3자에게 이전할 수 없음을 소유권에 관한 등기에 부기등기하여야 한다.
⑤ 제4항에 따른 부기등기는 주택의 소유권보존등기와 동시에 하여야 하며, 부기등기에는 "이 주택은 최초로 소유권이전등기가 된 후에는 「주택법」 제41조의2제1항에서 정한 기간이 지나기 전에 한국토지주택공사(제41조의2제2항 단서에 따라 한국토지주택공사가 우선 매

하 이 항에서 같다)에 대한 소유권이전등기를 완료한 경우에는 소유권이전등기를 완료한 때에 그 기간에 도달한 것으로 보며, 별표 2의2에 따른 기간이 3년을 초과하는 경우로서 3년 이내에 해당 주택에 대한 소유권이전등기를 완료한 경우에는 소유권이전등기를 완료한 때에 3년이 지난 것으로 본다. <개정 2006.2.24, 2007.7.30, 2008.6.13, 2008.12.9, 2009.3.18, 2009.9.25>
1. 삭제 <2009.9.25>
2. 삭제 <2009.9.25>
③법 제41조의2제1항제3호의 규정을 적용함에 있어서 "대통령령이 정하는 기간"이라 함은 당해 주택의 입주자 모집을 하여 최초로 주택공급계약 체결이 가능한 날부터 다음 각 호의 어느 하나의 기간에 도달한 때를 말한다. <신설 2006.2.24>
1. 주거전용면적이 85제곱미터 이하인 주택 : 5년
2. 주거전용면적이 85제곱미터를 초과하는 주택 : 3년
④법 제41조의2제2항 본문에서 "대통령령이 정하는 경우"란 다음 각 호의 어느 하나에 해당되어 사업주체(법 제41조의2제1항제2호 또는 제3호에 해당하는 주택의 경우에는 한국토지주택공사를 말한다. 다만, 사업주체가 지방공사인 경우에는 지방공사를 말한다)의 동의를 받은 경우를 말한다. <개정 2006.2.24, 2006.11.7, 2008.12.9, 2009.3.18, 2009.9.21>
1. 세대원(세대주가 포함된 세대의 구성원을 말한다. 이하 이 조에서 같다)이 근무 또는 생업상의 사정이나 질병치료·취학·결혼으로 인하여 세대원 전원이 다른 광역시, 시 또는 군(광역시의 관할구역에 있는 군을 제외한다)으로 이전하는 경우. 다만, 수도권으로 이전하는 경우를 제외한다.

1. 「주택공급에 관한 규칙」 제19조의3 제1항 각 호에 따른 특별공급 대상자
2. 「주택공급에 관한 규칙」 제19조의4 제1항 각 호에 따른 특별공급 대상자
3. 「주택공급에 관한 규칙」 제19조의5 제1항 각 호에 따른 특별공급 대상자
[본조신설 2014.3.19]
[종전 제19조의4는 제19조의5로 이동 <2014.3.19>]

제19조의5(분양가상한제 적용주택 등의 부기등기 말소 신청) 법 제41조의2제4항에 따라 법 제41조의2제1항제2호 또는 제3호에 해당하는 주택에 대한 부기등기를 한 경우에는 당해 주택의 소유자가 영 제45조의2의 규정에 의한 전매행위 제한기간이 경과한 때에 그 부기등기의 말소를 신청할 수 있다. <개정 2006.2.24>
[본조신설 2005.3.9]

입한 주택을 공급받는 자를 포함한다) 외의 자에게 소유권을 이전하는 어떠한 행위도 할 수 없음"을 명시하여야 한다. <개정 2010.4.5> ⑥ 한국토지주택공사가 제2항 단서에 따라 우선 매입한 주택을 공급하는 경우에는 제4항을 준용한다. <개정 2010.4.5> [전문개정 2009.2.3]	2. 상속에 의하여 취득한 주택으로 세대원 전원이 이전하는 경우 3. 세대원 전원이 해외로 이주하거나 2년 이상의 기간 해외에 체류하고자 하는 경우 4. 이혼으로 인하여 입주자로 선정된 지위 또는 주택을 그 배우자에게 이전하는 경우 5. 「공익사업을 위한 토지 등의 취득 및 보상에 관한 법률」 제78조제1항에 따라 공익사업의 시행으로 주거용 건축물을 제공한 자가 사업시행자로부터 이주대책용 주택을 공급받은 경우(사업시행자의 알선으로 공급받은 경우를 포함한다)로서 시장·군수 또는 구청장이 확인하는 경우 6. 법 제41조의2제1항제2호 또는 제3호에 해당하는 주택의 소유자가 국가·지방자치단체 및 금융기관(제44조제2항제1호 각 목의 금융기관을 말한다)에 대한 채무를 이행하지 못하여 경매 또는 공매가 시행되는 경우 7. 입주자로 선정된 지위 또는 주택의 일부를 그 배우자에게 증여하는 경우 [본조신설 2005.3.8]	[제19조의4에서 이동 <2014.3.19>]
제41조의3(주택공영개발지구의 지정) ① 국토교통부장관은 제41조에 따른 투기과열지구에서 조성되는 공공택지 중에서 주택에 대한 투기가 성행할 우려가 있거나 공공택지의 주택공급의 공공성을 강화하기 위하여 필요한 경우에는 주택정책심의위원회에서 다음 각 호의 사항에 대한 심의를 거쳐 주택공영개발지구를 지정할 수 있다. 이 경우 공공기관이 택지를 양수하여 건설·공급하여야 하는 공동주택의 규모 및 종류 등은 지역별 특성과 주택의 수급 상황 등을 고려하여 달리 정할 수 있다. <개정 2013.3.23>		

1. 주택공영개발지구의 지역적 범위 2. 해당 주택공영개발지구에서 주택공영개발의 대상이 되는 주택의 규모 및 종류 등 ② 제1항에 따라 지정된 주택공영개발지구에서 주택공영개발의 대상이 되는 주택을 건설·공급하기 위하여 공급되는 공공택지는 다음 각 호의 어느 하나에 따른 공공기관(이하 "공공기관"이라 한다. 이하 이 조에서 같다)에 양도하여야 하며, 이를 양수한 공공기관은 그 택지에서의 주택건설사업을 직접 시행하여야 한다. 다만, 택지의 원활한 수급을 위하여 대통령령으로 정하는 경우에는 그러하지 아니하다. <개정 2010.4.5> 1. 국가 또는 지방자치단체 2. 한국토지주택공사 3. 지방공사 ③ 국토교통부장관이 제1항에 따라 주택공영개발지구를 지정하였을 때에는 제1항 각 호의 사항을 관보에 고시하고, 관할 시·도지사에게 이를 통보하여야 한다. <개정 2013.3.23> ④ 국토교통부장관은 주택공영개발지구의 지정 후 주택가격이 안정되는 등 지정 사유가 없어졌다고 인정되는 경우에는 주택정책심의위원회의 심의를 거쳐 주택공영개발지구의 지정을 변경 또는 해제할 수 있다. 이 경우 제3항을 준용한다. <개정 2013.3.23> [전문개정 2009.2.3]	제45조의3(주택공영개발지구의 지정을 위한 심의사항 등) ①법 제41조의3제1항제2호에서 "주택의 규모 및 종류 등"이라 함은 다음 각 호의 사항을 말한다. <개정 2008.2.29, 2013.3.23> 1. 주택의 규모 및 종류 2. 주택공영개발 사업시행자 3. 그 밖에 주택공영개발을 위하여 필요하다고 인정하여 국토교통부장관이 심의에 부치는 사항 ②법 제41조의3제2항 각 호 외의 부분 단서에서 "대통령령이 정하는 경우"라 함은 「택지개발촉진법 시행령」 제13조의2제5항제5호 및 제5호의2의 규정에 따라 택지개발사업 시행자가 수의계약의 방법으로 택지를 공급하는 경우를 말한다. [본조신설 2006.2.24]	
제5장 주택의 관리 **제1절 주택의 관리방법 등**	**제5장 주택의 관리** **제1절 주택의 관리방법 등**	

제42조(공동주택의 관리 등) ① 관리주체는 공동주택(부대시설과 복리시설을 포함한다. 이하 이 조에서 같다)을 이 법 또는 이 법에 따른 명령에 따라 관리하여야 한다. ② 공동주택의 입주자·사용자 또는 관리주체가 다음 각 호의 어느 하나에 해당하는 행위를 하려는 경우에는 허가 또는 신고와 관련된 면적, 세대수 또는 입주자 등의 동의 비율에 관하여 대통령령으로 정하는 기준 및 절차 등에 따라 시장·군수·구청장의 허가를 받거나 신고를 하여야 한다. <개정 2013.3.23, 2013.12.24> 1. 공동주택을 사업계획에 따른 용도 외의 용도에 사용하는 행위 2. 공동주택을 신축·증축·개축·대수선 또는 리모델링하는 행위 3. 공동주택을 파손 또는 훼손하거나 해당 시설의 전부 또는 일부를 철거하는 행위(국토교통부령으로 정하는 경미한 행위는 제외한다) 4. 그 밖에 공동주택의 효율적 관리에 지장을 주는 행위로서 대통령령으로 정하는 행위 ③ 제2항에도 불구하고 대통령령으로 정하는 경우에는 리모델링주택조합이나 소유자 전원의 동의를 받은 입주자대표회의가 시장·군수·구청장의 허가를 받아 리모델링을 할 수 있다. ④ 제3항에 따라 리모델링을 하는 경우 제32조제1항에 따라 설립인가를 받은 리모델링주택조합의 총회 또는 소유자 전원의 동의를 받은 입주자대표회의에서 「건설산업기본법」 제9조에 따른 건설업자 또는 제12조제1항에 따라 건설업자로 보는 등록사업자를 시공자로 선정하여야 한다. <신설 2011.9.16> ⑤ 제4항에 따른 시공자를 선정하는 경우에는 국토교통	제46조(주택관리의 적용범위) ①법 제5장 및 이 장에서 정하는 공동주택의 관리에 관한 사항은 법 제16조에 따른 사업계획승인을 받아 건설한 공동주택(부대시설 및 복리시설을 포함한다. 이하 이 조 및 제47조·제57조제4항에서 같다)에 대하여 적용한다. <개정 2005.3.8, 2006.2.24, 2007.11.30, 2009.3.18, 2009.6.30, 2009.7.31, 2010.7.6> ② 제1항에도 불구하고 임대를 목적으로 하여 건설한 공동주택에 대해서는 다음 각 호만 적용한다. <신설 2010.7.6, 2012.7.4, 2013.1.9, 2013.6.17, 2014.4.24> 1. 제47조에 따른 행위허가 등의 기준에 관한 사항 2. 제48조에 따른 주택관리업자 등에 의한 의무관리대상 공동주택의 범위에 관한 사항 3. 제52조제2항에 따른 공동관리 및 구분관리에 관한 사항 4. 제55조에 따른 관리주체의 업무 등에 관한 사항 5. 제55조의4제1항제1호가목에 따른 관리비의 집행을 위한 사업자 선정에 관한 사항 5의2. 제55조의5에 따른 주민운동시설의 위탁 운영 및 제58조제4항에 따른 사용료 부과에 관한 사항 6. 제57조제4항에 따른 관리주체의 동의에 관한 사항 7. 제58조제8항에 따른 관리비등의 공개에 관한 사항 8. 제59조 및 제59조의2에 따른 하자 보수에 관한 사항 9. 제64조에 따른 시설물의 안전관리에 관한 사항 10. 제65조에 따른 공동주택의 안전점검에 관한 사항 11. 제72조, 제72조의2, 제72조의3 및 제73조에 따른 관리사무소장의 배치와 주택관리사 및 주택관리사보 등에 관한 사항 12. 제82조에 따른 공동주택관리의 감독에 관한 사항 ③ 제1항에도 불구하고 「건축법」 제11조에 따른 건축	제20조(행위허가신청 등) ①법 제42조제2항 제3호에서 "국토교통부령으로 정하는 경미한 행위"란 다음 각 호의 어느 하나에 해당하는 행위를 말한다. <개정 2008.3.14, 2013.3.23, 2013.6.7> 1. 창틀·문틀의 교체 2. 세대내 천장·벽·바닥의 마감재 교체 3. 급·배수관 등 배관설비의 교체 4. 난방방식의 변경(시설물의 파손·철거를 제외한다) 5. 구내통신선로설비, 경비실과 통화가 가능한 구내전화, 지능형 홈네트워크 설비, 방송수신을 위한 공동수신설비 또는 폐쇄회로 텔레비전의 교체 6. 보안등, 자전거보관소 또는 안내표지판

부장관이 정하는 경쟁입찰의 방법으로 하여야 한다. 다만, 경쟁입찰의 방법으로 시공자를 선정하는 것이 곤란하다고 인정되는 경우 등 대통령령으로 정하는 경우에는 그러하지 아니하다. <신설 2011.9.16, 2013.3.23>

⑥ 제2항에 따른 행위 또는 제3항에 따른 리모델링에 관하여 시장·군수·구청장이 관계 행정기관의 장과 협의하여 허가하거나 신고받은 사항에 관하여는 제17조를 준용하며, 「건축법」 제19조에 따른 신고를 받은 것으로 본다. <개정 2011.9.16>

⑦ 제2항에 따라 시장·군수·구청장이 세대수 증가형 리모델링(대통령령으로 정하는 세대수 이상으로 세대수가 증가하는 경우로 한정한다. 이하 이 조에서 같다)을 허가하려는 경우에는 기반시설에의 영향이나 도시·군관리계획과의 부합 여부 등에 대하여 「국토의 계획 및 이용에 관한 법률」 제113조제2항에 따라 설치된 시·군·구도시계획위원회(이하 "시·군·구도시계획위원회"라 한다)의 심의를 거쳐야 한다. <신설 2012.1.26, 2013.12.24>

⑧ 공동주택의 입주자·사용자·관리주체·입주자대표회의 또는 리모델링주택조합이 제2항에 따른 행위 또는 제3항에 따른 리모델링에 관하여 시장·군수·구청장의 허가를 받거나 신고를 한 후 그 공사를 완료하였을 때에는 시장·군수·구청장의 사용검사를 받아야 하며, 사용검사에 관하여는 제29조를 준용한다. <개정 2011.9.16, 2012.1.26>

⑨ 시장·군수·구청장은 제8항에 해당하는 자가 거짓이나 그 밖의 부정한 방법으로 제2항·제3항 및 제6항에 따른 허가를 받거나 신고를 한 경우에는 행위허가를 취소할 수 있다. <개정 2011.9.16, 2012.1.26>

⑩ 제42조의6에 따른 리모델링 기본계획 수립 대상지역

허가를 받아 분양을 목적으로 건설한 공동주택에 대해서는 다음 각 호만 적용한다. <개정 2010.7.6, 2012.7.4, 2013.6.17, 2013.12.4>

1. 제47조제1항 및 별표 3에 따른 부대시설 및 입주자공유인 복리시설의 용도변경 허가기준에 관한 사항
2. 제47조제4항 및 별표 3에 따른 리모델링주택조합의 리모델링 행위허가에 관한 사항
3. 제59조, 제59조의2, 제60조, 제60조의2부터 제60조의4까지, 제61조, 제62조의2부터 제62조의16까지의 규정에 따른 하자보수와 하자진단 및 하자심사·분쟁조정위원회 등에 관한 사항

④ 제1항에도 불구하고 「건축법」 제11조에 따른 건축허가를 받아 주택 외의 시설과 주택을 동일건축물로 건축한 건축물에 대해서는 다음 각 호만 적용한다. <개정 2010.7.6, 2012.7.4, 2013.1.9, 2013.6.17, 2013.12.4>

1. 제47조제1항 및 별표 3에 따른 부대시설 및 입주자공유인 복리시설의 용도변경 허가기준에 관한 사항
2. 제47조제4항 및 별표 3에 따른 리모델링주택조합의 리모델링 행위허가에 관한 사항
3. 제48조부터 제50조까지, 제50조의2, 제50조의3, 제51조부터 제55조까지, 제55조의2부터 제55조의5까지, 제56조부터 제59조까지, 제59조의2, 제60조, 제60조의2부터 제60조의4까지, 제61조, 제62조, 제62조의2부터 제62조의16까지, 제63조부터 제67조까지의 규정에 따른 공동주택관리에 관한 사항
4. 제72조, 제72조의2, 제72조의3 및 제73조에 따른 관리사무소장의 배치와 주택관리사 및 주택관리사보 등에 관한 사항
5. 제82조 및 제82조의2에 따른 공동주택관리의 감독 등

의 교체
7. 폐기물보관시설(재활용품 분류보관시설을 포함한다), 택배보관함 또는 우편함의 교체

② 영 별표 3 제6호 부대시설 및 입주자공유인 복리시설의 신고기준란에서 "국토교통부령이 정하는 경미한 사항"이란 「주택건설기준 등에 관한 규정」에 적합한 범위에서 다음 각 호의 시설을 사용검사를 받은 면적 또는 규모의 10퍼센트의 범위에서 증축하는 경우를 말한다. <개정 2005.3.9, 2008.3.14, 2013.3.23, 2013.6.7>

1. 주차장·조경시설·어린이놀이터·관리사무소·경비실·경로당 또는 입주자집회소
2. 대문·담장 또는 공중화장실
3. 경비실과 통화가 가능한 구내전화 또는 폐쇄회로 텔레비전
4. 보안등, 자전거보관소 또는 안내표지판
5. 옹벽, 축대[문주(門柱)를 포함한다] 또는 주택단지 안의 도로
6. 폐기물보관시설(재활용품 분류보관시설을 포함한다), 택배보관함 또는 우편함
7. 주민운동시설(실외에 설치된 시설로 한정한다)

③ 영 제47조제3항에 따른 허가신청서 및 신고서는 각각 별지 제29호서식 및 별지

에서 세대수 증가형 리모델링을 허가하려는 시장·군수·구청장은 해당 리모델링 기본계획에 부합하는 범위에서 허가하여야 한다. <신설 2013.12.24> [전문개정 2009.2.3]	에 관한 사항
	
	제47조(행위허가 등의 기준 등) ①법 제42조제2항 각호의 행위에 대한 허가 또는 신고의 기준은 별표 3과 같다.
	②법 제42조제2항제4호에서 "대통령령이 정하는 행위"라 함은 다음 각호의 행위를 말한다.
	1. 공동주택의 용도폐지
	2. 공동주택의 재축 및 비내력벽의 철거
	③법 제42조제2항의 규정에 의하여 공동주택의 용도외 사용 등에 대하여 허가를 받거나 신고를 하고자 하는 자는 허가신청서 또는 신고서에 국토교통부령이 정하는 서류를 첨부하여 시장·군수 또는 구청장에게 제출하여야 한다. <개정 2008.2.29, 2013.3.23>
	④다음 각 호의 어느 하나에 해당하는 자는 법 제42조제3항에 따라 시장·군수 또는 구청장의 허가를 받아 리모델링을 할 수 있다. 다만, 다음 각 호에 따라 리모델링에 동의한 입주자는 리모델링주택조합 또는 입주자대표회의에서 제3항에 따라 시장·군수 또는 구청장에게 허가신청서를 제출하기 전까지 서면으로 그 동의를 철회할 수 있다. <개정 2010.7.6>
	1. 법 제32조제1항의 규정에 의하여 동별 또는 주택단지별로 설립된 리모델링주택조합. 이 경우 다음 각목의 사항이 기재된 결의서에 주택단지 전체를 리모델링하고자 하는 경우에는 주택단지 전체 구분소유자 및 의결권의 각 5분의 4 이상의 동의와 각 동별 구분소유자 및 의결권의 각 3분의 2 이상의 동의를 얻어야 하며, 동을 리모델링하고자 하는 경우에는 그 동의 구분소유자 및 의결권의 각 5분의 4 이상의 동의를 얻어야 한다.
		제30호서식에 따르며, 같은 항에서 "국토교통부령이 정하는 서류"란 다음 각 호의 구분에 따른 서류를 말한다. 이 경우 허가신청 및 신고대상인 행위가 다음 각 호의 구분에 따라 입주자의 동의를 얻어야 하는 행위로서 소음을 유발하는 행위인 때에는 공사기간·공사방법 등을 동의서에 기재하여야 한다. <개정 2005.3.9, 2005.9.16, 2007.3.16, 2008.3.14, 2011.1.6, 2012.7.26, 2013.3.23>
		1. 용도변경의 경우에는 다음 각목의 서류
		  가. 용도를 변경하고자 하는 층의 변경 전과 변경후의 평면도
		  나. 공동주택단지의 배치도
		  다. 영 별표 3의 규정에 의하여 입주자의 동의를 얻어야 하는 경우에는 그 동의서
		2. 개축·재축·대수선 또는 비내력벽 철거의 경우에는 다음 각 목의 서류
		  가. 개축·재축 또는 대수선을 하고자 하는 건축물의 종별에 따른 건축법 시행규칙 제6조제1항 각호의 서류 및 도서(개축·재축 또는 대수선의 경우에 한한다)
		  나. 삭제 <2011.1.6>
		  다. 영 별표 3의 규정에 의하여 입주자의 동의를 얻어야 하는 경우에는 그 동의서

	가. 리모델링 설계의 개요 나. 공사비 다. 조합원의 비용분담내역 2. 주택단지의 주택소유자 전원의 동의를 얻은 입주자대표회의 ⑤공동주택의 지하층은 「주택건설기준 등에 관한 규정」 제11조의 규정에 의한 주민공동시설로 활용할 수 있다. 이 경우 관리주체는 대피시설로 사용하는데 지장이 없도록 이를 유지·관리하여야 한다. <개정 2006.2.24> 제47조의2(리모델링의 시공자 선정 등) ①법 제42조제5항 단서에서 "대통령령으로 정하는 경우"란 시공자 선정을 위하여 2회 이상 경쟁입찰을 실시하였으나 입찰자가 하나이거나 입찰자가 없어 경쟁입찰의 방법으로 시공자를 선정할 수 없게 된 경우를 말한다. <개정 2014.4.24> ② 법 제42조제7항에서 "대통령령으로 정하는 세대수"란 50세대를 말한다. <신설 2014.4.24> [본조신설 2012.3.13] [제목개정 2014.4.24]	3. 파손·철거 또는 용도폐지의 경우에는 다음 각 목의 서류 가. 삭제 <2011.1.6> 나. 공동주택단지의 배치도 다. 영 별표 3의 규정에 의하여 입주자의 동의를 얻어야 하는 경우에는 그 동의서 4. 신축 또는 증축의 경우에는 다음 각목의 서류 가. 신축 또는 증축하고자 하는 건축물의 종별에 따른 「건축법 시행규칙」 제6조제1항 각호의 서류 및 도서 나. 영 별표 3의 규정에 의하여 입주자의 동의를 얻어야 하는 경우에는 그 동의서 5. 리모델링의 경우에는 다음 각 목의 서류 가. 리모델링하고자 하는 건축물의 종별에 따른 「건축법 시행규칙」 제6조제1항 각 호의 서류 및 도서. 다만, 증축을 포함하는 리모델링의 경우에는 「건축법 시행규칙」 별표 3 제1호의 건축계획서중 구조계획서(기존 내력벽·기둥·보 등 골조의 존치계획서를 포함한다), 지질조사서 및 시방서를 포함한다. 나. 영 별표 3의 규정에 의하여 입주자의 동의를 얻어야 하는 경우에는

		동 또는 단지 전체 소유자의 동의서
		다. 세대를 합치는 행위(내력벽 철거가 아닌 경우에 한정한다) 또는 세대분할 등 세대수를 증가시키는 행위를 하는 경우에는 그 동의 변경전과 변경후의 평면도
		라. 법 제42조제2항 각 호 외의 부분 단서의 규정에 의한 안전진단결과서
		④영 제47조제4항에 따라 리모델링의 허가를 받으려는 자는 별지 제29호서식의 행위허가신청서에 다음 각 호의 구분에 따른 서류를 첨부하여 시장·군수 또는 구청장에게 제출하여야 한다. <개정 2007.3.16>
		1. 리모델링주택조합의 경우
		  가. 제3항제5호 가목 및 다목의 서류
		  나. 주택조합설립인가서 사본 및 법 제18조의2에 따른 매도청구권 행사를 입증할 수 있는 서류
		2. 입주자대표회의 경우
		  가. 제3항제5호 가목 및 다목의 서류
		  나. 주택단지의 주택소유자 전원의 동의를 증명하는 서류
		⑤시장·군수 또는 구청장은 영 제47조제3항 및 동조제4항의 규정에 의한 행위허가의 신청 또는 신고가 영 별표 3의 규정에 의한 기준에 적합한 경우에는 각각

		별지 제31호서식의 행위허가증명서 또는 별지 제32호서식의 행위신고증명서를 교부하여야 한다. ⑥법 제42조제5항의 규정에 의하여 동조제2항의 규정에 의한 행위 또는 동조제3항의 규정에 의한 리모델링에 관한 공사를 완료한 후 사용검사를 받고자 하는 자는 별지 제33호서식의 사용검사신청서에 다음 각호의 서류를 첨부하여 시장·군수 또는 구청장에게 제출하여야 한다. 1. 감리자의 감리의견서(건축법상 감리대상인 경우에 한한다) 2. 시공자의 공사확인서 ⑦시장·군수 또는 구청장은 제6항의 규정에 의한 사용검사신청서를 받은 때에는 사용검사의 대상이 허가 또는 신고된 내용에 적합한지 여부를 확인한 후 별지 제34호서식의 사용검사필증을 교부하여야 한다.
제42조의2(권리변동계획의 수립) 세대수가 증가되는 리모델링을 하는 경우에는 기존 주택의 권리변동, 비용분담 등 대통령령으로 정하는 사항에 대한 계획(이하 "권리변동계획"이라 한다)을 수립하여 사업계획승인 또는 행위허가를 받아야 한다. [본조신설 2012.1.26]	제47조의3(권리변동계획의 내용) ① 법 제42조의2에서 "기존 주택의 권리변동, 비용분담 등 대통령령으로 정하는 사항"이란 다음 각 호의 사항을 말한다. 1. 리모델링 전후의 대지 및 건축물의 권리변동 명세 2. 조합원의 비용분담 3. 사업비 4. 조합원 외의 자에 대한 분양계획 5. 그 밖에 리모델링과 관련한 권리 등에 대하여 해당 시·도 또는 시·군의 조례로 정하는 사항 ② 제1항제1호 및 제2호에 따라 대지 및 건축물의 권리	

	변동 명세를 작성하거나 조합원의 비용분담 금액을 산정하는 경우에는 「부동산 가격공시 및 감정평가에 관한 법률」에 따른 감정평가업자가 리모델링 전후의 재산 또는 권리에 대하여 평가한 금액을 기준으로 할 수 있다. [본조신설 2012.7.24]
제42조의3(증축형 리모델링의 안전진단) ① 제2조제15호나목 및 다목에 따라 증축하는 리모델링(이하 "증축형 리모델링"이라 한다)을 하려는 자는 시장·군수·구청장에게 안전진단을 요청하여야 하며, 안전진단을 요청받은 시장·군수·구청장은 해당 건축물의 증축 가능 여부의 확인 등을 위하여 안전진단을 실시하여야 한다. ② 시장·군수·구청장은 제1항에 따라 안전진단을 실시하는 경우에는 대통령령으로 정하는 기관에 안전진단을 의뢰하여야 하며, 안전진단을 의뢰받은 기관은 리모델링을 하려는 자가 추천한 건축구조기술사(구조설계를 담당할 자를 말한다)와 함께 안전진단을 실시하여야 한다. ③ 시장·군수·구청장이 제1항에 따른 안전진단으로 건축물 구조의 안전에 위험이 있다고 평가하여 「도시 및 주거환경정비법」 제2조제2호다목에 따른 주택재건축사업의 시행이 필요하다고 결정한 건축물에 대하여는 증축형 리모델링을 하여서는 아니 된다. ④ 시장·군수·구청장은 제42조제2항에 따라 수직증축형 리모델링을 허가한 후에 해당 건축물의 구조안전성 등에 대한 상세 확인을 위하여 안전진단을 실시하여야 한다. 이 경우 안전진단을 의뢰받은 기관은 제2항에 따른 건축구조기술사와 함께 안전진단을 실시하여야 하며, 리모델링을 하려는 자는 안전진단 후 구조설계의 변경 등이 필요한 경우에는 건축구조기술사로 하여금 이를 보	제47조의4(증축형 리모델링의 안전진단) ① 법 제42조의3제2항에서 "대통령령으로 정하는 기관"이란 다음 각 호의 어느 하나에 해당하는 기관을 말한다. 1. 「시설물의 안전관리에 관한 특별법」 제9조에 따라 등록한 안전진단전문기관(이하 "안전진단전문기관"이라 한다) 2. 「시설물의 안전관리에 관한 특별법」 제25조에 따른 한국시설안전공단(이하 "한국시설안전공단"이라 한다) 3. 「과학기술분야 정부출연연구기관 등의 설립·운영 및 육성에 관한 법률」 제8조에 따른 한국건설기술연구원(이하 "한국건설기술연구원"이라 한다) ② 시장·군수 또는 구청장은 법 제42조의3제4항에 따라 안전진단을 실시하려는 경우에는 법 제42조의3제2항에 따라 안전진단을 실시한 기관 외의 기관에 안전진단을 의뢰하여야 한다. 다만, 다음 각 호의 어느 하나에 해당하는 경우에는 그러하지 아니하다.

완하도록 하여야 한다. ⑤ 제2항 및 제4항에 따라 안전진단을 의뢰받은 기관은 국토교통부장관이 정하여 고시하는 기준에 따라 안전진단을 실시하고, 국토교통부령으로 정하는 방법 및 절차에 따라 안전진단 결과보고서를 작성하여 안전진단을 요청한 자와 시장·군수·구청장에게 제출하여야 한다. ⑥ 시장·군수·구청장은 제1항 및 제4항에 따라 안전진단을 실시하는 비용의 전부 또는 일부를 리모델링을 하려는 자에게 부담하게 할 수 있다. ⑦ 그 밖에 안전진단에 관하여 필요한 사항은 대통령령으로 정한다. [본조신설 2013.12.24] 제42조의4(전문기관의 안전성 검토 등) ① 시장·군수·구청장은 수직증축형 리모델링을 하려는 자가 「건축법」에 따른 건축위원회의 심의를 요청하는 경우 구조계획상 증축범위의 적정성 등에 대하여 대통령령으로 정하는 전문기관에 안전성 검토를 의뢰하여야 한다. ② 시장·군수·구청장은 제42조제2항에 따라 수직증축형 리모델링을 하려는 자의 허가 신청이 있거나 제42조의3제4항에 따른 안전진단 결과 국토교통부장관이 정하여 고시하는 설계도서의 변경이 있는 경우 제출된 설계도서상 구조안전의 적정성 여부 등에 대하여 제1항에 따라 검토를 수행한 전문기관에 안전성 검토를 의뢰하여야 한다. ③ 제1항 및 제2항에 따라 검토의뢰를 받은 전문기관은 국토교통부장관이 정하여 고시하는 검토기준에 따라 검토한 결과를 대통령령으로 정하는 기간 이내에 시장·군수·구청장에게 제출하여야 하며, 시장·군수·구청장은 특	1. 법 제42조의3제2항에 따라 안전진단을 실시한 기관이 제1항제2호 또는 제3호에 해당하는 기관인 경우 2. 법 제42조의3제4항에 따른 안전진단 의뢰(2회 이상 「지방자치단체를 당사자로 하는 계약에 관한 법률」 제9조제1항 또는 제2항에 따라 입찰에 부치거나 수의계약을 시도하는 경우로 한정한다)에 응하는 기관이 없는 경우 ③ 법 제42조의3제5항에 따라 제1항제1호에 따른 기관으로부터 안전진단 결과보고서를 제출받은 시장·군수 또는 구청장은 필요하다고 인정하는 경우에는 제1항제2호 또는 제3호의 기관에 안전진단 결과보고서의 적정성에 대한 검토를 의뢰할 수 있다. [본조신설 2014.4.24] 제47조의5(전문기관의 안전성 검토 등) ① 법 제42조의4제1항에서 "대통령령으로 정하는 전문기관"이란 제47조의4제1항제2호 또는 제3호의 기관을 말한다. ② 법 제42조의4제3항에서 "대통령령으로 정하는 기간"이란 법 제42조의4제1항 또는 제2항에 따라 안전성 검토를 의뢰받은 날부터 30일을 말한다. [본조신설 2014.4.24]	제20조의2(안전진단 결과보고서) 법 제42조의3제5항에 따라 안전진단을 실시한 기관은 다음 각 호의 사항이 포함된 안전진단 결과보고서를 작성하여야 한다. 1. 리모델링 대상 건축물의 증축 가능 여부 및 「도시 및 주거환경정비법」 제2조제2호다목에 따른 주택재건축사업의 시행 여부에 관한 의견 2. 건축물의 구조안전성에 관한 상세 확인 결과 및 구조설계의 변경 필요성(법 제42조의3제4항에 따른 안전진단으로 한정한다) [본조신설 2014.4.25]

별한 사유가 없는 경우 이 법 및 관계 법률에 따른 위원회의 심의 또는 허가 시 제출받은 안전성 검토결과를 반영하여야 한다.
④ 시장·군수·구청장은 제1항 및 제2항에 따른 전문기관의 안전성 검토비용의 전부 또는 일부를 리모델링을 하려는 자에게 부담하게 할 수 있다.
⑤ 국토교통부장관은 시장·군수·구청장에게 제3항에 따라 제출받은 자료의 제출을 요청할 수 있으며, 필요한 경우 시장·군수·구청장으로 하여금 안전성 검토결과의 적정성 여부에 대하여 「건축법」에 따른 중앙건축위원회의 심의를 받도록 요청할 수 있다.
⑥ 시장·군수·구청장은 특별한 사유가 없으면 제5항에 따른 심의결과를 반영하여야 한다.
⑦ 그 밖에 전문기관 검토 등에 관하여 필요한 사항은 대통령령으로 정한다.
[본조신설 2013.12.24]

제42조의5(수직증축형 리모델링의 구조기준) 수직증축형 리모델링의 설계자는 국토교통부장관이 정하여 고시하는 구조기준에 맞게 구조설계도서를 작성하여야 한다.
[본조신설 2013.12.24]

제42조의6(리모델링 기본계획의 수립권자 및 대상지역 등)
① 특별시장·광역시장 및 대도시의 시장은 관할구역에 대하여 다음 각 호의 사항을 포함한 리모델링 기본계획을 10년 단위로 수립하여야 한다. 다만, 세대수 증가형 리모델링에 따른 도시과밀의 우려가 적은 경우 등 대통령령으로 정하는 경우에는 리모델링 기본계획을 수립하지 아니할 수 있다.

제47조의6(리모델링 기본계획의 수립 등) ① 법 제42조의6 제1항 각 호 외의 부분 단서에서 "세대수 증가형 리모델링에 따른 도시과밀의 우려가 적은 경우 등 대통령령으로 정하는 경우"란 다음 각 호의 구분에 따른 경우를 말

1. 계획의 목표 및 기본방향 2. 도시기본계획 등 관련 계획 검토 3. 리모델링 대상 공동주택 현황 및 세대수 증가형 리모델링 수요 예측 4. 세대수 증가에 따른 기반시설의 영향 검토 5. 일시집중 방지 등을 위한 단계별 리모델링 시행방안 6. 그 밖에 대통령령으로 정하는 사항 ② 대도시가 아닌 시의 시장은 세대수 증가형 리모델링에 따른 도시과밀이나 일시집중 등이 우려되어 도지사가 리모델링 기본계획의 수립이 필요하다고 인정한 경우 리모델링 기본계획을 수립하여야 한다. ③ 리모델링 기본계획의 작성기준 및 작성방법 등은 국토교통부장관이 정한다. [본조신설 2013.12.24]	한다. 1. 특별시·광역시: 법 제2조제15호다목1) 및 2) 외의 부분 본문에 따른 세대수 증가형 리모델링(이하 "세대수 증가형 리모델링"이라 한다)에 따른 도시과밀이나 이주수요의 일시집중 우려가 적은 경우로서 특별시장·광역시장이 「국토의 계획 및 이용에 관한 법률」 제113조제1항에 따른 시·도도시계획위원회(이하 이 조에서 "시·도도시계획위원회"라 한다)의 심의를 거쳐 리모델링 기본계획을 수립할 필요가 없다고 인정하는 경우 2. 대도시(「지방자치법」 제175조에 따라 서울특별시와 광역시를 제외한 인구 50만 이상의 대도시를 말한다. 이하 이 조에서 같다): 세대수 증가형 리모델링에 따른 도시과밀이나 이주수요의 일시집중 우려가 적은 경우로서 대도시 시장의 요청으로 도지사가 시·도도시계획위원회의 심의를 거쳐 리모델링 기본계획을 수립할 필요가 없다고 인정하는 경우 ② 법 제42조의6제1항제6호에서 "대통령령으로 정하는 사항"이란 다음 각 호의 사항을 말한다. 1. 리모델링에 따른 도시경관 관리방안 2. 도시과밀 방지 등을 위한 계획적 관리와 리모델링의 원활한 추진을 지원하기 위한 사항으로서 특별시·광역시 또는 도의 조례로 정하는 사항 ③ 법 제42조의7제1항 단서에서 "대통령령으로 정하는 경미한 변경인 경우"란 다음 각 호의 어느 하나에 해당하는 경우를 말한다. 1. 세대수 증가형 리모델링 수요 예측 결과에 따른 세대수 증가형 리모델링 수요(세대수 증가형 리모델링을 하려는 주택의 총 세대수를 말한다. 이하 이 항에서	

	같다)가 감소하거나 10퍼센트 범위에서 증가하는 경우 2. 세대수 증가형 리모델링 수요의 변동으로 기반시설의 영향 검토나 단계별 리모델링 시행방안이 변경되는 경우 3. 「국토의 계획 및 이용에 관한 법률」 제2조제3호에 따른 도시·군기본계획 등 관련 계획의 변경에 따라 리모델링 기본계획이 변경되는 경우 ④ 특별시장·광역시장 및 대도시의 시장(법 제42조의6제2항에 따른 대도시가 아닌 시의 시장을 포함한다)은 법 제42조의7제1항 및 제42조의8제3항에 따라 주민공람을 실시할 때에는 미리 공람의 요지 및 장소를 해당 지방자치단체의 공보 및 인터넷 홈페이지에 공고하고, 공람 장소에 관계 서류를 갖추어 두어야 한다. [본조신설 2014.4.24]
제42조의7(리모델링 기본계획 수립절차) ① 특별시장·광역시장 및 대도시의 시장(제42조의6제2항에 따른 대도시가 아닌 시의 시장을 포함한다. 이하 이 조부터 제42조의9까지에서 같다)은 리모델링 기본계획을 수립하거나 변경하려면 14일 이상 주민에게 공람하고, 지방의회의 의견을 들어야 한다. 이 경우 지방의회는 의견제시를 요청받은 날부터 30일 이내에 의견을 제시하여야 하며, 30일 이내에 의견을 제시하지 아니하는 경우에는 이의가 없는 것으로 본다. 다만, 대통령령으로 정하는 경미한 변경인 경우에는 주민공람 및 지방의회 의견청취 절차를 거치지 아니할 수 있다. ② 특별시장·광역시장 및 대도시의 시장은 리모델링 기본계획을 수립하거나 변경하려면 관계 행정기관의 장과 협의한 후 「국토의 계획 및 이용에 관한 법률」 제113	

조제1항에 따라 설치된 시·도도시계획위원회(이하 "시·도도시계획위원회"라 한다) 또는 시·군·구도시계획위원회의 심의를 거쳐야 한다. ③ 제2항에 따라 협의를 요청받은 관계 행정기관의 장은 특별한 사유가 없으면 그 요청을 받은 날부터 30일 이내에 의견을 제시하여야 한다. ④ 대도시의 시장은 리모델링 기본계획을 수립하거나 변경하려면 도지사의 승인을 받아야 하며, 도지사는 기본계획을 승인하려면 시·도도시계획위원회의 심의를 거쳐야 한다. [본조신설 2013.12.24] 제42조의8(리모델링 기본계획의 고시 등) ① 특별시장·광역시장 및 대도시의 시장은 리모델링 기본계획을 수립하거나 변경한 때에는 이를 지체 없이 해당 지방자치단체의 공보에 고시하여야 한다. ② 특별시장·광역시장 및 대도시의 시장은 5년마다 리모델링 기본계획의 타당성 여부를 검토하여 그 결과를 리모델링 기본계획에 반영하여야 한다. ③ 그 밖에 주민공람 절차 등 리모델링 기본계획 수립에 필요한 사항은 대통령령으로 정한다. [본조신설 2013.12.24] 제42조의9(세대수 증가형 리모델링의 시기 조정) ① 국토교통부장관은 세대수 증가형 리모델링의 시행으로 주변지역에 현저한 주택부족이나 주택시장의 불안정 등이 발생될 우려가 있는 때에는 제84조에 따른 주택정책심의위원회의 심의를 거쳐 특별시장, 광역시장, 대도시의 시장에게 리모델링 기본계획을 변경하도록 요청하거나, 시		제20조의3(세대수 증가형 리모델링의 시기 조정) 법 제42조의9제1항에 따라 국토교통부장관의 요청을 받은 특별시장, 광역시장, 대도시(「지방자치법」 제175조에 따라 서울특별시와 광역시를 제외한 인구 50만 이상의 대도시를 말한다)의 시장 또

장·군수·구청장에게 세대수 증가형 리모델링의 사업계획 승인 또는 허가의 시기를 조정하도록 요청할 수 있으며, 요청을 받은 특별시장, 광역시장, 대도시의 시장 또는 시장·군수·구청장은 특별한 사유가 없으면 그 요청에 따라야 한다.
② 시·도지사는 세대수 증가형 리모델링의 시행으로 주변 지역에 현저한 주택부족이나 주택시장의 불안정 등이 발생될 우려가 있는 때에는 제85조에 따른 시·도 주택정책심의위원회의 심의를 거쳐 대도시의 시장에게 리모델링 기본계획을 변경하도록 요청하거나, 시장·군수·구청장에게 세대수 증가형 리모델링의 사업계획 승인 또는 허가의 시기를 조정하도록 요청할 수 있으며, 요청을 받은 대도시의 시장 또는 시장·군수·구청장은 특별한 사유가 없으면 그 요청에 따라야 한다.
③ 제1항 및 제2항에 따른 시기조정에 관한 방법 및 절차 등에 관하여 필요한 사항은 국토교통부령 또는 시·도의 조례로 정한다.
[본조신설 2013.12.24.]

제42조의10(리모델링 지원센터의 설치·운영) ① 시장·군수·구청장은 리모델링의 원활한 추진을 지원하기 위하여 리모델링 지원센터를 설치하여 운영할 수 있다.
② 리모델링 지원센터는 다음 각 호의 업무를 수행할 수 있다.
1. 리모델링주택조합 설립을 위한 업무 지원
2. 설계자 및 시공자 선정 등에 대한 지원
3. 권리변동계획 수립에 관한 지원
4. 그 밖에 지방자치단체의 조례로 정하는 사항
③ 리모델링 지원센터의 조직, 인원 등 리모델링 지원센

는 시장·군수·구청장은 그 요청을 받은 날부터 30일 이내에 리모델링 기본계획의 변경 또는 세대수 증가형 리모델링의 사업계획 승인 또는 허가의 시기 조정에 관한 조치계획을 국토교통부장관에게 보고하여야 하며, 그 요청에 따를 수 없는 특별한 사유가 있는 경우에는 그 사유를 통보하여야 한다.
[본조신설 2014.4.25.]

터의 설치·운영에 필요한 사항은 지방자치단체의 조례로 정한다. [본조신설 2013.12.24]		
제43조(관리주체 등) ① 대통령령으로 정하는 공동주택(「건축법」 제11조에 따른 건축허가를 받아 주택 외의 시설과 주택을 동일 건축물로 건축하는 경우와 부대시설 및 복리시설을 포함하되, 복리시설 중 일반인에게 분양되는 시설은 제외한다. 이하 같다)을 건설한 사업주체는 입주예정자의 과반수가 입주할 때까지 그 공동주택을 관리하여야 하며, 입주예정자의 과반수가 입주하였을 때에는 입주자에게 그 사실을 알리고 그 공동주택을 제2항에 따라 관리할 것을 요구하여야 한다. <개정 2013.12.24> ② 입주자는 제1항에 해당하는 공동주택을 제4항에 따라 자치관리하거나 제53조에 따른 주택관리업자에게 위탁하여 관리하여야 한다. ③ 입주자는 제1항에 따른 요구를 받았을 때에는 그 요구를 받은 날부터 3개월 이내에 입주자대표회의를 구성하고, 그 공동주택의 관리방법을 결정(주택관리업자에게 위탁하여 관리하는 방법을 선택한 경우에는 그 주택관리업자의 선정을 포함한다)하여 이를 사업주체에게 통지하고, 관할 시장·군수·구청장에게 신고하여야 한다. ④ 입주자대표회의가 공동주택을 자치관리하려는 경우에는 제1항에 따른 요구가 있었던 날부터 6개월 이내에 공동주택의 관리사무소장을 자치관리기구의 대표자로 선임하고, 대통령령으로 정하는 기술인력 및 장비를 갖춘 자치관리기구를 구성하여야 한다. 다만, 제53조에 따른 주택관리업자에게 위탁관리하다가 자치관리로 관리방법을 변경할 경우에는 그 위탁관리의 종료일까지 자	제48조(주택관리업자 등에 의한 의무관리대상 공동주택의 범위) 법 제43조제1항에서 "대통령령이 정하는 공동주택"이라 함은 다음 각 호의 어느 하나에 해당하는 공동주택(「건축법」 제11조에 따른 건축허가를 받아 주택 외의 시설과 주택을 동일건축물로 건축한 건축물과 부대시설 및 복리시설을 포함하되, 복리시설 중 일반에게 분양되는 시설은 제외한다. 이하 같다)을 말한다. <개정 2007.11.30, 2008.10.29> 1. 300세대 이상의 공동주택 2. 150세대 이상으로서 승강기가 설치된 공동주택 3. 150세대 이상으로서 중앙집중식 난방방식(지역난방방식을 포함한다)의 공동주택 4. 「건축법」 제11조에 따른 건축허가를 받아 주택 외의 시설과 주택을 동일건축물로 건축한 건축물로서 주택이 150세대 이상인 건축물 제49조(사업주체의 관리) ①사업주체는 법 제43조제1항의 규정에 의하여 입주예정자의 과반수가 입주할 때까지 공동주택을 직접 관리하는 경우에는 입주예정자와 관리계약을 체결하여야 하며, 그 관리계약에 의하여 당해 공동주택의 공용부분의 관리 및 운영 등에 필요한 비용(이하 "관리비예치금"이라 한다)을 징수할 수 있다. ②사업주체는 법 제43조제1항에 따라 입주예정자의 과반수가 입주한 사실을 통지하는 때(임대를 목적으로 하여 건설한 공동주택을 분양전환하는 경우에는 그 공동주택	제21조(입주자대표회의 임원의 업무범위 등) ① 삭제 <2010.7.6> ②입주자대표회의의 임원의 임기는 관리규약으로 정한다. ③회장은 입주자대표회의를 대표하고, 그 회의의 의장이 된다. <개정 2010.7.6> ④이사는 회장을 보좌하고, 회장이 부득이한 사유로 그 직무를 수행할 수 없는 때에는 관리규약에서 정하는 바에 따라 그 직무를 대행한다. ⑤감사는 관리비·사용료 및 장기수선충당금 등의 부과·징수·지출·보관 등 회계관계업무와 관리업무전반에 대하여 관리주체의 업무를 감사한다. ⑥ 감사는 제5항에 따라 감사를 실시하는 경우에는 관리주체로부터 영 제55조의2제2항에 따른 사업실적서 및 결산서를 제출받아 감사한 후 감사보고서를 작성하여 입주자대표회의와 관리주체에 제출(영 제55조의3에 따라 「주식회사의 외부감사에 관한 법률」 제3조제1항에 따른 감사인에게 의뢰하여 회계감사를 실시하는 경우는 제외한다)하여야 한다. <신설 2010.7.6>

치관리기구를 구성하여야 한다.
⑤ 사업주체는 입주자대표회의로부터 제3항에 따른 통지가 없거나 입주자대표회의가 제4항에 따른 자치관리기구를 구성하지 아니한 경우에는 주택관리업자를 선정하여야 한다. 이 경우 사업주체는 입주자 및 관할 시장·군수·구청장에게 그 사실을 알려야 한다. <개정 2013.12.24>
⑥ 사업주체는 다음 각 호의 어느 하나에 해당하는 경우에는 대통령령으로 정하는 기간 이내에 해당 관리주체에게 공동주택의 관리업무를 인계하여야 하며, 관리주체가 변경된 경우에도 또한 같다. 다만, 제5항에 따른 관리주체의 관리기간은 대통령령으로 정한다. <개정 2011.9.16>
1. 입주자대표회의로부터 제3항에 따른 주택관리업자의 선정을 통지받은 경우
2. 제4항에 따른 자치관리기구가 구성된 경우
3. 제5항에 따른 주택관리업자가 선정된 경우
⑦ 입주자대표회의는 제3항에 따라 공동주택의 관리를 위탁할 주택관리업자를 선정하려는 경우 다음 각 호의 기준을 따라야 한다. <신설 2013.12.24>
1. 「전자문서 및 전자거래 기본법」 제2조제2호에 따른 정보처리시스템을 통하여 선정(이하 "전자입찰방식"이라 한다)할 것. 다만, 선정방법 등이 전자입찰방식을 적용하기 곤란한 경우로서 국토교통부장관이 정하여 고시하는 경우에는 전자입찰방식으로 선정하지 아니할 수 있다.
2. 그 밖에 입찰의 방법 등 대통령령으로 정하는 방식을 따를 것
⑧ 다음 각 호에 해당하는 사항 등에 필요한 사항은 대

전체 세대수의 과반수가 분양전환된 때를 말한다)에는 통지서에 다음 각 호의 사항을 기재하여 통지하여야 한다. <개정 2007.3.16, 2010.7.6>
1. 총입주예정세대수 및 총입주세대수, 동별 입주예정세대수 및 동별 입주세대수
2. 공동주택의 관리방법에 관한 결정의 요구
3. 사업주체의 성명·주소(법인인 경우에는 명칭·소재지를 말한다)

제50조(입주자대표회의의 구성 등) ① 법 제43조제8항제2호에 따라 입주자대표회의는 4명 이상으로 구성하되, 동별 세대수에 비례하여 법 제44조제2항에 따른 공동주택관리

제22조 삭제 <2009.3.19>

통령령으로 정한다. <개정 2013.12.24> 1. 제1항에 따른 통지·요구의 방법 및 절차 2. 제3항에 따른 입주자대표회의의 구성·운영 및 의결사항 3. 관리주체의 업무 4. 관리방법의 변경 5. 공동주택관리기구(제4항에 따른 자치관리기구를 포함한다)의 구성·기능·운영 ⑨ 지방자치단체의 장은 그 지방자치단체의 조례로 정하는 바에 따라 제8항에 따른 관리주체가 공동주택의 관리업무를 수행하기 위하여 필요한 비용의 일부를 지원할 수 있다. <개정 2013.12.24> ⑩ 입주자대표회의와 「임대주택법」 제2조제4호에 따른 임대사업자는 혼합주택단지의 관리에 관한 사항을 공동으로 결정하여야 한다. 이 경우 「임대주택법」 제29조에 따라 임차인대표회의가 구성된 혼합주택단지에서는 임대사업자는 같은 조 제3항 각 호의 사항에 관하여 임차인대표회의와 사전에 협의하여야 한다. <신설 2013.12.24> ⑪ 제10항의 관리에 관한 사항, 공동결정의 방법 및 절차 등에 필요한 사항은 대통령령으로 정한다. <신설 2013.12.24> [전문개정 2009.2.3] [시행일:2014.6.25] 제43조제1항, 제43조제5항, 제43조제7항, 제43조제8항, 제43조제9항, 제43조제10항, 제43조제11항	규약(이하 "관리규약"이라 한다)으로 정한 선거구에 따라 선출된 대표자(이하 "동별 대표자"라 한다)로 구성한다. 이 경우 선거구는 2개동 이상으로 묶거나 통로나 층별로 구획하여 정할 수 있다. <개정 2010.7.6, 2014.4.24> ②하나의 공동주택단지를 수개의 공구로 구분하여 순차적으로 건설하는 경우(임대를 목적으로 하여 건설한 공동주택은 분양전환된 경우를 말한다)에는 먼저 입주한 공구의 입주자 또는 사용자(이하 "입주자등"이라 한다)는 제1항의 규정에 따라 입주자대표회의를 구성할 수 있다. 다만, 다음 공구의 입주예정자의 과반수가 입주한 때에는 다시 입주자대표회의를 구성하여야 한다. <개정 2010.7.6> ③동별 대표자는 동별 대표자 선출공고일 현재 당해 공동주택단지안에서 주민등록을 마친 후 계속하여 6개월 이상(최초의 입주자대표회의를 구성하거나 제2항 단서의 규정에 의한 입주자대표회의를 구성하기 위하여 동별 대표자를 선출하는 경우는 제외된다) 거주하고 있는 입주자(입주자가 법인의 경우에는 대표자를 말한다) 중에서 다음 각 호의 구분에 따라 선거구 입주자등의 보통·평등·직접·비밀선거를 통하여 선출한다. <개정 2010.7.6, 2012.3.13> 1. 입후보자가 2명 이상인 경우: 다득표자를 선출 2. 입후보자가 1명인 경우: 입주자등의 과반수가 투표하고 투표자의 과반수 찬성으로 선출 ④ 다음 각 호의 어느 하나에 해당하는 사람은 동별 대표자가 될 수 없으며 그 자격을 상실한다. <신설 2010.7.6, 2014.4.24> 1. 미성년자, 피성년후견인 및 피한정후견인 2. 파산자로서 복권되지 아니한 사람	

3. 금고 이상의 실형 선고를 받고 그 집행이 끝나거나 (집행이 끝난 것으로 보는 경우를 포함한다) 집행이 면제된 날로부터 5년이 지나지 아니한 사람
4. 금고 이상의 형의 집행유예선고를 받고 그 유예기간 중에 있는 사람
5. 공동주택 관리와 관련하여 벌금 100만원 이상의 형을 선고받은 후 5년이 지나지 아니 한 사람
6. 제50조의2제2항에 따른 선거관리위원회 위원(잔여임기를 남겨두고 위원을 사퇴한 사람을 포함한다)
7. 주택의 소유자가 서면으로 위임한 대리권이 없는 소유자의 배우자나 직계존비속
8. 해당 공동주택 관리주체의 소속 임직원과 관리주체에 용역을 공급하거나 사업자로 지정된 자의 소속 임원
9. 해당 공동주택의 동별 대표자를 사퇴하거나 해임된 날로부터 4년이 지나지 아니한 사람
10. 제58조제1항부터 제5항까지의 관리비, 사용료 및 장기수선충당금 등을 3개월 이상 연속하여 체납한 사람

⑤ 입주자대표회의에서는 동별 대표자 중에서 다음 각 호의 임원을 그 구성원(관리규약으로 정한 정원을 말하며, 해당 입주자대표회의 구성원의 3분의 2 이상이 선출된 때에는 그 선출된 인원을 말한다. 이하 같다)과반수의 찬성으로 선출하여야 한다. <개정 2010.7.6>

1. 회장 1명
2. 감사 1명 이상
3. 이사 2명 이상

⑥ 제5항에도 불구하고 500세대 이상인 공동주택은 다음 각 호의 구분에 따라 전체 입주자등의 보통·평등·직접·비밀선거를 통하여 동별 대표자 중에서 회장과 감사를 선출한다. 다만, 후보자가 없거나 선거 후 선출된

사람이 없을 때에는 관리규약으로 정하는 바에 따라 제5항에 따른 방법으로 회장과 감사를 선출할 수 있다. <신설 2010.7.6, 2010.11.10, 2013.5.31>
1. 후보자가 2명 이상인 경우: 다득표자를 선출
2. 후보자가 1명인 경우: 전체 입주자등의 10분의 1 이상이 투표하고 그 투표한 입주자등의 과반수 찬성으로 선출
⑦ 동별 대표자 및 입주자대표회의의 임원은 관리규약으로 정한 사유가 있는 경우에 다음 각 호의 구분에 따른 방법으로 해임한다. <신설 2013.1.9>
1. 동별 대표자: 해당 선거구 입주자등의 과반수가 투표하고 투표자 과반수 찬성으로 해임
2. 제6항 각 호 외의 부분에 따라 선출된 입주자대표회의의 회장과 감사: 전체 입주자등의 10분의 1 이상이 투표하고 투표자 과반수 찬성으로 해임
3. 제5항에 따라 선출된 입주자대표회의의 임원: 관리규약으로 정하는 절차에 따라 해임
⑧ 동별 대표자의 임기는 2년으로 하며, 한번만 중임할 수 있다. <신설 2010.7.6, 2013.1.9>
⑨ 입주자대표회의의 임원의 업무범위 등은 국토교통부령으로 정한다. <개정 2008.2.29, 2010.7.6, 2013.1.9, 2013.3.23>

제50조의2(동별 대표자 등의 선거관리) ① 입주자등은 입주자대표회의의 회장과 감사 및 동별 대표자를 민주적이고 공정하게 선출(해임하는 경우를 포함한다. 이하 같다)하기 위하여 자체적으로 선거관리위원회(이하 "선거관리위원회"라 한다)를 구성한다.
② 선거관리위원회는 위원장을 포함하여 5명(500세대 미

	만의 공동주택의 경우에는 3명) 이상 9명 이하의 위원으로 구성하고, 위원장은 호선한다. 이 경우 다음 각 호의 어느 하나에 해당하는 사람은 선거관리위원회 위원이 될 수 없다. <개정 2011.4.6, 2013.1.9, 2014.4.24> 1. 동별 대표자 또는 그 후보자 2. 제1호에 해당하는 사람의 배우자나 직계존비속 3. 동별 대표자 및 선거관리위원회 위원 임기 중에 사퇴한 사람으로서 사퇴할 당시의 임기가 끝나지 아니한 사람 ③ 500세대 이상의 공동주택은 「선거관리위원회법」 제2조에 따른 선거관리위원회 소속 직원 1명을 관리규약으로 정하는 바에 따라 위원으로 위촉할 수 있다. ④ 선거관리위원회는 그 구성원 과반수의 찬성으로 그 의사를 결정한다. 이 경우 제1항에 따른 선출에 관하여 이 영 및 관리규약으로 정하지 아니한 사항은 선거관리위원회 규정으로 정할 수 있다. ⑤ 선거관리위원회는 제1항에 따른 선거관리를 위하여 「선거관리위원회법」 제2조제1항제3호에 따라 해당 소재지를 관할하는 구·시·군선거관리위원회에 투표 및 개표 관리 등 선거지원을 요청할 수 있다. ⑥ 선거관리위원회의 구성·운영·업무(제50조제4항 각 호에 따른 동별 대표자 결격사유의 확인을 포함한다)·경비, 위원의 선임·해임 및 임기 등에 관한 사항은 관리규약으로 정한다. <개정 2013.1.9> [본조신설 2010.7.6] [종전 제50조의2는 제50조의3으로 이동 <2010.7.6>]	
제43조의2(입주자대표회의의 운영교육) ① 시장·군수·구청장은 대통령령으로 정하는 바에 따라 입주자대표회의의	제50조의3(입주자대표회의의 운영 및 윤리교육) ① 법 제43조의2제1항에 따라 시장·군수 또는 구청장은 제50조	

구성원에게 입주자대표회의의 운영과 관련하여 필요한 교육을 실시하여야 한다. 이 경우 입주자대표회의의 구성원은 그 교육을 성실히 이수하여야 한다. <개정 2013.12.24>
② 제1항에 따른 교육 내용에는 다음 각 호의 사항이 포함되어야 한다. <개정 2013.12.24>
1. 공동주택의 관리에 관한 법령 및 제44조제1항에 따른 공동주택관리규약의 준칙에 관한 사항
2. 관리비·사용료 및 장기수선충당금 등의 산정방법
3. 관리 현황의 공개방법 및 관리업무의 전산화
4. 공동주택단지 공동체의 활성화에 관한 사항
5. 입주자대표회의 구성원의 직무·소양 및 윤리에 관한 사항
6. 그 밖에 입주자대표회의의 운영에 필요한 사항
③ 제1항에 따른 교육의 시기·방법, 비용 부담, 그 밖에 필요한 사항은 대통령령으로 정한다.
[전문개정 2009.2.3]

제1항에 따라 선출된 동별 대표자에게 매년 입주자대표회의의 운영과 관련하여 필요한 교육 및 윤리교육(이하 "운영 및 윤리교육"이라 한다)을 실시하여야 한다. <개정 2010.7.6, 2014.4.24>
② 운영 및 윤리교육은 매회별 4시간으로 한다. <개정 2010.7.6>
③ 시장·군수 또는 구청장은 운영 및 윤리교육을 실시하려면 교육일시, 교육장소, 교육기간, 교육내용, 교육대상자, 그 밖에 교육에 관하여 필요한 사항을 교육 실시 10일 전까지 공고하거나 대상자에게 알려야 한다. <개정 2010.7.6>
④ 삭제 <2010.7.6>
⑤ 운영 및 윤리교육에 드는 비용은 제58조제3항제8호에 따른 입주자대표회의 운영비에서 부담한다. 다만, 시장·군수 또는 구청장이 필요하다고 인정하는 경우에는 그 비용의 전부 또는 일부를 지원할 수 있다. <개정 2010.7.6>
[본조신설 2009.3.18]
[제목개정 2010.7.6]
[제50조의2에서 이동 <2010.7.6>]

제51조(입주자대표회의의 의결사항 등) ① 입주자대표회의는 법 제43조에 따라 그 구성원 과반수의 찬성으로 다음 각 호의 사항을 의결한다. <개정 2006.2.24, 2010.7.6, 2013.1.9>
1. 관리규약 개정안의 제안(제안서에는 개정안의 취지, 내용, 제안유효기간 및 제안자 등을 포함한다. 이하 같다)
1의2. 관리규약에서 위임한 사항과 그 시행에 필요한 규

정의 제정·개정 및 폐지
1의3. 공동주택 관리방법의 제안
2. 제58조에 따른 관리비등의 집행을 위한 사업계획 및 예산의 승인(변경승인을 포함한다)
2의2. 공용시설물의 사용료 부과기준의 결정
2의3. 제58조에 따른 관리비등의 회계감사의 요구 및 회계감사보고서의 승인
2의4. 제58조에 따른 관리비등의 결산의 승인
3. 단지안의 전기·도로·상하수도·주차장·가스설비·냉난방설비 및 승강기 등의 유지 및 운영기준
4. 자치관리를 하는 경우 자치관리기구 직원의 임면에 관한 사항
5. 법 제47조제1항에 따른 장기수선계획(이하 "장기수선계획"이라 한다)에 따른 공동주택의 공용부분의 보수·교체 및 개량
5의2. 제47조제1항에 따른 공동주택의 행위허가 또는 신고행위의 제안
6. 공동주택에 대한 리모델링의 제안 및 리모델링의 시행
6의2. 주민운동시설 위탁 운영의 제안
7. 장기수선계획 및 법 제49조의 규정에 의한 안전관리계획(이하 "안전관리계획"이라 한다)의 수립 또는 조정(비용지출을 수반하는 경우에 한한다)
8. 입주자등 상호간에 이해가 상반되는 사항의 조정
8의2. 공동체 생활의 활성화 및 질서유지에 관한 사항
9. 그 밖에 공동주택의 관리와 관련하여 관리규약으로 정하는 사항
②입주자대표회의는 관리규약이 정하는 바에 따라 회장이 소집한다. 다만, 다음 각 호의 어느 하나에 해당하는

	때에는 회장은 해당일부터 14일 이내에 입주자대표회의를 소집하여야 하고, 회장이 회의를 소집하지 아니하는 경우에는 관리규약으로 정하는 이사가 그 회의를 소집하고 회장의 직무를 대행한다. <개정 2010.7.6> 1. 입주자대표회의 구성원 3분의 1 이상이 청구하는 때 2. 입주자등의 10분의 1 이상이 요청하는 때 ③입주자대표회의가 제1항에 따른 사항을 의결할 때에는 공동주택의 입주자등이 아닌 자로서 해당 공동주택의 관리에 이해관계를 가진 자의 권리를 침해하여서는 아니된다. <개정 2010.7.6> ④입주자대표회의는 그 회의를 개최한 때에는 회의록을 작성하여 관리주체에게 보관하게 하고, 관리주체는 공동주택의 입주자등이 이의 열람을 청구하거나 자기의 비용으로 복사를 요구하는 때에는 관리규약이 정하는 바에 의하여 이에 응하여야 한다. ⑤입주자대표회의는 주택관리업자가 공동주택을 관리하는 경우에는 주택관리업자의 직원인사·노무관리 등의 업무수행에 부당하게 간섭하여서는 아니된다. 제52조(관리방법의 결정 등) ① 법 제43조제3항에 따른 공동주택 관리방법의 결정은 입주자대표회의의 의결 또는 전체 입주자등의 10분의 1 이상이 제안하고, 전체 입주자등의 과반수가 찬성하는 방법에 따른다. 법 제43조제8항제4호에 따른 관리방법을 변경하는 경우에도 또한 같다. <개정 2010.7.6, 2014.4.24> ②입주자대표회의는 해당 공동주택의 관리여건상 필요하다고 인정하는 경우에는 국토교통부령으로 정하는 바에 따라 인접한 공동주택단지(임대주택단지를 포함한다)와 공동으로 관리하거나 500세대 이상의 단위로 구분하여	제23조(공동주택의 공동관리 등) ①입주자대표회의는 영 제52조제2항의 규정에 의하여 공동주택을 인접한 공동주택단지와 공동관리하거나 500세대 이상의 단위로

	관리하게 할 수 있다. 이 경우 공동관리는 단지별로 입주자등의 과반수의 서면동의를 받은 경우[임대주택단지의 경우에는 임대사업자(「임대주택법」 제2조제4호에 따른 임대사업자를 말한다. 이하 같다) 및 임차인대표회의의 서면동의를 받은 경우를 말한다]로서 국토교통부령으로 정하는 기준에 적합한 경우만 해당한다. <개정 2008.2.29, 2009.6.30, 2009.7.31, 2013.3.23, 2014.4.24> ③ 입주자대표회의를 대표하는 자는 법 제43조제3항 및 제8항에 따라 해당 공동주택의 관리방법 등을 결정한 경우에는 그 날부터 30일 이내에 국토교통부령으로 정하는 바에 따라 시장·군수 또는 구청장에게 신고하고, 사업주체에게 통지하여야 한다. 신고한 사항이 변경된 경우에도 또한 같다. <개정 2010.7.6, 2013.3.23, 2014.4.24> ④제1항에 따라 입주자등이 관리방법을 주택관리업자에게 위탁하여 관리하기로 결정(주택관리업자를 변경하는 경우를 포함한다)하는 경우 입주자대표회의는 법 제43조제7항제2호에 따라 국토교통부장관이 고시하는 경쟁입찰의 방법으로 주택관리업자를 선정하여야 한다. 다만, 계약기간이 만료된 주택관리업자를 다시 당해 공동주택의 관리주체로 선정하는 경우에는 관리규약에서 정하는 절차에 따라 입주자등으로부터 사전에 의견을 청취한 결과 입주자등의 10분의 1 이상이 서면으로 이의를 제기하지 아니한 경우에 한정하여 입주자대표회의 구성원 3분의 2 이상의 찬성을 얻어 결정할 수 있다. <개정 2004.9.17, 2010.7.6, 2013.3.23, 2014.4.24> ⑤ 입주자대표회의는 계약기간이 만료된 주택관리업자에 대하여 관리규약에서 정하는 절차에 따라 입주자등으로부터 사전에 해당 주택관리업자의 주택관리에 대한 만	구분하여 관리하고자 하는 경우에는 다음 각호의 사항을 입주자등에게 통지하고 입주자등의 서면동의를 얻어야 한다. 이 경우 공동관리의 경우에는 주택단지별로 입주자등의 과반수의 동의를 얻어야 하며, 구분관리의 경우에는 구분관리 단위별 입주자등의 과반수의 동의를 얻어야 하되, 관리규약으로 달리 정한 경우에는 그에 의한다. 1. 공동관리 또는 구분관리의 필요성 2. 공동관리 또는 구분관리의 범위 3. 공동관리 또는 구분관리를 하는 경우의 입주자등이 부담하여야 하는 비용 변동의 추정치 4. 그 밖에 관리규약으로 정하는 사항 ②영 제52조제2항 후단에서 "국토교통부령이 정하는 기준"이라 함은 다음 각 호의 기준을 말한다. <개정 2006.2.24, 2008.3.14, 2010.7.6, 2013.3.23> 1.세대수가 1천5백세대 이하일 것. 다만, 영 제48조 각 호의 어느 하나에 해당하는 공동주택단지와 인접한 300세대 미만의 공동주택단지를 공동으로 관리하는 경우를 제외한다. 2. 공동주택 단지 사이에 법 제2조제6호 각 목의 어느 하나에 해당하는 시설이 없는 인접한 단지일 것 ③입주자대표회의는 영 제52조제2항의 규정에 의하여 공동주택을 공동관리하거나

족도를 청취한 결과 전체 입주자등의 과반수가 서면으로 교체를 요구한 경우에는 해당 공동주택의 관리주체 선정 입찰 참가를 제한할 수 있다. <신설 2013.1.9>
⑥ 제4항에 따라 주택관리업자를 선정하는 경우에는 그 계약기간은 장기수선계획의 조정주기를 고려하여야 한다. <신설 2010.7.6, 2013.1.9>
⑦ 입주자대표회의는 제4항에 따라 주택관리업자를 선정하는 경우 「전자문서 및 전자거래 기본법」 제2조제1호에 따른 전자문서로 처리하는 방식(이하 "전자입찰방식"이라 한다)에 따라 선정할 수 있다. <신설 2013.1.9>
⑧ 전자입찰방식의 세부기준, 절차 및 방법 등은 국토교통부장관이 정하여 고시한다. <신설 2013.1.9, 2013.3.23>
⑨사업주체는 입주자대표회의의 구성에 협력하여야 하며, 제3항의 규정에 의하여 입주자대표회의가 관리방법을 결정하였음을 통지한 때에는 당해 입주자대표회의에 관리비예치금을 인계하여야 한다. <개정 2010.7.6, 2013.1.9>

제52조의2(혼합주택단지의 관리) ① 입주자대표회의와 임대사업자는 법 제43조제10항에 따라 혼합주택단지의 관리에 관한 다음 각 호의 사항을 공동으로 결정하여야 한다. 다만, 분양을 목적으로 한 공동주택과 임대주택이 별개의 동으로 배치되는 등 구분하여 관리가 가능한 경우로서 입주자대표회의와 임대사업자가 공동으로 결정하여야 하는 사항에서 제외하기로 합의한 사항(제4호 또는 제5호의 사항으로 한정한다)에 대해서는 그러하지 아니하다.
1. 법 제43조제3항 및 같은 조 제8항제4호에 따른 관리

구분관리할 것을 결정한 때에는 지체없이 그 내용을 시장·군수 또는 구청장에게 통보하여야 한다.

	방법의 결정 및 변경 2. 법 제43조제7항에 따른 주택관리업자의 선정 3. 장기수선계획의 조정 4. 법 제51조에 따른 장기수선충당금(이하 "장기수선충당금"이라 한다) 및 「임대주택법」 제31조에 따른 특별수선충당금을 사용하는 주요 시설의 교체 및 보수에 관한 사항 5. 법 제45조제5항에 따른 관리비등(이하 "관리비등"이라 한다)을 사용하여 시행하는 각종 공사 및 용역에 관한 사항 ② 제1항 각 호의 사항을 공동으로 결정하기 위한 입주자대표회의와 임대사업자 간의 합의가 이루어지지 아니하는 경우에는 다음 각 호의 구분에 따라 혼합주택단지의 관리에 관한 사항을 결정한다. 1. 제1항제1호 및 제2호의 사항: 해당 혼합주택단지 공급면적의 2분의 1을 초과하는 면적을 관리하는 입주자대표회의 또는 임대사업자가 결정 2. 제1항제3호부터 제5호까지의 사항: 해당 혼합주택단지 공급면적의 3분의 2 이상을 관리하는 입주자대표회의 또는 임대사업자가 결정 ③ 입주자대표회의 또는 임대사업자는 제2항에도 불구하고 혼합주택단지의 관리에 관한 제1항 각 호의 사항에 관한 결정이 이루어지지 아니하는 경우에는 법 제52조제1항에 따른 공동주택관리 분쟁조정위원회에 분쟁의 조정을 신청할 수 있다. [본조신설 2014.4.24] 제53조(공동주택관리기구) ①법 제43조제4항 본문의 규정에 의하여 구성하는 자치관리기구가 갖추어야 하는 기술	

	인력 및 장비는 별표 4와 같다. ②자치관리기구는 입주자대표회의의 감독을 받는다. ③입주자대표회의는 자치관리기구의 관리사무소장을 그 구성원 과반수의 찬성으로 선임한다. ④입주자대표회의는 선임된 관리사무소장이 해임, 그 밖의 사유로 결원이 된 때에는 그 사유가 발생한 날부터 30일 이내에 새로운 관리사무소장을 선임하여야 한다. <신설 2007.3.16> ⑤입주자대표회의의 구성원은 자치관리기구의 직원을 겸할 수 없다. <개정 2007.3.16> ⑥제1항의 규정은 자치관리기구가 아닌 공동주택관리기구가 갖추어야 하는 기술인력 및 장비의 요건에 관하여 이를 준용한다. <개정 2007.3.16> ⑦ 제52조제2항에 따라 공동관리하거나 구분관리하는 경우에는 공동관리 또는 구분관리 단위별로 공동주택관리기구를 설치하여야 한다. <신설 2010.7.6> 제54조(관리업무의 인수·인계) ①사업주체는 법 제43조제6항 각 호 외의 부분 본문에 따라 관리업무를 자치관리기구 또는 주택관리업자에게 인계하는 때에는 인수·인계서를 작성하여 다음 각호의 서류를 인계하여야 한다. 이 경우 입주자대표회의를 대표하는 자의 참관 하에 인수자와 인계자가 인수·인계서에 각각 서명·날인하여야 한다. <개정 2012.3.13, 2013.1.9, 2014.4.24> 1. 설계도서·장비내역·장기수선계획 및 안전관리계획 2. 관리비·사용료의 부과·징수현황 및 이에 관한 회계서류 3. 장기수선충당금의 적립현황 4. 관리비예치금의 내역	제24조(관리방법 결정 및 입주자대표회의 구성 등의 신고) 입주자대표회의를 대표하는 자는 영 제52조제3항에 따라 해당 공동주택의 관리방법 등의 결정이나 변경을 신고하는 경우 별지 제34호의2서식의 입주자대표회의 구성 등 신고서에 다음 각 호의 구분에 따른 서류를 첨부하여 시장·군수 또는 구청장에게 제출하여야 한다. 1. 공동주택 관리방법의 결정 및 변경: 관리방법의 제안서 및 그에 대한 입주자등의 동의서 2. 관리규약의 제정 및 개정: 관리규약의 제정·개정 제안서와 그에 대한 입주자등의 동의서 3. 입주자대표회의의 구성 및 변경: 입주자대표회의 구성 현황(임원 및 동별 대표자의 성명·주소·생년월일 및 약력과 그 선출에 관한 증빙서류를 포함한다) [전문개정 2013.1.14] 제24조의2(폐쇄회로 텔레비전의 설치 절차 및 관리) ① 주택단지에 폐쇄회로 텔레비전을 설치하거나 설치된 폐쇄회로 텔레비전을 보수하려는 경우에는 법 제47조에 따른 장기수선계획(이하 "장기수선계획"

	5. 관리규약 그 밖에 관리업무에 필요한 사항 ② 법 제43조제6항 각 호 외의 부분 본문에서 "대통령령으로 정하는 기간"이란 1개월을 말한다. <신설 2012.3.13> ③ 법 제43조제6항 각 호 외의 부분 단서에 따른 관리주체의 관리기간은 자치관리기구가 구성되거나 입주자등에 의하여 주택관리업자가 선정될 때까지로 한다. <개정 2012.3.13> 제55조(관리주체의 업무 등) ① 법 제43조제8항에 따라 관리주체는 다음 각호의 업무를 행한다. 이 경우 필요한 범위안에서 공동주택의 공용부분을 사용할 수 있다. <개정 2008.2.29, 2013.3.23, 2014.4.24> 1. 공동주택의 공용부분의 유지·보수 및 안전관리 2. 공동주택단지안의 경비·청소·소독 및 쓰레기수거 3. 관리비 및 사용료의 징수와 공과금 등의 납부대행 4. 장기수선충당금의 징수·적립 및 관리 5. 관리규약으로 정한 사항의 집행 6. 입주자대표회의에서 의결한 사항의 집행 7. 그 밖에 국토교통부령이 정하는 사항 ② 삭제 <2014.4.24> ③ 관리주체는 공동주택의 입주자등이 제2항에 해당하는 정보와 제55조의2 및 제55조의3에 해당하는 정보의 열람을 청구하거나 자기의 비용으로 복사를 요구하는 때에는 관리규약으로 정하는 바에 따라 이에 응하여야 한다. 다만, 다음 각 호의 정보는 그러하지 아니하다. <신설 2010.7.6> 1. 개인의 사생활의 비밀 또는 자유를 침해할 우려가 있는 정보	이라 한다)에 반영하여야 한다. ② 주택단지에 설치하는 폐쇄회로 텔레비전은 다음 각 호의 기준에 적합하게 관리하여야 한다. 1. 선명한 화질이 유지될 수 있도록 관리할 것 2. 촬영된 자료는 컴퓨터보안시스템을 설치하여 30일 이상 보관할 것 3. 폐쇄회로 텔레비전이 고장 난 경우에는 지체 없이 수리할 것 4. 폐쇄회로 텔레비전의 안전관리자를 지정하여 관리할 것 [본조신설 2011.1.6] 제24조의3(촬영자료 열람·제공 등의 제한) 관리주체는 폐쇄회로 텔레비전의 촬영자료를 보안 및 방범 목적 외의 용도로 활용하거나 타인에게 열람하게 하거나 제공하여서는 아니 된다. 다만, 다음 각 호의 어느 하나에 해당하는 경우에는 촬영자료를 열람하게 하거나 제공할 수 있다. 1. 정보주체에게 열람 또는 제공하는 경우 2. 정보주체의 동의가 있는 경우 3. 범죄의 수사와 공소의 제기 및 유지에 필요한 경우 4. 범죄에 대한 재판업무수행을 위하여 필요한 경우 5. 다른 법률에 특별한 규정이 있는 경우

	2. 감사·입찰계약·인사관리·의사결정과정 또는 내부 검토과정에 있는 사항 등으로서 공개될 경우 업무의 공정한 수행에 현저한 지장을 초래할 우려가 있는 정보	[본조신설 2011.1.6] 제25조(관리주체의 업무) 영 제55조제1항제7호에서 "국토교통부령이 정하는 사항"이라 함은 다음 각호의 사항을 말한다. <개정 2008.3.14, 2013.3.23> 1. 공동주택관리업무의 공개·홍보 및 공동시설물의 사용방법에 관한 지도·계몽 2. 입주자등의 공동사용에 제공되고 있는 공동주택단지안의 토지·부대시설 및 복리시설에 대한 무단 점유행위의 방지 및 위반행위시의 조치 3. 공동주택단지안에서 발생한 안전사고 및 도난사고 등에 대한 대응조치
제43조의3(소규모 공동주택의 안전관리) 지방자치단체의 장은 제43조제1항에 해당하지 아니하는 공동주택의 관리와 안전사고의 예방 등을 위하여 다음 각 호의 업무를 할 수 있다. 1. 제49조에 따른 시설물에 대한 안전관리계획의 수립 및 시행 2. 제50조에 따른 공동주택에 대한 안전점검 3. 그 밖에 지방자치단체의 조례로 정하는 사항 [본조신설 2010.4.5] 제43조의4(부정행위 금지) ① 공동주택의 관리와 관련하여 다음 각 호의 어느 하나에 해당하는 자는 부정하게 재물 또는 재산상의 이익을 취득하거나 제공하여서는 아니 된다. <개정 2013.12.24>		

1. 입주자 및 사용자
2. 관리주체
3. 입주자대표회의와 그 구성원
4. 입주자대표회의의 구성을 위한 선거를 관리하는 기구와 그 구성원
5. 리모델링주택조합

② 입주자대표회의 및 관리주체는 장기수선충당금을 이 법에 따른 용도 외의 목적으로 사용하여서는 아니 된다.
[본조신설 2013.6.4]

제43조의5(전자적 방법을 통한 입주자등의 의사결정) 입주자 및 사용자는 다음 각 호의 어느 하나에 해당하는 경우 대통령령으로 정하는 바에 따라 전자적 방법(「전자문서 및 전자거래 기본법」 제2조제2호에 따른 정보처리시스템을 사용하거나 그 밖에 정보통신기술을 이용하는 방법을 말한다)을 통하여 그 의사를 결정할 수 있다.
1. 입주자대표회의의 구성원이나 그 임원을 선출하는 경우
2. 제43조제3항에 따라 공동주택의 관리방법을 결정하거나 변경하려는 경우
3. 제44조제2항에 따른 공동주택관리규약을 제정하거나 개정하려는 경우
4. 그 밖에 공동주택의 관리와 관련하여 의사를 결정하려는 경우
[본조신설 2013.12.24]

제44조(공동주택관리규약) ① 시·도지사는 공동주택의 입주자 및 사용자를 보호하고 주거생활의 질서를 유지하기 위하여 대통령령으로 정하는 바에 따라 공동주택의 관리

또는 사용에 관하여 준거가 되는 공동주택관리규약(이하 "관리규약"이라 한다)의 준칙을 정하여야 한다. ② 입주자와 사용자는 제1항에 따른 관리규약의 준칙을 참조하여 관리규약을 정한다. ③ 관리규약은 입주자의 지위를 승계한 자에 대하여도 그 효력이 있다. ④ 분양을 목적으로 건설한 공동주택과 「임대주택법」 제2조제1호에 따른 임대주택이 함께 있는 주택단지의 경우 입주자와 사용자, 「임대주택법」 제2조제4호에 따른 임대사업자(이하 이 조에서 "임대사업자"라 한다)는 해당 주택단지에 공통적으로 적용할 수 있는 관리규약을 정할 수 있다. 이 경우 임대사업자는 「임대주택법」 제29조제3항에 따라 임차인대표회의와 사전에 협의하여야 한다. <신설 2013.6.4> [전문개정 2009.2.3] 제44조의2(공동주택 층간소음의 방지 등) ① 공동주택의 입주자 또는 사용자는 공동주택에서 뛰거나 걷는 동작에서 발생하는 소음 등 대통령령으로 정하는 소음(인접한 세대 간의 소음을 포함하며, 이하 "층간소음"이라 한다)으로 인하여 다른 입주자 또는 사용자에게 피해를 주지 아니하도록 노력하여야 한다. ② 층간소음으로 피해를 입은 입주자 또는 사용자는 관리주체에게 층간소음 발생 사실을 알리고, 관리주체가 층간소음 피해를 끼친 해당 입주자 또는 사용자에게 층간소음 발생의 중단이나 차음조치를 권고하도록 요청할 수 있다. 이 경우 관리주체는 사실관계 확인을 위하여 필요한 조사를 할 수 있다. ③ 층간소음 피해를 끼친 입주자 또는 사용자는 제2항에		

따른 관리주체의 권고에 따라 층간소음 발생을 중단하는 등 협조하여야 한다. ④ 제2항에 따른 관리주체의 조치에도 불구하고 층간소음 발생이 계속될 경우에는 층간소음 피해를 입은 입주자 또는 사용자는 제52조에 따른 공동주택관리 분쟁조정위원회나 「환경분쟁 조정법」 제4조에 따른 환경분쟁조정위원회에 조정을 신청할 수 있다. ⑤ 공동주택 층간소음의 범위와 기준은 국토교통부와 환경부의 공동부령으로 정한다. ⑥ 관리주체는 필요한 경우 입주자 또는 사용자를 대상으로 층간소음의 예방, 분쟁의 조정 등을 위한 교육을 실시할 수 있다. ⑦ 입주자 또는 사용자는 필요한 경우 층간소음에 따른 분쟁의 예방, 조정, 교육 등을 위하여 자치적인 조직을 구성하여 운영할 수 있다. [본조신설 2013.12.24]		
제45조(관리비등의 납부 및 공개 등) ① 제43조제1항에 해당하는 공동주택(이하 "의무관리대상 공동주택"이라 한다)의 입주자 및 사용자는 그 공동주택의 유지관리를 위하여 필요한 관리비를 관리주체에게 내야 한다. <개정 2013.12.24> ② 제1항에 따른 관리비의 내용 등에 필요한 사항은 대통령령으로 정한다. ③ 제1항에 따른 공동주택의 관리주체는 입주자 및 사용자가 납부하는 대통령령으로 정하는 사용료 등을 입주자 및 사용자를 대행하여 그 사용료 등을 받을 자에게 납부할 수 있다. <신설 2010.4.5> ④ 제1항에 따른 공동주택의 관리주체는 다음 각 호의	제55조의2(관리비등의 사업계획 및 예산안 수립 등) ① 관리주체는 다음 회계연도에 관한 관리비등의 사업계획 및 예산안(제50조의2제6항에 따른 선거관리위원회의 운영경비를 포함한다)을 매 회계연도 개시 1개월 전까지 입주자대표회의에 제출하여 승인을 받아야 한다. 이 경우 승인사항에 변경이 있는 때에는 변경승인을 받아야 한다. ② 관리주체는 매 회계연도마다 사업실적서 및 결산서를 작성하여 회계연도 종료 후 2개월 이내에 입주자대표회의에 제출하여야 한다. [본조신설 2010.7.6] 제55조의3(관리주체의 회계감사 등) ① 300세대 이상인 공	

내역(항목별 산출내역을 말하며, 세대별 부과내역은 제외한다)을 대통령령으로 정하는 바에 따라 해당 공동주택단지의 인터넷 홈페이지(인터넷 홈페이지가 없는 경우에는 해당 공동주택단지의 관리사무소나 게시판 등을 말한다. 이하 같다)와 제45조의7제1항에 따른 공동주택관리정보시스템에 공개하여야 한다. 다만, 공동주택관리정보시스템에 공개하기 곤란한 경우로서 대통령령으로 정하는 경우에는 해당 공동주택단지의 인터넷 홈페이지에 만 공개할 수 있다. <개정 2010.4.5, 2013.12.24>
1. 제2항에 따른 관리비
2. 제3항에 따른 사용료 등
3. 제51조제1항에 따른 장기수선충당금과 그 적립금액
4. 그 밖에 대통령령으로 정하는 사항
⑤ 관리주체 또는 입주자대표회의는 제4항제1호부터 제3호까지의 어느 하나에 해당하는 금전 또는 제46조제2항에 따른 하자보수보증금과 그 밖에 해당 공동주택단지에서 발생되는 모든 수입에 따른 금전(이하 "관리비등"이라 한다)을 집행하기 위하여 사업자를 선정하려는 경우 다음 각 호의 기준을 따라야 한다. <신설 2013.12.24>
1. 전자입찰방식으로 사업자를 선정할 것. 다만, 선정방법 등이 전자입찰방식을 적용하기 곤란한 경우로서 국토교통부장관이 정하여 고시하는 경우에는 전자입찰방식으로 선정하지 아니할 수 있다.
2. 그 밖에 입찰의 방법 등 대통령령으로 정하는 방식을 따를 것
[전문개정 2009.2.3]
[제목개정 2013.12.24]
[시행일:2014.6.25] 제45조제1항, 제45조제4항, 제45조제5항

동주택의 관리주체는 법 제45조의3제1항에 따라 매년 10월 31일까지 결산서와 법 제45조의4제1항에 따른 장부 및 그 증빙서류에 대하여 회계감사를 받아야 한다.
②법 제45조의4제2항 각 호 외의 부분 본문에서 "대통령령으로 정하는 정보"란 제55조의2에 따른 관리비등의 사업계획, 예산안, 사업실적서 및 결산서를 말한다.
[전문개정 2014.4.24]
[시행일 : 2015.1.1.] 제55조의3제1항

제55조의4(관리비등의 집행을 위한 사업자 선정) ①관리주체 또는 입주자대표회의는 법 제45조제5항제2호에 따라 국토교통부장관이 정하여 고시하는 경쟁입찰의 방법으로 다음 각 호의 구분에 따라 사업자를 선정하고 집행하여야 한다. 이 경우 입주자대표회의의 감사는 입찰과정을 참관할 수 있다. <개정 2010.11.10, 2013.1.9, 2013.3.23, 2013.12.4, 2014.4.24>
1. 관리주체가 사업자를 선정하고 집행하는 사항
  가. 청소, 경비, 소독, 승강기유지, 지능형 홈네트워크, 수선·유지(냉방·난방시설의 청소를 포함한다)를 위한 용역 및 공사
  나. 주민운동시설의 위탁, 물품의 구입과 매각, 잡수입(재활용품의 매각 수입, 부리시설의 사용료 등 공동주택을 관리하면서 부수적으로 발생하는 수입을 말한다. 이하 같다)의 취득, 보험계약 등 국토교통부장관이 정하여 고시하는 사항
2. 입주자대표회의가 사업자를 선정하고 집행하는 사항: 제59조의2제1항 및 제2항에 따라 하자보수보증금(법 제46조제2항 본문에 따른 하자보수보증금을 말한다. 이하 같다)을 사용하여 직접 보수하는 공사

3. 입주자대표회의가 사업자를 선정하고 관리주체가 집행하는 사항
  가. 제66조제2항에 따른 장기수선충당금을 사용하는 공사
  나. 전기안전관리(「전기사업법」 제73조제2항 및 제3항에 따라 전기설비의 안전관리에 관한 업무를 위탁 또는 대행하게 하는 경우를 말한다)를 위한 용역

② 제1항에도 불구하고 관리주체 또는 입주자대표회의는 국토교통부장관이 정하여 고시하는 경우에는 경쟁입찰이 아닌 방법으로 사업자를 선정하고 제1항 각 호의 구분에 따라 집행할 수 있다. <신설 2013.1.9, 2013.3.23, 2013.12.4>

③ 제1항에 따라 사업자를 선정하는 경우 입찰 참가 제한이나 입찰 방식에 관하여는 제52조제5항(용역 사업자를 선정하는 경우만 해당한다), 제7항 및 제8항을 준용한다. 이 경우 "주택관리업자"는 "사업자"로 본다. <신설 2013.1.9>

[본조신설 2010.7.6]

[시행일:2014.7.25] 제55조의4제1항제3호나목

제55조의5(주민운동시설의 위탁 운영) ① 관리주체는 주민운동시설을 입주자등의 이용을 방해하지 아니하는 한도에서 관리주체가 아닌 자에게 위탁하여 운영할 수 있다.
② 관리주체가 제1항에 따라 주민운동시설을 위탁하려면 다음 각 호의 구분에 따른 요건을 갖추어야 한다. 관리주체가 위탁 여부를 변경하는 경우에도 또한 같다. <개정 2014.4.24>
1. 법 제16조에 따른 사업계획승인을 받아 건설한 공동

주택에 입주한 주민을 위한 주민운동시설의 경우: 입주자대표회의의 의결 또는 전체 입주자등의 10분의 1 이상이 제안하고, 전체 입주자등의 과반수의 동의를 받을 것
2. 임대를 목적으로 하여 건설한 공동주택에 입주한 주민을 위한 주민운동시설의 경우: 임대사업자 또는 전체 임차인의 10분의 1 이상이 제안하고, 전체 임차인의 과반수의 동의를 받을 것
3. 「건축법」 제11조에 따른 건축허가를 받아 주택 외의 시설과 주택을 동일건축물로 건축한 건축물에 입주한 주민을 위한 주민운동시설의 경우: 입주자대표회의의 의결 또는 전체 입주자등의 10분의 1 이상이 제안하고, 전체 입주자등의 과반수의 동의를 받을 것

[본조신설 2013.1.9]

제56조(관리현황의 공개) 관리주체는 다음 각 호의 사항을 그 공동주택단지의 인터넷 홈페이지(인터넷 홈페이지가 없는 경우에는 해당 공동주택단지의 관리사무소 게시판 등을 말한다. 이하 같다)에 공개하거나 입주자등에게 개별 통지하여야 한다. 다만, 입주자등의 세대별 사용내역 등 사생활 침해의 우려가 있는 것은 공개하지 아니한다. <개정 2007.3.16, 2014.4.24>
1. 입주자대표회의의 소집 및 그 회의에서 의결한 사항
2. 관리비등의 부과내역(제58조제1항 내지 제3항의 관리비와 사용료 등에 대한 항목별 산출내역을 말한다)
3. 관리규약·장기수선계획 및 안전관리계획의 현황
4. 입주자등의 건의사항에 대한 조치결과 등 주요업무의 추진상황
5. 동별 대표자의 선출 및 입주자대표회의의 구성원에

	관한 사항 6. 관리주체 및 관리기구의 조직에 관한 사항 제56조의2(전자적 방법을 통한 입주자등의 의사결정) ① 공동주택의 입주자 또는 사용자는 법 제43조의5 각 호의 사항에 대한 의사를 결정하기 위하여 전자적 방법(「전자문서 및 전자거래 기본법」 제2조제2호에 따른 정보처리시스템을 사용하거나 그 밖에 정보통신기술을 이용하는 방법을 말한다)으로 의결권을 행사(이하 "전자투표"라 한다)하는 경우 다음 각 호의 어느 하나에 해당하는 방법으로 본인확인을 거쳐야 한다. 1. 휴대전화를 통한 본인인증 등 「정보통신망 이용촉진 및 정보보호 등에 관한 법률」 제23조의3에 따른 본인확인기관에서 제공하는 본인확인의 방법 2. 「전자서명법」 제2조제3호에 따른 공인전자서명 또는 같은 법 제2조제8호에 따른 공인인증서를 통한 본인확인의 방법 3. 그 밖에 관리규약에서 「전자문서 및 전자거래 기본법」 제2조제1호에 따른 전자문서를 제출하는 등 본인확인 절차를 정하는 경우에는 그에 따른 본인확인의 방법 ② 관리주체, 입주자대표회의 또는 선거관리위원회는 제1항에 따라 전자투표를 실시하려는 경우 다음 각 호의 사항을 입주자 및 사용자에게 미리 알려야 한다. 1. 전자투표를 하는 방법 2. 전자투표 기간 3. 그 밖에 전자투표의 실시에 필요한 기술적인 사항 [본조신설 2014.4.24]	

제57조(관리규약의 준칙) ①법 제44조제1항에 따라 시·도지사가 정하는 관리규약의 준칙에는 다음 각 호의 사항이 포함되어야 한다. 이 경우 공동주택의 입주자등 외의 자의 기본적인 권리를 침해하는 사항이 포함되어서는 아니 된다. <개정 2006.2.24, 2007.3.16, 2010.7.6, 2011.4.6, 2011.12.8, 2013.1.9, 2014.4.24>

1. 입주자등의 권리 및 의무(제4항에 따른 의무를 포함한다)
2. 입주자대표회의 구성·운영과 그 구성원의 의무 및 책임
3. 동별 대표자의 선거구·선출절차와 해임 사유·절차 등에 관한 사항

3의2. 선거관리위원회의 구성·운영·업무·경비, 위원의 선임·해임 및 임기 등에 관한 사항

4. 입주자대표회의의 소집절차, 임원의 해임 사유·절차 등에 관한 사항
5. 제58조제3항제8호에 따른 입주자대표회의의 운영비의 용도 및 사용금액(제50조의3제5항에 따른 입주자대표회의의 운영 및 윤리교육에 드는 비용을 포함한다)
6. 자치관리기구의 구성·운영 및 관리사무소장과 그 소속 직원의 자격요건·인사·보수·책임
7. 입주자대표회의 또는 관리주체가 작성·보관하는 자료의 종류 및 그 열람방법 등에 관한 사항
8. 위·수탁관리계약에 관한 사항
9. 제4항 각 호의 행위에 대한 관리주체의 동의기준
10. 관리비예치금의 관리 및 운용방법
11. 관리비등의 세대별부담액 산정방법 및 징수·보관·예치·사용절차
12. 관리비등을 납부하지 아니한 자에 대한 조치 및 가

	산금의 부과 13. 장기수선충당금의 요율 및 사용절차 14. 회계처리기준·회계관리 및 회계감사에 관한 사항 15. 회계관계 임직원의 책임 및 의무(재정보증에 관한 사항을 포함한다) 16. 각종 공사 및 용역의 발주와 물품구입의 절차 17. 관리 등으로 인하여 발생한 수입의 용도 및 사용절차 18. 공동주택의 관리책임 및 비용부담 19. 관리규약을 위반한 자 및 공동생활의 질서를 문란하게 한 자에 대한 조치 20. 공동주택의 어린이집 임대계약(지방자치단체에 무상임대하는 것을 포함한다)시 어린이집을 이용하는 입주자등 중 어린이집의 임대에 동의하는 비율에 관한 사항 21. 공동주택의 층간소음에 관한 사항 22. 주민운동시설의 위탁에 따른 방법 또는 절차에 관한 사항 23. 혼합주택단지의 관리에 관한 사항 24. 전자투표의 본인확인 방법에 관한 사항 25. 그 밖에 공동주택의 관리에 필요한 사항 ②공동주택 분양 후 최초의 관리규약은 사업주체가 제안한 내용(관리규약의 준칙에 따라 입주예정자와 관리계약을 체결할 때에 제안한 내용을 말한다)을 해당 입주예정자의 과반수가 서면으로 동의하는 방법으로 결정한다. 이 경우 사업주체가 제안한 내용은 해당 공동주택단지의 인터넷 홈페이지에 공고하고, 입주자등에게 개별 통지하여야 한다. <개정 2004.9.17, 2010.7.6, 2013.1.9, 2014.4.24>	

③ 제2항에 따라 제정된 관리규약을 개정할 때 그 절차 및 방법은 제52조제1항을 준용하되, 그 개정안에는 다음 각 호의 사항을 적고 제2항 후단의 방법에 따라 공고하고 통지한다. <신설 2010.7.6, 2013.1.9>
1. 개정 목적
2. 종전의 관리규약과 달라진 내용
3. 제1항에 따른 관리규약의 준칙과 달라진 내용
④입주자등은 다음 각 호의 행위를 하려는 경우에는 관리주체의 동의를 받아야 한다. <개정 2007.3.16, 2009.3.18, 2010.7.6, 2013.3.23>
1. 법 제42조제2항제3호에 따른 국토교통부령으로 정하는 경미한 행위로서 주택내부의 구조물과 설비를 증설하거나 제거하는 행위
2. 「소방시설설치유지 및 안전관리에 관한 법률」 제10조제1항에 위배되지 아니하는 범위에서 공용부분에 물건을 적재하여 통행·피난 및 소방을 방해하는 행위
3. 공동주택에 광고물·표지물 또는 표지를 부착하는 행위
4. 가축(장애인 보조견을 제외한다)을 사육하거나 방송시설 등을 사용함으로써 공동주거생활에 피해를 미치는 행위
5. 공동주택의 발코니 난간 또는 외벽에 돌출물을 설치하는 행위
6. 전기실·기계실·정화조시설 등에 출입하는 행위
⑤공동주택의 관리주체는 관리규약을 보관하여 입주자등이 열람을 청구하거나 자기의 비용으로 복사를 요구하는 때에는 이에 응하여야 한다. <개정 2010.7.6>

제57조의2(층간소음의 종류) 법 제44조의2제1항에서 "공동주택에서 뛰거나 걷는 동작에서 발생하는 소음 등 대통령령으로 정하는 소음"이란 같은 조 제5항에 따라 국토교통부와 환경부의 공동부령으로 정하는 소음을 말한다.
[본조신설 2014.4.24]

제58조(관리비등) ①법 제45조에 따른 관리비는 다음 각 호의 비목의 월별금액의 합계액으로 하며, 비목별 세부내역은 별표 5와 같다. <개정 2005.3.8, 2008.11.5, 2010.7.6>
1. 일반관리비
2. 청소비
3. 경비비
4. 소독비
5. 승강기유지비
5의2. 지능형 홈네트워크 설비 유지비(지능형 홈네트워크 설비가 설치된 경우만 해당한다)
6. 난방비(「주택건설기준 등에 관한 규정」 제37조의 규정에 의하여 난방열량계 등이 설치된 공동주택의 경우에는 난방열량계 등의 계량에 의하여 산정한 난방비를 말한다)
7. 급탕비
8. 수선유지비(냉·난방시설의 청소비를 포함한다)
9. 위탁관리수수료
②관리주체는 다음 각 호의 비용에 대하여는 이를 제1항의 관리비와 구분하여 징수하여야 한다. <개정 2005.3.8, 2010.7.6>
1. 장기수선충당금
2. 삭제 <2010.7.6>

	3. 제62조제4항 단서에 따른 안전진단 실시비용 ③법 제45조제3항에서 "대통령령으로 정하는 사용료 등"이란 다음 각 호와 같다. <개정 2010.7.6> 1. 전기료(공동으로 사용되는 시설의 전기료를 포함한다) 2. 수도료(공동으로 사용하는 수도료를 포함한다) 3. 가스사용료 4. 지역난방 방식인 공동주택의 난방비와 급탕비 5. 정화조오물수수료 6. 생활폐기물수수료 7. 공동주택단지안의 건물 전체를 대상으로 하는 보험료 8. 입주자대표회의의 운영비 9. 선거관리위원회의 운영경비 ④관리주체는 주민운동시설, 인양기 등 공용시설물의 사용료를 해당 시설의 사용자에게 따로 부과할 수 있다. 이 경우 제55조의5에 따라 주민운동시설을 위탁한 때에는 주민운동시설의 사용료는 주민운동시설의 위탁에 따른 수수료, 주민운동시설의 관리 비용 등의 범위에서 정하여야 한다. <개정 2013.1.9> ⑤관리주체는 보수를 요하는 시설(누수되는 시설을 포함한다)이 2세대 이상의 공동사용에 제공되는 것인 경우에는 이를 직접 보수하고, 당해 입주자등에게 그 비용을 따로 부과할 수 있다. <개정 2010.7.6> ⑥관리주체는 제1항부터 제5항까지의 규정에 따른 관리비등을 통합하여 부과하는 때에는 그 수입 및 집행내역을 쉽게 알 수 있도록 정리하여 입주자등에게 알려주어야 한다. <개정 2014.4.24> ⑦관리주체는 제1항부터 제5항까지의 규정에 따른 관리비등을 입주자대표회의가 지정하는 금융기관(제44조제2항제1호 각 목의 기관을 말한다)에 예치하여 관리하되,	

	장기수선충당금은 별도의 계좌로 예치·관리하여야 한다. 이 경우 계좌는 법 제55조제5항에 따른 관리사무소장의 직인 외에 입주자대표회의 회장 인감을 복수로 등록할 수 있다. <개정 2006.11.7, 2009.3.18, 2010.7.6, 2013.12.4, 2014.4.24> ⑧ 제1항부터 제5항까지의 규정에 따라 발생한 관리비등을 입주자등에게 부과한 관리주체는 법 제45조제4항에 따라 그 관리비등(제1항제6호·제7호 및 제3항제1호부터 제4호까지는 사용량을, 장기수선충당금은 그 적립요율 및 사용한 금액을 각각 포함한다)을 다음 달 말일까지 해당 공동주택단지의 인터넷 홈페이지와 법 제45조의7제1항에 따른 공동주택관리정보시스템에 공개하여야 한다. 잡수입의 경우에도 동일한 방법으로 공개하여야 한다. <개정 2010.7.6, 2013.3.23, 2014.4.24> ⑨ 법 제45조제4항제4호에 따라 공개되어야 하는 사항은 제52조제4항에 따른 주택관리업자와 제55조의4에 따른 사업자의 선정에 관한 다음 각 호의 사항을 말한다. <신설 2010.7.6, 2013.1.9, 2013.3.23> 1. 입찰공고 내용 2. 선정결과 내용 3. 그 밖에 국토교통부장관이 정하여 고시하는 사항 ⑩ 제9항 각 호에 따른 사항이 결정되면 입주자대표회의는 이를 즉시 관리주체에게 통지(관리주체가 직접 제55조의4에 따른 사업자를 선정하는 경우는 제외한다)하여야 하고, 제8항에도 불구하고 관리주체는 제9항 각 호에 따른 사항을 즉시 공개하여야 한다. <신설 2010.7.6, 2013.1.9>
제45조의2(관리비예치금) ① 관리주체는 해당 공동주택의 공용부분의 관리 및 운영 등에 필요한 경비(이하 "관리	

비예치금"이라 한다)를 공동주택의 소유자로부터 징수할
수 있다.
② 관리주체는 소유자가 공동주택의 소유권을 상실한 경
우에는 제1항에 따라 징수한 관리비예치금을 반환하여
야 한다. 다만, 소유자가 관리비·사용료 및 장기수선충
당금 등을 미납한 때에는 관리비예치금에서 정산한 후
그 잔액을 반환할 수 있다.
③ 관리비예치금의 징수·관리 및 운영 등에 관하여 필요
한 사항은 대통령령으로 정한다.
[본조신설 2013.6.4]

제45조의4(회계서류의 작성·보관) ① 의무관리대상 공동주
택의 관리주체는 관리비등의 징수·보관·예치·집행 등 모
든 거래 행위에 관하여 장부를 월별로 작성하여 그 증빙
서류와 함께 해당 회계연도 종료일부터 5년간 보관하여
야 한다. 이 경우 관리주체는 「전자문서 및 전자거래
기본법」 제2조제2호에 따른 정보처리시스템을 통하여
장부 및 증거서류를 작성하거나 보관할 수 있다.
② 제1항에 따른 공동주택의 관리주체는 입주자 및 사용
자가 제1항에 따른 장부나 증빙서류, 그 밖에 대통령령
으로 정하는 정보의 열람을 요구하거나 자기의 비용으
로 복사를 요구하는 때에는 관리규약으로 정하는 바에
따라 이에 응하여야 한다. 다만, 다음 각 호의 정보는
제외하고 요구에 응하여야 한다.
1. 「개인정보 보호법」 제24조에 따른 고유식별정보 등
   개인의 사생활의 비밀 또는 자유를 침해할 우려가 있
   는 정보
2. 의사결정과정 또는 내부검토과정에 있는 사항 등으로
   서 공개될 경우 업무의 공정한 수행에 현저한 지장을

초래할 우려가 있는 정보 [본조신설 2013.12.24] 제45조의5(계약서의 공개) 의무관리대상 공동주택의 관리주체 또는 입주자대표회의는 제43조제7항 또는 제45조제5항에 따라 선정한 주택관리업자 또는 사업자와 계약을 체결하는 경우 그 체결일부터 1개월 이내에 그 계약서를 해당 공동주택단지의 인터넷 홈페이지에 공개하여야 한다. 이 경우 「개인정보 보호법」 제24조에 따른 고유식별정보 등 개인의 사생활의 비밀 또는 자유를 침해할 우려가 있는 사항은 제외하고 공개하여야 한다. [본조신설 2013.12.24] 제45조의6(공사·용역의 적정성 자문 등) ① 관리주체 또는 입주자대표회의는 해당 공동주택단지에서 시행하는 공사·용역 등의 적정성에 대하여 제2항에 따른 기관 또는 단체 등에 자문할 수 있다. ② 국토교통부장관은 제1항의 공사·용역 등의 적정성에 대한 자문에 응할 수 있는 기관 또는 단체를 지정하여 고시할 수 있다. 이 경우 해당 기관 또는 단체는 자문에 응하는 데 필요한 비용을 관리주체 또는 입주자대표회의로부터 받을 수 있다. [본조신설 2013.12.24] 제45조의7(공동주택관리정보시스템) ① 국토교통부장관은 공동주택 관리의 투명성을 제고하기 위하여 공동주택관리정보시스템을 구축·운영하여야 한다. ② 국토교통부장관은 공동주택관리정보시스템의 운영을 국토교통부장관이 지정하는 기관 또는 단체에 위탁할		

수 있다.
[본조신설 2013.12.24]

제46조(담보책임 및 하자보수 등) ① 사업주체(「건축법」 제11조에 따라 건축허가를 받아 분양을 목적으로 하는 공동주택을 건축한 건축주 및 제42조제2항제2호에 따른 행위를 한 시공자를 포함한다. 이하 이 조 및 제46조의2부터 제46조의7까지에서 같다)는 건축물 분양에 따른 담보책임에 관하여 전유부분은 입주자에게 인도한 날부터, 공용부분은 공동주택의 사용검사일(주택단지 안의 공동주택의 전부에 대하여 임시 사용승인을 받은 경우에는 그 임시 사용승인일을 말하고, 제29조제1항 단서에 따라 분할 사용검사나 동별 사용검사를 받은 경우에는 분할 사용검사일 또는 동별 사용검사일을 말한다) 또는 「건축법」 제22조에 따른 공동주택의 사용승인일부터 공동주택의 내력구조부별 및 시설공사별로 10년 이내의 범위에서 대통령령으로 정하는 담보책임기간에 공사상 잘못으로 인한 균열·침하(沈下)·파손 등 대통령령으로 정하는 하자가 발생한 경우에는 해당 공동주택의 다음 각 호의 어느 하나에 해당하는 자(이하 이 조 및 제46조의2부터 제46조의7까지에서 "입주자대표회의등"이라 한다)의 청구에 따라 그 하자를 보수하여야 한다. <개정 2009.2.3, 2010.4.5, 2012.1.26, 2012.12.18>
1. 입주자
2. 입주자대표회의
3. 관리주체(하자보수청구 등에 관하여 입주자 또는 입주자대표회의를 대행하는 관리주체를 말한다)
4. 「집합건물의 소유 및 관리에 관한 법률」에 따른 관리단

제25조의3(하자보수보증금의 사용내역 신고) 법 제46조제1항에 따른 입주자대표회의등은 법 제46조제7항에 따라 하자보수보증금의 사용내역을 신고하려는 경우에는 별지 제34호의4서식의 하자보수보증금 사용내역 신고서에 다음 각 호의 서류를 첨부하여 시장·군수 또는 구청장에게 제출하여야 한다.
1. 하자보수보증금 예치증서 사본
2. 하자보수보증금의 세부 사용내역서
[본조신설 2013.12.2]
[종전 제25조의3은 제25조의4로 이동 <2013.12.2>]

② 제1항에 따른 사업주체(「건설산업기본법」 제28조에 따라 하자담보책임이 있는 자로서 사업주체로부터 건설공사를 일괄 도급받아 건설공사를 수행한 자가 따로 있는 경우에는 그 자를 말한다)는 대통령령으로 정하는 바에 따라 하자보수보증금을 예치하여야 한다. 다만, 국가·지방자치단체·한국토지주택공사 및 지방공사인 사업주체의 경우에는 그러하지 아니하다. <개정 2009.2.3, 2010.4.5> ③ 사업주체는 제1항에 따른 담보책임기간에 공동주택의 내력구조부에 중대한 하자가 발생한 경우에는 하자 발생으로 인한 손해를 배상할 책임이 있다. <개정 2009.2.3> ④ 시장·군수·구청장은 제1항에 따른 기간에 공동주택의 구조안전에 중대한 하자가 있다고 인정하는 경우에는 안전진단기관에 의뢰하여 안전진단을 할 수 있다. 이 경우 안전진단의 대상·절차 및 비용 부담에 관한 사항과 안전진단 실시기관의 범위 등에 필요한 사항은 대통령령으로 정한다. <개정 2009.2.3> ⑤ 삭제 <2012.12.18> ⑥ 다음 각 호의 어느 하나에 해당하는 경우에는 제46조의2에 따른 하자심사·분쟁조정위원회에 하자심사 또는 분쟁조정을 신청할 수 있다. <개정 2012.12.18> 1. 입주자대표회의등과 사업주체(제2항에 따른 하자보수보증금의 보증서 발급기관을 포함한다. 이하 이 조 및 제46조의2부터 제46조의10까지에서 같다) 사이에 제1항에 따른 담보책임기간에 발생한 하자의 책임범위에 대하여 분쟁이 발생한 경우 2. 사업주체·설계자 및 감리자 사이에 하자의 책임범위에 대하여 분쟁이 발생한 경우	제59조(사업주체의 하자보수) ①사업주체(법 제46조제2항에 따른 사업주체를 말한다. 이하 이 조, 제59조의2, 제60조, 제60조의2, 제60조의4, 제61조, 제62조 및 제62조의13에서 같다)가 보수책임을 부담하는 하자의 범위, 내력구조부별 및 시설공사별 하자담보책임기간 등은 별표 6 및 별표 7과 같다. <개정 2005.9.16, 2010.7.6, 2012.7.4, 2013.6.17, 2013.12.4> ② 삭제 <2010.7.6> ③법 제46조제1항에 따른 입주자대표회의등(이하 "입주자대표회의등"이라 한다)은 제1항에 따라 하자담보책임기간 내에 공동주택의 하자가 발생한 경우에는 사업주체에 대하여 그 하자의 보수를 청구할 수 있다. 이 경우 사업주체는 하자보수를 청구받은 날(법 제46조의7제1항 후단에 따라 하자진단결과를 통보받은 때에는 그 통보받은 날을 말한다)부터 3일 이내에 그 하자를 보수하거나 하자 부위, 보수방법 및 보수에 필요한 상당한 기간 등을 명시한 하자보수계획(이하 "하자보수계획"이라 한다)을 입주자대표회의등에 통보하여야 한다. <개정 2005.3.8, 2005.9.16, 2010.7.6, 2013.6.17> ④ 사업주체는 법 제46조의4제4항에 따라 하자 여부 판정서 정본을 송달받은 경우로서 하자가 있는 것으로 판정된 경우에는 3일 이내에 그 하자를 보수하거나 하자보수계획을 수립하여 입주자대표회의등에 통보하여야 한다. <신설 2013.6.17> ⑤ 삭제 <2010.7.6> ⑥ 삭제 <2010.7.6> 제59조의2(입주자대표회의등의 직접 보수) ① 입주자대표회의등은 제59조제3항 후단에 따라 하자보수청구를 한	제25조의4(조정등의 신청 등) ① 법 제46조제6항에 따른 담보책임 및 하자보수 등과 관련한 심사·조정(이하 "조정등"이라 한다)을 신청하려는 자는 별지 제34조의5서식에 따른 하자심사·분쟁조정신청서에 다음 각 호의 서류를 첨부하여 법 제46조의2에 따른 하자심사·분쟁조정위원회(이하 "위원회"라 한다)에 제출하여야 한다. <개정 2010.7.6, 2012.7.26, 2013.6.19, 2013.12.2>

⑦ 입주자대표회의등은 제2항에 따른 하자보수보증금을 제46조의2에 따른 하자심사·분쟁조정위원회의 하자 여부 판정에 따른 하자보수비용 등 대통령령으로 정하는 용도로만 사용하여야 하며, 의무관리대상 공동주택의 경우에는 하자보수보증금의 사용 후 30일 이내에 그 사용내역을 국토교통부령으로 정하는 바에 따라 시장·군수·구청장에게 신고하여야 한다. <신설 2013.6.4, 2013.12.24>
⑧ 제1항에 따른 하자의 조사방법 및 기준, 하자 보수비용의 산정방법 등에 관하여 필요한 사항은 대통령령으로 정한다. <신설 2013.6.4>

후 사업주체가 제59조제3항에 따른 기간 내에 하자보수를 이행하지 아니하거나 하자보수계획을 통보하지 아니한 경우에는 법 제46조제2항 본문에 따른 하자보수보증금(이하 "하자보수보증금"이라 한다)을 사용하여 직접 보수하거나 제3자에게 보수하게 할 수 있다. 다만, 법 제46조의7제1항에 따라 하자진단을 실시하는 경우에는 당사자 간에 합의가 있는 경우에만 이를 할 수 있다.
② 입주자대표회의등은 사업주체가 법 제46조의4제8항에 따른 조정결과에 따라 하자보수를 이행하지 아니한 경우에는 하자보수보증금을 사용하여 직접 보수하거나 제3자에게 보수하게 할 수 있다.
③ 제2항에 따라 입주자대표회의등이 하자보수보증금을 청구한 경우 현금을 보증금으로 예치한 금융기관 또는 하자보수보증금의 보증서 발급기관은 입주자대표회의등에 법 제46조제2항의 사업주체가 예치한 보증금 또는 보증서의 보증금액의 범위에서 하자보수보증금을 청구일부터 30일 이내에 지급하여야 한다. <신설 2012.7.24>
④ 입주자대표회의등은 제1항 및 제2항에 따른 하자보수보증금의 사용내역을 사업주체에게 통보하여야 한다. <개정 2012.7.24>
[본조신설 2010.7.6]

제60조(하자보수보증금) ①법 제46조제2항 본문에 따라 사업주체(임대를 목적으로 하는 공동주택의 경우에는 건설임대주택을 분양전환하려는 자를 말한다)는 사용검사권자가 지정하는 은행(「은행법」에 따른 은행을 말한다. 이하 같다)에 현금 또는 다음 각 호의 어느 하나에 해당하는 하자보수보증금의 보증서 발급기관에서 발행하는 보증서를 사용검사권자의 명의로 예치하고, 그 예치증서

1. 해당 분쟁사건의 당사자간 교섭경위서(하자보수 청구일, 청구내용 및 사업주체의 답변내용 등 분쟁이 발생한 매부터 조정등을 신청할 때까지 해당 분쟁사건의 당사자간 일정별 교섭내용과 그 입증자료를 말한다) 1부
2. 영 제60조제1항에 따른 하자보수보증금 예치증서 사본(당사자가 설계자 또는 감리자인 경우는 제외한다) 1부
3. 하자 부분의 사진 등 조정등에 참고가 될 수 있는 객관적인 자료
4. 신청인의 신분증 사본(대리인이 신청하는 경우에는 신청인의 위임장 및 인감증명서와 대리인의 신분증 사본을 말한다) 각 1부
5. 입주자대표회의가 신청하는 경우에는 그 구성 신고를 증명하는 서류 1부
6. 관리사무소장이 신청하는 경우에는 관리사무소장 배치 및 직인 신고증명서 사본 1부
② 삭제 <2010.7.6>
③ 위원회는 조정등의 신청을 받은 때에는 법 제46조의5제1항에 따라 즉시 별지 제34호의6서식에 따른 하자심사·분쟁조정 사건통지서를 작성하여 상대방에게 통지하여야 한다. <신설 2010.7.6, 2013.6.19, 2013.12.2>
④ 제3항에 따른 통지를 받은 상대방은 법 제46조의5제2항에 따라 별지 제34호

	를 사용검사신청서(단지안의 공동주택의 전부에 대하여 임시사용승인을 받으려는 경우에는 임시사용승인신청서를 말하며, 건설임대주택을 분양전환하려는 경우에는 「임대주택법」 및 같은 법 시행령에 따른 분양전환 승인신청서, 분양전환 허가신청서 또는 분양전환 신고서를 말한다)를 제출할 때 사용검사권자에게 제출하여야 한다. <개정 2008.6.20, 2008.11.5, 2009.3.18, 2010.7.6, 2010.11.15> 1. 대한주택보증주식회사가 발행하는 보증서 2. 「건설산업기본법」에 따른 건설공제조합이 발행하는 보증서 3. 「보험업법」 제4조제1항제2호라목에 따른 보증보험업을 영위하는 자가 발행하는 이행보증보험증권 4. 금융기관의 지급보증서 ②사용검사권자는 입주자대표회의(법 제46조제1항제4호에 따른 관리단을 포함한다. 이하 이 조 및 제61조에서 같다)가 구성된 때에는 지체없이 제1항에 따른 하자보수보증금의 예치명의를 당해 입주자대표회의의 명의로 변경하여야 하며, 입주자대표회의는 사업주체의 하자보수책임이 종료되는 때까지 하자보수보증금을 금융기관에 예치하여 보관하여야 한다. <개정 2005.9.16, 2010.7.6> ③제1항에 따른 하자보수보증금은 다음 각 호의 어느 하나에 해당하는 금액의 100분의 3으로 한다. 다만, 건설임대주택이 분양전환되는 경우에는 본문에 따른 금액에 임대주택 세대 중 분양전환을 하는 세대의 비율을 곱한 금액으로 한다. <개정 2005.3.8, 2008.6.20, 2008.10.29, 2008.11.5, 2009.11.5> 1. 대지조성과 함께 공동주택을 건설하는 경우 : 사업계	의7서식에 따른 하자심사·분쟁조정사건 답변서를 작성하여 위원회에 제출하여야 한다. <신설 2010.7.6, 2013.6.19, 2013.12.2> ⑤ 법 제46조의4제6항에 따라 당사자는 위원회가 제시하는 조정안에 대한 수락여부를 별지 제34호의8서식에 따른 하자심사·분쟁 조정안 수락여부 답변서를 작성하여 위원회에 제출하여야 한다. <신설 2010.7.6, 2013.12.2> ⑥ 삭제 <2013.6.19> ⑦ 「집합건물의 소유 및 관리에 관한 법률」 제52조의9제2항에 따라 시·도 집합건물분쟁조정위원회가 위원회에 하자판정을 요청하는 경우에는 별지 제34호의9서식의 집합건물 하자판정신청서에 다음 각 호의 서류를 첨부하여야 한다. 이 경우 집합건물의 하자판정에 관하여는 법 제46조의4제1항부터 제4항까지의 규정을 준용한다. <신설 2013.6.19, 2013.12.2> 1. 「집합건물의 소유 및 관리에 관한 법률」에 따른 당사자가 집합건물분쟁조정위원회에 제출한 서류 2. 그 밖에 하자판정에 참고가 될 수 있는 객관적인 자료 [본조신설 2009.3.19] [제25조의3에서 이동, 종전 제25조의4는 제25조의5로 이동 <2013.12.2>]

	획승인서에 기재된 해당 공동주택의 총사업비[간접비(설계비, 감리비, 분담금, 부담금, 보상비 및 일반분양시설경비를 말한다)는 제외한다. 이하 이 항에서 같다]에서 해당 공동주택을 건설하는 대지의 조성전 가격을 뺀 금액 2. 대지조성을 하지 아니하고 공동주택을 건설하는 경우 : 사업계획승인서에 기재된 당해 공동주택의 총사업비에서 대지가격을 뺀 금액 3. 법 제42조제2항제2호의 규정에 의하여 공동주택을 신축·증축·개축·대수선 또는 리모델링하는 경우 및 동조제3항의 규정에 의하여 리모델링을 하는 경우 : 허가신청서 또는 신고서에 기재된 당해 공동주택의 총사업비 4. 「건축법」 제11조에 따른 건축허가를 받아 분양을 목적으로 공동주택을 건설하는 경우 : 사용승인을 신청할 당시의 「임대주택법 시행령」 제13조제5항에 따른 공공건설임대주택 분양전환가격의 산정기준에 의한 표준건축비를 적용하여 산출한 건축비 ④ 삭제 <2010.7.6> 제60조의2(하자보수보증금의 용도) 법 제46조제7항에서 "하자심사·분쟁조정위원회의 하자 여부 판정에 따른 하자보수비용 등 대통령령으로 정하는 용도"란 입주자대표회의등이 직접 보수하거나 제3자에게 보수하게 하는 데 사용되는 경우로서 하자보수와 관련된 다음 각 호의 용도를 말한다. 1. 법 제46조의2제1항에 따른 하자심사·분쟁조정위원회(이하 "위원회"라 한다)가 법 제46조의2제2항제1호에 따라 하자로 판정한 시설공사 등에 대한 하자보수비	제25조의5(조정비용 등의 부담) ① 법 제46조제6항에 따라 조정등을 신청하는 자는 다음 각 호에 따른 비용(이하 "조정비용"이라 한다)을 국토교통부장관이 고시하는 바에 따라 미리 납부하여야 한다. <개정 2013.3.23, 2013.6.19> 1. 조사, 분석, 검사에 소요되는 비용 2. 증인 또는 증거의 채택에 소요되는 비용 3. 녹음, 속기록, 통역 및 번역에 소요되는 비용 4. 그 밖에 조정등에 소요되는 비용 ② 제1항에 따라 조정등을 신청하는 자가 납부한 조정비용은 당사자 간의 합의로 정하는 바에 따라 정산한다. 다만, 당사자 간에 비용부담에 대하여 합의가 되지 아니하면 위원회에서 부담비율을 정한다. <개정 2013.6.19> ③ 법 제46조의7제3항에 따른 하자진단 또는 감정에 드는 비용은 다음 각 호의 구분에 따라 부담한다. <개정 2013.6.19> 1. 법 제46조의7제1항에 따른 하자진단에 드는 비용: 당사자 간 합의한 바에 따라 부담 2. 법 제46조의7제2항에 따른 감정에 드는 비용: 당사자 간 합의한 바에 따라 부담하되, 당사자 간에 비용부담에 관한 합의가 이루어지지 아니하면 위원

	용(하자보수를 갈음하여 입주자대표회의등에 지급하는 금액을 포함한다. 이하 이 조에서 같다) 2. 위원회가 법 제46조의4제7항에 따라 송달한 조정서 정본에 따른 하자보수비용 3. 법 제46조의7제1항에 따라 사업주체가 입주자대표회의등과 협의하여 하자진단을 실시한 경우 그 결과에 따른 하자보수비용 4. 법원의 재판 결과에 따른 하자보수비용 [본조신설 2013.12.4] [종전 제60조의2는 제60조의4로 이동 <2013.12.4>] 제60조의3(하자의 조사방법 등) ① 법 제46조제8항에 따른 하자의 조사는 현장실사를 통하여 하자 부위와 설계도서를 비교하여 측정하는 방법으로 한다. ② 공동주택의 하자보수비용은 실제 하자보수에 사용되는 비용으로 산정하되, 하자보수에 필수적으로 수반되는 비용을 추가할 수 있다. ③ 제1항 및 제2항에서 규정한 사항 외에 하자의 조사방법 및 기준, 하자보수비용의 산정방법 등에 관하여 필요한 세부적인 사항은 국토교통부장관이 정하여 고시한다. [본조신설 2013.12.4] 제60조의4(하자보수의 종료) ① 사업주체는 제61조 각 호의 구분에 따라 순차적으로 하자담보책임기간이 만료되기 30일 전까지 그 사실을 입주자대표회의(입주자대표회의가 구성되지 아니한 경우에는 법 제46조제1항제3호에 따른 관리주체를, 「건축법」 제11조에 따라 건축허가를 받아 분양을 목적으로 하는 공동주택은 「집합건물의 소유 및 관리에 관한 법률」에 따른 관리단을 각각 말한	회에서 부담비율을 정한다. 이 경우 당사자는 그 비용을 위원회가 정한 기한 내에 영 제62조의14제2항에 따른 안전진단기관에 납부하여야 한다. [본조신설 2010.7.6] [제25조의4에서 이동, 종전 제25조의5는 제25조의6으로 이동 <2013.12.2>]

	다. 이하 이 조에서 같다)에 통지하고, 하자담보책임기간이 만료된 때에는 제59조제3항 전단에 따라 입주자대표회의등이 하자담보책임기간 내에 발생된 하자에 대하여 보수를 청구한 경우에는 지체 없이 보수를 완료한 후 그 결과를 입주자대표회의등에 통지하여야 한다. ② 입주자대표회의등은 사업주체로부터 제1항에 따라 하자보수완료 통지를 받은 날부터 30일 이내에 문서로 이의를 제기할 수 있다. 이 경우 사업주체는 이의제기를 받은 날부터 3일 이내에 하자를 보수하거나 하자보수계획을 통지하되, 하자가 아니라고 판단되는 사항에 대해서는 그 이유를 기재하여 통지하여야 한다. ③ 사업주체는 제2항 전단에 따른 이의가 없는 경우에는 제59조제1항에 따른 하자담보책임기간별로 순차적으로 주거전용부분과 공용부분으로 구분하여 하자보수종료확인을 입주자대표회의등에 요구할 수 있다. ④ 제3항에 따른 요구가 있는 경우에는 입주자대표회의등은 입주자가 그 취지를 알 수 있도록 서면으로 고지하여야 한다. ⑤ 하자보수종료의 확인을 위해서는 국토교통부령으로 정하는 하자보수종료확인서에 입주자 또는 그 대리인의 서면확인서(공용부분은 전체 입주자의 5분의 4 이상의 서면확인서를 말한다)를 첨부하여야 한다. <개정 2013.3.23> [본조신설 2010.7.6] [제60조의2에서 이동 <2013.12.4>] 제61조(하자보수보증금의 반환) 입주자대표회의는 사업주체가 예치한 하자보수보증금을 다음 각 호의 구분에 따라 순차적으로 사업주체에게 반환하여야 한다. 이 경우	제25조의2(하자보수 종료확인) 영 제60조의2제5항에 따른 하자보수종료확인서는 별지 제34호의3서식에 따른다. [본조신설 2010.7.6] [종전 제25조의2는 제25조의3으로 이동 <2010.7.6>]

제59조의2에 따라 하자보수보증금을 사용한 경우에는 이를 포함하여 다음 각 호의 비율을 계산하되, 이미 사용한 하자보수보증금은 이를 반환하지 아니한다. <개정 2005.9.16, 2007.3.16, 2010.7.6>
1. 사용검사일(단지안의 공동주택 전부에 대하여 임시사용승인을 얻은 경우에는 임시사용승인일을 말한다. 이하 이 조에서 같다)부터 1년이 경과된 때 : 하자보수보증금의 100분의 10
2. 사용검사일부터 2년이 경과된 때 : 하자보수보증금의 100분의 25
3. 사용검사일부터 3년이 경과된 때 : 하자보수보증금의 100분의 20
4. 사용검사일부터 4년이 경과된 때 : 하자보수보증금의 100분의 15
5. 사용검사일부터 5년이 경과된 때 : 하자보수보증금의 100분의 15
6. 사용검사일부터 10년이 경과된 때 : 하자보수보증금의 100분의 15

제62조(안전진단) ① 삭제 <2005.9.16>
② 삭제 <2005.9.16>
③법 제46조제4항에 따라 시장·군수 또는 구청장은 공동주택의 내력구조부에 중대한 하자가 있다고 인정하는 경우에는 다음 각 호의 어느 하나에 해당하는 기관에 해당 공동주택의 안전진단을 의뢰할 수 있다. <개정 2005.3.8, 2007.3.16, 2008.9.18, 2010.7.6, 2014.4.24>
1. 한국건설기술연구원
2. 한국시설안전공단
3. 「건축사법」 제31조의 규정에 의한 건축사협회

	4. 「고등교육법」 제2조제1호·제2호의 대학 및 산업대학의 부설연구기관(상설기관에 한한다) 5. 안전진단전문기관 ④제3항의 규정에 의한 안전진단에 소요되는 비용은 사업주체가 이를 부담한다. 다만, 하자의 원인이 사업주체 외의 자에게 있는 경우에는 그 자가 부담한다. [제목개정 2005.9.16]	
제46조의2(하자심사·분쟁조정위원회 설치) ① 제46조에 따른 담보책임 및 하자보수 등과 관련한 제2항의 사무를 심사·조정(이하 "조정등"이라 한다) 및 관장하기 위하여 국토교통부에 하자심사·분쟁조정위원회(이하 "위원회"라 한다)를 둔다. <개정 2012.12.18, 2013.3.23> ② 위원회의 사무는 다음 각 호와 같다. <개정 2012.12.18> 1. 하자 여부 판정 2. 하자담보책임 및 하자보수 등에 대한 공동주택의 입주자등과 사업주체 간의 분쟁의 조정 3. 하자의 책임범위 등에 대하여 사업주체·설계자 및 감리자 간에 발생하는 분쟁의 조정 4. 다른 법령에서 위원회 사무로 규정된 사항 5. 그 밖에 대통령령으로 정하는 사항 [본조신설 2008.3.21]		
	제62조의2(위원회의 사무) 법 제46조의2제2항제5호에서 "대통령령으로 정하는 사항"이란 다음 각 호의 사항을 말한다. <개정 2013.12.4> 1. 위원회의 의사에 관한 규칙의 제정·개정 및 폐지에 관한 사항 2. 그 밖에 위원회의 위원장이 회의에 부치는 사항 [전문개정 2013.6.17]	
제46조의3(위원회의 구성 등) ① 위원회는 위원장 1명을	제62조의3(분과위원회의 구성 등) ① 법 제46조의3제1항	제25조의6(수당) 위원회에 출석한 위원에

포함한 50명 이내의 위원을 두되, 분과위원회는 위원장을 포함하여 위원장이 전문분야 등을 고려하여 대통령령으로 정하는 순서에 따라 지명하는 10명 이상 15명 이하의 위원으로 구성한다. 이 경우 분과위원회는 전문분야 등을 고려하여 대통령령으로 정하는 바에 따라 5명 이내의 위원으로 소위원회를 구성할 수 있다. <개정 2012.12.18>

② 위원회의 위원은 공동주택 하자에 관한 학식과 경험이 풍부한 자로서 다음 각 호의 어느 하나에 해당하는 자 중에서 국토교통부장관이 임명 또는 위촉한다. 이 경우 제3호에 해당하는 자가 7명 이상 포함되어야 한다. <개정 2009.2.3, 2012.12.18, 2013.3.23>

1. 1급부터 3급까지 상당의 공무원 또는 고위공무원단에 속하는 공무원
2. 공인된 대학이나 연구기관에서 부교수 이상 또는 이에 상당하는 직에 재직한 자
3. 판사·검사 또는 변호사 자격을 취득한 후 6년 이상 종사한 사람
4. 건설공사, 건설업, 건설용역업 또는 감정평가에 대한 전문적 지식을 갖추고 그 업무에 10년 이상 종사한 사람
5. 제56조제2항에 따른 주택관리사로서 공동주택의 관리사무소장으로 10년 이상 근무한 자
6. 「건축사법」 제23조제1항에 따라 신고한 건축사 또는 「기술사법」 제6조제1항에 따라 등록한 기술사로서 그 업무에 10년 이상 종사한 사람
7. 그 밖에 하자분쟁조정에 대한 전문적 지식을 갖춘 사람으로서 대통령령으로 정하는 사람

③ 위원회의 위원장은 국토교통부장관이 위원 중에서 임

전단에 따라 위원회에는 시설공사별 하자 여부 판정 또는 분쟁의 조정 등 전문분야를 고려하여 5개 이내의 분과위원회를 둔다.

② 위원회의 위원장은 법 제46조의3제1항 전단에 따라 위원회 위원의 전문성과 경력 등을 고려하여 각 분과위원회별로 위원을 지명한다.

[본조신설 2013.6.17]
[종전 제62조의3은 제62조의6으로 이동 <2013.6.17>]

제62조의4(위원장 및 부위원장의 직무) ① 위원회의 위원장은 제62조의3에 따른 각 분과위원회의 회의를 소집하고, 그 의장이 된다.

② 위원회에는 5명 이내의 부위원장을 두고, 부위원장은 위원회 위원장의 제청에 따라 국토교통부장관이 임명한다.

③ 위원회의 위원장이 부득이한 사유로 직무를 수행할 수 없을 때에는 위원회의 위원장이 미리 지명한 부위원장이 그 직무를 대행한다.

[본조신설 2013.6.17]
[종전 제62조의4는 제62조의7로 이동 <2013.6.17>]

제62조의5(소위원회의 구성 등) ① 법 제46조의3제1항 후단에 따라 분과위원회별로 시설공사의 종류, 전문분야 등을 고려하여 5개 이내의 소위원회를 둔다.

② 제1항에 따른 소위원회의 위원장 및 위원은 위원회의 위원장이 해당 분과위원회의 위원 중에서 지명한다.

③ 소위원회의 위원장은 위원회 위원장의 요청에 따라 회의를 소집하고, 그 회의의 의장이 된다.

④ 법 제46조의3제6항제3호에서 "대통령령으로 정하는

대하여는 예산의 범위에서 수당을 지급할 수 있다. 다만, 공무원인 위원이 소관업무와 직접 관련하여 회의에 출석하는 경우에는 그러하지 아니하다.
[본조신설 2010.7.6]
[제25조의5에서 이동, 종전 제25조의6은 제25조의7로 이동 <2013.12.2>]

명한다. <개정 2010.4.5, 2013.3.23>
④ 제3항의 위원장과 공무원이 아닌 위원의 임기는 2년으로 하되 연임할 수 있으며, 보궐위원의 임기는 전임자의 남은 임기로 한다. <개정 2012.12.18>
⑤ 위원회의 위원 중 공무원이 아닌 위원은 신체상 또는 정신상의 장애로 직무를 수행할 수 없는 경우를 제외하고는 그의 의사와 다르게 면직되지 아니한다. 다만, 「국가공무원법」제33조 각 호의 어느 하나에 해당하는 사람은 그러하지 아니하다. <신설 2010.4.5, 2012.12.18>
⑥ 분과위원회의 회의는 제1항에 따른 구성원 과반수의 출석으로 개의하고 출석위원 과반수의 찬성으로 의결하며, 소분과위원회의 회의는 제1항에 따른 구성원 과반수의 출석으로 개의하고 출석위원 전원의 찬성으로 의결한다. 이 경우 소위원회에서 다음 각 호의 어느 하나에 해당하는 사건을 의결한 때에는 분과위원회가 의결한 것으로 본다. <신설 2010.4.5, 2012.12.18>
1. 1천만원 미만의 소액 사건
2. 전문분야 등을 고려하여 분과위원회에서 소위원회가 의결하도록 결정한 사건
3. 그 밖에 대통령령으로 정하는 단순한 사건
⑦ 위원회의 위원장은 위원회를 대표하고 위원회의 직무를 총괄한다. <신설 2012.12.18>
⑧ 위원장의 직무, 위원의 제척·기피·회피, 위원회, 분과위원회 및 소위원회의 운영, 조정 등의 거부 및 중지 등 그 밖에 필요한 사항은 대통령령으로 정한다. <개정 2010.4.5, 2012.12.18>
[본조신설 2008.3.21]

단순한 사건"이란 하자의 발견 또는 보수가 쉬운 주거전용부분의 마감공사(단열공사는 제외한다)에서 발생하는 하자와 관련된 분쟁사건(이하 "사건"이라 한다)을 말한다.
[본조신설 2013.6.17]
[종전 제62조의5는 제62조의8로 이동 <2013.6.17>]

제62조의6(위원의 제척·기피·회피) ① 위원회의 위원이 다음 각 호의 어느 하나에 해당하는 경우에는 그 사건의 심사·조정(법 제46조에 따른 담보책임 및 하자보수 등과 관련한 심사·조정을 말한다. 이하 "조정등"이라 한다)에서 제척된다. <개정 2010.7.6, 2013.6.17>
1. 위원 또는 그 배우자나 배우자였던 사람이 해당 사건의 당사자가 되거나 해당 사건에 관하여 공동의 권리자 또는 의무자의 관계에 있는 경우
2. 위원이 해당 사건의 당사자와 친족관계에 있거나 있었던 경우
3. 위원이 해당 사건에 관하여 증언이나 감정(법 제46조의7에 따른 하자진단을 포함한다)을 한 경우
4. 위원이 해당 사건에 관하여 당사자의 대리인으로서 관여하였거나 관여한 경우
5. 위원이 해당 사건의 원인이 된 처분 또는 부작위에 관여한 경우
② 위원회는 제척의 원인이 있는 경우에는 직권 또는 당사자의 신청에 따라 제척의 결정을 하여야 한다.
③ 당사자는 위원에게 공정한 조정등을 기대하기 어려운 사정이 있는 경우에는 위원회에 기피신청을 할 수 있으며, 위원회는 기피신청이 타당하다고 인정하면 기피의 결정을 하여야 한다.

④ 위원은 제1항 또는 제3항의 사유에 해당하는 경우에는 스스로 그 사건의 조정등에서 회피(回避)하여야 한다. <개정 2012.7.4>
[본조신설 2009.3.18]
[제62조의3에서 이동 , 종전 제62조의6은 제62조의9로 이동 <2013.6.17>]

제62조의7(위원의 해임·해촉) 국토교통부장관은 위원이 다음 각 호의 어느 하나에 해당하는 경우에는 해당 위원을 해임하거나 해촉(解囑)할 수 있다. <개정 2013.3.23, 2013.6.17>
1. 심신장애로 인하여 직무를 수행할 수 없게 된 경우
2. 직무태만, 품위손상이나 그 밖의 사유로 인하여 위원으로 적합하지 아니하다고 인정되는 경우
3. 제62조의6제1항 각 호의 어느 하나에 해당하는 데에도 불구하고 회피하지 아니한 경우
[본조신설 2012.7.4]
[제62조의4에서 이동, 종전 제62조의7은 삭제 <2013.6.17>]

제62조의8(위원회의 회의 등) ① 위원회의 위원장이 위원회 또는 분과위원회의 회의를 소집하거나 소위원회의 위원장이 소위원회의 회의를 소집하려면 특별한 사정이 있는 경우를 제외하고는 회의 개최 3일 전까지 회의의 일시·장소 및 심의안건을 각 위원에게 서면으로 알려야 한다. <개정 2013.6.17>
② 삭제 <2013.6.17>
③ 위원회는 조정등을 효율적으로 하기 위하여 필요하다고 인정하면 해당 사건들을 분리하거나 병합할 수 있다.

④ 위원회는 제3항에 따라 해당 사건들을 분리하거나 병합한 경우에는 조정등의 당사자에게 지체 없이 서면으로 그 뜻을 알려야 한다.
⑤ 위원회는 조정등을 위하여 필요하다고 인정하면 당사자에게 증거서류 등 관련 자료의 제출을 요청하거나 당사자 또는 참고인에게 출석을 요청할 수 있다. 이 경우 당사자가 제60조에 따른 하자보수보증금으로 하자를 보수하는 것으로 조정조서를 작성할 경우에는 하자보수보증금의 보증서 발급기관의 의견을 들을 수 있다. <개정 2012.7.24>
⑥ 제1항, 제3항부터 제5항까지에서 규정한 사항 외에 위원회, 분과위원회 및 소위원회의 운영 등 필요한 사항은 위원회의 의결을 거쳐 위원장이 정한다. <개정 2010.7.6, 2013.6.17>
[본조신설 2009.3.18]
[제62조의5에서 이동, 종전 제62조의8은 삭제 <2013.6.17>]

제62조의9(조정등의 거부 및 중지) ① 위원회는 분쟁의 성질상 위원회에서 조정등을 하는 것이 맞지 아니하다고 인정하거나 부정한 목적으로 신청되었다고 인정되면 그 조정등을 거부할 수 있다. 이 경우 조정등의 거부 사유를 신청인에게 알려야 한다.
② 위원회는 신청된 사건의 처리 절차가 진행되는 도중에 한쪽 당사자가 소를 제기한 경우에는 조정등의 절차를 중지하고 이를 당사자에게 알려야 한다.
[본조신설 2009.3.18]
[제62조의6에서 이동, 종전 제62조의9는 제62조의14로 이동 <2013.6.17>]

제46조의4(조정등) ① 위원회는 제46조제6항에 따라 조정 등의 신청을 받은 때에는 지체 없이 조정등의 절차를 개시하여야 한다. 이 경우 위원회는 그 신청을 받은 날부터 60일(공용부분의 하자는 90일로 하고, 제46조의5제4항에 따른 흠결보정기간 및 제46조의7에 따른 하자감정기간은 산입하지 아니한다) 이내에 그 절차를 완료하여야 한다. <개정 2012.12.18> ② 분과위원회는 제1항에 따른 기간 이내에 조정등을 완료할 수 없는 경우에는 분과위원회의 의결로 그 기간을 1회에 한하여 연장할 수 있되, 그 기간은 30일 이내로 한다. 이 경우 그 사유와 기한을 명시하여 각 당사자 및 대리인에게 서면으로 통지하여야 한다. <개정 2012.12.18> ③ 위원회는 제1항에 따른 조정등의 절차 개시에 앞서 이해관계인이나 제46조의7제1항에 따라 하자진단을 실시한 안전진단기관 등의 의견을 들을 수 있다. <개정 2010.4.5> ④ 위원회에서 제46조의2제2항제1호에 따라 하자 여부를 판정한 때에는 대통령령으로 정하는 사항을 기재하고 위원장이 기명날인한 하자 여부 판정서 정본(正本)을 지체 없이 각 당사자 및 대리인에게 송달하여야 한다. <개정 2012.12.18> ⑤ 위원회에서 제1항에 따른 분쟁의 조정절차를 완료한 때에는 지체 없이 대통령령으로 정하는 사항을 기재한 조정안(신청인이 조정신청을 한 후 조정절차 진행 중에 피신청인과 합의를 한 경우에는 합의한 내용을 반영하되 합의한 내용이 명확하지 아니한 것은 제외한다)을 결정하고, 각 당사자 및 대리인에게 이를 제시하여야 한다. <개정 2012.12.18>	제62조의10(하자 여부 판정서의 기재사항) 법 제46조의4제4항에서 "대통령령으로 정하는 사항"이란 다음 각 호의 사항을 말한다. 1. 사건번호와 사건명 2. 하자의 발생 위치 3. 당사자, 선정대표자, 대리인의 주소 및 성명(법인인 경우에는 본점의 소재지 및 명칭을 말한다) 4. 신청의 취지 5. 판정일자 6. 판정이유 7. 판정결과	

⑥ 제5항에 따른 조정안을 제시받은 당사자는 그 제시를 받은 날부터 15일 이내에 그 수락 여부를 위원회에 통보하여야 한다. ⑦ 위원회는 각 당사자 및 대리인이 제6항에 따라 조정안을 수락(대통령령으로 정하는 바에 따라 서면 또는 전자적 방법으로 수락한 경우를 말한다)한 때에는 위원장이 기명날인한 조정서 정본을 지체 없이 각 당사자 및 대리인에게 송달하여야 한다. <개정 2012.12.18> ⑧ 제7항에 따른 조정서의 내용은 재판상 화해와 동일한 효력이 있다. 다만, 당사자가 임의로 처분할 수 없는 사항으로 대통령령으로 정하는 것은 그러하지 아니하다. <개정 2012.12.18> ⑨ 조정등의 신청절차 및 방법, 비용의 부담 등 그 밖에 필요한 사항은 국토교통부령으로 정한다. 이 경우 위원회는 분쟁의 조정등을 신청하는 자에게 국토교통부장관이 고시하는 바에 따라 조정비용을 미리 납부하게 할 수 있다. <개정 2010.4.5, 2013.3.23> [본조신설 2008.3.21]	[본조신설 2013.6.17] [종전 제62조의10은 제62조의15로 이동 <2013.6.17>] 제62조의11(조정안의 기재사항) 법 제46조의4제5항에서 "대통령령으로 정하는 사항"이란 다음 각 호의 사항을 말한다. 1. 사건번호와 사건명 2. 하자의 발생 위치 3. 당사자, 선정대표자, 대리인의 주소 및 성명(법인인 경우에는 본점의 소재지 및 명칭을 말한다) 4. 신청의 취지 5. 조정일자 6. 조정이유 7. 조정결과 [본조신설 2013.6.17] [종전 제62조의11은 제62조의16으로 이동 <2013.6.17>] 제62조의12(조정안의 수락) 법 제46조의4제6항에 따라 각 당사자 및 대리인이 제시받은 조정안을 수락할 때에는 국토교통부령으로 정하는 바에 따라 각 당사자 및 대리인이 서명날인한 서면(「전자서명법」 제2조제3호에 따른 공인전자서명을 한 전자문서를 포함한다)을 위원회에 제출하여야 한다. [본조신설 2013.6.17] 제62조의13(당사자가 임의로 처분할 수 없는 사항) 법 제46조의4제8항 단서에서 "대통령령으로 정하는 것"이란 다음 각 호의 사건을 말한다. 1. 입주자대표회의가 전체 입주자의 5분의 4 이상의 동	

	의를 받지 아니하고 공동주택 공용부분의 담보책임 및 하자보수 등에 관한 조정등을 신청한 사건. 다만, 입주자대표회의와 사업주체 간의 분쟁조정으로서 제60조제2항에 따라 입주자대표회의의 명의로 변경된 하자보수보증금의 반환에 관한 사건은 제외한다. 2. 입주자 개인이 공동주택 공용부분의 담보책임 및 하자보수 등에 관한 조정등을 신청한 사건 3. 그 밖에 제1호 및 제2호에 준하는 경우로서 당사자가 독자적으로 권리를 행사할 수 없는 부분의 담보책임 및 하자보수 등에 관한 조정등을 신청한 사건 [본조신설 2013.6.17]
제46조의5(조정등의 신청의 통지 등) ① 위원회는 당사자 일방으로부터 조정등의 신청을 받은 때에는 그 신청내용을 상대방에게 통지하여야 한다. <개정 2012.12.18> ② 제1항에 따라 통지를 받은 상대방은 신청내용에 대한 답변서를 특별한 사정이 없는 한 10일 이내에 위원회에 제출하여야 한다. <개정 2012.12.18> ③ 제1항에 따라 위원회로부터 분쟁조정의 통지를 받은 사업주체는 분쟁조정에 응하여야 한다. <개정 2012.12.18> 1. 삭제 <2012.12.18> 2. 삭제 <2012.12.18> 3. 삭제 <2012.12.18> 4. 삭제 <2012.12.18> ④ 위원회는 신청사건의 내용에 흠이 있는 경우에는 상당한 기간을 정하여 그 흠을 바로 잡도록 명할 수 있다. 이 경우 신청인이 흠을 바로 잡지 아니하면 위원회 결정으로 조정등의 신청을 각하(却下)한다. <신설 2012.12.18>	

[본조신설 2010.4.5] [제목개정 2012.12.18] 제46조의6(「민사조정법」 등의 준용) ① 위원회는 분쟁의 조정등의 절차에 관하여 이 법에서 규정하지 아니한 사항 및 소멸시효의 중단에 대하여는 「민사조정법」을 준용한다. <개정 2012.12.18> ② 조정등에 따른 서류송달에 관하여는 「민사소송법」 제174조부터 제197조까지의 규정을 준용한다. <개정 2012.12.18> [본조신설 2010.4.5] 제46조의7(하자진단 및 감정) ① 사업주체는 제46조제1항에 따라 입주자대표회의등이 청구하는 하자보수에 대하여 이의가 있는 경우, 입주자대표회의등과 협의하여 대통령령으로 정하는 안전진단기관에 보수책임이 있는 하자범위에 해당하는지 여부 등 하자진단을 의뢰할 수 있다. 이 경우 하자진단을 의뢰받은 안전진단기관은 지체 없이 하자진단을 실시하여 그 결과를 사업주체와 입주자대표회의등에게 통보하여야 한다. ② 분과위원회는 다음 각 호의 어느 하나에 해당하는 사건의 경우에는 대통령령으로 정하는 안전진단기관에 그에 따른 감정을 요청할 수 있다. <개정 2012.12.18> 1. 제1항의 하자진단 결과에 대하여 다투는 사건 2. 당사자 쌍방 또는 일방이 하자감정을 요청하는 사건 3. 하자원인이 불분명한 사건 4. 그 밖에 분과위원회에서 하자감정이 필요하다고 결정하는 사건 ③ 제1항에 따른 하자진단에 드는 비용과 제2항에 따른	제62조의14(하자진단 및 하자감정) ① 법 제46조의7제1항 전단에서 "대통령령으로 정하는 안전진단기관"이란 다음 각 호의 기관을 말한다. <개정 2011.1.17, 2014.4.24> 1. 한국시설안전공단 및 「시설물의 안전관리에 관한 특별법 시행령」 제11조제3항에 따른 건축 분야 안전진단전문기관 2. 한국건설기술연구원 3. 「엔지니어링산업 진흥법」 제21조에 따라 신고한 해당 분야의 엔지니어링사업자 4. 「기술사법」 제6조제1항에 따라 등록한 기술사 5. 「건축사법」 제23조제1항에 따라 신고한 건축사 ② 법 제46조의7제2항에서 "대통령령으로 정하는 안전진단기관"이란 다음 각 호의 기관을 말한다. 다만, 제1항에 따른 안전진단기관은 같은 사건의 조정대상시설에 대해서는 법 제46조의7제2항에 따라 감정을 하는 안전	

감정에 드는 비용은 국토교통부령으로 정하는 바에 따라 당사자가 부담한다. <개정 2013.3.23> [본조신설 2010.4.5]	진단기관이 될 수 없다. 1. 한국시설안전공단 2. 한국건설기술연구원 3. 국립 또는 공립의 주택 관련 시험·검사기관 4. 「고등교육법」 제2조제1호·제2호에 따른 대학 및 산업대학의 주택 관련 부설 연구기관(상설기관에 한정한다) ③ 제1항 및 제2항에 따른 안전진단기관은 법 제46조의7제1항에 따른 하자진단 또는 법 제46조의7제2항에 따른 감정을 의뢰받은 날부터 20일 이내에 그 결과를 제출하여야 한다. 다만, 위원회가 인정하는 부득이한 사유가 있는 때에는 10일의 범위에서 그 기간을 연장할 수 있다. ④ 삭제 <2013.6.17> [본조신설 2010.7.6] [제62조의9에서 이동 <2013.6.17>]	
제46조의8(위원회의 운영 및 사무처리의 위탁) ① 국토교통부장관은 위원회의 운영 및 사무처리를 「시설물의 안전관리에 관한 특별법」 제25조에 따른 한국시설안전공단(이하 이 조에서 "한국시설안전공단"이라 한다)에 위탁할 수 있다. 이 경우 위원회의 운영 및 사무처리를 위한 조직 및 인력 등은 대통령령으로 정한다. <개정 2013.3.23> ② 국토교통부장관은 예산의 범위에서 위원회의 운영 및 사무처리에 필요한 경비를 한국시설안전공단에 출연 또는 보조할 수 있다. <개정 2013.3.23> [본조신설 2010.4.5]	제62조의15(위원회의 운영 및 사무처리) ① 국토교통부장관은 법 제46조의8제1항에 따라 위원회의 운영 및 사무처리를 한국시설안전공단에 위탁한다. <개정 2013.3.23> ② 위원회의 운영 및 심사·조정 관련 사무처리를 위하여 한국시설안전공단에 위원회의 사무국을 두며, 사무국은 위원장의 명을 받아 사무를 처리한다. ③ 위원회 사무국의 조직 및 인력은 한국시설안전공단의 이사장이 국토교통부장관의 승인을 받아 정한다. <개정 2013.3.23> [본조신설 2010.7.6] [제62조의10에서 이동 <2013.6.17>]	

	제62조의16(관계 공공기관의 협조) 위원회는 하자심사 및 분쟁 조정을 위하여 필요한 경우에는 국가·지방자치단체 또는 「공공기관의 운영에 관한 법률」 제4조에 따른 공공기관에 대하여 자료 또는 의견의 제출, 기술적 지식의 제공, 그 밖에 하자심사·분쟁조정에 필요한 협조를 요청할 수 있으며, 요청 받은 공공기관은 이에 협조하여야 한다. <개정 2012.3.13> [본조신설 2010.7.6] [제62조의11에서 이동 <2013.6.17>]	
제46조의9(절차 등의 비공개) ① 분과위원회 및 소위원회가 수행하는 조정등의 절차 및 의사결정과정은 공개하지 아니한다. 다만, 분과위원회 및 소위원회에서 의결한 경우에는 그러하지 아니하다. ② 위원회의 위원과 위원회의 사무국 직원으로서 그 업무를 수행하거나 수행하였던 사람은 조정등의 절차에서 직무상 알게 된 비밀을 누설하여서는 아니 된다. [본조신설 2012.12.18]		
제46조의10(사실 조사·검사 등) ① 위원회가 조정등을 신청받은 때에는 위원장은 위원회의 사무국 직원으로 하여금 심사·조정 대상물 및 관련 자료를 조사·검사 및 열람하게 하거나 참고인의 진술을 들을 수 있도록 할 수 있다. 이 경우 사업주체 및 입주자대표회의등은 이에 협조하여야 한다. ② 제1항에 따라 조사·검사 등을 하는 사람은 그 권한을 나타내는 증표를 지니고 이를 관계인에게 내보여야 한다. [본조신설 2012.12.18]		제25조의7(조사관 증표) 법 제46조의10제2항에 따른 증표는 별지 제34호의10서식에 따른다. <개정 2013.12.2> [본조신설 2013.6.19] [제25조의6에서 이동 <2013.12.2>]

| 제47조(장기수선계획) ① 다음 각 호의 어느 하나에 해당하는 공동주택을 건설·공급하는 사업주체(「건축법」 제11조에 따른 건축허가를 받아 주택 외의 시설과 주택을 동일 건축물로 건축하는 건축주를 포함한다. 이하 이 조에서 같다) 또는 리모델링을 하는 자는 대통령령으로 정하는 바에 따라 그 공동주택의 공용부분에 대한 장기수선계획(이하 "장기수선계획"이라 한다)을 수립하여 제29조에 따른 사용검사(제4호의 경우에는 「건축법」 제22조에 따른 사용승인을 말한다. 이하 이 조에서 같다)를 신청할 때에 사용검사권자에게 제출하고, 사용검사권자는 이를 그 공동주택의 관리주체에게 인계하여야 한다. 이 경우 사용검사권자는 사업주체 또는 리모델링을 하는 자에게 장기수선계획의 보완을 요구할 수 있다. <개정 2013.6.4, 2013.12.24>
1. 300세대 이상의 공동주택
2. 승강기가 설치된 공동주택
3. 중앙집중식 난방방식 또는 지역난방방식의 공동주택
4. 「건축법」 제11조에 따른 건축허가를 받아 주택 외의 시설과 주택을 동일 건축물로 건축한 건축물
② 제43조제3항에 따른 입주자대표회의와 관리주체는 장기수선계획을 3년마다 검토하고 필요한 경우 이를 국토교통부령으로 정하는 바에 따라 조정하여야 하며, 수립 또는 조정된 장기수선계획에 따라 주요시설을 교체하거나 보수하여야 한다. 이 경우 입주자대표회의와 관리주체는 장기수선계획에 대한 검토사항을 기록하고 보관하여야 한다. <개정 2013.3.23, 2013.12.24>
③ 관리주체는 장기수선계획을 조정하기 전에 해당 공동주택의 관리사무소장으로 하여금 국토교통부령으로 정 | 제63조(장기수선계획의 수립) ① 삭제 <2005.3.8>
②법 제47조제1항의 규정에 의하여 장기수선계획을 수립하는 자는 국토교통부령이 정하는 기준에 따라 장기수선계획을 수립하되, 당해 공동주택의 건설에 소요된 비용을 감안하여야 한다. <개정 2008.2.29, 2013.3.23> | 제26조(장기수선계획의 수립기준 등) ①영 제63조제2항에서 "국토교통부령이 정하는 기준"이라 함은 별표 5의 기준을 말한다. <개정 2008.3.14, 2013.3.23>
② 입주자대표회의와 관리주체는 법 제47조제2항에 따라 장기수선계획을 조정하려는 경우에는 관리주체가 장기수선계획의 조정안을 작성한 후 입주자대표회의의 의결을 거쳐야 한다. <개정 2014.4.25>
③ 입주자대표회의와 관리주체는 주요시설을 신설하는 등 관리여건상 필요하여 전체 입주자 과반수의 서면동의를 받은 경우에는 장기수선계획을 수립하거나 조정한 날부터 3년이 경과하기 전에 장기수선계획을 검토하여 이를 조정할 수 있다. <신설 2014.4.25>
④ 입주자대표회의와 관리주체는 제2항 또는 제3항에 따라 장기수선계획을 조정하려는 경우 「에너지이용 합리화법」 제25조에 따라 산업통상자원부장관에게 등록한 에너지절약전문기업이 제시하는 에너지절약을 통한 주택의 온실가스 감소를 위한 시설 개선 방법을 반영할 수 있다. <신설 2014.4.25>
⑤영 제118조제3항제1호에 따라 장기수선계획의 조정교육에 관한 업무를 위탁받은 기관(이하 "조정교육수탁기관"이라 한 |

하는 바에 따라 시·도지사가 실시하는 장기수선계획의 비용산출 및 공사방법 등에 관한 교육을 받게 할 수 있다. <개정 2013.3.23> [전문개정 2009.2.3]		다)은 교육실시 10일전에 교육의 일시·장소·기간·내용·대상자 그 밖에 교육에 관하여 필요한 사항을 공고하거나 관리주체에게 통보하여야 한다. 이 경우 관리주체는 법 제47조제3항에 따라 장기수선계획을 조정하기 전에 해당 공동주택의 관리사무소장에 대하여 그 교육을 받게 할 수 있다. <개정 2011.1.6, 2014.4.25> ⑥시·도지사는 조정교육수탁기관으로 하여금 다음 각호의 사항을 이행하도록 하여야 한다. <개정 2014.4.25> 1. 매년 11월말까지 다음 각목의 내용이 포함된 다음연도의 교육계획서를 작성하여 시·도지사의 승인을 얻을 것 가. 교육일시·장소 및 교육시간 나. 교육예정인원 다. 강사의 성명·주소 및 교육과목별 이수시간 라. 교육과목 및 내용 마. 그 밖에 교육시행과 관련하여 시·도지사가 요구하는 사항 2. 당해연도의 교육종료후 1월 이내에 다음 각호의 내용이 포함된 교육결과보고서를 작성하여 시·도지사에게 보고할 것 가. 교육대상자 및 이수자명단 나. 교육계획의 주요내용이 변경된 경우에는 그 변경내용과 사유

		다. 그 밖에 교육시행과 관련하여 시·도지사가 요구하는 사항
제48조(공동주택 리모델링에 따른 특례) ① 공동주택의 소유자가 리모델링에 의하여 전유부분(「집합건물의 소유 및 관리에 관한 법률」 제2조제3호에 따른 전유부분을 말한다. 이하 이 조에서 같다)의 면적이 늘거나 줄어드는 경우에는 「집합건물의 소유 및 관리에 관한 법률」 제12조 및 제20조제1항에도 불구하고 대지사용권은 변하지 아니하는 것으로 본다. 다만, 세대수 증가를 수반하는 리모델링의 경우에는 권리변동계획에 따른다. <개정 2012.1.26> ② 공동주택의 소유자가 리모델링에 의하여 일부 공용부분(「집합건물의 소유 및 관리에 관한 법률」 제2조제4호에 따른 공용부분을 말한다. 이하 이 조에서 같다)의 면적을 전유부분의 면적으로 변경한 경우에는 「집합건물의 소유 및 관리에 관한 법률」 제12조에도 불구하고 그 소유자의 나머지 공용부분의 면적은 변하지 아니하는 것으로 본다. ③ 제1항의 대지사용권 및 제2항의 공용부분의 면적에 관하여는 제1항과 제2항에도 불구하고 소유자가 「집합건물의 소유 및 관리에 관한 법률」 제28조에 따른 규약으로 달리 정한 경우에는 그 규약에 따른다. [전문개정 2009.2.3]		
제49조(안전관리계획 및 교육 등) ① 관리주체는 해당 공동주택의 시설물로 인한 안전사고를 예방하기 위하여 대통령령으로 정하는 바에 따라 안전관리계획을 수립하고 이에 따라 시설물별로 안전관리자 및 안전관리책임자를 선정하여 이를 시행하여야 한다.	제64조(시설물의 안전관리) ①법 제49조제1항의 규정에 의하여 관리주체는 다음 각호의 시설에 관한 안전관리계획을 수립하여야 한다. <개정 2008.2.29, 2013.3.23> 1. 고압가스·액화석유가스 및 도시가스시설 2. 중앙집중식 난방시설	

② 다음 각 호의 자는 국토교통부령으로 정하는 바에 따라 공동주택단지의 각종 안전사고의 예방과 방범을 위하여 시장·군수·구청장이 실시하는 방범교육 및 안전교육을 받아야 한다. <개정 2013.3.23>
1. 경비업무에 종사하는 자
2. 제1항에 따라 수립된 안전관리계획에 의하여 시설물 안전관리책임자로 선정된 자
③ 시장·군수·구청장은 제2항에 따른 방범교육 및 안전교육을 국토교통부령으로 정하는 바에 따라 다음 각 호의 구분에 따른 기관 또는 법인에 위임하거나 위탁하여 실시할 수 있다. <개정 2013.3.23>
1. 방범교육: 관할 경찰서장
2. 소방에 관한 안전교육: 관할 소방서장
3. 시설물에 관한 안전교육: 제87조제2항에 따라 인정받은 법인
[전문개정 2009.2.3]
	3. 발전 및 변전시설
	4. 위험물 저장시설
	5. 소방시설
	6. 승강기 및 인양기
	7. 연탄가스배출기(세대별로 설치된 것은 제외한다)
	8. 그 밖에 국토교통부령이 정하는 시설
	②제1항의 규정에 의한 안전관리계획에는 다음 각호의 사항이 포함되어야 한다. <개정 2008.2.29, 2013.3.23>
	1. 시설별 안전관리자 및 안전관리책임자에 의한 책임점검사항
	2. 국토교통부령이 정하는 시설의 안전관리에 관한 기준 및 진단사항
	3. 제1호 및 제2호의 점검 및 진단결과 위해의 우려가 있는 시설에 관한 이용제한 또는 보수 등 필요한 조치사항
	4. 수립된 안전관리계획의 조정에 관한 사항
	5. 그 밖에 시설안전관리에 관하여 필요한 사항
		제27조(안전관리진단대상 등) ①영 제64조제1항제8호에서 "국토교통부령이 정하는 시설"이라 함은 다음 각호의 시설을 말한다. <개정 2004.3.30, 2008.3.14, 2013.3.23>
		1. 석축·옹벽·담장·맨홀·정화조 및 하수도
		2. 옥상 및 계단 등의 난간
		3. 우물 및 비상저수시설
		4. 펌프실·전기실 및 기계실
		5. 주차장·경로당 또는 어린이놀이터에 설치된 시설
		②영 제64조제2항제2호의 규정에 의한 시설의 안전관리에 관한 기준 및 진단사항은 별표 6과 같다.
		
		제28조(방범교육 및 안전교육) ①법 제49조제2항의 규정에 의한 방범교육 및 안전교육은 다음 각호의 기준에 의한다. <개정 2010.7.6>
		1. 교육기간 : 연 2회 이내, 매회별 4시간
		2. 대상자
		  가. 방범교육 : 경비책임자
		  나. 소방에 관한 안전교육 : 시설물 안

		전관리책임자 다. 시설물에 관한 안전교육 : 시설물 안전관리책임자 3. 교육내용 　가. 방범교육 : 강도·절도 등의 예방 및 대응 　나. 소방에 관한 안전교육 : 소화·연소 및 화재예방 　다. 시설물에 관한 안전교육 : 시설물 안전사고의 예방 및 대응 ②시장·군수 또는 구청장은 법 제49조제3항의 규정에 의하여 방범교육 및 소방에 관한 안전교육을 각각 관할경찰서장 및 관할소방서장에게 위탁한다. ③「소방시설 설치유지 및 안전관리에 관한 법률 시행규칙」 제16조에 따른 소방안전교육 또는 같은 법 시행규칙 제36조에 따른 소방안전관리자 실무교육을 이수한 자에 대해서는 제1항에 따른 소방에 관한 안전교육을 이수한 것으로 본다. <신설 2010.7.6, 2012.3.16> ④법 제49조제2항에 따른 시설물에 관한 안전교육에 관하여는 제26조제5항 전단 및 같은 조 제6항을 준용한다. 이 경우 "관리주체"는 "대상자"로, "시·도지사"는 "시장·군수 또는 구청장"으로 본다. <개정 2010.7.6, 2014.4.25>
제50조(안전점검) ① 의무관리대상 공동주택의 관리주체는 그 공동주택의 기능유지와 안전성 확보로 입주자 및 사	제65조(공동주택의 안전점검) ①법 제50조에 따라 관리주체는 반기마다 안전점검을 실시하여야 한다. 다만, 16층	

용자를 재해 및 재난 등으로부터 보호하기 위하여 「시설물의 안전관리에 관한 특별법」 제13조제1항에 따른 지침에서 정하는 안전점검의 실시 방법 및 절차 등에 따라 공동주택의 안전점검을 실시하여야 한다. 다만, 16층 이상의 공동주택에 대하여는 대통령령으로 정하는 자로 하여금 안전점검을 실시하도록 하여야 한다. <개정 2013.12.24> ② 제1항에 따른 관리주체는 안전점검의 결과 건축물의 구조·설비의 안전도가 매우 낮아 재해 및 재난 등이 발생할 우려가 있는 경우에는 지체 없이 입주자대표회의(임대주택은 임대사업자를 말한다. 이하 이 조에서 같다)에 그 사실을 통보한 후 대통령령으로 정하는 바에 따라 시장·군수·구청장에게 그 사실을 보고하고, 해당 건축물의 이용 제한 또는 보수 등 필요한 조치를 하여야 한다. ③ 입주자대표회의 및 제1항에 따른 관리주체는 건축물과 공중의 안전 확보를 위하여 건축물의 안전점검과 재난예방에 필요한 예산을 매년 확보하여야 한다. ④ 공동주택의 안전점검방법, 안전점검의 실시시기, 안전점검을 위한 보유 장비, 그 밖에 안전점검에 필요한 사항은 대통령령으로 정한다. [전문개정 2010.4.5]	이상인 공동주택에 대하여는 다음 각 호의 어느 하나에 해당하는 자에게 안전점검을 실시하도록 하여야 한다. <개정 2005.3.8, 2008.2.29, 2010.7.6, 2011.11.1, 2013.3.23, 2014.4.24> 1. 「시설물의 안전관리에 관한 특별법 시행령」 제7조의 규정에 의한 책임기술자로서 당해 공동주택단지의 관리직원인 자 2. 주택관리사 또는 주택관리사보로서 국토교통부령으로 정하는 교육기관에서 「시설물의 안전관리에 관한 특별법 시행령」 제7조 따른 안전점검교육을 이수한 자 중 관리사무소장으로 배치된 자 또는 해당 공동주택단지의 관리직원인 자 3. 안전진단전문기관 4. 「건설산업기본법」 제9조의 규정에 의하여 국토교통부장관에게 등록한 유지관리업자 ②법 제50조제2항의 규정에 의하여 관리주체는 안전점검의 결과 건축물의 구조·설비의 안전도가 취약하여 위해의 우려가 있는 경우에는 다음 각호의 사항을 시장·군수 또는 구청장에게 보고하고, 그 보고내용에 따른 조치를 취하여야 한다. 1. 점검대상 구조·설비 2. 취약의 정도 3. 발생 가능한 위해의 내용 4. 조치할 사항 ③시장·군수 또는 구청장은 제2항의 규정에 의한 보고를 받은 공동주택에 대하여는 국토교통부령이 정하는 바에 의하여 이를 관리하여야 한다. <개정 2008.2.29, 2013.3.23> ④ 제1항제2호에 따라 안전점검교육을 실시한 기관은 지	제28조의2(주택관리사 및 주택관리사보에 대한 안전점검교육기관) 영 제65조제1항제2호에서 "국토교통부령으로 정하는 교육기관"이란 다음 각 호의 교육기관을 말한다. <개정 2013.3.23> 1. 「시설물의 안전관리에 관한 특별법 시행규칙」 제4조제1항 각 호에 따른 교육기관 2. 법 제81조제2항에 따른 주택관리사단체 [본조신설 2010.7.6] 제29조(공동주택의 안전점검) 시장·군수 또는 구청장은 영 제65조제3항의 규정에 해당하는 공동주택에 대하여는 다음 각호의 조치를 하고 매월 1회 이상 점검을 실시하여야 한다.

	체 없이 그 교육 이수자 명단을 법 제81조제2항에 따른 주택관리사단체에 통보하여야 한다. <신설 2010.7.6>	1. 공동주택단지별 점검책임자의 지정 2. 공동주택단지별 관리카드의 비치 3. 공동주택단지별 점검일지의 작성 4. 공동주택단지내 관리기구와 관계행정기관간 비상연락체계의 구성
제51조(장기수선충당금의 적립) ① 관리주체는 장기수선계획에 따라 공동주택의 주요 시설의 교체 및 보수에 필요한 장기수선충당금을 해당 주택의 소유자로부터 징수하여 적립하여야 한다. ② 장기수선충당금의 사용은 장기수선계획에 따른다. 다만, 입주자 과반수의 서면동의가 있는 경우에는 다음 각 호의 용도로 사용할 수 있다. <신설 2010.4.5> 1. 제46조의4에 따른 조정등의 비용 2. 제46조의7에 따른 하자진단 및 감정에 드는 비용 3. 제1호 또는 제2호의 비용을 청구하는데 드는 비용 ③ 제1항에 따른 공동주택의 주요 시설의 범위, 교체·보수의 시기 및 방법 등에 필요한 사항은 국토교통부령으로 정한다. <개정 2010.4.5, 2013.3.23> ④ 장기수선충당금의 요율·산정방법·적립방법 및 사용절차와 사후관리 등에 필요한 사항은 대통령령으로 정한다. <개정 2010.4.5> [전문개정 2009.2.3]	제66조(장기수선충당금의 적립 등) ①장기수선충당금의 요율은 당해 공동주택의 공용부분의 내구연한 등을 감안하여 관리규약으로 정하고, 적립금액은 장기수선계획에서 정한다. 다만, 임대를 목적으로 하여 건설한 공동주택을 분양전환한 이후 관리업무를 인계하기 전까지의 장기수선충당금 요율은 「임대주택법 시행령」 제30조제3항에 따른 특별수선충당금 적립요율에 따라야 한다. <개정 2010.7.6, 2011.4.6> ② 장기수선충당금은 관리주체가 다음 각 호의 사항이 포함된 장기수선충당금 사용계획서를 장기수선계획에 따라 작성하고 제51조제1항에 따른 입주자대표회의의 의결을 거쳐 사용한다. <개정 2010.7.6, 2011.4.6> 1. 수선공사(공동주택의 공용부분의 보수·교체 및 개량을 말한다. 이하 이 조에서 같다)의 명칭과 공사내용 2. 수선공사 대상시설의 위치 및 부위 3. 수선공사의 설계도면 등 4. 공사기간 및 공사방법 5. 수선공사의 범위 및 예정공사금액 6. 공사발주 방법 및 절차 등 ③장기수선충당금은 당해 공동주택의 사용검사일(단지안의 공동주택의 전부에 대하여 임시사용승인을 얻은 경우에는 임시사용승인일을 말한다)부터 1년이 경과한 날이 속하는 달부터 매월 적립한다. 다만, 분양전환승인을 받은 건설임대주택의 경우에는 제54조에 따라 임대사업	제30조(장기수선충당금의 적립) 법 제51조제3항에 따른 공동주택의 주요시설의 범위, 교체·보수시기 및 방법 등에 관한 사항은 별표 5에 의한다. <개정 2012.3.16>

	자가 관리주체에게 관리업무를 인수인계한 날이 속하는 달부터 매월 적립한다. <개정 2010.7.6> ④공동주택중 분양되지 아니한 세대의 장기수선충당금은 사업주체가 이를 부담하여야 한다. ⑤ 공동주택의 사용자는 그 소유자를 대신하여 장기수선 충당금을 납부한 경우에는 해당 주택의 소유자에게 그 납부금액의 지급을 청구할 수 있다. <신설 2011.4.6> ⑥ 관리주체는 공동주택의 사용자가 장기수선충당금의 납부 확인을 요구하는 경우에는 지체 없이 확인서를 발급해 주어야 한다. <신설 2011.4.6>
제52조(공동주택관리 분쟁조정위원회) ① 제42조제8항에 해당하는 자 간의 분쟁을 조정하기 위하여 시·군·구에 공동주택관리 분쟁조정위원회(이하 "분쟁조정위원회"라 한다)를 둔다. <개정 2011.9.16, 2012.1.26> ② 분쟁조정위원회에서 심의·조정할 사항은 다음 각 호와 같다. <개정 2013.12.24> 1. 입주자대표회의 구성·운영 및 동별 대표자의 자격·선임·해임·임기에 관한 사항 2. 자치관리기구의 구성·운영 등에 관한 사항 3. 관리비·사용료 및 장기수선충당금의 징수·사용 등에 관한 사항 4. 공동주택(공용부분만 해당한다)의 유지·보수·개량 등에 관한 사항 5. 공동주택의 리모델링에 관한 사항 5의2. 공동주택의 층간소음에 관한 사항 6. 그 밖에 공동주택의 관리와 관련하여 분쟁의 조정이 필요하다고 지방자치단체의 조례로 정한 사항 ③ 제42조제8항에 해당하는 자가 분쟁조정위원회의 조정	제67조(공동주택관리분쟁조정위원회의 구성) ①법 제52조에 따른 공동주택관리분쟁조정위원회는 위원장 1명을 포함하여 10명 이내의 위원으로 구성하되, 위원은 다음 각 호의 어느 하나에 해당하는 사람으로서 해당 지방자치단체의 장이 위촉 또는 임명하는 사람이 된다. <개정 2005.3.8, 2013.6.17> 1. 해당 지방자치단체 소속 공무원 2. 법학·경제학·부동산학 등 주택분야와 관련된 학문을 전공한 사람으로서 대학이나 공인된 연구기관에서 조교수 이상 또는 이에 상당하는 직(職)에 있거나 있었던 사람 3. 변호사·공인회계사·세무사·건축사·공인노무사의 자격이 있는 사람 또는 판사·검사 4. 주택관리사로서 공동주택의 관리사무소장으로 5년 이상 근무한 경력이 있는 사람 5. 그 밖에 주택관리 분야에 관한 학식과 경험을 갖춘 사람 ② 공동주택관리분쟁조정위원회의 위원장은 위원 중에서

결과를 수락한 경우에는 당사자 간에 조정조서(調停調書)와 같은 내용의 합의가 성립된 것으로 본다. <개정 2011.9.16, 2012.1.26> ④ 분쟁조정위원회의 구성에 필요한 사항은 대통령령으로 정하며, 분쟁조정위원회의 회의·운영과 그 밖에 필요한 사항은 해당 시·군·구의 조례로 정한다. [전문개정 2009.2.3] 제52조의2(공동주택관리분쟁의 상담 지원 등) ① 제42조제8항에 해당하는 자는 제52조제2항 각 호의 어느 하나에 해당하는 사항에 대하여 제2항에 따른 기관 또는 단체 등의 상담을 받거나 자문할 수 있다. ② 국토교통부장관은 제1항에 따라 상담을 하거나 자문에 응할 수 있는 기관 또는 단체를 지정하여 고시할 수 있다. 이 경우 국가와 지방자치단체는 해당 기관 또는 단체에 대하여 행정적·재정적 지원을 할 수 있다. [본조신설 2013.12.24]	해당 지방자치단체의 장이 지명하는 사람이 된다. <개정 2013.6.17> ③ 공무원이 아닌 위원의 임기는 3년으로 한다. <개정 2013.6.17>	
제2절 주택의 전문관리 등	제2절 주택의 전문관리 등	
제53조(주택관리업) ① 의무관리대상 공동주택의 관리를 업으로 하려는 자는 시장·군수·구청장에게 등록하여야 하며, 등록 사항이 변경된 경우에는 국토교통부령으로 정하는 바에 따라 변경신고를 하여야 한다. <개정 2013.3.23, 2013.12.24> ② 제1항에 따라 등록을 한 자(이하 "주택관리업자"라 한다)가 제54조에 따라 그 등록이 말소된 후 2년이 지나지 아니한 때에는 다시 등록할 수 없다. ③ 제1항에 따른 등록은 주택관리사(임원 또는 사원의 3	제68조(주택관리업의 등록기준 및 등록절차) ①법 제53조의 규정에 의한 주택관리업의 등록기준은 별표 8과 같다. ②법 제53조제1항의 규정에 의하여 주택관리업의 등록을 하고자 하는 자는 등록신청서에 국토교통부령이 정하는 서류를 첨부하여 시장·군수 또는 구청장에게 등록 신청(전자문서에 의한 신청을 포함한다)하여야 한다. <개정 2007.12.31, 2008.2.29, 2013.3.23> ③시장·군수 또는 구청장은 주택관리업의 등록을 한 자	제31조(주택관리업의 등록신청 등) ①영 제68조제2항에 따른 등록신청서는 별지 제35호서식에 따르며, 같은 항에서 "국토교통부령이 정하는 서류"란 다음 각 호의 서류를 말한다. <개정 2005.3.9, 2006.8.7, 2008.3.14, 2011.1.6, 2012.3.16, 2013.3.23>

분의 1 이상이 주택관리사인 상사법인을 포함한다)가 신청할 수 있다. 이 경우 주택관리업을 등록하려는 자가 갖추어야 하는 자본금(법인이 아닌 경우 자산평가액을 말한다)·인력·시설 및 장비, 등록의 절차, 영업의 종류와 공동주택의 관리방법 및 그 업무내용 등에 관하여 필요한 사항은 대통령령으로 정한다. <개정 2011.9.16> ④ 주택관리업자의 지위에 관하여 이 법에 규정이 있는 것 외에는 「민법」 중 위임에 관한 규정을 준용한다. [전문개정 2009.2.3]	에게 주택관리업등록증을 교부하여야 한다. 제69조(주택관리업자의 관리상 의무) ①법 제53조제3항의 규정에 의하여 주택관리업자는 공동주택을 관리함에 있어 배치된 주택관리사 또는 주택관리사보(이하 "주택관리사등"이라 한다)가 해임 그 밖의 사유로 결원이 생긴 때에는 그 사유가 발생한 날부터 15일 이내에 새로운 주택관리사등을 배치하여야 한다. ②법 제53조제3항의 규정에 의하여 주택관리업자는 공동주택을 관리함에 있어 별표 4의 규정에 의한 기술인력 및 장비를 갖추고 있어야 한다.	1. 재외국민인 경우에는 재외국민등록증 사본 2. 법인인 경우에는 납입자본금에 관한 증빙서류, 개인인 경우에는 자산평가서와 그 증빙서류 3. 장비보유현황 및 그 증빙서류 4. 기술자의 기술자격 및 주택관리사의 자격에 관한 증명서 사본 5. 사무실 확보를 증명하는 서류(건물 임대차 계약서 사본 등 사용에 관한 권리를 증명하는 서류) ②영 제68조제2항에 따른 등록신청서를 제출받은 시장·군수 또는 구청장은 「전자정부법」 제36조제1항에 따른 행정정보의 공동이용을 통하여 건물 등기사항증명서를 확인하여야 하고, 신청인이 재외국민인 경우에는 여권정보, 법인인 경우에는 법인 등기사항증명서, 개인인 경우에는 주민등록표등본, 외국인인 경우에는 「출입국관리법」 제88조에 따른 외국인등록사실증명을 각각 확인하여야 한다. 다만, 여권 정보, 주민등록표등본 및 외국인등록사실증명의 확인에 신청인이 동의하지 아니하는 경우에는 해당 서류를 제출하도록 하여야 한다. <신설 2006.8.7, 2011.1.6, 2012.3.16> ③영 제68조제3항의 규정에 의한 주택관리업등록증은 별지 제36호서식에 의한다. <개정 2006.8.7>

		④시장·군수 또는 구청장은 주택관리업 등록증을 교부한 때에는 별지 제37호서식의 주택관리업등록대장에 그 내용을 등재하여야 한다. <개정 2006.8.7>
		⑤법 제53조제1항 후단의 규정에 의한 등록사항 변경신고를 하고자 하는 자는 변경사유가 발생한 날부터 15일 이내에 별지 제38호서식의 주택관리업등록사항변경신고서에 변경내용을 증명하는 서류를 첨부하여 시장·군수 또는 구청장에게 제출하여야 한다. <개정 2006.8.7>
		⑥ 제4항의 주택관리업등록대장은 전자적 처리가 불가능한 특별한 사유가 없으면 전자적 처리가 가능한 방법으로 작성·관리하여야 한다. <신설 2007.12.13>

제53조의2(주택임대관리업의 등록) ① 대통령령으로 정하는 규모 이상으로 다음 각 호의 어느 하나의 주택임대관리업을 하려는 자는 대통령령으로 정하는 바에 따라 시장·군수·구청장에게 등록을 하여야 하며, 등록 사항이 변경된 경우에는 국토교통부령으로 정하는 바에 따라 변경신고를 하여야 한다.
1. 자기관리형 주택임대관리업: 임대인과 제2항에 따른 주택임대관리업자가 계약 당사자로서 주택임대관리업자는 계약기간 중 임대인에게 임대료 지불을 보장하고 자기책임으로 주택을 임대하는 형태
2. 위탁관리형 주택임대관리업: 임대인과 임차인이 계약 당사자로서 제2항에 따른 주택임대관리업자는 임대인과의 계약에 의하여 관리수수료를 받고 임대료 징수,
	제69조의2(주택임대관리업의 등록대상 및 등록기준) ① 법 제53조의2제1항 각 호 외의 부분에서 "대통령령으로 정하는 규모"란 다음 각 호의 구분에 따른 규모를 말한다.
	1. 법 제53조의2제1항제1호에 따른 자기관리형 주택임대관리업(이하 "자기관리형 주택임대관리업"이라 한다): 100호
	2. 법 제53조의2제1항제2호에 따른 위탁관리형 주택임대관리업(이하 "위탁관리형 주택임대관리업"이라 한다): 300호
	② 법 제53조의2제3항에 따른 등록기준은 별표 8의2와 같다.
	[본조신설 2014.2.6]
		제31조의2(주택임대관리업의 등록신청 등) ① 법 제53조의2제1항에 따라 주택임대관리업의 등록을 하려는 자는 별제 제38호의2서식의 주택임대관리업 등록신청서에 다음 각 호의 서류를 첨부하여 시장·군수 또는 구청장에게 제출하여야 한다.
		1. 주택임대관리업의 등록기준에 관한 다음 각 목의 서류
		  가. 영 별표 8의2 제1호에 따른 자본금 요건을 증명하는 다음의 구분에 따른 서류
		    1) 신청인이 법인인 경우: 납입자본금에 관한 증명서

임차인 관리 및 시설물 유지관리업무 등을 대행하는 형태 　3. 그 밖에 대통령령으로 정하는 영업의 형태 ② 제1항에 따라 등록을 한 자(이하 "주택임대관리업자"라 한다)가 제53조의3에 따라 그 등록이 말소된 후 2년이 지나지 아니한 때에는 다시 등록할 수 없다. ③ 제1항에 따라 등록을 하려는 자가 갖추어야 하는 자본금(법인이 아닌 경우 자산평가액을 말한다), 전문인력, 시설 등에 관한 사항은 대통령령으로 정한다. [본조신설 2013.8.6.] 제53조의3(주택임대관리업의 등록의 말소 등) ① 시장·군수·구청장은 주택임대관리업자가 다음 각 호의 어느 하나에 해당하면 그 등록을 말소하거나 1년 이내의 기간을 정하여 영업의 전부 또는 일부의 정지를 명할 수 있다. 다만, 제1호 또는 제6호에 해당하는 경우에는 그 등록을 말소하여야 한다. 　1. 거짓이나 그 밖의 부정한 방법으로 등록을 한 경우 　2. 제53조의2제3항에 따른 등록기준에 미달하게 된 경우 　3. 고의 또는 과실로 임대를 목적으로 하는 주택을 잘못 관리하여 임대인 및 임차인에게 재산상의 손해를 입힌 경우 　4. 임대를 목적으로 하는 주택의 관리실적이 대통령령으로 정하는 기준에 미달한 경우 　5. 제53조의7에 따른 보고, 자료의 제출 또는 검사를 거부·방해 또는 기피하거나 거짓으로 보고를 한 경우 　6. 최근 3년간 2회 이상의 영업정지처분을 받은 자로서 그 정지처분을 받은 기간이 합산하여 12개월을 초과한 경우	제69조의3(주택임대관리업의 등록절차) ① 법 제53조의2제1항에 따라 주택임대관리업의 등록을 하려는 자는 등록신청서에 국토교통부령으로 정하는 서류를 첨부하여 시장·군수 또는 구청장에게 등록을 신청(전자문서에 의한 신청을 포함한다)하여야 한다. ② 시장·군수 또는 구청장은 주택임대관리업의 등록을 한 자에게 국토교통부령으로 정하는 바에 따라 주택임대관리업등록증을 발급하고, 등록사실을 공고하여야 한다. [본조신설 2014.2.6.] 제69조의4(주택임대관리업 등록말소 등의 기준 등) ① 법 제53조의3제1항제4호에서 "대통령령으로 정하는 기준에 미달한 경우"란 매년 12월 31일을 기준으로 최근 3년간 주택임대 관리실적이 없는 경우를 말한다. ② 시장·군수 또는 구청장은 법 제53조의3제1항에 따라 주택임대관리업 등록말소 또는 영업정지 처분을 하려는 경우에는 처분일 1개월 전까지 해당 주택임대관리업자	2) 신청인이 개인인 경우: 자산평가서와 그 증명서 　나. 영 별표 8의2 제2호에 따른 전문인력 요건을 증명하는 서류 　다. 영 별표 8의2 제3호에 따른 사무실 확보를 증명하는 서류(건물 임대차 계약서 사본 등 사용에 관한 권리를 증명하는 서류를 포함한다) 　2. 신청인이 재외국민인 경우에는 재외국민등록증 사본 ② 제1항에 따라 주택임대관리업 등록신청서를 제출받은 시장·군수 또는 구청장은 「전자정부법」 제36조제1항에 따른 행정정보의 공동이용을 통하여 다음 각 호의 정보를 확인하여야 한다. 다만, 신청인이 제3호부터 제5호까지의 규정에 따른 정보의 확인에 동의하지 아니하는 경우에는 해당 서류 또는 그 사본을 제출하도록 하여야 한다. 　1. 건물 등기사항증명서 　2. 신청인이 법인인 경우에는 법인 등기사항증명서 　3. 신청인이 개인인 경우에는 주민등록표 등본 　4. 신청인이 재외국민인 경우에는 여권정보 　5. 신청인이 외국인인 경우에는 「출입국관리법」 제88조에 따른 외국인등록 사실증명

7. 이 법 또는 이 법에 따른 명령을 위반한 경우
② 시장·군수·구청장은 주택임대관리업자가 제1항제2호부터 제5호까지 및 제7호의 어느 하나에 해당하는 경우에는 대통령령으로 정하는 바에 따라 영업정지를 갈음하여 1천만원 이하의 과징금을 부과할 수 있다.
③ 시장·군수·구청장은 제2항에 따른 과징금을 기한까지 내지 아니하면 지방세 체납처분의 예에 따라 징수한다.
④ 제1항에 따른 등록말소 및 영업정지처분에 관한 기준과 제2항에 따른 과징금을 부과하는 위반행위의 종류 및 위반정도에 따른 과징금의 금액 등에 필요한 사항은 대통령령으로 정한다.
[본조신설 2013.8.6]

제53조의4(보증상품의 가입) ① 제53조의2제1항제1호에 따른 자기관리형 주택임대관리업을 하는 주택임대관리업자는 임대인 및 임차인의 권리보호를 위하여 보증상품에 가입하여야 한다.
② 제1항에 따른 보증상품의 종류와 가입절차 등에 대해서는 대통령령으로 정한다.
[본조신설 2013.8.6]

제53조의5(주택임대관리업자에 대한 지원) 국가, 지방자치단체 및 공공기관의 장은 주택임대관리업자에게 법률 등으로 정하는 바에 따라 행정상 필요한 지원을 할 수 있다.
[본조신설 2013.8.6]

제53조의6(등록의제) 제53조의2제1항제1호에 따른 자기관리형 주택임대관리업을 하는 주택임대관리업자는 「임대

가 관리하는 주택의 임대인 및 임차인에게 그 사실을 통보하여야 한다.
③ 법 제53조의3제1항에 따른 등록말소 및 영업정지 처분의 기준은 별표 8의3과 같다.
④ 법 제53조의3제1항제2호에 따라 등록말소 및 영업정지 처분을 하는 경우 등록기준 보완 및 처분의 감경에 관하여는 제14조제4항을 준용한다.
⑤ 법 제53조의3제2항에 따른 과징금은 영업정지기간 1일당 3만원을 부과하되, 영업정지 1개월은 30일을 기준으로 한다. 이 경우 과징금은 1천만원을 초과할 수 없다.
[본조신설 2014.2.6]

제69조의5(과징금의 부과 및 납부) ① 시장·군수 또는 구청장은 법 제53조의3제2항에 따라 과징금을 부과하려는 경우에는 위반행위의 종류 및 과징금의 금액을 분명하게 적은 서면으로 알려야 한다.
② 제1항에 따라 통지를 받은 자는 통지를 받은 날부터 30일 이내에 과징금을 시장·군수 또는 구청장이 정하는 수납기관에 내야 한다. 다만, 천재지변이나 그 밖의 부득이한 사유로 그 기간 내에 과징금을 낼 수 없을 때에는 그 사유가 해소된 날부터 7일 이내에 내야 한다.
③ 제2항에 따라 과징금을 받은 수납기관은 과징금을 낸 자에게 영수증을 내주어야 한다.
④ 과징금의 수납기관은 제3항에 따라 과징금을 수납한 경우에는 지체 없이 그 사실을 시장·군수 또는 구청장에게 통보하여야 한다.
[본조신설 2014.2.6]

③ 영 제69조의3제2항에 따른 주택임대관리업등록증은 별지 제38호의3서식과 같다.
④ 시장·군수 또는 구청장은 영 제69조의3제2항에 따라 주택임대관리업등록증을 발급하였을 때에는 별지 제38호의4서식의 주택임대관리업 등록대장에 그 내용을 기록하여야 한다.
⑤ 법 제53조의2제1항에 따라 등록 사항 변경신고를 하려는 자는 변경사유가 발생한 날부터 15일 이내에 별지 제38호의5서식의 주택임대관리업 등록사항 변경신고서에 변경내용을 증명하는 서류를 첨부하여 시장·군수 또는 구청장에게 제출하여야 한다.
⑥ 제5항에 따라 변경신고를 받은 시장·군수 또는 구청장은 변경내용을 확인한 후 별지 제38호의4서식의 주택임대관리업 등록대장에 그 내용을 기록하여야 한다.
⑦ 제4항 및 제6항에 따른 주택임대관리업 등록대장은 전자적 처리가 불가능한 특별한 사유가 없으면 전자적 처리가 가능한 방법으로 작성·관리하여야 한다.
[본조신설 2014.2.7]

제31조의3(주택임대관리업 등록의 공고) 시장·군수 또는 구청장은 영 제69조의3제2항에 따라 주택임대관리업을 등록하였을

「주택법」 제6조에 따른 임대사업자 등록을 한 것으로 본다.
[본조신설 2013.8.6]

제53조의7(주택임대관리업자에 대한 감독) 국토교통부장관 및 시장·군수·구청장은 임대인 및 임차인의 권리를 보호하기 위하여 필요한 경우에는 주택임대관리업자에게 이 법에 따른 업무 또는 재산 등에 관한 자료의 제출이나 보고를 명할 수 있으며, 소속 공무원으로 하여금 그 업무 또는 재산 등을 검사하게 할 수 있다.
[본조신설 2013.8.6]

제54조(주택관리업의 등록말소) ① 시장·군수·구청장은 주택관리업자가 다음 각 호의 어느 하나에 해당하면 그 등록을 말소하거나 1년 이내의 기간을 정하여 영업의 전부 또는 일부의 정지를 명할 수 있다. 다만, 제1호 또는 제7호에 해당하는 경우에는 그 등록을 말소하여야 하고, 제1호의2 또는 제1호의3에 해당하는 경우에는 1년 이내의 기간을 정하여 영업의 전부 또는 일부의 정지를 명하여야 한다. <개정 2013.6.4, 2013.12.24>
1. 거짓이나 그 밖의 부정한 방법으로 등록을 한 경우
1의2. 제43조의4제1항을 위반하여 부정하게 재물 또는 재산상의 이익을 취득하거나 제공한 경우
1의3. 제43조의4제2항을 위반하여 장기수선충당금을 이 법에 따른 용도 외의 목적으로 사용한 경우
2. 제53조제3항에 따른 등록기준에 미달하게 된 경우
3. 고의 또는 과실로 공동주택을 잘못 관리하여 입주자 및 사용자에게 재산상의 손해를 입힌 경우
4. 제53조제3항에 따른 관리방법 및 업무 내용 등을 위

제69조의6(보증상품의 가입) ① 법 제53조의4제1항에 따라 자기관리형 주택임대관리업을 하는 주택임대관리업자(이하 "자기관리형 주택임대관리업자"라 한다)가 가입하여야 하는 보증상품은 다음 각 호의 보증을 할 수 있는 보증상품으로 한다.
1. 임대인의 권리보호를 위한 보증: 자기관리형 주택임대관리업자가 약정한 임대료를 지급하지 아니하는 경우 약정한 임대료의 3개월분 이상의 지급을 책임지는 보증
2. 임차인의 권리보호를 위한 보증: 자기관리형 주택임대관리업자가 임대보증금의 반환의무를 이행하지 아니하는 경우 임대보증금의 반환을 책임지는 보증
② 자기관리형 주택임대관리업자는 임대인과 주택임대관리계약을 체결하거나 임차인과 주택임대차에 관한 계약을 체결한 경우 임대인 또는 임차인에게 다음 각 호의 어느 하나에 해당하는 기관이 발행한 보증서로서 제1항 각 호의 보증상품 가입을 증명하는 보증서를 내주어야 한다.
1. 대한주택보증주식회사
2. 제44조제2항제1호 각 목의 금융기관 중 국토교통부장관이 지정하여 고시하는 금융기관
③ 자기관리형 주택임대관리업자는 제1항 각 호에 따른 보증상품의 내용을 변경하거나 해지하는 경우에는 그 사실을 임대인 및 임차인에게 알리고, 사무실 등 임대인 및 임차인이 잘 볼 수 있는 장소에 공고하여야 한다.
[본조신설 2014.2.6]

때에는 등록한 주택임대관리업자에 관한 다음 각 호의 사항을 해당 지방자치단체의 공보에 공고하고, 인터넷 홈페이지에 게재하여야 한다.
1. 주택임대관리업자의 상호·명칭 및 성명(법인인 경우에는 대표자의 성명)
2. 등록 연월일
3. 등록번호
4. 자본금
5. 주된 영업소의 소재지
[본조신설 2014.2.7]

반하여 공동주택을 관리한 경우 5. 공동주택 관리 실적이 대통령령으로 정하는 기준에 미달한 경우 6. 제59조에 따른 보고, 자료의 제출, 조사 또는 검사를 거부·방해 또는 기피하거나 거짓으로 보고를 한 경우 7. 최근 3년간 2회 이상의 영업정지처분을 받은 자로서 그 정지처분을 받은 기간이 통산하여 12개월을 초과한 경우 7의2. 제88조를 위반하여 등록증의 대여 등을 한 경우 8. 삭제 <2013.6.4> ② 시장·군수·구청장은 주택관리업자가 제1항제2호부터 제6호까지의 어느 하나에 해당하는 경우에는 대통령령으로 정하는 바에 따라 영업정지를 갈음하여 1천만원 이하의 과징금을 부과할 수 있다. <개정 2013.12.24> ③ 시장·군수·구청장은 제2항에 따른 과징금을 기한까지 내지 아니하면 지방세 체납처분의 예에 따라 징수한다. ④ 제1항에 따른 등록말소 및 영업정지처분에 관한 기준과 제2항에 따른 과징금을 부과하는 위반행위의 종류 및 위반 정도 등에 따른 과징금의 금액 등에 필요한 사항은 대통령령으로 정한다. [전문개정 2009.2.3]	제70조(주택관리업 등록말소 등의 기준) ①법 제54조제1항 제5호에서 "공동주택관리실적이 대통령령이 정하는 기준에 미달한 때"라 함은 매년 12월말을 기준으로 최근 3년 간 공동주택의 관리실적이 없는 때를 말한다. ②시장·군수 또는 구청장은 법 제54조제1항의 규정에 의하여 주택관리업등록의 말소 또는 영업의 정지를 하고자 하는 때에는 처분일 1월 전까지 당해 주택관리업자가 관리하는 공동주택의 입주자대표회의에 그 사실을 통보하여야 한다. ③법 제54조제1항 및 제4항의 규정에 의한 등록말소 및 영업정지처분의 기준은 별표 9와 같다. ④ 제3항에 따른 등록말소 및 영업정지처분에 관하여는 제14조제4항을 준용한다. 이 경우 "영업정지 6월"은 "영업정지 3개월"로 본다. <개정 2009.4.21> ⑤법 제54조제2항의 규정에 의한 과징금은 영업정지기간 1일당 3만원을 부과하되, 영업정지 1월은 30일을 기준으로 한다. 이 경우 과징금은 1천만원을 초과할 수 없다. 제71조(과징금의 부과 및 납부) ①시장·군수 또는 구청장은 법 제54조제2항의 규정에 의하여 과징금을 부과하고자 하는 때에는 그 위반행위의 종별과 과징금의 금액을 명시하여 이를 납부할 것을 서면으로 통지하여야 한다. ②제1항의 규정에 의하여 통지를 받은 자는 통지를 받은 날부터 30일 이내에 과징금을 시장·군수 또는 구청장이 정하는 수납기관에 납부하여야 한다. 다만, 천재지변 그 밖의 부득이한 사유로 인하여 그 기간내에 과징금을 납부할 수 없는 때에는 그 사유가 해소된 날부터 7일 이내에 납부하여야 한다.	

제55조(관리사무소장의 업무 등) ① 의무관리대상 공동주택을 관리하는 다음 각 호의 어느 하나에 해당하는 자는 제56조제2항에 따른 주택관리사를 해당 공동주택의 관리사무소장으로 배치하여야 한다. 다만, 대통령령으로 정하는 세대수 미만의 공동주택에는 주택관리사를 갈음하여 제56조제1항에 따른 주택관리사보를 해당 공동주택의 관리사무소장으로 배치할 수 있다. <개정 2011.9.16, 2013.12.24> 1. 입주자대표회의(자치관리의 경우에 한한다) 2. 「임대주택법」 제2조제4호에 따른 임대사업자 3. 제43조제6항에 따라 관리업무를 인계하기 전의 사업주체 4. 주택관리업자 ② 관리사무소장은 공동주택을 안전하고 효율적으로 관리하여 공동주택의 입주자 및 사용자의 권익을 보호하기 위하여 다음 각 호의 업무를 집행한다. <개정 2009.2.3, 2013.3.23, 2013.6.4, 2013.12.24> 1. 입주자대표회의에서 의결하는 다음 각 목의 업무 　가. 공동주택의 운영·관리·유지·보수·교체·개량 및 리모델링에 관한 업무 　나. 가목의 업무를 집행하기 위한 관리비·장기수선충당금이나 그 밖의 경비의 청구·수령·지출 및 그 금원을 관리하는 업무 2. 하자의 발견 및 하자보수의 청구, 장기수선계획의 조	③제2항의 규정에 의하여 과징금의 납부를 받은 수납기관은 그 납부자에게 영수증을 교부하여야 한다. ④과징금의 수납기관은 제3항의 규정에 의하여 과징금을 수납한 때에는 지체없이 그 사실을 시장·군수 또는 구청장에게 통보하여야 한다. 제72조(관리사무소장의 배치) ① 법 제55조제1항 각 호 외의 부분 단서에서 "대통령령으로 정하는 세대수"란 500세대를 말한다. ② 법 제55조제1항 각 호의 자는 관리사무소장의 보조자로서 주택관리사등을 배치할 수 있다. [전문개정 2012.3.13] 제72조의2(손해배상책임의 보장) ① 법 제55조제1항에 따라 관리사무소장으로 배치된 주택관리사등은 법 제55조의2제1항에 따른 손해배상책임을 보장하기 위하여 다음 각 호의 구분에 따른 금액을 보장하는 보증보험 또는 공제에 가입하거나 공탁을 하여야 한다. 1. 500세대 미만의 공동주택 : 3천만원 2. 500세대 이상의 공동주택 : 5천만원 ② 삭제 <2010.7.6> [본조신설 2007.11.30]

정, 시설물 안전관리계획의 수립 및 건축물의 안전점검에 관한 업무. 다만, 비용지출을 수반하는 사항에 대하여는 입주자대표회의의 의결을 거쳐야 한다 3. 제43조제8항제3호에 따른 관리주체의 업무를 지휘·총괄 4. 그 밖에 공동주택관리에 관하여 국토교통부령으로 정하는 업무 ③ 관리사무소장은 제2항제1호가목 및 나목과 관련하여 입주자대표회의를 대리하여 재판상 또는 재판 외의 행위를 할 수 있다. <신설 2013.6.4> ④ 관리사무소장은 선량한 관리자의 주의로 그 직무를 수행하여야 한다. <개정 2009.2.3, 2013.6.4> ⑤ 관리사무소장은 그 배치 내용과 업무의 집행에 사용할 직인을 국토교통부령으로 정하는 바에 따라 시장·군수·구청장에게 신고하여야 한다. 신고한 배치 내용과 직인을 변경할 때에도 또한 같다. <개정 2009.2.3, 2013.3.23, 2013.6.4>		제32조(관리사무소장의 업무 등) ①법 제55조제2항제3호에서 "국토교통부령이 정하는 업무"라 함은 다음 각호의 업무를 말한다. <개정 2008.3.14, 2013.3.23> 1. 영 제55조제1항 각호 및 이 규칙 제25조 각호의 업무를 지휘·총괄하는 업무 2. 법 제49조제1항의 규정에 의한 안전관리계획의 조정. 이 경우 3년마다 조정하되, 관리여건상 필요하여 당해 공동주택의 관리사무소장이 입주자대표회의 구성원 과반수의 서면동의를 얻은 경우에는 3년이 경과하기 전에 조정할 수 있다. ②법 제55조제4항 전단에 따라 배치 내용과 업무의 집행에 사용할 직인을 신고하려는 공동주택의 관리사무소장은 배치된 날부터 15일 이내에 별지 제39호서식의 관리사무소장 배치 및 직인 (변경)신고서에 다음 각 호의 서류를 첨부하여 영 제118조제6항에 따라 접수업무를 위탁받은 주택관리사단체(이하 "주택관리사단체"라 한다)에 제출하여야 한다. <개정 2006.2.24, 2007.3.16, 2010.7.6, 2011.1.6,

		2012.3.16>
		1. 법 제58조제1항에 따른 관리사무소장 교육 또는 같은 조 제2항에 따른 주택관리사 또는 주택관리사보(이하 "주택관리사등"이라 한다)의 보수교육 이수현황 1부
2. 배치를 증명하는 임명장 등 사본 1부
3. 주택관리사보 합격증 또는 주택관리사 자격증 사본 1부
4. 배치내용 또는 직인의 변경을 증명하는 서류(배치내용 또는 직인을 변경신고하는 경우에 한한다)
5. 영 제72조의2 및 제72조의3에 따라 주택관리사등의 보증설정을 입증하는 서류를 제출한 사본 1부
③법 제55조제4항 후단에 따라 신고한 배치 내용과 업무의 집행에 사용하는 직인을 변경하려는 공동주택의 관리사무소장은 변경사유가 발생한 날부터 15일 이내에 별지 제39호서식의 관리사무소장 배치 및 직인 (변경)신고서에 변경내용을 증명하는 서류를 첨부하여 주택관리사단체에 제출하여야 한다. <신설 2006.2.24, 2007.3.16, 2012.3.16>
④ 제2항 또는 제3항에 따른 신고 또는 변경신고를 접수한 주택관리사단체는 관리사무소장의 배치 내용 및 직인 신고 (변경신고하는 경우를 포함한다) 접수 현황을 분기별로 시장·군수 또는 구청장

		에게 보고하여야 한다. <개정 2012.3.16, 2013.1.14>
		⑤ 주택관리사단체는 관리사무소장이 제2항 및 제3항에 따른 신고 또는 변경신고에 대한 증명서 발급을 요청하면 즉시 별지 제39호의2서식에 따라 관리사무소장의 배치 및 직인 (변경)신고증명서를 발급하여야 한다. <신설 2010.7.6, 2012.3.16>
제55조의2(관리사무소장의 손해배상책임) ① 주택관리사등은 관리사무소장의 업무를 집행하면서 고의 또는 과실로 입주자에게 재산상의 손해를 입힌 경우에는 그 손해를 배상할 책임이 있다. ② 제1항에 따른 손해배상책임을 보장하기 위하여 주택관리사등은 대통령령으로 정하는 바에 따라 보증보험 또는 제81조의2에 따른 공제에 가입하거나 공탁을 하여야 한다. ③ 주택관리사등은 제2항에 따른 손해배상책임을 보장하기 위한 보증보험 또는 공제에 가입하거나 공탁을 한 후 해당 공동주택의 관리사무소장으로 배치된 날에 다음 각 호의 어느 하나에 해당하는 자에게 보증보험 등에 가입한 사실을 입증하는 서류를 제출하여야 한다. <신설 2010.4.5> 1. 입주자대표회의를 대표하는 자 2. 임대주택은 「임대주택법」 제2조제4호에 따른 임대사업자 3. 입주자대표회의가 없는 경우에는 시장·군수·구청장 ④ 제2항에 따라 공탁한 공탁금은 주택관리사등이 해당 공동주택의 관리사무소장의 직책을 사임하거나 그 직에	제72조의3(보증설정의 변경) ① 법 제55조의2제3항에 따라 관리사무소장의 손해배상책임을 보장하기 위한 보증보험 또는 공제에 가입하거나 공탁을 한 조치(이하 "보증설정"이라 한다)를 주택관리사등은 그 보증설정을 다른 보증설정으로 변경하려는 경우에는 보증설정의 효력이 있는 기간 중에 다른 보증설정을 하여야 한다. <개정 2010.7.6> ② 공제 또는 보증보험에 가입한 주택관리사등으로서 보증기간이 만료되어 다시 보증설정을 하려는 자는 그 보증기간 만료일까지 다시 보증설정을 하여야 한다. ③ 제1항 및 제2항에 따라 보증설정을 한 경우에는 해당 보증설정을 입증하는 서류를 법 제55조의2제3항에 따라	

서 해임된 날 또는 사망한 날부터 3년 이내에는 회수할 수 없다. <개정 2010.4.5> [전문개정 2009.2.3]	제출하여야 한다. <신설 2010.7.6> [본조신설 2007.11.30] 제72조의4(보증보험금 등의 지급 등) ① 입주자대표회의에서 손해배상금으로 보증보험금·공제금 또는 공탁금을 지급받으려는 경우에는 입주자대표회의와 주택관리사등 간의 손해배상합의서, 화해조서 또는 확정된 법원의 판결문 사본, 그 밖에 이에 준하는 효력이 있는 서류를 첨부하여 보증보험회사, 공제사업자 또는 공탁기관에 손해배상금의 지급을 청구하여야 한다. ② 주택관리사등은 공제금·보증보험금 또는 공탁금으로 손해배상을 한 때에는 15일 이내에 보증보험 또는 공제에 다시 가입하거나 공탁금 중 부족하게 된 금액을 보전하여야 한다. [본조신설 2007.11.30]	
제56조(주택관리사등의 자격) ① 주택관리사보가 되려는 자는 국토교통부장관이 시행하는 자격시험에 합격한 후 시·도지사(대도시의 경우에는 그 시장을 말한다. 이하 이 절에서 같다)로부터 합격증서를 발급받아야 한다. <개정 2013.3.23, 2013.6.4> ② 주택관리사는 다음 각 호의 요건을 갖추고 시·도지사로부터 주택관리사 자격증을 발급받은 자로 한다. <개정 2011.9.16> 1. 제1항에 따라 주택관리사보 합격증서를 발급받았을 것 2. 대통령령으로 정하는 주택 관련 실무 경력이 있을 것 ③ 제2항에 따른 주택관리사 자격증의 발급절차와 그 밖에 필요한 사항은 대통령령으로 정한다. ④ 다음 각 호의 어느 하나에 해당하는 자는 주택관리사	제73조(주택관리사 자격증의 교부 등) ①법 제56조제2항에 따라 시·도지사는 주택관리사보자격시험에 합격한 자로서 다음 각 호의 어느 하나에 해당하는 경력을 갖춘 자에 대하여 주택관리사 자격증을 발급한다. <개정 2007.3.16, 2008.2.29, 2009.3.18, 2009.9.21, 2010.7.6, 2012.3.13, 2012.7.24, 2013.3.23> 1. 법 제16조제1항에 따른 사업계획승인을 받아 건설한 50세대 이상 500세대 미만의 공동주택(「건축법」 제11조에 따른 건축허가를 받아 주택과 주택 외의 시설	제33조(주택관리사 자격증 등) ①법 제56조제1항의 규정에 의한 주택관리사보자격시험 합격증서 및 영 제73조제1항의 규정에 의한 주택관리사 자격증은 별지 제40호서식에 의하고, 영 제73조제2항의 규정에 의한 자격증교부신청서는 별지 제41호서식에 의한다. ②주택관리사등은 주택관리사 자격증 또는 주택관리사보자격시험 합격증서의 분실 또는 훼손으로 이를 재교부받고자 하는 경우에는 별지 제42호서식의 주택관리사(보)자격증재교부신청서를 시·도지사에게 제출하여야 한다.

등이 될 수 없다. 1. 금치산자 또는 한정치산자 2. 파산선고를 받은 자로서 복권되지 아니한 자 3. 금고 이상의 실형을 선고받고 그 집행이 끝나거나(집행이 끝난 것으로 보는 경우를 포함한다) 집행이 면제된 날부터 2년이 지나지 아니한 자 4. 금고 이상의 형의 집행유예를 선고받고 그 유예기간 중에 있는 자 5. 주택관리사등의 자격이 취소된 후 3년이 지나지 아니한 자 ⑤ 제1항에 따른 주택관리사보 자격시험의 응시자격, 시험과목, 시험의 일부 면제, 그 밖에 시험에 필요한 사항은 대통령령으로 정한다. [전문개정 2009.2.3]	을 동일 건축물로 건축한 건축물 중 주택이 50세대 이상 300세대 미만인 건축물을 포함한다)의 관리사무소장으로의 근무경력 3년 이상 2. 법 제16조제1항에 따른 사업계획승인을 받아 건설한 50세대 이상의 공동주택(「건축법」 제11조에 따른 건축허가를 받아 주택과 주택 외의 시설을 동일 건축물로 건축한 건축물 중 주택이 50세대 이상 300세대 미만인 건축물을 포함한다)의 관리사무소의 직원(경비원, 청소원, 소독원은 제외한다) 또는 법 제53조에 따른 주택관리업자의 직원으로서 주택관리업무에의 종사경력 5년 이상 3. 한국토지주택공사 또는 지방공사의 직원으로서 주택관리업무에의 종사경력 5년 이상 4. 공무원으로서 주택관련 지도·감독 및 인·허가 업무 등에의 종사경력 5년 이상 5. 법 제81조제2항의 규정에 의한 주택관리사단체와 국토교통부장관이 정하여 고시하는 공동주택관리와 관련된 단체의 임직원으로서 주택관련업무에 종사한 경력 5년 이상 6. 제1호 내지 제5호의 경력을 합산한 기간 5년 이상 ②법 제56조제2항 및 제3항의 규정에 의하여 주택관리사 자격증을 교부받고자 하는 자는 자격증교부신청서에 제1항 각호의 규정에 의한 실무경력에 대한 증빙서류를 첨부하여 주택관리사보자격시험 합격증서를 교부한 시·도지사에게 제출하여야 한다. 제74조(주택관리사보자격시험) ①법 제56조에 따른 주택관리사보자격시험은 제1차시험 및 제2차시험으로 구분하여 시행한다. <개정 2008.2.29, 2010.7.6>	

②제1차시험은 선택형을 원칙으로 하되, 주관식 단답형 또는 기입형을 가미할 수 있다.
③제2차시험은 논문형을 원칙으로 하되, 주관식 단답형 또는 기입형을 가미할 수 있다. 다만, 국토교통부장관이 필요하다고 인정하는 경우에는 법 제56조의2제2항에 따른 주택관리사보 시험위원회(이하 "시험위원회"라 한다)의 의결을 거쳐 제2항에 따른 방법으로 실시할 수 있다. <개정 2010.7.6, 2013.3.23>
④제2차시험은 제1차시험에 합격한 자에 대하여 실시한다. <개정 2010.7.6>
⑤제1차시험에 합격한 자에 대하여는 다음 회의 시험에 한하여 제1차시험을 면제한다.
⑥주택관리사보자격시험의 시험과목은 별표 10과 같다.

제75조(시험합격자의 결정) ①주택관리사보자격시험 제1차 시험에 있어서는 매 과목 100점을 만점으로 하여 매 과목 40점 이상이고 전 과목 평균 60점 이상 득점한 자를 합격자로 한다.
②제2차시험에 있어서는 매 과목 100점을 만점으로 하여 매 과목 40점 이상이고 전과목 평균 60점 이상 득점한 자를 합격자로 결정한다.

제76조(시험의 시행·공고) ①주택관리사보자격시험은 매년 1회 시행한다. 다만, 국토교통부장관은 시험을 실시하기 어려운 부득이한 사정이 있는 경우에는 그 연도의 시험을 실시하지 아니할 수 있다. <개정 2006.2.24, 2008.2.29, 2008.10.20, 2013.3.23>
②국토교통부장관은 주택관리사보자격시험을 시행하고자 하는 때에는 시험일시·시험장소·시험방법 및 합격기

준의 결정 등 시험시행에 관하여 필요한 사항을 시험시행일 90일 전까지 일간신문에 공고하여야 한다. <개정 2004.3.29, 2008.2.29, 2010.7.6, 2012.5.1, 2013.3.23>

제77조(주택관리사보 시험위원회) ① 주택관리사보 시험을 시행하기 위하여 국토교통부에 시험위원회를 둔다. <개정 2013.3.23>
② 시험위원회는 위원장 1명을 포함한 7명 이내의 위원으로 구성한다.
③ 위원장은 국토교통부 고위공무원단에 속하는 공무원 중에서 국토교통부장관이 지명하는 사람이 되며, 위원은 공동주택관리에 관하여 학식과 경험이 풍부한 사람 중에서 국토교통부장관이 임명 또는 위촉한다. <개정 2013.3.23>
④ 위원장은 시험위원회의 업무를 총괄하며, 시험위원회의 회의를 소집하고 그 의장이 된다.
⑤ 국토교통부장관이 위촉하는 위원의 임기는 위촉일부터 다음 시험의 시행공고일 전일까지로 한다. <개정 2013.3.23>
⑥ 시험위원회의 회의는 재적위원 과반수의 출석과 출석위원 과반수의 찬성으로 의결한다.
⑦ 시험위원회에 출석한 위원에 대해서는 예산의 범위에서 수당 및 여비를 지급할 수 있다. 다만, 공무원인 위원이 소관 업무와 직접적으로 관련되어 출석하는 경우에는 그러하지 아니하다.
⑧ 제1항부터 제7항까지에서 규정한 사항 외에 시험위원회의 운영에 필요한 사항은 시험위원회의 의결을 거쳐 위원장이 정한다.
[본조신설 2010.7.6]

제78조(응시원서 등) ①주택관리사보자격시험에 응시하고자 하는 자는 국토교통부령이 정하는 응시원서를 국토교통부장관에게 제출하여야 한다. <개정 2008.2.29, 2013.3.23> ②제1항에 따라 응시원서를 제출하는 사람은 국토교통부령으로 정하는 수수료를 정보통신망을 이용한 전자화폐·전자결제 등의 방법으로 납부하여야 한다. <개정 2008.2.29, 2013.3.23, 2014.2.6> ③ 제2항에 따라 수수료를 납부한 사람이 다음 각 호의 어느 하나에 해당하는 경우에는 국토교통부령으로 정하는 바에 따라 응시수수료의 전부 또는 일부를 반환하여야 한다. <개정 2010.7.6, 2013.3.23, 2014.2.6> 1. 수수료를 과오납(過誤納)한 경우 2. 국토교통부장관의 귀책사유로 시험에 응시하지 못한 경우 3. 시험 시행일 10일 전까지 응시원서 접수를 취소한 경우 제79조(시험수당 등의 지급) 시험감독업무에 종사하는 자에 대하여는 예산의 범위안에서 여비와 수당을 지급할 수 있다. <개정 2008.10.20> 제80조(시험부정행위자에 대한 제재) 주택관리사보자격시험에 있어서 부정한 행위를 한 응시자에 대하여는 그 시험을 무효로 하고, 당해 시험시행일부터 5년간 시험응시자격을 정지한다.	제34조(응시원서) ①영 제78조제1항에 따른 주택관리사보자격시험의 응시원서는 별지 제43호서식에 따른다. <개정 2010.7.6> ② 영 제78조제2항에서 "국토교통부령으로 정하는 수수료"란 다음 각 호의 구분에 따른다. <신설 2014.2.7> 1. 제1차시험: 21,000원 2. 제2차시험: 14,000원 ③ 영 제78조제3항에 따른 응시수수료(이하 "수수료"라 한다)의 반환기준은 다음 각 호와 같다. <신설 2010.7.6, 2012.3.16, 2014.2.7> 1. 수수료를 과오납한 경우에는 그 과오납한 금액의 전부 2. 시험시행기관의 귀책사유로 시험에 응하지 못한 경우에는 납입한 수수료의 전부 3. 응시원서 접수기간 내에 접수를 취소하는 경우에는 납입한 수수료의 전부 3의2. 응시원서 접수 마감일의 다음 날부터 시험 시행일 20일 전까지 접수를 취소하는 경우에는 납입한 수수료의 100분의 60 4. 시험 시행일 19일 전부터 시험 시행일 10일 전까지 접수를 취소하는 경우에는 납입한 수수료의 100분의 50 ④ 수수료의 반환절차 및 반환방법 등은 영 제76조제2항에 따른 시험시행공고에

		서 정하는 바에 따른다. <신설 2010.7.6, 2014.2.7>
제56조의2(주택관리사보 시험위원회) ① 제56조제1항에 따른 주택관리사보 자격시험과 관련한 다음 각 호의 사항을 심의하기 위하여 국토교통부에 주택관리사보 시험위원회를 둘 수 있다. <개정 2013.3.23> 1. 주택관리사보 자격시험 과목의 조정 등 시험에 관한 사항 2. 시험 선발인원 및 합격기준의 결정에 관한 사항 3. 그 밖에 주택관리사보 자격시험과 관련한 중요 사항 ② 주택관리사보 시험위원회의 구성 및 운영 등은 대통령령으로 정한다. [본조신설 2010.4.5]		
제57조(주택관리사등의 자격취소 등) ① 시·도지사는 주택관리사등이 다음 각 호의 어느 하나에 해당하면 그 자격을 취소하거나 1년 이내의 기간을 정하여 그 자격을 정지시킬 수 있다. 다만, 제1호·제3호 또는 제5호부터 제8호까지의 규정 중 어느 하나에 해당하는 경우에는 그 자격을 취소하여야 한다. 1. 거짓이나 그 밖의 부정한 방법으로 자격을 취득한 경우 2. 고의 또는 중대한 과실로 주택을 잘못 관리하여 입주자 및 사용자에게 재산상의 손해를 입힌 경우 3. 제56조제4항제1호 또는 제2호에 따른 결격사유에 해당하게 된 경우 4. 제59조에 따른 보고, 자료의 제출, 조사 또는 검사를 거부·방해 또는 기피하거나 거짓으로 보고를 한 경우 5. 제88조를 위반하여 다른 사람에게 자기의 명의를 사	제81조(주택관리사등의 자격취소 등의 기준) ①법 제57조의 규정에 의한 주택관리사 등의 자격취소 및 정지처분에 관한 기준은 별표 11과 같다. ② 삭제 <2009.4.21>	

용하여 업무를 수행하게 하거나 자격증을 대여한 경우 6. 공동주택의 관리업무와 관련하여 금고 이상의 형을 선고받은 경우 7. 주택관리사등이 동시에 2개 이상의 다른 공동주택단지에 취업한 경우 8. 주택관리사등이 자격정지기간에 주택관리업무를 수행한 경우 9. 주택관리사등이 업무와 관련하여 금품수수 등 부당이득을 취한 경우 10. 주택관리사등이 제55조제1항을 위반하여 공동주택을 관리한 경우 ② 제1항에 따른 자격의 취소 및 정지처분에 관한 기준은 대통령령으로 정한다. [전문개정 2009.2.3]		
제58조(주택관리업자 등의 교육) ① 주택관리업자(법인인 경우에는 그 대표자를 말한다)와 관리사무소장으로 배치받은 주택관리사등은 국토교통부령으로 정하는 바에 따라 시·도지사로부터 주택관리에 관한 교육을 받아야 한다. 이 경우 관리사무소장으로 배치받으려는 주택관리사등은 국토교통부령으로 정하는 바에 따라 주택관리에 관한 교육을 받을 수 있고, 그 교육을 받은 경우에는 관리사무소장의 교육 의무를 이행한 것으로 본다. <개정 2013.3.23> ② 관리사무소장으로 배치받으려는 주택관리사등이 배치예정일부터 직전 5년 이내에 관리사무소장·공동주택관리기구의 직원 또는 주택관리업자의 임직원으로서 종사한 경력이 없는 경우에는 국토교통부령으로 정하는 바		제35조(주택관리사등의 교육) ①법 제58조제1항에 따라 주택관리업자(법인인 경우에는 그 대표자를 말한다) 또는 관리사무소장은 다음 각 호의 구분에 따른 시기에 영 제118조제3항제2호에 따라 주택관리에 관한 교육업무를 위탁받은 기관 또는 단체(이하 "교육수탁기관"이라 한다)로부터 교육을 받아야 하며, 교육수탁기관은 관리사무소장으로 배치받으려는 주택관리사등을 대상으로 주택관리에 관한 교육을 시행할 수 있다. <개정 2006.2.24, 2007.3.16, 2013.1.14, 2014.4.25> 1. 주택관리업자: 주택관리업의 등록을

에 따라 시·도지사가 실시하는 관리사무소장의 직무에 관한 보수교육을 이수하여야 제55조제1항에 따른 관리사무소장으로 배치받을 수 있다. 이 경우 관리사무소장의 직무에 관한 보수교육을 이수하고 관리사무소장으로 배치받은 주택관리사등에 대하여는 제1항에 따른 관리사무소장의 교육의무를 이행한 것으로 본다. <개정 2013.3.23> ③ 공동주택의 관리사무소장으로 배치받아 근무 중인 주택관리사는 제1항 또는 제2항에 따른 교육을 받은 후 3년마다 국토교통부령으로 정하는 바에 따라 주택관리에 관한 교육을 받아야 한다. <신설 2013.12.24> ④ 국토교통부장관은 제1항부터 제3항까지에 따라 시·도지사가 실시하는 교육의 전국적 균형을 유지하기 위하여 교육수준 및 교육방법 등에 필요한 지침을 마련하여 시행할 수 있다. <개정 2013.3.23, 2013.12.24> [전문개정 2009.2.3]		한 날부터 1년 이내 2. 관리사무소장: 관리사무소장으로 배치된 날(주택관리사보로서 관리사무소장이던 사람이 주택관리사의 자격을 취득한 경우에는 그 자격취득일을 말한다)부터 1년 이내 ② 법 제58조제2항에 따른 관리사무소장의 직무에 관한 보수교육은 주택관리사와 주택관리사보로 구분하여 실시한다. <신설 2010.7.6> ③ 공동주택의 관리사무소장으로 배치받아 근무 중인 주택관리사가 법 제58조제3항에 따라 3년마다 받는 주택관리에 관한 교육은 다음 각 호의 사항이 포함되어야 한다. <신설 2014.4.25> 1. 공동주택의 관리 책임자로서 필요한 관계 법령 및 소양에 관한 사항 2. 공동주택 주요시설의 교체 및 수리 방법 등 주택관리사로서 필요한 전문 지식에 관한 사항 ④ 제1항부터 제3항까지의 규정에 따른 교육기간은 4일로 한다. <개정 2007.3.16, 2010.7.6, 2014.4.25> ⑤ 법 제58조제1항부터 제3항까지의 규정에 따른 주택관리에 관한 교육 및 관리사무소장의 직무에 관한 보수교육에 관하여는 제26조제5항 전단 및 같은 조 제6항을 준용한다. 이 경우 "관리주체"는 "대상자"로 본다. <개정 2010.7.6,

		2014.4.25>
제58조의2(주택관리업자에 대한 입주자 등의 만족도 평가) 국토교통부장관은 공동주택 관리 서비스 질의 향상을 위하여 대통령령으로 정하는 바에 따라 주택관리업자에 대한 입주자와 사용자의 만족도를 평가하고 그 결과를 공개할 수 있다. [본조신설 2013.6.4]	제81조의2(주택관리업자에 대한 입주자등의 만족도 평가) ① 법 제58조의2에 따라 국토교통부장관이 실시하는 주택관리업자에 대한 입주자등의 만족도 평가(이하 "만족도 평가"라 한다)의 대상은 제48조 각 호의 어느 하나에 해당하는 의무관리대상 공동주택으로 한다. ② 만족도 평가는 제58조제8항 전단에 따라 국토교통부장관이 지정하는 인터넷 홈페이지를 통하여 실시하고, 해당 홈페이지에 그 결과를 공개하여야 한다. 이 경우 만족도 평가 결과의 공개는 다음 각 호의 요건을 모두 충족하는 경우로 한정한다. 1. 해당 주택단지에서 50세대 이상이 만족도 평가에 참여한 경우 2. 전체 입주자등의 10분의 1 이상이 만족도 평가에 참여한 경우 ③ 제1항 및 제2항에서 규정한 사항 외에 만족도 평가 및 그 결과의 공개에 필요한 세부적인 사항은 국토교통부장관이 정하여 고시한다. [본조신설 2013.12.4]	
제59조(공동주택관리에 관한 감독) ① 지방자치단체의 장은 공동주택관리의 효율화와 입주자·사용자의 보호를 위하여 다음 각 호의 어느 하나에 해당하는 경우 입주자·사용자, 입주자대표회의나 동별 대표자, 관리주체, 제55조제1항에 따른 공동주택의 관리사무소장 또는 입주자대표회의 구성을 위한 선거를 관리하는 기구나 그 구성원 등에게 대통령령으로 정하는 업무에 관한 사항을 보고하게 하거나 자료의 제출이나 그 밖에 필요한 명령을 할 수 있으며, 소속 공무원으로 하여금 영업소·관리사무소 등에 출입하여 공동주택의 시설·장부·서류 등을 조사 또	제82조(공동주택관리에 관한 감독) 법 제59조제1항에서 "대통령령이 정하는 업무"라 함은 다음 각호의 업무를 말한다. 1. 입주자대표회의의 구성 및 의결	

는 검사하게 할 수 있다. 이 경우 출입·검사 등을 하는 공무원은 그 권한을 나타내는 증표를 지니고 이를 관계인에게 내보여야 한다.
1. 제3항 또는 제4항에 따른 감사에 필요한 경우
2. 이 법 또는 이 법에 따른 명령이나 처분을 위반하여 조치가 필요한 경우
3. 공동주택단지 내 분쟁의 조정이 필요한 경우
4. 공동주택 시설물의 안전관리를 위하여 필요한 경우
5. 그 밖에 공동주택관리에 관한 감독을 위하여 필요한 경우
② 공동주택의 입주자 또는 사용자는 제1항제2호, 제3호 또는 제5호에 해당하는 경우 전체 입주자 또는 사용자의 10분의 3 이상의 동의를 받아 지방자치단체의 장에게 입주자대표회의나 그 구성원, 관리주체, 제55조제1항에 따른 공동주택의 관리사무소장 또는 입주자대표회의의 구성을 위한 선거를 관리하는 기구나 그 구성원의 업무에 대하여 감사를 요청할 수 있다. 이 경우 감사 요청은 그 사유를 소명하고 이를 뒷받침할 수 있는 자료를 첨부하여 서면으로 하여야 한다.
③ 지방자치단체의 장은 제2항에 따른 감사 요청이 이유가 있다고 인정하는 경우에는 감사를 실시한 후 감사를 요청한 입주자 또는 사용자에게 그 결과를 통보하여야 한다.
④ 지방자치단체의 장은 제2항에 따른 감사 요청이 없더라도 공동주택관리의 효율화와 입주자·사용자의 보호를 위하여 필요하다고 인정하는 경우에는 제2항의 감사 대상이 되는 업무에 대하여 감사를 실시할 수 있다.
⑤ 지방자치단체의 장은 제3항 또는 제4항에 따라 감사를 실시할 경우 변호사·공인회계사 등의 전문가에게 자

2. 관리주체 및 관리사무소장의 업무
3. 자치관리기구의 구성 및 운영
4. 관리규약의 제정·개정
5. 시설물의 안전관리
6. 공동주택의 안전점검
7. 장기수선계획 및 장기수선충당금 관련업무
8. 법 제42조제2항의 규정에 의한 행위허가 또는 신고 및 동조제3항의 규정에 의한 리모델링허가 관련업무
9. 그 밖에 공동주택의 관리에 관한 업무

제82조의2(공동주택 우수관리단지 선정) ① 시·도지사는 공동주택단지를 모범적으로 관리한 사례를 발굴·전파하기 위하여 매년 공동주택 모범관리단지를 선정할 수 있다.
② 국토교통부장관은 제1항에 따라 시·도지사가 선정한 공동주택 모범관리단지 중에서 공동주택 우수관리단지를 선정하여 표창하고, 공동주택 관리 관련 강의·상담 등의 지원을 할 수 있다. <개정 2013.3.23>
③ 공동주택 모범관리단지와 공동주택 우수관리단지의 선정 등에 필요한 사항은 국토교통부장관이 정하여 고시한다. <개정 2013.3.23>
[본조신설 2010.7.6]

제36조(검사공무원의 증표) 법 제59조제2항의 규정에 의한 공무원의 권한을 표시하는 증표는 별지 제44호서식에 의한다.

문하거나 해당 전문가와 함께 영업소·관리사무소 등을 조사할 수 있다. ⑥ 제2항부터 제5항까지의 감사 요청 및 감사 실시에 필요한 사항은 지방자치단체의 조례로 정한다. [전문개정 2013.12.24]		
제6장 주택자금 제1절 국민주택기금 제60조(국민주택기금의 설치 등) ① 정부는 주택종합계획을 효율적으로 실시하기 위하여 필요한 자금을 확보하고, 이를 원활히 공급하기 위하여 국민주택기금을 설치한다. ② 제1항에 따른 국민주택기금은 다음 각 호의 재원(財源)으로 조성한다. <개정 2010.4.5, 2014.5.21> 1. 정부의 출연금 또는 예탁금 2. 「공공자금관리기금법」에 따른 공공자금관리기금으로부터의 예수금(豫受金) 3. 「재건축초과이익 환수에 관한 법률」에 따른 재건축부담금 중 국가 귀속분 4. 제61조에 따른 예탁금 5. 제67조에 따른 국민주택채권 발행으로 조성된 자금 6. 「복권 및 복권기금법」 제23조에 따라 배분된 복권수익금 7. 제75조제2항에 따른 입주자저축자금 중 청약저축 및 주택청약종합저축으로 조성된 자금 8. 출자기관의 배당수익 및 대출자산의 매각자금 9. 주택건설사업 또는 대지조성사업을 위하여 외국으로	제6장 주택자금 제1절 국민주택기금 제83조(국민주택을 공급받고자 하는 자의 저축자금) 법 제60조제2항제5호에서 "대통령령이 정하는 국민주택"이라 함은 다음 각호의 주택을 말한다. <개정 2009.9.21> 1. 국가·지방자치단체·한국토지주택공사 또는 지방공사가 건설하는 85제곱미터 이하의 주택 2. 국가·지방자치단체·한국토지주택공사 및 지방공사 외의 사업주체가 건설하는 60제곱미터 이하의 국민주택	

부터 차입하는 자금 10. 국민주택기금의 회수금·이자수입금과 국민주택기금의 운용으로 생기는 수익 11. 국민주택사업의 시행에 따른 부대수익 ③ 국토교통부장관은 국민주택기금을 운용하기 위하여 필요한 경우에는 국민주택기금의 부담으로 한국은행 또는 금융기관 등으로부터 자금을 차입할 수 있다. <개정 2013.3.23> ④ 제2항제8호의 대출자산의 매각 방법·절차 등에 필요한 사항은 대통령령으로 정한다. [전문개정 2009.2.3]	제84조(국민주택기금 대출자산의 매각) ①법 제60조제2항제6호의 규정에 의한 국민주택기금의 대출자산은 매각 당시의 금융기관의 이자율을 고려하여 할인 또는 할증매각할 수 있다. ②국민주택기금 대출자산의 매각은 경쟁입찰의 방법에 의한다. 다만, 현저하게 국민주택기금에 유리한 조건으로 계약할 수 있거나 「주택저당채권 유동화회사법」에 의한 주택저당채권유동화회사가 하나인 경우 또는 「한국주택금융공사법」에 따라 설립된 한국주택금융공사와 계약하는 경우에는 수의계약의 방법으로 매각할 수 있다. <개정 2004.2.28, 2005.3.8> ③경쟁입찰의 방법에 의하여 국민주택기금의 대출자산을 매각하는 경우에는 7일 이상의 공고를 거쳐야 한다.
제61조(국민주택기금에의 자금의 예탁) ① 다음 각 호의 기금 또는 자금의 관리자나 저축자는 그 자금의 전부 또는 일부를 국민주택기금에 예탁할 수 있다. 1. 「국민연금법」에 따라 조성된 기금 2. 그 밖에 대통령령으로 정하는 기금 또는 자금 ② 한국토지주택공사는 국민주택사업의 시행을 촉진하기 위하여 필요하다고 인정할 때에는 「한국토지주택공사법」에도 불구하고 국민주택기금에 자금을 예탁할 수 있다. <개정 2010.4.5> ③ 제1항에 따른 국민주택기금에의 자금의 예탁 범위·방법·조건 등에 필요한 사항은 대통령령으로 정한다. [전문개정 2009.2.3]	제85조(국민주택기금에의 예탁자금) ①법 제61조제1항제2호에서 "대통령령이 정하는 기금 또는 자금"이라 함은 다음 각호의 1에 해당하는 기금 또는 자금을 말한다. <개정 2005.3.8, 2008.2.29, 2013.3.23> 1. 「공무원연금법」에 의하여 조성된 공무원연금기금 2. 「군인연금 특별회계법」에 의하여 조성된 군인연금기금 3. 「사립학교교직원 연금법」에 의하여 사립학교교직원 연금관리공단에 납부된 자금 4. 국토교통부장관이 당해 기금 또는 자금의 주무부장관 및 기획재정부장관과 협의하여 정하는 기금 또는 자금

	②「국민연금법」에 의하여 조성된 기금 및 제1항제1호 내지 제3호의 기금 또는 자금의 관리자는 현금 또는 6월 이하의 예금으로 예치된 일상의 지급준비금을 제외한 자금의 100분의 50의 범위안에서 국토교통부장관이 당해 기금 또는 자금의 주무부장관 및 기획재정부장관과 협의하여 정하는 금액을 국민주택기금에 예탁할 수 있다. <개정 2005.3.8, 2008.2.29, 2013.3.23> ③제1항제4호의 기금 또는 자금의 관리자가 당해 기금 또는 자금을 국민주택기금에 예탁하는 경우의 예탁금액 및 예탁기간은 기획재정부장관이 당해 기금 또는 자금의 주무부장관 및 국토교통부장관과 협의하여 정한다. <개정 2008.2.29, 2013.3.23> ④제2항 및 제3항의 규정에 의하여 국민주택기금에 예탁된 자금에 대한 이자율은 다른 법령에 특별한 규정이 있는 경우를 제외하고는 예탁 당시의 정기예금 금리를 기준으로 하되, 국토교통부장관이 당해 기금 또는 자금의 주무부장관 및 기획재정부장관과 협의하여 이를 따로 정한 경우에는 그에 의한다. <개정 2008.2.29, 2013.3.23> ⑤법 제61조제2항의 규정에 의하여 한국토지주택공사가 국민주택기금에 예탁하는 자금의 이자율은 국토교통부장관이 기획재정부장관과 협의하여 정한다. <개정 2008.2.29, 2009.9.21, 2013.3.23>	
제62조(국민주택기금의 운용·관리 및 기금수탁자의 책임 등) ① 국민주택기금은 국토교통부장관이 운용·관리한다. <개정 2013.3.23> ② 국토교통부장관은 국민주택기금의 운용·관리에 관한 사무의 전부 또는 일부를 금융기관 등 국토교통부장관	제86조(국민주택기금의 운용·관리) ①법 제62조제2항의 규정에 의하여 국토교통부장관이 국민주택기금의 운용·	제37조(국민주택기금의 운용·관리에 관한 위탁수수료 등) ①영 제86조제1항 및 제

이 지정하는 자(이하 "기금수탁자"라 한다)에게 위탁할 수 있다. <개정 2013.3.23> ③ 제2항에 따라 국민주택기금의 운용·관리에 관한 사무를 위탁받은 기금수탁자는 대통령령으로 정하는 바에 따라 국민주택기금의 조성 및 운용 상황을 국토교통부장관에게 보고하여야 한다. <개정 2013.3.23> ④ 기금수탁자는 선량한 관리자의 주의로 위탁받은 사무를 처리하여야 한다. ⑤ 기금수탁자가 제4항의 주의를 위반하여 국민주택기금에 손해를 입힌 경우에는 이를 배상하여야 한다. ⑥ 국토교통부장관은 국민주택기금의 운용에 관한 계획을 수립하려는 경우에는 미리 기획재정부장관과 협의하여야 한다. <개정 2013.3.23> ⑦ 국민주택기금의 회계연도·운용계획 및 결산 등에 관하여 이 법에 특별한 규정이 있는 경우 외에는 「국가재정법」을 적용한다. [전문개정 2009.2.3]	관리에 관한 사무를 위탁하는 경우의 위탁수수료는 국민주택기금의 부담으로 하되, 그 금액은 국토교통부령으로 정한다. <개정 2008.2.29, 2013.3.23> ②국토교통부장관은 제1항의 규정에 의하여 위탁수수료에 관한 국토교통부령을 제정 또는 개정함에 있어서는 미리 기획재정부장관과 협의하여야 한다. <개정 2008.2.29, 2013.3.23> ③기금수탁자는 법 제62조제3항의 규정에 의하여 매월의 국민주택기금의 조성 및 운용상황을 다음 달 20일까지 국토교통부장관에게 보고하여야 한다. <개정 2008.2.29, 2013.3.23> ④기금수탁자는 국민주택기금회계와 기금수탁자의 다른 회계를 구분하여 계리하여야 한다. ⑤국토교통부장관은 국민주택기금의 수입과 지출을 명확히 하기 위하여 한국은행에 국민주택기금계정을 설치할 수 있다. <개정 2008.2.29, 2013.3.23> 제87조(결산보고서의 제출) ①기금수탁자는 국토교통부령이 정하는 바에 의하여 회계연도마다 국민주택기금의 결산보고서를 작성하여 다음 연도 2월 20일까지 국토교통부장관에게 제출하여야 한다. <개정 2008.2.29, 2013.3.23> ②제1항의 규정에 의한 결산보고서에는 다음 각호의 서류를 첨부하여야 한다. <개정 2008.2.29, 2013.3.23> 1. 국민주택기금운용계획에 대한 실적분석보고서 2. 대차대조표 3. 손익계산서 4. 이익잉여금처분계산서 또는 결손금처리계산서 5. 그 밖에 국토교통부령이 정하는 서류	91조제5항에 따른 수수료는 월별로 별표 7에서 정하는 바에 따라 산정한 금액을 당해 월의 위탁수수료로 하여 분기별로 지급한다. 다만, 기금수탁자(법 제62조제2항에 따라 국민주택기금의 운용·관리에 관한 사무를 위탁받은 금융기관을 말한다. 이하 같다)를 공개모집에 의하여 지정하는 경우에는 경쟁입찰에 의한 금액으로 수수료를 지급할 수 있다. <개정 2004.3.30, 2007.12.26> ②제1항의 규정에 의한 위탁수수료는 그 지급요청을 받은 날부터 15일 이내에 지급하여야 한다. ③영 제86조제3항의 규정에 의한 국민주택기금의 조성 및 운용상황의 보고는 별지 제45호서식에 의한다. 제38조(국민주택기금 결산보고서의 작성 및 제출) ①국토교통부장관은 기금수탁자중에서 대표자를 지정하여 그 대표자로 하여금 영 제87조제1항에 따라 국민주택기금의 결산보고서를 종합하여 작성·제출하게 할 수 있다. <개정 2007.12.26, 2008.3.14, 2013.3.23> ②영 제87조제2항제5호에서 "국토교통부령이 정하는 서류"라 함은 다음 각호의 서류를 말한다. <개정 2008.3.14, 2013.3.23> 1. 자산·부채 및 자본증감표

		2. 수입 및 지출계산서 3. 재무제표의 부속명세표
제62조의2(자료제공의 요청) ① 국토교통부장관 및 기금수탁자는 제63조의 국민주택기금의 운용 및 그 밖에 국토교통부장관으로부터 위탁받은 업무를 수행하기 위하여 필요하다고 인정하는 경우에는 국가, 지방자치단체, 금융기관, 「국민연금법」에 따른 국민연금공단, 「국민건강보험법」에 따른 국민건강보험공단, 그 밖의 공공단체에 대하여 국세·지방세·토지·건물·자동차·건강보험·국민연금 등 필요한 자료 및 정보의 제공을 요청할 수 있다. <개정 2013.3.23, 2014.5.21> ② 제1항에 따른 요청을 받은 자는 특별한 사유가 없으면 요청에 응하여야 한다. ③ 제1항 및 제62조의4에 따라 자료를 제공받은 자는 제공받은 자료를 국민주택기금의 운용·관리 외에는 다른 용도로 사용할 수 없으며, 비밀을 유지하여야 한다. <개정 2014.5.21> [본조신설 2009.2.3] 제62조의3(국민주택기금 운용·관리업무의 전자화) ① 국토교통부장관은 제62조에 따른 국민주택기금 운용·관리 업무를 효율적으로 처리하기 위한 전자시스템을 구축·운영할 수 있다. ② 제1항에 따른 전자시스템은 「사회복지사업법」 제6조의2에 따른 정보시스템과 전자적으로 연계하여 활용할 수 있다. [본조신설 2014.5.21] 제62조의4(자료 및 정보의 수집 등) 국토교통부장관 및 제		

62조에 따라 국민주택기금 운용·관리 업무를 위임·위탁받은 기관의 장은 제62조의2에 따라 제공받은 자료 또는 정보를 수집·관리·보유 또는 활용할 수 있다. [본조신설 2014.5.21] 제63조(국민주택기금의 운용 제한) ① 국민주택기금은 다음 각 호의 용도가 아닌 용도로는 운용할 수 없다. <개정 2010.4.5, 2011.9.16, 2013.12.24, 2014.5.21> 1. 국민주택의 건설 2. 국민주택을 건설하기 위한 대지조성사업 3. 제1호와 제2호의 사업을 위한 기자재의 구입 및 비축 4. 공업화주택(대통령령으로 정하는 규모 이하의 주택으로 한정한다)의 건설 5. 제60조제2항제1호·제4호·제7호·제9호 및 같은 조 제3항의 예탁금 및 차입금의 원리금 상환 6. 제67조에 따른 국민주택채권의 원리금 상환 7. 「공공자금관리기금법」에 따른 공공자금관리기금으로부터의 예수금의 원리금 상환 8. 국민주택규모 이하의 주택을 개량하거나 구입 또는 임차하는 자에 대한 융자 9. 정부시책으로 추진하는 주택사업 10. 「도시 및 주거환경정비법」에 따른 도시·주거환경정비기금, 「도시재정비 촉진을 위한 특별법」에 따른 재정비촉진특별회계 또는 이 법에 따른 국민주택사업특별회계의 지원 11. 국민주택기금의 조성·운용 및 관리를 위한 경비 12. 대한주택보증주식회사에의 출자 및 융자 13. 「한국주택금융공사법」 제56조제3항에 따른 주택금융신용보증기금에의 출연	제87조의2 삭제 <2014.8.6>	

14. 「주택저당채권유동화회사법」에 따른 주택저당채권유동화회사 및 「한국주택금융공사법」에 따른 한국주택금융공사에의 출자
15. 한국토지주택공사에의 출자
15의2. 「임대주택법」 제2조제1호에 따른 임대주택의 공급을 촉진하기 위한 다음 각 목의 어느 하나에 해당하는 증권의 매입
　가. 「부동산투자회사법」 제2조제1호에 따른 부동산투자회사가 발행하는 증권
　나. 「자본시장과 금융투자업에 관한 법률」 제229조제2호에 따른 부동산집합투자기구가 발행하는 집합투자증권
　다. 「법인세법」 제51조의2제1항제9호 각 목의 요건을 갖춘 법인이 발행하는 증권
　라. 그 밖에 임대주택의 공급과 관련된 증권으로서 대통령령으로 정하는 증권
16. 국민주택을 건설하기 위한 자재 및 기술의 연구·개발
16의2. 준주택의 건설·개량 또는 구입에 필요한 자금의 융자
17. 국민주택규모 이하인 주택의 리모델링
18. 「도시 및 주거환경정비법」 제2조제2호가목 및 나목의 주거환경개선사업 및 주택재개발사업
19. 제41조의2제2항에 따라 한국토지주택공사가 분양가상한제 적용주택을 우선 매입한 비용
20. 「도시재정비 촉진을 위한 특별법」 제2조제6호에 따른 기반시설 중 같은 법 제29조제2항에서 정하는 기반시설의 설치에 드는 비용
21. 「경제자유구역의 지정 및 운영에 관한 특별법」 제

4조에 따라 지정된 경제자유구역의 활성화를 위한 임대주택의 건설 및 이와 관련된 기반시설 등의 설치에 필요한 자금의 융자 22. 그 밖에 국민주택의 건설을 촉진하기 위하여 대통령령으로 정하는 사업 ② 국토교통부장관은 국민주택기금에 여유자금이 있을 때에는 대통령령으로 정하는 방법으로 이를 운용할 수 있다. <개정 2013.3.23> [전문개정 2009.2.3] [시행일:2014.9.22] 제63조제1항제15호의2라목	제88조(국민주택기금의 운용용도) 법 제63조제1항제22호에서 "대통령령이 정하는 사업"이라 함은 다음 각호의 사업을 말한다. <개정 2004.9.17, 2010.7.6> 1. 주택분야의 전문가 양성을 위한 국내외 교육훈련 2. 주택정책 및 주택관련 제도의 개선을 위한 연구·조사 3. 주택건설자재의 생산 지원 4. 주택건설 관련 비영리공익법인의 국민주택건설사업 지원 제89조(국민주택기금 여유자금의 운용방법) 국토교통부장관은 법 제63조제2항의 규정에 의하여 국민주택기금에 여유자금이 있는 경우에는 다음 각호의 방법으로 이를 운용할 수 있다. <개정 2005.3.8, 2008.2.29, 2008.7.29, 2013.3.23> 1. 국채·공채 그 밖에 「자본시장과 금융투자업에 관한 법률」 제4조에 따른 증권의 매입 2. 기금수탁자에의 예치 3. 국민주택기금이 매각한 대출자산을 기초로 하여 발행된 주택저당증권중 한국거래소에 상장되지 아니한 주택저당증권의 매입	
제64조(국민주택기금의 회계기관) ① 국토교통부장관은 국민주택기금의 수입과 지출에 관한 사무를 수행하게 하기 위하여 소속 공무원 중에서 국민주택기금수입징수관, 국민주택기금재무관, 국민주택기금지출관 및 국민주택기금출납공무원을 임명하여야 한다. <개정 2013.3.23>		

② 기금수탁자는 제62조제2항에 따라 국민주택기금의 운용·관리에 관한 사무를 위탁받은 경우에는 기금수탁자의 임직원 중에서 다음 각 호에 해당하는 자를 임명한 후 이를 국토교통부장관에게 보고하여야 한다. 이 경우 그 임명된 자는 각각 다음 각 호의 구분에 따른 직무를 수행한다. <개정 2013.3.23> 1. 국민주택기금수입 담당임직원: 국민주택기금수입징수관의 직무 2. 국민주택기금지출원인행위 담당임직원: 국민주택기금재무관의 직무 3. 국민주택기금지출직원: 국민주택기금지출관의 직무 4. 국민주택기금출납직원: 국민주택기금출납공무원의 직무 ③ 국토교통부장관 및 기금수탁자는 제1항 또는 제2항에 따라 국민주택기금수입징수관·국민주택기금재무관·국민주택기금지출관 및 국민주택기금출납공무원, 국민주택기금수입담당임직원·국민주택기금지출원인행위담당임직원, 국민주택기금지출직원 및 국민주택기금출납직원을 임명한 경우에는 감사원·기획재정부 및 한국은행에 통지하여야 한다. <개정 2013.3.23> [전문개정 2009.2.3]	
제65조(국민주택기금 대출채권의 상각) ① 기금수탁자는 채무자의 무자력(無資力) 등으로 인하여 국민주택기금의 대출금을 회수할 수 없는 경우에는 국토교통부령으로 정하는 바에 따라 대출채권을 상각할 수 있다. <개정 2013.3.23> ② 기금수탁자는 제1항에 따라 상각처리된 채권의 보전(補塡)이나 추심(推尋)을 위한 관리업무를 수행하다가	제38조의2(국민주택기금 대출채권의 상각 등) ① 기금수탁자가 법 제65조제1항에 따라 대출채권을 상각하려는 경우에는 대출채권별로 대출채권에 대한 기본내용, 취급내용, 부실화 사유 및 검사 지적사항 등이 포함된 심사결과서를 첨부하여 국토교통부장관에게 상각승인신청을 하여야

국토교통부령으로 정하는 기간이 끝났을 때에는 그 관리업무를 정지하고 그 내용을 국토교통부장관에게 보고하여야 한다. <개정 2013.3.23> [전문개정 2009.2.3]		한다. <개정 2013.3.23> ② 국토교통부장관은 제1항의 상각승인신청을 받은 경우에는 대상채권에 대한 조사를 실시하여 채권별 상각승인 여부, 기금수탁자 등의 책임 여부를 결정한 후 상각을 승인하거나 거부하여야 한다. <개정 2013.3.23> ③ 국토교통부장관은 상각승인신청을 받은 대상채권을 조사하기 위하여 기금수탁자에게 대출 등 관련 자료의 제출요구, 실지조사 등을 할 수 있다. 이 경우 기금수탁자는 정당한 사유가 없으면 자료 제출요구에 따라야 하고, 조사에 협조하여야 한다. <개정 2013.3.23> ④ 대출채권의 상각은 반기별로 하는 것을 원칙으로 하되, 상각 대상채권이 적은 경우에는 1년에 한 번 할 수 있다. ⑤ 법 제65조제2항에서 "국토교통부령이 정하는 기간"이란 5년을 말한다. <개정 2013.3.23> [본조신설 2008.9.11] [종전 제38조의2는 제38조의3으로 이동 <2008.9.11>]
제66조(이익금과 손실금의 처리) ① 국토교통부장관은 매 사업연도에 국민주택기금의 결산에서 이익이 생긴 경우에는 이익금 전액을 국민주택기금에 적립하여야 한다. <개정 2013.3.23> ② 국토교통부장관은 매 사업연도에 국민주택기금의 결		

산에서 손실금이 생긴 경우에는 제1항의 적립금으로 보전하되, 보전한 후에도 남은 손실액이 있는 경우에는 정부가 일반회계에서 이를 보전할 수 있다. <개정 2013.3.23> [전문개정 2009.2.3]		
제2절 국민주택채권 제67조(국민주택채권의 발행 등) ① 정부는 국민주택사업에 필요한 자금을 조달하기 위하여 국민주택기금의 부담으로 국민주택채권을 발행할 수 있다. ② 제1항의 국민주택채권은 국토교통부장관의 요청에 따라 기획재정부장관이 발행한다. <개정 2013.3.23> ③ 국민주택채권에 관하여 이 법에 특별한 규정이 있는 경우 외에는 「국채법」을 적용한다. ④ 국민주택채권의 종류·이율, 발행의 방법·절차 및 상환과 발행사무 취급에 필요한 사항은 대통령령으로 정한다. [전문개정 2009.2.3]	**제2절 국민주택채권** 제90조(국민주택채권의 발행절차) ①국토교통부장관은 국민주택채권의 발행이 필요하다고 인정하는 경우에는 법 제67조의 규정에 의하여 채권의 종류와 그 발행금액·발행방법·발행조건·상환방법 및 절차 등 필요한 사항을 정하여 기획재정부장관에게 그 발행을 요청하여야 한다. <개정 2008.2.29, 2013.3.23> ②기획재정부장관은 제1항의 요청에 따라 국민주택채권을 발행하고자 하는 때에는 다음 각호의 사항을 공고하여야 한다. <개정 2008.2.29, 2008.11.5> 1. 채권의 종류 2. 채권의 만기 3. 삭제 <2004.3.29> 4. 채권의 이자율 5. 원금상환의 방법과 시기 6. 이자지급의 방법과 시기	
제68조(국민주택채권의 매입) ① 다음 각 호의 어느 하나에 해당하는 자 중 대통령령으로 정하는 자는 국민주택채권을 매입하여야 한다. 1. 국가 또는 지방자치단체로부터 면허·허가·인가를 받는 자	제91조(국민주택채권의 발행방법 등) ①국민주택채권은 다음 각 호로 구분하여 발행한다. <개정 2005.3.8, 2006.2.24, 2012.3.13> 1. 법 제68조제1항제1호부터 제3호까지에 해당하는 자가 매입하는 제1종국민주택채권	제38조의3(국민주택채권 등록발행의 방법 및 절차) ①법 제68조제1항에 따른 국민주택채권 매입의무자가 국민주택채권을 매입하려는 때에는 별지 제45호의2서식의 제1종 국민주택채권매입신청서 또는 별지

2. 국가 또는 지방자치단체에 등기·등록을 신청하는 자 3. 국가·지방자치단체 또는 「공공기관의 운영에 관한 법률」에 따른 공공기관 중 대통령령으로 정하는 공공기관과 건설공사의 도급계약을 체결하는 자 4. 이 법에 따라 건설·공급하는 주택을 공급받는 자 ② 제1항에 따라 국민주택채권을 매입하는 자의 매입 금액 및 절차 등에 필요한 사항은 대통령령으로 정한다. [전문개정 2009.2.3]	2. 법 제68조제1항제4호에 해당하는 자가 매입하는 제2종국민주택채권 3. 삭제 <2006.2.24> ②국민주택채권의 발행기간은 1년을 단위로 하고, 발행일은 매출한 달의 말일로 한다. <개정 2004.3.29> ③국민주택채권은 증권을 발행하지 아니하고 「자본시장과 금융투자업에 관한 법률」 제294조에 따라 설립된 한국예탁결제원(이하 "채권등록기관"이라 한다)에 등록하여 발행한다. 이 경우 채권자는 이미 등록된 국민주택채권에 대하여 그 증권의 교부를 청구할 수 없다. <개정 2004.3.29, 2005.3.8, 2008.7.29> ④채권등록기관은 상속·유증 및 강제집행의 경우를 제외하고는 국토교통부장관의 승인을 얻어 권리의 이전에 의한 국민주택채권의 등록을 그 국민주택채권의 원리금 상환일전 7일 이내의 기간동안 정지할 수 있다. 이 경우 승인을 얻은 내용을 인터넷 등에 공시하여야 한다. <개정 2004.3.29, 2008.2.29, 2013.3.23> ⑤국토교통부장관은 채권등록기관에 국민주택기금의 부담으로 국토교통부령이 정하는 수수료를 지급한다. 이 경우 제86조제2항의 규정은 국민주택채권등록업무수수료에 관한 국토교통부령의 제정 또는 개정에 관하여 이를 준용한다. <개정 2004.3.29, 2008.2.29, 2013.3.23> ⑥제3항의 규정에 의한 등록발행의 방법·절차, 상환통지 및 매입내역의 전자적 관리에 관하여 필요한 사항은 국토교통부령으로 정하며, 국민주택채권등록부의 작성·관리 등 국민주택채권의 등록업무를 처리함에 있어 필요한 그 밖의 사항은 채권등록기관이 국토교통부장관의 승인을 얻어 따로 정한다. <신설 2004.3.29, 2008.2.29, 2013.3.23>	제45호의3서식의 제2종 국민주택채권매입신청서를 영 제96조제2항에 따른 국민주택채권사무취급기관(이하 "국민주택채권사무취급기관"이라 한다)에 제출하여야 한다. <개정 2006.11.7> ②국민주택채권사무취급기관은 제1항의 규정에 의하여 국민주택채권 매입신청서를 제출받은 때에는 그 내역을 영 제91조제3항의 규정에 의한 채권등록기관(이하 "채권등록기관"이라 한다)에 통지하여야 한다. ③채권등록기관은 제2항에 따라 신청내역을 통지받은 때에는 해당 채권을 「자본시장과 금융투자업에 관한 법률」 제294조에 따른 한국예탁결제원을 명의인으로 하여 등록한다. <개정 2006.2.24, 2012.3.16> [본조신설 2004.3.30] [제38조의2에서 이동, 종전 제38조의3은 제38조의4로 이동 <2008.9.11>]

	제92조(국민주택채권의 이자율 등) ①제1종국민주택채권의 이자율은 기획재정부장관이 그 채권의 발행 당시의 국채·공채 등의 금리와 국민주택기금의 수지상황 등을 참작하여 국토교통부장관과 협의하여 정한다. <개정 2008.2.29, 2013.3.23> ②제1종국민주택채권의 원리금은 발행일부터 5년이 되는 날에 상환한다. ③제1종국민주택채권의 이자는 그 발행일부터 상환일 전일까지 제1항의 규정에 의한 이자율에 따라 1년 단위의 복리로 계산한다. ④제1종국민주택채권의 매출일부터 발행일 전일까지의 이자는 매출하는 때에 이를 지급한다. ⑤제2종국민주택채권의 이자율·상환일·상환조건 등은 기획재정부장관이 국토교통부장관과 협의하여 따로 정한다. 이 경우 원리금의 상환일은 그 발행일부터 20년을 초과할 수 없다. <개정 2005.3.8, 2006.2.24, 2008.2.29, 2013.3.23>	
	제93조(국민주택채권의 사무취급기관 등) ①국민주택채권의 매출 및 상환업무 등은 국토교통부장관이 지정하는 금융기관(이하 "국민주택채권사무지정취급기관"이라 한다)이 이를 취급한다. <개정 2008.2.29, 2013.3.23> ②국민주택채권사무지정취급기관의 장은 국민주택채권의 매출을 촉진하기 위하여 필요한 때에는 기획재정부장관의 승인을 얻어 다른 금융기관에 국민주택채권의 매출 및 상환에 관한 업무를 위탁할 수 있다. 이 경우 기획재정부장관은 미리 국토교통부장관과 협의하여야 한다. <개정 2008.2.29, 2013.3.23>	제38조의4(국민주택채권 매입내역의 전자적 처리 및 관리) ①국민주택채권사무취급기관은 국민주택채권을 매출하는 때에는 다음 각 호의 사항을 채권관리정보시스템(영 제93조제1항의 규정에 의한 국민주택채권사무지정취급기관이 국민주택채권의 전자적 관리를 위하여 구축한 정보시스템을 말한다. 이하 같다)에 입력하여 이를 저장·관리하여야 한다. <개정 2005.3.9, 2006.2.24>

③국민주택채권사무지정취급기관의 장은 매월의 국민주택채권의 매출 및 상환에 관한 사항을 다음 달 20일까지 기획재정부장관에게 보고하여야 한다. <개정 2008.2.29>

제94조 삭제 <2004.3.29>

제95조(국민주택채권의 매입) ①법 제68조의 규정에 의하여 제1종국민주택채권을 매입하여야 하는 자와 그 매입기준은 별표 12와 같다.
②국가 또는 지방자치단체의 장이 별표 12에 규정된 면허·허가 또는 인가를 하거나 등기 또는 등록을 하게 하는 경우 및 국가·지방자치단체 또는 제95조제5항에 따른 공공기관이 건설공사의 도급계약을 체결하는 경우에는 그 상대방에게 제1종국민주택채권을 매입하게 하여야 한다. 이 경우 국토교통부령으로 정하는 바에 따라 매입의무자의 매입사실을 확인하여야 한다. <개정 2004.3.29, 2008.2.29, 2009.2.3, 2013.3.23>
③제1종국민주택채권의 매입에 관하여 필요한 사항은 이 영에 규정된 것외에는 국토교통부장관이 기획재정부장관과 협의하여 정한다. <개정 2008.2.29, 2013.3.23>
④법 제68조의 규정에 의하여 국토교통부장관은 주거전용면적이 85제곱미터를 초과하는 분양가상한제 적용주택을 공급받고자 하는 자에 대하여 제2종국민주택채권을 매입하도록 할 수 있다. 이 경우 제2항 후단의 규정은 제2종국민주택채권의 매입사실 확인에 관하여 이를 준용하며, 제2종국민주택채권의 매입기준·매입절차 및 매입의 효력 등에 관하여는 국토교통부령으로 정한다. <개정 2004.3.29, 2006.2.24, 2007.7.30, 2008.2.29

1. 채권발행번호
2. 매입금액
3. 매입자의 성명 및 주민등록번호(법인인 경우에는 명칭 및 사업자등록번호를 말한다)
4. 매입목적
5. 영 제95조제2항 및 제4항에 따라 국민주택채권의 매입내역을 확인하여야 하는 자(이하 "면허권자등"이라 한다)의 명칭
6. 국민주택채권사무취급기관의 명칭

②국민주택채권의 매입자는 채권관리정보시스템에 입력된 매입내역에 착오 또는 누락이 있는 경우에는 별지 제45호의4서식의 국민주택채권매입내역정정신청서를 국민주택채권사무취급기관에 제출하여야 한다. 이 경우 해당기관은 착오 또는 누락이 확인된 때에는 이를 정정하여 채권관리정보시스템에 입력하여야 한다. <개정 2006.11.7>
[본조신설 2004.3.30]
[제38조의3에서 이동, 종전 제38조의4은 제38조의5로 이동 <2008.9.11>]

제38조의5(국민주택채권의 상환 통지) ①채권등록기관은 국민주택채권의 원리금상환일이 도래하는 때에는 해당 국민주택채권의 내역을 국민주택채권사무지정취급기관에 통지하여야 한다.

	2013.3.23>
⑤ 법 제68조제1항제3호에서 "대통령령으로 정하는 공공기관"이란 정부가 납입자본금의 100분의 50 이상을 출자한 공공기관 중 다음 각 호의 기관을 제외한 기관을 말한다. <개정 2009.3.18, 2010.11.15>
1. 대한주택보증주식회사
2. 「한국산업은행법」에 따른 한국산업은행
3. 「중소기업은행법」에 따른 중소기업은행
4. 「한국수출입은행법」에 따른 한국수출입은행
5. 「은행법」 제2조에 따른 은행
6. 「인천국제공항공사법」에 따른 인천국제공항공사
7. 「한국공항공사법」에 따른 한국공항공사

제95조의2(국민주택채권의 분할 발행) ①시장·군수 또는 구청장은 국토교통부령이 정한 제2종국민주택채권의 매입상한액이 1억원을 초과하는 경우 그 채권을 매입하여야 하는 자가 1억원을 초과하는 금액에 대하여 분할하여 매입하게 할 수 있다. <개정 2008.2.29, 2013.3.23>
②제1항의 규정에 따라 채권을 분할하여 매입하는 경우 채권 매입자는 주택공급계약 체결 이전에 1억원을 초과하는 금액에 해당하는 채권을 50퍼센트 이상 매입하고 국토교통부령이 정한 해당 주택의 잔금납부시기 이전에 나머지를 매입할 수 있다. <개정 2008.2.29, 2013.3.23>
[본조신설 2006.2.24]

제96조(국민주택채권의 중도상환) ①국민주택채권은 다음 각 호의 어느 하나에 해당하는 경우를 제외하고는 중도에 상환할 수 없다. <개정 2005.3.8, 2006.2.24, 2009.2.3>
1. 당해 면허·허가·인가가 제1종국민주택채권 매입자 | ②채권등록기관은 국민주택사무채권지정취급기관으로부터 당해 채권의 상환이 완료된 사실을 통보받은 때에는 해당 국민주택채권의 등록을 말소하여야 한다.
[본조신설 2004.3.30]
[제38조의4에서 이동 <2008.9.11>]

제39조(제1종국민주택채권의 매입면제) ①영 별표 12 제3호 다목의 규정에 의하여 제1종국민주택채권의 매입(이하 "채권매입"이라 한다)이 면제되는 자와 채권매입이 면제되는 항목은 별표 8과 같다.
②제1항의 규정에 의하여 채권매입을 일부 면제받고자 하는 자는 별지 제46호서식의 국민주택채권매입일부면제신청서에 면제대상임을 증명하는 서류를 첨부하여 다음 각호의 1에 해당하는 자에게 제출하여야 한다.
1. 영 별표 12 부표에 규정된 면허·허가·인가·등기 또는 등록을 하는 국가기관 또는 지방자치단체
2. 매입자와 건설공사의 도급계약을 체결하고자 하는 국가기관·지방자치단체 또는 정부투자기관
③제2항 각호의 1에 해당하는 자는 국민주택채권매입일부면제신청서를 받은 때에는 신청인과 면제신청항목을 확인한 후 이를 별지 제47호서식의 국민주택채권매입일부면제자기록부에 기재하여야 |

	에게 책임 없는 사유로 철회되거나 취소된 경우 2. 국가, 지방자치단체 또는 제95조제5항에 따른 공공기관과 건설공사의 도급계약을 체결한 자가 그에게 책임 없는 사유로 계약을 취소당한 경우 3. 제2종국민주택채권을 매입한 후 입주자로 선정된 지위(입주자로 선정되어 당해 주택에 입주할 수 있는 권리·자격 또는 지위를 말한다) 또는 공급계약이 무효로 되거나 취소된 경우 또는 그 공급계약이 해지된 경우 4. 국민주택채권매입대상자가 아닌 자가 착오로 인하여 매입하였거나 법정매입금액을 초과하여 매입한 경우 5. 삭제 <2006.2.24> ② 국민주택채권을 중도에 상환받으려는 자는 그 사무를 취급하는 국가·지방자치단체·제95조제5항에 따른 공공기관 또는 사업주체가 발행하는 사실증명(제1항 각 호의 어느 하나에 해당한다는 사실의 증명을 말한다. 이하 같다)을 첨부하여 국민주택채권사무취급기관(국민주택채권사무지정취급기관 또는 제93조제2항에 따라 국민주택채권사무지정취급기관으로부터 국민주택채권의 매출·상환업무를 위탁받은 금융기관을 말한다. 이하 같다)에 신청하여야 한다. 다만, 국토교통부령으로 정하는 바에 따라 사실증명을 전자적으로 처리하는 경우에는 사실증명을 첨부하지 아니할 수 있다. <개정 2004.3.29, 2008.2.29, 2009.2.3, 2013.3.23> ③ 국토교통부장관은 기획재정부장관과 협의하여 국민주택기금의 적정한 운용을 위하여 필요하다고 인정하는 경우에는 제1항에도 불구하고 국토교통부장관이 정하는 바에 따라 제1종국민주택채권을 매입소각(買入消却)의 방법으로 중도상환하도록 국민주택채권사무취급기관에	한다. ④ 건축허가를 받을 때에 이미 제1종국민주택채권을 매입한 자가 영 별표 12 제3호 라목의 규정에 의하여 소유권보존등기를 하는 경우 제1종국민주택채권매입의무를 면제받고자 할 때에는 제2항 각 호의 1의 자에게 별지 제48호서식의 제1종국민주택채권매입사실증명(신청)서를 제출하여 그 증명을 받아야 한다. 제40조(건축허가시의 채권매입 면제 등) ① 영 별표 12 부표 제7호 나목의 규정에 의하여 채권매입을 면제하는 건축물의 범위는 별표 9와 같다. <개정 2004.3.30> ② 영 별표 12 부표 제19호의 규정에 의하여 부동산등기를 하는 경우 제1종국민주택채권을 매입하여야 하는 자는 다음 각 호와 같다. 1. 소유권보존등기 또는 소유권이전등기 : 소유권보존등기 또는 소유권이전등기의등기명의자(등기원인이 상속인 경우에는 상속인) 2. 저당권의 설정 : 저당권 설정자 3. 저당권의 이전 : 저당권을 이전받는 자 ③ 제2항의 규정에 의하여 채권을 매입하여야 하는 자가 등기를 신청하는 때에 매입하여야 하는 제1종국민주택채권의 금액은 등기신청서를 접수하는 날을 기

	요청할 수 있다. <신설 2013.6.17>	준일로 하여 「지방세법」 제4조와 같은 법 시행령 제2조부터 제4조까지의 규정에 따른 시가표준액을 적용하여 산정한다. 다만, 「도시개발법」·「택지개발촉진법」 및 「산업입지 및 개발에 관한 법률」에 의한 개발사업으로 공급되는 토지를 취득한 경우에는 등기원인행위가 종료된 날을 기준일로 하여 산정할 수 있다. <신설 2004.3.30, 2005.3.9, 2012.3.16>
	제97조(국민주택채권원부의 비치) ①국민주택채권사무취급기관은 국민주택채권의 종류별로 국민주택채권원부를 비치하고, 다음 각호의 사항을 기재하여야 한다. <개정 2004.3.29> 1. 채권의 발행번호 2. 채권의 금액 3. 채권의 이자율 4. 채권의 발행일 및 상환일 5. 채권매입자의 성명 및 주민등록번호(법인인 경우에는 법인의 명칭 및 사업자등록번호) ②국민주택채권원부는 국민주택채권사무취급기관의 본점에 이를 비치한다. 다만, 필요한 때에는 매출점포별로 이를 비치하고 각각 그 매출분을 기재할 수 있다. ③국민주택채권지정사무취급기관의 장은 제93조제2항의 규정에 의하여 국민주택채권을 다른 기관에 위탁하여 매출하게 한 경우에는 그 위탁매출분에 대한 원부를 국민주택채권지정사무취급기관 본점에 별도로 작성·비치하여야 한다.	제41조(면허권자등의 채권매입 확인) ①면허권자등은 영 제95조제2항 및 제4항에 따라 다음 각 호의 시기에 국민주택채권의 매입내역을 채권관리정보시스템을 통하여 조회·확인하여야 한다. <개정 2005.3.9, 2006.2.24> 1. 면허·허가 또는 인가를 하는 경우 : 당해 면허·허가 또는 인가가 있었음을 증명하는 서류를 교부하는 때 2. 등기 또는 등록을 하는 경우 : 당해 등기신청서 또는 등록신청서를 접수하는 때 3. 건설공사의 도급계약을 체결하는 경우 : 도급계약을 체결하는 때 4. 주택공급계약의 경우 : 주택공급계약을 체결하는 때. 다만, 영 제95조의2에 따라 입주자로 선정된 자가 제2종국민주택채권을 분할매입하는 경우에는 주

		택공급계약을 체결하는 때 및 주택의 입주금의 잔금을 납부하는 때에 매입예정액 및 매입내역을 조회·확인하여야 한다. ②면허권자등은 제1항에 따라 채권의 매입사실 확인을 완료한 때에는 해당매입내역을 출력하여 5년간 따로 편철하여 보관하여야 하며, 다음 각 호의 사항을 별지 제45호의5서식의 국민주택채권매입사실확인대장에 기재하여야 한다. 다만, 채권관리정보시스템과 연계정보시스템을 구축하여 제38조의3제1항 각 호의 사항을 전자적으로 송부받은 경우에는 그러하지 아니하다. <개정 2006.11.7> 1. 채권발행번호 2. 매입자의 성명 및 주소(법인인 경우에는 명칭 및 사무소의 소재지를 말한다) 3. 매입목적 4. 매입금액 [전문개정 2004.3.30] 제42조 삭제 <2004.3.30> 제43조 삭제 <2004.3.30> 제44조(중도상환 사실증명 등) ①영 제96조제2항의 규정에 의한 사실증명은 별지 제56호서식에 의한다. ②영 제96조제2항 단서의 규정에 의하여

		채권관리정보시스템과 연계정보시스템을 구축한 면허권자등이 영 제96조제1항 각 호의 1에 해당한다는 사실증명을 국민주택채권사무취급기관에 전자적으로 송부하는 경우에는 제1항의 규정에 의한 사실증명서를 첨부하지 아니한다. <신설 2004.3.30>
제3절 주택상환사채	제3절 주택상환사채	
제69조(주택상환사채의 발행) ① 한국토지주택공사와 등록사업자는 대통령령으로 정하는 바에 따라 주택으로 상환하는 사채(이하 "주택상환사채"라 한다)를 발행할 수 있다. 이 경우 등록사업자는 자본금·자산평가액 및 기술인력 등이 대통령령으로 정하는 기준에 맞고 금융기관 또는 대한주택보증주식회사의 보증을 받은 경우에만 주택상환사채를 발행할 수 있다. <개정 2010.4.5> ② 주택상환사채를 발행하려는 자는 대통령령으로 정하는 바에 따라 주택상환사채발행계획을 수립하여 국토교통부장관의 승인을 받아야 한다. <개정 2013.3.23> ③ 주택상환사채의 발행요건 및 상환기간 등은 대통령령으로 정한다. [전문개정 2009.2.3]	제98조(주택상환사채의 발행) ①법 제69조제1항의 규정에 의한 주택상환사채(이하 "주택상환사채"라 한다)는 액면 또는 할인의 방법으로 발행한다. ②주택상환사채권에는 기호와 번호를 붙여야 하며, 국토교통부령이 정하는 사항을 기재하여야 한다. <개정 2008.2.29, 2013.3.23> ③주택상환사채의 발행자는 주택상환사채대장을 비치하고, 주택상환사채권의 발행 및 상환에 관한 사항을 기재하여야 한다. 제99조(등록사업자의 주택상환사채발행) ①법 제69조제1항 후단에서 "대통령령이 정하는 기준"이라 함은 다음 각호의 요건을 말한다. <개정 2005.3.8, 2011.11.1> 1. 법인으로서 자본금이 5억원 이상일 것 2. 「건설산업기본법」 제9조에 따라 건설업 등록을 한 자일 것 3. 최근 3년간 연평균 주택건설실적이 300세대 이상일 것 ②법 제69조제1항 후단의 규정에 의한 등록사업자가 발	제45조(주택상환사채에의 기재사항 등) ① 영 제98조제2항에서 "국토교통부령이 정하는 사항"이라 함은 다음 각호의 사항을 말한다. <개정 2008.3.14, 2013.3.23> 1. 발행기관 2. 발행금액 3. 발행조건 4. 상환의 시기와 절차 ②영 제98조제3항의 규정에 의한 주택상환사채대장은 별지 제57호서식에 의한다.

행할 수 있는 주택상환사채의 규모는 최근 3년간의 연평균 주택건설호수 이내로 한다.

제100조(주택상환사채의 발행요건 등) ①법 제69조제2항의 규정에 의하여 주택상환사채발행의 승인을 얻고자 하는 자는 주택상환사채발행계획서에 다음 각호의 서류를 첨부하여 국토교통부장관에게 제출하여야 한다. 다만, 제3호의 서류는 주택상환사채발행의 승인을 얻은 후 주택상환사채 모집공고전에 제출할 수 있다. <개정 2008.2.29, 2013.3.23>
1. 주택상환사채 상환용 주택의 건설을 위한 택지에 대한 소유권 그 밖에 사용할 수 있는 권리를 증명할 수 있는 서류
2. 주택상환사채에 대한 금융기관 또는 대한주택보증주식회사의 보증서
3. 금융기관과의 발행대행계약서 및 납입금 관리계약서

②제1항의 규정에 의한 주택상환사채발행계획서에는 다음 각호의 사항이 기재되어야 한다. <개정 2008.2.29, 2013.3.23>
1. 발행자의 명칭
2. 회사의 자본금 총액
3. 발행할 주택상환사채의 총액
4. 수종의 주택상환사채를 발행하는 때에는 각 주택상환사채의 권종별 금액 및 권종별 발행가액
5. 발행조건과 방법
6. 분납발행인 때에는 분납금액과 시기
7. 상환절차와 시기
8. 주택의 건설위치·형별·단위규모·총세대수·착공예정일·준공예정일 및 입주예정일

	9. 주택가격의 추산방법 10. 할인발행인 때에는 그 이자율과 산정내역 11. 중도상환에 관하여 필요한 사항 12. 보증부 발행인 때에는 보증기관과 보증의 내용 13. 납입금의 사용계획 14. 그 밖에 국토교통부장관이 정하여 고시하는 사항 ③국토교통부장관은 주택상환사채의 발행승인을 한 때에는 주택상환사채 발행대상지역을 관할하는 시·도지사에게 그 내용을 통보하여야 한다. <개정 2008.2.29, 2013.3.23> ④주택상환사채의 발행승인을 얻은 자는 주택상환사채를 모집하기 전에 국토교통부령이 정하는 바에 의하여 주택상환사채 모집공고안을 작성하여 국토교통부장관에게 제출하여야 한다. <개정 2008.2.29, 2013.3.23>	제46조(주택상환사채 모집공고) ①영 제100조제4항의 규정에 의한 주택상환사채 모집공고안에는 다음 각호의 사항이 포함되어야 한다. 1. 주택상환사채의 명칭 2. 상환대상주택의 건설위치 3. 상환대상주택의 호당 또는 세대당 공급면적, 세대수 및 세대별 주택상환사채의 금액 4. 주택상환사채 신청자격·순위 및 모집방법에 관한 사항 5. 주택상환사채의 이자율·이자지급방법·대금납부방법 등 발행조건에 관한 사항 6. 상환예정일 7. 주택상환사채의 상환방법에 관한 사항 8. 영 제101조제2항 및 이 규칙 제47조제1항의 규정내용 ②「주택공급에 관한 규칙」 제12조 및

		동 규칙 제13조의 규정에 의한 민영주택의 입주자격 및 순위는 제1항제4호의 규정에 의한 주택상환사채의 신청자격 및 순위에 관하여 이를 준용한다. <개정 2005.3.9>
	제101조(주택상환사채의 상환 등) ①주택상환사채의 상환기간은 3년을 초과할 수 없다. 이 경우 상환기간은 주택상환사채발행일부터 주택의 공급계약체결일까지의 기간으로 한다. ②주택상환사채는 이를 양도하거나 중도에 해약할 수 없다. 다만, 해외이주 등 부득이한 사유가 있는 경우로서 국토교통부령이 정하는 경우에는 그러하지 아니하다. <개정 2008.2.29, 2013.3.23> 제102조(납입금의 사용) ①주택상환사채의 납입금은 다음 각호의 용도외에는 이를 사용할 수 없다. <개정 2008.2.29, 2013.3.23> 1. 택지의 구입 및 조성 2. 주택건설자재의 구입 3. 건설공사비에의 충당 4. 그 밖에 주택상환을 위하여 필요한 비용으로서 국토교통부장관의 승인을 얻은 비용에의 충당 ②주택상환사채의 납입금은 당해 보증기관과 주택상환사채발행자가 협의하여 정하는 금융기관에서 관리한다. ③제2항의 규정에 의하여 납입금을 관리하는 금융기관은 국토교통부장관의 요청이 있을 때에는 납입금 관리상황을 보고하여야 한다. <개정 2008.2.29, 2013.3.23>	③주택상환사채의 발행자는 주택상환사채를 모집하고자 하는 경우에는 모집 7일 전까지 일간신문에 제1항 각호의 사항을 1회 이상 공고하여야 한다. 제47조(주택상환사채의 양도 등) ①영 제101조제2항 단서에서 "국토교통부령이 정하는 경우"라 함은 다음 각 호의 어느 하나에 해당하는 경우를 말한다. <개정 2006.2.24, 2008.3.14, 2013.3.23> 1. 세대원(세대주가 포함된 세대의 구성원을 말한다. 이하 이 조에서 같다)의 근무 또는 생업상의 사정이나 질병치료·취학·결혼으로 인하여 세대원 전원이 다른 행정구역으로 이전하는 경우 2. 세대원 전원이 상속에 의하여 취득한 주택으로 이전하는 경우 3. 세대원 전원이 해외로 이주하거나 2년 이상 해외에 체류하고자 하는 경우 ②주택상환사채를 양도 또는 중도해약하거나 상속받고자 하는 자는 제1항 각 호의 1에 해당함을 증명하는 서류 또는 상속인임을 증명하는 서류를 주택상환사채

		발행자에게 제출하여야 한다. 이 경우 주택상환사채 발행자는 지체없이 주택상환사채권자의 명의를 변경하고, 주택상환사채원부 및 주택상환사채권에 이를 기재하여야 한다. ③주택상환사채를 상환함에 있어 주택상환사채권자가 원하는 경우에는 주택상환사채의 원리금을 현금으로 상환할 수 있다.
제70조(발행책임과 조건 등) ① 제69조에 따라 주택상환사채를 발행한 자는 발행조건에 따라 주택을 건설하여 사채권자에게 상환하여야 한다. ② 주택상환사채는 기명증권(記名證券)으로 하고, 사채권자의 명의변경은 취득자의 성명과 주소를 사채원부에 기록하는 방법으로 하며, 취득자의 성명을 채권에 기록하지 아니하면 사채발행자 및 제3자에게 대항할 수 없다. ③ 국토교통부장관은 사채의 납입금이 택지의 구입 등 사채발행 목적에 맞게 사용될 수 있도록 그 사용 방법·절차 등에 관하여 대통령령으로 정하는 바에 따라 필요한 조치를 하여야 한다. <개정 2013.3.23> [전문개정 2009.2.3]		
제71조(주택상환사채의 효력) 제13조에 따라 등록사업자의 등록이 말소된 경우에도 등록사업자가 발행한 주택상환사채의 효력에는 영향을 미치지 아니한다. [전문개정 2009.2.3]		
제72조(「상법」의 적용) 주택상환사채의 발행에 관하여		

이 법에서 규정한 것 외에는 「상법」 중 사채발행에 관한 규정을 적용한다. 다만, 한국토지주택공사가 발행하는 경우와 금융기관 등이 상환을 보증하여 등록사업자가 발행하는 경우에는 「상법」 제470조·제471조 및 제478조제1항을 적용하지 아니한다. <개정 2010.4.5> [전문개정 2009.2.3] 제4절 국민주택사업특별회계 등 제73조(국민주택사업특별회계의 설치 등) ① 지방자치단체는 국민주택사업을 시행하기 위하여 국민주택사업특별회계를 설치·운용하여야 한다. ② 제1항의 국민주택사업특별회계의 자금은 다음 각 호의 재원으로 조성한다. <개정 2011.3.31> 1. 자체 부담금 2. 제60조에 따른 국민주택기금으로부터의 차입금 3. 정부로부터의 보조금 4. 농협은행로부터의 차입금 5. 외국으로부터의 차입금 6. 국민주택사업특별회계에 속하는 재산의 매각 대금 7. 국민주택사업특별회계자금의 회수금·이자수입금 및 그 밖의 수익 8. 「재건축초과이익 환수에 관한 법률」에 따른 재건축부담금 중 지방자치단체 귀속분 ③ 지방자치단체는 대통령령으로 정하는 바에 따라 국민주택사업특별회계의 운용 상황을 국토교통부장관에게 보고하여야 한다. <개정 2013.3.23> [전문개정 2009.2.3]	제4절 국민주택사업특별회계 등 제103조(국민주택사업특별회계의 편성·운용 등) ①법 제73조제1항에 의하여 지방자치단체에 설치하는 국민주택사업특별회계의 편성 및 운용에 관하여 필요한 사항은 당해 지방자치단체의 조례로 정할 수 있다. ②국민주택을 건설·공급하는 지방자치단체의 장은 법 제73조제3항에 따라 국민주택사업특별회계의 분기별 운용상황을 그 분기가 끝나는 달의 다음 달 20일까지 국토교통부장관에게 보고하여야 한다. 이 경우 시장·군수 또는 구청장의 경우에는 시·도지사를 거쳐(특별자치도지사가 보고하는 경우는 제외한다) 보고하여야 한다. <개정 2008.2.29, 2009.4.21, 2013.3.23>	제49조(국민주택사업특별회계 운용상황의 보고) 영 제103조제2항의 규정에 의한 국민주택사업특별회계의 분기별 운용상황 보고는 별지 제58호서식에 의한다.

제74조 삭제 <2004.1.29>	제104조 삭제 <2004.3.17>	
제75조(입주자저축) ① 이 법에 따라 주택을 공급받으려는 자에게는 미리 입주금의 전부 또는 일부를 저축(이하 "입주자저축"이라 한다)하게 할 수 있다. ② 제1항에 따른 입주자저축은 다음 각 호와 같다. <개정 2010.4.5> 1. 청약저축: 국민주택등을 공급받기 위하여 가입하는 저축 2. 청약예금: 민영주택과 민간건설 중형국민주택을 공급받기 위하여 가입하는 예금 3. 청약부금: 주거전용면적이 85제곱미터 이하의 민영주택과 민간건설 중형국민주택을 공급받기 위하여 가입하는 부금 4. 주택청약종합저축: 국민주택등과 민영주택을 공급받기 위하여 가입하는 저축 ③ 그 밖에 입주자저축의 납입방식·금액 및 조건 등에 필요한 사항은 국토교통부령으로 정한다. <신설 2010.4.5, 2013.3.23> [전문개정 2009.2.3]	제105조(입주자저축 등) 국토교통부장관은 법 제75조제2항의 규정에 의하여 입주자저축에 관한 국토교통부령을 제정 또는 개정함에 있어서는 기획재정부장관과 미리 협의하여야 한다. <개정 2008.2.29, 2013.3.23>	
제5절 대한주택보증주식회사	**제5절 대한주택보증주식회사**	
제76조(대한주택보증주식회사의 설립) ① 주택건설에 대한 각종 보증을 함으로써 주택분양계약자를 보호하고 주택건설을 촉진하며 국민의 주거복지 향상 등에 기여하기 위하여 대한주택보증주식회사를 둔다. ② 대한주택보증주식회사는 정관으로 정하는 바에 따라 본점의 소재지에서 등기함으로써 성립한다.		

③ 대한주택보증주식회사는 정관을 제정하거나 변경하려는 경우에는 국토교통부장관의 인가를 받아야 한다. <개정 2013.3.23> [전문개정 2009.2.3]		
제77조(업무) ① 대한주택보증주식회사는 그 목적을 달성하기 위하여 다음 각 호의 업무를 수행한다. 1. 사업주체가 건설·공급하는 주택에 대한 분양보증, 하자보수보증, 그 밖에 대통령령으로 정하는 보증업무 2. 제1호에 따른 보증을 이행하기 위한 주택의 건설 및 하자보수 등의 업무 3. 국가·지방자치단체·공공단체 등이 위탁하는 업무 4. 제40조제6항에 따른 주택건설대지 신탁의 인수업무 5. 그 밖에 대통령령으로 정하는 업무 ② 제1항에 따른 업무를 수행하기 위하여 필요한 사항은 대통령령으로 정한다. [전문개정 2009.2.3]	제106조(보증의 종류와 보증료) ①법 제77조제1항제1호에 따라 대한주택보증주식회사가 행할 수 있는 보증의 종류는 다음 각 호와 같다. <개정 2004.9.17, 2005.3.8, 2005.9.16, 2008.6.20, 2008.12.9, 2012.3.13, 2012.7.24, 2014.6.11> 1. 분양보증 : 사업주체(제12조에 따른 공동사업주체를 포함한다)가 법 제16조제1항 본문 또는 같은 조 제3항에 따라 사업계획의 승인을 받아 건설하는 주택(부대시설 및 복리시설을 포함한다. 이하 이 조에서 같다) 또는 제15조제2항에 따라 사업계획의 승인을 받지 아니하고 30세대 이상의 주택과 주택외의 시설을 동일건축물로 건축하는 경우에 행하는 다음 각 목의 보증(제15조제2항에 따라 사업계획의 승인을 받지 아니하고 30세대 이상의 주택과 주택외의 시설을 동일건축물로 건축하는 경우에는 가목의 보증만 해당한다) 가. 주택분양보증 : 사업주체가 파산 등의 사유로 분양계약을 이행할 수 없게 되는 경우 해당 주택의 분양(사용검사 또는 「건축법」 제22조에 따른 사용승인과 소유권보존등기를 포함한다)의 이행 또는 납부한 계약금 및 중도금의 환급(해당 주택의 감리자가 확인한 실행공정률이 100분의 80 미만이	

| | 고. 입주자의 3분의 2 이상이 원하는 경우만 해당한다. 이하 나목에서 같다)을 책임지는 보증
나. 주택임대보증 : 사업주체가 파산 등의 사유로 임대계약을 이행할 수 없게 되는 경우 당해 주택의 임대(사용검사 및 소유권보존등기를 포함한다)의 이행 또는 납부한 계약금 및 중도금의 환급을 책임지는 보증
2. 하자보수보증 : 제59조제1항의 규정에 의한 하자담보책임기간중에 발생한 하자의 보수에 대한 보증
3. 감리비 예치보증 : 등록사업자가 주택건설사업을 시행하는 경우의 감리와 관련하여 감리자에게 지급하여야 할 감리비의 지급에 대한 보증
4. 조합주택 시공보증 : 법 제10조제2항의 규정에 의하여 주택조합과 공동으로 사업을 시행하는 등록사업자(리모델링주택조합 및 「도시 및 주거환경정비법」제13조의 규정에 의한 정비사업조합의 경우에는 도급계약을 체결한 시공자를 말한다)가 파산 등의 사유로 당해 주택에 대한 시공책임(착공신고일부터 사용검사일까지의 공사이행 책임을 말한다)을 이행할 수 없게 되는 경우에 시공을 이행하거나 일정금액을 납부하는 보증
5. 임대보증금에 대한 보증 : 「임대주택법 시행령」제14조제1항에 따른 공공건설임대주택의 임대보증금을 책임지는 보증
6. 주택상환사채에 대한 보증 : 법 제69조제1항의 규정에 의하여 주택상환사채를 발행한 사업주체가 파산 등의 사유로 상환예정일에 주택으로 사채를 상환하지 못하는 경우에 이의 상환을 책임지는 보증
7. 주택사업금융보증 : 주택건설사업에 지원되는 금융으 | |

로서 당해 주택건설사업에서 발생하는 미래의 현금수
입을 주요 상환재원으로 하는 금융의 원리금 상환을
책임지는 보증
8. 하도급계약이행 및 대금지급보증 : 「하도급거래 공정
   화에 관한 법률」 제13조의2의 규정에 의한 보증중
   주택건설 하도급의 계약이행 및 대금지급을 책임지는
   보증
9. 그 밖에 대한주택보증주식회사의 정관으로 정하는 보
   증
②대한주택보증주식회사가 당해 회사를 이용하는 자로부
터 받는 보증료 등은 정관으로 정한다.
③대한주택보증주식회사는 그가 행하는 각종 보증의 구
체적인 내용, 책임범위 및 조건 등에 관하여 약관을 정
하여 시행할 수 있다.

제107조(보증과 관련된 업무) ① 법 제77조제1항제5호에서
"대통령령으로 정하는 업무"란 대한주택보증주식회사가
제106조제1항에 따른 분양보증, 하자보수보증 등을 행함
에 따라 사업주체의 파산 등으로 인하여 부담하게 될 수
있는 보증채무를 면하거나 보증채무 이행에 수반되는 손
실을 방지하기 위하여 수행하는 다음 각 호의 업무를 말
한다. <개정 2010.11.10>
1. 시공 중인 주택을 일시 매입하여 임대하거나 관리하
   는 업무
2. 「자산유동화에 관한 법률」 제2조제5호에 따른 유동
   화전문회사가 발행하는 같은 법 제2조제4호에 따른
   유동화증권을 매입하는 업무
② 대한주택보증주식회사는 법 제77조제1항 각 호에 규
정된 업무를 수행함에 있어 다음 각 호의 행위를 할 수

	있다. <개정 2008.12.9, 2013.3.23> 1. 보증심사 및 이행(재산조사를 포함한다)을 위한 조사 및 관계인에 대한 자료제공의 요청 2. 주택건설공사의 감리자에 대한 시공방법·공정현황·사용자재 및 품질 등에 관한 자료제출의 요청 3. 사용검사(「건축법」 제22조에 따른 사용승인을 포함한다)의 신청 등 국토교통부령으로 정하는 보증의 이행과 관련된 업무 ③ 대한주택보증주식회사는 법 제77조제1항제1호, 제2호 및 이 조 제1항 각 호에 따른 보증에 관한 사무를 수행하기 위하여 불가피한 경우 「개인정보 보호법 시행령」 제19조제1호, 제3호 또는 제4호에 따른 주민등록번호, 운전면허의 면허번호 또는 외국인등록번호가 포함된 자료를 처리할 수 있다. <신설 2012.7.24> [전문개정 2008.11.5]	제48조(보증업무의 수행 등) 영 제107조제3호에서 "국토교통부령이 정하는 보증의 이행과 관련된 업무"라 함은 사용검사의 신청, 입주예정자(주택조합의 조합원을 포함한다)에 대한 분양대금(조합주택의 경우에는 건축비를 포함한다)의 수납·관리 등 보증이행과 관련된 부대업무를 말한다. <개정 2008.3.14, 2013.3.23>
제78조(자본금 및 출자) ① 대한주택보증주식회사의 자본금은 3천억원 이상으로 한다. ② 대한주택보증주식회사에 대하여 국가가 출자한 주식의 주주권은 국토교통부장관이 행사한다. <개정 2013.3.23> ③ 제1항에 따라 대한주택보증주식회사가 발행할 주식의 종류, 1주(株)의 금액, 그 밖에 필요한 사항은 정관으로 정한다. [전문개정 2009.2.3] 제79조 삭제 <2009.2.3> 제80조(다른 법률과의 관계) ① 대한주택보증주식회사의 외국인의 주식소유제한 등에 관하여는 「공기업의 경영		

구조개선 및 민영화에 관한 법률」 제19조를 적용한다.
② 이 법에 규정되지 아니한 사항에 대하여는 「공공기관의 운영에 관한 법률」과 「상법」 중 주식회사에 관한 규정을 준용한다.
[전문개정 2009.2.3]

제7장 주택의 거래 <신설 2004.1.29>

제80조의2(주택거래의 신고) ① 주택에 대한 투기가 성행하거나 성행할 우려가 있다고 판단되는 지역으로서 주택정책심의위원회의 심의를 거쳐 국토교통부장관이 지정하는 지역(이하 "주택거래신고지역"이라 한다)에 있는 주택(대통령령으로 정하는 공동주택으로 한정한다. 이하 이 장 및 제101조의2에서 같다)에 관한 소유권을 이전하는 계약(대가가 있는 경우만 해당하며, 신규로 건설·공급하는 주택을 신규로 취득하는 경우는 제외한다. 이하 "주택거래계약"이라 한다)을 체결한 당사자는 공동으로, 주택거래가액 등 대통령령으로 정하는 사항을 주택거래계약의 체결일부터 15일 이내에 해당 주택 소재지의 관할 시장·군수·구청장에게 신고하여야 하며, 신고한 사항을 변경하는 경우에도 같다. 다만, 주택거래신고지역으로 지정되기 전에 체결한 계약은 「부동산등기 특별조치법」 제3조 또는 「공인중개사의 업무 및 부동산 거래신고에 관한 법률」 제27조에 따른다. <개정 2010.4.5, 2013.3.23>
② 삭제 <2010.4.5>
③ 제1항이나 제2항에 따라 신고를 받은 시장·군수·구청장은 그 신고 내용을 확인한 후 신고증명서를 신고인에게 즉시 발급하여야 한다.

제6장의2 주택의 거래 <신설 2004.3.29>

제107조의2(주택거래신고지역의 지정 등) ①법 제80조의2제1항에 따라 국토교통부장관은 다음 각 호의 어느 하나에 해당하는 지역을 주택거래신고지역으로 지정할 수 있다. <개정 2005.3.8, 2008.2.29, 2008.12.9, 2010.7.6, 2013.3.23>
1. 지정하는 날이 속하는 달의 직전월(이하 "직전월"이라 한다)의 「건축법 시행령」 별표 1 제2호가목의 아파트(이하 "아파트"라 한다)의 매매가격상승률이 1.5퍼센트 이상인 지역
2. 직전월로부터 소급하여 3월간의 아파트의 매매가격상승률이 3퍼센트 이상인 지역
3. 직전월로부터 소급하여 1년간의 아파트의 매매가격상승률이 전국의 아파트매매가격상승률의 2배 이상인 지역
4. 직전월부터 소급하여 3개월간의 월평균 아파트거래량 증가율이 20퍼센트 이상인 지역
5. 관할시장·군수 또는 구청장이 주택에 대한 투기가 성행할 우려가 있다고 판단하여 지정을 요청하는 지역
② 법 제80조의2제1항에 따라 주택거래계약을 신고하여야 하는 공동주택은 아파트를 말한다. <개정 2008.12.9>

제49조의2(주택거래의 신고절차 등) ① 주택거래계약을 체결한 매수인 및 매도인(이하 "거래당사자"라 한다)이 법 제80조의2제1항에 따라 주택거래계약을 신고하려면 별지 제58호의2서식의 주택거래계약신고서(전자문서로 된 신고서를 포함하며, 영 제107조의3제5호의2에 따라 거래대상 주택의 취득에 필요한 자금의 조달계획을 신고하여야 하는 경우에는 별지 제58호의3서식의 주택취득자금 조달계획서를 포함한다)에 거래당사자가 공동으로 서명 또는 날인(전자인증의 방법을 포함한다)하여 거래당사자 중 1명이 관할 시장·군수 또는 구청장에게 제출하여야 한다. 이 경우 거래당사자 중 1명이 주택거래계약신고서에 서명 또는 날인(전자인증의 방법을 포함한다)을 거부하는 경우에는 거래당사자 중 다른 1명이 단독으로 주택거래계약신고서에 서명 또는 날인한 후 그 거래계약서 사본과 거부사유서를 첨부하여 제출할 수 있다.

④ 신고인이 제3항에 따른 신고증명서를 발급받은 경우에는 「부동산등기 특별조치법」 제3조제1항에 따른 검인을 받은 것으로 본다.
⑤ 제1항에 따른 신고의 절차와 그 밖에 필요한 사항은 국토교통부령으로 정한다. <개정 2013.3.23>
⑥ 국토교통부장관은 주택거래신고지역의 지정 후 관할 지방자치단체의 장이 해제를 요청하거나 주택가격이 안정되는 등 지정 사유가 없어졌다고 인정되는 경우에는 주택정책심의위원회의 심의를 거쳐 주택거래신고지역의 지정을 해제하여야 한다. <개정 2013.3.23>
[전문개정 2009.2.3]

③국토교통부장관은 제1항에 따라 주택거래신고지역을 지정한 경우에는 다음 각 호의 사항을 관보에 고시하고, 지체없이 관할시장·군수 또는 구청장에게 통보하여야 한다. <개정 2008.2.29, 2008.12.9, 2013.3.23>
1. 삭제 <2008.12.9>
2. 주택거래신고지역의 지역적 범위
3. 신고대상 공동주택
④시장·군수 또는 구청장은 제3항의 규정에 의하여 통보받은 내용을 지체없이 관할등기소의 장에게 통지하고, 일반인이 15일 이상 열람할 수 있도록 하여야 한다.
⑤제3항 및 제4항의 규정은 법 제80조의2제6항의 규정에 의한 주택거래신고지역의 해제에 관하여 이를 준용한다.
[본조신설 2004.3.29]

제107조의3(주택거래신고지역에서의 신고사항 등) ①법 제80조의2제1항에 따라 신고하여야 하는 사항은 다음 각 호와 같다. 다만, 제5호에 따른 주택거래가액이 6억원 이하인 주택거래의 경우에는 제5호의2 및 제5호의3을 적용하지 아니한다. <개정 2006.11.7, 2008.12.9, 2012.3.13>
1. 매수인 및 매도인의 인적사항
2. 계약일, 중도금 지급일 및 잔금 지급일
3. 거래대상 주택의 소재지, 지목 및 면적
4. 거래대상 주택의 종류와 규모
5. 주택거래가액
5의2. 거래대상 주택의 취득에 필요한 자금의 조달계획
5의3. 거래대상 주택에의 입주여부에 관한 계획
6. 삭제 <2008.12.9>
7. 삭제 <2008.12.9>
8. 계약의 조건 또는 기한이 있는 때에는 그 조건 또는

② 법 제80조의2제3항에 따른 신고필증은 별지 제58호의4서식에 따른다.
③ 제1항에 따라 주택거래계약을 신고하려는 자는 주민등록증 등 신고인의 신분을 확인할 수 있는 신분증명서를 시장·군수 또는 구청장에게 내보여야 한다. 다만, 전자문서로 신고를 하려는 자에 대하여는 전자인증의 방법에 따른다.
④ 제1항에 따른 주택거래계약신고서의 제출(전자문서를 통한 제출은 제외한다. 이하 이 항에서 같다)은 주택거래계약신고서를 제출하기로 한 자의 위임을 받은 자가 대행할 수 있다. 이 경우 주택거래계약신고서의 제출을 대행하는 자는 주민등록증 등 신분을 확인할 수 있는 신분증명서를 시장·군수 또는 구청장에게 내보이고, 주택거래신고서의 제출을 위임한 거래당사자의 인감증명서가 첨부된 위임장을 제출하여야 한다.
⑤ 거래당사자는 제1항에 따라 주택거래계약을 신고한 내용 중 잔금지급일이 변경되거나 다음 각 호의 어느 하나에 해당하는 내용이 잘못 기재된 경우에는 발급받은 주택거래계약 신고필증에 해당 내용을 수정하여 거래당사자 모두가 서명 또는 날인(전자인증의 방법을 포함한다)한 후 시장·군수 또는 구청장에게 정정신청(전자문서로 신청하는 경우를 포함한다)을 할 수 있다.

	기한 ② 법 제80조의3제1항에서 "대통령령으로 정하는 거래대금지급증명자료"란 거래대금의 지급을 증명할 수 있는 다음 각 호의 어느 하나에 해당하는 서류를 말한다. <신설 2012.3.13> 1. 거래대금의 지급을 확인할 수 있는 입금표 또는 통장 사본 2. 매수인이 거래대금의 지급을 위한 대출, 정기예금 등의 만기수령 또는 해약, 주식·채권 등의 처분을 증명할 수 있는 서류 3. 매도인이 매수인으로부터 받은 거래대금을 예금 외의 다른 용도로 지출한 경우 이를 증명할 수 있는 서류 4. 그 밖에 거래당사자 간에 거래대금을 주고받은 것을 증명할 수 있는 서류 [본조신설 2004.3.29] [제목개정 2012.3.13]	1. 매수인 및 매도인의 주소, 국적 2. 주택의 종류 3. 주택 소재지의 지목, 토지면적, 대지권비율 4. 계약대상 면적 ⑥ 제5항에 따른 정정신청을 받은 시장·군수 또는 구청장은 정정내용을 확인하였으면 즉시 신고필증을 재발급하여야 한다. [전문개정 2008.6.30]
제80조의3(신고 내용의 조사 등) ① 시장·군수·구청장은 제80조의2제1항에 따른 신고 사항이 빠져 있거나 정확하지 아니하다고 판단되는 경우에는 신고인에게 신고 내용을 보완하도록 하거나, 신고한 사항의 사실 여부를 확인하기 위하여 소속 공무원으로 하여금 신고인에게 계약서 및 대통령령으로 정하는 거래대금지급증명자료 등 관련 자료의 제출을 요구하게 하는 등 필요한 조치를 할 수 있다. <개정 2011.9.16> ② 시장·군수·구청장은 신고증명서를 발급한 날부터 15일 이내에 해당 주택 소재지 관할 세무관서의 장에게 제1항에 따른 신고 사항을 통보하여야 하며, 통보를 받은 세무관서의 장은 그 신고 사항을 국세 또는 지방세를 부과하기 위한 자료로 활용할 수 있다.		

[전문개정 2009.2.3] **제8장 협회** <개정 2009.2.3> 제81조(협회의 설립 등) ① 등록사업자는 주택건설사업 및 대지조성사업의 전문화와 주택산업의 건전한 발전을 도모하기 위하여 주택사업자단체를 설립할 수 있다. ② 주택관리사등은 주택관리에 관한 기술·행정 및 법률문제에 관한 연구와 그 업무를 효율적으로 수행하기 위하여 주택관리사단체를 설립할 수 있다. ③ 주택임대관리업자는 주택임대관리업의 효율적인 업무수행을 위하여 주택임대관리업자 단체를 설립할 수 있다. <개정 2013.8.6> ④ 제1항부터 제3항까지에 따른 단체(이하 "협회"라 한다)는 각각 법인으로 한다. <신설 2013.8.6> ⑤ 협회는 그 주된 사무소의 소재지에서 설립등기를 함으로써 성립한다. <개정 2013.8.6> ⑥ 이 법에 따라 국토교통부장관, 시·도지사 또는 대도시 시장으로부터 영업 및 자격의 정지처분을 받은 협회 회원의 권리·의무는 그 영업 및 자격의 정지기간 중에는 정지되며, 등록사업자의 등록 및 주택관리사등의 자격이 말소되거나 취소된 때에는 협회의 회원자격을 상실한다. <개정 2013.3.23, 2013.6.4, 2013.8.6> [전문개정 2009.2.3] 제81조의2(공제사업) ① 제81조제2항에 따른 협회는 제55조의2에 따른 관리사무소장의 손해배상책임을 보장하기 위하여 공제사업을 할 수 있다.	**제6장의3 공제사업** <신설 2007.11.30> 제107조의4(공제사업의 범위) 법 제81조의2제1항에 따라 법 제81조제2항에 따른 협회(이하 이 장에서 "협회"라 한다)가 할 수 있는 공제사업의 범위는 다음 각 호와 같	

② 협회는 제1항에 따른 공제사업을 하려면 공제규정을 제정하여 국토교통부장관의 승인을 받아야 한다. 공제규정을 변경하려는 경우에도 또한 같다. <개정 2013.3.23>
③ 제2항의 공제규정에는 대통령령으로 정하는 바에 따라 공제사업의 범위, 공제계약의 내용, 공제금, 공제료, 회계기준 및 책임준비금의 적립 비율 등 공제사업의 운용에 필요한 사항이 포함되어야 한다.
④ 협회는 공제사업을 다른 회계와 구분하여 별도의 회계로 관리하여야 하며, 책임준비금을 다른 용도로 사용하려는 경우에는 국토교통부장관의 승인을 받아야 한다. <개정 2013.3.23>
⑤ 협회는 대통령령으로 정하는 바에 따라 매년도의 공제사업 운용 실적을 일간신문·협회보 등을 통하여 공제계약자에게 공시하여야 한다.
⑥ 국토교통부장관은 협회가 이 법 및 공제규정을 지키지 아니하여 공제사업의 건전성을 해칠 우려가 있다고 인정되는 경우에는 시정을 명하여야 한다. <개정 2013.3.23, 2013.12.24>
⑦ 「금융위원회의 설치 등에 관한 법률」에 따른 금융감독원 원장은 국토교통부장관이 요청한 경우에는 협회의 공제사업에 관하여 검사를 할 수 있다. <개정 2013.3.23>
[전문개정 2009.2.3]

다. <개정 2008.2.29, 2013.3.23>
1. 법 제55조의2에 따른 주택관리사등의 손해배상책임을 보장하기 위한 공제기금의 조성 및 공제금의 지급에 관한 사업
2. 공제사업의 부대사업으로서 국토교통부장관의 승인을 받은 사업
[본조신설 2007.11.30]

제107조의5(공제규정) 법 제81조의2제2항에 따른 공제규정에는 다음 각 호의 사항이 포함되어야 한다.
1. 공제계약의 내용 : 협회의 공제책임, 공제금, 공제료, 공제기간, 공제금의 청구와 지급절차, 구상 및 대위권, 공제계약의 실효, 그 밖에 공제계약에 필요한 사항. 이 경우 공제료는 공제사고 발생률, 보증보험료 등을 종합적으로 고려하여 결정한 금액으로 한다.
2. 회계기준 : 공제사업을 손해배상기금과 복지기금으로 구분하여 각 기금별 목적 및 회계원칙에 부합되는 세부기준 마련
3. 책임준비금의 적립비율 : 공제료 수입액의 100분의 10 이상. 이 경우 공제사고 발생률 및 공제금 지급액 등을 종합적으로 고려하여 정한다.
[본조신설 2007.11.30]

제107조의6(공제사업 운용실적의 공시) 법 제81조의2제5항에 따라 협회는 다음 각 호의 사항이 모두 포함된 공제사업 운용실적을 매 회계연도 종료 후 2개월 이내에 국토교통부장관에게 보고하고, 일간신문 또는 협회보에 공시하여야 한다. <개정 2008.2.29, 2013.3.23>
1. 대차대조표, 손익계산서 및 감사보고서

	2. 공제료 수입액, 공제금 지급액, 책임준비금 적립액 3. 그 밖에 공제사업의 운용에 관한 사항 [본조신설 2007.11.30]
제82조(협회의 설립인가 등) ① 협회를 설립하려면 다음 각 호의 구분에 따른 인원수를 발기인으로 하여 정관을 마련한 후 창립총회의 의결을 거쳐 국토교통부장관의 인가를 받아야 한다. 주택사업자단체가 정관을 변경하려는 경우에도 또한 같다. <개정 2013.3.23, 2013.8.6> 1. 주택사업자단체: 회원자격을 가진 자 50명 이상 2. 주택관리사단체: 공동주택의 관리사무소장으로 배치된 자의 5분의 1 이상 3. 주택임대관리업자단체: 주택임대관리업자 10명 이상 ② 국토교통부장관은 제1항에 따른 인가를 하였을 때에는 이를 지체 없이 공고하여야 한다. <개정 2013.3.23> [전문개정 2009.2.3] 제83조(「민법」의 준용) 협회에 관하여 이 법에서 규정한 것 외에는 「민법」 중 사단법인에 관한 규정을 준용한다. [전문개정 2009.2.3]	
제9장 주택정책심의위원회	**제7장 주택정책심의위원회**
제84조(주택정책심의위원회의 설치 등) ① 주택정책에 관한 다음 각 호의 사항을 심의하기 위하여 국토교통부에 주택정책심의위원회를 둔다. <개정 2009.12.29, 2011.5.30, 2013.3.23> 1. 최저주거기준의 설정 및 변경 2. 주택종합계획의 수립 및 변경	제108조(주택정책심의위원회의 구성) ①법 제84조에 따른 주택정책심의위원회(이하 "심의회"라 한다)는 위원장 1명을 포함하여 25명 이내의 위원으로 구성한다. <개정 2013.5.31> ②위원장은 국토교통부장관이 된다. <개정 2008.2.29, 2013.3.23>

3. 「택지개발촉진법」에 따른 택지개발지구의 지정·변경 또는 해제(지정권자가 국토교통부장관인 경우에 한하되, 「택지개발촉진법」 제3조제2항에 따라 국토교통부장관의 승인을 받아야 하는 경우를 포함한다) 4. 투기과열지구 또는 주택거래신고지역의 지정 및 해제 5. 그 밖에 주택의 건설·공급·거래에 관한 중요한 정책으로서 국토교통부장관이 심의에 부치는 사항 ② 주택정책심의위원회의 구성·운영과 그 밖에 필요한 사항은 대통령령으로 정한다. [전문개정 2009.2.3]	③위원장외의 위원은 다음 각 호의 자가 된다. <개정 2007.7.30, 2008.2.29, 2009.9.21, 2010.3.15, 2010.7.12, 2011.8.30, 2013.3.23, 2013.5.31> 1. 기획재정부차관·교육부차관·안전행정부차관·농림축산식품부차관·산업통상자원부차관·보건복지부차관·환경부차관·고용노동부차관 및 금융위원회 부위원장 2. 당해 택지개발지구를 관할하는 시·도지사(법 제84조제1항제3호의 사항을 심의하는 경우에 한한다) 3. 국무조정실의 주택정책업무를 담당하는 차장 4. 한국토지주택공사의 사장 5. 주택에 관한 학식과 경험이 풍부한 자로서 국토교통부장관이 위촉하는 자 ④심의회의 사무를 처리하기 위하여 심의회에 간사 1인을 두되, 간사는 고위공무원단에 속하는 공무원으로서 국토교통부에 근무하는 자 또는 국토교통부의 3급 공무원 중에서 국토교통부장관이 지명하는 자가 된다. <개정 2006.2.24, 2008.2.29, 2013.3.23> ⑤제3항제2호의 위원은 당해 안건의 심의의 경우에 한하여 위원이 되며, 제3항제5호의 위원의 임기는 2년으로 하되, 연임할 수 있다. 제109조(위원장의 직무) ①위원장은 심의회를 대표하고, 심의회의 업무를 총괄한다. ②위원장이 부득이한 사유로 직무를 수행할 수 없는 때에는 제108조제3항제1호에 기재된 순서에 따른 위원이 위원장의 직무를 대행한다. 제109조의2(위원의 제척·기피·회피) ① 심의회 위원(이	

	하 이 조, 제109조의3 및 제110조에서 "위원"이라 한다) 이 다음 각 호의 어느 하나에 해당하는 경우에는 심의회 의 심의·의결에서 제척(除斥)된다. 1. 위원 또는 그 배우자나 배우자이었던 사람이 해당 안 건의 당사자(당사자가 법인·단체 등인 경우에는 그 임원을 포함한다. 이하 이 호 및 제2호에서 같다)가 되거나 그 안건의 당사자와 공동권리자 또는 공동의 무자인 경우 2. 위원이 해당 안건의 당사자와 친족이거나 친족이었던 경우 3. 위원이 해당 안건에 대하여 자문, 연구, 용역(하도급 을 포함한다), 감정 또는 조사를 한 경우 4. 위원이나 위원이 속한 법인·단체 등이 해당 안건의 당사자의 대리인이거나 대리인이었던 경우 5. 위원이 임원 또는 직원으로 재직하고 있거나 최근 3 년 내에 재직하였던 기업 등이 해당 안건에 관하여 자문, 연구, 용역(하도급을 포함한다), 감정 또는 조사 를 한 경우 ② 해당 안건의 당사자는 위원에게 공정한 심의·의결을 기대하기 어려운 사정이 있는 경우에는 심의회에 기피 신청을 할 수 있고, 심의회는 의결로 이를 결정한다. 이 경우 기피 신청의 대상인 위원은 그 의결에 참여하지 못한다. ③ 위원이 제1항 각 호에 따른 제척 사유에 해당하는 경 우에는 스스로 해당 안건의 심의·의결에서 회피(回避) 하여야 한다. [본조신설 2012.7.4] 제109조의3(위원의 해촉) 국토교통부장관은 위원이 다음	

각 호의 어느 하나에 해당하는 경우에는 해당 위원을 해촉(解囑)할 수 있다. <개정 2013.3.23>
1. 심신장애로 인하여 직무를 수행할 수 없게 된 경우
2. 직무태만, 품위손상이나 그 밖의 사유로 인하여 위원으로 적합하지 아니하다고 인정되는 경우
3. 제109조의2제1항 각 호의 어느 하나에 해당하는 데에도 불구하고 회피하지 아니한 경우
[본조신설 2012.7.4]

제110조(회의소집 및 의결정족수) ①위원장은 심의회의 회의를 소집하며, 그 의장이 된다.
②위원장이 심의회를 소집하고자 하는 경우에는 회의개최 3일전까지 회의일시·장소 및 심의안건을 각 위원에게 통지하여야 한다. 다만, 긴급을 요하는 경우에는 그러하지 아니하다.
③심의회의 회의는 과반수의 출석으로 개의하고, 출석위원 과반수의 찬성으로 의결한다.

제111조(실무위원회의 구성) ①심의회의 효율적인 운영과 심의회로부터 위임받은 사항을 처리하기 위하여 심의회에 실무위원회를 둘 수 있다.
②실무위원회의 위원장은 국토교통부차관이 되고, 실무위원회부위원장은 고위공무원단에 속하는 공무원으로서 국토교통부에 근무하는 자 또는 국토교통부의 3급 공무원 중에서 국토교통부장관이 지명하는 자가 되며, 실무위원은 다음 각 호의 자가 된다. <개정 2006.2.24, 2008.2.29, 2009.9.21, 2013.3.23>
1. 제108조제3항제1호의 위원이 고위공무원단에 속하는 공무원으로서 해당 기관에 근무하는 자 또는 해당 기

	관의 3급 공무원 중에서 지명하는 자 각 1인 2. 위원인 한국토지주택공사의 사장이 당해 공사의 임직원중에서 추천하여 국토교통부장관이 위촉하는 자 각 1인 3. 기금수탁자가 그 임원중에서 추천하여 국토교통부장관이 위촉하는 자 1인 4. 그 밖에 관계 부처의 공무원중에서 실무위원회위원장이 위촉하는 자 2인 이내 제112조(관계기관 등의 협조) 심의회 및 실무위원회는 심의에 필요하다고 인정하는 때에는 관계 기관의 장 또는 관계자를 출석시켜 의견을 들을 수 있다. 제113조(수당 등) 심의회 및 실무위원회의 위원, 심의회 또는 실무위원회의 회의에 출석하여 발언하는 관계 공무원 또는 관계 전문가 등에 대하여는 예산의 범위에서 수당·여비 그 밖의 필요한 경비를 지급할 수 있다. 다만, 공무원이 그 소관업무와 직접 관련하여 심의회 또는 실무위원회의 회의에 출석하는 경우에는 그러하지 아니하다. <개정 2009.3.18> [전문개정 2006.2.24] 제114조(운영세칙) 이 영에 규정된 사항외에 심의회 및 실무위원회의 운영에 관하여 필요한 사항은 위원장 및 실무위원회위원장이 심의회 및 실무위원회의 의결을 거쳐 정한다. <개정 2009.3.18>	
제85조(시·도 주택정책심의위원회) ① 시·도 주택종합계획 및 「택지개발촉진법」에 따라 택지개발지구의 지정·변경 또는 해제(지정권자가 시·도지사인 경우에 한하되, 같		

은 법 제3조제2항에 따라 국토교통부장관의 승인을 받아야 하는 경우는 제외한다) 등에 관한 사항을 심의하기 위하여 시·도에 시·도 주택정책심의위원회를 둔다. <개정 2009.12.29, 2011.5.30, 2013.3.23> ② 시·도 주택정책심의위원회의 구성·운영과 그 밖에 필요한 사항은 대통령령으로 정하는 바에 따라 시·도의 조례로 정한다. [전문개정 2009.2.3]	제115조(시·도 주택정책심의위원회) ①법 제85조제2항의 규정에 의한 시·도 주택정책심의위원회는 위원장을 포함하여 15인 이내의 위원으로 구성한다. ②위원장은 시·도지사가 된다. ③위원장외의 위원은 관계 공무원과 주택에 관한 학식과 경험이 풍부한 자중에서 시·도지사가 임명 또는 위촉한다. ④시·도 주택정책심의위원회는 다음 각호의 사항을 심의한다. 1. 시·도 주택종합계획의 수립 및 변경 2. 법 또는 이 영의 규정에 의한 조례(당해 시·도지사가 발의하는 조례의 경우에 한한다)의 제정·개정에 관한 사항 3. 그 밖에 관할 지역의 주택정책에 관한 중요한 사항으로서 시·도지사가 심의에 부치는 사항 ⑤시·도 주택정책심의위원회 위원의 자격·임명·위촉·제척·기피·회피·해촉 및 임기 등에 관한 사항, 회의의 구성과 위원 등에 관한 수당 및 여비의 지급 그 밖에 시·도 주택정책심의위원회의 운영에 필요한 사항은 해당 시·도의 조례로 정한다. <개정 2012.7.4>	
제10장 보칙 <개정 2009.2.3>	**제8장 보칙**	
제86조(주택정책 관련 자료 등의 종합관리) ① 국토교통부장관 또는 시·도지사는 적절한 주택정책의 수립 및 시행	제116조(주택행정정보화 및 자료의 관리 등) ①국토교통부장관은 법 제86조제1항의 규정에 의하여 주택관련 정보	제50조(공동주택관리정보체계의 구축·운영) ①국토교통부장관은 영 제116조제1항

을 위하여 주택(준주택을 포함한다. 이하 이 조에서 같다)의 건설·공급·관리 및 이와 관련된 자금의 조달, 주택가격 동향 등 이 법에 규정된 주택과 관련된 사항에 관한 정보를 종합적으로 관리하고 이를 관련 기관·단체 등에 제공할 수 있다. <개정 2010.4.5, 2013.3.23>
② 국토교통부장관 또는 시·도지사는 제1항에 따른 주택 관련 정보를 종합관리하기 위하여 필요한 사항에 대하여 관련 기관·단체 등에 자료를 요청할 수 있다. 이 경우 관계 행정기관 등은 특별한 사유가 없으면 요청에 따라야 한다. <개정 2013.3.23>
③ 사업주체 또는 관리주체는 주택을 건설·공급·관리할 때 이 법과 이 법에 따른 명령에 따라 필요한 주택의 소유 여부 확인, 입주자의 자격 확인 등 대통령령으로 정하는 사항에 대하여 관계 기관·단체 등에 자료 제공 또는 확인을 요청할 수 있다.

[전문개정 2009.2.3]

중 다음 각호의 정보를 효율적이고 체계적으로 관리하기 위하여 국토교통부령이 정하는 바에 따라 정보체계를 각각 구축·운영할 수 있다. <개정 2004.3.29, 2008.2.29, 2010.7.6, 2013.3.23>
1. 공동주택의 안전·유지관리와 관련된 정보
2. 법 제80조의2의 규정에 의한 주택거래신고내역 및 주택가격정보
3. 주택의 건설, 공급 등 주택행정의 업무처리를 위한 인·허가 서류 및 그 부속서류와 관련된 정보
② 국토교통부장관은 제1항 각호의 규정에 의한 정보체계의 구축·운영업무의 전부 또는 일부를 관련전문기관을 지정하여 위탁할 수 있다. <개정 2004.3.29, 2008.2.29, 2013.3.23>
③ 국토교통부장관은 국토교통부령이 정하는 바에 의하여 법 및 이 영 등 법에 의한 명령에 의한 업무처리에 관련된 서류 등을 디스켓·디스크 또는 정보통신망을 통하여 제출받을 수 있다. <개정 2008.2.29, 2013.3.23>
④ 법 제86조제3항에서 "대통령령이 정하는 사항"이라 함은 다음 각호의 사항을 말한다. <개정 2005.3.8, 2009.9.21>
1. 지방자치단체·한국토지주택공사 등 공공기관이 법·「택지개발촉진법」그 밖의 법률에 의하여 개발·공급하는 택지의 현황·공급계획 및 공급일정
2. 주택이 건설되는 해당 지역과 인근지역에 대한 입주자저축의 가입자현황
3. 주택이 건설되는 해당 지역과 인근지역에 대한 주택건설사업계획승인현황
4. 주택관리사등의 배치현황 및 주택관리업자 등록현황

의 규정에 의하여 다음 각호의 사항을 데이터베이스로 구축하여 운영할 수 있다. <개정 2008.3.14, 2013.3.23>
1. 법 제22조의 규정에 의한 설계도서
2. 법 제42조제2항의 규정에 의한 행위허가·신고 및 동조제3항의 규정에 의한 리모델링의 허가
3. 법 제46조의 규정에 의한 하자보수
4. 법 제47조의 규정에 의한 장기수선계획
5. 법 제49조의 규정에 의한 시설물의 안전관리계획
6. 법 제50조의 규정에 의한 안전점검
7. 그 밖에 공동주택의 안전 및 유지관리 등에 관하여 필요한 사항
② 국토교통부장관은 공동주택관리정보체계에 구축되어 있는 제1항 각호의 정보를 수요자에게 제공할 수 있다. 이 경우 공동주택관리정보체계의 운영을 위하여 불가피한 사유가 있거나 개인정보의 보호를 위하여 필요하다고 인정하는 경우에는 제공하는 정보의 종류와 내용을 제한할 수 있다. <개정 2008.3.14, 2013.3.23>

제50조의2(주택정보체계 구축·운영) 국토교통부장관은 영 제116조제1항제3호에 따라 다음 각 호의 사항을 데이터베이스로 구축하여 운영할 수 있다. <개정

| | | 2012.7.26, 2013.3.23>
1. 법 제16조제1항 또는 제3항에 따른 사업계획 승인
2. 법 제16조제9항에 따른 착공승인
3. 법 제29조제1항에 따른 사용검사 승인
4. 법 제38조제1항에 따른 주택공급 승인
[본조신설 2010.7.6]

제51조(주택관련 업무처리의 전산화를 위한 조치) 국토교통부장관은 영 제116조제3항의 규정에 의한 업무처리의 전산화를 위하여 필요한 프로그램을 제작·보급하여야 한다. <개정 2008.3.14, 2013.3.23> |
|---|---|---|
| 제87조(권한의 위임·위탁) ① 이 법에 따른 국토교통부장관의 권한은 대통령령으로 정하는 바에 따라 그 일부를 시·도지사 또는 국토교통부 소속 기관의 장에게 위임할 수 있다. <개정 2013.3.23>
② 국토교통부장관 또는 지방자치단체의 장은 이 법에 따른 권한 중 다음 각 호의 권한을 대통령령으로 정하는 바에 따라 주택산업 육성과 주택관리의 전문화, 시설물의 안전관리 및 자격검정 등을 목적으로 설립된 법인 또는 기금수탁자 중 국토교통부장관 또는 지방자치단체의 장이 인정하는 자에게 위탁할 수 있다. <개정 2010.4.5, 2011.9.16, 2013.3.23, 2013.6.4, 2013.12.24>
1. 제5조에 따른 주거실태조사
2. 제9조에 따른 주택건설사업 등의 등록
3. 제15조에 따른 영업실적 등의 접수
3의2. 제43조의2에 따른 입주자대표회의의 운영교육
3의3. 제43조의3에 따른 소규모 공동주택의 안전관리 | 제117조(권한의 위임) 국토교통부장관은 법 제87조제1항의 규정에 의하여 다음 각 호의 권한을 시·도지사에게 위임한다. <개정 2006.2.24, 2008.2.29, 2012.3.13, 2013.3.23>
1. 법 제13조의 규정에 의한 주택건설사업자 및 대지조성사업자의 등록말소 및 영업의 정지
2. 법 제16조의 규정에 의한 사업계획의 승인·변경승인·승인취소 및 착공신고의 접수. 다만, 제15조제4항제1호의 경우중 택지개발사업을 추진하는 지역안에서 주택건설사업을 시행하는 경우를 제외한다.
3. 법 제29조의 규정에 의한 사용검사 및 임시사용승인
4. 법 제35조제2항제1호에 따른 새로운 건설기술을 적용하여 건설하는 주택에 관한 권한
4의2. 삭제 <2012.3.13>
5. 법 제90조의 규정에 의한 보고·검사
6. 법 제93조제1호 및 동조제2호의 규정에 의한 청문 | |

4. 제47조에 따른 장기수선계획의 조정교육 5. 제49조에 따른 시설물 안전교육 5의2. 제55조제5항에 따른 관리사무소장의 배치 내용 및 직인 신고의 접수 6. 제56조제1항에 따른 주택관리사보 자격시험의 시행 7. 제58조에 따른 주택관리업자 및 관리사무소장에 대한 교육 8. 제86조에 따른 주택정책 관련 자료의 종합관리 ③ 국토교통부장관은 제38조의7제1항 및 제2항에 따른 관계 기관의 장에 대한 자료제공 요청에 관한 사무를 보건복지부장관 또는 지방자치단체의 장에게 위탁할 수 있다. <신설 2013.6.4> [전문개정 2009.2.3]	제118조(업무의 위탁) ①국토교통부장관은 법 제87조제2항에 따라 다음 각 호의 업무를 「정부출연연구기관 등의 설립·운영 및 육성에 관한 법률」에 따라 설립된 국토연구원, 한국토지주택공사, 「국유재산법」에 따라 출자된 주식회사 한국감정원, 법 제81조제3항에 따른 협회(이하 "협회"라 한다) 또는 기금수탁자를 지정하여 위탁한다. <개정 2004.3.29, 2006.2.24, 2007.11.30, 2008.2.29, 2009.4.21, 2009.7.27, 2009.9.21, 2013.3.23> 1. 법 제5조의 규정에 의한 주거실태조사 2. 법 제9조의 규정에 의한 주택건설사업 및 대지조성사업의 등록 3. 법 제15조의 규정에 의한 영업실적 등의 접수 4. 삭제 <2007.11.30> 5. 법 제86조제1항의 규정에 의한 주택관련 정보의 종합관리업무중 주택가격의 동향조사. 이 경우 주택가격 동향의 조사 및 자료의 작성 등에 소요되는 비용은 실비의 범위 안에서 국가예산으로 지원할 수 있다. ② 국토교통부장관은 법 제87조제2항에 따라 법 제56조제1항에 따른 주택관리사보자격시험의 시행에 관한 업무를 「한국산업인력공단법」에 따른 한국산업인력공단에 위탁한다. <신설 2007.11.30, 2008.2.29, 2012.3.13, 2013.3.23> ③시·도지사는 법 제87조제2항의 규정에 의하여 다음 각호의 업무를 주택관리에 관한 전문기관 또는 단체를 지정하여 위탁한다. <개정 2007.11.30> 1. 법 제47조의 규정에 의한 장기수선계획의 조정교육 2. 법 제58조의 규정에 의한 주택관리업자 및 관리사무소장에 대한 교육 ④ 시장·군수 또는 구청장은 법 제87조제2항에 따라 법

	제43조의3에 따른 소규모 공동주택의 안전관리를 한국시설안전공단 또는 법 제81조제2항에 따른 주택관리사단체를 지정하여 위탁한다. <개정 2010.7.6>
⑤ 시장·군수 또는 구청장은 법 제87조제2항에 따라 법 제49조에 따른 시설물 안전교육을 법 제81조제2항에 따른 주택관리사단체에 위탁한다. <신설 2010.7.6>
⑥ 시장·군수 또는 구청장은 법 제87조제2항에 따라 법 제55조제5항에 따른 관리사무소장의 배치 내용 및 직인 신고의 접수에 관한 업무를 법 제81조제2항에 따른 주택관리사단체에 위탁한다. <신설 2012.3.13, 2013.12.4>
제88조(등록증 등의 대여 등 금지) 등록사업자·주택관리업자 및 주택관리사등은 다른 사람에게 자기의 성명 또는 상호를 사용하여 이 법에서 정한 사업이나 업무를 수행 또는 시공하게 하거나 그 등록증 또는 자격증을 대여하여서는 아니 된다.
[전문개정 2009.2.3]	
제89조(체납된 분양대금 등의 강제징수) ① 국가 또는 지방자치단체인 사업주체가 건설한 국민주택의 분양대금·임대보증금 및 임대료가 체납된 경우에는 국가 또는 지방자치단체가 국세 또는 지방세 체납처분의 예에 따라 강제징수할 수 있다. 다만, 입주자가 장기간의 질병이나 그 밖의 부득이한 사유로 분양대금·임대보증금 및 임대료를 체납한 경우에는 강제징수하지 아니할 수 있다.
② 한국토지주택공사 또는 지방공사는 그가 건설한 국민주택의 분양대금·임대보증금 및 임대료가 체납된 경우에는 주택의 소재지를 관할하는 시장·군수·구청장에게 그 징수를 위탁할 수 있다. <개정 2010.4.5>
③ 제2항에 따라 징수를 위탁받은 시장·군수·구청장은	

지방세 체납처분의 예에 따라 이를 징수하여야 한다. 이 경우 한국토지주택공사 또는 지방공사는 시장·군수·구청장이 징수한 금액의 100분의 2에 해당하는 금액을 해당 시·군·구에 위탁수수료로 지급하여야 한다. <개정 2010.4.5> ④ 국가 또는 지방자치단체가 관리주체인 경우 장기수선충당금 및 관리비의 징수에 관하여는 제1항을 준용한다. [전문개정 2009.2.3]		
제89조의2(분양권 전매 등에 대한 신고포상금) 시·도지사는 제41조의2를 위반하여 분양권 등을 전매하거나 알선하는 자를 주무관청에 신고한 자에게 대통령령으로 정하는 바에 따라 포상금을 지급할 수 있다. <개정 2011.9.16> [전문개정 2009.2.3]	제118조의2(신고포상금의 지급대상 등) ①시·도지사는 법 제89조의2에 따라 다음 각 호의 어느 하나에 해당하는 부정행위(이하 "부정행위"라 한다)를 신고한 자에게 포상금을 지급할 수 있다. <개정 2008.2.29, 2012.3.13> 1. 법 제41조의2의 규정에 위반하여 입주자로 선정된 지위 또는 주택을 전매한 자 2. 법 제41조의2의 규정에 위반하여 입주자로 선정된 지위 또는 주택에 대한 전매행위를 알선한 자 ②부정행위를 신고하고자 하는 자는 부정행위신고서에 부정행위를 입증할 수 있는 자료를 첨부하여 시·도지사에게 신고하여야 한다. <개정 2008.2.29, 2012.3.13> ③시·도지사는 제2항에 따른 신고를 받은 경우 부정행위와 관련된 사실관계를 조사하기 위하여 관할 수사기관에 수사를 의뢰하여야 하며, 수사를 의뢰받은 기관은 해당 수사결과(법 제96조제2호에 따른 벌칙부과 등 확정판결의 결과를 포함한다. 이하 같다)를 시·도지사에게 통보하여야 한다. <개정 2006.11.7, 2008.2.29, 2012.3.13> ④시·도지사는 제3항에 따른 수사결과를 신고자에게 통지하여야 한다. <개정 2008.2.29, 2012.3.13>	

		⑤부정행위를 신고한 자가 포상금을 지급받으려는 경우에는 제4항에 따른 통지를 받은 후 신고포상금 지급신청서에 다음 각 호의 서류를 첨부하여 시·도지사에게 포상금의 지급을 신청하여야 하며, 시·도지사는 신청일부터 30일 이내에 포상금을 지급하여야 한다. <개정 2006.11.7, 2008.2.29, 2012.3.13> 1. 수사결과통지서 사본 1부 2. 통장 사본 1부 ⑥제5항에 따라 지급하는 포상금의 구체적인 지급기준은 국토교통부령으로 정한다. <개정 2008.2.29, 2012.3.13, 2013.3.23> [본조신설 2006.2.24]	제51조의2(포상금의 지급기준 등) ① 영 제118조의2제5항에 따른 포상금은 1천만원 이하의 범위에서 지급하되, 구체적인 지급기준 및 지급기준액은 별표 10과 같다. <개정 2013.10.1> ② 삭제 <2013.10.1> ③다음 각 호의 어느 하나에 해당하는 경우에는 포상금을 지급하지 아니할 수 있다. <개정 2013.10.1> 1. 신고 받은 전매행위 또는 이의 알선행위(이하 "부정행위"라 한다)가 언론매체 등에 이미 공개된 내용이거나 이미 수사 중인 경우 2. 관계 행정기관이 사실조사 등을 통하여 신고 받은 부정행위를 이미 알게 된 경우 ④시·도지사는 제3항에 따라 포상금을 지급하지 아니하는 경우에는 그 사유를 신고한 자에게 통지하여야 한다. ⑤영 제118조의2제2항에 따른 부정행위신고서는 별지 제58호의5서식과 같다. <개정 2006.11.7, 2008.6.30> ⑥영 제118조의2제5항에 따른 신고포상금 지급신청서는 별지 제58호의6서식과 같다. <개정 2006.11.7, 2008.6.30> [본조신설 2006.3.28] [제목개정 2013.10.1]
제90조(보고·검사 등) ① 국토교통부장관 또는 지방자치단체의 장은 필요하다고 인정할 때에는 이 법에 따른 인		

가. 승인 또는 등록을 한 자에게 필요한 보고를 하게 하거나, 관계 공무원으로 하여금 사업장에 출입하여 필요한 검사를 하게 할 수 있다. <개정 2013.3.23> ② 제1항에 따른 검사를 할 때에는 검사 7일 전까지 검사 일시, 검사 이유 및 검사 내용 등 검사계획을 검사를 받을 자에게 알려야 한다. 다만, 긴급한 경우나 사전에 통지하면 증거인멸 등으로 검사 목적을 달성할 수 없다고 인정하는 경우에는 그러하지 아니하다. ③ 제1항에 따라 검사를 하는 공무원은 그 권한을 나타내는 증표를 지니고 이를 관계인에게 내보여야 한다. [전문개정 2009.2.3]		제52조(검사공무원의 증표) 법 제90조제3항에 따른 공무원의 권한을 표시하는 증표는 별지 제59호서식에 의한다. <개정 2006.2.24>
제91조(사업주체 등에 대한 지도·감독) 국토교통부장관 또는 지방자치단체의 장은 사업주체 및 공동주택의 입주자·사용자·관리주체·입주자대표회의나 그 구성원 또는 리모델링주택조합이 이 법 또는 이 법에 따른 명령이나 처분을 위반한 경우에는 공사의 중지, 원상복구 또는 그 밖에 필요한 조치를 명할 수 있다. <개정 2013.3.23, 2013.12.24> [전문개정 2009.2.3]	제119조(사업주체 등에 대한 감독) 지방자치단체의 장은 법 제91조의 규정에 의하여 사업주체 등에 대하여 공사의 중지, 원상복구 그 밖에 필요한 조치를 명한 때에는 이를 즉시 국토교통부장관에게 보고하여야 한다. <개정 2008.2.29, 2013.3.23>	
제92조(협회 등에 대한 지도·감독) ① 국토교통부장관은 협회를 지도·감독한다. <개정 2013.3.23> ② 국토교통부장관은 대한주택보증주식회사의 업무 중 다음 각 호의 사항을 지도·감독하고, 필요한 경우 소속 공무원으로 하여금 대한주택보증주식회사의 재산 상황 등을 검사하게 할 수 있다. <개정 2013.3.23> 1. 중장기 경영목표의 수립·조정에 관한 사항 2. 연도별 예산·결산 및 사업계획에 관한 사항	제120조(협회의 감독) 국토교통부장관은 법 제92조제1항의 규정에 의한 감독상 필요한 때에는 협회에 대하여 다음 각호의 사항을 보고하게 할 수 있다. <개정 2008.2.29, 2013.3.23> 1. 총회 또는 이사회의 의결사항 2. 회원의 실태파악을 위하여 필요한 사항 3. 협회의 운영계획 등 업무와 관련된 중요사항 4. 그 밖에 주택정책 및 주택관리와 관련하여 필요한 사항	

3. 보증, 투자 및 융자업무에 관한 사항
4. 사업범위의 조정에 관한 사항
5. 관계 법령 또는 정부 정책에 따라 회사에 부여된 업무에 관한 사항
6. 그 밖에 회사 설립의 목적을 달성하기 위하여 필요한 사항

③ 제2항에도 불구하고 대한주택보증주식회사의 경영건전성을 유지하기 위하여 필요한 검사는 대통령령으로 정하는 바에 따라 금융위원회가 할 수 있다. 이 경우 금융위원회는 검사 결과를 지체 없이 국토교통부장관에게 통보하여야 한다. <개정 2013.3.23>

④ 금융위원회는 제3항에 따른 검사 결과 대한주택보증주식회사의 위법 또는 부당한 행위가 있을 때에는 국토교통부장관에게 그 시정을 요구할 수 있다. <개정 2013.3.23>

⑤ 국토교통부장관은 국민주택기금을 효율적으로 운용 및 관리하고 국민주택기금의 건전성을 유지하기 위하여 필요하면 기금수탁자에 대하여 소속 공무원으로 하여금 실지조사를 하게 하거나 대출채권 등에 관한 자료의 제출과 그 밖의 감독상 필요한 지시를 할 수 있다. <개정 2013.3.23>

[전문개정 2009.2.3]

제93조(청문) 국토교통부장관 또는 지방자치단체의 장은 다음 각 호의 어느 하나에 해당하는 처분을 하려면 청문을 하여야 한다. <개정 2011.9.16, 2012.1.26, 2013.3.23, 2013.6.4>
1. 제13조제1항에 따른 주택건설사업 등의 등록말소
2. 제16조제12항에 따른 사업계획승인의 취소

제121조(대한주택보증주식회사의 경영건전성 검사) ①법 제92조제3항의 규정에 의하여 금융위원회가 대한주택보증주식회사의 경영건전성 유지에 필요한 검사를 하는 경우에는 검사기준을 만들어 이를 사전에 대한주택보증주식회사에 통보할 수 있다. <개정 2008.2.29>

②금융위원회는 제1항의 규정에 의한 검사를 위하여 필요한 경우에는 금융감독원장에게 그 소속직원의 파견을 요청할 수 있다. <개정 2008.2.29>

③대한주택보증주식회사에 대한 경영건전성 검사를 행하는 자는 그 권한을 표시하는 증표를 지니고 이를 관계인에게 내보여야 한다.

3. 제34조제2항에 따른 주택조합의 설립인가취소 4. 제42조제9항에 따른 행위허가의 취소 5. 제54조제1항에 따른 주택관리업의 등록말소 6. 제57조제1항에 따른 주택관리사등의 자격취소 [전문개정 2009.2.3]	
	제121조의2(고유식별정보의 처리) ① 국토교통부장관(법 제62조제2항 및 제87조제2항과 이 영 제116조제2항에 따라 국토교통부장관의 업무를 위탁받은 자를 포함한다), 시·도지사, 시장·군수 또는 구청장(해당 권한이 위임·위탁된 경우에는 그 권한을 위임·위탁받은 자를 포함한다)은 다음 각 호의 사무를 수행하기 위하여 불가피한 경우「개인정보 보호법 시행령」제19조제1호에 따른 주민등록번호가 포함된 자료를 처리할 수 있다. 1. 법 제5조의3제1항에 따른 최저주거기준 미달 가구에 대한 지원에 관한 사무 2. 법 제5조의4에 따른 주택임차료의 보조에 관한 사무 3. 법 제43조의2에 따른 입주자대표회의의 운영과 관련한 교육에 관한 사무 4. 법 제46조의3제5항 단서에 따른 위원회 위원의 결격사유 확인에 관한 사무 5. 법 제47조제3항에 따른 장기수선계획의 비용산출 및 공사방법 등에 관한 교육에 관한 사무 6. 법 제49조제2항에 따른 방범교육 및 안전교육에 관한 사무 7. 법 제55조제5항에 따른 관리사무소장의 배치 내용 및 직인 신고에 관한 사무 8. 법 제56조제1항에 따른 주택관리사보 자격시험 응시자의 본인 확인 또는 같은 조 제2항에 따른 주택관리사 자격증 발급을 위한 같은 조 제4항에 따른 주택관	

	리사등의 결격사유 확인에 관한 사무	
	9. 법 제58조제1항부터 제3항까지의 규정에 따른 주택관리업자 등의 교육에 관한 사무	
	10. 법 제63조제1항제8호 및 제16호의2에 따른 융자에 관한 사무	
	11. 제38조제1항 및 제3항에 따른 조합원의 자격 확인에 관한 사무	
	② 대한주택보증주식회사는 다음 각 호의 사무를 수행하기 위하여 불가피한 경우 「개인정보 보호법 시행령」 제19조제1호, 제2호 또는 제4호에 따른 주민등록번호, 여권번호 또는 외국인등록번호가 포함된 자료를 처리할 수 있다.	
	1. 법 제77조제1항제1호 또는 제2호에 따른 보증 또는 보증이행 에 관한 사무(보증 또는 보증이행 업무의 수행에 따른 채권행사에 관한 사무를 포함한다)	
	2. 법 제77조제1항제3호에 따른 사무 중 보증 또는 보증이행에 관한 사무(보증 또는 보증이행 업무의 수행에 따른 채권행사에 관한 사무를 포함한다)	
	3. 법 제77조제1항제4호에 따른 주택건설 대지 신탁의 인수에 관한 사무	
	4. 제107조제1항 각 호에 따른 업무에 관한 사무	
	③ 주택임대관리업자는 법 제53조의4에 따른 보증상품 가입을 위하여 보증 대상인 임대인 또는 임차인의 본인 확인에 관한 사무를 수행하기 위하여 불가피한 경우 「개인정보 보호법 시행령」 제19조제1호 또는 제4호에 따른 주민등록번호 또는 외국인등록번호가 포함된 자료를 처리할 수 있다.	
	④ 협회는 법 제81조의2제1항에 따른 공제사업(법 제55조의2에 따른 관리사무소장의 손해배상책임을 보장하기	

	위한 공제사업을 말한다)에 관한 사무를 수행하기 위하여 불가피한 경우 「개인정보 보호법 시행령」 제19조제1호에 따른 주민등록번호가 포함된 자료를 처리할 수 있다. ⑤ 제50조의2제2항에 따른 선거관리위원회 위원장은 제50조제4항 각 호에 따른 동별 대표자의 결격사유 확인에 관한 사무를 수행하기 위하여 불가피한 경우 「개인정보 보호법 시행령」 제19조제1호에 따른 주민등록번호가 포함된 자료를 처리할 수 있다. [본조신설 2014.8.6] [종전 제121조의2는 제121조의3으로 이동 <2014.8.6>]	
	제121조의3(규제의 재검토) 국토교통부장관은 다음 각 호의 사항에 대하여 다음 각 호의 기준일을 기준으로 3년마다(매 3년이 되는 해의 기준일과 같은 날 전까지를 말한다) 그 타당성을 검토하여 개선 등의 조치를 하여야 한다. 1. 제13조에 따른 등록사업자의 주택건설공사 시공기준: 2014년 1월 1일 2. 제20조에 따른 주택건설공사의 시공제한 등: 2014년 1월 1일 3. 제21조제1항에 따른 주택의 규모: 2014년 1월 1일 4. 제26조에 따른 감리자의 지정 및 감리원의 배치 등: 2014년 1월 1일 5. 제44조에 따른 입주자의 동의 없이 저당권 설정 등을 할 수 있는 경우 등: 2014년 1월 1일 6. 제45조에 따른 부기등기 등: 2014년 1월 1일 7. 제45조의3에 따른 주택공영개발지구의 지정을 위한 심의사항 등: 2014년 1월 1일	제53조(규제의 재검토) 국토교통부장관은 다음 각 호의 사항에 대하여 다음 각 호의 기준일을 기준으로 3년마다(매 3년이 되는 해의 기준일과 같은 날 전까지를 말한다) 그 타당성을 검토하여 개선 등의 조치를 하여야 한다. <개정 2014.3.19> 1. 제6조에 따른 주택건설사업 등의 등록신청: 2014년 1월 1일 2. 제8조에 따른 영업실적 등의 제출 및 확인: 2014년 1월 1일 3. 제11조에 따른 사업계획의 변경승인신청 등: 2014년 1월 1일 4. 제12조에 따른 공사착수 연기 및 착공신고: 2014년 1월 1일 5. 제17조제1항부터 제5항까지의 규정에 따른 주택조합의 설립인가 신청 등: 2014년 1월 1일

	8. 제48조에 따른 주택관리업자 등에 의한 의무관리대상 공동주택의 범위: 2014년 1월 1일	6. 제19조의5에 따른 분양가상한제 적용주택 등의 부기등기 말소 신청: 2014년 1월 1일
	9. 제53조제1항 및 별표 4에 따른 자치관리기구의 기술인력 및 장비 기준: 2014년 1월 1일	7. 제24조에 따른 관리방법 결정 및 입주자대표회의 구성 등의 신고: 2014년 1월 1일
	10. 제54조제2항에 따른 공동주택 관리업무의 인계 기간: 2014년 1월 1일	8. 제27조제2항 및 별표 6에 따른 공동주택 시설물의 안전관리에 관한 기준 및 진단사항: 2014년 1월 1일
	11. 제56조에 따른 관리현황의 공개: 2014년 1월 1일	9. 제31조에 따른 주택관리업의 등록신청 등: 2014년 1월 1일
	12. 제58조에 따른 관리비등: 2014년 1월 1일	10. 제35조에 따른 주택관리사등의 교육: 2014년 1월 1일
	13. 제62조에 따른 안전진단: 2014년 1월 1일	[본조신설 2013.12.30]
	14. 제64조에 따른 시설물의 안전관리: 2014년 1월 1일	
	15. 제65조에 따른 공동주택의 안전점검: 2014년 1월 1일	
	16. 제66조에 따른 장기수선충당금의 적립 등: 2014년 1월 1일	
	17. 제70조에 따른 주택관리업 등록말소 등의 기준: 2014년 1월 1일	
	18. 제72조의2에 따른 손해배상책임의 보장: 2014년 1월 1일	
	19. 제73조에 따른 주택관리사 자격증의 교부 등: 2014년 1월 1일	
	20. 제93조제1항에 따른 국민주택채권사무지정취급기관: 2014년 1월 1일	
	21. 제98조부터 제100조까지의 규정에 따른 주택상환사채의 발행 등: 2014년 1월 1일	
	22. 제107조의2에 따른 주택거래신고지역의 지정 등: 2014년 1월 1일	
	23. 제107조의4 및 제107조의5에 따른 공제사업의 범위와 공제규정: 2014년 1월 1일	
	24. 제107조의6에 따른 공제사업 운용실적의 공시: 2014년 1월 1일	

	[본조신설 2013.12.30]
	[제121조의2에서 이동 <2014.8.6>]
제11장 벌칙 <개정 2009.2.3>	**제9장 벌칙**
제94조(벌칙) ① 제22조, 제24조, 제24조의3 또는 제42조의5를 위반하여 설계·시공 또는 감리를 함으로써 하자보수책임기간에 제46조제3항에 따른 공동주택의 내력구조부에 중대한 하자를 발생시켜 일반인을 위험에 처하게 한 설계자·시공자·감리자·건축구조기술사 또는 사업주체는 10년 이하의 징역에 처한다. <개정 2013.12.24> ② 제1항의 죄를 범하여 사람을 죽음에 이르게 하거나 다치게 한 자는 무기징역 또는 3년 이상의 징역에 처한다. [전문개정 2009.2.3]	
제95조(벌칙) ① 업무상 과실로 제94조제1항의 죄를 범한 자는 5년 이하의 징역이나 금고 또는 5천만원 이하의 벌금에 처한다. ② 업무상 과실로 제94조제2항의 죄를 범한 자는 10년 이하의 징역이나 금고 또는 1억원 이하의 벌금에 처한다. [전문개정 2009.2.3]	
제95조의2(벌칙) 제38조의7제5항 및 제62조의2제3항을 위반한 사람은 5년 이하의 징역 또는 3천만원 이하의 벌금에 처한다. <개정 2014.5.21> [본조신설 2013.6.4]	

제96조(벌칙) 다음 각 호의 어느 하나에 해당하는 자는 3년 이하의 징역 또는 3천만원 이하의 벌금에 처한다. <개정 2011.9.16>
1. 제39조제1항을 위반한 자
2. 제41조의2제1항을 위반하여 입주자로 선정된 지위 또는 주택을 전매하거나 이의 전매를 알선한 자
3. 제42조제4항을 위반하여 리모델링주택조합이 설립인가를 받기 전에 또는 입주자대표회의가 소유자 전원의 동의를 받기 전에 시공자를 선정한 자 및 시공자로 선정된 자
4. 제42조제5항을 위반하여 경쟁입찰의 방법에 의하지 아니하고 시공자를 선정한 자 및 시공자로 선정된 자
[전문개정 2009.2.3]

제97조(벌칙) 다음 각 호의 어느 하나에 해당하는 자는 2년 이하의 징역 또는 2천만원 이하의 벌금에 처한다. 다만, 제2호, 제7호 또는 제13호의2에 해당하는 자로서 그 위반행위로 얻은 이익의 100분의 50에 해당하는 금액이 2천만원을 초과하는 자는 2년 이하의 징역 또는 그 이익의 2배에 해당하는 금액 이하의 벌금에 처한다. <개정 2011.9.16, 2012.1.26, 2013.6.4, 2013.8.6, 2013.12.24>
1. 제9조에 따른 등록을 하지 아니하거나, 거짓이나 그 밖의 부정한 방법으로 등록을 하고 같은 조의 사업을 한 자
2. 제16조제1항·제3항 또는 제5항에 따른 사업계획의 승인 또는 변경승인을 받지 아니하고 사업을 시행하는 자
3. 제20조제1항 또는 제2항을 위반하여 주택건설공사를 시행하거나 시행하게 한 자

4. 제21조에 따른 주택건설기준 등을 위반하여 사업을 시행한 자		
4의2. 제21조의2를 위반하여 공동주택성능에 대한 등급을 표시하지 아니하거나 거짓으로 표시한 자		
5. 제21조의3에 따른 환기시설을 설치하지 아니한 자		
6. 제29조제4항을 위반하여 주택 또는 대지를 사용하게 하거나 사용한 자(제42조제8항에 따라 준용되는 경우를 포함한다)		
7. 제32조에 따라 설립된 주택조합(리모델링주택조합은 제외한다)의 조합원이 아닌 자로서 주택조합의 가입을 알선하면서 주택가격 외의 수수료를 받거나 그 밖의 명목으로 금품을 받은 자		
8. 제32조제5항 단서를 위반하여 지역조합의 구성원을 선정한 자		
9. 제38조제1항을 위반하여 주택을 건설·공급한 자		
10. 제38조의2제1항 또는 제4항을 위반하여 주택을 공급한 자		
11. 제38조제3항을 위반하여 건축물을 건설·공급한 자		
12. 제38조의3제1항 또는 제3항을 위반하여 견본주택을 건설하거나 유지관리한 자		
13. 제40조제1항을 위반하여 같은 항 각 호의 어느 하나에 해당하는 행위를 한 자		
13의2. 제43조의4제1항을 위반하여 부정하게 재물 또는 재산상의 이익을 취득하거나 제공한 자		
14. 제53조제1항에 따른 등록을 하지 아니하고 주택관리업을 운영한 자 또는 거짓이나 그 밖의 부정한 방법으로 등록한 자		
14의2. 제53조의2에 따른 등록을 하지 아니하고 주택임대관리업을 한 자 또는 거짓이나 그 밖의 부정한 방		

법으로 등록한 자
15. 제70조제3항에 따른 조치를 위반한 자
[전문개정 2009.2.3]

제97조의2(벌칙) 제38조의4제4항을 위반하여 고의로 잘못된 심사를 한 자는 2년 이하의 징역 또는 1천만원 이하의 벌금에 처한다.
[전문개정 2009.2.3]

제98조(벌칙) 다음 각 호의 어느 하나에 해당하는 자는 1년 이하의 징역 또는 1천만원 이하의 벌금에 처한다. <개정 2013.6.4, 2013.8.6, 2013.12.24>
1. 제13조 또는 제57조에 따른 영업정지기간 또는 자격정지기간에 영업을 한 자
2. 고의 또는 과실로 제22조를 위반하여 설계하거나 시공함으로써 사업주체 또는 입주자에게 손해를 입힌 자
3. 고의 또는 과실로 제24조제2항에 따른 감리업무를 게을리하여 위법한 주택건설공사를 시공함으로써 사업주체 또는 입주자에게 손해를 입힌 자
4. 제24조제5항을 위반하여 시정 통지를 받고도 계속하여 주택건설공사를 시공한 시공자 및 사업주체
4의2. 제24조의3제1항에 따른 건축구조기술사의 협력, 제42조의3제5항에 따른 안전진단기준, 제42조의4제3항에 따른 검토기준 또는 제42조의5에 따른 구조기준을 위반하여 사업주체, 입주자 또는 사용자에게 손해를 입힌 자
5. 제34조제3항에 따른 회계감사를 받지 아니한 자
6. 제42조제2항 및 제3항을 위반한 자(같은 조 제2항 각

호의 행위 중 신고대상 행위를 신고하지 아니하고 행한 자는 제외한다)
7. 삭제 <2013.12.24>
7의2. 제53조의3에 따른 영업정지기간에 영업을 한 자나 주택임대관리업의 등록이 말소된 후 영업을 한 자
8. 제54조에 따른 영업정지기간에 영업을 한 자나 주택관리업의 등록이 말소된 후 영업을 한 자
9. 제56조에 따라 주택관리사등의 자격을 취득하지 아니하고 관리사무소장의 업무를 수행한 자 또는 해당 자격이 없는 자에게 이를 수행하게 한 자
10. 제59조제1항, 제3항 또는 제4항과 제90조제1항에 따른 조사, 검사 또는 감사를 거부·방해 또는 기피한 자
11. 제88조를 위반하여 등록증 등의 대여 등을 한 자
12. 제91조에 따른 공사 중지 등의 명령을 위반한 자
[전문개정 2009.2.3]

제99조(벌칙) 다음 각 호의 어느 하나에 해당하는 자는 1천만원 이하의 벌금에 처한다.
1. 제43조제4항에 따른 기술인력 또는 장비를 갖추지 아니하고 관리행위를 한 자
2. 제55조제1항을 위반하여 주택관리사등을 배치하지 아니한 자
[전문개정 2009.2.3]

| 제100조(양벌규정) ① 법인의 대표자나 법인 또는 개인의 대리인, 사용인, 그 밖의 종업원이 그 법인 또는 개인의 업무에 관하여 제94조의 위반행위를 하면 그 행위자를 벌하는 외에 그 법인 또는 개인에게도 10억원 이하의 벌금에 처한다. 다만, 법인 또는 개인이 그 위반행위를 방 | 제122조(과태료의 부과) ① 법 제101조 및 제101조의2에 따른 과태료의 부과기준은 별표 13과 같다.
② 삭제 <2011.4.6>
③ 삭제 <2011.4.6>
[전문개정 2009.4.21] | |

지하기 위하여 해당 업무에 관하여 상당한 주의와 감독을 게을리하지 아니한 경우에는 그러하지 아니하다.
② 법인의 대표자나 법인 또는 개인의 대리인, 사용인, 그 밖의 종업원이 그 법인 또는 개인의 업무에 관하여 제95조부터 제98조까지의 어느 하나에 해당하는 위반행위를 하면 그 행위자를 벌하는 외에 그 법인 또는 개인에도 해당 조문의 벌금형을 과(科)한다. 다만, 법인 또는 개인이 그 위반행위를 방지하기 위하여 해당 업무에 관하여 상당한 주의와 감독을 게을리하지 아니한 경우에는 그러하지 아니하다.
[전문개정 2009.2.3]

제101조(과태료) ① 다음 각 호의 어느 하나에 해당하는 자에게는 2천만원 이하의 과태료를 부과한다. <개정 2013.6.4>
1. 제46조제7항을 위반하여 하자보수보증금을 이 법에 따른 용도 외의 목적으로 사용한 자
2. 제80조의3에 따라 신고인에게 제출을 요구한 거래대금지급증명자료를 제출하지 아니하거나 거짓으로 거래대금지급증명자료를 제출한 자
② 다음 각 호의 어느 하나에 해당하는 자에게는 1천만원 이하의 과태료를 부과한다. <개정 2011.9.16, 2013.6.4, 2013.12.24>
1. 제24조의3제1항을 위반하여 건축구조기술사의 협력을 받지 아니한 자
2. 제43조제6항을 위반하여 공동주택의 관리업무를 인계하지 아니한 자
3. 제43조의4제2항을 위반하여 장기수선충당금을 이 법에 따른 용도 외의 목적으로 사용한 자

4. 제45조의3제1항 또는 제2항을 위반하여 회계감사를 받지 아니하거나 부정한 방법으로 받은 자 5. 제45조의3제5항을 위반하여 같은 항 각 호의 어느 하나에 해당하는 행위를 한 자 6. 제47조제2항을 위반하여 수립되거나 조정된 장기수선계획에 따라 주요 시설을 교체하거나 보수하지 아니한 입주자대표회의의 대표자 7. 제59조제1항에 따른 보고 또는 자료 제출 등의 명령을 위반한 자 ③ 다음 각 호의 어느 하나에 해당하는 자에게는 5백만원 이하의 과태료를 부과한다. <개정 2010.4.5, 2011.9.16, 2012.1.26, 2012.12.18, 2013.6.4, 2013.8.6, 2013.12.24> 1. 제16조제10항에 따른 신고를 하지 아니한 자 2. 제24조제3항에 따른 보고를 하지 아니하거나 거짓으로 보고를 한 감리자 3. 제38조제2항을 위반하여 주택을 공급받은 자 4. 제42조제1항을 위반하여 공동주택을 관리한 자 5. 제42조제2항 각 호의 행위를 신고하지 아니하고 행한 자 6. 제43조제3항에 따른 입주자대표회의의 구성신고를 하지 아니한 자 7. 제43조제4항에 따른 자치관리기구를 구성하지 아니한 자 7의2. 제43조제7항 또는 제45조제5항을 위반하여 주택관리업자 또는 사업자를 선정한 자 8. 제45조제4항에 따른 공개를 하지 아니한 자 8의2. 제45조의3제3항을 위반하여 회계감사의 결과를 보고 또는 공개하지 아니하거나 거짓으로 보고 또는 공		

개한 자		
8의3. 제45조의4제1항을 위반하여 장부를 작성 또는 보관하지 아니하거나 거짓으로 작성한 자 또는 같은 조 제2항에 따른 요구에 응하지 아니하거나 거짓으로 응한 자		
8의4. 제45조의5를 위반하여 계약서를 공개하지 아니하거나 거짓으로 공개한 자		
8의5. 제46조제7항에 따른 신고를 하지 아니하거나 거짓으로 신고한 자		
9. 제46조의2제2항제1호에 따라 하자로 판정받은 내력구조부 또는 시설물에 대한 하자보수를 하지 아니한 자		
9의2. 제46조의5제2항에 따른 조정등에 대한 답변서를 위원회에 제출하지 아니한 자		
9의3. 제46조의5제3항에 따른 조정등에 응하지 아니한 자		
10. 제47조를 위반하여 장기수선계획을 수립하지 아니하거나 검토하지 아니한 자 또는 장기수선계획에 대한 검토사항을 기록하고 보관하지 아니한 자		
11. 제49조에 따른 안전관리계획을 수립 및 시행하지 아니하거나 교육을 받지 아니한 자		
12. 제51조에 따른 장기수선충당금을 적립하지 아니한 자		
13. 제53조제1항에 따른 주택관리업의 등록사항 변경신고를 하지 아니한 자		
13의2. 제53조의2를 위반하여 주택임대관리업의 등록사항 변경신고를 하지 아니한 자		
13의3. 제53조의4에 따른 보증상품에 가입하지 아니한 자		
14. 제55조제5항에 따른 신고를 하지 아니한 자		

14의2. 제55조의2제3항에 따른 보증보험 등에 가입한 사실을 입증하는 서류를 제출하지 아니한 자
15. 제58조에 따른 교육을 받지 아니한 자
16. 삭제 <2013.12.24>
17. 제80조의2에 따른 신고를 하지 아니하거나 게을리한 자(공동신고를 거부한 자를 포함한다)
18. 제80조의3에 따라 신고인에게 제출을 요구한 거래대금지급증명자료 외의 자료를 제출하지 아니하거나 거짓으로 자료를 제출한 자
19. 제90조제1항에 따른 보고 또는 검사의 명령을 위반한 자
④ 제1항부터 제3항까지의 규정에 따른 과태료는 대통령령으로 정하는 바에 따라 국토교통부장관 또는 지방자치단체의 장이 부과한다. <개정 2011.9.16, 2013.3.23>
[전문개정 2009.2.3]
[시행일:2014.6.25] 제101조제2항제7호, 제101조제3항
[시행일:2015.1.1] 제101조제2항제4호, 제101조제2항제5호, 제101조제3항제7호의2(전자입찰방식의 의무화에 관한 부분에 한정한다), 제101조제3항제8호의2

제101조의2(과태료) ① 제80조의2에 따른 신고를 거짓으로 한 자에게는 해당 주택에 대한 취득세(취득세가 비과세이거나 면제·감경되는 경우에는 비과세가 아니거나 면제·감경되지 아니하는 경우에 내야 할 취득세액 상당액을 말한다)의 5배 이하에 해당하는 금액의 과태료를 부과한다. <개정 2011.9.16>
② 제1항에 따른 과태료는 대통령령으로 정하는 바에 따라 시장·군수·구청장이 부과한다.
[전문개정 2009.2.3]

제102조(벌칙 적용 시의 공무원 의제) 다음 각 호의 어느 하나에 해당하는 자는 「형법」 제129조부터 제132조까지의 규정을 적용할 때에는 공무원으로 본다. <개정 2010.4.5> 1. 제24조에 따라 감리업무를 수행하는 자 2. 제38조의4에 따른 분양가심사위원회의 위원 중 공무원이 아닌 자 3. 제46조의3에 따른 하자심사·분쟁조정위원회의 위원 중 공무원이 아닌 자 4. 제46조의7제1항에 따라 하자진단을 실시하는 자 [전문개정 2009.2.3] 부칙 <제6916호, 2003.5.29.> 제1조 (시행일) 이 법은 공포후 6월이 경과한 날부터 시행한다. 다만, 제7조, 제17조제1항제5호 및 제9호, 제79조, 제80조 및 부칙 제5조의 개정규정은 공포한 날부터 시행한다. 제2조 (일반적 경과조치) 이 법 시행 당시 종전의 규정에 의한 처분·절차 그 밖의 행위는 이 법의 규정에 저촉되지 아니하는 한 이 법의 규정에 의하여 행하여진 것으로 본다. 제3조 (벌칙 등에 관한 경과조치) 이 법 시행전의 행위에 대한 벌칙과 과태료의 적용에 있어서는 종전의 규정에 의한다. 제4조 (주택종합계획의 수립에 대한 경과조치) 이 법 시행 당시 종전의 규정에 의하여 수립된 주택건설종합계획은 제7조의 규정에 의하여 수립된 연도별 주택종합계획으	부칙 <제18146호, 2003.11.29.> 제1조 (시행일) 이 영은 2003년 11월 30일부터 시행한다. 다만, 제13조제1항제3호의 개정규정은 2004년 11월 30일부터 시행하며, 제45조제5항의 개정규정은 2004년 5월 30일부터 시행한다. 제2조 (다른 법령의 폐지) 공동주택관리령은 이를 폐지한다. 제3조 (주택조합에 관한 적용례) 제37조제2항 및 제38조제1항의 개정규정은 이 영 시행 후 최초로 설립인가를 신청하는 주택조합부터 적용한다. 제4조 (하자보수보증금 예치에 관한 적용례) 제60조제1항의 개정규정은 이 영 시행후 최초로 법 제29조의 규정에 의한 사용검사를 신청하는 분부터 적용한다. 제5조 (사업계획승인의 위임에 관한 적용례) 제117조제2호 단서의 개정규정은 이 영 시행후 최초로 사업계획의 승	부칙 <제382호, 2003.12.15.> 제1조 (시행일) 이 규칙은 공포한 날부터 시행한다. 제2조 (다른 법령의 폐지) 공동주택관리규칙은 이를 폐지한다. 제3조 (사업계획승인신청에 관한 적용례) 제9조의 개정규정은 이 규칙 시행후 최초로 법 제16조제1항의 규정에 의하여 사업계획승인을 신청하는 분부터 적용한다. 제4조 (주택조합에 관한 적용례) 제17조의 개정규정은 이 규칙 시행후 최초로 법 제32조의 규정에 의하여 주택조합의 설립인가를 신청하는 분부터 적용한다. 제5조 (일반적 경과조치) 이 규칙 시행당시

로 본다.

제5조 (사업계획승인신청분에 대한 경과조치) 2003년 1월 1일 전에 종전 주택건설촉진법 제33조제1항의 규정에 의하여 주택건설사업계획의 승인을 신청한 경우에는 신청 당시의 주택건설촉진법을 적용한다.

제6조 (공사착수에 따른 경과조치) 이 법 시행 당시 종전의 규정에 의하여 사업계획승인을 얻어 공사를 착수하지 아니한 경우에는 제16조제5항 및 제6항의 규정을 적용함에 있어서 이 법 시행일을 사업계획승인일로 본다.

제7조 (등록·허가기준 등의 변경에 따른 경과조치) 이 법 시행 당시 등록·허가 등(등록·허가 등이 의제되는 인·허가등을 포함한다. 이하 이 조에서 같다)을 신청중인 경우와 등록·허가 등을 받아 사업 등을 시행중인 경우에는 당해 등록·허가 등에 관하여는 종전의 규정을 적용한다.

제8조 (입주자대표회의 구성신고에 따른 경과조치) 이 법 시행 당시 입주자대표회의의 구성신고를 하지 아니한 경우에 제43조제3항의 규정에 의한 입주자대표회의의 구성신고는 이 법 시행일부터 3월 이내에 하여야 한다.

제9조 (아파트지구개발사업 폐지에 따른 경과조치) 이 법 시행 당시 도시계획법에 의하여 지정된 아파트지구의 개발에 관하여는 종전의 규정에 의한다.

제10조 (장기수선계획수립에 대한 경과조치) 이 법 시행 당시 장기수선계획이 수립되지 아니한 공동주택의 경우에는 제47조의 규정에 불구하고 당해 공동주택의 관리주체가 이 법 시행일부터 3월 이내에 이를 수립하여야 한다.

제11조 (대한주택보증주식회사에 관한 경과조치) ①이 법

인을 신청하는 분부터 적용한다.

제6조 (일반적 경과조치) 이 영 시행 당시 종전의 주택건설촉진법시행령 및 공동주택관리령에 의하여 행하여진 처분·절차 그 밖의 행위는 이 영의 규정에 의하여 행하여진 것으로 본다.

제7조 (주택건설사업 등록기준에 대한 경과조치) 이 영 시행당시 제10조제2항의 개정규정에 의한 등록기준에 미달되는 사업주체로서 특별법에 의하여 설립된 무자본 특수법인은 이 영 시행일부터 2년 이내에 동 기준에 적합하도록 하여야 한다.

제8조 (행정처분기준에 관한 경과조치) 이 영 시행전의 위반행위에 대한 행정처분에 관하여는 그 기준이 종전보다 강화된 경우에는 종전의 규정에 의하고, 종전보다 완화된 경우에는 이 영의 개정규정에 의한다.

제9조 (공동주택관리기구의 기술인력 및 장비기준에 대한 경과조치) 이 영 시행당시 별표 4의 개정규정에 의한 공동주택관리기구의 기술인력 및 장비기준중 장비기준에 미달하는 공동주택관리기구는 이 영 시행일부터 3월 이내에 동 개정규정에 적합하도록 하여야 한다.

제10조 (관리규약의 준칙 등에 대한 경과조치) ①시·도지사는 이 영 시행일부터 3월 이내에 종전의 관리규약의 준칙을 제57조의 개정규정에 적합하도록 하여야 한다.
②입주자등은 이 영 시행일부터 6월 이내에 종전의 관리규약을 제1항의 규정에 의하여 개정된 관리규약의 준칙에 적합하도록 하여야 한다.

제11조 (주택관리업의 등록기준에 대한 경과조치) 이 영 시행당시 별표 8의 개정규정에 의한 주택관리업의 등록기준중 장비기준에 미달하는 주택관리업자는 이 영 시행일부터 3월 이내에 동 개정규정에 적합하도록 하여야

종전의 규정에 의하여 행하여진 처분·절차 그 밖의 행위는 이 규칙에 의하여 행하여진 것으로 본다.

제6조 (관리사무소장의 배치신고에 관한 경과조치) 이 규칙 시행당시 관리사무소장으로 근무하고 있는 자는 이 규칙 시행일부터 5월 이내에 제32조제2항의 개정규정에 의한 배치신고를 하여야 한다.

제7조 (주택관리업자의 관리교육에 대한 경과조치) 이 규칙 시행당시 주택관리업을 영위하고 있는 주택관리업자(법인인 경우에는 그 대표자를 말한다)는 이 규칙 시행일부터 1년 이내에 제35조의 개정규정에 의한 교육을 받아야 한다.

제8조 (다른 법령의 개정) ①건설기술관리법시행규칙 다음과 같이 개정한다.
제8조제3호중 "주택건설촉진법에 의한 주택사업공제조합"을 "주택법에 의한 대한주택보증주식회사"로 한다.
②건축물대장의기재및관리등에관한규칙 다음과 같이 개정한다.
제5조의2제1항제3호 마목중 "주택건설촉진법"을 "주택법"으로 한다.
③건축법시행규칙중 다음과 같이 개정한다.
제2조의4제1호 다목 및 라목중 "주택건설촉진법"을 각각 "주택법"으로 한다.
④고용보험법시행규칙중 다음과 같이 개정한다.

공포 당시 대한주택보증주식회사의 감사는 감사위원회가 구성된 때에 그 임기가 만료된 것으로 본다.
②이 법 시행 당시 대한주택보증주식회사의 사장 및 이사는 이 법에 의한 사장과 이사로 본다.
제12조 (다른 법률의 개정) ①개발이익환수에관한법률중 다음과 같이 개정한다.
제7조제2항제4호중 "주택건설촉진법 제3조제1호"를 "주택법 제2조제3호"로 한다.
②개발제한구역의지정및관리에관한특별조치법중 다음과 같이 개정한다.
제15조제3항중 "주택건설촉진법"을 "주택법"으로 한다.
③건설기술관리법중 다음과 같이 개정한다.
제6조의2제1항제2호중 "주택건설촉진법 제6조"를 "주택법 제9조"로 한다.
제28조의3제3호중 "주택건설촉진법"을 "주택법"으로 한다.
제40조중 "주택건설촉진법 제33조의6"을 "주택법 제24조"로 한다.
④건축법중 다음과 같이 개정한다.
제21조제9항 및 제53조제3항제2호중 "주택건설촉진법 제33조"를 각각 "주택법 제16조"로 한다.
⑤공익사업을위한토지등의취득및보상에관한법률중 다음과 같이 개정한다.
제78조제3항중 "주택건설촉진법"을 "주택법"으로 한다.
⑥근로자복지기본법중 다음과 같이 개정한다.
제13조제2항중 "주택건설촉진법 제4조의 규정에 의한 주택건설종합계획"을 "주택법 제7조의 규정에 의한 주택종합계획"으로 한다.
제14조제1항 각호외의 부분 및 제15조제1항중 "주택건설

한다.
제12조 (주택관리사보의 주택관리실무경력 산정에 대한 경과조치) 이 영 시행전에 주택관리사보 자격증을 취득한 자의 실무경력 산정에 관하여는 제73조제1항의 개정규정에 불구하고 종전의 규정에 의한다.
제13조 (주택관리사보자격시험의 일부면제자에 대한 경과조치) 이 영 시행전에 종전의 공동주택관리령 제27조제7항의 규정에 의하여 주택관리사보자격시험의 제1차시험을 면제받은 자는 이 영 시행후 최초로 시행하는 시험의 제1차시험에 한하여 면제한다.
제14조 (국민주택채권 등에 대한 경과조치) 이 영 시행전에 종전의 규정에 의하여 조제 또는 발행된 국민주택채권 또는 주택복권은 이 영에 의하여 조제 또는 발행된 것으로 본다.
제15조 (다른 법령의 개정) ①개발이익환수에관한법률시행령중 다음과 같이 개정한다.
제4조의2제1항제1호중 "주택건설촉진법 제44조"를 "주택법 제32조"로 한다.
제9조제1항제2호중 "주택건설촉진법 제33조제1항 및 동법시행령 제32조제4항"을 "주택법 제16조제1항 및 동법시행령 제15조제5항"으로 한다.
②건설기술관리법시행령중 다음과 같이 개정한다.
제7조제1항제1호중 "주택건설촉진법"을 "주택법"으로 한다.
제7조의2제1항 각호외의 부분중 "주택건설촉진법시행령 제34조의6"을 "주택법시행령 제26조"로 한다.
제42조제3항제3호 및 제61조제2항제2호중 "주택건설촉진법"을 각각 "주택법"으로 한다.
③건설근로자의고용개선등에관한법률시행령중 다음과 같

제8조의2제1호 가목중 "주택건설촉진법"을 "주택법"으로 한다.
⑤국민기초생활보장법시행규칙중 다음과 같이 개정한다.
제10조제3항중 "주택건설촉진법 제10조"를 "주택법 제60조"로 한다.
⑥근로자의주거안정과목돈마련지원에관한법률시행규칙중 다음과 같이 개정한다.
제8조제1항제1호 본문중 "주택건설촉진법"을 "주택법"으로 한다.
⑦농지법시행규칙중 다음과 같이 개정한다.
제44조의2제2호를 다음과 같이 한다.
2. 주택법에 의한 주택건설사업 및 대지조성사업
⑧도시및주거환경정비법시행규칙중 다음과 같이 개정한다.
제12조중 "주택건설촉진법 제32조의5제1항"을 "주택법 제41조제1항"으로 한다.
⑨법인세법시행규칙중 다음과 같이 개정한다.
제26조제5항제19호 및 제29조제1항중 "주택건설촉진법"을 각각 "주택법"으로 한다.
⑩사회복지사업법시행규칙중 다음과 같이 개정한다.
제31조제1항 후단중 "주택건설촉진법"을 "주택법"으로 한다.
⑪소득세법시행규칙중 다음과 같이 개정

촉진법 제10조"를 각각 "주택법 제60조"로 한다.
⑦금강수계물관리및주민지원등에관한법률중 다음과 같이 개정한다.
제5조제1항제4호중 "주택건설촉진법 제3조제3호"를 "주택법 제2조제2호"로 한다.
⑧낙동강수계물관리및주민지원등에관한법률중 다음과 같이 개정한다.
제5조제1항제4호중 "주택건설촉진법 제3조제3호"를 "주택법 제2조제2호"로 한다.
⑨노인복지법중 다음과 같이 개정한다.
제32조제3항중 "주택건설촉진법"을 "주택법"으로 한다.
⑩농어촌주택개량촉진법중 다음과 같이 개정한다.
제7조제2호중 "주택건설촉진법 제6조"를 "주택법 제9조"로 한다.
제9조제5항중 "주택건설촉진법"을 "주택법"으로 한다.
⑪대도시권광역교통관리에관한특별법중 다음과 같이 개정한다.
제11조제3호를 다음과 같이 하고, 동조제4호중 "주택건설촉진법"을 "주택법"으로 한다.
  3. 주택법에 의한 대지조성사업 및 주택법 부칙 제9조의 규정에 의하여 종전의 규정에 의하도록 한 아파트지구개발사업
⑫대한주택공사법중 다음과 같이 개정한다.
제9조제1항제1호중 "주택건설촉진법"을 "주택법"으로 하고, 동조제2항제3호중 "주택건설촉진법 제33조의2제1항"을 "주택법 제29조제1항"으로 한다.
⑬댐건설및주변지역지원등에관한법률중 다음과 같이 개정한다.
제40조제1항 및 제2항중 "주택건설촉진법"을 각각 "주

이 개정한다.
제4조제1항제3호중 "주택건설촉진법 제47조의3의 규정에 의하여 설립된 주택사업자협회"를 "주택법 제81조의 규정에 의하여 설립된 주택사업자단체"로 한다.
제4조의6제1항중 "주택건설촉진법 제33조제1항"을 "주택법 제16조제1항"으로 한다.
④건설산업기본법시행중 다음과 같이 개정한다.
제37조제3호중 "주택건설촉진법 제6조"를 "주택법 제9조"로, 동법시행령 제10조의2제1항"을 "동법시행령 제13조제1항"으로, "동법 제33조"를 "동법 제16조"로 한다.
제83조제1항제3호중 "주택건설촉진법 제33조제1항"을 "주택법 제16조제1항"으로 한다.
제88조제3호단서중 "주택건설촉진법 제3조제3호"를 "주택법 제2조제2호"로 한다.
⑤건축법시행령중 다음과 같이 개정한다.
제3조제1항제4호를 다음과 같이 한다.
  4. 주택법 제16조의 규정에 의한 사업계획승인을 얻어 주택과 그 부대시설 및 복리시설을 건축하는 경우에는 동법 제2조제4호의 규정에 의한 주택단지
제113조제5항중 "주택건설촉진법 제33조제1항"을 "주택법 제16조제1항"으로 한다.
제119조제1항제5호 다목 및 동항제9호중 "주택건설촉진법 제33조제1항"을 각각 "주택법 제16조제1항"으로 한다.
⑥고용보험법시행령중 다음과 같이 개정한다.
제9조의2제1항제1호·제15조제4항제1호 단서 및 제69조제2항 단서중 "주택건설촉진법"을 각각 "주택법"으로 한다.
⑦공익사업을위한토지등의취득및보상에관한법률시행령중

한다.
제70조제2항제2호중 "주택건설촉진법"을 "주택법"으로 한다.
⑫소방기술기준에관한규칙중 다음과 같이 개정한다.
제100조제2항제3호 본문중 "공동주택관리령 제7조"를 "주택법시행령 제47조"로 한다.
⑬소방법시행규칙중 다음과 같이 개정한다.
제2조제1항제1호중 "주택건설촉진법 제33조"를 "주택법 제16조 및 제17조"로 한다.
⑭소음·진동규제법시행규칙중 다음과 같이 개정한다.
제37조의2제4호중 "주택건설촉진법 제3조제3호"를 "주택법 제2조제2호"로 한다.
⑮임대주택법시행규칙중 다음과 같이 개정한다.
제1조의2중 "주택건설촉진법 제6조"를 "주택법 제9조"로, "주택건설촉진법 제33조"를 "주택법 제16조"로 한다.
제2조제1항제2호 각목외의 부분 단서중 "주택건설촉진법 제6조"를 "주택법 제9조"로 한다.
제2조의3제1호중 "주택건설촉진법 제33조제1항"을 "주택법 제16조제1항"으로 한다.
제2조의4제2항 각호외의 부분중 "주택건

법"으로 한다.
⑭도시가스사업법중 다음과 같이 개정한다.
제11조제3항중 "주택건설촉진법"을 "주택법"으로 한다.
⑮도시개발법중 다음과 같이 개정한다.
제19조제1항제16호중 "주택건설촉진법 제6조"를 "주택법 제9조"로 하고, 동법 제33조"를 "동법 제16조"로 한다.
제31조제2항중 "주택건설촉진법 제32조"를 "주택법 제38조"로 한다.
제33조제2항중 "주택건설촉진법"을 "주택법"으로 한다.
<16>국토의계획및이용에관한법률중 다음과 같이 개정한다.
제51조제1항제7호중 "주택건설촉진법 제33조"를 "주택법 제16조"로 한다.
제68조제4항중 "주택건설촉진법 제36조제1항제1호"를 "주택법 제23조제1항제1호"로 한다.
<17>도시및주거환경정비법중 다음과 같이 개정한다.
제11조제1항중 "주택건설촉진법 제6조의3제1항"을 "주택법 제12조제1항"으로 한다.
제16조제4항중 "주택건설촉진법 제32조"를 "주택법 제38조"로 하고, "동법 제3조제5호"를 "동법 제2조제5호"로 한다.
제26조제1항 각호외의 부분중 "주택건설촉진법 제33조"를 "주택법 제16조"로 한다.
제32조제1항제1호중 "주택건설촉진법 제6조의 규정에 의한 주택건설사업자등록"을 "주택법 제9조의 규정에 의한 주택건설사업 등의 등록"으로, "동법 제33조"를 "동법 제16조"로 한다.
제33조제1항 각호외의 부분중 "주택건설촉진법"을 "주택법"으로 하고, 동항제1호중 "주택건설촉진법 제3조제8호

다음과 같이 개정한다.
제40조제2항 단서중 "주택건설촉진법"을 "주택법"으로 한다.
⑧교통체계효율화법시행령중 다음과 같이 개정한다.
제8조제1항제2호중 "주택건설촉진법에 의한 주택건설사업·대지조성사업 및 아파트지구개발사업"을 "주택법에 의한 주택건설사업 및 대지조성사업"으로 한다.
⑨국민연금법시행령중 다음과 같이 개정한다.
제52조제4항제1호중 "주택건설촉진법시행령 제15조의2"를 "주택법시행령 제90조"로 한다.
⑩국민투자기금법시행령중 다음과 같이 개정한다.
제5조제5항제3호중 "주택건설촉진법시행령 제12조의2제1항의 자금을 주택건설촉진법"을 "주택법시행령 제85조제1항제4호의 자금을 주택법"으로 한다.
⑪국토의계획및이용에관한법률시행령중 다음과 같이 개정한다.
제31조제1항제1호 및 제81조를 각각 삭제한다.
제121조제6호를 다음과 같이 한다.
  6. 주택법 제16조의 규정에 의하여 사업계획의 승인을 얻어 조성한 대지를 공급하는 경우 및 동법 제38조의 규정에 의하여 주택을 공급하는 경우
⑫근로자의주거안정과목돈마련지원에관한법률시행령중 다음과 같이 개정한다.
제3조 본문중 "주택건설촉진법"을 "주택법"으로 한다.
⑬금융실명거래및비밀보장에관한법률시행령중 다음과 같이 개정한다.
제4조제1호중 "주택건설촉진법 제16조"를 "주택법 제68조"로 한다.
⑭농어촌주택개량촉진법시행령중 다음과 같이 개정한다.

설촉진법 제33조"를 "주택법 제16조"로 한다.
제7조제9항중 "주택건설촉진법 제39조"를 "주택법 제53조"로 한다.
제8조제1항 및 제3항 본문중 "주택건설촉진법 제33조"를 각각 "주택법 제16조"로 한다.
별표 1 제2호 라목(2)(라)1중 "주택건설촉진법 제36조"를 "주택법 제23조"로 한다.
별지 제1호서식 구비서류란 제2호중 "주택건설촉진법 제6조"를 "주택법 제9조"로 한다.
별지 제7호서식 유의사항란 제1호중 "주택건설촉진법 제33조"를 "주택법 제16조"로 한다.
별지 제10호서식 표준임대차계약서(Ⅰ)의 제목 및 동서식 제4호제10제7호중 "주택건설촉진법 제33조"를 각각 "주택법 제16조"로 한다.
별지 제10호서식 표준임대차계약서(Ⅱ)의 제목중 "주택건설촉진법 제33조"를 "주택법 제16조"로 한다.
<16>조세특례제한법시행규칙중 다음과 같이 개정한다.
제27조제3항중 "주택건설촉진법"을 "주택법"으로 한다.
<17>주택건설기준등에관한규칙중 다음과 같이 개정한다.

- 269 -

"를 "주택법 제2조제8호"로 하며, 동항제2호중 "주택건설촉진법 제31조제1항"을 "주택법 제21조제1항제2호 및 제3호"로 한다.
제35조제2항중 "주택건설촉진법 제32조"를 "주택법 제38조"로 한다.
제41조제1항중 "주택건설촉진법 제33조제1항"을 "주택법 제16조제1항"으로 한다.
제42조제1항중 "주택건설촉진법 제16조"를 "주택법 제68조"로 한다.
제50조제2항 및 제4항중 "주택건설촉진법 제32조"를 각각 "주택법 제38조"로 한다.
<18>부동산투자회사법중 다음과 같이 개정한다.
제2조제3호 마목중 "주택건설촉진법"을 "주택법"으로 한다.
<19>부품·소재전문기업등의육성에관한특별조치법중 다음과 같이 개정한다.
제17조제4항중 "주택건설촉진법"을 "주택법"으로 한다.
<20>사회간접자본시설에대한민간투자법중 다음과 같이 개정한다.
제21조제1항제1호중 "주택건설촉진법"을 "주택법"으로 하고, 동조제3항제1호를 다음과 같이 한다.
  1. 주택법 제9조의 규정에 의한 등록, 동법 제16조제1항의 규정에 의한 승인 및 동법 제17조의 규정에 하여 인·허가 등을 받은 것으로 보는 인·허가등
<21>소득세법중 다음과 같이 개정한다.
제52조제3항 및 동조제4항제3호중 "주택건설촉진법"을 각각 "주택법"으로 한다.
<22>소방법중 다음과 같이 개정한다.
제8조제1항중 "주택건설촉진법 제33조"를 "주택법 제16

제8조제1항제2호중 "주택건설촉진법 제10조"를 "주택법 제60조"로 한다.
⑮농어촌특별세법시행령중 다음과 같이 개정한다.
제4조제4항중 "주택건설촉진법시행령 제30조제1항 단서"를 "주택법시행령 제3조제1항"으로 한다.
<16>대도시권광역교통관리에관한특별법시행령중 다음과 같이 개정한다.
제9조제1항제2호중 "주택건설촉진법에 의한 주택건설사업·대지조성사업 및 아파트지구개발사업"을 "주택법에 의한 주택건설사업 및 대지조성사업"으로 한다.
제16조 본문중 "주택건설촉진법시행령 제30조제1항 단서"를 "주택법시행령 제3조제1항"으로 한다.
제16조의2제2항중 "주택건설촉진법 제33조제1항"을 "주택법 제16조제1항"으로 하고, 동조제5항제3호중 "주택건설촉진법 제3조제6호"를 "주택법 제2조제6호"로, "동법 제3조제7호"를 "동법 제2조제7호"로 한다.
별표 2중 주택건설촉진법란을 다음과 같이 한다.

주택법	주택건설사업	주택법 제16조제1항의 규정에 의한 주택건설·대지조성사업계획 승인 이전까지
	대지조성사업	

별표 3 제3호란을 삭제한다.
<17>도시개발법시행령중 다음과 같이 개정한다.
제46조제2항 단서중 "주택건설촉진법시행령 제30조제1항"을 "주택법시행령 제3조제1항"으로 한다.
<18>도시및주거환경정비법시행령중 다음과 같이 개정한다.
제5조제1호 및 제6조 각호외의 부분 본문중 "주택건설촉진법 제33조"를 각각 "주택법 제16조"로 한다.

제1조중 "주택건설촉진법(이하 "법"이라 한다)제45조제1항제1호"를 "주택법 제35조제1항"으로, "주택건설기준등에관한규정(이하 "영"이라 한다)"을 "주택건설기준등에관한규정"으로 한다.
제2조중 "영 제7조제6항"을 "주택건설기준등에관한규정(이하 "영"이라 한다) 제7조제6항"으로 한다.
제7조제1항제2호 단서중 "법 제33조"를 "주택법(이하 "법"이라 한다) 제16조"로 한다.
제12조제2항 각호외의 부분중 "법 제33조"를 "법 제16조"로 한다.
제13조중 "법 제45조제1항제1호"를 "법 제35조제1항"으로 한다.
제14조중 "법 제45조의4제2항"을 "법 제37조제2항"으로 한다.
별지 제1호서식 및 별지 제2호서식중 "주택건설촉진법 제45조제1항"을 각각 "주택법 제35조제1항"으로 한다.
<18>주택공급에관한규칙중 다음과 같이 개정한다.
제1조 본문중 "주택건설촉진법(이하 "법"이라 한다) 제32조 및 제32조의5"를 "주택법 제38조 및 제41조"로 한다.
제2조제4호중 "법 제3조제5호"를 "주택법(이하 "법"이라 한다) 제2조제5호"로 하고, 동조제5호 및 제5호의2중 "법 제3조제1호"를 "법 제2조제3호"로 하며, 동조

조"로, "주택건설촉진법 제33조의2"를 "주택법 제29조"로 한다.
<23>승강기제조및관리에관한법률중 다음과 같이 개정한다.
제24조제1항중 "주택건설촉진법 제33조의2"를 "주택법 제29조"로 한다.
<24>시설물의안전관리에관한특별법중 다음과 같이 개정한다.
제2조제11호중 "주택건설촉진법"을 "주택법"으로 한다.
제28조제1항제3호중 "주택건설촉진법에 의한 주택사업공제조합"을 "주택법에 의한 대한주택보증주식회사"로 한다.
<25>영산강·섬진강수계물관리및주민지원등에관한법률중 다음과 같이 개정한다.
제5조제1항제4호중 "주택건설촉진법 제3조제3호"를 "주택법 제2조제2호"로 한다.
<26>임대주택법중 다음과 같이 개정한다.
제2조제2호 나목중 "주택건설촉진법 제6조"를 "주택법 제9조"로, "동법 제33조"를 "동법 제16조"로 한다.
제3조중 "주택건설촉진법"을 "주택법"으로 한다.
제4조제1항중 "주택건설촉진법 제4조의 규정에 의한 주택건설종합계획"을 "주택법 제7조의 규정에 의한 주택종합계획"으로 한다.
제5조제1항중 "주택건설촉진법 제10조"를 "주택법 제60조"로 한다.
제6조의4중 "주택건설촉진법 제6조의 규정에 의한 등록업자"를 "주택법 제9조의 규정에 의한 등록사업자"로 하고, "주택건설촉진법 제44조제3항"을 "주택법 제10조"로 한다.

제38조제1호 단서중 "주택건설촉진법 제3조제1호"를 "주택법 제2조제3호"로 한다.
제43조제1호중 "주택건설촉진법시행령 제3조"를 "주택법 제2조제4호"로 하고, 동조제2호중 "주택건설촉진법 제31조제1항"을 "주택법 제21조제1항"으로 한다.
제51조중 "주택건설촉진법 제32조"를 "주택법 제38조"로 한다.
<19>문화재보호법시행령중 다음과 같이 개정한다.
제31조의2제1호 단서중 "주택건설촉진법 제6조제1항"을 "주택법 제9조제1항"으로 한다.
<20>법인세법시행령중 다음과 같이 개정한다.
제63조제1항제2호중 "주택건설촉진법"을 "주택법"으로 한다.
제111조제1항제7호중 "주택건설촉진법 제10조의2제3항"을 "주택법 제61조제2항"으로 한다.
<21>부가가치세법시행령중 다음과 같이 개정한다.
제33조제1항제9호의2중 "주택건설촉진법"을 "주택법"으로 한다.
<22>부동산실권리자명의등기에관한법률시행령중 다음과 같이 개정한다.
제7조제1항중 "주택건설촉진법"을 "주택법"으로 한다.
<23>부동산중개업법시행령중 다음과 같이 개정한다.
제19조의2제1항제1호 및 제2호중 "주택건설촉진법"을 각각 "주택법"으로 한다.
별표 2차시험의 시험내용란중 "주택건설촉진법"을 "주택법"으로 한다.
<24>부동산투자회사법시행령중 다음과 같이 개정한다.
제2조제3항제3호중 "주택건설촉진법 제27조제1항"을 "주택법 제69조제1항"으로 한다.

제13호 각호외의 부분중 "법 제47조제2항"을 "법 제39조제2항"으로 하고, 동호 바목중 "법 제27조"를 "법 제69조"로 하며, 동호 사목중 "법 제32조의5제4항"을 "법 제41조제4항"으로 하고, 동조제11호를 다음과 같이 하며, 동조제12호를 삭제한다.
11. "등록사업자"라 함은 법 제9조의 규정에 의하여 등록을 한 주택건설사업자를 말한다.
제3조제1항중 "법 제33조"를 "법 제16조"로 하고, 동조제2항제1호중 "법 제44조제3항"을 "법 제10조제1항"으로 하며, 동항제3호중 "법 제27조"를 "법 제69조"로 하고, 동항제6호중 "법 제44조제3항"을 "법 제10조제2항"으로 하며, 동항제8호중 "법 제32조의5제4항"을 "법 제41조제4항"으로 한다.
제3조제3항 각호외의 부분중 "법 제32조제2항"을 "법 제38조제3항"으로, "법 제32조의5"를 "법 제41조"로 하고, 동항제1호 및 제2호중 "법 제32조제2항"을 각각 "법 제38조제3항"으로 한다.
제5조제1항중 "법 제18조"를 "법 제75조"로 한다.
제6조제3항제4호중 "법 제44조제3항"을 "법 제10조제3항"으로 한다.
제7조제1항 각호외의 부분 본문중 "영 제34조의3"를 "주택법시행령(이하 "영"이라

제7조제1항중 "주택건설촉진법 제24조제1항"을 "주택법 제25조제1항"으로 한다.
제9조중 "주택건설촉진법 제32조"를 "주택법 제38조"로 한다.
제10조중 "주택건설촉진법 제36조"를 "주택법 제23조"로 한다.
제10조의2제2항중 "주택건설촉진법 제33조"를 "주택법 제16조"로 한다.
제12조의3제1항 각호외의 부분 본문중 "주택건설촉진법 제33조제1항"을 "주택법 제16조제1항"으로 하고, 동항 각호외의 부분 단서중 "임차인이 동의하는 경우"를 "임차인이 동의하거나 그 밖에 대통령령이 정하는 경우"로 한다.
제17조제1항중 "주택건설촉진법 제39조"를 "주택법 제53조"로 한다.
제17조의3제2항중 "주택건설촉진법 제38조"를 "주택법 제42조"로 한다.
<27>자산유동화에관한법률중 다음과 같이 개정한다.
제2조제2호 거목중 "주택건설촉진법"을 "주택법"으로 한다.
제36조제3호를 다음과 같이 하고, 제36조의2중 "주택건설촉진법 제16조"를 "주택법 제68조"로 한다.
  3. 주택법 제68조
<28>자전거이용활성화에관한법률중 다음과 같이 개정한다.
제11조제2항중 "주택건설촉진법 제31조"를 "주택법 제21조"로 한다.
<29>장애인·노인·임산부등의편의증진보장에관한법률중 다음과 같이 개정한다.

제22조제3호중 "주택건설촉진법 제10조"를 "주택법 제60조"로 한다.
<25>북한이탈주민의보호및정착지원에관한법률시행령중 다음과 같이 개정한다.
제38조제4항중 "주택건설촉진법 제3조제1호"를 "주택법 제2조제3호"로 한다.
<26>사방사업법시행령중 다음과 같이 개정한다.
제19조제3항제6호중 "주택건설촉진법"을 "주택법"으로 한다.
<27>산업재해보상보험법시행령중 다음과 같이 개정한다.
제3조제1항제3호 각목외의 부분중 "주택건설촉진법"을 "주택법"으로 한다.
<28>상호저축은행법시행령중 다음과 같이 개정한다.
제29조제3호 나목중 "주택건설촉진법시행령 제30조제1항"을 "주택법시행령 제3조"로 한다.
<29>서울아시아경기대회·올림픽대회조직위원회지원법시행령중 다음과 같이 개정한다.
제13조제1항제3호중 "주택건설촉진법"을 "주택법"으로 한다.
<30>소득세법시행령중 다음과 같이 개정한다.
제112조제1항·제3항제1호·제7항제1호 및 제3호중 "주택건설촉진법"을 각각 "주택법"으로 한다.
제155조제17항제2호중 "주택건설촉진법"을 "주택법"으로 한다.
<31>소방법시행령중 다음과 같이 개정한다.
제4조제1항제1호 각호외의 부분중 "주택건설촉진법 제33조"를 "주택법 제16조 및 제17조"로 한다.
제32조제3항제2호 단서중 "주택건설촉진법시행령 제30조

한다) 제12조"로, "등록업자"를 "등록사업자"로 하고, 동항 각호외의 부분 단서중 "영 별표 1 제2호 자목·차목·타목·파목 및 제5호"를 "영 별표 1 제3호 및 제7호 바목·사목·카목 및 타목"으로 하며, 동항제1호중 "영 제31조의3제3항제4호"를 "영 제40조제6항"으로 하고, 동항제2호중 "법 제47조의6"을 "법 제76조"로, "영 제43조의5제1항제1호"를 "영 제106조제1항제1호"로 하며, 동조제2항제2호 전단중 "시공권이 있는 등록사업자로서"를 "시공권이 있는 등록사업자(건설산업기본법 제9조의 규정에 의하여 일반건설업 등록을 한 등록사업자 또는 영 제13조제1항의 규정에 적합한 등록사업자를 말한다)로서 전년도 또는 당해연도의 주택건설실적이 100호 또는 100세대 이상인 자중에서"로 하고, 동조제4항 단서중 "영 제31조의2제1항제1호 및 제2호"를 "영 제44조제2항제1호 및 제2호"로 한다.
제14조제1항중 "법 제32조의5제1항"을 "법 제41조제1항"으로 하고, 제14조의2제1항중 "법 제32조의5제3항"을 "법 제41조제3항"으로 하며, 동조제2항 각호외의 부분중 "법 제32조의5제3항 단서"를 "법 제41조제3항 단서"로 한다.
제19조제1항제6호중 "영 제12조제1항"을 "영 제85조제1항"으로 하고, 동조제2항제

제2조제8호중 "주택건설촉진법 제3조제3호"를 "주택법 제2조제2호"로 한다.
<30>전력산업구조개편촉진에관한법률중 다음과 같이 개정한다.
제8조중 "주택건설촉진법 제16조제1항"을 "주택법 제68조제1항"으로 한다.
<31>전염병예방법중 다음과 같이 개정한다.
제40조의3제2항중 "주택건설촉진법에 의한 주택관리인이"를 "주택법에 의한 주택관리업자"로 한다.
<32>제주국제자유도시특별법중 다음과 같이 개정한다.
제60조제1항제24호를 삭제한다.
<33>조세특례제한법중 다음과 같이 개정한다.
제99조제1항제1호·제2호, 제99조의3제1항제1호·제2호 및 제100조제1항중 "주택건설촉진법"을 각각 "주택법"으로 한다.
제106조제1항제4의2호 및 제4의3호중 "주택건설촉진법 제3조제4호"를 각각 "주택법 제2조제12호"로, "동법 동조제3호"를 "동법 동조제2호"로 한다.
제106조제1항제4의4호 가목중 "주택건설촉진법 제3조제3호"를 "주택법 제2조제2호"로, "동법 동조제4호"를 "동법 동조제12호"로 하고, 동호 나목중 "주택건설촉진법 제3조제4호"를 "주택법 제2조제12호"로, "동법 동조제3호"를 "동법 동조제2호"로 한다.
<34>주택저당채권유동화회사법중 다음과 같이 개정한다.
제2조제1항제2호중 "주택건설촉진법 제3조"를 "주택법 제2조"로 하고, 동항제6호 아목중 "주택건설촉진법"을 "주택법"으로 한다.
<35>중소기업의구조개선과재래시장활성화를위한특별조

제1항 단서"를 "주택법시행령 제3조제1항"으로 한다.
제40조의5제2항제11호중 "주택건설촉진법에 의한 주택사업공제조합"을 "주택법에 의한 대한주택보증주식회사"로 한다.
<32>소음·진동규제법시행령중 다음과 같이 개정한다.
제2조제2항제4호중 "주택건설촉진법 제3조제3호"를 "주택법 제2조제2호"로 한다.
<33>수도권정비계획법시행령중 다음과 같이 개정한다.
제4조제1호 나목중 "주택건설촉진법에 의한 주택건설사업·대지조성사업 및 아파트지구개발사업"을 "주택법에 의한 주택건설사업 및 대지조성사업"으로 한다.
<34>시설물의안전관리에관한특별법시행령중 다음과 같이 개정한다.
제6조제1항제1호중 "공동주택관리령"을 "주택법시행령"으로 한다.
제18조중 "공동주택관리령 제7조제1항제1호 내지 제3호"를 "주택법시행령 제48조 각 호"로 한다.
<35>오수·분뇨및축산폐수의처리에관한법률시행령중 다음과 같이 개정한다.
제7조의2제1항 본문중 "주택건설촉진법 제3조제3호"를 "주택법 제2조제2호"로 하고, 동항 단서중 "공동주택관리령 제7조제1항"을 "주택법시행령 제48조"로 한다.
<36>임대주택법시행령중 다음과 같이 개정한다.
제3조제1항중 "주택건설촉진법 제4조의 규정에 의한 당해 연도의 주택건설종합계획"을 "주택법 제7조의 규정에 의한 당해 연도의 주택종합계획(연도별 계획)"으로 한다.
제4조제2호중 "주택건설촉진법 제15조 및 동법시행령 제15조의2"를 "주택법 제67조 및 동법시행령 제90조"로 하

1호 단서를 삭제한다.
제20조제1항 본문중 "법 제44조제4항 및 제5항"을 "법 제32조제3항 및 제5항"으로 하고, 제21조제1항중 "법 제33조"를 "법 제16조"로 하며, 제21조의2제4항중 "법 제44조제3항"을 "법 제10조제3항"으로 한다.
제22조제1항중 "등록업자"를 "등록사업자"로 하고, 동조제4항제6호중 "법 제33조·법 제44조"를 "법 제16조·법 제32조"로 하며, 제26조제6항중 "영 제36조의6제1항"을 "영 제26조제1항"으로 하고, 제30조제3항중 "법
제27조제1항"을 "법 제69조제1항"으로 한다.
<19>지하수법시행규칙중 다음과 같이 개정한다.
제16조제1항제3호 마목중 "주택건설촉진법"을 "주택법"으로 한다.

부칙 <제398호, 2004.3.30.>
제1조 (시행일) 이 규칙은 2004년 4월 1일부터 시행한다. 다만, 제2조·제18조·제27조 및 제49조의2의 개정규정은 2004년 3월 30일부터 시행한다.
제2조 (국민주택기금 운용·관리사무 위탁수수료에 관한 조치) ①건설교통부장관은 별표 7의 규정 중 국민주택기금 운용·관리사무에 관한 위탁수수료규정을 원

치법중 다음과 같이 개정한다.
제16조제4항중 "주택건설촉진법 제33조제1항"을 "주택법 제16조제1항·제2항"으로 한다.
<36>지방세법중 다음과 같이 개정한다.
제105조제10항 및 제110조제1호중 "주택건설촉진법 제44조"를 각각 "주택법 제32조"로 한다.
제269조제5항중 "주택건설촉진법에 의한 대한주택보증주식회사가 동법 제47조의7제1항제1호"를 "주택법에 의한 대한주택보증주식회사가 동법 제77조제1항제1호"로 한다.
<37>지방소도읍육성지원법중 다음과 같이 개정한다.
제9조제1항제23호중 "주택건설촉진법 제33조"를 "주택법 제16조"로 한다.
제21조제1항제2호중 "주택건설촉진법 제16조"를 "주택법 제68조"로 한다.
<38>지역균형개발및지방중소기업육성에관한법률중 다음과 같이 개정한다.
제18조제1항제17호중 "주택건설촉진법 제33조"를 "주택법 제16조"로 한다.
<39>지적법중 다음과 같이 개정한다.
제20조제2항중 "주택건설촉진법"을 "주택법"으로 한다.
제28조제3호중 "주택건설촉진법"을 "주택법"으로 한다.
<40>택지개발촉진법중 다음과 같이 개정한다.
제2조제4호중 "주택건설촉진법 제3조제8호"를 "주택법 제2조제8호"로 한다.
제3조제1항중 "주택건설촉진법 제4조제1항"을 "주택법 제7조제1항"으로 하고, 동조제2항중 "주택건설촉진법 제4조"를 "주택법 제84조"로 한다.
제7조제1항제4호중 "주택건설촉진법 제6조"를 "주택

고, 동조제3호중 "주택건설촉진법 제17조"를 "주택법 제74조"로 한다.
제6조제2항제1호중 "주택건설촉진법 제6조"를 "주택법 제9조"로 하고, 동항제2호중 "주택건설촉진법 제33조의4 또는 동법 제44조제3항"을 "주택법 제10조제1항 내지 제3항"으로 한다.
제7조의2제2항중 "주택건설촉진법 제6조"를 "주택법 제9조"로 하고, 동조제3항중 "주택건설촉진법 제33조"를 "주택법 제16조"로 한다.
제7조의3제1항제1호 가목중 "주택건설촉진법 제33조의2"를 "주택법 제29조"로 한다.
제8조의2제3항중 "주택건설촉진법 제33조"를 "주택법 제16조"로, "동법시행령 제32조제2항"을 "동법시행령 제15조제5항"으로 한다.
제11조중 "주택건설촉진법 제33조"를 "주택법 제16조"로 한다.
제12조제1항 본문중 "주택건설촉진법 제33조"를 "주택법 제16조"로 하고, 동조제3항제2호 각목외의 부분중 "주택건설촉진법 제10조의3"을 "주택법 제62조"로 한다.
제13조제1항중 "주택건설촉진법 제33조"를 "주택법 제16조"로 한다.
제14조제1항제4호 본문중 "주택건설촉진법 제33조"를 "주택법 제16조"로 하고, 동조제5항중 "제6조"를 "주택법 제9조"로, "주택건설촉진법 제44조제3항"을 "주택법 제10조제3항"으로 한다.
제15조제2항중 "공동주택관리령 별표 1"을 "주택법시행령 별표 4"로 한다.
제15조의3제3항제1호중 "주택건설촉진법 제33조"를 "주택법 제16조"로 한다.

가분석에 기초한 수수료 산정식에 따라 2004년 7월 31일까지 개정하여야 한다.
②영 제86조제1항의 규정에 의한 국민주택기금 운용·관리사무 위탁수수료의 산정 및 지급은 제1항의 규정에 따라 별표 7의 규정이 개정될 때까지는 이 규칙 시행 당시의 규정에 의한다.
③제1항의 규정에 의한 새로운 수수료 산정식에 따라 수수료를 최초로 지급하는 때에는 이 규칙 시행일부터 별표 7의 개정규정 시행일전일까지의 기간에 대하여 새로운 수수료 산정식에 의한 금액과 제2항의 규정에 의하여 산정·지급된 금액과의 차액을 정산하여야 한다.
제3조 (국민주택채권에 관한 경과조치) 이 규칙 시행 전에 종전의 규정에 의하여 발행된 국민주택채권에 대하여는 종전의 제42조·제43조 및 제44조의 규정을 적용한다.

부칙 <제407호, 2004.7.31.>
①(시행일) 이 규칙은 공포한 날부터 시행한다.
②(주택건설실적 확인기준에 관한 적용례) 별표 1 제4호의 개정규정은 이 규칙 시행후 최초로 주택사업계획승인을 신청하는 분부터 적용한다.
③(국민주택채권 위탁수수료에 관한 경과조치) 2004. 4. 1 이전 종전 규정에 의하

제9조"로 한다.
제11조제1항제3호중 "주택건설촉진법 제33조"를 "주택법 제16조"로 한다.
제14조제1항중 "주택건설촉진법 제36조"를 "주택법 제23조"로 한다.
제18조제3항중 "주택건설촉진법"을 "주택법"으로 한다.
<41>학교용지확보에관한특례법중 다음과 같이 개정한다.
제2조제2호중 "주택건설촉진법"을 "주택법"으로 한다.
제5조제1항 단서중 "도시재개발법 제33조의 규정에 의한 분양신청에 따라 토지 또는 공동주택을 분양받는 자, 도시저소득주민의주거환경개선을위한임시조치법 제10조제5항의 규정에 의하여 주택을 분양받는 자 및 주택건설촉진법 제44조의3의 재건축조합원으로 당해 지역에서 공동주택을 분양받는 자"를 "도시및주거환경정비법 제2조제2호의 규정에 의한 정비사업을 시행하는 지역에서 토지 또는 주택을 분양받는 자(주택재건축사업의 경우에는 조합원에 한한다)"로 한다.
<42>한국토지공사법중 다음과 같이 개정한다.
제9조제1항제4호중 "주택건설촉진법"을 "주택법"으로 한다.
제20조의2제2항중 "주택건설촉진법에 의한 지정업자"를 "주택법에 의한 등록사업자"로 한다.
제22조제3호중 "주택건설촉진법 제33조의2제2항"을 "주택법 제29조제2항"으로 한다.
<43>근로자의주거안정과목돈마련지원에관한법률중 다음과 같이 개정한다.
제2조제3항·제4항제1호 및 제7조제1항중 "주택건설촉진법"을 각각 "주택법"으로 한다.

<37>자산유동화에관한법률시행령중 다음과 같이 개정한다.
제2조제7호중 "주택건설촉진법"을 "주택법"으로 한다.
<38>장애인고용촉진및직업재활법시행령중 다음과 같이 개정한다.
제23조제3항 후단중 "주택건설촉진법"을 "주택법"으로 한다.
<39>전력기술관리법시행령중 다음과 같이 개정한다.
제18조제1항제6호 단서중 "주택건설촉진법 제3조제3호"를 "주택법 제2조제2호"로 한다.
<40>전염병예방법시행령중 다음과 같이 개정한다.
제11조의2제1호중 "주택건설촉진법"을 "주택법"으로 한다.
<41>조세특례제한법시행령중 다음과 같이 개정한다.
제51조의2제3항중 "주택건설촉진법시행령 제30조제1항 단서"를 "주택법시행령 제3조제1항"으로 한다.
제93조제1호중 "주택건설촉진법 제17조"를 "주택법 제74조"로 한다.
제98조제1항제1호·제5항제1호 및 제99조제3항제1호중 "주택건설촉진법"을 각각 "주택법"으로 한다.
제99조의3제3항제1호중 "주택건설촉진법"을 "주택법"으로 하고, 동항제2호 및 동조제5항중 "주택건설촉진법 제33조"를 각각 "주택법 제16조"로 한다.
제106조제4항제2호중 "주택건설촉진법"을 "주택법"으로 하고, 동조제5항제1호중 "공동주택관리령 제15조"를 "주택법시행령 제58조"로, "동령 별표 3"을 각각 "동시행령 별표 5"로 하며, 동항제2호중 "공동주택관리령 제15조"를 "주택법시행령 제58조"로 한다.
제129조제6항제21호 및 제134조제1항중 "주택건설촉진법

여 실물증서로 발행된 국민주택채권에 대하여는 별표 7의 개정규정에 불구하고 종전의 규정에 의하여 수수료를 지급한다.

부칙 <제427호, 2005.3.9.>
이 규칙은 2005년 3월 9일부터 시행한다.

부칙 <제469호, 2005.9.16.>
①(시행일) 이 규칙은 공포한 날부터 시행한다.
②(증축을 포함하는 리모델링의 경우 제출서류에 관한 적용례) 제20조제3항제5호 가목 및 라목의 개정규정은 이 규칙 시행후 최초로 행위허가를 신청하는 분부터 적용한다.

부칙 <제499호, 2006.2.24.>
①(시행일) 이 규칙은 공포한 날부터 시행한다. 다만, 제35조제1항의 개정규정은 2006년 12월 24일부터 시행한다.
②(국민주택채권의 매입 면제에 관한 적용례) 별표 8 제11호 및 제12호의 개정규정은 이 규칙 시행 후 최초로 건축허가를 신청하거나 부동산 및 부동산에 관한 권리의 등기를 신청하는 분부터 적용한다.

부칙 <제506호, 2006.3.28.>

<44>경제자유구역의지정및운영에관한법률중 다음과 같이 개정한다.
제11조제1항제23호를 삭제한다.
제27조제1항제1호를 다음과 같이 한다.
　1. 주택법 제29조·제32조·제38조의 규정에 의한 주택의 공급 등에 관한 사무
<45>농어촌정비법중 다음과 같이 개정한다.
제33조제2항중 "주택건설촉진법 제6조"를 "주택법 제9조"로 한다.
제39조제2호중 "주택건설촉진법 제3조제5호"를 "주택법 제2조제5호"로 하고, "동법 제33조"를 "동법 제16조"로 한다.
<46>전원개발에관한특례법중 다음과 같이 개정한다.
제10조제3항중 "주택건설촉진법"을 "주택법"으로 한다.
<47>체신창구업무의위탁에관한법률중 다음과 같이 개정한다.
제4조제1항제3호중 "주택건설촉진법"을 "주택법"으로 한다.
제13조 (다른 법률과의 관계) ①이 법 시행 당시 다른 법률에서 종전의 주택건설촉진법 및 그 규정을 인용하고 있는 경우 이 법중 그에 해당하는 규정이 있는 때에는 종전의 규정에 갈음하여 이 법 또는 이 법의 해당 규정을 인용한 것으로 본다.
②이 법 시행 당시 다른 법률에서 종전의 주택건설종합계획 또는 특별수선충당금을 인용하고 있는 경우에는 이 법에 의한 주택종합계획 또는 장기수선충당금을 인용한 것으로 본다.

　　부칙 <제6943호, 2003.7.25.>

"을 각각 "주택법"으로 한다.
<42>주민등록법시행령중 다음과 같이 개정한다.
제9조제3항중 "주택건설촉진법"을 "주택법"으로 한다.
<43>주택건설기준등에관한규정중 다음과 같이 개정한다.
제1조중 "주택건설촉진법(이하 "법"이라 한다) 제3조·제31조·제45조 및 제45조의3"을 "주택법 제2조·제21조·제35조 및 제36조"로 한다.
제2조제1호를 삭제하고, 제7조를 다음과 같이 한다.
　7. "기간도로"라 함은 주택법시행령 제4조의 규정에 의한 도로를 말한다.
제3조중 "법 제3조제5호"를 "주택법(이하 "법"이라 한다) 제2조제5호"로, "법 제33조제1항"을 "법 제16조제1항"으로 한다.
제4조 각호외의 부분을 다음과 같이 한다.
　법 제2조제6호 다목에서 "대통령령이 정하는 시설 또는 설비"라 함은 다음 각호의 시설 또는 설비를 말한다.
제5조 각호외의 부분을 다음과 같이 한다.
　법 제2조제7호 나목에서 "대통령령이 정하는 공동시설"이라 함은 다음 각호의 시설 및 그 부속용도로 이용하는 시설을 말한다.
제6조제1항제3호를 다음과 같이 하고, 동조제3항을 삭제한다.
　3. 법 제2조제8호의 규정에 의한 간선시설
제7조제1항중 "법 제45조"를 "법 제35조"로 한다.
제52조제1항제3호 및 제55조제4항제3호중 "주택건설촉진법시행령 제30조제1항"을 각각 "주택법시행령 제3조제1항"으로 한다.
제57조중 "법 제33조"를 "법 제16조"로 한다.

이 규칙은 공포한 날부터 시행한다.

　　부칙 <제530호, 2006.8.7.> (행정정보의 공동이용 및 문서감축을 위한 개발이익환수에관한법률시행규칙 등 일부개정령)
이 규칙은 공포한 날부터 시행한다.

　　부칙 <제541호, 2006.11.7.>
이 규칙은 공포한 날부터 시행한다.

　　부칙 <제544호, 2007.3.16.> (공공자금관리기금법 시행규칙)
제1조 (시행일) 이 규칙은 공포한 날부터 시행한다.
제2조 내지 제4조 생략
제5조 (다른 법령의 개정) ①생략
②주택법 시행규칙 일부를 다음과 같이 개정한다.
별지 제45호서식 제1호중 예수금의 재정융자특별회계란을 삭제한다.
제6조 생략

　　부칙 <제550호, 2007.3.16.>
①(시행일) 이 규칙은 공포한 날부터 시행한다.
②(감리원의 배치기준에 관한 적용례) 제13조제2항의 개정규정은 이 규칙 시행 후 최초로 주택건설사업계획의 승인 또는 리모델링의 허가를 신청하는 분부터

이 법은 2003년 11월 30일부터 시행한다.

　　　부칙　<제7030호, 2003.12.31.> (한국주택금융공사법)
제1조 (시행일) 이 법은 2004년 3월 1일부터 시행한다.
　<단서 생략>
제2조 내지 제10조 생략
제11조 (다른 법률의 개정) ①내지 ③생략
　④주택법중 다음과 같이 개정한다.
　　제63조제1항제12호중 "근로자의주거안정과목돈마련지원에관한법률 제13조제3항"을 "한국주택금융공사법 제56조제3항"으로 하고, 동항제13호중 "주택저당채권유동화회사법에 의한 주택저당채권유동화회사에의 출자"를 "주택저당채권유동화회사법에 의한 주택저당채권유동화회사 및 한국주택금융공사법에 의한 한국주택금융공사에의 출자"로 한다.
　⑤생략
제12조 생략

　　　부칙　<제7156호, 2004.1.29.>
①(시행일) 이 법은 공포후 2월이 경과한 날부터 시행한다.
②(주택외의 시설과 주택을 동일건축물로 건축하는 경우의 공급에 관한 적용례) 제38조의 개정규정은 이 법 시행후 당해 지역 시장·군수·구청장에게 최초로 입주자모집공고의 승인을 신청하는 분부터 적용한다. 다만, 이 법 시행전에 입주자모집공고의 승인을 신청한 경우에는 1회에 한하여 주택의 입주자로 선정된 지위를 전매할 수 있다.
③(주택거래계약의 신고에 관한 적용례) 제7장의 개정규

제61조의2제1항 각호외의 부분 및 동조제2항중 "법 제45조제1항세1호"를 각각 "법 제35조제1항"으로 하고, 동조제6항중 "법 제45조제1항"을 "법 제35조제2항"으로 한다.
<44>중소기업의구조개선과재래시장활성화를위한특별조치법시행령중 다음과 같이 개정한다.
제13조 각호외의 부분 본문중 "주택건설촉진법 제33조"를 "주택법 제16조"로 한다.
제22조의 제목중 "주택건설촉진법"을 "주택법"으로 하고, 동조중 "주택건설촉진법시행령 제32조제1항"을 "300세대 미만의 주택과 주택외의 시설을 동일건축물로 건축하는 경우로서 주택법시행령 제15조제2항"으로 한다.
<45>증권거래법시행령중 다음과 같이 개정한다.
제3조제2항제5호중 "주택건설촉진법"을 "주택법"으로 한다.
<46>지방세법시행령중 다음과 같이 개정한다.
제101조제1항제5호중 "주택건설촉진법 제6조"를 "주택법 제9조"로 하고, 동항제26호중 "주택건설촉진법 제47조의6"을 "주택법 제76조"로 한다.
제194조의15제4항제8호중 "주택건설촉진법에 의하여"를 "주택법에 의하여"로, "주택건설촉진법 제44조"를 "주택법 제32조"로 한다.
<47>지방소도읍육성지원법시행령중 다음과 같이 개정한다.
제11조제1항중 "주택건설촉진법 제16조"를 "주택법 제68조"로 한다.
<48>지역균형개발및지방중소기업육성에관한법률시행령중 다음과 같이 개정한다.
제25조제2항제2호 마목중 "주택건설촉진법에 의한 주택

적용한다.
③(장기수선계획의 수립기준에 관한 경과조치) 관리주체는 이 규칙 시행일부터 6월 이내에 종전의 장기수선계획을 별표 5의 개정규정에 적합하도록 하여야 한다.

　　　부칙　<제551호, 2007.3.19.> (주민등록번호 보호 및 행정서류용 사전규격 통일을 위한 개발이익환수에 관한 법률 시행규칙 등 일부개정령)

　　　부칙　<제566호, 2007.6.29.>
이 규칙은 공포한 날부터 시행한다.

　　　부칙　<제578호, 2007.8.30.>
이 규칙은 2007년 9월 1일부터 시행한다.

　　　부칙　<제594호, 2007.12.13.> (전자정부 구현을 위한 개발이익환수에 관한 법률 시행규칙등 일부개정령)
이 규칙은 공포한 날부터 시행한다.

　　　부칙　<제596호, 2007.12.26.>
제1조 (시행일) 이 규칙은 공포한 날부터 시행한다.
제2조 (국민주택기금의 운용·관리에 관한 위탁수수료 등에 관한 적용례) 별표 7의 개정규정은 이 규칙 시행 후 최초로 지급하는 분부터 적용한다.

정은 이 법 시행후 주택거래신고지역안에 있는 주택에 관한 소유권을 이전하는 계약을 체결하는 분부터 적용한다.

　　부칙　<제7159호, 2004.1.29.>　(복권및복권기금법)
제1조 (시행일) 이 법은 2004년 4월 1일부터 시행한다.
<단서 생략>
제2조 내지 제4조 생략
제5조 (다른 법률의 개정) ①생략
②주택법중 다음과 같이 개정한다.
제60조제2항제4호를 다음과 같이 하고, 동항에 제4호의2를 다음과 같이 신설한다.
　　4. 제67조의 규정에 의한 국민주택채권 발행으로 조성된 자금
　　4의2. 복권및복권기금법 제23조제1항의 규정에 의하여 배분된 복권수익금
제74조를 삭제한다.
③내지 ⑬생략

　　부칙　<제7244호, 2004.10.22.>　(건축물의분양에관한법률)
제1조 (시행일) 이 법은 공포후 6월이 경과한 날부터 시행한다.
제2조 생략
제3조 (다른 법률의 개정 등) ①주택법중 다음과 같이 개정한다.
제38조제3항을 삭제한다.
②생략

사업공제조합"을 "주택법에 의한 대한주택보증주식회사"로 한다.
제40조제1항제3호중 "주택건설촉진법"을 "주택법"으로 한다.
<49>지적법시행령중 다음과 같이 개정한다.
제32조제1항제1호 및 동조제3항중 "주택건설촉진법"을 각각 "주택법"으로 한다.
<50>집단에너지사업법시행령중 다음과 같이 개정한다.
제5조제1항제1호 가목을 삭제하고, 동호 나목중 "주택건설촉진법 제33조제1항"을 "주택법 제16조제1항"으로 한다.
제8조제1호 가목중 "주택건설촉진법 제3조제3호"를 "주택법 제2조제2호"로 한다.
<51>택지개발촉진법시행령중 다음과 같이 개정한다.
제13조의2제1항제1호중 "주택건설촉진법시행령 제30조제1항"을 "주택법시행령 제3조"로 하고, 동조제2항제2호중 "주택건설촉진법 제33조"를 "주택법 제16조"로 하며, 동조 제5항제1호중 "주택건설촉진법"을 "주택법"으로 하고, 동항제5호중 "주택건설촉진법 제6조"를 "주택법 제9조"로 하며, 동항제5호의2중 "주택건설촉진법 제44조"를 "주택법 제32조"로 한다.
제13조의2제7항중 "주택건설촉진법 제33조"를 "주택법 제16조"로 한다.
<52>하도급거래공정화에관한법률시행령중 다음과 같이 개정한다.
제1조의2제7항제1호를 다음과 같이 한다.
　　1. 주택법 제9조(주택건설사업 등의 등록)의 규정에 의한 등록사업자
<53>행정권한의위임및위탁에관한규정중 다음과 같이 개

　　부칙　<제4호, 2008.3.14.>　(정부조직법의 개정에 따른 감정평가에 관한 규칙 등 일부 개정령)
이 규칙은 공포한 날부터 시행한다.

　　부칙　<제26호, 2008.6.30.>
제1조(시행일) 이 규칙은 공포한 날부터 시행한다. 다만, 제49조의2의 개정규정은 공포 후 1개월이 경과한 날부터 시행한다.
제2조(주택거래계약 신고에 관한 적용례) 제49조의2의 개정규정은 이 규칙 시행 후 최초로 법 제80조의2제1항에 따라 주택거래계약을 신고하는 분부터 적용한다.

　　부칙　<제48호, 2008.9.11.>
제1조(시행일) 이 영은 공포한 날부터 시행한다.
제2조(적용례) 별표 7 제2호의 개정규정은 기금수탁자가 이 규칙 시행 전에 수행한 「임대주택법」 제17조제3항제1호에 따른 변경등기 업무에 대하여 위탁수수료를 청구하는 경우에도 적용한다.

　　부칙　<제62호, 2008.11.5.>
이 규칙은 공포 후 6개월이 경과한 날부터 시행한다.

부칙 <제7334호, 2005.1.8.>
①(시행일) 이 법은 공포 후 2월이 경과한 날부터 시행한다. 다만, 제21조의2 및 제21조의3의 개정규정은 공포 후 1년이 경과한 날부터 시행한다.
②(매도청구·주택감리·분양가상한제 및 분양가격 공개 등에 관한 적용례) 제16조·제18조의2·제24조 및 제38조의2의 개정규정은 이 법 시행 후 최초로 사업계획승인을 신청하는 분부터 적용한다.
③(분양가상한제 적용주택의 전매행위 제한에 관한 적용례) 제41조의2제1항제2호의 개정규정은 이 법 시행 후 최초로 입주자모집공고의 승인을 신청하는 분부터 적용한다.
④(다른 법률의 개정) 중소기업의구조개선과재래시장활성화를위한특별조치법중 다음과 같이 개정한다.
제16조제4항중 "제16조제1항·제2항의"를 "제16조제1항 및 제3항의"로 한다.

부칙 <제7335호, 2005.1.14.> (부동산가격공시및감정평가에관한법률)
제1조 (시행일) 이 법은 공포한 날부터 시행한다.
제2조 내지 제10조 생략
제11조 (다른 법률의 개정) ①내지 <20>생략
<21>주택법중 다음과 같이 개정한다
제26조제3항중 "지가공시및토지등의평가에관한법률"을 "부동산가격공시및감정평가에관한법률"로 한다.
<22>내지 <24>생략
제12조 생략

부칙 <제7428호, 2005.3.31.> (채무자 회생 및 파산

정한다.
제29조제2항제7호중 "주택건설촉진법 제33조제6항"을 "주택법 제17조제3항"으로 한다.
제38조제3항제1호중 "주택건설촉진법에 의한 주택건설사업 또는 택지조성사업"을 "주택법에 의한 주택건설사업 또는 대지조성사업"으로 한다.
제51조제3항제3호를 다음과 같이 하고, 동항제4호중 "주택건설촉진법 제48조의2"를 "주택법 제93조"로 한다.
  3. 주택법 제35조제1항의 규정에 의한 공업화주택의 인정 및 동법 제36조의 규정에 의한 인정의 취소
<54>화재로인한재해보상과보험가입에관한법률시행령중 다음과 같이 개정한다.
제2조제1항제12호를 다음과 같이 한다.
  12. 주택법시행령 제2조제1항의 규정에 의한 공동주택으로서 16층 이상의 아파트 및 부속건물. 이 경우 주택법 제2조제12호의 규정에 의한 관리주체에 의하여 관리되는 동일한 아파트단지안에 있는 15층 이하의 아파트를 포함한다.

부칙 <제18297호, 2004.2.28.> (한국주택금융공사법 시행령)
제1조 (시행일) 이 영은 2004년 3월 1일부터 시행한다.
제2조 및 제3조 생략
제4조 (다른 법령의 개정) ①내지 <16>생략
<17>주택법시행령중 다음과 같이 개정한다.
제84조제2항중 "주택저당채권유동화회사법에 의하여 설립된 주택저당채권유동화회사가 하나인 경우에는"을 "주택저당채권유동화회사법에 의한 주택저당채권유동화회사가 하나인 경우 또는 한국주택금융공사법에 따라

부칙 <제107호, 2009.3.19.>
이 규칙은 2009년 3월 22일부터 시행한다.

부칙 <제260호, 2010.7.6.>
제1조(시행일) 이 규칙은 2010년 7월 6일부터 시행한다. 다만, 제25조의2부터 제25조의5까지, 제28조의2의 개정규정은 2010년 10월 6일부터 시행한다.
제2조(공동관리하는 인접한 단지기준에 관한 경과조치) 이 규칙 시행 전에 공동관리하고 있는 공동주택에 대하여는 제23조제2항제2호의 개정규정에도 불구하고 종전의 규정에 따른다.

부칙 <제315호, 2010.12.20.> (건설기술관리법 시행규칙)
제1조(시행일) 이 규칙은 공포한 날부터 시행한다. <단서 생략>
제2조부터 제7조까지 생략
제8조(다른 법령의 개정) ① 생략
② 주택법 시행규칙 일부를 다음과 같이 개정한다.
제13조제2항제1호가목 본문 중 "「건설기술관리법 시행령」 별표 3"을 "「건설기술관리법 시행령」 별표 7"로 하고, 같은 목 단서 중 "「건설기술관리법 시행령」 별표 3"을 "「건설기술관리법 시행령」 별표 7"로, "「건설기술관리법 시행령」 제7조제3항제2호가목"을 "「건설기술관

에 관한 법률)
제1조 (시행일) 이 법은 공포 후 1년이 경과한 날부터 시행한다.
제2조 내지 제4조 생략
제5조 (다른 법률의 개정) ①내지 <106>생략
<107>주택법 일부를 다음과 같이 개정한다.
제11조제2호 및 제56조제4항제2호중 "파산자"를 각각 "파산선고를 받은 자"로 한다.
<108>내지 <145>생략
제6조 생략

　　부칙　<제7520호, 2005.5.26.>
①(시행일) 이 법은 공포한 날부터 시행한다.
②(일반적 경과조치) 이 법 시행 당시 종전의 규정에 의한 처분·절차 그 밖의 행위는 이 법의 규정에 의하여 행하여진 것으로 본다.
③(담보책임 및 하자보수에 관한 경과조치) 이 법 시행 전에 「주택법」 제29조의 규정에 의한 사용검사 또는 「건축법」 제18조의 규정에 의한 사용승인을 얻은 공동주택의 담보책임 및 하자보수에 관하여는 제46조의 개정규정에도 불구하고 종전의 규정에 따른다. <개정 2010.4.5>
[2010.4.5 법률 제10237호에 의하여 2008.7.31 헌법재판소에서 위헌결정된 이 조를 개정함.]

　　부칙　<제7600호, 2005.7.13.>
①(시행일) 이 법은 공포한 날부터 시행한다. 다만, 제2조제13호, 제24조제1항 및 제42조제2항의 개정규정은 공포 후 2월이 경과한 날부터 시행한다.

설립된 한국주택금융공사와 계약하는 경우에는"으로 한다.
별표 12제1호에 사목을 다음과 같이 신설한다.
　사. 한국주택금융공사법에 따라 설립된 한국주택금융공사
<18>내지 <20>생략
제5조 생략

　　부칙　<제18316호, 2004.3.17.>　(복권및복권기금법시행령)
제1조 (시행일) 이 영은 2004년 4월 1일부터 시행한다.
<단서 생략>
제2조 생략
제3조 (다른 법령의 개정) ①주택법시행령중 다음과 같이 개정한다.
제104조를 삭제한다.
②내지 ④생략

　　부칙　<제18348호, 2004.3.29.>
①(시행일) 이 영은 2004년 3월 30일부터 시행한다. 다만, 제90조·제91조·제94조 내지 제97조의 개정규정은 2004년 4월 1일부터 시행한다.
②(유효기간) 제107조의2의 개정규정중 연립주택에 관한 사항은 이 영 시행일부터 2년이 되는 날까지 효력을 갖는다.
③(국민주택채권에 대한 경과조치) 이 영 시행 전에 발행된 국민주택채권의 상환방법·절차 등에 대하여는 종전의 규정에 의한다.

리법 시행령」 별표 3 제2호가목"으로 하며, 같은 호 나목 중 ""「건설기술관리법 시행령」 별표 3"을 ""「건설기술관리법 시행령」 별표 7"로 한다.
제13조제2항제2호 본문 중 ""「건설기술관리법 시행령」 별표 3"을 ""「건설기술관리법 시행령」 별표 7"로 하고, 같은 호 단서 중 ""「건설기술관리법 시행령」 별표 3"을 ""「건설기술관리법 시행령」 별표 7"로, ""「건설기술관리법 시행령」 제7조제3항제2호가목"을 ""「건설기술관리법 시행령」 별표 3 제2호가목"으로 한다.

　　부칙　<제323호, 2011.1.6.>
제1조(시행일) 이 규칙은 공포한 날부터 시행한다.
제2조(폐쇄회로 텔레비전 설치에 관한 적용례 등) ① 제24조의2제1항 의 개정규정은 이 규칙 시행 후 최초로 폐쇄회로 텔레비전을 설치하거나 설치된 폐쇄회로 텔레비전을 교체하는 경우부터 적용한다.
② 이 규칙 시행 당시 이미 설치된 폐쇄회로 텔레비전은 제24조의2제2항 및 제24조의3의 개정규정에 따라 관리하여야 한다.
제3조(장기수선계획의 수립기준에 관한 적용례) 별표 5의 개정규정은 이 규칙 시행 후 최초로 법 제47조에 따라 장기수

②(사업계획의 승인 및 간선시설의 설치에 관한 적용례) 제16조제5항, 제23조제1항 및 제4항의 개정규정은 이 법 시행 후 최초로 사업계획승인을 신청하는 분부터 적용한다.
③(리모델링 감리 및 행위허가 등에 관한 적용례) 제2조제13호, 제24조제1항 및 제42조제2항의 개정규정은 이 법 시행 후 최초로 리모델링의 허가를 신청하는 분부터 적용한다.

　　부칙　<제7678호, 2005.8.4.>　(산림자원의 조성 및 관리에 관한 법률)
제1조 (시행일) 이 법은 공포 후 1년이 경과한 날부터 시행한다.
제2조 내지 제10조 생략
제11조 (다른 법률의 개정) ①내지 <56>생략
<57>주택법 일부를 다음과 같이 개정한다.
제17조제1항제12호 본문중 "산림법 제62조제1항·제90조제1항의 규정에 의한 허가"를 "「산림자원의 조성 및 관리에 관한 법률」 제36조제1항·제4항 및 제45조제1항·제2항의 규정에 의한 입목벌채등의 허가·신고"로 하고, 동호 단서중 "산림법"을 "「산림자원의 조성 및 관리에 관한 법률」"로 한다.
<58>내지 <87>생략
제12조 생략

　　부칙　<제7757호, 2005.12.23.>
①(시행일) 이 법은 공포 후 2월이 경과한 날부터 시행한다. 다만, 제41조의3의 개정규정은 공포한 날부터 시행하고, 제58조의 개정규정은 공포 후 1년이 경과한 날

　　부칙　<제18547호, 2004.9.17.>
①(시행일) 이 영은 공포한 날부터 시행한다.
②(주택건설사업 등의 등록기준에 관한 적용례) 제10조제2항의 개정규정은 이 영 시행 후 최초로 주택건설사업 등의 등록을 신청하는 분부터 적용한다.
③(분양보증에 관한 적용례) 제106조제1항제1호의 개정규정은 이 영 시행 후 최초로 대한주택보증주식회사와 분양보증계약을 체결하는 분부터 적용한다.
④(복리시설의 리모델링에 관한 적용례) 별표 3 제7호의 개정규정은 이 영 시행 후 최초로 복리시설의 리모델링 허가를 신청하는 분부터 적용한다.
⑤(주택관리업자 변경에 관한 경과조치) 이 영 시행당시의 관리규약이 제52조제4항 단서의 개정규정에 의한 의견청취절차를 마련하고 있지 아니한 경우의 주택관리업자 변경에 관하여는 종전의 제52조제4항 본문의 규정을 적용한다.

　　부칙　<제18594호, 2004.12.3.>　(과학기술분야정부출연연구기관등의설립·운영및육성에관한법률시행령)
제1조 (시행일) 이 영은 공포한 날부터 시행한다.
제2조 및 제3조 생략
제4조 (다른 법령의 개정) ①내지 <32>생략
<33>주택법시행령중 다음과 같이 개정한다.
제59조제3항제3호중 "정부출연연구기관등의설립·운영및육성에관한법률"을 "과학기술분야정부출연연구기관등의설립·운영및육성에관한법률"로 한다.
<34>내지 <42>생략
제5조 생략

선계획을 수립하거나 조정하는 경우부터 적용한다.

　　부칙　<제350호, 2011.4.11.>　(행정정보의 공동이용 및 문서감축을 위한 개발이익 환수에 관한 법률 시행규칙 등 일부개정령)
이 규칙은 공포한 날부터 시행한다.

　　부칙　<제449호, 2012.3.16.>
제1조(시행일) 이 규칙은 2012년 3월 17일부터 시행한다.
제2조(장기수선계획의 수립기준에 관한 적용례) 별표 5의 개정규정은 이 규칙 시행 후 최초로 법 제47조에 따라 장기수선계획을 수립하거나 조정하는 경우부터 적용한다.
제3조(건축허가 시 국민주택채권매입의무 면제대상 건축물의 범위에 관한 적용례) 별표 9 제2호의 개정규정은 이 규칙 시행 후 최초로 건축허가를 신청하는 경우부터 적용한다.
제4조(주택관리업 등록 처리기간에 관한 적용례) 별지 제35호서식의 개정규정은 이 규칙 시행 후 최초로 주택관리업의 등록을 신청하는 경우부터 적용한다.
제5조(주택관리사자격증 발급 처리기간에 관한 적용례) 별지 제41호서식의 개정규정은 이 규칙 시행 후 최초로 주택관리

부터 시행한다.

②(분양가격 제한에 관한 적용례) 제38조의2의 개정규정은 이 법 시행 후 최초로 사업계획승인을 신청하는 분부터 적용한다.

③(전매행위 제한에 관한 적용례) 제41조의2제1항의 개정규정은 이 법 시행 후 최초로 입주자모집공고의 승인을 신청하는 분부터 적용한다.

④(관리사무소장 등의 배치에 관한 적용례) 제55조의 개정규정은 이 법 시행 후 최초로 관리사무소장 등을 배치하는 경우부터 적용한다.

　　부칙　<제7834호, 2005.12.30.>　(도시재정비 촉진을 위한 특별법)

제1조 (시행일) 이 법은 공포후 6월이 경과한 날부터 시행한다.

제2조 내지 제4조 생략

제5조 (다른 법률의 개정) 「주택법」중 다음과 같이 개정한다.

　제63조제1항에 제16호의3을 다음과 같이 신설한다.
　　16의3. 「도시재정비 촉진을 위한 특별법」제2조제6호에 의한 기반시설 중 동법 제29조제2항에서 정하는 기반시설의 설치에 소요되는 비용

　　부칙　<제7837호, 2005.12.31.>　(소득세법)

제1조 (시행일) 이 법은 2006년 1월 1일부터 시행한다.
　<단서 생략>

제2조 내지 제21조 생략

제22조 (다른 법률의 개정) ①내지 ④생략
　⑤주택법 일부를 다음과 같이 개정한다.

　　부칙　<제18670호, 2005.1.5.>

이 영은 공포한 날부터 시행한다.

　　부칙　<제18733호, 2005.3.8.>

이 영은 2005년 3월 9일부터 시행한다.

　　부칙　<제18978호, 2005.7.27.>　(식품위생법 시행령)

제1조 (시행일) 이 영은 2005년 7월 28일부터 시행한다.

제2조 및 제3조 생략

제4조 (다른 법령의 개정) ①내지 ⑫생략
　⑬주택법 시행령 일부를 다음과 같이 개정한다.
　별표 12 부표의 제16호 라목의 매입대상란중 "휴게음식점영업"을 "휴게음식점영업·제과점영업"으로 한다.
　⑭및 ⑮생략

　　부칙　<제19053호, 2005.9.16.>

이 영은 공포한 날부터 시행한다.

　　부칙　<제19356호, 2006.2.24.>

제1조 (시행일) 이 영은 공포한 날부터 시행한다. 다만, 제77조제3항·제108조제4항 및 제111조제2항의 개정규정은 2006월 7월 1일부터 시행한다.

제2조 (리모델링주택조합 설립인가에 관한 적용례) 제37조제1항제1호의 개정규정은 이 영 시행 후 최초로 리모델링주택조합 설립인가를 신청하는 분부터 적용한다.

제3조 (전매행위 제한기간에 관한 적용례) 제45조의2제2항 및 제3항의 개정규정은 이 영 시행 후 최초로 입주자모집공고의 승인을 신청하는 분부터 적용한다.

제4조 (관리규약의 준칙 등에 관한 경과조치) ①시·도지

사자격증 발급을 신청하는 경우부터 적용한다.

　　부칙　<제456호, 2012.4.13.>　(국토의 계획 및 이용에 관한 법률 시행규칙)

제1조 (시행일) 이 규칙은 2012년 4월 15일부터 시행한다. <단서 생략>

제2조 생략

제3조 (다른 법령의 개정) ①부터 <17>까지 생략
　<18> 주택법 시행규칙 일부를 다음과 같이 개정한다.
　제17조제2항 중 "도시관리계획상"을 "도시·군관리계획상"으로 한다.
　<19>부터 <23>까지 생략

　　부칙　<제502호, 2012.7.26.>

제1조 (시행일) 이 규칙은 2012년 7월 27일부터 시행한다.

제2조 (하자심사·분쟁조정 신청 첨부서류에 관한 적용례) 제25조의3제1항 및 별지 제34호의4서식의 개정규정은 이 규칙 시행 후 분쟁조정을 신청하는 경우부터 적용한다.

제3조 (착공신고 처리기간에 관한 적용례) 별지 제17호서식의 개정규정은 이 규칙 시행 후 착공신고를 하는 경우부터 적용한다.

제4조 (사용검사 등 처리기간에 관한 적용

제80조의2제1항 중 "「소득세법」 제96조제1항제6호의2"를 "「소득세법」 제104조의2제1항"으로 한다.
⑥생략

　　부칙　<제7959호, 2006.5.24.>　(재건축초과이익 환수에 관한 법률)

제1조 (시행일) 이 법은 공포 후 4개월이 경과한 날부터 시행한다.
제2조 생략
제3조 (다른 법률의 개정) ①생략
②주택법 일부를 다음과 같이 개정한다.
제60조제2항에 제2호의2를 다음과 같이 신설한다.
　2의2. 「재건축초과이익 환수에 관한 법률」에 의한 재건축부담금 중 국가 귀속분
제63조제1항에 제9호의2를 다음과 같이 신설한다.
　9의2. 「도시 및 주거환경정비법」에 의한 도시·주거환경정비기금, 「도시재정비 촉진을 위한 특별법」에 의한 재정비촉진특별회계 또는 「주택법」에 의한 국민주택사업특별회계 지원
제73조제2항에 제8호를 다음과 같이 신설한다.
　8. 「재건축초과이익 환수에 관한 법률」에 의한 재건축부담금 중 지방자치단체 귀속분
③ 및 ④생략

　　부칙　<제8014호, 2006.9.27.>　(하수도법)

제1조 (시행일) 이 법은 공포 후 1년이 경과한 날부터 시행한다.
제2조 내지 제9조 생략
제10조 (다른 법률의 개정) ①내지 <35>생략

사는 이 영 시행일부터 2월 이내에 종전의 관리규약의 준칙을 제57조제1항제20호 및 제21호의 개정규정에 적합하도록 하여야 한다.
②입주자등은 이 영 시행일부터 3월 이내에 종전의 관리규약을 제1항의 규정에 따라 개정된 관리규약의 준칙에 적합하도록 하여야 한다.
제5조 (제3종국민주택채권 매입 공공택지에 관한 경과조치) 제95조제5항의 개정규정에 불구하고 종전의 규정에 따라 제3종국민주택채권을 매입한 경우에는 종전의 규정에 따른다.

　　부칙　<제19422호, 2006.3.29.>　(채무자 회생 및 파산에 관한 법률 시행령)

제1조 (시행일) 이 영은 2006년 4월 1일부터 시행한다.
제2조 (다른 법령의 개정) ①내지 <22>생략
<23>주택법 시행령 일부를 다음과 같이 개정한다.
제44조제2항제3호중 "「화의법」 또는 「회사정리법」 등"을 "「채무자 회생 및 파산에 관한 법률」 등"으로 한다.
<24>내지 <26>생략

　　부칙　<제19507호, 2006.6.12.>　(행정정보의 공동이용 및 문서감축을 위한 국가채권관리법 시행령 등 일부개정령)

이 영은 공포한 날부터 시행한다.

　　부칙　<제19726호, 2006.11.7.>

①(시행일) 이 영은 공포한 날부터 시행한다.
②(저당권설정 등의 제한에 관한 적용례) 제44조제2항의

례) 별지 제20호서식의 개정규정은 이 규칙 시행 후 사용검사(임시사용승인을 포함한다)를 신청하는 경우부터 적용한다.

　　부칙　<제559호, 2013.1.14.>

이 규칙은 공포한 날부터 시행한다.

　　부칙　<제1호, 2013.3.23.>　(국토교통부와 그 소속기관 직제 시행규칙)

제1조(시행일) 이 규칙은 공포한 날부터 시행한다. <단서 생략>
제2조부터 제5조까지 생략
제6조(다른 법령의 개정) ①부터 <93>까지 생략
<94> 주택법 시행규칙 일부를 다음과 같이 개정한다.
제3조, 제4조 각 호 외의 부분, 제6조제6항, 제9조제2항 각 호 외의 부분, 같은 조 제5항·제7항, 제11조제4항 각 호 외의 부분 본문, 제13조제2항 각 호 외의 부분, 제14조제2항, 제17조제3항 각 호 외의 부분, 제18조제1항, 제19조의2 각 호 외의 부분, 제19조의3 각 호 외의 부분, 제20조제1항 각 호 외의 부분, 같은 조 제2항 각 호 외의 부분, 같은 조 제3항 각 호 외의 부분 전단, 제23조제2항 각 호 외의 부분, 제25조 각 호 외의 부분, 제26조제1항, 제27조제1항 각 호 외

<36>주택법 일부를 다음과 같이 개정한다.
제17조제1항제16호를 다음과 같이 하고, 동항제23호중 "「하수도법」 제13조"를 "「하수도법」 제16조"로 한다.
　　16. 「하수도법」 제34조제2항의 규정에 따른 개인하수처리시설의 설치신고
<37>내지 <57>생략
제11조 생략

　　부칙 <제8050호, 2006.10.4.> (국가재정법)
제1조 (시행일) 이 법은 2007년 1월 1일부터 시행한다.
　　<단서 생략>
제2조 내지 제10조 생략
제11조 (다른 법률의 개정) ①내지 <50>생략
　　<51>주택법 일부를 다음과 같이 개정한다.
　　제62조제7항 중 "기금관리기본법"을 "「국가재정법」"으로 한다.
　　<52>내지 <59>생략
제12조 생략

　　부칙 <제8239호, 2007.1.11.>
①(시행일) 이 법은 공포후 3개월이 경과한 날부터 시행한다. 다만, 제16조·제18조의2제1항 및 제18조의3의 개정규정은 공포한 날부터 시행한다.
②(사업계획의 승인·매도청구·소유자의 확인이 곤란한 대지 등에 대한 처분과 간선시설의 설치·비용의 상환 등에 관한 적용례) 제16조·제18조의2·제18조의3·제23조의 개정규정은 이 법 시행 후 최초로 사업계획승인을 신청하는 분부터 적용한다.
③(주택공급 및 견본주택의 건축기준 등에 관한 적용례) 개정규정은 이 영 시행 후 최초로 금융기관으로부터 융자를 받는 분부터 적용한다.
③(전매행위 제한의 예외에 관한 적용례) 제45조의2제4항제6호의 개정규정은 이 영 시행 후 최초로 발생하는 금융기관에 대한 채무부터 적용한다.
④(주택거래신고에 관한 적용례) 제107조의3의 개정규정은 이 영 시행 후 주택거래신고지역 안에 있는 주택에 관한 소유권을 이전하는 계약을 체결하는 분부터 적용한다.

　　부칙 <제19935호, 2007.3.16.>
제1조 (시행일) 이 영은 공포한 날부터 시행한다. 다만, 별표 10의 개정규정은 2008년 1월 1일부터 시행한다.
제2조 (감리자의 지정에 관한 적용례) 제26조제1항제1호의 개정규정은 이 영 시행 후 최초로 주택건설사업계획 승인 또는 리모델링의 허가를 신청하는 분부터 적용한다.
제3조 (주택조합의 설립인가에 관한 적용례) 제37조제1항제1호의 개정규정은 이 영 시행 후 최초로 주택조합 설립인가를 신청하는 분부터 적용한다.
제4조 (사업주체의 하자보수 및 하자보수보증금의 반환에 관한 적용례) 제61조 및 별표 6 제2호의 개정규정은 이 영 시행 후 최초로 법 제16조에 따른 사업계획승인, 법 제42조제2항제2호에 따른 허가 또는 「건축법」 제8조에 따른 건축허가를 신청하는 분부터 적용한다.
제5조 (관리방법 변경의 신고에 관한 경과조치) 이 영 시행 전에 제52조제3항에 따라 시장·군수 또는 구청장에게 신고한 관리방법을 변경한 경우에는 이 영 시행일부터 30일 이내에 제52조제3항 각 호 외의 부분 후단의 개정규정에 따라 시장·군수 또는 구청장에게 변경신고

의 부분, 제28조의2 각 호 외의 부분, 제31조제1항 각 호 외의 부분, 제32조제1항 각 호 외의 부분, 제38조제2항 각 호 외의 부분, 제38조의2제5항, 제45조제1항 각 호 외의 부분, 제47조제1항 각 호 외의 부분 및 제48조 중 "국토해양부령"을 각각 "국토교통부령"으로 한다.
제6조제5항, 제8조제2항·제4항, 제9조제2항제5호, 같은 조 제8항, 같은 조 제9항 본문, 제10조 각 호 외의 부분, 제12조제2항제3호, 제17조제6항, 제18조제3항 각 호 외의 부분, 제25조제4항1항 각 호 외의 부분, 제38조제1항, 제38조의2제1항·제2항, 같은 조 제3항 전단, 제50조제1항 각 호 외의 부분, 같은 조 제2항 전단, 제50조의2 각 호 외의 부분, 제51조, 별지 제12호서식 제2쪽, 별지 제13호서식, 별지 제14호서식, 별지 제15호서식 앞쪽, 별지 제16호서식, 별지 제17호서식 앞쪽, 같은 서식 뒤쪽 첨부서류란 제3호, 별지 제18호서식, 별지 제19호서식, 별지 제34호의4서식 뒤쪽, 별지 제43호서식 앞쪽 응시수수료란, 별지 제45호서식 제1쪽, 별지 제58호서식 및 별지 제59호서식 중 "국토해양부장관"을 각각 "국토교통부장관"으로 한다.
제26조제2항 후단 중 "지식경제부장관"을 "산업통상자원부장관"으로 한다.
별지 제12호서식 제9쪽 처리기관란, 별지

제38조 및 제38조의3의 개정규정은 이 법 시행 후 최초로 사업계획승인을 받아 견본주택을 건축하여 제38조제1항제1호의 규정에 따라 입주자모집공고 승인을 신청하는 분부터 적용한다.

④(관리주체 등에 대한 적용례) 제43조제9항의 개정규정은 공포 후 1년이 경과한 날부터 적용한다.

⑤(벌칙 등에 관한 경과조치) 이 법 시행 전의 행위에 대한 벌칙 및 과태료의 적용에 있어서는 종전의 규정에 의한다.

⑥(대한주택보증주식회사 임·직원에 대한 벌칙 적용에서의 공무원 의제 규정에 관한 적용례) 제102조의 개정규정은 이 법 시행 후 최초로 「형법」 제129조 내지 제132조의 구성요건에 해당하는 행위를 한 대한주택보증주식회사의 임·직원부터 적용한다.

부칙 <제8338호, 2007.4.6.> (하천법)

제1조 (시행일) 이 법은 공포 후 1년이 경과한 날부터 시행한다.

제2조 내지 제15조 생략

제16조 (다른 법률의 개정) ①내지 <25>생략

<26>주택법 일부를 다음과 같이 개정한다.
제17조제1항제24호를 다음과 같이 한다.
24. 「하천법」 제30조에 따른 하천공사 시행의 허가 및 하천공사실시계획의 인가, 같은 법 제33조에 따른 하천의 점용허가 및 같은 법 제50조에 따른 하천수의 사용허가

<27>내지 <48>생략

제17조 생략

를 하여야 한다.

제6조 (관리사무소장에 관한 경과조치) 이 영 시행 당시 관리사무소장이 해임, 그 밖의 사유로 결원이 된 경우에는 입주자대표회의는 이 영 시행일부터 30일 이내에 제53조제4항의 개정규정에 따라 관리사무소장을 선임하여야 한다.

제7조 (관리규약의 준칙 등에 관한 경과조치) ①시·도지사는 이 영 시행일부터 1월 이내에 종전의 관리규약의 준칙을 제57조제1항제20호의 개정규정에 적합하도록 하여야 한다.

②입주자등은 이 영 시행일부터 3월 이내에 종전의 관리규약을 제1항에 따라 개정된 관리규약의 준칙에 적합하도록 하여야 한다.

부칙 <제20058호, 2007.5.16.> (게임산업진흥에 관한 법률 시행령)

제1조 (시행일) 이 영은 공포한 날부터 시행한다.

제2조 생략

제3조 (다른 법령의 개정) 주택법 시행령 일부를 다음과 같이 개정한다.
별표 12 부표 제17호 중 "「음반·비디오물 및 게임물에 관한 법률」에 의한 게임제공업의 신고 및 등록"을 "「게임산업진흥에 관한 법률」에 따른 게임제공업의 허가 및 등록"으로 한다.

부칙 <제20208호, 2007.7.30.>

제1조 (시행일) 이 영은 공포한 날부터 시행한다. 다만, 제37조제1항·제3항 및 제5항제4호, 제38조제1항제1호가목(투기과열지구 안에 있는 경우에 있어서의 기간 산정

제16호서식 처리절차란 및 별지 제17호서식 뒤쪽 처리기관(담당부서)란 중 "국토해양부"를 각각 "국토교통부"로 한다.

<95>부터 <126>까지 생략

부칙 <제9호, 2013.6.7.>

제1조(시행일) 이 규칙은 공포한 날부터 시행한다.

제2조(허가를 받거나 신고를 하지 아니하고 할 수 있는 공동주택 관리행위에 관한 적용례) 제20조제1항제5호부터 제7호까지의 개정규정은 이 규칙 시행 당시 허가를 신청하거나 신고를 한 경우에 대해서도 적용한다.

제3조(신고대상인 부대시설 및 입주자 공유인 복리시설의 증축에 관한 경과조치) 이 규칙 시행 당시 부대시설 및 입주자 공유인 복리시설에 대한 증축 허가를 신청한 경우에는 제20조제2항제3호부터 제7호까지의 개정규정에도 불구하고 종전의 규정에 따른다.

부칙 <제14호, 2013.6.19.>

제1조(시행일) 이 규칙은 공포한 날부터 시행한다. 다만, 제25조의3제7항 및 별지 제34호의8서식의 개정규정은 2013년 6월 19일부터 시행한다.

제2조(하자진단 또는 감정 비용의 부담에 관한 적용례) 제25조의4제3항의 개정규

부칙 <제8351호, 2007.4.11.> (농어촌정비법)

제1조 (시행일) 이 법은 공포한 날부터 시행한다. <단서 생략>

제2조 내지 제13조 생략

제14조 (다른 법률의 개정) ①내지 <26> 생략

　<27> 주택법 일부를 다음과 같이 개정한다.

　　제17조제1항제6호 중 ""「농어촌정비법」 제20조"를 "「농어촌정비법」 제22조"로 한다.

　<28> 내지 <42> 생략

제15조 생략

　　부칙 <제8352호, 2007.4.11.> (농지법)

제1조 (시행일) 이 법은 공포한 날부터 시행한다. <단서 생략>

제2조 내지 제14조 생략

제15조 (다른 법률의 개정) ①내지 <52> 생략

　<53> 주택법 일부를 다음과 같이 개정한다.

　　제17조제1항제7호 중 ""「농지법」 제36조"를 "「농지법」 제34조"로 한다.

　<54> 내지 <77> 생략

제16조 생략

　　부칙 <제8355호, 2007.4.11.> (광업법)

제1조 (시행일) 이 법은 공포한 날부터 시행한다.

제2조 내지 제4조 생략

제5조 (다른 법률의 개정) ①내지 <16> 생략

　<17> 주택법 일부를 다음과 같이 개정한다.

　　제17조제1항제4호 중 "제47조의 규정에 의한"을 "「광업법」 제42조에 따른"으로 한다.

부분은 제외한다), 제39조제3항, 제40조제2항, 제42조의2부터 제42조의15까지, 제45조의2제1항 및 제2항, 제95조제4항 전단의 개정규정은 2007년 9월 1일부터 시행하고, 제38조제1항제1호가목의 개정규정 중 투기과열지구 안에 있는 경우에 있어서의 기간산정 부분은 2008년 9월 1일부터 시행한다.

제2조 (주택조합에 관한 적용례) ①제37조제1항·제3항 및 제5항제4호, 제38조제1항제1호가목(투기과열지구 안에 있는 경우에 있어서의 기간 산정 부분은 제외한다), 제39조제3항 및 제40조제2항의 개정규정은 2007년 9월 1일 이후 최초로 설립인가를 신청하는 주택조합부터 적용한다.

②제38조제1항제1호가목의 개정규정 중 투기과열지구 안에 있는 경우에 있어서의 기간산정 부분은 2008년 9월 1일 이후 최초로 설립인가를 신청하는 주택조합부터 적용한다.

제3조 (전매행위 제한기간 등에 관한 적용례) 제45조의2제1항·제2항 및 제95조제4항 전단의 개정규정은 다음 각 호의 구분에 따라 적용한다.

1. 법률 제8383호 주택법 일부개정법률 부칙 제4조를 적용받지 아니하는 종전의 분양가상한제 적용주택의 경우에는 2007년 9월 1일 이후 최초로 입주자모집승인을 신청하는 분부터 적용한다.

2. 법률 제8383호 주택법 일부개정법률 부칙 제4조제1항을 적용받는 분양가상한제 적용주택의 경우에는 2007년 9월 1일 이후 입주자모집승인(「도시 및 주거환경정비법」에 따라 공급하는 주택(주거환경개선사업을 제외한다)의 경우는 「도시 및 주거환경정비법」 제48조에 따른 관리처분계획의 인가를 말한다. 이하 이

정은 이 규칙 시행 후 하자진단을 의뢰하거나 감정을 요청하는 경우부터 적용한다.

　　부칙 <제29호, 2013.10.1.>

이 규칙은 공포한 날부터 시행한다.

　　부칙 <제42호, 2013.12.2.>

이 규칙은 2013년 12월 5일부터 시행한다.

　　부칙 <제54호, 2013.12.30.> (행정규제기본법 개정에 따른 규제 재검토기한 설정을 위한 개발이익환수에 관한 법률 시행규칙 등 일부개정령)

이 규칙은 2014년 1월 1일부터 시행한다.

　　부칙 <제74호, 2014.2.7.>

이 규칙은 2014년 2월 7일부터 시행한다.

　　부칙 <제82호, 2014.3.19.>

이 규칙은 공포한 날부터 시행한다.

　　부칙 <제88호, 2014.4.25.>

이 규칙은 2014년 4월 25일부터 시행한다. 다만, 제26조, 제28조 및 제35조의 개정규정은 2014년 6월 25일부터 시행한다.

<18>내지 <20> 생략

제6조 생략

　　부칙 <제8370호, 2007.4.11.> (수도법)

제1조 (시행일) 이 법은 공포한 날부터 시행한다. <단서 생략>

제2조 내지 제18조 생략

제19조 (다른 법률의 개정) ①내지 <42>생략
  <43>주택법 일부를 다음과 같이 개정한다.
  제17조제1항제14호 중 "「수도법」 제12조 또는 제33조의2"를 "「수도법」 제17조 또는 제49조"로, "동법 제36조"를 "같은 법 제52조"로 한다.
  <44>내지 <66> 생략

제20조 생략

　　부칙 <제8383호, 2007.4.20.>

제1조 (시행일) 이 법은 공포한 날로부터 시행한다. 다만, 제38조제1항제3호·제38조의2, 제38조의4, 제38조의5, 제41조, 제97조제8호의2, 제97조의2 및 제102조제1호의2의 개정규정은 2007년 9월 1일부터 시행하고, 제43조, 제55조의2 및 제81조의2의 개정규정은 공포 후 1년이 경과한 날로부터 시행한다.

제2조 (공공택지 정의에 관한 적용례) 제2조제3호의2의 개정규정은 이 법 시행 후 최초로 사업계획 승인을 얻어 건설하는 공동주택부터 적용한다.

제3조 (택지전매금지 행위에 대한 영업정지 등에 관한 적용례) 제13조제1항제6호의2의 개정규정은 이 법 시행 후 최초로 「택지개발촉진법」 제19조의2제1항의 규정을 위반하여 택지를 전매하는 경우부터 적용한다.

조에서 같다)을 신청하는 분부터 적용한다.

3. 법률 제8383호 주택법 일부개정법률 부칙 제4조제2항 및 제3항을 적용받는 분양가상한제 적용주택의 경우에는 2007년 12월 1일 이후 입주자모집승인을 신청하는 분부터 적용한다.

제4조 (공공택지 외의 택지에서 주택을 공급하는 경우 택지비 매입가격의 인정범위에 관한 특례) 법 제38조의2제2항 각 호 외의 부분 후단에 따른 택지비의 매입가격 범위를 적용함에 있어서 사업주체가 다음 각 호의 어느 하나에 해당하는 토지를 매입한 경우에는 제42조의2제2항의 개정규정에도 불구하고 그 매입가격 전액을 택지비로 본다. 다만, 주택단지의 일부 토지가 법률 제8383호 주택법 일부개정법률 공포일 이후에 다음 각 호에 규정된 매각허가결정이나 매각결정, 매입계약 또는 신고가 이루어진 경우에는 제42조의2제2항의 개정규정을 적용한다.

1. 법 제38조의2제2항제1호에 따른 경·공매로 매입한 토지로서 법률 제8383호 주택법 일부개정법률 공포일 전에 매각허가결정 또는 매각결정이 있은 토지

2. 법 제38조의2제2항제2호에 따른 공공기관으로부터 매입한 토지로서 그 매입계약이 법률 제8383호 주택법 일부개정법률 공포일 전에 이루어진 토지

3. 법 제38조의2제2항제3호에 해당하는 경우로서 법률 제8383호 주택법 일부개정법률 공포일 전에 법 제80조의2에 따른 주택거래의 신고나 「공인중개사의 업무 및 부동산 거래신고에 관한 법률」 제27조에 따른 신고가 이루어진 토지

　　부칙 <제20222호, 2007.8.17.> (문화재보호법 시행

제4조 (주택의 분양가격 제한 등에 관한 적용례) ①제38조의2의 개정규정은 2007년 9월 1일 이후 최초로 제16조의 규정에 따른 사업계획승인(「도시 및 주거환경정비법」 제28조의 규정에 따른 사업시행인가, 「건축법」 제8조의 규정에 따른 건축허가를 포함한다. 이하 이 조에서 같다)을 신청하는 분부터 적용한다. ②2007년 8월 31일 이전에 사업계획의 승인을 얻었거나 승인을 신청한 경우로서 2007년 12월 1일 이후 제38조 제1항의 규정에 따른 입주자모집승인[「도시 및 주거환경정비법」에 따라 공급하는 주택(주거환경개선사업을 제외한다)의 경우는 「도시 및 주거환경정비법」 제48조의 규정에 따른 관리처분계획의 인가]을 신청하는 경우에는 제1항의 규정에 불구하고 제38조의2의 개정규정을 적용한다. ③종전의 제38조의2의 규정에 따라 분양가상한제 적용주택이 된 경우 법률 제7334호 주택법 일부개정법률 부칙 제2항 및 법률 제7757호 주택법 일부개정법률 부칙 제2항의 규정에 불구하고 제2항의규정을 적용한다. 제5조 (주택외의 시설과 주택을 동일건축물로 건축한 경우의 장기수선계획 및 장기수선충당금에 관한 경과조치) ①이 법 시행 당시 장기수선계획이 수립되지 아니한 경우에는 제47조의 규정에 불구하고 관리주체가 이 법 시행일부터 6개월 이내에 이를 수립하여야 한다. ②제1항에 따라 수립된 장기수선계획에 따라 관리주체는 이 법 시행일부터 1년이 경과한 날부터 장기수선충당금을 소유자로부터 징수하여 적립하여야 한다. 부칙 <제8384호, 2007.4.20.> (택지개발촉진법) ①(시행일) 이 법은 공포 후 3개월이 경과한 날부터 시	령) 제1조 (시행일) 이 영은 공포한 날부터 시행한다. 제2조부터 제7조까지 생략 제8조 (다른 법령의 개정) ① 부터 ⑩ 까지 생략 ⑪주택법 시행령 일부를 다음과 같이 개정한다. 제18조제1호 중 "제45조"를 "제56조"로 한다. ⑫ 부터 ⑭ 까지 생략 제9조 생략 부칙 <제20429호, 2007.11.30.> 이 영은 2008년 4월 21일부터 시행한다. 다만, 제118조의 개정규정은 2008년 1월 1일부터 시행한다. 부칙 <제20506호, 2007.12.31.> (전자적 업무처리의 활성화를 위한 국유재산법 시행령 등 일부개정령) 이 영은 공포한 날부터 시행한다. 부칙 <제20722호, 2008.2.29.> (국토해양부와 그 소속기관 직제) 제1조(시행일) 이 영은 공포한 날부터 시행한다. 다만, 부칙 제6조에 따라 개정되는 대통령령 중 이 영의 시행 전에 공포되었으나 시행일이 도래하지 아니한 대통령령을 개정한 부분은 각각 해당 대통령령의 시행일부터 시행한다. 제2조부터 제5조까지 생략 제6조(다른 법령의 개정) ① 부터 <91> 까지 생략 <92> 주택법 시행령 일부를 다음과 같이 개정한다. 제2조제2항, 제4조제1호, 제5조제1항제3호, 제8조제2항제9호·제4항, 제11조제1항·제3항 본문·단서, 제15조제5

행한다. <단서 생략>
②부터 ④생략
⑤(다른 법률의 개정) 주택법 일부를 다음과 같이 개정한다.
제2조제3호의2나목에 단서를 다음과 같이 신설한다.
　다만, 같은 법 제7조제1항제4호에 따른 주택건설등 사업자가 같은 법 제12조제5항에 따라 활용하는 택지를 제외한다.

부칙　<제8387호, 2007.4.27.>　(통계법)
제1조 (시행일) 이 법은 공포 후 6개월이 경과한 날부터 시행한다.
제2조부터 제7조 생략
제8조 (다른 법률의 개정) ①부터 ⑪생략
⑫주택법 일부를 다음과 같이 개정한다.
제5조제2항 중 "「통계법」 제4조"를 "「통계법」 제17조"로 한다.
⑬및 ⑭생략
제9조 생략

부칙　<제8534호, 2007.7.19.>　(임대주택법)
①(시행일) 이 법은 공포한 날부터 시행한다. <단서 생략>
②(다른 법률의 개정) 주택법 일부를 다음과 같이 개정한다.
제2조제9호다목을 삭제하고, 라목을 다목으로 한다.

부칙　<제8635호, 2007.8.3.>　(자본시장과 금융투자업에 관한 법률)

항제1호카목·제2호다목 단서·바목, 제16조제1항, 제26조제3항제1호, 제35조제3항, 제36조제2항, 제37조제1항제1호가목(6)·제2항제9호 후단·제7항, 제38조제1항제1호가목·제3항, 제39조제1항 각 호 외의 부분 단서, 제41조제2항, 제42조의2제2항, 제44조제2항제1호마목, 제47조제3항, 제50조제5항·제6항, 제52조제2항 전단·후단·제3항제5호, 제55조제1항제7호, 제63조제2항, 제64조제1항제8호·제2항제2호, 제65조제3항, 제68조제2항, 제78조제1항, 제86조제1항·제2항, 제87조제1항·제2항제5호, 제91조제5항 전단·후단·제6항, 제95조제2항 후단·제4항 후단, 제95조의2제1항·제2항, 제96조제2항 단서, 제98조제2항, 제100조제4항, 제101조제2항 단서, 제105조, 제107조제3호, 제116조제1항 각 호 외의 부분·제3항, 제118조의2제6항, 제122조제5항, 별표 3 제6호, 별표 12 제3호다목 및 별표 12 부표 제7호나목 중 "건설교통부령"을 각각 "국토해양부령"으로 한다.
제5조제1항 각 호 외의 부분·제2항, 제6조제2항, 제7조 각 호 외의 부분, 제8조제1항·제3항·제4항, 제11조제1항·제2항·제3항 본문, 제14조제3항 전단·제5항 전단, 제15조제4항제1호·제2호, 제16조제1항부터 제3항까지, 제17조제1항부터 제3항까지, 제21조제2항·제4항, 제23조제2항, 제24조제2항, 제26조제2항, 제27조제1항제4호·제2항, 제34조제1항, 제42조의2제6항제2호 각 목 외의 부분·가목·나목, 제45조의3제1항제3호, 제65조제1항제3호, 제70조제4항 후단, 제73조제1항제5호, 제74조제1항 단서, 제76조제1항 단서·제2항 전단, 제77조제1항제5호·제3항·제5항, 제78조제1항·제2항, 제81조제2항 후단, 제85조제1항제4호·제2항부터 제5항까지, 제86조제1항부터 제3항까지·제5항, 제87조제1항, 제89조 각 호 외의

제1조 (시행일) 이 법은 공포 후 1년 6개월이 경과한 날부터 시행한다. <단서 생략>
제2조부터 제41조까지 생략
제42조 (다른 법률의 개정) ① 부터 <46> 까지 생략
　<47> 주택법 일부를 다음과 같이 개정한다.
　제40조제7항 중 "신탁업법의 규정"을 "「자본시장과 금융투자업에 관한 법률」"로 한다.
　<48> 부터 <67> 까지 생략
제43조 및 제44조 생략

　　부칙　<제8657호, 2007.10.17.>
①(시행일) 이 법은 공포 후 3개월이 경과한 날부터 시행한다.
②(사업계획승인·매도청구권에 관한 적용례) 제16조제2항제1호 및 제18조의2제1항의 개정규정은 이 법 시행 후 최초로 사업계획 승인을 신청하는 분부터 적용한다.

　　부칙　<제8819호, 2007.12.27.>　(공유수면관리법)
제1조 (시행일) 이 법은 공포 후 6개월이 경과한 날부터 시행한다. <단서 생략>
제2조부터 제7조까지 생략
제8조 (다른 법률의 개정) ① 부터 <24> 까지 생략
　<25> 주택법 일부를 다음과 같이 개정한다.
　제17조제1항제2호 중 "인가"를 "승인"으로 한다.
　<26> 부터 <43> 까지 생략
제9조 생략

　　부칙　<제8820호, 2007.12.27.>　(공유수면매립법)
제1조 (시행일) 이 법은 공포 후 6개월이 경과한 날부터

부분, 제90조제1항, 제91조제4항 전단·제5항 전단·제6항, 제92조제1항·제5항 전단, 제93조제1항·제2항 후단, 제95조제3항·제4항 전단, 제100조제1항 각 호 외의 부분 본문·제2항제14호·제3항·제4항, 제102조제1항제4호·제3항, 제103조제2항 전단, 제105조, 제107조의2제1항 각 호 외의 부분 전단·제3항 각 호 외의 부분, 제108조제2항·제3항제5호·제4항, 제111조제2항 각 호 외의 부분·제2호·제3호, 제116조제1항 각 호 외의 부분·제2항·제3항, 제117조 각 호 외의 부분, 제118조제1항 각 호 외의 부분·제2항, 제118조의2제1항 각 호 외의 부분·제2항부터 제4항까지·제5항 각 호 외의 부분, 제119조, 제120조 각 호 외의 부분, 제122조제1항·제2항 전단·제4항 전단·제5항, 별표 1 제7호 파목, 별표 2 제3호·제5호 및 별표 12 부표 제23호 중 "건설교통부장관"을 각각 "국토해양부장관"으로 한다.
제6조제2항, 제85조제1항제4호·제2항부터 제5항까지, 제90조제1항·제2항 각 호 외의 부분, 제92조제1항·제5항 전단, 제93조제2항 전단·후단·제3항, 제95조제3항 및 제105조 중 "재정경제부장관"을 각각 "기획재정부장관"으로 한다.
제77조제1항 각 호 외의 부분·제3항, 제108조제4항 및 제111조제2항 각 호 외의 부분 중 "건설교통부"를 "국토해양부"로 한다.
제86조제2항 중 "재정경제부장관 및 기획예산처장관"을 "기획재정부장관"으로 한다.
제108조제3항제1호를 다음과 같이 한다.
　1.　기획재정부차관·교육과학기술부차관·행정안전부차관·농림수산식품부차관·지식경제부차관·보건복지가족부차관·환경부차관 및 노동부차관

시행한다. <단서 생략>
제2조부터 제7조까지 생략
제8조 (다른 법률의 개정) ① 부터 <26> 까지 생략
<27> 주택법 일부를 다음과 같이 개정한다.
제17조제1항제3호 중 "실시계획의 인가"를 "실시계획의 승인"으로 한다.
<28> 부터 <39> 까지 생략
제9조 생략

　　　부칙 <제8852호, 2008.2.29.> (정부조직법)
제1조(시행일) 이 법은 공포한 날부터 시행한다. 다만, ···<생략>···, 부칙 제6조에 따라 개정되는 법률 중 이 법의 시행 전에 공포되었으나 시행일이 도래하지 아니한 법률을 개정한 부분은 각각 해당 법률의 시행일부터 시행한다.
제2조부터 제5조까지 생략
제6조(다른 법률의 개정) ① 부터 <603> 까지 생략
<604> 주택법 일부를 다음과 같이 개정한다.
제2조제3호 후단, 제15조제1항·제2항, 제16조제3항 단서·제8항, 제24조제3항·제6항, 제26조제3항 본문·같은 항 단서, 제29조제1항 본문, 제35조제1항, 제37조제2항, 제38조제1항제1호부터 제3호까지·제2항, 제38조의2제1항 후단·제2항 각 호 외의 부분 본문·제3항 전단·같은 항 후단·제4항 각 호 외의 부분·같은 항 제4호·제5항제7호·제6항, 제38조의3제2항 각 호 외의 부분·제3항, 제41조제1항 후단, 제42조제2항제3호, 제47조제2항·제3항, 제49조제2항·제3항 각 호 외의 부분, 제51조제2항, 제53조제1항 후단, 제55조제2항제3호·제4항 전단, 제58조 전단·같은 항 후단, 제65조제1항·제2항,

제108조제3항제3호 중 "국무조정실"을 "국무총리실"로 한다.
제111조제2항 각 호 외의 부분 중 "건설교통부차관"을 "국토해양부차관"으로 한다.
제121조제1항·제2항 중 "금융감독위원회"를 "금융위원회"로 한다.
별표 2 제3호 중 "산업자원부장관"을 "지식경제부장관"으로 하고, 제5호 중 "정보통신부장관과"를 "정보통신위원회와"로 한다.
별표 12 부표 제23호 중 "산업자원부장관"을 "지식경제부장관"으로 한다.
대통령령 제20429호 주택법 시행령 일부개정령안 일부를 다음과 같이 개정한다.(시행일 2008년 4월 21일)
제107조의4제2호 및 제107조의6 각 호 외의 부분 중 "건설교통부장관"을 "국토해양부장관"으로 한다.
<93> 부터 <138> 까지 생략

　　　부칙 <제20819호, 2008.6.13.>
이 영은 공포한 날부터 시행한다. 다만, 제45조의2제2항제2호다목의 개정규정은 2008년 6월 29일부터 시행한다.

　　　부칙 <제20849호, 2008.6.20.> (임대주택법 시행령)
제1조(시행일) 이 영은 2008년 6월 22일부터 시행한다.
제2조부터 제9조까지 생략
제10조(다른 법령의 개정) ① 생략
② 주택법 시행령 일부를 다음과 같이 개정한다.
제10조제4항 중 "「임대주택법」 제12조의2제1항 단서에 따른"을 "「임대주택법」 제17조제1항제2호에 따른"으로 한다.

제75조제2항 및 제80조의2제5항 중 "건설교통부령"을 각각 "국토해양부령"으로 한다.

제4조제1항 각 호 외의 부분, 제5조제1항 각 호 외의 부분·제2항, 제5조의2제1항·제2항 전단, 제5조의3제3항·제4항, 제7조제1항 각 호 외의 부분·제4항 전단·제5항 전단·같은 항 후단, 제8조제2항·제3항, 제9조제1항 각 호 외의 부분 본문, 제13조제1항 각 호 외의 부분 본문, 제15조제1항·제2항, 제16조제1항 본문, 제21조의2제1항 각 호 외의 부분·제3항, 제24조제9항, 제29조제1항 본문, 제34조제1항, 제35조제1항·제2항 각 호 외의 부분·같은 항 제2호, 제36조 각 호 외의 부분, 제37조제1항, 제38조의2제3항 전단, 제39조제2항, 제41조제1항 전단·제2항·제3항 전단·제4항부터 제6항까지, 제41조의3제1항 각 호 외의 부분 전단·제3항·제4항 전단, 제56조제1항, 제60조제3항, 제62조제1항부터 제3항까지·제6항, 제63조제2항, 제64조제1항·제2항 전단·제3항, 제65조제2항, 제66조제1항·제2항, 제67조제2항, 제69조제2항, 제70조제3항, 제73조제3항, 제76조제3항, 제78조제2항, 제80조의2제1항 전단·제6항, 제81조제5항, 제81조의2제2항 전단·제4항·제6항·제7항, 제82조제1항·제2항, 제84조제1항제5호, 제86조제1항·제2항 전단, 제87조제1항·제2항 각 호 외의 부분, 제89조의2, 제90조제1항, 제91조, 제92조제1항·제2항·제3항 후단·제4항, 제93조 각 호 외의 부분 및 제101조제3항 중 "건설교통부장관"을 각각 "국토해양부장관"으로 한다.

제62조제6항 중 "재정경제부장관 및 기획예산처장관"을 "기획재정부장관"으로 한다.

제64조제3항 중 "재정경제부"를 "기획재정부"로 한다.

제67조제2항 중 "재정경제부장관"을 "기획재정부장관"으

제60조제1항 중 "분양전환계획서"를 "분양전환승인신청서"로 하고, 같은 조 제3항제4호 중 "「임대주택법 시행령」 제9조제5항의 규정에 의한"을 "「임대주택법 시행령」 제13조제5항에 따른"으로 한다.

제106조제1항제5호 중 ""「임대주택법 시행령」 제9조의2제1항의 규정에 의한"을 "「임대주택법 시행령」 제14조제1항에 따른"으로 한다.

③ 생략

제11조 생략

부칙 <제20947호, 2008.7.29.> (자본시장과 금융투자업에 관한 법률 시행령)

제1조(시행일) 이 영은 2009년 2월 4일부터 시행한다. <단서 생략>

제2조부터 제25조까지 생략

제26조(다른 법령의 개정) ① 부터 <93> 까지 생략

<94> 주택법 시행령 일부를 다음과 같이 개정한다.

제89조제1호 중 ""「증권거래법」 제2조제1항의 규정에 의한 유가증권"을 ""「자본시장과 금융투자업에 관한 법률」 제4조에 따른 증권"으로 하고, 같은 조 제3호 중 "증권거래소"를 "한국거래소"로 한다.

제91조제3항 전단 중 ""「증권거래법」 제173조의 규정에 의하여 설립된 증권예탁원"을 ""「자본시장과 금융투자업에 관한 법률」 제294조에 따라 설립된 한국예탁결제원"으로 한다.

<95> 부터 <113> 까지 생략

제27조 및 제28조 생략

부칙 <제21020호, 2008.9.18.> (시설물의 안전관리에

로 한다.
제84조제1항 각 호 외의 부분 및 제87조제1항 중 "건설교통부"를 각각 "국토해양부"로 한다.
<605> 부터 <760> 까지 생략
제7조 생략

　　부칙 <제8863호, 2008.2.29.> (금융위원회의 설치 등에 관한 법률)
제1조(시행일) 이 법은 공포한 날부터 시행한다.
제2조부터 제4조까지 생략
제5조(다른 법률의 개정) ① 부터 <30> 까지 생략
<31> 주택법 일부를 다음과 같이 개정한다.
제81조의2제7항 중 ""「금융감독기구의 설치 등에 관한 법률」"을 "「금융위원회의 설치 등에 관한 법률」"로 한다.
제92조제3항·제4항 중 "금융감독위원회"를 각각 "금융위원회"로 한다.
<32> 부터 <85> 까지 생략

　　부칙 <제8968호, 2008.3.21.>
①(시행일) 이 법은 공포 후 3개월이 경과한 날부터 시행한다. 다만, 제46조제6항 및 제46조의2부터 제46조의4까지의 개정규정은 공포 후 1년이 경과한 날부터 시행한다.
②(관리사무소장 등의 배치에 관한 적용례) 제55조제1항의 임대주택에 대한 주택관리사 등의 배치규정은 이 법 시행 후 2년이 경과한 날부터 제43조에 따라 대통령령으로 정하도록 한 의무관리대상 공동주택의 범위에 해당하는 임대주택에 적용한다.

관한 특별법 시행령)
제1조(시행일) 이 영은 2008년 9월 22일부터 시행한다.
제2조부터 제4조까지 생략
제5조(다른 법령의 개정) ① 부터 ③ 까지 생략
④ 주택법 시행령 일부를 다음과 같이 개정한다.
제59조제4항제4호 중 "한국시설안전기술공단(이하 "한국시설안전기술공단"이라 한다)"을 "한국시설안전공단(이하 "한국시설안전공단"이라 한다)"으로 한다.
제62조제3항제2호를 다음과 같이 한다.
　2. 한국시설안전공단

　　부칙 <제21087호, 2008.10.20.> (행정기관 소속 위원회의 정비를 위한 평생교육법 시행령 등 일부개정령)
제1조 (시행일) 이 영은 공포한 날부터 시행한다. 다만, 제10조는 2008년 11월 1일부터 시행하고, 제24조부터 제26조까지는 2010년 1월 1일부터 시행하며, 제29조는 2009년 7월 1일부터 시행하고, 제48조는 2013년 1월 1일부터 시행한다.
제2조 (「공무원징계령」 개정에 따른 경과조치) ① 이 영 시행 당시 개정 전의 「공무원징계령」에 따른 제1중앙징계위원회 및 제2중앙징계위원회는 이 영에 따른 중앙징계위원회로 본다.
② 이 영 시행 당시 개정 전의 「공무원징계령」에 따라 제1중앙징계위원회 및 제2중앙징계위원회에 접수된 징계의결요구서는 이 영에 따라 중앙징계위원회에 접수된 것으로 본다.
③ 이 영 시행 당시 개정 전의 「공무원징계령」에 따른 제1중앙징계위원회 및 제2중앙징계위원회의 의결은 이 영에 따른 중앙징계위원회의 의결로 본다.

부칙 <제8970호, 2008.3.21.> (도시개발법)

제1조(시행일) 이 법은 2008년 4월 12일부터 시행한다.
<단서 생략>
제2조부터 제8조까지 생략
제9조(다른 법률의 개정) ① 부터 ⑬ 까지 생략
⑭ 주택법 일부를 다음과 같이 개정한다.
제2조제3호의2목 중 "제11조제1항제1호 내지 제3호의 시행자가 같은 법 제20조"를 "제11조제1항제1호부터 제4호까지의 시행자가 같은 법 제21조"로 한다.
제17조제1항제9호 중 "제63조제2항"을 "제64조제2항"으로 한다.
제26조제2항 중 "제27조"를 "제28조"로 한다.
⑮ 부터 <19> 까지 생략
제10조 생략

부칙 <제8974호, 2008.3.21.> (건축법)

제1조(시행일) 이 법은 공포한 날부터 시행한다. 다만, 부칙 제13조제62항의 개정규정은 2008년 4월 7일부터 시행하고, 부칙 제13조제43항의 개정규정은 2008년 4월 11일부터 시행하며, 부칙 제13조제5항의 개정규정은 2008년 6월 8일부터 시행하고, 부칙 제13조제70항의 개정규정은 2008년 6월 28일부터 시행하며, 제22조제4항제4호의 개정규정은 2008년 8월 28일부터 시행하고, 제69조제2항제5호의 개정규정은 2008년 9월 22일부터 시행하며, 부칙 제13조제67항, 제13조제68항 및 제13조제69항의 개정규정은 각각 2008년 12월 28일부터 시행한다.
제2조부터 제12조까지 생략
제13조(다른 법률의 개정) ① 부터 <49> 까지 생략

④ 이 영 시행 당시 개정 전의 「공무원징계령」에 따른 제2중앙징계위원회 위원은 이 영에 따라 중앙징계위원회 위원으로 임명 또는 위촉된 것으로 본다.
제3조(「물류정책기본법 시행령」 개정에 따른 경과조치) 이 영 시행 당시 개정 전의 「물류정책기본법 시행령」에 따라 국토해양부장관이 물류관리사시험위원회의 심의·의결을 거쳐 행한 사항은 이 영에 따라 국토해양부장관이 행한 것으로 본다.
제4조(다른 법령의 개정) ① 모범공무원규정 일부를 다음과 같이 개정한다.
제4조 중 "「정부표창규정」 제12조의 규정에 의한 중앙공적심사위원회의 심사"를 "행정안전부장관과의 협의"로 한다.
② 법무부와 그 소속기관 직제 일부를 다음과 같이 개정한다.
제13조제3항제57호를 삭제한다.
③ 보건복지가족부와 그 소속기관 직제 일부를 다음과 같이 개정한다.
제14조제3항제37호마목을 삭제한다.
④ 행정안전부와 그 소속기관 직제 일부를 다음과 같이 개정한다.
제9조제2항제17호를 삭제한다.
⑤ 행정중심복합도시건설청과 그 소속기관 직제 일부를 다음과 같이 개정한다.
제10조제3항제4호를 삭제한다.

부칙 <제21098호, 2008.10.29.> (건축법 시행령)

제1조(시행일) 이 영은 공포한 날부터 시행한다. <단서 생략>

<50> 주택법 일부를 다음과 같이 개정한다.

제2조제6호나목 중 "「건축법」 제2조제3호"를 "「건축법」 제2조제1항제4호"로 한다.

제17조제1항제1호 중 "「건축법」 제8조"를 "「건축법」 제11조"로, "동법 제9조"를 "같은 법 제14조", "동법 제15조"를 "같은 법 제20조"로 한다.

제38조제1항 각 호 외의 부분 중 "「건축법」 제8조"를 "「건축법」 제11조"로 한다.

제42조제4항 중 "「건축법」 제14조"를 "「건축법」 제19조"로 한다.

제46조제1항 중 "「건축법」 제8조"를 "「건축법」 제11조"로, "「건축법」 제18조"를 "「건축법」 제22조"로 하고, 같은 조 제5항 중 "「건축법」 제76조의2"를 "「건축법」 제88조"로 한다.

<51> 부터 <70> 까지 생략

제14조 생략

부칙 <제8976호, 2008.3.21.> (도로법)

제1조 (시행일) 이 법은 공포한 날부터 시행한다. 다만, 부칙 제9조제83항의 개정규정은 2008년 4월 7일부터 시행하고, 제56조제2항의 개정규정은 2008년 4월 18일부터 시행하며, 제25조제1항제14호의 개정규정은 2008년 5월 26일부터 시행하고, 부칙 제9조제2항의 개정규정은 2008년 6월 8일부터 시행하며, 제25조제1항제2호 및 부칙 제9조제97항의 개정규정은 각각 2008년 6월 28일부터 시행하고, 부칙 제9조제16항의 개정규정은 2008년 7월 28일부터 시행하며, 부칙 제9조제99항의 개정규정은 2008년 8월 4일부터 시행하고, 부칙 제9조제94항의 개정규정은 2008년 9월 22일부터 시행하며, 부칙 제9조제95항·

제2조 및 제3조 생략

제4조(다른 법령의 개정) ① 부터 <29> 까지 생략

<30> 주택법 시행령 일부를 다음과 같이 개정한다.

제4조의2 중 "「건축법」 제18조"를 "「건축법」 제22조"로, "「건축법」 제29조"를 "「건축법」 제38조"로 한다.

제38조제1항제3호다목 중 "「건축법」 제8조"를 "「건축법」 제11조"로 한다.

제42조의4제1항 중 "「건축법」 제8조"를 "「건축법」 제11조"로 한다.

제46조제2항 중 "「건축법」 제8조의 규정에 의한"을 "「건축법」 제11조에 따른"으로 하고, 같은 조 제3항 중 "「건축법」 제8조"를 "「건축법」 제11조"로 한다.

제48조 각 호 외의 부분 및 같은 조 제4호 중 "「건축법」 제8조"를 각각 "「건축법」 제11조"로 한다.

제60조제3항제4호 중 "「건축법」 제8조의 규정에 의하여"를 "「건축법」 제11조에 따른"으로 한다.

별표 3 제1호의 부대시설 및 입주자 공유인 복리시설의 허가기준 란 중 "「건축법」 제8조의 규정에 의한"을 "「건축법」 제11조에 따른"으로 한다.

<31> 부터 <38> 까지 생략

부칙 <제21106호, 2008.11.5.>

제1조(시행일) 이 영은 공포한 날부터 시행한다. 다만, 제58조제1항제5호의2, 별표 5 및 별표 6의 개정규정은 공포 후 6개월이 경과한 날부터 시행한다.

제2조(지능형 홈네트워크설비 유지비 및 하자보수에 관한 적용례) 제58조제1항제5호의2, 별표 5 및 별표 6의 개정규정은 이 영 시행 후 지능형 홈네트워크설비를 설치하

제96항 및 제98항의 개정규정은 각각 2008년 12월 28일부터 시행한다.
제2조부터 제8조까지 생략
제9조 (다른 법률의 개정) ① 부터 <65> 까지 생략
　<66> 주택법 일부를 다음과 같이 개정한다.
　제17조제1항제8호 중 "동법 제40조"를 "같은 법 제38조"로 한다.
　<67> 부터 <99> 까지 생략
제10조 생략

　　부칙 　<제9046호, 2008.3.28.>
①(시행일) 이 법은 공포 후 6개월이 경과한 날부터 시행한다. 다만, 제41조의2의 개정규정은 공포 후 3개월이 경과한 날부터 시행한다.
②(적용례) 제16조, 제17조, 제18조의3, 제24조 및 제24조의3의 개정규정은 이 법 시행 후 최초로 제16조의 개정규정에 따라 사업계획승인을 신청하는 분부터 적용한다.
③(분양가상한제 적용주택의 전매행위 제한에 관한 적용례) 제41조의2의 개정규정은 이 법 시행 후 최초로 입주자모집공고의 승인을 신청하는 분부터 적용한다.

　　부칙 　<제9366호, 2009.1.30.> 　(경제자유구역의 지정 및 운영에 관한 특별법)
제1조(시행일) 이 법은 공포 후 6개월이 경과한 날부터 시행한다.
제2조부터 제7조까지 생략
제8조(다른 법률의 개정) ① 부터 ⑧ 까지 생략
　⑨ 주택법 일부를 다음과 같이 개정한다.
　제2조제3호의2바목 및 제63조제1항제16호의4 중 "「경제

는 분부터 적용한다.

　　부칙 　<제21159호, 2008.12.9.>
제1조(시행일) 이 영은 공포한 날부터 시행한다.
제2조(전매행위 제한기간에 관한 경과조치) 수도권의 공공택지에서 공급된 주택(대통령령 제19356호 주택법 시행령 일부개정령의 시행일인 2006년 2월 24일 전에 입주자모집공고의 승인이 신청된 것만 해당한다)에 대하여는 제45조의2제2항제1호가목의 개정규정에도 불구하고 종전의 규정(대통령령 제19356호로 개정되기 전의 것을 말한다)에 따른다.
제3조(주택거래신고에 관한 경과조치) 이 영 시행 전에 주택거래신고지역에 있는 주택에 관한 소유권을 이전하는 계약을 체결한 경우에는 제107조의2의 개정규정에도 불구하고 종전의 규정에 따른다.
제4조(다른 법령의 개정) 공인중개사의 업무 및 부동산 거래신고에 관한 법률 시행령 일부를 다음과 같이 개정한다.
　제23조제2항제8호 및 제9호 중 "6억원 이상인"을 각각 "6억원을 초과하는"으로 한다.

　　부칙 　<제21290호, 2009.2.3.>
이 영은 공포한 날부터 시행한다.

　　부칙 　<제21358호, 2009.3.18.>
이 영은 공포한 날부터 시행한다. 다만, 제46조 및 제62조의2부터 제62조의5까지의 개정규정은 2009년 3월 22일부터 시행한다.

자유구역의 지정 및 운영에 관한 법률」"을 각각 "「경제자유구역의 지정 및 운영에 관한 특별법」"으로 한다.
⑩ 부터 ⑭ 까지 생략
제9조 생략

　　부칙　<제9405호, 2009.2.3.>
제1조(시행일) 이 법은 공포 후 3개월이 경과한 날부터 시행한다. 다만, 제2조제5호, 제68조, 제79조, 제80조, 제92조 및 제102조의 개정규정은 공포한 날부터 시행하고, 제40조제7항의 개정규정은 2009년 2월 4일부터 시행하며, 제46조의3제2항제5호의 개정규정은 2009년 3월 22일부터 시행하고, 제45조제3항, 제58조제2항 및 제101조제2항제8호의 개정규정은 공포 후 6개월이 경과한 날부터 시행한다.
제2조(공공택지의 정의 및 공공택지 외의 택지 매입가격에 관한 적용례) 제2조제5호사목부터 자목까지 및 제38조의2제2항의 개정규정은 이 법 시행 후 최초로 입주자모집승인을 신청하는 분부터 적용한다.
제3조(주택조합의 매도청구 등에 관한 적용례) 제16조제2항 및 제40조제4항의 개정규정은 이 법 시행 후 최초로 사업계획승인을 신청하는 분부터 적용한다.
제4조(도시형 생활주택의 감리 및 분양가격 제한 등에 관한 적용례) 제24조제1항 및 제38조의2제1항의 개정규정은 이 법 시행 후 최초로 사업계획승인을 신청하는 분부터 적용한다.
제5조(주택건설사업 등에 의한 임대주택의 건설 등에 관한 적용례) 제38조의6의 개정규정은 이 법 시행 후 최초로 사업계획승인을 신청하는 분부터 적용한다.
제6조(다른 법률의 개정) ① 공공기관 지방이전에 따른 혁

　　부칙　<제21444호, 2009.4.21.>
제1조(시행일) 이 영은 공포한 날부터 시행한다. 다만, 제3조, 제12조, 제15조제2항, 제37조제3항, 제39조, 제42조의2 및 제42조의16의 개정규정은 2009년 5월 4일부터 시행한다.
제2조(지역·직장주택조합의 공동사업시행 등에 관한 적용례) 제12조 및 제39조제1항제2호의 개정규정은 이 영 시행 후 최초로 법 제16조에 따른 사업계획승인을 신청하는 지역주택조합 또는 직장주택조합부터 적용한다.
제3조(공공택지 외의 택지 매입가격에 관한 적용례) 제42조의2의 개정규정은 이 영 시행 후 최초로 입주자모집승인을 신청하는 것부터 적용한다.
제4조(지역·직장주택조합 조합원의 교체·신규가입 등에 관한 경과조치) 2007년 9월 1일 전에 최초로 법 제32조에 따른 주택조합설립인가를 신청한 지역주택조합 또는 직장주택조합에 대하여는 제37조제3항 및 제39조제1항제3호·제5호의 개정규정에도 불구하고 종전의 규정(대통령령 제20208호로 개정되기 전의 것을 말한다)에 따른다.
제5조(행정처분에 관한 경과조치) ① 이 영 시행 전의 위반행위에 대한 행정처분은 이 영의 개정규정 중 1차 행정처분기준에 따른다.
② 이 영의 개정규정에 따라 위반행위의 횟수에 따른 행정처분기준을 적용하는 경우 이 영 시행 후에 최초로 한 위반행위를 1차의 위반행위로 본다.

　　부칙　<제21590호, 2009.6.30.>　(한시적 행정규제 유예 등을 위한 건축법 시행령 등 일부개정령)
제1조(시행일) 이 영은 2009년 7월 1일부터 시행한다. 다

신도시 건설 및 지원에 관한 특별법 일부를 다음과 같이 개정한다.
제45조제2항 중 "「주택법」 제2조제3호의2의 규정에 따른"을 "「주택법」 제2조제5호에 따른"으로 한다.
② 농어촌정비법 일부를 다음과 같이 개정한다.
제36조제2호 중 "「주택법」 제2조제5호"를 "「주택법」 제2조제7호"로 한다.
제7조(다른 법률과의 관계) 이 법 시행 당시 다른 법령에서 종전의 「주택법」의 규정을 인용하고 있는 경우 이 법 중 그에 해당하는 규정이 있는 때에는 종전의 규정을 갈음하여 이 법의 해당 규정을 인용한 것으로 본다.

    부칙 <제9511호, 2009.3.20.> (보금자리주택건설 등에 관한 특별법)
제1조(시행일) 이 법은 공포 후 1개월이 경과한 날부터 시행한다. <단서 생략>
제2조부터 제7조까지 생략
제8조(다른 법률의 개정) ① 및 ② 생략
  ③ 주택법 일부를 다음과 같이 개정한다.
제2조제5호라목 중 "「국민임대주택건설 등에 관한 특별조치법」"을 "「보금자리주택건설 등에 관한 특별법」"으로 하고, "국민임대주택단지조성사업"을 "보금자리주택지구조성사업"으로 한다.
  ④ 부터 ⑨ 까지 생략
제9조 생략

    부칙 <제9552호, 2009.3.25.> (연안관리법)
제1조(시행일) 이 법은 공포 후 1년이 경과한 날부터 시행한다.

만, 제8조 및 제9조의 개정규정은 2010년 1월 1일부터 시행한다.
제2조(「농지법 시행령」 개정에 따른 유효기간 등) ① 「농지법 시행령」 별표 2 제46호란의 개정규정은 2011년 6월 30일까지 효력을 가진다.
② 「농지법 시행령」 별표 2 제46호란의 개정규정은 이 영 시행 후 최초로 농지전용허가(변경허가의 경우와 다른 법률에 따라 농지전용허가 또는 그 변경허가가 의제되는 인가 또는 허가 등의 경우를 포함한다. 이하 이 항에서 같다)를 신청하거나 농지전용신고(변경신고를 포함한다. 이하 이 항에서 같다)를 하는 것부터 적용하고, 2011년 6월 30일까지 농지전용허가를 신청하거나 농지전용신고를 하는 것에 대하여도 이를 적용한다.
제3조(「관광진흥법 시행령」 개정에 따른 적용례) 「관광진흥법 시행령」 제32조제1호의 개정규정은 이 영 시행 전에 법 제15조에 따른 사업계획의 승인을 받거나 승인을 신청한 자에 대하여도 적용한다.
제4조(「산업입지 및 개발에 관한 법률 시행령」의 개정에 따른 적용례 등) ① 「산업입지 및 개발에 관한 법률 시행령」 제40조제2항의 개정규정은 이 영 시행 후 최초로 분양계획서를 작성하는 분부터 적용한다.
② 「산업입지 및 개발에 관한 법률 시행령」 제40조제2항의 개정규정에 따라 조례에 위임된 사항은 해당 조례가 제정 또는 개정될 때까지 종전의 규정에 따른다.
제5조(「고용보험법 시행령」의 개정에 따른 경과조치) 「고용보험법 시행령」 제13조제1항제2호의 개정규정은 이 영 시행 후 최초로 「고용보험법 시행령」 제13조제1항에 따라 근로시간을 단축한 사업장부터 적용한다.
제6조(「부동산개발업의 관리 및 육성에 관한 법률 시행

제2조부터 제9조까지 생략
제10조(다른 법률의 개정) ① 부터 ⑦ 까지 생략
  ⑧ 주택법 일부를 다음과 같이 개정한다.
  제17조제1항제15호 중 "「연안관리법」 제17조"를 "「연안관리법」 제25조"로 한다.
제11조 생략

　　　부칙 <제9594호, 2009.4.1.> (건축법)
①(시행일) 이 법은 공포 후 6개월이 경과한 날부터 시행한다.
② 생략
③(다른 법률의 개정) 주택법 일부를 다음과 같이 개정한다.
제46조제5항 중 "「건축법」 제88조에 따른 건축분쟁조정위원회"를 "「건축법」 제4조에 따른 건축위원회"로 한다.

　　　부칙 <제9602호, 2009.4.1.>
①(시행일) 이 법은 공포한 날부터 시행한다. 다만, 법률 제9405호 주택법 일부개정법률 제16조제1항제1호의 개정규정은 2009년 5월 4일부터 시행한다.
②(적용례) 제16조제1항제1호의 개정규정은 이 법 시행 후 최초로 사업계획을 신청하는 분부터 적용한다.

　　　부칙 <제9633호, 2009.4.22.> (토지임대부 분양주택 공급촉진을 위한 특별조치법)
①(시행일) 이 법은 공포 후 6개월이 경과한 날부터 시행한다.
②(다른 법령의 개정) 주택법 일부를 다음과 같이 개정

령」의 개정에 따른 경과조치) 이 영 시행 전의 행위에 대한 과태료의 적용은 종전의 규정에 따른다.
제7조(「신항만건설촉진법 시행령」의 개정에 따른 경과조치) 이 영 시행 당시 종전의 규정에 따라 신항만건설사업실시계획 승인 신청기간의 연장을 받아 그 기간 중에 있는 자에 대하여는 「신항만건설촉진법 시행령」 제9조제5항 후단의 개정규정을 적용하되, 같은 개정규정에 따라 1회의 연장을 받은 것으로 본다.
제8조(「자원의 절약과 재활용촉진에 관한 법률 시행령」의 개정에 따른 경과조치) 이 영 시행 전의 행위에 대한 과태료의 적용은 종전의 규정에 따른다.
제9조(「하수도법 시행령」의 개정에 따른 경과조치) ①「하수도법 시행령」 제38조제2항제2호가목의 개정규정에 따른 최초의 재교육은 이 영 시행 전에 실시한 가장 최근의 재교육 완료일부터 기산하여 5년이 되는 날이 속하는 해에 실시한다.
②「하수도법 시행령」 제38조제2항제2호나목의 개정규정은 이 영 시행 후 최초로 해당 영업정지처분을 받은 경우부터 적용한다.

　　　부칙 <제21641호, 2009.7.27.> (국유재산법 시행령)
제1조(시행일) 이 영은 2009년 7월 31일부터 시행한다.
<단서 생략>
제2조부터 제13조까지 생략
제14조(다른 법령의 개정) ① 부터 <50> 까지 생략
<51> 주택법 시행령 일부를 다음과 같이 개정한다.
제118조제1항 각 호 외의 부분 중 "「국유재산의 현물출자에 관한 법률」"을 "「국유재산법」"으로 한다.
<52> 부터 <65> 까지 생략

- 299 -

한다.
제38조의5를 삭제한다.
③ 생략

　　　부칙　＜제9758호, 2009.6.9.＞ (농어촌정비법)
제1조(시행일) 이 법은 공포 후 6개월이 경과한 날부터 시행한다. ＜단서 생략＞
제2조부터 제21조까지 생략
제22조(다른 법률의 개정) ① 부터 ＜35＞ 까지 생략
　＜36＞ 주택법 일부를 다음과 같이 개정한다.
　　제17조제1항제6호 중 "「농어촌정비법」 제22조에 따른 농업기반시설"을 "「농어촌정비법」 제23조에 따른 농업생산기반시설"로 한다.
　＜37＞ 부터 ＜53＞ 까지 생략
제23조 생략

　　　부칙　＜제9763호, 2009.6.9.＞ (산림보호법)
제1조(시행일) 이 법은 공포 후 9개월이 경과한 날부터 시행한다. ＜단서 생략＞
제2조부터 제6조까지 생략
제7조(다른 법률의 개정) ① 부터 ＜43＞ 까지 생략
　＜44＞ 주택법 일부를 다음과 같이 개정한다.
　　제17조제1항제12호를 다음과 같이 한다.
　　　12. 「산지관리법」 제14조・제15조에 따른 산지전용허가 및 산지전용신고와 「산림자원의 조성 및 관리에 관한 법률」 제36조제1항・제4항에 따른 입목벌채 등의 허가・신고 및 「산림보호법」 제9조제1항 및 제2항제1호・제2호에 따른 산림보호구역에서의 행위의 허가・신고. 다만, 「산림자원의 조성 및 관리에

제15조 생략

　　　부칙　＜제21660호, 2009.7.31.＞
제1조(시행일) 이 영은 2009년 8월 4일부터 시행한다.
제2조(적용례) 제58조제8항의 개정규정은 2009년 9월 1일 이후 최초로 부과되는 관리비부터 적용한다.

　　　부칙　＜제21744호, 2009.9.21.＞ (한국토지주택공사법 시행령)
제1조(시행일) 이 영은 2009년 10월 1일부터 시행한다.
제2조 및 제3조 생략
제4조(다른 법령의 개정) ① 부터 ＜41＞ 까지 생략
　＜42＞ 주택법 시행령 일부를 다음과 같이 개정한다.
　　제12조 각 호 외의 부분 중 "「대한주택공사법」에 따른 대한주택공사(이하 "대한주택공사"라 한다)"를 "「한국토지주택공사법」에 따른 한국토지주택공사(이하 "한국토지주택공사"라 한다)"로 한다.
　　제12조제1호 단서, 제16조제1항, 제42조의3제2항, 제42조의4제2항 전단, 제45조의2제4항 각 호 외의 부분 본문, 제73조제1항제3호, 제83조제1호・제2호 및 제118조제1항 각 호 외의 부분 중 "대한주택공사"를 각각 "한국토지주택공사"로 한다.
　　제15조제5항제2호다목 단서 중 "대한주택공사 또는 「한국토지공사법」에 의한 한국토지공사(이하 "한국토지공사"라 한다)"를 "한국토지주택공사"로 한다.
　　제33조제1항 및 제85조제5항 중 "대한주택공사 또는 한국토지공사"를 "한국토지주택공사"로 한다.
　　제42조의6제4항제2호 중 "대한주택공사, 한국토지공사"를 "한국토지주택공사"로 한다.

관한 법률」에 따른 채종림·시험림과 「산림보호법」에 따른 산림유전자원보호구역의 경우는 제외한다.
<45> 부터 <61> 까지 생략
제8조 생략

　부칙　<제9774호, 2009.6.9.>　(측량·수로조사 및 지적에 관한 법률)
제1조(시행일) 이 법은 공포 후 6개월이 경과한 날부터 시행한다.
제2조부터 제17조까지 생략
제18조(다른 법률의 개정) ① 부터 <35> 까지 생략
<36> 주택법 일부를 다음과 같이 개정한다.
제17조제1항제21호를 다음과 같이 한다.
21. 「측량·수로조사 및 지적에 관한 법률」 제15조제3항에 따른 지도등의 간행 심사
<37> 부터 <44> 까지 생략
제19조 생략

　부칙　<제9865호, 2009.12.29.>　(택지개발촉진법)
제1조(시행일) 이 법은 공포 후 6개월이 경과한 날부터 시행한다. <단서 생략>
제2조 및 제3조 생략
제4조(다른 법률의 개정) ① 주택법 일부를 다음과 같이 개정한다.
제84조제1항제3호를 다음과 같이 한다.
3. 「택지개발촉진법」에 따른 택지개발예정지구의 지정·변경 또는 해제(지정권자가 국토해양부장관인 경우에 한하되, 「택지개발촉진법」 제3조제2항에 따라

제45조제3항제1호가목 중 "대한주택공사·한국토지공사"를 "한국토지주택공사"로 한다.
제108조제3항제4호를 다음과 같이 한다.
4. 한국토지주택공사의 사장
제111조제2항제2호 중 "대한주택공사 및 한국토지공사의 사장"을 "한국토지주택공사의 사장"으로 한다.
제116조제4항제1호 중 "대한주택공사·한국토지공사"를 "한국토지주택공사"로 한다.
<43> 부터 <54> 까지 생략
제5조 생략

　부칙　<제21746호, 2009.9.25.>
제1조(시행일) 이 영은 공포한 날부터 시행한다.
제2조(분양가상한제 적용주택의 전매행위 제한에 관한 적용례) 제45조의2제2항 및 별표 2의2의 개정규정은 이 영 시행 후 최초로 입주자모집공고의 승인을 신청(국가·지방자치단체·대한주택공사 또는 지방공사의 경우에는 입주자모집공고를 말한다)하는 주택부터 적용한다.

　부칙　<제21774호, 2009.10.8.>　(농어업경영체 육성 및 지원에 관한 법률 시행령)
제1조(시행일) 이 영은 공포한 날부터 시행한다.
제2조(다른 법령의 개정) ① 부터 ⑭ 까지 생략
⑮ 주택법 시행령 일부를 다음과 같이 개정한다.
별표 12 제3호마목 중 "「농업·농촌기본법」 제15조 및 제16조의 규정에 의하여 설립된 법인"을 "「농어업경영체 육성 및 지원에 관한 법률」 제16조에 따라 설립된 영농조합법인 및 같은 법 제19조에 따라 설립된 농업회사법인"으로 한다.

국토해양부장관의 승인을 받아야 하는 경우를 포함한다)
제85조제1항 중 "시·도 주택종합계획"을 "시·도 주택종합계획 및 「택지개발촉진법」에 따른 택지개발예정지구의 지정·변경 또는 해제(지정권자가 시·도지사인 경우에 한하되, 같은 법 제3조제2항에 따라 국토해양부장관의 승인을 받아야 하는 경우는 제외한다)
② 생략

　　　부칙　＜제9982호, 2010.1.27.＞　（광업법）
제1조(시행일) 이 법은 공포 후 1년이 경과한 날부터 시행한다.
제2조부터 제9조까지 생략
제10조(다른 법률의 개정) ① 부터 ⑧ 까지 생략
⑨ 주택법 일부를 다음과 같이 개정한다.
제17조제1항제4호 중 "채광계획"을 "채굴계획"으로 한다.
⑩ 생략

　　　부칙　＜제10219호, 2010.3.31.＞　（지방세기본법）
제1조(시행일) 이 법은 2011년 1월 1일부터 시행한다.
제2조부터 제10조까지 생략
제11조(다른 법률의 개정) ① 부터 <41> 까지 생략
<42> 주택법 일부를 다음과 같이 개정한다.
제38조의2제2항제2호가목 중 "「지방세법」"을 "「지방세기본법」"으로 한다.
<43> 부터 <61> 까지 생략
제12조 생략

　　　부칙　＜제10237호, 2010.4.5.＞

　　　부칙　＜제21791호, 2009.10.19.＞　（토지임대부 분양주택 공급촉진을 위한 특별조치법 시행령）
제1조(시행일) 이 영은 2009년 10월 23일부터 시행한다.
제2조(다른 법령의 개정) 주택법 시행령 일부를 다음과 같이 개정한다.
제42조의13부터 제42조의15까지를 각각 삭제한다.

　　　부칙　＜제21810호, 2009.11.5.＞
제1조(시행일) 이 영은 공포한 날부터 시행한다.
제2조(하자보수보증금 산정에 관한 적용례) 제60조제3항의 개정규정은 이 영 시행 후 최초로 법 제29조에 따른 사용검사를 신청한 분부터 적용한다.

　　　부칙　＜제21847호, 2009.11.26.＞　（농어업·농어촌 및 식품산업 기본법 시행령）
제1조(시행일) 이 영은 2009년 11월 28일부터 시행한다.
제2조부터 제4조까지 생략
제5조(다른 법령의 개정) ① 부터 <17> 까지 생략
<18> 주택법 시행령 일부를 다음과 같이 개정한다.
별표 12 제3호마목 중 "「농어촌발전 특별조치법」 제2조제2호의 규정에 의한 농업인등"을 "「농어업·농어촌 및 식품산업 기본법」 제3조제2호에 따른 농어업인"으로 한다.
<19> 및 <20> 생략
제6조 생략

　　　부칙　＜제22075호, 2010.3.15.＞　（보건복지부와 그 소속기관 직제）

①(시행일) 이 법은 공포한 날부터 시행한다. 다만, 제2조제1호의2, 제5조, 제55조의2, 제63조제1항제16호의2·제18호, 제80조의2, 제86조 및 제101조제2항의 개정규정은 공포 후 3개월이 경과한 날부터 시행하고, 제5조의3제3항, 제38조의4제3항, 제43조의3, 제45조제3항·제4항, 제46조의4부터 제46조의8까지, 제50조, 제51조, 제56조의2, 제87조제2항 및 제102조의 개정규정은 공포 후 6개월이 경과한 날부터 시행한다.
②(최저주거기준에 미달하는 사업계획승인신청서 보완조치 등 의무화에 관한 적용례) 제5조의3제3항의 개정규정은 이 법 시행 후 최초로 주택의 건설과 관련된 인가·허가 등이 신청된 분부터 적용한다.
③(주택의 분양가격 제한 등에 관한 적용례) 제38조의2제1항의 개정규정은 이 법 시행 후 최초로 입주자모집 승인을 신청하는 분부터 적용한다.
④(관리사무소장의 손해배상책임에 관한 적용례) 제55조의2제3항의 개정규정은 이 법 시행 후 최초로 관리사무소장으로 배치되는 경우부터 적용한다.

　　부칙 <제10272호, 2010.4.15.> (공유수면 관리 및 매립에 관한 법률)

제1조(시행일) 이 법은 공포 후 6개월이 경과한 날부터 시행한다.
제2조부터 제12조까지 생략
제13조(다른 법률의 개정) ① 부터 <48> 까지 생략
<49> 주택법 일부를 다음과 같이 개정한다.
제17조제1항제2호를 다음과 같이 하고, 같은 항 제3호를 삭제한다.
　2. 「공유수면 관리 및 매립에 관한 법률」 제8조에

제1조(시행일) 이 영은 2010년 3월 19일부터 시행한다.
<단서 생략>
제2조(다른 법령의 개정) ① 부터 <151> 까지 생략
<152> 주택법 시행령 일부를 다음과 같이 개정한다.
제108조제3항제1호 중 "보건복지가족부차관"을 "보건복지부차관"으로 한다.
<153> 부터 <187> 까지 생략

　　부칙 <제22133호, 2010.4.20.>

이 영은 공포한 날부터 시행한다.

　　부칙 <제22151호, 2010.5.4.> (전자정부법 시행령)

제1조(시행일) 이 영은 2010년 5월 5일부터 시행한다.
제2조 및 제3조 생략
제4조(다른 법령의 개정) ① 부터 <156> 까지 생략
<157> 주택법 시행령 일부를 다음과 같이 개정한다.
제41조제1항 각 호 외의 부분 후단 중 "「전자정부 구현을 위한 행정업무 등의 전자화촉진에 관한 법률」 제21조제1항"을 "「전자정부법」 제36조제1항"으로 한다.
<158> 부터 <192> 까지 생략

　　부칙 <제22254호, 2010.7.6.>

제1조(시행일) 이 영은 공포한 날부터 시행한다. 다만, 제42조의6, 제58조제3항·제8항·제9항·제10항, 제59조, 제59조의2, 제60조의2, 제62조의6부터 제62조의9까지, 제65조, 제74조, 제76조, 제77조 및 제118조의 개정규정은 2010년 10월 6일부터 시행한다.
제2조(동별 대표자 등의 선출에 관한 적용례) ① 제50조제3항부터 제6항까지의 개정규정은 이 영 시행 후 최초로

따른 공유수면의 점용·사용허가, 같은 법 제10조에 따른 협의 또는 승인, 같은 법 제17조에 따른 점용·사용 실시계획의 승인 또는 신고, 같은 법 제28조에 따른 공유수면의 매립면허, 같은 법 제35조에 따른 국가 등이 시행하는 매립의 협의 또는 승인 및 같은 법 제38조에 따른 공유수면매립실시계획의 승인
<50> 부터 <75> 까지 생략
제14조 생략

부칙 <제10303호, 2010.5.17.> (은행법)
제1조(시행일) 이 법은 공포 후 6개월이 경과한 날부터 시행한다. <단서 생략>
제2조부터 제8조까지 생략
제9조(다른 법률의 개정) ① 부터 <64> 까지 생략
<65> 주택법 일부를 다음과 같이 개정한다.
제41조의2제3항 중 "금융기관"을 "은행"으로 한다.
<66> 부터 <86> 까지 생략
제10조 생략

부칙 <제10331호, 2010.5.31.> (산지관리법)
제1조(시행일) 이 법은 공포 후 6개월이 경과한 날부터 시행한다. <단서 생략>
제2조부터 제11조까지 생략
제12조(다른 법률의 개정) ① 부터 <65> 까지 생략
<66> 주택법 일부를 다음과 같이 개정한다.
제17조제1항제12호 본문 중 "산지전용신고"를 "산지전용신고, 같은 법 제15조의2에 따른 산지일시사용허가·신고"로 한다.
<67> 부터 <89> 까지 생략

동별 대표자 및 입주자대표회의의 임원을 선출하기 위하여 공고하는 때부터 적용한다.
② 제50조제7항의 개정규정은 이 영 시행 후 최초로 선출되는 동별 대표자부터 적용한다.
제3조(경쟁입찰에 의한 주택관리업자의 선정에 관한 적용례) 제52조제4항 및 제5항의 개정규정은 이 영 시행 후 최초로 주택관리업자를 선정하기 위하여 공고하는 경우부터 적용한다.
제4조(위탁관리수수료의 부과에 관한 적용례) 제58조제1항 제9호 및 별표 5 제9호의 개정규정은 이 영 시행 후 최초로 부과하는 관리비부터 적용한다.
제5조(주택관리업의 등록기준에 관한 적용례) 별표 8의 개정규정에 따른 주택관리업의 등록에 관한 사항은 이 영 시행 후 최초로 주택관리업을 등록하거나 종전에 등록한 사항을 변경하는 경우부터 적용한다.
제6조(도시형 생활주택에 관한 경과조치) 이 영 시행 전에 기숙사형 주택에 대한 사업계획승인을 신청하였거나 사업계획승인을 받은 경우에는 제3조제1항의 개정규정에도 불구하고 종전의 규정에 따른다.
제7조(관리규약 준칙 등의 개정에 관한 경과조치) ① 시·도지사는 이 영 시행 후 2개월이 경과하는 날까지 관리규약 준칙을 이 영에 적합하게 개정하여야 한다.
② 공동주택의 입주자대표회의는 이 영 시행 후 4개월이 경과하는 날까지 제1항에 따른 관리규약 준칙에 따라 이 영에 적합하게 해당 공동주택의 관리규약을 개정하여야 한다. 이 경우 관리주체는 관리규약의 개정에 따른 행정사무 등의 업무에 협조하여야 한다.
제8조(선거관리위원회의 운영 등에 관한 경과조치) 이 영 시행 후 부칙 제7조제2항에 따라 해당 공동주택의 관리

제13조 생략

　　부칙 <제10505호, 2011.3.30.>
이 법은 공포한 날부터 시행한다. 다만, 제2조제4호의 개정규정은 공포 후 3개월이 경과한 날부터 시행한다.

　　부칙 <제10522호, 2011.3.31.> (농업협동조합법)
제1조(시행일) 이 법은 2012년 3월 2일부터 시행한다. <단서 생략>
제2조부터 제26조까지 생략
제27조(다른 법률의 개정) ①부터 <17>까지 생략
　<18> 주택법 일부를 다음과 같이 개정한다.
　　제73조제2항제4호 중 "농업협동조합중앙회"를 "농협은행"으로 한다.
　<19>부터 <25>까지 생략
제28조 생략

　　부칙 <제10599호, 2011.4.14.> (국토의 계획 및 이용에 관한 법률)
제1조(시행일) 이 법은 공포 후 1년이 경과한 날부터 시행한다. <단서 생략>
제2조부터 제7조까지 생략
제8조(다른 법률의 개정) ①부터 <63>까지 생략
　<64> 주택법 일부를 다음과 같이 개정한다.
　　제17조제1항제5호 중 "도시관리계획"을 "도시·군관리계획"으로, "같은 법 제49조제1항에 따른 제1종지구단위계획"을 "같은 법 제51조제1항에 따른 지구단위계획구역 및 지구단위계획"으로, "도시계획시설사업"을 "도시·군계획시설사업"으로 한다.
　　제18조제3항 후단 중 "도시계획시설사업"을 "도시·군계

규약을 개정하기 전까지는 제50조의2의 개정규정에도 불구하고 자체 선거관리위원회의 구성 및 운영 등에 관한 사항은 종전의 관리규약에 따른다.
제9조(주택관리사등의 보증설정 서류제출에 관한 경과조치) 이 영 시행 전에 관리사무소장으로 배치된 주택관리사등은 제72조의2제2항의 개정규정에도 불구하고 종전의 규정에 따른다.
제10조(공동주택관리기구의 장비보유에 관한 경과조치) 공동주택관리기구에는 이 영 시행일로부터 6개월 이내에 별표 4의 개정규정에 따른 장비를 보유하여야 한다.
제11조(다른 법령의 개정) ① 건축법 시행령 일부를 다음과 같이 개정한다.
　제6조제2항제2호다목 중 "원룸형 주택 또는 기숙사형 주택"을 "원룸형 주택"으로 한다.
　② 조세특례제한법 시행령 일부를 다음과 같이 개정한다.
　제106조제6항제1호가목 중 "위탁관리수수료와 같은 시행령 별표 5 제2호부터 제8호까지"를 "같은 법 시행령 별표 5 제2호부터 제9호까지"로 한다.

　　부칙 <제22269호, 2010.7.12.> (고용노동부와 그 소속기관 직제)
제1조(시행일) 이 영은 공포한 날부터 시행한다. <단서 생략>
제2조(다른 법령의 개정) ① 부터 <109> 까지 생략
　<110> 주택법 시행령 일부를 다음과 같이 개정한다.
　　제108조제3항제1호 중 "노동부차관"을 "고용노동부차관"으로 한다.
　<111> 부터 <136> 까지 생략

회시설사업"으로 한다. <65>부터 <83>까지 생략 제9조 생략 　　　부칙　<제10764호, 2011.5.30.>　(택지개발촉진법) 제1조(시행일) 이 법은 공포한 날부터 시행한다. <단서 생략> 제2조 및 제3조 생략 제4조(다른 법률의 개정) ①부터 <17>까지 생략 　<18> 주택법 일부를 다음과 같이 개정한다. 　제84조제1항제3호 중 "택지개발예정지구"를 "택지개발지구"로 한다. 　제85조제1항 중 "택지개발예정지구"를 "택지개발지구"로 한다. 　<19> 및 <20> 생략 　　　부칙　<제11061호, 2011.9.16.> 제1조(시행일) 이 법은 공포 후 6개월이 경과한 날부터 시행한다. 다만, 제39조제1항의 개정규정은 공포한 날부터 시행하고, 같은 조 제5항의 개정규정은 공포 후 3개월이 경과한 날부터 시행한다. 제2조(시공자 등의 사용검사 신청에 관한 적용례) 제29조제3항의 개정규정은 이 법 시행 당시 같은 조 제1항에 따른 사용검사를 받지 아니한 주택건설사업 또는 대지조성사업에 대하여도 적용한다. 제3조(입주자자격의 제한에 관한 적용례) 제39조제5항의 개정규정은 같은 개정규정 시행 후 같은 조 제1항의 개정규정을 위반한 자부터 적용한다. 제4조(신탁의 종료에 따른 사업주체의 소유권이전등기청구	부칙　<제22479호, 2010.11.10.> 제1조(시행일) 이 영은 공포한 날부터 시행한다. 제2조(주택관리업의 등록기준에 관한 적용례) 별표 8의 개정규정에 따른 주택관리업의 등록에 관한 사항은 이 영 시행 후 최초로 주택관리업을 등록하거나 종전에 등록한 사항을 변경하는 경우부터 적용한다. 　　　부칙　<제22493호, 2010.11.15.>　(은행법 시행령) 제1조(시행일) 이 영은 2010년 11월 18일부터 시행한다. 제2조 및 제3조 생략 제4조(다른 법령의 개정) ①부터 <86>까지 생략 　<87> 주택법 시행령 일부를 다음과 같이 개정한다. 　제25조제3항제2호 후단, 제44조제2항제1호가목, 제60조제1항 각 호 외의 부분 및 제95조제5항제5호 중 "금융기관"을 각각 "은행"으로 한다. 　<88>부터 <115>까지 생략 제5조 생략 　　　부칙　<제22538호, 2010.12.20.> 제1조(시행일) 이 영은 2011년 1월 1일부터 시행한다. 제2조(과태료 부과기준에 관한 적용례) 제122조제3항제3호 및 별표 13 부표의 개정규정은 이 영 시행 후 최초로 취득세 납세의무가 성립하는 주택거래의 신고에 관한 과태료 산정부터 적용한다. 　　　부칙　<제22626호, 2011.1.17.>　(엔지니어링산업 진흥법 시행령) 제1조(시행일) 이 영은 공포한 날부터 시행한다.

권 압류 등의 무효에 관한 적용례) 제40조제8항 및 제9 항의 개정규정은 이 법 시행 후 최초로 같은 조 제6항에 따라 신탁된 분부터 적용한다.

제5조(주택관리업 등록에 관한 적용례) 제53조제3항의 개정규정은 이 법 시행 후 최초로 주택관리업의 등록을 신청하는 분부터 적용한다.

제6조(사업주체의 관리사무소장 배치에 관한 적용례) 제55조제1항제3호의 개정규정은 이 법 시행 후 최초로 관리사무소장을 배치하는 경우부터 적용한다.

제7조(주택거래신고 과태료 등에 관한 적용례) 제80조의3, 제101조제1항, 제101조제3항제17호·제18호 및 제101조의2제1항의 개정규정은 이 법 시행 후 최초로 주택 소유권 이전계약을 체결하는 경우부터 적용한다.

제8조(사업주체의 공동주택 관리업무의 인계에 관한 경과조치) 이 법 시행 당시 제43조제1항에 따라 공동주택을 직접 관리 중인 사업주체가 제43조제6항의 개정규정 각 호의 어느 하나에 해당하는 경우에는 이 법 시행 후 제43조제6항의 개정규정에 따라 공동주택의 관리업무를 해당 관리주체에게 인계하여야 한다.

제9조(주택관리업 등록에 관한 경과조치) 이 법 시행 전에 종전의 규정에 따라 주택관리업 등록을 한 자는 제53조제3항의 개정규정에 따라 등록한 것으로 본다

제10조(다른 법률의 개정) 제주특별자치도 설치 및 국제자유도시 조성을 위한 특별법 일부를 다음과 같이 개정한다.
제257조제2항 중 "제39조제2항, 제89조의2"를 "제39조제2항"으로 하고, 같은 조 제3항 중 "제101조제3항"을 "제101조제4항"으로 한다.

제2조부터 제4조까지 생략

제5조(다른 법령의 개정) ①부터 <28>까지 생략

<29> 주택법 시행령 일부를 다음과 같이 개정한다.
제62조의8제1항제3호를 다음과 같이 한다.
　1. 「엔지니어링산업 진흥법」 제21조에 따라 신고한 해당 분야의 엔지니어링사업자

<30>부터 <39>까지 생략

제6조 생략

　　부칙 <제22893호, 2011.4.6.>

제1항(시행일) 이 영은 공포한 날부터 시행한다.
제2조(과태료에 관한 경과조치) ① 이 영 시행 전의 위반행위에 대하여 과태료의 부과기준을 적용할 때에는 제122조 및 별표 13의 개정규정에도 불구하고 종전의 규정에 따른다.
② 이 영 시행 전의 위반행위로 받은 과태료 부과처분은 별표 13의 개정규정에 따른 위반행위의 횟수 산정에 포함하지 아니한다.

　　부칙 <제22994호, 2011.6.29.>

제1조(시행일) 이 영은 2011년 7월 1일부터 시행한다. 다만, 제10조의 개정규정은 공포한 날부터 시행한다.
제2조(사업계획의 승인에 관한 적용례) 제15조의 개정규정은 이 영 시행 후 최초로 주택건설사업계획 승인을 신청하는 경우부터 적용한다.

　　부칙 <제23113호, 2011.8.30.> (택지개발촉진법 시행령)

제1조(시행일) 이 영은 공포한 날부터 시행한다. <단서 생

부칙 <제11243호, 2012.1.26.>

제1조(시행일) 이 법은 공포 후 6개월이 경과한 날부터 시행한다. 다만, 제38조제1항의 개정규정은 공포한 날부터 시행하고, 제5조의4의 개정규정은 공포 후 1년이 경과한 날부터 시행한다.

제2조(분할 건설·공급에 관한 적용례) 제16조의 개정규정은 이 법 시행 후 최초로 사업계획승인을 신청(착공신고 이전에 변경승인을 신청한 것을 포함한다)하는 것부터 적용한다.

　　　부칙 <제11365호, 2012.2.22.> (녹색건축물 조성 지원법)

제1조(시행일) 이 법은 공포 후 1년이 경과한 날부터 시행한다.

제2조 및 제3조 생략

제4조(다른 법률의 개정) ① 생략

② 주택법 일부를 다음과 같이 개정한다.

제21조의2를 삭제한다.

　　　부칙 <제11555호, 2012.12.18.> (집합건물의 소유 및 관리에 관한 법률)

제1조(시행일) 이 법은 공포 후 6개월이 경과한 날부터 시행한다.

제2조 및 제3조 생략

제4조(다른 법률의 개정) 주택법 일부를 다음과 같이 개정한다.

제46조제1항 각 호 외의 부분 중 "「민법」 제667조부터 제671조까지의 규정을 준용하도록 한 「집합건물의 소유 및 관리에 관한 법률」 제9조에도 불구하고, 공동주략>

제2조(다른 법령의 개정) ①부터 ⑦까지 생략

⑧ 주택법 시행령 일부를 다음과 같이 개정한다.

제108조제3항제2호 중 "택지개발예정지구"를 "택지개발지구"로 한다.

　　　부칙 <제23143호, 2011.9.16.>

이 영은 공포한 날부터 시행한다.

　　　부칙 <제23282호, 2011.11.1.> (건설산업기본법 시행령)

제1조(시행일) 이 영은 2011년 11월 25일부터 시행한다.

<단서 생략>

제2조부터 제5조까지 생략

제6조(다른 법률의 개정) ①부터 ④까지 생략

⑤ 주택법 시행령 일부를 다음과 같이 개정한다.

제65조제1항제4호 중 "시·도지사"를 "국토해양부장관"으로 한다.

제99조제1항제2호를 다음과 같이 한다.

2. 「건설산업기본법」 제9조에 따라 건설업 등록을 한 자일 것

⑥부터 ⑧까지 생략

　　　부칙 <제23356호, 2011.12.8.> (영유아보육법 시행령)

제1조(시행일) 이 영은 2011년 12월 8일부터 시행한다.

<단서 생략>

제2조(다른 법령의 개정) ①부터 <50>까지 생략

<51> 주택법 시행령 일부를 다음과 같이 개정한다.

택의 사용검사일(주택단지 안의 공동주택의 전부에 대하여 임시 사용승인을 받은 경우에는 그 임시 사용승인일을 말하고, 제29조제1항 단서에 따라 분할 사용검사나 동별 사용검사를 받은 경우에는 분할 사용검사일 또는 동별 사용검사일을 말한다) 또는 「건축법」 제22조에 따른 공동주택의 사용승인일부터"를 "전유부분은 입주자에게 인도한 날부터, 공용부분은 공동주택의 사용검사일(주택단지 안의 공동주택의 전부에 대하여 임시 사용승인을 받은 경우에는 그 임시 사용승인일을 말하고, 제29조제1항 단서에 따라 분할 사용검사나 동별 사용검사를 받은 경우에는 분할 사용검사일 또는 동별 사용검사일을 말한다) 또는 「건축법」 제22조에 따른 공동주택의 사용승인일부터"로 한다.

　부칙　＜제11590호, 2012.12.18.＞

제1조(시행일) 이 법은 공포한 날부터 시행한다. 다만, 제21조의5, 제46조의3 및 제46조의4의 개정규정은 공포 후 6개월이 경과한 날부터 시행한다.

제2조(소음방지대책의 수립에 관한 적용례) 제21조의5의 개정규정은 같은 개정규정 시행 후 사업계획승인을 신청하는 분부터 적용한다.

제3조(하자심사·분쟁조정위원회 위원의 임기에 관한 적용례) 제46조의3제4항의 개정규정은 같은 개정규정 시행 후 새로이 하자심사·분쟁조정위원회를 구성하는 위원부터 적용한다.

제4조(조정등의 경과조치) 이 법 시행 당시 종전의 규정에 따라 하자심사·분쟁조정위원회에 계류 중인 조정신청 사건에 대한 조정등은 종전의 규정에 따른다.

제57조제1항제20호 중 "보육시설"을 각각 "어린이집"으로 한다.

＜52＞부터 ＜54＞까지 생략

　부칙　＜제23488호, 2012.1.6.＞ (민감정보 및 고유식별정보 처리 근거 마련을 위한 과세자료의 제출 및 관리에 관한 법률 시행령 등 일부개정령)

제1조(시행일) 이 영은 공포한 날부터 시행한다. ＜단서 생략＞

제2조 생략

　부칙　＜제23665호, 2012.3.13.＞

제1조(시행일) 이 영은 2012년 3월 17일부터 시행한다.

제2조(주택건설예정세대수에 관한 적용례) 제37조제3항의 개정규정은 이 영 시행 후 최초로 주택조합 설립인가를 신청하는 경우부터 적용한다.

제3조(택지 매입가격의 범위에 관한 적용례) 제42조의2의 개정규정은 이 영 시행 후 최초로 입주자모집승인을 신청(국가, 지방자치단체, 한국토지주택공사 또는 지방공사인 사업주체의 경우에는 입주자모집공고를 말한다)하는 경우부터 적용한다.

제4조(리모델링의 시공자 선정에 관한 적용례) 제47조의2의 개정규정은 이 영 시행 후 최초로 시공자를 선정하는 경우부터 적용한다.

제5조(동별 대표자 선출에 관한 적용례) 제50조제3항제2호의 개정규정은 이 영 시행 후 최초로 동별 대표자 선출 공고를 하는 경우부터 적용한다.

제6조(주택관리사 자격증 취득을 위한 근무경력에 관한 적용례) 제73조제1항제1호 및 제2호의 개정규정에 따른

부칙 <제11690호, 2013.3.23.> (정부조직법)
제1조(시행일) ① 이 법은 공포한 날부터 시행한다.
② 생략
제2조부터 제5조까지 생략
제6조(다른 법률의 개정) ①부터 <627>까지 생략
<628> 주택법 일부를 다음과 같이 개정한다.
제2조제3호 후단, 제15조제1항·제2항, 제16조제5항 단서, 같은 조 제10항, 제21조의4제2항제3호, 제24조제3항·제6항, 제26조제3항 본문 및 단서, 제29조제1항 본문, 제35조제1항, 제37조제2항, 제38조제1항 각 호 외의 부분 후단, 같은 항 제1호부터 제3호까지, 같은 조 제2항, 제38조의2제2항 각 호 외의 부분 전단, 같은 항 제1호, 같은 항 제2호 각 목 외의 부분 본문 및 단서, 같은 조 제3항 전단 및 후단, 같은 조 제4항 각 호 외의 부분, 같은 항 제4호, 같은 조 제5항제7호, 같은 조 제6항, 제38조의3제2항 각 호 외의 부분, 같은 조 제3항, 제39조제5항, 제41조제2항, 제42조제2항제3호, 제46조의4제9항 전단, 제46조의7제3항, 제47조제2항·제3항, 제49조제2항 각 호 외의 부분, 같은 조 제3항 각 호 외의 부분, 제51조제3항, 제53조제1항, 제55조제2항제3호, 같은 조 제4항 전단, 제58조제1항 전단 및 후단, 같은 조 제2항 전단, 제65조제1항·제2항, 제75조제3항 및 제80조의2제5항 중 "국토해양부령"을 각각 "국토교통부령"으로 한다.
제4조제1항 각 호 외의 부분, 제5조제1항 각 호 외의 부분, 같은 조 제2항, 같은 조 제3항 각 호 외의 부분, 제5조의2제1항, 같은 조 제2항 전단, 제5조의3제3항 본문, 같은 조 제4항, 제7조제1항 각 호 외의 부분, 같은 조 제4항 전단, 같은 조 제5항 전단 및 후단, 제8조제2항·제3항, 제9조제1항 각 호 외의 부분 본문, 제13조제1항

근무경력 인정은 2010년 7월 6일 이후 근무경력 분부터 적용한다.
제7조(분양보증 환급이행 요건에 관한 적용례) 제106조제1항제1호가목의 개정규정은 이 영 시행 후 최초로 분양보증계약이 체결되는 사업장부터 적용한다.
제8조(관리사무소장의 배치 내용 및 직인 신고의 접수에 관한 적용례) 제118조제6항의 개정규정은 이 영 시행 후 최초로 관리사무소장의 배치 내용과 직인을 신고하는 경우부터 적용한다.
제9조(영업정지처분에 관한 경과조치) 이 영 시행 전 주택관리업 등록변경사항을 신고하지 아니한 위반행위에 대한 영업정지처분은 별표 9 제2호아목3)의 개정규정에도 불구하고 종전의 규정에 따른다.

부칙 <제23718호, 2012.4.10.> (국토의 계획 및 이용에 관한 법률 시행령)
제1조(시행일) 이 영은 2012년 4월 15일부터 시행한다.
<단서 생략>
제2조부터 제13조까지 생략
제14조(다른 법령의 개정) ①부터 <63>까지 생략
<64> 주택법 시행령 일부를 다음과 같이 개정한다.
제4조제1호 중 "도시계획시설"을 "도시·군계획시설"로 한다.
제37조제5항제2호 중 "도시계획"을 "도시·군계획"으로 한다.
<65>부터 <85>까지 생략
제15조 생략

부칙 <제23759호, 2012.5.1.> (수험생 편의제공 및

각 호 외의 부분 본문, 제15조제1항·제2항, 제16조제1항 각 호 외의 부분 본문, 같은 조 제8항 후단, 제21조의4제1항, 제24조제9항, 제29조제1항 본문, 제34조제1항, 제35조제1항, 같은 조 제2항 각 호 외의 부분, 같은 항 제1호, 제36조 각 호 외의 부분, 제37조제1항, 제38조의2제3항 전단, 제38조의6제2항 본문 및 단서, 제39조제1항 각 호 외의 부분, 같은 조 제5항, 제41조제1항 전단, 같은 조 제3항 전단, 같은 조 제4항·제5항, 같은 조 제6항 전단, 같은 조 제7항부터 제9항까지, 제41조의3제1항 각 호 외의 부분 전단, 같은 조 제3항, 같은 조 제4항 전단, 제42조제5항 본문, 제46조의3제2항 각 호 외의 부분 전단, 같은 조 제3항, 제46조의4제9항 후단, 제46조의8제1항 전단, 같은 조 제2항, 제56조제1항, 제58조제3항, 제60조제3항, 제62조제1항부터 제3항까지·제6항, 제62조의2제1항, 제63조제2항, 제64조제1항, 같은 조 제2항 각 호 외의 부분 전단, 같은 조 제3항, 제65조제2항, 제66조제1항·제2항, 제67조제2항, 제69조제2항, 제70조제3항, 제73조제3항, 제76조제3항, 제78조제2항, 제80조의2제1항 본문, 같은 조 제6항, 제81조제5항, 제81조의2제2항 전단, 같은 조 제4항·제6항·제7항, 제82조제1항 각 호 외의 부분 전단, 같은 조 제2항, 제84조제1항제3호·제5호, 제85조제1항, 제86조제1항, 같은 조 제2항 전단, 제87조제1항, 같은 조 제2항 각 호 외의 부분, 제90조제1항, 제91조, 제92조제1항, 같은 조 제2항 각 호 외의 부분, 같은 조 제3항 후단, 같은 조 제4항·제5항, 제93조 각 호 외의 부분 및 제101조제4항 중 "국토해양부장관"을 각각 "국토교통부장관"으로 한다.
제46조의2제1항, 제56조의2제1항 각 호 외의 부분, 제84조제1항 각 호 외의 부분 및 제87조제1항 중 "국토해양

충분한 수험준비기간 부여 등을 위한 경비업법 시행령 등 일부개정령〉

제1조(시행일) 이 영은 공포한 날부터 시행한다. 〈단서 생략〉
제2조(시험의 공고에 관한 적용례) 이 영 가운데 시험 등의 공고 기한을 개정하는 사항은 2013년 1월 1일 이후에 시행하는 시험부터 적용한다.

부칙 〈제23886호, 2012.6.27.〉 (보훈보상대상자 지원에 관한 법률 시행령)

제1조(시행일) 이 영은 2012년 7월 1일부터 시행한다.
제2조(다른 법령의 개정) ① 및 ② 생략
③ 주택법 시행령 일부를 다음과 같이 개정한다.
별표 12 제3호아목 중 "「국가유공자 등 예우 및 지원에 관한 법률」"을 "「국가유공자 등 예우 및 지원에 관한 법률」·「보훈보상대상자 지원에 관한 법률」"로 한다.
④부터 ⑥까지 생략

부칙 〈제23928호, 2012.7.4.〉 (위원회 운영의 공정성 제고를 위한 경제자유구역 및 제주국제자유도시의 외국교육기관 설립·운영에 관한 특별법 시행령 등 일부개정령)

이 영은 공포한 날부터 시행한다. 〈단서 생략〉

부칙 〈제23988호, 2012.7.24.〉

제1조(시행일) 이 영은 2012년 7월 27일부터 시행한다.
제2조(사업계획의 승인 대상에 관한 적용례) 제15조제1항의 개정규정은 이 영 시행 후 사업계획승인을 신청하는 경우부터 적용한다.
제3조(주택단지의 분할 건설·공급에 관한 적용례) 제15조

부"를 각각 "국토교통부"로 한다.
<629>부터 <710>까지 생략
제7조 생략

　　　부칙　<제11794호, 2013.5.22.>　(건설기술 진흥법)
제1조(시행일) 이 법은 공포 후 1년이 경과한 날부터 시행한다.
제2조부터 제24조까지 생략
제25조(다른 법률의 개정) ①부터 <19>까지 생략
<20> 주택법 일부를 다음과 같이 개정한다.
제13조제1항제6호가목 중 "「건설기술관리법」 제21조의5제1항 또는 제36조의17"을 "「건설기술 진흥법」 제54조제1항 또는 제80조"로 하고, 같은 호 나목 중 "「건설기술관리법」 제23조의2제3항"을 "「건설기술 진흥법」 제48조제4항"으로, "감리원(監理員)"을 "건설사업관리를 수행하는 건설기술자"로 하며, 같은 호 다목 중 "「건설기술관리법」 제24조"를 "「건설기술 진흥법」 제55조"로 하고, 같은 호 라목 중 "「건설기술관리법」 제26조의2"를 "「건설기술 진흥법」 제62조"로 한다.
제24조제1항 본문 중 "「건설기술관리법」"을 "「건설기술 진흥법」"으로 하고, 같은 조 제2항제3호 중 "「건설기술관리법」 제24조"를 "「건설기술 진흥법」 제55조"로 한다.
제35조제2항제1호 중 "「건설기술관리법」 제18조"를 "「건설기술 진흥법」 제14조"로 한다.
<21>부터 <25>까지 생략
제26조 생략

　　　부칙　<제11871호, 2013.6.4.>

의2제2항의 개정규정에 따라 조례에 위임된 사항은 해당 조례가 제정되거나 개정된 후 법 제16조에 따른 사업계획승인을 신청(착공신고 이전에 변경승인을 신청한 것을 포함한다)하는 경우부터 적용한다.
제4조(주택관리사 자격증 취득을 위한 근무경력 인정에 관한 적용례) 제73조제1항제2호의 개정규정에 따른 근무경력은 2010년 7월 6일 이후 근무경력 분부터 인정한다.
제5조(주택단지의 공구 분할에 관한 경과조치) 이 영 시행 당시 사업주체가 종전의 제15조제3항에 따라 일단의 주택단지를 여러 개의 공구로 분할하고 전체 공구의 주택건설호수 또는 세대수의 규모를 기준으로 사업계획을 승인받은 경우에는 제15조제3항의 개정규정에 따라 일단의 주택단지를 여러 개의 구역으로 분할하고 전체 구역의 주택건설호수 또는 세대수의 규모를 기준으로 사업계획을 승인받은 것으로 본다.

　　　부칙　<제24307호, 2013.1.9.>
제1조(시행일) 이 영은 공포한 날부터 시행한다. 다만, 제46조제2항제5호의2, 제51조제1항제6호의2, 제52조제7항·제8항, 제55조의4제1항제4호(주민운동시설의 위탁 부분에 한정한다), 제55조의4제3항(전자입찰방식 부분에 한정한다), 제55조의5, 제57조제1항제22호 및 제58조제4항의 개정규정은 2014년 1월 1일부터 시행한다.
제2조(동별 대표자 및 입주자대표회의 회장과 감사의 해임 절차에 관한 적용례) 제50조제7항의 개정규정은 이 영 시행 후 동별 대표자 및 입주자대표회의 회장과 감사의 해임을 청구하는 경우부터 적용한다.
제3조(주택관리업자 및 용역 사업자의 입찰 제한 등에 관한 적용례) ① 제52조제5항 및 제55조의4제3항의 입찰

제1조(시행일) 이 법은 공포한 날부터 시행한다. 다만, 제16조제11항의 개정규정은 공포 후 3개월이 경과한 날부터 시행하고, 제2조제2호의2·제16조의2, 제16조제12항부터 제14항까지, 제21조제1항제6호, 제21조의4제3항, 제43조의4제2항, 제45조의2, 제46조제7항·제8항, 제47조제1항제3호, 제54조제1항, 제58조의2, 제101조제1항·제2항 및 같은 조 제3항제8호의2의 개정규정은 공포 후 6개월이 경과한 날부터 시행한다.

제2조(공사착수기간의 연장에 관한 적용례) 제16조제9항의 개정규정은 이 법 시행 전에 같은 조 제1항 및 제3항에 따른 사업계획 승인을 받고 이 법 시행일까지 3년이 경과하지 아니한 경우에도 적용한다.

제3조(사업계획의 승인 취소 등에 관한 적용례) 제16조제12항제2호·제3호 및 같은 조 제13항·제14항의 개정규정은 같은 개정규정 시행 후 최초로 사업계획을 신청하는 분부터 적용한다.

제4조(입주예정자에 대한 정보 제공에 관한 적용례) 제38조제4항제2호의 개정규정은 이 법 시행 후 최초로 주택공급계약을 체결하는 경우부터 적용한다.

제5조(장기수선충당금 사용에 관한 적용례) 제43조의4제2항의 개정규정은 같은 개정규정 시행 후 최초로 장기수선충당금을 사용하는 것부터 적용한다.

제6조(하자보수보증금 사용에 관한 적용례) 제46조제7항의 개정규정은 같은 개정규정 시행 후 최초로 하자보수보증금을 사용하는 것부터 적용한다.

제7조(인·허가등 협의에 관한 경과조치) 이 법 시행 전에 종전의 규정에 따라 협의 요청을 받은 경우에는 제17조제3항 후단의 개정규정에도 불구하고 종전의 규정에 따른다.

제한에 관한 개정규정은 이 영 시행 후 주택관리업자 및 용역 사업자를 선정하기 위하여 입찰공고를 하는 경우부터 적용한다.
② 제55조의4제1항·제2항 및 제58조제9항·제10항의 개정규정은 이 영 시행 후 사업자를 선정하기 위하여 입찰공고를 하는 경우부터 적용한다.

제4조(관리규약의 제정과 개정 시 공고 등에 관한 적용례) 제57조제2항 및 제3항의 개정규정은 이 영 시행 후 관리규약을 제정하거나 개정하는 경우부터 적용한다.

제5조(국민주택채권 매입의무 면제에 관한 적용례) 별표 12 자목의 개정규정은 이 영 시행 후 장기주택저당대출에 가입하고 담보로 제공하는 주택에 대하여 근저당권 설정등기를 신청하는 경우부터 적용한다.

제6조(관리규약 준칙 등의 개정에 관한 경과조치) ① 시·도지사는 이 영 시행 후 2개월이 경과하는 날까지 관리규약 준칙을 이 영에 적합하게 개정하여야 한다.
② 공동주택의 입주자대표회의는 이 영 시행 후 4개월이 경과하는 날까지 제1항에 따른 관리규약 준칙에 따라 이 영에 적합하게 해당 공동주택의 관리규약을 개정하여야 한다. 이 경우 관리주체는 관리규약의 개정에 따른 행정사무 등의 업무에 협조하여야 한다.

부칙 <제24443호, 2013.3.23.> (국토교통부와 그 소속기관 직제)

제1조(시행일) 이 영은 공포한 날부터 시행한다. <단서 생략>

제2조부터 제5조까지 생략

제6조(다른 법령의 개정) ①부터 <76>까지 생략
<77> 주택법 시행령 일부를 다음과 같이 개정한다.

제8조(관리비예치금에 관한 경과조치) 「주택법 시행령」 제49조제1항에 따라 해당 공동주택의 공용부분의 관리 및 운영 등에 필요한 비용으로 징수한 관리비예치금은 제45조의2의 개정규정에 따라 징수한 것으로 본다.

제9조(지역난방방식의 공동주택의 장기수선계획 및 장기수선충당금의 적립에 관한 경과조치) ① 제47조제1항제3호의 개정규정 시행 당시 장기수선계획이 수립되지 아니한 경우에는 같은 개정규정에도 불구하고 관리주체가 같은 개정규정 시행일부터 6개월 이내에 이를 수립하여야 한다.

② 관리주체는 제47조제1항제3호의 개정규정 시행 후 1년이 경과한 날이 속하는 달부터 제1항에 따른 장기수선계획에 따라 장기수선충당금을 소유자로부터 징수하고 적립하여야 한다.

제10조(시·도지사의 대도시 시장으로의 권한 이양에 관한 경과조치) 이 법 시행 당시 종전의 규정에 따라 시·도지사로부터 주택관리사보 자격시험의 합격증서 또는 주택관리사 자격증을 발급받거나 주택관리사등의 자격취소 또는 자격정지 처분을 받거나 주택관리에 관한 교육 등을 받은 경우에 그 지역이 대도시인 경우에는 제56조제1항의 개정규정(같은 조 제2항 각 호 외의 부분, 제57조제1항 각 호 외의 부분 본문 및 제58조에서 시·도지사를 인용하는 경우를 포함한다)에 따라 대도시의 시장으로부터 주택관리사보 자격시험의 합격증서 또는 주택관리사 자격증을 발급받거나 주택관리사등의 자격취소 또는 자격정지 처분을 받거나 주택관리에 관한 교육 등을 받은 것으로 본다.

제11조(다른 법률의 개정) 제주특별자치도 설치 및 국제자유도시 조성을 위한 특별법 일부를 다음과 같이 개정한

제2조제2항, 제4조제1호, 제5조제1항제3호, 제8조제2항제9호, 같은 조 제4항, 제11조제1항, 같은 조 제3항 본문 및 단서, 제15조제5항제1호카목, 같은 항 제2호다목 단서, 같은 호 바목, 제16조제1항, 제26조제3항제1호, 제35조제3항, 제36조제2항, 제37조제1항제1호가목(6), 같은 조 제2항제9호 후단, 같은 조 제7항, 제38조제1항제1호가목, 같은 조 제3항, 제39조제1항 각 호 외의 부분 단서, 제41조제2항, 제44조제2항제1호마목, 제47조제3항, 제50조제9항, 제52조제2항 전단 및 후단, 같은 조 제3항 전단, 제55조제1항제7호, 제57조제4항제1호, 제60조의2제5항, 제63조제2항, 제64조제1항제8호, 같은 조 제2항제2호, 제65조제1항제2호, 같은 조 제3항, 제68조제2항, 제78조제1항·제3항, 제86조제1항·제2항, 제87조제1항, 같은 조 제2항제5호, 제91조제5항 전단 및 후단, 같은 조 제6항, 제95조제2항 후단, 같은 조 제4항 후단, 제95조의2제1항·제2항, 제96조제2항 단서, 제98조제2항, 제100조제4항, 제101조제2항 단서, 제105조, 제107조제2항제3호, 제116조제1항 각 호 외의 부분, 같은 조 제3항, 제118조의2제6항, 별표 3 제6호의 부대시설 및 입주자 공유인 복리시설 신고기준란, 별표 12 제3호다목 및 같은 표 부표 제7호나목 매입대상란 중 "국토해양부령"을 각각 "국토교통부령"으로 한다.

제5조제1항 각 호 외의 부분, 같은 조 제2항, 제6조제2항, 같은 조 제3항 각 호 외의 부분, 같은 항 제2호, 같은 조 제5항, 제7조 각 호 외의 부분, 제8조제1항·제3항·제4항, 제11조제1항·제2항, 같은 조 제3항 본문, 제14조제5항 전단, 제15조제4항제1호·제2호, 제15조의2제3항, 제16조제1항부터 제3항까지, 제17조제1항부터 제3항까지, 제21조제2항·제4항, 제23조제2항, 제24조제2항,

다.
제257조제3항 중 "제16조제1항 각 호 외의 부분 본문 및 단서·제3항 단서·제7항 단서·제8항"을 "제16조제1항 각 호 외의 부분 본문 및 단서·제5항 단서·제9항 단서·제10항"으로, "제17조제4항"을 "제17조제5항"으로, "제55조제1항"을 "제55조제1항 각 호 외의 부분 단서"로 한다.

　　부칙　<제11998호, 2013.8.6.> (지방세외수입금의 징수 등에 관한 법률)

제1조(시행일) 이 법은 공포 후 1년이 경과한 날부터 시행한다.
제2조 생략
제3조(다른 법률의 개정) ①부터 <62>까지 생략
　<63> 주택법 일부를 다음과 같이 개정한다.
　제54조제3항 중 "지방세 체납처분의 예에 따라 징수한다"를 "「지방세외수입금의 징수 등에 관한 법률」에 따라 징수한다"로 한다.
　<64>부터 <71>까지 생략

　　부칙　<제12022호, 2013.8.6.>

이 법은 공포 후 6개월이 경과한 날부터 시행한다. 다만, 제2조제11호 가목 및 제16조제4항제1호의 개정규정은 공포한 날부터 시행한다.

　　부칙　<제12115호, 2013.12.24.>

제1조(시행일) 이 법은 공포 후 6개월이 경과한 날부터 시행한다. 다만, 제2조제15호의2, 제42조의6부터 제42조의8까지 및 제42조의10의 개정규정은 공포한 날부터 시행

제26조제2항, 제27조제1항제4호, 같은 조 제2항, 제34조제1항, 제42조의2제6항제2호 각 목 외의 부분, 같은 호 가목·나목, 제42조의16제2항, 제45조의3제1항제3호, 제52조제4항 본문, 같은 조 제8항, 제55조의4제1항 각 호 외의 부분 전단, 같은 항 제4호, 같은 조 제2항, 제58조제8항 전단, 같은 조 제9항제3호, 제62조의4 각 호 외의 부분, 제62조의10제1항·제3항, 제65조제1항제3호·제4호, 제73조제1항제5호, 제74조제3항 단서, 제76조제1항 단서, 같은 조 제2항, 제77조제3항·제5항, 제78조제1항·제2항, 제82조의2제2항·제3항, 제85조제1항제4호, 같은 조 제2항부터 제5항까지, 제86조제1항부터 제3항까지·제5항, 제87조제1항, 제89조 각 호 외의 부분, 제90조제1항, 제91조제4항 전단, 같은 조 제5항 전단, 같은 조 제6항, 제92조제1항, 같은 조 제5항 전단, 제93조제1항, 같은 조 제2항 후단, 제95조제3항, 같은 조 제4항 전단, 제100조제1항 각 호 외의 부분 본문, 같은 조 제2항제14호, 같은 조 제3항·제4항, 제102조제1항제4호, 같은 조 제3항, 제103조제2항 전단, 제105조, 제107조의2제1항 각 호 외의 부분, 같은 조 제3항 각 호 외의 부분, 제107조의4제2호, 제107조의6 각 호 외의 부분, 제108조제2항, 같은 조 제3항제5호, 같은 조 제4항, 제109조의3 각 호 외의 부분, 제111조제2항 각 호 외의 부분, 같은 항 제2호·제3호, 제116조제1항 각 호 외의 부분, 같은 조 제2항·제3항, 제117조 각 호 외의 부분, 제118조제1항 각 호 외의 부분, 같은 조 제2항, 제119조, 제120조 각 호 외의 부분, 별표 1 제1호다목 전단, 같은 표 제2호아목 14) 위반행위란, 별표 2 제3호 단서, 같은 표 제5호 단서 및 별표 2의2 제1호가목 비고 중 "국토해양부장관"을 각각 "국토교통부장관"으로 한다.

하고, 제2조제15호다목, 제24조의3, 제24조의4, 제42조제2항·제7항·제10항, 제42조의3부터 제42조의5까지, 제42조의9, 제63조제1항제17호, 제94조제1항, 제98조제4호의2, 제101조제2항제1호·제2호·제6호의 개정규정은 공포 후 4개월이 경과한 날부터 시행하며, 제44조의2의 개정규정은 2014년 5월 14일부터 시행하고, 제21조의6의 개정규정은 공포 후 1년이 경과한 날부터 시행하며, 제43조제7항제1호, 제45조제5항제1호, 제45조의3, 제101조제2항제4호 및 제5호, 제101조제3항제7호의2(전자입찰방식의 의무화에 관한 부분에 한정한다), 제101조제3항제8호의2의 개정규정은 2015년 1월 1일부터 시행한다.

제2조(공동주택성능등급 표시 등에 관한 적용례) 제21조의2의 개정규정은 이 법 시행 후 최초로 사업계획의 승인을 신청하는 분부터 적용한다.

제3조(장수명 주택 건설기준 및 인증제도 등에 관한 적용례) 제21조의6의 개정규정은 같은 개정규정 시행 후 최초로 사업계획의 승인을 신청하는 분부터 적용한다.

제4조(리모델링 기본계획 수립 전의 리모델링 절차에 관한 적용례) 시장·군수·구청장은 제42조제10항의 개정규정에도 불구하고 같은 개정규정 시행 후 리모델링 기본계획이 수립되기 전까지 제2조제15호다목의 개정규정에 따른 세대수 증가형 리모델링의 절차(제42조제2항에 따른 허가 전까지를 말한다)를 진행할 수 있다.

제5조(수직증축형 리모델링의 안전진단 등에 관한 적용례) 제2조제15호다목의 개정규정 시행 당시 설립인가를 받은 리모델링주택조합은 같은 개정규정에 따른 수직증축형 리모델링을 하고자 하는 경우에는 제42조의3의 개정규정에 따른 안전진단과 제42조의4의 개정규정에 따른 전문기관의 안전성 검토를 거쳐야 한다.

제77조제1항·제3항, 제108조제4항 및 제111조제2항 각 호 외의 부분 중 "국토해양부"를 각각 "국토교통부"로 한다.
제108조제3항제1호 중 "교육과학기술부차관·행정안전부차관·농림수산식품부차관·지식경제부차관"을 "교육부차관·안전행정부차관·농림축산식품부차관·산업통상자원부차관"으로 하고, 같은 항 제3호 중 "국무총리실"을 "국무조정실"로 한다.
제111조제2항 중 "국토해양부차관"을 "국토교통부차관"으로 한다.
별표 2 제3호 단서 중 "지식경제부장관"을 "산업통상자원부장관"으로 하고, 같은 표 제5호 단서 중 "정보통신위원회와"를 "미래창조과학부장관과"로 한다.
<78>부터 <146>까지 생략

부칙 <제24569호, 2013.5.31.>

제1조(시행일) 이 영은 공포한 날부터 시행한다.
제2조(공사착수기간의 연장 사유에 관한 적용례) 제18조제5호 및 제6호의 개정규정은 이 영 시행 전에 법 제16조에 따른 사업계획의 승인을 받고 이 영 시행 당시 공사에 착수하지 아니한 경우에 대해서도 적용한다.
제3조(입주자대표회의의 회장과 감사의 선출방법에 관한 적용례) 제50조제6항 각 호 외의 부분 단서의 개정규정은 이 영 시행 후 입주자대표회의의 회장과 감사를 선출하기 위한 공고를 하는 경우부터 적용한다.
제4조(비내력벽 철거에 관한 경과조치) 이 영 시행 당시 입주자 공유가 아닌 복리시설의 비내력벽 철거를 위하여 허가를 신청한 경우에는 별표 3 제5호의 개정규정에도 불구하고 종전의 규정에 따른다.

제6조(주택관리업자 및 사업자의 선정에 관한 적용례) 제43조제7항 및 제45조제5항의 개정규정은 같은 개정규정 시행 후 최초로 주택관리업자 또는 사업자를 선정하기 위한 공고를 하는 경우부터 적용한다.

제7조(장기수선계획의 검토에 관한 특례) 이 법 시행 당시 장기수선계획을 검토한 후 3년이 경과한 공동주택의 입주자대표회의와 관리주체는 제47조제2항의 개정규정에도 불구하고 이 법 시행일부터 3개월 이내에 장기수선계획을 검토하고 그에 대한 검토사항을 기록하고 보관하여야 한다.

제8조(관리사무소장의 교육에 관한 특례) 이 법 시행 전에 제58조제1항 또는 제2항에 따른 교육을 받은 관리사무소장은 제58조제3항의 개정규정에도 불구하고 다음 각 호의 구분에 따른 기간 내에 같은 개정규정에 따른 주택관리에 관한 교육을 받아야 한다.
 1. 이 법 시행 당시 제58조제1항 또는 제2항에 따른 교육을 받은 후 3년 이상이 경과한 관리사무소장: 이 법 시행일부터 2년
 2. 이 법 시행 당시 제58조제1항 또는 제2항에 따른 교육을 받은 후 3년 미만이 경과한 관리사무소장: 이 법 시행일부터 3년

제9조(리모델링주택조합 설립인가를 받은 리모델링에 관한 경과조치) 이 법 시행 당시 설립인가를 받은 리모델링주택조합은 종전의 규정에 따른 증축 범위 내에서는 종전의 규정에 따라 리모델링을 할 수 있다.

　　부칙 　<제12248호, 2014.1.14.>　(도로법)

제1조(시행일) 이 법은 공포 후 6개월이 경과한 날부터 시행한다.

　　부칙 　<제24622호, 2013.6.17.>

제1조(시행일) 이 영은 2013년 6월 19일부터 시행한다.

제2조(공동주택관리분쟁조정위원회 위원 구성 등에 관한 적용례) 제67조제1항의 개정규정은 이 영 시행 후 새로 공동주택관리분쟁조정위원회를 구성하거나, 공동주택관리분쟁조정위원회 위원의 임기가 만료되어 위원을 새로 위촉 또는 임명하는 경우부터 적용한다.

제3조(원룸형 주택의 최소 주거전용면적 기준에 관한 경과조치) 이 영 시행 전에 법 제16조에 따른 사업계획 승인 또는 「건축법」 제11조에 따른 건축허가를 신청(법 제16조에 따른 사업계획 승인 또는 「건축법」 제11조에 따른 건축허가를 신청하기 위하여 「건축법 시행령」 제5조 또는 제5조의5에 따른 건축위원회에 심의를 신청한 경우를 포함한다)하거나 「건축법」 제14조에 따른 건축신고를 한 원룸형 주택에 대해서는 제3조제1항제2호다목의 개정규정에도 불구하고 종전의 규정에 따른다.

　　부칙 　<제24909호, 2013.12.4.>

제1조(시행일) 이 영은 2013년 12월 5일부터 시행한다. 다만, 제55조의4제1항 및 제2항의 개정규정은 공포 후 3개월이 경과한 날부터 시행하고, 제60조의3제3항의 개정규정은 공포 후 1개월이 경과한 날부터 시행한다.

제2조(세대구분형 공동주택에 관한 적용례) 제2조의3의 개정규정은 이 영 시행 후 법 제16조제1항 또는 제3항에 따른 사업계획 승인을 신청(입주자모집 공고 전에 법 제16조제5항에 따른 사업계획 변경승인을 신청하는 경우를 포함한다)하는 경우부터 적용한다.

제2조부터 제23조까지 생략 제24조(다른 법률의 개정) ①부터 <96>까지 생략 　<97> 주택법 일부를 다음과 같이 개정한다. 　　제17조제1항제8호 중 "「도로법」 제34조"를 "「도로법」 제36조"로 하고, "같은 법 제38조"를 "같은 법 제61조"로 한다. 　<98>부터 <126>까지 생략 제25조 생략	부칙 <제25050호, 2013.12.30.> (행정규제기본법 개정에 따른 규제 재검토기한 설정을 위한 주택법 시행령 등 일부개정령) 이 영은 2014년 1월 1일부터 시행한다. <단서 생략> 　　부칙 <제25154호, 2014.2.6.> 이 영은 2014년 2월 7일부터 시행한다. 　　부칙 <제25263호, 2014.3.18.> 제1조(시행일) 이 영은 공포한 날부터 시행한다. 제2조(분양가상한제 적용주택의 전매제한 기간에 관한 적용례) 별표 2의2 제2호의 개정규정은 이 영 시행 후 입주자 모집승인을 신청(국가, 지방자치단체, 한국토지주택공사 또는 지방공사인 경우에는 입주자모집공고를 말한다)하는 경우부터 적용한다. 제3조(분양가상한제 적용주택의 전매제한 기간에 관한 경과조치) 이 영 시행 전에 입주자 모집승인을 신청한 경우(국가, 지방자치단체, 한국토지주택공사 또는 지방공사인 경우에는 입주자모집공고를 한 경우를 말한다)에는 별표 2의2 제2호의 개정규정에도 불구하고 종전의 규정에 따른다. 　　부칙 <제25273호, 2014.3.24.> (건축법 시행령) 제1조(시행일) 이 영은 공포한 날부터 시행한다. <단서 생략> 제2조 및 제3조 생략 제4조(다른 법령의 개정) ①부터 ⑩까지 생략 　⑪ 주택법 시행령 일부를 다음과 같이 개정한다.

제2조의2제2호를 다음과 같이 한다.
   2. 「건축법 시행령」 별표 1 제4호거목 및 제15호다목에 따른 다중생활시설

별표 3 제1호 부대시설 및 입주자 공유인 복리시설의 신고기준란 중 "「건축법 시행령」 별표 1 제3호 마목·사목·자목 및 제4호라목의 시설"을 "「건축법 시행령」 별표 1 제3호마목·사목(공중화장실 및 대피소는 제외한다) 및 제4호파목의 시설"로 한다.
⑫ 및 ⑬ 생략
제5조 생략

　　　부칙 <제25279호, 2014.3.24.> (금융회사부실자산 등의 효율적 처리 및 한국자산관리공사의 설립에 관한 법률 시행령)

제1조(시행일) 이 영은 공포한 날부터 시행한다.
제2조(다른 법령의 개정) ①부터 <31>까지 생략
  <32> 주택법 시행령 일부를 다음과 같이 개정한다.
  별표 12 제1호마목 중 "「금융기관부실자산 등의 효율적 처리 및 한국자산관리공사의 설립에 관한 법률」"을 "「금융회사부실자산 등의 효율적 처리 및 한국자산관리공사의 설립에 관한 법률」"로 한다.
  <33> 및 <34> 생략
제3조 생략

　　　부칙 <제25320호, 2014.4.24.>

제1조(시행일) 이 영은 2014년 4월 25일부터 시행한다. 다만, 다음 각 호의 개정규정은 다음 각 호의 구분에 따른 날부터 시행한다.
  1. 제14조의2, 제50조제1항 및 같은 조 제4항제10호, 제

50조의3, 제52조제1항부터 제4항까지, 제52조의2, 제54조, 제55조제1항·제2항, 제55조의3제2항, 제55조의4제1항 각 호 외의 부분 전단 및 같은 항 제1호, 제56조, 제56조의2, 제57조제1항제23호부터 제25호까지 및 같은 조 제2항, 제58조 및 별표 13 제2호차목(전자입찰방식의 의무화에 관한 부분은 제외한다)·너목·더목·저목의 개정규정: 2014년 6월 25일

2. 제52조제7항·제8항, 제55조제3항, 제55조의3, 제55조의4제3항 및 별표 13 제2호차목(전자입찰방식의 의무화에 관한 부분에 한정한다)·파목·하목·거목의 개정규정: 2015년 1월 1일

3. 제55조의4제1항제3호나목 및 별표 9 제2호의 개정규정: 이 영 공포 후 3개월이 경과한 날

4. 제57조제1항제21호 및 제57조의2의 개정규정: 2014년 5월 14일

제2조(선거관리위원회 위원 결격사유의 확대에 관한 적용례) 제50조의2제2항의 개정규정은 이 영 시행 후 선거관리위원회를 구성하는 경우부터 적용한다.

제3조(주택관리업자에 대한 행정처분 기준에 관한 적용례 등) ① 별표 9 제2호라목1)의 개정규정은 부칙 제1조제3호에 따른 시행일(이하 이 조에서 "별표 9의 시행일"이라 한다) 이후 최초로 위반행위를 하는 경우부터 적용한다. 이 경우 별표 9의 시행일 이후 최초의 위반행위를 제1차 위반행위로 본다.

② 별표 9 제2호마목3)의 개정규정은 별표 9의 시행일 이후 최초로 위반행위를 하는 경우부터 적용한다. 이 경우 별표 9의 시행일 이후 최초의 위반행위를 적발한 시점이 같은 위반행위로 경고 처분 또는 영업정지 1개월의 처분을 받은 날부터 1년 이내인 경우에는 제2차 위

반행위로 본다.
③ 별표 9의 시행일 전의 위반행위에 대한 행정처분의 기준에 관하여는 별표 9 제2호라목1) 및 마목3)의 개정규정에도 불구하고 종전의 규정에 따른다.
제4조(금치산자 등에 대한 경과조치) 제50조제4항제1호의 개정규정에 따른 피성년후견인 또는 피한정후견인에는 법률 제10429호 민법 일부개정법률 부칙 제2조에 따라 금치산 또는 한정치산 선고의 효력이 유지되는 사람을 포함하는 것으로 본다.
제5조(과태료에 관한 경과조치) ① 별표 13 제2호모목의 개정규정에도 불구하고 부칙 제1조제1호에 따른 시행일 전까지는 별표 13 제2호모목에 따른 과태료 부과기준은 다음의 표에 따른다.
{17103951}
② 별표 13 제2호초목의 개정규정에도 불구하고 부칙 제1조제1호에 따른 시행일 전까지는 별표 13 제2호초목에 따른 과태료 부과기준 중 근거 법조문을 "법 제101조제3항제16호"로 본다.

　　　　　부칙 <제25339호, 2014.4.29.> (공공주택건설 등에 관한 특별법 시행령)
제1조(시행일) 이 영은 공포한 날부터 시행한다.
제2조(다른 법령의 개정) ①부터 <24>까지 생략
　<25> 주택법 시행령 일부를 다음과 같이 개정한다.
　별표 2의2 제1호가목의 구분란을 다음과 같이 한다.
{17113503}
　<26>부터 <30>까지 생략
제3조 생략

부칙　<제25358호, 2014.5.22.>　(건설기술 진흥법 시행령)

제1조(시행일) 이 영은 2014년 5월 23일부터 시행한다.
제2조부터 제12조까지 생략
제13조(다른 법령의 개정) ①부터 <28>까지 생략
　<29> 주택법 시행령 일부를 다음과 같이 개정한다.
　제10조제2항제2호 및 제13조제1항제2호 중 "「건설기술관리법 시행령」"을 각각 "「건설기술 진흥법 시행령」"으로 한다.
　제26조제1항제1호 중 "「건설기술관리법」에 따른 건축감리전문회사 또는 종합감리전문회사"를 "「건설기술 진흥법」에 따른 건설기술용역업자"로 하고, 같은 항 제2호 중 "「건설기술관리법」에 의한 건축감리전문회사 또는 종합감리전문회사"를 "「건설기술 진흥법」에 따른 건설기술용역업자"로 하며, 같은 조 제5항 중 "「건설기술관리법」"을 "「건설기술 진흥법」"으로 한다.
　별표 8 비고 제2호 중 "「건설기술관리법」"을 "「건설기술 진흥법」"으로 한다.
　<30>부터 <37>까지 생략
제13조 생략

　　부칙　<제25381호, 2014.6.11.>

이 영은 공포한 날부터 시행한다.

　　부칙　<제25448호, 2014.7.7.>　(도시철도법 시행령)

제1조(시행일) 이 영은 2014년 7월 8일부터 시행한다.
제2조 생략
제3조(다른 법령의 개정) ①부터 <19>까지 생략
　<20> 주택법 시행령 일부를 다음과 같이 개정한다.

별표 12 제2호 단서 중 "「도시철도법 시행령」 별표 2의 제2호부터 제5호까지, 제7호, 제9호부터 제14호까지, 제17호"를 "「도시철도법 시행령」 별표 2의 제2호부터 제5호까지, 제7호, 제9호부터 제14호까지"로 한다.
<21>부터 <28>까지 생략
제4조 생략

시행령 별표

[별표 1] <개정 2013.3.23>

등록사업자에 대한 행정처분기준(제14조제1항 관련)

1. 일반 기준
  가. 위반행위의 횟수에 따른 행정처분의 기준은 최근 1년간 같은 위반행위로 처분을 받은 경우에 적용한다. 이 경우 행정처분기준의 적용은 같은 위반행위에 대하여 최초로 행정처분을 한 날과 그 행정처분 후 다시 적발한 날을 기준으로 한다.
  나. 같은 등록사업자가 둘 이상의 위반행위를 한 경우로서 그에 해당하는 각각의 처분기준이 다른 경우에는 다음의 기준에 따라 처분한다.
  1) 가장 무거운 위반행위에 대한 처분기준이 등록말소인 경우에는 등록말소처분을 한다.
  2) 각 위반행위에 대한 처분기준이 영업정지인 경우에는 가장 중한 처분의 2분의 1까지 가중할 수 있되, 각 처분기준을 합산한 기간을 초과할 수 없다. 이 경우 그 합산한 영업정지기간이 1년을 초과하는 때에는 1년으로 한다.
  다. 국토교통부장관은 위반행위의 동기·내용·횟수 및 위반의 정도 등 다음에 해당하는 사유를 고려하여 가목 및 나목에 따른 행정처분을 가중하거나 감경할 수 있다. 이 경우 그 처분이 영업정지인 경우에는 그 처분기준의 2분의 1의 범위에서 가중(가중한 영업정기기간은 1년을 초과할 수 없다)하거나 감경할 수 있고, 등록말소인 경우(법 제13조제1항제1호 또는 제5호에 해당하는 경우는 제외한다)에는 6개월 이상의 영업정지처분으로 감경할 수 있다.
  1) 가중사유
  가) 위반행위가 고의나 중대한 과실에 따른 것으로 인정되는 경우
  나) 위반의 내용과 정도가 중대하여 입주자 등 소비자에게 주는 피해가 크다고 인정되는 경우
  2) 감경사유
  가) 위반행위가 사소한 부주의나 오류에 따른 것으로 인정되는 경우
  나) 위반의 내용과 정도가 경미하여 입주자 등 소비자에게 미치는 피해가 적다고 인정되는 경우
  다) 위반 행위자가 처음 위반행위를 한 경우로서 3년 이상 해당 사업을 모범적으로 해 온 사실이 인정되는 경우
  라) 위반 행위자가 해당 위반행위로 검사로부터 기소유예 처분을 받거나 법원으로부터 선고유예의 판결을 받은 경우
  마) 위반행위자가 해당 사업과 관련 지역사회의 발전 등에 기여한 사실이 인정되는 경우

2. 개별 기준

위반행위	해당 법조문	행정처분기준		
		1차	2차	3차
가. 거짓이나 그 밖의 부정한 방법으로 등록한 경우	법 제13조제1항제1호	등록말소		
나. 법 제9조제2항에 따른 등록기준에 미달하게 된 경우	법 제13조제1항제2호			
1) 등록기준에 미달하게 된 날부터 1개월이 지날 때까지 이를 보완하지 아니한 경우		영업정지 3개월		
2) 1)에 해당되어 영업정지처분을 받은 후 영업정지기간이 끝나는 날까지 이를 보완하지 아니한 경우		등록말소		
다. 고의 또는 과실로 공사를 잘못 시공하여 공중에게 위해를 끼치거나 입주자에게 재산상 손해를 입힌 경우	법 제13조제1항제3호			
1) 고의 또는 과실로 공사를 잘못 시공하여 건축물의 일부 또는 전부가 붕괴되거나 이로 인하여 인명의 피해가 발생한 경우		등록말소		
2) 재시공 등의 부분이 건축물의 구조안전에 영향을 미치고 사회적 물의를 일으킨 경우		영업정지 6개월	영업정지 9개월	
3) 재시공 등의 부분이 건축물의 구조안전에 영향을 미친 경우		영업정지 3개월	영업정지 6개월	영업정지 6개월
4) 재시공 등의 부분이 건축물의 구조안전에 영향을 미치지 아니한 경우		경고	영업정지 3개월	영업정지 3개월
라. 법 제11조제1호부터 제4호까지 또는 제6호의	법 제13조제1항제4호			

어느 하나에 해당하는 경우. 다만, 법인의 임원 중 법 제11조제6호에 해당하는 사람이 있는 경우 6개월 이내에 그 임원을 다른 사람으로 임명한 경우에는 그러하지 아니하다.				
1) 개인인 등록사업자가 등록사업자의 결격 사유에 해당하는 경우		등록말소		
2) 법인인 등록사업자의 임원이 등록사업자의 결격사유에 해당되어 영업정지처분을 받은 후 영업정지기간이 끝난 날까지 그 임원을 다른 사람으로 임명하지 아니한 경우		등록말소		
3) 법인인 등록사업자의 임원이 등록사업자의 결격사유에 해당된 때부터 6개월이 경과되는 때까지 그 임원을 다른 사람으로 임명하지 아니한 경우		경고	영업정지 3개월	영업정지 3개월
마. 법 제88조를 위반하여 등록증의 대여 등을 한 경우	법 제13조제1항제5호	등록말소		
바. 다음 각 목의 어느 하나에 해당하는 경우	법 제13조제1항제6호			
1) 「건설기술관리법」 제21조의5제1항 또는 제36조의17에 따른 시정명령을 이행하지 아니한 경우		영업정지 1개월	영업정지 2개월	영업정지 2개월
2) 「건설기술관리법」 제23조의2제3항에 따른 시공상세도면의 작성 의무를 위반하거나 감리원 또는 공사감독자의 검토·확인을 받지 아니하고 시공한 경우		경고	영업정지 1개월	영업정지 1개월

3) 「건설기술관리법」 제24조에 따른 품질시험 및 검사를 실시하지 아니한 경우		경고	영업정지 2개월	영업정지 3개월
4) 「건설기술관리법」 제26조의2의에 따른 안전점검을 하지 아니한 경우		경고	영업정지 1개월	영업정지 1개월
사. 「택지개발촉진법」 제19조의2제1항을 위반하여 택지를 전매한 경우	법 제13조제1항제7호	영업정지 6개월	영업정지 1년	
아. 그 밖에 법 또는 법에 따른 명령 또는 처분을 위반한 경우	법 제13조제1항제8호			
1) 법 제12조제2항에 따라 준용되는 「건설산업기본법」의 규정을 위반하여 공사를 진행한 경우		영업정지 6개월	영업정지 1년	
2) 법 제13조에 따른 영업정지기간 중 영업을 한 경우		이미 처분한 영업정지기간의 1.5배. 다만, 그 영업정지기간은 1년을 넘지 못한다.	이미 처분한 영업정지기간의 2배. 다만, 그 영업정지기간은 1년을 넘지 못한다.	
3) 법 제16조에 따른 사업계획승인(변경승인을 포함한다)을 받지 아니하고 사업을 시행한 경우				
가) 사업계획승인을 받지 아니하고 사업을 시행한 경우		등록말소		
나) 거짓이나 그 밖의 부정한 방법으로 사업계획승인을 받은 경우		영업정지 6개월	영업정지9개월	
4) 법 제16조제9항제2호나목에 따른 최초로 공사		영업정지 3개월	영업정지 6개월	영업정지 6개월

를 진행하는 공구 외의 공구의 착공기간을 위반한 경우			
5) 법 제20조제1항 또는 제2항을 위반하여 주택의 건설공사를 시공하거나 공동주택의 방수·위생 및 냉·난방설비공사를 시공한 경우 또는 주택건설공사의 전부 또는 일부를 다른 사람에게 시공하게 한 경우	영업정지 6개월	영업정지 1년	
6) 법 제21조에 따른 주택건설기준등을 위반하여 사업을 시행한 경우	영업정지 3개월	영업정지 6개월	영업정지 6개월
7) 법 제22조를 위반하여 하자가 발생 한 경우			
가) 내력구조부가 붕괴되거나 안전진단결과 붕괴 우려가 있는 경우	등록말소		
나) 기초 및 주요구조부에 중대한 하자가 발생한 경우	영업정지 3개월	영업정지 6개월	영업정지 6개월
다) 그 밖의 구조부에 중대한 하자가 발생 한 경우	영업정지 2개월	영업정지 3개월	영업정지 3개월
8) 법 제24조에 따른 감리자의 시정통지를 따르지 아니하고 해당 공사를 계속 한 경우.	영업정지 2개월	영업정지 3개월	영업정지 3개월
9) 법 제38조를 위반하여 주택을 건설·공급한 경우			
가) 입주자모집승인 또는 입주자모집공고 등의 공급절차를 거치지 아니하고 공급한 경우	등록말소		
나) 입주자모집승인 시 해당 주택의 준공 또는 저당권말소의 이행을 연대보증한 사람이 정당한 사유 없이 이를 이행하지 아니한 경우	영업정지 6개월	영업정지 9개월	

다) 입주자모집승인 시 승인된 주택가격을 초과하여 공급한 경우	영업정지 3개월	영업정지 6개월	영업정지 6개월
라) 입주자선정방법·순서를 위반하여 공급한 경우	영업정지 3개월	영업정지 6개월	영업정지 6개월
10) 법 제40조제1항에 따른 저당권 설정 등의 제한규정을 위반한 경우	영업정지 6개월	영업정지 1년	
11) 법 제42조제1항을 위반하여 공동주택을 관리한 경우	영업정지 3개월	영업정지 6개월	영업정지 6개월
12) 법 제46조제1항에 따른 하자보수를 정당한 사유 없이 이행하지 아니한 경우(입주자등이 하자보수보증금을 사용하여 보수를 한 경우는 제외한다)			
가) 사용검사권자가 지정한 날까지 하자보수를 이행하지 아니하거나 지체한 경우	영업정지 1개월	영업정지 2개월	영업정지 3개월
나) 하자보수공사를 이행하지 아니하거나 또는 지체하여 영업정지처분을 받은 후 영업정지기간이 끝나는 날까지 하자보수공사를 완료하지 아니한 경우	등록말소		
13) 법 제46조제2항에 따른 하자보수보증금(하자보수보증금의 일부를 사용한 경우에는 그 잔액을 말한다)을 초과하는 하자가 발생하고, 이에 대한 2회 이상의 하자보수명령 또는 손실보상명령을 이행하지 아니하거나 그 이행을 지체한 경우	영업정지 6개월	영업정지 1년	
14) 법 제70조제3항에 따른 국토교통부장관의 사채발행 등에 따른 조치에 위반한 경우			

가) 사채의 납입금을 제102조제1항 각 호의 용도 외에 사용한 경우		영업정지 3개월	영업정지 6개월	영업정지 6개월
나) 사채의 납입금을 제102조제2항에 따른 납입금 관리기관 외의 기관이 관리하게 한 경우		경고	영업정지 2개월	영업정지 3개월
15) 법 제90조제1항에 따른 보고 또는 검사 등의 규정에 위반한 경우				영업정지 6개월
가) 조사 또는 검사를 거부·기피 또는 방해한 경우		경고	영업정지 3개월	
나) 보고 또는 자료제출 등의 명령을 위반한 경우		경고	영업정지 1개월	영업정지 2개월
16) 법 제91조에 따른 공사의 중지, 그 밖의 명령을 위반한 경우		경고	영업정지 3개월	영업정지 6개월
자. 처분의 통산 조치 등				
1) 3년 이내에 2회 이상의 영업정지처분을 받음으로써 3년간 영업정지처분을 받은 기간이 통산하여 18개월을 초과한 경우		등록말소		
2) 가목부터 아목까지 및 1) 외에 법 또는 법에 따른 명령이나 처분에 위반한 경우		경고	영업정지 1개월	

[별표 2] <개정 2013.3.23>

간선시설의 종류별 설치범위(제24조제4항관련)

1. 도 로
    주택단지밖의 기간이 되는 도로로부터 주택단지의 경계선(단지의 주된 출입구를 말한다. 이하 같다)까지로 하되, 그 길이가 200미터를 초과하는 경우로서 그 초과부분에 한한다.
2. 상하수도시설
    주택단지밖의 기간이 되는 상·하수도시설로부터 주택단지의 경계선까지의 시설로 하되, 그 길이가 200미터를 초과하는 경우로서 그 초과부분에 한한다.
3. 전기시설
    주택단지밖의 기간이 되는 시설로부터 주택단지의 경계선까지로 한다. 다만, 지중선로는 사업지구밖의 기간이 되는 시설로부터 그 사업지구안의 가장 가까운 주택단지(사업지구안에 1개의 주택단지가 있는 경우에는 그 주택단지를 말한다)의 경계선까지로 하되, 「임대주택법」제12조제1항제2호의 규정에 의한 임대주택을 건설하는 주택단지에 대하여는 국토교통부장관이 산업통상자원부장관과 따로 협의하여 정하는 바에 의한다.
4. 가스공급시설
    주택단지밖의 기간이 되는 가스공급시설로부터 주택단지의 경계선까지로 한다. 다만, 주택단지안에 취사 및 개별난방용(중앙집중식 난방용을 제외한다)으로 가스를 공급하기 위하여 정압조정실을 설치하는 경우에는 그 정압조정실까지로 한다.
5. 통신시설(세대별 전화시설)
    관로시설은 주택단지밖의 기간이 되는 시설로부터 주택단지 경계선까지, 케이블시설은 주택단지밖의 기간이 되는 시설로부터 주택단지안의 최초 단자까지로 한다. 다만, 국민주택을 건설하는 주택단지에 설치하는 케이블시설의 경우 그 설치 및 유지·보수에 관하여는 국토교통부장관이 미래창조과학부장관과 따로 협의하여 정하는 바에 의한다.
6. 지역난방시설
    주택단지밖의 기간이 되는 열수송관의 분기점(당해 주택단지에서 가장 가까운 분기점을 말한다)으로부터 주택단지내의 각 기계실입구 차단밸브까지로 한다.

[별표 2의2] <개정 2014.6.11>

분양가상한제 적용주택의 전매제한 기간(제45조의2제2항 관련)

1. 「수도권정비계획법」 제2조제1호에 따른 수도권

　가. 공공택지 중 해당 지구면적 50퍼센트 이상이 「국토의 계획 및 이용에 관한 법률」 제38조에 따른 개발제한구역을 해제하여 개발된 경우의 주거전용면적 85제곱미터 이하 주택

구분	「공공주택건설 등에 관한 특별법」 제2조제1호나목의 공공주택	공공주택 외의 주택
분양가격이 인근지역 주택매매가격의 85퍼센트 이상	4년	2년
분양가격이 인근지역 주택매매가격의 70퍼센트 이상 85퍼센트 미만	6년	3년
분양가격이 인근지역 주택매매가격의 70퍼센트 미만	8년	5년

비고 : 이 경우 인근지역 주택매매가격 결정방법 등 세부사항에 대해서는 국토교통부장관이 정하여 고시한다.

　나. 가목 외의 주택

구분		「수도권정비계획법」 제6조제1항에 따른 과밀억제권역	과밀억제권역 외의 지역
공공택지에서 공급되는 주택	주거전용면적 85제곱미터 이하	투기과열지구: 5년 비투기과열지구: 1년	1년
	주거전용면적 85제곱미터 초과	투기과열지구: 3년 비투기과열지구: 1년	투기과열지구: 3년 비투기과열지구: 1년
민간택지에서 공급되는 주택	주거전용면적 85제곱미터 이하	투기과열지구: 3년 비투기과열지구: 6개월	투기과열지구: 3년 비투기과열지구: 6개월
	주거전용면적 85제곱미터 초과	투기과열지구: 3년 비투기과열지구: 6개월	투기과열지구: 3년 비투기과열지구: 6개월

2. 제1호 외의 지역

구분	투기과열지구	비투기과열지구
공공택지에서 공급되는 주택	3년	1년. 다만, 「공공기관 지방이전에 따른 혁신도시 건설 및 지원에 관한 특별법」 제2조제2호에 따른 이전공공기관 종사자, 「도청이전을 위한 도시건설 및 지원에 관한 특별법」 제2조제2호에 따른 이전기관 종사자 및 「신행정수도 후속대책을 위한 연기·공주지역 행정중심복합도시 건설을 위한 특별법」 제16조제3항제1호에 따른 이전대상 중앙행정기관등 종사자 등 국토교통부령으로 정하는 자에게 특별공급하는 주택은 3년으로 한다.
민간택지에서 공급되는 주택	1년(충청권 3년)	

비고 : 충청권은 대전광역시, 세종특별자치시, 충청북도 및 충청남도를 말한다.

[별표 3] <개정 2014.4.24>

공동주택의 행위허가 또는 신고의 기준(제47조제1항관련)

구 분		허 가 기 준	신 고 기 준
1.용도변경	공동주택	법령의 개정이나 여건의 변동 등으로 인하여 「주택건설기준 등에 관한 규정」에 의한 주택의 건설기준에 부적합하게 된 공동주택의 전유부분을 동규정에 적합한 시설로 용도변경의 하고자 하는 경우로서 전체 입주자 3분의 2이상의 동의를 얻은 때	-
	입주자 공유가 아닌 복리시설	-	「주택건설기준 등에 관한 규정」에 따른 부대시설·복리시설의 설치기준에 적합한 범위에서 용도를 변경하는 경우. 다만, 「건축법 시행령」 제5조에 따른 시·군·구 건축위원회의 심의를 거쳐 용도를 변경하는 경우에는 그러하지 아니하다.
	부대시설 및 입주자 공유인 복리시설	전체 입주자의 3분의 2 이상의 동의를 얻어 주민운동시설, 조경시설, 주택단지안의 도로 및 어린이놀이터시설을 각각 전체 면적의 2분의 1의 범위안에서 주차장용도로 변경하는 경우(1994년 12월30일 이전에 법 제16조의 규정에 의한 사업계획승인 또는 「건축법」 제11조에 따른 건축허가를 얻어 건축한 20세대 이상의 공동주택에 한	「주택건설기준 등에 관한규정」에서 정한 부대·복리시설의 설치기준에 적합한 범위안에서 동규정 제5조제1호 내지 제5호의 규정에 의한 시설외의 시설(「건축법 시행령」 별표 1 제3호마목·사목(공중화장실 및 대피소는 제외한다) 및 제4호파목의 시설을 포함하며, 영리를 목적으로 하지 아니하는 시설에 한한다)로 용도를 변경하고자

			한다)로서 그용도변경의 필요성을 시장·군수·구청장이 인정 하는 때	하는 경우로서 전체 입주자 3분의 2 이상의 동의를 얻을 때
2.개축·재축·대수선	공동주택		당해 동의 입주자 3분의 2이상의 동의를 얻은 때	-
	입주자 공유가 아닌 복리시설		위치 및 규모가 종전의 건축물의 범위안인 때	-
	부대시설 및 입주자 공유인 복리시설		전체 입주자 3분의 2 이상의 동의를 얻은 때	-
3.파손·철거	공동주택		위해의 방지 등을 위하여 시장·군수·구청장이 부득이하다고 인정하는 경우로서 해당 동에 거주하는 입주자 또는 사용자 2분의 1 이상의 동의를 얻은 때	노약자나 장애인의 편리를 위한 계단의 단층 철거 등 경미한 행위로서 입주자대표회의의 동의를 얻은 때
	입주자 공유가 아닌 복리시설		위해의 방지 등을 위하여 시장·군수·구청장이 부득이하다고 인정하는 때	-
	부대시설 및 입주자 공유인 복리시설		위해의 방지 등을 위하여 시장·군수·구청장이 부득이하다고 인정하는 경우로서 전체 입주자 3분의 2이상의 동의를 얻은 때	노약자나 장애인의 편리를 위한 계단의 단층 철거 등경미한 행위로서 입주자대표회의의 동의를 얻은 때
4.용도폐지	공동주택		·위해의 방지 등을 위하여 시장·군수·구청장이부득이하다고 인정하는 경우로서, 당해 동의 입주자 3분의 2 이상의 동의를 얻은 때	-

		·법 제38조의 규정에 의하여 공급하였으나 전체세대가 분양되지 아니한 경우로서 시장·군수·구청장이 인정하는 때	
	입주자 공유가 아닌 복리시설	위해의 방지 등을 위하여 시장·군수·구청장이 부득이하다고 인정하는 때	-
	부대시설 및 입주자 공유인 복리시설	위해의 방지 등을 위하여 시장·군수·구청장이 부득이하다고 인정하는 경우로서 전체 입주자 3분의 2이상의 동의를 얻은 때	-
5.비내력벽철거	공동주택	구조안전에 이상이 없다고 시장·군수·구청장이 인정하는 경우로서 해당 동에 거주하는 입주자 또는 사용자 2분의 1 이상의 동의를 얻은 때	-
	입주자 공유가 아닌 복리시설	-	해당 건축물에서 철거하려는 벽이 비내력벽임을 증명할 수 있는 도면 및 사진을 제출하는 경우
	부대시설 및 입주자 공유인 복리시설	구조안전에 이상이 없다고 시장·군수·구청장이 인정하는 경우로서 전체 입주자 3분의 2 이상의 동의를 얻은 때	-
6.신축·증축	공동주택 및 입주자 공유가 아닌 복리시설	신축 또는 증축하려는 건축물(유치원 및 「장애인·노인·임산부 등의 편의증진보장에 관한 법률」에 따른	법 제29조에 따른 사용검사를 받은 면적의 10퍼센트의 범위에서 유치원을 증축(「주택건설기준 등에 관한 규정」에서

			편의시설은 제외한다)의 위치·규모 및 용도가 법 제16조에 따른 사업계획승인을 받은 범위에 해당하는 경우. 다만, 「건축법 시행령」 제5조에 따른 시·군·구 건축위원회의 심의를 거쳐 신축 또는 증축하는 경우에는 그러하지 아니하다.	정한 부대시설·복리시설의 설치기준에 적합한 경우만 해당한다)하거나 「장애인·노인·임산부 등의 편의증진보장에 관한 법률」에 따른 편의시설을 설치하려는 경우
		부대시설 및 입주자 공유인 복리시설	전체 입주자 3분의 2 이상의 동의를 얻어 허가를 받은 때	국토교통부령이 정하는 경미한 사항으로서 입주자대표회의의 동의를 얻은 때
7.리모델링		공동주택	공동주택을 동 또는 주택단지 단위로 전체 소유자의 동의를 받은 경우로서 다음 각 목의 사항을 충족하는 경우 　가. 복리시설을 분양하기 위한 것이 아닐 것. 다만, 1층을 필로티 구조로 전용하여 세대의 일부 또는 전부를 부대시설 및 복리시설 등으로 이용하는 경우에는 그러하지 아니하다. 　나. 가목에 따라 1층을 필로티 구조로 전용하는 경우 제4조의2에 따른 수직증축 허용범위를 초과하여 증축하는 것이 아닐 것 　다. 내력벽의 철거에 의하여 세대를 합치는 행위가 아닐 것	
		입주자 공유가 아닌 복리시설 등	사용검사를 받은 후 10년 이상의 기간이 경과된 복리시설을 리모델링(증축은 사용	

| | | 검사를 받은 후 15년 이상의 기간이 경과된 공동주택 리모델링과 동시에 하는 경우에 한하며, 기존건축물 연면적 합계의 10분의 1 이내이어야 하고, 증축범위는 「건축법 시행령」 제6조제2항제2호나목에 의한다)하고자 하는 경우로서 복리시설의 전체 소유자의 동의를 얻은 후 구조안전에 지장이 없다고 시장·군수·구청장이 인정하는 때. 다만, 주택과 주택 외의 시설을 동일 건축물로 건축한 경우의 주택 외의 시설은 주택의 증축 면적비율의 범위 안에서 증축할 수 있다. | |

[별표 4] <개정 2010.7.6>

공동주택관리기구의 기술인력 및 장비기준(제53조제1항 및 제6항관련)

구 분	기 준
기 술 인 력	다음 각호의 기술인력. 다만, 관리주체가 입주자대표회의의 동의를 얻어 관리업무의 일부를 해당법령에서 인정하는 전문용역 업체에 용역하는 경우에는 해당기술인력을 갖추지 아니할 수 있다. 1. 승강기가 설치된 공동주택인 경우에는 「승강기시설 안전관리법 시행령」 제16조에 따른 승강기자체검사 자격을 갖추고 있는 자 1인 이상 2. 당해 공동주택의 건축설비의 종류 및 규모 등에 따라 「전기사업법」·「고압가스 안전관리법」·「액화석유가스의 안전관리 및 사업법」·「도시가스사업법」·「에너지이용 합리화법」·「소방기본법」·「소방시설 설치유지 및 안전관리에 관한 법률」 및 「대기환경보전법」 등 관계 법령에 따라 갖추어야 할 기준 인원 이상의 기술자
장 비	비상용 급수펌프(수중펌프를 말한다) 1대 이상 절연저항계(누전측정기를 말한다) 1대 이상 건축물 안전점검의 보유장비: 망원경, 카메라, 돋보기, 콘크리트 균열폭측정기, 5미터 이상용 줄자 및 누수탐지기 각 1대 이상

[별표 5] <개정 2010.7.6>

관리비의 세부내역(제58조제1항관련)

관리비 항목	구 성 내 역
1. 일반관리비	·인건비 : 급여·제수당·상여금·퇴직금·산재보험료·고용보험료·국민연금·국민건강보험료 및 식대 등 복리후생비 ·제사무비 : 일반사무용품비·도서인쇄비·교통통신비 등 관리사무에 직접 소요되는 비용

	·제세공과금 : 관리기구가 사용한 전기료·통신료·우편료 및 관리기구에 부과되는 세금 등 ·피복비 ·교육훈련비 ·차량유지비 : 연료비·수리비 및 보험료 등 차량유지에 직접 소요되는 비용 ·그 밖의 부대비용 : 관리용품구입비·회계감사비 그 밖에 관리업무에 소요되는 비용
2. 청소비	용역시에는 용역금액, 직영시에는 청소원인건비·피복비 및 청소용품비 등 청소에 직접 소요된 비용
3. 경비비	용역시에는 용역금액, 직영시에는 경비원인건비·피복비 등 경비에 직접 소요된 비용
4. 소독비	용역시에는 용역금액, 직영시에는 소독용품비 등 소독에 직접소요된 비용
5. 승강기유지비	용역시에는 용역금액, 직영시에는 제부대비·자재비 등. 다만, 전기료는 공동으로 사용되는 시설의 전기료에 포함한다.
5의2. 지능형 홈네트워크 설비 유지비	용역 시에는 용역금액, 직영 시에는 지능형 홈네트워크 설비 관련 인건비, 자재비 등 지능형 홈네트워크 설비의 유지 및 관리에 직접 소요되는 비용. 다만, 전기료는 공동으로 사용되는 시설의 전기료에 포함한다.
6. 난방비	난방 및 급탕에 소요된 원가(유류대·난방비 및 급탕용수비)에서 급탕비를 뺀 금액
7. 급탕비	급탕용 유류대 및 급탕용수비
8. 수선유지비	• 법 제47조제2항에 따른 장기수선계획에서 제외되는 공동주택의 공용부분의 수선·보수에 소요되는 비용으로 보수용역 시에는 용역금액, 직영 시에는 자재 및 인건비 • 냉난방시설의 청소비·소화기충약비 등 공동으로 이용하는 시설의 보수유지비 및 제반 검사비 • 건축물의 안전점검비용 • 재난 및 재해 등의 예방에 따른 비용
9. 위탁관리수수료	주택관리업자에게 위탁하여 관리하는 경우로서 입주자대표회의와 주택관리업자 간의 계약으로 정한 월간 비용

[별표 6] <개정 2008.11.5>

하자보수대상 하자의 범위 및 시설공사별 하자담보책임기간

(제59조제1항관련)

1. 하자의 범위

　공사상의 잘못으로 인한 균열·처짐·비틀림·침하·파손·붕괴·누수·누출, 작동 또는 기능불량, 부착·접지 또는 결선 불량, 고사 및 입상불량 등이 발생하여 건축물 또는 시설물의 기능·미관 또는 안전상의 지장을 초래할 정도의 하자

2. 시설공사별 하자담보책임기간

구 분		하자담보책임기간			
		1년	2년	3년	4년
1. 대지조성공사	가. 토공사		○		
	나. 석축공사		○		
	다. 옹벽공사		○		
	라. 배수공사		○		
	마. 포장공사			○	
2. 옥외급수·위생 관련 공사	가. 공동구공사		○		
	나. 지하저수조공사		○		
	다. 옥외위생(정화조) 관련 공사		○		
	라. 옥외급수 관련 공사		○		
3. 지정 및 기초	가. 직접기초공사			○	
	나. 말뚝기초공사			○	
4. 철근콘크리트공사	가. 일반철근콘크리트공사				○
	나. 특수콘크리트공사				○
	다. 프리캐스트콘크리트공사				○

5. 철골공사	가. 구조용철골공사			○	
	나. 경량철골공사		○		
	다. 철골부대공사		○		
6. 조적공사	가. 일반벽돌공사		○		
	나. 점토벽돌공사		○		
	다. 블럭공사		○		
7. 목공사	가. 구조체 또는 바탕재공사		○		
	나. 수장목공사	○			
8. 창호공사	가. 창문틀 및 문짝공사		○		
	나. 창호철물공사		○		
	다. 유리공사	○			
9. 지붕 및 방수공사	가. 지붕공사				○
	나. 홈통 및 우수관공사				○
	다. 방수공사				○
10. 마감공사	가. 미장공사	○			
	나. 수장공사	○			
	다. 칠공사	○			
	라. 도배공사	○			
	마. 타일공사		○		
	바. 단열공사		○		
	사. 옥내가구공사		○		

구분	세부공종				
11. 조경공사	가. 식재공사		○		
	나. 잔디심기공사	○			
	다. 조경시설물공사		○		
	라. 관수 및 배수공사		○		
	마. 조경포장공사		○		
	바. 조경부대시설공사		○		
12. 잡공사	가. 온돌공사(세대매립배관 포함)			○	
	나. 주방기구공사		○		
	다. 옥내 및 옥외설비공사		○		
	라. 금속공사	○			
13. 난방·환기, 공기조화 설비공사	가. 열원기기설비공사		○		
	나. 공기조화기기설비공사		○		
	다. 닥트설비공사		○		
	라. 배관설비공사		○		
	마. 보온공사		○		
	바. 자동제어설비공사		○		
14. 급·배수위생설비공사	가. 급수설비공사		○		
	나. 온수공급설비공사		○		
	다. 배수·통기설비공사		○		
	라. 위생기구설비공사		○		
	마. 철 및 보온공사		○		
	바. 특수설비공사		○		

공종	세부공종	1	2	3	4	5
15. 가스 및 소화설비공사	가. 가스설비공사		○			
	나. 소화설비공사				○	
	다. 제연설비공사				○	
	라. 가스저장시설공사				○	
16. 전기 및 전력설비공사	가. 배관·배선공사		○			
	나. 피뢰침공사		○			
	다. 조명설비공사	○				
	라. 동력설비공사		○			
	마. 수·변전설비공사				○	
	바. 수·배전공사		○			
	사. 전기기기공사		○			
	아. 발전설비공사				○	
	자. 승강기 및 인양기설비공사				○	
17. 통신·신호 및 방재설비공사	가. 통신·신호설비공사		○			
	나. TV공청설비공사		○			
	다. 방재설비공사		○			
	라. 감시제어설비공사		○			
	마. 가정자동화설비공사		○			
	바. 자동화재탐지설비공사				○	
	사. 정보통신설비공사		○			
18. 지능형 홈네트워크설비 공사	가. 홈네트워크망 공사		○			
	나. 홈네트워크기기 공사		○			
	다. 단지공용시스템 공사		○			

[별표 7] <개정 2005.9.16>

내력구조부별 하자보수대상 하자의 범위 및 하자담보책임기간
(제59조제1항관련)

1. 하자의 범위
   가. 내력구조부에 발생한 결함으로 인하여 당해 공동주택이 무너진 경우
   나. 제62조제3항의 규정에 의한 안전진단 실시결과 당해 공동주택이 무너질 우려가 있다고 판정된 경우

2. 내력구조부별 하자보수기간
   가. 기둥 · 내력벽(힘을 받지 않는 조적벽 등은 제외한다) : 10년
   나. 보· 바닥 및 지붕 : 5년

[별표 8] <개정 2014.5.22>

주택관리업의 등록기준(제68조제1항관련)

구 분		등 록 기 준
자 본 금		2억원 이상
기술능력	전기분야 기술자	전기산업기사 이상의 기술자 1명 이상
	연료사용기기 취급 관련 기술자	열관리산업기사 이상의 기술자 또는 보일러기능사 1명 이상
	고압가스 관련 기술자	가스기능사의 자격을 가진 사람 1명 이상
	위험물취급 관련 기술자	위험물관리기능사 이상의 기술자 1명 이상
주택관리사		주택관리사 1명 이상
시 설 · 장 비		5마력 이상의 양수기 1대 이상 절연저항계(누전측정기를 말한다) 1대 이상 사무실

<비고>
1. 위 표의 자본금은 법인인 경우에는 주택관리업을 영위하기 위한 출자금을 말한다.
2. 위 표의 주택관리사와 기술자격(「국가기술자격법 시행령」 별표 중 해당 분야의 것을 말한다)은 각각 상시 근무하는 사람을 말하며, 법 제57조제1항 및 「국가기술자격법」에 따라 그 자격이 정지된 사람과 「건설기술 진흥법」에 따라 업무정지처분을 받은 기술자는 제외한다.
3. 위 표의 사무실은 「건축법」 및 그 밖의 법령에 적합한 건물이어야 한다.

[별표 8의2] <신설 2014.2.6>

주택임대관리업의 등록기준(제69조의2제2항 관련)

구 분		자기관리형 주택임대관리업	위탁관리형 주택임대관리업
1. 자본금		2억원 이상	1억원 이상
2. 전문인력	가. 변호사, 법무사, 공인회계사, 세무사, 감정평가사, 건축사, 공인중개사, 주택관리사로서 해당 분야에 2년 이상 종사한 사람	2명 이상	1명 이상
	나. 부동산 관련 분야의 석사학위 이상 소지자로서 부동산 관련 업무에 3년 이상 종사한 사람		
3. 시설		사무실	

<비고>
1. "자본금"이란 법인인 경우에는 주택임대관리업을 영위하기 위한 출자금을 말한다.
2. "전문인력"이란 위 표의 제2호가목 또는 나목의 어느 하나에 해당하는 사람으로서 상시 근무하는 사람을 말한다.
3. "부동산 관련 분야"란 경영학, 경제학, 법학, 부동산학, 건축학, 건축공학 및 이에 상당하는 분야를 말한다.
4. "부동산 관련 업무"란 공인중개업, 주택관리업, 부동산개발업을 하는 법인 또는 개인사무소나 부동산투자회사, 자산관리회사 및 그 밖에 이에 준하는 법인·사무소 등에서 수행하는 부동산의 취득·처분·관리 또는 자문 관련 업무를 말한다.
5. 사무실은 「건축법」 및 그 밖의 건축 관련 법령상 기준을 충족시키는 건물이어야 한다.

[별표 8의3] <신설 2014.2.6>

주택임대관리업자에 대한 행정처분기준(제69조의4제3항 관련)

1. 일반기준

  가. 위반행위의 횟수에 따른 행정처분의 기준은 최근 1년간 같은 위반행위로 처분을 받은 경우에 적용한다. 이 경우 행정처분기준의 적용은 행정처분을 한 날과 그 행정처분 후 다시 같은 위반행위를 하여 적발한 날을 기준으로 한다.

  나. 같은 등록사업자가 둘 이상의 위반행위를 한 경우로서 그에 해당하는 각각의 처분기준이 다른 경우에는 다음의 기준에 따라 처분한다.

   1) 가장 무거운 위반행위에 대한 처분기준이 등록말소인 경우에는 등록말소처분을 한다.

   2) 각 위반행위에 대한 처분기준이 영업정지인 경우에는 가장 무거운 처분의 2분의 1까지 가중할 수 있되, 가중하는 경우에도 각 처분기준을 합산한 기간을 초과할 수 없다. 이 경우 그 합산한 영업정지기간이 1년을 초과할 때에는 1년으로 한다.

  다. 시장·군수 또는 구청장은 위반행위의 동기·내용·횟수 및 위반의 정도 등 다음에 해당하는 사유를 고려하여 제2호의 개별기준에 따른 행정처분을 가중하거나 감경할 수 있다. 이 경우 그 처분이 영업정지인 경우에는 그 처분기준의 2분의 1 범위에서 가중(가중한 영업정지기간은 1년을 초과할 수 없다)하거나 감경할 수 있고, 등록말소인 경우(법 제53조의3제1항제1호 또는 제6호에 해당하는 경우는 제외한다)에는 6개월 이상의 영업정지처분으로 감경할 수 있다.

   1) 가중사유

    가) 위반행위가 고의나 중대한 과실에 따른 것으로 인정되는 경우

    나) 위반의 내용과 정도가 중대하여 임대인 및 임차인에게 주는 피해가 크다고 인정되는 경우

   2) 감경사유

    가) 위반행위가 사소한 부주의나 오류에 따른 것으로 인정되는 경우

    나) 위반의 내용과 정도가 경미하여 임대인 및 임차인에게 미치는 피해가 적다고 인정되는 경우

    다) 위반행위자가 처음 위반행위를 한 경우로서 3년 이상 해당 사업을 모범적으로 해 온 사실이 인정되는 경우

    라) 위반행위자가 해당 위반행위로 검사로부터 기소유예 처분을 받거나 법원으로부터 선고유예의 판결을 받은 경우

    마) 위반행위자가 해당 사업과 관련 지역사회의 발전 등에 기여한 사실이 인정되는 경우

2. 개별기준

위반행위	근거 법조문	행정처분기준 1차	2차	3차 이상
가. 거짓이나 그 밖의 부정한 방법으로 등록을 한 경우	법 제53조의3 제1항제1호	등록말소		
나. 법 제53조의2제3항에 따른 등록기준에 미달하게 된 경우	법 제53조의3 제1항제2호			
1) 등록기준에 미달하게 된 날부터 1개월이 지날 때까지 이를 보완하지 않은 경우		영업정지 3개월	영업정지 6개월	영업정지 6개월
2) 1)에 해당되어 영업정지처분을 받은 후 영업정지기간이 끝나는 날까지 이를 보완하지 않은 경우		등록말소		
다. 고의 또는 과실로 임대를 목적으로 하는 주택을 잘못 관리하여 임대인 및 임차인에게 재산상의 손해를 입힌 경우	법 제53조의3 제1항제3호			
1) 고의로 인한 경우		영업정지 6개월	영업정지 1년	
2) 중대한 과실로 인한 경우		영업정지 2개월	영업정지 3개월	영업정지 6개월
3) 경미한 과실로 인한 경우		경고	영업정지 1개월	영업정지 2개월
라. 최근 3년간 주택임대 관리실적이 없는 경우	법 제53조의3 제1항제4호	등록말소		
마. 법 제53조의7에 따른 보고, 자료의 제출 또는 검사를 거부·방해 또는 기피하거나 거짓으로 보고	법 제53조의3 제1항제5호			

를 한 경우 1) 보고 또는 자료제출을 거부·방해 또는 기피한 경우 2) 검사를 거부·방해 또는 기피한 경우 3) 거짓으로 보고한 경우		경고 경고 경고	영업정지 1개월 영업정지 1개월 영업정지 2개월	영업정지 2개월 영업정지 2개월 영업정지 3개월
바. 최근 3년간 2회 이상의 영업정지처분을 받은 경우로서 그 정지처분을 받은 기간이 합산하여 12개월을 초과한 경우	법 제53조의3 제1항제6호	등록말소		
사. 법 또는 법에 따른 명령을 위반한 경우로서 법 제53조의3에 따른 영업정지기간 중 영업을 한 경우	법 제53조의3 제1항제7호	이미 처분한 영업정지 기간의 1.5배	이미 처분한 영업정지기간의 2배	등록말소

[별표 9] <개정 2014.4.24>

주택관리업자에 대한 행정처분기준(제70조제3항 관련)

1. 일반 기준

   가. 위반행위의 횟수에 따른 행정처분의 기준은 최근 1년간 같은 위반행위로 처분을 받은 경우에 적용한다. 이 경우 행정처분기준의 적용은 같은 위반행위에 대하여 최초로 행정처분을 한 날과 그 행정처분 후 다시 적발한 날을 기준으로 한다.

   나. 같은 등록사업자가 둘 이상의 위반행위를 한 경우로서 그에 해당하는 각각의 처분기준이 다른 경우에는 다음의 기준에 따라 처분한다.

   1) 가장 무거운 위반행위에 대한 처분기준이 등록말소인 경우에는 등록말소처분을 한다.

   2) 각 위반행위에 대한 처분기준이 영업정지인 경우에는 가장 중한 처분의 2분의 1까지 가중할 수 있되, 각 처분기준을 합산한 기간을 초과할 수 없다. 이 경우 그 합산한 영업정기기간이 1년을 초과하는 때에는 1년으로 한다.

   다. 시장·군수 또는 구청장은 위반행위의 동기·내용·횟수 및 위반의 정도 등 다음에 해당하는 사유를 고려하여 가목 및 나목에 따른 행정처분을 가중하거나 감경할 수 있다. 이 경우 그 처분이 영업정지인 경우에는 그 처분기준의 2분의 1의 범위에서 가중(가중한 영업정기기간은 1년을 초과할 수 없다)하거나 감경할 수 있고, 등록말소인 경우(법 제54조제1항제1호 또는 제7호에 해당하는 경우는 제외한다)에는 6개월 이상의 영업정지처분으로 감경할 수 있다.

   1) 가중사유

      가) 위반행위가 고의나 중대한 과실에 따른 것으로 인정되는 경우

      나) 위반의 내용과 정도가 중대하여 입주자 등 소비자에게 주는 피해가 크다고 인정되는 경우

   2) 감경사유

      가) 위반행위가 사소한 부주의나 오류에 따른 것으로 인정되는 경우

      나) 위반의 내용과 정도가 경미하여 입주자 등 소비자에게 미치는 피해가 적다고 인정되는 경우

      다) 위반 행위자가 처음 위반행위를 한 경우로서 3년 이상 해당 사업을 모범적으로 해 온 사실이 인정되는 경우

      라) 위반 행위자가 해당 위반행위로 검사로부터 기소유예 처분을 받거나 법원으로부터 선고유예의 판결을 받은 경우

      마) 위반 행위자가 해당 사업과 관련 지역사회의 발전 등에 기여한 사실이 인정되는 경우

2. 개별 기준

위반행위	해당 법조문	행정처분기준		
		1차	2차	3차 이상
가. 거짓이나 그 밖의 부정한 방법으로 등록을 한 경우	법 제54조제1항제1호	등록말소		
나. 법 제43조의4제1항을 위반하여 부정하게 재물 또는 재산상의 이익을 취득하거나 제공한 경우	법 제54조제1항제1호의2	영업정지 3개월	영업정지 6개월	영업정지 1년
다. 법 제43조의4제2항을 위반하여 장기수선충당금을 용도 외의 목적으로 사용한 경우	법 제54조제1항제1호의3	영업정지 3개월	영업정지 6개월	영업정지 6개월
라. 법 제53조제3항에 따른 등록기준에 미달하게 된 경우	법 제54조제1항제2호			
1) 등록기준에 미달하게 된 날부터 1개월이 지날 때까지 이를 보완하지 않은 경우		영업정지 3개월	영업정지 6개월	등록말소
2) 1)에 해당되어 영업정지처분을 받은 후 영업정지기간이 끝나는 날까지 이를 보완하지 아니한 경우		등록말소		
마. 고의 또는 과실로 공동주택을 잘못 관리하여 입주자 및 사용자에게 재산상의 손해를 입힌 경우	법 제54조제1항제3호			
1) 고의로 공동주택을 잘못 관리하여 입주자 및 사용자에게 재산상의 손해를 입힌 경우		영업정지 6개월	영업정지 1년	
2) 중대한 과실로 공동주택을 잘못 관리하여 입주자 및 사용자에게 재산상의 손해를 입힌 경우		영업정지 2개월	영업정지 3개월	영업정지 3개월
3) 경미한 과실로 공동주택을 잘못 관리하여 입주자 및 사용자에게 재산상의 손해를 입힌 경우		경고	영업정지 1개월	영업정지 1개월

위반행위	근거 법조문	1차	2차	3차
바. 법 제53조제3항에 따른 관리방법 및 업무 내용 등을 위반하여 공동주택을 관리한 경우	법 제54조제1항제4호			
1) 배치된 주택관리사등의 해임 등의 사유로 결원이 발생한 경우 그 사유가 있는 날부터 15일 이내에 주택관리사등을 배치하지 아니한 경우		경고	영업정지 3개월	영업정지 6개월
2) 별표 4의 기술인력 및 장비를 갖추지 아니하고 공동주택을 관리한 경우		경고	영업정지 1개월	영업정지 3개월
사. 최근 3년간 공동주택 관리 실적이 없는 경우	법 제54조제1항제5호	등록말소		
아. 법 제59조에 따른 보고, 자료의 제출, 조사 또는 검사를 거부·방해 또는 기피하거나 거짓으로 보고를 한 경우	법 제54조제1항제6호			
1) 조사 또는 검사를 거부·방해 또는 기피하거나 거짓으로 보고를 한 경우		경고	영업정지 2개월	영업정지 3개월
2) 보고 또는 자료제출 등의 명령을 이행하지 아니한 경우		경고	영업정지 1개월	영업정지 2개월
3) 공동주택관리에 관한 신고 또는 보고를 게을리 한 경우		경고	영업정지 1개월	영업정지 1개월
자. 최근 3년간 2회 이상의 영업정지처분을 받은 자로서 그 정지처분을 받은 기간이 통산하여 12개월을 초과한 경우	법 제54조제1항제7호	등록말소		
차. 법 제88조를 위반하여 등록증의 대여 등을 한 경우	법 제54조제1항제7호의2	등록말소		

[별표 10] <개정 2010.7.6>

주택관리사보자격시험의 시험과목(제74조제6항관련)

시험구분	시 험 과 목
제1차시험	1. 민법(총칙, 물권, 채권 중 총칙·계약총칙·매매·임대차·도급·위임·부당이득·불법행위) 2. 회계원리 3. 공동주택시설개론(목구조·특수구조를 제외한 일반건축구조와 철골구조, 홈네트워크를 포함한 건축설비개론 및 장기수선계획 수립 등을 위한 건축적산을 포함한다)
제2차시험	1. 주택관리 관계법규 　「주택법」, 「임대주택법」, 「건축법」, 「소방기본법」, 「소방시설설치유지 및 안전관리에 관한 법률」, 「승강기시설 안전관리법」, 「전기사업법」, 「시설물의 안전관리에 관한 특별법」, 「도시 및 주거환경정비법」, 「도시재정비 촉진을 위한 특별법」, 「집합건물의 소유 및 관리에 관한 법률」 중 주택관리에 관련되는 규정 2. 공동주택관리실무 　시설관리·환경관리·공동주택회계관리·입주자관리·공동주거관리이론·대외업무, 사무·인사관리, 안전·방재관리 및 리모델링 등

[별표 11] <개정 2010.7.6>

주택관리사등에 대한 행정처분기준(제81조제1항 관련)

1. 일반 기준

  가. 위반행위의 횟수에 따른 행정처분의 기준은 최근 1년간 같은 위반행위로 처분을 받은 경우에 적용한다. 이 경우 행정처분기준의 적용은 같은 위반행위에 대하여 최초로 행정처분을 한 날과 그 행정처분 후 다시 적발한 날을 기준으로 한다.

  나. 같은 주택관리사등이 둘 이상의 위반행위를 한 경우로서 그에 해당하는 각각의 처분기준이 다른 경우에는 다음의 기준에 따라 처분한다.

   1) 가장 무거운 위반행위에 대한 처분기준이 자격취소인 경우에는 자격취소처분을 한다.

   2) 각 위반행위에 대한 처분기준이 자격정지인 경우에는 가장 중한 처분의 2분의 1까지 가중할 수 있되, 각 처분기준을 합산한 기간을 초과할 수 없다. 이 경우 그 합산한 자격정지기간이 1년을 초과하는 때에는 1년으로 한다.

  다. 시·도지사는 위반행위의 동기·내용·횟수 및 위반의 정도 등 다음에 해당하는 사유를 고려하여 나목에 따른 행정처분을 가중하거나 감경할 수 있다. 이 경우 그 처분이 자격정지인 경우에는 그 처분기준의 2분의 1의 범위에서 가중(가중한 자격정지기간은 1년을 초과할 수 없다)하거나 감경할 수 있고, 자격취소인 경우(법 제57조제1항제1호·제3호 또는 제5호부터 제8호까지의 어느 하나에 해당하는 경우는 제외한다)에는 6개월 이상의 자격정지처분으로 감경할 수 있다.

   1) 가중사유

     가) 위반행위가 고의나 중대한 과실에 따른 것으로 인정되는 경우

     나) 위반의 내용과 정도가 중대하여 입주자 등 소비자에게 주는 피해가 크다고 인정되는 경우

   2) 감경사유

     가) 위반행위가 사소한 부주의나 오류에 따른 것으로 인정되는 경우

     나) 위반의 내용과 정도가 경미하여 입주자 등 소비자에게 미치는 피해가 적다고 인정되는 경우

     다) 위반 행위자가 처음 위반행위를 한 경우로서 주택관리사로서 3년 이상 관리사무소장을 모범적으로 해 온 사실이 인정되는 경우

     라) 위반 행위자가 해당 위반행위로 검사로부터 기소유예 처분을 받거나 법원으로부터 선고유예의 판결을 받은 경우

     마) 제2호나목2)에 따른 자격정지처분을 하려는 경우로써 위반행위자가 제72조의2제1항 각 호에 따른 손해배상책임을 보장하는 금액을 2배 이상 보장하는 보증보험가입·공제가입 또는 공탁을 한 경우

2. 개별 기준

위반행위	해당 법조문	행정처분기준		
		1차	2차	3차
가. 거짓이나 그 밖의 부정한 방법으로 자격을 취득한 경우	법 제57조제1항제1호	자격취소		
나. 고의 또는 중대한 과실로 주택을 잘못 관리하여 입주자 및 사용자에게 재산상의 손해를 입힌 경우	법 제57조제1항제2호			
1) 고의로 주택을 잘못 관리하여 입주자 및 사용자에게 재산상의 손해를 입힌 경우		자격정지 6개월	자격정지 1년	
2) 중대한 과실로 주택을 잘못 관리하여 입주자 및 사용자에게 재산상의 손해를 입힌 경우		자격정지 3개월	자격정지 6개월	자격정지 6개월
다. 법 제56조제4항제1호 또는 제2호에 따른 결격사유에 해당하게 된 경우	법 제57조제1항제3호	자격취소		
라. 법 제59조에 따른 보고, 자료의 제출, 조사 또는 검사를 거부·방해 또는 기피하거나 거짓으로 보고를 한 경우	법 제57조제1항제4호			
1) 조사 또는 검사를 거부·방해 또는 기피하거나 거짓으로 보고를 한 경우		경고	자격정지 2개월	자격정지 3개월
2) 보고 또는 자료제출 등의 명령을 이행하지 아니한 경우		경고	자격정지 1개월	자격정지 2개월
마. 법 제88조를 위반하여 다른 사람에게 자기의 명의를 사용하여 업무를 수행하게 하거나 자격증을 대여한 경우	법 제57조제1항제5호	자격취소		

바. 공동주택의 관리업무와 관련하여 금고 이상의 형을 선고받은 경우	법 제57조제1항제6호	자격취소		
사. 주택관리사등이 동시에 2개 이상의 다른 공동주택단지에 취업한 경우	법 제57조제1항제7호	자격취소		
아. 주택관리사등이 자격정지기간에 주택관리업무를 수행한 경우	법 제57조제1항제8호	자격취소		
자. 주택관리사등이 업무와 관련하여 금품수수 등 부당이득을 취한 경우	법 제57조제1항제9호	자격정지 6개월	자격정지 1년	
차. 주택관리사등이 법 제55조제1항을 위반하여 공동주택을 관리한 경우	법 제57조제1항제10호	자격정지 6개월	자격정지 1년	

[별표 12] <개정 2014.7.7>

제1종국민주택채권 매입대상자와 매입기준(제95조제1항관련)

1. 다음에 정하는 자에 대하여는 국민주택채권의 매입의무를 면제한다.
   가. 국가기관
   나. 지방자치단체
   다. 제95조제5항에 따른 공공기관
   라. 「지방공기업법」에 의한 지방공기업
   마. 「금융회사부실자산 등의 효율적 처리 및 한국자산관리공사의 설립에 관한 법률」에 의하여 설립된 한국자산관리공사
   바. 「부동산투자회사법」에 따른 부동산투자회사
   사. 「한국주택금융공사법」에 따라 설립된 한국주택금융공사

2. 매입금액은 별지 부표와 같다. 다만, 「도시철도법 시행령」 별표 2의 제2호부터 제5호까지, 제7호, 제9호부터 제14호까지에 따라 도시철도채권을 매입한 자는 해당 호에 상응하는 부표 제2호부터 제6호까지, 제10호, 제16호부터 제18호까지, 제21호, 제22호 및 제28호에 따른 국민주택채권을 매입하지 아니한다.

3. 다음에 정하는 자에 대하여는 매입의무의 일부를 면제한다.
   가. 다음에 정하는 경우에는 융자에 필요한 저당권의 설정등기를 할 때에는 국민주택채권을 매입하지 아니한다.
      1) 「농업협동조합법」에 따른 농업인, 「수산업협동조합법」에 따른 어업인 또는 「산림조합법」에 따른 임업인에 대하여 농업협동조합중앙회(농협은행을 포함한다)와 그 회원조합의 장, 수산업협동조합중앙회와 그 회원조합의 장 또는 산림조합중앙회와 그 회원조합의 장이 농어촌소득증대를 위한 영농자금·축산자금·어업자금·산림개발자금으로 융자하고 이를 확인한 경우
      2) 법 제9조에 따른 주택건설사업자에 대하여 금융기관(국민주택사업특별회계가 설치된 지방자치단체를 포함한다)의 장이 국민주택규모 이하의 주택을 건설하기 위한 자금으로 융자하고 이를 확인한 경우
   나. 다음에 정하는 자가 건축물의 건축허가 또는 부동산등기를 하는 경우에는 국민주택채권을 매입하지 아니한다.
      (1) 「민법」 제32조의 규정에 의하여 허가받은 종교단체와 그에 소속된 종교단체 및 관계법령에 의하여 시장·군수에게 등록된 종교단체 또는 「사회복지사업법」에 의한 사회복지법인이 종교용 또는 사회복지용 건축물을 건축하거나 당해 토지 또는 건축물의 소유권보존등기나 이전등기를 하는 때

(2) 「사립학교법」의 규정에 의한 학교법인 또는 사립학교경영자가 교육용 토지 또는 건축물을 취득하여 소유권의 보존등기나 이전등기를 하는 때
 다. 「외국인투자 촉진법」에 의한 외국인투자기업 그 밖에 국토교통부령이 정하는 자에 대하여는 매입대상항목의 일부에 관하여 채권의 매입을 면제할 수 있다.
 라. 건축허가를 신청할 때에 국민주택채권을 매입한 자가 사용승인을 마친 건축물에 대하여 소유권보존등기를 할 때에는 국민주택채권을 매입하지 아니한다.
 마. 「농어업·농어촌 및 식품산업 기본법」 제3조제2호에 따른 농어업인 또는 「농어업경영체 육성 및 지원에 관한 법률」 제16조에 따라 설립된 영농조합법인 및 같은 법 제19조에 따라 설립된 농업회사법인이 영농을 목적으로 농지를 취득하여 소유권이전등기를 하거나 농지에 대하여 저당권의 설정등기 및 이전등기를 할 때에는 국민주택채권을 매입하지 아니한다.
 바. 관계법령에 의하여 조세를 납부하여야 하는 자가 그 법령이 정하는 바에 따라 분납·연부연납 또는 조세의 납부시기를 연기할 목적으로 제공한 담보에 대하여 저당권설정등기를 할 때에는 국민주택채권을 매입하지 아니한다.
 사. 법 제76조의 규정에 의하여 설립된 대한주택보증주식회사가 법 제77조의 규정에 의한 업무중 보증업무를 수행하는 경우로서 건축허가를 받거나 부동산등기를 할 때에는 국민주택채권을 매입하지 아니한다.
 아. 「국가유공자 등 예우 및 지원에 관한 법률」·「보훈보상대상자 지원에 관한 법률」·「5·18민주유공자예우에 관한 법률」·「제대군인지원에 관한 법률」 및 「특수임무유공자 예우 및 단체설립에 관한 법률」의 적용을 받는 자가 대부금으로 취득한 재산을 담보로 제공하거나 대부를 받기 위하여 담보로 제공하는 재산에 대하여 근저당권설정등기를 할 때에는 국민주택채권을 매입하지 아니한다.
 자. 다음의 어느 하나에 해당하는 사람이 담보로 제공하는 주택에 대하여 근저당권설정등기를 할 때에는 국민주택채권을 매입하지 아니한다.
  1) 「한국주택금융공사법」 제43조의2에 따라 한국주택금융공사로부터 주택담보노후연금보증을 받는 사람
  2) 장기주택저당대출(주택소유자가 주택에 저당권을 설정하고 「한국주택금융공사법」 제2조제11호의 금융기관으로부터 연금방식으로 생활자금을 대출받는 것을 말한다)에 가입한 사람
4. 국민주택채권의 최저매입금액은 1만원으로 한다. 다만, 1만원 미만의 단수가 있을 경우에 그 단수가 5천원 이상 1만원 미만인 때에는 이를 1만원으로 하고, 그 단수가 5천원 미만인 때에는 단수가 없는 것으로 한다.

[부표] <개정 2013.3.23>

국민주택채권매입대상 및 금액표

(단위 : 원)

매입대상	매입금액
1. 삭제 <2008.11.5>	
2. 엽총소지허가	30,000
3. 사행행위영업허가	
가. 복표발행업 및 현상업	500,000
나. 기타 사행행위업	300,000
4. 주류판매업면허(도매업)	100,000
5. 주류제조업면허	300,000
6. 수렵면허	
가. 1종면허	100,000
나. 2종면허	50,000
다. 삭제 <2006.2.24>	
7. 건축허가(대수선허가를 제외하되, 법령의 규정에 의하여 건축허가를 받은 것으로 보는 경우를 포함한다)를 받은 주거전용건축물은 주거전용면적[공동주택(여러 가구가 한 건물에 거주하되, 각각의 가구가 독립하여 거주할 수 있도록 구획되어 건축된 주택을 포함한다. 이하 이 호에서 같다)의 경우에는 세대당 주거전용면적을 말한다] 이 국민주택규모를 초과하는 때와 주거전용외의 건축물(공동주택의 공용면적에 포함되는 부대·복리시설을 제외한다)은 연면적(대지에 2 이상의 건축물이 있는 경우에는 각 건축물의 연면적의 합계로 한다. 이하 이 호에서 같다) 165제곱미터(공장용 건축물의 경우에는 연면적이 500제곱미터) 이상인 때에 한하며, 증축의 경우에는 증축 후의 주거전용면적 또는 연면적을 기준으로 하되, 증축전에 매입한 경우에는 그 금액을 뺀 금액(1973년 2월 26	

일 이전에 건축허가된 건축물과 1973년 2월 27일 이후 1975년 12월 4일 이전에 건축허가된 주거전용건축물로서 증측후의 주거전용면적이 165제곱미터 미만인 주거전용건축물에 있어서는 증축후의 주거전용면적 또는 연면적에 해당하는 난을 기준으로 하되, 증가면적에 한하여 산정한 금액)의 국민주택채권을 매입하게 한다. 또한 용도변경의 경우에는 용도변경하고자 하는 주거전용면적 또는 연면적을 기준으로 하되, 용도변경전에 매입한 금액을 뺀 금액의 국민주택채권을 매입하게 한다.

가. 주거전용건축물

	주거전용면적 제곱미터당
(1) 주거전용면적이 국민주택규모 초과 100제곱미터 미만인 경우	300
(2) 주거전용면적이 100제곱미터 이상 132제곱미터 미만인 경우	
단독주택	" 1,300
공동주택	" 1,000
(3) 주거전용면적이 132제곱미터 이상 165제곱미터 미만인 경우	
단독주택	" 2,400
공동주택	" 2,000
(4) 주거전용면적이 165제곱미터 이상 231제곱미터 미만인 경우	
단독주택	" 5,000
공동주택	" 4,000
(5) 주거전용면적이 231제곱미터 이상 330제곱미터 미만인 경우	" 10,000
(6) 주거전용면적이 330제곱미터 이상 660제곱미터 미만인 경우	" 17,000
(7) 주거전용 면적이 660제곱미터 이상인 경우	" 28,000

나. 주거전용외의 건축물(산업단지와 「산업집적활성화 및 공장설립에 관한 법률」에 의한 유치지역안 또는 읍·면지역에서 신·증축하는 공장용건축물과 국토교통부령이 정하는 교육용·종교용·자선용 그 밖의 공익용과 농업 및 축산업에 쓰이는 건축물은 제외한다.	
(1) 극장·영화관, 「식품위생법」에 의한 유흥주점 및 단란주점, 「게임산업진흥에 관한 법률」에 의한 게임장 및 「관광진흥법」에 의한 유원시설	연면적 제곱미터당 4,000
(2) 그 밖의 철근 및 철골조의 건축물	" 1,300
(3) 연와조 및 석조의 건축물	" 1,000
(4) 시멘트벽돌 및 블록조의 건축물	" 600
다. 「관광진흥법」의 적용을 받는 관광숙박시설	" 500

라. 주거용과 비주거용이 혼합된 건축물
  (1) 주거용과 비주거용이 혼합된 건축물은 주거부분과 비주거부분을 구분하여 각 용도의 면적에 대하여 각각 가목 및 나목을 적용한다.
  (2) 건축물(주거부분이 공동주택인 경우를 제외한다)의 연면적이 165제곱미터 이상인 경우에는 (1)에 의하여 산정한 금액과 전체연면적을 비주거용으로 산정한 금액중 많은 것을 적용한다.	

8. 건설업, 주택건설사업 및 주택관리업 등록(갱신의 경우는 제외한다)	자본금(법인인 경우에는 법인 등기사항증명서상의 납입자본금. 개인인 경우에는 자산평가액)의 2/1,000. 다만, 이 호 또는 제11호의 업종에 해당하는 자가 추가

	로 이 호 또는 제11호의 업종을 등록하는 경우에는 기존 이 호 또는 제11호의 업종 등록 당시의 자본금은 매입금액 산정 시 제외한다.
9. 공유수면매립면허	면허수수료의 20/100
10. 건설기계신규등록	과세표준액의 5/1,000
11. 정보통신공사업, 전기공사업 및 소방시설공사업 등록(갱신의 경우는 제외한다)	자본금(법인인 경우에는 법인 등기사항증명서상의 납입자본금. 개인인 경우에는 자산평가액)의 1/1,000 다만, 제8호 또는 이 호의 업종에 해당하는 자가 추가로 제8호 또는 이 호의 업종을 등록하는 경우에는 기존 제8호 또는 이 호

	의 업종 등록 당시의 자본금은 매입금액 산정시 제외한다.
12. 삭제 <2010.7.6>	
13. 삭제 <2010.7.6>	
14. 측량업등록	50,000
15. 삭제<2008.11.5>	
16. 식품영업허가 　가. 유흥주점영업 　나. 단란주점영업 　　(1) 특별시 및 광역시 　　(2) 각 도청소재지 　　(3) 그 밖의 지역 　다. 삭제 <2008.11.5> 　라. 삭제 <2008.11.5> 　마. 삭제 <2008.11.5>	700,000 500,000 300,000 100,000
17. 「게임산업진흥에 관한 법률」에 따른 게임제공업, 인터넷컴퓨터게임시설제공업, 복합유통게임제공업의 허가 및 등록, 「관광진흥법」에 의한 유원시설업의 허가 　가. 특별시 및 광역시 　나. 각 도청소재지 　다. 그 밖의 지역	 50,000 30,000 20,000
18. 「체육시설의 설치 및 이용에 관한 법률」에 의한 골프장업의 신규등록	5,000,000

19. 부동산등기(등기하고자 하는 부동산이 공유물인 때에는 공유지분율에 따라 산정한 시가 표준액을, 공동주택인 경우에는 세대당 시가표준액을 각각 기준으로 하며, 이 경우 공유지분율에 따라 시가표준액을 산정함에 있어서 2이상의 필지가 모여서 하나의 대지를 형성하고 있는 때에는 그 필지들을 합하여 하나의 필지로 본다.)

   가. 소유권의 보존(건축물의 경우를 제외한다) 또는 이전(공유물을 공유지분율에 따라 분할하여 이전등기를 하는 경우와 신탁 또는 신탁종료에 따라 수탁자 또는 위탁자에게 소유권이전등기를 하는 경우를 제외한다)

      (1) 주택

(가) 시가표준액[시가표준액이 공시되지 아니한 신규분양 공동주택의 경우에는 「지방세법」 제10조제5항제3호 및 같은 법 시행령 제18조제3항제2호에 따른 취득가격을 말한다. 이하 이 (1)에서 같다] 2천만원 이상 5천만원 미만	시가표준액의 13/1,000
(나) 시가표준액 5천만원 이상 1억원 미만	
1) 특별시 및 광역시	" 19/1,000
2) 그 밖의 지역	" 14/1,000
(다) 시가표준액 1억원 이상 1억6천만원 미만	
1) 특별시 및 광역시	" 21/1,000
2) 그 밖의 지역	" 16/1,000
(라) 시가표준액 1억6천만원 이상 2억6천만원 미만	
1) 특별시 및 광역시	" 23/1,000
2) 그 밖의 지역	" 18/1,000
(마) 시가표준액 2억6천만원 이상 6억원 미만	
1) 특별시 및 광역시	" 26/1,000
2) 그 밖의 지역	" 21/1,000

(바) 시가표준액 6억원 이상

  1) 특별시 및 광역시   "   31/1,000

  2) 그 밖의 지역   "   26/1,000

(2) 토지

  (가) 시가표준액 5백만원 이상 5천만원 미만

    1) 특별시 및 광역시   "   25/1,000

    2) 그 밖의 지역   "   20/1,000

  (나) 시가표준액 5천만원 이상 1억원 미만

    1) 특별시 및 광역시   "   40/1,000

    2) 그 밖의 지역   "   35/1,000

  (다) 시가표준액 1억원 이상

    1) 특별시 및 광역시   "   50/1,000

    2) 그 밖의 지역   "   45/1,000

(3) 주택 및 토지외의 부동산

  (가) 시가표준액 1천만원 이상 1억3천만원 미만

    1) 특별시 및 광역시   "   10/1,000

    2) 그 밖의 지역   "   8/1,000

  (나) 시가표준액 1억3천만원 이상 2억5천만원 미만

    1) 특별시 및 광역시   "   16/1,000

    2) 그 밖의 지역   "   14/1,000

  (다) 시가표준액 2억5천만원 이상

    1) 특별시 및 광역시   "   20/1,000

2) 그 밖의 지역	"	18/1,000
나. 상속(증여 그 밖의 무상으로 취득하는 경우를 포함한다)		
(1) 시가표준액 1천만원 이상 5천만원 미만		
(가) 특별시 및 광역시	"	18/1,000
(나) 그 밖의 지역	"	14/1,000
(2) 시가표준액 5천만원 이상 1억5천만원 미만		
(가) 특별시 및 광역시	"	28/1,000
(나) 그 밖의 지역	"	25/1,000
(3) 시가표준액 1억5천만원 이상		
(가) 특별시 및 광역시	"	42/1,000
(나) 그 밖의 지역	"	39/1,000
다. 저당권의 설정 및 이전(신탁 또는 신탁종료에 따라 수탁자 또는 위탁자에게 저당권을 이전하는 경우는 제외한다) 　　저당권 설정금액 2천만원 이상	저당권 설정금액의 10/1,000.다만, 매입금액이 10억원을 초과하는 경우에는 10억원으로 한다.	
20. 삭제<2008.11.5>		
21. 화물자동차운송주선사업허가		500,000
22. 자동차정비업 및 자동차매매업등록		
가. 자동차정비업등록(자동차종합정비업에 한한다)		
(1) 특별시 및 광역시		100,000

(2) 각 도청소재지	80,000
(3) 그밖의 지역	50,000
나. 자동차매매업등록	100,000
23. 삭제 <2008.11.5>	
24. 삭제 <2010.7.6>	
25. 삭제 <2010.7.6>	
26. 국가, 지방자치단체(지방자치단체의 교육, 과학, 기술, 체육, 그 밖의 학예에 관한 사무를 집행하는 기관만 해당한다) 또는 제95조제5항에 따른 공공기관과의 건설공사도급계약(도급계약금이 5억원 이상인 경우만 해당하며, 설계변경 등으로 증액되거나 장기계속공사로서 5억원 이상이 되는 경우를 포함한다)	계약금액의 1/1,000
27. 「하천법」 제33조제1항제5호에 따른 토석·모래·자갈의 채취허가	점용료의 5/100
28. 카지노업허가	3,000,000

[별표 13] <개정 2014.4.24> [시행일 : 2014.6.25] 제2호차목(전자입찰방식의 의무화에 관한 부분은 제외한다)·너목·더목·저목
[시행일 : 2015.1.1] 제2호차목(전자입찰방식의 의무화에 관한 부분에 한정한다)·파목·하목·거목

과태료의 부과기준(제122조제1항 관련)

1. 일반기준

    가. 위반행위의 횟수에 따른 부과기준은 최근 1년간 같은 위반행위로 과태료를 부과받은 경우에 적용한다. 이 경우 위반행위에 대하여 과태료 부과처분을 한 날과 다시 같은 위반행위를 적발한 날을 각각 기준으로 하여 위반횟수를 계산한다.

    나. 과태료 부과 시 위반행위가 둘 이상인 경우에는 중한 과태료를 부과한다.

    다. 부과권자는 위반행위의 정도, 위반행위의 동기와 그 결과 등을 고려하여 제2호에 따른 과태료 금액의 2분의 1의 범위에서 그 금액을 늘릴 수 있다. 다만, 과태료를 늘려 부과하는 경우에도 다음 각 호의 구분에 따른 금액을 넘을 수 없다.

    1) 법 제101조제1항 위반의 경우: 2천만원
    2) 법 제101조제2항 위반의 경우: 1천만원
    3) 법 제101조제3항 위반의 경우: 500만원
    4) 법 제101조의2 위반의 경우: 해당 주택에 대한 취득세의 5배에 상당하는 금액

    라. 부과권자는 다음의 어느 하나에 해당하는 경우에는 제2호에 따른 과태료 금액의 2분의 1(법 제101조의2의 위반의 경우에는 5분의 1)의 범위에서 그 금액을 줄일 수 있다. 다만, 과태료를 체납하고 있는 위반행위자의 경우에는 그 금액을 줄일 수 없으며, 감경 사유가 여러 개 있는 경우라도 감경의 범위는 과태료 금액의 2분의 1을 넘을 수 없다.

    1) 위반행위자가 「질서위반행위규제법 시행령」 제2조의2제1항 각 호의 어느 하나에 해당하는 경우
    2) 위반행위자의 사소한 부주의나 오류 등으로 인한 것으로 인정되는 경우
    3) 위반행위자가 위반행위를 바로 정정하거나 시정하여 해소한 경우
    4) 그 밖에 위반행위의 정도, 위반행위의 동기와 그 결과 등을 고려하여 줄일 필요가 있다고 인정되는 경우

2. 개별기준

(단위: 만원)

위반행위	근거 법조문	과태료 금액		
		1차	2차	3차 이상
가. 법 제16조제10항에 따른 신고를 하지 않은 경우	법 제101조제3항제1호	200		
나. 감리자가 법 제24조제3항에 따른 보고를 하지 않거나 거짓으로 보고를 한 경우	법 제101조제3항제2호	400		
다. 법 제24조의3제1항을 위반하여 건축구조기술사의 협력을 받지 않은 경우	법 제101조제2항제1호	1,000		
라. 법 제38조제2항을 위반하여 주택을 공급받은 경우	법 제101조제3항제3호	500		
마. 법 제42조제1항을 위반하여 공동주택을 관리한 경우	법 제101조제3항제4호	300		
바. 법 제42조제2항 각 호의 행위를 신고하지 않고 한 경우	법 제101조제3항제5호	100	200	300
사. 법 제43조제3항에 따른 입주자대표회의 구성신고를 하지 않은 경우 1) 지연신고 기간이 1개월 미만인 경우 2) 지연신고 기간이 1개월 이상인 경우	법 제101조제3항제6호		50 100	
아. 법 제43조제4항에 따른 자치관리기구를 구성하지 않은 경우	법 제101조제3항제7호	200		
자. 법 제43조제6항을 위반하여 공동주택의 관리업무를 인계하지 않은 경우	법 제101조제2항제2호	1,000		

차. 법 제43조제7항 또는 제45조제5항을 위반하여 주택관리업자 또는 사업자를 선정한 경우	법 제101조제3항제7호의2	200	300	500
카. 법 제43조의4제2항을 위반하여 장기수선충당금을 용도 외의 목적으로 사용한 경우	법 제101조제2항제3호	1,000		
타. 법 제45조제4항에 따른 공개를 하지 않은 경우	법 제101조제3항제8호	30	60	100
파. 법 제45조의3제1항 또는 제2항을 위반하여 회계감사를 받지 않거나 부정한 방법으로 받은 경우	법 제101조제2항제4호	700		
하. 법 제45조의3제3항을 위반하여 회계감사의 결과를 보고 또는 공개하지 않거나 거짓으로 보고 또는 공개한 경우	법 제101조제3항제8호의2	300		
거. 법 제45조의3제5항을 위반하여 같은 항 각 호의 어느 하나에 해당하는 행위를 한 경우	법 제101조제2항제5호	500	700	1,000
너. 법 제45조의4제1항을 위반하여 장부를 작성 또는 보관하지 않거나 거짓으로 작성한 경우 또는 같은 조 제2항에 따른 요구에 응하지 않거나 거짓으로 응한 경우	법 제101조제3항제8호의3	200	300	500
더. 법 제45조의5를 위반하여 계약서를 공개하지 않거나 거짓으로 공개한 경우	법 제101조제3항제8호의4	200	300	500
러. 법 제46조제7항을 위반하여 하자보수보증금을 용도 외의 목적으로 사용한 경우	법 제101조제1항제1호	2,000		
머. 법 제46조제7항에 따른 신고를 하지 않거나 거짓으로 신고한 경우	법 제101조제3항제8호의5	500		
버. 법 제46조의2제2항제1호에 따라 하자로 판정받은 내력구조부 또는 시설물에 대한 하자보수를 하지 않은 경우	법 제101조제3항제9호	500		
서. 법 제46조의5제2항에 따른 조정등에 대한 답변서를 위원회에 제출하지 않은 경우	법 제101조제3항제9호의2	300	400	500

위반행위	근거 법조문			
어. 법 제46조의5제3항에 따른 조정등에 응하지 않은 경우	법 제101조제3항제9호의3	300	400	500
저. 법 제47조를 위반하여 장기수선계획을 수립하지 않거나 검토하지 않은 경우 또는 장기수선계획에 대한 검토사항을 기록하고 보관하지 않은 경우	법 제101조제3항제10호	200	300	500
처. 입주자대표회의의 대표자가 법 제47조제2항을 위반하여 수립되거나 조정된 장기수선계획에 따라 주요 시설을 교체하거나 보수하지 않은 경우	법 제101조제2항제6호	1,000		
커. 법 제49조에 따른 안전관리계획을 수립 및 시행하지 않거나 교육을 받지 않은 경우	법 제101조제3항제11호	100	150	150
터. 법 제51조에 따른 장기수선충당금을 적립하지 않은 경우	법 제101조제3항제12호	200		

퍼. 법 제53조제1항에 따른 주택관리업의 등록사항의 변경신고를 하지 않은 경우
  1) 지연신고 기간이 1개월 미만인 경우
  2) 지연신고 기간이 1개월 이상인 경우
	법 제101조제3항제13호	50
		100		

허. 법 제53조의2를 위반하여 주택임대관리업의 등록사항 변경신고를 하지 않은 경우
  1) 지연신고 기간이 1개월 미만인 경우
  2) 지연신고 기간이 1개월 이상인 경우
	법 제101조제3항제13호의2	50
		100		

고. 법 제53조의4에 따른 보증상품에 가입하지 않은 경우	법 제101조제3항제13호의3	500		

노. 법 제55조제5항에 따른 신고를 하지 않은 경우
  1) 지연신고 기간이 1개월 미만인 경우
  2) 지연신고 기간이 1개월 이상인 경우
	법 제101조제3항제14호	50
		100		

도. 법 제55조의2제3항(이 영 제72조의3제3항에 따른 경우를 포함한다)에 따라 보증보험 등에 가입한 사실을 입증하는 서류를 제출하지 않은 경우	법 제101조제3항제14호의2	150		
로. 법 제58조에 따른 교육을 받지 않은 경우	법 제101조제3항제15호	150		
모. 법 제59조제1항에 따른 보고 또는 자료 제출 등의 명령을 위반한 경우	법 제101조제2항제7호	500	700	1,000
보. 법 제80조의2에 따른 신고를 하지 않거나 게을리한 경우(공동신고를 거부한 경우를 포함한다)	법 제101조제3항제17호	부표의 금액		
소. 법 제80조의2에 따른 신고를 거짓으로 한 경우	법 제101조의2	부표의 금액		
오. 법 제80조의3에 따라 신고인에게 제출을 요구한 거래대금지급증명자료를 제출하지 않거나 거짓으로 거래대금지급증명자료를 제출한 경우	법 제101조제1항제2호	부표의 금액		
조. 법 제80조의3에 따라 신고인에게 제출을 요구한 거래대금지급증명자료 외의 자료를 제출하지 않거나 거짓으로 자료를 제출한 경우	법 제101조제3항제18호	500		
초. 법 제90조제1항에 따른 보고 또는 검사의 명령을 위반한 경우	법 제101조제3항제19호	100	200	300

[부표] <개정 2012.3.13>

주택거래신고의무 위반행위 시 과태료 부과기준

위반행위	과태료 금액
1. 법 제80조의2에 따른 신고를 하지 않거나 게을리한 경우(공동신고를 거부한 자를 포함한다)	
가. 신고기간 만료일의 다음 날부터 기산하여 신고를 하지 아니한 기간(이하 "해태기간"이라 한다)이 1개월 이하인 경우	
1) 실제 거래가격이 5천만원 미만인 경우	10만원
2) 실제 거래가격이 5천만원 이상 1억원 미만인 경우	25만원
3) 실제 거래가격이 1억원 이상 3억원 미만인 경우	50만원
4) 실제 거래가격이 3억원 이상 5억원 미만인 경우	100만원
5) 실제 거래가격이 5억원 이상인 경우	150만원
나. 해태기간이 1개월 초과 3개월 이하인 경우	
1) 실제 거래가격이 5천만원 미만인 경우	25만원
2) 실제 거래가격이 5천만원 이상 1억원 미만인 경우	50만원
3) 실제 거래가격이 1억원 이상 3억원 미만인 경우	100만원
4) 실제 거래가격이 3억원 이상 5억원 미만인 경우	200만원
5) 실제 거래가격이 5억원 이상인 경우	300만원
다. 해태기간이 3개월을 초과하는 경우 또는 공동신고를 거부한 경우	
1) 실제 거래가격이 5천만원 미만인 경우	50만원
2) 실제 거래가격이 5천만원 이상 1억원 미만인 경우	100만원
3) 실제 거래가격이 1억원 이상 3억원 미만인 경우	200만원

4) 실제 거래가격이 3억원 이상 5억원 미만인 경우	400만원
5) 실제 거래가격이 5억원 이상인 경우	500만원

2. 법 제80조의2에 따른 신고를 거짓으로 한 경우
  가. 제107조의3제5호 외의 사항을 거짓으로 신고한 경우 — 취득세의 0.5배
  나. 제107조의3제5호의 거래가액을 거짓으로 신고한 경우

1) 거래가액과 신고가액의 차액이 거래가액의 10퍼센트 미만인 경우	취득세의 0.5배
2) 거래가액과 신고가액의 차액이 거래가액의 10퍼센트이상 20퍼센트 미만인 경우	취득세의 1배
3) 거래가액과 신고가액의 차액이 거래가액의 20퍼센트이상 30퍼센트 미만인 경우	취득세의 1.5배
4) 거래가액과 신고가액의 차액이 거래가액의 30퍼센트이상 50퍼센트 미만인 경우	취득세의 2배
5) 거래가액과 신고가액의 차액이 거래가액의 50퍼센트 이상인 경우	취득세의 2.5배

3. 법 제80조의3에 따라 신고인에게 제출을 요구한 거래대금지급증명자료를 제출하지 아니하거나 거짓으로 거래대금지급 증명자료를 제출한 경우
  가. 부동산 거래: 「지방세법」 제10조제2항 단서에 따른 시가표준액 기준(신고가격이 시가표준액을 초과하는 경우에는 신고가격으로 한다)

1) 1억 5천만원 이하인 경우	500만원
2) 1억 5천만원 초과 2억원 이하인 경우	700만원
3) 2억원 초과 2억 5천만원 이하인 경우	900만원
4) 2억 5천만원 초과 3억원 이하인 경우	1,100만원
5) 3억원 초과 3억 5천만원 이하인 경우	1,300만원
6) 3억 5천만원 초과 4억원 이하인 경우	1,500만원
7) 4억원 초과 4억 5천만원 이하인 경우	1,700만원

8) 4억 5천만원 초과 5억원 이하인 경우	1,900만원
9) 5억원을 초과하는 경우	2,000만원
나. 주택의 입주권 등 입주자의 권리거래인 경우: 해당 권리의 주택 분양가격 기준(신고가격이 분양가격을 초과하는 경우에는 신고가격으로 한다)	
1) 1억 5천만원 이하인 경우	500만원
2) 1억 5천만원 초과 2억원 이하인 경우	700만원
3) 2억원 초과 2억 5천만원 이하인 경우	900만원
4) 2억 5천만원 초과 3억원 이하인 경우	1,100만원
5) 3억원 초과 3억 5천만원 이하인 경우	1,300만원
6) 3억 5천만원 초과 4억원 이하인 경우	1,500만원
7) 4억원 초과 4억 5천만원 이하인 경우	1,700만원
8) 4억 5천만원 초과 5억원 이하인 경우	1,900만원
9) 5억원을 초과하는 경우	2,000만원

비고: 천재지변 등 불가항력적 사유가 발생했거나 그 밖에 시장·군수 또는 구청장이 신고를 하지 않거나 게을리한 데에 상당한 사유가 있다고 인정하는 경우에는 그 사유가 존재하고 있는 기간은 제1호에 따른 해태기간에 산입(算入)하지 않는다.

시행규칙 별표

[별표 1] <개정 2004.7.31>

주택건설실적의 확인기준(제8조제3항관련)

1. 주택건설실적은 당해 주택건설사업계획승인일(건축법에 의한 건축허가의 경우에는 건축허가일을 말한다)을 기준으로 한다. 다만, 영 제13조제1항제3호의 규정에 의한 주택건설실적은 사용검사일(건축법에 의한 사용승인의 경우에는 사용승인일을 말한다)을 기준으로 한다.

2. 등록사업자가 토지소우자·주택조합(리모델링주택조합을 제외한다)·고용자(이하 "토지소유자등" 이라 한다)와 공동으로 주택을 건설하는 경우에는 다음 각목의 규정에 의하여 주택건설실적을 산정한다.
   가. 등록사업자가 주택건설사업의 등록을 하지 아니한 토지소유자등과 공동으로 주택을 건설하는 경우에는 전체 주택건설호수를 등록사업자의 실적으로 한다.
   나. 등록사업자가 주택건설사업을 등록한 토지소유자등과 공동으로 주택을 건설하는 경우에는 전체 주택건설호수의 2분의 1을 등록사업자의 실적으로 한다.

3. 등록사업자가 다른 등록사업자와 공동으로 주택을 건설하는 경우의 실적은 당해 주택건설대지의 소유지분비율에 의한다.

4. 등록사업자가 도시및주거환경정비법 제2조제2호의 규정에 의한 정비사업의 시공자로 주택을 건설하는 경우에는 전체 주택건설호수를 당해 등록사업자의 실적으로 한다.

[별표 2]

국가 등이 주택건설사업계획승인을 신청할 경우의 제출도서

(제9조제2항관련)

도서의 종류	축 척	표시하여야 할 사항
1. 위치도	임 의	가. 대지의 위치(도시관리계획도면에 표시한다) 나. 대지 인근에 있는 주요시설의 위치
2. 현황도	임 의	가. 대지의 위치 및 경계 나. 대지안의 도시계획시설 다. 토지이용 및 여러 시설물의 현황 라. 도로망 마. 주요경관요소 바. 자연지형 등 사. 소음발생원(철도·고속도로·공장 등)의 위치
3. 배치도	1/600~1/1,200	가. 축척 및 방위 나. 대지와 접하는 도로의 위치 및 폭과 대지의 경계선 다. 건축선 및 대지의 경계선으로부터 건축물까지의 거리 라. 건축물 서로간의 거리 마. 안내표지판 바. 단지안의 도로로부터 건축물까지의 거리 사. 부대시설 및 복리시설로부터 도로 및 건축물까지의 거리 아. 부대시설 및 복리시설의 면적 또는 규모

4. 대지조성계획도	임 의	가. 축척 및 방위 나. 토지의 굴착부분의 정리계획 다. 토지의 종·횡단면(성토 및 절토부분의 표시를 포함한다) 라. 대지조성표고 마. 차도 및 보도의 포장계획
5. 조경도	1/50 ~ 1/1,200	가. 축 척 나. 식수평면계획·식수면적 다. 수종·수형·수목의 규격 라. 휴게시설 마. 그 밖의 조경시설물의 배치
6. 각층평면도	1/50 ~ 1/200	가. 축 척 나. 각실의 용도 다. 벽의 위치·재료 및 두께 라. 개구부 및 방화문의 위치 마. 계단의 위치 및 폭 바. 복도의 위치 및 폭 사. 승강기 및 승강장의 위치 및 폭 아. 건물의 폭 및 길이
7. 입면도	1/50 ~ 1/200	가. 축 척 나. 바깥벽의 마감재료 다. 개구부 및 연소의 우려가 있는 부분

		라. 굴뚝 및 옥상 돌출부 마. 국기게양대
8. 단면도	1/20 ~ 1/200	가. 축 척 나. 거실의 바닥높이, 각층의 반자높이 및 건축물의 높이 다. 지붕·천장·벽·기둥·바닥의 구조(열재료 및 그 열관류율의 값을 포함한다) 라. 세대간 사이벽의 구조(재료·두께·차음성능의 값을 포함한다) 마. 내화구조의 기둥·벽 및 바닥의 구조 바. 처마 및 방화문의 구조 사. 난간의 구조 및 높이 아. 계단 또는 경사로의 구조 자. 변소 및 욕실의 부분상세 차. 우편함
9. 마감표		바닥·벽·천장 등 건축물 안팎의 각 부분의 마감재료
10. 창호도	임 의	가. 축 척 나. 창·문의 재료 및 규격
11. 소방 및 피난설비도	임 의	소방법 등의 규정에 의한 관계시설
12. 냉·난방 설비도	임 의	가. 축 척 나. 배관계통도 다. 냉·난방시설의 위치 라. 난방열량측정계기 또는 난방온도 조절장치 등

13. 전기설비도	임 의	가. 세대별 전력용량 나. 전력량계의 위치 다. 배선도 라. 전등 및 콘센트 등의 위치 마. 대지안의 옥외전선 바. 보안등 사. 공청안테나

[별표 3] <개정 2006.8.7>

국가 등이 대지조성사업계획승인신청시 제출하는 대지조성공사설계도서
(제9조제5항관련)

도서의 종류	축 척	표시하여야 할 사항
1. 위치도	1/25,000~1/50,000	도시지역의 경우 도시관리계획도면에 표시한다. 가. 축척 및 방위 나. 사업지구 표시
2. 지형도	1/100~1/3,000	공사전 및 사용검사후의 지형도 비교 가. 축척 및 방위 나. 등고선 다. 하천·구거 라. 그 밖의 지상의 지형지물 표시
3. 주단면도	1/100~1/3,000	공사전 및 사용검사 후의 단면비교
4. 평면도	1/100~1/3,000	가. 축척 및 방위 나. 도로 등 부대시설 다. 구조물(석축, 옹벽 등)표시 라. 사업지구경계 및 필지 분할표시

[별표 4] 삭제<2005.3.9>

[별표 5] <개정 2012.3.16>

장기수선계획의 수립기준(제26조제1항 및 제30조 관련)

1. 건물외부

구 분		공사종별	수선방법	수선주기(년)	수선율(%)	비 고
가. 지붕		(1) 모르타르 마감	부분수리 전면수리	5 10	20 10	시멘트액체방수
		(2) 콩자갈 깔기	부분수리	5	15	
		(3) 타일 붙이기	부분수리	10	5	
		(4) 아스팔트방수층	부분수리 전면수리	8 20	10 100	단열층 및 보호층 포함
		(5) 고분자도막방수	부분수리 전면수리	5 15	10 100	
		(6) 고분자시트방수	부분수리 전면수리	8 20	20 100	
나. 외부		(1) 모르타르 마감	부분수리 전면수리	8 20	15 100	
		(2) 인조석 깔기	부분수리 전면수리	10 20	5 100	
		(3) 인조석 씻어내기	부분수리 전면수리	8 30	15 100	
		(4) 타일 붙이기	부분수리 전면수리	8 30	10 100	
		(5) 돌 붙이기	부분수리	25	5	
		(6) 수성페인트칠	전면도장	5	100	

구분		공사종별	수선방법	수선주기(년)	수선율(%)	비고
다. 외부 창·문	(1) 철제창·문		창·문틀수리 창·문수리 전면교체	10 10 30	20 20 100	창호철물은 제외
	(2) 알루미늄창·문		창·문틀수리 창·문수리 전면교체	10 10 25	10 20 100	창호철물은 제외
	(3) 유성페인트칠		전면도장 전면녹막이	5 5	100 100	철재(鐵材)부분
	(4) 합성수지페인트칠		전면도장 전면녹막이	6 12	100 100	철재부분
라. 그 밖의 부분	(1) 지붕낙수구		부분수리 전면교체	5 25	10 100	주물재 또는 PVC 제품
	(2) 홈통		부분수리 전면교체	6 28	10 100	
	(3) 철제난간		전면교체	25	100	
	(4) 철제피난계단		부분수리 전면교체	7 30	15 100	
	(5) 무동력흡출기		부분수리 전면교체	5 10	20 100	

2. 건물내부

구 분	공 사 종 별	수선방법	수선주기(년)	수선율(%)	비 고
가. 천장	(1) 회반죽 마감	부분수리 전면수리	7 30	20 100	
	(2) 모르타르 마감	전면수리	30	100	

	(3) 보드류	전면수리	25	100	
	(4) 수성도료칠	전면도장	5	100	
	(5) 유성도료칠	전면도장	5	100	
	(6) 합성수지도료칠	전면도장	6	100	
나. 내벽	(1) 회반죽 마감	부분수리 전면수리	7 30	20 100	
	(2) 보드류	전면수리	20	100	
	(3) 타일 붙이기	부분수리 전면수리	10 20	15 100	
	(4) 벽지	전면수리	10	100	
	(5) 수성도료칠	전면도장	5	100	
	(6) 유성도료칠	전면도장	5	100	
	(7) 합성수지도료칠	전면도장	6	100	
	(8) 칸막이벽(목재)	부분수리	10	15	
	(9) 칸막이벽(경량철골)	부분수리	10	10	
다. 바닥	(1) 모르타르 마감	부분수리 전면수리	5 20	15 100	
	(2) 타일 붙이기	부분수리 전면수리	10 20	15 100	
	(3) 인조석 깔기	부분수리 전면수리	10 20	5 100	
	(4) 마루널 깔기	부분수리 전면수리	7 25	15 100	
	(5) 아스타일류 깔기	부분수리 전면교체	5 10	20 100	

라. 내부 　　창·문	(1) 알루미늄창·문	창·문틀수리 창·문수리 창·문교체	10 10 25	10 10 100	
	(2) 목제창·문	창·문틀수리 창·문수리 창·문교체	10 10 20	20 20 100	
	(3) 프라스틱창·문	부분수리 전면교체	10 25	10 100	
마. 계단	(1) 인조석 깔기	부분수리 전면수리	10 20	5 100	
	(2) 모르타르 마감	부분수리 전면수리	5 20	15 100	
	(3) 바닥아스타일깔기	부분수리 전면수리	5 10	20 100	
	(4) 계단논슬립	전면교체	20	100	
	(5) 철제난간	전면교체	25	100	철제 및 목제 혼합난간 포함
	(6) 스테인레스난간	부분수리	10	5	
	(7) 유성페인트칠	전면도장	5	100	
바. 그 밖의 　　부분	단열층(벽·천장)	부분수리 전면수리	15 50	20 100	보호층 포함(중공벽단열층 제외)

3. 전기·소화·승강기 및 지능형 홈네트워크설비

구 분	공 사 종 별	수선방법	수선주기(년)	수선율(%)	비 고
가. 예비전원 (자가발전) 설비	(1) 내연기관	부분수선 전면교체 부분수선	10 30 10	30 100 30	
	(2) 발전기	전면교체	30	100	
	(3) 냉각수탱크	전면교체	15	100	
	(4) 기름탱크	전면교체	20	100	
	(5) 배전반	부분교체 전면교체	10 20	10 100	
	(6) 자동제어반	전면교체	20	100	
	(7) 축전지	전면교체	5	100	
나. 변전설비	(1) 변압기	부분교체 전면교체	10 25	25 100	고효율에너지기자재 적용
	(2) 축전지	전면교체	5	100	
	(3) 수전반	부분교체 전면교체	10 20	10 100	
	(4) 배전반	부분교체 전면교체	10 20	10 100	
	(5) 유도전압조정기	전면교체	20	100	
	(6) 충전기	부분수선 전면교체	10 20	10 100	
	(7) 전력케이블	전면교체	30	100	
	(8) 전선관(노출강관)	전면교체	30	100	

다. 옥내배전 설비	(1) 스위치	전면교체	6	100	
	(2) 콘센트	전면교체	6	100	
	(3) 배선배관	전면교체	20	100	
라. 자동화재 감지설비	(1) 감지기	부분수리 전면교체	5 20	20 100	
	(2) 수신반, 중계기	부분수리 전면교체	5 20	20 100	
	(3) 비상경보세트	부분수리 전면교체	5 20	20 100	
	(4) 유도등	부분수리 전면교체	5 10	30 100	고효율에너지기자재 인증 LED 유도등 적용
	(5) 비상콘센트	부분수리 전면교체	5 15	20 100	
마. 소화설비	(1) 소화펌프	부분수리 전면교체	5 20	10 100	
	(2) 모터	전면교체	20	100	
	(3) 내연기관(엔진)	전면교체	25	100	
	(4) 소화기구	전면교체	20	100	
	(5) 스프링클러	전면교체	25	100	
	(6) 급수전	전면교체	15	100	
	(7) 급수관방로피복	전면교체	15	100	

바. 승강기 및 인양기	(1) 기계장치	전면교체	15	100	
	(2) 와이어로프, 쉬브(도르레)	전면교체	5	100	
	(3) 제어반	부분수리 전면교체	5 15	20 100	
	(4) 조속기	전면교체	10	100	
	(5) 도어개폐장치	부분수리 전면교체	5 15	20 100	
	(6) 레일가이드슈	전면교체	5	100	
사. 피뢰설비 및 옥외전등	(1) 피뢰설비	부분수리 전면교체	10 25	10 100	
	(2) 보안등	부분수리 전면교체	5 25	25 100	고휘도방전램프 또는 LED 보안등 적용
아. 통신 및 방송설비	(1) 케이블	전면교체	30	100	
	(2) 엠프 및 스피커	부분수리 전면교체	5 15	20 100	
	(3) 방송수신 공동설비	부분수리 전면교체	5 15	20 100	
자. 보일러실 및 기계실	동력반	부분수리 전면교체	5 20	25 100	

	공사종별	수선방법	수선주기(년)	수선율(%)	비고
차. 보안·방범시설	(1) 감시반(그래픽형)	부분수리	5	20	
	(2) 감시반(모니터형)	전면교체	5	100	
	(3) 녹화장치	전면교체	5	100	
	(4) CCTV(폐쇄회로 텔레비전) 카메라 및 침입탐지 시설	전면교체	5	100	
카. 지능형 홈네트워크 설비	(1) 홈네트워크망 설비	전면교체	30	100	
	(2) 홈네트워크기기	부분수리 전면교체	5 10	20 100	
	(3) 단지공용시스템 장비	부분수리 전면교체	5 20	20 100	

4. 급수·위생·가스 및 환기설비

구 분	공 사 종 별	수선방법	수선주기(년)	수선율(%)	비 고
가. 급수설비	(1) 급수펌프	부분수선 전면교체	5 10	10 100	고효율에너지기자재 적용(전동기 포함)
	(2) 고가수조(철판, 콘크리트)	도 장 부분수선 전면교체	3 7 15	100 20 100	
	(3) 고가수조(STS, 합성수지)	부분수선 전면교체	7 25	20 100	
	(4) 급수관(강관)	전면교체	15	100	

	(5) 급수관(동관, 합성수지관)	부분수선	10	5	
	(6) 유량계	전면교체	8	100	
나. 가스설비	(1) 배관	전면교체	20	100	
	(2) 가스콕크	전면교체	10	100	
다. 배수설비	(1) 펌프	부분수선 전면교체	5 10	10 100	
	(2) 배수관(강관)	전면교체	15	100	
	(3) 오배수관(주철)	부분수선 전면교체	10 30	10 100	
	(4) 오배수관(PVC)	부분수선 전면교체	5 25	10 100	
라. 위생기구설비	(1) 대변기	전면교체	20	100	절수설비 적용
	(2) 소변기	전면교체	20	100	
	(3) 세면기	전면교체	20	100	
	(4) 수세기	전면교체	20	100	
	(5) 세탁조	전면교체	17	100	
	(6) 경사싱크	전면교체	20	100	
마. 환기설비	환기팬	전면교체	10	100	

5. 난방 및 급탕설비

구 분	공 사 종 별	수선방법	수선주기(년)	수선율(%)	비 고
가. 난방설비	(1) 보일러	부분수선 전면교체	5 15	10 100	고효율에너지기자재 적용 (전동기 포함)
	(2) 급수탱크	전면교체	15	100	밸브류 포함
	(3) 보일러수관	전면교체	9	100	
	(4) 난방순환펌프	부분수선 전면교체	5 10	10 100	
	(5) 유류저장탱크	전면교체	20	100	
	(6) 난방관(강관)	전면교체	15	100	
	(7) 난방관(동관)	부분수선	10	5	
	(8) 난방관(XL, PVC관)	전면교체	25	100	보온층·바닥단열층 및 보호층포함
	(9) 자동제어 기기	부분수선 전체교체	10 20	5 100	
나. 급탕설비	(1) 순환펌프	부분수선 전면교체	5 10	10 100	고효율에너지기자재 적용 (전동기 포함)
	(2) 급탕조	전면교체	15	100	
	(3) 급탕관(강관)	전면교체	10	100	
	(4) 급탕관(동관)	부분수선	10	5	

6. 옥외 부대시설 및 옥외 복리시설

구분	공사종별	수선방법	수선주기(년)	수선율(%)	비고
옥외부대시설 및 옥외 복리시설	(1) 콘크리트포장	부분수리 전면수리	10 20	50 100	
	(2) 아스팔트포장	부분수리 전면수리	10 15	50 100	
	(3) PVC 피복	전면수리	30	100	
	(4) 울타리	부분수리 전면교체	5 20	25 100	
	(5) 어린이놀이시설	전면교체 부분수리	15 5	100 20	
	(6) 보도블록	부분수리 전면교체	3 10	10 100	
	(7) 정화조	부분수리	5	15	
	(8) 배수로 및 맨홀	부분수리	10	10	
	(9) 공동구, 저수조 방수	부분수리	5	5	
	(10) 현관입구·지하주차장 진입로 지붕	전면교체	15	100	
	(11) 자전거보관소	전면교체	10	100	
	(12) 주차차단기	전면교체	10	100	
	(13) 조경시설물	전면교체 부분수리	15 5	100 20	
	(14) 안내표지판	전면교체	5	100	

7. 월간 세대별 장기수선충당금 산정방법

$$\text{월간 세대별 장기수선충당금} = \frac{\text{장기수선계획기간 중의 수선비총액}}{\text{총공급면적} \times 12 \times \text{계획기간(년)}} \times \text{세대당 주택공급면적}$$

[별표 6] <개정 2006.2.24>

공동주택시설물에 대한 안전관리에 관한 기준(제27제2항관련)

구 분	대 상 시 설	점 검 횟 수
1. 해빙기진단	석축·옹벽·법면·교량·우물·비상저수시설	연 1회(2월 또는 3월)
2. 우기진단	석축·옹벽·법면·담장·하수도	연 1회(6월)
3. 월동기진단	연탄가스배출기·중앙집중식·난방시설·노출배관의 동파방지, 수목보온	연 1회(9월 또는 10월)
4. 안전진단	변전실·고압가스시설·도시가스시설·액화석유가스시설·소방시설·맨홀(정화조의 뚜껑을 포함한다)·유류저장시설·펌프실·승강기·인양기·전기실·기계실·어린이 놀이터	매분기 1회 이상(다만, 승강기의 경우에는 「승강기제조 및 관리에 관한 법률」에서 정하는 바에 따른다)
5. 위생진단	저수시설·우물·어린이 놀이터	연 2회이상

비 고 : 안전관리진단사항의 세부내용은 시·도지사가 정하여 고시한다.

[별표 7] <개정 2008.9.11>

국민주택기금운용·관리사무 및 채권등록업무수수료(제37조제1항 관련)

1. 영 제86조제1항에 따른 월별 국민주택기금 운용·관리사무에 관한 위탁수수료의 산정은 다음의 산정식에 의한다.

$$\sum(X_i a_i)$$

※ "X_i" 및 "a_i"는 제2호의 표 중 각각 수수료동인 및 수수료단가를 말한다.

2. 제1호에 따른 수수료동인별 수수료단가

구 분	과 목	수수료동인(X_i)		수수료단가(a_i)
조 성	청약저축	신규좌수		13,209.38원
		잔고좌수		558.12원
	채 권	발행/해약/상환건수		6,285.74원
		MT상환매수		119.34원
운 용	사업자대출	신규 좌수	공공기관	1,937,042.51원
			민간 대출승인	8,232,430.65원
			민간 준공급지급	9,200,951.91원
			매입임대	665,858.36원
			대 환	605,325.78원
			전 환	221,952.79원
		잔고 좌수	공공기관	1,224.87원
			민 간	11,023.84원
		세대수	세대별 근저당 분리	27,969원
	수요자대출	신규좌수		269,752.24원
		잔고좌수		3,417.18원

비 고 : 1. 수수료동인은 정상처리된 것만을 말한다.
2. 사업자에게 대출된 자금 중 법인 앞으로 대환하는 경우는 사업자대출, 개인 앞으로 대환하는 경우는 수요자대출로 한다.
3. 사업자대출 중 공공기관 및 민간에 대한 신규좌수 수수료동인에는 매입임대, 대환, 전환 및 「임대주택법」 제12조의2제3항제1호에 따라 변경등기를 하는 경우를 포함하지 아니한다.
4. 잔고좌수는 월말일을 기준으로 산정한다.
5. 세대별 근저당 분리에 따른 세대수는 별도의 잔고 좌수로 보지 아니한다.

3. 영 제91조제5항에 따른 월별 채권등록업무 수수료의 산정은 다음의 산정식에 의한다.

| 월별 채권등록업무 수수료 | = | 영업일기준 일별 150만원+영업일기준 일별 등록금액 100억원 초과금액의 1/100,000 |

[별표 8] <개정 2013.1.14>

국민주택채권의 매입이 일부 면제되는 범위(제39조제1항관련)

대 상 자	대상자의 범위	면 제 항 목	면제자임을 확인하는 서류
1. 외국인투자기업	「외국인투자촉진법」 제2조의 규정에 의한 외국인 투자기업 가. 「외국인투자촉진법」 제9조에 해당하는 외국인투자기업은 매입대상채권액의 100퍼센트 나. 그 밖의 외국인투자기업은 매입대상채권액중 외국인투자비율에 해당하는 금액	가. 업무용 건축물의 건축허가 나. 업무용 부동산의 등기	「외국인투자촉진법」 제9조에 해당함을 증명하는 서류 또는 외국인투자비율을 증명하는 서류
2. 금융기관	가. 「한국은행법」 등 특별법에 따라 설립된 은행 및 「은행법」에 따른 은행 나. 「농업협동조합법」에 따른 조합·농업협동조합중앙회·그 시·군지부(지소 및 예금취급소를 포함한다) 및 농협은행 다. 「수산업협동조합법」에 의한 수산업협동조합·수산업협동조합중앙회	가. 담보부동산에 대하여 채권회수의 목적으로 경매를 실시하였으나 경매가 불가하여 이를 취득하는 경우 그 부동산의 등기(대상자의 범위란 중 가목부터 바목까지의 경우에 한정한다) 나. 금융기관 상호간의 합병 또는 자산이전으로 인한 부동산의 등기	가. 면제대상부동산의 경매가 불가함을 입증하는 경매기관의 증명서 나. 금융기관 상호간의 합병을 증명하는 서류 다. 금융위원회가 「주택저당채권유동화회사법」 제5조에 따라 해당 주택저당채권의 양도·신탁 또는 반환의 사실이 등록되어 있음을 증명하는 서류(면제항목란 중 다목의 경우에 한정한다)

	라. 「무역보험법」에 따른 한국무역보험공사, 「예금자보호법」에 따른 예금보험공사 및 정리금융기관 마. 「주택저당채권유동화회사법」에 따른 주택저당채권유동화회사 바. 「새마을금고법」에 따른 새마을금고·새마을금고중앙회, 「신용협동조합법」에 따른 신용협동조합·신용협동조합중앙회, 「상호저축은행법」에 따른 상호저축은행·상호저축은행중앙회, 「여신전문금융업법」에 따른 여신전문금융회사 사. 「보험업법」에 따른 보험회사, 「자본시장과 금융투자업에 관한 법률」에 따른 종합금융회사 및 집합투자기구	다. 「주택저당채권유동화회사법」 제5조에 따라 금융감독위원회에 양도·신탁 또는 반환의 사실을 등록한 주택저당채권의 담보로 설정된 부동산에 관한 등기(대상자의 범위란 중 마목의 경우에 한정한다)	
3. 한국환경자원공사	「한국환경자원공사법」에 따른 한국환경자원공사	가. 업무용건축물의 건축허가 나. 업무용부동산의 등기	주무부장관이 업무용임을 증명하는 서류

4. 언론기관	가. 「신문 등의 자유와 기능보장에 관한 법률」 제12조에 따른 일반일간신문·특수일간신문·외국어일간신문·일반주간신문 및 특수주간신문을 발행하기 위하여 등록한 자 나. 「뉴스통신진흥에 관한 법률」 제8조에 따라 뉴스통신사업을 하기 위하여 등록한 자 다. 방송법 제2조제3호의 규정에 의한 방송사업자	가. 언론사업수행에 직접사용되는 건물(수익사업용을 제외한다)에 대한 건축허가 나. 언론사업수행에 직접 사용되는 부동산(수익사업용을 제외한다)에 대한 등기	가. 법인등기부등본 나. 건축허가 또는 등기목적물이 언론사업수행에 직접 사용되는 부동산임을 주무부장관이 확인한 서류
5. 다음 각목의 등기를 신청하는 자 가. 「상법」에 의하여 합병·분할합병(이하 "합병"이라한다)으로 설립되는 법인 또는 합병후 존속되는 법인의 합병에 따른 등기 나. 「중소기업기본법」에 의한 중소기업을 경영하는 자가 당해 사업에 1년 이상 사용한 사업용자	가. 합병으로 인하여 신설되는 경우에는 그 설립등기를 한 회사 나. 합병후 존속되는 경우에는 그 변경등기를 한 회사 다. 중소기업을 경영하는 자가 법인을 설립하는 경우에는 그 설립등기를 하는 자	가. 합병으로 인하여 신설되거나 합병후 존속되는 회사의 경우에는 그 소멸한 회사로부터 승계한 부동산 및 부동산에 관한 권리의 등기 나. 중소기업을 경영하는 자가 신설되는 회사에 현물출자한 부동산에 관한 등기	가. 합병에 의하여 신설되거나 합병후 존속되는 회사의 경우 그 설립 또는 변경의 내용이 기재된 법인등기부등본 나. 등기대상부동산이 합병으로 인하여 소멸한 회사의 재산임을 증명하는 등기부등본 다. 중소기업을 경영하는 자가 설립한 법인의 경우 당해 법인설립일의 전일 현재의 대차대조표·감정평가서 및 회계검사보고서가 포함된 검사인의 보고서

	산을 현물출자하여 설립한법인(자본금이 종전사업자의 1년간 평균순자산가액 이상인 경우에 한한다)의 설립에 따른 등기		
6. 「도시 및 주거환경정비법」에 의한 정비사업조합	조합원 또는 조합이 보유하고 있던 대지에 대한 보전등기 가. 재건축조합이 사업이 완료되어 조합원명의로 대지를 보존등기하는 경우 나. 재개발조합이 사업이 완료되어 조합원명의로 대지를 보존등기하는 경우	대지의 보존등기. 다만, 종전보다 대지의 면적이 증가하는 경우 증가부분에 대하여는 그러하지 아니하다.	시장·군수·구청장이 발행하는 정비사업관리처분계획확인서
7. 신공항시설	「수도권신공항건설 촉진법」 제2조의 규정에 의한 수도권신공항건설예정지역안에 건축하는 공항시설	공항시설물의 건축허가	공항시설물임을 증명하는 서류
8. 부동산담보대출을 받는 중소기업	「중소기업기본법」 제2조에 따른 중소기업(「종소기업창업 지원법」) 제3조 단서에서 정한 중소기업을	중소기업의 부동산담보대출을 위한 저당권 설정등기	중소기업의 부동산담보대출을 위한 저당권 설정임을 확인하는 해당금융기관 및 중소기업진흥공단의 확인서

	제외한다)이 자기의 부동산(공유부동산인 경우에는 담보대출 받는 중소기업의 공유지분에 한한다)으로 금융기관(대상자란 중 제2호의 금융기관을 말한다) 또는 「중소기업진흥 및 제품구매촉진에 관한 법률」에 따른 중소기업진흥공단의 담보대출을 받는 경우		
9. 신축주택매입자	가. 「수도권정비계획법」 제2조제1호의 규정에 의한 수도권외의 지역에 있는 보존등기가 되어 있지 아니한 85㎡ 이하의 신축주택을 2000년 12월 11일부터 2001년 12월 31일까지의 기간 중에 최초로 매입한 자 나. 1998년 5월 22일 이후부터 1999년 6월 30일까지의 기간중 보존등기가 되어 있지 아니한 85㎡ 이하의 신축주택을 최초로 매입한 자	신축주택매입자 명의의 소유권 이전 등기 (채권매입금액의 50%를 감면한다)	건축허가 및 사업계획승인서 사본과 공급계약서
10. 「상법」의 규정에 의한 회사의 분할에 따른 등기를 신청하는 자	분할로 인하여 신설되는 경우에는 그 설립등기를 한 회사	분할로 인하여 신설되는 회사가 분할전 회사로부터 승계한 부동산 및 부동산에 관한 권리의 등기	가. 분할의 내용이 기재된 법인등기부등본 나. 등기대상 부동산이 분할전 회사의 재산임을 증명하는 등기부등본

11. 「농업협동조합법」에 따른 조합공동사업법인	조합공동사업법인의 설립등기를 한 자	가. 조합공동사업법인의 업무용 건축물의 건축허가 나. 조합공동사업법인의 부동산 및 부동산에 관한 권리의 등기	주무부장관의 법인설립인가증
12. 제주국제자유도시개발센터	「제주특별자치도 설치 및 국제자유도시 조성을 위한 특별법」에 따른 제주국제자유도시개발센터	가. 업무용 건축물의 건축허가 나. 업무용 부동산의 등기	주무부장관이 업무용임을 인정하는 서류

[별표 9] <개정 2012.3.16>

건축허가 시 국민주택채권매입의무 면제대상 건축물의 범위(제40조제1항관련)

구 분	대 상	범 위
1. 공장용건축물	가. 읍·면지역 나. 「산업입지 및 개발에 관한 법률」에 의한 산업단지 다. 「산업집적활성화 및 공장설립에 관한 법률」에의한 유치지역	가. 공장 나. 부속시설로서의 창고·사무실 다. 종업원용 기숙사
2. 교육용건축물	「유아교육법」 제2조제2호와 「초·중등교육법」 제2조 및 「고등교육법」 제2조에 따른 교육기관의 교육용으로 사용되는 건축물	가. 교사 나. 사무실 및 부속시설 다. 학생용기숙사
3. 종교용건축물	가. 교 회 나. 사 찰 다. 그 밖의 종교용 건축물	가. 당해 종교용 건축물 나. 부속시설로서의 집회소·사무실·관리사무실 다. 85㎡ 이하의 소속직원용 숙소, 신도용 기숙사
4. 자선용건축물	가. 자선사업을 목적으로 설립된 비영리법인의 업무용 건축물 나. 개인 또는 법인이 자선용으로 출연하는 건축물	가. 당해 자선용 건축물 나. 관리사무실 등의 부속시설
5. 공익용건축물	일반대중의 이용에 제공하는 기념관·전시관·도서관·동물원·식물원·집회소·공회당·대피시설·체육시설(사단법인 대한체육회의 가맹단체가 건축하는 체육시설과 「주택법」의 규정에 의한 복리시설로서 영리를 목적으로 하지 아니하는 시설에 한한다)	가. 당해 공익용 건축물 나. 관리사무실 등의 부속시설
6. 축산용건축물	「축산법」의 적용을 받는 축산업을 영위하기 위하여 건축하는 건축물	가. 당해 축산용 건축물 나. 부속시설
7. 농업용건축물	「농어촌발전 특별조치법」에 의한 농업인이 농업을 영위하기 위하여 건축하는 건축물	가. 당해 농업용 건축물 나. 부속시설

[별표 10] <개정 2013.10.1>

신고포상금의 지급기준 및 지급기준액(제51조의2제1항 관련)

1. 신고포상금의 지급기준

   가. 동일한 부정행위에 대해서 둘 이상의 자가 각각 신고한 경우에는 하나의 신고로 보고, 제2호에 따른 신고포상금을 부정행위의 적발에 이바지한 정도 등을 고려하여 각각의 신고자에게 배분하여 지급한다. 다만, 신고포상금을 지급받을 자가 신고포상금의 지급방법에 관하여 미리 합의한 경우에는 그에 따라 지급한다.

   나. 동일한 부정행위에 대해서 둘 이상의 부정행위자를 신고한 경우에는 하나의 신고로 보고, 제2호에 따라 부정행위자별로 산정된 신고포상금 중 가장 높은 금액의 신고포상금을 지급한다.

2. 신고포상금의 지급기준액

부정행위에 대한 형사처벌 유형 및 구분		신고포상금 지급기준액
가. 징역형		1천만원
나. 벌금형	1) 50만원 미만	벌금 상당액
	2) 50만원 이상 ~ 100만원 미만	50만원
	3) 100만원 이상 ~ 500만원 미만	100만원
	4) 500만원 이상 ~ 1천만원 미만	200만원
	5) 1천만원 이상 ~ 2천만원 미만	400만원
	6) 2천만원 이상 ~ 3천만원 미만	800만원
	7) 3천만원	1천만원

비고 : 징역형과 벌금형은 부정행위자가 집행유예 또는 선고유예 판결을 받는 경우를 포함한다.

2. 공동주택 리모델링 관련 하위지침

가. 리모델링기본계획 수립지침 ··· 407

나. 증축형 리모델링 안전진단기준 ·· 421

다. 수직증축형 리모델링 전문기관 안전성 검토기준 ················ 430

라. 수직증축형 리모델링 구조기준 ·· 433

마. 리모델링 시공자 선정기준 ··· 443

가. 리모델링기본계획 수립지침 (국토교통부 훈령 제2013-316호, 2013.12.24 제정)

제1장 총칙

제1절 지침의 목적

1-1-1. 이 지침은 「주택법」 제42조의6에 따라 리모델링 기본계획의 수립에 관한 세부 작성기준 등을 정하는데 그 목적이 있다.

제2절 기본계획의 의의

1-2-1. 리모델링 기본계획(이하 "기본계획"이라 한다)은 향후 지속적으로 늘어나는 노후 공동주택의 원활한 리모델링 추진을 통하여 도시의 주거환경을 개선하고 거주민의 삶의 질 향상을 위한 목표와 기본방향을 명확하게 제시한다.

1-2-2. 기본계획은 생활권별 리모델링 대상 공동주택 및 기반시설 현황 파악 등을 통하여 유형별 리모델링 수요를 과학적으로 분석·예측하고, 세대수 증가형 리모델링으로 인한 도시과밀 및 이주수요 집중을 체계적으로 관리할 수 있는 방안을 제시한다.

1-2-3. 기본계획은 노후 공동주택의 효율적인 관리를 위하여 지방자치단체 여건에 맞는 효과적인 성능개선과 장수명화 방안 등 노후 공동주택의 유지관리 방향을 제시할 수 있다.

제3절 기본계획의 지위와 성격

1-3-1. 기본계획은 시도 주택종합계획, 도시기본계획 등 상위계획의 내용을 수용하여 노후 공동주택의 바람직한 주거환경개선 및 관리방향을 제시하는 지침적 계획의 위상과 역할을 담당하며, 개별 리모델링 사업이나 관련 계획 수립은 기본계획의 내용에 적합하게 추진되어야 한다.

제4절 법적 근거

1-4-1. 「주택법」(이하 "법"이라 한다) 제42조의6(리모델링 기본계획의 수립권자 및 대상지역 등) ③ 리모델링 기본계획의 작성기준 및 작성방법 등은 국토교통부장관이 정한다.

제5절 수립 대상

1-5-1. 기본계획은 특별시, 광역시, 50만 이상 대도시를 수립대상으로 한다. 다만, 세대수 증가형 리모델링에 따른 도시과밀의 우려가 적은 경우 등 대통령령으로 정하는 경우에는 리모델링 기본계획을 수립하지 아니할 수 있다.

1-5-2. 대도시가 아닌 시는 도지사가 세대수 증가형 리모델링에 따른 도시과밀이나 일시집중 등이 우려되어 기본계획의 수립이 필요하다고 인정한 경우 수립대상이 된다.

제6절 기준년도 및 목표년도

1-6-1. 계획의 기준연도는 계획의 수립에 착수하여 공동주택현황 등 기초조사를 시작하는 시점으로 하고, 목표연도는 기준연도로부터 10년을 기준으로 한다. 다만, 법 시행 후 최초로 수립하는 기본계획의 목표연도는 2025년으로 한다.

1-6-2. 기본계획은 5년마다 그 타당성 여부를 검토하여 그 결과를 반영한다.

제2장 계획수립의 일반원칙

제1절 기본원칙

2-1-1. 기본계획은 시도 주택종합계획의 주택 리모델링에 관한 사항, 도시기본계획의 생활권 설정 및 인구배분계획, 기반시설계획 등 상위계획을 수용하고, 도시 및 주거환경정비계획, 도시관리계획 등 관련 계획과 연계되도록 수립한다.

2-1-2. 기본계획은 생활권 단위의 도시기반시설 여건을 고려하여 주민의 삶의 질 향상과 미래 주택수요에 대응할 수 있도록 수립한다.

2-1-3. 계획의 기본방향, 목표, 현황조사, 수요예측, 단계별 시행방안 등 기본계획의 전 과정은 합리적 근거에 따라 수립되어야 한다.

2-1-4. 세대수 증가형 리모델링 이외의 리모델링의 관리방향은 노후 공동주택 현황이나 리모델링 수요 등 지방자치단체의 여건을 충분히 고려하여 수립한다.

제2절 기본계획의 내용

2-2-1. 기본계획은 체계적이고 합리적으로 수립되기 위하여 다음의 내용을 포함하여야 하며, 계획수립권자가 필요하다고 인정하는 사항을 추가할 수 있다.

(1) 기본계획의 목표 및 기본방향
(2) 도시기본계획 등 관련 계획 검토
(3) 리모델링 대상 공동주택 현황
(4) 세대수 증가형 리모델링 수요 예측
(5) 세대수 증가에 따른 기반시설에의 영향 검토
(6) 특정지역의 기반시설 영향 검토(필요한 경우 수립)

(7) 일시집중 방지 등을 위한 단계별 리모델링 시행방안
(8) 증축형 리모델링에 따른 도시경관 관리방안
(9) 공동주택 저에너지·장수명화 방안(필요한 경우 수립)
(10) 리모델링 지원방안(필요한 경우 수립)

제3절 기본계획의 목표 및 기본방향

2-3-1. 기본계획은 노후 공동주택의 주거환경개선의 목표와 리모델링의 기본방향을 제시하여야 한다.

2-3-2. 노후 공동주택의 주거환경개선의 목표는 당해 특별시·광역시·시(이하 "시"라 한다)의 공동주택 리모델링의 지향점을 분명히 알 수 있도록 설정하고, 리모델링의 기본방향은 목표를 실현하기 위한 수단으로 세부적 계획수립의 지침적 성격을 갖는다.

제3장   기초조사 및 리모델링 수요예측

제1절 기본원칙

3-1-1. 기초조사는 공동주택의 주거환경개선의 측면에서 시가 가지고 있는 노후 공동주택 재고의 문제파악 및 기본계획수립의 기초자료로 활용하기 위하여 실시한다.

3-1-2. 기초조사는 기준연도를 중심으로 실시하되, 기준연도의 자료를 취득하는 것이 불가능한 항목은 최근연도의 자료나 관련 사례, 자료 등을 참조 및 추정하여 활용하고, 모든 기초조사 자료는 자료출처 및 출처년도를 명기한다.

3-1-3. 기초조사결과는 과거부터 추이·현황·향후전망 등을 쉽게 파악할 수 있도록 종합적으로 분석하여 기본계획을 수립하는데 활용할 수 있도록 한다.

3-1-4. 조사자료 분석은 권역별(도시기본계획상 중생활권 단위)로 구분하여 분석하는 것을 원칙으로 하되, 당해 시 여건에 따라 권역을 구분하는 규모를 달리 할 수 있다.

3-1-5. 기초조사결과는 책자 또는 CD 등의 형태로 보관·관리하며, 주요 분석결과는 주민이 이들 정보에 쉽게 접근할 수 있도록 당해 시의 인터넷 홈페이지에 게시한다.

3-1-6. 공동주택 현황조사를 분석하여 향후 목표연도 내 노후공동주택의 유지·관리·개선방향에 대한 판단원칙을 제시하고, 이에 따른 세대수 증가형 리모델링의 수요를 예측한다.

3-1-7. 목표연도 및 단계별 최종연도의 수요를 권역별로 예측하고, 기반시설 영향검토 및 단계별 시행방안 수립의 기초자료를 제시한다.

3-1-8. 세대수 증가형 리모델링의 수요예측은 개별단지별로 검토하되, 최종적으로 권역별로 총량만을 예측하여 제시한다.

제2절 도시기본계획 등 관련 계획 검토

3-2-1. 관련계획, 기반시설 현황 등은 다음의 내용을 조사한다. 다만, 수립권자가 필요하다고 판단되는 경우 일부 항목을 추가하거나 다음의 조사내용 중에 당해 시에 해당되지 않는 사항은 조사 대상에서 제외할 수 있다.

  (1) 시도 주택종합계획, 도시기본계획, 도시 및 주거환경정비기본계획 등 관련계획
  (2) 연령별·세대별 인구의 구성, 변화 추이
  (3) 도로, 상하수도, 공원·녹지, 교육시설 등 주요 기반시설의 설치 및 계획현황

제3절 리모델링 대상 공동주택 현황

3-3-1. 공동주택 현황은 조사내용의 충실도에 따라 기본계획 수립에 많은 영향을 줄 수 있으므로 3-3-2.부터 3-3-6.까지의 원칙에 따라 상세하게 조사하여야 한다. 다만, 수립권자는 해당 시의 여건에 따라 조사대상 범위와 항목을 일부 조정하여 실시할 수 있다.

3-3-2. 공동주택 현황은 법 제16조에 따른 주택건설사업계획 승인 대상(20세대 이상) 주택을 기준으로 목표연도 내에 법 제2조제15호 나목에 따른 리모델링 대상이 되는 주택을 조사대상으로 한다.

3-3-3. 공동주택 현황조사와 관련한 기본적 조사항목은 공동주택의 위치, 용도지역, 준공연수, 동수, 세대수, 주택 면적별 구성, 대지면적, 건축연면적, 층수, 용적률, 건폐율, 주차장수(지하, 지상) 등으로 한다.

3-3-4. 제3장 제4절에 의한 세대수 증가형 리모델링 수요예측과 관련하여 기본적 조사항목 외에 조사가 가능한 범위 내에서 추가적으로 주요 수선이력, 장기수선충당금 규모, 주택가격, 주민의사, 안전진단 기록, 단지배치도, 현장조사 사진 등을 조사하여 세대수 증가형 리모델링 수요예측의 판단자료로 활용할 수 있다.

3-3-5. 공동주택 현황자료는 연도별, 생활권별, 규모별 등으로 분류하여 당해 시의 공동주택 현황이 잘 파악될 수 있도록 분석한 내용만을 보고서에 기술한다.

3-3-6. 해당 시에 있는 공공임대주택의 현황도 함께 파악하여 구분하여 기술하도록 하되, 제3장 제4절에 따른 세대수 증가형 리모델링 수요예측 시에는 공공임대주택은 대상에서 제외한다.

제4절 세대수 증가형 리모델링 수요 예측

3-4-1. 기초조사에 따른 공동주택 개별단지에 대하여 개략적 판단 기준에 따라 향후 목표연도 내 노후공동주택의 유지·관리·개선방향

에 대하여 일반적 유지관리, 세대수 증가형 리모델링, 세대수 증가형 외 리모델링, 재건축으로 구분하여 세대수 증가형 리모델링의 수요를 판단한다.

3-4-2. (일반적 유지관리) 공동주택의 사용검사 후 평균적으로 리모델링 또는 재건축이 일어나는 시점의 과거 자료를 근거로 계획기간 내 리모델링 또는 재건축이 이루어지지 않고 장기수선계획에 따른 일반적 유지관리가 이루어질 것으로 예상되는 공동주택을 구분한다.

3-4-3. (세대수 증가형 리모델링) 일반적 유지관리로는 주택성능을 유지하기 힘들며, 용적률, 건폐율, 주택형별 구성, 단지배치, 주택가격, 주민의사 등을 고려하여 세대수 증가형 리모델링이 가능한 공동주택을 구분하고, 계획기간 내에 어느 시점에 리모델링이 일어날 지를 예측한다.

3-4-4. (세대수 증가형 외 리모델링) 일반적 유지관리로는 주택성능을 유지하기 힘들며, 용적률, 건폐율, 주택형별 구성, 단지배치, 주택가격 등을 고려하여 세대수 증가형 리모델링보다는 맞춤형 리모델링*으로 주택성능개선이 가능한 공동주택을 구분한다.

* 맞춤형 리모델링 : 세대수 증가 없이 노후 배관 교체, 화장실·방 추가 등 불편사례별로 추진하는 리모델링

3-4-5. (재건축) 해당 시의 도시및주거환경정비기본계획에 의한 정비예정구역의 지정 등 정비사업이 예정되어 있거나 정비사업예정구역으로 지정이 예상되는 공동주택단지 및 안진진단 등에 의하여 리모델링의 추진이 불가능한 공동주택 등 주택재건축사업이 가능한 공동주택을 구분한다.

3-4-6. 앞의 개략적 판단 기준에 따른 구분에 의하여 최종적으로 단계별 계획기간 내 세대수 증가형 리모델링 수요를 권역별로 추정하고, 이에 따른 세대수 증가분을 개략적으로 예측한다.

제4장 부문별 수립기준

제1절 세대수 증가에 따른 기반시설에의 영향 검토

4-1-1. 세대수 증가형 리모델링 수요예측을 바탕으로 도시기본계획상 생활권 설정과 관련 계획 등을 고려하여 권역별로 기반시설에 미치는 영향을 검토한다.

4-1-2. 기반시설 영향 검토는 다음의 항목에 대하여 검토한다. 다만, 수립권자가 필요하다고 판단되는 사항을 추가할 수 있으며, 조사 내용 중에 당해 시에 해당되지 않는 사항은 제외할 수 있다.

  (1) 도로, 주차장 등 교통시설
  (2) 상·하수도시설
  (3) 공원·녹지시설
  (4) 학교 등 교육시설

4-1-3. 현재 설치된 기반시설을 기준으로 검토하되, 관련 계획에 의하여 계획기간 내 설치가 예정되어 있는 기반시설도 함께 고려하여 검토한다.

4-1-4. 세대수 증가에 따른 기반시설 영향 검토시 필요한 경우, 권역별로 기반시설 확충에 대한 방향성을 제시한다. 이 경우 세대수 증가형 리모델링의 집중으로 계획적 관리가 필요한 지역에 대하여는 필요한 경우 지구단위계획의 수립이나 기 수립된 지구단위계획의 변경방안을 제시할 수 있다.

4-1-5. 세대구분형 공동주택 도입 등 리모델링에 따른 세대수 증가 영향이 단지 외 주변지역으로 주차난을 유발할 수 있다고 판단되는 경우 단지내 등 주차장 확보방안을 마련하도록 제시한다.

4-1-6. 노후 공동주택 단지의 세대구성, 사회적 특성 등을 고려하여 커뮤니티시설 등 부대복리시설 설치에 대한 가이드라인을 제시할 수 있다.

제2절 특정지역의 기반시설 영향 검토

4-2-1. 일시에 일정 규모(예 : 100만㎡) 이상 집중 개발된 택지개발지구 등에 대해서는 수립권자가 필요한 경우 별도의 기반시설 영향 검토기준 및 관리방안을 제시할 수 있다.

4-2-2. 세대수 증가가 특정지역에 일정규모 이상 발생하여 교통시설에 영향을 미칠 것으로 판단되는 지역에 대해서는 필요한 경우 개략적 교통영향을 검토할 수 있으며, 지역 내 교통상황이 취약해질 우려가 있는 경우에는 리모델링 사업과 관련 사업 등을 통하여 개선될 수 있는 방안을 제시할 수 있다.

4-2-3. 향후 세대수 증가형 리모델링이 집중되고 주택재개발·재건축 등 대규모 정비사업의 추진이 함께 예상되는 경우에는 향후의 개발밀도 등을 감안한 교통영향 등을 파악하여 도시기본계획 및 도시관리계획상의 도로·교통계획 등과 연계하여 검토한다.

제3절 일시집중 방지 등을 위한 단계별 리모델링 시행방안

4-3-1. 지역의 주택수급 상황과 주택재개발·재건축 등 정비사업 추진현황 등을 종합적으로 고려하여 리모델링에 따른 일시적 이주수요 집중이 발생할 우려가 있다고 판단되는 경우 계획기간내 단계별 리모델링 시행방안 및 일시 이주수요 집중에 대한 대책을 제시한다.

4-3-2. 권역별로 구분하여 단계별 계획기간 내에 일시적 이주를 유발하는 리모델링의 허가 총량을 검토하여 제시한다. 이 경우 리모델링 공사기간을 고려하여 일시적 이주 후에 다시 입주하는 시기 등을 종합적으로 고려하여 동시에 일시 이주가 발생하는 세대수의 총량을 규제할 수 있도록 한다. 다만, 개별 리모델링에 대한 관련 위원회 심의시 주변 생활권으로의 이주 수요 등

을 전체적으로 고려하여 허용총량의 일정범위내에서 유동적으로 적용될 수 있도록 한다.

4-3-3. 단계별 리모델링 시행방안에는 계획기간에 리모델링 허가총량을 초과할 경우 다음 사항 등을 고려하여 허가 우선순위 원칙을 제시한다.

    (1) 상위계획 및 관련계획과의 부합성
    (2) 주택 노후도에 따른 리모델링의 시급성 및 주거환경개선 효과
    (3) 리모델링 추진현황 등 주민의 추진의지 등

제4절 증축형 리모델링에 따른 도시경관 관리방안

4-4-1. 경관관리방안은 도시기본계획 및 도시관리계획상 경관부문계획과 관련법령상 경관관련계획의 내용을 고려하여 도시 및 지역 전체의 경관계획과 조화를 이루도록 한다.

4-4-2. 증축형 리모델링에 따른 단지의 위압감, 차폐감 등을 저감할 수 있도록 건축물 외관의 형태, 색채, 높이·스카이라인 등에 대한 기준을 제시한다.

4-4-3. 경관관리 방안은 다음 사항을 종합적으로 고려하여 마련한다.
    (1) 건축물 증축 시 인접지역의 일조권, 지형과 조망, 바람통로 등
    (2) 건축물 형태 및 색채의 통일감 있는 경관형성을 통한 지역 이미지 고취
    (3) 지역의 역사·문화적 특성 부각 및 야간경관 향상 등

제5절 공동주택 저에너지·장수명화 방안

4-5-1. 친환경 도시조성과 함께 에너지 저감 및 자원절약을 위하여 필요한 경우 리모델링을 통하여 에너지의 효율성 및 장수명화를 유도할 수 있는 방안을 마련한다.

4-5-2. 공동주택 리모델링 시 단계별·부문별 에너지 사용을 절약하고 효율성을 높일 수 있는 에너지 저감형 리모델링을 유도할 수 있는 방안을 제시한다.

4-5-3. 공동주택 리모델링 시 단계별·부문별 장수명화 방안을 제시하고, 장기수선계획과 장기수선충당금 등을 연계하여 공동주택 장수명화를 유도할 수 있는 방안을 제시한다.

제6절 리모델링 지원방안

4-6-1. 노후 공동주택의 효율적인 주거환경개선을 위하여 필요한 경우 리모델링이 원활하게 추진될 수 있는 다양한 지원방안을 마련한다.

4-6-2. 해당 지방자치단체 및 중앙행정기관에서 노후 공동주택과 관련하여 지원하는 각종 지원제도와 연계하여 해당 지방자치단체의 여건이나 특성에 맞는 지원방안을 제시한다.

제5장 계획의 수립절차

제1절 기본계획의 입안

5-1-1. 기본계획은 계획의 종합성과 집행성을 확보하기 위하여 도시·주택 관계부서 및 기획·예산·집행부서간의 긴밀한 협의에 의하여 수립될 수 있도록 한다.

5-1-2. 기본계획의 입안은 시의 게시판 및 인터넷 홈페이지 등을 통하여 주민에게 널리 알려 주민이 참여할 수 있게 하여야 한다.

5-1-3. 각 유관기관 및 관련부서는 개별 법률에 따라 수립되는 계획들과 리모델링 기본계획과의 연계성을 위하여 사전에 협의하여야 한다.

제2절 주민 등의 의견청취

5-2-1. 주민공람

작성된 기본계획안에 대하여 법에 따라 공고하고 14일 이상 주민공람을 통하여 의견을 수렴하고 필요한 경우 이를 계획(안)에 반영한다.

5-2-2. 공청회

작성된 기본계획안에 대하여 필요한 경우 관련분야 전문가와 주민대표 및 관계기관이 참석하는 공청회를 개최할 수 있다.

(1) 입안권자가 공청회를 개최하고자 할 때에는 공청회 개최예정일 14일전까지 다음 사항을 게시판 및 인터넷 홈페이지에 게시하고, 당해 시를 주된 보급지역으로 하는 일간신문에 1회 이상 공고한다.

① 공청회 개최목적
② 공청회 개최 예정일시 및 장소
③ 수립하고자 하는 기본계획의 개요

④ 그 밖의 필요한 사항

(2) 공청회 개최 결과 제출된 의견은 면밀히 검토하여 제안된 의견이 타당하다고 인정될 때에는 이를 계획(안)에 반영한다.

5-2-3. 지방의회 의견청취
　　　작성된 기본계획안에 대하여 법에 따라 지방의회의 의견을 듣고 필요한 경우 이를 계획(안)에 반영한다.

5-2-4. 공람·공청회 등에 제안된 의견은 조치결과, 미조치사유 등 의견청취 결과요지를 승인신청시 첨부한다.

제3절 기본계획의 수립·승인

5-3-1. 특별시장·광역시장은 기본계획을 수립하거나 변경하려면 관계 행정기관의 장과 협의한 후 시·도도시계획위원회 심의를 거친다.

5-3-2. 시장은 기본계획을 수립하거나 변경하려면 관계 행정기관의 장과 협의한 후 시·군·구도시계획위원회 심의를 거쳐 도지사의 승인을 얻어야 하며, 도지사가 이를 승인함에 있어서는 시·도도시계획위원회의 심의를 거친다.

5-3-3. 승인신청서류
　　(1) 기본계획승인 신청서 (공문)
　　(2) 기본계획(안) 20부
　　(3) 기초조사 자료 및 계획수립을 위한 산출근거에 관한 자료집 각 20부
　　(5) 주민의견청취 서류 1부
　　(6) 지방의회의견서 1부

5-3-4. 특별시장·광역시장 또는 시장은 기본계획을 수립하거나 변경한 때에는 기본계획의 요지 및 열람장소를 포함하여 이를 지체 없이 당해 지방자치단체의 공보에 고시하여야 한다.

제6장 행정사항

6-1. 이 지침은 2013년 12월 24일부터 시행한다.

6-2. 이 지침 시행 후 최초로 수립하는 기본계획은 특별한 사유가 없으면 이 지침 발령일부터 6개월 이내에 수립하여야 한다.

6-3. 「훈령·예규 등의 발령 및 관리에 관한 규정」(대통령 훈령 제248호)에 따라 이 훈령을 발령한 후의 법령이나 현실 여건의 변화 등을 검토하여 개정 등의 조치를 하여야 하는 기한은 2016년 12월 24일까지로 한다.

나. 증축형 리모델링 안전진단기준(국토교통부 고시 제2014-343호, 2014.6.11 제정)

제1장 총칙

제1절 목적

1-1-1. 이 기준은 「주택법」 제42조의3제5항에 따라 증축형 리모델링을 위한 안전진단의 실시 방법 등에 필요한 사항을 정하는 것을 목적으로 한다.

제2절 용어의 정의

1-2-1. 1차 안전진단 : 「주택법」(이하 "법"이라 한다) 제42조의3제1항에 따라 증축형 리모델링을 하려는 자(이하 "조합등"이라 한다)가 시장·군수·구청장(이하 "시장·군수"라 한다)에게 요청하여 해당 건축물의 증축 가능 여부의 확인 등을 위하여 실시하는 안전진단을 말한다.

1-2-2. 2차 안전진단 : 법 제42조의3제4항에 따라 수직증축형 리모델링을 허가한 후에 해당 건축물의 구조안전성 등에 대한 상세 확인을 위하여 실시하는 안전진단을 말한다.

제3절 적용범위

1-3-1. 시장·군수는 증축형 리모델링을 위한 안전진단의 실시 여부를 결정하기 위하여 「도시 및 주거환경정비법」(이하 "도정법"이라 한다) 제12조제3항 및 「주택 재건축 판정을 위한 안전진단 기준」에 따라 현지조사를 실시할 수 있다.

(1) 현지조사의 표본은 단지배치, 동별 준공일자·규모·형태 및 세대 유형 등을 고려하여 골고루 분포되게 선정하되, 최소한으로 조사해야 할 표본 동 수의 선정 기준은 다음 표와 같다.

규모(동수)	산 식	최소 조사동수	비 고
10동 이하	전체 동수의 20%	1~2동	
11 ~ 30	2 + (전체 동수 - 10) × 10%	3~4동	
31 ~ 70	4 + (전체 동수 - 30) × 5%	5~6동	
71동 이상	-	7동	

★ 동 수 선정시 소수점 이하는 올림으로 계산함

(2) 현지조사에서 최소한으로 조사해야 할 세대수는 조사 동당 1세대를 기본으로 하되, 단지 당 최소 3세대 이상으로 한다.

(3) 현지조사의 조사항목은 다음과 같다.

조 사 항 목	중 점 평 가 사 항	비 고
지 반 상 태	·지반침하상태(침하여부, 침하량, 진행성) ·지반침하유형(부동침하, 전체침하)	모든 구조형식 평가
변 형 상 태	·건축물 기울기 ·바닥판 변형 (경사변형, 휨변형)	〃
균 열 상 태	·균열유형(구조균열, 비구조균열, 지반침하로 인한 균열) ·균열상태(형상, 폭, 진행성, 누수)	〃
하 중 상 태	·하중상태(고정하중, 활하중, 과하중 여부)	〃
구조체 노후화상태	·철근노출 및 부식상태, 박리/ 박락상태, 백화상태, 누수상태	〃
구조부재의 변경 상태	·구조부재의 철거, 변경 및 신설	〃

1-3-2. 증축형 리모델링을 위한 안전진단은 이 기준에 따라 실시하여야 한다. 구체적인 안전진단 방법이나 실시요령은 한국시설안전공단이 정하는 증축형 리모델링 안전진단 매뉴얼(이하 "매뉴얼"이라 한다)을 참고한다.

1-3-3. 이 기준은 철근콘크리트 구조의 공동주택에 적용한다. 다만, 철근콘크리트 구조가 아닌 공동주택에 대하여는 시장·군수의 요청에 의하여 국토교통부장관이 정하는 방법에 따라 안전진단을 실시할 수 있다.

1-3-4. 법 제42조의3에 따라 이 기준으로 실시한 안전진단결과 중 다음에 해당하는 결과는 도정법 제2조제2호다목에 따른 주택재건축사업의 시행 여부를 판단하기 위한 재건축 안전진단에 활용할 수 있다.
   (1) 구조안전성 평가를 위하여 실시한 현장조사 결과
   (2) 구조안전성 평가를 위하여 실시한 평가항목 중 재건축 안전진단과 동일한 평가항목에 대한 평가등급, 평가기준 및 성능점수 결과

제2장 1차 안전진단

제1절 현장조사

2-1-1. 1차 안전진단의 시행절차는 다음과 같다.

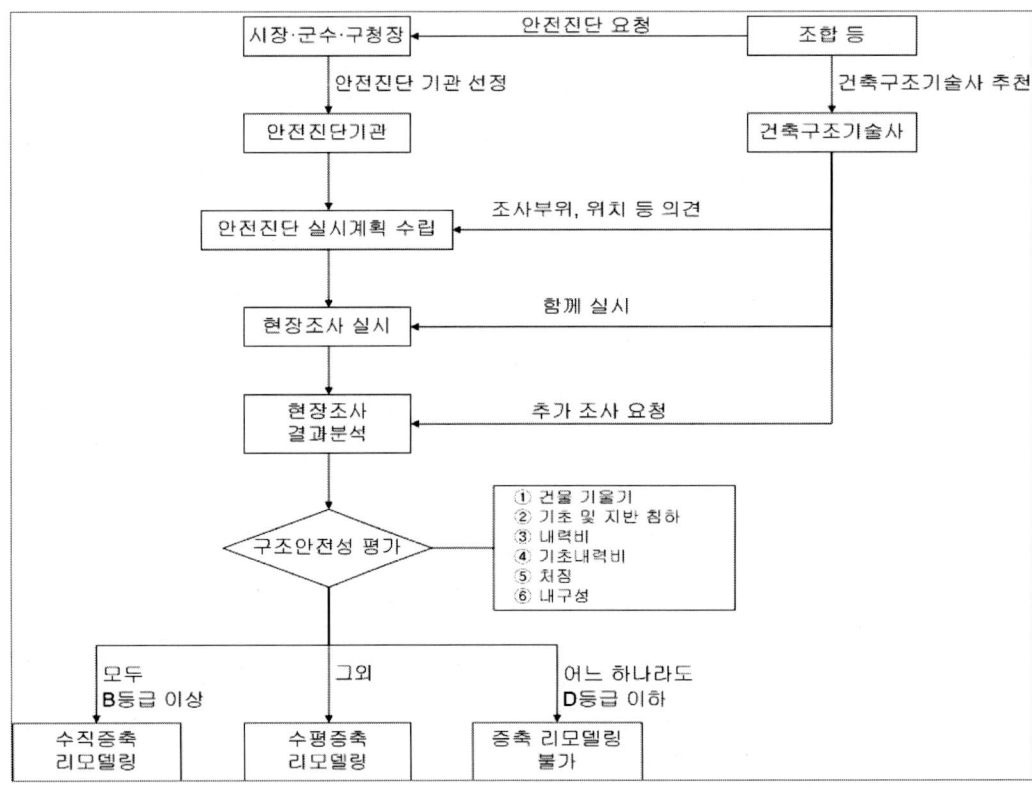

2-1-2. 안전진단 기관은 조합등이 추천한 건축구조기술사(이하 "구조설계자"라 한다)와 함께 구조안전성 평가를 위한 현장조사를 실시하여야 한다.

2-1-3. 안전진단 기관은 구조설계자의 의견을 들어 현장조사의 평가항목별 조사부위, 위치 등을 결정하여야 하며, 구조설계자가 요청하는 경우에는 추가 현장조사를 실시할 수 있다.

2-1-4. 안전진단 기관은 현장조사 결과를 토대로 기존 구조도 등의 적정성을 평가하여야 한다.

2-1-5. 안전진단 기관은 현장조사 결과를 전산화된 도면 등으로 작성하여야 하며 안전진단과 관련된 이해관계자들과 공유하여야 한다.

제2절 구조안전성 평가

2-2-1. 구조안전성 평가는 다음 표와 같이 기울기 및 침하, 내하력, 내구성으로 구분하여 각 평가항목별로 한다.

평가부문	평가항목	조사항목
기울기 및 침하	① 건물 기울기	건물 4면의 기울기
	② 기초 및 지반 침하	기초 및 지반침하
내하력	③ 내력비	콘크리트 강도
		철근배근 상태
		부재단면치수
		하중상태
		부재배치상태
	④ 기초 내력비	지질조사(전단파속도, 지하수위)
	⑤ 처짐	처짐
내구성	⑥ 내구성	콘크리트 중성화
		염분 함유량
		철근부식
		균열
		표면 노후화(박리/박락, 철근노출, 층분리)

2-2-2. 평가항목별 평가등급은 다음 표와 같이 A~E의 5단계로 구분하여 평가한다.

평가등급	A	B	C	D	E
대 표 성능점수	100	90	70	40	0
성능점수 (PS) 범위	100≧PS>95	95≧PS>80	80≧PS>55	55≧PS>20	20≧PS≧0

2-2-3. 평가항목별 조사할 표본 및 수량, 평가등급 및 기준은 다음의 방식으로 정한다.
   (1) 구조안전성 평가를 위한 조사 동수는 증축 리모델링을 하고자 하는 모든 동을 대상으로 한다.
   (2) 구조안전성 평가는 평가항목별 표본을 선정하여 조사하며, 동별 최소 조사층 및 최소 조사부재 수량은 매뉴얼을 참고한다.
   (3) 평가항목별 평가등급은 조사결과에 요소별(항목별, 부재별, 층별) 중요도를 고려하여 성능점수를 산정하여 결정하며, 세부 평가기준 및 성능점수 산정방법은 매뉴얼을 참고한다.

제3절 증축형 리모델링 판정기준

2-3-1. 각 평가항목별 평가등급이 모두 B등급 이상(성능점수가 80점 초과)인 경우에는 '수직증축 리모델링 가능'으로 판정한다.

2-3-2. 각 평가항목 중 어느 하나의 평가등급이 D등급 이하(성능점수가 55점 이하)인 경우에는 '증축형 리모델링 불가'로 판정한다.

2-3-3. 평가항목별 평가등급이 2-3-1 및 2-3-2에 해당되지 않은 경우는 '수평증축 리모델링 가능'으로 판정한다.

제3장 2차 안전진단

제1절 현장 조사

3-1-1. 2차 안전진단의 시행절차는 다음과 같다.

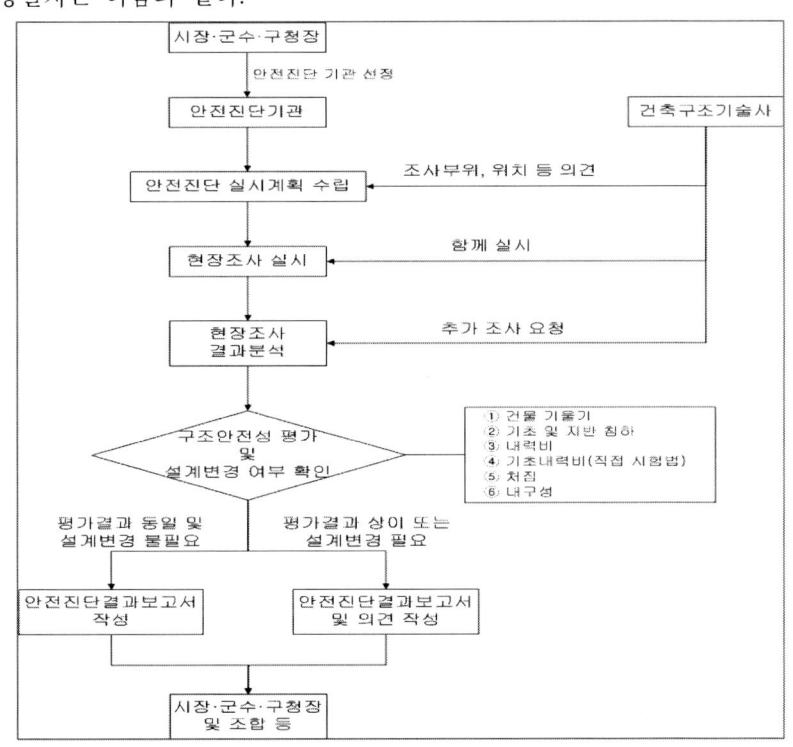

3-1-2. 안전진단 기관은 구조설계자와 함께 1차 안전진단에서 평가한 구조안전성 등에 대한 상세 확인을 위한 현장조사를 실시하여야 한다.

3-1-3. 현장조사는 해당 건축물의 마감재를 제거한 상태에서 실시하며, 1차 안전진단시 조사한 부위를 포함하며, 2차 안전진단의 특성에 맞게 표본 수를 늘리고 조사항목을 추가하여야 한다.

제2절 구조안전성 등의 상세 확인

3-2-1. 구조안전성 등의 상세확인은 다음 표와 같이 기울기 및 침하, 내하력, 내구성으로 구분하여 각 평가항목별로 평가한다. 이 중 기초 내력비의 평가는 기초지반 지내력 또는 말뚝 지지력에 대하여 직접 시험법을 적용한다.

평가부문	평가항목	조사항목
기울기 및 침하	① 건물 기울기	건물 4면의 기울기
	② 기초 및 지반 침하	기초 및 지반침하
내하력	③ 내력비	콘크리트 강도
		철근배근 상태
		부재단면치수
		하중상태
		부재배치상태
	④ 기초 내력비	기초지반 지내력/말뚝 지지력
	⑤ 처짐	처짐
내구성	⑥ 내구성	콘크리트 중성화
		염분 함유량
		철근부식
		균열
		표면 노후화(박리/박락, 철근노출, 층분리)

3-2-2. 평가항목별 평가등급 및 기준은 1차 안전진단과 동일하게 하며, 평가항목별 조사할 표본 및 수량은 다음의 방식으로 정한다.
    (1) 2차 안전진단의 조사 동수는 증축 리모델링을 하고자 하는 모든 동을 대상으로 한다.
    (2) 구조안전성 평가는 평가항목별 표본을 선정하여 조사하며, 2차 안전진단의 동별 최소 조사층 및 최소 조사부재 수량은 매뉴얼을 참고한다.
    (3) 평가항목별 평가등급은 1차 안전진단과 동일한 기준으로 조사결과에 요소별(항목별, 부재별, 층별) 중요도를 고려하여 성능점수를 산정하여 결정하며, 세부 평가기준 및 성능점수 산정방법은 매뉴얼을 참고한다.

3-2-3. 안전진단 기관은 현장조사 결과를 토대로 1차 안전진단시 실시한 평가결과와 법 제42조의4제2항에 따른 설계도서의 변경 여부를 확인하여야 한다.

3-2-4. 안전진단 기관은 3-2-3.에 따른 확인결과 평가결과가 상이하거나 구조설계의 변경이 필요한 경우에는 이에 대한 의견을 시장·군수 및 조합등에게 제출하여야 한다.

제4장 부칙

4-1. 이 기준은 고시한 날부터 시행한다.

4-2. 「훈령·예규 등의 발령 및 관리에 관한 규정」(대통령 훈령 제248호)에 따라 이 기준을 발령한 후의 법령이나 현실 여건의 변화 등을 검토하여 개정 등의 조치를 하여야 하는 기한은 2017년 6월 10일까지로 한다.

다. 수직증축형 리모델링 전문기관 안전성 검토기준(국토교통부 고시 제2014-342호, 2014.6.11 제정)

제1조(목적) 이 기준은 「주택법」 제42조의4제3항에 따라 수직증축형 리모델링을 위한 전문기관의 안전성 검토 등에 필요한 사항을 정하는 것을 목적으로 한다.

제2조(정의) 이 기준에서 사용하는 용어의 뜻은 다음과 같다.
 1. "1차 안전성 검토"란 「주택법」(이하 "법"이라 한다) 제42조의4제1항에 따라 구조계획상 증축범위의 적정성 등의 확인을 위하여 실시하는 안전성 검토를 말한다.
 2. "2차 안전성 검토"란 법 제42조의4제2항에 따라 제출된 설계도서상 구조안전의 적정성 여부 등의 확인을 위하여 실시하는 안전성 검토를 말한다.

제3조(적용범위) ① 전문기관의 안전성 검토는 이 기준에 따라 실시하여야 한다.
 ② 안전성 검토를 위한 구체적인 검토 방법이나 실시요령은 「과학기술분야 정부출연연구기관 등의 설립·운영 및 육성에 관한 법률」 제8조에 따른 한국건설기술연구원(이하 "한국건설기술연구원"이라 한다)이 정하는 안전성 검토 매뉴얼(이하 "매뉴얼"이라 한다)을 참고한다.

제4조(관련 자료의 제공 요청) 전문기관은 시장·군수·구청장에게 리모델링 전·후의 구조도 등 안전성 검토에 필요한 자료의 제공을 요청할 수 있으며, 시장·군수·구청장은 특별한 사유가 없으면 요청받은 자료를 제공하여야 한다.

제5조(자문위원회 운영) ① 전문기관은 안전성 검토를 위하여 건축구조·토질·기초 분야 등의 구조안전 전문가로 구성된 자문위원회를 둘 수 있다
 ② 자문위원회의 구성·운영 등에 필요한 세부 사항은 전문기관이 정한다.

제6조(안전성 검토사항 등) ① 1차 안전성 검토 시에는 다음 각 호의 적합성을 검토한다.
  1. 현장조사 결과 및 증축 리모델링 판정결과
  2. 리모델링 전·후 구조도
  3. 수직증축시 안전보강 가능성
  4. 그 밖에 리모델링 안전 확보를 위하여 검토가 필요하다고 시장·군수·구청장이 요청한 사항
  ② 2차 안전성 검토 시에는 다음의 각 호의 적합성을 검토한다.
  1. 제1항의 검토 사항
  2. 기존 부재의 강도평가, 말뚝기초의 하중분담 및 지지력
  3. 구조부재의 철거 및 안전조치
  4. 구조해석 모델링, 접합부 경계조건 및 상세
  5. 하중 및 부재특성별 보강공법, 수직증축 리모델링 보강설계 내역
  6. 그 밖에 리모델링 안전 확보를 위하여 검토가 필요하다고 시장·군수·구청장이 요청한 사항
  ③ 제1항 및 제2항에 따른 안전성 검토 비용에 대한 세부 사항은 전문기관이 국토교통부장관과 협의하여 정할 수 있다.

제7조(안전성 검토 설계도서 변경사항) 법 제42조의4제2항에 따라 안전성 검토를 받아야 하는 설계도서의 변경은 다음 각 호의 경우를 말한다.
  1. 수직증축이 1개층 이상 증가하거나 수직하중이 5퍼센트 이상 증가되는 경우
  2. 전단벽 양이 10퍼센트 이상 변경되거나 신설기초 공법 또는 전단벽의 내진보강 공법을 변경하는 경우
  3. 구조부재의 재료강도가 설계기준강도의 20퍼센트 이상 감소되거나 기존 말뚝의 설계지지력이 5퍼센트 이상 감소되는 경우

제8조(재검토 기한) 「훈령·예규 등의 발령 및 관리에 관한 규정」(대통령 훈령 제248호)에 따라 이 기준을 발령한 후의 법

령이나 현실 여건의 변화 등을 검토하여 개정 등의 조치를 하여야 하는 기한은 2017년 6월 10일까지로 한다.

부칙

이 기준은 고시한 날부터 시행한다.

라. 수직증축형 리모델링 구조기준(국토교통부 고시 제2014-341호, 2014.6.11 제정)

제1장 총칙

제1절 목적

1-1-1. 이 기준은 「주택법」 제42조의5에 따라 수직증축형 리모델링을 위한 구조설계도서의 작성 등에 필요한 사항을 정하는 것을 목적으로 한다.

제2절 용어의 정의

1-2-1. 상시 하중 : 기존 부재에 대한 보강 한계를 결정하기 위하여 상시로 작용하는 것으로 간주하는 하중을 말한다. 이 경우 고정하중에 대한 하중계수를 1.1, 활하중에 대한 하중계수를 0.75로 산정한다.
   상시 하중 = 1.1(고정하중) + 0.75(활화중)

1-2-2. 보강 한계 : 보강된 부재가 화재나 내구성 저하 등의 이유로 보강효과를 상실하였을 경우에도 상시 하중에 의하여 보강 전의 부재가 파괴되지 않도록 정하는 기존 부재에 대한 보강량의 상한치를 말한다.

제3절 적용 범위

1-3-1. 공동주택의 수직증축형 리모델링 구조설계는 이 기준에 따라 실시하여야 한다. 다만, 이 기준에서 정하지 않은 사항은 건축법 제48조제4항에 따라 국토교통부장관이 제정한 「건축구조기준」(이하 "「건축구조기준」"이라 한다) 및 국토교통부에서 제정한 「콘크리트구조기준」 (이하 "「콘크리트구조기준」"이라 한다)에 따른다.

1-3-2. 구조설계를 위한 구체적인 방법이나 실시 요령은 「과학기술분야 정부출연연구기관 등의 설립·운영 및 육성에 관한 법률」 제8조에 따른 한국건설기술연구원(이하 "건설기술연구원"이라 한다)이 정하는 수직증축형 리모델링 구조매뉴얼(이하 "매뉴얼"이라 한다)을 참고한다.

1-3-3. 이 기준은 철근콘크리트 구조의 공동주택에 적용한다. 다만, 철근콘크리트 구조가 아닌 공동주택에 대한 구조설계도서의 작성 등은 시장·군수·구청장(이하 "시장·군수"라 한다)의 요청에 의하여 국토교통부장관이 정한 방법에 따라 실시할 수 있다.

제2장 수직증축형 리모델링 일반 고려사항

2-1. 기존 부재의 재료 특성치는 「콘크리트구조기준」의 "기존 구조물의 안전성 평가(평가입력값)"을 참고한다.
  (1) 구조물의 조사 및 시험을 거쳐 얻어진 재료강도의 측정값을 이용하여 구조물의 저항능력을 산정하는 경우, 검증된 통계적 방법에 의하여 평가입력값으로 변환하여야 한다.
  (2) 콘크리트의 평가입력값은 배합강도와 실제 강도의 차이, 표준공시체 강도와 현장콘크리트 강도의 차이, 재령에 따른 강도변화, 콘크리트의 열화에 의한 강도변화, 시험 방법에 따른 불확실성 등을 고려하여 결정하여야 한다.
  (3) 철근 및 긴장재의 평가입력값은 현장조사 결과에 의한 측정값을 이용하여 결정하는 것을 원칙으로 한다.

2-2. 구조설계자는 「주택법」(이하 "법"이라 한다) 제42조의3제2항 및 제4항에 따라 안전진단을 실시하는 기관과 함께 기존 말뚝기초의 설계지지력을 확인하여야 한다.
  (1) 1차 안전진단에서는 지질조사를 통하여 기존 말뚝기초의 지지력을 추정한다. 극한지지력의 산정은 국토교통부에서 제정한 「구조물기초설계기준」의 "깊은기초"를 참고하여 실시하며, 설계지지력은 「건축구조기준」의 "말뚝의 허용지지력"에 따라 극한지지력의 1/3이하의 값으로 산정한다.

(2) 2차 안전진단에서는 국토교통부에서 제정한 「구조물기초설계기준」의 "말뚝기초 설계"를 참고하여 말뚝재하시험을 실시하며, 설계지지력의 120%까지 단계별로 재하함에 따라 발생되는 침하량이 탄성관계를 나타내는 것을 확인하는 방법에 의하여 기존 말뚝기초의 설계지지력을 확인한다.

2-3. 공동주택 인접지역 또는 기존 구조물 하부에서 지반 굴착공사를 수행할 경우 인접한 얕은 기초 또는 말뚝기초의 지지력에 대한 영향을 검토하여야 하며, 지반굴착에 관한 일반사항은 국토교통부에서 제정한 「구조물기초설계기준」의 "가설 흙막이 구조물"을 참고한다.

2-4. 증축형 리모델링 공사에 있어서 구조변경 등의 이유로 구조부재의 철거를 수반하는 경우에는 지지조건의 변경으로 인한 응력변화나 구조부재의 절단으로 기존부재의 정착길이가 부족해지는 경우 등의 영향을 구조설계에 반영하여야 한다.

제3장 구조해석

제1절 내진설계 제반 사항

3-1-1. 공동주택의 증축 리모델링 공사는 「건축구조기준」에서 정의하는 일체증축에 해당하며 지진하중에 대한 안전성 확인은 「건축구조기준」의 "지진하중"을 따른다.

3-1-2. 내진설계를 위한 지진력저항시스템의 설계계수는 「건축구조기준」의 "지진하중"에 따라 벽식구조의 경우 「1-b. 철근콘크리트 보통전단벽」을 적용하고, 모멘트골조의 경우 전단벽의 지진하중 부담여부에 따라 「2-o. 철근콘크리트 보통전단벽」 또는 「3-j. 철근콘크리트 보통모멘트골조」를 적용한다.

기본 지진력저항시스템	설계계수			시스템의 제한과 높이(m)제한		
	반응수정계수 R	시스템초과강도계수 Ω_0	변위증폭계수 C_d	내진설계범주 A, B	내진설계범주 C	내진설계범주 D
1. 내력벽 시스템						
1-b. 철근콘크리트 보통전단벽	4	2.5	4	-	-	60
2. 건물골조 시스템						
2-o. 철근콘크리트 보통전단벽	5	2.5	4.5	-	-	60
3. 모멘트-저항골조 시스템						
3-j. 철근콘크리트 보통모멘트골조	3	3	2.5	-	-	불가

제2절 모델링

3-2-1. 철근콘크리트 구조의 공동주택에서 부재력 산정을 위한 구조부재의 강성은 「건축구조기준」 및 「콘크리트구조기준」에 따라 다음의 값을 사용한다.
- 기둥 : 1.0 EI_g
- 전단벽 : 1.0 EI_g
- 보 : 0.5 EI_g 이상(다만, 해석의 전 과정에 걸쳐 일관성이 있어야 함)

3-2-2. 철근콘크리트 구조의 공동주택에서 사용하중 및 설계하중에 의한 횡변위 산정시에는 「콘크리트구조기준」의 유효강성을 사용한다.

(1) 사용하중에 대한 철근콘크리트 구조 시스템의 횡변위를 산정할 때 강성은 (2),(3)항에 의해 정의된 휨강성에 1.43배를 한 값을 사용하여 선형해석하거나 부재의 강성저하를 고려하여 해석하여야 한다. 부재의 단면 특성은 전 단면의 특성값을 초과할 수 없다.

(2) 설계하중에 의한 횡변위를 산정할 때 다음 ① 또는 ②에 의한 강성을 사용하여 선형해석하거나, 부재의 강성저하를 고려하여 해석하여야 한다.

    ① 다음에 정의된 강성
- 기둥 : $0.7\,EI_g$
- 비균열 벽체 : $0.7\,EI_g$
- 균열 벽체 : $0.35\,EI_g$
- 보 : $0.35\,EI_g$
- 플랫 플레이트 및 플랫 슬래브 : $0.25\,EI_g$

    ② 전 단면에 대한 강성의 50%

(3) 보를 갖지 않는 2방향 슬래브를 지진력저항시스템의 요소로 설계할 때, 설계하중에 의한 횡변위를 선형 해석에 따라 산정할 수 있다. 이 경우 바닥판의 강성은 실험과 해석 결과와 부합하는 검증된 모델을 따르고, 골조의 강성은 위 (2)항에 따라 산정하여야 한다.

3-2-3. 리모델링 구조설계에서 강도요구조건을 만족하지 않은 부재는 모두 보강하는 것을 원칙으로 한다. 다만, 전단벽의 연결보(Coupling Beam)와 날개벽(벽체가 제거되어도 지지하는 슬래브의 안전성이 확보될 수 있는 벽체를 말한다)은 지진하중을 부담하지 않는 것으로 모델링할 수 있다. 다만, 이 경우에도 「콘크리트구조기준」의 연직하중 조합에 대한 강도요구조건을 만족하여야 한다.

3-2-4. 전단벽간의 수평접합부는 지진하중 조합에 대하여 (1)에 해당하는 경우에만 모멘트접합으로 모델링하며, 그 외의 경우는 전단접합으로 모델링한다.

(1) 벽체 수평접합부가 모멘트접합으로 모델링된 경우에는 다음의 요구조건을 만족하여야 한다.

파괴모드	요구조건
전단면 압축	후시공 앵커 등으로 최소 정착길이 시공
균형파괴점 이상	벽체 접합부 단면에서 수직철근에 작용하는 인장력이 발현될 수 있도록 정착
균형파괴점 이하	벽체 접합부 단면에서 인장력을 받는 구간의 철근 항복강도가 발현될 수 있도록 정착

(2) 벽체 수평접합부가 전단접합으로 모델링된 경우에는 해당 접합부에 작용하는 전단력의 전달이 가능하며 전단방향 이동을 구속할 수 있는 상세를 적용하도록 한다.

3-2-5. 전단벽간의 수직접합부는 지진하중 조합에 의한 면내전단력을 저항할 수 있는 경우에만 모멘트접합으로 모델링하며, 그 외의 경우는 전단접합으로 모델링한다.

제3절 말뚝기초의 하중 분담

3-3-1. 기존 기초를 보강하기 위하여 추가 말뚝기초를 설치하는 경우 기존 말뚝과 신설 말뚝이 부담하는 하중분담 산정시 활하중을 제외한 기존 연직하중은 기존 말뚝에서만 지지하는 것으로 하고, 활하중 및 추가 연직하중은 기존 말뚝과 신설 말뚝이 분담하여 지지하는 것으로 산정한다.

(1) 기존 말뚝과 신설 말뚝이 각각 부담하는 하중의 범위는 다음 표와 같다.

위치	기초 구분	하중 부담 범위	분담 원칙
기존 벽체 구간	기존 말뚝	・활하중을 제외한 기존 연직하중은 기존 말뚝만 부담 ・활하중 및 추가 연직하중을 신설 말뚝과 분담	・기존 말뚝과 신설 말뚝이 기초강성에 따라 분담
	신설 말뚝	・활하중 및 추가 연직하중을 기존 말뚝과 분담	

(2) 말뚝기초의 지지력을 산정하기 위한 해석은 다음 절차에 따른다.
　① 철거 후 기초보강 전 연직하중 조합에 대한 기존 말뚝기초 지지력
　② 기초보강 및 증축 후 연직하중 조합에 대한 기존 및 신설 말뚝기초 지지력
　③ 기초보강 및 증축 후 횡하중 조합을 포함한 전체 하중조합에 대한 기존 및 신설 말뚝기초 지지력

제4장 보강설계 및 공사

제1절 보강설계 원칙

4-1-1. 보강 전 부재의 설계강도가 상시하중 조합에 의한 부재력 이상일 경우에만 연직하중에 대한 보강으로 단순 접착형 보강공법(내화성 또는 내구성능이 확인되지 않은 공법을 말한다)을 적용할 수 있다.

(1) 연직하중에 대한 보강으로 단순 접착형 보강공법을 적용할 경우에는 보강하지 않은 기존 부재의 설계강도가 다음의 상시하중 조합에 의한 소요강도 이상이어야 한다.

$$(\phi R_n)_{기존} \geq (1.1 S_{DL} + 0.75 S_{LL})_{상시하중}$$

여기서, $(\phi R_n)_{기존}$: 보강 전 부재의 설계강도
　　　　$(1.1 S_{DL} + 0.75 S_{LL})_{상시하중}$: 상시하중 조합에 의한 부재력
　　　　S_{DL} : 고정하중에 의한 부재력
　　　　S_{LL} : 활하중에 의한 부재력

(2) 연직하중에 대한 보강으로 내화성 및 내구성능이 확인된 보강공법을 적용할 경우에는 (1)항의 상시하중 조합에 대한 검토 없이 적용이 가능하다.

4-1-2. 지진력저항시스템을 구성하는 구조부재가 풍하중 및 지진하중 조합에 대하여 강도요구조건을 만족하지 않는 경우에는 동적하중에 대한 저항성능이 확인된 보강공법만 적용할 수 있다.

4-1-3. 4-1-2.에도 불구하고 지진하중 조합에 대하여 강도요구조건을 만족하지 않는 연결보 또는 날개벽은 다음에 따라 구조설계자가 선택적으로 보강여부를 결정할 수 있다.
　① 지진하중을 부담하는 경우 : 동적하중에 대한 저항성능이 확보된 보강공법(단면증설 등)으로 한정
　② 지진하중을 부담하지 않는 경우 : 강성이 없는 것으로 해석 및 설계. 다만, 연결보 또는 날개벽에 의하여 지지되는 슬래브는 연결보 또는 날개벽을 제거한 상태에서도 연직하중 조합에 대하여 안전성을 확보하여야 한다.

4-1-4. 건축물의 감쇠성능을 증가시켜 소요강도를 저감시키는 감쇠시스템 보강공법의 설계는 매뉴얼을 참고한다.

제2절 벽체

4-2-1. 신설 벽체의 설계는 「건축구조기준」의 벽체 관련 규정에 따르며, 다음의 조건을 만족하여야 한다.
　(1) 신설 벽체가 기존 슬래브를 관통하는 철근량은 최소한 벽체의 수직방향 철근량 이상이 되어야 하며, 「건축구조기준」의 "벽체 철근 간격제한" 조항을 만족하여야 한다.
　(2) 후시공 앵커공법의 경우 철근량은 「건축구조기준」의 "벽체 최소철근비" 조항을 만족하여야 하며, 「건축구조기준」의 "벽체 철근 간격제한" 조항을 만족하여야 한다.
　(3) 신설 벽체가 기존 슬래브와 접하는 부위는 벽체에 대한 콘크리트 타설이 용이한 구조가 되어야 한다.
　(4) 신설 벽체가 기존 측면 벽체와 접하는 부위는 후시공 앵커공법 등을 적용하여 기존 벽체와 일체화한다.

4-2-2. 기존 벽체의 두께를 증가시키는 단면증설 벽체의 설계는 「건축구조기준」의 벽체 관련 규정에 따르며, 다음의 조건을 만족하여야 한다.

(1) 단면증설 벽체가 기존 슬래브를 관통하는 철근량은 최소한 벽체의 수직방향 철근량 이상이 되어야 한다.
(2) 벽체가 증설되는 두께방향 기존 벽체의 접합면 처리는 「건축구조기준」의 "전단마찰" 규정에 따라 면내전단에 저항할 수 있도록 한다.
(3) 단면증설 벽체가 기존 슬래브와 접하는 부위는 단면증설 벽체에 대한 콘크리트 타설이 용이한 구조가 되어야 한다.
(4) 증설되는 벽체의 최소두께는 콘크리트의 타설이 용이하도록 50mm 이상으로 한다.

제3절 기초

4-3-1. 기초판의 두께나 폭을 확대하는 등의 직접기초의 보강설계는 「건축구조기준」 "직접기초"의 관련 규정을 따른다.

4-3-2. 직접기초의 내력이 부족할 경우에는 단면증설 등의 방법으로 보강한다. 이 경우 증설되는 기초판의 최소두께는 콘크리트의 타설이 용이하도록 50mm 이상으로 하며, 지반 지지력이 부족할 경우에는 기초판의 면적을 증가시켜 추가 지지력을 확보할 수 있다.

4-3-3. 말뚝기초의 설계는 「건축구조기준」 "말뚝기초"의 관련 규정에 따르며, 3-3-1의 기존 말뚝 및 신설 말뚝의 하중분담 원칙에 따라 산정된 기존 말뚝의 지지력은 허용지지력을 초과할 수 없다. 이 경우 말뚝기초의 지지력이 부족한 때에는 소구경 말뚝기초(마이크로파일) 등을 추가로 시공하여 요구되는 지지력을 확보할 수 있다.

4-3-4. 소구경 말뚝기초의 설계에 관한 세부사항은 국내에 관련 기준이 마련되기 전까지 FHWA NHI-05-039 Chapter 5의 내용을 수록하고 있는 매뉴얼을 참고한다.

4-3-5. 기초 침하가 예상되는 경우에 침하량을 예측·파악하여 지반침하량이 「건축구조기준」의 "허용침하량" 규정을 만족하여야 한다.
   (1) 기초지반의 침하는 「건축구조기준」 "기초지반의 지지력 및 침하" 규정을 참고하며, 말뚝기초의 침하는 「건축구조기준」 "말뚝의 침하" 규정을 참고하여 설계한다.
   (2) 허용침하량은 지반의 조건, 기초의 형식, 상부구조의 특성, 주위상황들을 고려하여 유해한 부등침하가 생기지 않도록 정하여야 한다. 지반의 상황에 의해 과대한 침하를 피할 수 없을 때에는 적당한 개소에 신축조인트를 두거나 상부구조의 강성을 크게 하여 유해한 부등침하가 생기지 않도록 해야 한다.

제5장 부칙

5-1. 이 기준은 고시한 날부터 시행한다.

5-2. 「훈령·예규 등의 발령 및 관리에 관한 규정」(대통령 훈령 제248호)에 따라 이 기준을 발령한 후의 법령이나 현실 여건의 변화 등을 검토하여 개정 등의 조치를 하여야 하는 기한은 2017년 6월 10일까지로 한다.

마. 리모델링 시공자 선정기준(국토해양부 고시 제2012-158호, 2012.4.4 제정)

제1장 총칙

제1조(목적) 이 기준은 「주택법」 제42조제4항 및 제5항에 따라 리모델링주택조합 또는 입주자대표회의에서 공동주택 리모델링의 시공자를 선정하는 방법에 대한 세부 기준을 정함을 목적으로 한다.

제2조(용어의 정의) 이 기준에서 사용하는 용어의 정의는 다음과 같다.
1. "건설업자등"이란 건설산업기본법 제2조제5호에 따른 건설업자 또는 주택법 제12조제1항에 따른 건설업자로 보는 등록사업자를 말한다.
2. "건설업자등관련자"란 건설업자등의 임·직원, 그 피고용인, 용역요원 등 건설업자등으로부터 당해 시공자 선정에 관하여 재산상 이익을 제공받거나 제공을 약속 받은 자(조합원인 경우를 포함한다)를 말한다.

제2장 시공자 선정의 원칙

제3조(기준의 적용) 이 기준으로 정하지 않은 사항은 리모델링주택조합 또는 입주자대표회의(이하 "조합등"이라 한다)의 규약이 정하는 바에 따르며, 규약으로 정하지 않은 구체적인 방법 및 절차는 대의원회의 의결에 따른다. 다만, 대의원회를 두지 않은 경우에는 총회 또는 입주자대표회의(이하 "총회등"이라 한다)의 의결에 따른다

제4조(공정성 유지 의무) ① 리모델링 시공자 선정 입찰에 관계된 자는 입찰에 관한 업무가 자신의 재산상 이해와 관련되어 공정성을 잃지 않도록 이해 충돌의 방지에 노력하여야 한다.
② 조합등 임원은 입찰에 관한 업무를 수행함에 있어 직무의 적정성을 확보하여 조합원이나 입주자의 이익을 우선으로 성실히 직무를 수행하여야 한다.

제3장 시공자 선정의 방법

제5조(입찰의 방법) 조합등이 시공자를 선정하고자 하는 경우에는 일반경쟁입찰, 제한경쟁입찰 또는 지명경쟁입찰의 방법으로 선정하여야 한다. 다만, 미응찰 등의 사유로 2회 이상 유찰된 경우에는 총회나 입주자대표회의의 의결을 거쳐 수의계약을 할 수 있다.

제6조(제한경쟁에 의한 입찰) ① 조합등은 제5조에 따른 제한경쟁에 의한 입찰에 부치고자 할 때에는 건설업자등의 자격을 시공능력평가액, 신용평가등급(회사채를 기준으로 한다), 해당 공사와 같은 종류의 공사실적, 그 밖에 조합등의 신청으로 시장·군수·구청장이 따로 인정한 것으로만 제한할 수 있으며, 3인 이상의 입찰참가 신청이 있어야 한다. 이 경우 공동참여의 경우에는 1인으로 본다.
② 제1항에 따라 자격을 제한하고자 하는 경우에는 총회등(대의원회를 구성하여 운영 중인 조합의 경우에는 대의원회를 말한다. 이하 제7조에서 같다)의 의결을 거쳐야 한다.

제7조(지명경쟁에 의한 입찰) ① 조합등은 제5조에 따른 지명경쟁에 의한 입찰에 부치고자 할 때에는 3인 이상의 입찰대상자를 지명하여야 하며, 이중 2인 이상의 입찰참가 신청이 있어야 한다.
② 제1항에 따라 지명하고자 하는 경우에는 총회등의 의결을 거쳐야 한다.

제8조(공고 등) 조합등은 시공자 선정을 위하여 입찰에 부치고자 할 때에는 현장설명회 개최일로부터 7일 전에 1회 이상 전국 또는 해당 지방을 주된 보급지역으로 하는 일간신문에 공고하여야 한다. 다만, 지명경쟁에 의한 입찰의 경우에는 현장설명회 개최일로부터 7일 전에 입찰대상자에게 내용증명우편으로 발송하여야 하며, 반송된 경우에는 반송된 다음날에 1회 이상 재발송하여야 한다.

제9조(공고 등의 내용) 제8조에 따른 공고에는 다음 각 호의 사항을 포함하여야 한다.
1. 사업계획의 개요(공사규모, 면적 등)
2. 입찰의 일시 및 장소

3. 현장설명회의 일시 및 장소
  4. 입찰참가 자격에 관한 사항
  5. 입찰참가에 따른 준수사항 및 위반(제12조를 위반하는 경우를 포함한다)시 자격 박탈에 관한 사항
  6. 그 밖에 조합등이 정하는 사항

제10조(현장설명회) ① 조합등은 입찰일 20일 이전에 현장설명회를 개최하여야 한다.
  ② 제1항에 따른 현장설명에는 다음 각 호의 사항을 포함하여야 한다.
  1. 설계도서(사업계획승인이나 행위허가를 받은 경우 그 내용을 포함하여야 한다)
  2. 입찰서 작성방법·제출서류·접수방법 및 입찰유의사항 등
  3. 건설업자등의 공동홍보방법
  4. 시공자 결정방법
  5. 계약에 관한 사항
  6. 기타 입찰에 관하여 필요한 사항

제11조(입찰서의 접수 및 개봉) ① 조합등은 밀봉된 상태로 참여제안서를 접수하여야 한다.
  ② 입찰서를 개봉하고자 할 때에는 입찰서를 제출한 건설업자등의 대표(대리인을 지정한 경우 그 대리인) 각 1인과 조합등 임원, 그 밖에 이해관계인이 참여한 공개된 장소에서 개봉하여야 한다.
  ③ 조합등은 제1항에 따라 제출된 입찰서를 모두 총회등에 상정하여야 한다.

제12조(건설업자등의 홍보) ① 조합등은 제11조제3항에 따라 총회등에 상정될 건설업자등이 결정된 때에는 조합원(입주자대표회의의 경우에는 그 구성원을 말한다. 이하 이조에서 같다)에게 이를 즉시 통지하여야 하며, 건설업자등의 합동홍보설명회를 2회 이상 개최하여야 한다. 이 경우 조합등은 총회등에 상정하는 건설업자등이 제출한 입찰제안서에 대하여 시공능력, 공사비 등이 포함되는 객관적인 비교표를 작성하여 조합원등에게 제공하여야 한다.
  ② 조합등은 제1항에 따라 합동홍보설명회를 개최할 때에는 미리 일시 및 장소를 정하여 조합원등에게 이를 통지하여야 한다.

③ 건설업자등관련자는 조합원등을 상대로 개별적인 홍보(홍보관·쉼터 설치, 홍보책자 배부, 세대별 방문, 인터넷 홍보 등을 포함한다. 이하 같다)를 할 수 없으며, 홍보를 목적으로 조합원등에게 사은품 등 물품·금품·재산상의 이익을 제공하거나 제공을 약속하여서는 아니된다.

제13조(조합등의 총회 의결 등) ① 총회는 조합원 총수의 과반수 이상이 직접 참석하여 의결하여야 한다. 이 경우 규약이 정한 대리인이 참석한 때에는 직접 참여로 본다.
② 조합원은 제1항에 따른 총회 직접 참석이 어려운 경우 서면으로 의결권을 행사할 수 있으나, 제1항에 따른 직접 참석자의 수에는 포함되지 아니한다.
③ 제2항에 따른 서면의결권 행사는 조합에서 지정한 기간·시간 및 장소에서 서면결의서를 배부받아 제출하여야 한다.
④ 조합은 제3항에 따른 조합원의 서면의결권 행사를 위해 조합원 수 등을 고려하여 서면결의서 제출기간·시간 및 장소를 정하여 운영하여야 하며, 시공자 선정을 위한 총회 개최 안내시 서면결의서 제출 요령을 충분히 고지하여야 한다.
⑤ 입주자대표회의는 그 구성원의 3분의 2이상이 참석한 경우에 의사를 진행할 수 있으며, 참석한 구성원의 과반수 찬성으로 의결한다.
⑥ 조합등은 총회등에서 시공자 선정을 위한 투표 전에 각 건설업자등별로 조합원이나 입주자대표회의 구성원에게 설명할 수 있는 기회를 부여하여야 한다.

제4장 계약의 체결

제14조(계약의 체결) ① 조합등은 제13조에 따라 선정된 시공자와 그 업무범위 및 관련 사업비의 부담 등 사업시행 전반에 대한 내용을 협의한 후 계약을 체결하여야 한다.
② 조합등은 제13조에 따라 선정된 시공자가 정당한 이유 없이 3월 이내에 계약을 체결하지 아니하는 경우에는 제13조에 따른 총회등의 의결을 거쳐 해당 시공자 선정을 무효로 할 수 있다.

제15조(재검토기한) 「훈령·예규 등의 발령 및 관리에 관한 규정」(대통령 훈령 제248호)에 따라 이 고시를 발령한 후의 법령이나 현실 여건의 변화 등을 검토하여 개정 등의 조치를 하여야 하는 기한은 2015년 4월 3일까지로 한다.

부 칙

제1조(시행일) 이 기준은 고시한 날부터 시행한다.

제2조(시공자 선정에 대한 적용례) 이 기준에 따른 경쟁입찰 방법의 시공자 선정은 이 기준 시행 후 최초로 제8조에 따라 입찰공고를 하는 분부터 적용한다.

3. 공동주택 리모델링 관련 하위 매뉴얼

가. 증축형 리모델링 안전진단기준 매뉴얼 ································ 451

나. 수직증축형 리모델링 전문기관 안전성 검토기준 매뉴얼 ··· 501

다. 수직증축형 리모델링 구조기준 매뉴얼 ································ 565

가. 증축형 리모델링 안전진단기준 매뉴얼(한국시설안전공단 제정, 2014.6.20)

제 1 장

총 칙

1.1 목적

> 본 매뉴얼의 목적에 대하여 기술한다.

본 「증축형 리모델링 안전진단 매뉴얼」(이하 "매뉴얼"이라 한다)은 「주택법」(이하 "법"이라 한다) 제42조의3 제5항에 따라 국토교통부장관이 고시한 "증축형 리모델링 안전진단 기준"(국토교통부 고시 제2014-343호, 2014.6.11. 이하 "안전진단 기준"이라 한다) 1-3-2항에 의거 증축형 리모델링을 위한 안전진단(이하 "증축 안전진단"이라 한다)의 방법 및 실시요령에 필요한 평가항목별 조사할 표본 및 수량, 평가등급 및 기준 등 구체적인 사항을 정하여 증축 안전진단을 수행함에 있어 객관적이고, 공정한 평가를 유도하는데 목적이 있다.

1.2 적용범위 및 증축 안전진단 결과 활용

> 본 매뉴얼의 적용범위 및 증축 안전진단 결과 활용에 대하여 기술한다.

본 매뉴얼은 증축 안전진단 대상 건축물에 대하여 증축 리모델링 가능 여부의 확인을 위한 1차 안전진단 및 해당 건물의 구조안전성 등에 대한 상세 확인을 위한 2차 안전진단에 적용한다.
또한, 본 매뉴얼은 철근콘크리트 벽식구조 또는 모멘트골조로 건설된 공동주택의 증축 안전진단에 한정하여 적용한다. 다만, 상기의 철근콘크리트 벽식구조 또는 모멘트 골조 구조가 아닌 공동주택에 대하여는 안전진단 기준 1-3-3에 따라 시장·군수 또는 자치구의 구청장(이하 "시장·군수"라 한다)의 요청에 의하여 국토교통부장관이 정하는 방법에 따라 안전진단을 실시할 수 있다.
본 매뉴얼에 따라 실시한 1차 안전진단 조사항목의 결과 값은 「도시 및 주거환경 정비법(이하 "도정법"이라 한다) 제2조 제2호 다목에 따른 주택재건축사업의 시행여부를 판단하기 위한 구조안전성 평가항목의 결과 값으로 활용할 수 있다.
이 매뉴얼은 이 매뉴얼 시행 이후에 신청하는 증축 안전진단부터 적용한다.

1.3 안전진단 기관과 건축구조기술사의 업무

> 공동주택 증축 안전진단의 안전진단 수행자들의 업무 범위에 대해 기술한다.

시장·군수으로부터 증축 안전진단을 의뢰받은 기관(이하 "안전진단 기관"이라 한다)은 증축형 리모델링을 하려는 자(이하 "조합 등"이라 한다)의 추천을 받은 건축구조기술사(이하 "구조설계자"라 한다)와 함께 구조안전성 평가를 위한 현장조사를 실시하여야 한다.
구조설계자는 증축하려는 공동주택의 설계도서 및 증축예정(안) 등을 분석하여 구조적으로 취약할 것으로 예상되는 부위에 대한 현장조사의 특이사항을 포함한 현장조사의 평가항목별 조사부위, 위치 등을 안전진단 기관에 요청할 수 있다.
안전진단 기관은 구조설계자의 의견을 들어 현장조사 부위·위치 등을 결정하여야 한다. 이 경우에 구조설계자의 요청에 따라 평가항목별 조사부위, 위치에 대하여 추가로 현장조사를 실시하여야 한다. 안전진단 기관은 상기의 현장조사 결과를 토대로 기존 구조도 등의 적정성을 평가하고 전산화된 도면 등을 작성하여 안전진단과 관련된 이해관계자들이 공유할 수 있도록 하여야 함과 동시에 구조설계자의 의견을 반영하여 "안전진단 기준"에 따라 증축 이전의 공동주택에 대하여 구조안전성을 평가하여 등급을 판정하여야 한다.

1.4 증축 안전진단의 성격 및 종류

> 증축 안전진단의 성격 및 종류에 대하여 기술한다.

증축 안전진단은 실시시기 및 목적에 따라 '1차 안전진단'과 '2차 안전진단'으로 구분한다.
'1차 안전진단'은 조합 등이 시장·군수에게 요청하여 해당 건물의 증축 가능 여부의 확인 등을 위하여 실시하는 안전진단을 말한다.
'2차 안전진단'은 수직증축형 리모델링을 허가한 후에 해당 건물의 구조안전성 등에 대한 상세 확인을 위하여 실시하는 안전진단을 말한다.

1.5 증축 안전진단의 절차

증축 안전진단은 1차 안전진단과 2차 안전진단으로 구분하여 실시되어야 하며 이하 각각에 대하여 절차 및 방법에 대하여 기술한다.

1.5.1 1차 안전진단

> 1차 안전진단의 절차 및 방법에 대하여 기술한다.

1차 안전진단의 흐름도는 <그림 1.1>과 같고, 절차 및 방법은 다음과 같다.

시장·군수의 의뢰에 따라 증축 안전진단을 의뢰받은 안전진단 기관은 조합 등이 추천한 구조설계자와 함께 안전진단을 실시하여 구조안전성을 평가하여야 하고, 구조안전성에 대한 등급판정에 근거하여 다음과 같이 증축형 리모델링 가능성을 판정한다.

1) 안전진단 기관은 조합 등이 추천한 구조설계자와 함께 구조안전성 평가를 위한 현장조사 실시 (구조설계자가 요청하는 경우 추가 현장조사를 실시)
2) 안전진단 기관은 현장조사 결과를 전산화된 도면 등으로 작성하여 1차 안전진단과 관련된 이해관계자들과 공유
3) 구조안전성 평가는 기울기 및 침하, 내하력, 내구성의 3개 평가부문으로 구성되며 각 평가부문별로 평가항목이 있으며 총 6가지의 평가항목별로 A~E 등급의 5단계로 평가
4) 각 평가항목별(6가지) 평가등급이 모두 B등급 이상인 경우 "수직증축 리모델링 가능"으로, 평가항목 중 어느 하나가 D등급 이하인 경우는 "증축형 리모델링 불가", 이외는 "수평증축 리모델링 가능"으로 판정

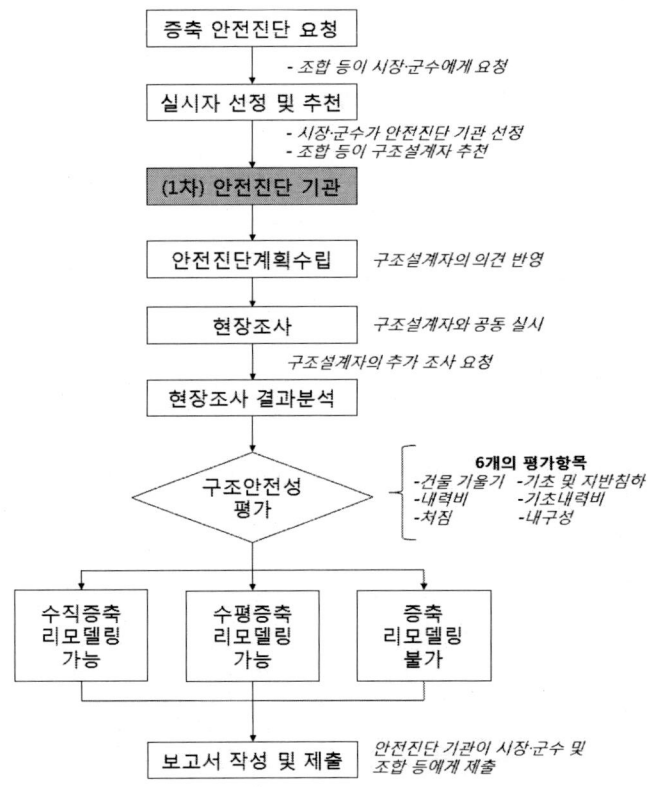

<그림 1.1> 1차 안전진단 흐름도

1.5.2 2차 안전진단

2차 안전진단 절차 및 방법에 대하여 기술한다.

2차 안전진단의 흐름도는 <그림 1.2>와 같고, 절차 및 방법은 다음과 같다.

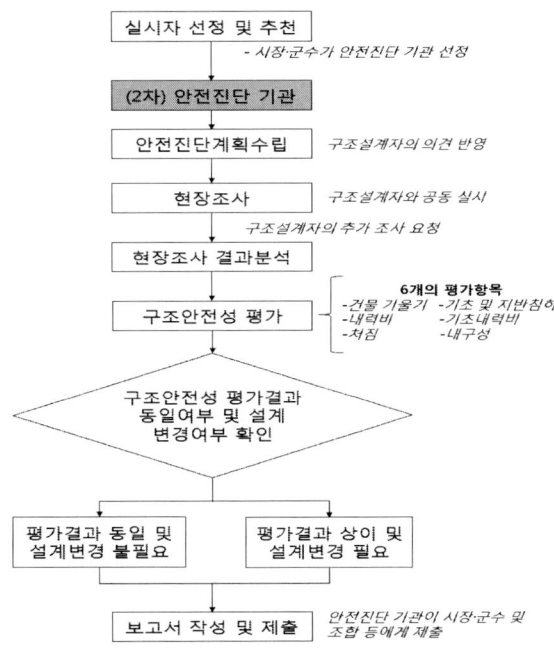

<그림 1.2> 2차 안전진단 흐름도

1차 안전진단 결과, 시장·군수는 수직 증축형 리모델링을 허가한 경우 해당 건물의 구조안전성 등에 대한 상세확인을 위하여 2차 안전진단을 안전진단 기관에 의뢰하여 실시하여야 한다. 이 경우 안전진단 기관은 구조설계자와 함께 증축 안전진단을 실시하여야 하며, 조합 등은 증축 안전진단 후 구조설계의 변경 등이 필요한 경우에는 구조설계자로 하여금 이를 보완하도록 하여야 한다.
  1) 1차 안전진단의 구조안전성 평가부문과 동일하게 현장조사를 재실시 및 추가조사
  2) 현장조사 결과를 토대로 1차 안전진단 시 실시한 평가항목별 평가결과 및 설계도서의 변경 여부를 확인 (평가결과가 상이하거나 구조설계의 변경 필요성이 있는 경우 그 의견을 시장·군수 및 조합 등 에게 제출)

1.6 표본 선정의 원칙

> 1, 2차 안전진단을 위한 표본 선정의 원칙에 대하여 기술한다.

1차 안전진단에서 조사하여야 할 표본동은 증축형 리모델링이 필요한 모든 동을 선정하며, 상세한 표본 선정에 대해서는 제2장 2.4.3절을 참고하면 된다. 2차 안전진단에서 조사하여야 할 표본동은 수직증축 리모델링이 필요한 모든 동을 선정하며, 조사해야 할 세대수는 전(全) 세대를 선정함을 원칙으로 한다. 상세한 표본 선정에 대해서는 제2장 2.4.3절을 참고하면 된다.
이는 증축 안전진단 결과의 공정성 및 객관성을 확보하고 진단업무의 효율성을 높이기 위해 최소한으로 조사해야 할 대상을 선정하기 위한 것이다.

1.7 증축 안전진단 실시자의 업무

> 증축 안전진단을 실시하기 위한 실시자의 업무에 대하여 기술한다.

증축 안전진단의 대부분 업무는 안전진단 기관이 주가 되는 업무이나, 진단계획 수립 및 추가조사 여부 결정시에는 구조설계자가 의견을 제출하여야 한다.

  1) 진단계획 수립 - 구조설계자의 의견을 들어 안전진단 기관이 결정
     (1차 및 2차 안전진단의 현장조사 평가 항목별 조사부위, 위치, 특이사항에 대한 추가조사 계획 수립)
  2) 현장조사 - 안전진단 기관

3) 조사결과 분석 - 안전진단 기관
4) 기존 구조도의 적정성 평가 - 안전진단 기관
5) 설계도면과의 차이가 많을 경우 추가조사 여부 결정 - 구조설계자
6) 추가 현장조사 - 안전진단 기관
7) 조사결과 분석·비교 - 안전진단 기관
8) 전산화된 도면작성 - 안전진단 기관
9) 수직증축 가능여부 확인 - 안전진단 기관
10) 보고서 작성 - 안전진단 기관

1.8 증축 안전진단 보고서에 포함되어야 할 사항

증축 안전진단 보고서는 증축형 리모델링 업무에 효율적이며 체계적으로 활용할 수 있도록 과업내용을 중심으로 작성·제출하여야 하며, 보고서에 포함되어야 할 사항은 다음과 같다.

가. 서두

보고서의 표지 다음에 증축 안전진단의 개요를 쉽게 알 수 있도록 다음의 서류를 붙인다.
1) 제출문 (안전진단 기관의 장)
2) 증축 안전진단 결과표 (수직증축 리모델링 가능, 수평증축 리모델링가능. 증축형 리모델링 불가)
3) 참여 기술진 명단 (안전진단 기술진 및 구조설계자)
4) 건물의 위치도
5) 건물의 전경사진, 부위별 사진
6) 증축 안전진단 결과 요약문
7) 보고서 목차

나. 증축 안전진단의 개요

증축 안전진단의 범위와 과업내용 등 진단 계획 및 실시와 관련된 주요사항을 기술한다.

1) 진단의 목적
2) 건물의 개요 및 이력사항
3) 진단의 범위 및 과업내용
4) 사용장비 및 시험기기 현황
5) 진단 수행일정

다. 자료수집 및 분석

증축 안전진단 관련 자료를 검토·분석하고 그 내용을 기술한다.

1) 설계도면, 구조계산서
2) 기존 정밀점검 및 안전진단 실시결과
3) 보수·보강 및 용도 변경 이력
4) 건물의 내진설계 여부 확인
5) 기타 관련 자료

라. 현장조사 및 시험

과업내용에 의거하여 실시한 현장조사, 시험 및 측정 등의 결과분석 내용을 기술하고, 필요한 경우 사진 또는 동영상 등을 첨부한다.

1) 건물기울기 및 침하 부문 조사항목
2) 내하력 부문 조사항목
3) 내구성 부문 조사항목
4) 주요한 결함(손상)의 발생원인 분석
5) 재료시험, 측정결과의 분석

마. 건물의 구조안전성

1) 1차 안전진단

현장조사 및 시험 결과의 검토·분석을 통하여 구조안전성은 기울기 및 침하, 내력, 내구성에 대한 평가항목별로 평가한다.

 ① 건물 기울기, 기초 및 지반 침하
 ② 내력비, 기초 내력비, 처짐
 ③ 내구성

2) 2차 안전진단

과업내용에 따라 실시한 현장조사 및 재료시험 등의 결과를 분석하여, 이를 바탕으로 수직증축 리모델링 계획에 따른 수직증축 리모델링 공사의 실시설계 적합성을 검증하고, 최종 구조설계를 확정하기 위한 자료를 제시한다.

 ① 현장 재하시험 및 계측 결과분석
 ② 현장조사를 통해 실시설계 적합성 검토
 ③ 지형, 지질, 지반, 토질조사 등의 결과분석
 ④ 건물의 변위, 거동 등의 측정결과 분석
 ⑤ 건물의 내하력 평가
 ⑥ 건물의 안전성 확인

바. 종합평가

1) 1차 안전진단

건물 구조안전성의 각 항목별 평가 결과를 종합하여 증축형 리모델링 가능 여부를 결정한다.

 ① 수직증축 리모델링 가능
  각 평가항목별 평가등급이 모두 B등급 이상(성능점수가 80점 초과)
 ② 증축형 리모델링 불가
  각 평가항목 중 어느 하나의 평가등급이 D등급 이하(성능점수가 55점 이하)
 ③ 수평증축 리모델링 가능
  평가항목별 평가등급이 위 ①호 및 ②호에 해당되지 않은 경우

2) 2차 안전진단
 1차 안전진단에서 평가한 구조안전성 등에 대한 상세확인과 수직증축 리모델링의 적합성을 검증한다.

사. 종합결론 및 건의사항

1) 진단 실시결과의 종합결론
2) 기타 필요한 사항

아. 부록

1) 과업지시서
2) 외관조사망도
3) 구조해석 모델링 및 수치해석 자료 (입출력자료는 CD로 제출)
4) 측정, 시험, 계측 결과
5) 구조 안전성평가 결과
6) 현황조사 및 외관조사 사진첩
7) 사전조사 자료 일체
8) 기타 참고자료
 (진단 결과와 관련되는 설계도서, 감리보고서, 이전의 안전점검 및 정밀안전진단 보고서 등 관련자료 포함)

제 2 장

1차 안전진단

2.1 진단목적

| 1차 안전진단의 수행목적에 대하여 기술한다. |

1차 안전진단은 대상 건축물의 증축형 리모델링 가능 여부의 확인, 구조안전성 평가를 위한 현장조사, 기존 구조도의 적정성 평가, 전산화된 도면작성을 목적으로 실시한다.

2.2 준비사항

안전진단의 실시를 위하여 준비하여야 할 사항은 다음과 같다.
1) 계획수립
2) 설계도서
3) 조사·시험 항목의 선정
4) 기술인력 및 소요장비

2.3 실시 시기 및 업무범위

| 1차 안전진단의 실시 시기 및 업무범위에 대하여 기술한다. |

가. 실시 시기

1차 안전진단은 구조설계자와 안전진단 기관이 조합 등의 구성 시부터 실시하며, 안전진단 보고서 작성 후에 건축심의를 신청하여야 한다.

나. 업무범위

1차 안전진단의 주요 업무는 다음과 같다.
 1) 자료수집 및 분석
   - 건축/구조도면, 구조계산서, 지질조사 보고서, 안전점검보고서, 유지관리이력 등
 2) 조사가능 세대 + 공용구간 조사
   - 조사가능 세대 협의
   - 육안조사 : 하중상태, 부재배치상태, 누수, 박리, 박락, 철근노출, 층 분리, 균열 등
   - 비파괴시험 : 콘크리트강도, 철근배근, 부재단면 치수, 탄산화, 염분 함유량, 철근부식 등
 3) 기초 변위·변형 조사
   - 기울기, 침하조사 및 부재 처짐
 4) 지내력 확인
   - 지반조사 (전단파 속도측정, 지하수위 측정)
 5) 조사결과 검토 및 분석
 6) 구조안전성 검토
   - 취약부 발생 시 재조사 후 구조안전성 검토
 7) 증축 가능여부 판정

2.4 구조안전성 평가

1차 안전진단에서 대상 건축물에 대한 구조안전성 평가 방법에 대하여 기술한다.

2.4.1 평가항목

구조안전성의 평가는 안전진단 조사결과 검토·분석 자료를 근거로 해당 건물의 동별로 증축형 리모델링 가능 여부를 판정하기 위한 것이며, 평가항목은 다음과 같이 6가지 항목으로 구분하여 평가한다.

1) 건물 기울기 2) 기초 및 지반 침하
3) 내력비 4) 기초 내력비
5) 처짐 6) 내구성

2.4.2 평가방법 및 절차

1차 안전진단의 구조안전성은 기울기 및 침하, 내하력, 내구성으로 구분되는 평가부문에 따른 평가항목별로 평가하며 그에 따른 조사항목은 <표 2.1>의 내용과 같다. 각 평가항목별 평가등급 및 성능 점수는 <표 2.2>와 같고 A~E 등급의 5단계로 구분하여 판정하며, 평가절차는 <그림 2.1>과 같다.

<표 2.1> 1차 안전진단 구조안전성 평가항목

평가부문	평가항목	조사항목
기울기 및 침하	①건물 기울기	건물 4면의 기울기
	②기초 및 지반 침하	기초 및 지반 침하
내하력	③내력비	콘크리트 강도
		철근배근 상태
		부재단면치수
		하중상태
		부재배치상태
	④기초 내력비	지질조사(전단파속도, 지하수위)
	⑤처짐	처짐
내구성	⑥내구성	콘크리트 탄산화
		염분 함유량
		철근부식
		균열
		표면 노후화(박리/박락, 철근노출, 층분리)

<표 2.2> 평가등급별 성능점수

평가등급	A	B	C	D	E
대 표 성능점수	100	90	70	40	0
성능점수 (PS)범위	100≥PS〉95	95≥PS〉80	80≥PS〉55	55≥PS〉20	20≥PS≥0

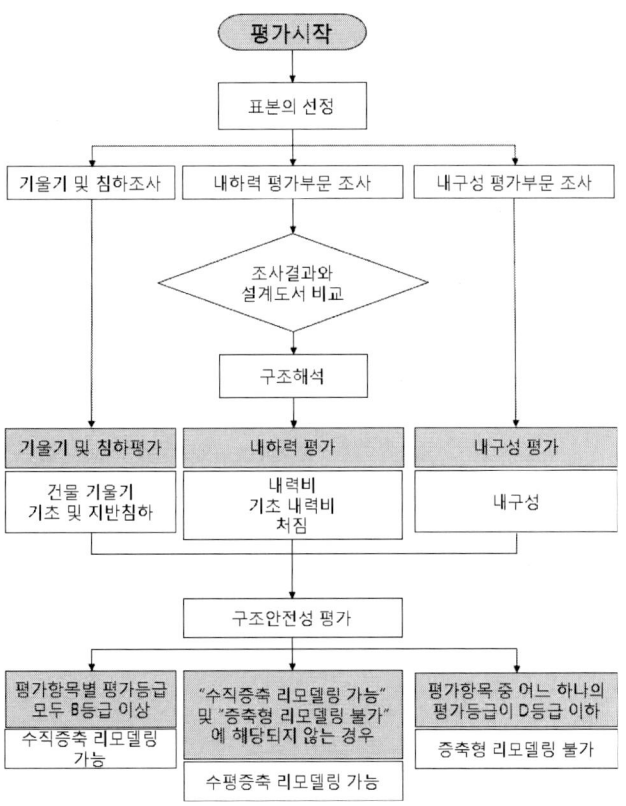

<그림 2.1> 구조안전성 평가절차

2.4.3 표본의 선정

구조안전성 평가를 위하여 조사할 표본의 선정기준에 대하여 기술한다.

증축형 리모델링 가능여부를 판정하기 위한 1차 안전진단 조사의 정확성과 효율성을 고려하여 최소한으로 조사하여야 할 표본의 선정기준은 아래와 같다. 다만, 구조설계자의 요청에 의해 반드시 조사해야할 층과 부재는 조사함을 원칙으로 한다.

가. 표본층의 선정

기울기 및 침하 부문의 평가항목은 동단위로 조사하므로 표본층의 선정이 불필요하다. 반면, 내하력과 내구성 부문의 평가항목은 부재 단위로 조사하므로 표본층과 표본부재의 선정기준이 필요하다.

표본 층의 선정은 다음의 사항을 우선적으로 고려하여, 건물의 안전성을 평가하는데 필수적이고 전체 건물을 대표할만한 층이나 부위를 선정한다.
1) 외관조사에서 결함·손상이 발견되었거나 예상되는 부위
2) 최저층(피트 포함)
3) 주차장 구조물
4) 최상층 및 지붕층
5) 평면 및 구조부재가 변화된 부위
6) 장주, 장 경간, 중량물이 적재된 부위 등

내하력과 내구성 부문에서 평가항목별 최소한으로 조사해야 할 표본층의 선정기준은 <표 2.3> 및 <표 2.4>와 같으며, 평가자가 필요하다고 판단되면 추가하여 조사할 수 있다.

내하력 부문의 조사는 평가를 위한 자료로만 활용하며, 내력비 평가는 전 층에 대해 실시하는 것을 원칙으로 하되, 평가자의 판단에 따라 조정할 수 있다.

<표 2.3> 최소 표본층 선정기준 - 내하력 부문(1차 안전진단)

조사항목	최소 표본층	비고
①콘크리트 강도(비파괴시험)	지하층 : 1개층 기준층 : 2개층[1] 최상층[2]	콘크리트 강도(코아시험) 및 지질조사(전단파 속도, 지하수위)는 층 선정 불필요
②철근배근상태		
③부재단면치수		
④부재배치상태		
⑤하중상태(바닥마감재, 조적벽 등 고정하중)		
⑥부재처짐(슬래브 처짐)		

주) 1. 건물의 지상층수가 10개층을 초과하는 경우에는 3개층마다 1개층을 추가 선정
    2. 최상층 조사 불가 시(단열재 시공 등) 기준층을 1개층 추가

<표 2.4> 최소 표본층 선정기준 - 내구성 부문(1차 안전진단)

조사항목	최소 표본층	비고
①균열 및 기타결함	지하층 : 1개층 기준층 : 2개층[1] 최상층[2]	-
②콘크리트 탄산화		
③염분함유량		
④철근 부식		

주) 1. 건물의 지상층수가 10개층을 초과하는 경우에는 3개층마다 1개층을 추가 선정
    2. 최상층 조사 불가 시(단열재 시공 등) 기준층을 1개층 추가

나. 표본부재의 선정

표본층에서 최소한으로 조사하여야 할 표본부재의 선정기준은 <표 2.5> 및 <표 2.6>과 같으며, 평가자가 필요하다고 판단되면 추가하여 조사할 수 있다.

주요 구조부재는 안전에 중요한 부재로 수직 부재는 엘리베이터 코어, 세대 간 칸막이 벽체 및 세대 내 각 실을 구분하는 벽체로서 전단력을 받는 부재이고, 수평 부재는 세대 내 각 실의 슬래브, 보 등으로서 연직하중을 받는 부재이다. 이들 주요 구조부재는 부재별로 유형에 따라 최소 1개 이상은 포함하여 평가하여야 한다.

구조안전성 평가 시 <표 2.10>의 층별 가중치 적용을 위하여 층의 구분은 해당층 수직부재 및 상부층 수평부재를 해당 층 부재로 한다. (예, 2층 벽체와 3층 슬래브를 2층으로 구분)

<표 2.5> 층별 최소 표본부재 선정기준 - 내하력 부문(1차 안전진단)

조 사 항 목	최소 표본부재
①콘크리트 강도(비파괴시험) ②철근배근상태 ③부재단면치수 ④부재배치상태	- 슬래브(보) : 층당 3개소와 세대당 1개소 중 최대치 - 벽체(기둥) : 층당 5개소와 세대당 2개소 중 최대치 - 조사부위 : 각 부재별 2개소(단부, 중앙부)
⑤하중상태(바닥마감재, 조적벽 등 고정하중)	- 4세대당 1세대
⑥부재처짐(슬래브 처짐)	- 층당 2개소와 4세대당 1개소 중 최대치
⑦콘크리트 강도(파괴시험)	- 슬래브(보), 벽체(기둥) 구분없이 3개소 (복도, 발코니, 계단실 공용공간 대상)
⑧철근 인장강도(파괴시험)	- 슬래브(보), 벽체(기둥) 구분없이 3개소 (복도, 발코니, 계단실 공용공간 대상)
⑨지질조사(전단파속도, 지하수위)	- 지반조사(NX) 동당 4개소(4면)를 실시하되 1면의 길이가 50m초과시 초과되는 면마다 1개소 추가 - 전단파속도 동당 1개소

<표 2.6> 층별 최소 표본부재 선정기준 - 내구성 부문(1차 안전진단)

조 사 항 목	최소 표본부재
균열 및 기타 결함	- 공용구간 : 계단실, 주차장 등 전체 - 전용구간 : 4세대당 1세대
콘크리트 탄산화	- 슬래브(보) : 층당 3개소와 세대당 1개소 중 최대치 - 벽체(기둥) : 층당 5개소와 세대당 2개소 중 최대치 - 조사부위 : 각 부재별 2개소(단부, 중앙부)
염분 함유량 / 철근 부식도	- 4세대당 1개소 - 조사부재 : 슬래브(보), 벽체(기둥) 중 1개부재 이상

다. 기타

내하력과 내구성 부문의 조사항목은 표본으로 선정된 모든 부재에 대하여 조사하는 것을 원칙으로 한다. 그러나 여건상 어려울 경우에는 평가자의 판단에 따라 인접부재의 조사값을 이용할 수 있다. 콘크리트 강도, 염분함유량, 탄산화 깊이 등은 콘크리트 타설 시점과 제조회사가 동일할 경우 유사한 값을 나타내므로 인접 부재의 조사결과를 이용하여 평가할 수 있다.

또한 하중상태, 부재처짐, 철근배근상태, 부재단면치수 등도 기준층에서는 대부분 동일하므로 평가자의 판단에 따라 우선 조사한 층의 조사결과를 적절히 이용할 수 있다.

2.4.4 시험 방법

가. 내하력 부문

내하력 부문의 조사항목에 대한 시험 방법을 기술한다.

1) 콘크리트 강도
    ○ 비파괴시험 : 시험방법은 KS F 2730 및 2731을 따르고, 안전점검 및 정밀안전진단 세부지침 공통편 부록 1 2.1항 및 2.2항을 참조한다.
    ○ 코어시험 : 시험방법은 KS F 2422를 따른다.

2) 철근
    ○ 배근 상태 : 시험방법은 KS F 2734 및 2735를 따르고, 안전점검 및 정밀안전진단 세부지침 공통편 부록 1 2.4항을 참조한다.
    ○ 인장시험 : 시험방법은 KS B 0802를 따른다.

3) 부재단면 치수
    시험방법은 육안조사 및 간단한 측정도구(줄자 등)를 이용한다.

4) 하중상태
    시험방법은 육안조사, 간단한 측정도구(줄자, 저울 등) 또는 샘플링 채취를 이용한다.

5) 부재배치 상태
    시험방법은 육안조사 및 간단한 측정도구(줄자 등)를 이용한다.

6) 전단파 속도 및 지하수위
    시험방법은 ASTM 시험기준 / 구조물 기초 설계기준 참조

7) 슬래브 또는 보 처짐
    시험방법은 육안조사 및 간단한 측정도구(스타프, 레이저레벨기 등)를 이용한다.

나. 내구성 부문

내구성 부문의 조사항목에 대한 시험 방법을 기술한다.

1) 콘크리트 탄산화
    시험방법은 KS F 2596을 따르고, 안전점검 및 정밀안전진단 세부지침 공통편 부록 1 2.6항을 참조한다.

2) 염분 함유량

　　시험방법은 KS F 2713을 따라 공인시험기관에서 실시한다.

3) 철근부식

　　시험방법은 KS F 2712을 따르고, 안전점검 및 정밀안전진단 세부지침 공통편 부록 1 2.5항을 참조한다.

4) 균열

　　조사방법은 안전점검 및 정밀안전진단 세부지침 공통편 부록 1 1.2항 및 1.3항을 참조한다.

5) 기타 결함

　　조사방법은 육안으로 실시한다.

2.4.5 내하력 평가

> 내하력 부문의 평가절차 및 방법에 대하여 기술한다.

내하력 부문의 평가는 동 단위로 실시하며, 구조부재별로 내하력과 관련된 항목(콘크리트 강도, 철근배근상태, 부재단면치수, 하중), 지질조사(전단파 속도, 지하수위) 및 슬래브 처짐을 조사한 후, 구조해석 등을 통하여 내하력 상태를 평가함으로써 건물의 안전성 및 사용성을 평가한다.

내하력 평가절차는 다음 <그림 2.2>와 같다.

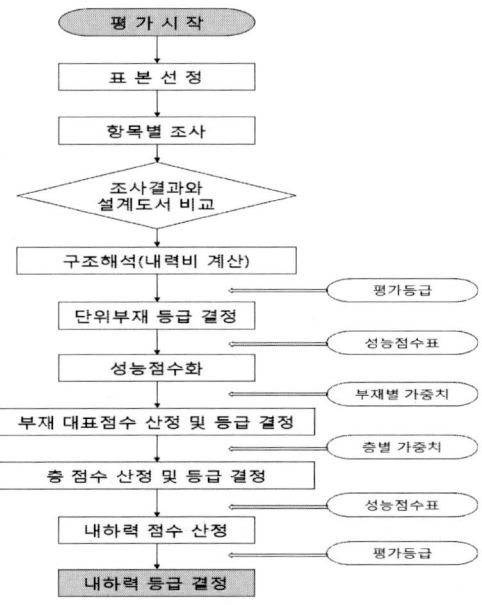

<그림 2.2> 내하력 평가절차

가. 평가항목

내하력 부문의 평가항목에 대하여 기술한다.

내하력 부문의 평가는 내력비(소요강도에 대한 설계강도의 비), 기초 내력비 및 처짐의 3개 평가항목으로 평가하며, 아래 조사항목에 대하여 현장조사 후 조사결과를 이용하여 구조해석 등을 통하여 내하력 상태를 평가한다.

1) 내력비
   - 콘크리트 강도
   - 철근배근상태 : 배근간격, 배근량, 피복두께, 재료강도 등
   - 부재단면치수
   - 신축 당시(설계시) 적용하중 : 고정하중, 활하중, 풍하중, 토압, 지진하중 등
2) 기초 내력비
   - 지질조사(전단파 속도, 지하수위)
3) 처짐
   - 슬래브 처짐

나. 평가등급

내하력 부문의 상태별 평가등급에 대하여 기술한다.

내하력 부문의 평가등급은 A~E의 5등급으로 구분하였으며, 각각의 등급은 <표 2.7>에 상정된 상태별로 등급을 구분하였다. 자세한 평가항목별 평가기준 및 이에 따른 평가등급은 '다. 평가기준'에서 설명하였다.

<표 2.7> 내하력 부문 상태별 평가등급

평가등급	상 태
A	내력비 및 처짐이 허용치 이내이고 구조물에 문제점이 없는 매우 양호한 상태
B	내력비 및 처짐이 허용치 이내이나, 구조물에 부분적으로 경미한 손상이 발생된 비교적 양호한 상태
C	내력비가 설계목표치의 15% 이하로 부족하거나, 처짐이 허용치를 약간 초과한 보통의 상태
D	내력비가 설계목표치의 15%~30% 이하로 부족하거나, 처짐이 허용치를 크게 초과(허용처짐의 2배 이상)한 상태로서 안전성에 문제가 되는 불량한 상태
E	내력비가 설계목표치의 30% 이상 부족하거나, 처짐이 과도하여 안전성이 극히 우려되는 매우 불량한 상태

다. 평가기준

내하력 부문의 평가항목별 평가기준에 대하여 기술한다.

<표 2.7>의 내하력 부문의 상태별 평가등급을 바탕으로 설정한 평가항목별 평가기준은 <표 2.8>과 같다.
부재별 내력비는 구조해석을 통하여 부재별로 산정한 소요강도에 대한 설계강도의 비로 평가한다. 내력비는 휨, 전단, 압축, 인장, 비틀림 등 모든 응력에 대하여 평가하고, 그 최저값으로 등급을 결정한다.
구조해석에 필요한 입력자료 마련과 설계강도 계산을 위하여 콘크리트 강도, 철근강도, 철근배근상태, 부재단면치수, 하중 등의 항목을 조사하고, 조사결과 및 설계도서를 우선 비교·분석한 후에 구조해석을 실시하여 내력비를 산정하고, 조사대상의 모든 내력비를 명기하여야 한다.
기초별 기초내력비는 구조해석을 통하여 기초별로 산정한 소요하중에 대한 설계지지력의 비로 평가한다. 기초내력비는 모든 하중조합에 대하여 평가하고, 그 최저값으로 등급을 결정한다. 기존 기초의 설계지지력은 도면에 표기된 허용지지력과 시험추정 허용지지력 중 작은 값으로 한다.
시험추정 허용지지력은 1차 안전진단의 지질조사 결과로부터 건축물 하부의 지질상태를 파악하고 기존에 설치되어 있는 말뚝기초의 직경 및 길이를 확인하면, 설계지지력을 정역학적 지지력 공식을 통해 추정할 수 있다. 극한지지력 공식은 사질토와 점성토의 경우로 구분되어 다양하게 제시되었으며, 일반적으로 극한선단지지력과 극한주면마찰지지력으로 구분하여 산정한다. 극한지지력 산정은 국토해양부 제정 구조물기초설계기준 및 해설(한국지반공학회, 2009) 제 5장을 참조하여 실시한다. 설계지지력은 국토해양부 제정 건축구조기준 및 해설(대한건축학회, 2009) 0407.2에 따라 극한지지력의 1/3이하의 값으로 산정한다. 처짐은 조사결과로 평가하여야 한다.
부재별 내하력 성능은 내력비, 기초내력비 및 처짐으로 평가하는 것을 원칙으로 한다.

<표 2.8> 내하력 부문 평가기준

평가항목	평가등급	A	B	C	D	E
내력비	수평부재	R1≥1.0 또는 (경미한 손상이 있을 경우 B등급)		1.0>R1≥0.85	0.85>R1≥0.7	R1<0.7
	수직부재					
내력비	기초	R2≥1.0 또는 (경미한 손상이 있을 경우 B등급)		1.0>R2≥0.85	0.85>R2≥0.7	R2<0.7
처짐	슬래브	δ≤L/480 (경미한 손상이 있을 경우 B등급)		L/480<δ≤L/240	L/240<δ≤L/150	δ> L/150

1) R1 : 내력비 (설계강도÷소요강도)   2) R2 : 기초내력비(설계지지력÷소요하중)   3) δ : 처짐량, L : 부재경간

라. 성능점수 산정

> 조사항목별 조사결과를 종합하여 내하력 부문의 성능점수를 산정하는 방법에 대하여 기술한다.

표본층 내의 부재를 대상으로 조사항목별 현장조사를 실시한 후, 구조해석 등을 통하여 내력비 및 기초 내력비를 산정하고, 정밀시험을 통하여 슬래브의 처짐을 측정하여 부재별·층별·동별 내하력 부문의 성능점수를 산정한다.

1) 조사항목별 조사결과를 설계도서와 비교·분석하여 시공상태를 파악하고, 구조해석 시 입력 자료와 설계강도 산정을 위한 단면, 재료의 성질, 하중조건 등 제반사항을 검토한다.
2) 구조해석 등을 통하여 내력비 및 기초 내력비를 산정하고, 정밀시험을 통하여 슬래브의 처짐을 측정하여 <표 2.8>의 평가기준에 따라 단위 부재등급을 결정한다. 평가된 등급에 따른 성능점수는 <표 2.2>를 이용하여 산정한다.
3) 부재별 성능점수의 산술평균으로 부재 대표점수를 산정한다.

$$\text{부재 대표점수} = \frac{\sum(\text{단위부재 성능점수})}{\text{조사부재수}}$$

* 부재 대표점수는 층별로 산정(기초 내력비는 기초별)하며, 벽식 구조는 슬래브와 벽체로 구분하고, 가구식 구조는 슬래브, 보, 기둥으로 구분하여 산정한다. <표 2.9>의 부재별 가중치 참조

4) 부재 대표점수에 <표 2.9>의 부재별 가중치를 적용하여 층 점수를 산정한다.

$$\text{층 점수} = \sum(\text{부재 대표점수 } P_j \times \text{부재별 가중치 } W_j)$$

* j = 슬래브, 벽체 - 벽식 구조일 경우,
  j = 슬래브, 보, 기둥 - 가구식 구조일 경우

5) 층 점수에 <표 2.10>의 층별 가중치를 적용하여 내하력 점수를 산정한다.

$$\text{내하력 점수} = \sum(\text{층 점수 } P_k \times \text{층별 가중치 } W_k)$$

* k = 지하층, 기준층, 최상층
* 지하층 및 기준층을 여러 층 조사한 경우, 각 층의 가중치는 <표 2.10>의 층별 가중치를 해당 조사 층수로 나눈 값으로 한다.

<표 2.9> 부재별 가중치

구 조 형 식	부 재 명	가 중 치	비 고
벽 식 구 조	슬래브(보)	0.35	
	벽체(기둥)	0.65	
가구식 구조 (라멘구조)	슬래브	0.20	
	보	0.30	
	기둥(벽체)	0.50	

<표 2.10> 층별 가중치

건물 규모 (지상층)	층 구 분	가 중 치	비 고
10층 이하	지 하 층	0.4	기준층의 가중치 0.2 × 2개층
	기 준 층	0.4	
	최 상 층	0.2	
10층 초과 13층 이하	지 하 층	0.35	기준층의 가중치 0.15 × 3개층
	기 준 층	0.45	
	최 상 층	0.2	
13층 초과	지 하 층	0.2	기준층의 가중치 0.15 × 4개층, 0.12 × 5개층 등
	기 준 층	0.6	
	최상층	0.2	

* 층 구분 내에서 여러 층을 조사할 경우 각 층의 가중치는 층 구분 가중치를 조사 층으로 나눈 값으로 한다.

내하력 부문의 평가결과는 부록 A. [A1호 서식] 『층(層)별 내하력 평가표』, [A2호 서식] 『동(棟)별 내하력 평가표』를 활용하여 작성한다.

2.4.6 내구성 평가

내구성 부문의 평가절차 및 방법에 대하여 기술한다.

내구성은 동 단위로 평가하며, 준공 후 일정한 기간이 경과한 철근콘크리트 구조물의 노후화 상태를 조사하여 구조부재의 내구성에 대하여 평가한다.

내구성 평가절차는 다음 <그림 2.3>과 같다.

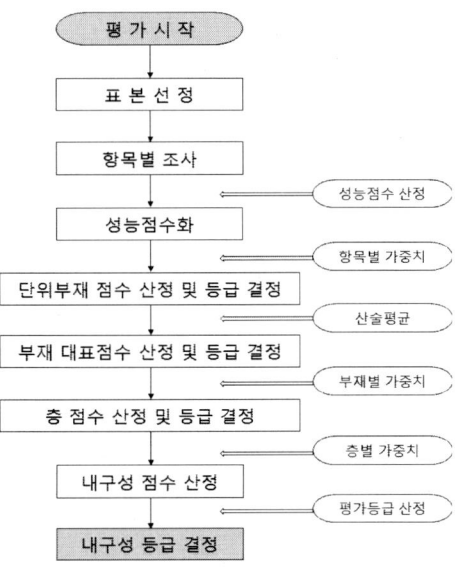

<그림 2.3> 내구성 평가절차

가. 평가항목

내구성 부문의 평가항목에 대하여 기술한다.

내구성 부문은 표본으로 선정된 부재에 대하여 다음과 같은 항목을 조사하여 평가한다. 단, 염분 함유량은 콘크리트 내에 포함된 전 염화물을 기준으로 평가하며, <표 2.11>의 평가기준을 적용한 결과가 D, E등급 판정 시 공인시험 성적서를 첨부하여야 한다.

1) 콘크리트 탄산화 (탄산화 깊이, 피복두께)
2) 염분 함유량 (염화물 이온량)
3) 철근부식
4) 균열 (구조균열, 비구조 균열, 균열폭 등)
5) 표면 노후화 (박리, 박락, 철근노출 등)

나. 평가등급

> 내구성 부문의 상태별 평가등급에 대하여 기술한다.

내하력 부문의 평가등급은 A~E의 5등급으로 구분하였으며, 각각의 등급은 <표 2.11>에 상정된 상태별로 등급을 구분하였다. 자세한 평가항목별 평가기준 및 이에 따른 평가등급은 '다. 평가기준'에서 설명하였다.

<표 2.11> 내구성 부문 상태별 평가등급

평가등급	상 태
A	구조물의 내구성에 문제가 없는 매우 양호한 상태
B	구조물의 내구성에 문제가 없으나, 경미한 손상 또는 결함이 있는 비교적 양호한 상태
C	내구성 저하가 허용치를 약간 초과하여 내구연한의 감소가 우려되는 보통의 상태
D	내구성 저하가 허용치를 크게 초과하여 내구성 저하로 인한 내하력 저하가 우려되는 불량한 상태
E	현저한 내구성 저하로 구조물의 안전성에 문제가 되는 매우 불량한 상태

다. 평가기준

내구성 부문의 평가항목별 평가기준에 대하여 기술한다.

<표 2.11>의 내구성 부문의 상태별 평가등급을 바탕으로 설정한 조사항목별 평가기준은 <표 2.12>~<표 2.15>와 같다.

<표 2.12> 내구성 부문 평가기준

조사항목		평가등급 A	B	C	D	E	비고
콘크리트 탄산화		<표 2.13> 참조					
염분함유량		Cl-≤0.15	0.15<Cl-≤0.3	0.3<Cl-≤0.6	0.6<Cl-≤1.2	Cl->1.2	
철근부식		E>0	-200<E≤0	-350<E≤-200	-500<E≤-350	E≤-500	
		약간의 점녹발생	점녹이 광범위하게 발생	면녹이 발생하였고 부분적으로 들뜬 녹 발생	들뜬 녹이 광범위 하게 발생(20%미만의 단면결손)	두꺼운 층상의 녹이 광범위하게 발생(20%이상의 단면결손)	
균열	일반환경	Cw<0.2	0.2≤Cw<0.3	0.3≤Cw<0.5	0.5≤Cw<0.8	Cw≥0.8	
	누수환경	Cw<0.1	0.1≤Cw<0.2	0.2≤Cw<0.4		Cw≥0.4	
표면노후화		<표 2.15> 참조					

* Cl- : 전염화물 이온량 (kg/m^3), E : 자연전위 (mV), Cw : 균열폭 (mm)

<표 2.13> 콘크리트 탄산화 평가기준

탄산화 깊이 \ 피복두께	D ≥ Dm	Dm > D ≥ 0.5Dm	D < 0.5Dm
Ct ≤ 0.25D	A	B	C
0.25D < Ct ≤ 0.5D	B	C	D
0.5D < Ct ≤ 0.75D	C	D	E
0.75D < Ct ≤ D	D	E	E
Ct > D	E	E	E

* Ct : 콘크리트 탄산화 깊이(mm), D : 피복두께(mm),
  Dm : 철근의 최소 피복두께(mm) <표 2.14> 참조

<표 2.14> 철근 최소 피복두께 평가기준(건축구조기준, 국토부, 2009)

적 용 환 경			피복두께
흙에 접하여 콘크리트를 친 후 영구히 흙에 묻혀 있거나 수중에 있는 콘크리트			80mm
흙에 접하거나 옥외의 공기에 직접 노출되는 콘크리트		D29 이상 철근	60mm
		D25 이하 철근	50mm
		D16 이하 철근, 철선	40mm
옥외의 공기나 흙에 직접 접하지 않는 콘크리트	슬래브 벽체, 장선	D35 초과하는 철근	40mm
		D35 이하인 철근	20mm
	보, 기둥	$f_{ck} < 40$ N/mm²	40mm
		$f_{ck} \geq 40$ N/mm²	30mm
	쉘, 절판부재		20mm

* f_{ck} : 설계기준강도(N/mm²)

<표 2.15> 표면 노후화 평가기준

항목	노후화 면적	양호 또는 없음	10% 미만	10~30%	30% 초과
박리, 박락, 파손	SD ≤ 0.5D	A	B	C	D
	0.5D < SD ≤ D	A	C	D	E
	SD > D	A	D	E	E
철 근 노 출		A	D	E	E

* SD : 표면노후화 깊이 (mm), D : 피복두께 (mm)

라. 성능점수 산정

> 조사항목별 조사결과를 종합하여 내구성 부문의 성능점수를 산정하는 방법에 대하여 기술한다.

표본으로 선정한 동·층 내의 부재를 대상으로 조사항목별 현장조사를 실시한 후, 그 결과를 종합하여 내구성 부문의 성능점수를 산정한다.

  1) 조사항목별로 <표 2.12>~<표 2.15>의 세부 평가기준에 따라 평가등급을 결정한다. 평가된 등급에 따른 성능점수는 <표 2.2>를 이용하여 산정한다.

  2) <표 2.16>의 조사항목별 가중치를 적용하여 단위 부재점수를 산정한다.

$$\text{단위 부재점수} = \sum(\text{항목별 성능점수 } P_i \times \text{항목별 가중치 } W_i)$$

    * i = 탄산화, 염분함유량, 철근부식, 균열, 표면노후화

  3) 부재별로 각 단위 부재점수의 산술평균으로 부재 대표점수를 산정한다.

$$\text{부재 대표점수} = \frac{\sum(\text{단위부재 성능점수})}{\text{조사부재수}}$$

    * 부재 대표점수는 층별로 산정하며, 벽식구조는 슬래브와 벽체로 구분하고, 가구식구조는 슬래브, 보, 기둥으로 구분하여 산정한다. <표 2.9>의 부재별 가중치 참조.
    * 보, 기둥, 벽체는 내부와 외부 부재의 가중치를 동일하게 적용하기 위하여 내부와 외부 부재의 비율을 동일하게 조사하여 평가한다. 내부와 외부 부재의 조사 비율이 상이한 경우에는 내부와 외부 부재로 구분하여 부위별로 부재점수를 산정하고, 그 산술평균으로 부재 대표점수를 산정한다.

  4) 부재 대표점수에 <표 2.9>의 부재별 가중치를 적용하여 층 점수를 산정한다.

$$\text{층 점수} = \sum(\text{부재 대표점수 } P_j \times \text{부재별 가중치 } W_j)$$

    * j = 슬래브, 벽체 - 벽식구조일 경우,
      j = 슬래브, 보, 기둥 - 가구식구조일 경우

5) 층 점수에 <표 2.10>의 층별 가중치를 적용하여 내구성 점수를 산정한다.

내구성 점수 = ∑(층 점수 P_k × 층별 가중치 W_k)

* k = 지하층, 기준층, 최상층
* 지하층 및 기준층을 여러 층 조사한 경우, 각 층의 가중치는 <표 2.10>의 층별 가중치를 해당 조사 층수로 나눈 값으로 한다.

<표 2.16> 내구성 항목별 가중치

평가부문	항목	가중치(RC조)	비고
내 구 성	철근부식	0.3	
	염분함유량	0.2	
	콘크리트 중성화	0.2	
	균열	0.2	
	표면노후화	0.1	

내구성 부문의 평가결과는 부록 A. [A3호 서식] 『층(層)별 내구성 평가표』, [A4호 서식] 『동(棟)별 내구성 평가표』를 활용하여 작성한다.

2.4.7 기울기 및 침하 평가

기울기 및 침하 부문의 평가절차 및 방법에 대하여 기술한다.

기울기 및 침하 부문의 평가는 동 단위로 실시하며, 대상 건축물의 침하 및 외력에 의한 변위·변형 정도를 조사하여 구조물 전체의 안전성을 평가한다.

기울기 및 침하 평가절차는 <그림 2.4>와 같다.

가. 평가항목

기울기 및 침하 부문의 평가항목에 대하여 기술한다.

기울기 및 침하 부문의 평가는 동(棟)단위로 아래의 2개 평가항목을 4개소씩 조사하여 평가한다.
1) 건물 기울기
2) 기초 및 지반 침하 (부동침하, 경사침하, 침하량, 진행성, 침하균열 등)

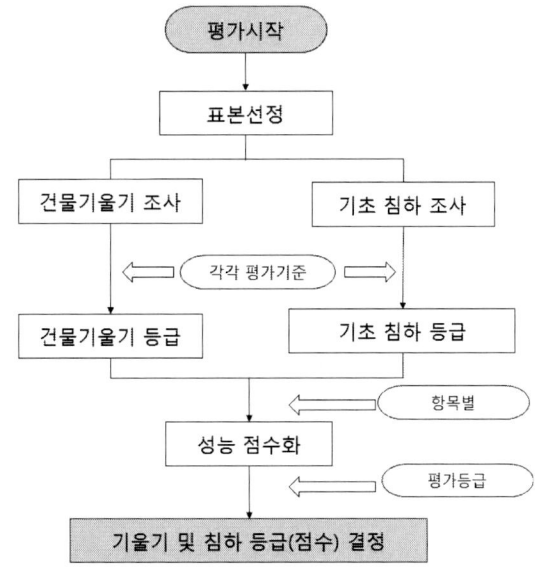

<그림 2.4> 기울기 및 침하 평가절차

나. 평가등급

기울기 및 침하 부문의 상태별 평가등급에 대하여 기술한다.

기울기 및 침하 부문의 평가등급은 A~E의 5등급으로 구분하였으며, 각각의 등급은 <표 2.17>에 상정된 상태별로 등급을 구분하였다. 자세한 평가항목별 평가기준 및 이에 따른 평가등급은 '다. 평가기준'에서 설명하였다.

<표 2.17> 기울기 및 침하 부문 상태별 평가등급

평가등급	상 태
A	건물 기울기나 기초(지반)침하가 허용치 이내이고 손상이 없는 매우 양호한 상태
B	건물 기울기나 기초(지반)침하가 허용치 이내이나, 경미한 손상이 발생된 비교적 양호한 상태
C	건물 기울기나 기초(지반)의 침하가 허용치를 약간 초과하였으나, 사용성 또는 안전성에 문제가 없는 보통의 상태
D	건물 기울기나 기초(지반)의 침하가 허용치를 크게 초과하였거나 진행성으로 인하여 사용성 또는 안전성에 문제가 되는 불량한 상태
E	건물 기울기나 기초(지반)의 침하가 극한상태에 근접하여 안전성이 극히 우려되는 매우 불량한 상태

다. 평가기준

기울기 및 침하 부문의 평가항목별 평가기준에 대하여 기술한다.

<표 2.17>의 기울기 및 침하 부문의 상태별 평가등급을 바탕으로 설정한 평가항목별 평가기준은 각각 <표 2.18> 및 <표 2.19>와 같다.

1) 건물 기울기 평가기준

건물 기울기는 건물 상단의 수평변위를 건물 높이로 나눈 각 변위로 건물 4면(전·후·좌·우)에 대하여 시공오차를 감안하여 평가한다.

<표 2.18> 건물 기울기 평가기준

구 분 \ 평가등급	A	B	C	D	E
건물 기울기	1/750 이하	1/750 초과 1/500 이하	1/500 초과 1/300 이하	1/300 초과 1/200 이하	1/200 초과

2) 기초 및 지반침하 평가기준

기초 및 지반침하는 전체침하, 부동침하 또는 경사침하 그리고 침하 진행성에 대하여 평가하고, 그 중 최저등급을 기초 및 지반침하에 대한 평가등급으로 한다.

기초 및 지반침하는 반드시 정밀조사를 실시하고, 이를 토대로 결과로 평가하여야 한다. 본 평가항목은 육안조사의 평가로는 대체할 수 없다.

<표 2.19> 기초 및 지반침하 평가기준

구 분	평가등급	A	B	C	D	E
정밀조사	전체 침하	침하 없음	25mm 이하	25mm 초과 50mm 이하	50mm 초과 100mm 이하	100mm 초과
	경사 또는 부동침하	L/750 이내	L/750 초과 L/500 이하	L/500 초과 L/300 이하	L/300 초과 L/200 이하	L/200 초과
	진행성	진행성 없음	진행성 없음	0.01mm/일 이하	0.01mm/일 초과 0.02mm/일 이하	0.02mm/일 초과

* L : 두 측정지점 사이의 거리

라. 성능점수 산정

평가항목별 조사결과를 종합하여 기울기 및 침하 부문의 성능점수를 산정하는 방법에 대하여 기술한다.

진단 대상 동(棟)의 평가항목별 현장조사를 실시한 후, 그 결과를 종합하여 기울기 및 침하 부문의 성능점수를 산정한다.

1) 평가항목별로 대상 동에 대하여 평가를 실시한다. 평가등급의 결정은 <표 2.18> 및 <표 2.19>의 평가기준에 따른다. 평가된 등급에 따른 성능점수는 <표 2.2>를 이용하여 산정한다.
2) 조사부위별 성능점수의 산술평균으로 항목별 성능점수를 산정한다.

$$\text{항목별 성능점수} = \frac{\sum(\text{조사부위 성능점수})}{\text{조사 부위수}}$$

기울기 및 침하 부문의 평가결과는 부록 A. [A5호 서식] 『동(棟)별 기울기 및 침하 평가표』를 활용하여 작성한다.

2.4.8 종합평가

공동주택에 대한 구조안전성 평가결과를 종합하여 수직증축 리모델링 가능, 수평증축 리모델링 가능, 증축 리모델링 불가로 구분하여 판정한다.

우선 1차 안전진단 시 구조안전성 평가를 실시하여 <표 2.20>과 같이 증축 리모델링 가능 여부에 대해 판정한다.

<표 2.20> 종합판정을 위한 기준표

평가 등급	판 정
각 평가항목별 평가등급이 모두 B등급 이상	수직증축 리모델링 가능
평가항목별 평가등급이 '수직증축 리모델링 가능' 및 '증축 리모델링 불가'에 해당되지 않는 경우	수평증축 리모델링 가능
각 평가항목 중 어느 하나의 평가등급이 D등급 이하	증축 리모델링 불가

제 3 장

2차 안전진단

3.1 진단목적

> 2차 안전진단의 수행목적에 대하여 기술한다.

수직증축 리모델링이 허가된 후 대상 건축물에 대해서 안전진단 기관은 구조설계자와 함께 1차 안전진단에서 평가한 구조안전성 등에 대한 상세확인을 위하여 현장조사를 실시하고, 조사결과의 검토·분석 자료를 근거로 구조설계자가 증축 시의 구조안전을 확인하고, 수직증축 리모델링의 적합성 검증을 목적으로 2차 안전진단을 실시한다.

3.2 실시 시기 및 업무범위

> 2차 안전진단의 실시 시기 및 업무범위에 대하여 기술한다.

가. 실시 시기

법 제42조의3 제4항에 따라 수직증축형 리모델링을 허가 받은 후에 실시한다.

나. 업무범위

2차 안전진단의 주요 업무는 1차 안전진단 시 실시한 평가항목별 평가결과 및 설계도서의 변경 여부를 확인하기 위한 것으로 업무범위는 다음과 같다.

1) 비파괴시험을 위한 표본층 선정

2) 정밀조사 및 비파괴 시험 수립

3) 전체부재 외관조사
   ○ 균열, 누수, 박리, 박락, 철근노출 등 정밀조사

4) 표본층 + 공용부분 조사
   ○ 내하력 조사항목 : 콘크리트 강도, 철근배근 상태, 부재단면치수, 하중상태, 부재배치상태, 슬래브 처짐 등 비파괴 시험
   ○ 내구성 조사항목 : 콘크리트 탄산화, 염분함유량, 철근부식 등 비파괴 시험
   ○ 콘크리트 코어시험 및 기초지반 지내력시험/말뚝 지지력시험
   ○ 기초 및 지반침하, 건물 기울기

5) 조사결과 검토 및 분석

6) 구조안전 확인

3.3 구조안전성 평가

대상 건축물의 구조안전성 확인에 대하여 기술한다.

가. 확인절차

2차 안전진단 구조안전성 확인은 <표 3.1>과 같이 기울기 및 침하, 내하력, 내구성으로 구분하여 각 평가부문 및 평가항목별로 평가한다.

<표 3.1> 2차 안전진단 구조안전성 평가항목

평가부문	평가항목	조사항목
기울기 및 침하	①건물 기울기	건물 4면의 기울기
	②기초 및 지반 침하	기초 및 지반 침하
내하력	③내력비	콘크리트 강도
		철근배근 상태
		부재단면치수
		하중상태
		부재배치상태
	④기초 내력비	기초지반 지내력/말뚝 지지력
	⑤처짐	처짐
내구성	⑥내구성	콘크리트 탄산화
		염분 함유량
		철근부식
		균열
		표면 노후화(박리/박락, 철근노출, 층분리)

나. 표본의 선정

구조안전성 분야에 대하여 조사할 표본의 선정기준에 대하여 기술한다.

1) 표본층 선정

내하력과 내구성 평가부문에서 평가항목별 최소한으로 조사해야 할 층의 선정기준은 <표 3.2> 및 <표 3.3>과 같다.

<표 3.2> 최소 표본층 선정기준 - 내하력 부문(2차 안전진단)

조사항목	최소 표본층	비고
①콘크리트 강도(비파괴시험)	1차 안전진단에서 조사한 층은 반드시 포함하며 조사하지 않은 층을 대상으로 2개층[2] 추가	- 콘크리트 강도(코아시험), 철근특성(강도, 연신율) 및 기초지반 지내력/말뚝 지지력은 층 선정 불필요
②철근배근상태		
③부재단면치수		
④부재배치상태		
⑤하중상태(바닥마감재, 조적벽 등 고정하중)[1]		
⑥부재처짐(슬래브 처짐)		

주) 1. 하중상태(바닥마감재, 조적벽 등 고정하중)는 계획안이 기존안과 상이한 경우 조사 층 선정 불필요
    2. 건축물의 지상층수가 20개층을 초과하는 경우에는 3개층 추가

<표 3.3> 최소 표본층 선정기준 - 내구성 부문(2차 안전진단)

조사항목	최소 표본층	비고
①균열 및 기타결함	전층	-
②콘크리트 탄산화		
③염분함유량		
④철근 부식		

2) 표본 부재의 선정

선정된 표본층에서 최소한으로 조사하여야 할 부재의 선정기준은 <표 3.4> 및 <표 3.5>와 같으며, 평가자가 필요하다고 판단되면 추가하여 조사할 수 있다.

구조안전성 평가 시 <표 2.10>의 층별 가중치 적용을 위한 층의 구분은 1차 안전진단과 동일하다.

<표 3.4> 층별 최소 표본부재 선정기준 - 내하력 부문(2차 안전진단)

조 사 항 목	최소 표본부재
①콘크리트 강도(비파괴시험)	- 슬래브(보) : 각 세대당 경계로 구획된 실의 50%에서 각 실당 1개소 (각 세대는 침실, 주방 등 구획되어 있어서 세대에 대한 각 실별 시공상태 확인이 요구됨) - 벽체(기둥) : 각 세대당 경계로 구획된 실의 50%에서 각 실당 2개소 - 조사부위 : 각 부재별 2개소(단부, 중앙부)
②철근배근상태	
③부재단면치수	
④부재배치상태	
⑤하중상태(바닥마감재, 조적벽 등 고정하중)[1]	- 전수
⑥부재처짐(슬래브 처짐)	- 층당 2개소와 4세대당 1개소 중 최대치
⑦콘크리트 강도(파괴시험)	- 동별 슬래브, 벽체 구분없이 3개소
⑧철근 인장강도(파괴시험)	- 슬래브(보), 벽체(기둥) 구분없이 3개소
⑨기초지반 지내력/말뚝 지지력	- 동당 2개소 - 말뚝 지지력시험은 정재하시험임

1. 하중상태(바닥마감재, 조적벽 등 고정하중)는 계획안이 기존안과 상이한 경우 조사부재 선정 불필요

<표 3.5> 층별 최소 표본부재 선정기준 - 내구성 부문(2차 안전진단)

조 사 항 목	최소 표본부재
균열 및 기타 결함	- 전수조사
콘크리트 탄산화 / 염분 함유량 / 철근 부식도	- 슬래브(보) : 각 세대당 구획된 실(거실, 주방, 침실)의 50%에서 각 실당 1개소 - 벽체(기둥) : 각 세대당 구획된 실(거실, 주방, 침실)의 50%에서 각 실당 2개소

3) 기타

내하력과 내구성 부문의 조사항목은 표본으로 선정된 모든 부재에 대하여 조사하는 것을 원칙으로 한다.

다. 시험 방법
1) 내하력 부문
　내하력 부문의 조사항목에 대한 시험 방법은 2.4.4 가. 1차 안전진단의 내하력 부문과 동일하며, 조사항목의 "기초지반 지내력/말뚝 지지력"의 시험방법은 국토해양부 제정「구조물 기초설계기준 및 해설 (2009)」을 참조한다. 말뚝기초의 허용지지력을 확인하기 위한 현장재하시험은 도면에 표시된 설계지지력의 120%까지 단계별로 재하함에 따라 발생되는 침하량을 확인한다. 이 때 P-δ(하중-침하) 곡선은 탄성관계(직선)의 모습을 나타내는 것을 확인하는 방법에 의하여 기존 말뚝기초의 설계지지력을 확인한다.
2) 내구성 부문
　내구성 부문의 조사항목에 대한 시험 방법은 2.4.4 나. 1차 안전진단의 내구성 부문과 동일하다.

라. 내하력 평가
2.4.5의 1차 안전진단의 내하력 평가와 동일하나, 조사항목의 "지질조사(전단파 속도, 지하수위)"를 "기초지반 지내력/말뚝 지지력"으로 대체한다.

마. 내구성 평가
2.4.6의 1차 안전진단의 내구성 평가와 동일하다.

바. 기울기 및 침하 평가
2.4.7의 1차 안전진단의 기울기 및 침하 평가와 동일하며, 이 경우 조사항목에 대하여는 마감재 해체 후 재조사를 하여야 한다.

사. 구조안전성 평가
2.4.8의 1차 안전진단의 구조안전성 평가와 동일하다.

부록 A. 『안전진단 평가표』

[A1호 서식]

작성자 :

『층(層)별 내하력 평가표』

동(棟) No : _____   층(層) No : _____   조사일 :   년   월   일

평가 항목	부재명	조사 위치		평가 등급	성능 점수	단위부재		부재별		비고
		No	조사부재			점수	등급	점수	등급	
내력비	슬래브	1						*		
		2								
		⋮								
		n								
	벽체	1								
		2								
		⋮								
		n								
처짐	슬래브	1								
		2								
		3								

1) 수직부재일 경우 처짐 항목 제외됨.
2) 가구식 구조일 경우 부재명은 슬래브, 보, 기둥으로 세분화하여 평가.

▷ 특기사항

(※ 조사시 D, E 등급을 받은 항목에 대해 상세한 상태를 기록한다.)

[A2-1호 서식]

작 성 자 :

『동(棟)별 내하력 평가표(내력비)』

동(棟) No :　　　　　　　　　　　　　　　　　　　조사일 :　　　년　　　월　　　일

조 사 위 치			부재명	부 재 별		부재별 가중치	층　별		층　별 가중치	내 하 력		비 고
층구분		No	조사층		점수	등급		점수	등급		점수	등급	
지하층		1		슬래브			0.35	*			**		
				벽 체			0.65						
지상층	기준층	1		슬래브			0.35						
				벽 체			0.65						
		2		슬래브			0.35						
				벽 체			0.65						
		:		슬래브			0.35						
				벽 체			0.65						
		n		슬래브			0.35						
				벽 체			0.65						
	최상층	1		슬래브			0.35						
				벽 체			0.65						

1) 가구식 구조일 경우 부재명은 슬래브, 보, 기둥으로 구분하고 부재별 가중치는 <표 2.9>참조
2) 층별 가중치는 <표 2.10> 참조
* ∑(부재별 점수 × 부재별 가중치)
** ∑(층별 점수 × 층별 가중치)

▷ 특기사항

(※ 조사시 D, E 등급을 받은 항목에 대해 상세한 상태를 기록한다)

[A2-2호 서식]

작 성 자 :

『동(棟)별 내하력 평가표(처짐)』

동(棟) No :　　　　　　　　　　　　　　　　　　　조사일 :　　　년　　　월　　　일

부재명	조 사 위 치			층 별		층 별 가중치	처짐		비 고
	층구분	No	조사층	점수	등급		점수	등급	
슬래브	지하층	1					*		
	지상층	기준층	1						
			2						
			⋮						
			n						
		최상층	1						

1) 가구식 구조일 경우 부재명은 슬래브, 보, 기둥으로 구분하고 부재별 가중치는 <표 2.9>참조
2) 층별 가중치는 <표 2.10> 참조
*∑(층별 점수 × 층별 가중치)

▷ 특기사항

(※ 조사시 D, E 등급을 받은 항목에 대해 상세한 상태를 기록한다)

[A2-3호 서식]

작 성 자 :

『동(棟)별 내하력 평가표(기초내력비)』

동(棟) No :   조사일 :   년   월   일

평가항목	조 사 부 위		평가 등급	성능 점수	항 목 별		비 고
	No	위 치			점수	등급	
기초 내력비	1				*		
	2						
	⋮						
	n						

* 항목별 성능점수의 산술평균

▷ 특기사항

[A3호 서식]

『층(層)별 내구성 평가표』

작 성 자 :

동(棟) No :   층(層) No :   조사일 :   년   월   일

부재명	조사위치		평가항목	평가등급	성능점수	항목별 가중치	단위부재		부재별		비고
	No	조사부재					점수	등급	점수	등급	
슬래브	1		콘크리트탄산화			0.2	*		**		
			염분함유량			0.2					
			철근부식			0.3					
			균열			0.2					
			표면노후화			0.1					
	2		콘크리트탄산화			0.2					
			염분함유량			0.2					
			철근부식			0.3					
			균열			0.2					
			표면노후화			0.1					
	n		콘크리트탄산화			0.2					
			염분함유량			0.2					
			철근부식			0.3					
			균열			0.2					
			표면노후화			0.1					
벽체	1		콘크리트탄산화			0.2					
			염분함유량			0.2					
			철근부식			0.3					
			균열			0.2					
			표면노후화			0.1					
	2		콘크리트탄산화			0.2					
			염분함유량			0.2					
			철근부식			0.3					
			균열			0.2					
			표면노후화			0.1					
	n		콘크리트탄산화			0.2					
			염분함유량			0.2					
			철근부식			0.3					
			균열			0.2					
			표면노후화			0.1					

1) 벽체, 기둥, 보의 내부와 외부 부재의 비율을 동일하게 조사
* ∑(성능점수 × 항목별 가중치)
** 항목별 단위 부재점수의 산술평균

▷ 특기사항

(※ 조사시 D, E 등급을 받은 항목에 대해 상세한 상태를 기록한다.)

[A4호 서식]

작 성 자 :

『동(棟)별 내구성 평가표』

동(棟) No : 　　　　　　　　　　　　　　　　　　　　조사일 :　　　년　　　월　　　일

조사 위치			부재명	부재별		부재별 가중치	층 별		층별 가중치	내 구 성		비 고
층구분	No	조사층		점수	등급		점수	등급		점수	등급	
지하층	1		슬래브			0.35	*					
			벽 체			0.65						
지상층	기준층	1	슬래브			0.35				**		
			벽 체			0.65						
		2	슬래브			0.35						
			벽 체			0.65						
		⋮	슬래브			0.35						
			벽 체			0.65						
		n	슬래브			0.35						
			벽 체			0.65						
	최상층	1	슬래브			0.35						
			벽 체			0.65						

1) 가구식 구조일 경우 부재명은 슬래브, 보, 기둥으로 구분하고, 부재별 가중치는 <표 2.9>참조
2) 층별 가중치는 <표 2.10> 참조
 * Σ(부재별 점수 × 부재별 가중치)
** Σ(층별 점수 × 층별 가중치)

▷ 특기사항

(※ 조사시 D, E 등급을 받은 항목에 대해 상세한 상태를 기록한다)

[A5호 서식]

작 성 자 :

『동(棟)별 기울기 및 침하 평가표』

동(棟) No :　　　　　　　　　　　　　　　　　　조사일 :　　　년　　　월　　　일

평가항목	조사 부위		평가 등급	성능 점수	항목별		비고
	No	위 치			점수	등급	
건물 기울기	1				*		
	2						
	3						
	⋮						
	n						
기초침하	1				*		
	2						
	3						
	⋮						
	n						

* 항목별 성능점수의 산술평균

▷ 특기사항

[A6호 서식]

작성자:

『구조안전성 평가표』

동(棟) No :　　　　　　　　　　　　　　　조사일 :　　　년　　　월　　　일

구 분		평가등급						비고
		A	B	C	D	E	소계	
기울기 및 침하	건물 기울기							
	기초 및 지반침하							
내력비	내력비							
	기초 내력비							
	처짐							
내구성								

▷ 특기사항 및 총평

나. 수직증축형 리모델링 전문기관 안전성 검토기준 매뉴얼(한국건설기술연구원 제정, 2014.6.20)

제 I 편
전문기관 검토 운영매뉴얼

전문기관 검토요령

1.1. (목적) 본 규정은 「주택법」(이하 '법'이라 한다) 제42조의4 제3항에 따라 국토교통부장관이 고시하는 '수직증축형 리모델링 전문기관 안전성 검토기준'(이하 '검토기준'이라 한다)에서 정하는 전문기관 검토에 관하여 필요한 세부사항을 정함을 목적으로 한다.

1.2. (검토 요청) 시장·군수·구청장(이하 '시장·군수'라 한다)은 법제42조의4제1항 및 제2항에 따라 수직증축형 리모델링에 대해 전문기관에 안전성 검토를 의뢰하여야 한다.

  1.2.1. 전문기관은 검토기준 제4조에 따라 시장·군수에게 별지 제1호서식의 전문기관 검토신청서와 별지 제2호서식의 수직증축 리모델링 구조안전 자체평가서 및 안전성 검토에 필요한 자료의 제공을 요청할 수 있으며, 시장·군수는 특별한 사유가 없으면 요청받은 자료를 제공하여야 한다.

  1.2.2. 전문기관은 필요한 경우에 (시장·군수를 경유하여) '구조설계자'에게 자료의 보완을 요청할 수 있으며, 구조설계자는 특별한 사유가 없는 한 이에 응하여야 한다.

  1.2.3. 전문기관은 필요한 경우에 (시장·군수를 경유하여) 현장조사를 할 수 있으며, 안전진단기관은 특별한 사유가 없는 한 이에 응하여야 한다.

1.3. (검토 기준) 전문기관 검토는 법 제42조3의제5항에 따라 고시된 증축형 리모델링 안전진단 기준(이하 '진단기준'이라 한다) 및 법 제42조의5에 따라 고시된 수직증축형 리모델링 구조기준(이하 '구조기준'이라 한다)에 적합하게 실시되어야 한다.

   1.3.1. (검토 기간) 전문기관의 검토기간은 법제42조의4제3항 및 영제47조의5제2항에 따라 검토 요청을 받은 날로부터 30일 이내에 검토를 하여야 한다. 다만, 현장조사 및 자료보완 등의 사유 또는 부득이한 사정이 있을 경우에는 예외로 할 수 있다.

   1.3.2. (자문위원회) 전문기관은 수직증축 리모델링 공사에 있어서 법제42조의4 제1항 및 제2항에 따른 안전성을 검토하기 위하여 자문위원회를 설치할 수 있다. 자문위원회의 구성·운영에 대해서는 전문기관이 별도로 정한다.

   1.3.3. (소위원회) 시장·군수에 의한 전문기관 안전성 검토 의뢰가 있을 경우에 전문기관은 각 개별사업에 대한 검토를 위하여 소위원회를 구성할 수 있다.

   1.3.4. (검토결과 제출) 전문기관의 장은 검토를 요청한 시장·군수에게 검토결과를 제출하여야 한다. 전문기관의 검토결과는 다음의 3단계로 결정한다.

     1) 적합 : '구조계획상 증축범위의 적정성' 및 '제출된 설계도서상 구조안전의 적정성'이 적합하여 신청(안)대로 안전보강이 가능할 경우

     2) 조건부 적합 : 수직증축 리모델링(안)에 중대한 결함은 없지만 개선할 경우 구조안전성 및 경제성이 향상되어 보완이 필요할 경우

     3) 부적합 : 수직증축 리모델링(안)에 중대한 결함이 있어 안전보강이 어렵다고 판단하는 경우

   1.3.5. (비밀 엄수) 검토위원 및 전문기관의 검토업무 관계자는 업무상 알게 된 비밀사항을 누설하거나 도용하여서는 아니 된다.

1.4. (검토 비용) 검토비용은 법 제42조의4제4항에 따라 전문기관의 장이 국토교통부장관의 승인을 받아 정한다.

1.5. (운영세칙) 이 규정에서 정한 것 이외에 전문기관의 검토에 필요한 세부사항은 전문기관장이 따로 정할 수 있다.

* 별도로 정할 세부사항
    1) 전문기관 안전성 검토 비용 (1차 검토, 2차 검토, 재 검토)
    2) 외부 자문위원 자문비용 및 여비 지급 기준

자문위원회 구성·운영매뉴얼

1.1. (목적) 본 규정은 「주택법」(이하 '법'이라 한다) 제42조의4 제3항에 따라 국토교통부장관이 고시하는 '수직증축형 리모델링 전문기관 안전성 검토기준'(이하 '검토기준'이라 한다)에서 정하는 자문위원회의 구성 및 운영 등에 관하여 필요한 세부사항을 정함을 목적으로 한다.

1.2. (자문위원회) 전문기관은 수직증축 리모델링 공사에 있어서 법제42조의4제1항 및 제2항에 따른 안전성을 검토하기 위하여 자문위원회를 설치할 수 있다.
  1.2.1. (구성) 자문위원회는 내부 검토위원, 외부 자문위원으로 하여 총 40인 이내의 위원으로 구성한다.
    1) (위원장) 자문위원회의 위원장은 전문기관의 장이 내부 검토위원 중에서 임명한다.
    2) (내부 검토위원) 내부 검토위원은 전문기관에 소속된 직원 중에서 위원장이 임명한 자로 10인 이내로 구성한다.
    3) (외부 자문위원) 외부 자문위원은 건축구조, 지반공학, 토질및기초기술 분야와 관련된 학회나 기술사회 등의 추천을 받은 전문가 중에서 위원장이 임명한 자로 30인 이내에서 구성한다.
  1.2.2. (위원의 임기·임명·위촉) 위원장·내부 검토위원 및 외부 자문위원의 임기·임명·위촉은 다음에 따른다.
    1) 2년으로 하되 연임할 수 있다. 다만, 질병 등의 사유로 업무수행이 곤란하다고 인정되는 경우에는 임기만료 전에 해촉할 수 있다.
    2) 전문기관장은 위원장, 자문위원으로 임명 또는 위촉하는 자에게 별지 제5호 서식의 위촉장을 수여하고 별지 제6호 서식의 동의서를 징구한다.
  1.2.3. (비밀 엄수) 자문위원은 업무상 알게 된 비밀사항을 누설하거나 도용하여서는 아니 된다.

1.3. (소위원회) 시장·군수에 의한 전문기관 안전성 검토 의뢰가 있을 경우에 전문기관은 각 개별사업에 대한 검토를 위하여 소위원회를 구성할 수 있다.

   1.3.1. (구성) 소위원회는 총 7~10인 내외로 위원장이 해당 건별로 위원을 위촉하여 구성한다.

      1) (위원장) 소위원회의 위원장은 전문기관의 장이 정하는 절차에 따라 내부 검토위원 중에서 임명한다.

      2) (내부 검토위원) 내부 검토위원은 3인으로 위원장, 위원장이 지명하는 간사를 포함하여 구성한다.

      3) (Peer Review) 수직증축 리모델링 공사에 있어서 구조설계 전반에 걸친 공학적 검토를 위해 외부 자문위원 중에서 제3의 건축구조기술사를 1인 지정하여 운영할 수 있다.

      4) (외부 자문위원) 외부 자문위원은 3인 이상으로 구성하되, 건축구조분야와 토질 및 기초분야 별로 최소 1인 이상 위촉한다.

      5) (타 전문기관 위원) 전문기관 사이의 검토기준 조율을 위하여 타 전문기관에 소속된 내부 검토위원을 1인 구성한다.

      6) (이해관계) 해당 건별에 대하여 자문 등 이해관계가 있는 사람으로 하여금 검토를 하게 하여서는 아니 된다.

   1.3.2. (위원장의 직무 등) 위원장의 직무는 다음에 따른다.

      1) 위원장은 소위원회를 대표하고, 소위원회의 업무를 총괄한다.

      2) 위원장이 부득이한 사유로 소위원회에 출석할 수 없는 때에는 간사가 위원장의 직무를 대행한다.

      3) (회의소집) 위원장은 시장·군수로부터 전문기관 검토 요청을 받은 경우 소위원회를 구성하고 검토 회의를 소집하여야 한다.

   1.3.3. (검토 및 운영) 소위원회의 운영 및 검토는 다음에 따른다.

      1) 소위원회는 위촉된 재적위원 2/3 이상의 출석으로 개최하며, 대리인을 시켜 소위원회의에 출석하게 하여서는 아니 된다.

      2) 소위원회의 검토를 거친 사항은 자문위원회의 검토를 거친 것으로 본다.

3) 소위원회는 수직증축 리모델링 공사에 있어서 법제42조의4제1항에 따른 1차 안전성 검토와 법제42조의4제2항에 따른 2차 안전성 검토를 하여야 한다.

4) 소위원회의 위원장은 필요한 경우에 (시장·군수를 경유하여) 구조설계자에게 출석답변을 요청할 수 있으며, 구조설계자는 특별한 사유가 없는 한 이에 응하여야 한다.

5) 소위원회의 위원장은 수직증축 리모델링 설계에 신기술·신공법 등이 적용된 경우 외부 전문가의 출석자문을 받을 수 있다.

6) (검토 의견) 소위원회에 참석하는 자문위원은 별지 제3호 서식에 따라 자문의견을 작성하여 위원장에게 제출하여야 한다.

1.4. (운영세칙) 이 규정에서 정한 것 이외에 자문위원회의 운영에 필요한 세부사항은 전문기관장이 따로 정할 수 있다.

* 별도로 정할 세부사항
    1) 전문기관 안전성 검토 비용 (1차 검토, 2차 검토, 재 검토)
    2) 외부 검토위원 검토비용 및 여비 지급 기준

제Ⅱ편
전문기관 안전성 검토원칙

제 1 장

증축 리모델링 안전진단

1.1 구조안전성 평가

전문기관 안전성 검토기준 제6조에 따라 안전진단기준 제2장의 제2절 구조안전성 평가 결과에 대한 구체적인 검토방법을 설명한다.

(1) 검토항목

구조안전성 평가에 대한 검토는 다음의 6가지 항목에 대하여 검토한다.

- 내력비
- 기초 내력비
- 처짐
- 내구성
- 건물 기울기
- 기초 및 지반 침하

(2) 검토원칙

구조안전성 평가의 검토는 증축 리모델링 안전진단매뉴얼의 2.5절을 참고하여 다음의 원칙에 따라 검토한다.
- 1차 안전진단의 구조안전성 평가는 안전진단매뉴얼의 2.5절에 따라 평가

- 설계변경에 의해 전문기관 재검토 요청 시 2차 안전진단의 구조안전성 평가는 안전진단 매뉴얼의 3.5절에 따라 평가
- 현장조사 결과로부터 각 조사항목별 평가기준에 따라 평가등급을 결정하고, 항목별 가중치를 고려하여 6가지 평가항목별 평가등급을 결정
- 내력비 평가를 위해서는 구조해석을 실시하여야 하며, 기존 건물의 신축 당시 설계하중을 적용하여 각 부재의 내력비를 평가

(3) 검토방법

구조안전성 평가의 검토는 제출된 안전진단결과보고서 및 구조도, 구조해석 파일을 참고하여 다음과 같이 검토한다.

① 내력비
- 현장조사결과로부터 결정된 재료강도, 부재치수, 배근, 하중 등 구조해석의 모델링에 적절하게 반영되었는지 검토
- 구조해석 파일에서 기존 건물 신축당시 설계하중으로 구조해석이 이루어졌는지 확인
- 구조해석 파일에서 부재별 모든 응력조건에 대한 설계강도/소요강도 비를 확인하고, 최저값으로 평가등급이 결정되었는지 확인
- 부재별, 층별 가중치를 적용하여 내력비 평가등급이 적합하게 결정되었는지 확인

② 기초내력비
- 지반조사 또는 현장재하시험결과로부터 결정된 기존 기초의 허용지지력을 적용하여 안전진단매뉴얼 2.5.5절에 따라 구조해석을 수행하고, 해석결과로부터 결정된 평가등급이 적합하게 산정되었는지 확인

③ 처짐
- 현장조사 결과로부터 안전진단매뉴얼 2.5.5절의 평가기준에 따라 평가등급이 적합하게 산정되었는지 확인

④ 내구성
- 현장조사 결과로부터 안전진단매뉴얼 2.5.6절의 평가기준에 따라 평가등급이 적합하게 산정되었는지 확인

⑤ 건물기울기
- 현장조사 결과로부터 안전진단매뉴얼 2.5.7절의 평가기준에 따라 평가등급이 적합하게 산정되었는지 확인

⑥ 기초 및 지반침하
- 현장조사 결과에서 전체침하, 경사/부동침하, 진행성 결과값을 확인하고, 안전진단매뉴얼 2.5.7절의 평가기준에 따라 최저등급으로 평가등급이 결정되었는지 확인

1.2 증축 리모델링 판정

전문기관 안전성 검토기준 제6조에 따라 안전진단기준 제2장 제3절 증축 리모델링 판정결과에 대한 구체적인 검토방법을 설명한다.

(1) 검토항목

안전진단의 증축 리모델링 판정결과에 대한 검토는 다음의 항목에 대하여 검토한다.

· 평가항목별 평가등급
· 증축리모델링의 판정결과

(2) 검토원칙

증축 리모델링 판정결과에 대한 검토는 증축 리모델링 안전진단매뉴얼의 2.5.8절을 참고하여 다음의 원칙에 따라 검토한다.

· 수직증축 리모델링 가능 : 6개 평가항목 모두 평가등급이 B등급 이상
· 수평증축 리모델링 가능 : "수직증축 리모델링 가능"과 "증축 리모델링 불가"에 해당되지 않는 경우
· 증축 리모델링 불가 : 6개 평가항목 중 어느 하나의 평가등급이 D등급 이하

(3) 검토방법

증축 리모델링 판정결과의 검토는 제출된 안전진단결과보고서를 참고하여 다음과 같이 검토한다.

· 안전진단결과보고서의 증축 리모델링 판정결과를 확인하고, (2)항의 검토원칙에 따라 증축 리모델링 판정이 적합하게 수행되었는지 검토

<표 1.120> 증축 리모델링 판정

판정결과	평가등급						증빙자료 (페이지)
	건물 기울기	기초 및 지반 침하	내력비	기초내력비	처짐	내구성	

제 2 장

수직증축형 리모델링 일반 고려사항

2.1 기존 부재의 재료 특성치

전문기관 안전성 검토기준 제6조에 따라 구조기준 2-1절 기존 부재의 재료 특성치에 대한 구체적인 검토방법을 설명한다.

(1) 검토항목

기존 부재의 재료 특성치에 대한 검토는 다음의 항목에 대하여 검토한다.
- 콘크리트 평가기준강도
- 철근 평가기준강도
- 기타 재료 평가기준강도

(2) 검토원칙

기존 부재의 재료 특성치에 대한 검토는 구조매뉴얼의 2.1절을 참고하여 다음의 원칙에 따라 검토한다.
- 리모델링 안전진단의 현장조사를 통하여 조사된 콘크리트와 철근 등 각 재료의 개별강도를 콘크리트구조기준의 20.3 평가입력값 산정방법에 따라 평가기준강도를 산정
- 반발경도시험법에 의해 콘크리트강도를 산정한 경우에는 한 지점에 대해 20~25회 타격한 값을 한 개의 표본으로 함
- 철근강도는 현장조사를 통하여 채취가 가능할 경우에만 평가입력값에 의해 산정하고, 시험표본이 없는 경우에는 도면상에 표기된 설계기준강도로 함
- 각 재료별 평가기준강도와 도면상의 설계기준강도 중 작은 값으로 설계

(3) 검토방법

기존 부재의 재료 특성치를 요약 정리한 구조안전 자체평가서의 <표 2.1>은 구조도, 구조계산서, 구조해석파일을 참고하여 다음과 같이 검토한다.

- 기존 설계강도 : 구조도에 표기된 재료강도
- 평가기준강도 : 측정된 강도 값을 표본으로 콘크리트구조기준 20.3 및 부록 V.3의 평가기준강도에 따라 산정된 강도
- 설계기준강도 : 구조해석에 적용된 재료강도 입력값은 구조도에 표기된 재료강도와 평가기준강도 중 작은 값

<표 2.2> 재료강도

항목		시험방법	기존 설계강도[1] (MPa)	평가기준강도[2] (MPa)			설계 기준강도[3] (MPa)	증빙자료 (페이지)
				평균값	표준편차	하한값		
콘크리트	Type1	반발강도						
		코아채취						
	:							
철근	HD16	KS F						
	:							
기타								

1) 기존 설계강도 : 기존 구조도에 표기된 각 재료별 설계기준강도
2) 평가기준강도 : 콘크리트구조기준 20.3절 평가입력값에 의해 산정한 각 재료별 평가기준강도
3) 설계기준강도 : 수직증축 리모델링 구조설계에 사용된 설계기준강도

2.2 기존 말뚝기초의 설계지지력 확인

전문기관 안전성 검토기준 제6조에 따라 구조기준 2-2절 기존 말뚝기초의 지지력 확인에 대한 구체적인 검토방법을 설명한다.

(1) 검토항목

기존 말뚝기초의 지지력 확인에 대한 검토는 다음의 항목에 대하여 검토한다.
· 시험추정 허용지지력의 산정방법의 적합성
· 기존 말뚝의 설계지지력의 결정

(2) 검토원칙

기존 말뚝기초의 지지력에 대한 검토는 구조매뉴얼 2.2절을 참고하여 다음의 원칙에 따라 검토한다.
 - 1차 안전진단의 지반조사결과로부터 구조매뉴얼 2.2절에 따라 기존 말뚝기초의 설계지지력을 산정
 - 2차 안전진단의 말뚝재하시험결과로부터 구조매뉴얼 2.2절에 따라 기존 말뚝기초의 설계지지력을 확인
 - 설계지지력의 결정은 시험으로 구한 허용지지력과 도면 표기 설계지지력 중 작은 값

(3) 검토방법

기존 말뚝기초의 지지력을 요약 정리한 구조안전 자체평가서의 <표 2.2> 및 <표 2.3>은 구조도, 안전진단결과보고서, 구조계산서를 참고하여 다음과 같이 검토한다.
 - 구조도의 기존 말뚝기초 직경 및 허용지지력 확인
 - 안전진단결과보고서의 기초 내하력 조사결과 확인
 - 구조매뉴얼의 2.2절에 따라 기존 말뚝기초의 설계지지력이 적합하게 산정되었는지 검토

<표 2.4> 기존 말뚝기초의 설계지지력(1차 안전진단)

구분	직경 (mm)	길이 (m)	시험추정 허용지지력					도면상 허용지지력 (kN)	증빙자료 (페이지)
			선단 지지력[1] (kN)	주면 마찰 지지력[2] (kN)	극한 지지력 (kN)	허용 지지력 (kN)	추정 침하량[3] (mm)		
Type1									
:									

1) 선단지지력 : 지질조사 결과로부터 추정식을 통하여 구한 선단지지력
2) 주면마찰지지력 : 지질조사 결과로부터 추정식을 통하여 구한 주면마찰지지력
3) 추정침하량 : 허용지지력에 대한 침하량

<표 2.5> 기존 말뚝기초의 설계지지력(2차 안전진단)

구분	직경 (mm)	추정길이 (m)	재하시험 지지력									도면상 허용지지력 (kN)	증빙자료 (페이지)
			1단계		2단계		...		n단계				
			$P_1^{1)}$ (kN)	$\delta_1^{2)}$ (mm)	P_2 (kN)	δ_2 (mm)	P_i (kN)	δ_i (mm)	P_n (kN)	δ_n (mm)		
Type1												
⋮												

1) P : 재하하중
2) δ : 침하량

2.3 지반굴착에 관한 일반사항 확인

전문기관 안전성 검토기준 제6조에 따라 구조기준 2-3절 지반굴착에 대한 구체적인 검토방법을 설명한다.

(1) 검토항목

지반굴착에 대한 검토는 다음의 항목에 대하여 검토한다.
· 지반굴착에 따른 기존 기초 영향
· 보강말뚝 설치에 따른 기존 기초 영향
· 암 발파 및 파쇄에 따른 기존 기초 영향

(2) 검토원칙

지반굴착에 대한 검토는 구조매뉴얼의 2.3절을 참고하여 다음의 원칙에 따라 검토한다.
- 수직증축 리모델링 공사중 지반굴착을 실시할 경우 지반굴착의 범위, 지하수 위치, 지반조건, 인접 직접기초 및 말뚝기초 이격거리, 인접 건물하중, 매설물 정보 등을 확인하여 기존 기초에 미치는 영향 검토
- 가설 흙막이 구조물을 설치할 경우 굴착 깊이별 벽체안정성을 검토하여야 하고, 기존 기초와 이격거리를 파악하여 안정성을 확인
- 보강말뚝을 설치하는 경우 장비의 진동 및 기존 기초판의 철거 공사 등이 안정화된 지반을 교란할 수 있으므로 시공방법이 지반 교란에 미치는 영향

을 분석하고, 기존 말뚝 기초의 지지력이 감소되는지 검토
- 암 발파 및 파쇄 공정이 포함될 경우 기존 건축물에 진동을 발생시켜 안정성에 영향을 미치게 되므로 이에 대하여 사전 검토

(3) 검토방법

지반굴착 시 검토사항을 요약 정리한 구조안전 자체평가서의 <표 2.4>은 구조도, 시방서, 구조계산서를 참고하여 다음과 같이 검토한다.
- 구조도 및 시방서 확인을 통하여 지반굴착, 가설 흙막이, 보강말뚝 시공, 암 발파 및 파쇄 공정 확인
- 구조도 및 구조계산서에서 제시하는 지반 굴착공사에 대한 조치사항 검토

<표 2.7> 지반굴착 정보

항목	굴착면적 (B*L)	굴착 깊이 (m)	지하 수위 (m)	가설 흙막이 설치 유무	기존 기초 영향 검토		암 발파 또는 암 파쇄 유무	증빙자료 (페이지)
					인접 직접기초 이격거리[1] (m)	인접 말뚝기초 이격거리[2] (m)		
내용								

1) 지반굴착면과 인접한 직접기초의 연단까지 거리
2) 지반굴착면과 인접한 말뚝기초의 연단까지 거리

2.4 구조부재의 철거 및 안전조치

전문기관 안전성 검토기준 제6조에 따라 구조기준 2-4절 구조부재의 철거 및 안전조치에 대한 구체적인 검토방법을 설명한다.

(1) 검토항목

기존 구조부재의 철거 및 안전조치에 대한 검토는 다음의 항목에 대하여 검토한다.
· 기존 구조부재 철거에 따른 구조내력의 변경사항
· 기존 구조부재 철거 후 인접부재의 내력 확보 방안

(2) 검토원칙

기존 구조부재의 철거 및 안전조치에 대한 검토는 구조매뉴얼의 2.4절을 참고하여 다음의 원칙에 따라 검토한다.
- 내력벽을 철거하는 경우 지지조건 변화에 따른 하중 및 부재력의 변화가 기존 부재에 미치는 영향을 검토하여 구조부재 철거에 따른 안전조치 수행
- 기존 구조부재의 철거시 절단작업에 의해 잔존 구조물내의 철근 정착길이가 부족해지는 경우에는 이로 인한 구조내력의 감소 및 균열발생 등의 사용성을 검토

(3) 검토방법

구조부재의 철거 후 안전조치를 요약 정리한 구조안전 자체평가서의 <표 2.5>는 구조도, 구조계산서, 구조해석 파일을 참고하여 표의 각 항을 확인한다. MIDAS 프로그램을 이용하여 설계한 경우에는 다음과 같이 확인한다.
- 철거부재의 확인 : 구조도의 철거도면에서 철거부재, 철거형태를 확인하고, 구조해석 파일의 모델링에 반영되었는지 확인
- 인접부재 내력확인 : 벽체, 보 및 기둥 부재는 MIDAS Gen의 Code Check (Gen>> Design>Concrete code check>Wall check) 를 수행하여 NG 부재가 없음을 확인
- 슬래브의 경우 구조계산서의 슬래브 Capacity Table에서 도면의 배근상세에 대한 설계강도를 확인한 후 Midas SDS에서 슬래브의 소요강도 (SDS>>Result> Forces> Slab forces/moments) 와 비교하여 내력을 확인
- 보강설계 : 내력비 초과 또는 정착길이 부족 등 구조내력에 영향을 미치는 검토사항에 대해서는 구조계산서에서 설계 내역 검토

<표 2.9> 구조부재의 철거 후 안전조치

부재명[1]	철거형태[2]	검토 부재명[3]	검토사항[4]	조치사항[5]	증빙자료 (페이지)
W1	부분철거	S1	지지조건	FRP보강	
:					

1) 부재명 : 철거 부재명
2) 철거형태 : 내력벽 철거, 부분철거, 슬래브 절단 등
3) 검토 부재명 : 철거 부재로 인해 내력 등 구조안전성의 검토가 필요한 부재명
4) 검토사항 : 지지조건, 철근 정착길이 등 구조내력에 영향을 미치는 검토사항
5) 조치사항 : 검토사항으로 인해 인접부재의 내력이 감소될 경우 내력 확보 방안

제 3 장

구조해석

3.1 내진설계 제반 사항

3.1.1 지진하중에 대한 안전성 확인

전문기관 안전성 검토기준 제6조에 따라 구조기준 3-1-1절의 지진하중에 대한 안전성 확인의 구체적인 검토방법을 설명한다.

(1) 검토항목

지진하중에 대한 안전성은 다음의 항목에 대하여 검토한다.
· 증축 전·후 연직하중의 산정
· 지진하중의 산정

(2) 검토원칙

지진하중에 대한 안전성은 구조매뉴얼의 3.1.1절을 참고하여 다음의 원칙에 따라 검토한다.
 - 증축 전·후 건물의 고정하중은 기존 부재의 철거, 증축, 보강과 마감재의 변경 등을 고려하여 산정
 - 활하중은 실별 용도에 따라서 「건축구조기준」 0303의 활하중을 참조
 - 지진하중은 「건축구조기준」 0306에 따라 산정

(3) 검토방법

지진하중에 대한 안전성 검토를 위하여 요약 정리한 구조안전 자체평가서의 <표 3.1>~<표 3.3>은 리모델링 전·후 구조도, 구조계산서, 구조해석 파일을 참고하여 표의 각 항을 확인한다. MIDAS 프로그램을 이용하여 설계한 경우에는 다음과 같이 확인한다.
 - 총중량 및 층당 중량 : Midas Gen 의 Story Load Table(Gen>>Query>Story Load Table)에서 고정하중에 대하여 체크하고 Load(Z) 탭에서 총 중

량 및 층당 중량을 확인하고 층면적으로 나누어 단위면적당 중량을 검토
- 고정하중 : 리모델링 전·후 구조도의 마감상세 및 구조계산서의 고정하중 산정표의 상세를 확인하고 Midas SDS의 Area Load Type(SDS>>Model>Static Loads>Area Load Types)의 실별 고정하중에 입력된 값과 비교
- 활하중 : 구조계산서의 활하중 산정표와 Midas SDS의 Area Load Type (SDS>>Model>Static Loads>Area Load Types)의 실별 적재하중 입력값을 확인
- 지진하중 : 구조계산서의 지진하중 산정표와 Midas Gen 의 Response Spectrum Functions(Gen>>Load>Response Spectrum Analysis Data>Response Spectrum Functions)의 하단 Description의 입력조건과 비교

<표 3.1> 하중 종합

구분	층수	총중량 (kN)	기준층 중량 (kN)	층면적 (m^2)	단위면적당 중량[1] (kN/m^2)	자중 경감조치	증빙자료 (페이지)
증축 전						유/무	
증축 후							

1) 단위면적당 중량 : 기준층의 층중량을 층면적으로 나눈값으로 한다.

<표 3.2> 연직하중

| 용도 | 증축 전 | | | | 증축 후 | | | | 증빙자료 (페이지) |
	구성	두께 (mm)	고정하중 (kN/m^2)	활하중 (kN/m^2)	구성	두께 (mm)	고정하중 (kN/m^2)	활하중 (kN/m^2)	
지붕층	누름콘크리트	100	2.30						
	액체방수2차	20	0.42						
	콘크리트슬래브	135	3.24						
	단열재	110	0.06						
	천장		0.15						
:									

<표 3.3> 지진하중

내진설계범주	지진력 저항시스템	반응수정계수 R	건물의 중량 W (kN)	주기상한계수 C_u	증빙자료 (페이지)

3.1.2 지진력저항시스템의 설계계수

전문기관 안전성 검토기준 제6조에 따라 구조기준 3-1-2절 지진력저항시스템의 설계계수에 대한 구체적인 검토방법을 설명한다.

(1) 검토항목

지진력저항시스템의 설계계수에 대한 검토는 다음의 항목에 대하여 검토한다.
· 지진력저항시스템의 설계계수

(2) 검토원칙

지진력저항시스템의 설계계수에 대한 검토는 구조매뉴얼의 3.1.2절을 참고하여 다음의 원칙에 따라 검토한다.
- 증축 리모델링 건물의 지진력저항시스템은 <표 3.4>를 참조하여 설계계수 산정

<표 3.4> 지진력저항시스템에 대한 설계계수 (KBC2009)

기본 지진력저항시스템	설계계수			시스템의 제한과 높이(m)제한		
	반응수정계수 R	시스템초과강도계수 Ω_0	변위증폭계수 C_d	내진설계 범주 A 또는 B	내진설계 범주 C	내진설계 범주 D
1. 내력벽 시스템						
1-b. 철근콘크리트 보통전단벽	4	2.5	4	-	-	60
2. 건물골조 시스템						
2-o. 철근콘크리트 보통전단벽	5	2.5	4.5	-	-	60
3. 모멘트-저항골조 시스템						
3-j. 철근콘크리트 보통모멘트골조	3	3	2.5	-	-	불가

(3) 검토방법

지진력저항시스템에 대한 설계계수를 요약 정리한 구조안전 자체평가서의 <표 3.5>는 구조계산서, 구조해석 파일을 참고하여 표의 각 항을 확인한다. MIDAS 프로그램을 이용하여 설계한 경우에는 다음과 같이 확인한다.
- 지진력저항시스템의 선정결과 및 구조해석 입력값 비교
- 지진력저항시스템의 선정결과 및 Midas Gen 의 Response Spectrum Functions (Gen>>Load>Response Spectrum Analysis Data>Response Spectrum Functions)의 하단 Description의 입력조건과 비교
- 내진설계범주 D의 시스템 제한 사항 확인

<표 3.5> 지진력저항시스템에 대한 설계계수

내진설계범주	지진력 저항시스템	반응수정계수 R	시스템초과강도계수 Ω_0	변위증폭계수 C_d	시스템의 제한과 높이(m)제한	증빙자료 (페이지)

3.2 모델링

3.2.1 부재력 산정을 위한 부재 강성

전문기관 안전성 검토기준 제6조에 따라 구조기준 3-2-1절 부재력 산정을 위한 부재강성의 구체적인 검토방법을 설명한다.

(1) 검토항목

부재력 산정을 위한 부재강성은 다음의 항목에 대하여 검토한다.
· 벽체, 기둥, 보의 부재강성

(2) 검토원칙

부재력 산정을 위한 부재강성은 구조매뉴얼의 3.2.1절을 참고하여 다음의 원칙에 따라 검토한다.
- 부재력 산정을 위한 각 구조부재의 부재강성은 다음 값 적용

- 기둥 : 1.0 EIg
- 전단벽 : 1.0 EIg
- 보 (전단벽의 연결보 포함) : 0.5 EIg 이상 (다만, 해석의 전과정에 걸쳐 일관성이 있어야 함.)

(3) 검토방법

부재강성 입력값을 요약 정리한 구조안전 자체평가서의 <표 3.6>은 구조해석 파일을 참고하여 표의 각 항을 확인한다. MIDAS 프로그램을 이용하여 설계한 경우에는 다음과 같이 확인한다.
- 벽체 부재강성 입력값 : Midas Gen 파일에서 Wall Stiffness Factor(Gen>> Model>Properties>Wall Stiffness Scale Factor Table)의 강성 입력값을 확인
- 보 부재강성 입력값 : Midas Gen 파일에서 Section Stiffness Factor(Gen>> Model>Properties>Section Stiffness Factor)의 강성입력값을 확인

<표 3.6> 부재강성 입력값

모델링번호		부재력 산정시[1] (EIg계수)	횡변위 산정시[2]		N.G 여부[3]	연직하중 조합에 대한 부재력비[4]	증빙자료 (페이지)
			지진하중 (EIg계수)	풍하중 (EIg계수)			
벽(기둥)	W1						
	W2						
	:						
보	B1						
	B2						
	:						

1) 부재력 산정시 : 철근콘크리트 구조시스템의 부재력을 산정할 때 적용하는 구조부재의 강성 (EIg 계수로 표현)
2) 횡변위 산정시 : 철근콘크리트 구조시스템의 횡변위를 산정할 때 적용하는 구조부재의 강성. (EIg 계수로 표현)
3) N.G 여부 : 강성을 조정하지 않은 상태에서 지진하중조합에 대한 N.G 여부
4) 연직하중조합에 대한 부재력비 : 연직하중 조합에 대한 연결보 또는 날개벽에 의하여 지지되는 슬래브의 소요강도/설계강도 비

3.2.2 횡변위 산정을 위한 부재 강성

> 전문기관 안전성 검토기준 제6조에 따라 구조기준 3-2-2절의 횡변위 산정을 위한 부재강성의 구체적인 검토방법을 설명한다.

(1) 검토항목

횡변위 산정을 위한 부재강성은 다음의 항목에 대하여 검토한다.
· 벽체, 기둥, 보의 부재강성

(2) 검토원칙

횡변위 산정을 위한 부재강성은 구조매뉴얼의 3.2.2절을 참고하여 다음의 원칙에 따라 검토한다.
- 지진하중에 의한 구조물의 횡변위 산정을 위한 각 구조부재의 강성은 다음의 값을 사용하거나, 전단면에 대한 강성의 50%를 사용
  · 기둥 : 0.70 EI_g
  · 비균열 전단벽 : 0.70 EI_g
  · 균열 전단벽 : 0.35 EI_g
  · 보 : 0.35 EI_g
  · 플랫 플레이트 및 플랫 슬래브 : 0.25 EI_g
- 풍하중에 의한 구조물의 횡변위 산정을 위한 각 구조부재의 강성은 지진하중에 의한 횡변위 산정을 위해 사용하는 부재강성에 1.43배한 값을 사용

(3) 검토방법

부재강성 입력값을 요약 정리한 구조안전 자체평가서의 <표 3.6>은 구조해석 파일을 참고하여 표의 각 항을 확인한다. MIDAS 프로그램을 이용하여 설계한 경우에는 다음과 같이 확인한다.
- 벽체 부재강성 입력값 : Midas Gen 파일에서 Wall Stiffness Factor(Gen>> Model>Properties>Wall Stiffness Scale Factor Table)의 강성 입력값을 확인
- 보 부재강성 입력값 : Midas Gen 파일에서 Section Stiffness Factor(Gen>> Model>Properties>Section Stiffness Factor)의 강성 입력값을 확인

<표 3.6> 부재강성 입력값

모델링번호		부재력 산정시[1] (EI_g)	횡변위 산정시[2]		N.G 여부[3]	연직하중 조합에 대한 부재력비[4]	증빙자료 (페이지)
			지진하중 (EI_g)	풍하중 (EI_g)			
벽(기둥)	W1						
	W2						
	⋮						
보	B1						
	B2						
	⋮						

1) 부재력 산정시 : 철근콘크리트 구조시스템의 부재력을 산정할 때 적용하는 구조부재의 강성(EI_g 계수로 표현)
2) 횡변위 산정시 : 철근콘크리트 구조시스템의 횡변위를 산정할 때 적용하는 구조부재의 강성. (EI_g 계수로 표현)
3) N.G 여부 : 강성을 조정하지 않은 상태에서 지진하중조합에 대한 N.G 여부
4) 연직하중조합에 대한 부재력비 : 연직하중 조합에 대한 연결보 또는 날개벽에 의하여 지지되는 슬래브의 소요강도/설계강도 비

3.2.3 지진하중을 부담하지 않은 부재의 모델링 방법 및 조건

전문기관 안전성 검토기준 제6조에 따라 구조기준 3-2-3절 지진하중을 부담하지 않은 부재의 모델링 방법 및 조건에 대한 구체적인 검토방법을 설명한다.

(1) 검토항목

지진하중에 대하여 강도요구조건을 만족하지 않은 부재의 강성과 지진하중을 부담하지 않는 것으로 모델링하는 경우 그 방법 및 조건에 대하여 다음의 항목에 대하여 검토한다.
· 지진하중에 대하여 강도요구조건을 만족하지 않은 전단벽의 부재 강성 조정 여부
· 지진하중을 부담하지 않는 것으로 가정한 연결보 또는 날개벽의 연직하중조합에 대한 부재력 비

(2) 검토원칙

지진하중을 부담하지 않은 부재의 모델링 방법 및 조건은 구조매뉴얼의 3.2.3절을 참고하여 다음의 원칙에 따라 검토한다.

- 공동주택의 증축 리모델링을 위한 구조해석에 있어서 강도요구조건을 만족하지 않은 전단벽에 대하여 강성을 조정하여 부재력을 가감하는 방법은 허용되지 않음
- 강도요구조건을 만족하지 않은 부재중에서 전단벽의 연결보(coupling beam)는 지진하중을 부담하지 않는 것(강성이 거의 없는 것)으로 모델링할 수 있으며, 이 경우에 연결보에 의해 구획되는 슬래브는 연결보를 제거한 상태에서 안전성을 확보
- 강도요구조건을 만족하지 않은 부재중에서 슬래브를 지지하지 않는 날개벽은 지진하중을 부담하지 않는 것(강성이 거의 없는 것)으로 모델링할 수 있으며, 이 경우에 날개벽에 의해 구획되는 슬래브는 날개벽을 제거한 상태에서 안전성을 확보

(3) 검토방법

부재강성 입력값 및 연직하중조합에 대한 부재력비를 요약·정리한 구조안전 자체평가서의 <표 3.6>은 구조해석 파일을 참고하여 표의 각 항을 확인한다. MIDAS 프로그램을 이용하여 설계한 경우에는 다음과 같이 확인한다.

- 벽체 부재강성 입력값 : Midas Gen 파일에서 Wall Stiffness Factor(Gen>> Model>Properties>Wall Stiffness Scale Factor Table)의 강성 입력값을 확인
- 보 부재강성 입력값 : Midas Gen 파일에서 Section Stiffness Factor(Gen>> Model>Properties>Section Stiffness Factor)의 강성입력값을 확인
- 연직하중조합에 대한 부재력비 : 지진하중을 부담하지 않는 연결보 또는 날개벽에 의해 지지되는 슬래브의 경우 구조계산서의 슬래브 Capacity Table에서 도면의 배근상세에 대한 설계강도를 확인한 후 Midas SDS에서 슬래브의 소요강도(SDS>>Result> Forces>Slab forces/moments) 와 비교하여 내력을 확인

<표 3.6> 부재강성 입력값

모델링번호		부재력 산정시[1] (EI_g)	횡변위 산정시[2]		N.G 여부[3]	연직하중 조합에 대한 부재력비[4]	증빙자료 (페이지)
			지진하중 (EI_g)	풍하중 (EI_g)			
벽(기둥)	W1						
	W2						
	:						
보	B1						
	B2						
	:						

1) 부재력 산정시 : 철근콘크리트 구조시스템의 부재력을 산정할 때 적용하는 구조부재의 강성
2) 횡변위 검토 : 철근콘크리트 구조시스템의 횡변위를 산정할 때 적용하는 구조부재의 강성.
3) N.G 여부 : 강성을 조정하지 않은 상태에서 지진하중조합에 대한 N.G 여부
4) 연직하중조합에 대한 부재력비 : 연직하중 조합에 대한 연결보 또는 날개벽에 의하여 지지되는 슬래브의 소요강도/설계강도 비

3.2.4 벽체 수평접합부 모델링

> 전문기관 안전성 검토기준 제6조에 따라 구조기준 3-2-4절 벽체 수평접합부의 모델링 적합성에 대한 구체적인 검토방법을 설명한다.

(1) 검토항목

벽체 수평접합부 모델링은 다음의 항목에 대하여 검토한다.
· 벽체 수평접합부의 모델링 조건
· 벽체 수평접합부의 응력조건
· 벽체 수평접합부의 후시공 철근 설계

(2) 검토원칙

벽체 수평접합부 모델링은 구조매뉴얼의 3.2.4절을 참고하여 다음의 원칙에 따라 검토한다.
- 수평접합되는 증축층의 모든 벽체에 대한 P-M상관도로부터 발생되는 응력조건 확인
- 수평접합부 벽체가 균형파괴점 이하의 조건일 때 후시공 철근으로 접합하는 경우에는 후시공 철근의 보유 인장력이 소요 인장력 이상이 되도록 설계
- 벽체 두께 및 후시공 철근의 직경, 정착길이를 고려하여 시공성을 확인

<표 3.7> 부재강성 입력값 벽체 수평접합부의 파괴모드별 접합상세 요구조건

파괴모드	요구조건
전단면 압축	후시공 앵커 등으로 최소 정착길이 시공
균형파괴점 이상	벽체 접합부 단면에서 수직철근에 작용하는 인장력이 발현될 수 있도록 정착
균형파괴점 이하	벽체 접합부 단면에서 인장력을 받는 구간의 철근 항복강도가 발현될 수 있도록 정착

(3) 검토방법

벽체 수평접합부 모델링을 요약 정리한 구조안전 자체평가서의 <표 3.8>과 <표 3.9>은 구조계산서, 구조해석 파일, 보강상세도를 참고하여 표의 각 항을 확인한다. MIDAS 프로그램을 이용하여 설계한 경우에는 다음과 같이 확인한다.
- 응력조건 : 수평접합부 각 벽체별 P-M 상관도 확인
- 모델링조건 : 구조해석파일에서 접합부 모델링조건 확인
- 소요인장력 : 축되는 층의 벽체를 Midas의 자동설계 기능을 사용하지 않은 경우 Wall Checking (Gen>>Design>Concrete Code Check >Wall Checking)을 수행하여 증축 층의 해당 벽체 소요 축력, 모멘트 및 P-M상관도 확인. 증축되는 층의 벽체를 Midas의 자동설계 기능을 사용하여 설계한 경우 Midas Gen에서 Wall Design(Gen>>Design> Concrete Code Desin>Wall Design)을 수행하여 해당되는 벽체의 소요 축력, 모멘트 및 P-M 상관도 확인. 단면해석 프로그램을 사용하여 해당 축력 및 모멘트에서 벽체 철근에 작용하는 소요 인장력 산정
  후시공 철근 : 후시공 철근 직경, 간격, 벽체와의 연단거리, 정착길이에 따른 보유 인장력 확인(HILTI 후설치 앵커 정착길이별 정착력 산정 표 참조)

<표 3.8> 벽체 수평접합부 부재별 응력조건

응력조건	접합공법	부재명	Wall ID	모델링 조건	증빙서류 (페이지)
전단면 압축		W1			
		:			
균형파괴점 이상	후시공철근	W2		모멘트/전단접합	
		:			
	철근이음	:			
		:			
	용접	:			
		:			
균형파괴점 이하	후시공철근	W3		모멘트/전단접합	
		:			
	커플러	:			
		:			
	용접	:			
		:			

<표 3.9> 균형파괴점 이하 조건 벽체의 수평접합부 후시공 철근 설계

Wall ID	축력 (kN)	모멘트 (kN·m)	소요 인장력[1] (kN)	후시공 철근					증빙서류 (페이지)
				직경 (mm)	간격 (mm)	연단 거리[2] (mm)	정착 길이[3] (mm)	보유 인장력[4] (kN)	
⋮									

1) 소요 인장력 : 계수하중 조합에 의해 발생되는 축력, 모멘트로부터 후시공 철근위치에 발생하는 최대 소요인장력
2) 연단거리 : 후시공 철근 중심으로부터 콘크리트 연단의 최소 거리
3) 정착길이 : 후시공 철근의 벽체 정착길이
4) 보유 인장력 : 후시공 철근의 연단거리와 정착길이로부터 결정되는 인장내력

3.2.5 벽체 수직접합부 모델링

전문기관 안전성 검토기준 제6조에 따라 구조기준 3-2-5절 벽체 수직접합부의 모델링 적합성에 대한 구체적인 검토방법을 설명한다.

(1) 검토항목

벽체 수직접합부 모델링은 다음의 항목에 대하여 검토한다.
· 벽체 수직접합부의 모델링 조건
· 벽체 수직접합부의 면내전단력
· 벽체 수직접합부의 후시공 철근 설계

(2) 검토원칙

벽체 수직접합부 모델링은 구조매뉴얼의 3.2.5절을 참고하여 다음의 원칙에 따라 검토한다.
  - 벽체 수직접합부는 구조매뉴얼 3.2.5에 따라 면내전단력 산정
  - 모멘트 접합으로 모델링하는 경우에는 벽체 수직접합부 계면에서의 면내전단력에 저항할 수 있는 접합상세를 적용

- 구조해석상 전단접합으로 모델링할 수 있으며, 이 경우 벽체가 상호 전단접합으로 모델링되므로 후시공 철근으로 접합할 때 최소 정착길이 확보
- 접합공법으로 후시공 철근을 사용하는 경우에는 후시공 철근의 연단거리 및 정착길이로부터 결정되는 보유 전단내력이 면내전단력 이상이 되도록 설계

(3) 검토방법

벽체 수직접합부 모델링을 요약 정리한 구조안전 자체평가서의 <표 3.10>는 구조계산서, 구조해석 파일, 보강상세도를 참고하여 표의 각 항을 확인한다. MIDAS 프로그램을 이용하여 설계한 경우에는 다음과 같이 확인한다.
- 모델링조건 : 구조해석파일에서 접합부 모델링조건 확인
- 면내전단력 : 증축되는 벽체의 Wall ID를 확인하고 Midas Gen의 Wall Checking (Gen)>>Design>Concrete Code Check >Wall Checking)을 수행.
- 해당되는 벽체의 전단력(Shear-Z)을 확인하고 접합부에 작용하는 면내전단력을 산정 구조계산서의 계산값과 비교
- 후시공 철근 : 후시공 철근 직경, 간격, 벽체와의 연단거리, 정착길이에 따른 보유 전단내력 확인(HILTI 후설치 앵커 정착길이별 정착력 산정 표 참조)

<표 3.10> 벽체 수직접합부 후시공 철근 설계

Wall ID	접합층[1]	면내 전단력 (kN)	후시공 철근					증빙서류 (페이지)
			직경 (mm)	간격 (mm)	연단거리 (mm)	정착길이 (mm)	보유 전단내력 (kN)	
W1	1~5층							
	:							

1) 접합층 : 동일한 면내 전단력으로 설계한 층. 그룹핑한 층

3.3 말뚝기초의 하중 분담

3.3.1 말뚝기초의 하중 분담

전문기관 안전성 검토기준 제6조에 따라 구조기준 3-3-1절 말뚝기초의 하중 분담에 대한 구체적인 검토방법을 설명한다.

(1) 검토항목

말뚝기초의 하중 분담은 다음의 항목에 대하여 검토한다.
- 기존 말뚝의 설계지지력 확인
- 각 시공단계별 말뚝의 최대반력 및 최대반력비
- 말뚝의 간격비

(2) 검토원칙

말뚝기초의 하중 분담은 구조매뉴얼의 3.3.1절을 참고하여 다음의 원칙에 따라 검토한다.
- 기존 구조물의 말뚝기초를 추가적으로 보강하는 경우에는 <표 3.10>의 기존 말뚝과 신설 말뚝간의 하중부담 원칙에 따라 설계구조매뉴얼 3.3.1절에 따라 시공단계별 말뚝의 반력 산정
- 철거 후 기초보강 전 연직하중은 기존 말뚝에서만 지지
- 신설 말뚝기초를 시공한 시점 이후부터 재하되는 모든 하중(증축하중, 마감하중, 활하중 등)은 기존 말뚝기초와 신설 말뚝기초가 분담하여 지지
- 지진하중을 포함한 모든 하중조합에 대해 기존말뚝과 신설말뚝이 부담하는 최종 반력을 계산
- 모든 말뚝의 반력이 허용지지력 이내가 되도록 설계
- 말뚝은 최소이격거리를 확보해야하며, 신설말뚝은 기존말뚝과 최소 2.5d 이상 간격을 확보(이때, 말뚝직경은 두 개 중 큰 값)

<표 3.11> 기존 기초와 신설 기초간의 하중부담 범위 및 분담 원칙

위치	기초 구분	하중 부담 범위	분담 원칙
기존벽체 구간	기존 말뚝	· 활하중을 제외한 기존 연직하중은 기존 말뚝만 부담 · 활하중 및 추가 연직하중을 신설 말뚝과 분담	기존 말뚝과 신설 말뚝이 기초강성에 따라 분담하여 지지
	신설 말뚝	· 활하중 및 추가 연직하중을 기존 말뚝과 분담	

(3) 검토방법

말뚝기초의 하중 분담을 요약 정리한 구조안전 자체평가서의 <표 3.12>과 <표 3.13>는 구조도, 구조계산서, 구조해석 파일을 참고하여 표의 각 항을 확인한다. MIDAS 프로그램을 이용하여 설계한 경우에는 다음과 같이 확인한다.
- 각 시공 단계별 Midas SDS 파일의 Reaction Result Table (SDS>>Result> Result Table>Reactions)에서 각 시공단계별 기존말뚝에 작용하는 반력을 출력하여 「별첨 제1호. 시공단계별 말뚝기초 지지력 산정표.xls」에 입력
- 전체 하중조합에 대한 기존 말뚝 및 신설 말뚝의 지지력 산정
- 각 시공단계별 허용지지력 초과 반력 개수를 확인
구조도의 기초보강도를 확인하여 최소말뚝간격비 확인

<표 3.12> 말뚝기초 제원

구분	개수 (ea)	직경 (mm)	길이[1] (m)	도면상 허용지지력 (kN)	시험추정 허용지지력[2] (kN)	증빙자료 (페이지)
기존말뚝						
신설말뚝						

1) 길이 : 기존말뚝의 길이는 2.2절의 기존 말뚝 설계지지력 산정시에 적용한 길이
2) 시험추정 허용지지력 : 2.2절에서 산정된 기존 말뚝의 시험추정 허용지지력

<표 3.13> 시공단계별 말뚝기초의 지지력

| 시공단계 | 하중조합 | 말뚝종류 | 건물총중량[1]
(kN) | 말뚝기초 | | | 증빙자료
(페이지) |
				최대반력[2] (kN)	최대 반력비[3]	최소 말뚝간격비[4] (l_s/d)	
기존건물	D_0+L_0	기존말뚝					
기초보강 전	D_1	기존말뚝					
기초보강 후 추가하중	D_2+L	기존말뚝					
		신설말뚝					
기초보강 후 전체하중	전체 하중조합	기존말뚝					
		신설말뚝					

1) 건물 총중량 : 각 시공단계별 건물의 총중량
2) 최대 반력 : 각 시공단계별 말뚝에서 발생하는 최대반력
3) 최대 반력비 : 최대반력/허용지지력
4) 최소 말뚝간격비 : 신설말뚝을 보강한 경우 인접한 기존 말뚝 중심과 신설말뚝 중심사이의 최소간격을 기존 말뚝과 신설말뚝 중 큰 직경으로 나눈값

제 4 장

보강설계 및 공사

4.1 보강설계 원칙

4.1.1 상시하중에 대한 보강

전문기관 안전성 검토기준 제6조에 따라 구조기준 4-1-1절 상시하중에 대한 보강의 구체적인 검토방법을 설명한다.

(1) 검토항목

상시하중에 대한 보강은 다음의 항목에 대하여 검토한다.
- 단순접착형 보강공법의 요구성능 확인
- 기존 부재의 상시하중 조합에 대한 검토

(2) 검토원칙

상시하중에 대한 보강은 구조매뉴얼의 4.1.1절을 참고하여 다음의 원칙에 따라 검토한다.
- 보강공법은 보강목적에 따라서 내구성, 내화성, 동적저항성의 확보 여부 확인
- 단순 접착형 보강공법(내화성 또는 내구성능이 확인되지 않은 공법을 말한다)은 보강 전 부재의 설계강도가 상시하중 조합에 의한 부재력 이상일 경우에만 연직하중에 대한 보강으로 적용

$$(\phi R_n)_{기존} \geq (1.1 S_{DL} + 0.75 S_{LL})_{상시하중} \qquad (4.1)$$

여기서, $(\phi R_n)_{기존}$: 보강 전 부재의 설계강도

$(1.1 S_{DL} + 0.75 S_{LL})_{상시하중}$: 상시하중 조합에 의한 부재력

S_{DL} : 고정하중에 의한 부재력

S_{LL} : 활하중에 의한 부재력

<표 4.1> 상시하중에 대한 안전성 평가 조치사항

상시하중 평가	조치 사항
안전성 확보시	① 연직하중 및 지진하중의 조합에 대하여 검토
안전성 미확보시	① 작용 부재력을 감소 : 중량감소 및 부재 경량화 등 ② 철거중/철거후 단계의 공정에서 안전성 검토 : 적절한 가설계획 및 보강조치 ③ 내화/내구성이 확보된 보강공법에 한정하여 보강실시 (단면증설공법 등) ④ 단순접착형 FRP 또는 강판 등에 의한 보강공법은 공용사용기간 동안의 예측할 수 없는 상황변화 (화재, 내구성 저하 등)에 의해 보강성능을 지속할 수 없음. 따라서 상시하중에 대한 보강으로서 단순접착형 FRP 또는 강판보강공법은 적용 불가

(3) 검토방법

단순접착형 보강공법을 적용한 부재와 상시하중 조합검토를 요약 정리한 구조안전 자체평가서의 <표 4.2>와 <표 4.3>은 구조도, 구조계산서, 구조해석 파일을 참고하여 표의 각 항을 확인한다. MIDAS 프로그램을 이용하여 설계한 경우에는 다음과 같이 확인한다.
 - 접착형 보강공법의 성적서 등 내화성, 내구성 확보 여부 확인
 - 내화성, 내구성을 확보하지 못한 단순접착형 보강공법은 SDS 파일의 Slab Forces/Moments(SDS>>Result>Forces>Slab Forces/Moments)에서 상시하중조합에 대한 기존 슬래브의 소요강도를 확인
 - 구조계산서의 배근상세로부터 슬래브 Capacity Table로 설계강도 확인
 - 기존 슬래브의 설계강도가 상시하중 조합에 대한 소요강도 이상 확보되었는지 확인

<표 4.2> 접착형 보강공법 적용부재 일람

부재종류	부재명	보강공법	요구성능 만족 여부			증빙자료 (페이지)
			내구성	내화성	동적저항성	
슬래브	S1	FRP보강	O/×	O/×	O/×	
:	S2	강판보강				
	:	:				

- 531 -

<표 4.3> 단순접착형 보강공법 적용 시 상시하중 조합 검토

부재명	구분[1]		기존 배근상태	상시하중 조합[2]			증빙자료 (페이지)
				소요강도 M_u (kN·m)	설계강도 ϕM_n (kN·m)	강도비 $M_u/\phi M_n$	
	X방향	정					
		부					
	Y방향	정					
		부					

1) 구분 : 슬래브 2방향에 대하여 부모멘트 구간과 정모멘트 구간에 대한 설계내역
2) 상시하중 조합 : $(\phi R_n)_{기존} \geq (1.1 S_{DL} + 0.75 S_{LL})_{상시하중}$

4.1.2 지진력저항시스템 구성부재의 보강

전문기관 안전성 검토기준 제6조에 따라 구조기준 4-1-2절 지진력저항시스템 구성부재의 보강에 대한 구체적인 검토방법을 설명한다.

(1) 검토항목

지진력저항시스템 구성부재의 보강에 대한 적합성은 다음의 항목에 대하여 검토한다.
· 지진력저항시스템 구성부재에 적용된 보강공법 특성
· 내진보강공법의 요구성능 확인

(2) 검토원칙

지진력저항시스템 구성부재의 보강은 구조매뉴얼의 4.1.2절을 참고하여 다음의 원칙에 따라 검토한다.
- 기존 지진력저항시스템을 구성하는 구조부재의 풍하중 및 지진하중 조합에 대한 보강은 동적하중에 대한 저항성능이 확인된 보강공법만 적용 가능
- 단순접착 보강공법은 기둥의 경우에 4면을 완전히 감싸는 등의 방법이나 보의 경우도 4면을 완전히 감싸거나, 3면을 감쌀 경우에 한정하여 동적 보강공법으로 사용

(3) 검토방법

지진력저항시스템 구성부재의 보강을 요약 정리한 구조안전 자체평가서의 <표 4.4>는 구조도, 구조계산서를 참고하여 다음과 같이 검토한다.
- 보강 구조도, 구조계산서에서 지진력저항시스템 구성요소의 보강공법 확인
- 내진보강공법의 동적저항성능 확인

<표 4.4> 지진력저항시스템 구성부재의 보강

부재종류	부재명	보강공법	요구성능 만족 여부			증빙자료 (페이지)
			내구성	내화성	동적저항성	
벽체	W1	단면증설	O/×	O/×	O/×	
	W12	벽체신설				
	⋮	⋮				
보						

4.1.3 연결보 및 날개벽의 내진보강 예외사항

전문기관 안전성 검토기준 제6조에 따라 구조기준 4-1-3절 연결보 및 날개벽의 내진보강 예외사항에 대한 구체적인 검토방법을 설명한다.

(1) 검토항목

연결보 및 날개벽의 내진보강 예외사항은 다음의 항목에 대하여 검토한다.
· 연결보 및 날개벽의 모델링 조건
· 강도요구조건을 만족하지 않은 연결보 및 날개벽의 부재 강성
· 연직하중에 대한 안전성 확보 여부

(2) 검토원칙

연결보 및 날개벽의 내진보강 예외사항은 구조매뉴얼의 4.1.3절을 참고하여 다음의 원칙에 따라 검토한다.
- 강도요구조건을 만족하지 않은 연결보 또는 날개벽은 선택적으로 구조보강 가능
- 지진하중을 부담하는 것으로 가정한 경우 보강공법은 동적하중에 대한 저항성능이 확보된 보강공법으로 한정
- 지진하중을 부담하지 않은 것으로 가정하는 경우에는 지진하중에 대한 검토 시 강성을 매우 작게(통상 강성의 1/100) 입력
- 지진하중을 부담하지 않은 것으로 가정되는 연결보 또는 날개벽의 경우 인접된 슬래브가 연결보 또는 날개벽을 제거한 상태에서도 연직하중에 대한 강도요구 조건은 만족

<표 4.5> 연결보 및 날개벽 내진보강 예외사항 및 조치

구분	조치	검토사항
지진하중을 부담하는 경우	- 동적하중에 대한 저항성능이 확보된 보강공법(단면증설 등)으로 한정	
지진하중을 부담하지 않는 경우	- 강성이 없는 것으로 해석 및 설계 - 강성을 매우 작게(통상 강성의 1/100) 입력하여 지진하중에 의한 부재력이 발생되지 않도록 함	- 연결보 또는 날개벽에 의하여 지지되는 슬래브는 연결보 또는 날개벽을 제거한 상태에서도 연직하중 조합에 대하여 안전성을 확보하여야 한다.

(3) 검토방법

연결보 및 날개벽의 내진보강 예외사항은 구조안전 자체평가서의 <표 3.6>을 참조하며, 구조계산서, 구조해석 파일을 참고하여 다음과 같이 검토한다.
- 강도요구조건을 만족하지 않은 연결보 또는 날개벽을 보강할 경우에는 동적하중에 대한 저항성능 확인
- 강도요구조건을 만족하지 않은 연결보 또는 날개벽에 대해 지진하중을 부담하지 않은 것으로 가정하는 경우에는 3.2.3절에 따라 검토

4.1.4 감쇠시스템

전문기관 안전성 검토기준 제6조에 따라 구조기준 4-1-4절 감쇠시스템에 대한 구체적인 검토방법을 설명한다.

감쇠시스템에 대한 구체적인 검토방법은 4.4절에서 설명한다.

4.2 벽체 보강설계

4.2.1 신설 벽체의 설계

전문기관 안전성 검토기준 제6조에 따라 구조기준 4-2-1절 신설 벽체의 설계에 대한 구체적인 검토방법을 설명한다.

(1) 검토항목

신설 벽체의 설계는 다음의 항목에 대하여 검토한다.
· 신설 벽체 배근설계
· 신설 벽체의 기존 슬래브 관통철근량 및 간격제한
· 신설 벽체의 기존 측면벽체 접합부 후시공 철근 최소철근비

(2) 검토원칙

신설 벽체의 설계는 구조매뉴얼의 4.2.1절을 참고하여 다음의 원칙에 따라 검토한다.
- 신설벽체의 축력, 모멘트, 전단력에 대해 소요철근량을 산정하고, 배근되는 수직철근 및 수평철근은 소요철근량 이상 확보
- 신설 전단벽 사이에서 기존 슬래브를 관통하는 철근량은 최소한 벽체의 수직방향 철근량 이상이 되어야 하며, "「건축구조기준」 0511.3.5. 간격제한"의 규정을 만족
- 신설벽체가 인접한 벽체의 측면과 후시공 앵커로 접합할 경우 철근량은 "「건축구조기준」 0511.3 최소철근비" 이상이어야 하며, 간격은 "「건축구조기준」 0511.3.5. 간격제한"의 규정을 만족

(3) 검토방법

신설 벽체의 설계를 요약 정리한 구조안전 자체평가서의 <표 4.6>는 구조도, 구조계산서, 구조해석 파일을 참고하여 표의 각 항을 확인한다. MIDAS 프로그램을 이용하여 설계한 경우에는 다음과 같이 확인한다.
- 벽체설계 : 신설되는 벽체의 Wall ID를 확인하고 신설 벽체를 직접 철근배근을 모델링한 경우 Wall Checking (Gen>>Design>Concrete Code Check >Wall Checking)을 수행/Midas Gen의 자동설계 기능을 사용하여 설계한 경우 Wall Design(Gen>> Design>Concrete Code Desin>Wall Design)을 수행하여 신설벽체에 유발되는 축력, 모멘트 및 수직철근량을 확인
- 슬래브 관통 철근 : 보강 구조도에서 슬래브를 관통하는 철근을 확인하여 Midas Gen에서 설계된 신설벽체의 수직철근량 이상임을 확인

- 후시공 철근 : 구조계산서에서 산정된 후시공 철근의 철근비가 최소철근비(설계기준 항복강도가 400MPa 이상인 D16 이하의 이형철근이나 지름 16mm 이하의 용접철망에 대해서는 0.0020, 그 이외의 철근에 대해서는 0.0025) 이상인지 확인

<표 4.6> 신설 벽체 설계

모델링 번호	기존벽체 접합조건[1]	축력 (kN)	모멘트 (kN·m)	전단력 (kN)	벽체철근		접합부		증빙자료 (페이지)
					수직철근	수평철근	관통철근[2]	후시공 철근비[3]	
WS	측면접합				HD13@300	HD13@300	HD13@300		
:					-				

1) 기존벽체 접합조건 : 신설벽체와 기존벽체의 접합조건. 분리, 측면접합, 수직접합.
2) 관통철근 : 신설 벽체 수직철근 중 상부 슬래브를 관통하여 이음되는 철근량
3) 후시공 철근비 : 신설벽체가 기존벽체 측면과 접할 경우 벽체 수직단면적에 대한 후시공 철근 단면적

4.2.2 단면증설 벽체의 설계

전문기관 안전성 검토기준 제6조에 따라 구조기준 4-2-2절 단면증설 벽체의 설계에 대한 구체적인 검토방법을 설명한다.

(1) 검토항목

단면증설 벽체의 설계는 다음의 항목에 대하여 검토한다.
· 단면증설 벽체 배근설계
· 단면증설 벽체의 증설 두께
· 단면증설 벽체의 기존 슬래브 관통철근량 및 간격제한
· 단면증설 벽체와 기존 벽체 접합부의 요철 및 전단마찰보강근

(2) 검토원칙

단면증설 벽체의 설계는 구조매뉴얼의 4.2.2절을 참고하여 다음의 원칙에 따라 검토한다.

- 단면증설 벽체의 축력, 모멘트, 전단력에 대해 소요철근량을 산정하고, 배근되는 수직철근 및 수평철근은 소요철근량 이상 확보
- 전단력에 대한 설계는 "「건축구조기준」 0507.10 벽체에 대한 전단설계"의 규정에 따라 기존의 벽체와 증설되는 벽체의 전단내력의 합으로 설계 가능
- 증설되는 전단벽의 최소두께는 콘크리트의 원활한 타설이 가능하도록 50mm 이상 확보
- 구조해석에 입력된 단면증설 벽체의 재료강도는 기존 벽체와 증설되는 벽체의 합성된 단면에 대한 재료강도를 계산하거나 둘 중 작은 값 적용

(3) 검토방법

단면증설 벽체의 설계를 요약 정리한 구조안전 자체평가서의 <표 4.7>은 구조도, 구조계산서, 구조해석 파일을 참고하여 표의 각 항을 확인한다. MIDAS 프로그램을 이용하여 설계한 경우에는 다음과 같이 확인한다.
- 단면이 증설된 후의 Midas Gen에서 Wall Design(Gen>>Design> Concrete Code Desin>Wall Design)를 수행하여 전체벽체의 소요강도 및 철근량을 산정
- 구조계산서에서 기존벽체 철근량 확인
- 기존 벽체 및 증설벽체의 철근배근량에 따른 설계강도 산정과정 확인

<표 4.7> 단면증설 벽체 설계

모델링 번호	축력 (kN)	모멘트 (kN·m)	전단력 (kN)	벽두께[1] (mm)	구분	소요철근량	설계철근량		증빙자료 (페이지)
							기존벽체	증설벽체[2]	
WS					수직철근		HD10@300	HD13@250	
					수평철근				
⋮							-		

1) 벽두께 : 기존 벽체를 포함한 단면증설된 벽체의 총 두께
2) 증설벽체 : 단면증설된 벽체부분의 배근량

4.3 기초 보강설계

4.3.1 직접기초의 설계

전문기관 안전성 검토기준 제6조에 따라 구조기준 4-3-1절 직접기초의 설계에 대한 구체적인 검토방법을 설명한다.

(1) 검토항목

직접기초의 설계는 다음의 항목에 대하여 검토한다.
- 증설 후 기초판의 접지압
- 기초판의 설계강도

(2) 검토원칙

직접기초의 설계는 구조매뉴얼 4.3.1절을 참고하여 다음의 원칙에 따라 검토한다.
- 직접기초 설계 시 지반의 허용지내력은 기존 도면상의 허용지내력 또는 지반조사를 통하여 산정된 지내력 중 작은 값
- 증설기초의 접지압은 사용하중조합에 대하여 산정하고, 허용지내력 이상이 되도록 직접기초를 확장
- 증설된 기초판의 모멘트와 전단력 설계강도는 계수하중 조합에 의한 소요강도 이상 확보

(3) 검토방법

직접기초의 설계를 요약 정리한 구조안전 자체평가서의 <표 4.8>은 구조도, 구조계산서, 구조해석 파일을 참고하여 표의 각 항을 확인한다. MIDAS 프로그램을 이용하여 설계한 경우에는 다음과 같이 확인한다.
- 증설 후 기초판의 접지압은 접지압 산정식을 이용하여 판별하고 허용지내력 이상 확보되었는지 확인
- 확장된 기초판의 소요강도는 SDS>>Result> Forces>Slab forces/moments에서 확인하며, 모멘트 및 전단 설계강도를 소요강도 이상 확보

<표 4.8> 직접기초 보강

모델링명	허용지내력[1] (kN/m²)	증설 후 기초판		구분	소요강도		설계강도		증빙자료 (페이지)
		면적 (m²)	접지압[2] (kN/m²)		M_u (kN·m)	V_u (kN)	ϕM_n (kN·m)	ϕV_n (kN)	
				X방향					
				Y방향					

1) 허용지내력 : 지반조사를 통하여 산정된 지내력
2) 접지압 : 기초의 설계접지압

4.3.2 직접기초의 보강

전문기관 안전성 검토기준 제6조에 따라 구조기준 4-3-2절 직접기초의 보강에 대한 구체적인 검토방법을 설명한다.

(1) 검토항목

직접기초의 보강은 다음의 항목에 대하여 검토한다.
· 기존 기초판과 증설 기초판의 전단마찰 설계
· 기존 기초판과 증설 기초판의 주철근 이음 설계

(2) 검토원칙

직접기초의 보강은 구조매뉴얼의 4.3.2절을 참고하여 다음의 원칙에 따라 검토한다.
- 직접기초의 확장 및 두께를 증설한 경우에는 확장면 및 두께방향 접합면에서의 면내전단력에 대하여 소요철근량 이상이 되도록 전단마찰보강근을 배근
- 전단마찰보강근은 기초판과의 연단길이를 고려하여 정착길이 산정
- 두께방향으로 증설되는 기초판의 최소두께는 면내전단에 저항하기 위한 앵커의 설치 등을 위하여 50mm 이상이며, 증설되는 기초 면은 요철이 6mm 정도가 되도록 거친 면 처리
- 지지력의 부족으로 인하여 기초판의 면적을 증가시키는 경우, 폭 또는 길이방향으로 증설되는 기초판의 최소치수는 주철근의 연장을 고려하여 200mm 이상 확보
- 기초가 확장된 경우에는 기존 주철근이 확장된 기초부분까지 연장
- 후시공 앵커로 접합하는 것으로 주철근 이음을 대체할 수 없음

(3) 검토방법

직접기초의 보강을 요약 정리한 구조안전 자체평가서의 <표 4.9>은 구조도, 구조계산서, 구조해석 파일을 참고하여 다음과 같이 검토한다.
- 직접기초의 X,Y방향의 접합면에 대한 면내전단력을 구하고, 전단마찰보강근을 산정
- 전단마찰보강근 : 후시공 철근 직경, 간격, 벽체와의 연단거리, 정착길이에 따른 보유 전단내력 확인(HILTI 후설치 앵커 정착길이별 정착력 산정 표 참조)
- 주철근 이음 : 주철근의 용접, 겹침이음 등 접합공법을 확인하고, 이음길이를 계산

<표 4.9> 직접기초 보강 상세설계

모델링명	구분	전단마찰보강근				주철근 이음		증빙자료 (페이지)
		면내전단력[1] (kN)	전단마찰 보강근	연단길이[2] (mm)	정착길이[3] (mm)	접합공법[4]	이음길이[5] (mm)	
	X방향							
	Y방향							

1) 면내전단력 : 기초판의 폭 및 두께 방향 증설 시 기존 기초와의 접합면에 작용하는 전단력
2) 연단길이 : 후시공 철근으로 시공할 경우 기초판 최외곽에서 후시공 철근의 중심까지 최단거리
3) 정착길이 : 후시공 철근이 기존 기초판에 매립된 길이
4) 접합공법 : 기존 기초판 주철근과 증설되는 기초판의 주철근의 접합공법. 용접, 겹침이음 등
5) 이음길이 : 기존 기초판 주철근과 증설되는 기초판의 주철근을 겹침이음할 경우 이음길이

4.3.3 말뚝기초의 설계

전문기관 안전성 검토기준 제6조에 따라 구조기준 4-3-3절 말뚝기초 설계에 대한 구체적인 검토방법을 설명한다.

(1) 검토항목

말뚝기초 설계는 다음의 항목에 대하여 검토한다.
· 신설 말뚝의 소요하중
· 신설 말뚝의 설계지지력

(2) 검토원칙

말뚝기초 설계는 구조매뉴얼의 4.3.3절을 참고하여 다음의 원칙에 따라 검토한다.
 - 말뚝기초의 설계는 "「건축구조기준」 0407"를 참조하여 설계
 - 수평증축 구간은 기존 구조체와의 간섭을 피해 통상 대구경 말뚝을 적용
 - 말뚝기초의 소요하중은 구조매뉴얼 3.3.1의 기존 말뚝 및 신설 말뚝의 하중분담 원칙에 따라 산정

(3) 검토방법

말뚝기초 설계를 요약 정리한 구조안전 자체평가서의 <표 4.10>는 구조도, 구조계산서, 구조해석 파일을 참고하여 다음과 같이 검토한다.
  - 3.3.1 말뚝기초의 하중 분담 원칙에 따라서 기존 말뚝과 신설 말뚝의 소요하중 확인
  - 말뚝의 선단지지층 깊이, 근입길이로부터 계산된 허용지지력 산정 결과 확인

<표 4.10> 말뚝 기초의 설계

말뚝종류	소요하중[1] (kN)	말뚝직경 (mm)	선단지지층 위치 (m)	근입길이[2] (m)	허용지지력 (kN)	증빙자료 (페이지)
Type1						
:						

1) 소요하중 : 계수하중조합에 대한 구조해석을 통하여 말뚝에 작용하는 하중
2) 근입길이 : 선단지지층 내 근입길이

4.3.4 소구경 말뚝기초의 설계

전문기관 안전성 검토기준 제6조에 따라 구조기준 4-3-4절 소구경 말뚝기초의 설계에 대한 구체적인 검토방법을 설명한다.

(1) 검토항목

소구경 말뚝기초의 설계는 다음의 항목에 대하여 검토한다.
  · 말뚝의 하중분담
  · 신설 말뚝의 설계지지력

(2) 검토원칙

소구경 말뚝기초의 설계는 구조매뉴얼의4.3.4절을 참고하여 다음의 원칙에 따라 검토한다.
  - 마이크로파일의 설계는 "FHWA NHI-05-039 Chapter 5"를 준용

- 마이크로파일의 허용지지력은 재하시험 결과에 따른 항복하중의 1/2 및 지지력산정식에 따라 계산된 극한하중의 1/3 중 작은 값을 적용하고, 재하시험을 실시하지 않은 경우 극한지지력의 1/3을 적용
- 말뚝기초의 소요하중은 구조매뉴얼 3.3.1의 기존 말뚝 및 신설 말뚝의 하중분담 원칙에 따라 산정

(3) 검토방법

소구경 말뚝기초의 설계를 요약 정리한 구조안전 자체평가서의 <표 4.11>은 구조도, 구조계산서, 구조해석 파일을 참고하여 다음과 같이 검토한다.
- 3.3.1 말뚝기초의 하중 분담 원칙에 따라서 기존 말뚝과 신설 말뚝의 소요하중 확인
- 소구경 말뚝의 허용지지력 산정 결과 확인

<표 4.11> 소구경말뚝 보강공법

말뚝종류	보강재(강관)			소요 하중 (kN)	말뚝 직경 (mm)	말뚝 길이 (m)	허용 지지력 (kN)	그라우트재 강도 (MPa)	증빙자료 (페이지)
	외경 (mm)	두께 (mm)	항복강도 (MPa)						
Type1									
:									

4.4 감쇠보강

전문기관 안전성 검토기준 제6조에 따라 구조기준 4-1-4절 감쇠보강에 대한 구체적인 검토방법을 설명한다.

(1) 검토항목

감쇠보강은 다음의 항목에 대하여 검토한다.
- 설계지진파의 선정 결과
- 해석방법 및 모델링 조건
- 감쇠성능의 확인
- 감쇠시스템의 응력조건

· 감쇠장치의 시험 결과

(2) 검토원칙

감쇠보강은 구조매뉴얼의4.4절에 따라 검토한다.

(3) 검토방법

증축되는 건물의 동적하중에 대한 보강으로 감쇠시스템을 적용한 경우에는 구조매뉴얼 4.4절의 감쇠 보강에 따라 설계하며, 구조도, 구조계산서, 구조해석 파일을 종합적으로 상세 검토한다.

■ 수직증축형 리모델링 전문기관 안전성 검토 매뉴얼[별지 제1호 서식]

전문기관 안전성 검토 신청서

접수번호		접수일	처리일	처리기간	30일 이내
① 신청인	시장·군수·구청장				
	주소				
	실 무 책 임 자	성명		부서	직위
		전화번호		FAX	전자우편
② 사업주체	상호			등록번호	
	대표자				
	소재지				(전화번호:)
③ 안전진단기관	회사명			면허번호	
	책임기술자			자격번호	
	사무소 주소				(전화번호:)
④ 구조설계자	회사명			면허번호	
	책임기술자			자격번호	
	사무소 주소				(전화번호:)
⑤ 감리자	사무소명			신고번호	
	성명			자격번호	
	사무소 주소				(전화번호:)
⑥ 신청건축물	건축물명			대상 동명	
	소재지 주소				
	건축물 용도			대지면적	
	건축 면적			연면적	

검토의견 및 발급일	검토의견 (　　년　　월　　일)
전문기관 검토 번호	000 제　　　호

「주택법」 제42조의4제1항 및 제2항에 따라 수직증축 리모델링에 대한 전문기관의 안전성 검토를 신청합니다.

　　　　　　　　　　　　　　　　　　　　　　　　　　　　　　　　　　　　　　년　　월　　일

　　　　　　　　　　　　　　　　신청인　　　　　　　　　　　　　　　　　　(서명 또는 인)
　　　　　　　　　　　　　　(또는 대리인)　　　　　　　　　　　(전화번호:　　　　　　　)
　　　　　　　　　　　　　　신청서 접수기관　　　　　　　　　　(접수부서명 및 접수자인)

전문기관의 장　　귀하

첨부서류	1. 전문기관의 장이 정하여 공지하는 구조안전 자체평가서 2. 제1호에 따른 구조안전 자체평가서에 포함된 내용이 사실임을 증명하는 서류 3. 증측 리모델링 전/후 구조도, 안전진단결과보고서, 구조계산서, 구조해석파일, 시방서, 기타 전문기관이 요청하는 서류	수수료 전문기관의 장이 정하여 공지하는 금액

처리절차

신청서 작성	→	접수	→	검토	→	결재	→	검토결과 제출
신청인		전문기관 (행정처리 부서)		전문기관 (자문위원회)		전문기관 (행정처리 부서)		전문기관 (행정처리 부서)

■ 수직증축형 리모델링 전문기관 안전성 검토 매뉴얼[별지 제2호 서식]

수직증축형 리모델링 구조안전 자체평가서

건축물명		준공일	
주소			

「주택법」제42조의4에 따라 실시하는 전문기관 안전성 검토를 위한 수직증축 리모델링 구조안전 자체평가서를 제출합니다.

년   월   일

안전진단 책임기술자   (서명 또는 인)   건축구조기술사   (서명 또는 인)

특별자치도지사, 시장·군수·구청장 귀하

□ 기본정보

구조형식	동수	층수	평형	용적율	증축유형

□ 동별 세부정보

동명	리모델링 전			리모델링 후			증축유형
	평형	전용면적	층수	평형	전용면적	층수	

_000_ 동 구조안전 자체평가서

제1장 증축 리모델링 안전진단

1.1 구조도면 유무

평면도	☐ 단위세대	☐ 지하층	☐ 1층	☐ 기준층	☐ 지붕층
구조평면도	☐ 단위세대	☐ 지하층	☐ 1층	☐ 기준층	☐ 지붕층
단면도	☐ 주단면도	☐ 외벽단면	☐ 계단		
입면도	☐ 남측	☐ 동측	☐ 북측	☐ 서측	
배근도	☐ 슬래브	☐ 벽체	☐ 보	☐ 계단/코어	☐ 기초
기초평면도	☐ 단위세대	☐ 재료강도	☐ 기초두께	☐ 허용지내력	

1.2 도면의 말뚝기초 상세

말뚝기초 상세	☐ 말뚝직경	☐ 말뚝길이	☐ 허용지지력	☐ 두부상세	☐ 말뚝강도

1.3 안전진단 현장조사 항목 및 방법, 표본수

조사항목	시험방법	조사층	조사위치	조사수량	증빙자료 (페이지)
건물기울기		101 동		개소/동당	
기초 및 지반침하		동		개소/동당	
콘크리트강도(비파괴)		지하 1, 11 층	슬래브,벽체,보	개소/부재당	
콘크리트강도(파괴)		층	슬래브,벽체,보	개소/부재당	
철근배근		층		개소/부재당	
철근강도		층		개소/부재당	
부재단면치수		층		개소/부재당	
지질조사		층		개소/부재당	
처짐		층		개소/부재당	
콘크리트중성화		층		개소/부재당	
염분함유량		층		개소/부재당	
철근부식		층		개소/부재당	
균열		층		개소/부재당	
표면노후화		층		개소/부재당	

1.4 증축 리모델링 판정

<표 1.1> 증축 리모델링 판정

판정결과	평가등급							증빙자료 (페이지)
	건물 기울기	기초 및 지반 침하	내력비	기초내력비	처짐	내구성	

제2장 수직증축형 리모델링 일반 고려사항

2.1 기존 부재의 재료 특성치

<표 2.1> 재료강도

항목		시험방법	기존 설계강도[1] (MPa)	평가기준강도[2] (MPa)			설계기준강도[3] (MPa)	증빙자료 (페이지)
				평균값	표준편차	하한값		
콘크리트	Type1	반발경도						
		코아채취						
	:							
철근	HD16	KS F						
기타								

1) 기존 설계강도 : 기존 구조도에 표기된 각 재료별 설계기준강도
2) 평가기준강도 : 콘크리트구조기준 20.3절 평가입력값에 의해 산정한 각 재료별 평가기준강도
3) 설계기준강도 : 수직증축 리모델링 구조설계에 사용된 설계기준강도

2.2 기존 말뚝기초의 설계지지력 확인

<표 2.2> 기존 말뚝기초의 설계지지력(1차 안전진단)

구분	직경 (mm)	길이 (m)	시험추정 허용지지력					도면상 허용지지력 (kN)	증빙자료 (페이지)
			선단지지력[1] (kN)	주면마찰지지력[2] (kN)	극한지지력 (kN)	허용지지력 (kN)	추정침하량[3] (mm)		
Type1									
:									

1) 선단지지력 : 지질조사 결과로부터 추정식을 통하여 구한 선단지지력
2) 주면마찰지지력 : 지질조사 결과로부터 추정식을 통하여 구한 주면마찰지지력
3) 추정침하량 : 허용지지력에 대한 침하량

<표 2.3 > 기존 말뚝기초의 설계지지력(2차 안전진단)

구분	직경 (mm)	추정 길이 (m)	재하시험 지지력								도면상 허용지지력 (kN)	증빙자료 (페이지)
			1단계		2단계		...		n단계			
			P_1[1] (kN)	δ_1[2] (mm)	P_2 (kN)	δ_2 (mm)	P_i (kN)	δ_i (mm)	P_n (kN)	δ_n (mm)		
Type1												
:												

1) P : 재하하중   2) δ : 침하량

2.3 지반굴착에 관한 일반사항

<표 2.4> 지반굴착 정보

항목	굴착면적 (B*L)	굴착깊이 (m)	지하수위 (m)	가설 흙막이 설치 유무	기존 기초 영향 검토		암 발파 또는 암 파쇄 유무	증빙자료 (페이지)
					인접 직접기초 이격거리[1] (m)	인접 말뚝기초 이격거리[2] (m)		
내용								

1) 지반굴착면과 인접한 직접기초의 연단까지 거리
2) 지반굴착면과 인접한 말뚝기초의 연단까지 거리

2.4 구조부재의 철거 및 안전조치

<표 2.6> 구조부재의 철거 후 안전조치

부재명[1]	철거형태[2]	검토 부재명[3]	검토사항[4]	조치사항[5]	증빙자료 (페이지)
W1	부분철거	S1	지지조건	FRP보강	
:					

1) 부재명 : 철거 부재명
2) 철거형태 : 내력벽 철거, 부분철거, 슬래브 절단 등
3) 검토 부재명 : 철거 부재로 인해 내력 등 구조안전성의 검토가 필요한 부재명
4) 검토사항 : 지지조건, 철근 정착길이 등 구조내력에 영향을 미치는 검토사항
5) 조치사항 : 검토사항으로 인해 인접부재의 내력이 감소될 경우 내력 확보 방안

제3장 구조해석

3.1 내진설계 제반사항

3.1.1 지진하중에 대한 안전성 확인

<표 3.1> 하중 종합

구분	층수	총중량 (kN)	기준층 중량 (kN)	층면적 (m²)	단위면적당 중량[1] (kN/m²)	자중 경감조치	증빙자료 (페이지)
증축 전						유/무	
증축 후							

1) 단위면적당 중량 : 기준층의 층중량을 층면적으로 나눈값으로 한다.

<표 3.2> 연직하중

용도	증축 전				증축 후				증빙자료 (페이지)
	구성	두께 (mm)	고정하중 (kN/㎡)	활하중 (kN/㎡)	구성	두께 (mm)	고정하중 (kN/㎡)	활하중 (kN/㎡)	
지붕층	누름콘크리트	100	2.30						
	액체방수2차	20	0.42						
	콘크리트슬래브	135	3.24						
	단열재	110	0.06						
	천장		0.15						
⋮									
⋮									
⋮									
⋮									
⋮									

<표 3.3> 지진하중

내진설계범주	지진력 저항시스템	반응수정계수 R	건물의 중량 W (kN)	주기상한계수 C_u	증빙자료 (페이지)

3.1.2 지진력저항시스템의 설계계수

<표 3.5> 지진력저항시스템에 대한 설계계수

내진설계범주	지진력 저항시스템	반응수정계수 R	시스템초과강도계수 Ω_0	변위증폭계수 C_d	시스템의 제한과 높이(m)제한	증빙자료 (페이지)

3.2 모델링

3.2.1 부재력 산정을 위한 부재 강성 ~ 3.2.3 지진하중을 부담하지 않은 부재의 모델링 방법 및 조건

<표 3.6> 부재강성 입력값

모델링번호		부재력 산정시[1] (EI_g계수)	횡변위 산정시[2]		N.G 여부[3]	연직하중 조합에 대한 부재력비[4]	증빙자료 (페이지)
			지진하중 (EI_g계수)	풍하중 (EI_g계수)			
벽(기둥)	W1						
	W2						
	:						

모델링번호		부재력 산정시[1] (EI_g계수)	횡변위 산정시[2]		N.G 여부[3]	연직하중 조합에 대한 부재력비[4]	증빙자료 (페이지)
			지진하중 (EI_g계수)	풍하중 (EI_g계수)			
보	B1						
	B2						
	:						

1) 부재력 산정시 : 철근콘크리트 구조시스템의 부재력을 산정할 때 적용하는 구조부재의 강성
2) 횡변위 산정시 : 철근콘크리트 구조시스템의 횡변위를 산정할 때 적용하는 구조부재의 강성. (EI_g 계수로 표현)
3) N.G 여부 : 강성을 조정하지 않은 상태에서 지진하중조합에 대한 N.G 여부
4) 연직하중조합에 대한 부재력비 : 연직하중 조합에 대한 연결보 또는 날개벽에 의하여 지지되는 슬래브의 소요강도/설계강도 비

3.2.4 벽체 수평접합부 모델링

<표 3.8> 벽체 수평접합부 부재별 응력조건

응력조건	접합공법	부재명	Wall ID	모델링 조건
전단면 압축		W1		
		:		
균형파괴점 이상	후시공철근	W2		모멘트/전단접합
		:		
	철근이음	:		
		:		
	용접	:		
		:		
균형파괴점 이하	후시공철근	W3		모멘트/전단접합
		:		
	커플러	:		
		:		
	용접	:		
		:		

<표 3.9> 균형파괴점 이하 조건 벽체의 수평접합부 후시공 철근 설계

| Wall ID | 축력 (kN) | 모멘트 (kN·m) | 소요인장력[1] (kN) | 후시공 철근 ||||| 증빙서류 (페이지) |
				직경 (mm)	간격 (mm)	연단거리[2] (mm)	정착길이[3] (mm)	보유인장력[4] (kN)	
⋮									

1) 소요 인장력 : 계수하중 조합에 의해 발생되는 축력, 모멘트로부터 후시공 철근위치에 발생하는 최대 소요인장력
2) 연단거리 : 후시공 철근 중심으로부터 콘크리트 연단의 최소 거리
3) 정착길이 : 후시공 철근의 벽체 정착길이
4) 보유 인장력 : 후시공 철근의 연단거리와 정착길이로부터 결정되는 인장내력

3.2.5 벽체 수직접합부 모델링

<표 3.10> 벽체 수직접합부 후시공 철근 설계

| Wall ID | 접합층[1] | 면내 전단력 (kN) | 후시공 철근 ||||| 증빙서류 (페이지) |
			직경 (mm)	간격 (mm)	연단거리 (mm)	정착길이 (mm)	보유 전단내력 (kN)	
W1	1~5층 ⋮							

1) 접합층 : 동일한 면내 전단력으로 설계한 층. 그룹화한 층

3.3 말뚝기초의 하중 분담
3.3.1 말뚝기초의 하중 분담
<표 3.12> 말뚝기초 제원

구분	개수 (ea)	직경 (mm)	길이[1] (m)	도면상 허용지지력 (kN)	시험추정 허용지지력[2] (kN)	증빙자료 (페이지)
기존말뚝						
신설말뚝						

1) 길이 : 기존말뚝의 길이는 2.2절의 기존 말뚝 설계지지력 산정시에 적용한 길이
2) 시험추정 허용지지력 : 2.2절에서 산정된 기존 말뚝의 시험추정 허용지지력

<표 3.13> 시공단계별 기존 말뚝기초의 지지력

| 시공단계 | 하중조합 | 말뚝종류 | 건물
총중량[1]
(kN) | 말뚝기초 | | | 증빙자료
(페이지) |
				최대 반력[2] (kN)	최대 반력비[3]	최소 말뚝간격비[4] (l_s/d)	
기존건물	D_0+L_0	기존말뚝					
기초보강 전	D_1	기존말뚝					
기초보강 후 추가하중	D_2+L	기존말뚝					
		신설말뚝					
기초보강 후 전체하중	전체 하중조합	기존말뚝					
		신설말뚝					

1) 건물 총중량 : 각 시공단계별 건물의 총중량
2) 최대 반력 : 각 시공단계별 말뚝에서 발생하는 최대반력
3) 최대 반력비 : 최대반력/허용지지력
4) 최소 말뚝간격비 : 신설말뚝을 보강한 경우 인접한 기존 말뚝 중심과 신설말뚝 중심사이의 최소간격을 기존 말뚝과 신설말뚝 중 큰 직경으로 나눈값

제4장 보강설계 및 공사

4.1 보강설계 원칙

4.1.1 상시하중에 대한 안전성 평가

<표 4.2> 접착형 보강공법 적용부재 일람

부재종류	부재명	보강공법	요구성능 만족 여부			증빙자료 (페이지)
			내구성	내화성	동적저항성	
슬래브	S1	FRP보강	○/×	○/×	○/×	
:	S2	강판보강				
	:	:				

<표 4.3> 단순접착형 보강공법 적용시 상시하중 조합 검토

부재명	구분[1]		기존 배근상태	상시하중 조합[2]			증빙자료 (페이지)
				소요강도 M_u (kN·m)	설계강도 ϕM_n (kN·m)	강도비 $M_u/\phi M_n$	
	X방향	정					
		부					
	Y방향	정					
		부					
	X방향	정					
		부					
	Y방향	정					
		부					
	X방향	정					
		부					
	Y방향	정					
		부					

1) 구분 : 슬래브 2방향에 대하여 부모멘트 구간과 정모멘트 구간에 대한 설계내역
2) 상시하중 조합 : $(\phi R_n)_{기존} \geq (1.1S_{DL} + 0.75S_{LL})_{상시하중}$

4.1.2 지진력저항시스템 구성부재의 보강

<표 4.4> 지진력저항시스템 구성요소 일람

부재종류	부재명	보강공법	요구성능 만족 여부			증빙자료 (페이지)
			내구성	내화성	동적저항성	
벽체	W1	단면증설	O/x	O/x	O/x	
	W12	벽체신설				
	:	:				
보						

4.2 벽체 보강설계

4.2.1 신설 벽체의 설계

<표 4.6> 신설 벽체 설계

모델링 번호	기존벽체 접합조건[1]	축력 (kN)	모멘트 (kN·m)	전단력 (kN)	벽체철근		접합부		증빙자료 (페이지)
					수직철근	수평철근	관통철근[2]	후시공 철근비[3]	
WS	측면접합				HD13@300	HD13@300	HD13@300		
:									

1) 기존벽체 접합조건 : 신설벽체와 기존벽체의 접합조건. 분리, 측면접합, 수직접합.
2) 관통철근 : 신설 벽체 수직철근 중 상부 슬래브를 관통하여 이음되는 철근량
3) 후시공 철근비 : 신설벽체가 기존벽체 측면과 접할 경우 벽체 수직단면적에 대한 후시공 철근 단면적

4.2.2 단면증설 벽체의 설계

<표 4.7> 단면증설 벽체 설계

모델링 번호	축력 (kN)	모멘트 (kN·m)	전단력 (kN)	벽두께[1] (mm)	구분	소요철근량	설계철근량		증빙자료 (페이지)
							기존벽체	증설벽체[2]	
WS					수직철근		HD10@300	HD13@250	
					수평철근				
:							–		

1) 벽두께 : 기존 벽체를 포함한 단면증설된 벽체의 총 두께
2) 증설벽체 : 단면증설된 벽체부분의 배근량

4.3 기초 보강설계

4.3.1 직접기초의 설계

<표 4.8> 직접기초 보강

모델링명	허용 지내력[1] (kN/m²)	증설 후 기초판		구분	소요강도		설계강도		증빙자료 (페이지)
		면적 (m²)	접지압[2] (kN/m²)		M_u (kN·m)	V_u (kN)	ϕM_n (kN·m)	ϕV_n (kN)	
				X방향					
				Y방향					

1) 허용지내력 : 지반조사를 통하여 산정된 지내력
2) 접지압 : 기초의 설계접지압

4.3.2 직접기초의 보강
<표 4.9> 직접기초 보강 상세설계

모델링명	구분	전단마찰보강근				주철근 이음		증빙자료 (페이지)
		면내전단력[1] (kN)	전단마찰 보강근	연단길이[2] (mm)	정착길이[3] (mm)	접합공법[4]	이음길이[5] (mm)	
	X방향							
	Y방향							

1) 면내전단력 : 기초판의 폭 및 두께 방향 증설 시 기존 기초와의 접합면에 작용하는 전단력
2) 연단길이 : 후시공 철근으로 시공할 경우 기초판 최외곽에서 후시공 철근의 중심까지 최단거리
3) 정착길이 : 후시공 철근이 기존 기초판에 매립된 길이
4) 접합공법 : 기존 기초판 주철근과 증설되는 기초판의 주철근의 접합공법. 용접, 겹침이음 등
5) 이음길이 : 기존 기초판 주철근과 증설되는 기초판의 주철근을 겹침이음할 경우 이음길이

4.3.3 말뚝기초의 설계
<표 4.10> 말뚝 기초의 설계

말뚝종류	소요하중[1] (kN)	말뚝직경 (mm)	선단지지층 위치 (m)	근입길이[2] (m)	허용지지력 (kN)	증빙자료 (페이지)
Type1						
:						

1) 소요하중 : 계수하중조합에 대한 구조해석을 통하여 말뚝에 작용하는 하중
2) 근입길이 : 선단지지층 내 근입길이

4.3.4 소구경 말뚝기초의 설계
<표 4.11> 소구경말뚝 보강공법

말뚝종류	보강재(강관)			소요하중 (kN)	말뚝직경 (mm)	말뚝길이 (m)	허용지지력 (kN)	그라우트재 강도 (MPa)	증빙자료 (페이지)
	외경 (mm)	두께 (mm)	항복강도 (MPa)						
Type1									
:									

※ 대상동이 복수일 경우 앞의 양식을 복사하여 동별 구조안전 자체평가서 작성

■ 수직증축형 리모델링 전문기관 안전성 검토 매뉴얼[별지 제03호 서식]

자문위원 개별의견서

건축물명		준공일	
주소			
대상동명			

「주택법」제42조의4에 따라 실시하는 전문기관 안전성 검토를 위한 자문의견서를 제출합니다.

년   월   일

소속: 검토위원: (서명 또는 인)

전문기관장   귀하

검토항목	검토의견
제1장 증축 리모델링 안전진단	
1.1 구조안전성 평가	•
1.2 증축 리모델링 판정	•
제 2 장 수직증축형 리모델링 일반 고려사항	
2.1 기존 부재의 재료 특성치	•
2.2 기존 말뚝기초의 설계지지력 확인	•
2.3 지반굴착에 관한 일반사항 확인	•
2.4 구조부재의 철거 및 안전조치	•
제 3 장 구조해석	
3.1 내진설계 제반 사항	•
3.1.1 지진하중에 대한 안전성 확인	
3.1.2 지진력저항시스템의 설계계수	•

검토항목	검토의견
3.2 모델링	
3.2.1 부재력 산정을 위한 부재 강성	•
3.2.2 횡변위 산정을 위한 부재 강성	•
3.2.3 지진하중을 부담하지 않은 부재의 모델링 방법 및 조건	•
3.2.4 벽체 수평접합부 모델링	•
3.2.5 벽체 수직접합부 모델링	•
3.3 말뚝기초의 하중 분담	•
제 4 장 보강설계 및 공사	
4.1 보강설계 원칙	
4.1.1 상시하중에 대한 보강	•
4.1.2 지진력저항시스템 구성부재의 보강	•
4.1.3 연결보 및 날개벽의 내진보강 예외사항	•
4.1.4 감쇠시스템	•
4.2 벽체 보강설계	
4.2.1 신설 벽체의 설계	•
4.2.2 단면증설 벽체의 설계	•
4.3 기초 보강설계	
4.3.1 직접기초의 설계	•
4.3.2 직접기초의 보강	•
4.3.3 말뚝기초의 설계	•
4.3.4 소구경 말뚝기초의 설계	•
4.4 감쇠보강	•
종합의견	
의견	•

■ 수직증축형 리모델링 전문기관 안전성 검토 매뉴얼[별지 제4호 서식]

수직증축형 리모델링
전문기관 안전성 검토결과서

시장·군수·구청장　　　귀하

주택법 제42조의4제3항에 따라 수직증축형 리모델링 전문기관 안전성 검토결과를 다음과 같이 제출합니다.

건축물 명	
주　　소	

동　명	검토결과	검토의견

20　.　.　.

한 국 건 설 기 술 연 구 원 장

위 촉 장

- 소　　속 :
- 직　　위 :
- 성　　명 :

위 인을 수직증축형 리모델링 전문기관 안전성 검토 자문위원회의 자문위원으로 위촉합니다.

20 . . .

한 국 건 설 기 술 연 구 원 장

■ 수직증축형 리모델링 전문기관 안전성 검토 매뉴얼[별지 제6호 서식]

동 의 서

- 소　　　속 :
- 성　　　명 :
- 주민등록번호 :
- 주　　　소 :

　본인은 수직증축형 리모델링 전문기관 안전성 검토 자문위원회의 자문위원으로 위촉됨에 대하여 이를 동의하며, 업무 상 알게 된 사항에 대하여는 이해관계자 또는 타인 등에게 일체 공개 또는 누설하지 않을 것을 서약합니다.

20　.　.　.

한 국 건 설 기 술 연 구 원 장

다. 수직증축형 리모델링 구조기준 매뉴얼(한국건설기술연구원 제정, 2014.6.20)

제 1 장

총 칙

1.1 목적

> 본 매뉴얼의 목적에 대하여 설명한다.

본 「수직증축형 리모델링 구조매뉴얼」(이하 "구조매뉴얼"이라 한다.)은 주택법 제42조의5에 따라 국토교통부장관이 고시한 「수직증축형 리모델링 구조기준」(이하 "구조기준"이라 한다.) 1-3-2항에 의거하여 공동주택의 수직증축형 리모델링 사업의 구조설계도서 작성 등에 있어서 구조설계자가 참고할 수 있는 세부적인 실시방법을 제공하기 위한 것으로서, 콘크리트 벽식구조 또는 모멘트 골조로 건설된 공동주택의 수직증축형 리모델링 공사에 있어서 구조설계 고려사항, 구조해석, 보강설계의 제반사항을 설명하고, 구체적인 실시요령을 상술함으로써 수직증축형 공동주택 리모델링 공사에 있어서 안전성 확보를 위한 기술적 참고사항을 제공하는 것을 목적으로 한다.

1.2 용어정의

> 본 매뉴얼에서 사용한 용어의 정의에 대하여 설명한다.

상시 하중 : 기존 부재에 대한 보강 한계를 결정하기 위하여 상시로 작용하는 것으로 간주하는 하중을 말한다. 이 경우 고정하중에 대한 하중계수를 1.1, 활하중에 대한 하중계수를 0.75로 산정한다.

　　　　　　상시 하중 = 1.1(고정하중) + 0.75(활하중)

보강 한계 : 보강된 부재가 화재나 내구성 저하 등의 이유로 보강효과를 상실하였을 경우에도 상시 하중에 의하여 보강 전의 부재가 파괴되지 않도록 정하는 기존 부재에 대한 보강량의 상한치를 말한다.

날 개 벽 : 벽식구조 공동주택에 있어서 단변방향 벽체의 단부 및 장변방향 개구부의 전면/후면에 배치된 작은 벽체로서, 벽체가 제거되어도 지지하는 슬래브의 안전성이 확보될 수 있는 벽체를 말한다

1.3 적용범위

> 본 매뉴얼의 적용범위에 대하여 설명한다.

본 구조매뉴얼은 공동주택의 수직증축형 리모델링 공사에 있어서 구조해석·설계 및 보강공사에 적용한다. 본 구조매뉴얼은 현행의 건축구조기준, 건축공사 표준시방서 및 각종 보고서를 참조하여 작성되었으며, 기준이나 시방서에서 세부 항목별로 명확하지 않은 것이나 포함되지 않은 내용을 구체화하는 방향으로 작성되었다.

또한, 본 구조매뉴얼은 철근콘크리트 구조의 공동주택에 한정하여 적용한다. 철근콘크리트 구조가 아닌 공동주택에 대한 구조설계도서의 작성 등은 기준에서 정한 바와 같이 시장·군수·구청장(이하 "시장·군수"라 한다)의 요청에 의하여 국토교통부장관이 정한 방법에 따라 실시한다.

제 2 장

수직증축형 리모델링 일반 고려사항

2.1 기존 부재의 재료 특성치

국토교통부에서 제정한 「콘크리트구조기준(평가입력값 절)」에 따라 기존 부재의 재료특성치를 산정하는 방법에 대하여 설명한다.

(1) 설계방법

구조기준에서는 기존 부재의 재료 특성치를 산정함에 있어 국토교통부 제정 「콘크리트구조기준」의 평가입력값을 참고하여 산정하도록 규정하고 있다. 이에 대하여 기존의 안전진단에서는 KS F 2730에 따른 반발경도시험법 등의 비파괴 시험법을 사용하여 기존 부재의 콘크리트 강도를 평가함에 있어 평균강도 값을 사용하는 것으로 파악되고 있다. 따라서 기존 건축물의 조사 및 시험을 거쳐 얻어진 콘크리트 및 철근 재료강도의 측정값은 기준에서 정한 바에 따라 다음 식에 의하여 평가기준강도에 근간하여 산정한다.

$$O_{lower} = \overline{O} - \sqrt{(Ks_c)^2 + (Zs_a)^2} \qquad (2.1)$$

$$\overline{O} = \frac{1}{n}\sum_{i=1}^{n} O_i \qquad (2.2)$$

$$s_c = \sqrt{\sum_{i=1}^{n} \frac{(O_i - \overline{O})^2}{n-1}} \qquad (2.3)$$

여기서, $\overline{O}$: 조사 및 시험 결과의 평균값
n : 조사 및 시험횟수
O_i : i번째 조사 및 시험 결과
s_a : 구조물 내부의 값과 시편의 시험값 사이의 차이를 고려한 표준편차
(콘크리트는 코어채취시 ; $0.05\overline{O}$, 비파괴시험시 ; $0.15\overline{O}$)

K계수는 산정된 평가입력값이 조사 및 시험횟수에 따라 통계적으로 주어지는 계수로 콘크리트구조기준 해설 표 V.3.1을 참조한다. 콘크리트 강도의 경우 일반적인 구조물은 신뢰수준 제75백분위수를 적용하며, 중요한 구조물의 경우에는 제90백분위수, 매우 중요한 구조물(예 : 원자력 발전소)의 경우에는 제95백분위수의 신뢰수준을 적용한다. 수직증축 리모델링 공동주택의 신뢰수준은 구조기술자가 합리적 근거에 의해 결정할 수 있다. 공동주택의 중요도를 고려할 때 제90백분위수를 적용하는 것을 권고한다. Z계수는 표준정규분포의 분위수 산정에 사용되는 특성지수로 콘크리트구조기준 해설 표 V.3.2를 참조한다.

(2) 자체평가서의 작성

본 항에서 설명된 바와 같이 콘크리트구조기준에 따라 평가된 기존부재의 재료특성치는 전문기관 안전성 평가시 공정하고 객관적인 평가를 위하여 <표 2.1>의 서식에 따라 정리한다.
① 복수의 콘크리트 강도 시험법을 사용한 경우에는 각각의 시험방법에 의해 산정된 평가기준강도 중 작은 값을 최종 평가기준강도로 한다.
② 반발경도시험법에 의해 콘크리트강도를 산정한 경우에는 한 지점에 대해 20~25회 타격한 값을 한 개의 표본으로 한다.
③ 철근강도는 현장조사를 통하여 채취가 가능할 경우에만 평가입력값에 의해 산정하고, 시험표본이 없는 경우에는 도면상에 표기된 설계강도로 한다.
④ 평가기준강도가 도면상의 설계강도보다 클 경우에 기존 설계강도를 사용하여 구조설계를 할 수 있다.
⑤ 평가기준강도의 산정에 대한 증빙은 안전진단의 재료강도 조사결과 및 평가기준강도 산정 과정을 자료로 제출한다.

<표 2.96> 재료강도

항목		시험방법	기존 설계강도[1] (MPa)	평가기준강도[2] (MPa)			설계 기준강도[3] (MPa)	증빙자료 (페이지)
				평균값	표준편차	하한값		
콘크리트	Type1	반발경도						
		코아채취						
	:							
철근	HD16	KS F						
	:							
기타								

1) 기존 설계강도 : 기존 구조도에 표기된 각 재료별 설계기준강도
2) 평가기준강도 : 콘크리트구조기준 20.3절 평가입력값에 의해 산정한 각 재료별 평가기준강도
3) 설계기준강도 : 수직증축 리모델링 구조설계에 사용된 설계기준강도

2.2 기존 말뚝기초의 설계지지력 확인

> 구조설계자가 구조설계에 적용한 말뚝기초의 설계지지력을 안전진단 기관과 함께 확인하는 절차에 대하여 설명한다.

(1) 설계방법

구조기준에서는 구조설계자로 하여금 안전진단을 실시하는 기관과 함께 기존 말뚝기초의 설계지지력을 확인하도록 규정하고 있다. 수직증축형 리모델링 공사에서는 연직하중 및 지진하중의 증가로 인하여 기존 말뚝의 설계지지력을 초과하는 하중이 작용할 가능성이 높다. 이에 따라 1차 안전진단에서는 간접적인 방법에 의해서 2차 안전진단에서는 직접적인 방법에 의해 기존 말뚝기초의 설계지지력을 파악하는 것이 요구되며, 특히 구조설계자는 이렇게 조사된 설계지지력이 적합한지에 대하여 안전진단기관과 함께 확인하는 것이 필요하다.

1) 지질조사시험에 의한 말뚝기초의 설계지지력 추정

1차 안전진단의 지질조사 결과로부터 건축물 하부의 지질상태를 파악하고 기존에 설치되어 있는 말뚝기초의 직경 및 길이를 확인하면, 설계지지력을 정역학적 지지력 공식을 통해 추정할 수 있다. 극한지지력 공식은 사질토와 점성토의 경우로 구분되어 다양하게 제시되었으며, 일반적으로 극한선단지지력과 극한주면마찰지지력으로 구분하여 산정한다. 극한지지력 산정은 국토해양부 제정 구조물기초설계기준 및 해설(한국지반공학회, 2009) 제 5장을 참조하여 실시한다. 설계지지력은 국토해양부 제정 건축구조기준 및 해설(대한건축학회, 2009) 0407.2에 따라 극한지지력의 1/3이하의 값으로 산정한다.

2) 직접시험에 의한 말뚝기초의 설계지지력 산정

2차 안전진단의 말뚝기초의 허용지지력을 확인하기 위한 현장재하시험은 국토해양부 제정「구조물 기초설계기준 및 해설 (2009)」을 참고하여 실시하며, 도면에 표시된 설계지지력의 120%까지 단계별로 재하함에 따라 발생되는 침하량을 확인한다. 이때 P-δ(하중-침하) 곡선은 탄성관계(직선)의 모습을 나타내는 것을 확인하는 방법에 의하여 기존 말뚝기초의 설계지지력을 확인한다.

(2) 자체평가서의 작성

본 항에서 설명된 바와 같이 1차 안전진단 및 2차 안전진단을 통하여 평가된 기존말뚝의 지지력은 전문기관 안전성 평가시 공정하고 객관적인 평가를 위하여 <표 2.2>의 서식에 따라 정리한다. 기존 건물에 복수의 종류 또는 설계지지력을 갖는 말뚝기초가 사용된 경우에는 상이한 말뚝기초에 대해 모두 작성한다.

말뚝기초의 설계지지력 산정에 대한 증빙은 1차 안전진단의 지질조사 결과와 허용지지력 산정 과정을 자료로 제출하며, 2차 안전진단이 수행된 후에는 기존 말뚝기초 현장재하시험 위치 및 단계별 시험 결과를 자료로 제출한다.

<표 2.98> 기존 말뚝기초의 설계지지력(1차 안전진단)

구분	직경 (mm)	길이 (m)	시험추정 허용지지력					도면상 허용지지력 (kN)	증빙자료 (페이지)
			선단지지력[1] (kN)	주면마찰 지지력[2] (kN)	극한지지력 (kN)	허용지지력 (kN)	추정침하량[3] (mm)		
Type1									
:									

1) 선단지지력 : 지질조사 결과로부터 추정식을 통하여 구한 선단지지력
2) 주면마찰지지력 : 지질조사 결과로부터 추정식을 통하여 구한 주면마찰지지력
3) 추정침하량 : 허용지지력에 대한 침하량

<표 2.99> 기존 말뚝기초의 설계지지력(2차 안전진단)

구분	직경 (mm)	추정길이 (m)	재하시험 지지력								도면상 허용지지력 (kN)	증빙자료 (페이지)
			1단계		2단계		...		n단계			
			P_1[1] (kN)	δ_1[2] (mm)	P_2 (kN)	δ_2 (mm)	P_i (kN)	δ_i (mm)	P_n (kN)	δ_n (mm)		
Type1												
:												

1) P : 재하하중
2) δ : 침하량

2.3 지반굴착에 관한 일반사항

국토교통부에서 제정한 「구조물기초설계기준(가설 흙막이 구조물 장)」에 따라 지반굴착시 주의해야할 사항에 대하여 설명한다.

(1) 설계방법

공동주택 인접지역 또는 기존 구조물 하부에서 지반 굴착공사를 수행할 경우 인접 얕은 기초 또는 말뚝기초의 지지력 감소를 야기할 수 있으므로 이에 대하여 검토할 필요성이 있다. 이에 따라 구조기준에서는 공동주택의 증축 리모델링 시 지반굴착에 관한 일반 사항을 국토해양부 제정 "구조물 기초설계기준"의 7장 가설 흙막이 구조물을 참조하는 것으로 규정하였다.

지반굴착에 대한 검토 시에는 증설하중을 지지하기 위한 보강기초 설치 시 장비 진동, 천공 및 주입 절차 등에 의한 기존 파일의 지지력 영향성을 검토하여야 하며 이를 고려한 시공 절차를 수립하여야 한다. 기타 암반 굴착이 수행될 경우 발파 또는 암 파쇄 공정 등이 기존 구조물의 안정성에 미치는 영향을 사전에 검토하는 것이 필요하다.

(2) 자체평가서의 작성

본 항에서 설명된 바와 같이 지반굴착 시 검토사항은 전문기관 안전성 평가 시 공정하고 객관적인 평가를 위하여 <표 2.4>의 서식으로 정리한다.
① 지반굴착을 실시할 경우 지반굴착의 범위, 지하수 위치, 지반조건, 인접 직접기초 및 말뚝기초 이격거리, 인접 건물하중, 매설물 정보 등을 확인하여 기존 기초에 미치는 영향을 검토한다.
② 가설 흙막이 구조물을 설치할 경우 굴착 깊이별 벽체안정성을 검토하여야 하고, 기존 기초와 이격거리를 파악하여 안정성을 확인하여야 한다.
③ 보강말뚝을 설치하는 경우 장비의 진동 및 기존 기초판의 철거 공사 등이 안정화된 지반을 교란할 수 있으므로 시공방법이 지반 교란에 미치는 영향을 분석하고, 기존 말뚝 기초의 지지력이 감소되는지 검토한다.
④ 암 발파 및 파쇄 공정이 포함될 경우 기존 건축물에 진동을 발생시켜 안정성에 영향을 미치게 되므로 이에 대하여 사전 검토를 수행한다.
⑤ 지반굴착 시 검토사항에 대한 증빙은 지반굴착 정보가 표기된 상세 도면을 제출한다.

<표 2.101> 지반굴착 정보

항목	굴착면적 (B·L)	굴착 깊이 (m)	지하 수위 (m)	가설 흙막이 설치 유무	기존 기초 영향 검토		암 발파 또는 암 파쇄 유무	증빙자료 (페이지)
					인접 직접기초 이격거리[1] (m)	인접 말뚝기초 이격거리[2] (m)		
내용								

1) 지반굴착면과 인접한 직접기초의 연단까지 거리
2) 지반굴착면과 인접한 말뚝기초의 연단까지 거리

2.4 구조부재의 철거 및 안전조치

증축형 리모델링 공사에 있어서 구조부재의 철거를 수반하는 경우에 지지조건의 변화로 인하여 구조부재에 발생되는 응력변화 등을 설계에 반영하기 위한 제반사항에 대하여 설명한다.

(1) 설계방법

구조기준에서는 증축형 리모델링 공사에 있어서 구조변경 등의 이유로 구조부재의 철거를 수반하는 경우, 기존부재의 지지조건이 변경되거나 구조부재의 절단으로 기존부재의 정착길이가 부족해지는 경우 등의 영향을 구조설계에 반영하도록 요구하고 있다.

1) 지지조건의 변경

구조변경 등의 이유로 기존 평면내의 벽체 등 수직부재를 부분적으로 철거할 때에는 지지조건 변화에 따른 하중 및 부재력의 변화가 기존 부재에 미치는 영향을 종합적으로 고려하여 구조부재 철거에 따른 안전조치를 취할 필요성이 있다. 즉, 벽체의 일부를 부분철거하면 <그림 2.1>에서 보는 바와 같이 상기 슬래브의 지지조건이 변화되어 당초 설계하였던 부(-)모멘트가 정(+)모멘트로 변화되므로, 상단철근으로 부(-)모멘트에 저항하던 부재가 하단철근으로 정(+)모멘트에 저항해야 된다. 이와 같은 철거 또는 구조변경으로 인한 구조부재의 안전성 검토 시에는 보강된 부재로서 강도요구조건에 대한 만족여부 뿐만 아니라, 보강효과 상실 시의 안전확보를 위하여 보강전의 부재가 상시작용 하중에 대하여 안전성을 만족하는 지에 대한 검토도 이루어져야 한다. 상시하중에 대한 안전성 검토는 4.1.1절에서 설명한 바를 참조하여 실시한다.

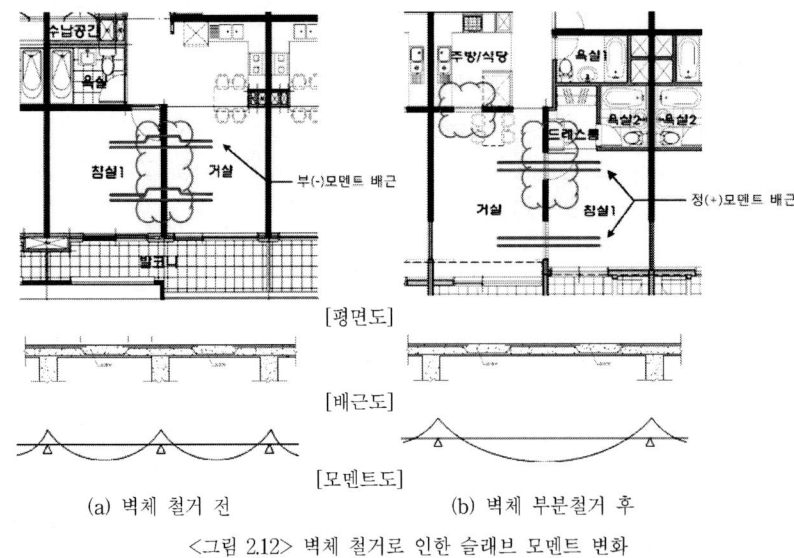

(a) 벽체 철거 전   (b) 벽체 부분철거 후

<그림 2.12> 벽체 철거로 인한 슬래브 모멘트 변화

2) 정착길이 부족

구조부재 절단시 잔존 구조물의 정착길이가 부족할 경우는 부착강도의 저하로 인하여 부재의 내력이 저하되거나, 균열발생 등의 사용성에 문제가 발생할 수 있다. 기존 구조부재의 철거시 절단작업에 의해 잔존 구조물내의 철근 정착길이가 부족해지는 경우에는 정착길이 확보를 위한 별도의 조치를 취하거나, 정착길이 미확보 시 이로 인한 구조내력의 감소 및 균열발생 등의 사용성을 검토하여야 한다.

(2) 자체평가서의 작성

본 항에서 설명된 바와 같이 구조변경에 대한 안전조치는 전문기관 안전성 평가 시 공정하고 객관적인 평가를 위하여 <표 2.5>의 서식으로 정리한다.
  ① 벽체의 전체 또는 부분철거, 절단 등의 작업이 시행될 경우에는 해당되는 모든 부재에 대해 철거형태와 철거로 인해 영향을 받는 부재, 구조내력의 변경사항을 확인한다.
  ② 구조부재의 철거로 인해 기존 부재의 내력이 부족할 경우 이에 대한 보강방안 등의 조치사항을 제시한다.
  ③ 구조부재의 철거 후 안전조치에 대한 증빙은 철거 상세도와 철거 후 기존 부재의 내력 검토 결과를 제출한다.

<표 2.103> 구조부재의 철거 후 안전조치

부재명[1]	철거형태[2]	검토 부재명[3]	검토사항[4]	조치사항[5]	증빙자료 (페이지)
W1	부분철거	S1	지지조건	FRP보강	
:					

1) 부재명 : 철거 부재명
2) 철거형태 : 내력벽 철거, 부분철거, 슬래브 절단 등
3) 검토 부재명 : 철거 부재로 인해 내력 등 구조안전성의 검토가 필요한 부재명
4) 검토사항 : 지지조건, 철근 정착길이 등 구조내력에 영향을 미치는 검토사항
5) 조치사항 : 검토사항으로 인해 인접부재의 내력이 감소될 경우 내력 확보 방안

제 3 장

구조해석

3.1 내진설계 제반사항

3.1.1 지진하중에 대한 안전성 확인

국토교통부에서 제정한「건축구조기준」에 따라 증축형 리모델링 구조설계에서 지진하중에 대한 안전성 확인을 위한 절차에 대하여 설명한다.

(1) 설계방법

구조기준에서는 공동주택의 증축형 리모델링 설계에 있어서 지진하중에 대한 안전성 확인은 건축구조기준의 제반 기준에 따르는 것으로 규정하고 있다. 이는 공동주택의 증축 리모델링 공사가 건축구조기준 0306.1.1.2 일체증축에 해당하며 이 경우 건축구조기준의 지진하중 조항을 적용하도록 규정하고 있기 때문이다.

(2) 자체평가서의 작성

본 항에서 설명된 바와 같이 건축구조기준에 따른 지진하중에 대한 안전성 확인은 전문기관 안전성 평가시 공정하고 객관적인 평가를 위하여 <표 3.1> ~ <표 3.3>의 서식으로 정리한다.

증축 전 기존 건물의 하중은 리모델링 안전진단 시 현장조사 결과를 반영하여 작성된 기존 건물의 구조도로부터 기존 건물의 총중량, 층중량, 단위면적당 중량을 계산하여 <표 3.1>에 나타낸 바와 같이 작성한다. 증축 후 건물의 하중은 리모델링 계획에 따라 기존 부재의 철거, 증축, 보강과 마감재의 변경 등을 고려하여 산정한다. 연직하중은 증축 전/후 각 실별 구조도의 마감상세와 일치시켜 고정하중을 산정하고 <표 3.2>을 작성한다. 활하중은 실별 용도에 따라서 건축구조기준 0303의 활하중을 참조하여 산정한다. 이와 같이 산정된 연직하중을 바탕으로 건축구조기준 0306에 따라 지진하중을 산정하고 <표 3.3>을 작성한다.

<표 3.1> 하중 종합

구분	층수	총중량 (kN)	기준층 중량 (kN)	층면적 (m²)	단위면적당 중량[1] (kN/m²)	자중 경감조치	증빙자료 (페이지)
증축 전						유/무	
증축 후							

1) 단위면적당 중량 : 기준층의 총중량을 층면적으로 나눈값으로 한다.

<표 3.2> 연직하중

| 용도 | 증축 전 | | | | 증축 후 | | | | 증빙자료 (페이지) |
	구성	두께 (mm)	고정하중 (kN/m²)	활하중 (kN/m²)	구성	두께 (mm)	고정하중 (kN/m²)	활하중 (kN/m²)	
지붕층	누름콘크리트	100	2.30						
	액체방수2차	20	0.42						
	콘크리트슬래브	135	3.24						
	단열재	110	0.06						
	천장		0.15						
⋮									

<표 3.3> 지진하중

내진설계범주	지진력 저항시스템	반응수정계수 R	건물의 중량 W (kN)	주기상한계수 C_u	증빙자료 (페이지)

3.1.2 지진력저항시스템의 설계계수

> 국토교통부에서 제정한 「건축구조기준」에 따라 리모델링 대상 건축물의 구조형식별로 지진력저항시스템의 설계계수를 산정하는 방법에 대하여 설명한다.

(1) 설계방법

구조기준에서는 내진설계를 위한 지진력저항시스템의 설계계수를 벽식구조의 경우 「건축구조기준」의 「1-b. 철근콘크리트 보통전단벽」으로 적용하고, 모멘트골조의 경우 벽체의 지진하중 부담여부에 따라 「2-o. 철근콘크리트 보통전단벽」 또는 「3-j. 철근콘크리트 보통모멘트골조」으로 적용하도록 규정하고 있다. 현행 건축구조기준의 벽식구조의 반응수정계수는 '88년 기준에서 규정하고 있는 내력벽 시스템의 반응수정계수보다 큰 값을 갖는다. 그러나 '88년 내진설계기준 작성 시에 콘크리트 구조설계기준과 건축구조기준을 검토해 본 결과, 벽식구조의 설계에 적용된 제반 구조설계기준은 변동된 것이 없는 것으로 파악되었다. 따라서 벽식구조에 적용된 반응수정계수는 구조기준의 개정에 따라 시스템 계수의 상대적인 값의 변화를 고려한 것으로 판단된다.

한편, 1988년 이전에 모멘트골조 형식으로 건설된 공동주택의 경우는 보-기둥 라멘구조가 지진하중을 부담할 수 있도록 내진설계가 적용되지는 않았으나, 계단실-엘리베이터를 구성하는 코어벽체가 지진하중을 부담할 수 있을 것으로 판단된다. 이러한 형태의 지진력저항시스템을 현행의 건축구조기준에서는 건물골조시스템으로 정의하며 <표 3.4>에서 나타낸 바와 같이 철근콘크리트 구조의 공동주택은 「2-o. 철근콘크리트 보통전단벽」으로 구분할 수 있다. 또한 모멘트골조가 지진하중을 부담할 수 있도록 내진설계가 적용된 건물은 모멘트-저항골조 시스템으로 정의하며, <표 3.4>에서 나타낸 바와 같이 「3-j. 철근콘크리트 보통모멘트골조」로 구분할 수 있다.

<표 3.4> 지진력저항시스템에 대한 설계계수 (KBC2009)

기본 지진력저항시스템	설계계수			시스템의 제한과 높이(m)제한		
	반응수정계수 R	시스템초과강도계수 Ω_0	변위증폭계수 C_d	내진설계 범주 A 또는 B	내진설계 범주 C	내진설계 범주 D
1. 내력벽 시스템						
1-b. 철근콘크리트 보통전단벽	4	2.5	4	-	-	60
2. 건물골조 시스템						
2-o. 철근콘크리트 보통전단벽	5	2.5	4.5	-	-	60
3. 모멘트-저항골조 시스템						
3-j. 철근콘크리트 보통모멘트골조	3	3	2.5	-	-	불가

(2) 자체평가서의 작성

본 항에서 설명된 바와 같이 건축구조기준에 따른 지진력저항시스템의 설계계수는 전문기관 안전성 평가시 공정하고 객관적인 평가를 위하여 <표 3.5>의 서식으로 정리한다. 리모델링 대상건물의 구조형식에 따라 지진력저항시스템을 구분하고 <표 3.4>를 참조하여 설계에 적용된 지진력저항시스템의 설계계수를 <표 3.5>에 작성한다.

<표 3.5> 지진력저항시스템에 대한 설계계수

내진설계범주	지진력 저항시스템	반응수정계수 R	시스템초과강도계수 Ω_0	변위증폭계수 C_d	시스템의 제한과 높이(m)제한	증빙자료 (페이지)

3.2 모델링

3.2.1 부재력 산정을 위한 부재 강성

> 국토교통부에서 제정한「건축구조기준」및「콘크리트구조기준」에 따라 콘크리트 벽식구조 및 보통 모멘트골조 형식의 건물에서 부재력 산정을 위해 사용하는 부재강성에 대하여 설명한다.

(1) 설계방법

현행의 설계기준(건축구조기준; KBC2009 및 콘크리트구조기준 ; KCI2012)에서 부재력 산정을 위한 부재의 강성에 대한 규정은 상호 같으며, 그 내용은 공통적으로 책임기술자의 판단에 의한 어떠한 합리적인 가정도 가능한 것으로 기술하고 있다. 또한「콘크리트구조기준」의 해설서에서는 ".....(중략)보통 횡구속 골조에서는 균열이 발생되지 않는 전체단면에 대한 EI 값을 사용하기도 하지만 하중이 상당히 크게 작용한 상태에서는 보에서 균열이 발생했을 가능성이 많으므로 보는 균열된 것으로 가정하여 0.5EIg 로 계산하고 기둥은 EIg 로 계산하기도 한다(중략).....” 라고 기술하고 있다.

한편, 개개 책임구조기술자가 구조부재에 대하여 상이한 강성을 가정할 경우에 상호 일관된 해석결과를 얻을 수 없는 결과를 초래하며, 특히 지나치게 낮은 강성을 사용할 경우 고유주기의 증가로 인하여 지진하중이 작게 평가되는 결과를 초래할 수 있다. 따라서 구조기준에서는 모멘트 골조 또는 벽식구조에서 부재력 산정을 위한 각 구조부재의 강성은 합리적인 가정에 의하여 결정하되, 일반적으로 수직부재에 비하여 수평부재인 연결보(coupling beam)에 균열이 발생되는 것을 고려하여 다음의 값을 사용하도록 규정하고 있다. 여기서, 감쇠장치 등을 이용하여 내진보강하는 경우에 감쇠구조물로서의 각 구조부재의 강성은 지진하중에 의한 횡변위 산정을 위해 정의된 강성을 사용하는 것이 바람직하다.

- 기둥 : 1.0 EI_g
- 전단벽 : 1.0 EI_g
- 보 (전단벽의 연결보 포함) : 0.5 EI_g 이상 (다만, 해석의 전 과정에 걸쳐 일관성이 있어야 함.)

(2) 자체평가서의 작성

본 항에서 설명된 바와 같이 부재력 산정을 위한 부재강성은 전문기관 안전성 평가 시 공정하고 객관적인 평가를 위하여 <표 3.6>의 서식으로 정리한다. 부재력 산정을 위해 구조해석에 사용된 각 구조부재별 부재강성 입력값은 <표 3.6>의 1)항에 작성한다.

<표 3.6> 부재강성 입력값

모델링번호		부재력 산정시[1] (EI_g계수)	횡변위 산정시[2]		N.G 여부[3]	연직하중 조합에 대한 부재력비[4]	증빙자료 (페이지)
			지진하중 (EI_g계수)	풍하중 (EI_g계수)			
벽(기둥)	W1						
	W2						
	⋮						
보	B1						
	B2						
	⋮						

1) 부재력 산정시 : 철근콘크리트 구조시스템의 부재력을 산정할 때 적용하는 구조부재의 강성 (EI_g 계수로 표현)
2) 횡변위 산정시 : 철근콘크리트 구조시스템의 횡변위를 산정할 때 적용하는 구조부재의 강성 (EI_g 계수로 표현)
3) N.G 여부 : 강성을 조정하지 않은 상태에서 지진하중조합에 대한 N.G 여부
4) 연직하중조합에 대한 부재력비 : 연직하중 조합에 대한 연결보 또는 날개벽에 의하여 지지되는 슬래브의 소요강도/설계강도 비

3.2.2 횡변위 산정을 위한 부재 강성

> 국토교통부에서 제정한 「건축구조기준」 및 「콘크리트구조기준」에 따라 콘크리트 벽식구조 및 보통 모멘트골조 형식의 건물에서 횡변위 산정을 위해 사용하는 부재강성에 대하여 설명한다.

(1) 설계방법

구조기준에서는 국토교통부 제정 「콘크리트구조기준」에 따라 사용하중 및 설계하중에 의한 횡변위 산정시 사용하는 부재강성을 유효강성을 사용하도록 규정하고 있다. 즉, 개정된 콘크리트구조기준(KCI2012)에서는 ACI318-08에서의 개정사항을 반영하여 횡변위를 산정하기 위한 부재의 강성으로 유효강성 조항을 추가하였다. 즉, 지진하중이 작용하는 구조물의 횡변위는 부재의 비탄성 거동과 유효강성의 감소로 인하여 본질적으로 선형해석에 의한 값과 다르게 나타나게 되므로, 횡변위 산정을 위해 적절한 유효강성을 선택하면 보다 실제에 가까운 층 변위의 산정이 가능하고 중력하중이 작용하는 시스템에서 수평변형에 따른 추가적인 하중의 증가를 고려할 수 있게 된다.

1) 지진하중에 의한 횡변위 산정시

지진하중에 의한 구조물의 횡변위 산정을 위한 각 구조부재의 강성은 「콘크리트구조기준」에 따라 다음의 값을 사용하거나, 전단면에 대한 강성의 50%를 사용한다. 전단벽의 경우는 비균열 단면과 균열단면으로 구분하며, 비균열 단면강성($0.70 I_g$)에 기초한 해석에서 계수하중에 의한 휨에 의해 벽체에 균열이 발생되는 값, 즉 파괴계수를 초과하는 경우에는 균열 단면강성($I = 0.35 I_g$)을 사용하여 해당 층의 벽체에 대하여 재계산한다.

- 기둥 : $0.70\ EI_g$
- 비균열 전단벽 : $0.70\ EI_g$
- 균열 전단벽 : $0.35\ EI_g$
- 보 : $0.35\ EI_g$
- 플랫 플레이트 및 플랫 슬래브 : $0.25\ EI_g$

2) 풍하중에 의한 구조물의 횡변위 산정시

풍하중에 의한 구조물의 횡변위 산정을 위한 각 구조부재의 강성은 지진하중에 의한 횡변위 산정을 위해 사용하는 부재강성에 1.43배한 값을 사용한다.

(2) 자체평가서의 작성

본 항에서 설명된 바와 같이 횡변위 산정을 위한 부재강성은 전문기관 안전성 평가 시 공정하고 객관적인 평가를 위하여 <표 3.6>의 서식으로 정리한다. 횡변위 산정을 위해 구조해석에 사용된 각 구조부재별 부재강성 입력값은 <표 3.6>의 2)항에 작성한다.

<표 3.6> 부재강성 입력값

모델링번호		부재력 산정시[1] (EI_g)	횡변위 산정시[2]		N.G 여부[3]	연직하중 조합에 대한 부재력비[4]	증빙자료 (페이지)
			지진하중 (EI_g)	풍하중 (EI_g)			
벽(기둥)	W1						
	W2						
	:						
보	B1						
	B2						

1) 부재력 산정시 : 철근콘크리트 구조시스템의 부재력을 산정할 때 적용하는 구조부재의 강성(EI_g 계수로 표현)
2) 횡변위 산정시 : 철근콘크리트 구조시스템의 횡변위를 산정할 때 적용하는 구조부재의 강성. (EI_g 계수로 표현)
3) N.G 여부 : 강성을 조정하지 않은 상태에서 지진하중조합에 대한 N.G 여부
4) 연직하중조합에 대한 부재력비 : 연직하중 조합에 대한 연결보 또는 날개벽에 의하여 지지되는 슬래브의 소요강도/설계강도 비

3.2.3 지진하중을 부담하지 않은 부재의 모델링 방법 및 조건

지진하중에 대하여 강도요구조건을 만족하지 않는 구조부재 중에서 구조보강이 현실적으로 불가능하고 안전에 부수적인 2차 부재 (전단벽 연결보, 날개벽 등)에 한정하여 지진하중을 부담하지 않는 것으로 모델링하는 방법 및 조건에 대하여 설명한다.

(1) 설계방법

리모델링 구조설계에 있어서 모든 구조부재는 부재력 산정시 일관된 강성을 적용하여야 하며, 강도요구조건을 만족하지 않은 부재는 모두 보강하는 것이 원칙이다. 그러나, 전단벽의 연결보(Coupling Beam)나 <그림 3.1>에서 보는 바와 같이 날개벽은 구조보강이 현실적으로 불가능하거나 많은 비용이 소요되는 반면 전체 구조물로서 안전에 기여하는 영향은 작다. 따라서 이러한 점을 고려하여 구조기준에서는 2차 부재(전단벽의 연결보, 날개벽 등)가 지진하중을 포함한 강도요구조건을 만족하지 않은 경우에 한정하여 지진하중을 부담하지 않은 것으로 모델링하는 것을 허용하고 있다. 지진하중을 부담하지 않은 것으로 모델링하는 방법으로는 지진하중에 대한 해석시 부재의 강성이 거의 없는 것으로 입력하는 방법을 사용할 수 있다. 그러나 이러한 경우에도 연결보나 날개벽에 의해 구획되는 슬래브는 연결보 또는 날개벽을 제거한 상태에서 안전성을 확보하여야 하는 조건을 만족하여야 한다.

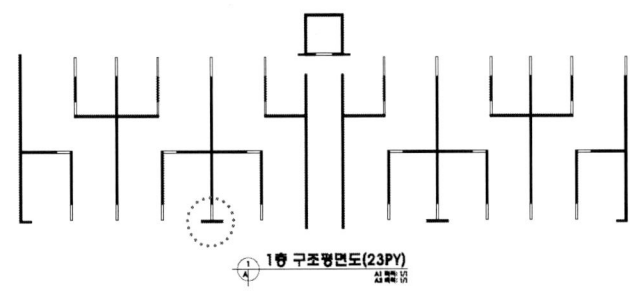

<그림 3.1> 날개벽의 형상 및 특성

(2) 자체평가서의 작성

본 항에서 설명된 바와 같이 강도요구조건을 만족하지 않는 연결보 및 날개벽의 부재강성은 전문기관 안전성 평가 시 공정하고 객관적인 평가를 위하여 <표 3.6>의 서식으로 정리한다. 지진하중을 포함한 하중조합에 대하여 강도요구조건을 만족하지 않는(NG 부재) 2차 부재 (연결보 및 날개벽 등)를 지진하중을 부담하지 않도록 모델링하기 위해서는 구조해석시 강성이 거의 없는 것으로 입력한다. 이때 날개벽 또는 연결보에 의하여 지지되는 슬래브는 연직하중 조합에 대해 해당 부재의 소요강도에 대한 설계강도 비를 계산하여 <표 3.6>의 4)에 표기함으로써 연직하중에 대한 조합에 대하여 안전성을 검토한 내역을 확인하도록 한다.

<표 3.6> 부재강성 입력값

모델링번호		부재력 산정시[1] (EI_g)	횡변위 산정시[2]		N.G 여부[3]	연직하중 조합에 대한 부재력비[4]	증빙자료 (페이지)
			지진하중 (EI_g)	풍하중 (EI_g)			
벽(기둥)	W1						
	W2						
	:						
보	B1						
	B2						
	:						

1) 부재력 산정시 : 철근콘크리트 구조시스템의 부재력을 산정할 때 적용하는 구조부재의 강성
2) 횡변위 검토 : 철근콘크리트 구조시스템의 횡변위를 산정할 때 적용하는 구조부재의 강성
3) N.G 여부 : 강성을 조정하지 않은 상태에서 지진하중조합에 대한 N.G 여부
4) 연직하중조합에 대한 부재력비 : 연직하중 조합에 대한 연결보 또는 날개벽에 의하여 지지되는 슬래브의 소요강도/설계강도 비

3.2.4 벽체 수평접합부 모델링

수직증축 시 발생되는 벽체 수평접합부에 있어서 접합부에 발생되는 파괴모드별로 접합상세에 대한 요구조건의 만족 여부에 따라 모델링하는 방법(모멘트접합, 전단접합)의 차이점에 대하여 설명한다.

(1) 설계방법

구조기준에서는 수직증축 리모델링으로 인하여 발생되는 벽체의 수평접합부에 있어서 지진하중을 포함한 하중조합에 의해 접합부에서 발생되는 파괴모드별로 접합상세가 다음의 요구조건을 만족하는 경우에 한정하여 모멘트접합으로 모델링하며, 그 외의 경우는 전단접합으로 모델링하도록 규정하고 있다.

<표 3.7> 부재강성 입력값 벽체 수평접합부의 파괴모드별 접합상세 요구조건

파괴모드	요구조건
전단면 압축	후시공 앵커 등으로 최소 정착길이 시공
균형파괴점 이상	벽체 접합부 단면에서 수직철근에 작용하는 인장력이 발현될 수 있도록 정착
균형파괴점 이하	벽체 접합부 단면에서 인장력을 받는 구간의 철근 항복강도가 발현될 수 있도록 정착

이와 같은 규정을 설정하게 된 배경을 설명하면 다음과 같다. 즉, 우리나라에서 구조해석에 일반적으로 사용되고 있는 상용프로그램의 Wall 요소는 기본사양(default)으로 4절점 중에서 2절점을 공유하는 부재가 전단벽일 경우에 해당 2절점을 연결하는 선내에서의 모든 점에서 강접(rigid connection)으로 모델링되는 특징을 지니고 있다. 이에 따라, 기본사양(default)에 따라 강접으로 모델링된 수평방향 벽체접합부는 파괴모드별로 적용된 접합상세의 요구사항에 대한 만족여부를 검토하여 모멘트접합으로 모델링된 접합면에서의 응력 적합성을 검토하는 것이 필요하다.

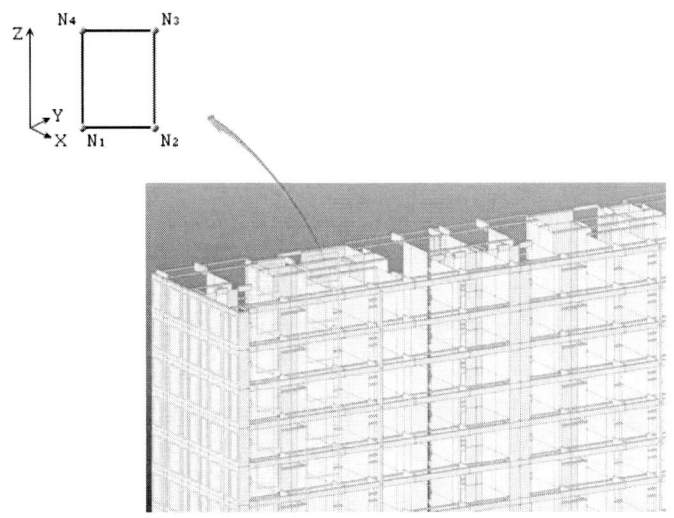

<그림 3.2> 상용 구조해석프로그램에서 Wall 요소를 사용한 전단벽 모델링

지진하중을 포함한 하중조합에 대하여 강접으로 모델링된 수평방향 벽체접합부의 파괴모드는 <그림 3.3>에 나타낸 바와 같이 전단면 압축, 균형파괴 이상, 균형파괴 이하의 3 종류로 구분이 가능하며, 접합부의 파괴모드가 전단면 압축으로 억제될 경우에는 후시공 철근 등을 사용하여 기존 벽체 내부에 최소한의 정착길이를 확보하는 접합상세를 적용하여도 접합부의 지진 안전성을 확보할 수 있다. 그러나 접합부에 작용하는 인장력이 증가될수록 접합되는 철근의 인장 정착력 요구사항이 증가되며, 특히 접합부의 응력조건이 균형파괴 이하로 지배되는 경우에는 연결되는 철근의 항복강도를 정착할 수 있는 접합상세를 적용하는 것이 요구된다.

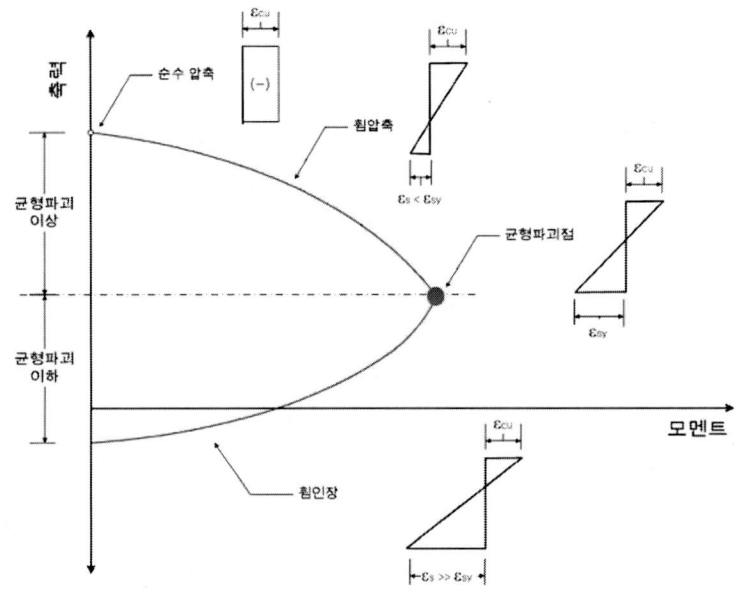

<그림 3.3> 벽체 접합부의 응력조건 구분

벽체 간의 수평접합부가 전단접합으로 모델링된 경우에는 해당 접합부에 작용하는 전단력의 전달이 가능하며 전단방향 이동을 구속할 수 있는 상세를 적용하도록 한다. 전단접합의 설계 및 공사에 대해서는 콘크리트구조기준(KCI2012)의 7.7.2절의 전단마찰 등을 적용할 수 있다.

(2) 자체평가서의 작성

본 항에서 설명된 바와 같이 벽체의 수평접합부는 전문기관 안전성 평가 시 공정하고 객관적인 평가를 위하여 <표 3.8>과 <표 3.9>의 서식으로 정리한다. 수직증축이 이루어지는 최상층에서 기존 벽체와 증축 층이 접합되는 모든 부재는 수평접합부에서 발생되는 응력조건을 검토하여 접합설계를 수행하고 <표

3.8>을 작성한다. <표 3.8>에서 파괴모드는 증축층의 모든 벽체에 대한 P-M상관도를 구하고, 벽체의 파괴모드에 따라 구분하여 해당 벽체의 부재명과 Wall ID를 기재하고 접합공법과 구조해석 프로그램에서의 모델링 조건을 표기한다.

<표 3.8> 벽체 수평접합부 부재별 응력조건

파괴모드	접합공법	부재명	Wall ID	모델링 조건
전단면 압축		W1		
		:		
균형파괴점 이상	후시공철근	W2		모멘트/전단접합
		:		
	철근이음	:		
		:		
	용접	:		
		:		
균형파괴점 이하	후시공철근	W3		모멘트/전단접합
		:		
	커플러	:		
		:		
	용접	:		
		:		

수직증축이 이루어지는 벽체 중에서 P-M상관도의 균형파괴점 이하인 부재를 후시공 철근으로 접합할 경우에는 <표 3.9>를 작성한다. <표 3.9>에서 축력과 모멘트는 계수하중조합에서 최대 소요철근량이 산출되는 조합에 대하여 구한다. 이와 같이 구해진 부재력에 대하여 단면내 중립축을 구하고 인장발생 구간의 후시공 철근에 작용하는 최대 소요인장력을 구한다. 후시공 철근은 벽체 연단거리와 정착길이를 고려하여 보유 인장력이 소요인장력 이상이 되도록 설계한다. 후시공 철근 설계의 증빙은 후시공 철근의 배근 상세도와 연단거리 및 정착길이에 따른 보유 인장력 설계 자료를 제출한다.

<표 3.9> 균형파괴점 이하 조건 벽체의 수평접합부 후시공 철근 설계

Wall ID	축력 (kN)	모멘트 (kN·m)	소요 인장력[1] (kN)	후시공 철근					증빙서류 (페이지)
				직경 (mm)	간격 (mm)	연단 거리[2] (mm)	정착 길이[3] (mm)	보유 인장력[4] (kN)	
⋮									

1) 소요 인장력 : 계수하중 조합에 의해 발생되는 축력, 모멘트로부터 후시공 철근위치에 발생하는 최대 소요인장력
2) 연단거리 : 후시공 철근 중심으로부터 콘크리트 연단의 최소 거리
3) 정착길이 : 후시공 철근의 벽체 정착길이
4) 보유 인장력 : 후시공 철근의 연단거리와 정착길이로부터 결정되는 인장내력

3.2.5 벽체 수직접합부 모델링

수평증축시 발생되는 벽체 수직접합부에 있어서 모멘트접합으로 모델링하는 경우의 고려사항에 대하여 설명한다.

(1) 설계방법

구조기준에서는 수평증축에 수반되는 벽체간의 수직접합부는 지진하중을 포함한 하중조합에 의해 발생되는 면내전단력에 저항할 수 있는 접합상세를 적용할 경우에 한정하여 고정접합으로 모델링하며, 그 외의 경우는 전단접합으로 모델링하도록 규정하고 있다. 즉, 3.2.4절에서 설명한 바와 같이 벽체의 수직접합부는 구조해석의 기본사양(default)으로 모델링할 경우에 인접 부재와 모두 강접(rigid connection)으로 접합된다. 따라서 벽체간의 수직접합부는 면내전단력에 저항할 수 있는 접합상세를 적용할 경우에만 지진시의 거동에 대한 해석결과와 실제 거동이 일치하게 된다.

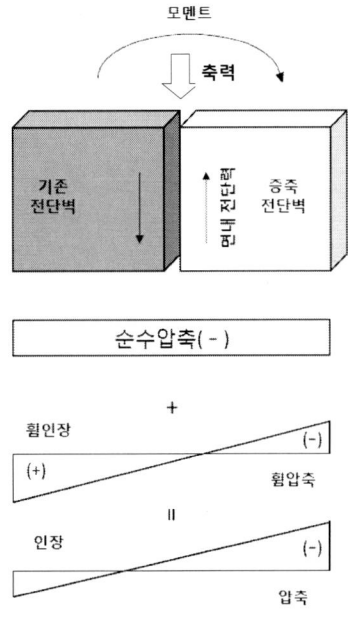

<그림 3.4> 전단벽 수직접합부의 작용응력

신/구 벽체의 접합에 있어서 면내 전단력의 저항을 위한 설계는 수직접합면에서의 전단응력으로부터 구할 수 있다. 수직접합면에서 발생되는 전단응력(τ)은 벽체 상단과 하단의 수직력의 차로부터 구할 수 있다. 즉, 증축 벽체 상단에서 발생되는 수직력(F_1)과 증축 벽체 하단에서 발생되는 수직력(F_2)은 수직접합면에서의 정역학적 평형에 의해 다음의 관계가 성립된다. 식(3.4)와 식(3.5)로부터 수직접합부에 작용하는 전단응력을 구할 수 있으며, 수직접합부의 면내전단력은 식(3.7)과 같이 전단응력에 벽체의 폭과 높이를 곱하여 구한다.

$$\sum F_{x=0} \tag{3.1}$$

$$F_1 = \int (\frac{P}{A} + \frac{My}{I}) dA \tag{3.2}$$

$$F_2 = \int (\frac{P}{A} + \frac{(M+dM)y}{I}) dA \tag{3.3}$$

$$F_3 = F_2 - F_1 = \int (\frac{dMy}{I}) dA \tag{3.4}$$

$$F_3 = \tau b_w d_x \tag{3.5}$$

$$\tau = \frac{VQ}{Ib_w} \tag{3.6}$$

$$V_h = \tau b_w h_w \tag{3.7}$$

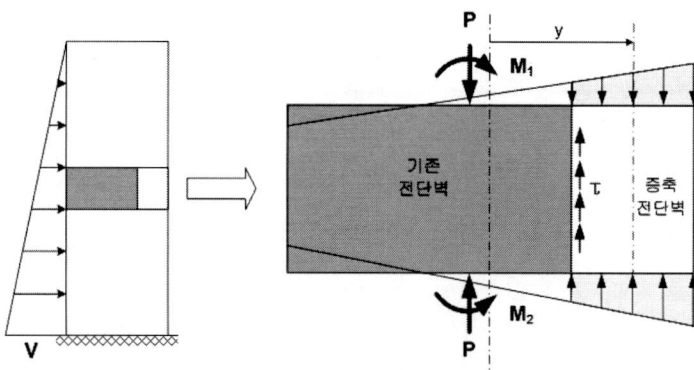

<그림 3.5> 벽체 수직접합부의 응력분포

후시공 철근에 의한 접합상세가 수직접합부의 면내 전단력을 저항하지 못하는 경우 힌지 조건으로 모델링하여야 한다. 구조해석에서 수직접합부의 힌지모델링은 <그림 3.6>에 나타낸 바와 같이 벽체 간의 수직접합부에 간극(gap)을 두어 독립된 부재로 거동하도록 모델링하는 방법을 사용할 수 있다.
　① 수직접합부에 신규 벽체가 설치되는 방향으로 미소 길이(0 mm 정도)의 절점을 추가 모델링
　② 상기 절점을 기준으로 신규 벽체의 길이 정의
　③ 기존 부재의 절점과 미소 길이의 절점은 dummy 부재로 연결

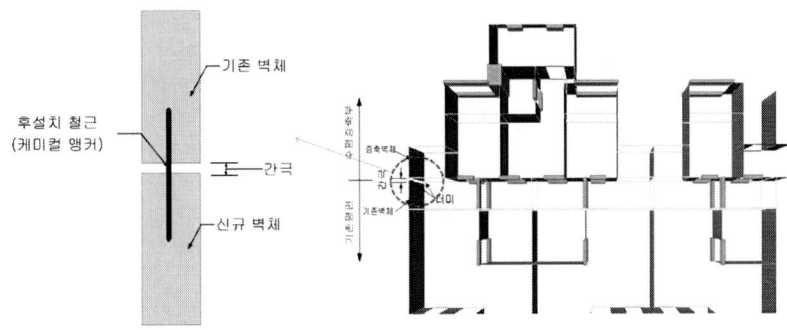

<그림 3.6> 벽체 간 수직접합부 전단접합 모델링

　(2) 자체평가서의 작성
본 항에서 설명된 바와 같이 벽체의 수직접합부는 전문기관 안전성 평가시 공정하고 객관적인 평가를 위하여 <표 3.10>의 서식으로 정리한다. 벽체 수직접합부를 모멘트접합으로 모델링하고 후시공 철근으로 접합한 경우에는 벽체 접합부에서 발생되는 면내전단력을 구하고, 후시공 철근의 연단거리 및 정착길이로부터 결정되는 보유 전단내력이 면내전단력 이상이 되도록 설계한다. 벽체의 수직접합부는 층별 작용하는 면내전단력이 다르므로 각 층별로 수직접합부 설계를 수행할 수도 있으며, 몇 개 층을 그룹화 하여 동일한 철근량을 갖도록 설계할 수도 있다.
벽체 수직접합부 후시공 철근 설계의 증빙은 후시공 철근의 배근 상세도와 면내전단력 산정, 연단거리 및 정착길이에 따른 보유 전단력 설계 자료를 제출한다.

<표 3.10> 벽체 수직접합부 후시공 철근 설계

Wall ID	접합층[1]	면내 전단력 (kN)	후시공 철근					증빙서류 (페이지)
			직경 (mm)	간격 (mm)	연단 거리 (mm)	정착 길이 (mm)	보유 전단내력 (kN)	
W1	1~5층							
	:							

1) 접합층 : 동일한 면내 전단력으로 설계한 층. 그룹화한 층

3.3 말뚝기초의 하중 분담

3.3.1 말뚝기초의 하중 분담

기존 기초를 보강하기 위해 추가 말뚝기초를 설치하는 경우, 기존 말뚝과 신설 말뚝이 부담하는 하중분담 원칙에 대하여 설명한다.

(1) 설계방법

구조기준에서는 수직증축에 의해 기존 말뚝의 지지력이 부족하여 말뚝기초를 보강하는 경우 신설 말뚝의 시공시점을 기준으로 기존 말뚝과 신설 말뚝이 부담하는 하중의 범위가 다른 것을 설계에 고려하도록 규정하고 있다.
공동주택의 수직/수평증축에 따라 요구되는 말뚝기초의 보강형태를 구분하여 나타내면 <그림 3.7>과 같다. 그림에서 보는 바와 같이 수평확장을 수반하는 신설 벽체구간에는 기존 벽체의 수평방향으로 확장하여 최상층까지 벽체를 신설하게 되며, 상기 신설된 벽체의 수직하중을 지지하기 위하여 설치된 말뚝기초는 구조계산에 의해 산정된 하중분담율에 따라 지상부 전체 수직하중을 부담하게 된다. 따라서 이러한 신설벽체 구간에 설치되는 신설 말뚝기초는 신설벽체 구간의 상부하중을 전체적으로 부담하는 것으로 가정하여도 문제가 없다.

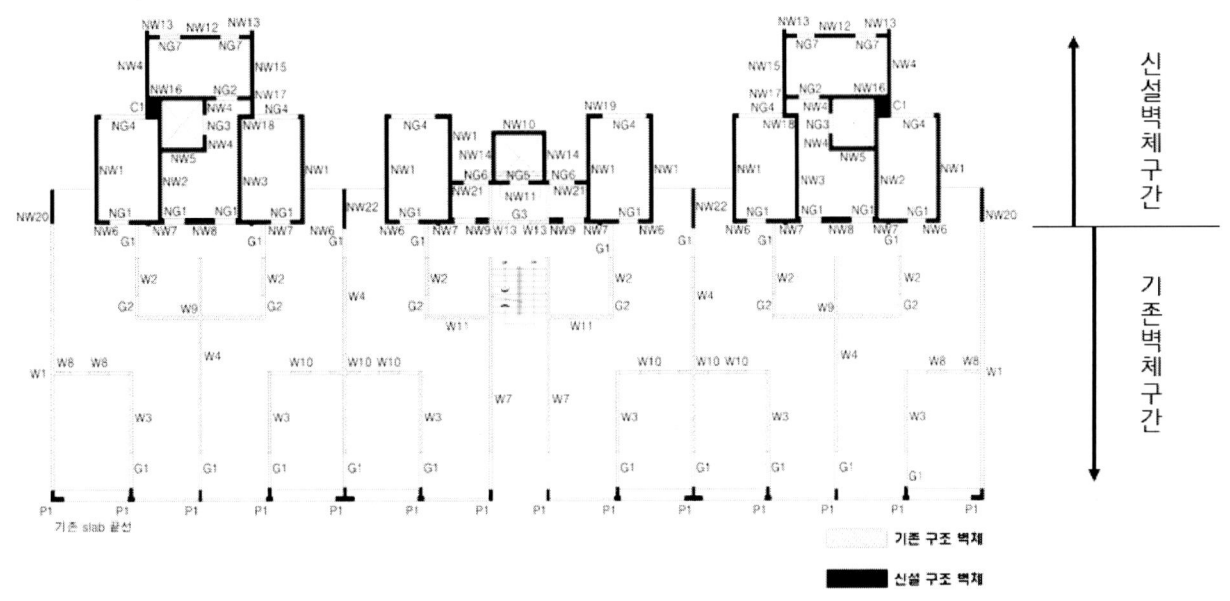

<그림 3.7> 수직/수평 증축 리모델링 공사의 기초영역 구분

이에 대하여 수직증축되는 기존벽체 구간에서는 기존 말뚝기초와 신설되는 말뚝기초가 부담하는 하중의 범위가 각각 다르게 되므로 이를 고려한 해석이 필요하게 된다. 수직증축이 완료된 건물의 하부에 기존 말뚝과 신설 말뚝을 함께 모델링하고 해석하는 기존의 해석방법은 <그림 3.8(a)>와 같이 건물의 모든 하중을 기존 말뚝과 신설 말뚝이 분담하게 된다. 그러나 리모델링 공사에서는 <그림 3.8(b)>와 같이 신설 말뚝을 보강하기 전에 이미 기존 말뚝이 기존 건물의 하중을 지지하고 있으며, 신설 말뚝은 추가되는 하중에 대해서만 기존 말뚝과 분담하여 지지하게 된다.

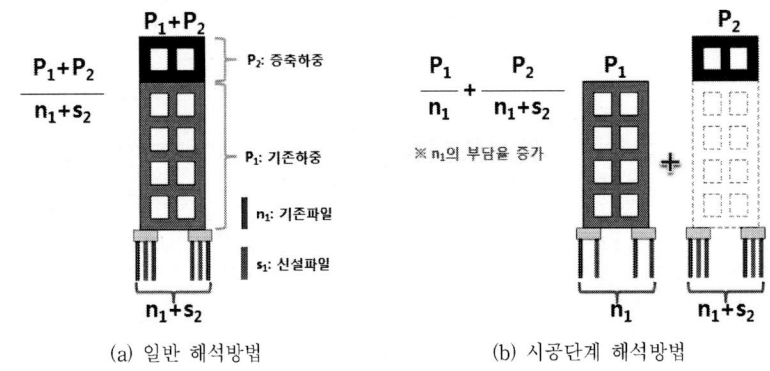

<그림 3.8> 해석방법별 기존 및 신설 기초간의 하중분담

이와 같이 리모델링 공사의 시공단계별로 작용하는 하중을 고려하여 기존 말뚝기초와 신설 말뚝기초간의 하중부담 범위 및 분담비율을 요약하여 나타내면 <표 3.11>과 같다. <표 3.11>에서 설명된 바와 같이 기존 벽체구간에서 기존 말뚝기초와 신설 말뚝기초가 부담하는 하중의 범위 및 분담비율을 구조해석에서 고려하기 위해서는 실제 구조물이 리모델링되는 각 공사단계 (즉, 철거→기초 신설→수직증축→마감시공 등)별로 기존 말뚝기초와 신설 말뚝기초에 부담되는 하중을 계산하여야만 가능하다. 본 구조매뉴얼에서는 이를 시공단계 해석으로 정의하였으며, <그림 3.9>에서 보는 바와 같이 기존 구조물의 하부에 추가적으로 말뚝을 시공하는 경우에는 시공단계 해석을 통하여 기존 말뚝과 신설되는 말뚝이 각각 부담하는 하중의 범위와 분담비율을 산정하여야 안전한 설계가 될 수 있다.

<표 3.11> 기존 기초와 신설 기초간의 하중부담 범위 및 분담 원칙

위치	기초 구분	하중 부담 범위	분담 원칙
기존벽체 구간	기존 말뚝	・활하중을 제외한 기존 연직하중은 기존 말뚝만 부담 ・활하중 및 추가 연직하중을 신설 말뚝과 분담	기존 말뚝과 신설 말뚝이 기초강성에 따라 분담하여 지지
	신설 말뚝	・활하중 및 추가 연직하중을 기존 말뚝과 분담	

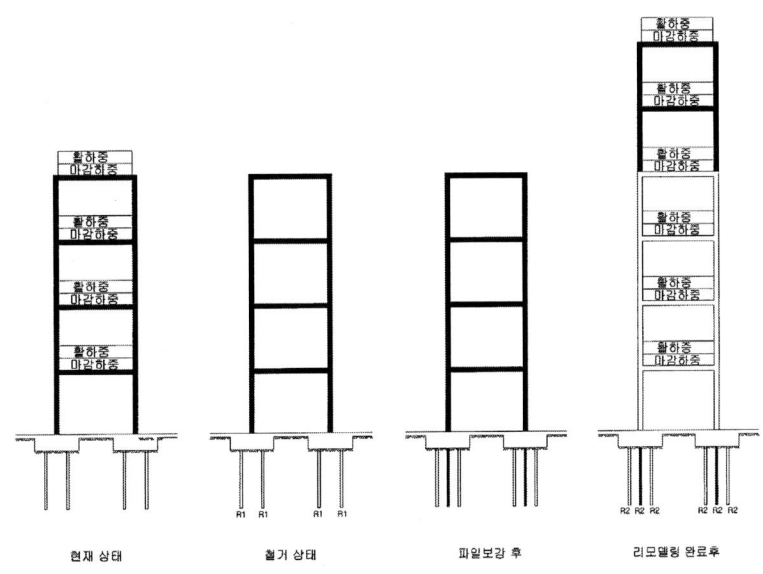

<그림 3.9> 시공단계별 기존 및 신설 기초의 작용하중

말뚝기초의 지지력을 산정하기 위한 시공단계해석은 다음의 절차에 따라서 실시하면 합리적인 설계가 될 수 있다.

① 기존 건물의 연직하중 조합에 대한 기존 말뚝기초 지지력
현재 상태에서 기존 건물의 말뚝기초 지지력을 확인하기 위하여 연직하중 조합에 대한 구조해석을 실시하고, 기존 말뚝기초의 허용지지력에 대한 초과여부를 검토한다.

② 철거 후 기초보강 전 연직하중 조합에 대한 기존 말뚝기초 지지력
기존 건물의 조적벽, 마감 등을 철거한 상태에서 감소된 고정하중으로부터 각각의 기존 말뚝기초에 전달되는 지지력(D_1)을 산정한다. 이때, 활하중은 재하되

지 않는 것으로 한다. 마감재을 철거하고 신설 말뚝의 보강 공사를 수행할 때에는 상부에서 작업이 실시되지 않는 조건으로 활하중을 고려하지 않을 수 있다.

③ 기초보강 및 증축 후 연직하중 조합에 대한 기존 및 신설 말뚝기초 지지력
신설 말뚝기초를 시공한 시점 이후부터 재하되는 모든 하중은 기존 말뚝기초와 신설 말뚝기초가 분담하여 지지한다. 따라서 증축을 완료한 상태에서 ②항에서 고려된 고정하중을 제외하고 추가되는 고정하중에 의해 기존 및 신설 말뚝기초가 부담하는 지지력(D_2)과 신설 말뚝기초 보강 전에 고려하지 않은 활하중에 대해 기존 및 신설 말뚝기초가 부담하는 지지력(L)을 산정한다.

④ 기초보강 및 증축 후 전체하중 조합에 대한 기존 및 신설 말뚝기초 지지력
연직하중에 대한 말뚝기초의 지지력을 산정한 후에는 횡하중 조합에 의해 추가되는 지지력(WX, WY, RX, RY)을 산정한다. 연직하중 및 횡하중에 의해 산정된 각각의 말뚝기초 지지력은 아래의 모든 하중조합에 대해서 허용지지력 이내가 되어야 한다. 여기서 D=D_1+D_2이며, 신설 말뚝기초는 D_1의 지지력을 부담하지 않기 때문에 D_2로만 설계한다.

D + L

(D + L ± WX,WY)/1.5

(D ± WX,WY)/1.5

(D + L ± 0.7×(1.0(S.F)(RX(RS)) ± 0.3(S.F)(RY(RS))))/1.5

(D + L ± 0.7×(1.0(S.F)(RY(RS)) ± 0.3(S.F)(RX(RS))))/1.5

(D ± 0.7×(1.0(S.F)(RX(RS)) ± 0.3(S.F)(RY(RS))))/1.5

(D ± 0.7×(1.0(S.F)(RY(RS)) ± 0.3(S.F)(RX(RS))))/1.5

(2) 자체평가서의 작성
본 항에서 설명된 바와 같이 말뚝기초의 보강설계는 전문기관 안전성 평가 시 공정하고 객관적인 평가를 위하여 <표 3.12> 및 <표 3.13>의 서식으로 정리한다. 증축 전·후 구조도 및 2.2절의 기존 말뚝 설계지지력 산출 결과를 참조하여 기존 말뚝기초과 신설 말뚝기초의 제원을 <표 3.12>에 정리한다. 전체 말뚝의 시공단계별 반력 산출결과를 엑셀파일로 제공되는 「별첨 제01호. 시공단계별 말뚝기초 지지력 산정표.xls」에 입력하고, 각 단계별 계산된 말뚝기초의 최대반력을 <표 3.13>에 작성한다. 증빙자료로는 「별첨 제1호. 시공단계별 말뚝기초 지지력 산정표.xls」와 각 시공단계별 해석 파일을 제출한다.

<표 3.12> 말뚝기초 제원

구분	개수 (ea)	직경 (mm)	길이[1] (m)	도면상 허용지지력 (kN)	시험추정 허용지지력[2] (kN)	증빙자료 (페이지)
기존말뚝						
신설말뚝						

1) 길이 : 기존말뚝의 길이는 2.2절의 기존 말뚝 설계지지력 산정시에 적용한 길이
2) 시험추정 허용지지력 : 2.2절에서 산정된 기존 말뚝의 시험추정 허용지지력

<표 3.13> 시공단계별 말뚝기초의 지지력

| 시공단계 | 하중조합 | 말뚝종류 | 건물 총중량[1] (kN) | 말뚝기초 | | | 증빙자료 (페이지) |
				최대 반력[2] (kN)	최대 반력비[3]	최소 말뚝간격비[4] (l_s/d)	
기존건물	D_0+L_0	기존말뚝					
기초보강 전	D_1	기존말뚝					
기초보강 후 추가하중	D_2+L	기존말뚝					
		신설말뚝					
기초보강 후 전체하중	전체 하중조합	기존말뚝					
		신설말뚝					

1) 건물 총중량 : 각 시공단계별 건물의 총중량
2) 최대 반력 : 각 시공단계별 말뚝에서 발생하는 최대반력
3) 최대 반력비 : 최대반력/허용지지력
4) 최소 말뚝간격비 : 신설말뚝을 보강한 경우 인접한 기존 말뚝 중심과 신설말뚝 중심사이의 최소간격을 기존 말뚝과 신설말뚝 중 큰 직경으로 나눈값

제 4 장

보강설계 및 공사

4.1 보강설계 원칙

4.1.1 상시하중에 대한 보강

상시하중에 대한 보강시 단순 접착형 보강공법(내화성 또는 내구성이 확인되지 않은 공법)을 적용할 경우의 제한사항 및 설계방법에 대하여 설명한다.

(1) 설계방법

탄소섬유, 유리섬유 등과 같은 복합섬유(Fiber Reinforced Polymer, 이하 FRP라 칭함)에 의한 보강공법 또는 강판접착/주입공법 등과 같은 보강공법은 에폭시에 의한 접착력에 근간하여 보강성능이 발현되므로 보강된 부재의 공용사용기간 동안 화재 발생 또는 내구성의 저하 등의 문제로 인하여 보강성능이 상실될 경우를 고려하여야 한다. 미국의 ACI 440 등의 설계매뉴얼에서는 식(4.1)에서 나타낸 바와 같이 상시하중 조합에 의한 부재력(모멘트, 전단력)에 대하여 보강 전 부재의 공칭강도가 클 경우에 한정하여 단순 접착형으로 시공되는 FRP 또는 강판보강 공법을 적용할 수 있도록 규정하고 있다.
이에 따라 구조기준에서는 보강 전 부재의 설계강도가 상시하중 조합에 의한 부재력 이상일 경우에만 연직하중에 대한 보강으로 단순 접착형 보강공법(내화성 또는 내구성능이 확인되지 않은 공법을 말한다)을 적용할 수 있도록 규정하고 있다. FRP 또는 강판보강 공법의 경우에도 내화성 및 내구성을 확보한 보강공법은 상시하중 조합에 대한 보강에 식(4.1)에 대한 검토없이 적용이 가능하다.

$$(\phi R_n)_{기존} \geq (1.1 S_{DL} + 0.75 S_{LL})_{상시하중} \qquad (4.1)$$

여기서, $(\phi R_n)_{기존}$: 보강 전 부재의 설계강도

$(1.1 S_{DL} + 0.75 S_{LL})_{상시하중}$: 상시하중 조합에 의한 부재력

S_{DL} : 고정하중에 의한 부재력

S_{LL} : 활하중에 의한 부재력

<표 4.1> 상시하중에 대한 안전성 평가 조치사항

상시하중 평가	조치 사항
안전성 확보시	① 연직하중 및 지진하중의 조합에 대하여 검토
안전성 미확보시	① 작용 부재력을 감소 : 중량감소 및 부재 경량화 등 ② 철거중/철거후 단계의 공정에서 안전성 검토 : 적절한 가설계획 및 보강조치 ③ 내화/내구성이 확보된 보강공법에 한정하여 보강실시 (단면증설공법 등) ④ 단순접착형 FRP 또는 강판 등에 의한 보강공법은 공용사용기간 동안의 예측할 수 없는 상황변화 (화재, 내구성 저하 등)에 의해 보강성능을 지속할 수 없음. 따라서 상시하중에 대한 보강으로서 단순접착형 FRP 또는 강판보강공법은 적용 불가

(2) 자체평가서의 작성

본 항에서 설명된 바와 같이 상시하중 조합에 대한 보강으로 단순접착형 보강공법을 적용할 경우에는 전문기관 안전성 평가 시 공정하고 객관적인 평가를 위하여 <표 4.2> 및 <표 4.3>의 서식으로 정리한다. 상시하중에 대한 보강에 접착형 보강공법을 적용하고자 할 경우에는 내화성, 내구성의 확보여부를 검토하여 화재 또는 노후화로 인해 보강효과가 상실되었을 때에도 기존 구조부재가 상시하중에 대하여 안전하도록 확인하는 것이 필요하다. 즉, 내구성, 내화성이 확보되지 않은 단순접착식 보강공법을 연직하중에 대한 보강공법으로 적용하고자 할 때에는 보강되지 않은 기존 구조부재의 설계강도가 상시하중 조합에 대한 소요강도 이상이 되는지 확인하고, 결과를 <표 4.3>에 작성하여야 한다.

<표 4.2> 접착형 보강공법 적용부재 일람

부재종류	부재명	보강공법	요구성능 만족 여부			증빙자료 (페이지)
			내구성	내화성	동적저항성	
슬래브	S1	FRP보강	O/×	O/×	O/×	
⋮	S2	강판보강				
	⋮	⋮				

<표 4.3> 단순접착형 보강공법 적용시 상시하중 조합 검토

부재명	구분[1]		기존 배근상태	상시하중 조합[2]			증빙자료 (페이지)
				소요강도 M_u (kN·m)	설계강도 ϕM_n (kN·m)	강도비 $M_u/\phi M_n$	
	X방향	정					
		부					
	Y방향	정					
		부					

1) 구분 : 슬래브 2방향에 대하여 부모멘트 구간과 정모멘트 구간에 대한 설계내역
2) 상시하중 조합 : $(\phi R_n)_{기존} \geq (1.1 S_{DL} + 0.75 S_{LL})_{상시하중}$

4.1.2 지진력저항시스템 구성부재의 보강

지진력저항시스템을 구성하는 구조부재의 내진보강에 적용가능한 보강공법의 특성에 대하여 설명한다.

(1) 설계방법

기존의 보고서/지침서 등에서는 섬유복합체(FRP) 및 강판에 의한 휨/전단 및 압축보강 설계식 등을 제안하고 있으며, 외국의 내진보강 지침서에서는 FRP 등에 의한 내진보강이 가능한 것으로 언급하고 있다. 그러나 이러한 보강공법은 기둥의 경우에 4면을 완전히 감싸는 등의 방법이나 보의 경우도 4면을 완전히 감싸거나, 3면을 감쌀 경우에 한정하여 제안된 것이다. 이에 대하여 우리나라 내진보강공사에서는 지진력저항시스템을 구성하는 구조부재의 내력이 부족한 경우에도 단순접착에 근간한 보강공법(FRP, 강판보강공법 등)을 일부 적용하고 있어 지진시의 안전성 확보가 불투명한 것으로 파악되고 있다.
더욱이, 공동주택의 지진력저항시스템을 구성하는 벽체의 경우에는 FRP 또는 강판을 이용하여 4면을 구속하면서 보강하는 것이 현실적으로 매우 어려우며, 4면을 구속할 경우에도 FRP/강판 등에 의해 보강할 경우 보강성능이 발현되는지에 대한 검증이 없는 상황이다. 이에 따라 구조기준에서는 기존 지진력저항시스템을 구성하는 구조부재의 풍하중 및 지진하중 조합에 대한 보강은 동적하중에 대한 저항성능이 확인된 보강공법만 적용할 수 있도록 규정하고 있다.

(2) 자체평가서의 작성

본 항에서 설명된 바와 같이 지진력저항시스템 구성요소에 대한 보강은 전문기관 안전성 평가 시 공정하고 객관적인 평가를 위하여 <표 4.4>의 서식으로 정리한다. 보강공법은 보강목적에 따라서 내구성, 내화성, 동적저항성의 확보여부를 확인하여야 하며, 지진력저항시스템의 구성요소에 적용되는 보강공법은 동적하중에 대한 보강성능이 확인되어야 한다.

<표 4.4> 지진력저항시스템 구성부재의 보강

부재종류	부재명	보강공법	요구성능 만족 여부			증빙자료 (페이지)
			내구성	내화성	동적저항성	
벽체	W1	단면증설	O/×	O/×	O/×	
	W12	벽체신설				
	:	:				
보						

4.1.3 연결보 및 날개벽의 내진보강 예외사항

연결보 또는 날개벽에 대한 내진보강을 실시함에 있어 구조설계자가 선택적으로 보강여부를 결정할 수 있는 규정에 대하여 설명한다.

(1) 설계방법

구조기준 3.2.3절에서는 지진하중에 대하여 강도요구조건을 만족하지 않는 구조부재 중에서 구조보강이 현실적으로 불가능하고 안전에 부수적인 2차 부재(전단벽 연결보, 날개벽 등)에 한정하여 지진하중을 부담하지 않는 것으로 모델링할 수 있도록 예외적으로 허용하고 있다. 이에 따라 본 절의 구조매뉴얼에서는 구조설계자가 지진하중 부담 여부에 대하여 선택적으로 모델링한 결과에 부합되도록 보강여부를 결정함에 있어서, <표 4.5>에 나타낸 바와 같이 지진하중을 부담하는 경우와 지진하중을 부담하지 않는 경우에 각각의 조치사항 및 검토사항에 대하여 정리하였다.

강도요구조건을 만족하지 않는 연결보 또는 날개벽이 지진하중을 부담하는 것으로 모델링 되었을 경우에는 4.1.2절에서 설명한 바와 같이 동적하중에 대한 저항성능이 확보된 보강공법으로 보강하여야 한다. 이에 대하여 지진하중을 부담하지 않은 것으로 가정되는 연결보 또는 날개벽의 경우는 지진하중에 대한 검토 시 강성을 매우 작게(통상 강성의 1/100) 입력하여 지진하중에 의한 부재력이 발생되지 않도록 한다. 다만, 이 경우에도 인접된 슬래브가 연결보 또는 날개벽을 제거한 상태에서 연직하중에 대한 강도요구 조건은 만족하여야 한다.

<표 4.5> 연결보 및 날개벽 내진보강 예외사항 및 조시

구분	조치	검토사항
지진하중을 부담하는 경우	- 동적하중에 대한 저항성능이 확보된 보강공법(단면증설 등)으로 한정	
지진하중을 부담하지 않는 경우	- 강성이 없는 것으로 해석 및 설계 - 강성을 매우 작게(통상 강성의 1/100) 입력하여 지진하중에 의한 부재력이 발생되지 않도록 함	- 연결보 또는 날개벽에 의하여 지지되는 슬래브는 연결보 또는 날개벽을 제거한 상태에서도 연직하중 조합에 대하여 안전성을 확보하여야 한다.

(2) 자체평가서의 작성

본 항에서 설명된 바와 같이 지진하중 조합에 대하여 강도요구조건을 만족하지 않는 연결보 또는 날개벽은 전문기관 안전성 평가시 공정하고 객관적인 평가를 위하여 3.2.3절의 <표 3.6>의 서식으로 정리한다.

4.1.4 감쇠시스템

> 감쇠시스템 보강공법의 설계를 위하여 국토교통부에서 2013년에 개정예정인 「건축구조기준」의 감쇠시스템 규정을 설명한다.

(1) 설계방법

감쇠시스템 보강공법은 감쇠장치에 의한 지진에너지 흡수/분산 효과에 의해 소요강도 저하를 기대할 수 있으나, 감쇠시스템에 유도되는 하중을 기초까지 전달하기 위해 특별히 요구되는 성능 및 기타 감쇠시스템이 작동하지 않을 때를 대비한 안전장치 등에 대한 고려가 필요하다. 이에 따라 구조기준에서는 소요강도의 저감을 위하여 건축물의 감쇠성능을 증가시키는 감쇠시스템 보강을 적용할 수 있도록 규정하고 있다. 그러나 우리나라에서는 아직 감쇠시스템의 설계에 대한 기준이 마련되어 있지 않으며, 국토교통부에서는 2013년에 개정예정인 「건축구조기준」에 감쇠시스템 규정을 마련하고 있다. 따라서 본 구조매뉴얼에서는 2013년 「건축구조기준」에서 신설예정인 감쇠시스템 설계에 대한 규정을 4.4절 감쇠 보강에서 기술함으로써 구조설계자가 사전에 참고할 수 있도록 하였다.

4.2 벽체 보강설계

4.2.1 신설 벽체의 설계

신설벽체의 설계에 필요한 「건축구조기준」의 제반 사항 및 벽체와 슬래브의 연결에 필요한 요구사항에 대하여 설명한다.

(1) 설계방법

공동주택의 리모델링 공사에 있어서 지진하중의 증가 등으로 인하여 기존의 벽체만으로 지진하중에 대한 저항력이 부족한 경우에는 기존에 조적벽 등으로 계획되어 있는 비내력벽을 내력벽체로 치환하거나 수평증축되는 구간에 구조벽체를 신설함으로써 횡력에 대한 저항성능을 높일 수 있다. 이와 같이 내진보강의 목적으로 벽체를 신설하는 경우에는 벽체의 설계와 함께 기존 구조부재와의 일체성을 확보할 수 있도록 연결부에 대한 접합설계를 수행하여야 한다.

1) 벽체 설계

구조기준에서는 벽식 공동주택의 리모델링 공사에 있어서 평면의 변경 또는 내진보강의 목적을 위하여 벽체를 신설하는 경우에 그 벽체의 설계는 국토교통부 제정 「건축구조기준(KBC2009)」의 관련 규정을 따르도록 규정하고 있다. 「건축구조기준」에서 벽체의 설계는 0511절에 일반적으로 규정되어 있으며, 설계 세부항목별로 다른 장에서 규정되어 있는 내용을 구분하여 각각의 기술하였다.

신설 벽체의 전단력에 대한 설계는 "KBC2009 0507.10 벽체에 대한 전단설계"의 규정에 따라야 한다. 축력을 받거나 축력과 휨모멘트를 동시에 받는 벽체의 설계는 "KBC2009 0506.2.1, 0506.2, 0506.5, 0506.6, 0506.7.1, 0506.8, 0511.2 및 0511.3"의 규정에 따라야 한다. 다만, 해당 조건을 만족할 경우 실용설계법을 따를 수 있다. 벽체와 일체가 된 압축부재의 설계는 "KBC2009 0506.4.1(4)"의 규정에 따라야 한다. 벽체의 밑면에서 기초판으로의 하중전달은 "KBC2009 0512.4 벽체 또는 기둥저면에서의 힘의 전달"의 규정에 따라야 한다.

2) 벽체의 접합부 설계

벽체를 신설함에 있어서는 기존 슬래브를 관통하도록 수직방향 벽체철근을 연속해서 배근해야 함은 물론, 신설 벽체가 구조적으로 연속되도록 콘크리트 이어치기 등을 위한 콘크리트 타설 계획 등에 세심한 배려가 있어야 한다. 이에 따라 구조기준에서는 신설 벽체의 슬래브를 관통하여 배근되는 수직방향 벽체철근에 대한 요구사항과 기존 벽체와의 접합조건에 대하여 규정하고 있다.

신설 벽체 사이에서 기존 슬래브를 관통하는 철근량은 최소한 벽체의 수직방향 철근량 이상이 되어야 하며, "KBC2009 0511.3.5. 간격제한"의 규정을 만족하여야 한다. 또한, 신설 벽체가 측면 벽체와 접하는 부위는 후시공 앵커 등을 설치하여 일체화하며, 후시공 앵커의 경우 철근량은 "KBC2009 0511.3 최소철근비" 이상이어야 하고, 간격은 "KBC2009 0511.3.5. 간격제한"의 규정을 만족하여야 한다. 신설 벽체가 슬래브와 접하는 부위는 신설 벽체에 대한 콘크리트 타설이 용이한 구조가 되어야 한다.

(2) 자체평가서의 작성

본 항에서 설명된 바와 같이 신설 벽체의 보강설계는 전문기관 안전성 평가시 공정하고 객관적인 평가를 위하여 <표 4.6>의 서식으로 정리한다. 신설 벽체가 부담하는 축력과 모멘트 및 전단력으로부터 벽체의 소요철근량을 계산하고, 수직/수평 주철근량이 소요철근량 이상이 되도록 설계한다. 신설 벽체가 슬래브와 접하는 부위의 상·하부 슬래브를 관통하는 철근량은 신설 벽체 수직철근량 이상이 되도록 한다. 기존 벽체와의 접합조건에 따라서 신설 벽체가 기존 벽체의 측면과 접할 경우에는 통상 후시공 철근으로 시공하며, 후시공 철근량을 신설 벽체의 폭과 높이로 나누어 철근비를 계산하고 <표 4.6>에 기재한다. 신설 벽체 설계의 증빙은 벽체 설계자료와 벽체 철근 및 후시공 철근 배근 상세도를 제출한다.

<표 4.6> 신설 벽체 설계

모델링 번호	기존벽체 접합조건[1]	축력 (kN)	모멘트 (kN·m)	전단력 (kN)	벽체철근		접합부		증빙자료 (페이지)
					수직철근	수평철근	관통철근[2]	후시공 철근비[3]	
WS	측면접합				HD13@300	HD13@300	HD13@300		
:					-				

1) 기존벽체 접합조건 : 신설벽체와 기존벽체의 접합조건. 분리, 측면접합, 수직접합.
2) 관통철근 : 신설 벽체 수직철근 중 상부 슬래브를 관통하여 이음되는 철근량
3) 후시공 철근비 : 신설벽체가 기존벽체 측면과 접할 경우 벽체 수직단면적에 대한 후시공 철근 단면적

4.2.2 단면증설 벽체의 설계

> 단면증설 벽체의 설계에 필요한 「건축구조기준」의 제반 사항 및 벽체와 슬래브의 연결에 필요한 요구사항에 대하여 설명한다.

(1) 설계방법

공동주택의 리모델링 공사에 있어서 기존 벽체가 증가된 지진하중에 의한 요구성능을 만족하지 못할 경우에는 기존 벽체의 단면을 증가시켜 횡력에 대한 저항성능을 높일 수 있다. 이와 같이 내진보강의 목적으로 벽체의 단면을 증설하는 경우에는 단면증설 벽체의 설계와 함께 기존 구조부재와의 일체성을 확보할 수 있도록 접합설계를 수행하여야 한다.

1) 단면증설 벽체 설계

구조기준에서는 기존 벽체와 증설된 벽체가 접합면에서 일체로 거동하는 것을 전제로 전체 두께로서 「건축구조기준(KBC2009)」의 관련 규정을 따라 단면증설 벽체의 설계를 실시하는 것으로 규정하고 있다.

기존 벽체의 두께를 증가시키는 단면증설 벽체의 설계는 "KBC2009 0511 벽체"에 따라 실시한다. 구조내력 상 요구되는 증설벽체의 단면이 작다 하더라도 증설된 벽체에 철근배근 및 콘크리트 타설 등의 원활한 시공을 위해서는 최소한의 단면증설 두께가 요구되며, 이를 고려하여 증설 벽체의 최소두께를 50mm 이상으로 하는 것이 필요하다. 증설 벽체의 전단력에 대한 설계는 "KBC2009 0507.10 벽체에 대한 전단설계"의 규정에 따라 기존 벽체와 증설되는 벽체의 전단내력의 합으로 설계할 수 있다. 축력을 받거나 축력과 휨모멘트를 동시에 받는 벽체의 설계는 "KBC 2009 0506.2.1, 0506.2, 0506.5, 0506.6, 0506.7.1, 0506.8, 0511.2 및 0511.3"의 규정에 따라야 한다. 다만, 해당 조건을 만족할 경우 실용설계법을 따를 수 있다.

2) 단면증설 벽체의 접합부

벽체의 두께를 증설하는 단면증설 공법은 기존 슬래브를 관통하도록 수직방향 벽체철근을 연속해서 배근해야 함은 물론, 단면증설 벽체가 면내 휨 및 전단력에 대한 효율적인 저항을 위해서는 물론 전체 구조시스템으로서의 일체성 확보를 위해 구조적으로 충분한 합성거동을 확보하여야 한다. 이에 따라 구조기준에서는 단면증설 벽체의 슬래브를 관통하여 배근되는 수직방향 벽체철근에 대한 요구사항과 두께방향 기존 벽체와의 접합조건에 대하여 규정하고 있다.

단면증설 벽체 사이에서 슬래브를 관통하는 철근량은 구조일체성의 확보를 위해 최소한 벽체의 수직방향 철근량 이상이 되어야 하며, "KBC2009 0511.3.5. 간격제한"의 규정을 만족하여야 한다. 단면이 증설되는 벽체는 "KBC 2009 507.7"의 전단마찰 규정에 따라 두께방향 기존 벽체의 면은 요철이 6mm 정도가 되도록 거친 면 처리를 하고, 전단마찰 보강근으로서 후시공 앵커를 설치하여 면내전단에 저항할 수 있도록 한다. 단면증설 벽체가 슬래브와 접하는 부위는 벽체에 대한 콘크리트 타설이 용이한 구조가 되어야 한다.

(2) 자체평가서의 작성

본 항에서 설명된 바와 같이 단면증설 벽체의 보강설계는 전문기관 안전성 평가시 공정하고 객관적인 평가를 위하여 <표 4.7>의 서식으로 정리한다. 단면증설된 벽체의 설계는 기존 벽체와 증설벽체의 합성단면에 대한 벽체 설계강도가 축력과 모멘트 및 전단력에 대한 소요강도 이상이 되어야 한다.

상용 구조해석 프로그램에서는 일반적으로 기존 벽체와 증설 벽체의 재료강도가 다르거나, 배근간격을 다르게 입력할 수 없다. 따라서 기존 벽체와 증설되는 벽체를 등가강성으로 치환하여 합성된 단면의 재료강도를 계산하거나, 안전한 설계를 위하여 작은 재료강도로 설계한다. 또한 프로그램에서는 복수의 배근간격을 모델링할 수 없으므로, 기존 벽체의 철근배근과 증설 벽체의 철근배근으로부터 전체 설계강도를 계산하여야 한다. 다만, 설계 편의를 위하여 기존 벽체 철근을 무시하고, 증설되는 부분에 소요철근을 모두 배근하여 소요강도를 만족시킬 수 도 있다.

<표 4.7> 단면증설 벽체 설계

모델링 번호	축력 (kN)	모멘트 (kN·m)	전단력 (kN)	벽두께[1] (mm)	구분	소요철근량	설계철근량		증빙자료 (페이지)
							기존벽체	증설벽체[2]	
WS					수직철근		HD10@300	HD13@250	
					수평철근				
:						-			

1) 벽두께 : 기존 벽체를 포함한 단면증설된 벽체의 총 두께
2) 증설벽체 : 단면증설된 벽체부분의 배근량

4.3 기초 보강설계

4.3.1 직접기초의 설계

국토교통부에서 제정한 「건축구조기준」에 따라 직접기초의 설계에 필요한 제반사항에 대하여 설명한다.

(1) 설계방법

직접기초의 설계는 상부구조로부터 증가된 하중에 대한 지지력 보강을 위해 기초판의 두께나 폭을 확대하는 방향으로 이루어지며, 지지력에 대한 검토를 통하여 하중에 대한 요구사항을 만족할 수 있다. 이에 따라 구조기준에서는 직접기초의 설계는 "KBC2009 0512 기초판"에 따라 설계하도록 규정하고 있다. 한편, 이와 같은 보강을 통하여 지지력이 확보된 경우에도 기존 기초와 보강된 기초에서 침하량의 차이가 있을 때는 상부 구조에 변형을 초래하고 예기치 못한 기능 장해가 일어날 수 있다. 따라서 침하가 예상되는 경우에 구조설계자는 기초의 침하량 차이에서 발생되는 영향을 예측·파악하고 이에 적절한 보강계획을 수립하는 것이 바람직하다.

(2) 자체평가서의 작성

본 항에서 설명된 바와 같이 직접기초에 대한 설계결과는 전문기관 안전성 평가시 공정하고 객관적인 평가를 위하여 <표 4.8>의 서식으로 정리한다. 지반의 허용지내력은 기존 도면상의 허용지내력 또는 지반조사를 통하여 산정된 지내력 중 작은 값으로 한다. 증축에 의해 기초판의 접지압이 허용지내력을 초과하여 기존 직접기초를 확장한 경우에는 증설된 기초의 전체 면적과 이에 따른 설계접지압을 계산한다. 증설된 기초판은 설계강도가 벽체로부터 전달되는 하중과 지내력으로부터 구한 소요강도 이상이 되도록 설계한다.

<표 4.8> 직접기초 보강

모델링명	허용지내력[1] (kN/m²)	증설 후 기초판		구분	소요강도		설계강도		증빙자료 (페이지)
		면적 (m²)	접지압[2] (kN/m²)		M_u (kN·m)	V_u (kN)	ϕM_n (kN·m)	ϕV_n (kN)	
				X방향					
				Y방향					

1) 허용지내력 : 지반조사를 통하여 산정된 지내력
2) 접지압 : 기초의 설계접지압

4.3.2 직접기초의 보강

국토교통부에서 제정한 「건축구조기준」에 따라 직접기초의 보강에 필요한 제반사항에 대하여 설명한다.

(1) 설계방법

구조기준에서는 직접기초의 내력이 부족할 경우에는 단면증설 등의 방법에 의해 보강할 수 있으며, 지반 지지력이 부족할 경우 기초판의 면적을 증가시켜 추가 지지력을 확보할 수 있도록 규정하고 있다. 직접기초의 내력부족으로 인하여 단면을 증설해야 하는 경우, 두께방향으로 증설되는 기초판의 최소두께는 면내전단에 저항하기 위한 앵커의 설치 등을 위하여 50mm 이상으로 한다. 또한 증설되는 기초 면은 KBC2009 0507.7.3.의 규정에 따라 요철이 6mm 정도가 되도록 거친 면 처리 후 후시공 앵커를 설치하여 면내전단에 저항할 수 있도록 한다.

지지력의 부족으로 인하여 기초판의 면적을 증가시키는 경우, 폭 또는 길이방향으로 증설되는 기초판의 최소치수는 주철근의 연장을 고려하여 200mm 이상으로 하는 것이 바람직하다. 이때, 증설되는 폭 또는 길이방향 기초 면은 KBC2009 0507.7.3.의 규정에 따라 요철이 6mm 정도가 되도록 거친 면 처리 후 후시공 앵커를 설치하여 면내전단에 저항할 수 있도록 한다.

(2) 자체평가서의 작성

본 항에서 설명된 바와 같이 직접기초의 폭을 확장하거나 두께를 증설하는 경우에는 전단마찰설계를 수행하고 전문기관 안전성 평가시 공정하고 객관적인 평가를 위하여 <표 4.9>의 서식으로 정리한다. 직접기초의 확장 및 증설부위의 전단마찰설계는 X,Y방향의 접합면에 대한 면내전단력을 구하고, 전단마찰 보강근을 산정한다. 전단마찰보강근은 기초판과의 연단길이 및 정착길이를 고려하여 산정된 보유내력이 면내전단력 이상이 되도록 설계하여야 한다. 기초가 확장된 경우에는 기존 주철근이 확장된 기초부분까지 연장되어야 하며, 기존 주철근과 확장된 부위의 주철근의 연결이 충분한 인장성능을 발휘할 수 있도록 접합되어야 한다. 주철근의 이음에 사용된 접합공법 및 이음길이를 계산하여 <표 4.9>를 작성한다.
직접기초 보강 설계의 증빙은 설계 과정 및 기초 보강상세도를 자료로 제출한다.

<표 4.9> 직접기초 보강 상세설계

모델링명	구분	전단마찰보강근				주철근 이음		증빙자료 (페이지)
		면내전단력[1] (kN)	전단마찰 보강근	연단길이[2] (mm)	정착길이[3] (mm)	접합공법[4]	이음길이[5] (mm)	
	X방향							
	Y방향							

1) 면내전단력 : 기초판의 폭 및 두께 방향 증설 시 기존 기초와의 접합면에 작용하는 전단력
2) 연단길이 : 후시공 철근으로 시공할 경우 기초판 최외곽에서 후시공 철근의 중심까지 최단거리
3) 정착길이 : 후시공 철근이 기존 기초판에 매립된 길이
4) 접합공법 : 기존 기초판 주철근과 증설되는 기초판의 주철근의 접합공법. 용접, 겹침이음 등
5) 이음길이 : 기존 기초판 주철근과 증설되는 기초판의 주철근을 겹침이음할 경우 이음길이

4.3.3 말뚝기초의 설계

국토교통부에서 제정한 「건축구조기준」에 따라 말뚝기초의 설계 및 보강에 필요한 제반사항에 대하여 설명한다.

(1) 설계방법

건축구조기준의 0407은 건축구조물의 다양한 말뚝기초에 대한 일반사항, 허용지지력, 침하량, 수평지지력, 허용인발저항력, 말뚝재료의 허용응력, 부마찰력, 무리말뚝 효과에 대하여 기술하고 있다. 이에 따라 구조기준에서는 공동주택의 증축 리모델링 공사에 있어서 말뚝기초의 설계는 "KBC2009 0407"를 참조하여 설계하도록 규정하고 있다. 또한, 증축에 따른 기존 말뚝 및 신설 말뚝이 부담하는 하중의 범위가 다른 특성을 고려하여 말뚝기초의 지지력을 3.3.1의 기존 말뚝 및 신설 말뚝의 하중분담 원칙에 따라 산정하고, 모든 말뚝의 지지력은 허용지지력을 초과할 수 없도록 규정하고 있다.
한편, 공동주택의 리모델링 공사에서 말뚝의 지지력이 허용지지력을 초과하여 기존 말뚝에 보강이 필요한 경우에는 작업공간이 매우 제한적이기 때문에 장비 및 말뚝이 소형화되어야 한다. 일반적으로 제한된 공간에서 시공하는 소구경 말뚝으로 마이크로파일이 적용되고 있으며, 이에 따라 구조기준에서는 지지력이 부족한 경우에는 소구경(직경 300mm 이하) 말뚝기초(마이크로파일 등)를 추가로 시공하여 요구되는 지지력을 확보할 수 있도록 규정하고 있다.

(2) 자체평가서의 작성

본 항에서 설명된 바와 같이 기존 말뚝의 부족한 지지력을 확보하기 위하여 말뚝기초를 보강하는 경우 전문기관 안전성 평가시 공정하고 객관적인 평가를 위하여 <표 4.10>의 서식으로 정리한다. 수평증축을 수반한 공동주택 리모델링의 수평증축 구간은 기존 건물과의 간섭이 없기 때문에 일반적인 말뚝기초로 시공할 수 있다. 말뚝은 말뚝 직경, 지반조사 결과로부터 말뚝의 선단이 위치하는 깊이, 말뚝의 근입길이 등으로부터 건축구조기준에서 제시하는 안전율을 기반으로 허용지지력을 산정하고, 소요하중이상이 되도록 설계한다.

<표 4.10> 말뚝 기초의 설계

말뚝종류	소요하중[1] (kN)	말뚝직경 (mm)	선단지지층 위치 (m)	근입길이[2] (m)	허용지지력 (kN)	증빙자료 (페이지)
Type1						
:						

1) 소요하중 : 계수하중조합에 대한 구조해석을 통하여 말뚝에 작용하는 하중
2) 근입길이 : 선단지지층 내 근입길이

4.3.4 소구경 말뚝기초의 설계

우리나라에서 아직 소규경 말뚝기초의 설계를 위한 기준이 마련되지 않은 점을 고려하여, 소규경 말뚝기초의 설계에 참조할 사항에 대하여 설명한다.

(1) 설계방법

국내에서는 아직 마이크로파일의 설계를 위한 기술기준은 마련되어 있지 않은 실정으로 이러한 점을 고려하여 구조기준에서는 소구경 말뚝기초(마이크로파일)의 설계에 대한 세부사항은 구조매뉴얼을 참고하도록 규정하고 있다. 이에 따라 본 구조매뉴얼에서는 우리나라에서 소규경 말뚝기초의 설계에 일반적으로 사용되는 "FHWA NHI-05-039 Chapter 5"를 내용을 소개하여 구조설계에 참조하도록 하였다. 마이크로파일 설계는 그라우트체와 주변 지반과의 마찰 저항 값을 가정하여 지지력을 산정하므로, 시공 시 현장재하시험을 실시하여 설계지지력을 검증하여야 한다. 재하시험 절차는 "FHWA NHI-05-039 Chapter 7"에 따라 수행하는 것으로 권고한다.

마이크로파일은 대구경 말뚝에 비하여 상대적으로 단면적이 작기 때문에 통상 말뚝 본체의 허용하중 값이 설계의 지배적인 요소가 된다. 마이크로파일의 설계는 무리 말뚝효과, 압축지지력, 인발저항력, 침하량, 수평하중에 대한 안전성 및 좌굴에 대한 검토를 포함하여야 한다. 마이크로파일 설치 시 특수한 천공 및 그라우팅 장비를 사용함으로써 그라우트/지반 사이의 마찰 저항력이 크게 발휘되도록 시공할 수 있다. 마이크로파일은 직경이 작고 선단 슬라임의 처리가

쉽지 않으므로 지지력 산정 시 일반적으로 선단지지력 보다는 주면마찰력에 초점을 맞추어 설계한다.

(2) 자체평가서의 작성

본 항에서 설명된 바와 같이 기존 말뚝의 부족한 지지력을 확보하기 위하여 마이크로파일을 보강하는 경우 전문기관 안전성 평가시 공정하고 객관적인 평가를 위하여 <표 4.11>의 서식으로 정리한다. 마이크로파일로 설계한 경우에는 보강재의 외경과 두께, 항복강도를 기재하고, 설계하중을 계산한다. 일반적으로 마이크로파일은 설계압축하중과 설계인장하중이 동일하다. 보강 말뚝의 직경, 길이를 고려하여 말뚝의 허용지지력을 계산하고, 소요하중 이상이 되도록 설계한다. 마이크로파일의 허용지지력은 재하시험 결과에 따른 항복하중의 1/2 및 지지력 산정식에 따라 계산된 극한하중의 1/3 중 작은 값을 적용하고, 재하시험을 실시하지 않은 경우 극한지지력의 1/3을 적용한다.

<표 4.11> 소구경말뚝 보강공법

말뚝종류	보강재(강관)			소요 하중 (kN)	말뚝 직경 (mm)	말뚝 길이 (m)	허용 지지력 (kN)	그라우트재 강도 (MPa)	증빙자료 (페이지)
	외경 (mm)	두께 (mm)	항복강도 (MPa)						
Type1									
:									
:									
:									
:									

4.3.5 기초 침하

기초 침하가 예상되는 경우에 국토교통부에서 제정한 「건축구조기준」에 따라 지반침하량이 허용침하량 이하가 되도록 확인하는 방법에 대하여 설명한다.

(1) 설계방법

기존 기초에 새롭게 신설 기초를 보강하는 경우에는 기초형식 및 종류에 따른 침하 특성의 차이로 인해 신설기초의 지반에 침하(즉시 침하·크리프 침하)가 발생되고, 이 침하는 시간이 경과함에 따라 증가된다. 이에 따라 구조기준에서는 기초 침하가 예상되는 경우에 침하량을 예측·파악하여 지반침하량이 「건축구조기준」에서 정하는 허용침하량 이내가 되도록 규정하고 있다.
기초 침하는 "KBC2009 0404" 및 "KBC2009 0407.9"의 규정에 따라 설계한다. 허용침하량은 지반의 조건, 기초의 형식, 상부구조의 특성, 주위상황들을 고려하여 유해한 부등침하가 생기지 않도록 정하여야 한다. 지반의 상황에 의해 과대한 침하를 피할 수 없을 때에는 적당한 개소에 신축조인트를 두거나 상부구조의 강성을 크게 하여 유해한 부등침하가 생기지 않도록 해야 한다.

4.4 감쇠 보강

> 감쇠시스템 보강공법의 설계를 위하여 국토교통부에서 2013년에 개정예정인 「건축구조기준」의 감쇠시스템 규정을 설명한다.

4.4.1 일반사항

감쇠장치를 이용한 공동주택의 내진보강 설계는 국내 건축구조기준에 관련 규정이 마련되기 전까지 본 매뉴얼에 따른다. 감쇠보강공법의 적용은 감쇠장치에 의한 지진응답 감소효과가 '4.4.6 감쇠성능의 확인' 절에서 제시한 방법에 의해 확인될 경우에 한정하여 감쇠보강공법을 적용할 수 있다. 지진하중 저감을 목적으로 감쇠시스템이 적용된 모든 구조물(이하 감쇠시스템 적용구조물)과 감쇠시스템의 모든 구성요소는 이 조항의 요구사항에 따라 설계 및 시공한다.

4.4.2 설계 요구사항

감쇠시스템 적용구조물은 내진설계범주 'A'에 속하더라도 내진설계범주 'B'에 해당되는 해석방법과 설계요구사항을 반영하여 설계되어야 한다. 감쇠시스템 적용구조물은 지진력저항시스템 단독으로 다음 (1)항에 정의된 하중을 지지할 수 있는 내력을 보유해야 한다.

(1) 지진력저항시스템

감쇠시스템 적용구조물은 각각의 횡방향으로 KBC2009의 표 0306.6.1에 제시된 지진력저항시스템 중 하나를 보유해야 한다. 각 방향의 지진력저항시스템의 설계는 4.4.2절의 요구사항들과 다음을 만족하여야 한다.

① 지진력저항시스템의 설계에 사용된 지진하중에 의한 밑면전단력은 V_{min}보다 작아서는 안되며, V_{min}은 식(4.1)과 식(4.2)에 의하여 결정된다.

$$V_{min} = \eta V \qquad (4.1)$$

$$\eta \geq 0.75 \qquad (4.2)$$

여기서, V = KBC2009의 0306.5절에 따라 결정되는 해당 방향의 설계지진하중에 의한 밑면전단력

η = 감쇠장치의 감쇠성능에 의하여 구조물에 작용하는 하중이 저감되는 정도를 고려한 예상감쇠보정계수로서, 4.4.6절의 절차에 따라 확인되어야 한다.

② 지진력저항시스템의 구조요소 중에서 감쇠시스템에 속하거나 감쇠장치에 의하여 발생하는 힘에 저항하도록 요구되는 구조요소의 최소강도는 4.4.5절의 추가적인 요구조건을 만족하여야 한다.

(2) 감쇠시스템

감쇠시스템을 구성하는 구조요소들은 설계지진에 의하여 감쇠장치에 유발되는 힘을 포함한 설계하중에 대해 탄성상태를 유지하도록 설계되어야 한다. 여기서 감쇠장치에 유발되는 힘은 강도저감계수를 곱하거나 반응수정계수로 나누어지지 않는다.

4.4.3 감쇠시스템 요구사항

(1) 장치 설계

감쇠장치는 최대예상지진에 대한 응답과 다음의 조건들을 고려하여 설계, 시공, 설치되어야 한다.
① 지진하중에 의한 저진동·대변위 거동 시의 성능저하
② 풍하중·온도하중에 의한 고진동·소변위 거동 시의 성능저하
③ 중력하중에 의한 하중 또는 변위
④ 부식, 마모, 생물분해, 화학물 등에 의한 장치 일부분의 고착
⑤ 온·습도, 수분, 자외선 등과 그 밖의 환경조건에의 노출

(2) 다축 이동

감쇠장치의 접합부는 감쇠시스템에 동시에 발생하는 종방향, 횡방향, 수직방향 변위를 흡수할 수 있는 충분한 마디구조를 갖추어야 한다.

4.4.4 해석절차

감쇠시스템 적용 구조물은 4.4.4.1절과 KBC2009의 0306.7.4.3항의 규정에 따라 감쇠시스템과 구조물의 수학적 모델을 작성하여 3차원 시간이력해석을 수행하여야 한다. 감쇠장치로 인해 구조물이 비고전적 감쇠의 특성을 갖게 되는 경우에 시간이력해석법은 이를 반영할 수 있어야 한다.

(1) 모델링

수학적 모델은 구조물과 감쇠장치의 비선형이력거동을 직접적으로 고려하되 구조요소의 강도는 강도저감계수를 곱하지 않은 값을 적용해야 한다.

1) 지진력저항시스템

시험을 통해 지진력저항시스템이 유효 항복변위나 이보다 약간 작은 크기 정도의 변위에서 임계감쇠의 5%보다 큰 감쇠비를 가진다는 것을 입증하지 않는 한, 구조물의 원감쇠비는 임계감쇠의 5%보다 큰 값을 취할 수 없다. 여기서 임계감쇠는 구조물의 비탄성 거동에 의한 강성변화를 반영해야 한다. 지진력저항시스템의 구조요소는 부재력이 공칭강도의 1.5배를 초과하지 않는다면 선형으로 모델링할 수 있다.

2) 감쇠시스템

감쇠장치의 강성과 감쇠특성은 4.4.7절에 규정된 시험에 의하여 검증되거나 이를 근거로 결정되어야 하며, 비선형 하중-변형 특성은 지진하중의 진동수, 진폭, 지속시간 등에 대한 의존성을 명확히 반영할 수 있도록 모델링되어야 한다. 변위의존형 감쇠장치의 수학적 모델은 강도, 강성, 이력곡선형상의 중요한 변화가 시험자료에 부합하는 이력거동을 모사할 수 있어야 한다. 속도의존형 감쇠장치의 수학적 모델은 시험자료에 부합하는 속도계수를 포함하여야 하며, 속도계수가 시간과 온도에 종속성이 있을 경우에는 그 영향을 명확히 반영하여야 한다. 감쇠장치를 구조물에 연결하는 구조요소는 반드시 구조해석 모델에 포함되어야 하며, 감쇠장치를 제외한 모든 구조요소는 탄성으로 모델링한다.

*예외사항 : 시간이력해석 동안 감쇠장치의 특성변화가 예상되는 경우에, 장치특성의 상한치와 하한치에 의하여 동적응답의 변동범위를 결정할 수 있다. 변화하는 장치특성의 상한치와 하한치는 장치의 시간의존적 거동이 명확히 모델링된 것과 동일한 조건을 만족시켜야 한다.

(2) 지반운동

① 시간이력해석은 지반조건에 상응하는 지반운동기록을 최소한 3개 이상 이용하여 수행한다. 각각의 지반운동은 평면상에서 서로 직교하는 2성분의 쌍으로 구성된다. 계측된 지반운동을 구할 수 없는 경우에는 필요한 수만큼 적절한 모의 지반운동의 쌍을 생성하여 사용할 수 있다. 개별 지반운동의 성분별로 5% 감쇠비의 응답스펙트럼을 작성하고, 주기별로 제곱합제곱근(SRSS)을 취하여 제곱합제곱근 스펙트럼을 산정하며, 이 제곱합제곱근 스펙트럼들의 평균값이 $0.5T_D$ 부터 $1.25T_M$ 사이의 주기에서 설계스펙트럼의 1.3배보다 10% 이상 작지 않도록 해야 한다. 최대예상지진의 경우에도 동일한 방법으로 지반운동기록의 스펙트럼을 보정한다. 지반운동의 크기를 조정하는 경우에는 직교하는 2성분에 대해서 동일한 배율을 적용하여야 한다.

② 감쇠시스템적용구조물의 구조설계와 해석에는 (1)항에 따라 작성된 설계지진과 최대예상지진에 대한 응답스펙트럼 및 그에 상응하는 지진파를 적용하여야 한다. 다만 지진파 선정에 있어서 필요한 T_D와 T_M은 각각 설계지진과 최대예상지진에 대하여 방향별 최대변위 발생 시 감쇠장치와 구조요소의 유효강성에

기초한 해당 방향의 1차 모드 주기 T_{1D}와 T_{1M}으로 간주한다. 이 때 유효강성은 4.4.4절에서 규정한 절차에 의하여 결정된 응답과 식(4.4)를 통하여 결정한다.

(3) 설계값의 산정

시간이력해석에 사용된 각각의 지반운동에 대한 응답변수로서 최대층간변위, 감쇠시스템 구조요소의 최대하중, 개별 감쇠장치의 최대하중, 최대변위와 최대속도(속도의존형 감쇠장치의 경우)를 결정하여야 한다. 3개의 지반운동을 이용하여 해석할 경우에는 최대응답을 사용하여 설계해야 하며, 7개 이상의 지반운동을 이용하여 해석할 경우에는 평균응답을 사용하여 설계할 수 있다.

4.4.5 감쇠시스템 적용구조물의 허용기준

(1) 지진력저항시스템

지진력저항시스템은 4.4.2(1)절에 주어진 밑면전단력 V_{min}의 산정에 있어서 KBC2009의 0306.6절의 요구조건을 만족하여야 한다. 지진력저항시스템의 부재가 지닌 강도는 4.4.5.3절의 하중조건에 대하여 평가하며, 시간이력해석에 의하여 평가할 필요는 없다. 반면에 층간변위는 설계지진을 사용하여 4.4.4절에서 규정된 절차에 의하여 결정되어야 하며, KBC2009의 <표 0306.4.7>에서 규정한 허용치를 만족하여야 한다.

(2) 감쇠시스템

감쇠장치와 그 접합부는 최대예상지진에 의하여 발생하는 힘, 변위, 속도에 대하여 파단 또는 심각한 강도의 저하 없이 저항할 수 있어야 한다. 감쇠장치의 접합부를 포함한 감쇠시스템의 모든 구조요소는 설계지진에 대하여 탄성상태를 유지하는지 확인되어야 한다. 이 때 해당 구조요소는 4.4.5.3절의 하중조건에 대하여 본 기준의 강도설계기준을 적용하여 평가한다.

(3) 하중효과의 조합

지진력저항시스템 및 감쇠시스템의 설계에 사용되는 하중효과는 4.4.4절의 해석절차에 의하여 결정된 지진하중효과 E를 사용하여 KBC2009의 0301.5와 0306.2에 따라 연직하중과 조합되어야 한다. KBC2009의 0306.2.3.의 시스템 초과강도계수에 의한 지진하중 효과는 감쇠시스템 설계에 한해 반영할 필요가 없다.

4.4.6. 감쇠성능의 확인

(1) 감쇠보정계수

4.4.2(1)절의 지진력저항시스템 설계를 위한 최소밑면전단력 V_{min} 결정에 적용된 감쇠보정계수 η는 다음 식에 의하여 결정된 η_h 보다 크거나 같아야 한다.

$$\eta_h = \frac{V_h}{V_{he}} \tag{4.3}$$

여기서, V_h = 설계지진에 대하여 4.4.4절에서 규정한 해석절차에 따라 결정된 감쇠시스템적용구조물의 밑면전단력.

V_{he} = V_h와 동일한 절차를 따르되, 감쇠장치의 하중-변형 관계에서 속도의존적 성분은 제거하고, 변위의존적 성분은 유효강성으로 치환하여 얻어진 밑면전단력.

(2) 감쇠장치의 변위의존적 성분의 유효강성

개별 감쇠장치의 하중-변형 관계에서 변위의존적 성분의 유효강성은 V_h의 산정과정에서 얻어진 해당 성분의 변형과 하중에 기초하여 다음 식에 따라 산정한다.

$$k_{eff} = \frac{|F^+| + |F^-|}{|\Delta^+| + |\Delta^-|} \tag{4.4}$$

여기서, Δ^+, Δ^- = 각각 감쇠장치 해당 변형성분의 정, 부방향으로 발생하는 최대변형

F^+, F^- = 각각 Δ^+, Δ^-에서 발생하는 감쇠장치 해당 하중성분의 최대하중

4.4.7. 감쇠장치의 시험

감쇠시스템 설계에 사용된 감쇠장치의 힘-속도 또는 힘-변위 관계와 감쇠 특성은 이 절에 규정된 바와 같은 장치기본시험에 따라야 한다. 장치기본시험과 품질관리시험에 적용되는 감쇠장치의 제작과 품질관리 절차는 동일해야 한다.

(1) 장치 기본시험

설계에 사용된 감쇠장치의 종류와 크기별로 각각 두 개의 실규모 감쇠장치에 대하여 이 절에서 규정한 시험들을 실시하여야 한다. 다음 두 조건을 모두 만족하는 경우에, 각 종류별로 대표크기의 감쇠장치만 장치기본시험을 할 수 있다.

① 구조물에 사용되는 장치의 종류와 크기별로 제조와 품질관리 절차가 동일한 경우
② 구조설계에 책임이 있는 등록된 전문가가 대표 크기에 대한 장치기본시험을 허용한 경우

책임등록전문가가 허용하는 동시에 장치기본시험과 제품시험에 관한 요구조건에 부합되지 않는다면 시험에 사용된 시험체는 구조물의 시공에 사용할 수 없다.

시험은 다음과 같은 일련의 순서에 따라 수행하며, 각 감쇠장치를 실제 설치하였을 때의 중력하중 효과와 온도환경을 반영하여야 한다. 지진하중시험에서는 최대예상지진에 대한 장치의 변위를 사용하여야 한다.

① 풍하중시험: 설계풍하중시 장치변위로 예상되는 회수와 2,000회 중 큰 반복회수로 기본진동주기의 역수에 해당하는 진동수($f_1 = 1/T_1$)로 반복재하.
② 지진하중시험: 최대예상지진시 장치변위를 정현파 형태로 $1/T_{1M}$과 같은 진동수로 5회 반복시험. 여기서, 감쇠장치 특성이 작동온도에 따라 변하는 경우에는 온도범위를 포괄하는 최소한 세 가지의 조건(최소온도, 상시온도, 그리고 최대온도)에서 지진하중시험을 수행.
③ 진동수의존성시험: 감쇠장치가 진동수의존성이 있는 경우, 풍하중시험과 지진하중시험을 진동수 $1/T_1$과 $2.5/T_1$에서 수행.

(3) 하중-속도-변위 특성의 결정

감쇠장치의 하중-속도-변위 특성은 앞서 규정된 장치기본시험용 반복가력 시험에 근거해야 한다. 감쇠장치의 유효강성은 식(4.4)를 사용하여 각 진폭레벨에 대해 계산되어야 한다.

(4) 변위의존형 감쇠장치의 적합성

장치기본시험용 변위의존형 감쇠장치의 성능은 (2)항에 규정된 시험에 근거하여 다음 조건이 모두 만족된다면 적절하다고 간주되어야 한다.
① 풍하중시험: 누출, 항복, 파손을 포함하는 손상 징후가 없음.
② 지진하중시험과 진동수의존성시험 :
  ㉠ 임의 회차의 반복재하 시 변위 원점에서의 최대·최소하중이 특정 진동수와 온도에서 수행된 모든 반복재하로부터 계산된 각각 평균치의 15% 이내
  ㉡ 임의 회차의 반복재하 시 최대예상지진 장치변위에서의 최대·최소하중이 특정 진동수와 온도에서 수행된 모든 반복재하로부터 계산된 각각 평균치의 15% 이내
  ㉢ 임의 회차의 반복재하 시 감쇠장치의 이력곡선 면적이 특정 진동수와 온도에서 수행된 모든 반복재하로부터 계산된 평균치의 15% 이내
  ㉣ 변위 원점과 최대예상지진 장치변위 각각에서의 최대·최소하중의 평균치와 이력곡선 면적의 평균치가 책임등록전문가에 의하여 제시된 목표 값과 15% 이내

(5) 속도의존형 감쇠장치의 적합성

장치기본시험용 속도의존형 감쇠장치의 성능은 (2)항에 규정된 시험에 근거하여 다음 조건이 모두 만족된다면 적절하다고 간주되어야 한다.
① 풍하중시험 : 누출, 항복, 파손을 포함하는 손상 징후가 없음.
② 지진하중시험과 진동수의존성시험 :
   ㉠ 강성을 가진 속도의존형 감쇠장치의 경우, 임의 회차의 반복재하시 감쇠장치의 유효강성이 특정 진동수와 온도에서 수행된 모든 반복재하로부터 계산된 평균치와 15% 이내
   ㉡ 임의 회차의 반복재하 시 변위 원점에서의 최대·최소하중이 특정 진동수와 온도에서 수행된 모든 반복재하로부터 계산된 각각 평균치의 15% 이내
   ㉢ 임의 회차의 반복재하 시 감쇠장치의 이력곡선 면적이 특정 진동수와 온도에서 수행된 모든 반복재하로부터 계산된 평균치의 15% 이내
   ㉣ 변위 원점에서의 최대·최소하중의 평균치와 유효강성(강성을 가진 감쇠장치에 한함)의 평균치와 이력곡선 면적의 평균치가 책임등록전문가에 의하여 제시된 목표 값의 15% 이내

4. 건 축 법

건 축 법 (영·칙)

법 률	시 행 령	시 행 규 칙
제1장 총칙	**제1장 총칙**	
제1조 목적 ················· 627	제1조 목적 ················· 627	제1조 목적 ················· 627
제2조 정의 ················· 627	제2조 정의 ················· 627	제1조의2 설계도서의 범위 ······ 629
제3조 적용 제외 ············ 633	제3조 대지의 범위 ············ 629	제2조 중앙건축위원회의 운영 등 ··· 634
제4조 건축위원회 ············ 634	제3조의2 대수선의 범위 ········ 631	제2조의2 중앙건축위원회의 심의등의
제5조 적용의 완화 ············ 641	제3조의3 지형적 조건 등에 따른 도로의 구조와 너비	결과 통보 ············ 635
제6조 기존의 건축물 등에 관한 특례 ······ 646	····················· 632	제2조의3 전문위원회의 구성등 ······ 635
제7조 통일성을 유지하기 위한 도의 조례 ···· 647	제3조의4 용도별 건축물의 종류 ······ 632	제2조의4 적용의 완화 ············ 644
제8조 리모델링에 대비한 특례 등 ········ 647	제4조 삭제	제3조 기존건축물에 대한 특례 ······ 646
제9조 다른 법령의 배제 ············ 648	제5조 중앙건축위원회의 설치 등 ······ 634	제4조 건축에 관한 입지 및 규모의
	제5조의2 위원의 제척·기피·회피 ······ 635	사전결정신청시 제출서류 ······· 648
	제5조의3 위원의 해임·해촉 ······ 636	제5조 건축에 관한 입지 및 규모의
제2장 건축물의 건축	제5조의4 운영세칙 ············ 636	사전결정서 등 ············ 649
제10조 건축 관련 입지와 규모의 사전결정 ······ 648	제5조의5 지방건축위원회 ············ 636	제6조 건축허가신청등 ············ 650
제11조 건축허가 ················· 650	제5조의6 전문위원회의 구성 등 ······ 641	제7조 건축허가의 사전승인 ······ 652
제12조 건축복합민원 일괄협의회 ······ 655	제6조 적용의 완화 ············ 641	제8조 건축허가서 ············ 653
제13조 건축 공사현장 안전관리 예치금 등 ······ 657	제6조의2 기존의 건축물 등에 대한 특례 ······ 646	제9조 건축공사현장 안전관리예치금 658
제14조 건축신고 ················· 659	제6조의3 리모델링이 쉬운 구조 등 ······ 647	제10조 건축허가 등의 수수료 ······ 653
제15조 건축주와의 계약 등 ············ 661		제11조 건축 관계자 변경신고 ······ 654
제16조 허가와 신고사항의 변경 ······ 662	**제2장 건축물의 건축**	제12조 건축신고 ············ 659
제17조 건축허가 등의 수수료 ······ 663		제12조의2 용도변경 ············ 665
제18조 건축허가 제한 등 ············ 664	제7조 삭제	제13조 가설건축물 ············ 667
제19조 용도변경 ················· 665	제8조 건축허가 ················· 650	제14조 착공신고등 ············ 672
		제15조 삭제

- 619 -

제20조 가설건축물 ······················· 667
제21조 착공신고 등 ····················· 672
제22조 건축물의 사용승인 ·········· 674
제23조 건축물의 설계 ·················· 676
제24조 건축시공 ·························· 677
제25조 건축물의 공사감리 ·········· 678
제26조 허용 오차 ························ 681
제27조 현장조사·검사 및 확인업무의 대행 ······ 681
제28조 공사현장의 위해 방지 등 ······ 682
제29조 공용건축물에 대한 특례 ······ 683
제30조 건축통계 등 ···················· 683
제31조 건축행정 전산화 ············· 684
제32조 건축허가 업무 등의 전산처리 등 ······ 684
제33조 전산자료의 이용자에 대한 지도·감독 ······ 686
제34조 건축종합민원실의 설치 ······ 687

제3장 건축물의 유지와 관리

제35조 건축물의 유지·관리 ······· 688
제36조 건축물의 철거 등의 신고 ······ 692
제37조 건축지도원 ······················ 694
제38조 건축물대장 ······················ 695
제39조 등기촉탁 ·························· 696

제4장 건축물의 대지와 도로

제40조 대지의 안전 등 ··············· 696

제9조 건축허가 등의 신청 ············ 651
제10조 건축복합민원 일괄협의회 ······ 656
제10조의2 건축 공사현장 안전관리 예치금 ······ 658
제11조 건축신고 ·························· 659
제12조 허가·신고사항의 변경 등 ······ 662
제13조 삭제
제14조 용도변경 ·························· 665
제15조 가설건축물 ······················ 667
제15조의2 가설건축물의 존치기간 연장 ······ 670
제15조의3 공장에 설치한 가설건축물의 존치기간 연장 ······················ 671
제16조 삭제
제17조 건축물의 사용승인 ··········· 675
제18조 설계도서의 작성 ·············· 676
제19조 공사감리 ·························· 678
제20조 현장조사·검사 및 확인업무의 대행 ······ 681
제21조 공사현장의 위해 방지 ······ 682
제22조 공용건축물에 대한 특례 ······ 683
제22조의2 건축 허가업무 등의 전산처리 등 ······ 684
제22조의3 전산자료의 이용자에 대한 지도·감독의 대상 등 ······················ 686
제22조의4 건축에 관한 종합민원실 ······ 687

제3장 건축물의 유지와 관리

제23조 건축물의 유지·관리 ······· 688
제23조의2 정기점검 및 수시점검 실시 ······ 688
제23조의3 정기점검 및 수시점검 사항 ······ 690

제16조 사용승인신청 ··················· 674
제17조 임시사용승인신청등 ······· 675
제17조의2 삭제
제18조 건축허가표지판 ·············· 678
제19조 감리보고서등 ·················· 679
제19조의2 공사감리업무 등 ······· 680
제20조 허용오차 ·························· 681
제21조 현장조사·검사업무의 대행 ····· 681
제22조 공용건축물의 건축에 있어서의 제출서류 ······················ 683
제22조의2 전자정보처리시스템의 이용 ······················ 684
제22조의3 건축 허가업무 등의 전산처리 등 ······················ 685
제23조 건축물의 유지·관리 점검 등 ······ 689
제24조 건축물 철거·멸실의 신고 ······ 692
제24조의2 건축물 석면의 제거·처리 694
제25조 대지의 조성 ···················· 697
제26조 토지의 굴착부분에 대한 조치 ······················ 697
제26조의2 대지안의 조경 ··········· 699
제26조의3 삭제
제26조의4 도로관리대장 등 ······· 704
제27조 삭제
제28조 삭제
제28조의2 삭제
제29조 삭제
제30조 삭제
제31조 삭제

제41조 토지 굴착 부분에 대한 조치 등 ·············· 697
제42조 대지의 조경 ·· 699
제43조 공개 공지 등의 확보 ······································ 701
제44조 대지와 도로의 관계 ·· 703
제45조 도로의 지정·폐지 또는 변경 ······················ 704
제46조 건축선의 지정 ·· 704
제47조 건축선에 따른 건축제한 ······························ 705

제5장 건축물의 구조 및 재료 등

제48조 구조내력 등 ·· 706
제48조의2 건축물 내진등급의 설정 ························ 707
제49조 건축물의 피난시설 및 용도제한 등 ········ 707
제50조 건축물의 내화구조와 방화벽 ···················· 724
제50조의2 고층건축물의 피난 및 안전관리 ········ 724
제51조 방화지구 안의 건축물 ·································· 724
제52조 건축물의 마감재료 ·· 725
제53조 지하층 ·· 727

제6장 지역 및 지구의 건축물

제54조 건축물의 대지가 지역·지구 또는 구역에
       걸치는 경우의 조치 ·· 728
제55조 건축물의 건폐율 ·· 729
제56조 건축물의 용적률 ·· 729
제57조 대지의 분할 제한 ·· 730
제58조 대지 안의 공지 ·· 730

제23조의4 건축물 점검 관련 정보의 제공 ·············· 691
제23조의5 건축물의 점검 결과 보고 ·························· 691
제23조의6 유지·관리의 세부기준 등 ······················ 691
제24조 건축지도원 ··· 694
제25조 건축물대장 ··· 695

제4장 건축물의 대지 및 도로

제26조 삭제
제27조 대지의 조경 ··· 699
제27조의2 공개 공지 등의 확보 ······························· 701
제28조 대지와 도로의 관계 ······································· 703
제29조 삭제
제30조 삭제
제31조 건축선 ·· 704

제5장 건축물의 구조 및 재료

제32조 구조 안전의 확인 ·· 706
제33조 삭제
제34조 직통계단의 설치 ·· 707
제35조 피난계단의 설치 ·· 709
제36조 옥외 피난계단의 설치 ··································· 710
제37조 지하층과 피난층 사이의 개방공간 설치 ······· 711
제38조 관람석 등으로부터의 출구 설치 ··············· 711
제39조 건축물 바깥쪽으로의 출구 설치 ··············· 712
제40조 옥상광장 등의 설치 ·· 713

제31조의2 삭제
제31조의3 삭제
제31조의4 삭제
제32조 삭제
제33조 삭제
제33조의2 삭제
제34조 삭제
제35조 삭제
제36조 일조등의 확보를 위한 건축물의
       높이제한 ··· 737
제36조의2 관계전문기술자 ·· 740
제37조 삭제
제38조 삭제
제38조의2 특별건축구역의 지정 ······························ 744
제38조의3 특별건축구역의 지정 절차 등
       ·· 746
제38조의4 특별건축구역 내 건축물의
       심의 등 ·· 748
제38조의5 특례적용 대상 건축물의
       모니터링 ·· 752
제38조의6 특별가로구역의 지정 등의
       공고 ··· 753
제38조의7 특별가로구역의 관리 ······························ 754
제38조의8 건축협정운영회의 설립 신고
       ·· 755
제38조의9 건축협정의 인가 등 ································ 757
제38조의10 건축협정의 관리 ···································· 757
제38조의11 건축협정의 폐지 ···································· 758
제39조 건축행정의 지도·감독 ································ 761

제59조 맞벽 건축과 연결복도 ·························· 730
제60조 건축물의 높이 제한 ······························ 732
제61조 일조 등의 확보를 위한 건축물의 높이 제한
　　　　·· 733

제7장 건축설비

제62조 건축설비기준 등 ···································· 736
제63조 온돌 및 난방설비 등의 시공 ············· 737
제64조 승강기 ··· 737
제64조의2 삭제
제65조 삭제
제65조의2 지능형건축물의 인증 ····················· 738
제66조 삭제
제66조의2 삭제
제67조 관계전문기술자 ···································· 740
제68조 기술적 기준 ·· 741
제68조의2 건축물 관련 규정의 통합 공고 ··· 742

제8장 특별건축구역 등

제69조 특별건축구역의 지정 ·························· 743
제70조 특별건축구역의 건축물 ······················ 745
제71조 특별건축구역의 지정절차 등 ············ 745
제72조 특별건축구역 내 건축물의 심의 등 ·· 748
제73조 관계 법령의 적용 특례 ······················ 750
제74조 통합적용계획의 수립 및 시행 ·········· 751

제41조 대지 안의 피난 및 소화에 필요한 통로 설치
　　　　·· 714
제42조 삭제
제43조 삭제
제44조 피난 규정의 적용례 ···························· 714
제45조 삭제
제46조 방화구획의 설치 ·································· 715
제47조 방화에 장애가 되는 용도의 제한 ··· 717
제48조 계단·복도 및 출입구의 설치 ·········· 718
제49조 삭제
제50조 거실반자의 설치 ·································· 718
제51조 거실의 채광 등 ···································· 719
제52조 거실 등의 방습 ···································· 720
제53조 경계벽 및 칸막이벽의 설치 ············· 721
제54조 건축물에 설치하는 굴뚝 ···················· 721
제55조 창문 등의 차면시설 ···························· 721
제56조 건축물의 내화구조 ······························ 722
제57조 대규모 건축물의 방화벽 등 ············· 723
제58조 방화지구의 건축물 ······························ 724
제59조 삭제
제60조 삭제
제61조 건축물의 마감재료 ······························ 725
제62조 삭제
제63조 삭제
제64조 방화문의 구조 ······································ 727

제40조 위반건축물의 표지 및 관리
　　　　대장 ··· 762
제40조의2 이행강제금의 부과 및
　　　　징수절차 ··· 764
제41조 공작물축조신고 ·································· 767
제42조 출입검사원증 ······································ 777
제43조 태양열을 이용하는 주택 등의
　　　　건축면적 산정방법 등 ···················· 770
제43조의2 분쟁조정의 신청 ·························· 778
제43조의3 중앙건축분쟁전문위원회의
　　　　회의·운영 등 ··································· 780
제43조의4 비용부담 ·· 787
제44조 규제의 재검토 ···································· 776

부칙 ··· 794

제75조 건축주 등의 의무 ·················· 752
제76조 허가권자 등의 의무 ················ 752
제77조 특별건축구역 건축물의 검사 등 ······ 753
제77조의2 특별가로구역의 지정 ············ 753
제77조의3 특별가로구역의 관리 및 건축물의 건축
　　　　　기준 적용 특례 등 ············ 754

제8장의2 건축협정

제77조의4 건축협정의 체결 ················ 755
제77조의5 건축협정운영회의 설립 ·········· 757
제77조의6 건축협정의 인가 ················ 757
제77조의7 건축협정의 변경 ················ 758
제77조의8 건축협정의 관리 ················ 758
제77조의9 건축협정의 폐지 ················ 758
제77조의10 건축협정의 효력 및 승계 ······· 758
제77조의11 건축협정에 관한 계획 수립 및 지원 ····· 759
제77조의12 경관협정과의 관계 ············· 759
제77조의13 건축협정에 따른 특례 ········· 760

제9장 보칙

제78조 감독 ······························· 761
제79조 위반 건축물 등에 대한 조치 등 ······ 762
제80조 이행강제금 ························· 763
제81조 기존의 건축물에 대한 안전점검 및 시정명령
　　　등 ································ 764

제6장 지역 및 지구의 건축물

제65조 삭제
제66조 삭제
제67조 삭제
제68조 삭제
제69조 삭제
제70조 삭제
제71조 삭제
제72조 삭제
제73조 삭제
제74조 삭제
제75조 삭제
제76조 삭제
제77조 건축물의 대지가 지역·지구 또는 구역에
　　　걸치는 경우 ······················ 728
제78조 삭제
제79조 삭제
제80조 건축물이 있는 대지의 분할제한 ······ 730
제80조의2 대지 안의 공지 ·················· 730
제81조 맞벽건축 및 연결복도 ··············· 730
제82조 건축물의 높이 제한 ················· 732
제83조 삭제
제84조 삭제
제85조 삭제
제86조 일조 등의 확보를 위한 건축물의 높이 제한 ·· 733
제86조의2 삭제

제82조 권한의 위임과 위탁 ·· 766
제83조 옹벽 등의 공작물에의 준용 ······························ 767
제84조 면적·높이 및 층수의 산정 ································ 769
제85조 「행정대집행법」 적용의 특례 ···························· 776
제86조 청문 ··· 777
제87조 보고와 검사 등 ·· 777
제88조 건축분쟁전문위원회 ·· 778
제89조 건축분쟁전문위원회의 구성 ····························· 780
제90조 위원의 제척 등 ·· 782
제91조 대리인 ·· 783
제92조 조정등의 신청 ·· 783
제93조 조정등의 거부와 중지 ····································· 784
제94조 조정위원회와 재정위원회 ································ 784
제95조 조정을 위한 조사 및 의견 청취 ····················· 785
제96조 조정의 효력 ··· 785
제97조 분쟁의 재정 ··· 785
제98조 재정을 위한 조사권 등 ··································· 786
제99조 재정의 효력 등 ·· 787
제100조 시효의 중단 ··· 787
제101조 조정 회부 ··· 787
제102조 비용부담 ·· 787
제103조 사무국 ·· 788
제104조 조정등의 절차 ·· 788
제105조 벌칙 적용 시 공무원 의제 ···························· 789

제10장 벌칙

제106조 벌칙 ··· 789

제7장 건축물의 설비등

제87조 건축설비 설치의 원칙 ····································· 736
제88조 삭제
제89조 승용 승강기의 설치 ·· 737
제90조 비상용 승강기의 설치 ····································· 738
제91조 삭제
제91조의2 삭제
제91조의3 관계전문기술자와의 협력 ·························· 740
제92조 삭제
제93조 삭제
제94조 삭제
제95조 삭제
제96조 삭제
제97조 삭제
제98조 삭제
제99조 삭제
제100조 삭제
제101조 삭제
제102조 삭제
제103조 삭제
제104조 삭제

제8장 특별건축구역 등

제105조 특별건축구역의 지정 ····································· 743
제106조 특별건축구역의 건축물 ································· 745

제107조 벌칙 ·· 789	제107조 특별건축구역의 지정 절차 등 ················ 746
제108조 벌칙 ·· 790	제108조 특별건축구역 내 건축물의 심의 등 ········ 749
제109조 벌칙 ·· 790	제109조 관계 법령의 적용 특례 ························ 750
제110조 벌칙 ·· 790	제110조 건축물의 유지·관리 및 모니터링 ············ 752
제111조 벌칙 ·· 791	제110조의2 특별가로구역의 지정 ······················ 753
제112조 양벌규정 ·· 792	
제113조 과태료 ·· 793	

제8장의2 건축협정

제110조의3 건축협정의 체결 ······························ 755
제110조의4 건축협정에 따라야 하는 행위 ········ 758
제110조의5 건축협정에 관한 지원 ······················ 756
제111조 삭제
제112조 삭제
제113조 삭제

부칙 ··· 794

제9장 보칙

제114조 위반 건축물에 대한 사용 및 영업행위의 허용
  등 ··· 762
제115조 위반건축물에 대한 조사 및 정비 ············ 762
제115조의2 이행강제금의 부과 및 징수 ·············· 763
제115조의3 기존 건축물에 대한 시정명령 ·········· 764
제116조 손실보상 ·· 765
제117조 권한의 위임·위탁 ·································· 766
제118조 옹벽 등의 공작물에의 준용 ···················· 767
제119조 면적 등의 산정방법 ······························ 769
제119조의2 「행정대집행법」 적용의 특례 ·············· 777

- 625 -

제119조의3 분쟁조정 ·· 778
제119조의4 선정대표자 ·· 779
제119조의5 절차의 비공개 ······································ 779
제120조 규제의 재검토 ·· 780

제10장 벌칙

제121조 과태료의 부과기준 ···································· 793

　부칙 ··· 794

건축법 [법률 제12248호, 2014.1.14.]	건축법 시행령 [대통령령 제25509호, 2014.7.28.]	건축법 시행규칙 [국토교통부령 제90호, 2014.4.25.]
제1장 총칙 제1조(목적) 이 법은 건축물의 대지·구조·설비 기준 및 용도 등을 정하여 건축물의 안전·기능·환경 및 미관을 향상시킴으로써 공공복리의 증진에 이바지하는 것을 목적으로 한다. 제2조(정의) ① 이 법에서 사용하는 용어의 뜻은 다음과 같다. <개정 2009.6.9, 2011.9.16, 2012.1.17, 2013.3.23, 2014.1.14, 2014.5.28> 1. "대지(垈地)"란 「측량·수로조사 및 지적에 관한 법률」에 따라 각 필지(筆地)로 나눈 토지를 말한다. 다만, 대통령령으로 정하는 토지는 둘 이상의 필지를 하나의 대지로 하거나 하나 이상의 필지의 일부를 하나의 대지로 할 수 있다. 2. "건축물"이란 토지에 정착(定着)하는 공작물 중 지붕과 기둥 또는 벽이 있는 것과 이에 딸린 시설물, 지하나 고가(高架)의 공작물에 설치하는 사무소·공연장·점포·차고·창고, 그 밖에 대통령령으로 정하는 것을 말한다. 3. "건축물의 용도"란 건축물의 종류를 유사한 구조, 이용 목적 및 형태별로 묶어 분류한 것을 말한다. 4. "건축설비"란 건축물에 설치하는 전기·전화 설비, 초고속 정보통신 설비, 지능형 홈네트워크 설비, 가스·	**제1장 총칙** 제1조(목적) 이 영은 「건축법」에서 위임된 사항과 그 시행에 필요한 사항을 규정함을 목적으로 한다. [전문개정 2008.10.29] 제2조(정의) 이 영에서 사용하는 용어의 뜻은 다음과 같다. <개정 2009.7.16, 2010.2.18, 2011.12.8, 2011.12.30, 2013.3.23> 1. "신축"이란 건축물이 없는 대지(기존 건축물이 철거되거나 멸실된 대지를 포함한다)에 새로 건축물을 축조(築造)하는 것[부속건축물만 있는 대지에 새로 주된 건축물을 축조하는 것을 포함하되, 개축(改築) 또는 재축(再築)하는 것은 제외한다]을 말한다. 2. "증축"이란 기존 건축물이 있는 대지에서 건축물의 건축면적, 연면적, 층수 또는 높이를 늘리는 것을 말한다. 3. "개축"이란 기존 건축물의 전부 또는 일부[내력벽·기둥·보·지붕틀(제16호에 따른 한옥의 경우에는 지붕틀의 범위에서 서까래는 제외한다) 중 셋 이상이 포함되는 경우를 말한다]를 철거하고 그 대지에 종전과 같은 규모의 범위에서 건축물을 다시 축조하는 것을 말한다.	제1조(목적) 이 규칙은 「건축법」 및 「건축법 시행령」에서 위임된 사항과 그 시행에 필요한 사항을 규정함을 목적으로 한다. <개정 2005.7.18, 2012.12.12>

급수·배수(配水)·배수(排水)·환기·난방·소화(消火)·배연(排煙) 및 오물처리의 설비, 굴뚝, 승강기, 피뢰침, 국기 게양대, 공동시청 안테나, 유선방송 수신시설, 우편함, 저수조(貯水槽), 방범시설, 그 밖에 국토교통부령으로 정하는 설비를 말한다.
5. "지하층"이란 건축물의 바닥이 지표면 아래에 있는 층으로서 바닥에서 지표면까지 평균높이가 해당 층 높이의 2분의 1 이상인 것을 말한다.
6. "거실"이란 건축물 안에서 거주, 집무, 작업, 집회, 오락, 그 밖에 이와 유사한 목적을 위하여 사용되는 방을 말한다.
7. "주요구조부"란 내력벽(耐力壁), 기둥, 바닥, 보, 지붕틀 및 주계단(主階段)을 말한다. 다만, 사이 기둥, 최하층 바닥, 작은 보, 차양, 옥외 계단, 그 밖에 이와 유사한 것으로 건축물의 구조상 중요하지 아니한 부분은 제외한다.
8. "건축"이란 건축물을 신축·증축·개축·재축(再築)하거나 건축물을 이전하는 것을 말한다.
9. "대수선"이란 건축물의 기둥, 보, 내력벽, 주계단 등의 구조나 외부 형태를 수선·변경하거나 증설하는 것으로서 대통령령으로 정하는 것을 말한다.
10. "리모델링"이란 건축물의 노후화를 억제하거나 기능 향상 등을 위하여 대수선하거나 일부 증축하는 행위를 말한다.
11. "도로"란 보행과 자동차 통행이 가능한 너비 4미터 이상의 도로(지형적으로 자동차 통행이 불가능한 경우와 막다른 도로의 경우에는 대통령령으로 정하는 구조와 너비의 도로)로서 다음 각 목의 어느 하나에 해당하는 도로나 그 예정도로를 말한다.

4. "재축"이란 건축물이 천재지변이나 그 밖의 재해(災害)로 멸실된 경우 그 대지에 종전과 같은 규모의 범위에서 다시 축조하는 것을 말한다.
5. "이전"이란 건축물의 주요구조부를 해체하지 아니하고 같은 대지의 다른 위치로 옮기는 것을 말한다.
6. "내수재료(耐水材料)"란 인조석·콘크리트 등 내수성을 가진 재료로서 국토교통부령으로 정하는 재료를 말한다.
7. "내화구조(耐火構造)"란 화재에 견딜 수 있는 성능을 가진 구조로서 국토교통부령으로 정하는 기준에 적합한 구조를 말한다.
8. "방화구조(防火構造)"란 화염의 확산을 막을 수 있는 성능을 가진 구조로서 국토교통부령으로 정하는 기준에 적합한 구조를 말한다.
9. "난연재료(難燃材料)"란 불에 잘 타지 아니하는 성능을 가진 재료로서 국토교통부령으로 정하는 기준에 적합한 재료를 말한다.
10. "불연재료(不燃材料)"란 불에 타지 아니하는 성질을 가진 재료로서 국토교통부령으로 정하는 기준에 적합한 재료를 말한다.
11. "준불연재료"란 불연재료에 준하는 성질을 가진 재료로서 국토교통부령으로 정하는 기준에 적합한 재료를 말한다.
12. "부속건축물"이란 같은 대지에서 주된 건축물과 분리된 부속용도의 건축물로서 주된 건축물을 이용 또는 관리하는 데에 필요한 건축물을 말한다.
13. "부속용도"란 건축물의 주된 용도의 기능에 필수적인 용도로서 다음 각 목의 어느 하나에 해당하는 용도를 말한다.

가. 「국토의 계획 및 이용에 관한 법률」, 「도로법」, 「사도법」, 그 밖의 관계 법령에 따라 신설 또는 변경에 관한 고시가 된 도로
나. 건축허가 또는 신고 시에 특별시장·광역시장·특별자치시장·도지사·특별자치도지사(이하 "시·도지사"라 한다) 또는 시장·군수·구청장(자치구의 구청장을 말한다. 이하 같다)이 위치를 지정하여 공고한 도로
12. "건축주"란 건축물의 건축·대수선·용도변경, 건축설비의 설치 또는 공작물의 축조(이하 "건축물의 건축등"이라 한다)에 관한 공사를 발주하거나 현장 관리인을 두어 스스로 그 공사를 하는 자를 말한다.
13. "설계자"란 자기의 책임(보조자의 도움을 받는 경우를 포함한다)으로 설계도서를 작성하고 그 설계도서에서 의도하는 바를 해설하며, 지도하고 자문에 응하는 자를 말한다.
14. "설계도서"란 건축물의 건축등에 관한 공사용 도면, 구조 계산서, 시방서(示方書), 그 밖에 국토교통부령으로 정하는 공사에 필요한 서류를 말한다.
15. "공사감리자"란 자기의 책임(보조자의 도움을 받는 경우를 포함한다)으로 이 법으로 정하는 바에 따라 건축물, 건축설비 또는 공작물이 설계도서의 내용대로 시공되는지를 확인하고, 품질관리·공사관리·안전관리 등에 대하여 지도·감독하는 자를 말한다.
16. "공사시공자"란 「건설산업기본법」 제2조제4호에 따른 건설공사를 하는 자를 말한다.
16의2. "건축물의 유지·관리"란 건축물의 소유자나 관리자가 사용 승인된 건축물의 대지·구조·설비 및 용도 등을 지속적으로 유지하기 위하여 건축물이 멸실될

가. 건축물의 설비, 대피, 위생, 그 밖에 이와 비슷한 시설의 용도
나. 사무, 작업, 집회, 물품저장, 주차, 그 밖에 이와 비슷한 시설의 용도
다. 구내식당·직장어린이집·구내운동시설 등 종업원 후생복리시설, 구내소각시설, 그 밖에 이와 비슷한 시설의 용도
라. 관계 법령에서 주된 용도의 부수시설로 설치할 수 있게 규정하고 있는 시설의 용도
14. "발코니"란 건축물의 내부와 외부를 연결하는 완충공간으로서 전망이나 휴식 등의 목적으로 건축물 외벽에 접하여 부가적(附加的)으로 설치되는 공간을 말한다. 이 경우 주택에 설치되는 발코니로서 국토교통부장관이 정하는 기준에 적합한 발코니는 필요에 따라 거실·침실·창고 등의 용도로 사용할 수 있다.
15. "초고층 건축물"이란 층수가 50층 이상이거나 높이가 200미터 이상인 건축물을 말한다.
15의2. "준초고층 건축물"이란 고층건축물 중 초고층 건축물이 아닌 것을 말한다.
16. "한옥"이란 기둥 및 보가 목구조방식이고 한식지붕틀로 된 구조로서 한식기와, 볏짚, 목재, 흙 등 자연재료로 마감된 우리나라 전통양식이 반영된 건축물 및 그 부속건축물을 말한다.
[전문개정 2008.10.29]

제3조(대지의 범위) ① 「건축법」(이하 "법"이라 한다) 제2조제1항제1호 단서에 따라 둘 이상의 필지를 하나의 대지로 할 수 있는 토지는 다음 각 호와 같다. <개정 2009.12.14, 2011.6.29, 2012.4.10, 2013.11.20>

제1조의2(설계도서의 범위) 「건축법」(이하 "법"이라 한다) 제2조제14호에서 "그 밖에 국토교통부령으로 정하는 공사에 필요한 서류"란 다음 각 호의 서류를 말한다. <개정 2005.7.18, 2008.3.14, 2008.12.11, 2013.3.23>
1. 건축설비계산 관계서류
2. 토질 및 지질 관계서류
3. 기타 공사에 필요한 서류
[본조신설 1996.1.18]

때까지 관리하는 행위를 말한다.
17. "관계전문기술자"란 건축물의 구조·설비 등 건축물과 관련된 전문기술자격을 보유하고 설계와 공사감리에 참여하여 설계자 및 공사감리자와 협력하는 자를 말한다.
18. "특별건축구역"이란 조화롭고 창의적인 건축물의 건축을 통하여 도시경관의 창출, 건설기술 수준향상 및 건축 관련 제도개선을 도모하기 위하여 이 법 또는 관계 법령에 따라 일부 규정을 적용하지 아니하거나 완화 또는 통합하여 적용할 수 있도록 특별히 지정하는 구역을 말한다.
19. "고층건축물"이란 층수가 30층 이상이거나 높이가 120미터 이상인 건축물을 말한다.
② 건축물의 용도는 다음과 같이 구분하되, 각 용도에 속하는 건축물의 세부 용도는 대통령령으로 정한다. <개정 2013.7.16>
1. 단독주택
2. 공동주택
3. 제1종 근린생활시설
4. 제2종 근린생활시설
5. 문화 및 집회시설
6. 종교시설
7. 판매시설
8. 운수시설
9. 의료시설
10. 교육연구시설
11. 노유자(노유자: 노인 및 어린이)시설
12. 수련시설
13. 운동시설

1. 하나의 건축물을 두 필지 이상에 걸쳐 건축하는 경우: 그 건축물이 건축되는 각 필지의 토지를 합한 토지
2. 「측량·수로조사 및 지적에 관한 법률」 제80조제3항에 따라 합병이 불가능한 경우 중 다음 각 목의 어느 하나에 해당하는 경우: 그 합병이 불가능한 필지의 토지를 합한 토지. 다만, 토지의 소유자가 서로 다르거나 소유권 외의 권리관계가 서로 다른 경우는 제외한다.
  가. 각 필지의 지번부여지역(地番附與地域)이 서로 다른 경우
  나. 각 필지의 도면의 축척이 다른 경우
  다. 서로 인접하고 있는 필지로서 각 필지의 지반(地盤)이 연속되지 아니한 경우
3. 「국토의 계획 및 이용에 관한 법률」 제2조제7호에 따른 도시·군계획시설에 해당하는 건축물을 건축하는 경우: 그 도시·군계획시설이 설치되는 일단(一團)의 토지
4. 「주택법」 제16조에 따른 사업계획승인을 받아 주택과 그 부대시설 및 복리시설을 건축하는 경우: 같은 법 제2조제6호에 따른 주택단지
5. 도로의 지표 아래에 건축하는 건축물의 경우: 특별시장·광역시장·특별자치도지사·시장·군수 또는 구청장(자치구의 구청장을 말한다. 이하 같다)이 그 건축물이 건축되는 토지로 정하는 토지
6. 법 제22조에 따른 사용승인을 신청할 때 둘 이상의 필지를 하나의 필지로 합칠 것을 조건으로 건축허가를 하는 경우: 그 필지가 합쳐지는 토지. 다만, 토지의 소유자가 서로 다른 경우는 제외한다.
② 법 제2조제1항제1호 단서에 따라 하나 이상의 필지의

14. 업무시설 15. 숙박시설 16. 위락(慰樂)시설 17. 공장 18. 창고시설 19. 위험물 저장 및 처리 시설 20. 자동차 관련 시설 21. 동물 및 식물 관련 시설 22. 자원순환 관련 시설 23. 교정(矯正) 및 군사 시설 24. 방송통신시설 25. 발전시설 26. 묘지 관련 시설 27. 관광 휴게시설 28. 그 밖에 대통령령으로 정하는 시설	일부를 하나의 대지로 할 수 있는 토지는 다음 각 호와 같다. <개정 2012.4.10> 1. 하나 이상의 필지의 일부에 대하여 도시·군계획시설이 결정·고시된 경우: 그 결정·고시된 부분의 토지 2. 하나 이상의 필지의 일부에 대하여 「농지법」 제34조에 따른 농지전용허가를 받은 경우: 그 허가받은 부분의 토지 3. 하나 이상의 필지의 일부에 대하여 「산지관리법」 제14조에 따른 산지전용허가를 받은 경우: 그 허가받은 부분의 토지 4. 하나 이상의 필지의 일부에 대하여 「국토의 계획 및 이용에 관한 법률」 제56조에 따른 개발행위허가를 받은 경우: 그 허가받은 부분의 토지 5. 법 제22조에 따른 사용승인을 신청할 때 필지를 나눌 것을 조건으로 건축허가를 하는 경우: 그 필지가 나누어지는 토지 [전문개정 2008.10.29] 제3조의2(대수선의 범위) 법 제2조제1항제9호에서 "대통령령으로 정하는 것"이란 다음 각 호의 어느 하나에 해당하는 것으로서 증축·개축 또는 재축에 해당하지 아니하는 것을 말한다. <개정 2010.2.18> 1. 내력벽을 증설 또는 해체하거나 그 벽면적을 30제곱미터 이상 수선 또는 변경하는 것 2. 기둥을 증설 또는 해체하거나 세 개 이상 수선 또는 변경하는 것 3. 보를 증설 또는 해체하거나 세 개 이상 수선 또는 변경하는 것 4. 지붕틀(한옥의 경우에는 지붕틀의 범위에서 서까래는	

제외한다)을 증설 또는 해체하거나 세 개 이상 수선 또는 변경하는 것
5. 방화벽 또는 방화구획을 위한 바닥 또는 벽을 증설 또는 해체하거나 수선 또는 변경하는 것
6. 주계단·피난계단 또는 특별피난계단을 증설 또는 해체하거나 수선 또는 변경하는 것
7. 미관지구에서 건축물의 외부형태(담장을 포함한다)를 변경하는 것
8. 다가구주택의 가구 간 경계벽 또는 다세대주택의 세대 간 경계벽을 증설 또는 해체하거나 수선 또는 변경하는 것
[전문개정 2008.10.29]

제3조의3(지형적 조건 등에 따른 도로의 구조와 너비) 법 제2조제1항제11호 각 목 외의 부분에서 "대통령령으로 정하는 구조와 너비의 도로"란 다음 각 호의 어느 하나에 해당하는 도로를 말한다.
1. 특별자치도지사 또는 시장·군수·구청장이 지형적 조건으로 인하여 차량 통행을 위한 도로의 설치가 곤란하다고 인정하여 그 위치를 지정·공고하는 구간의 너비 3미터 이상(길이가 10미터 미만인 막다른 도로인 경우에는 너비 2미터 이상)인 도로
2. 제1호에 해당하지 아니하는 막다른 도로로서 그 도로의 너비가 그 길이에 따라 각각 다음 표에 정하는 기준 이상인 도로
[전문개정 2008.10.29]

제3조의4(용도별 건축물의 종류) 법 제2조제2항 각 호의 용도에 속하는 건축물의 종류는 별표 1과 같다.

	[전문개정 2008.10.29]	

제3조(적용 제외) ① 다음 각 호의 어느 하나에 해당하는 건축물에는 이 법을 적용하지 아니한다.
1. 「문화재보호법」에 따른 지정문화재나 가지정(假指定) 문화재
2. 철도나 궤도의 선로 부지(敷地)에 있는 다음 각 목의 시설
  가. 운전보안시설
  나. 철도 선로의 위나 아래를 가로지르는 보행시설
  다. 플랫폼
  라. 해당 철도 또는 궤도사업용 급수(給水)·급탄(給炭) 및 급유(給油) 시설
3. 고속도로 통행료 징수시설
4. 컨테이너를 이용한 간이창고(「산업집적활성화 및 공장설립에 관한 법률」 제2조제1호에 따른 공장의 용도로만 사용되는 건축물의 대지에 설치하는 것으로서 이동이 쉬운 것만 해당된다)
② 「국토의 계획 및 이용에 관한 법률」에 따른 도시지역 및 같은 법 제51조제3항에 따른 지구단위계획구역(이하 "지구단위계획구역"이라 한다) 외의 지역으로서 동이나 읍(동이나 읍에 속하는 섬의 경우에는 인구가 500명 이상인 경우만 해당된다)이 아닌 지역은 제44조부터 제47조까지, 제51조 및 제57조를 적용하지 아니한다. <개정 2011.4.14, 2014.1.14>
③ 「국토의 계획 및 이용에 관한 법률」 제47조제7항에 따른 건축물이나 공작물을 도시·군계획시설로 결정된 도로의 예정지에 건축하는 경우에는 제45조부터 제47조
	제4조 삭제 <2005.7.18>	

까지의 규정을 적용하지 아니한다. <개정 2011.4.14>		
제4조(건축위원회) ① 국토교통부장관, 시·도지사 및 시장·군수·구청장은 다음 각 호의 사항을 조사·심의·조정 또는 재정(이하 이 조에서 "심의등"이라 한다)하기 위하여 각각 건축위원회를 두어야 한다. <개정 2009.4.1, 2013.3.23> 1. 이 법과 조례의 시행에 관한 중요 사항 2. 건축물의 건축등과 관련된 분쟁의 조정 또는 재정에 관한 사항. 다만, 시장·군수·구청장이 두는 건축위원회는 제외한다. 3. 다른 법령에서 건축위원회의 심의를 받도록 규정한 사항 4. 다른 법령에서 그 법령에 따른 심의를 갈음하여 건축위원회의 심의를 받을 수 있도록 규정한 경우 그 법령에 따라 건축위원회의 심의를 요청한 사항 ② 국토교통부장관, 시·도지사 및 시장·군수·구청장은 건축위원회의 심의등을 효율적으로 수행하기 위하여 필요하면 자신이 설치하는 건축위원회에 건축분쟁전문위원회(국토교통부장관 및 시·도지사가 설치하는 건축위원회에 한한다)와 분야별 전문위원회를 두어 운영할 수 있다. <개정 2009.4.1, 2013.3.23> ③ 제2항에 따른 건축분쟁전문위원회와 분야별 전문위원회는 건축위원회가 정하는 사항에 대하여 심의등을 한다. <개정 2009.4.1> ④ 제3항에 따라 건축분쟁전문위원회와 분야별 전문위원회의 심의등을 거친 사항은 건축위원회의 심의등을 거친 것으로 본다. <개정 2009.4.1> ⑤ 제1항에 따른 각 건축위원회의 조직·운영, 그 밖에	제5조(중앙건축위원회의 설치 등) ① 법 제4조제1항에 따라 국토교통부에 두는 건축위원회(이하 "중앙건축위원회"라 한다)는 다음 각 호의 사항을 조사·심의·조정 또는 재정(이하 "심의등"이라 한다)한다. <개정 2013.3.23> 1. 법 제23조제4항에 따른 표준설계도서의 인정에 관한 사항 2. 건축물의 건축·대수선·용도변경, 건축설비의 설치 또는 공작물의 축조(이하 "건축물의 건축등"이라 한다)와 관련된 분쟁의 조정 또는 재정에 관한 사항 3. 법 및 이 영의 시행에 관한 사항 4. 다른 법령에서 중앙건축위원회의 심의를 받도록 한 경우 해당 법령에서 규정한 심의사항 5. 그 밖에 국토교통부장관이 중앙건축위원회의 심의가 필요하다고 인정하여 회의에 부치는 사항 ② 제1항에 따라 심의등을 받은 건축물이 다음 각 호의 어느 하나에 해당하는 경우에는 해당 건축물의 건축등에 관한 중앙건축위원회의 심의등을 생략할 수 있다. 1. 건축물의 규모를 변경하는 것으로서 다음 각 목의 요건을 모두 갖춘 경우 가. 건축위원회의 심의등의 결과에 위반되지 아니할 것 나. 심의등을 받은 건축물의 건축면적, 연면적, 층수 또는 높이 중 어느 하나도 10분의 1을 넘지 아니하는 범위에서 변경할 것 2. 중앙건축위원회의 심의등의 결과를 반영하기 위하여 건축물의 건축등에 관한 사항을 변경하는 경우 ③ 중앙건축위원회는 위원장 및 부위원장 각 1명을 포함	제2조(중앙건축위원회의 운영 등) ① 법 제4조제1항 및 「건축법 시행령」(이하 "영"이라 한다) 제5조의4에 따라 국토교통부에 두는 건축위원회(이하 "중앙건축위원회"라 한다)의 회의는 다음 각 호에 따라 운영한다. <개정 2013.3.23> 1. 중앙건축위원회의 위원장은 중앙건축위원회의 회의를 소집하고, 그 의장이 된다. 2. 중앙건축위원회의 회의는 구성위원(위원장과 위원장이 회의 시마다 확정하는 위원을 말한다) 과반수의 출석으로 개의(開議)하고, 출석위원 과반수의 찬성으로 조사·심의·조정 또는 재정(이하 "심의등"이라 한다)을 의결한다. 3. 중앙건축위원회의 위원장은 업무수행을 위하여 필요하다고 인정하는 경우에는 관계 전문가를 중앙건축위원회의 회의에 출석하게 하여 발언하게 하거나 관계 기관·단체에 대하여 자료를 요구할 수 있다. ② 중앙건축위원회의 회의에 출석한 위원에 대하여는 예산의 범위에서 수당 및 여비를 지급할 수 있다. 다만, 공무원인 위원이 그의 소관 업무와 직접적으로 관련하여 출석하는 경우에는 그러하지 아니하다.

필요한 사항은 대통령령으로 정하는 바에 따라 국토교통부령이나 해당 지방자치단체의 조례(자치구의 경우에는 특별시나 광역시의 조례를 말한다. 이하 같다)로 정한다. <개정 2013.3.23>	하여 70명 이내의 위원으로 구성한다. ④ 중앙건축위원회의 위원은 관계 공무원과 건축에 관한 학식 또는 경험이 풍부한 사람 중에서 국토교통부장관이 임명하거나 위촉한다. <개정 2013.3.23> ⑤ 중앙건축위원회의 위원장과 부위원장은 제4항에 따라 임명 또는 위촉된 위원 중에서 국토교통부장관이 임명하거나 위촉한다. <개정 2013.3.23> ⑥ 공무원이 아닌 위원의 임기는 2년으로 하며, 한 차례만 연임할 수 있다. [전문개정 2012.12.12] 제5조의2(위원의 제척·기피·회피) ① 중앙건축위원회의 위원(이하 이 조 및 제5조의3에서 "위원"이라 한다)이 다음 각 호의 어느 하나에 해당하는 경우에는 중앙건축위원회의 심의·의결에서 제척(除斥)된다. 1. 위원 또는 그 배우자나 배우자이었던 사람이 해당 안건의 당사자(당사자가 법인·단체 등인 경우에는 그 임원을 포함한다. 이하 이 호 및 제2호에서 같다)가 되거나 그 안건의 당사자와 공동권리자 또는 공동의무자인 경우 2. 위원이 해당 안건의 당사자와 친족이거나 친족이었던 경우 3. 위원이 해당 안건에 대하여 자문, 연구, 용역(하도급을 포함한다), 감정 또는 조사를 한 경우 4. 위원이나 위원이 속한 법인·단체 등이 해당 안건의 당사자의 대리인이거나 대리인이었던 경우 5. 위원이 임원 또는 직원으로 재직하고 있거나 최근 3년 내에 재직하였던 기업 등이 해당 안건에 관하여 자문, 연구, 용역(하도급을 포함한다), 감정 또는 조사	③ 이 규칙에서 규정한 사항 외에 중앙건축위원회의 운영에 필요한 사항은 중앙건축위원회의 의결을 거쳐 위원장이 정한다. [전문개정 2012.12.12] 제2조의2(중앙건축위원회의 심의등의 결과 통보) 국토교통부장관은 중앙건축위원회가 심의등을 의결한 날부터 7일 이내에 심의등을 신청한 자에게 그 심의등의 결과를 서면으로 알려야 한다. <개정 2013.3.23> [본조신설 2012.12.12] [종전 제2조의2는 제2조의3으로 이동 <2012.12.12>] 제2조의3(전문위원회의 구성등) ① 삭제 <1999.5.11> ②법 제4조제2항에 따라 중앙건축위원회에 구성되는 전문위원회(이하 이 조에서 "전문위원회"라 한다)는 중앙건축위원회의 위원 중 5인 이상 15인 이하의 위원으로 구성한다. <개정 1999.5.11, 2006.5.12> ③전문위원회의 위원장은 전문위원회의 위원중에서 국토교통부장관이 임명 또는 위촉하는 자가 된다. <개정 1999.5.11, 2008.3.14, 2013.3.23> ④ 전문위원회의 운영에 관하여는 제2조

	를 한 경우 ② 해당 안건의 당사자는 위원에게 공정한 심의·의결을 기대하기 어려운 사정이 있는 경우에는 중앙건축위원회에 기피 신청을 할 수 있고, 중앙건축위원회는 의결로 이를 결정한다. 이 경우 기피 신청의 대상인 위원은 그 의결에 참여하지 못한다. ③ 위원이 제1항 각 호에 따른 제척 사유에 해당하는 경우에는 스스로 해당 안건의 심의·의결에서 회피(回避)하여야 한다. [본조신설 2012.12.12] 제5조의3(위원의 해임·해촉) 국토교통부장관은 위원이 다음 각 호의 어느 하나에 해당하는 경우에는 해당 위원을 해임하거나 해촉(解囑)할 수 있다. <개정 2013.3.23> 1. 심신장애로 인하여 직무를 수행할 수 없게 된 경우 2. 직무태만, 품위손상이나 그 밖의 사유로 인하여 위원으로 적합하지 아니하다고 인정되는 경우 3. 제5조의2제1항 각 호의 어느 하나에 해당하는 데에도 불구하고 회피하지 아니한 경우 [본조신설 2012.12.12] 제5조의4(운영세칙) 제5조, 제5조의2 및 제5조의3에서 규정한 사항 외에 중앙건축위원회의 운영에 관한 사항, 수당 및 여비의 지급에 관한 사항은 국토교통부령으로 정한다. <개정 2013.3.23> [본조신설 2012.12.12] 제5조의5(지방건축위원회) ① 법 제4조제1항에 따라 특별시·광역시·도·특별자치도(이하 "시·도"라 한다) 및	제1항 및 제2항을 준용한다. 이 경우 "중앙건축위원회"는 각각 "전문위원회"로 본다. <개정 2012.12.12> [본조신설 1998.9.29] [제목개정 1999.5.11] [제2조의2에서 이동, 종전 제2조의3은 삭제 <2012.12.12>]

시·군·구(자치구를 말한다. 이하 같다)에 두는 건축위원회(이하 "지방건축위원회"라 한다)는 다음 각 호의 사항에 대한 심의등을 한다. <개정 2013.11.20>
1. 법 제46조제2항에 따른 건축선(建築線)의 지정에 관한 사항
2. 법 또는 이 영에 따른 조례(해당 지방자치단체의 장이 발의하는 조례만 해당한다)의 제정·개정에 관한 사항
3. 건축물의 건축등과 관련된 분쟁의 조정 또는 재정에 관한 사항. 다만, 시·군·구에 두는 지방건축위원회는 제외한다.
4. 다음 각 목의 어느 하나에 해당하는 건축물(이하 "다중이용 건축물"이라 한다)의 건축에 관한 사항. 이 경우 층수가 21층 이상 또는 연면적 10만제곱미터 이상인 건축물의 건축에 관한 사항은 해당 시·도의 건축물에 관한 조례(이하 "건축조례"라 한다)로 정하는 바에 따라 시·도에 두는 지방건축위원회의 심의사항으로 할 수 있다.
  가. 다음의 어느 하나에 해당하는 용도로 쓰는 바닥면적의 합계가 5천제곱미터 이상인 건축물
    1) 문화 및 집회시설(전시장 및 동물원·식물원은 제외한다)
    2) 종교시설
    3) 판매시설
    4) 운수시설 중 여객자동차터미널
    5) 의료시설 중 종합병원
    6) 숙박시설 중 관광숙박시설
  나. 16층 이상인 건축물
5. 미관지구 내의 건축물로서 해당 지방자치단체의 건축

	조례(자치구의 경우에는 특별시나 광역시의 건축조례를 말한다. 이하 같다)로 정하는 용도 및 규모에 해당하는 건축물의 건축 및 대수선(제3조의2제7호에 따른 대수선에 한정한다)에 관한 사항 6. 분양을 목적으로 하는 건축물로서 건축조례로 정하는 용도 및 규모에 해당하는 건축물의 건축에 관한 사항 7. 다른 법령에서 지방건축위원회의 심의를 받도록 한 경우 해당 법령에서 규정한 심의사항 8. 건축조례로 정하는 건축물의 건축등에 관한 것으로서 특별시장·광역시장·도지사 또는 특별자치도지사(이하 "시·도지사"라 한다) 및 시장·군수·구청장이 지방건축위원회의 심의가 필요하다고 인정한 사항 ② 제1항에 따라 심의등을 받은 건축물이 제5조제2항 각 호의 어느 하나에 해당하는 경우에는 해당 건축물의 건축등에 관한 지방건축위원회의 심의등을 생략할 수 있다. ③ 제1항에 따른 지방건축위원회는 위원장 및 부위원장 각 1명을 포함하여 25명 이상 100명 이하의 위원으로 구성한다. ④ 지방건축위원회의 위원은 다음 각 호의 어느 하나에 해당하는 사람 중에서 시·도지사 및 시장·군수·구청장이 임명하거나 위촉한다. 1. 도시계획 및 건축 관계 공무원 2. 도시계획 및 건축 등에서 학식과 경험이 풍부한 사람 ⑤ 지방건축위원회의 위원장과 부위원장은 제4항에 따라 임명 또는 위촉된 위원 중에서 시·도지사 및 시장·군수·구청장이 임명하거나 위촉한다. ⑥ 지방건축위원회 위원의 임명·위촉·제척·기피·회피·해촉·임기 등에 관한 사항, 회의 및 소위원회의 구

| | | 성·운영 및 심의등에 관한 사항, 위원의 수당 및 여비 등에 관한 사항은 조례로 정하되, 다음 각 호의 기준에 따라야 한다.
1. 위원의 임명·위촉 기준 및 제척·기피·회피·해촉·임기
  가. 공무원을 위원으로 임명하는 경우에는 그 수를 전체 위원 수의 4분의 1 이하로 할 것
  나. 공무원이 아닌 위원은 건축 관련 학회 및 협회 등 관련 단체나 기관의 추천 또는 공모절차를 거쳐 위촉할 것
  다. 다른 법령에 따라 지방건축위원회의 심의를 하는 경우에는 해당 분야의 관계 전문가가 그 심의에 위원으로 참석하는 심의위원 수의 4분의 1 이상이 되게 할 것. 이 경우 필요하면 해당 심의에만 위원으로 참석하는 관계 전문가를 임명하거나 위촉할 수 있다.
  라. 위원의 제척·기피·회피·해촉에 관하여는 제5조의2 및 제5조의3을 준용할 것
  마. 공무원이 아닌 위원의 임기는 3년 이내로 하며, 필요한 경우에는 한 차례만 연임할 수 있게 할 것
2. 심의등에 관한 기준
  가. 「국토의 계획 및 이용에 관한 법률」 제30조제3항 단서에 따라 건축위원회와 도시계획위원회가 공동으로 심의한 사항에 대해서는 심의를 생략할 것
  나. 제1항제4호에 따라 시·도에 두는 지방건축위원회의 심의를 거친 건축물에 대해서는 시·군·구 건축위원회의 심의를 생략할 것
  다. 지방건축위원회의 위원장은 회의 개최 10일 전까 | |

지 회의 안건과 심의에 참여할 위원을 확정하고, 회의 개최 7일 전까지 회의에 부치는 안건을 각 위원에게 알릴 것. 다만, 대외적으로 기밀 유지가 필요한 사항이나 그 밖에 부득이한 사유가 있는 경우에는 그러하지 아니하다.
라. 지방건축위원회의 위원장은 다목에 따라 심의에 참여할 위원을 확정하면 심의등을 신청한 자에게 위원 명단을 알릴 것
마. 제1항 각 호의 심의사항 중 법 제11조에 따른 건축물의 건축등에 관한 사항은 심의 접수일부터 30일 이내에 지방건축위원회를 개최할 것
바. 지방건축위원회의 회의는 구성위원(위원장과 위원장이 다목에 따라 회의 참여를 확정한 위원을 말한다) 과반수의 출석으로 개의(開議)하고, 출석위원 과반수 찬성으로 심의등을 의결하며, 심의등을 신청한 자에게 심의등의 결과를 알릴 것
사. 지방건축위원회의 위원장은 업무 수행을 위하여 필요하다고 인정하는 경우에는 관계 전문가를 지방건축위원회의 회의에 출석하게 하여 발언하게 하거나 관계 기관·단체에 자료를 요구할 것
아. 건축주·설계자 및 심의등을 신청한 자가 희망하는 경우에는 회의에 참여하여 해당 안건 등에 대하여 설명할 수 있도록 할 것
자. 제1항제4호부터 제8호까지의 규정에 따른 사항을 심의하는 경우 심의등을 신청한 자에게 지방건축위원회에 간략설계도서(배치도·평면도·입면도·주단면도를 말하며, 전자문서로 된 도서를 포함한다)를 제출하도록 할 것

[본조신설 2012.12.12]

	제5조의6(전문위원회의 구성 등) ① 국토교통부장관, 시·도지사 또는 시장·군수·구청장은 법 제4조제2항에 따라 다음 각 호의 분야별로 전문위원회를 구성·운영할 수 있다. <개정 2013.3.23> 1. 건축계획 분야 2. 건축구조 분야 3. 건축설비 분야 4. 건축방재 분야 5. 에너지관리 등 건축환경 분야 6. 건축물 경관(景觀) 분야(공간환경 분야를 포함한다) 7. 조경 분야 8. 도시계획 및 단지계획 분야 9. 교통 및 정보기술 분야 10. 사회 및 경제 분야 11. 그 밖의 분야 ② 제1항에 따른 전문위원회의 구성·운영에 관한 사항, 수당 및 여비 지급에 관한 사항은 국토교통부령 또는 건축조례로 정한다. <개정 2013.3.23> [본조신설 2012.12.12]	
제5조(적용의 완화) ① 건축주, 설계자, 공사시공자 또는 공사감리자(이하 "건축관계자"라 한다)는 업무를 수행할 때 이 법을 적용하는 것이 매우 불합리하다고 인정되는 대지나 건축물로서 대통령령으로 정하는 것에 대하여는 이 법의 기준을 완화하여 적용할 것을 허가권자에게 요청할 수 있다. <개정 2014.1.14, 2014.5.28> ② 제1항에 따른 요청을 받은 허가권자는 건축위원회의 심의를 거쳐 완화 여부와 적용 범위를 결정하고 그 결	제6조(적용의 완화) ① 법 제5조제1항에 따라 완화하여 적용하는 건축물 및 기준은 다음 각 호와 같다. <개정 2009.6.30, 2009.7.16, 2010.2.18, 2010.8.17, 2010.12.13, 2012.4.10, 2012.12.12, 2013.3.23, 2013.5.31, 2014.4.29> 1. 수면 위에 건축하는 건축물 등 대지의 범위를 설정하기 곤란한 경우: 법 제40조부터 제47조까지, 법 제55조부터 제57조까지, 법 제60조 및 법 제61조에 따른 기준	

과를 신청인에게 알려야 한다. <개정 2014.5.28> ③ 제1항과 제2항에 따른 요청 및 결정의 절차와 그 밖에 필요한 사항은 해당 지방자치단체의 조례로 정한다.	2. 거실이 없는 통신시설 및 기계·설비시설인 경우: 법 제44조부터 법 제46조까지의 규정에 따른 기준 3. 31층 이상인 건축물(건축물 전부가 공동주택의 용도로 쓰이는 경우는 제외한다)과 발전소, 제철소, 「산업집적활성화 및 공장설립에 관한 법률 시행령」별표 1 제2호마목에 따라 산업통상자원부령으로 정하는 업종의 제조시설, 운동시설 등 특수 용도의 건축물인 경우: 법 제43조, 제49조부터 제52조까지, 제62조, 제64조, 제67조 및 제68조에 따른 기준 4. 전통사찰, 전통한옥 등 전통문화의 보존을 위하여 시·도의 건축조례로 정하는 지역의 건축물인 경우: 법 제2조제1항제11호, 제44조, 제46조 및 제60조제3항에 따른 기준 5. 경사진 대지에 계단식으로 건축하는 공동주택으로서 지면에서 직접 각 세대가 있는 층으로의 출입이 가능하고, 위층 세대가 아래층 세대의 지붕을 정원 등으로 활용하는 것이 가능한 형태의 건축물과 초고층 건축물인 경우: 법 제55조에 따른 기준 6. 사용승인을 받은 후 15년 이상이 되어 리모델링이 필요한 건축물인 경우: 법 제42조, 제43조, 제46조, 제55조, 제56조, 제58조, 제60조, 제61조제2항에 따른 기준 7. 기존 건축물에 「장애인·노인·임산부 등의 편의증진 보장에 관한 법률」 제8조에 따른 편의시설을 설치하면 법 제55조 또는 법 제56조에 따른 기준에 적합하지 아니하게 되는 경우: 법 제55조 및 법 제56조에 따른 기준 7의2. 「국토의 계획 및 이용에 관한 법률」에 따른 도시지역 및 지구단위계획구역 외의 지역 중 동이나 읍에 해당하는 지역에 건축하는 건축물로서 건축조례로

	정하는 건축물인 경우: 법 제2조제1항제11호 및 제44조에 따른 기준 8. 다음 각 목의 어느 하나에 해당하는 대지에 건축하는 건축물로서 재해예방을 위한 조치가 필요한 경우: 법 제55조, 법 제56조, 법 제60조 및 법 제61조에 따른 기준 　가. 「국토의 계획 및 이용에 관한 법률」 제37조에 따라 지정된 방재지구(防災地區) 　나. 「급경사지 재해예방에 관한 법률」 제6조에 따라 지정된 붕괴위험지역 9. 조화롭고 창의적인 건축을 통하여 아름다운 도시경관을 창출한다고 법 제11조에 따른 특별시장·광역시장·특별자치도지사 또는 시장·군수·구청장(이하 "허가권자"라 한다)가 인정하는 건축물과 「주택법 시행령」 제3조제1항에 따른 도시형 생활주택(아파트는 제외한다)인 경우: 법 제60조 및 제61조에 따른 기준 10. 「공공주택건설 등에 관한 특별법」 제2조제1호에 따른 공공주택인 경우: 법 제61조제2항에 따른 기준 11. 다음 각 목의 어느 하나에 해당하는 공동주택에 「주택건설 기준 등에 관한 규정」 제2조제3호에 따른 주민공동시설(주택소유자가 공유하는 시설로서 영리를 목적으로 하지 아니하고 주택의 부속용도로 사용하는 시설만 해당하며, 이하 "주민공동시설"이라 한다)을 설치하는 경우: 법 제56조에 따른 기준 　가. 「주택법」 제16조에 따라 사업계획 승인을 받아 건축하는 공동주택 　나. 상업지역 또는 준주거지역에서 법 제11조에 따라 건축허가를 받아 건축하는 200세대 이상 300세대 미만인 공동주택	

	다. 법 제11조에 따라 건축허가를 받아 건축하는 「주택법 시행령」 제3조에 따른 도시형 생활주택
	② 허가권자는 법 제5조제2항에 따라 완화 여부 및 적용 범위를 결정할 때에는 다음 각 호의 기준을 지켜야 한다. <개정 2009.7.16, 2010.2.18, 2010.7.6, 2010.12.13, 2012.12.12, 2013.3.23, 2013.5.31>
	1. 제1항제1호부터 제5호까지, 제7호·제7호의2 및 제9호의 경우
	  가. 공공의 이익을 해치지 아니하고, 주변의 대지 및 건축물에 지나친 불이익을 주지 아니할 것
	  나. 도시의 미관이나 환경을 지나치게 해치지 아니할 것
	2. 제1항제6호의 경우
	  가. 제1호 각 목의 기준에 적합할 것
	  나. 증축은 기능향상 등을 고려하여 국토교통부령으로 정하는 규모와 범위에서 할 것
	  다. 「주택법」 제16조에 따른 사업계획승인 대상인 공동주택의 리모델링은 복리시설을 분양하기 위한 것이 아닐 것
	3. 제1항제8호의 경우
	  가. 제1호 각 목의 기준에 적합할 것
	  나. 해당 지역에 적용되는 법 제55조, 법 제56조, 법 제60조 및 법 제61조에 따른 기준을 100분의 140 이하의 범위에서 건축조례로 정하는 비율을 적용할 것
	4. 제1항제10호의 경우
	  가. 제1호 각 목의 기준에 적합할 것
	  나. 기준이 완화되는 범위는 외벽의 중심선에서 발코니 끝부분까지의 길이 중 1.5미터를 초과하는 발
		제2조의4(적용의 완화) 영 제6조제2항제2호 나목에서 "국토교통부령으로 정하는 규모 및 범위"란 다음 각 호의 구분에 따른 증축을 말한다. <개정 2012.12.12, 2013.3.23, 2013.11.28, 2014.4.25>
		1. 증축의 규모는 다음 각 목의 기준에 따라야 한다.
		  가. 연면적의 증가
		    1) 공동주택이 아닌 건축물로서 「주택법 시행령」 제3조제1항제2호에 따른 원룸형 주택으로의 용도변경을 위하여 증축되는 건축물 및 공동주택: 건축위원회의 심의에서 정한 범위 이내일 것.
		    2) 그 외의 건축물: 기존 건축물 연

| | | 코니 부분에 한정될 것. 이 경우 완화되는 범위는 최대 1미터로 제한하며, 완화되는 부분에 창호를 설치해서는 아니 된다.
5. 제1항제11호의 경우
　가. 제1호 각 목의 기준에 적합할 것
　나. 법 제56조에 따른 용적률의 기준은 해당 지역에 적용되는 용적률에 주민공동시설에 해당하는 용적률을 가산한 범위에서 건축조례로 정하는 용적률을 적용할 것
[전문개정 2008.10.29] | 면적 합계의 10분의 1의 범위에서 건축위원회의 심의에서 정한 범위 이내일 것. 다만, 법 제5조에 따른 허가권자[허가권자가 구청장(자치구의 구청장을 말한다. 이하 같다)인 경우에는 특별시장이나 광역시장을 말한다]가 리모델링 활성화가 필요하다고 인정하여 지정·공고한 지역은 기존 건축물의 연면적 합계의 10분의 3의 범위에서 건축위원회 심의에서 정한 범위 이내일 것.
　나. 건축물의 층수 및 높이의 증가: 건축위원회 심의에서 정한 범위 이내일 것.
　다. 「주택법」 제16조에 따른 사업계획승인 대상인 공동주택 세대수의 증가: 가목에 따라 증축 가능한 연면적의 범위에서 기존 세대수의 100분의 15를 상한으로 건축위원회 심의에서 정한 범위 이내일 것
2. 증축할 수 있는 범위는 다음 각 목의 구분에 따른다.
　가. 공동주택
　　1) 승강기·계단 및 복도
　　2) 각 세대 내의 노대·화장실·창고 및 거실
　　3) 「주택법」에 따른 부대시설
　　4) 「주택법」에 따른 복리시설 |

		5) 기존 공동주택의 높이·층수 또는 세대수 나. 가목 외의 건축물 　1) 승강기·계단 및 주차시설 　2) 노인 및 장애인 등을 위한 편의시설 　3) 외부벽체 　4) 통신시설·기계설비·화장실·정화조 및 오수처리시설 　5) 기존 건축물의 높이 및 층수 　6) 법 제2조제1항제6호에 따른 거실 [전문개정 2010.8.5]
제6조(기존의 건축물 등에 관한 특례) 허가권자는 법령의 제정·개정이나 그 밖에 대통령령으로 정하는 사유로 대지나 건축물이 이 법에 맞지 아니하게 된 경우에는 대통령령으로 정하는 범위에서 해당 지방자치단체의 조례로 정하는 바에 따라 건축을 허가할 수 있다.	제6조의2(기존의 건축물 등에 대한 특례) ① 법 제6조에서 "그 밖에 대통령령으로 정하는 사유"란 다음 각 호의 어느 하나에 해당하는 경우를 말한다. <개정 2012.4.10, 2013.3.23> 1. 도시·군관리계획의 결정·변경 또는 행정구역의 변경이 있는 경우 2. 도시·군계획시설의 설치, 도시개발사업의 시행 또는 「도로법」에 따른 도로의 설치가 있는 경우 3. 그 밖에 제1호 및 제2호와 비슷한 경우로서 국토교통부령으로 정하는 경우 ② 허가권자는 기존 건축물 및 대지가 법령의 제정·개정이나 제1항 각 호의 사유로 법, 이 영 또는 건축조례(이하 "법령등"이라 한다)에 부적합하더라도 다음 각 호의 어느 하나에 해당하는 경우에는 건축을 허가할 수 있다. <개정 2010.2.18, 2012.4.10> 1. 기존 건축물을 재축하는 경우	제3조(기존건축물에 대한 특례) 영 제6조의2제1항제3호에서 "국토교통부령으로 정하는 경우"란 다음 각 호의 어느 하나에 해당하는 경우를 말한다. <개정 2003.7.1, 2005.7.18, 2006.5.12, 2008.3.14, 2010.8.5, 2012.3.16, 2013.3.23> 1. 법률 제3259호 「준공미필건축물 정리에 관한 특별조치법」, 법률 제3533호

	2. 증축하거나 개축하려는 부분이 법령등에 적합한 경우 3. 기존 건축물의 대지가 도시·군계획시설의 설치 또는 「도로법」에 따른 도로의 설치로 법 제57조에 따라 해당 지방자치단체가 정하는 면적에 미달되는 경우로서 그 기존 건축물을 연면적 합계의 범위에서 증축하거나 개축하는 경우 4. 기존 건축물이 도시·군계획시설 또는 「도로법」에 따른 도로의 설치로 법 제55조 또는 법 제56조에 부적합하게 된 경우로서 화장실·계단·승강기의 설치 등 그 건축물의 기능을 유지하기 위하여 그 기존 건축물의 연면적 합계의 범위에서 증축하는 경우 5. 법률 제7696호 건축법 일부개정법률 제50조의 개정규정에 따라 최초로 개정한 해당 지방자치단체의 조례 시행일 이전에 건축된 기존 건축물의 건축선 및 인접 대지경계선으로부터의 거리가 그 조례로 정하는 거리에 미달되는 경우로서 그 기존 건축물을 건축 당시의 법령에 위반하지 아니하는 범위에서 증축하는 경우 6. 기존 한옥을 개축 또는 대수선하는 경우 [전문개정 2008.10.29]	「특정건축물 정리에 관한 특별조치법」, 법률 제6253호 「특정건축물 정리에 관한 특별조치법」 및 법률 제7698호 「특정건축물 정리에 관한 특별조치법」에 따라 준공검사필증 또는 사용승인서를 교부받은 사실이 건축물대장에 기재된 경우 2. 「도시 및 주거환경정비법」에 의한 주거환경개선사업의 준공인가증을 교부받은 경우 3. 「공유토지분할에 관한 특례법」에 의하여 분할된 경우 4. 대지의 일부 토지소유권에 대하여 「민법」 제245조에 따라 소유권이전등기가 완료된 경우 5. 「지적재조사에 관한 특별법」에 따른 지적재조사사업으로 새로운 지적공부가 작성된 경우 [전문개정 1996.1.18]
제7조(통일성을 유지하기 위한 도의 조례) 도(道) 단위로 통일성을 유지할 필요가 있으면 제5조제3항, 제6조, 제17조제2항, 제20조제1항, 제27조제3항, 제42조, 제57조제1항, 제58조, 제60조제3항 및 제61조에 따라 시·군의 조례로 정하여야 할 사항을 도의 조례로 정할 수 있다. 제8조(리모델링에 대비한 특례 등) 리모델링이 쉬운 구조의 공동주택의 건축을 촉진하기 위하여 공동주택을 대통령령으로 정하는 구조로 하여 건축허가를 신청하면 제56조, 제60조 및 제61조에 따른 기준을 100분의 120의 범	제6조의3(리모델링이 쉬운 구조 등) ① 법 제8조에서 "대통령령으로 정하는 구조"란 다음 각 호의 요건에 적합한 구조를 말한다. 이 경우 다음 각 호의 요건에 적합한지	

- 647 -

위에서 대통령령으로 정하는 비율로 완화하여 적용할 수 있다.	에 관한 세부적인 판단 기준은 국토교통부장관이 정하여 고시한다. <개정 2009.7.16, 2013.3.23> 1. 각 세대는 인접한 세대와 수직 또는 수평 방향으로 통합하거나 분할할 수 있을 것 2. 구조체에서 건축설비, 내부 마감재료 및 외부 마감재료를 분리할 수 있을 것 3. 개별 세대 안에서 구획된 실(室)의 크기, 개수 또는 위치 등을 변경할 수 있을 것 ② 법 제8조에서 "대통령령으로 정하는 비율"이란 100분의 120을 말한다. 다만, 건축조례에서 지역별 특성 등을 고려하여 그 비율을 강화한 경우에는 건축조례로 정하는 기준에 따른다. [전문개정 2008.10.29]	
제9조(다른 법령의 배제) ① 건축물의 건축등을 위하여 지하를 굴착하는 경우에는 「민법」 제244조제1항을 적용하지 아니한다. 다만, 필요한 안전조치를 하여 위해(危害)를 방지하여야 한다. ② 건축물에 딸린 개인하수처리시설에 관한 설계의 경우에는 「하수도법」 제38조를 적용하지 아니한다.		
제2장 건축물의 건축	**제2장 건축물의 건축**	
	제7조 삭제 <1995.12.30>	
제10조(건축 관련 입지와 규모의 사전결정) ① 제11조에 따른 건축허가 대상 건축물을 건축하려는 자는 건축허가를 신청하기 전에 허가권자에게 그 건축물을 해당 대지에 건축하는 것이 이 법이나 다른 법령에서 허용되는지에 대한 사전결정을 신청할 수 있다.		제4조(건축에 관한 입지 및 규모의 사전결정신청시 제출서류) 법 제10조제1항 및 제2항에 따른 사전결정을 신청하는 자는 별지 제1호서식의 사전결정신청서에 다음 각 호의 도서를 첨부하여 법 제11조제1항

② 제1항에 따른 사전결정을 신청하는 자(이하 "사전결정신청자"라 한다)는 건축위원회 심의와 「도시교통정비 촉진법」에 따른 교통영향분석·개선대책의 검토를 동시에 신청할 수 있다. <개정 2008.3.28>
③ 허가권자는 제1항에 따라 사전결정이 신청된 건축물의 대지면적이 「환경영향평가법」 제43조에 따른 소규모 환경영향평가 대상사업인 경우 환경부장관이나 지방환경관서의 장과 소규모 환경영향평가에 관한 협의를 하여야 한다. <개정 2011.7.21>
④ 허가권자는 제1항과 제2항에 따른 신청을 받으면 입지, 건축물의 규모, 용도 등을 사전결정한 후 사전결정신청자에게 알려야 한다.
⑤ 제1항과 제2항에 따른 신청 절차, 신청 서류, 통지 등에 필요한 사항은 국토교통부령으로 정한다. <개정 2013.3.23>
⑥ 제4항에 따른 사전결정 통지를 받은 경우에는 다음 각 호의 허가를 받거나 신고 또는 협의를 한 것으로 본다. <개정 2010.5.31>
1. 「국토의 계획 및 이용에 관한 법률」 제56조에 따른 개발행위허가
2. 「산지관리법」 제14조와 제15조에 따른 산지전용허가와 산지전용신고, 같은 법 제15조의2에 따른 산지일시사용허가·신고. 다만, 보전산지인 경우에는 도시지역만 해당된다.
3. 「농지법」 제34조, 제35조 및 제43조에 따른 농지전용허가·신고 및 협의
4. 「하천법」 제33조에 따른 하천점용허가
⑦ 허가권자는 제6항 각 호의 어느 하나에 해당되는 내용이 포함된 사전결정을 하려면 미리 관계 행정기관의

에 따른 허가권자(이하 "허가권자"라 한다)에게 제출하여야 한다. <개정 2008.12.11, 2008.12.31, 2012.12.12>
1. 영 제5조의5제6항제2호자목에 따라 제출되어야 하는 간략설계도서(법 제10조제2항에 따라 사전결정신청과 동시에 건축위원회의 심의를 신청하는 경우만 해당한다)
2. 「도시교통정비 촉진법」에 따른 교통영향분석·개선대책의 검토를 위하여 같은 법에서 제출하도록 한 서류(법 제10조제2항에 따라 사전결정신청과 동시에 교통영향분석·개선대책의 검토를 신청하는 경우만 해당됩니다)
3. 「환경정책기본법」에 따른 사전환경성검토를 위하여 같은 법에서 제출하도록 한 서류(법 제10조제1항에 따라 사전결정이 신청된 건축물의 대지면적 등이 「환경정책기본법」에 따른 사전환경성검토 협의대상인 경우만 해당한다)
4. 법 제10조제6항 각 호의 허가를 받거나 신고 또는 협의를 하기 위하여 해당법령에서 제출하도록 한 서류(해당 사항이 있는 경우만 해당한다)
5. 별표 2 중 건축계획서 및 배치도
[본조신설 2006.5.12]

제5조(건축에 관한 입지 및 규모의 사전결

장과 협의하여야 하며, 협의를 요청받은 관계 행정기관의 장은 요청받은 날부터 15일 이내에 의견을 제출하여야 한다.
⑧ 사전결정신청자는 제4항에 따른 사전결정을 통지받은 날부터 2년 이내에 제11조에 따른 건축허가를 신청하여야 하며, 이 기간에 건축허가를 신청하지 아니하면 사전결정의 효력이 상실된다.

제11조(건축허가) ① 건축물을 건축하거나 대수선하려는 자는 특별자치시장·특별자치도지사 또는 시장·군수·구청장의 허가를 받아야 한다. 다만, 21층 이상의 건축물 등 대통령령으로 정하는 용도 및 규모의 건축물을 특별시나 광역시에 건축하려면 특별시장이나 광역시장의 허가를 받아야 한다. <개정 2014.1.14>
② 시장·군수는 제1항에 따라 다음 각 호의 어느 하나에 해당하는 건축물의 건축을 허가하려면 미리 건축계획서와 국토교통부령으로 정하는 건축물의 용도, 규모 및 형태가 표시된 기본설계도서를 첨부하여 도지사의 승인을 받아야 한다. <개정 2013.3.23>
1. 제1항 단서에 해당하는 건축물
2. 자연환경이나 수질을 보호하기 위하여 도지사가 지정·공고한 구역에 건축하는 3층 이상 또는 연면적의 합계가 1천제곱미터 이상인 건축물로서 위락시설과

제8조(건축허가) ① 법 제11조제1항 단서에 따라 특별시장 또는 광역시장의 허가를 받아야 하는 건축물의 건축은 층수가 21층 이상이거나 연면적의 합계가 10만 제곱미터 이상인 건축물의 건축(연면적의 10분의 3 이상을 증축하여 층수가 21층 이상으로 되거나 연면적의 합계가 10만 제곱미터 이상으로 되는 경우를 포함한다)을 말한다. 다만, 다음 각 호의 어느 하나에 해당하는 건축물의 건축은 제외한다. <개정 2008.10.29, 2009.7.16, 2010.12.13, 2012.12.12>
1. 공장
2. 창고
3. 제5조의5제1항제4호 각 목 외의 부분 후단에 따라 지방건축위원회의 심의를 거친 건축물(초고층 건축물은

정서 등) ①허가권자는 법 제10조제4항에 따라 사전결정을 한 후 별지 제1호의2서식의 사전결정서를 사전결정일부터 7일 이내에 사전결정을 신청한 자에게 송부하여야 한다. <개정 2012.12.12>
②제1항에 따른 사전결정서에는 법·영 또는 해당지방자치단체의 건축에 관한 조례(이하 "건축조례"라 한다) 등(이하 "법령등"이라 한다)에의 적합 여부와 법 제10조제6항에 따른 관계법률의 허가·신고 또는 협의 여부를 표시하여야 한다. <개정 2012.12.12>
[본조신설 2006.5.12]

제6조(건축허가신청등) ①법 제11조제1항·제3항 및 영 제9조제1항에 따라 건축물(법 제20조제1항에 따른 가설건축물을 포함한다)의 건축허가를 받으려는 자는 별지 제1호의3서식의 건축·대수선·용도변경허가신청서에 다음 각 호의 도서를 첨부하여 허가권자에게 제출(전자문서로 제출하는 것을 포함한다)하여야 한다. 다만, 제1호의2의 서류 중 토지 등기사항증명서는 제출하지 아니하며, 이 경우 허가권자는 「전자정부법」 제36조제1항에 따른 행정정보의 공동이용을 통하여 해당 토지 등기사항증명서를 확인하여야 한다. <개정 1996.1.18, 1999.5.11, 2005.7.18, 2006.5.12, 2007.12.13, 2008.12.11, 2011.1.6,

숙박시설 등 대통령령으로 정하는 용도에 해당하는 건축물
3. 주거환경이나 교육환경 등 주변 환경을 보호하기 위하여 필요하다고 인정하여 도지사가 지정·공고한 구역에 건축하는 위락시설 및 숙박시설에 해당하는 건축물
③ 제1항에 따라 허가를 받으려는 자는 허가신청서에 국토교통부령으로 정하는 설계도서를 첨부하여 허가권자에게 제출하여야 한다. <개정 2013.3.23>
④ 허가권자는 다음 각 호의 어느 하나에 해당하는 경우에는 이 법이나 다른 법률에도 불구하고 건축위원회의 심의를 거쳐 건축허가를 하지 아니할 수 있다. <개정 2012.1.17, 2012.10.22, 2014.1.14>
1. 위락시설이나 숙박시설에 해당하는 건축물의 건축을 허가하는 경우 해당 대지에 건축하려는 건축물의 용도·규모 또는 형태가 주거환경이나 교육환경 등 주변 환경을 고려할 때 부적합하다고 인정되는 경우
2. 「국토의 계획 및 이용에 관한 법률」 제37조제1항제5호에 따른 방재지구(이하 "방재지구"라 한다) 및 「자연재해대책법」 제12조제1항에 따른 자연재해위험개선지구 등 상습적으로 침수되거나 침수가 우려되는 지역에 건축하려는 건축물에 대하여 지하층 등 일부 공간을 주거용으로 사용하거나 거실을 설치하는 것이 부적합하다고 인정되는 경우
⑤ 제1항에 따른 건축허가를 받으면 다음 각 호의 허가 등을 받거나 신고를 한 것으로 보며, 공장건축물의 경우에는 「산업집적활성화 및 공장설립에 관한 법률」 제13조의2와 제14조에 따라 관련 법률의 인·허가등이나 허가등을 받은 것으로 본다. <개정 2009.6.9, 2010.5.31,

제외한다)
② 삭제 <2006.5.8>
③ 법 제11조제2항제2호에서 "위락시설과 숙박시설 등 대통령령으로 정하는 용도에 해당하는 건축물"이란 다음 각 호의 건축물을 말한다. <개정 2008.10.29>
1. 공동주택
2. 제2종 근린생활시설(일반음식점만 해당한다)
3. 업무시설(일반업무시설만 해당한다)
4. 숙박시설
5. 위락시설
④ 삭제 <2006.5.8>
⑤ 삭제 <2006.5.8>
⑥ 법 제11조제2항에 따른 승인신청에 필요한 신청서류 및 절차 등에 관하여 필요한 사항은 국토교통부령으로 정한다. <개정 2008.10.29, 2013.3.23>
[전문개정 1999.4.30]

제9조(건축허가 등의 신청) ① 법 제11조제1항에 따라 건축물의 건축허가를 받으려는 자는 국토교통부령으로 정하는 바에 따라 건축허가신청서에 관계 서류를 첨부하여 허가권자에게 제출하여야 한다. 다만, 「방위사업법」에 따른 방위산업시설의 건축허가를 받으려는 경우에는 건축 관계 법령에 적합한지 여부에 관한 설계자의 확인으로 관계 서류를 갈음할 수 있다. <개정 2013.3.23>
② 허가권자는 법 제11조제1항에 따라 건축허가를 하였으면 국토교통부령으로 정하는 바에 따라 건축허가서를 신청인에게 발급하여야 한다. <개정 2013.3.23>
[전문개정 2008.10.29]

2011.6.29, 2012.12.12>
1. 건축할 대지의 범위에 관한 서류
1의2. 건축할 대지의 소유 또는 그 사용에 관한 권리를 증명하는 서류. 다만, 건축할 대지에 포함된 국유지·공유지에 대해서는 허가권자가 해당 토지의 관리청과 협의하여 그 관리청이 해당 토지를 건축주에게 매각하거나 양여할 것을 확인한 서류로 그 토지의 소유에 관한 권리를 증명하는 서류를 갈음할 수 있으며, 다음 각 목의 경우에는 그에 따른 서류로 한다.
가. 집합건물의 공용부분을 변경하는 경우에는 「집합건물의 소유 및 관리에 관한 법률」 제15조제1항에 따른 결의가 있었음을 증명하는 서류
나. 분양을 목적으로 하는 공동주택을 건축하는 경우에는 그 대지의 소유에 관한 권리를 증명하는 서류. 다만, 법 제11조에 따라 주택과 주택 외의 시설을 동일 건축물로 건축하는 건축허가를 받아 「주택법 시행령」 제15조제1항에 따른 호수 또는 세대수 이상으로 건설·공급하는 경우 대지의 소유권에 관한 사항은 「주택법」 제16조를 준용한다.
1의3. 제5조에 따른 사전결정서(법 제10

<2011.5.30, 2014.1.14> 1. 제20조제2항에 따른 공사용 가설건축물의 축조신고 2. 제83조에 따른 공작물의 축조신고 3. 「국토의 계획 및 이용에 관한 법률」 제56조에 따른 개발행위허가 4. 「국토의 계획 및 이용에 관한 법률」 제86조제5항에 따른 시행자의 지정과 같은 법 제88조제2항에 따른 실시계획의 인가 5. 「산지관리법」 제14조와 제15조에 따른 산지전용허가와 산지전용신고, 같은 법 제15조의2에 따른 산지일시사용허가·신고. 다만, 보전산지인 경우에는 도시지역만 해당된다. 6. 「사도법」 제4조에 따른 사도(私道)개설허가 7. 「농지법」 제34조, 제35조 및 제43조에 따른 농지전용허가·신고 및 협의 8. 「도로법」 제36조에 따른 도로관리청이 아닌 자에 대한 도로공사 시행의 허가, 같은 법 제52조제1항에 따른 도로와 다른 시설의 연결 허가 9. 「도로법」 제61조에 따른 도로의 점용 허가 10. 「하천법」 제33조에 따른 하천점용 등의 허가 11. 「하수도법」 제27조에 따른 배수설비(配水設備)의 설치신고 12. 「하수도법」 제34조제2항에 따른 개인하수처리시설의 설치신고 13. 「수도법」 제38조에 따라 수도사업자가 지방자치단체인 경우 그 지방자치단체가 정한 조례에 따른 상수도 공급신청 14. 「전기사업법」 제62조에 따른 자가용전기설비 공사계획의 인가 또는 신고		조에 따라 건축에 관한 입지 및 규모의 사전결정서를 받은 경우만 해당한다) 2. 별표 2의 설계도서(제14조제1항제2호나목의 서류는 제외하고, 법 제10조에 따른 사전결정을 받은 경우에는 건축계획서 및 배치도를 제외한다). 다만, 법 제23조제4항에 따른 표준설계도서에 따라 건축하는 경우에는 건축계획서 및 배치도만 해당한다. 3. 법 제11조제5항 각 호에 따른 허가등을 받거나 신고를 하기 위하여 해당 법령에서 제출하도록 의무화하고 있는 신청서 및 구비서류(해당 사항이 있는 경우로 한정한다) ② 삭제 <1996.1.18> ③ 삭제 <1999.5.11> ④ 삭제 <1999.5.11> 제7조(건축허가의 사전승인) ①법 제11조제2항에 따라 건축허가사전승인 대상건축물의 건축허가에 관한 승인을 받으려는 시장·군수는 다음 각 호의 구분에 따른 도서를 도지사에게 제출(전자문서로 제출하는 것을 포함한다)하여야 한다. <개정 1999.5.11, 2001.9.28, 2007.12.13, 2008.12.11> 1. 법 제11조제2항제1호의 경우 : 별표 3의 도서

15. 「수질 및 수생태계 보전에 관한 법률」 제33조에 따른 수질오염물질 배출시설 설치의 허가나 신고
16. 「대기환경보전법」 제23조에 따른 대기오염물질 배출시설설치의 허가나 신고
17. 「소음·진동관리법」 제8조에 따른 소음·진동 배출시설 설치의 허가나 신고
18. 「가축분뇨의 관리 및 이용에 관한 법률」 제11조에 따른 배출시설 설치허가나 신고
19. 「자연공원법」 제23조에 따른 행위허가
20. 「도시공원 및 녹지 등에 관한 법률」 제24조에 따른 도시공원의 점용허가
21. 「토양환경보전법」 제12조에 따른 특정토양오염관리대상시설의 신고

⑥ 허가권자는 제5항 각 호의 어느 하나에 해당하는 사항이 다른 행정기관의 권한에 속하면 그 행정기관의 장과 미리 협의하여야 하며, 협의 요청을 받은 관계 행정기관의 장은 요청을 받은 날부터 15일 이내에 의견을 제출하여야 한다. 이 경우 관계 행정기관의 장은 제8항에 따른 처리기준이 아닌 사유를 이유로 협의를 거부할 수 없다.

⑦ 허가권자는 제1항에 따른 허가를 받은 자가 다음 각 호의 어느 하나에 해당하면 허가를 취소하여야 한다. 다만, 제1호에 해당하는 경우로서 정당한 사유가 있다고 인정되면 1년의 범위에서 공사의 착수기간을 연장할 수 있다. <개정 2014.1.14>

1. 허가를 받은 날부터 1년(「산업집적활성화 및 공장설립에 관한 법률」 제13조에 따라 공장의 신설·증설 또는 업종변경의 승인을 받은 공장은 3년. 다만, 농지전용허가 또는 신고가 의제된 공장의 경우에는 2년)

2. 법 제11조제2항제2호 및 제3호의 경우: 별표 3의2의 도서

② 제1항의 규정에 의하여 사전승인의 신청을 받은 도지사는 승인요청을 받은 날부터 50일 이내에 승인여부를 시장·군수에게 통보(전자문서에 의한 통보를 포함한다)하여야 한다. 다만, 건축물의 규모가 큰 경우등 불가피한 경우에는 30일의 범위내에서 그 기간을 연장할 수 있다. <개정 1996.1.18, 1999.5.11, 2007.12.13>
[제목개정 1999.5.11]

제8조(건축허가서) ① 법 제11조에 따른 건축허가서는 별지 제2호서식과 같다. <개정 2008.12.11>

② 허가권자는 제1항의 규정에 의하여 건축허가서를 교부하는 때에는 별지 제3호서식의 건축허가(신고)대장을 건축물의 용도별 및 월별로 작성·관리하여야 한다.

③ 제2항의 건축허가(신고)대장은 전자적 처리가 불가능한 특별한 사유가 없으면 전자적 처리가 가능한 방법으로 작성·관리하여야 한다. <신설 2007.12.13>
[전문개정 1999.5.11]

제10조(건축허가 등의 수수료) ①법 제11조·제14조·제16조·제19조·제20조 및 제

- 653 -

이내에 공사에 착수하지 아니한 경우 2. 제1호의 기간 이내에 공사에 착수하였으나 공사의 완료가 불가능하다고 인정되는 경우 ⑧ 제5항 각 호의 어느 하나에 해당하는 사항과 제12조제1항의 관계 법령을 관장하는 중앙행정기관의 장은 그 처리기준을 국토교통부장관에게 통보하여야 한다. 처리기준을 변경한 경우에도 또한 같다. <개정 2013.3.23> ⑨ 국토교통부장관은 제8항에 따라 처리기준을 통보받은 때에는 이를 통합하여 고시하여야 한다. <개정 2013.3.23> ⑩ 제4조제1항에 따른 건축위원회의 심의를 받은 자가 심의 결과를 통지 받은 날부터 2년 이내에 건축허가를 신청하지 아니하면 건축위원회 심의의 효력이 상실된다. <신설 2011.5.30>	83조에 따라 건축허가를 신청하거나 건축신고를 하는 자는 법 제17조제2항에 따라 별표 4에 따른 금액의 범위에서 건축조례로 정하는 수수료를 납부하여야 한다. 다만, 재해복구를 위한 건축물의 건축 또는 대수선에 있어서는 그러하지 아니하다. <개정 1996.1.18, 2006.5.12, 2008.12.11> ② 제1항 본문에도 불구하고 건축물을 대수선하거나 바닥면적을 산정할 수 없는 공작물을 축조하기 위하여 허가 신청 또는 신고를 하는 경우의 수수료는 대수선의 범위 또는 공작물의 높이 등을 고려하여 건축조례로 따로 정한다. <신설 2008.12.11> ③제1항의 규정에 의한 수수료는 당해 지방자치단체의 수입증지 또는 전자결제나 전자화폐로 납부하여야 하며, 납부한 수수료는 반환하지 아니한다. <개정 1999.5.11, 2007.12.13> [제목개정 1999.5.11, 2006.5.12] 제11조(건축 관계자 변경신고) ①법 제11조 및 제14조에 따라 건축 또는 대수선에 관한 허가를 받거나 신고를 한 자가 다음 각 호의 어느 하나에 해당하게 된 경우에는 그 양수인·상속인 또는 합병후 존속하거나 합병에 의하여 설립되는 법인은 그 사실이 발생한 날부터 7일 이내에 별지 제4호서식의 건축관계자변경신고서에

		변경 전 건축주의 명의변경동의서 또는 권리관계의 변경사실을 증명할 수 있는 서류를 첨부하여 허가권자에게 제출(전자문서로 제출하는 것을 포함한다)하여야 한다. <개정 2006.5.12, 2007.12.13, 2008.12.11, 2012.12.12>
		1. 허가를 받거나 신고를 한 건축주가 허가 또는 신고 대상 건축물을 양도한 경우
		2. 허가를 받거나 신고를 한 건축주가 사망한 경우
		3. 허가를 받거나 신고를 한 법인이 다른 법인과 합병을 한 경우
		②건축주는 공사시공자 또는 공사감리자를 변경한 때에는 그 변경한 날부터 7일 이내에 별지 제4호서식의 건축관계자변경신고서를 허가권자에게 제출(전자문서에 의한 제출을 포함한다)하여야 한다. <개정 2007.12.13>
		③허가권자는 제1항 및 제2항의 규정에 의한 건축관계자변경신고서를 받은 때에는 그 기재내용을 확인한 후 별지 제5호서식의 건축관계자변경신고필증을 신고인에게 교부하여야 한다.
		[전문개정 1999.5.11]
		[제목개정 2006.5.12]
제12조(건축복합민원 일괄협의회) ① 허가권자는 제11조에 따라 허가를 하려면 해당 용도·규모 또는 형태의 건축물을 건축하려는 대지에 건축하는 것이 「국토의 계획 및		

이용에 관한 법률」 제54조, 제56조부터 제62조까지 및 제76조부터 제82조까지의 규정과 그 밖에 대통령령으로 정하는 관계 법령의 규정에 맞는지를 확인하고, 제10조제6항 각 호와 같은 조 제7항 또는 제11조제5항 각 호와 같은 조 제6항의 사항을 처리하기 위하여 대통령령으로 정하는 바에 따라 건축복합민원 일괄협의회를 개최하여야 한다. ② 제1항에 따라 확인이 요구되는 법령의 관계 행정기관의 장과 제10조제7항 및 제11조제6항에 따른 관계 행정기관의 장은 소속 공무원을 제1항에 따른 건축복합민원 일괄협의회에 참석하게 하여야 한다.	제10조(건축복합민원 일괄협의회) ① 법 제12조제1항에서 "대통령령으로 정하는 관계 법령의 규정"이란 다음 각 호의 규정을 말한다. <개정 2009.6.9, 2009.7.16, 2010.2.18, 2010.3.9, 2010.12.29, 2012.7.26, 2012.12.12, 2014.7.14> 1. 「군사기지 및 군사시설보호법」 제13조 2. 「자연공원법」 제23조 3. 「수도권정비계획법」 제7조부터 제9조까지 4. 「택지개발촉진법」 제6조 5. 「도시공원 및 녹지 등에 관한 법률」 제24조 및 제38조 6. 「항공법」 제82조 7. 「학교보건법」 제6조 8. 「산지관리법」 제8조, 제10조, 제12조, 제14조 및 제18조 9. 「산림자원의 조성 및 관리에 관한 법률」 제36조 및 「산림보호법」 제9조 10. 「도로법」 제40조 및 제61조 11. 「주차장법」 제19조, 제19조의2 및 제19조의4 12. 「환경정책기본법」 제22조 13. 「자연환경보전법」 제15조 14. 「수도법」 제7조 15. 「도시교통정비 촉진법」 제34조 및 제36조 16. 「문화재보호법」 제35조 17. 「전통사찰의 보존 및 지원에 관한 법률」 제10조

	18. 「개발제한구역의 지정 및 관리에 관한 특별조치법」 제12조제1항, 제13조 및 제15조 19. 「농지법」 제32조 및 제34조 20. 「고도 보존 및 육성에 관한 특별법」 제11조 21. 「소방시설 설치유지 및 안전관리에 관한 법률」 제7조 ② 허가권자는 법 제12조에 따른 건축복합민원 일괄협의회(이하 "협의회"라 한다)의 회의를 법 제10조제1항에 따른 사전결정 신청일 또는 법 제11조제1항에 따른 건축허가 신청일부터 10일 이내에 개최하여야 한다. ③ 허가권자는 협의회의 회의를 개최하기 3일 전까지 회의 개최 사실을 관계 행정기관 및 관계 부서에 통보하여야 한다. ④ 협의회의 회의에 참석하는 관계 공무원은 회의에서 관계 법령에 관한 의견을 발표하여야 한다. ⑤ 사전결정 또는 건축허가를 하는 관계 행정기관 및 관계 부서는 그 협의회의 회의를 개최한 날부터 5일 이내에 동의 또는 부동의 의견을 허가권자에게 제출하여야 한다. ⑥ 이 영에서 규정한 사항 외에 협의회의 운영 등에 필요한 사항은 건축조례로 정한다. [전문개정 2008.10.29]
제13조(건축 공사현장 안전관리 예치금 등) ① 제11조에 따라 건축허가를 받은 자는 건축물의 건축공사를 중단하고 장기간 공사현장을 방치할 경우 공사현장의 미관 개선과 안전관리 등 필요한 조치를 하여야 한다. ② 허가권자는 연면적이 5천제곱미터 이상으로서 지방자치단체의 조례로 정하는 건축물(「주택법」 제77조제1항제1호에 따라 대한주택보증주식회사가 분양보증을 한	

건축물이나 「건축물의 분양에 관한 법률」 제4조제1항 제1호에 따른 분양보증이나 신탁계약을 체결한 건축물은 제외한다)에 대하여는 제21조에 따른 착공신고를 하는 건축주(「한국토지주택공사법」에 따른 한국토지주택공사 또는 「지방공기업법」에 따라 건축사업을 수행하기 위하여 설립된 지방공사는 제외한다)에게 장기간 건축물의 공사현장이 방치되는 것에 대비하여 미리 미관 개선과 안전관리에 필요한 비용(대통령령으로 정하는 보증서를 포함하며, 이하 "예치금"이라 한다)을 건축공사비의 1퍼센트의 범위에서 예치하게 할 수 있다. <개정 2012.12.18> ③ 허가권자가 예치금을 반환할 때에는 대통령령으로 정하는 이율로 산정한 이자를 포함하여 반환하여야 한다. 다만, 보증서를 예치한 경우에는 그러하지 아니하다. ④ 제2항에 따른 예치금의 산정·예치 방법, 반환 등에 관하여 필요한 사항은 해당 지방자치단체의 조례로 정한다. ⑤ 허가권자는 공사현장이 방치되어 도시미관을 저해하고 안전을 위해한다고 판단되면 건축허가를 받은 자에게 건축물 공사현장의 미관과 안전관리를 위한 개선을 명할 수 있다. ⑥ 허가권자는 제5항에 따른 개선명령을 받은 자가 개선을 하지 아니하면 「행정대집행법」으로 정하는 바에 따라 대집행을 할 수 있다. 이 경우 제2항에 따라 건축주가 예치한 예치금을 행정대집행에 필요한 비용에 사용할 수 있으며, 행정대집행에 필요한 비용이 이미 납부한 예치금보다 많을 때에는 「행정대집행법」 제6조에 따라 그 차액을 추가로 징수할 수 있다.	제10조의2(건축 공사현장 안전관리 예치금) ① 법 제13조제2항에서 "대통령령으로 정하는 보증서"란 다음 각 호의 어느 하나에 해당하는 보증서를 말한다. <개정 2010.11.15, 2012.12.12, 2013.3.23> 1. 「보험업법」에 따른 보험회사가 발행한 보증보험증권 2. 「은행법」에 따른 은행이 발행한 지급보증서 3. 「건설산업기본법」에 따른 공제조합이 발행한 채무액 등의 지급을 보증하는 보증서 4. 「자본시장과 금융투자업에 관한 법률 시행령」 제192조제2항에 따른 상장증권 5. 그 밖에 국토교통부령으로 정하는 보증서 ② 법 제13조제3항 본문에서 "대통령령으로 정하는 이율"이란 법 제13조제2항에 따른 안전관리 예치금을 「국고금관리법 시행령」 제11조에서 정한 금융기관에 예치한 경우의 안전관리 예치금에 대하여 적용하는 이자율을 말한다. [전문개정 2008.10.29]	제9조(건축공사현장 안전관리예치금) 영 제10조의2제1항제5호에서 "국토교통부령으로 정하는 보증서"란 「주택법」 제76조에 따라 설립된 대한주택보증주식회사가 발행하는 보증서를 말한다. <개정 2008.3.14, 2010.8.5, 2013.3.23> [본조신설 2006.5.12]

| 제14조(건축신고) ① 제11조에 해당하는 허가 대상 건축물이라 하더라도 다음 각 호의 어느 하나에 해당하는 경우에는 미리 특별자치시장·특별자치도지사 또는 시장·군수·구청장에게 국토교통부령으로 정하는 바에 따라 신고를 하면 건축허가를 받은 것으로 본다. <개정 2009.2.6., 2011.4.14., 2013.3.23., 2014.1.14., 2014.5.28> 1. 바닥면적의 합계가 85제곱미터 이내의 증축·개축 또는 재축. 다만, 3층 이상 건축물인 경우에는 증축·개축 또는 재축하려는 부분의 바닥면적의 합계가 건축물 연면적의 10분의 1 이내인 경우로 한정한다. 2. 「국토의 계획 및 이용에 관한 법률」에 따른 관리지역, 농림지역 또는 자연환경보전지역에서 연면적이 200제곱미터 미만이고 3층 미만인 건축물의 건축. 다만, 「국토의 계획 및 이용에 관한 법률」 제51조제3항에 따른 지구단위계획구역에서의 건축은 제외한다. 3. 연면적이 200제곱미터 미만이고 3층 미만인 건축물의 대수선 4. 주요구조부의 해체가 없는 등 대통령령으로 정하는 대수선 5. 그 밖에 소규모 건축물로서 대통령령으로 정하는 건축물의 건축 ② 제1항에 따른 건축신고에 관하여는 제11조제5항 및 제6항을 준용한다. <개정 2014.5.28> ③ 제1항에 따라 신고를 한 자가 신고일부터 1년 이내에 공사에 착수하지 아니하면 그 신고의 효력은 없어진다. | 제11조(건축신고) ① 법 제14조제1항제4호에서 "주요구조부의 해체가 없는 등 대통령령으로 정하는 대수선"이란 다음 각 호의 어느 하나에 해당하는 대수선을 말한다. <신설 2009.8.5> 1. 내력벽의 면적을 30제곱미터 이상 수선하는 것 2. 기둥을 세 개 이상 수선하는 것 3. 보를 세 개 이상 수선하는 것 4. 지붕틀을 세 개 이상 수선하는 것 5. 방화벽 또는 방화구획을 위한 바닥 또는 벽을 수선하는 것 6. 주계단·피난계단 또는 특별피난계단을 수선하는 것 ② 법 제14조제1항제5호에서 "대통령령으로 정하는 건축 | 제12조(건축신고) ①법 제14조제1항 및 제16조제1항에 따라 건축물의 건축·대수선 또는 설계변경의 신고를 하려는 자는 별지 제6호서식의 건축·대수선·용도변경 신고서에 다음 각 호의 서류를 첨부하여 특별자치도지사 또는 시장·군수·구청장에게 제출(전자문서로 제출하는 것을 포함한다)하여야 한다. 다만, 제4호의 서류 중 토지 등기사항증명서는 제출하지 아니할 수 있으며, 이 경우 특별자치도지사 또는 시장·군수·구청장은 「전자정부법」 제36조제1항에 따른 행정정보의 공동이용을 통하여 해당 토지 등기사항증명서를 확인하여야 한다. <개정 2006.5.12., 2007.12.13., 2008.12.11., 2011.1.6., 2011.6.29., 2012.12.12> 1. 별표 2 중 배치도·평면도(층별로 작성된 것만 해당한다)·입면도·단면도 및 실내마감도. 다만, 다음 각 목의 경우에는 각 목의 구분에 따른 도서를 말한다. 가. 연면적의 합계가 100제곱미터를 초과하는 영 별표 1 제1호의 단독주택을 건축하는 경우 : 별표 2의 설계도서 중 건축계획서·배치도·평면도·입면도·단면도 및 구조도(구조내력상 주요한 부분의 평면 및 단면을 표시한 것만 해당한다) 나. 법 제23조제4항에 따른 표준설계도 |

물"이란 다음 각 호의 어느 하나에 해당하는 건축물을 말한다. <개정 2008.10.29, 2009.8.5, 2012.4.10> 1. 연면적의 합계가 100제곱미터 이하인 건축물 2. 건축물의 높이를 3미터 이하의 범위에서 증축하는 건축물 3. 법 제23조제4항에 따른 표준설계도서(이하 "표준설계도서"라 한다)에 따라 건축하는 건축물로서 그 용도 및 규모가 주위환경이나 미관에 지장이 없다고 인정하여 건축조례로 정하는 건축물 4. 「국토의 계획 및 이용에 관한 법률」 제36조제1항제1호다목에 따른 공업지역, 같은 법 제51조제3항에 따른 지구단위계획구역(같은 법 시행령 제48조제10호에 따른 산업·유통형만 해당한다) 및 「산업입지 및 개발에 관한 법률」에 따른 산업단지에서 건축하는 2층 이하인 건축물로서 연면적 합계 500제곱미터 이하인 공장 5. 농업이나 수산업을 경영하기 위하여 읍·면지역(특별자치도지사·시장·군수가 지역계획 또는 도시·군계획에 지장이 있다고 지정·공고한 구역은 제외한다)에서 건축하는 연면적 200제곱미터 이하의 창고 및 연면적 400제곱미터 이하의 축사·작물재배사(作物栽培舍) ③ 법 제14조에 따른 건축신고에 관하여는 제9조제1항을 준용한다. <개정 2008.10.29>	서에 따라 건축하는 경우: 건축계획서 및 배치도 다. 법 제10조에 따른 사전결정을 받은 경우: 평면도 2. 법 제11조제5항 각 호에 따른 허가 등을 받거나 신고를 하기 위하여 해당법령에서 제출하도록 의무화하고 있는 신청서 및 구비서류(해당사항이 있는 경우로 한정한다) 3. 건축할 대지의 범위에 관한 서류 4. 건축할 대지의 소유 또는 사용에 관한 권리를 증명하는 서류. 다만, 건축할 대지에 포함된 국유지·공유지에 대해서는 특별자치도지사 또는 시장·군수·구청장이 해당 토지의 관리청과 협의하여 그 관리청이 해당 토지를 건축주에게 매각하거나 양여할 것을 확인한 서류로 그 토지의 소유에 관한 권리를 증명하는 서류를 갈음할 수 있으며, 집합건물의 공용부분을 변경하는 경우에는 「집합건물의 소유 및 관리에 관한 법률」 제15조제1항에 따른 결의가 있었음을 증명하는 서류로 한다. ② 법 제14조제1항에 따른 신고를 받은 특별자치도지사 또는 시장·군수·구청장은 해당 건축물을 건축하려는 대지에 재해의 위험이 있다고 인정하는 경우에는 지방건축위원회의 심의를 거쳐 별표

| | | 2의 서류 중 이미 제출된 서류를 제외한 나머지 서류를 추가로 제출하도록 요구할 수 있다. <신설 2011.1.6> ③특별자치도지사 또는 시장·군수·구청장은 제1항에 따른 건축·대수선·용도변경신고서를 받은 때에는 그 기재내용을 확인한 후 그 신고의 내용에 따라 별지 제7호서식의 건축·대수선·용도변경 신고필증을 신고인에게 교부하여야 한다. <개정 2011.1.6> ④ 제3항에 따라 건축·대수선·용도변경 신고필증을 발급하는 경우에 관하여는 제8조제2항 및 제3항을 준용한다. <개정 2008.12.11, 2011.1.6> ⑤ 특별자치도지사·시장·군수 또는 구청장은 제1항에 따른 신고를 하려는 자에게 같은 항 각 호의 서류를 제출하는 데 도움을 줄 수 있는 건축사사무소, 건축지도원 및 건축기술자 등에 대한 정보를 충분히 제공하여야 한다. <신설 2008.12.11, 2011.1.6> [전문개정 1999.5.11] |
| 제15조(건축주와의 계약 등) ① 건축관계자는 건축물이 설계도서에 따라 이 법과 이 법에 따른 명령이나 처분, 그 밖의 관계 법령에 맞게 건축되도록 업무를 성실히 수행하여야 하며, 서로 위법하거나 부당한 일을 하도록 강요하거나 이와 관련하여 어떠한 불이익도 주어서는 아니 된다. ② 건축관계자 간의 책임에 관한 내용과 그 범위는 이 | | |

법에서 규정한 것 외에는 건축주와 설계자, 건축주와 공사시공자, 건축주와 공사감리자 간의 계약으로 정한다. ③ 국토교통부장관은 제2항에 따른 계약의 체결에 필요한 표준계약서를 작성하여 보급하고 활용하게 하거나 「건축사법」 제31조에 따른 건축사협회(이하 "건축사협회"라 한다), 「건설산업기본법」 제50조에 따른 건설업자단체로 하여금 표준계약서를 작성하여 보급하고 활용하게 할 수 있다. <개정 2013.3.23, 2014.1.14>		
제16조(허가와 신고사항의 변경) ① 건축주가 제11조나 제14조에 따라 허가를 받았거나 신고한 사항을 변경하려면 변경하기 전에 대통령령으로 정하는 바에 따라 허가권자의 허가를 받거나 특별자치시장·특별자치도지사 또는 시장·군수·구청장에게 신고하여야 한다. 다만, 대통령령으로 정하는 경미한 사항의 변경은 그러하지 아니하다. <개정 2014.1.14> ② 제1항 본문에 따른 허가나 신고사항 중 대통령령으로 정하는 사항의 변경은 제22조에 따른 사용승인을 신청할 때 허가권자에게 일괄하여 신고할 수 있다. ③ 제1항에 따른 허가 또는 신고 사항의 변경허가 또는 변경신고에 관하여는 제11조제5항 및 제6항을 준용한다. <신설 2011.5.30>	제12조(허가·신고사항의 변경 등) ① 법 제16조제1항에 따라 허가를 받았거나 신고한 사항을 변경하려면 다음 각 호의 구분에 따라 허가권자의 허가를 받거나 특별자치도지사 또는 시장·군수·구청장에게 신고하여야 한다. <개정 2009.8.5, 2012.12.12> 1. 바닥면적의 합계가 85제곱미터를 초과하는 부분에 대한 증축·개축에 해당하는 변경인 경우에는 허가를 받고, 그 밖의 경우에는 신고할 것 2. 법 제14조제1항제2호 또는 제5호에 따라 신고로써 허가를 갈음하는 건축물에 대하여는 변경 후 건축물의 연면적을 각각 신고로써 허가를 갈음할 수 있는 규모에서 변경하는 경우에는 제1호에도 불구하고 신고할 것 3. 건축주·공사시공자 또는 공사감리자를 변경하는 경우에는 신고할 것 ② 법 제16조제1항 단서에서 "대통령령으로 정하는 경미한 사항의 변경"이란 신축·증축·개축·재축·이전·대수선 또는 용도변경에 해당하지 아니하는 변경을 말한다. <개정 2012.12.12> ③ 법 제16조제2항에서 "대통령령으로 정하는 사항"이란	

	다음 각 호의 어느 하나에 해당하는 사항을 말한다.	
	1. 건축물의 동수나 층수를 변경하지 아니하면서 변경되는 부분의 바닥면적의 합계가 50제곱미터 이하인 경우. 다만, 변경되는 부분이 제4호 본문 및 제5호 본문에 따른 범위의 변경인 경우만 해당한다.	
	2. 건축물의 동수나 층수를 변경하지 아니하면서 변경되는 부분이 연면적 합계의 10분의 1 이하인 경우(연면적이 5천 제곱미터 이상인 건축물은 각 층의 바닥면적이 50제곱미터 이하의 범위에서 변경되는 경우만 해당한다). 다만, 제4호 본문 및 제5호 본문에 따른 범위의 변경인 경우만 해당한다.	
	3. 대수선에 해당하는 경우	
	4. 건축물의 층수를 변경하지 아니하면서 변경되는 부분의 높이가 1미터 이하이거나 전체 높이의 10분의 1 이하인 경우. 다만, 변경되는 부분이 제1호 본문, 제2호 본문 및 제5호 본문에 따른 범위의 변경인 경우만 해당한다.	
	5. 허가를 받거나 신고를 하고 건축 중인 부분의 위치가 1미터 이내에서 변경되는 경우. 다만, 변경되는 부분이 제1호 본문, 제2호 본문 및 제4호 본문에 따른 범위의 변경인 경우만 해당한다.	
	④ 제1항에 따른 허가나 신고사항의 변경에 관하여는 제9조제1항을 준용한다.	
	[전문개정 2008.10.29]	
	제13조 삭제 <2005.7.18>	
제17조(건축허가 등의 수수료) ① 제11조, 제14조, 제16조, 제19조, 제20조 및 제83조에 따라 허가를 신청하거나 신고를 하는 자는 허가권자나 신고수리자에게 수수료를 납		

부하여야 한다. ② 제1항에 따른 수수료는 국토교통부령으로 정하는 범위에서 해당 지방자치단체의 조례로 정한다. <개정 2013.3.23> 제18조(건축허가 제한 등) ① 국토교통부장관은 국토관리를 위하여 특히 필요하다고 인정하거나 주무부장관이 국방, 문화재보존, 환경보전 또는 국민경제를 위하여 특히 필요하다고 인정하여 요청하면 허가권자의 건축허가나 허가를 받은 건축물의 착공을 제한할 수 있다. <개정 2013.3.23> ② 특별시장·광역시장·도지사는 지역계획이나 도시·군계획에 특히 필요하다고 인정하면 시장·군수·구청장의 건축허가나 허가를 받은 건축물의 착공을 제한할 수 있다. <개정 2011.4.14, 2014.1.14> ③ 국토교통부장관이나 시·도지사는 제1항이나 제2항에 따라 건축허가나 건축허가를 받은 건축물의 착공을 제한하려는 경우에는 「토지이용규제 기본법」 제8조에 따라 주민의견을 청취한 후 건축위원회의 심의를 거쳐야 한다. <신설 2014.5.28> ④ 제1항이나 제2항에 따라 건축허가나 건축물의 착공을 제한하는 경우 제한기간은 2년 이내로 한다. 다만, 1회에 한하여 1년 이내의 범위에서 제한기간을 연장할 수 있다. <개정 2014.5.28> ⑤ 국토교통부장관이나 특별시장·광역시장·도지사는 제1항이나 제2항에 따라 건축허가나 건축물의 착공을 제한하는 경우 제한 목적·기간, 대상 건축물의 용도와 대상 구역의 위치·면적·경계 등을 상세하게 정하여 허가권자에게 통보하여야 하며, 통보를 받은 허가권자는 지체 없	

이 이를 공고하여야 한다. <개정 2013.3.23, 2014.1.14, 2014.5.28> ⑥ 특별시장·광역시장·도지사는 제2항에 따라 시장·군수·구청장의 건축허가나 건축물의 착공을 제한한 경우 즉시 국토교통부장관에게 보고하여야 하며, 보고를 받은 국토교통부장관은 제한 내용이 지나치다고 인정하면 해제를 명할 수 있다. <개정 2013.3.23, 2014.1.14, 2014.5.28>		
제19조(용도변경) ① 건축물의 용도변경은 변경하려는 용도의 건축기준에 맞게 하여야 한다. ② 제22조에 따라 사용승인을 받은 건축물의 용도를 변경하려는 자는 다음 각 호의 구분에 따라 국토교통부령으로 정하는 바에 따라 특별자치시장·특별자치도지사 또는 시장·군수·구청장의 허가를 받거나 신고를 하여야 한다. <개정 2013.3.23, 2014.1.14> 1. 허가 대상: 제4항 각 호의 어느 하나에 해당하는 시설군(施設群)에 속하는 건축물의 용도를 상위군(제4항 각 호의 번호가 용도변경하려는 건축물이 속하는 시설군보다 작은 시설군을 말한다)에 해당하는 용도로 변경하는 경우 2. 신고 대상: 제4항 각 호의 어느 하나에 해당하는 시설군에 속하는 건축물의 용도를 하위군(제4항 각 호의 번호가 용도변경하려는 건축물이 속하는 시설군보다 큰 시설군을 말한다)에 해당하는 용도로 변경하는 경우 ③ 제4항에 따른 시설군 중 같은 시설군 안에서 용도를 변경하려는 자는 국토교통부령으로 정하는 바에 따라 특별자치시장·특별자치도지사 또는 시장·군수·구청장에	제14조(용도변경) ① 삭제 <2006.5.8> ② 삭제 <2006.5.8> ③ 국토교통부장관은 법 제19조제1항에 따른 용도변경을 할 때 적용되는 건축기준을 고시할 수 있다. 이 경우 다른 행정기관의 권한에 속하는 건축기준에 대하여는 미리 관계 행정기관의 장과 협의하여야 한다. <개정 2008.10.29, 2013.3.23> ④ 법 제19조제3항 단서에서 "대통령령으로 정하는 변경"이란 다음 각 호의 어느 하나에 해당하는 건축물 상호 간의 용도변경을 말한다. <개정 2009.6.30, 2009.7.16, 2011.6.29, 2012.12.12, 2014.3.24> 1. 별표 1의 같은 호에 속하는 건축물 상호 간의 용도변경 2. 「국토의 계획 및 이용에 관한 법률」이나 그 밖의 관계 법령에서 정하는 용도제한에 적합한 범위에서 제1종 근린생활시설과 제2종 근린생활시설 상호 간의 용도변경 ⑤ 법 제19조제4항 각 호의 시설군에 속하는 건축물의 용도는 다음 각 호와 같다. <개정 2008.10.29, 2010.12.13, 2011.6.29, 2014.3.24>	제12조의2(용도변경) ①법 제19조제2항에 따라 용도변경의 허가를 받으려는 자는 별지 제1호의3서식의 건축·대수선·용도변경허가신청서에, 용도변경의 신고를 하려는 자는 별지 제6호서식의 건축·대수선·용도변경신고서에 다음 각 호의 서류를 첨부하여 특별자치도지사 또는 시장·군수·구청장에게 제출(전자문서로 제출하는 것을 포함한다)하여야 한다. <개정 2006.5.12, 2007.12.13, 2008.12.11, 2011.6.29> 1. 용도를 변경하고자 하는 층의 변경 전·후의 평면도 2. 용도변경에 따라 변경되는 내화·방화·피난 또는 건축설비에 관한 사항을 표시한 도서 ②특별자치도지사 또는 시장·군수·구청장은 제1항에 따른 건축·대수선·용도

게 건축물대장 기재내용의 변경을 신청하여야 한다. 다만, 대통령령으로 정하는 변경의 경우에는 그러하지 아니하다. <개정 2013.3.23, 2014.1.14>
④ 시설군은 다음 각 호와 같고 각 시설군에 속하는 건축물의 세부 용도는 대통령령으로 정한다.
1. 자동차 관련 시설군
2. 산업 등의 시설군
3. 전기통신시설군
4. 문화 및 집회시설군
5. 영업시설군
6. 교육 및 복지시설군
7. 근린생활시설군
8. 주거업무시설군
9. 그 밖의 시설군
⑤ 제2항에 따른 허가나 신고 대상인 경우로서 용도변경하려는 부분의 바닥면적의 합계가 100제곱미터 이상인 경우의 사용승인에 관하여는 제22조를 준용한다.
⑥ 제2항에 따른 허가 대상인 경우로서 용도변경하려는 부분의 바닥면적의 합계가 500제곱미터 이상인 용도변경(대통령령으로 정하는 경우는 제외한다)의 설계에 관하여는 제23조를 준용한다.
⑦ 제1항과 제2항에 따른 건축물의 용도변경에 관하여는 제3조, 제5조, 제6조, 제7조, 제11조제2항부터 제9항까지, 제12조, 제14조부터 제16조까지, 제18조, 제20조, 제27조, 제29조, 제35조, 제38조, 제42조부터 제44조까지, 제48조부터 제50조까지, 제50조의2, 제51조부터 제56조까지, 제58조, 제60조부터 제64조까지, 제67조, 제68조, 제78조부터 제87조까지의 규정과 「녹색건축물 조성 지원법」 제15조 및 「국토의 계획 및 이용에 관한 법률」 제54

1. 자동차 관련 시설군
   자동차 관련 시설
2. 산업 등 시설군
   가. 운수시설
   나. 창고시설
   다. 공장
   라. 위험물저장 및 처리시설
   마. 자원순환 관련 시설
   바. 묘지 관련 시설
   사. 장례식장
3. 전기통신시설군
   가. 방송통신시설
   나. 발전시설
4. 문화집회시설군
   가. 문화 및 집회시설
   나. 종교시설
   다. 위락시설
   라. 관광휴게시설
5. 영업시설군
   가. 판매시설
   나. 운동시설
   다. 숙박시설
   라. 제2종 근린생활시설 중 다중생활시설
6. 교육 및 복지시설군
   가. 의료시설
   나. 교육연구시설
   다. 노유자시설(老幼者施設)
   라. 수련시설
7. 근린생활시설군

변경허가신청서를 받은 경우에는 법 제12조제1항 및 영 제10조제1항에 따른 관계 법령에 적합한지를 확인한 후 별지 제2호서식의 건축·대수선·용도변경허가서를 용도변경의 허가를 신청한 자에게 발급하여야 한다. <신설 2006.5.12, 2008.12.11, 2011.6.29>
③특별자치도지사 또는 시장·군수·구청장은 제1항의 규정에 의한 건축·대수선·용도변경신고서를 받은 때에는 그 기재내용을 확인한 후 별지 제7호서식의 건축·대수선·용도변경신고필증을 신고인에게 발급하여야 한다. <개정 2006.5.12, 2011.6.29>
④제8조제2항은 제2항 및 제3항에 따라 건축·대수선·용도변경허가서 또는 건축·대수선·용도변경신고필증을 교부하는 경우에 준용한다. <개정 2006.5.12>
[본조신설 1999.5.11]

조를 준용한다. <개정 2011.5.30, 2014.1.14, 2014.5.28>	가. 제1종 근린생활시설
	나. 제2종 근린생활시설(다중생활시설은 제외한다)
	8. 주거업무시설군
	  가. 단독주택
	  나. 공동주택
	  다. 업무시설
	  라. 교정 및 군사시설
	9. 그 밖의 시설군
	  가. 동물 및 식물 관련 시설
	  나. 삭제 <2010.12.13>
	⑥ 기존의 건축물 또는 대지가 법령의 제정·개정이나 제6조의2제1항 각 호의 사유로 법령 등에 부적합하게 된 경우에는 건축조례로 정하는 바에 따라 용도변경을 할 수 있다. <개정 2008.10.29>
	⑦ 법 제19조제6항에서 "대통령령으로 정하는 경우"란 1층인 축사를 공장으로 용도변경하는 경우로서 증축·개축 또는 대수선이 수반되지 아니하고 구조 안전이나 피난 등에 지장이 없는 경우를 말한다. <개정 2008.10.29>
	[전문개정 1999.4.30]	

제20조(가설건축물) ① 도시·군계획시설 및 도시·군계획시설예정지에서 가설건축물을 건축하려는 자는 특별자치시장·특별자치도지사 또는 시장·군수·구청장의 허가를 받아야 한다. <개정 2011.4.14, 2014.1.14> ② 특별자치시장·특별자치도지사 또는 시장·군수·구청장은 해당 가설건축물의 건축이 다음 각 호의 어느 하나에 해당하는 경우가 아니면 제1항에 따른 허가를 하여야 한다. <신설 2014.1.14> 1. 「국토의 계획 및 이용에 관한 법률」 제64조에 위배	제15조(가설건축물) ① 법 제20조제1항에서 "대통령령으로 정하는 기준"이란 다음 각 호의 기준을 말한다. <개정 2012.4.10> 1. 철근콘크리트조 또는 철골철근콘크리트조가 아닐 것 2. 존치기간은 3년 이내일 것. 다만, 도시·군계획사업이 시행될 때까지 그 기간을 연장할 수 있다. 3. 전기·수도·가스 등 새로운 간선 공급설비의 설치를 필요로 하지 아니할 것 4. 공동주택·판매시설·운수시설 등으로서 분양을 목적	제13조(가설건축물) ①법 제20조제2항에 따라 신고하여야 하는 가설건축물을 축조하려는 자는 영 제15조제8항에 따라 별지 제8호서식의 가설건축물축조신고서(전자문서로 된 신고서를 포함한다)에 배치도

되는 경우
2. 4층 이상인 경우
3. 구조, 존치기간, 설치목적 및 다른 시설 설치 필요성 등에 관하여 대통령령으로 정하는 기준의 범위에서 조례로 정하는 바에 따르지 아니한 경우
4. 그 밖에 이 법 또는 다른 법령에 따른 제한규정을 위반하는 경우

③ 제1항에도 불구하고 재해복구, 흥행, 전람회, 공사용 가설건축물 등 대통령령으로 정하는 용도의 가설건축물을 축조하려는 자는 대통령령으로 정하는 존치 기간, 설치 기준 및 절차에 따라 특별자치시장·특별자치도지사 또는 시장·군수·구청장에게 신고한 후 착공하여야 한다. <개정 2014.1.14>

④ 제1항과 제3항에 따른 가설건축물을 건축하거나 축조할 때에는 대통령령으로 정하는 바에 따라 제25조, 제38조부터 제42조까지, 제44조부터 제50조까지, 제50조의2, 제51조부터 제64조까지, 제67조, 제68조와 「녹색건축물 조성 지원법」 제15조 및 「국토의 계획 및 이용에 관한 법률」 제76조 중 일부 규정을 적용하지 아니한다. <개정 2014.1.14>

⑤ 특별자치시장·특별자치도지사 또는 시장·군수·구청장은 제1항부터 제3항까지의 규정에 따라 가설건축물의 건축을 허가하거나 축조신고를 받은 경우 국토교통부령으로 정하는 바에 따라 가설건축물대장에 이를 기재하여 관리하여야 한다. <개정 2013.3.23, 2014.1.14>

으로 건축하는 건축물이 아닐 것
② 제1항에 따른 가설건축물에 대하여는 법 제38조를 적용하지 아니한다.
③ 제1항에 따른 가설건축물 중 시장의 공지 또는 도로에 설치하는 차양시설에 대하여는 법 제46조 및 법 제55조를 적용하지 아니한다.
④ 제1항에 따른 가설건축물을 도시·군계획 예정 도로에 건축하는 경우에는 법 제45조부터 제47조를 적용하지 아니한다. <개정 2012.4.10>
⑤ 법 제20조제2항에서 "재해복구, 흥행, 전람회, 공사용 가설건축물 등 대통령령으로 정하는 용도의 가설건축물"이란 다음 각 호의 어느 하나에 해당하는 것을 말한다. <개정 2009.6.30, 2009.7.16, 2010.2.18, 2011.6.29, 2013.5.31>
1. 재해가 발생한 구역 또는 그 인접구역으로서 특별자치도지사 또는 시장·군수·구청장이 지정하는 구역에서 일시사용을 위하여 건축하는 것
2. 특별자치도지사 또는 시장·군수·구청장이 도시미관이나 교통소통에 지장이 없다고 인정하는 가설흥행장, 가설전람회장, 농·수·축산물 직거래용 가설점포, 그 밖에 이와 비슷한 것
3. 공사에 필요한 규모의 공사용 가설건축물 및 공작물
4. 전시를 위한 견본주택이나 그 밖에 이와 비슷한 것
5. 특별자치도지사 또는 시장·군수·구청장이 도로변 등의 미관정비를 위하여 지정·공고하는 구역에서 축조하는 가설점포(물건 등의 판매를 목적으로 하는 것을 말한다)로서 안전·방화 및 위생에 지장이 없는 것
6. 조립식 구조로 된 경비용으로 쓰는 가설건축물로서

·평면도 및 대지사용승낙서(다른 사람이 소유한 대지인 경우만 해당한다)를 첨부하여 특별자치도지사 또는 시장·군수·구청장에게 제출하여야 한다. <개정 1996.1.18, 1999.5.11, 2004.11.29, 2005.7.18, 2006.5.12, 2008.12.11, 2011.6.29>

②영 제15조제9항에 따른 가설건축물축조신고필증은 별지 제9호서식에 따른다. <개정 2006.5.12>

③특별자치도지사 또는 시장·군수·구청장은 법 제20조제1항 또는 제2항에 따라 가설건축물의 건축허가신청 또는 축조신고를 접수한 경우에는 별지 제10호서식의 가설건축물관리대장에 이를 기재하고 관리하여야 한다. <개정 1996.1.18, 1999.5.11, 2006.5.12, 2008.12.11, 2011.6.29>

④가설건축물의 소유자나 가설건축물에 대한 이해관계자는 제3항의 규정에 의한 가설건축물관리대장을 열람할 수 있다. <신설 1998.9.29, 1999.5.11>

⑤영 제15조제7항의 규정에 의하여 가설건축물의 존치기간을 연장하고자 하는 자는 별지 제11호서식의 가설건축물존치기간연장신고서(전자문서로 된 신고서를 포함한다)를 특별자치도지사 또는 시장·군수·구청장에게 제출하여야 한다. <신설 1999.5.11, 2004.11.29, 2005.7.18, 2011.6.29>

	연면적이 10제곱미터 이하인 것 7. 조립식 경량구조로 된 외벽이 없는 임시 자동차 차고 8. 컨테이너 또는 이와 비슷한 것으로 된 가설건축물로서 임시사무실·임시창고 또는 임시숙소로 사용되는 것(건축물의 옥상에 축조하는 것은 제외한다. 다만, 2009년 7월 1일부터 2015년 6월 30일까지 공장의 옥상에 축조하는 것은 포함한다) 9. 도시지역 중 주거지역·상업지역 또는 공업지역에 설치하는 농업·어업용 비닐하우스로서 연면적이 100제곱미터 이상인 것 10. 연면적이 100제곱미터 이상인 간이축사용, 가축분뇨처리용, 가축운동용, 가축의 비가림용 비닐하우스 또는 천막(벽 또는 지붕이 합성수지 재질로 된 것을 포함한다)구조 건축물 11. 농업·어업용 고정식 온실, 가축양육실 12. 물품저장용, 간이포장용, 간이수선작업용 등으로 쓰기 위하여 공장 또는 창고시설에 설치하는 천막(벽 또는 지붕이 합성수지 재질로 된 것을 포함한다), 그 밖에 이와 비슷한 것 13. 유원지, 종합휴양업 사업지역 등에서 한시적인 관광·문화행사 등을 목적으로 천막 또는 경량구조로 설치하는 것 14. 「관광진흥법」 제2조제11호에 따른 관광특구에 설치하는 야외전시시설 및 촬영시설 15. 그 밖에 제1호부터 제14호까지의 규정에 해당하는 것과 비슷한 것으로서 건축조례로 정하는 건축물 ⑥ 법 제20조제3항에 따라 제5항에 따른 가설건축물을 건축하는 경우에는 법 제25조, 제38조부터 제58조까지, 제60조부터 제62조까지, 제64조, 제67조 및 제68조와	⑥특별자치도지사 또는 시장·군수·구청장은 제5항의 규정에 의한 가설건축물존치기간 연장신고서를 받은 때에는 그 기재내용을 확인한 후 별지 제12호서식의 가설건축물존치기간연장신고필증을 신고인에게 발급하여야 한다. <신설 1999.5.11, 2011.6.29> ⑦ 특별자치도지사 또는 시장·군수·구청장은 가설건축물이 법령에 적합하지 아니하게 된 경우에는 제3항에 따른 가설건축물관리대장의 기타 사항란에 다음 각 호의 사항을 표시하고, 제2호의 위반내용이 시정된 경우에는 그 내용을 적어야 한다. <신설 2011.4.7, 2011.6.29> 1. 위반일자 2. 위반내용

「국토의 계획 및 이용에 관한 법률」제76조를 적용하지 아니한다. 다만, 법 제48조, 제49조 및 제61조는 다음 각 호에 따른 경우에만 적용하지 아니한다. <개정 2009.7.16, 2010.12.13, 2012.12.12>

1. 법 제48조 및 제49조를 적용하지 아니하는 경우: 3층 이상의 가설건축물을 건축하는 경우로서 지방건축위원회의 심의 결과 구조 및 피난에 관한 안전성이 인정된 경우
2. 법 제61조를 적용하지 아니하는 경우: 정북방향으로 접하고 있는 대지의 소유자와 합의한 경우

⑦ 법 제20조제2항에 따라 신고하여야 하는 가설건축물의 존치기간은 2년 이내로 한다.

⑧ 법 제20조제2항에 따라 신고하여야 하는 가설건축물을 축조하려는 자는 국토교통부령으로 정하는 가설건축물 축조신고서에 관계 서류를 첨부하여 특별자치도지사 또는 시장·군수·구청장에게 제출하여야 한다. 다만, 건축물의 건축허가를 신청할 때 건축물의 건축에 관한 사항과 함께 공사용 가설건축물의 건축에 관한 사항을 제출한 경우에는 가설건축물 축조신고서의 제출을 생략한다. <개정 2013.3.23>

⑨ 특별자치도지사 또는 시장·군수·구청장은 제8항에 따른 가설건축물 축조신고서를 제출받았으면 그 내용을 확인한 후 국토교통부령으로 정하는 가설건축물 축조신고증명서를 신고인에게 발급하여야 한다. <개정 2013.3.23>

⑩ 삭제 <2010.2.18>

[전문개정 2008.10.29]

제15조의2(가설건축물의 존치기간 연장) ① 특별자치도지

사 또는 시장·군수·구청장은 법 제20조에 따른 가설건축물의 존치기간 만료일 30일 전까지 해당 가설건축물의 건축주에게 다음 각 호의 사항을 알려야 한다.
1. 존치기간 만료일
2. 존치기간 연장 가능 여부
3. 제15조의3에 따라 존치기간이 연장될 수 있다는 사실 (공장에 설치한 가설건축물에 한정한다)
② 존치기간을 연장하려는 가설건축물의 건축주는 다음 각 호의 구분에 따라 특별자치도지사 또는 시장·군수·구청장에게 허가를 신청하거나 신고하여야 한다.
1. 허가 대상 가설건축물: 존치기간 만료일 14일 전까지 허가 신청
2. 신고 대상 가설건축물: 존치기간 만료일 7일 전까지 신고
[본조신설 2010.2.18]

제15조의3(공장에 설치한 가설건축물의 존치기간 연장) 제15조의2제2항에도 불구하고 다음 각 호의 요건을 모두 충족하는 가설건축물로서 건축주가 제15조의2제2항의 구분에 따른 기간까지 특별자치도지사 또는 시장·군수·구청장에게 그 존치기간의 연장을 원하지 않는다는 사실을 통지하지 아니하는 경우에는 기존 가설건축물과 동일한 기간으로 존치기간을 연장한 것으로 본다.
1. 공장에 설치한 가설건축물일 것
2. 존치기간 연장이 가능한 가설건축물일 것
[본조신설 2010.2.18]

제16조 삭제 <1995.12.30>

제21조(착공신고 등) ① 제11조·제14조 또는 제20조제1항에 따라 허가를 받거나 신고를 한 건축물의 공사를 착수하려는 건축주는 국토교통부령으로 정하는 바에 따라 허가권자에게 공사계획을 신고하여야 한다. 다만, 제36조에 따라 건축물의 철거를 신고할 때 착공 예정일을 기재한 경우에는 그러하지 아니하다. <개정 2013.3.23> ② 제1항에 따라 공사계획을 신고하거나 변경신고를 하는 경우 해당 공사감리자(제25조제1항에 따른 공사감리자를 지정한 경우만 해당된다)와 공사시공자가 신고서에 함께 서명하여야 한다. ③ 건축주는 「건설산업기본법」 제41조를 위반하여 건축물의 공사를 하거나 하게 할 수 없다. ④ 제11조에 따라 허가를 받은 건축물의 건축주는 제1항에 따른 신고를 할 때에는 제15조제2항에 따른 각 계약서의 사본을 첨부하여야 한다.		제14조(착공신고등) ①법 제21조제1항에 따른 건축공사의 착공신고를 하려는 자는 별지 제13호서식의 착공신고서(전자문서로 된 신고서를 포함한다)에 다음 각 호의 서류 및 도서를 첨부하여 허가권자에게 제출하여야 한다. <개정 2006.5.12, 2008.12.11> 1. 법 제15조에 따른 건축관계자 상호간의 계약서 사본(해당사항이 있는 경우로 한정한다) 2. 별표 2의 설계도서 중 다음 각 목의 도서 가. 삭제 <2011.6.29> 나. 시방서, 실내마감도, 건축설비도, 토지굴착 및 옹벽도(공장인 경우만 해당한다) 다. 토지굴착 및 옹벽도 중 흙막이 구조도면(법 제14조제1항에 따라 신고를 하여야 하는 건축물로서 지하 2층 이상의 지하층을 설치하는 경우만 해당한다) ②건축주는 법 제11조제7항 각 호 외의 부분 단서에 따라 공사착수시기를 연기하려는 경우에는 별지 제14호서식의 착공연기신청서(전자문서로 된 신청서를 포함한다)를 허가권자에게 제출하여야 한다. <개정 1996.1.18, 1999.5.11, 2004.11.29, 2008.12.11> ③허가권자는 토지굴착공사를 수반하는

| | | 건축물로서 가스, 전기·통신, 상·하수도등 지하매설물에 영향을 줄 우려가 있는 건축물의 착공신고가 있는 경우에는 당해 지하매설물의 관리기관에 토지굴착공사에 관한 사항을 통보하여야 한다. <신설 1996.1.18, 1999.5.11>
④허가권자는 제1항 및 제2항의 규정에 의한 착공신고서 또는 착공연기신청서를 받은 때에는 별지 제15호서식의 착공신고필증 또는 별지 제16호서식의 착공연기확인서를 신고인 또는 신청인에게 교부하여야 한다. <신설 1999.5.11>
⑤ 법 제21조제1항에 따른 착공신고 대상 건축물 중 「산업안전보건법」 제38조의2제2항에 따른 기관석면조사 대상 건축물의 경우에는 제1항 각 호에 따른 서류 이외에 「산업안전보건법」 제38조의2제2항에 따른 기관석면조사결과 사본을 첨부하여야 한다. 이 경우, 특별자치도지사 또는 시장·군수·구청장은 제출된 서류를 검토하여 석면이 함유된 것으로 확인된 때에는 지체 없이 「산업안전보건법」 제38조의2제4항에 따른 권한을 같은 법 시행령 제46조제1항에 따라 위임받은 지방고용노동관서의 장 및 「폐기물관리법」 제17조제3항에 따른 권한을 같은 법 시행령 제37조에 따라 위임받은 특별시장·광역시장·도지사 또는 유역환경청장·지방환경청장에게 해당 사실 |

제22조(건축물의 사용승인) ① 건축주가 제11조·제14조 또는 제20조제1항에 따라 허가를 받았거나 신고를 한 건축물의 건축공사를 완료[하나의 대지에 둘 이상의 건축물을 건축하는 경우 동(棟)별 공사를 완료한 경우를 포함한다]한 후 그 건축물을 사용하려면 제25조제5항에 따라 공사감리자가 작성한 감리완료보고서(같은 조 제1항에 따른 공사감리자를 지정한 경우만 해당된다)와 국토교통부령으로 정하는 공사완료도서를 첨부하여 허가권자에게 사용승인을 신청하여야 한다. <개정 2013.3.23>
② 허가권자는 제1항에 따른 사용승인신청을 받은 경우 국토교통부령으로 정하는 기간에 다음 각 호의 사항에 대한 검사를 실시하고, 검사에 합격된 건축물에 대하여는 사용승인서를 내주어야 한다. 다만, 해당 지방자치단체의 조례로 정하는 건축물은 사용승인을 위한 검사를 실시하지 아니하고 사용승인서를 내줄 수 있다. <개정 2013.3.23>
1. 사용승인을 신청한 건축물이 이 법에 따라 허가 또는 신고한 설계도서대로 시공되었는지의 여부
2. 감리완료보고서, 공사완료도서 등의 서류 및 도서가 적합하게 작성되었는지의 여부
③ 건축주는 제2항에 따라 사용승인을 받은 후가 아니면 건축물을 사용하거나 사용하게 할 수 없다. 다만, 다음 각 호의 어느 하나에 해당하는 경우에는 그러하지 아니하다. <개정 2013.3.23>

을 통보하여야 한다. <개정 2010.8.5, 2011.6.29, 2012.12.12>

제15조 삭제 <1996.1.18>

제16조(사용승인신청) ①법 제22조제1항(법 제19조제5항에 따라 준용되는 경우를 포함한다)에 따라 건축물의 사용승인을 받으려는 자는 별지 제17호서식의 (임시)사용승인 신청서에 다음 각 호의 구분에 따른 도서를 첨부하여 허가권자에게 제출하여야 한다. <개정 2006.5.12, 2008.12.11, 2010.8.5, 2012.5.23>
1. 법 제25조제1항에 따른 공사감리자를 지정한 경우 : 공사감리완료보고서
2. 법 제11조제1항에 따라 허가를 받아 건축한 건축물의 건축허가도서에 변경이 있는 경우 : 설계변경사항이 반영된 최종 공사완료도서
3. 법 제14조제1항에 따른 신고를 하여 건축한 건축물 : 배치 및 평면이 표시된 현황도면
4. 「액화석유가스의 안전관리 및 사업법」 제27조제2항 본문에 따라 액화석유가스의 사용시설에 대한 완성검사를 받아야 할 건축물인 경우 : 액화석유가스 완성검사 증명서
5. 법 제22조제4항 각 호에 따른 사용승인·준공검사 또는 등록신청 등을 받

1. 허가권자가 제2항에 따른 기간 내에 사용승인서를 교부하지 아니한 경우
2. 사용승인서를 교부받기 전에 공사가 완료된 부분이 건폐율, 용적률, 설비, 피난·방화 등 국토교통부령으로 정하는 기준에 적합한 경우로서 기간을 정하여 대통령령으로 정하는 바에 따라 임시로 사용의 승인을 한 경우

④ 건축주가 제2항에 따른 사용승인을 받은 경우에는 다음 각 호에 따른 사용승인·준공검사 또는 등록신청 등을 받거나 한 것으로 보며, 공장건축물의 경우에는 「산업집적활성화 및 공장설립에 관한 법률」 제14조의2에 따라 관련 법률의 검사 등을 받은 것으로 본다. <개정 2009.1.30, 2009.6.9, 2011.4.14, 2011.5.30, 2014.1.14>

1. 「하수도법」 제27조에 따른 배수설비(排水設備)의 준공검사 및 같은 법 제37조에 따른 개인하수처리시설의 준공검사
2. 「측량·수로조사 및 지적에 관한 법률」 제64조에 따른 지적공부(地籍公簿)의 변동사항 등록신청
3. 「승강기시설 안전관리법」 제13조에 따른 승강기 완성검사
4. 「에너지이용 합리화법」 제39조에 따른 보일러 설치검사
5. 「전기사업법」 제63조에 따른 전기설비의 사용전검사
6. 「정보통신공사업법」 제36조에 따른 정보통신공사의 사용전검사
7. 「도로법」 제62조제2항에 따른 도로점용 공사의 준공확인
8. 「국토의 계획 및 이용에 관한 법률」 제62조에 따른

제17조(건축물의 사용승인) ① 삭제 <2006.5.8>
② 건축주는 법 제22조제3항제2호에 따라 사용승인을 받기 전에 공사가 완료된 부분에 대한 임시사용의 승인을 받으려는 경우에는 국토교통부령으로 정하는 바에 따라 임시사용승인신청서를 허가권자에게 제출(전자문서에 의한 제출을 포함한다)하여야 한다. <개정 2008.10.29, 2013.3.23>
③ 허가권자는 제2항의 신청서를 접수한 경우에는 공사가 완료된 부분이 법 제22조제3항제2호에 따른 기준에 적합한 경우에만 임시사용을 승인할 수 있으며, 식수 등 조경에 필요한 조치를 하기에 부적합한 시기에 건축공사가 완료된 건축물은 허가권자가 지정하는 시기까지 식수(植樹) 등 조경에 필요한 조치를 할 것을 조건으로 임시사용을 승인할 수 있다. <개정 2008.10.29>
④ 임시사용승인의 기간은 2년 이내로 한다. 다만, 허가권자는 대형 건축물 또는 암반공사 등으로 인하여 공사기간이 긴 건축물에 대하여는 그 기간을 연장할 수 있다. <개정 2008.10.29>
⑤ 법 제22조제6항 후단에서 "대통령령으로 정하는 주요 공사의 시공자"란 다음 각 호의 어느 하나에 해당하는 자를 말한다. <개정 2008.10.29>
1. 「건설산업기본법」 제9조에 따라 종합공사를 시공하는 업종을 등록한 자로서 발주자로부터 건설공사를 도급받은 건설업자
2. 「전기공사업법」·「소방시설공사업법」 또는 「정보통신공사업법」에 따라 공사를 수행하는 시공자

거나 하기 위하여 해당 법령에서 제출하도록 의무화하고 있는 신청서 및 첨부서류(해당 사항이 있는 경우로 한정한다)
② 허가권자는 제1항에 따른 사용승인신청을 받은 경우에는 법 제22조제2항에 따라 그 신청서를 받은 날부터 7일 이내에 사용승인을 위한 현장검사를 실시하여야 하며, 현장검사에 합격된 건축물에 대하여는 별지 제18호서식의 사용승인서를 신청인에게 발급하여야 한다. <개정 2006.5.12, 2008.12.11>
[전문개정 1999.5.11]

제17조(임시사용승인신청등) ①영 제17조제2항의 규정에 의한 임시사용승인신청서는 별지 제17호서식에 의한다. <개정 1996.1.18, 1999.5.11>
②영 제17조제3항에 따라 허가권자는 건축물 및 대지의 일부가 법 제40조부터 제50조까지, 제50조의2, 제51조부터 제58조까지, 제60조부터 제62조까지, 제64조, 제67조, 제68조 및 제77조를 위반하여 건축된 경우에는 해당 건축물의 임시사용을 승인하여서는 아니된다. <개정 1996.1.18, 1999.5.11, 2000.7.4, 2006.5.12, 2008.12.11, 2012.12.12>
③허가권자는 제1항의 규정에 의한 임시사용승인신청을 받은 경우에는 당해신청

개발·행위의 준공검사 9. 「국토의 계획 및 이용에 관한 법률」 제98조에 따른 도시·군계획시설사업의 준공검사 10. 「수질 및 수생태계 보전에 관한 법률」 제37조에 따른 수질오염물질 배출시설의 가동개시의 신고 11. 「대기환경보전법」 제30조에 따른 대기오염물질 배출시설의 가동개시의 신고 12. 삭제 <2009.6.9> ⑤ 허가권자는 제2항에 따른 사용승인을 하는 경우 제4항 각 호의 어느 하나에 해당하는 내용이 포함되어 있으면 관계 행정기관의 장과 미리 협의하여야 한다. ⑥ 특별시장 또는 광역시장은 제2항에 따라 사용승인을 한 경우 지체 없이 그 사실을 군수 또는 구청장에게 알려서 건축물대장에 적게 하여야 한다. 이 경우 건축물대장에는 설계자, 대통령령으로 정하는 주요 공사의 시공자, 공사감리자를 적어야 한다. 제23조(건축물의 설계) ① 제11조제1항에 따라 건축허가를 받아야 하거나 제14조제1항에 따라 건축신고를 하여야 하는 건축물 또는 「주택법」 제42조제2항 또는 제3항에 따른 리모델링을 하는 건축물의 건축등을 위한 설계는 건축사가 아니면 할 수 없다. 다만, 다음 각 호의 어느 하나에 해당하는 경우에는 그러하지 아니하다. <개정 2014.5.28> 1. 바닥면적의 합계가 85제곱미터 미만인 증축·개축 또는 재축 2. 연면적이 200제곱미터 미만이고 층수가 3층 미만인 건축물의 대수선 3. 그 밖에 건축물의 특수성과 용도 등을 고려하여 대통	서를 받은 날부터 7일이내에 별지 제19호서식의 임시사용승인서를 신청인에게 교부하여야 한다. <신설 1999.5.11> 제17조의2 삭제 <2006.5.12>

제18조(설계도서의 작성) 법 제23조제1항제3호에서 "대통

령령으로 정하는 건축물의 건축등
② 설계자는 건축물이 이 법과 이 법에 따른 명령이나 처분, 그 밖의 관계 법령에 맞고 안전·기능 및 미관에 지장이 없도록 설계하여야 하며, 국토교통부장관이 정하여 고시하는 설계도서 작성기준에 따라 설계도서를 작성하여야 한다. 다만, 해당 건축물의 공법(工法) 등이 특수한 경우로서 국토교통부령으로 정하는 바에 따라 건축위원회의 심의를 거친 때에는 그러하지 아니한다. <개정 2013.3.23>
③ 제2항에 따라 설계도서를 작성한 설계자는 설계가 이 법과 이 법에 따른 명령이나 처분, 그 밖의 관계 법령에 맞게 작성되었는지를 확인한 후 설계도서에 서명날인하여야 한다.
④ 국토교통부장관이 국토교통부령으로 정하는 바에 따라 작성하거나 인정하는 표준설계도서나 특수한 공법을 적용한 설계도서에 따라 건축물을 건축하는 경우에는 제1항을 적용하지 아니한다. <개정 2013.3.23>

제24조(건축시공) ① 공사시공자는 제15조제2항에 따른 계약대로 성실하게 공사를 수행하여야 하며, 이 법과 이 법에 따른 명령이나 처분, 그 밖의 관계 법령에 맞게 건축물을 건축하여 건축주에게 인도하여야 한다.
② 공사시공자는 건축물(건축허가나 용도변경허가 대상인 것만 해당된다)의 공사현장에 설계도서를 갖추어 두어야 한다.
③ 공사시공자는 설계도서가 이 법과 이 법에 따른 명령이나 처분, 그 밖의 관계 법령에 맞지 아니하거나 공사의 여건상 불합리하다고 인정되면 건축주와 공사감리자의 동의를 받아 서면으로 설계자에게 설계를 변경하도

령령으로 정하는 건축물"이란 다음 각 호의 어느 하나에 해당하는 건축물을 말한다. <개정 2009.7.16, 2010.2.18, 2012.4.10>
1. 읍·면지역(시장 또는 군수가 지역계획 또는 도시·군계획에 지장이 있다고 인정하여 지정·공고한 구역은 제외한다)에서 건축하는 건축물 중 연면적이 200제곱미터 이하인 창고 및 농막(「농지법」에 따른 농막을 말한다)과 연면적 400제곱미터 이하인 축사 및 작물 재배사
2. 제15조제5항 각 호의 어느 하나에 해당하는 가설건축물로서 건축조례로 정하는 가설건축물
[전문개정 2008.10.29]

록 요청할 수 있다. 이 경우 설계자는 정당한 사유가 없으면 요청에 따라야 한다. ④ 공사시공자는 공사를 하는 데에 필요하다고 인정하거나 제25조제4항에 따라 공사감리자로부터 상세시공도면을 작성하도록 요청을 받으면 상세시공도면을 작성하여 공사감리자의 확인을 받아야 하며, 이에 따라 공사를 하여야 한다. ⑤ 공사시공자는 건축허가나 용도변경허가가 필요한 건축물의 건축공사를 착수한 경우에는 해당 건축공사의 현장에 국토교통부령으로 정하는 바에 따라 건축허가표지판을 설치하여야 한다. <개정 2013.3.23>		제18조(건축허가표지판) 법 제24조제5항에 따라 공사시공자는 건축물의 규모·용도·설계자·시공자 및 감리자 등을 표시한 건축허가표지판을 주민이 보기 쉽도록 해당건축공사 현장의 주요 출입구에 설치하여야 한다. <개정 2008.12.11> [본조신설 2006.5.12]

제25조(건축물의 공사감리) ① 건축주는 대통령령으로 정하는 용도·규모 및 구조의 건축물을 건축하는 경우 건축사나 대통령령으로 정하는 자를 공사감리자로 지정하여 공사감리를 하게 하여야 한다. 이 경우 시공에 관한 감리에 대하여 건축사를 공사감리자로 지정하는 때에는 공사시공자 본인 및 「독점규제 및 공정거래에 관한 법률」 제2조에 따른 계열회사를 공사감리자로 지정하여서는 아니 된다.
② 공사감리자는 공사감리를 할 때 이 법과 이 법에 따른 명령이나 처분, 그 밖의 관계 법령에 위반된 사항을 발견하거나 공사시공자가 설계도서대로 공사를 하지 아니하면 이를 건축주에게 알린 후 공사시공자에게 시정하거나 재시공하도록 요청하여야 하며, 공사시공자가 시정이나 재시공 요청에 따르지 아니하면 서면으로 그 건축공사를 중지하도록 요청할 수 있다. 이 경우 공사중지
	제19조(공사감리) ① 법 제25조제1항에 따라 공사감리자를 지정하여 공사감리를 하게 하는 경우에는 다음 각 호의 구분에 따른 자를 공사감리자로 지정하여야 한다. <개정 2009.7.16, 2010.12.13, 2014.5.22>
	1. 다음 각 목의 어느 하나에 해당하는 경우: 건축사
	  가. 법 제11조에 따라 건축허가를 받아야 하는 건축물(법 제14조에 따른 건축신고 대상 건축물은 제외한다)을 건축하는 경우
	  나. 제6조제1항제6호에 따른 건축물을 리모델링하는 경우
	2. 다중이용 건축물을 건축하는 경우: 「건설기술 진흥법」에 따른 건설기술용역업자(공사시공자 본인이거나 「독점규제 및 공정거래에 관한 법률」 제2조에 따른 계열회사인 건설기술용역업자는 제외한다) 또는 건축사(「건설기술 진흥법 시행령」 제60조에 따라	

를 요청받은 공사시공자는 정당한 사유가 없으면 즉시 공사를 중지하여야 한다.
③ 공사감리자는 제2항에 따라 공사시공자가 시정이나 재시공 요청을 받은 후 이에 따르지 아니하거나 공사중지 요청을 받고도 공사를 계속하면 국토교통부령으로 정하는 바에 따라 이를 허가권자에게 보고하여야 한다. <개정 2013.3.23>
④ 대통령령으로 정하는 용도 또는 규모의 공사의 공사감리자는 필요하다고 인정하면 공사시공자에게 상세시공도면을 작성하도록 요청할 수 있다.
⑤ 공사감리자는 국토교통부령으로 정하는 바에 따라 감리일지를 기록·유지하여야 하고, 공사의 공정(工程)이 대통령령으로 정하는 진도에 다다른 경우에는 감리중간보고서를, 공사를 완료한 경우에는 감리완료보고서를 국토교통부령으로 정하는 바에 따라 각각 작성하여 건축주에게 제출하여야 하며, 건축주는 제22조에 따른 건축물의 사용승인을 신청할 때 중간감리보고서와 감리완료보고서를 첨부하여 허가권자에게 제출하여야 한다. <개정 2013.3.23>
⑥ 건축주나 공사시공자는 제2항과 제3항에 따라 위반사항에 대한 시정이나 재시공을 요청하거나 위반사항을 허가권자에게 보고한 공사감리자에게 이를 이유로 공사감리자의 지정을 취소하거나 보수의 지급을 거부하거나 지연시키는 등 불이익을 주어서는 아니 된다.
⑦ 제1항에 따른 공사감리의 방법 및 범위 등은 건축물의 용도·규모 등에 따라 대통령령으로 정하되, 이에 따른 세부기준이 필요한 경우에는 국토교통부장관이 정하거나 건축사협회로 하여금 국토교통부장관의 승인을 받아 정하도록 할 수 있다. <개정 2013.3.23>

건설사업관리기술자를 배치하는 경우만 해당한다)
② 제1항에 따라 다중이용 건축물의 공사감리자를 지정하는 경우 감리원의 배치기준 및 감리대가는 「건설기술 진흥법」에서 정하는 바에 따른다. <개정 2014.5.22>
③ 법 제25조제5항에서 "공사의 공정이 대통령령으로 정하는 진도에 다다른 경우"란 공사(하나의 대지에 둘 이상의 건축물을 건축하는 경우에는 각각의 건축물에 대한 공사를 말한다)의 공정이 다음 각 호의 어느 하나에 다다른 경우를 말한다.
1. 해당 건축물의 구조가 철근콘크리트조·철골조·철골철근콘크리트조·조적조 또는 보강콘크리트블럭조인 경우에는 다음 각 목의 어느 하나에 해당하게 된 경우
  가. 기초공사 시 철근배치를 완료한 경우
  나. 지붕슬래브배근을 완료한 경우
  다. 5층 이상 건축물인 경우 지상 5개 층마다 상부 슬래브배근을 완료한 경우
2. 해당 건축물의 구조가 제1호 외의 구조인 경우에는 기초공사에서 거푸집 또는 주춧돌의 설치를 완료한 경우
④ 법 제25조제4항에서 "대통령령으로 정하는 용도 또는 규모의 공사"란 연면적의 합계가 5천 제곱미터 이상인 건축공사를 말한다.
⑤ 공사감리자는 수시로 또는 필요할 때 공사현장에서 감리업무를 수행하여야 하며, 다음 각 호의 건축공사를 감리하는 경우에는 「건축사법」 제2조제2호에 따른 건축사보(「기술사법」 제6조에 따른 기술사사무소 또는 「건축사법」 제23조제8항 각 호의 감리전문회사 등에 소속되어 있는 자로서 「국가기술자격법」에 따른 해당

제19조(감리보고서등) ①법 제25조제3항에 따라 공사감리자는 건축공사기간중 발견한 위법사항에 관하여 시정·재시공 또는 공사중지의 요청을 하였음에도 불구하고 공사시공자가 이에 따르지 아니하는 경우에는 시정등을 요청할 때에 명시한 기간이 만료되는 날부터 7일 이내에 별지 제20호서식의 위법건축공사보고서를 허가권자에게 제출(전자문서로 제출하는 것을 포함한다)하여야 한다. <개정 1999.5.11, 2007.12.13, 2008.12.11>
② 삭제 <1999.5.11>
③법 제25조제5항에 따른 감리중간보고서·감리완료보고서 및 공사감리일지는 각각 별지 제21호서식 및 별지 제22호서식에 의한다. <개정 1999.5.11, 2008.12.11>
[전문개정 1996.1.18]

⑧ 국토교통부장관은 제7항에 따라 세부기준을 정하거나 승인을 한 경우 이를 고시하여야 한다. <개정 2013.3.23> ⑨ 「주택법」 제16조에 따른 사업계획 승인 대상과 「건설기술 진흥법」 제39조제2항에 따라 건설사업관리를 하게 하는 건축물의 공사감리는 제1항부터 제8항까지의 규정에도 불구하고 각각 해당 법령으로 정하는 바에 따른다. <개정 2013.5.22>	분야 기술계 자격을 취득한 자와 「건설기술 진흥법 시행령」 제4조에 따른 건설사업관리를 수행할 자격이 있는 자를 포함한다) 중 건축 분야의 건축사보 한 명 이상을 전체 공사기간 동안, 토목·전기 또는 기계 분야의 건축사보 한 명 이상을 각 분야별 해당 공사기간 동안 각각 공사현장에서 감리업무를 수행하게 하여야 한다. 이 경우 건축사보는 해당 분야의 건축공사의 설계·시공·시험·검사·공사감독 또는 감리업무 등에 2년 이상 종사한 경력이 있는 자이어야 한다. <개정 2009.7.16, 2010.12.13, 2014.5.22> 1. 바닥면적의 합계가 5천 제곱미터 이상인 건축공사. 다만, 축사 또는 작물 재배사의 건축공사는 제외한다. 2. 연속된 5개 층(지하층을 포함한다) 이상으로서 바닥면적의 합계가 3천 제곱미터 이상인 건축공사 3. 아파트 건축공사 ⑥ 공사감리자가 수행하여야 하는 감리업무는 다음과 같다. <개정 2013.3.23> 1. 공사시공자가 설계도서에 따라 적합하게 시공하는지 여부의 확인 2. 공사시공자가 사용하는 건축자재가 관계 법령에 따른 기준에 적합한 건축자재인지 여부의 확인 3. 그 밖에 공사감리에 관한 사항으로서 국토교통부령으로 정하는 사항 ⑦ 제5항에 따라 공사현장에 건축사보를 두는 공사감리자는 다음 각 호의 구분에 따른 기간에 국토교통부령으로 정하는 바에 따라 건축사보의 배치현황을 허가권자에게 제출하여야 한다. <개정 2013.3.23> 1. 최초로 건축사보를 배치하는 경우에는 착공 예정일부터 7일	제19조의2(공사감리업무 등) ①영 제19조제6항제3호의 규정에 의하여 공사감리자는 다음 각호의 업무를 수행한다. 1. 건축물 및 대지가 관계법령에 적합하도록 공사시공자 및 건축주를 지도 2. 시공계획 및 공사관리의 적정여부의 확인 3. 공사현장에서의 안전관리의 지도

	2. 건축사보의 배치가 변경된 경우에는 변경된 날부터 7일 ⑧ 허가권자는 제7항에 따라 공사감리자로부터 건축사보의 배치현황을 받으면 지체 없이 그 배치현황을 「건축사법」에 따른 건축사협회 중에서 국토교통부장관이 지정하는 건축사협회에 보내야 한다. <개정 2013.3.23> ⑨ 제8항에 따라 건축사보의 배치현황을 받은 건축사협회는 이를 관리하여야 하며, 건축사보가 이중으로 배치된 사실 등을 발견한 경우에는 지체 없이 그 사실 등을 관계 시·도지사에게 알려야 한다. <개정 2012.12.12> [전문개정 2008.10.29]	4. 공정표의 검토 5. 상세시공도면의 검토·확인 6. 구조물의 위치와 규격의 적정여부의 검토·확인 7. 품질시험의 실시여부 및 시험성과의 검토·확인 8. 설계변경의 적정여부의 검토·확인 9. 기타 공사감리계약으로 정하는 사항 ②영 제19조제7항의 규정에 의하여 공사감리자의 건축사보 배치현황의 제출은 별지 제22호의2서식에 의한다. <신설 2005.7.18> [본조신설 1996.1.18] [제목개정 2005.7.18]
제26조(허용 오차) 대지의 측량(「측량·수로조사 및 지적에 관한 법률」에 따른 지적측량은 제외한다)이나 건축물의 건축 과정에서 부득이하게 발생하는 오차는 이 법을 적용할 때 국토교통부령으로 정하는 범위에서 허용한다. <개정 2009.6.9, 2013.3.23>		제20조(허용오차) 법 제26조에 따른 허용오차의 범위는 별표 5와 같다. <개정 2008.12.11>
제27조(현장조사·검사 및 확인업무의 대행) ① 허가권자는 이 법에 따른 현장조사·검사 및 확인업무(신고 대상 건축물에 대한 현장조사·검사 및 확인업무는 제외한다)를 대통령령으로 정하는 바에 따라 「건축사법」 제23조에 따라 건축사사무소개설신고를 한 자에게 대행하게 할 수 있다. <개정 2014.1.14> ② 제1항에 따라 업무를 대행하는 자는 현장조사·검사 또는 확인결과를 국토교통부령으로 정하는 바에 따라	제20조(현장조사·검사 및 확인업무의 대행) ① 허가권자는 법 제27조제1항에 따라 허가 대상 건축물 중 건축조례로 정하는 건축물의 건축허가, 사용승인 및 임시사용승인과 관련되는 현장조사·검사 및 확인업무를 건축사로 하여금 대행하게 할 수 있다. 이 경우 허가권자는 건축물의 사용승인 및 임시사용승인과 관련된 현장조사·검사 및 확인업무를 대행할 건축사를 다음 각 호의 기준에 따라 선정하여야 한다.	제21조(현장조사·검사업무의 대행) ①법 제27조제2항에 따라 현장조사·검사 또는

허가권자에게 서면으로 보고하여야 한다. <개정 2013.3.23> ③ 허가권자는 제1항에 따른 자에게 업무를 대행하게 한 경우 국토교통부령으로 정하는 범위에서 해당 지방자치단체의 조례로 정하는 수수료를 지급하여야 한다. <개정 2013.3.23>	1. 해당 건축물의 설계자 또는 공사감리자가 아닐 것 2. 건축주의 추천을 받지 아니하고 직접 선정할 것 ② 제1항에 따른 업무대행자의 업무범위와 업무대행절차 등에 관하여 필요한 사항은 건축조례로 정한다. [전문개정 2008.10.29]	확인업무를 대행하는 자는 허가권자에게 별지 제23호서식의 건축허가조사 및 검사조서 또는 별지 제24호서식의 사용승인조사 및 검사조서를 제출하여야 한다. <개정 2006.5.12, 2008.12.11> ②허가권자는 제1항에 따라 건축허가 또는 사용승인을 하는 것이 적합한 것으로 표시된 건축허가조사 및 검사조서 또는 사용승인조사 및 검사조서를 받은 때에는 지체 없이 건축허가서 또는 사용승인서를 교부하여야 한다. 다만, 법 제11조제2항에 따라 건축허가를 할 때 도지사의 승인이 필요한 건축물인 경우에는 미리 도지사의 승인을 받아 건축허가서를 발급하여야 한다. <개정 2006.5.12, 2008.12.11> ③허가권자는 법 제27조제3항에 따라 현장조사·검사 및 확인업무를 대행하는 자에게 「엔지니어링산업 진흥법」 제31조에 따라 산업통상자원부장관이 공고하는 엔지니어링사업 대가기준의 범위에서 건축조례로 정하는 수수료를 지급하여야 한다. <개정 1996.1.18, 2000.7.4, 2005.7.18, 2006.5.12, 2008.12.11, 2010.8.5, 2012.12.12, 2013.3.23>
제28조(공사현장의 위해 방지 등) ① 건축물의 공사시공자는 대통령령으로 정하는 바에 따라 공사현장의 위해를 방지하기 위하여 필요한 조치를 하여야 한다. ② 허가권자는 건축물의 공사와 관련하여 건축관계자간	제21조(공사현장의 위해 방지) 건축물의 시공 또는 철거에 따른 유해·위험의 방지에 관한 사항은 산업안전보건에 관한 법령에서 정하는 바에 따른다. [전문개정 2008.10.29]	

분쟁상담 등의 필요한 조치를 하여야 한다.		
제29조(공용건축물에 대한 특례) ① 국가나 지방자치단체는 제11조, 제14조, 제19조, 제20조 및 제83조에 따른 건축물을 건축·대수선·용도변경하거나 가설건축물을 건축하거나 공작물을 축조하려는 경우에는 대통령령으로 정하는 바에 따라 미리 건축물의 소재지를 관할하는 허가권자와 협의하여야 한다. <개정 2011.5.30> ② 국가나 지방자치단체가 제1항에 따라 건축물의 소재지를 관할하는 허가권자와 협의한 경우에는 제11조, 제14조, 제19조, 제20조 및 제83조에 따른 허가를 받았거나 신고한 것으로 본다. <개정 2011.5.30> ③ 제1항에 따라 협의한 건축물에는 제22조제1항부터 제3항까지의 규정을 적용하지 아니한다. 다만, 건축물의 공사가 끝난 경우에는 지체 없이 허가권자에게 통보하여야 한다.	제22조(공용건축물에 대한 특례) ① 국가 또는 지방자치단체가 법 제29조에 따라 건축물을 건축하려면 해당 건축공사를 시행하는 행정기관의 장 또는 그 위임을 받은 자는 건축공사에 착수하기 전에 그 공사에 관한 설계도서와 국토교통부령으로 정하는 관계 서류를 허가권자에게 제출(전자문서에 의한 제출을 포함한다)하여야 한다. 다만, 국가안보상 중요하거나 국가기밀에 속하는 건축물을 건축하는 경우에는 설계도서의 제출을 생략할 수 있다. <개정 2013.3.23> ② 허가권자는 제1항 본문에 따라 제출된 설계도서와 관계 서류를 심사한 후 그 결과를 해당 행정기관의 장 또는 그 위임을 받은 자에게 통지(해당 행정기관의 장 또는 그 위임을 받은 자가 원하거나 전자문서로 제1항에 따른 설계도서 등을 제출한 경우에는 전자문서로 알리는 것을 포함한다)하여야 한다. ③ 국가 또는 지방자치단체는 법 제29조제3항 단서에 따라 건축물의 공사가 완료되었음을 허가권자에게 통보하는 경우에는 국토교통부령으로 정하는 관계 서류를 첨부하여야 한다. <개정 2013.3.23> [전문개정 2008.10.29]	제22조(공용건축물의 건축에 있어서의 제출서류) ①영 제22조제1항에서 "국토교통부령으로 정하는 관계 서류"란 제6조·제12조·제12조의2의 규정에 의한 관계도서 및 서류(전자문서를 포함한다)를 말한다. <개정 1996.1.18, 1999.5.11, 2006.5.12, 2007.12.13, 2008.3.14, 2010.8.5, 2013.3.23> ②영 제22조제3항에서 "국토교통부령으로 정하는 관계 서류"란 다음 각 호의 서류(전자문서를 포함한다)를 말한다. <신설 2006.5.12, 2007.12.13, 2008.3.14, 2010.8.5, 2013.3.23> 1. 별지 제17호서식의 사용승인신청서. 이 경우 구비서류는 현황도면에 한한다. 2. 별지 제24호서식의 사용승인조사 및 검사조서
제30조(건축통계 등) ① 허가권자는 다음 각 호의 사항(이하 "건축통계"라 한다)을 국토교통부령으로 정하는 바에 따라 국토교통부장관이나 시·도지사에게 보고하여야 한다. <개정 2013.3.23> 1. 제11조에 따른 건축허가 현황 2. 제14조에 따른 건축신고 현황 3. 제19조에 따른 용도변경허가 및 신고 현황		

4. 제21조에 따른 착공신고 현황 5. 제22조에 따른 사용승인 현황 6. 그 밖에 대통령령으로 정하는 사항 ② 건축통계의 작성 등에 필요한 사항은 국토교통부령으로 정한다. <개정 2013.3.23> 제31조(건축행정 전산화) ① 국토교통부장관은 이 법에 따른 건축행정 관련 업무를 전산처리하기 위하여 종합적인 계획을 수립·시행할 수 있다. <개정 2013.3.23> ② 허가권자는 제10조, 제11조, 제14조, 제16조, 제19조부터 제22조까지, 제25조, 제29조, 제30조, 제35조, 제36조, 제38조, 제83조 및 제92조에 따른 신청서, 신고서, 첨부서류, 통지, 보고 등을 디스켓, 디스크 또는 정보통신망 등으로 제출하게 할 수 있다. 제32조(건축허가 업무 등의 전산처리 등) ① 허가권자는 건축허가 업무 등의 효율적인 처리를 위하여 국토교통부령으로 정하는 바에 따라 전자정보처리 시스템을 이용하여 이 법에 규정된 업무를 처리할 수 있다. <개정 2013.3.23> ② 제1항에 따른 전자정보처리 시스템에 따라 처리된 자료(이하 "전산자료"라 한다)를 이용하려는 자는 대통령령으로 정하는 바에 따라 관계 중앙행정기관의 장의 심사를 거쳐 다음 각 호의 구분에 따라 국토교통부장관, 시·도지사 또는 시장·군수·구청장의 승인을 받아야 한다. 다만, 지방자치단체의 장이 승인을 신청하는 경우에는 관계 중앙행정기관의 장의 심사를 받지 아니한다. <개정 2013.3.23, 2014.1.14> 1. 전국 단위의 전산자료: 국토교통부장관	제22조의2(건축 허가업무 등의 전산처리 등) ① 법 제32조 제2항 각 호 외의 부분 본문에 따라 같은 조 제1항에 따른 전자정보처리 시스템으로 처리된 자료(이하 "전산자료"라 한다)를 이용하려는 자는 관계 중앙행정기관의 장의 심사를 받기 위하여 다음 각 호의 사항을 적은 신청서를 관계 중앙행정기관의 장에게 제출하여야 한다. 1. 전산자료의 이용 목적 및 근거 2. 전산자료의 범위 및 내용 3. 전산자료를 제공받는 방식	제22조의2(전자정보처리시스템의 이용) ① 법 제32조제1항에 따라 허가권자는 정보통신망 이용환경의 미비, 전산장애 등 불가피한 경우를 제외하고는 전자정보시스템을 이용하여 건축허가 등의 업무를 처리하여야 한다. ② 제1항에 따른 전자정보처리시스템의 구축, 운영 및 관리에 관한 세부적인 사항은 국토교통부장관이 정한다. <개정 2013.3.23> [본조신설 2010.8.5] [종전 제22조의2는 제22조의3으로 이동 <2010.8.5>]

2. 특별시·광역시·특별자치시·도·특별자치도(이하 "시·도"라 한다) 단위의 전산자료: 시·도지사 3. 시·군 또는 구(자치구를 말한다) 단위의 전산자료: 시장·군수·구청장 ③ 국토교통부장관, 시·도지사 또는 시장·군수·구청장이 제2항에 따른 승인신청을 받은 경우에는 건축허가 업무 등의 효율적인 처리에 지장이 없고 대통령령으로 정하는 건축주 등의 개인정보 보호기준을 위반하지 아니한다고 인정되는 경우에만 승인할 수 있다. 이 경우 용도를 한정하여 승인할 수 있다. <개정 2013.3.23> ④ 제2항에 따른 승인을 받아 전산자료를 이용하려는 자는 사용료를 내야 한다. ⑤ 제1항부터 제4항까지의 규정에 따른 전자정보처리 시스템의 운영에 관한 사항, 전산자료의 이용 대상 범위와 심사기준, 승인절차, 사용료 등에 관하여 필요한 사항은 대통령령으로 정한다.	4. 전산자료의 보관방법 및 안전관리대책 등 ② 제1항에 따라 전산자료를 이용하려는 자는 전산자료의 이용목적에 맞는 최소한의 범위에서 신청하여야 한다. ③ 제1항에 따른 신청을 받은 관계 중앙행정기관의 장은 다음 각 호의 사항을 심사한 후 신청받은 날부터 15일 이내에 그 심사결과를 신청인에게 알려야 한다. 1. 제1항 각 호의 사항에 대한 타당성·적합성 및 공익성 2. 법 제32조제3항에 따른 개인정보 보호기준에의 적합 여부 3. 전산자료의 이용목적 외 사용방지 대책의 수립 여부 ④ 법 제32조제2항에 따라 전산자료 이용의 승인을 받으려는 자는 국토교통부령으로 정하는 건축행정 전산자료 이용승인 신청서에 제3항에 따른 심사결과를 첨부하여 국토교통부장관, 시·도지사 또는 시장·군수·구청장에게 제출하여야 한다. 다만, 중앙행정기관의 장 또는 지방자치단체의 장이 전산자료를 이용하려는 경우에는 전산자료 이용의 근거·목적 및 안전관리대책 등을 적은 문서로 승인을 신청할 수 있다. <개정 2013.3.23> ⑤ 법 제32조제3항 전단에서 "대통령령으로 정하는 건축주 등의 개인정보 보호기준"이란 다음 각 호의 기준을 말한다. 1. 신청한 전산자료는 그 자료에 포함되어 있는 성명·주민등록번호 등의 사항에 따라 특정 개인임을 알 수 있는 정보(해당 정보만으로는 특정개인을 식별할 수 없더라도 다른 정보와 쉽게 결합하여 식별할 수 있는 정보를 포함한다), 그 밖에 개인의 사생활을 침해할 우려가 있는 정보가 아닐 것. 다만, 개인의 동의가 있	제22조의3(건축 허가업무 등의 전산처리 등) 영 제22조의2제4항에 따라 전산자료 이용의 승인을 얻으려는 자는 별지 제24호의2서식의 건축행정전산자료 이용승인 신청서를 국토교통부장관, 특별시장·광역시장·도지사 또는 특별자치도지사(이하 "시·도지사"라 한다)나 시장·군수·구청장에게 제출하여야 한다. <개정 2008.3.14, 2011.6.29, 2013.3.23> [본조신설 2006.5.12] [제22조의2에서 이동 <2010.8.5>]

	거나 다른 법률에 근거가 있는 경우에는 이용하게 할 수 있다. 2. 제1호 단서에 따라 개인정보가 포함된 전산자료를 이용하는 경우에는 전산자료의 이용목적 외의 사용 또는 외부로의 누출·분실·도난 등을 방지할 수 있는 안전관리대책이 마련되어 있을 것 ⑥ 국토교통부장관, 시·도지사 또는 시장·군수·구청장은 법 제32조제3항에 따라 전산자료의 이용을 승인하였으면 그 승인한 내용을 기록·관리하여야 한다. <개정 2013.3.23> [전문개정 2008.10.29]
제33조(전산자료의 이용자에 대한 지도·감독) ① 국토교통부장관, 시·도지사 또는 시장·군수·구청장은 필요하다고 인정되면 전산자료의 보유 또는 관리 등에 관한 사항에 관하여 제32조에 따라 전산자료를 이용하는 자를 지도·감독할 수 있다. <개정 2013.3.23> ② 제1항에 따른 지도·감독의 대상 및 절차 등에 관하여 필요한 사항은 대통령령으로 정한다.	제22조의3(전산자료의 이용자에 대한 지도·감독의 대상 등) ① 법 제33조제1항에 따라 전산자료를 이용하는 자에 대하여 그 보유 또는 관리 등에 관한 사항을 지도·감독하는 대상은 다음 각 호의 구분에 따른 전산자료(다른 법령에 따라 제공받은 전산자료를 포함한다)를 이용하는 자로 한다. 다만, 국가 및 지방자치단체는 제외한다. <개정 2013.3.23> 1. 국토교통부장관: 연간 50만 건 이상 전국 단위의 전산자료를 이용하는 자 2. 시·도지사: 연간 10만 건 이상 시·도 단위의 전산자료를 이용하는 자 3. 시장·군수·구청장: 연간 5만 건 이상 시·군·구 단위의 전산자료를 이용하는 자 ② 국토교통부장관, 시·도지사 또는 시장·군수·구청장은 법 제33조제1항에 따른 지도·감독을 위하여 필요한 경우에는 제1항에 따른 지도·감독 대상에 해당하는 자에 대하여 다음 각 호의 자료를 제출하도록 요구할

	수 있다. <개정 2013.3.23> 1. 전산자료의 이용실태에 관한 자료 2. 전산자료의 이용에 따른 안전관리대책에 관한 자료 ③ 제2항에 따라 자료제출을 요구받은 자는 정당한 사유가 있는 경우를 제외하고는 15일 이내에 관련 자료를 제출하여야 한다. ④ 국토교통부장관, 시·도지사 또는 시장·군수·구청장은 법 제33조제1항에 따라 전산자료의 이용실태에 관한 현지조사를 하려면 조사대상자에게 조사 목적·내용, 조사자의 인적사항, 조사 일시 등을 3일 전까지 알려야 한다. <개정 2013.3.23> ⑤ 국토교통부장관, 시·도지사 또는 시장·군수·구청장은 제4항에 따른 현지조사 결과를 조사대상자에게 알려야 하며, 조사 결과 필요한 경우에는 시정을 요구할 수 있다. <개정 2013.3.23> [전문개정 2008.10.29]	
제34조(건축종합민원실의 설치) 특별자치시장·특별자치도지사 또는 시장·군수·구청장은 대통령령으로 정하는 바에 따라 건축허가, 건축신고, 사용승인 등 건축과 관련된 민원을 종합적으로 접수하여 처리할 수 있는 민원실을 설치·운영하여야 한다. <개정 2014.1.14>	제22조의4(건축에 관한 종합민원실) ① 법 제34조에 따라 특별자치도 또는 시·군·구에 설치하는 민원실은 다음 각 호의 업무를 처리한다. 1. 법 제22조에 따른 사용승인에 관한 업무 2. 법 제27조제1항에 따라 건축사가 현장조사·검사 및 확인업무를 대행하는 건축물의 건축허가와 사용승인 및 임시사용승인에 관한 업무 3. 건축물대장의 작성 및 관리에 관한 업무 4. 복합민원의 처리에 관한 업무 5. 건축허가·건축신고 또는 용도변경에 관한 상담 업무 6. 건축관계자 사이의 분쟁에 대한 상담 7. 그 밖에 특별자치도지사 또는 시장·군수·구청장이	

	주민의 편익을 위하여 필요하다고 인정하는 업무 ② 제1항에 따른 민원실은 민원인의 이용에 편리한 곳에 설치하고, 그 조직 및 기능에 관하여는 특별자치도 또는 시·군·구의 규칙으로 정한다. [전문개정 2008.10.29]
제3장 건축물의 유지와 관리	**제3장 건축물의 유지와 관리** <개정 2008.10.29>
제35조(건축물의 유지·관리) ① 건축물의 소유자나 관리자는 건축물, 대지 및 건축설비를 제40조부터 제50조까지, 제50조의2, 제51조부터 제58조까지, 제60조부터 제64조까지, 제65조의2, 제67조 및 제68조와 「녹색건축물 조성 지원법」 제15조부터 제17조까지의 규정에 적합하도록 유지·관리하여야 한다. 이 경우 제65조의2 및 「녹색건축물 조성 지원법」 제16조·제17조는 인증을 받은 경우로 한정한다. <개정 2011.5.30, 2014.1.14, 2014.5.28>	제23조(건축물의 유지·관리) 건축물의 소유자나 관리자는 건축물, 대지 및 건축설비를 법 제35조제1항에 따라 유지·관리하여야 한다. [전문개정 2012.7.19]
② 건축물의 소유자나 관리자는 건축물의 유지·관리를 위하여 대통령령으로 정하는 바에 따라 정기점검 및 수시점검을 실시하고, 그 결과를 허가권자에게 보고하여야 한다. <신설 2012.1.17> ③ 제1항 및 제2항에 따른 건축물 유지·관리의 기준 및 절차 등에 관하여 필요한 사항은 대통령령으로 정한다. <개정 2012.1.17>	제23조의2(정기점검 및 수시점검 실시) ① 법 제35조제2항에 따라 다음 각 호의 어느 하나에 해당하는 건축물의 소유자나 관리자는 해당 건축물의 사용승인일을 기준으로 10년이 지난 날(사용승인일을 기준으로 10년이 지난 날 이후 정기점검과 같은 항목과 기준으로 제5항에 따른 수시점검을 실시한 경우에는 그 수시점검을 완료한 날을 말하며, 이하 이 조 및 제120조제6호에서 "기준일"이라 한다)부터 2년마다 한 번 정기점검을 실시하여야 한다. <개정 2013.11.20, 2013.12.30> 1. 다중이용 건축물 2. 「집합건물의 소유 및 관리에 관한 법률」의 적용을 받는 집합건축물로서 연면적의 합계가 3천제곱미터

	이상인 건축물. 다만, 「주택법」 제43조에 따른 관리주체 등이 관리하는 공동주택은 제외한다. 3. 「다중이용업소의 안전관리에 관한 특별법」 제2조제1항제1호에 따른 다중이용업의 용도로 쓰는 건축물로서 해당 지방자치단체의 건축조례로 정하는 건축물 ② 특별자치도지사 또는 시장·군수·구청장은 제1항에 따른 정기점검(이하 "정기점검"이라 한다)을 실시하여야 하는 건축물의 소유자나 관리자에게 정기점검 대상 건축물이라는 사실과 정기점검 실시 절차를 기준일부터 2년이 되는 날의 3개월 전까지 미리 알려야 한다. ③ 제2항에 따른 통지는 문서, 팩스, 전자우편, 휴대전화에 의한 문자메시지 등으로 할 수 있다. ④ 특별자치도지사 또는 시장·군수·구청장은 정기점검 결과 위법사항이 없고, 제23조의3제1항제2호부터 제4호까지 및 제6호에 따른 항목의 점검 결과가 제23조의6제1항에 따른 건축물의 유지·관리의 세부기준에 따라 우수하다고 인정되는 건축물에 대해서는 정기점검을 다음 한 차례에 한정하여 면제할 수 있다. ⑤ 법 제35조제2항에 따라 제1항 각 호의 어느 하나에 해당하는 건축물의 소유자나 관리자는 화재, 침수 등 재해나 재난으로부터 건축물의 안전을 확보하기 위하여 필요한 경우에는 해당 지방자치단체의 건축조례로 정하는 바에 따라 수시점검을 실시하여야 한다. <개정 2013.11.20.> ⑥ 건축물의 소유자나 관리자가 정기점검이나 제5항에 따른 수시점검(이하 "수시점검"이라 한다)을 실시하는 경우에는 다음 각 호의 어느 하나에 해당하는 자(이하 "유지·관리 점검자"라 한다)로 하여금 정기점검 또는 수시점검 업무를 수행하도록 하여야 한다. <개정	제23조(건축물의 유지·관리 점검 등) ① 영 제23조의2제6항 각 호의 어느 하나에 해당하는 자는 영 제23조의2제1항에 따른 정기점검(이하 "정기점검"이라 한다) 또는 영 제23조의2제5항에 따른 수시점검

	2014.5.22> 1. 「건축사법」 제23조제1항에 따라 건축사사무소개설신고를 한 자 2. 「건설기술 진흥법」 제26조제1항에 따라 등록한 건설기술용역업자 3. 「시설물의 안전관리에 관한 특별법」 제9조제1항에 따라 등록한 건축 분야 안전진단전문기관 [본조신설 2012.7.19] 제23조의3(정기점검 및 수시점검 사항) ① 정기점검 및 수시점검의 항목은 다음 각 호와 같다. 다만, 「시설물의 안전관리에 관한 특별법」 제2조제2호 또는 제3호에 따른 1종시설물 또는 2종시설물인 건축물에 대해서는 제3호에 따른 구조안전 항목의 점검을 생략하여야 한다. <개정 2013.2.20> 1. 대지: 법 제40조, 제42조부터 제44조까지 및 제47조에 적합한지 여부 2. 높이 및 형태: 법 제55조, 제56조, 제58조, 제60조 및 제61조에 적합한지 여부 3. 구조안전: 법 제48조에 적합한지 여부 4. 화재안전: 법 제49조부터 제53조까지의 규정에 적합한지 여부 5. 건축설비: 법 제62조부터 제64조까지의 규정에 적합한지 여부 6. 에너지 및 친환경 관리 등: 법 제64조의2, 제65조의2와 「녹색건축물 조성 지원법」 제15조제1항, 제16조 및 제17조에 적합한지 여부 ② 유지ㆍ관리 점검자는 정기점검 및 수시점검 업무를 수행하는 경우 제1항 각 호의 항목 외에 건축물의 안전	(이하 "수시점검"이라 한다) 업무를 수행한 후 건축물의 소유자나 관리자에게 별지 제24호의3서식의 건축물 유지ㆍ관리 정기(수시) 점검표를 제출하여야 한다. ② 영 제23조의5제1항에 따라 건축물의 소유자나 관리자가 정기점검 또는 수시점검의 결과를 보고하는 경우에는 특별자치도지사 또는 시장ㆍ군수ㆍ구청장에게 별지 제24호의4서식의 건축물 유지ㆍ관리 정기(수시) 점검보고서에 별지 제24호의3서식의 건축물 유지ㆍ관리 정기(수시) 점검표를 첨부하여 제출하여야 한다. [전문개정 2012.7.19]

강화 방안 및 에너지 절감 방안 등에 관한 의견을 제시하여야 한다.
[본조신설 2012.7.19]

제23조의4(건축물 점검 관련 정보의 제공) 건축물의 소유자나 관리자는 정기점검이나 수시점검을 실시하는 데 필요한 경우에는 특별자치도지사 또는 시장·군수·구청장에게 해당 건축물의 설계도서 등 관련 정보의 제공을 요청할 수 있다. 이 경우 해당 특별자치도지사 또는 시장·군수·구청장은 특별한 사유가 없으면 관련 정보를 제공하여야 한다.
[본조신설 2012.7.19]

제23조의5(건축물의 점검 결과 보고) ① 건축물의 소유자나 관리자는 정기점검이나 수시점검을 실시하였을 때에는 그 점검을 마친 날부터 30일 이내에 해당 특별자치도지사 또는 시장·군수·구청장에게 결과를 보고하여야 한다.
② 삭제 <2013.11.20>
[본조신설 2012.7.19]
[제목개정 2013.11.20]

제23조의6(유지·관리의 세부기준 등) ① 국토교통부장관은 다음 각 호의 사항을 포함한 건축물의 유지·관리 및 정기점검·수시점검 실시에 관한 세부기준을 정하여 고시하여야 한다. <개정 2013.3.23>
1. 유지·관리 점검자의 선정
2. 정기점검 및 수시점검 대가(代價)의 기준
3. 정기점검 및 수시점검의 항목별 점검방법

	4. 정기점검 및 수시점검에 필요한 설계도서 등 점검 관련 자료의 수집 범위 및 검토 방법 5. 그 밖에 건축물의 유지·관리 등과 관련하여 국토교통부장관이 필요하다고 인정하는 사항 ② 국토교통부장관은 건축물의 소유자나 관리자와 유지·관리 점검자가 공정하게 계약을 체결하도록 하기 위하여 정기점검 및 수시점검에 관한 표준계약서를 정하여 보급할 수 있다. <개정 2013.3.23> [본조신설 2012.7.19]	
제36조(건축물의 철거 등의 신고) ① 건축물의 소유자나 관리자는 건축물을 철거하려면 철거를 하기 전에 특별자치시장·특별자치도지사 또는 시장·군수·구청장에게 신고하여야 한다. <개정 2014.1.14> ② 건축물의 소유자나 관리자는 건축물이 재해로 멸실된 경우 멸실 후 30일 이내에 신고하여야 한다. ③ 제1항과 제2항에 따른 신고의 대상이 되는 건축물과 신고 절차 등에 관하여는 국토교통부령으로 정한다. <개정 2013.3.23>		제24조(건축물 철거·멸실의 신고) ①법 제36조제1항에 따라 법 제11조 및 제14조에 따른 허가를 받았거나 신고를 한 건축물을 철거하려는 자는 철거예정일 7일 전까지 별지 제25호서식의 건축물철거·멸실신고서(전자문서로 된 신고서를 포함한다. 이하 이 조에서 같다)에 다음 각 호의 사항을 규정한 해체공사계획서를 첨부하여 특별자치도지사 또는 시장·군수·구청장에게 제출하여야 한다. 이 경우 철거 대상 건축물이 「산업안전보건법」 제38조의2제2항에 따른 기관석면조사 대상 건축물에 해당하는 때에는 「산업안전보건법」 제38조의2제2항에 따른 기관석면조사결과 사본을 추가로 첨부하여야 한다. <개정 1994.7.21, 1996.1.18, 2004.11.29, 2008.12.11, 2010.8.5, 2012.12.12> 1. 층별·위치별 해체작업의 방법 및 순서

		2. 건설폐기물의 적치 및 반출 계획 3. 공사현장 안전조치 계획 ② 법 제11조에 따른 허가대상 건축물이 멸실된 경우에는 법 제36조제2항에 따라 별지 제25호서식의 건축물 철거·멸실신고서를 특별자치도지사 또는 시장·군수·구청장에게 제출(전자문서로 제출하는 것을 포함한다)하여야 한다. <개정 1996.1.18., 1999.5.11., 2007.12.13, 2008.12.11, 2010.8.5> ③ 특별자치도지사 또는 시장·군수·구청장은 제1항에 따라 제출된 건축물철거·멸실신고서를 검토하여 석면이 함유된 것으로 확인된 경우에는 지체 없이 「산업안전보건법」 제38조의2제4항에 따른 권한을 같은 법 시행령 제46조제1항에 따라 위임받은 지방고용노동관서의 장 및 「폐기물관리법」 제17조제3항에 따른 권한을 같은 법 시행령 제37조에 따라 위임받은 특별시장·광역시장·도지사 또는 유역환경청장·지방환경청장에게 해당 사실을 통보하여야 한다. <신설 2005.10.20, 2006.5.12, 2010.8.5, 2011.6.29, 2012.12.12> ④ 특별자치도지사 또는 시장·군수·구청장은 제1항 및 제2항에 따라 건축물철거·멸실신고서를 제출받은 때에는 별지 제25호의2 서식의 건축물철거·멸실신고필증을 신고인에게 교부하여야 하며, 건

		축물의 철거·멸실 여부를 확인한 후 건축물대장에서 철거·멸실된 건축물의 내용을 말소하여야 한다. <신설 2006.5.12, 2010.8.5>
		제24조의2(건축물 석면의 제거·처리) 제14조제5항에 따라 석면이 함유된 건축물을 증축·개축·대수선하거나 제24조제1항 및 제3항에 따라 석면이 함유된 건축물을 철거하는 경우에는 「산업안전보건법」 등 관계 법령에 적합하게 석면을 먼저 제거·처리한 후 건축물을 증축·개축·대수선 또는 철거하여야 한다. [본조신설 2010.8.5]
제37조(건축지도원) ① 특별자치시장·특별자치도지사 또는 시장·군수·구청장은 이 법 또는 이 법에 따른 명령이나 처분에 위반되는 건축물의 발생을 예방하고 건축물을 적법하게 유지·관리하도록 지도하기 위하여 대통령령으로 정하는 바에 따라 건축지도원을 지정할 수 있다. <개정 2014.1.14> ② 제1항에 따른 건축지도원의 자격과 업무 범위 등은 대통령령으로 정한다.	제24조(건축지도원) ① 법 제37조에 따른 건축지도원(이하 "건축지도원"이라 한다)은 특별자치도지사 또는 시장·군수·구청장이 특별자치도 또는 시·군·구에 근무하는 건축직렬의 공무원과 건축에 관한 학식이 풍부한 자로서 건축조례로 정하는 자격을 갖춘 자 중에서 지정한다. <개정 2012.7.19> ② 건축지도원의 업무는 다음 각 호와 같다. 1. 건축신고를 하고 건축 중에 있는 건축물의 시공 지도와 위법 시공 여부의 확인·지도 및 단속 2. 건축물의 대지, 높이 및 형태, 구조 안전 및 화재 안전, 건축설비 등이 법령등에 적합하게 유지·관리되고 있는지의 확인·지도 및 단속 3. 허가를 받지 아니하거나 신고를 하지 아니하고 건축하거나 용도변경한 건축물의 단속 ③ 건축지도원은 제2항의 업무를 수행할 때에는 권한을	

제38조(건축물대장) ① 특별자치시장·특별자치도지사 또는 시장·군수·구청장은 건축물의 소유·이용 및 유지·관리 상태를 확인하거나 건축정책의 기초 자료로 활용하기 위하여 다음 각 호의 어느 하나에 해당하면 건축물대장에 건축물과 그 대지의 현황을 적어서 보관하여야 한다. <개정 2012.1.17, 2014.1.14> 1. 제22조제2항에 따라 사용승인서를 내준 경우 2. 제11조에 따른 건축허가 대상 건축물(제14조에 따른 신고 대상 건축물을 포함한다) 외의 건축물의 공사를 끝낸 후 기재를 요청한 경우 3. 제35조에 따른 건축물의 유지·관리에 관한 사항 4. 그 밖에 대통령령으로 정하는 경우 ② 제1항에 따른 건축물대장의 서식, 기재 내용, 기재 절차, 그 밖에 필요한 사항은 국토교통부령으로 정한다. <개정 2013.3.23>	나타내는 증표를 지니고 관계인에게 내보여야 한다. ④ 건축지도원의 지정 절차, 보수 기준 등에 관하여 필요한 사항은 건축조례로 정한다. [전문개정 2008.10.29] 제25조(건축물대장) 법 제38조제1항제4호에서 "대통령령으로 정하는 경우"란 다음 각 호의 어느 하나에 해당하는 경우를 말한다. <개정 2012.7.19, 2013.3.23> 1. 「집합건물의 소유 및 관리에 관한 법률」 제56조 및 제57조에 따른 건축물대장의 신규등록 및 변경등록의 신청이 있는 경우 2. 법 시행일 전에 법령등에 적합하게 건축되고 유지·관리된 건축물의 소유자가 그 건축물의 건축물관리대장이나 그 밖에 이와 비슷한 공부(公簿)를 법 제38조에 따른 건축물대장에 옮겨 적을 것을 신청한 경우 3. 그 밖에 기재내용의 변경 등이 필요한 경우로서 국토교통부령으로 정하는 경우 [전문개정 2008.10.29]	

제39조(등기촉탁) ① 특별자치시장·특별자치도지사 또는 시장·군수·구청장은 다음 각 호의 어느 하나에 해당하는 사유로 건축물대장의 기재 내용이 변경되는 경우(제2호의 경우 신규 등록은 제외한다) 관할 등기소에 그 등기를 촉탁할 수 있다. 이 경우 제1호와 제4호의 등기촉탁은 지방자치단체가 자기를 위하여 하는 등기로 본다. <개정 2014.1.14> 1. 지번이나 행정구역의 명칭이 변경된 경우 2. 제22조에 따른 사용승인을 받은 건축물로서 사용승인 내용 중 건축물의 면적·구조·용도 및 층수가 변경된 경우 3. 제36조제1항에 따른 건축물의 철거신고에 따라 철거한 경우 4. 제36조제2항에 따른 건축물의 멸실 후 멸실신고를 한 경우 ② 제1항에 따른 등기촉탁의 절차에 관하여 필요한 사항은 국토교통부령으로 정한다. <개정 2013.3.23>	
제4장 건축물의 대지와 도로	**제4장 건축물의 대지와 도로** 제26조 삭제 <1999.4.30>
제40조(대지의 안전 등) ① 대지는 인접한 도로면보다 낮아서는 아니 된다. 다만, 대지의 배수에 지장이 없거나 건축물의 용도상 방습(防濕)의 필요가 없는 경우에는 인접한 도로면보다 낮아도 된다. ② 습한 토지, 물이 나올 우려가 많은 토지, 쓰레기, 그 밖에 이와 유사한 것으로 매립된 토지에 건축물을 건축하는 경우에는 성토(盛土), 지반 개량 등 필요한 조치를	

하여야 한다. ③ 대지에는 빗물과 오수를 배출하거나 처리하기 위하여 필요한 하수관, 하수구, 저수탱크, 그 밖에 이와 유사한 시설을 하여야 한다. ④ 손궤(손궤: 무너져 내림)의 우려가 있는 토지에 대지를 조성하려면 국토교통부령으로 정하는 바에 따라 옹벽을 설치하거나 그 밖에 필요한 조치를 하여야 한다. <개정 2013.3.23>		제25조(대지의 조성) 법 제40조제4항에 따라 손궤의 우려가 있는 토지에 대지를 조성하는 경우에는 다음 각 호의 조치를 하여야 한다. 다만, 건축사 또는 「국가기술자격법」에 따른 건축구조기술사에 의하여 해당 토지의 구조안전이 확인된 경우는 그러하지 아니하다. <개정 2000.7.4, 2005.7.18, 2008.12.11, 2012.12.12> 1. 성토 또는 절토하는 부분의 경사도가 1:1.5이상으로서 높이가 1미터이상인 부분에는 옹벽을 설치할 것 2. 옹벽의 높이가 2미터이상인 경우에는 이를 콘크리트구조로 할 것. 다만, 별표 6의 옹벽에 관한 기술적 기준에 적합한 경우에는 그러하지 아니하다. 3. 옹벽의 외벽면에는 이의 지지 또는 배수를 위한 시설외의 구조물이 밖으로 튀어 나오지 아니하게 할 것 [전문개정 1999.5.11]
제41조(토지 굴착 부분에 대한 조치 등) ① 공사시공자는 대지를 조성하거나 건축공사를 하기 위하여 토지를 굴착하는 경우 그 굴착 부분에는 국토교통부령으로 정하는 바에 따라 위험 발생의 방지, 환경 보존, 그 밖에 필요한 조치를 한 후 해당 공사현장에 그 사실을 게시하여야 한		제26조(토지의 굴착부분에 대한 조치) ①법 제41조제1항에 따라 대지를 조성하거나 건축공사에 수반하는 토지를 굴착하는 경우에는 다음 각 호에 따른 위험발생의 방지조치를 하여야 한다. <개정

다. <개정 2013.3.23> ② 허가권자는 제1항을 위반한 자에게 의무이행에 필요한 조치를 명할 수 있다.		2008.12.11> 1. 지하에 묻은 수도관·하수도관·가스관 또는 케이블등이 토지굴착으로 인하여 파손되지 아니하도록 할 것 2. 건축물 및 공작물에 근접하여 토지를 굴착하는 경우에는 그 건축물 및 공작물의 기초 또는 지반의 구조내력의 약화를 방지하고 급격한 배수를 피하는 등 토지의 붕괴에 의한 위해를 방지하도록 할 것 3. 토지를 깊이 1.5미터 이상 굴착하는 경우에는 그 경사도가 별표 7에 의한 비율이하이거나 주변상황에 비추어 위해방지에 지장이 없다고 인정되는 경우를 제외하고는 토압에 대하여 안전한 구조의 흙막이를 설치할 것 4. 굴착공사 및 흙막이 공사의 시공중에는 항상 점검을 하여 흙막이의 보강, 적절한 배수조치등 안전상태를 유지하도록 하고, 흙막이판을 제거하는 경우에는 주변지반의 내려앉음을 방지하도록 할 것 ②성토부분·절토부분 또는 되메우기를 하지 아니하는 굴착부분의 비탈면으로서 제25조에 따른 옹벽을 설치하지 아니하는 부분에 대하여는 법 제41조제1항에 따라 다음 각 호에 따른 환경의 보전을 위한 조치를 하여야 한다. <개정 1996.1.18, 1999.5.11, 2008.12.11>

		1. 배수를 위한 수로는 돌 또는 콘크리트를 사용하여 토양의 유실을 막을 수 있도록 할 것 2. 높이가 3미터를 넘는 경우에는 높이 3미터 이내마다 그 비탈면적의 5분의 1 이상에 해당하는 면적의 단을 만들 것. 다만, 허가권자가 그 비탈면의 토질·경사도등을 고려하여 붕괴의 우려가 없다고 인정하는 경우에는 그러하지 아니하다. 3. 비탈면에는 토양의 유실방지와 미관의 유지를 위하여 나무 또는 잔디를 심을 것. 다만, 나무 또는 잔디를 심는 것으로는 비탈면의 안전을 유지할 수 없는 경우에는 돌붙이기를 하거나 콘크리트 블록격자등의 구조물을 설치하여야 한다.
제42조(대지의 조경) ① 면적이 200제곱미터 이상인 대지에 건축을 하는 건축주는 용도지역 및 건축물의 규모에 따라 해당 지방자치단체의 조례로 정하는 기준에 따라 대지에 조경이나 그 밖에 필요한 조치를 하여야 한다. 다만, 조경이 필요하지 아니한 건축물로서 대통령령으로 정하는 건축물에 대하여는 조경 등의 조치를 하지 아니할 수 있으며, 옥상 조경 등 대통령령으로 따로 기준을 정하는 경우에는 그 기준에 따른다. ② 국토교통부장관은 식재(植栽) 기준, 조경 시설물의 종류 및 설치방법, 옥상 조경의 방법 등 조경에 필요한 사항을 정하여 고시할 수 있다. <개정 2013.3.23>	제27조(대지의 조경) ① 법 제42조제1항 단서에 따라 다음 각 호의 어느 하나에 해당하는 건축물에 대하여는 조경 등의 조치를 하지 아니할 수 있다. <개정 2009.7.16, 2010.12.13, 2012.4.10, 2012.12.12, 2013.3.23> 1. 녹지지역에 건축하는 건축물 2. 면적 5천 제곱미터 미만인 대지에 건축하는 공장 3. 연면적의 합계가 1천500제곱미터 미만인 공장 4. 「산업집적활성화 및 공장설립에 관한 법률」 제2조	

		제14호에 따른 산업단지의 공장	
		5. 대지에 염분이 함유되어 있는 경우 또는 건축물 용도의 특성상 조경 등의 조치를 하기가 곤란하거나 조경 등의 조치를 하는 것이 불합리한 경우로서 건축조례로 정하는 건축물	
		6. 축사	
		7. 법 제20조제1항에 따른 가설건축물	
		8. 연면적의 합계가 1천500제곱미터 미만인 물류시설(주거지역 또는 상업지역에 건축하는 것은 제외한다)로서 국토교통부령으로 정하는 것	제26조의2(대지안의 조경) 영 제27조제1항 제8호에서 "국토교통부령으로 정하는 것"이란 「물류정책기본법」 제2조제4호에 따른 물류시설을 말한다. <개정 2005.7.18, 2008.3.14, 2010.8.5, 2012.12.12, 2013.3.23> [전문개정 1999.5.11]
		9. 「국토의 계획 및 이용에 관한 법률」에 따라 지정된 자연환경보전지역·농림지역 또는 관리지역(지구단위계획구역으로 지정된 지역은 제외한다)의 건축물	
		10. 다음 각 목의 어느 하나에 해당하는 건축물 중 건축조례로 정하는 건축물	
		가. 「관광진흥법」 제2조제6호에 따른 관광지 또는 같은 조 제7호에 따른 관광단지에 설치하는 관광시설	
		나. 「관광진흥법 시행령」 제2조제1항제3호가목에 따른 전문휴양업의 시설 또는 같은 호 나목에 따른 종합휴양업의 시설	
		다. 「국토의 계획 및 이용에 관한 법률 시행령」 제48조제10호에 따른 관광·휴양형 지구단위계획구역에 설치하는 관광시설	
		라. 「체육시설의 설치·이용에 관한 법률 시행령」 별표 1에 따른 골프장	
		② 법 제42조제1항 단서에 따른 조경 등의 조치에 관한 기준은 다음 각 호와 같다. 다만, 건축조례로 다음 각 호의 기준보다 더 완화된 기준을 정한 경우에는 그 기	

	준에 따른다. <개정 2009.9.9> 1. 공장(제1항제2호부터 제4호까지의 규정에 해당하는 공장은 제외한다) 및 물류시설(제1항제8호에 해당하는 물류시설과 주거지역 또는 상업지역에 건축하는 물류시설은 제외한다) 　가. 연면적의 합계가 2천 제곱미터 이상인 경우: 대지면적의 10퍼센트 이상 　나. 연면적의 합계가 1천500 제곱미터 이상 2천 제곱미터 미만인 경우: 대지면적의 5퍼센트 이상 2. 「항공법」 제2조제8호에 따른 공항시설: 대지면적(활주로·유도로·계류대·착륙대 등 항공기의 이륙 및 착륙시설로 쓰는 면적은 제외한다)의 10퍼센트 이상 3. 「철도건설법」 제2조제1호에 따른 철도 중 역시설: 대지면적(선로·승강장 등 철도운행에 이용되는 시설의 면적은 제외한다)의 10퍼센트 이상 4. 그 밖에 면적 200제곱미터 이상 300제곱미터 미만인 대지에 건축하는 건축물: 대지면적의 10퍼센트 이상 ③ 건축물의 옥상에 법 제42조제2항에 따라 국토교통부장관이 고시하는 기준에 따라 조경이나 그 밖에 필요한 조치를 하는 경우에는 옥상부분 조경면적의 3분의 2에 해당하는 면적을 법 제42조제1항에 따른 대지의 조경면적으로 산정할 수 있다. 이 경우 조경면적으로 산정하는 면적은 법 제42조제1항에 따른 조경면적의 100분의 50을 초과할 수 없다. <개정 2013.3.23> [전문개정 2008.10.29]	
제43조(공개 공지 등의 확보) ① 다음 각 호의 어느 하나에 해당하는 지역의 환경을 쾌적하게 조성하기 위하여 대통령령으로 정하는 용도와 규모의 건축물은 일반이 사	제27조의2(공개 공지 등의 확보) ① 법 제43조제1항에 따라 다음 각 호의 어느 하나에 해당하는 건축물의 대지에는 공개 공지 또는 공개 공간(이하 이 조에서 "공개공지	

용할 수 있도록 대통령령으로 정하는 기준에 따라 소규모 휴식시설 등의 공개 공지(공지: 공터) 또는 공개 공간을 설치하여야 한다. <개정 2014.1.14> 1. 일반주거지역, 준주거지역 2. 상업지역 3. 준공업지역 4. 특별자치시장·특별자치도지사 또는 시장·군수·구청장이 도시화의 가능성이 크다고 인정하여 지정·공고하는 지역 ② 제1항에 따라 공개 공지나 공개 공간을 설치하는 경우에는 제55조, 제56조와 제60조를 대통령령으로 정하는 바에 따라 완화하여 적용할 수 있다.	등"이라 한다)을 확보하여야 한다. <개정 2009.7.16, 2013.11.20> 1. 문화 및 집회시설, 종교시설, 판매시설(「농수산물 유통 및 가격안정에 관한 법률」에 따른 농수산물유통시설은 제외한다), 운수시설(여객용 시설만 해당한다), 업무시설 및 숙박시설로서 해당 용도로 쓰는 바닥면적의 합계가 5천 제곱미터 이상인 건축물 2. 그 밖에 다중이 이용하는 시설로서 건축조례로 정하는 건축물 ② 공개공지등의 면적은 대지면적의 100분의 10 이하의 범위에서 건축조례로 정한다. 이 경우 법 제42조에 따른 조경면적을 공개공지등의 면적으로 할 수 있다. ③ 제1항에 따라 공개공지등을 확보할 때에는 공중(公衆)이 이용할 수 있도록 다음 각 호의 사항을 준수하여야 한다. 이 경우 공개 공지는 필로티의 구조로 설치할 수 있다. <개정 2009.7.16, 2013.3.23> 1. 공개공지등은 누구나 이용할 수 있는 곳임을 알기 쉽게 국토교통부령으로 정하는 표지판을 1개소 이상 설치할 것 2. 공개공지등에는 물건을 쌓아 놓거나 출입을 차단하는 시설을 설치하지 아니할 것 3. 환경친화적으로 편리하게 이용할 수 있도록 긴 의자 또는 파고라 등 건축조례로 정하는 시설을 설치할 것 ④ 제1항에 따른 건축물(제1항에 따른 건축물과 제1항에 해당되지 아니하는 건축물이 하나의 건축물로 복합된 경우를 포함한다)에 공개공지등을 설치하는 경우로서 법 제43조제2항에 따라 법 제56조 및 법 제60조를 완화하여 적용하려는 경우에는 다음 각 호의 범위에서 건축조례로 정하는 바에 따른다.	제26조의3 삭제 <2014.10.15>

	1. 법 제56조에 따른 용적률은 해당 지역에 적용하는 용적률의 1.2배 이하 2. 법 제60조에 따른 높이 제한은 해당 건축물에 적용하는 높이기준의 1.2배 이하 ⑤ 바닥면적의 합계가 5천 제곱미터 이상인 건축물로서 공개공지등의 설치대상이 아닌 건축물(「주택법」 제16조제1항에 따른 사업계획승인 대상인 공동주택은 제외한다)의 대지에 제2항 및 제3항에 적합한 공개 공지를 설치하는 경우에는 제4항을 준용한다. ⑥ 공개공지등에는 연간 60일 이내의 기간 동안 건축조례로 정하는 바에 따라 주민들을 위한 문화행사를 열거나 판촉활동을 할 수 있다. 다만, 울타리를 설치하는 등 공중이 해당 공개공지등을 이용하는데 지장을 주는 행위를 해서는 아니 된다. <신설 2009.6.30> [전문개정 2008.10.29]	
제44조(대지와 도로의 관계) ① 건축물의 대지는 2미터 이상이 도로(자동차만의 통행에 사용되는 도로는 제외한다)에 접하여야 한다. 다만, 다음 각 호의 어느 하나에 해당하면 그러하지 아니하다. 1. 해당 건축물의 출입에 지장이 없다고 인정되는 경우 2. 건축물의 주변에 대통령령으로 정하는 공지가 있는 경우 ② 건축물의 대지가 접하는 도로의 너비, 대지가 도로에 접하는 부분의 길이, 그 밖에 대지와 도로의 관계에 관하여 필요한 사항은 대통령령으로 정하는 바에 따른다.	제28조(대지와 도로의 관계) ① 법 제44조제1항제2호에서 "대통령령으로 정하는 공지"란 광장, 공원, 유원지, 그 밖에 관계 법령에 따라 건축이 금지되고 공중의 통행에 지장이 없는 공지로서 허가권자가 인정한 것을 말한다. ② 법 제44조제2항에 따라 연면적의 합계가 2천 제곱미터(공장인 경우에는 3천 제곱미터) 이상인 건축물(축사, 작물 재배사, 그 밖에 이와 비슷한 건축물로서 건축조례로 정하는 규모의 건축물은 제외한다)의 대지는 너비 6미터 이상의 도로에 4미터 이상 접하여야 한다. <개정	

	2009.6.30, 2009.7.16> [전문개정 2008.10.29] 제29조 및 제30조 삭제 <1999.4.30>	
제45조(도로의 지정·폐지 또는 변경) ① 허가권자는 제2조제1항제11호나목에 따라 도로의 위치를 지정·공고하려면 국토교통부령으로 정하는 바에 따라 그 도로에 대한 이해관계인의 동의를 받아야 한다. 다만, 다음 각 호의 어느 하나에 해당하면 이해관계인의 동의를 받지 아니하고 건축위원회의 심의를 거쳐 도로를 지정할 수 있다. <개정 2013.3.23> 1. 허가권자가 이해관계인이 해외에 거주하는 등의 사유로 이해관계인의 동의를 받기가 곤란하다고 인정하는 경우 2. 주민이 오랫 동안 통행로로 이용하고 있는 사실상의 통로로서 해당 지방자치단체의 조례로 정하는 것인 경우 ② 허가권자는 제1항에 따라 지정한 도로를 폐지하거나 변경하려면 그 도로에 대한 이해관계인의 동의를 받아야 한다. 그 도로에 편입된 토지의 소유자, 건축주 등이 허가권자에게 제1항에 따라 지정된 도로의 폐지나 변경을 신청하는 경우에도 또한 같다. ③ 허가권자는 제1항과 제2항에 따라 도로를 지정하거나 변경하면 국토교통부령으로 정하는 바에 따라 도로관리대장에 이를 적어서 관리하여야 한다. <개정 2011.5.30, 2013.3.23>		제26조의4(도로관리대장 등) 법 제45조제2항 및 제3항에 따른 도로의 폐지·변경신청서 및 도로관리대장은 각각 별지 제26호서식 및 별지 제27호서식과 같다. <개정 2008.12.11, 2012.12.12> [전문개정 1999.5.11] [제목개정 2012.12.12] [제26조의3에서 이동 <2010.8.5>]
제46조(건축선의 지정) ① 도로와 접한 부분에 건축물을 건축할 수 있는 선[이하 "건축선(建築線)"이라 한다]은	제31조(건축선) ①법 제46조제1항에 따라 너비 8미터 미만인 도로의 모퉁이에 위치한 대지의 도로모퉁이 부분의	

대지와 도로의 경계선으로 한다. 다만, 제2조제1항제11호에 따른 소요 너비에 못 미치는 너비의 도로인 경우에는 그 중심선으로부터 그 소요 너비의 2분의 1의 수평거리만큼 물러난 선을 건축선으로 하되, 그 도로의 반대쪽에 경사지, 하천, 철도, 선로부지, 그 밖에 이와 유사한 것이 있는 경우에는 그 경사지 등이 있는 쪽의 도로경계선에서 소요 너비에 해당하는 수평거리의 선을 건축선으로 하며, 도로의 모퉁이에서는 대통령령으로 정하는 선을 건축선으로 한다.
② 특별자치시장·특별자치도지사 또는 시장·군수·구청장은 시가지 안에서 건축물의 위치나 환경을 정비하기 위하여 필요하다고 인정하면 제1항에도 불구하고 대통령령으로 정하는 범위에서 건축선을 따로 지정할 수 있다. <개정 2014.1.14>
③ 특별자치시장·특별자치도지사 또는 시장·군수·구청장은 제2항에 따라 건축선을 지정하면 지체 없이 이를 고시하여야 한다. <개정 2014.1.14>

제47조(건축선에 따른 건축제한) ① 건축물과 담장은 건축선의 수직면(垂直面)을 넘어서는 아니 된다. 다만, 지표(地表) 아래 부분은 그러하지 아니하다.
② 도로면으로부터 높이 4.5미터 이하에 있는 출입구, 창문, 그 밖에 이와 유사한 구조물은 열고 닫을 때 건축선의 수직면을 넘지 아니하는 구조로 하여야 한다.

건축선은 그 대지에 접한 도로경계선의 교차점으로부터 도로경계선에 따라 다음의 표에 따른 거리를 각각 후퇴한 두 점을 연결한 선으로 한다.

(단위: 미터)

도로의 교차각	해당 도로의 너비		교차되는 도로의 너비
	6 이상 8 미만	4 이상 6 미만	
90° 미만	4	3	6 이상 8 미만
	3	2	4 이상 6 미만
90° 이상 120° 미만	3	2	6 이상 8 미만
	2	2	4 이상 6 미만

② 특별자치도지사 또는 시장·군수·구청장은 법 제46조제2항에 따라 「국토의 계획 및 이용에 관한 법률」 제36조제1항제1호에 따른 도시지역에는 4미터 이하의 범위에서 건축선을 따로 지정할 수 있다.
③ 특별자치도지사 또는 시장·군수·구청장은 제2항에 따라 건축선을 지정하려면 미리 그 내용을 해당 지방자치단체의 공보(公報), 일간신문 또는 인터넷 홈페이지 등에 30일 이상 공고하여야 하며, 공고한 내용에 대하여 의견이 있는 자는 공고기간에 특별자치도지사 또는 시장·군수·구청장에게 의견을 제출(전자문서에 의한 제출을 포함한다)할 수 있다.
[전문개정 2008.10.29]

제5장 건축물의 구조 및 재료 등 <개정 2014.5.28>	제5장 건축물의 구조 및 재료
제48조(구조내력 등) ① 건축물은 고정하중, 적재하중(積載荷重), 적설하중(積雪荷重), 풍압(風壓), 지진, 그 밖의 진동 및 충격 등에 대하여 안전한 구조를 가져야 한다. ② 제11조제1항에 따른 건축물을 건축하거나 대수선하는 경우에는 대통령령으로 정하는 바에 따라 구조의 안전을 확인하여야 한다. ③ 지방자치단체의 장은 제2항에 따른 구조 안전 확인 대상 건축물에 대하여 허가 등을 하는 경우 내진(耐震)성능 확보 여부를 확인하여야 한다. <신설 2011.9.16> ④ 제1항에 따른 구조내력(構造耐力)의 기준과 구조 계산의 방법 등에 관하여 필요한 사항은 국토교통부령으로 정한다. <개정 2011.9.16, 2013.3.23>	제32조(구조 안전의 확인) ① 법 제48조제2항에 따라 다음 각 호의 어느 하나에 해당하는 건축물을 건축하거나 대수선하는 경우 해당 건축물의 설계자는 국토교통부령으로 정하는 구조기준 등에 따라 그 구조의 안전을 확인하여야 한다. <개정 2009.7.16, 2013.3.23, 2013.5.31> 1. 층수가 3층 이상인 건축물 2. 연면적이 1천 제곱미터 이상인 건축물. 다만, 창고, 축사, 작물 재배사 및 표준설계도서에 따라 건축하는 건축물은 제외한다. 3. 높이가 13미터 이상인 건축물 4. 처마높이가 9미터 이상인 건축물 5. 기둥과 기둥 사이의 거리(기둥의 중심선 사이의 거리를 말하며, 기둥이 없는 경우에는 내력벽과 내력벽의 중심선 사이의 거리를 말한다. 이하 같다)가 10미터 이상인 건축물 6. 국토교통부령으로 정하는 지진구역의 건축물 7. 국가적 문화유산으로 보존할 가치가 있는 건축물로서 국토교통부령으로 정하는 것 ② 제1항 각 호의 건축물 중 지진에 대한 안전이 확인된 건축물로서 사용승인서를 받은 후 5년이 지난 건축물을 증축(연면적의 10분의 1이내의 증축 또는 1개 층의 증축만 해당한다)하거나 일부 개축하는 경우 또는 대수선(제3조의2제1호부터 제4호까지의 규정 중 어느 하나에

	해당하는 경우는 제외한다)하는 경우에는 제1항에도 불구하고 지진에 대한 안전의 확인을 생략할 수 있다. <개정 2009.7.16, 2013.5.31> [전문개정 2008.10.29]
	제33조 삭제 <1999.4.30>
제48조의2(건축물 내진등급의 설정) ① 국토교통부장관은 지진으로부터 건축물의 구조 안전을 확보하기 위하여 건축물의 용도, 규모 및 설계구조의 중요도에 따라 내진등급(耐震等級)을 설정하여야 한다. ② 제1항에 따른 내진등급을 설정하기 위한 내진등급기준 등 필요한 사항은 국토교통부령으로 정한다. [본조신설 2013.7.16]	
제49조(건축물의 피난시설 및 용도제한 등) ① 대통령령으로 정하는 용도 및 규모의 건축물과 그 대지에는 국토교통부령으로 정하는 바에 따라 복도, 계단, 출입구, 그 밖의 피난시설과 소화전(消火栓), 저수조(貯水槽), 그 밖의 소화설비 및 대지 안의 피난과 소화에 필요한 통로를 설치하여야 한다. <개정 2013.3.23> ② 대통령령으로 정하는 용도 및 규모의 건축물의 안전·위생 및 방화(防火) 등을 위하여 필요한 용도 및 구조의 제한, 방화구획(防火區劃), 화장실의 구조, 계단·출입구, 거실의 반자 높이, 거실의 채광·환기와 바닥의 방습 등에 관하여 필요한 사항은 국토교통부령으로 정한다. <개정 2013.3.23>	제34조(직통계단의 설치) ① 건축물의 피난층(직접 지상으로 통하는 출입구가 있는 층 및 제3항과 제4항에 따른 피난안전구역을 말한다. 이하 같다) 외의 층에서는 피난층 또는 지상으로 통하는 직통계단(경사로를 포함한다. 이하 같다)을 거실의 각 부분으로부터 계단(거실로부터 가장 가까운 거리에 있는 계단을 말한다)에 이르는 보행거리가 30미터 이하가 되도록 설치하여야 한다. 다만, 건축물(지하층에 설치하는 것으로서 바닥면적의 합계가 300제곱미터 이상인 공연장·집회장·관람장 및 전시장은 제외한다)의 주요구조부가 내화구조 또는 불연재료로 된 건축물은 그 보행거리가 50미터(층수가 16층 이상인 공동주택은 40미터) 이하가 되도록 설치할 수 있으며, 자동화 생산시설에 스프링클러 등 자동식 소화설비를 설치한 공장으로서 국토교통부령으로 정하는 공장인 경우에는 그 보행거리가 75미터(무인화 공장인 경우에는 100

미터) 이하가 되도록 설치할 수 있다. <개정 2009.7.16, 2010.2.18, 2011.12.30, 2013.3.23>

② 법 제49조제1항에 따라 피난층 외의 층이 다음 각 호의 어느 하나에 해당하는 용도 및 규모의 건축물에는 국토교통부령으로 정하는 기준에 따라 피난층 또는 지상으로 통하는 직통계단을 2개소 이상 설치하여야 한다. <개정 2009.7.16, 2013.3.23, 2014.3.24>

1. 제2종 근린생활시설 중 공연장·종교집회장, 문화 및 집회시설(전시장 및 동·식물원은 제외한다), 종교시설, 위락시설 중 주점영업 또는 장례식장의 용도로 쓰는 층으로서 그 층에서 해당 용도로 쓰는 바닥면적의 합계가 200제곱미터(제2종 근린생활시설 중 공연장·종교집회장은 각각 300제곱미터) 이상인 것
2. 단독주택 중 다중주택·다가구주택, 제2종 근린생활시설 중 인터넷컴퓨터게임시설제공업소(해당 용도로 쓰는 바닥면적의 합계가 300제곱미터 이상인 경우만 해당한다)·학원·독서실, 판매시설, 운수시설(여객용 시설만 해당한다), 의료시설(입원실이 없는 치과병원은 제외한다), 교육연구시설 중 학원, 노유자시설 중 아동 관련 시설·노인복지시설, 수련시설 중 유스호스텔 또는 숙박시설의 용도로 쓰는 3층 이상의 층으로서 그 층의 해당 용도로 쓰는 거실의 바닥면적의 합계가 200제곱미터 이상인 것
3. 공동주택(층당 4세대 이하인 것은 제외한다) 또는 업무시설 중 오피스텔의 용도로 쓰는 층으로서 그 층의 해당 용도로 쓰는 거실의 바닥면적의 합계가 300제곱미터 이상인 것
4. 제1호부터 제3호까지의 용도로 쓰지 아니하는 3층 이상의 층으로서 그 층 거실의 바닥면적의 합계가 400

제곱미터 이상인 것
5. 지하층으로서 그 층 거실의 바닥면적의 합계가 200제곱미터 이상인 것
③ 초고층 건축물에는 피난층 또는 지상으로 통하는 직통계단과 직접 연결되는 피난안전구역(건축물의 피난·안전을 위하여 건축물 중간층에 설치하는 대피공간을 말한다. 이하 같다)을 지상층으로부터 최대 30개 층마다 1개소 이상 설치하여야 한다. <신설 2009.7.16, 2011.12.30>
④ 준초고층 건축물에는 피난층 또는 지상으로 통하는 직통계단과 직접 연결되는 피난안전구역을 해당 건축물 전체 층수의 2분의 1에 해당하는 층으로부터 상하 5개 층 이내에 1개소 이상 설치하여야 한다. 다만, 국토교통부령으로 정하는 기준에 따라 피난층 또는 지상으로 통하는 직통계단을 설치하는 경우에는 그러하지 아니하다. <신설 2011.12.30, 2013.3.23>
⑤ 제3항 및 제4항에 따른 피난안전구역의 규모와 설치 기준은 국토교통부령으로 정한다. <신설 2009.7.16, 2011.12.30, 2013.3.23>
[전문개정 2008.10.29]

제35조(피난계단의 설치) ① 법 제49조제1항에 따라 5층 이상 또는 지하 2층 이하인 층에 설치하는 직통계단은 국토교통부령으로 정하는 기준에 따라 피난계단 또는 특별피난계단으로 설치하여야 한다. 다만, 건축물의 주요구조부가 내화구조 또는 불연재료로 되어 있는 경우로서 다음 각 호의 어느 하나에 해당하는 경우에는 그러하지 아니하다. <개정 2008.10.29, 2013.3.23>
1. 5층 이상인 층의 바닥면적의 합계가 200제곱미터 이

하인 경우
2. 5층 이상인 층의 바닥면적 200제곱미터 이내마다 방화구획이 되어 있는 경우
② 건축물(갓복도식 공동주택은 제외한다)의 11층(공동주택의 경우에는 16층) 이상인 층(바닥면적이 400제곱미터 미만인 층은 제외한다) 또는 지하 3층 이하인 층(바닥면적이 400제곱미터미만인 층은 제외한다)으로부터 피난층 또는 지상으로 통하는 직통계단은 제1항에도 불구하고 특별피난계단으로 설치하여야 한다. <개정 2008.10.29>
③ 제1항에서 판매시설의 용도로 쓰는 층으로부터의 직통계단은 그 중 1개소 이상을 특별피난계단으로 설치하여야 한다. <개정 2008.10.29>
④ 삭제 <1995.12.30>
⑤ 건축물의 5층 이상인 층으로서 문화 및 집회시설 중 전시장 또는 동·식물원, 판매시설, 운수시설(여객용 시설만 해당한다), 운동시설, 위락시설, 관광휴게시설(다중이 이용하는 시설만 해당한다) 또는 수련시설 중 생활권 수련시설의 용도로 쓰는 층에는 제34조에 따른 직통계단 외에 그 층의 해당 용도로 쓰는 바닥면적의 합계가 2천 제곱미터를 넘는 경우에는 그 넘는 2천 제곱미터 이내마다 1개소의 피난계단 또는 특별피난계단(4층 이하의 층에는 쓰지 아니하는 피난계단 또는 특별피난계단만 해당한다)을 설치하여야 한다. <개정 2008.10.29, 2009.7.16>
⑥ 삭제 <1999.4.30>
[제목개정 1999.4.30]

제36조(옥외 피난계단의 설치) 건축물의 3층 이상인 층(피

난층은 제외한다)으로서 다음 각 호의 어느 하나에 해당하는 용도로 쓰는 층에는 제34조에 따른 직통계단 외에 그 층으로부터 지상으로 통하는 옥외피난계단을 따로 설치하여야 한다. <개정 2014.3.24>
1. 제2종 근린생활시설 중 공연장(해당 용도로 쓰는 바닥면적의 합계가 300제곱미터 이상인 경우만 해당한다), 문화 및 집회시설 중 공연장이나 위락시설 중 주점영업의 용도로 쓰는 층으로서 그 층 거실의 바닥면적의 합계가 300제곱미터 이상인 것
2. 문화 및 집회시설 중 집회장의 용도로 쓰는 층으로서 그 층 거실의 바닥면적의 합계가 1천 제곱미터 이상인 것
[전문개정 2008.10.29]

제37조(지하층과 피난층 사이의 개방공간 설치) 바닥면적의 합계가 3천 제곱미터 이상인 공연장·집회장·관람장 또는 전시장을 지하층에 설치하는 경우에는 각 실에 있는 자가 지하층 각 층에서 건축물 밖으로 피난하여 옥외계단 또는 경사로 등을 이용하여 피난층으로 대피할 수 있도록 천장이 개방된 외부 공간을 설치하여야 한다.
[전문개정 2008.10.29]

제38조(관람석 등으로부터의 출구 설치) 법 제49조제1항에 따라 다음 각 호의 어느 하나에 해당하는 건축물에는 국토교통부령으로 정하는 기준에 따라 관람석 또는 집회실로부터의 출구를 설치하여야 한다. <개정 2013.3.23, 2014.3.24>
1. 제2종 근린생활시설 중 공연장·종교집회장(해당 용도로 쓰는 바닥면적의 합계가 각각 300제곱미터 이상

인 경우만 해당한다)
2. 문화 및 집회시설(전시장 및 동·식물원은 제외한다)
3. 종교시설
4. 위락시설
5. 장례식장
[전문개정 2008.10.29]

제39조(건축물 바깥쪽으로의 출구 설치) ① 법 제49조제1항에 따라 다음 각 호의 어느 하나에 해당하는 건축물에는 국토교통부령으로 정하는 기준에 따라 그 건축물로부터 바깥쪽으로 나가는 출구를 설치하여야 한다. <개정 2013.3.23, 2014.3.24>
1. 제2종 근린생활시설 중 공연장·종교집회장·인터넷컴퓨터게임시설제공업소(해당 용도로 쓰는 바닥면적의 합계가 각각 300제곱미터 이상인 경우만 해당한다)
2. 문화 및 집회시설(전시장 및 동·식물원은 제외한다)
3. 종교시설
4. 판매시설
5. 업무시설 중 국가 또는 지방자치단체의 청사
6. 위락시설
7. 연면적이 5천 제곱미터 이상인 창고시설
8. 교육연구시설 중 학교
9. 장례식장
10. 승강기를 설치하여야 하는 건축물
② 법 제49조제1항에 따라 건축물의 출입구에 설치하는 회전문은 국토교통부령으로 정하는 기준에 적합하여야 한다. <개정 2013.3.23>
[전문개정 2008.10.29]

제40조(옥상광장 등의 설치) ① 옥상광장 또는 2층 이상인 층에 있는 노대(露臺)나 그 밖에 이와 비슷한 것의 주위에는 높이 1.2미터 이상의 난간을 설치하여야 한다. 다만, 그 노대 등에 출입할 수 없는 구조인 경우에는 그러하지 아니하다.
② 5층 이상인 층이 제2종 근린생활시설 중 공연장·종교집회장·인터넷컴퓨터게임시설제공업소(해당 용도로 쓰는 바닥면적의 합계가 각각 300제곱미터 이상인 경우만 해당한다), 문화 및 집회시설(전시장 및 동·식물원은 제외한다), 종교시설, 판매시설, 위락시설 중 주점영업 또는 장례식장의 용도로 쓰는 경우에는 피난 용도로 쓸 수 있는 광장을 옥상에 설치하여야 한다. <개정 2014.3.24>
③ 층수가 11층 이상인 건축물로서 11층 이상인 층의 바닥면적의 합계가 1만 제곱미터 이상인 건축물의 옥상에는 다음 각 호의 구분에 따른 공간을 확보하여야 한다. <개정 2009.7.16, 2011.12.30>
1. 건축물의 지붕을 평지붕으로 하는 경우: 헬리포트를 설치하거나 헬리콥터를 통하여 인명 등을 구조할 수 있는 공간
2. 건축물의 지붕을 경사지붕으로 하는 경우: 경사지붕 아래에 설치하는 대피공간
④ 제3항에 따른 헬리포트를 설치하거나 헬리콥터를 통하여 인명 등을 구조할 수 있는 공간 및 경사지붕 아래에 설치하는 대피공간의 설치기준은 국토교통부령으로 정한다. <신설 2011.12.30, 2013.3.23>
[전문개정 2008.10.29]

	제41조(대지 안의 피난 및 소화에 필요한 통로 설치) ①건축물의 대지 안에는 그 건축물 바깥쪽으로 통하는 주된 출구와 지상으로 통하는 피난계단 및 특별피난계단으로부터 도로 또는 공지(공원, 광장, 그 밖에 이와 비슷한 것으로서 피난 및 소화를 위하여 해당 대지의 출입에 지장이 없는 것을 말한다. 이하 이 조에서 같다)로 통하는 통로를 다음 각 호의 기준에 따라 설치하여야 한다. <개정 2010.12.13> 1. 단독주택: 유효 너비 0.9미터 이상 2. 바닥면적의 합계가 500제곱미터 이상인 문화 및 집회시설, 종교시설, 의료시설, 위락시설 또는 장례식장: 유효 너비 3미터 이상 3. 그 밖의 용도로 쓰는 건축물: 유효 너비 1.5미터 이상 ② 제1항에도 불구하고 다중이용 건축물과 층수가 11층 이상인 건축물이 건축되는 대지에는 그 안의 모든 다중이용 건축물과 층수가 11층 이상인 건축물에 「소방기본법」 제21조에 따른 소방자동차(이하 "소방자동차"라 한다)의 접근이 가능한 통로를 설치하여야 한다. 다만, 모든 다중이용 건축물과 층수가 11층 이상인 건축물이 소방자동차의 접근이 가능한 도로 또는 공지에 직접 접하여 건축되는 경우로서 소방자동차가 도로 또는 공지에서 직접 소방활동이 가능한 경우에는 그러하지 아니하다. <신설 2010.12.13, 2011.12.30> [전문개정 2008.10.29] 제42조 삭제 <1999.4.30> 제43조 삭제 <1999.4.30> 제44조(피난 규정의 적용례) 건축물이 창문, 출입구, 그 밖

의 개구부(開口部)(이하 "창문등"이라 한다)가 없는 내화구조의 바닥 또는 벽으로 구획되어 있는 경우에는 그 구획된 각 부분을 각각 별개의 건축물로 보아 제34조부터 제41조까지를 적용한다.
[전문개정 2008.10.29]

제45조 삭제 <1999.4.30>

제46조(방화구획의 설치) ① 법 제49조제2항에 따라 주요구조부가 내화구조 또는 불연재료로 된 건축물로서 연면적이 1천 제곱미터를 넘는 것은 국토교통부령으로 정하는 기준에 따라 내화구조로 된 바닥·벽 및 제64조에 따른 갑종 방화문(국토교통부장관이 정하는 기준에 적합한 자동방화셔터를 포함한다. 이하 이 조에서 같다)으로 구획(이하 "방화구획"이라 한다)하여야 한다. 다만, 「원자력안전법」 제2조에 따른 원자로 및 관계시설은 「원자력안전법」에서 정하는 바에 따른다. <개정 2011.10.25, 2013.3.23>

② 다음 각 호의 어느 하나에 해당하는 건축물의 부분에는 제1항을 적용하지 아니하거나 그 사용에 지장이 없는 범위에서 제1항을 완화하여 적용할 수 있다. <개정 2010.2.18>

1. 문화 및 집회시설(동·식물원은 제외한다), 종교시설, 운동시설 또는 장례식장의 용도로 쓰는 거실로서 시선 및 활동공간의 확보를 위하여 불가피한 부분
2. 물품의 제조·가공·보관 및 운반 등에 필요한 고정식 대형기기 설비의 설치를 위하여 불가피한 부분. 다만, 지하층인 경우에는 지하층의 외벽 한쪽 면(지하층의 바닥면에서 지상층 바닥 아래면까지의 외벽 면

	적 중 4분의 1 이상이 되는 면을 말한다) 전체가 건물 밖으로 개방되어 보행과 자동차의 진입·출입이 가능한 경우에 한정한다. 3. 계단실부분·복도 또는 승강기의 승강로 부분(해당 승강기의 승강을 위한 승강로비 부분을 포함한다)으로서 그 건축물의 다른 부분과 방화구획으로 구획된 부분 4. 건축물의 최상층 또는 피난층으로서 대규모 회의장·강당·스카이라운지·로비 또는 피난안전구역 등의 용도로 쓰는 부분으로서 그 용도로 사용하기 위하여 불가피한 부분 5. 복층형 공동주택의 세대별 층간 바닥 부분 6. 주요구조부가 내화구조 또는 불연재료로 된 주차장 7. 단독주택, 동물 및 식물 관련 시설 또는 교정 및 군사시설 중 군사시설(집회, 체육, 창고 등의 용도로 사용되는 시설만 해당한다)로 쓰는 건축물 ③ 건축물의 일부가 법 제50조제1항에 따른 건축물에 해당하는 경우에는 그 부분과 다른 부분을 방화구획으로 구획하여야 한다. ④ 공동주택 중 아파트로서 4층 이상인 층의 각 세대가 2개 이상의 직통계단을 사용할 수 없는 경우에는 발코니에 인접 세대와 공동으로 또는 각 세대별로 다음 각 호의 요건을 모두 갖춘 대피공간을 하나 이상 설치하여야 한다. 이 경우 인접 세대와 공동으로 설치하는 대피공간은 인접 세대를 통하여 2개 이상의 직통계단을 쓸 수 있는 위치에 우선 설치되어야 한다. <개정 2013.3.23> 1. 대피공간은 바깥의 공기와 접할 것 2. 대피공간은 실내의 다른 부분과 방화구획으로 구획될	

것
3. 대피공간의 바닥면적은 인접 세대와 공동으로 설치하는 경우에는 3제곱미터 이상, 각 세대별로 설치하는 경우에는 2제곱미터 이상일 것
4. 국토교통부장관이 정하는 기준에 적합할 것
⑤ 제4항에도 불구하고 아파트의 4층 이상인 층에서 발코니에 다음 각 호와 같은 구조를 설치한 경우에는 대피공간을 설치하지 아니할 수 있다. <개정 2010.2.18, 2013.3.23>
1. 인접 세대와의 경계벽이 파괴하기 쉬운 경량구조 등인 경우
2. 경계벽에 피난구를 설치한 경우
3. 발코니의 바닥에 국토교통부령으로 정하는 하향식 피난구를 설치한 경우
[전문개정 2008.10.29]

제47조(방화에 장애가 되는 용도의 제한) ① 법 제49조제2항에 따라 의료시설, 노유자시설(아동 관련 시설 및 노인복지시설만 해당한다), 공동주택 또는 장례식장과 위락시설, 위험물저장 및 처리시설, 공장 또는 자동차 관련 시설(정비공장만 해당한다)은 같은 건축물에 함께 설치할 수 없다. 다만, 다음 각 호의 어느 하나에 해당하는 경우로서 국토교통부령으로 정하는 경우에는 그러하지 아니하다. <개정 2009.7.16, 2013.3.23>
1. 공동주택(기숙사만 해당한다)과 공장이 같은 건축물에 있는 경우
2. 중심상업지역·일반상업지역 또는 근린상업지역에서 「도시 및 주거환경정비법」에 따른 도시환경정비사업을 시행하는 경우

3. 공동주택과 위락시설이 같은 초고층 건축물에 있는 경우. 다만, 사생활을 보호하고 방범·방화 등 주거안전을 보장하며 소음·악취 등으로부터 주거환경을 보호할 수 있도록 주택의 출입구·계단 및 승강기 등을 주택 외의 시설과 분리된 구조로 하여야 한다.
② 법 제49조제2항에 따라 다음 각 호의 어느 하나에 해당하는 용도의 시설은 같은 건축물에 함께 설치할 수 없다. <개정 2009.7.16, 2010.8.17, 2012.12.12, 2014.3.24>
1. 노유자시설 중 아동 관련 시설 또는 노인복지시설과 판매시설 중 도매시장 또는 소매시장
2. 단독주택(다중주택, 다가구주택에 한정한다), 공동주택, 제1종 근린생활시설 중 조산원 또는 산후조리원과 제2종 근린생활시설 중 다중생활시설
[전문개정 2008.10.29]

제48조(계단·복도 및 출입구의 설치) ① 법 제49조제2항에 따라 연면적 200제곱미터를 초과하는 건축물에 설치하는 계단 및 복도는 국토교통부령으로 정하는 기준에 적합하여야 한다. <개정 2013.3.23>
② 법 제49조제2항에 따라 제39조제1항 각 호의 어느 하나에 해당하는 건축물의 출입구는 국토교통부령으로 정하는 기준에 적합하여야 한다. <개정 2013.3.23>
[전문개정 2008.10.29]

제49조 삭제 <1995.12.30>

제50조(거실반자의 설치) 법 제49조제2항에 따라 공장, 창고시설, 위험물저장 및 처리시설, 동물 및 식물 관련 시설, 자원순환 관련 시설 또는 묘지 관련시설 외의 용도

로 쓰는 건축물 거실의 반자(반자가 없는 경우에는 보 또는 바로 위층의 바닥판의 밑면, 그 밖에 이와 비슷한 것을 말한다)는 국토교통부령으로 정하는 기준에 적합하여야 한다. <개정 2013.3.23, 2014.3.24>
[전문개정 2008.10.29]

제51조(거실의 채광 등) ① 법 제49조제2항에 따라 단독주택 및 공동주택의 거실, 교육연구시설 중 학교의 교실, 의료시설의 병실 및 숙박시설의 객실에는 국토교통부령으로 정하는 기준에 따라 채광 및 환기를 위한 창문등이나 설비를 설치하여야 한다. <개정 2013.3.23>
② 법 제49조제2항에 따라 6층 이상인 건축물로서 다음 각 호의 어느 하나에 해당하는 건축물의 거실에는 국토교통부령으로 정하는 기준에 따라 배연설비(排煙設備)를 하여야 한다. 다만, 피난층인 경우에는 그러하지 아니하다. <개정 2014.3.24>
1. 제2종 근린생활시설 중 공연장, 종교집회장, 인터넷컴퓨터게임시설제공업소 및 다중생활시설(공연장, 종교집회장 및 인터넷컴퓨터게임시설제공업소는 해당 용도로 쓰는 바닥면적의 합계가 각각 300제곱미터 이상인 경우만 해당한다)
2. 문화 및 집회시설
3. 종교시설
4. 판매시설
5. 운수시설
6. 의료시설
7. 교육연구시설 중 연구소
8. 노유자시설 중 아동 관련 시설, 노인복지시설
9. 수련시설 중 유스호스텔

10. 운동시설
11. 업무시설
12. 숙박시설
13. 위락시설
14. 관광휴게시설
15. 장례식장

③ 법 제49조제2항에 따라 오피스텔에 거실 바닥으로부터 높이 1.2미터 이하 부분에 여닫을 수 있는 창문을 설치하는 경우에는 국토교통부령으로 정하는 기준에 따라 추락방지를 위한 안전시설을 설치하여야 한다. <신설 2009.7.16, 2013.3.23>

④ 법 제49조제2항에 따라 11층 이하의 건축물에는 국토교통부령으로 정하는 기준에 따라 소방관이 진입할 수 있는 곳을 정하여 외부에서 주·야간 식별할 수 있는 표시를 하여야 한다. <신설 2011.12.30, 2013.3.23>

[전문개정 2008.10.29]

제52조(거실 등의 방습) 법 제49조제2항에 따라 다음 각 호의 어느 하나에 해당하는 거실·욕실 또는 조리장의 바닥 부분에는 국토교통부령으로 정하는 기준에 따라 방습을 위한 조치를 하여야 한다. <개정 2013.3.23>

1. 건축물의 최하층에 있는 거실(바닥이 목조인 경우만 해당한다)
2. 제1종 근린생활시설 중 목욕장의 욕실과 휴게음식점 및 제과점의 조리장
3. 제2종 근린생활시설 중 일반음식점, 휴게음식점 및 제과점의 조리장과 숙박시설의 욕실

[전문개정 2008.10.29]

제53조(경계벽 및 칸막이벽의 설치) 법 제49조제2항에 따라 다음 각 호의 어느 하나에 해당하는 건축물에는 국토교통부령으로 정하는 기준에 따라 경계벽 및 칸막이벽을 설치하여야 한다. <개정 2010.8.17, 2013.3.23, 2014.3.24> 1. 단독주택 중 다가구주택의 각 가구 간 또는 공동주택(기숙사는 제외한다)의 각 세대 간 경계벽(제2조제14호 후단에 따라 거실·침실 등의 용도로 쓰지 아니하는 발코니 부분은 제외한다) 2. 공동주택 중 기숙사의 침실, 의료시설의 병실, 교육연구시설 중 학교의 교실 또는 숙박시설의 객실 간 칸막이벽 3. 제2종 근린생활시설 중 다중생활시설의 호실 간 칸막이벽 4. 노유자시설 중 「노인복지법」 제32조제1항제3호에 따른 노인복지주택(이하 "노인복지주택"이라 한다)의 각 세대 간 경계벽 [전문개정 2008.10.29] 제54조(건축물에 설치하는 굴뚝) 건축물에 설치하는 굴뚝은 국토교통부령으로 정하는 기준에 따라 설치하여야 한다. <개정 2013.3.23> [전문개정 2008.10.29] 제55조(창문 등의 차면시설) 인접 대지경계선으로부터 직선거리 2미터 이내에 이웃 주택의 내부가 보이는 창문 등을 설치하는 경우에는 차면시설(遮面施設)을 설치하여야 한다. [전문개정 2008.10.29]	제27조 삭제 <1999.5.11> 제28조 삭제 <1999.5.11> 제28조의2 삭제 <1999.5.11> 제29조 삭제 <1999.5.11> 제30조 삭제 <1999.5.11> 제31조 삭제 <1999.5.11> 제31조의2 삭제 <1999.5.11> 제31조의3 삭제 <1999.5.11> 제31조의4 삭제 <1999.5.11> 제32조 삭제 <1999.5.11> 제33조 삭제 <1999.5.11> 제33조의2 삭제 <1999.5.11>

제56조(건축물의 내화구조) ① 법 제50조제1항에 따라 다음 각 호의 어느 하나에 해당하는 건축물(제5호에 해당하는 건축물로서 2층 이하인 건축물은 지하층 부분만 해당한다)의 주요구조부는 내화구조로 하여야 한다. 다만, 연면적이 50제곱미터 이하인 단층의 부속건축물로서 외벽 및 처마 밑면을 방화구조로 한 것과 무대의 바닥은 그러하지 아니하다. <개정 2009.6.30, 2010.2.18, 2010.8.17, 2013.3.23, 2014.3.24>

1. 제2종 근린생활시설 중 공연장·종교집회장(해당 용도로 쓰는 바닥면적의 합계가 각각 300제곱미터 이상인 경우만 해당한다), 문화 및 집회시설(전시장 및 동·식물원은 제외한다), 종교시설, 위락시설 중 주점영업 및 장례식장의 용도로 쓰는 건축물로서 관람석 또는 집회실의 바닥면적의 합계가 200제곱미터(옥외관람석의 경우에는 1천 제곱미터) 이상인 건축물
2. 문화 및 집회시설 중 전시장 또는 동·식물원, 판매시설, 운수시설, 교육연구시설에 설치하는 체육관·강당, 수련시설, 운동시설 중 체육관·운동장, 위락시설(주점영업의 용도로 쓰는 것은 제외한다), 창고시설, 위험물저장 및 처리시설, 자동차 관련 시설, 방송통신시설 중 방송국·전신전화국·촬영소, 묘지 관련 시설 중 화장장 또는 관광휴게시설의 용도로 쓰는 건축물로서 그 용도로 쓰는 바닥면적의 합계가 500제곱미터 이상인 건축물
3. 공장의 용도로 쓰는 건축물로서 그 용도로 쓰는 바닥면적의 합계가 2천 제곱미터 이상인 건축물. 다만, 화재의 위험이 적은 공장으로서 국토교통부령으로 정하는 공장은 제외한다.
4. 건축물의 2층이 단독주택 중 다중주택 및 다가구주택,

공동주택, 제1종 근린생활시설(의료의 용도로 쓰는 시설만 해당한다), 제2종 근린생활시설 중 다중생활시설, 의료시설, 노유자시설 중 아동 관련 시설 및 노인복지시설, 수련시설 중 유스호스텔, 업무시설 중 오피스텔, 숙박시설 또는 장례식장의 용도로 쓰는 건축물로서 그 용도로 쓰는 바닥면적의 합계가 400제곱미터 이상인 건축물

5. 3층 이상인 건축물 및 지하층이 있는 건축물. 다만, 단독주택(다중주택 및 다가구주택은 제외한다), 동물 및 식물 관련 시설, 발전시설(발전소의 부속용도로 쓰는 시설은 제외한다), 교도소·감화원 또는 묘지 관련 시설(화장장은 제외한다)의 용도로 쓰는 건축물과 철강 관련 업종의 공장 중 제어실로 사용하기 위하여 연면적 50제곱미터 이하로 증축하는 부분은 제외한다.

② 제1항제1호 및 제2호에 해당하는 용도로 쓰지 아니하는 건축물로서 그 지붕틀을 불연재료로 한 경우에는 그 지붕틀을 내화구조로 아니할 수 있다.

[전문개정 2008.10.29]

제57조(대규모 건축물의 방화벽 등) ① 법 제50조제2항에 따라 연면적 1천 제곱미터 이상인 건축물은 방화벽으로 구획하되, 각 구획된 바닥면적의 합계는 1천 제곱미터 미만이어야 한다. 다만, 주요구조부가 내화구조이거나 불연재료인 건축물과 제56조제1항제5호 단서에 따른 건축물 또는 내부설비의 구조상 방화벽으로 구획할 수 없는 창고시설의 경우에는 그러하지 아니하다.

② 제1항에 따른 방화벽의 구조에 관하여 필요한 사항은 국토교통부령으로 정한다. <개정 2013.3.23>

	③ 연면적 1천 제곱미터 이상인 목조 건축물의 구조는 국토교통부령으로 정하는 바에 따라 방화구조로 하거나 불연재료로 하여야 한다. <개정 2013.3.23> [전문개정 2008.10.29]	
제50조(건축물의 내화구조와 방화벽) ① 문화 및 집회시설, 의료시설, 공동주택 등 대통령령으로 정하는 건축물은 국토교통부령으로 정하는 기준에 따라 주요구조부를 내화(耐火)구조로 하여야 한다. <개정 2013.3.23> ② 대통령령으로 정하는 용도 및 규모의 건축물은 국토교통부령으로 정하는 기준에 따라 방화벽으로 구획하여야 한다. <개정 2013.3.23>		
제50조의2(고층건축물의 피난 및 안전관리) ① 고층건축물에는 대통령령으로 정하는 바에 따라 피난안전구역을 설치하거나 대피공간을 확보한 계단을 설치하여야 한다. 이 경우 피난안전구역의 설치 기준, 계단의 설치 기준과 구조 등에 관하여 필요한 사항은 국토교통부령으로 정한다. <개정 2013.3.23> ② 고층건축물의 화재예방 및 피해경감을 위하여 국토교통부령으로 정하는 바에 따라 제48조부터 제50조까지 및 제64조의 기준을 강화하여 적용할 수 있다. <개정 2013.3.23> [본조신설 2011.9.16]		
제51조(방화지구 안의 건축물) ① 「국토의 계획 및 이용에 관한 법률」 제37조제1항제4호에 따른 방화지구(이하 "방화지구"라 한다) 안에서는 건축물의 주요구조부와 외벽을 내화구조로 하여야 한다. 다만, 대통령령으로 정하는 경우에는 그러하지 아니하다. <개정 2014.1.14>	제58조(방화지구의 건축물) 법 제51조제1항에 따라 그 주요구조부 및 외벽을 내화구조로 하지 아니할 수 있는 건축물은 다음 각 호와 같다. 1. 연면적 30제곱미터 미만인 단층 부속건축물로서 외벽 및 처마면이 내화구조 또는 불연재료로 된 것	

② 방화지구 안의 공작물로서 간판, 광고탑, 그 밖에 대통령으로 정하는 공작물 중 건축물의 지붕 위에 설치하는 공작물이나 높이 3미터 이상의 공작물은 주요부를 불연(不燃)재료로 하여야 한다. ③ 방화지구 안의 지붕·방화문 및 인접 대지 경계선에 접하는 외벽은 국토교통부령으로 정하는 구조 및 재료로 하여야 한다. <개정 2013.3.23>	2. 도매시장의 용도로 쓰는 건축물로서 그 주요구조부가 불연재료로 된 것 [전문개정 2008.10.29] 제59조 삭제 <1999.4.30> 제60조 삭제 <1999.4.30>	제34조 삭제 <2000.7.4> 제35조 삭제 <2000.7.4>
제52조(건축물의 마감재료) ① 대통령령으로 정하는 용도 및 규모의 건축물의 내부 마감재료는 방화에 지장이 없는 재료로 하되, 「다중이용시설 등의 실내공기질관리법」 제5조 및 제6조에 따른 실내공기질 유지기준 및 권고기준을 고려하고 관계 중앙행정기관의 장과 협의하여 국토교통부령으로 정하는 기준에 따른 것이어야 한다. <개정 2009.12.29, 2013.3.23> ② 대통령령으로 정하는 건축물의 외벽에 사용하는 마감재료는 방화에 지장이 없는 재료로 하여야 한다. 이 경우 마감재료의 기준은 국토교통부령으로 정한다. <신설 2009.12.29, 2013.3.23> ③ 욕실, 화장실, 목욕장 등의 바다 마감재료는 미끄럼을 방지할 수 있도록 국토교통부령으로 정하는 기준에 적합하여야 한다. <신설 2013.7.16> [제목개정 2009.12.29]	제61조(건축물의 마감재료) ①법 제52조제1항에서 "대통령령으로 정하는 용도 및 규모의 건축물"이란 다음 각 호의 어느 하나에 해당하는 건축물을 말한다. 다만, 그 주요구조부가 내화구조 또는 불연재료로 되어 있고 그 거실의 바닥면적(스프링클러나 그 밖에 이와 비슷한 자동식 소화설비를 설치한 바닥면적을 뺀 면적으로 한다. 이하 이 조에서 같다) 200제곱미터 이내마다 방화구획이 되어 있는 건축물은 제외한다. <개정 2009.7.16, 2010.2.18, 2010.12.13, 2013.3.23, 2014.3.24> 1. 제2종 근린생활시설 중 공연장·종교집회장·인터넷컴퓨터게임시설제공업소(해당 용도로 쓰는 바닥면적의 합계가 각각 300제곱미터 이상인 경우만 해당한다), 문화 및 집회시설(예식장은 제외한다), 종교시설, 판매시설, 운수시설 및 위락시설(단란주점 및 주점영업은 제외한다)의 용도로 쓰는 건축물로서 그 용도로 쓰는 거실의 바닥면적의 합계가 200제곱미터(주요구조부가 내화구조 또는 불연재료로 된 건축물의 경우에는 400제곱미터) 이상인 건축물 2. 단독주택 중 다중주택·다가구주택, 공동주택, 제2종 근린생활시설 중 학원·독서실·다중생활시설, 숙박시설(여관 및 여인숙은 제외한다), 의료시설, 교육연	

구시설 중 학원, 노유자시설 중 아동 관련 시설·노인복지시설, 수련시설 중 유스호스텔, 업무시설 중 오피스텔 및 장례식장의 용도로 쓰는 건축물로서 3층 이상인 층의 그 용도로 쓰는 거실의 바닥면적의 합계가 200제곱미터(주요구조부가 내화구조 또는 불연재료로 된 건축물의 경우에는 400제곱미터) 이상인 건축물

3. 위험물저장 및 처리시설(자가난방과 자가발전 등의 용도로 쓰는 시설을 포함한다), 자동차 관련 시설, 방송통신시설 중 방송국·촬영소 또는 발전시설의 용도로 쓰는 건축물

4. 공장의 용도로 쓰는 건축물. 다만, 건축물이 1층 이하이고, 연면적 1천 제곱미터 미만으로서 다음 각 목의 요건을 모두 갖춘 경우는 제외한다.
  가. 국토교통부령으로 정하는 화재위험이 적은 공장용도로 쓸 것
  나. 화재 시 대피가 가능한 국토교통부령으로 정하는 출구를 갖출 것
  다. 국토교통부령으로 정하는 성능을 갖춘 복합자재[불연성인 재료와 불연성이 아닌 재료가 복합된 자재로서 양면 철판과 심재(心材)로 구성된 것을 말한다]를 내부 마감재료로 쓸 것

5. 5층 이상인 층 거실의 바닥면적의 합계가 500제곱미터 이상인 건축물

6. 제2종 근린생활시설 중 공연장·당구장, 문화 및 집회시설 중 예식장, 교육연구시설 중 학교(초등학교만 해당한다), 수련시설, 숙박시설 중 여관·여인숙, 위락시설 중 주점영업 또는 「다중이용업소의 안전관리에 관한 특별법 시행령」 제2조에 따른 다중이용업(유흥

	주점영업은 제외한다)의 용도로 쓰는 건축물
	7. 창고로 쓰이는 바닥면적 3천 제곱미터(스프링클러나 그 밖에 이와 비슷한 자동식 소화설비를 설치한 경우에는 6천 제곱미터) 이상인 건축물
	② 법 제52조제2항에서 "대통령령으로 정하는 건축물"이란 다음 각 호의 어느 하나에 해당하는 것을 말한다. <신설 2010.12.13, 2011.12.30, 2013.3.23>
	1. 상업지역(근린상업지역은 제외한다)의 건축물로서 다음 각 목의 어느 하나에 해당하는 것
	   가. 「다중이용업소의 안전관리에 관한 특별법」 제2조제1항제1호에 따른 다중이용업의 용도로 쓰는 건축물로서 그 용도로 쓰는 바닥면적의 합계가 2천제곱미터 이상인 건축물
	   나. 공장(국토교통부령으로 정하는 화재 위험이 적은 공장은 제외한다)의 용도로 쓰는 건축물로부터 6미터 이내에 위치한 건축물
	2. 고층건축물
	[전문개정 2008.10.29]
	[제목개정 2010.12.13]
	
	제62조 삭제 <1999.4.30>
	제63조 삭제 <1999.4.30>	

제53조(지하층) 건축물에 설치하는 지하층의 구조 및 설비는 국토교통부령으로 정하는 기준에 맞게 하여야 한다. <개정 2013.3.23>	제64조(방화문의 구조) 방화문은 갑종 방화문 및 을종 방화문으로 구분하되, 그 기준은 국토교통부령으로 정한다. <개정 2013.3.23> [전문개정 2008.10.29]	

제6장 지역 및 지구의 건축물	제6장 지역 및 지구의 건축물 <개정 2008.10.29>
	제65조 삭제 <2000.6.27> 제66조 삭제 <1999.4.30> 제67조 삭제 <1999.4.30> 제68조 삭제 <2000.6.27> 제69조 삭제 <1999.4.30> 제70조 삭제 <1999.4.30> 제71조 삭제 <1999.4.30> 제72조 삭제 <1999.4.30> 제73조 삭제 <2000.6.27> 제74조 삭제 <1999.4.30> 제75조 삭제 <1999.4.30> 제76조 삭제 <2000.6.27>
제54조(건축물의 대지가 지역·지구 또는 구역에 걸치는 경우의 조치) ① 대지가 이 법이나 다른 법률에 따른 지역·지구(녹지지역과 방화지구는 제외한다. 이하 이 조에서 같다) 또는 구역에 걸치는 경우에는 대통령령으로 정하는 바에 따라 그 건축물과 대지의 전부에 대하여 대지의 과반(過半)이 속하는 지역·지구 또는 구역 안의 건축물 및 대지 등에 관한 이 법의 규정을 적용한다. 다만, 건축물이 「국토의 계획 및 이용에 관한 법률」 제37조제1항제2호에 따른 미관지구(이하 "미관지구"라 한다)에 걸치는 경우에는 그 건축물과 대지의 전부에 대하여 미관지구 안의 건축물과 대지 등에 관한 이 법의 규정을 적용한다. <개정 2014.1.14> ② 하나의 건축물이 방화지구와 그 밖의 구역에 걸치는	제77조(건축물의 대지가 지역·지구 또는 구역에 걸치는 경우) 법 제54조제1항에 따라 대지가 지역·지구 또는 구역에 걸치는 경우 그 대지의 과반이 속하는 지역·지구 또는 구역의 건축물 및 대지 등에 관한 규정을 그 대지의 전부에 대하여 적용 받으려는 자는 해당 대지의 지역·지구 또는 구역별 면적과 적용 받으려는 지역·지구 또는 구역에 관한 사항을 허가권자에게 제출(전자문서에 의한 제출을 포함한다)하여야 한다. [전문개정 2008.10.29]

경우에는 그 전부에 대하여 방화지구 안의 건축물에 관한 이 법의 규정을 적용한다. 다만, 건축물의 방화지구에 속한 부분과 그 밖의 구역에 속한 부분의 경계가 방화벽으로 구획되는 경우 그 밖의 구역에 있는 부분에 대하여는 그러하지 아니하다. ③ 대지가 녹지지역과 그 밖의 지역·지구 또는 구역에 걸치는 경우에는 각 지역·지구 또는 구역 안의 건축물과 대지에 관한 이 법의 규정을 적용한다. 다만, 녹지지역 안의 건축물이 미관지구나 방화지구에 걸치는 경우에는 제1항 단서나 제2항에 따른다. ④ 제1항에도 불구하고 해당 대지의 규모와 그 대지가 속한 용도지역·지구 또는 구역의 성격 등 그 대지에 관한 주변여건상 필요하다고 인정하여 해당 지방자치단체의 조례로 적용방법을 따로 정하는 경우에는 그에 따른다.		
	제78조 삭제 <2002.12.26> 제79조 삭제 <2002.12.26>	
제55조(건축물의 건폐율) 대지면적에 대한 건축면적(대지에 건축물이 둘 이상 있는 경우에는 이들 건축면적의 합계로 한다)의 비율(이하 "건폐율"이라 한다)의 최대한도는 「국토의 계획 및 이용에 관한 법률」 제77조에 따른 건폐율의 기준에 따른다. 다만, 이 법에서 기준을 완화하거나 강화하여 적용하도록 규정한 경우에는 그에 따른다.		
제56조(건축물의 용적률) 대지면적에 대한 연면적(대지에 건축물이 둘 이상 있는 경우에는 이들 연면적의 합계로 한다)의 비율(이하 "용적률"이라 한다)의 최대한도는 「국토의 계획 및 이용에 관한 법률」 제78조에 따른 용		

적률의 기준에 따른다. 다만, 이 법에서 기준을 완화하거나 강화하여 적용하도록 규정한 경우에는 그에 따른다.		
제57조(대지의 분할 제한) ① 건축물이 있는 대지는 대통령령으로 정하는 범위에서 해당 지방자치단체의 조례로 정하는 면적에 못 미치게 분할할 수 없다. ② 건축물이 있는 대지는 제44조, 제55조, 제56조, 제58조, 제60조 및 제61조에 따른 기준에 못 미치게 분할할 수 없다.	제80조(건축물이 있는 대지의 분할제한) 법 제57조제1항에서 "대통령령으로 정하는 범위"란 다음 각 호의 어느 하나에 해당하는 규모 이상을 말한다. 1. 주거지역: 60제곱미터 2. 상업지역: 150제곱미터 3. 공업지역: 150제곱미터 4. 녹지지역: 200제곱미터 5. 제1호부터 제4호까지의 규정에 해당하지 아니하는 지역: 60제곱미터 [전문개정 2008.10.29]	
제58조(대지 안의 공지) 건축물을 건축하는 경우에는 「국토의 계획 및 이용에 관한 법률」에 따른 용도지역·용도지구, 건축물의 용도 및 규모 등에 따라 건축선 및 인접 대지경계선으로부터 6미터 이내의 범위에서 대통령령으로 정하는 바에 따라 해당 지방자치단체의 조례로 정하는 거리 이상을 띄어야 한다. <개정 2011.5.30>	제80조의2(대지 안의 공지) 법 제58조에 따라 건축선(법 제46조제1항에 따른 건축선을 말한다) 및 인접 대지경계선(대지와 대지 사이에 공원, 철도, 하천, 광장, 공공공지, 녹지, 그 밖에 건축이 허용되지 아니하는 공지가 있는 경우에는 그 반대편의 경계선을 말한다)으로부터 건축물의 각 부분까지 띄어야 하는 거리의 기준은 별표 2와 같다. [전문개정 2008.10.29]	
제59조(맞벽 건축과 연결복도) ① 다음 각 호의 어느 하나에 해당하는 경우에는 제58조, 제61조 및 「민법」 제242조를 적용하지 아니한다. 1. 대통령령으로 정하는 지역에서 도시미관 등을 위하여 둘 이상의 건축물 벽을 맞벽(대지경계선으로부터 50센티미터 이내인 경우를 말한다. 이하 같다)으로 하여 건축하는 경우	제81조(맞벽건축 및 연결복도) ① 법 제59조제1항제1호에서 "대통령령으로 정하는 지역"이란 다음 각 호의 어느 하나에 해당하는 지역을 말한다. <개정 2008.10.29, 2012.12.12>	

2. 대통령령으로 정하는 기준에 따라 인근 건축물과 이어지는 연결복도나 연결통로를 설치하는 경우 ② 제1항 각 호에 따른 맞벽, 연결복도, 연결통로의 구조·크기 등에 관하여 필요한 사항은 대통령령으로 정한다.	1. 상업지역 2. 주거지역(건축물 및 토지의 소유자 간 맞벽건축을 합의한 경우에 한정한다) 3. 허가권자가 도시미관 또는 한옥 보전·진흥을 위하여 건축조례로 정하는 구역 ② 삭제 <2006.5.8> ③ 법 제59조제1항제1호에 따른 맞벽은 방화벽이어야 한다. <개정 2008.10.29> ④ 제1항에 따른 지역에서 맞벽건축을 할 때 맞벽 대상 건축물의 용도, 맞벽 건축물의 수 및 층수 등 맞벽에 필요한 사항은 건축조례로 정한다. <개정 2008.10.29> ⑤ 법 제59조제1항제2호에서 "대통령령으로 정하는 기준"이란 다음 각 호의 기준을 말한다. <개정 2008.10.29> 1. 주요구조부가 내화구조일 것 2. 마감재료가 불연재료일 것 3. 밀폐된 구조인 경우 벽면적의 10분의 1 이상에 해당하는 면적의 창문을 설치할 것. 다만, 지하층으로서 환기설비를 설치하는 경우에는 그러하지 아니하다. 4. 너비 및 높이가 각각 5미터 이하일 것. 다만, 허가권자가 건축물의 용도나 규모 등을 고려할 때 원활한 통행을 위하여 필요하다고 인정하면 지방건축위원회의 심의를 거쳐 그 기준을 완화하여 적용할 수 있다. 5. 건축물과 복도 또는 통로의 연결부분에 방화셔터 또는 방화문을 설치할 것 6. 연결복도가 설치된 대지 면적의 합계가 「국토의 계획 및 이용에 관한 법률 시행령」 제55조에 따른 개발행위의 최대 규모 이하일 것. 다만, 지구단위계획구역에서는 그러하지 아니하다. ⑥ 법 제59조제1항제2호에 따른 연결복도나 연결통로는	

	건축사 또는 「국가기술자격법」에 따른 건축구조기술사(이하 "건축구조기술사"라 한다)로부터 안전에 관한 확인을 받아야 한다. <개정 2008.10.29, 2009.7.16> [전문개정 1999.4.30]
제60조(건축물의 높이 제한) ① 허가권자는 가로구역[(街路區域): 도로로 둘러싸인 일단(一團)의 지역을 말한다. 이하 같다]을 단위로 하여 대통령령으로 정하는 기준과 절차에 따라 건축물의 높이를 지정·공고할 수 있다. 다만, 특별자치시장·특별자치도지사 또는 시장·군수·구청장은 가로구역의 높이를 완화하여 적용할 필요가 있다고 판단되는 대지에 대하여는 대통령령으로 정하는 바에 따라 건축위원회의 심의를 거쳐 높이를 완화하여 적용할 수 있다. <개정 2014.1.14> ② 특별시장이나 광역시장은 도시의 관리를 위하여 필요하면 제1항에 따른 가로구역별 건축물의 높이를 특별시나 광역시의 조례로 정할 수 있다. <개정 2014.1.14> ③ 제1항에 따른 높이가 정하여지지 아니한 가로구역의 경우 건축물 각 부분의 높이는 그 부분으로부터 전면(前面)도로의 반대쪽 경계선까지의 수평거리의 1.5배를 넘을 수 없다. 다만, 다음 각 호의 어느 하나에 해당하는 경우에는 건축물의 높이를 해당 지방자치단체의 조례로 따로 정할 수 있다. <개정 2014.1.14> 1. 대지가 둘 이상의 도로에 접한 경우 2. 대지에 접한 도로의 반대쪽에 공원, 광장, 하천 등이 있는 경우 3. 제77조의6에 따라 건축협정의 인가를 받은 대지의 경우	제82조(건축물의 높이 제한) ① 허가권자는 법 제60조제1항에 따라 가로구역별로 건축물의 최고 높이를 지정·공고할 때에는 다음 각 호의 사항을 고려하여야 한다. <개정 2012.4.10> 1. 도시·군관리계획 등의 토지이용계획 2. 해당 가로구역이 접하는 도로의 너비 3. 해당 가로구역의 상·하수도 등 간선시설의 수용능력 4. 도시미관 및 경관계획 5. 해당 도시의 장래 발전계획 ② 허가권자는 제1항에 따라 가로구역별 건축물의 최고 높이를 지정하려면 지방건축위원회의 심의를 거쳐야 한다. 이 경우 주민의 의견청취 절차 등은 「토지이용규제기본법」 제8조에 따른다. <개정 2011.6.29> ③ 허가권자는 같은 가로구역에서 건축물의 용도 및 형태에 따라 건축물의 높이를 다르게 정할 수 있다. ④ 법 제60조제1항 단서에 따라 가로구역의 최고높이를 완화하여 적용하는 경우에 대한 구체적인 완화기준은 제1항 각 호의 사항을 고려하여 건축조례로 정한다. <개정 2010.2.18> [전문개정 2008.10.29] 제83조 삭제 <1999.4.30>

	제84조 삭제 <1999.4.30>
	제85조 삭제 <1999.4.30>
제61조(일조 등의 확보를 위한 건축물의 높이 제한) ① 전용주거지역과 일반주거지역 안에서 건축하는 건축물의 높이는 일조(日照) 등의 확보를 위하여 정북방향(正北方向)의 인접 대지경계선으로부터의 거리에 따라 대통령령으로 정하는 높이 이하로 하여야 한다. ② 다음 각 호의 어느 하나에 해당하는 공동주택(일반상업지역과 중심상업지역에 건축하는 것은 제외한다)은 채광(採光) 등의 확보를 위하여 대통령령으로 정하는 높이 이하로 하여야 한다. <개정 2013.5.10> 1. 인접 대지경계선 등의 방향으로 채광을 위한 창문 등을 두는 경우 2. 하나의 대지에 두 동(棟) 이상을 건축하는 경우 ③ 다음 각 호의 어느 하나에 해당하면 제1항에도 불구하고 건축물의 높이를 정남(正南)방향의 인접 대지경계선으로부터의 거리에 따라 대통령령으로 정하는 높이 이하로 할 수 있다. <개정 2011.5.30, 2014.1.14> 1. 「택지개발촉진법」 제3조에 따른 택지개발지구인 경우 2. 「주택법」 제16조에 따른 대지조성사업지구인 경우 3. 「지역균형개발 및 지방중소기업 육성에 관한 법률」 제4조와 제9조에 따른 광역개발권역 및 개발촉진지구인 경우 4. 「산업입지 및 개발에 관한 법률」 제6조, 제7조, 제7조의2 및 제8조에 따른 국가산업단지, 일반산업단지, 도시첨단산업단지 및 농공단지인 경우 5. 「도시개발법」 제2조제1항제1호에 따른 도시개발구	제86조(일조 등의 확보를 위한 건축물의 높이 제한) ① 전용주거지역이나 일반주거지역에서 건축물을 건축하는 경우에는 법 제61조제1항에 따라 건축물의 각 부분을 정북방향으로의 인접 대지경계선으로부터 다음 각 호의 범위에서 건축조례로 정하는 거리 이상을 띄어 건축하여야 한다. 다만, 건축물의 미관 향상을 위하여 너비 20미터 이상의 도로(자동차·보행자·자전거 전용도로를 포함한다)로서 건축조례로 정하는 도로에 접한 대지(도로와 대지 사이에 도시·군계획시설인 완충녹지가 있는 경우 그 대지를 포함한다) 상호간에 건축하는 건축물의 경우에는 그러하지 아니하다. <개정 2010.2.18, 2012.4.10, 2012.12.12> 1. 삭제 <2012.12.12> 2. 높이 9미터 이하인 부분: 인접 대지경계선으로부터 1.5미터 이상 3. 높이 9미터를 초과하는 부분: 인접 대지경계선으로부터 해당 건축물 각 부분 높이의 2분의 1 이상 ② 법 제61조제2항에 따라 공동주택은 다음 각 호의 기준에 적합하여야 한다. 다만, 채광을 위한 창문 등이 있는 벽면에서 직각 방향으로 인접 대지경계선까지의 수평거리가 1미터 이상으로서 건축조례로 정하는 거리 이상인 다세대주택은 제1호를 적용하지 아니한다. <개정 2009.7.16, 2013.5.31> 1. 건축물(기숙사는 제외한다)의 각 부분의 높이는 그 부분으로부터 채광을 위한 창문 등이 있는 벽면에서 직각 방향으로 인접 대지경계선까지의 수평거리의 2배

역인 경우 6. 「도시 및 주거환경정비법」 제4조에 따른 정비구역인 경우 7. 정북방향으로 도로, 공원, 하천 등 건축이 금지된 공지에 접하는 대지인 경우 8. 정북방향으로 접하고 있는 대지의 소유자와 합의한 경우나 그 밖에 대통령령으로 정하는 경우 ④ 2층 이하로서 높이가 8미터 이하인 건축물에는 해당 지방자치단체의 조례로 정하는 바에 따라 제1항부터 제3항까지의 규정을 적용하지 아니할 수 있다.	(근린상업지역 또는 준주거지역의 건축물은 4배) 이하로 할 것 2. 같은 대지에서 두 동(棟) 이상의 건축물이 서로 마주보고 있는 경우(한 동의 건축물 각 부분이 서로 마주보고 있는 경우를 포함한다)에 건축물 각 부분 사이의 거리는 다음 각 목의 거리 이상을 띄어 건축할 것. 다만, 그 대지의 모든 세대가 동지(冬至)를 기준으로 9시에서 15시 사이에 2시간 이상을 계속하여 일조(日照)를 확보할 수 있는 거리 이상으로 할 수 있다. 가. 채광을 위한 창문 등이 있는 벽면으로부터 직각방향으로 건축물 각 부분 높이의 0.5배(도시형 생활주택의 경우에는 0.25배) 이상의 범위에서 건축조례로 정하는 거리 이상 나. 가목에도 불구하고 서로 마주보는 건축물 중 남쪽 방향(마주보는 두 동의 축이 남동에서 남서 방향인 경우만 해당한다)의 건축물 높이가 낮고, 주된 개구부(거실과 주된 침실이 있는 부분의 개구부를 말한다)의 방향이 남쪽을 향하는 경우에는 높은 건축물 각 부분의 높이의 0.4배(도시형 생활주택의 경우에는 0.2배) 이상의 범위에서 건축조례로 정하는 거리 이상이고 낮은 건축물 각 부분의 높이의 0.5배(도시형 생활주택의 경우에는 0.25배) 이상의 범위에서 건축조례로 정하는 거리 이상 다. 가목에도 불구하고 건축물과 부대시설 또는 복리시설이 서로 마주보고 있는 경우에는 부대시설 또는 복리시설 각 부분 높이의 1배 이상 라. 채광창(창넓이가 0.5제곱미터 이상인 창을 말한다)이 없는 벽면과 측벽이 마주보는 경우에는 8미터

이상
마. 측벽과 측벽이 마주보는 경우[마주보는 측벽 중 하나의 측벽에 채광을 위한 창문 등이 설치되어 있지 아니한 바닥면적 3제곱미터 이하의 발코니(출입을 위한 개구부를 포함한다)를 설치하는 경우를 포함한다]에는 4미터 이상
3. 제3조제1항제4호에 따른 주택단지에 두 동 이상의 건축물이 법 제2조제1항제11호에 따른 도로를 사이에 두고 서로 마주보고 있는 경우에는 제2호가목부터 다목까지의 규정을 적용하지 아니하되, 해당 도로의 중심선을 인접 대지경계선으로 보아 제1호를 적용한다.
③ 법 제61조제3항 각 호 외의 부분에서 "대통령령으로 정하는 높이"란 제1항에 따른 높이의 범위에서 특별자치도지사 또는 시장·군수·구청장이 정하여 고시하는 높이를 말한다.
④ 특별자치도지사 또는 시장·군수·구청장은 제3항에 따라 건축물의 높이를 고시하려면 국토교통부령으로 정하는 바에 따라 미리 해당 지역주민의 의견을 들어야 한다. 다만, 법 제61조제3항제1호부터 제6호까지의 어느 하나에 해당하는 지역인 경우로서 건축위원회의 심의를 거친 경우에는 그러하지 아니하다. <개정 2013.3.23>
⑤ 제1항부터 제4항까지를 적용할 때 건축물을 건축하려는 대지와 다른 대지 사이에 공원(「도시공원 및 녹지 등에 관한 법률」 제2조제3호에 따른 도시공원 중 지방건축위원회의 심의를 거쳐 허가권자가 공원의 일조 등을 확보할 필요가 있다고 인정하는 공원은 제외한다), 도로, 철도, 하천, 광장, 공공공지, 녹지, 유수지, 자동차전용 도로, 유원지, 그 밖에 건축이 허용되지 아니하는 공지가 있는 경우에는 그 반대편의 대지경계선(공동주

	택은 인접 대지경계선과 그 반대편 대지경계선의 중심선)을 인접 대지경계선으로 한다. <개정 2009.7.16> [전문개정 2008.10.29]
	제86조의2 삭제 <2006.5.8>
제7장 건축설비	제7장 건축물의 설비등
제62조(건축설비기준 등) 건축설비의 설치 및 구조에 관한 기준과 설계 및 공사감리에 관하여 필요한 사항은 대통령령으로 정한다.	제87조(건축설비 설치의 원칙) ① 건축설비는 건축물의 안전·방화, 위생, 에너지 및 정보통신의 합리적 이용에 지장이 없도록 설치하여야 하고, 배관피트 및 닥트의 단면적과 수선구의 크기를 해당 설비의 수선에 지장이 없도록 하는 등 설비의 유지·관리가 쉽게 설치하여야 한다. ② 건축물에 설치하는 급수·배수·냉방·난방·환기·피뢰 등 건축설비의 설치에 관한 기술적 기준은 국토교통부령으로 정하되, 에너지 이용 합리화와 관련한 건축설비의 기술적 기준에 관하여는 산업통상자원부장관과 협의하여 정한다. <개정 2013.3.23> ③ 건축물에 설치하여야 하는 장애인 관련 시설 및 설비는 「장애인·노인·임산부 등의 편의증진보장에 관한 법률」 제14조에 따라 작성하여 보급하는 편의시설 상세표준도에 따른다. <개정 2012.12.12> ④ 건축물에는 방송수신에 지장이 없도록 공동시청 안테나, 유선방송 수신시설, 위성방송 수신설비, 에프엠(FM) 라디오방송 수신설비 또는 방송 공동수신설비를 설치할 수 있다. 다만, 다음 각 호의 건축물에는 방송 공동수신설비를 설치하여야 한다. <개정 2009.7.16, 2012.12.12> 1. 공동주택 2. 바닥면적의 합계가 5천제곱미터 이상으로서 업무시설

	이나 숙박시설의 용도로 쓰는 건축물 ⑤ 제4항에 따른 방송 수신설비의 설치기준은 미래창조과학부장관이 정하여 고시하는 바에 따른다. <신설 2009.7.16, 2013.3.23> ⑥ 연면적이 500제곱미터 이상인 건축물의 대지에는 국토교통부령으로 정하는 바에 따라 「전기사업법」 제2조제2호에 따른 전기사업자가 전기를 배전(配電)하는 데 필요한 전기설비를 설치할 수 있는 공간을 확보하여야 한다. <신설 2009.7.16, 2013.3.23> ⑦ 해풍이나 염분 등으로 인하여 건축물의 재료 및 기계설비 등에 조기 부식과 같은 피해 발생이 우려되는 지역에서는 해당 지방자치단체는 이를 방지하기 위하여 다음 각 호의 사항을 조례로 정할 수 있다. <신설 2010.2.18> 1. 해풍이나 염분 등에 대한 내구성 설계기준 2. 해풍이나 염분 등에 대한 내구성 허용기준 3. 그 밖에 해풍이나 염분 등에 따른 피해를 막기 위하여 필요한 사항 [전문개정 2008.10.29]	제36조(일조등의 확보를 위한 건축물의 높이제한) 특별자치도지사 또는 시장·군수·구청장은 영 제86조제4항에 따라 건축물의 높이를 고시하기 위하여 주민의 의견을 듣고자 할 때에는 그 내용을 30일간 주민에게 공람시켜야 한다. <개정 2011.6.29> [전문개정 1999.5.11]
	제88조 삭제 <1995.12.30>	
제63조(온돌 및 난방설비 등의 시공) 건축물에 설치하는 온돌 및 난방설비는 국토교통부령으로 정하는 기준에 따라 안전 및 방화에 지장이 없도록 하여야 한다. <개정 2011.5.30, 2013.3.23>		
제64조(승강기) ① 건축주는 6층 이상으로서 연면적이 2천제곱미터 이상인 건축물(대통령령으로 정하는 건축물은 제외한다)을 건축하려면 승강기를 설치하여야 한다. 이	제89조(승용 승강기의 설치) 법 제64조제1항 전단에서 "대통령령으로 정하는 건축물"이란 층수가 6층인 건축물로	

경우 승강기의 규모 및 구조는 국토교통부령으로 정한다. <개정 2013.3.23> ② 높이 31미터를 초과하는 건축물에는 대통령령으로 정하는 바에 따라 제1항에 따른 승강기뿐만 아니라 비상용승강기를 추가로 설치하여야 한다. 다만, 국토교통부령으로 정하는 건축물의 경우에는 그러하지 아니하다. <개정 2013.3.23>	서 각 층 거실의 바닥면적 300제곱미터 이내마다 1개소 이상의 직통계단을 설치한 건축물을 말한다. [전문개정 2008.10.29] 제90조(비상용 승강기의 설치) ① 법 제64조제2항에 따라 높이 31미터를 넘는 건축물에는 다음 각 호의 기준에 따른 대수 이상의 비상용 승강기(비상용 승강기의 승강장 및 승강로를 포함한다. 이하 이 조에서 같다)를 설치하여야 한다. 다만, 법 제64조제1항에 따라 설치되는 승강기를 비상용 승강기의 구조로 하는 경우에는 그러하지 아니하다. 1. 높이 31미터를 넘는 각 층의 바닥면적 중 최대 바닥면적이 1천500제곱미터 이하인 건축물: 1대 이상 2. 높이 31미터를 넘는 각 층의 바닥면적 중 최대 바닥면적이 1천500제곱미터를 넘는 건축물: 1대에 1천500제곱미터를 넘는 3천 제곱미터 이내마다 1대씩 더한 대수 이상 ② 제1항에 따라 2대 이상의 비상용 승강기를 설치하는 경우에는 화재가 났을 때 소화에 지장이 없도록 일정한 간격을 두고 설치하여야 한다. ③ 건축물에 설치하는 비상용 승강기의 구조 등에 관하여 필요한 사항은 국토교통부령으로 정한다. <개정 2013.3.23> [전문개정 2008.10.29]
제64조의2 삭제 <2014.5.28> 제65조 삭제 <2012.2.22> 제65조의2(지능형건축물의 인증) ① 국토교통부장관은 지능형건축물[Intelligent Building]의 건축을 활성화하기 위	

하여 지능형건축물 인증제도를 실시한다. <개정 2013.3.23>
② 국토교통부장관은 제1항에 따른 지능형건축물의 인증을 위하여 인증기관을 지정할 수 있다. <개정 2013.3.23>
③ 지능형건축물의 인증을 받으려는 자는 제2항에 따른 인증기관에 인증을 신청하여야 한다.
④ 국토교통부장관은 건축물을 구성하는 설비 및 각종 기술을 최적으로 통합하여 건축물의 생산성과 설비 운영의 효율성을 극대화할 수 있도록 다음 각 호의 사항을 포함하여 지능형건축물 인증기준을 고시한다. <개정 2013.3.23>
1. 인증기준 및 절차
2. 인증표시 홍보기준
3. 유효기간
4. 수수료
5. 인증 등급 및 심사기준 등
⑤ 제2항과 제3항에 따른 인증기관의 지정 기준, 지정 절차 및 인증 신청 절차 등에 필요한 사항은 국토교통부령으로 정한다. <개정 2013.3.23>
⑥ 허가권자는 지능형건축물로 인증을 받은 건축물에 대하여 제42조에 따른 조경설치면적을 100분의 85까지 완화하여 적용할 수 있으며, 제56조 및 제60조에 따른 용적률 및 건축물의 높이를 100분의 115의 범위에서 완화하여 적용할 수 있다.
[본조신설 2011.5.30]

제66조 삭제 <2012.2.22>	제91조 삭제 <2013.2.20>	
제66조의2 삭제 <2012.2.22>	제91조의2 삭제 <2013.2.20>	제37조 삭제 <2000.7.4>

| 제67조(관계전문기술자) ① 설계자와 공사감리자는 제40조, 제41조, 제48조부터 제50조까지, 제50조의2, 제51조, 제52조, 제62조 및 제64조와 「녹색건축물 조성 지원법」 제15조에 따른 대지의 안전, 건축물의 구조상 안전, 건축설비의 설치 등을 위한 설계 및 공사감리를 할 때 대통령령으로 정하는 바에 따라 관계전문기술자의 협력을 받아야 한다. <개정 2014.1.14> ② 관계전문기술자는 건축물이 이 법 및 이 법에 따른 명령이나 처분, 그 밖의 관계 법령에 맞고 안전·기능 및 미관에 지장이 없도록 업무를 수행하여야 한다. | 제91조의3(관계전문기술자와의 협력) ① 다음 각 호의 어느 하나에 해당하는 건축물의 설계자는 제32조에 따라 해당 건축물에 대한 구조의 안전을 확인하는 경우에는 건축구조기술사의 협력을 받아야 한다. <개정 2009.7.16, 2013.3.23, 2013.5.31>
1. 6층 이상인 건축물
2. 기둥과 기둥 사이의 거리가 30미터 이상인 건축물
3. 다중이용 건축물
4. 한쪽 끝은 고정되고 다른 끝은 지지(支持)되지 아니한 구조로 된 차양 등이 외벽의 중심선으로부터 3미터 이상 돌출된 건축물
5. 제32조제1항제6호에 해당하는 건축물 중 국토교통부령으로 정하는 건축물
② 연면적 1만제곱미터 이상인 건축물(창고시설은 제외한다) 또는 에너지를 대량으로 소비하는 건축물로서 국토교통부령으로 정하는 건축물에 건축설비를 설치하는 경우에는 국토교통부령으로 정하는 바에 따라 다음 각 호의 구분에 따른 관계전문기술자의 협력을 받아야 한다. <개정 2009.7.16, 2013.3.23>
1. 전기, 승강기(전기 분야만 해당한다) 및 피뢰침: 「국가기술자격법」에 따른 건축전기설비기술사 또는 발송배전기술사
2. 가스·급수·배수(配水)·배수(排水)·환기·난방·소화·배연·오물처리 설비 및 승강기(기계 분야만 해당한다): 「국가기술자격법」에 따른 건축기계설비기술사 또는 공조냉동기계기술사
③ 깊이 10미터 이상의 토지 굴착공사 또는 높이 5미터 이상의 옹벽 등의 공사를 수반하는 건축물의 설계자 및 | 제36조의2(관계전문기술자) ① 삭제 <2010.8.5> |

	공사감리자는 토지 굴착 등에 관하여 국토교통부령으로 정하는 바에 따라 「국가기술자격법」에 따른 토목 분야 기술사 또는 국토개발 분야의 지질 및 기반 기술사의 협력을 받아야 한다. <개정 2009.7.16, 2010.12.13, 2013.3.23>	② 영 제91조의3제3항에 따라 건축물의 설계자 및 공사감리자는 다음 각 호의 어느 하나에 해당하는 사항에 대하여 「국가기술자격법」에 따른 토목 분야 기술사 또는 국토개발 분야의 지질 및 기반 기술사의 협력을 받아야 한다. <개정 2005.10.20, 2011.1.6>
	④ 설계자 및 공사감리자는 안전상 필요하다고 인정하는 경우, 관계 법령에서 정하는 경우 및 설계계약 또는 감리계약에 따라 건축주가 요청하는 경우에는 관계전문기술자의 협력을 받아야 한다.	1. 지질조사
		2. 토공사의 설계 및 감리
	⑤ 고층건축물의 공사감리자는 감리업무 수행 중에 건축물의 구조에 영향을 미치는 설계변경 등 국토교통부령으로 정하는 사항이 확인된 경우에는 건축구조기술사의 협력을 받아야 한다. <신설 2013.5.31>	3. 흙막이벽·옹벽설치등에 관한 위해방지 및 기타 필요한 사항
		[본조신설 1996.1.18]
	⑥ 제1항부터 제5항까지의 규정에 따라 설계자 또는 공사감리자에게 협력한 관계전문기술자는 그가 작성한 설계도서 또는 감리중간보고서 및 감리완료보고서에 설계자 또는 공사감리자와 함께 서명날인하여야 한다. <개정 2009.7.16, 2013.5.31>	
	⑦ 제32조에 따른 구조 안전의 확인에 관하여 설계자에게 협력한 건축구조기술사는 구조의 안전을 확인한 건축물의 구조도 등 구조 관련 서류에 설계자와 함께 서명날인하여야 한다. <신설 2009.7.16, 2013.5.31>	
	[전문개정 2008.10.29]	
제68조(기술적 기준) ① 제40조, 제41조, 제48조부터 제50조까지, 제50조의2, 제51조, 제52조, 제52조의2, 제62조 및 제64조에 따른 대지의 안전, 건축물의 구조상의 안전, 건축설비 등에 관한 기술적 기준은 이 법에서 특별히 규정한 경우 외에는 국토교통부령으로 정하되, 이에 따른 세부기준이 필요하면 국토교통부장관이 세부기준을 정하		

거나 국토교통부장관이 지정하는 연구기관(시험기관·검사기관을 포함한다), 학술단체, 그 밖의 관련 전문기관 또는 단체가 국토교통부장관의 승인을 받아 정할 수 있다. <개정 2013.3.23, 2014.1.14, 2014.5.28> ② 국토교통부장관은 제1항에 따라 세부기준을 정하거나 승인을 하려면 미리 건축위원회의 심의를 거쳐야 한다. <개정 2013.3.23> ③ 국토교통부장관은 제1항에 따라 세부기준을 정하거나 승인을 한 경우 이를 고시하여야 한다. <개정 2013.3.23> 제68조의2(건축물 관련 규정의 통합 공고) ① 국토교통부장관은 건축물의 설계, 시공, 공사감리 및 유지·관리 등과 관련된 관계 법령의 규정을 안내하고, 건축물 관련 규정의 합리적인 운용을 위하여 관계 법령을 소관하는 중앙행정기관의 장과 협의하여 이 법과 관계 법령의 건축물 관련 규정을 통합한 한국건축규정을 공고할 수 있다. ② 관계 법령을 소관하는 중앙행정기관의 장은 한국건축규정의 원활한 운영을 위하여 건축물 관련 규정이 제정 또는 개정된 경우에는 그 내용을 국토교통부장관에게 즉시 통보하는 등 협력하여야 한다. [본조신설 2014.5.28]	
	제92조 삭제 <1999.4.30> 제93조 삭제 <1999.4.30> 제94조 삭제 <1999.4.30> 제95조 삭제 <1999.4.30> 제96조 삭제 <1999.4.30> 제97조 삭제 <1997.9.9>

	제98조 삭제 <1999.4.30> 제99조 삭제 <1999.4.30> 제100조 삭제 <1999.4.30> 제101조 삭제 <1999.4.30> 제102조 삭제 <1999.4.30> 제103조 삭제 <1999.4.30> 제104조 삭제 <1995.12.30>	제38조 삭제 <2013.2.22>
제8장 특별건축구역 등 <개정 2014.1.14>	**제8장 특별건축구역** <개정 2000.6.27, 2008.2.22>	
제69조(특별건축구역의 지정) ① 국토교통부장관은 다음 각 호의 도시나 지역의 일부로서 특별건축구역으로 특례적용이 필요하다고 인정하는 경우에는 특별건축구역을 지정할 수 있다. <개정 2013.3.23> 1. 관계 법령에 따른 국가정책사업으로서 조화롭고 창의적인 건축을 위하여 대통령령으로 정하는 사업구역 2. 그 밖에 대통령령으로 정하는 도시 또는 지역의 사업구역 ② 다음 각 호의 어느 하나에 해당하는 지역·구역 등에 대하여는 제1항에도 불구하고 특별건축구역으로 지정할 수 없다. 1. 「개발제한구역의 지정 및 관리에 관한 특별조치법」에 따른 개발제한구역 2. 「자연공원법」에 따른 자연공원 3. 「도로법」에 따른 접도구역 4. 「산지관리법」에 따른 보전산지 5. 「군사기지 및 군사시설 보호법」에 따른 군사기지 및 군사시설 보호구역	제105조(특별건축구역의 지정) ① 법 제69조제1항제1호에서 "대통령령으로 정하는 사업구역"이란 다음 각 호의 어느 하나에 해당하는 구역을 말한다. <개정 2009.4.21, 2009.7.30, 2012.12.12, 2014.4.29, 2014.7.28> 1. 「신행정수도 후속대책을 위한 연기·공주지역 행정중심복합도시 건설을 위한 특별법」에 따른 행정중심복합도시의 사업구역 2. 「공공기관 지방이전에 따른 혁신도시 건설 및 지원에 관한 특별법」에 따른 혁신도시의 사업구역 3. 「경제자유구역의 지정 및 운영에 관한 특별법」 제4조에 따라 지정된 경제자유구역 4. 「택지개발촉진법」에 따른 택지개발사업구역 5. 「공공주택건설 등에 관한 특별법」 제2조제2호에 따	

	른 공공주택지구 6. 「도시 및 주거환경정비법」에 따른 정비구역 7. 「도시개발법」에 따른 도시개발구역 8. 「도시재정비 촉진을 위한 특별법」에 따른 재정비촉진구역 9. 「제주특별자치도 설치 및 국제자유도시 조성을 위한 특별법」에 따른 국제자유도시의 사업구역 10. 「아시아문화중심도시 조성에 관한 특별법」에 따른 국립아시아문화전당 건설사업구역 11. 「국토의 계획 및 이용에 관한 법률」 제51조에 따른 지구단위계획구역 중 현상설계(懸賞設計) 등에 따른 창의적 개발을 위한 특별계획구역 12. 「관광진흥법」 제52조 및 제70조에 따른 관광지, 관광단지 또는 관광특구 13. 「지역문화진흥법」 제18조에 따른 문화지구 ② 법 제69조제1항제2호에서 "대통령령으로 정하는 도시 또는 지역"이란 다음 각 호의 어느 하나에 해당하는 도시 또는 지역을 말한다. <개정 2010.12.13, 2011.6.29, 2013.3.23> 1. 국가 또는 지방자치단체가 국제행사 등을 개최하는 도시 또는 지역 2. 건축문화 진흥을 위하여 국토교통부령으로 정하는 건축물 또는 공간환경을 조성하는 지역 2의2. 주거, 상업, 업무 등 다양한 기능을 결합하는 복합적인 토지 이용을 증진시킬 필요가 있는 지역으로서 다음 각 목의 요건을 모두 갖춘 지역 　가. 도시지역일 것 　나. 「국토의 계획 및 이용에 관한 법률 시행령」 제71조에 따른 용도지역 안에서의 건축제한 적용을	제38조의2(특별건축구역의 지정) 영 제105조제2항제2호에서 "국토교통부령으로 정하는 건축물 또는 공간환경"이란 도시·군계획 또는 건축 관련 박물관, 박람회장, 문화예술회관, 그 밖에 이와 비슷한 문화예술공간을 말한다. <개정 2012.4.13, 2013.3.23> [본조신설 2008.12.11]

	배제할 필요가 있을 것 3. 그 밖에 도시경관의 창출, 건설기술 수준향상 및 건축 관련 제도개선을 도모하기 위하여 특별건축구역으로 지정할 필요가 있다고 국토교통부장관 또는 시·도지사가 인정하는 도시 또는 지역 [전문개정 2008.10.29]	
제70조(특별건축구역의 건축물) 특별건축구역에서 제73조에 따라 건축기준 등의 특례사항을 적용하여 건축할 수 있는 건축물은 다음 각 호의 어느 하나에 해당되어야 한다. 1. 국가 또는 지방자치단체가 건축하는 건축물 2. 「공공기관의 운영에 관한 법률」 제4조에 따른 공공기관 중 대통령령으로 정하는 공공기관이 건축하는 건축물 3. 그 밖에 대통령령으로 정하는 용도·규모의 건축물로서 도시경관의 창출, 건설기술 수준향상 및 건축 관련 제도개선을 위하여 특례 적용이 필요하다고 허가권자가 인정하는 건축물	제106조(특별건축구역의 건축물) ① 법 제70조제2호에서 "대통령령으로 정하는 공공기관"이란 다음 각 호의 공공기관을 말한다. <개정 2009.6.26, 2009.9.21> 1. 「한국토지주택공사법」에 따른 한국토지주택공사 2. 「한국수자원공사법」에 따른 한국수자원공사 3. 「한국도로공사법」에 따른 한국도로공사 4. 삭제 <2009.9.21> 5. 「한국철도공사법」에 따른 한국철도공사 6. 「한국철도시설공단법」에 따른 한국철도시설공단 7. 「한국관광공사법」에 따른 한국관광공사 8. 「한국농어촌공사 및 농지관리기금법」에 따른 한국농어촌공사 ② 법 제70조제3호에서 "대통령령으로 정하는 용도·규모의 건축물"이란 별표 3과 같다. [전문개정 2008.10.29]	
제71조(특별건축구역의 지정절차 등) ① 중앙행정기관의 장, 제69조제1항 각 호의 사업구역을 관할하는 시·도지		

사 또는 시장·군수·구청장(이하 이 장에서 "지정신청기관"이라 한다)은 특별건축구역의 지정이 필요한 경우에는 다음 각 호의 자료를 갖추어 국토교통부장관에게 특별건축구역의 지정을 신청할 수 있다. <개정 2011.4.14, 2013.3.23> 1. 특별건축구역의 위치·범위 및 면적 등에 관한 사항 2. 특별건축구역의 지정 목적 및 필요성 3. 특별건축구역 내 건축물의 규모 및 용도 등에 관한 사항 4. 특별건축구역의 도시·군관리계획에 관한 사항. 이 경우 도시·군관리계획의 세부 내용은 대통령령으로 정한다. 5. 건축물의 설계, 공사감리 및 건축시공 등에 관한 사항 6. 제74조에 따라 특별건축구역 전부 또는 일부를 대상으로 통합하여 적용하는 미술장식, 부설주차장, 공원 등의 시설에 대한 운영관리 계획서. 이 경우 운영관리 계획서의 작성방법, 서식, 내용 등에 관한 사항은 국토교통부령으로 정한다. 7. 그 밖에 특별건축구역의 지정에 필요한 대통령령으로 정하는 사항 ② 국토교통부장관은 제1항에 따라 지정신청이 접수된 경우에는 특별건축구역 지정의 필요성, 타당성 및 공공성 등과 피난·방재 등의 사항을 검토하고, 지정 여부를 결정하기 위하여 지정신청을 받은 날부터 30일 이내에 국토교통부장관이 설치하는 건축위원회(이하 "중앙건축위원회"라 한다)의 심의를 거쳐야 한다. <개정 2009.4.1, 2013.3.23> ③ 국토교통부장관은 제2항에 따른 중앙건축위원회의 심	제107조(특별건축구역의 지정 절차 등) ① 법 제71조제1항 제4호에 따른 도시·군관리계획의 세부 내용은 다음 각호와 같다. <개정 2012.4.10> 1. 「국토의 계획 및 이용에 관한 법률」 제36조부터 제 38조까지, 제38조의2, 제39조, 제40조 및 같은 법 시행령 제30조부터 제32조까지의 규정에 따른 용도지역, 용도지구 및 용도구역에 관한 사항 2. 「국토의 계획 및 이용에 관한 법률」 제43조에 따라 도시·군관리계획으로 결정되었거나 설치된 도시·군계획시설의 현황 및 도시·군계획시설의 신설·변경 등에 관한 사항 3. 「국토의 계획 및 이용에 관한 법률」 제50조부터 제 52조까지 및 같은 법 시행령 제43조부터 제47조까지의 규정에 따른 지구단위계획구역의 지정, 지구단위계획의 내용 및 지구단위계획의 수립·변경 등에 관한 사항 ② 법 제71조제1항제7호에서 "대통령령으로 정하는 사항"이란 다음 각 호의 사항을 말한다. <개정 2010.12.13, 2012.4.10> 1. 특별건축구역의 주변지역에 「국토의 계획 및 이용에	제38조의3(특별건축구역의 지정 절차 등) ① 법 제71조제1항제6호에 따른 운영관리 계획서는 별지 제27호의2서식과 같다. ② 제1항에 따른 운영관리 계획서에는 다음 각 호의 서류를 첨부하여야 한다. 1. 삭제 <2011.1.6> 2. 법 제74조에 따른 통합적용 대상시설(이하 "통합적용 대상시설"이라 한다)의 배치도 3. 통합적용 대상시설의 유지·관리 및 비용분담계획서 ③ 영 제107조제4항 각 호 외의 부분에서 "국토교통부령으로 정하는 자료"란 법 제72조제1항에 따라 특별건축구역의 지정을 신청할 때 제출한 자료 중 변경된

의 결과를 고려하여 필요한 경우 특별건축구역의 범위, 도시·군관리계획 등에 관한 사항을 조정할 수 있다. <개정 2011.4.14, 2013.3.23>
④ 국토교통부장관은 제1항에 따른 지정신청이 없더라도 필요한 경우 직권으로 특별건축구역을 지정할 수 있다. 이 경우 지정절차는 제1항 및 제2항을 준용하되, 국토교통부장관을 지정신청기관으로 본다. <개정 2013.3.23>
⑤ 국토교통부장관은 특별건축구역을 지정하거나 변경·해제하는 경우에는 대통령령으로 정하는 바에 따라 주요 내용을 관보에 고시하고, 지정신청기관에 관계 서류의 사본을 송부하여야 한다. <개정 2013.3.23>
⑥ 제5항에 따라 관계 서류의 사본을 받은 지정신청기관은 관계 서류에 도시·군관리계획의 결정사항이 포함되어 있는 경우에는 「국토의 계획 및 이용에 관한 법률」 제32조에 따라 지형도면의 승인신청 등 필요한 조치를 취하여야 한다. <개정 2011.4.14>
⑦ 지정신청기관은 특별건축구역 지정 이후 변경이 있는 경우 변경지정을 받아야 한다. 이 경우 변경지정을 받아야 하는 변경의 범위, 변경지정의 절차 등 필요한 사항은 대통령령으로 정한다.
⑧ 국토교통부장관은 다음 각 호의 어느 하나에 해당하는 경우에는 특별건축구역의 전부 또는 일부에 대하여 지정을 해제할 수 있다. 이 경우 국토교통부장관은 지정신청기관의 의견을 청취하여야 한다. <개정 2013.3.23>
1. 지정신청기관의 요청이 있는 경우
2. 거짓이나 그 밖의 부정한 방법으로 지정을 받은 경우
3. 특별건축구역 지정일부터 5년 이내에 특별건축구역 지정목적에 부합하는 건축물의 착공이 이루어지지 아니하는 경우

관한 법률」 제43조에 따라 도시·군관리계획으로 결정되었거나 설치된 도시·군계획시설에 관한 사항
2. 특별건축구역의 주변지역에 대한 지구단위계획구역의 지정 및 지구단위계획의 내용 등에 관한 사항
2의2. 「건축기본법」 제21조에 따른 건축디자인 기준의 반영에 관한 사항
3. 「건축기본법」 제23조에 따라 민간전문가를 위촉한 경우 그에 관한 사항
4. 제105조제2항제2호의2에 따른 복합적인 토지 이용에 관한 사항(제105조제2항제2호의2에 해당하는 지역을 지정하기 위한 신청의 경우로 한정한다)
③ 국토교통부장관은 법 제71조제5항에 따라 특별건축구역을 지정하거나 변경·해제하는 경우에는 다음 각 호의 사항을 즉시 관보에 고시하여야 한다. <개정 2012.4.10, 2013.3.23>
1. 지정·변경 또는 해제의 목적
2. 특별건축구역의 위치, 범위 및 면적
3. 특별건축구역 내 건축물의 규모 및 용도 등에 관한 주요 사항
4. 건축물의 설계, 공사감리 및 건축시공 등 발주방법에 관한 사항
5. 도시·군계획시설의 신설·변경 및 지구단위계획의 수립·변경 등에 관한 사항
6. 그 밖에 국토교통부장관이 필요하다고 인정하는 사항
④ 특별건축구역의 지정신청기관이 다음 각 호의 어느 하나에 해당하여 법 제71조제7항에 따라 특별건축구역의 변경지정을 받으려는 경우에는 국토교통부령으로 정하는 자료를 갖추어 국토교통부장관에게 변경지정 신청을 하여야 한다. 이 경우 특별건축구역의 변경지정에 관

내용에 따라 수정한 자료를 말한다. <개정 2013.3.23>
④ 영 제107조제4항제4호에서 "지정 목적이 변경되는 등 국토교통부령으로 정하는 경우"란 다음 각 호의 어느 하나에 해당하는 경우를 말한다. <개정 2010.8.5, 2011.1.6, 2013.3.23>
1. 특별건축구역의 지정 목적 및 필요성이 변경되는 경우
2. 특별건축구역 내 건축물의 규모 및 용도 등이 변경되는 경우(건축물의 규모 변경이 연면적 및 높이의 10분의 1 범위 이내에 해당하는 경우 또는 영 제12조제3항 각 호에 해당하는 경우는 제외한다)
3. 통합적용 대상시설의 규모가 10분의 1 이상 변경되거나 또는 위치가 변경되는 경우
[본조신설 2008.12.11]

4. 특별건축구역 지정요건 등을 위반하였으나 시정이 불가능한 경우 ⑨ 특별건축구역을 지정하거나 변경한 경우에는 「국토의 계획 및 이용에 관한 법률」 제30조에 따른 도시·군관리계획의 결정(용도지역·지구·구역의 지정 및 변경을 제외한다)이 있는 것으로 본다. <개정 2011.4.14>	하여는 법 제71조제2항 및 제3항을 준용한다. <개정 2012.4.10. 2013.3.23> 1. 특별건축구역의 범위가 10분의 1(특별건축구역의 면적이 10만 제곱미터 미만인 경우에는 20분의 1) 이상 증가하거나 감소하는 경우 2. 특별건축구역의 도시·군관리계획에 관한 사항이 변경되는 경우 3. 건축물의 설계, 공사감리 및 건축시공 등 발주방법이 변경되는 경우 4. 그 밖에 특별건축구역의 지정 목적이 변경되는 등 국토교통부령으로 정하는 경우 ⑤ 제1항부터 제4항까지에서 규정한 사항 외에 특별건축구역의 지정에 필요한 세부 사항은 국토교통부장관이 정하여 고시한다. <개정 2013.3.23> [전문개정 2008.10.29]	
제72조(특별건축구역 내 건축물의 심의 등) ① 특별건축구역에서 제73조에 따라 건축기준 등의 특례사항을 적용하여 건축허가를 신청하고자 하는 자(이하 이 조에서 "허가신청자"라 한다)는 다음 각 호의 사항이 포함된 특례적용계획서를 첨부하여 제11조에 따라 해당 허가권자에게 건축허가를 신청하여야 한다. 이 경우 특례적용계획서의 작성방법 및 제출서류 등은 국토교통부령으로 정한다. <개정 2013.3.23> 1. 제5조에 따라 기준을 완화하여 적용할 것을 요청하는 사항 2. 제71조에 따른 특별건축구역의 지정요건에 관한 사항 3. 제73조제1항의 적용배제 특례를 적용한 사유 및 예상 효과 등 4. 제73조제2항의 완화적용 특례의 동등 이상의 성능에		제38조의4(특별건축구역 내 건축물의 심의 등) ① 법 제72조제1항 전단에 따른 특례적용계획서는 별지 제27호의3서식과 같다. ② 제1항에 따른 특례적용계획서에는 다음 각 호의 서류를 첨부하여야 한다. 1. 특례적용 대상건축물의 개략설계도서 2. 특례적용 대상건축물의 배치도 3. 특례적용 대상건축물의 내화·방화·피난 또는 건축설비도 4. 특례적용 신기술의 세부 설명자료 ③ 영 제108조제1항제4호에서 "법 제72조제1항 각 호의 사항 중 국토교통부령으로 정하는 사항을 변경하는 경우"란 법

대한 증빙내용
5. 건축물의 공사 및 유지·관리 등에 관한 계획
② 제1항에 따른 건축허가는 해당 건축물이 특별건축구역의 지정 목적에 적합한지의 여부와 특례적용계획서 등 해당 사항에 대하여 제4조제1항에 따라 시·도지사 및 시장·군수·구청장이 설치하는 건축위원회(이하 "지방건축위원회"라 한다)의 심의를 거쳐야 한다.
③ 허가신청자는 제1항에 따른 건축허가 시 「도시교통정비 촉진법」 제16조에 따른 교통영향분석·개선대책의 검토를 동시에 진행하고자 하는 경우에는 같은 법 제16조에 따른 교통영향분석·개선대책에 관한 서류를 첨부하여 허가권자에게 심의를 신청할 수 있다. <개정 2008.3.28>
④ 제3항에 따라 교통영향분석·개선대책에 대하여 지방건축위원회에서 통합심의한 경우에는 「도시교통정비촉진법」 제17조에 따른 교통영향분석·개선대책의 심의를 한 것으로 본다. <개정 2008.3.28>
⑤ 제1항 및 제2항에 따라 심의된 내용에 대하여 대통령령으로 정하는 변경사항이 발생한 경우에는 지방건축위원회의 변경심의를 받아야 한다. 이 경우 변경심의는 제1항에서 제3항까지의 규정을 준용한다.
⑥ 국토교통부장관은 허가권자의 의견을 청취하여 제1항 및 제2항에 따라 건축허가를 받은 건축물 중에서 건축 제도의 개선 및 건설기술의 향상을 위하여 모니터링(특례를 적용한 건축물에 대하여 해당 건축물의 건축시공, 공사감리, 유지·관리 등의 과정을 검토하고 실제로 건축물에 구현된 기능·미관·환경 등을 분석하여 평가하는 것을 말한다. 이하 이 장에서 같다) 대상 건축물을 지정할 수 있다. <개정 2013.3.23>

제108조(특별건축구역 내 건축물의 심의 등) ① 법 제72조제5항에 따라 지방건축위원회의 변경심의를 받아야 하는 경우는 다음 각 호와 같다. <개정 2013.3.23>
1. 법 제16조에 따라 변경허가를 받아야 하는 경우
2. 법 제19조제2항에 따라 변경허가를 받거나 변경신고를 하여야 하는 경우
3. 건축물 외부의 디자인, 형태 또는 색채를 변경하는 경우
4. 그 밖에 법 제72조제1항 각 호의 사항 중 국토교통부령으로 정하는 사항을 변경하는 경우
② 법 제72조제8항 전단에 따라 설계자가 해당 건축물의 건축에 참여하는 경우 공사시공자 및 공사감리자는 특

제73조제1항의 적용배제 특례사항 또는 같은 조 제2항의 완화적용 특례사항을 변경하는 경우를 말한다. <개정 2013.3.23>
④ 법 제72조제7항에서 "국토교통부령으로 정하는 자료"란 제2항 각 호의 서류를 말한다. <개정 2013.3.23>
[본조신설 2008.12.11]

⑦ 허가권자는 제1항 및 제2항에 따라 건축허가를 받은 건축물의 특례적용계획서와 그 밖에 제6항에 따라 모니터링 대상 건축물을 지정하는데 필요한 국토교통부령으로 정하는 자료를 국토교통부장관에게 제출하여야 한다. <개정 2013.3.23>

⑧ 제1항 및 제2항에 따라 건축허가를 받은 「건설기술진흥법」 제2조제6호에 따른 발주청은 설계의도의 구현, 건축시공 및 공사감리의 모니터링, 그 밖에 발주청이 위탁하는 업무의 수행 등을 위하여 필요한 경우 설계자를 건축허가 이후에도 해당 건축물의 건축에 참여하게 할 수 있다. 이 경우 설계자의 업무내용 및 보수 등에 관하여는 대통령령으로 정한다. <개정 2013.5.22>

제73조(관계 법령의 적용 특례) ① 특별건축구역에 건축하는 건축물에 대하여는 다음 각 호를 적용하지 아니할 수 있다.
1. 제42조, 제55조, 제58조, 제60조 및 제61조
2. 「주택법」 제21조 중 대통령령으로 정하는 규정

② 특별건축구역에 건축하는 건축물이 제49조, 제50조, 제50조의2, 제51조부터 제53조까지, 제62조 및 제64조와 「녹색건축물 조성 지원법」 제15조에 해당할 때에는 해당 규정에서 요구하는 기준 또는 성능 등을 다른 방법으로 대신할 수 있는 것으로 지방건축위원회가 인정하는 경우에만 해당 규정의 전부 또는 일부를 완화하여

별한 사유가 있는 경우를 제외하고는 설계자의 자문 의견을 반영하도록 하여야 한다.
③ 법 제72조제8항 후단에 따른 설계자의 업무내용은 다음 각 호와 같다.
1. 법 제72조제6항에 따른 모니터링
2. 설계변경에 대한 자문
3. 건축디자인 및 도시경관 등에 관한 설계의도의 구현을 위한 자문
4. 그 밖에 발주청이 위탁하는 업무
④ 제3항에 따른 설계자의 업무내용에 대한 보수는 「엔지니어링산업 진흥법」 제31조에 따른 엔지니어링사업대가의 기준의 범위에서 국토교통부장관이 정하여 고시한다. <개정 2011.1.17, 2013.3.23>
⑤ 제1항부터 제4항까지에서 규정한 사항 외에 특별건축구역 내 건축물의 심의 및 건축허가 이후 해당 건축물의 건축에 대한 설계자의 참여에 관한 세부 사항은 국토교통부장관이 정하여 고시한다. <개정 2013.3.23>
[전문개정 2008.10.29]

제109조(관계 법령의 적용 특례) ① 법 제73조제1항제2호에서 "대통령령으로 정하는 규정"이란 「주택건설기준 등에 관한 규정」 제10조, 제13조, 제29조, 제35조, 제37조, 제50조 및 제52조를 말한다. <개정 2013.6.17>
② 허가권자가 법 제73조제3항에 따라 「소방시설설치유지 및 안전관리에 관한 법률」 제9조 및 제11조에 따른 기준 또는 성능 등을 완화하여 적용하려면 「소방시설

적용할 수 있다. <개정 2014.1.14>
③ 「소방시설 설치·유지 및 안전관리에 관한 법률」 제9조와 제11조에서 요구하는 기준 또는 성능 등을 대통령령으로 정하는 절차·심의방법 등에 따라 다른 방법으로 대신할 수 있는 경우 전부 또는 일부를 완화하여 적용할 수 있다. <개정 2011.8.4>

제74조(통합적용계획의 수립 및 시행) ① 특별건축구역에서는 다음 각 호의 관계 법령의 규정에 대하여는 개별 건축물마다 적용하지 아니하고 특별건축구역 전부 또는 일부를 대상으로 통합하여 적용할 수 있다. <개정 2014.1.14>
1. 「문화예술진흥법」 제9조에 따른 건축물에 대한 미술작품의 설치
2. 「주차장법」 제19조에 따른 부설주차장의 설치
3. 「도시공원 및 녹지 등에 관한 법률」에 따른 공원의 설치
② 지정신청기관은 제1항에 따라 관계 법령의 규정을 통합하여 적용하려는 경우에는 특별건축구역 전부 또는 일부에 대하여 미술작품, 부설주차장, 공원 등에 대한 수요를 개별법으로 정한 기준 이상으로 산정하여 파악하고 이용자의 편의성, 쾌적성 및 안전 등을 고려한 통합적용계획을 수립하여야 한다. <개정 2014.1.14>
③ 지정신청기관이 제2항에 따라 통합적용계획을 수립하는 때에는 해당 구역을 관할하는 허가권자와 협의하여야 하며, 협의요청을 받은 허가권자는 요청받은 날부터 20일 이내에 지정신청기관에게 의견을 제출하여야 한다.
④ 지정신청기관은 도시·군관리계획의 변경을 수반하는 통합적용계획이 수립된 때에는 관련 서류를 「국토의

공사업법」 제30조제2항에 따른 지방소방기술심의위원회의 심의를 거치거나 소방본부장 또는 소방서장과 협의를 하여야 한다. [전문개정 2008.10.29]	

계획 및 이용에 관한 법률」 제30조에 따른 도시·군관리계획 결정권자에게 송부하여야 하며, 이 경우 해당 도시·군관리계획 결정권자는 특별한 사유가 없는 한 도시·군관리계획의 변경에 필요한 조치를 취하여야 한다. <개정 2011.4.14>		
제75조(건축주 등의 의무) ① 특별건축구역에서 제73조에 따라 건축기준 등의 적용 특례사항을 적용하여 건축허가를 받은 건축물의 공사감리자, 시공자, 건축주, 소유자 및 관리자는 시공 중이거나 건축물의 사용승인 이후에도 당초 허가를 받은 건축물의 형태, 재료, 색채 등이 원형을 유지하도록 필요한 조치를 하여야 한다. <개정 2012.1.17> ② 제72조제6항에 따라 모니터링 대상으로 지정된 건축물의 건축주 또는 소유자는 건축물의 설계, 건축시공, 공사감리 등의 과정 및 평가에 대한 모니터링보고서를 사용승인 시 허가권자에게 제출하여야 하며, 사용승인일부터 10년까지 대통령령으로 정하는 기간마다 정기적으로 건축물의 유지·관리에 관한 모니터링보고서를 허가권자에게 제출하여야 한다. 이 경우 모니터링보고서의 내용, 양식 및 작성방법 등은 국토교통부령으로 정한다. <개정 2013.3.23, 2014.1.14>	제110조(건축물의 유지·관리 및 모니터링) 법 제75조제2항 전단에서 "대통령령으로 정하는 기간"이란 5년의 범위에서 국토교통부령으로 정하는 기간을 말한다. <개정 2013.3.23> [전문개정 2008.10.29]	제38조의5(특례적용 대상 건축물의 모니터링) ① 법 제75조제2항 전단에 따른 모니터링보고서는 별지 제27호의4서식 및 별지 제27호의5서식과 같다. ② 영 제110조에서 "국토교통부령으로 정하는 기간"은 다음 각 호와 같다. <개정 2013.3.23> 1. 법 제73조제1항 각 호를 적용하지 아니하는 건축물: 2년 2. 법 제73조제2항에 따라 적용을 완화하는 건축물: 2년 3. 그 밖의 건축물: 4년 [본조신설 2008.12.11]
제76조(허가권자 등의 의무) ① 허가권자는 특별건축구역의 건축물에 대하여 설계자의 창의성·심미성 등의 발휘와 제도개선·기술발전 등이 유도될 수 있도록 노력하여		

야 한다. ② 허가권자는 제75조제2항에 따른 특별건축구역 건축물의 모니터링보고서를 국토교통부장관에게 제출하여야 하며, 국토교통부장관은 해당 모니터링보고서와 제77조에 따른 검사 및 모니터링 결과 등을 분석하여 필요한 경우 이 법 또는 관계 법령의 제도개선을 위하여 노력하여야 한다. <개정 2013.3.23> 제77조(특별건축구역 건축물의 검사 등) ① 국토교통부장관 및 허가권자는 특별건축구역의 건축물에 대하여 제87조에 따라 검사를 실시할 수 있으며, 필요한 경우 제79조에 따라 시정명령 등 필요한 조치를 취할 수 있다. <개정 2013.3.23> ② 국토교통부장관 및 허가권자는 제72조제6항에 따라 모니터링 대상으로 지정된 건축물에 대하여 모니터링을 직접 시행하거나 분야별 전문가 또는 전문기관에 용역을 의뢰할 수 있다. 이 경우 해당 건축물의 건축주, 소유자 또는 관리자는 특별한 사유가 없는 한 모니터링에 필요한 사항에 대하여 협조하여야 한다. <개정 2013.3.23> 제77조의2(특별가로구역의 지정) ① 국토교통부장관 및 허가권자는 도로에 인접한 건축물의 건축을 통한 조화로운 도시경관의 창출을 위하여 이 법 및 관계 법령에 따라 일부 규정을 적용하지 아니하거나 완화하여 적용할 수 있도록 미관지구에서 대통령령으로 정하는 도로에 접한 대지의 일정 구역을 특별가로구역으로 지정할 수 있다. ② 국토교통부장관 및 허가권자는 제1항에 따라 특별가로구역을 지정하려는 경우에는 다음 각 호의 자료를 갖	제110조의2(특별가로구역의 지정) ① 법 제77조의2제1항에서 "대통령령으로 정하는 도로"란 다음 각 호의 어느 하나에 해당하는 도로를 말한다. 1. 건축선을 후퇴한 대지에 접한 도로로서 허가권자(허	제38조의6(특별가로구역의 지정 등의 공고) ① 국토교통부장관 및 허가권자는 법 제77조의2제1항 및 제3항에 따라 특별가로구역을 지정하거나 변경 또는 해제하는 경우에는 이를 관보(허가권자의 경우에는 공보)에 공고하여야 한다. ② 국토교통부장관 및 허가권자는 제1항에 따라 특별가로구역을 지정, 변경 또는

추어 국토교통부장관 또는 허가권자가 두는 건축위원회의 심의를 거쳐야 한다. 1. 특별가로구역의 위치·범위 및 면적 등에 관한 사항 2. 특별가로구역의 지정 목적 및 필요성 3. 특별가로구역 내 건축물의 규모 및 용도 등에 관한 사항 4. 그 밖에 특별가로구역의 지정에 필요한 사항으로서 대통령령으로 정하는 사항 ③ 국토교통부장관 및 허가권자는 특별가로구역을 지정하거나 변경·해제하는 경우에는 국토교통부령으로 정하는 바에 따라 이를 지역 주민에게 알려야 한다. [본조신설 2014.1.14] 제77조의3(특별가로구역의 관리 및 건축물의 건축기준 적용 특례 등) ① 국토교통부장관 및 허가권자는 특별가로구역을 효율적으로 관리하기 위하여 국토교통부령으로 정하는 바에 따라 제77조의2제2항 각 호의 지정 내용을 작성하여 관리하여야 한다. ② 특별가로구역의 변경절차 및 해제, 특별가로구역 내 건축물에 관한 건축기준의 적용 등에 관하여는 제71조제7항·제8항(각 호 외의 부분 후단은 제외한다), 제72조제1항부터 제5항까지, 제73조제1항·제2항, 제75조제1항 및 제77조제1항을 준용한다. 이 경우 "특별건축구역"은 각각 "특별가로구역"으로, "지정신청기관", "국토교통부장관 또는 시·도지사" 및 "국토교통부장관, 시·도지사 및 허가권자"는 각각 "국토교통부장관 및 허가권자"로 본다. [본조신설 2014.1.14]	가권자가 구청장인 경우에는 특별시장이나 광역시장을 말한다. 이하 이 조에서 같다)가 건축조례로 정하는 도로 2. 허가권자가 리모델링 활성화가 필요하다고 인정하여 지정·공고한 지역 안의 도로 3. 보행자전용도로로서 도시미관 개선을 위하여 허가권자가 건축조례로 정하는 도로 4. 「지역문화진흥법」 제18조에 따른 문화지구 안의 도로 5. 그 밖에 조화로운 도시경관 창출을 위하여 필요하다고 인정하여 국토교통부장관이 고시하거나 허가권자가 건축조례로 정하는 도로 ② 법 제77조의2제2항제4호에서 "대통령령으로 정하는 사항"이란 다음 각 호의 사항을 말한다. 1. 특별가로구역에서 이 법 또는 관계 법령의 규정을 적용하지 아니하거나 완화하여 적용하는 경우에 해당 규정과 완화 등의 범위에 관한 사항 2. 건축물의 지붕 및 외벽의 형태나 색채 등에 관한 사항 3. 건축물의 배치, 대지의 출입구 및 조경의 위치에 관한 사항 4. 건축선 후퇴 공간 및 공개공지등의 관리에 관한 사항 5. 그 밖에 특별가로구역의 지정에 필요하다고 인정하여 국토교통부장관이 고시하거나 허가권자가 건축조례로 정하는 사항 [본조신설 2014.10.14]	해제한 경우에는 해당 내용을 관보 또는 공보에 공고한 날부터 30일 이상 일반이 열람할 수 있도록 하여야 한다. 이 경우 국토교통부장관, 특별시장 또는 광역시장은 관계 서류를 특별자치시장·특별자치도 또는 시장·군수·구청장에게 송부하여 일반이 열람할 수 있도록 하여야 한다. [본조신설 2014.10.15] 제38조의7(특별가로구역의 관리) ① 국토교통부장관 및 허가권자는 법 제77조의3제1항에 따라 특별가로구역의 지정 내용을 별지 제27호의6서식의 특별가로구역 관리대장에 작성하여 관리하여야 한다. ② 제1항에 따른 특별가로구역 관리대장은 전자적 처리가 불가능한 특별한 사유가 없으면 전자적 처리가 가능한 방법으로 작성하여 관리하여야 한다. [본조신설 2014.10.15]

제8장의2 건축협정 <신설 2014.1.14.>

제77조의4(건축협정의 체결) ① 토지 또는 건축물의 소유자, 지상권자 등 대통령령으로 정하는 자(이하 "소유자등"이라 한다)는 전원의 합의로 다음 각 호의 어느 하나에 해당하는 지역 또는 구역에서 건축물의 건축·대수선 또는 리모델링에 관한 협정(이하 "건축협정"이라 한다)을 체결할 수 있다.
1. 「국토의 계획 및 이용에 관한 법률」 제51조에 따라 지정된 지구단위계획구역
2. 「도시 및 주거환경정비법」 제2조제2호가목 및 마목에 따른 주거환경개선사업 또는 주거환경관리사업을 시행하기 위하여 같은 법 제4조에 따라 지정·고시된 정비구역
3. 「도시재정비 촉진을 위한 특별법」 제2조제6호에 따른 존치지역
4. 그 밖에 특별자치시장·특별자치도지사 또는 시장·군수·구청장(이하 "건축협정인가권자"라 한다)이 도시 및 주거환경개선이 필요하다고 인정하여 해당 지방자치단체의 조례로 정하는 구역

② 제1항 각 호의 지역 또는 구역에서 둘 이상의 토지를 소유한 자가 1인인 경우에도 그 토지 소유자는 해당 토지의 구역을 건축협정 대상 지역으로 하는 건축협정을 정할 수 있다. 이 경우 그 토지 소유자 1인을 건축협정 체결자로 본다.

③ 소유자등은 제1항에 따라 건축협정을 체결(제2항에 따라 토지 소유자 1인이 건축협정을 정하는 경우를 포함한다. 이하 같다)하는 경우에는 다음 각 호의 사항을

제110조의3(건축협정의 체결) ① 법 제77조의4제1항 각 호 외의 부분에서 "토지 또는 건축물의 소유자, 지상권자 등 대통령령으로 정하는 자"란 다음 각 호의 자를 말한다.
1. 토지 또는 건축물의 소유자(공유자를 포함한다. 이하 이 항에서 같다)
2. 토지 또는 건축물의 지상권자
3. 그 밖에 해당 토지 또는 건축물에 이해관계가 있는 자로서 건축조례로 정하는 자 중 그 토지 또는 건축물 소유자의 동의를 받은 자

② 법 제77조의4제4항제2호에서 "대통령령으로 정하는 사항"이란 다음 각 호의 사항을 말한다.
1. 건축선
2. 건축물 및 건축설비의 위치
3. 건축물의 용도, 높이 및 층수
4. 건축물의 지붕 및 외벽의 형태
5. 건폐율 및 용적률
6. 담장, 대문, 조경, 주차장 등 부대시설의 위치 및 형태
7. 차양시설, 차면시설 등 건축물에 부착하는 시설물의 형태
8. 법 제59조제1항제1호에 따른 맞벽 건축의 구조 및 형태
9. 그 밖에 건축물의 위치, 용도, 형태 또는 부대시설에 관하여 건축조례로 정하는 사항

[본조신설 2014.10.14.]

제38조의9(건축협정의 인가 등) ① 법 제77조의4제1항 및 제2항에 따라 건축협정을 체결하는 자(이하 "협정체결자"라 한다) 또는 건축협정운영회의 대표자가 법 제77조의6제1항에 따라 건축협정의 인가를 받으려는 경우에는 별지 제27호의8서식의 건축협정 인가신청서를 건축협정인가권자에게 제출하여야 한다.

② 협정체결자 또는 건축협정운영회의 대표자가 법 제77조의7제1항 본문에 따라 건축협정을 변경하려는 경우에는 별지 제27호의8서식의 건축협정 변경인가신청서를 건축협정인가권자에게 제출하여야 한다.

③ 건축협정인가권자는 법 제77조의6 및 제77조의7에 따라 건축협정을 인가하거나 변경인가한 때에는 해당 지방자치단체의 공보에 공고하여야 하며, 건축협정서 등 관계 서류를 건축협정 유효기간 만료일까지 해당 특별자치시·특별자치도 또는 시·군·구에 비치하여 열람할 수 있도록 하여야 한다.

[본조신설 2014.10.15.]

준수하여야 한다. 1. 이 법 및 관계 법령을 위반하지 아니할 것 2. 「국토의 계획 및 이용에 관한 법률」 제30조에 따른 도시·군관리계획 및 이 법 제77조의11제1항에 따른 건축물의 건축·대수선 또는 리모델링에 관한 계획을 위반하지 아니할 것 ④ 건축협정은 다음 각 호의 사항을 포함하여야 한다. 1. 건축물의 건축·대수선 또는 리모델링에 관한 사항 2. 건축물의 위치·용도·형태 및 부대시설에 관하여 대통령령으로 정하는 사항 ⑤ 소유자등이 건축협정을 체결하는 경우에는 건축협정서를 작성하여야 하며, 건축협정서에는 다음 각 호의 사항이 명시되어야 한다. 1. 건축협정의 명칭 2. 건축협정 대상 지역의 위치 및 범위 3. 건축협정의 목적 4. 건축협정의 내용 5. 제1항 및 제2항에 따라 건축협정을 체결하는 자(이하 "협정체결자"라 한다)의 성명, 주소 및 생년월일(법인, 법인 아닌 사단이나 재단 및 외국인의 경우에는 「부동산등기법」 제49조에 따라 부여된 등록번호를 말한다. 이하 제6호에서 같다) 6. 제77조의5제1항에 따른 건축협정운영회가 구성되어 있는 경우에는 그 명칭, 대표자 성명, 주소 및 생년월일 7. 건축협정의 유효기간 8. 건축협정 위반 시 제재에 관한 사항 9. 그 밖에 건축협정에 필요한 사항으로서 해당 지방자치단체의 조례로 정하는 사항	제110조의5(건축협정에 관한 지원) 법 제77조의4제1항제4호에 따른 건축협정인가권자가 법 제77조의11제2항에 따라 건축협정구역 안의 주거환경개선을 위한 사업비용을 지원하려는 경우에는 법 제77조의4제1항 및 제2항에 따라 건축협정을 체결한 자(이하 "협정체결자"라 한다) 또는 법 제77조의5제1항에 따른 건축협정운영회(이하 "건축협정운영회"라 한다)의 대표자에게 다음 각 호의 사항이 포함된 사업계획서를 요구할 수 있다. 1. 주거환경개선사업의 목표 2. 협정체결자 또는 건축협정운영회 대표자의 성명 3. 주거환경개선사업의 내용 및 추진방법 4. 주거환경개선사업의 비용 5. 그 밖에 건축조례로 정하는 사항 [본조신설 2014.10.14]

[본조신설 2014.1.14]

제77조의5(건축협정운영회의 설립) ① 협정체결자는 건축협정서 작성 및 건축협정 관리 등을 위하여 필요한 경우 협정체결자 간의 자율적 기구로서 운영회(이하 "건축협정운영회"라 한다)를 설립할 수 있다.
② 제1항에 따라 건축협정운영회를 설립하려면 협정체결자 과반수의 동의를 받아 건축협정운영회의 대표자를 선임하고, 국토교통부령으로 정하는 바에 따라 건축협정인가권자에게 신고하여야 한다. 다만, 제77조의6에 따른 건축협정 인가 신청 시 건축협정운영회에 관한 사항을 포함한 경우에는 그러하지 아니하다.
[본조신설 2014.1.14]

제77조의6(건축협정의 인가) ① 협정체결자 또는 건축협정운영회의 대표자는 건축협정서를 작성하여 국토교통부령으로 정하는 바에 따라 해당 건축협정인가권자의 인가를 받아야 한다. 이 경우 인가신청을 받은 건축협정인가권자는 인가를 하기 전에 건축협정인가권자가 두는 건축위원회의 심의를 거쳐야 한다.
② 제1항에 따른 건축협정 체결 대상 토지가 둘 이상의 특별자치시 또는 시·군·구에 걸치는 경우 건축협정 체결 대상 토지면적의 과반(過半)이 속하는 건축협정인가권자에게 인가를 신청할 수 있다. 이 경우 인가 신청을 받은 건축협정인가권자는 건축협정을 인가하기 전에 다른 특별자치시장 또는 시장·군수·구청장과 협의하여야 한다.
③ 건축협정인가권자는 제1항에 따라 건축협정을 인가하였을 때에는 국토교통부령으로 정하는 바에 따라 그 내용을 공고하여야 한다.

제38조의8(건축협정운영회의 설립 신고) 법 제77조의5제1항에 따른 건축협정운영회(이하 "건축협정운영회"라 한다)의 대표자는 같은 조 제2항에 따라 건축협정운영회를 설립한 날부터 15일 이내에 법 제77조의4제1항제4호에 따른 건축협정인가권자(이하 "건축협정인가권자"라 한다)에게 별지 제27호의7서식에 따라 신고하여야 한다.
[본조신설 2014.10.15]

제38조의10(건축협정의 관리) ① 건축협정인가권자는 법 제77조의6 및 제77조의7에 따라 건축협정을 인가하거나 변경인가한 경우에는 별지 제27호의9서식의 건축협정관리대장에 작성하여 관리하여야 한다.
② 제1항에 따른 건축협정관리대장은 전자적 처리가 불가능한 특별한 사유가 없으면 전자적 처리가 가능한 방법으로 작성하여 관리하여야 한다.
[본조신설 2014.10.15]

[본조신설 2014.1.14]		
제77조의7(건축협정의 변경) ① 협정체결자 또는 건축협정 운영회의 대표자는 제77조의6제1항에 따라 인가받은 사항을 변경하려면 국토교통부령으로 정하는 바에 따라 변경인가를 받아야 한다. 다만, 대통령령으로 정하는 경미한 사항을 변경하는 경우에는 그러하지 아니하다. ② 제1항에 따른 변경인가에 관하여는 제77조의6을 준용한다. [본조신설 2014.1.14]		
제77조의8(건축협정의 관리) 건축협정인가권자는 제77조의6 및 제77조의7에 따라 건축협정을 인가하거나 변경인가 하였을 때에는 국토교통부령으로 정하는 바에 따라 건축협정 관리대장을 작성하여 관리하여야 한다. [본조신설 2014.1.14]		
제77조의9(건축협정의 폐지) ① 협정체결자 또는 건축협정 운영회의 대표자는 건축협정을 폐지하려는 경우에는 협정체결자 과반수의 동의를 받아 국토교통부령으로 정하는 바에 따라 건축협정인가권자의 인가를 받아야 한다. ② 제1항에 따른 건축협정의 폐지에 관하여는 제77조의6제3항을 준용한다. [본조신설 2014.1.14]		제38조의11(건축협정의 폐지) ① 협정체결자 또는 건축협정운영회의 대표자가 법 제77조의9에 따라 건축협정을 폐지하려는 경우에는 별지 제27호의10서식의 건축협정 폐지인가신청서를 건축협정인가권자에게 제출하여야 한다. ② 건축협정인가권자는 법 제77조의9에 따라 건축협정의 폐지를 인가한 때에는 해당 지방자치단체의 공보에 공고하여야 한다. [본조신설 2014.10.15]
제77조의10(건축협정의 효력 및 승계) ① 건축협정이 체결된 지역 또는 구역(이하 "건축협정구역"이라 한다)에서 건축물의 건축·대수선 또는 리모델링을 하거나 그 밖에 대통령령으로 정하는 행위를 하려는 소유자등은 제77조	제110조의4(건축협정에 따라야 하는 행위) 법 제77조의10 제1항에서 "대통령령으로 정하는 행위"란 제110조의3제2	

의6 및 제77조의7에 따라 인가·변경인가된 건축협정에 따라야 한다. ② 제77조의6제3항에 따라 건축협정이 공고된 후 건축협정구역에 있는 토지나 건축물 등에 관한 권리를 협정체결자인 소유자등으로부터 이전받거나 설정받은 자는 협정체결자로서의 지위를 승계한다. 다만, 건축협정에서 달리 정한 경우에는 그에 따른다. [본조신설 2014.1.14] 제77조의11(건축협정에 관한 계획 수립 및 지원) ① 건축협정인가권자는 소유자등이 건축협정을 효율적으로 체결할 수 있도록 건축협정구역에서 건축물의 건축·대수선 또는 리모델링에 관한 계획을 수립할 수 있다. ② 건축협정인가권자는 대통령령으로 정하는 바에 따라 도로 개설 및 정비 등 건축협정구역 안의 주거환경개선을 위한 사업비용의 일부를 지원할 수 있다. [본조신설 2014.1.14] 제77조의12(경관협정과의 관계) ① 소유자등은 제77조의4에 따라 건축협정을 체결할 때 「경관법」 제19조에 따른 경관협정을 함께 체결하려는 경우에는 「경관법」 제19조제3항·제4항 및 제20조에 관한 사항을 반영하여 건축협정인가권자에게 인가를 신청할 수 있다. ② 제1항에 따른 인가 신청을 받은 건축협정인가권자는 건축협정에 대한 인가를 하기 전에 건축위원회의 심의를 하는 때에 「경관법」 제29조제3항에 따라 경관위원회와 공동으로 하는 심의를 거쳐야 한다. ③ 제2항에 따른 절차를 거쳐 건축협정을 인가받은 경우에는 「경관법」 제21조에 따른 경관협정의 인가를 받	항 각 호의 사항에 관한 행위를 말한다. [본조신설 2014.10.14]	

은 것으로 본다. [본조신설 2014.1.14] 제77조의13(건축협정에 따른 특례) ① 제77조의4제1항에 따라 건축협정을 체결하여 제59조제1항제1호에 따라 둘 이상의 건축물 벽을 맞벽으로 하여 건축하려는 경우 맞벽으로 건축하려는 자는 공동으로 제11조에 따른 건축허가를 신청할 수 있다. ② 제1항의 경우에 제17조, 제21조, 제22조 및 제25조에 관하여는 개별 건축물마다 적용하지 아니하고 허가를 신청한 건축물 전부 또는 일부를 대상으로 통합하여 적용할 수 있다. ③ 건축협정의 인가를 받은 건축협정구역에서는 다음 각 호의 관계 법령의 규정을 개별 건축물마다 적용하지 아니하고 건축협정구역의 전부 또는 일부를 대상으로 통합하여 적용할 수 있다. 1. 제42조에 따른 대지의 조경 2. 제44조에 따른 대지와 도로와의 관계 3. 제53조에 따른 지하층의 설치 4. 「주차장법」 제19조에 따른 부설주차장의 설치 ④ 제3항에 따라 관계 법령의 규정을 적용하려는 경우에는 건축협정구역 전부 또는 일부에 대하여 조경 및 부설주차장에 대한 기준을 이 법 및 「주차장법」에서 정한 기준 이상으로 산정하여 적용하여야 한다. [본조신설 2014.1.14]	제111조 삭제 <2000.6.27> 제112조 삭제 <1999.4.30> 제113조 삭제 <2008.2.22>	

제9장 보칙

제78조(감독) ① 국토교통부장관은 시·도지사 또는 시장·군수·구청장이 한 명령이나 처분이 이 법이나 이 법에 따른 명령이나 처분 또는 조례에 위반되거나 부당하다고 인정하면 그 명령 또는 처분의 취소·변경, 그 밖에 필요한 조치를 명할 수 있다. <개정 2013.3.23>
② 특별시장·광역시장·도지사는 시장·군수·구청장이 한 명령이나 처분이 이 법 또는 이 법에 따른 명령이나 처분 또는 조례에 위반되거나 부당하다고 인정하면 그 명령이나 처분의 취소·변경, 그 밖에 필요한 조치를 명할 수 있다. <개정 2014.1.14>
③ 시·도지사 또는 시장·군수·구청장이 제1항에 따라 필요한 조치명령을 받으면 그 시정 결과를 국토교통부장관에게 지체 없이 보고하여야 하며, 시장·군수·구청장이 제2항에 따라 필요한 조치명령을 받으면 그 시정 결과를 특별시장·광역시장·도지사에게 지체 없이 보고하여야 한다. <개정 2013.3.23, 2014.1.14>
④ 국토교통부장관 및 시·도지사는 건축허가의 적법한 운영, 위법 건축물의 관리 실태 등 건축행정의 건실한 운영을 지도·점검하기 위하여 국토교통부령으로 정하는 바에 따라 매년 지도·점검 계획을 수립·시행하여야 한다. <개정 2013.3.23>

제9장 보칙 <개정 2008.10.29>

제39조(건축행정의 지도·감독) 법 제78조제4항에 따라 국토교통부장관 또는 시·도지사는 연 1회 이상 건축행정의 건실한 운영을 지도·감독하기 위하여 다음 각 호의 내용이 포함된 지도·점검계획을 수립하여야 한다. <개정 2005.10.20, 2008.3.14, 2008.12.11, 2013.3.23>
1. 건축허가 등 건축민원 처리실태
2. 건축통계의 작성에 관한 사항
3. 건축부조리 근절대책

		4. 위반건축물의 정비계획 및 실적 5. 기타 건축행정과 관련하여 필요한 사항 [전문개정 1999.5.11]
제79조(위반 건축물 등에 대한 조치 등) ① 허가권자는 대지나 건축물이 이 법 또는 이 법에 따른 명령이나 처분에 위반되면 이 법에 따른 허가 또는 승인을 취소하거나 그 건축물의 건축주·공사시공자·현장관리인·소유자·관리자 또는 점유자(이하 "건축주등"이라 한다)에게 공사의 중지를 명하거나 상당한 기간을 정하여 그 건축물의 철거·개축·증축·수선·용도변경·사용금지·사용제한, 그 밖에 필요한 조치를 명할 수 있다. ② 허가권자는 제1항에 따라 허가나 승인이 취소된 건축물 또는 제1항에 따른 시정명령을 받고 이행하지 아니한 건축물에 대하여는 다른 법령에 따른 영업이나 그 밖의 행위를 허가·면허·인가·등록·지정 등을 하지 아니하도록 요청할 수 있다. 다만, 허가권자가 기간을 정하여 그 사용 또는 영업, 그 밖의 행위를 허용한 주택과 대통령령으로 정하는 경우에는 그러하지 아니하다. <개정 2014.5.28> ③ 제2항에 따른 요청을 받은 자는 특별한 이유가 없으면 요청에 따라야 한다. ④ 허가권자는 제1항에 따른 시정명령을 하는 경우 국토교통부령으로 정하는 표지를 그 위반 건축물이나 그 대지에 설치하여야 하며, 국토교통부령으로 정하는 바에 따라 건축물대장에 위반내용을 적어야 한다. <개정 2013.3.23> ⑤ 누구든지 제4항의 표지 설치를 거부 또는 방해하거나 훼손하여서는 아니 된다.	제114조(위반 건축물에 대한 사용 및 영업행위의 허용 등) 법 제79조제2항 단서에서 "대통령령으로 정하는 경우"란 바닥면적의 합계가 200제곱미터 미만인 축사와 바닥면적의 합계가 200제곱미터 미만인 농업용·임업용·축산업용 및 수산업용 창고를 말한다. [전문개정 2008.10.29] 제115조(위반건축물에 대한 조사 및 정비) ① 특별자치도지사 또는 시장·군수·구청장은 매년 정기적으로 법령 등에 적합하지 아니한 건축물에 대하여 실태조사를 한 후 법 제79조에 따른 시정조치를 위한 정비계획을 수립	제40조(위반건축물의 표지 및 관리대장) ① 법 제79조제4항에 따른 위반건축물의 표지는 별지 제28호서식에 따르며, 일반이 보기쉬운 건축물의 출입구마다 설치하여야 한다. <개정 1999.5.11, 2008.12.11> ②영 제115조제2항에 따라 특별자치도지사 또는 시장·군수·구청장은 별지 제

	·시행하여야 하며, 그 결과를 시·도지사(특별자치도지사는 제외한다)에게 보고하여야 한다. ② 특별자치도지사 또는 시장·군수·구청장은 제1항에 따른 위반 건축물의 체계적인 사후 관리와 정비를 위하여 국토교통부령으로 정하는 바에 따라 위반 건축물 관리대장을 작성하고 비치하여야 한다. <개정 2013.3.23> ③ 제2항에 따른 위반 건축물 관리대장은 전자적 처리가 불가능한 특별한 사유가 없으면 전자적 처리가 가능한 방법으로 작성·관리하여야 한다. [전문개정 2008.10.29]	29호서식의 위반건축물관리대장을 작성·관리하고, 영 제115조제1항에 따른 실태조사결과와 시정 조치등 필요한 사항을 기록·관리하여야 한다. <개정 1999.5.11, 2007.12.13, 2011.6.29> ③ 제2항의 위반건축물관리대장은 전자적 처리가 불가능한 특별한 사유가 없으면 전자적 처리가 가능한 방법으로 작성·관리하여야 한다. <신설 2007.12.13> [전문개정 1996.1.18]
제80조(이행강제금) ① 허가권자는 제79조제1항에 따라 시정명령을 받은 후 시정기간 내에 시정명령을 이행하지 아니한 건축주등에 대하여는 그 시정명령의 이행에 필요한 상당한 이행기한을 정하여 그 기한까지 시정명령을 이행하지 아니하면 다음 각 호의 이행강제금을 부과한다. 다만, 연면적(공동주택의 경우에는 세대 면적을 기준으로 한다)이 85제곱미터 이하인 주거용 건축물과 제2호 중 주거용 건축물로서 대통령령으로 정하는 경우에는 다음 각 호의 어느 하나에 해당하는 금액의 2분의 1의 범위에서 해당 지방자치단체의 조례로 정하는 금액을 부과한다. <개정 2011.5.30> 1. 건축물이 제55조와 제56조에 따른 건폐율이나 용적률을 초과하여 건축된 경우 또는 허가를 받지 아니하거나 신고를 하지 아니하고 건축된 경우에는 「지방세법」에 따라 해당 건축물에 적용되는 1제곱미터의 시가표준액의 100분의 50에 해당하는 금액에 위반면적을 곱한 금액 이하 2. 건축물이 제1호 외의 위반 건축물에 해당하는 경우에는 「지방세법」에 따라 그 건축물에 적용되는 시가	제115조의2(이행강제금의 부과 및 징수) ① 법 제80조제1항 각 호 외의 부분 단서에서 "대통령령으로 정하는 경우"란 다음 각 호의 경우를 말한다. <개정 2011.12.30> 1. 법 제22조에 따른 사용승인을 받지 아니하고 건축물을 사용한 경우 2. 법 제42조에 따른 대지의 조경에 관한 사항을 위반한 경우 3. 법 제60조에 따른 건축물의 높이 제한을 위반한 경우 4. 법 제61조에 따른 일조 등의 확보를 위한 건축물의 높이 제한을 위반한 경우 5. 그 밖에 법 또는 법에 따른 명령이나 처분을 위반한 경우(별표 15 위반 건축물란의 제1호의2, 제4호부터	

표준액에 해당하는 금액의 100분의 10의 범위에서 위반내용에 따라 대통령령으로 정하는 금액 ② 허가권자는 제1항에 따른 이행강제금을 부과하기 전에 제1항에 따른 이행강제금을 부과·징수한다는 뜻을 미리 문서로써 계고(戒告)하여야 한다. ③ 허가권자는 제1항에 따른 이행강제금을 부과하는 경우 금액, 부과 사유, 납부기한, 수납기관, 이의제기 방법 및 이의제기 기관 등을 구체적으로 밝힌 문서로 하여야 한다. ④ 허가권자는 최초의 시정명령이 있었던 날을 기준으로 하여 1년에 2회 이내의 범위에서 그 시정명령이 이행될 때까지 반복하여 제1항에 따른 이행강제금을 부과·징수할 수 있다. 다만, 제1항 각 호 외의 부분 단서에 해당하면 총 부과 횟수가 5회를 넘지 아니하는 범위에서 해당 지방자치단체의 조례로 부과 횟수를 따로 정할 수 있다. ⑤ 허가권자는 제79조제1항에 따라 시정명령을 받은 자가 이를 이행하면 새로운 이행강제금의 부과를 즉시 중지하되, 이미 부과된 이행강제금은 징수하여야 한다. ⑥ 허가권자는 제3항에 따라 이행강제금 부과처분을 받은 자가 이행강제금을 납부기한까지 내지 아니하면 지방세 체납처분의 예에 따라 징수한다. 제81조(기존의 건축물에 대한 안전점검 및 시정명령 등) ① 특별자치시장·특별자치도지사 또는 시장·군수·구청장은 기존 건축물이 국가보안상 이유가 있거나 제4장(제40조부터 제47조까지)을 위반하여 대통령령으로 정하는 기준에 해당하면 해당 건축물의 철거·개축·증축·수선·용도변경·사용금지·사용제한, 그 밖에 필요한 조치를 명할 수	제9호까지 및 제13호에 해당하는 경우는 제외한다)로서 건축조례로 정하는 경우 ② 법 제80조제1항제2호에 따른 이행강제금의 산정기준은 별표 15와 같다. ③ 이행강제금의 부과 및 징수 절차는 국토교통부령으로 정한다. <개정 2013.3.23> [전문개정 2008.10.29] 제115조의3(기존 건축물에 대한 시정명령) 법 제81조제1항에서 "대통령령으로 정하는 기준"이란 다음 각 호의 어느 하나에 해당하는 경우를 말한다.	제40조의2(이행강제금의 부과 및 징수절차) 영 제115조의2제3항에 따른 이행강제금의 부과 및 징수절차는 「국고금관리법 시행규칙」을 준용한다. 이 경우 납입고지서에는 이의신청방법 및 이의신청기간을 함께 기재하여야 한다. [본조신설 2006.5.12]

있다. <개정 2014.1.14> ② 특별자치시장·특별자치도지사 또는 시장·군수·구청장은 미관지구 또는 「국토의 계획 및 이용에 관한 법률」 제37조제1항제1호에 따른 경관지구 안의 건축물로서 도시미관이나 주거환경상 현저히 장애가 된다고 인정하면 건축위원회의 의견을 들어 개축이나 수선을 하게 할 수 있다. <개정 2014.1.14> ③ 특별자치시장·특별자치도지사 또는 시장·군수·구청장은 제1항에 따라 필요한 조치를 명하면 대통령령으로 정하는 바에 따라 정당한 보상을 하여야 한다. <개정 2014.1.14> ④ 특별자치시장·특별자치도지사 또는 시장·군수·구청장이 위해의 우려가 있다고 인정하여 지정하는 건축물의 건축주등은 대통령령으로 정하는 바에 따라 건축사협회나 그 밖에 국토교통부장관이 인정하는 전문 인력을 갖춘 법인 또는 단체로 하여금 건축물의 구조 안전 여부를 조사하게 하고, 그 결과를 특별자치시장·특별자치도지사 또는 시장·군수·구청장에게 보고하여야 한다. <개정 2013.3.23, 2014.1.14> ⑤ 특별자치시장·특별자치도지사 또는 시장·군수·구청장은 제4항에 따른 조사결과에 따라 필요하다고 인정하면 해당 건축물의 철거·개축·수선·용도변경·사용금지·사용제한, 그 밖에 필요한 조치를 명할 수 있다. <개정 2014.1.14>	1. 지방건축위원회의 심의 결과 도로 등 공공시설의 설치에 장애가 된다고 판정된 건축물인 경우 2. 허가권자가 지방건축위원회의 심의를 거쳐 붕괴되거나 쓰러질 우려가 있어 다중에게 위해를 줄 우려가 크다고 인정하는 건축물인 경우 3. 군사작전구역에 있는 건축물로서 국가안보상 필요하여 국방부장관이 요청하는 건축물인 경우 [전문개정 2008.10.29] 제116조(손실보상) ① 법 제81조제3항에 따라 특별자치도지사 또는 시장·군수·구청장이 보상하는 경우에는 법 제81조제1항에 따른 처분으로 생길 수 있는 손실을 시가(時價)로 보상하여야 한다. ② 제1항에 따른 보상금액에 관하여 협의가 성립되지 아니한 경우 특별자치도지사 또는 시장·군수·구청장은 그 보상금액을 지급하거나 공탁하고 그 사실을 해당 건축물의 건축주에게 알려야 한다. 이 경우 그 건축주가 원하면 전자문서로 알릴 수 있다. ③ 제2항에 따른 보상금의 지급 또는 공탁에 불복하는 자는 지급 또는 공탁의 통지를 받은 날부터 20일 이내에 관할 토지수용위원회에 재결(裁決)을 신청(전자문서로 신청하는 것을 포함한다)할 수 있다. ④ 법 제81조제4항에 따라 특별자치도지사 또는 시장·군수·구청장이 위해의 우려가 있다고 인정하여 지정하는 건축물의 구조 안전 여부에 관한 검사의 실시 방법, 결과 통보, 비용 부담 등에 관하여는 「시설물의 안전관리에 관한 특별법」 제6조부터 제8조까지 및 같은 법 제10조부터 제12조까지를 준용한다. [전문개정 2008.10.29]

제82조(권한의 위임과 위탁) ① 국토교통부장관은 이 법에 따른 권한의 일부를 대통령령으로 정하는 바에 따라 시·도지사에게 위임할 수 있다. <개정 2013.3.23> ② 시·도지사는 이 법에 따른 권한의 일부를 대통령령으로 정하는 바에 따라 시장(행정시의 시장을 포함하며, 이하 이 조에서 같다)·군수·구청장에게 위임할 수 있다. ③ 시장·군수·구청장은 이 법에 따른 권한의 일부를 대통령령으로 정하는 바에 따라 구청장(자치구가 아닌 구의 구청장을 말한다)·동장·읍장 또는 면장에게 위임할 수 있다. ④ 국토교통부장관은 제31조제1항과 제32조제1항에 따라 건축허가 업무 등을 효율적으로 처리하기 위하여 구축하는 전자정보처리 시스템의 운영을 대통령령으로 정하는 기관 또는 단체에 위탁할 수 있다. <개정 2013.3.23>	제117조(권한의 위임·위탁) ① 국토교통부장관은 법 제82조제1항에 따라 법 제69조 및 제71조(제4항은 제외한다)에 따른 특별건축구역의 지정, 변경 및 해제에 관한 권한을 시·도지사에게 위임한다. <신설 2010.12.30, 2013.3.23> ② 삭제 <1999.4.30> ③ 법 제82조제3항에 따라 구청장(자치구가 아닌 구의 구청장을 말한다)에게 위임할 수 있는 권한은 다음 각 호와 같다. <개정 2009.7.16> 1. 6층 이하로서 연면적 2천제곱미터 이하인 건축물의 건축·대수선 및 용도변경에 관한 권한 2. 기존 건축물 연면적의 10분의 3 미만의 범위에서 하는 증축에 관한 권한 ④ 법 제82조제3항에 따라 동장·읍장 또는 면장에게 위임할 수 있는 권한은 다음 각 호와 같다. <신설 2009.7.16> 1. 법 제14조에 따른 건축신고에 관한 권한 2. 법 제20조제2항에 따른 가설건축물의 축조 신고에 관한 권한 3. 법 제22조에 따른 사용승인에 관한 권한(법 제14조에 따른 신고 대상 건축물인 경우만 해당한다) 4. 법 제83조에 따른 옹벽 등의 공작물 축조 신고에 관한 권한 ⑤ 법 제82조제4항에서 "대통령령으로 정하는 기관 또는 단체"란 다음 각 호의 기관 또는 단체 중 국토교통부장관이 정하여 고시하는 기관 또는 단체를 말한다. <개정 2008.10.29, 2009.7.16, 2013.11.20> 1. 「공공기관의 운영에 관한 법률」 제5조에 따른 공기	

	업 2. 「정부출연연구기관 등의 설립·운영 및 육성에 관한 법률」 및 「과학기술분야 정부출연연구기관 등의 설립·운영 및 육성에 관한 법률」에 따른 연구기관 [제목개정 2006.5.8]	
제83조(옹벽 등의 공작물에의 준용) ① 대지를 조성하기 위한 옹벽, 굴뚝, 광고탑, 고가수조(高架水槽), 지하 대피호, 그 밖에 이와 유사한 것으로서 대통령령으로 정하는 공작물을 축조하려는 자는 대통령령으로 정하는 바에 따라 특별자치시장·특별자치도지사 또는 시장·군수·구청장에게 신고하여야 한다. <개정 2014.1.14> ② 제14조, 제21조 제3항, 제29조, 제35조제1항, 제40조제4항, 제41조, 제47조, 제48조, 제55조, 제58조, 제60조, 제61조, 제79조, 제81조, 제84조, 제85조, 제87조와 「국토의 계획 및 이용에 관한 법률」 제76조는 대통령령으로 정하는 바에 따라 제1항의 경우에 준용한다.	제118조(옹벽 등의 공작물에의 준용) ① 법 제83조제1항에 따라 공작물을 축조(건축물과 분리하여 축조하는 것을 말한다. 이하 이 조에서 같다)할 때 특별자치도지사 또는 시장·군수·구청장에게 신고를 하여야 하는 공작물은 다음 각 호와 같다. 1. 높이 6미터를 넘는 굴뚝 2. 높이 6미터를 넘는 장식탑, 기념탑, 그 밖에 이와 비슷한 것 3. 높이 4미터를 넘는 광고탑, 광고판, 그 밖에 이와 비슷한 것 4. 높이 8미터를 넘는 고가수조나 그 밖에 이와 비슷한 것 5. 높이 2미터를 넘는 옹벽 또는 담장 6. 바닥면적 30제곱미터를 넘는 지하대피호 7. 높이 6미터를 넘는 골프연습장 등의 운동시설을 위한 철탑, 주거지역·상업지역에 설치하는 통신용 철탑, 그 밖에 이와 비슷한 것 8. 높이 8미터(위험을 방지하기 위한 난간의 높이는 제외한다) 이하의 기계식 주차장 및 철골 조립식 주차장(바닥면이 조립식이 아닌 것을 포함한다)으로서 외벽이 없는 것 9. 건축조례로 정하는 제조시설, 저장시설(시멘트사일로를 포함한다), 유희시설, 그 밖에 이와 비슷한 것	제41조(공작물축조신고) ①법 제83조 및 영 제118조에 따라 옹벽 등 공작물(이하 "공작물등"이라 한다)의 축조신고를 하려는 자는 별지 제30호서식의 공작물축조신고서에 다음 각 호의 서류 및 도서를 첨부하여 특별자치도지사 또는 시장·군수·구청장에게 제출(전자문서로 제출하는 것을 포함한다)하여야 한다. 다만, 제6조제1항에 따라 건축허가를 신청할 때 건축물의 건축에 관한 사항과 함께 공작물등의 축조신고에 관한 사항을 제출한 경우에는 공작물축조신고서의 제출을 생략한다. <개정 2007.12.13, 2008.12.11, 2011.6.29> 1. 공작물등의 배치도 2. 공작물등의 구조도 ②특별자치도지사 또는 시장·군수·구청장은 제1항에 따른 공작물축조신고서를 받은 때에는 그 기재내용 및 기재내용과 같게 축조된 것을 확인한 후 별지 제31호서식의 공작물축조신고필증을 신고인에게 발급하여야 한다. <개정 2011.6.29, 2012.12.12> ③영 제118조제4항의 규정에 의한 공작물

	10. 건축물의 구조에 심대한 영향을 줄 수 있는 중량물로서 건축조례로 정하는 것 ② 제1항 각 호의 어느 하나에 해당하는 공작물을 축조하려는 자는 공작물 축조신고서와 국토교통부령으로 정하는 설계도서를 특별자치도지사 또는 시장·군수·구청장에게 제출(전자문서에 의한 제출을 포함한다)하여야 한다. <개정 2013.3.23> ③ 제1항 각 호의 공작물에 대하여는 법 제83조제2항에 따라 법 제14조, 제21조제3항, 제29조, 제35조제1항, 제40조제4항, 제41조, 제47조, 제48조, 제55조, 제58조, 제60조, 제61조, 제79조, 제81조, 제84조, 제85조, 제87조 및 「국토의 계획 및 이용에 관한 법률」 제76조를 준용한다. 다만, 제1항제3호의 공작물로서 「옥외광고물 등 관리법」에 따라 허가를 받거나 신고를 한 공작물에 대해서는 법 제14조를 준용하지 아니하고, 제1항제5호의 공작물에 대해서는 법 제58조를 준용하지 아니하며, 제1항제8호의 공작물에 대해서는 법 제55조를 준용하지 아니하고, 제1항제3호·제8호의 공작물에 대해서만 법 제61조를 준용한다. <개정 2011.6.29> ④ 제3항 본문에 따라 법 제48조를 준용하는 경우 해당 공작물에 대한 구조 안전 확인의 내용 및 방법 등은 국토교통부령으로 정한다. <신설 2013.11.20> ⑤ 특별자치도지사 또는 시장·군수·구청장은 제1항에 따라 공작물 축조신고를 받았으면 국토교통부령으로 정하는 바에 따라 공작물 관리대장에 그 내용을 작성하고 관리하여야 한다. <개정 2013.3.23, 2013.11.20> ⑥ 제5항에 따른 공작물 관리대장은 전자적 처리가 불가능한 특별한 사유가 없으면 전자적 처리가 가능한 방법으로 작성하고 관리하여야 한다. <개정 2013.11.20>	관리대장은 별지 제32호서식에 의한다. [전문개정 1999.5.11]

제84조(면적·높이 및 층수의 산정) 건축물의 대지면적, 연면적, 바닥면적, 높이, 처마, 천장, 바닥 및 층수의 산정방법은 대통령령으로 정한다.	[전문개정 2008.10.29]
	제119조(면적 등의 산정방법) ① 법 제84조에 따라 건축물의 면적·높이 및 층수 등은 다음 각 호의 방법에 따라 산정한다. <개정 2009.6.30, 2009.7.16, 2010.2.18, 2011.4.4, 2011.6.29, 2011.12.8, 2011.12.30, 2012.4.10, 2012.12.12, 2013.3.23, 2013.11.20>
	1. 대지면적: 대지의 수평투영면적으로 한다. 다만, 다음 각 목의 어느 하나에 해당하는 면적은 제외한다.
	  가. 법 제46조제1항 단서에 따라 대지에 건축선이 정하여진 경우: 그 건축선과 도로 사이의 대지면적
	  나. 대지에 도시·군계획시설인 도로·공원 등이 있는 경우: 그 도시·군계획시설에 포함되는 대지(「국토의 계획 및 이용에 관한 법률」 제47조제7항에 따라 건축물 또는 공작물을 설치하는 도시·군계획시설의 부지는 제외한다)면적
	2. 건축면적: 건축물의 외벽(외벽이 없는 경우에는 외곽 부분의 기둥을 말한다. 이하 이 호에서 같다)의 중심선으로 둘러싸인 부분의 수평투영면적으로 한다. 다만, 다음 각 목의 어느 하나에 해당하는 경우에는 해당 각 목에서 정하는 기준에 따라 산정한다.
	  가. 처마, 차양, 부연(附椽), 그 밖에 이와 비슷한 것으로서 그 외벽의 중심선으로부터 수평거리 1미터 이상 돌출된 부분이 있는 건축물의 건축면적은 그 돌출된 끝부분으로부터 다음의 구분에 따른 수평거리를 후퇴한 선으로 둘러싸인 부분의 수평투영면적으로 한다.
	    1) 「전통사찰의 보존 및 지원에 관한 법률」 제2조제1호에 따른 전통사찰: 4미터 이하의 범위에

	서 외벽의 중심선까지의 거리 2) 가축에게 사료 등을 투여하는 부위의 상부에 한쪽 끝은 고정되고 다른 쪽 끝은 지지되지 아니한 구조로 된 돌출차양이 설치된 축사: 3미터 이하의 범위에서 외벽의 중심선까지의 거리 3) 한옥: 2미터 이하의 범위에서 외벽의 중심선까지의 거리 4) 그 밖의 건축물: 1미터 나. 다음의 건축물의 건축면적은 국토교통부령으로 정하는 바에 따라 산정한다. 1) 태양열을 주된 에너지원으로 이용하는 주택 2) 창고 중 물품을 입출고하는 부위의 상부에 한쪽 끝은 고정되고 다른 쪽 끝은 지지되지 아니한 구조로 설치된 돌출차양 3) 단열재를 구조체의 외기측에 설치하는 단열공법으로 건축된 건축물 다. 다음의 경우에는 건축면적에 산입하지 아니한다. 1) 지표면으로부터 1미터 이하에 있는 부분(창고 중 물품을 입출고하기 위하여 차량을 접안시키는 부분의 경우에는 지표면으로부터 1.5미터 이하에 있는 부분) 2) 「다중이용업소의 안전관리에 관한 특별법 시행령」 제9조에 따라 기존의 다중이용업소(2004년 5월 29일 이전의 것만 해당한다)의 비상구에 연결하여 설치하는 폭 2미터 이하의 옥외 피난계단(기존 건축물에 옥외 피난계단을 설치함으로써 법 제55조에 따른 건폐율의 기준에 적합하지 아니하게 된 경우만 해당한다) 3) 건축물 지상층에 일반인이나 차량이 통행할 수	제43조(태양열을 이용하는 주택 등의 건축면적 산정방법 등) ①영 제119조제1항제2호나목에 따라 태양열을 주된 에너지원으로 이용하는 주택의 건축면적과 단열재를 구조체의 외기측에 설치하는 단열공법으로 건축된 건축물의 건축면적은 건축물의 외벽중 내측 내력벽의 중심선을 기준으로 한다. 이 경우 태양열을 주된 에너지원으로 이용하는 주택의 범위는 국토교통부장관이 정하여 고시하는 바에 의한다. <개정 1996.1.18, 2008.3.14, 2011.6.29, 2013.3.23> ②영 제119조제1항제2호나목에 따라 창고 중 물품을 입출고하는 부위의 상부에 설치하는 한쪽 끝은 고정되고 다른 끝은 지지되지 아니한 구조로 된 돌출차양의 면적 중 건축면적에 산입하는 면적은 다음 각 호에 따라 산정한 면적 중 작은 값으로 한다. <신설 2005.10.20, 2008.12.11, 2011.6.29> 1. 해당 돌출차양을 제외한 창고의 건축

	있도록 설치한 보행통로나 차량통로 4) 지하주차장의 경사로 5) 건축물 지하층의 출입구 상부(출입구 너비에 상당하는 규모의 부분을 말한다) 6) 생활폐기물 보관함(음식물쓰레기, 의류 등의 수거함을 말한다. 이하 같다) 7) 「영유아보육법」 제15조에 따른 어린이집(2005년 1월 29일 이전에 설치된 것만 해당한다)의 비상구에 연결하여 설치하는 폭 2미터 이하의 영유아용 대피용 미끄럼대 또는 비상계단(기존 건축물에 영유아용 대피용 미끄럼대 또는 비상계단을 설치함으로써 법 제55조에 따른 건폐율 기준에 적합하지 아니하게 된 경우만 해당한다) 3. 바닥면적: 건축물의 각 층 또는 그 일부로서 벽, 기둥, 그 밖에 이와 비슷한 구획의 중심선으로 둘러싸인 부분의 수평투영면적으로 한다. 다만, 다음 각 목의 어느 하나에 해당하는 경우에는 각 목에서 정하는 바에 따른다. 가. 벽·기둥의 구획이 없는 건축물은 그 지붕 끝부분으로부터 수평거리 1미터를 후퇴한 선으로 둘러싸인 수평투영면적으로 한다. 나. 주택의 발코니 등 건축물의 노대나 그 밖에 이와 비슷한 것(이하 "노대등"이라 한다)의 바닥은 난간 등의 설치 여부에 관계없이 노대등의 면적(외벽의 중심선으로부터 노대등의 끝부분까지의 면적을 말한다)에서 노대등이 접한 가장 긴 외벽에 접한 길이에 1.5미터를 곱한 값을 뺀 면적을 바닥면적에 산입한다.	면적의 10퍼센트를 초과하는 면적 2. 해당 돌출차양의 끝부분으로부터 수평거리 3미터를 후퇴한 선으로 둘러싸인 부분의 수평투영면적 [세목개정 2005.10.20]

	다. 필로티나 그 밖에 이와 비슷한 구조(벽면적의 2분의 1 이상이 그 층의 바닥면에서 위층 바닥 아래면까지 공간으로 된 것만 해당한다)의 부분은 그 부분이 공중의 통행이나 차량의 통행 또는 주차에 전용되는 경우와 공동주택의 경우에는 바닥면적에 산입하지 아니한다. 라. 승강기탑, 계단탑, 장식탑, 다락[층고(層高)가 1.5미터(경사진 형태의 지붕인 경우에는 1.8미터) 이하인 것만 해당한다], 건축물의 외부 또는 내부에 설치하는 굴뚝, 더스트슈트, 설비덕트, 그 밖에 이와 비슷한 것과 옥상·옥외 또는 지하에 설치하는 물탱크, 기름탱크, 냉각탑, 정화조, 도시가스 정압기, 그 밖에 이와 비슷한 것을 설치하기 위한 구조물은 바닥면적에 산입하지 아니한다. 마. 공동주택으로서 지상층에 설치한 기계실, 전기실, 어린이놀이터, 조경시설 및 생활폐기물 보관함의 면적은 바닥면적에 산입하지 아니한다. 바. 「다중이용업소의 안전관리에 관한 특별법 시행령」 제9조에 따라 기존의 다중이용업소(2004년 5월 29일 이전의 것만 해당한다)의 비상구에 연결하여 설치하는 폭 1.5미터 이하의 옥외 피난계단(기존 건축물에 옥외 피난계단을 설치함으로써 법 제56조에 따른 용적률에 적합하지 아니하게 된 경우만 해당한다)은 바닥면적에 산입하지 아니한다. 사. 제6조제1항제6호에 따른 건축물을 리모델링하는 경우로서 미관 향상, 열의 손실 방지 등을 위하여 외벽에 부가하여 마감재 등을 설치하는 부분은 바닥면적에 산입하지 아니한다. 아. 제1항제2호나목3)의 건축물의 경우에는 단열재가	

설치된 외벽 중 내측 내력벽의 중심선을 기준으로 산정한 면적을 바닥면적으로 한다.

자. 「영유아보육법」 제15조에 따른 어린이집(2005년 1월 29일 이전에 설치된 것만 해당한다)의 비상구에 연결하여 설치하는 폭 2미터 이하의 영유아용 대피용 미끄럼대 또는 비상계단의 면적은 바닥면적(기존 건축물에 영유아용 대피용 미끄럼대 또는 비상계단을 설치함으로써 법 제56조에 따른 용적률 기준에 적합하지 아니하게 된 경우만 해당한다)에 산입하지 아니한다.

4. 연면적: 하나의 건축물 각 층의 바닥면적의 합계로 하되, 용적률을 산정할 때에는 다음 각 목에 해당하는 면적은 제외한다.

   가. 지하층의 면적

   나. 지상층의 주차용(해당 건축물의 부속용도인 경우만 해당한다)으로 쓰는 면적

   다. 삭제 <2012.12.12>

   라. 삭제 <2012.12.12>

   마. 제34조제3항 및 제4항에 따라 초고층 건축물과 준초고층 건축물에 설치하는 피난안전구역의 면적

   바. 제40조제3항제2호에 따라 건축물의 경사지붕 아래에 설치하는 대피공간의 면적

5. 건축물의 높이: 지표면으로부터 그 건축물의 상단까지의 높이[건축물의 1층 전체에 필로티(건축물을 사용하기 위한 경비실, 계단실, 승강기실, 그 밖에 이와 비슷한 것을 포함한다)가 설치되어 있는 경우에는 법 제60조 및 법 제61조제2항을 적용할 때 필로티의 층고를 제외한 높이]로 한다. 다만, 다음 각 목의 어느 하나에 해당하는 경우에는 각 목에서 정하는 바에 따

른다.
가. 법 제60조에 따른 건축물의 높이는 전면도로의 중심선으로부터의 높이로 산정한다. 다만, 전면도로가 다음의 어느 하나에 해당하는 경우에는 그에 따라 산정한다.
1) 건축물의 대지에 접하는 전면도로의 노면에 고저차가 있는 경우에는 그 건축물이 접하는 범위의 전면도로부분의 수평거리에 따라 가중평균한 높이의 수평면을 전면도로면으로 본다.
2) 건축물의 대지의 지표면이 전면도로보다 높은 경우에는 그 고저차의 2분의 1의 높이만큼 올라온 위치에 그 전면도로의 면이 있는 것으로 본다.
나. 법 제61조에 따른 건축물 높이를 산정할 때 건축물 대지의 지표면과 인접 대지의 지표면 간에 고저차가 있는 경우에는 그 지표면의 평균 수평면을 지표면(법 제61조제2항에 따른 높이를 산정할 때 해당 대지가 인접 대지의 높이보다 낮은 경우에는 그 대지의 지표면을 말한다)으로 본다. 다만, 전용주거지역 및 일반주거지역을 제외한 지역에서 공동주택을 다른 용도와 복합하여 건축하는 경우에는 공동주택의 가장 낮은 부분을 그 건축물의 지표면으로 본다.
다. 건축물의 옥상에 설치되는 승강기탑·계단탑·망루·장식탑·옥탑 등으로서 그 수평투영면적의 합계가 해당 건축물 건축면적의 8분의 1(「주택법」제16조제1항에 따른 사업계획승인 대상인 공동주택 중 세대별 전용면적이 85제곱미터 이하인 경우에는 6분의 1) 이하인 경우로서 그 부분의 높이가 12미터를 넘는 경우에는 그 넘는 부분만 해당 건축물의 높이에 산입한다.
라. 지붕마루장식·굴뚝·방화벽의 옥상돌출부나 그 밖에 이와 비슷한 옥상돌출물과 난간벽(그 벽면적의 2분의 1 이상이 공간으로 되어 있는 것만 해당한다)은 그 건축물의 높이에 산입하지 아니한다.

6. 처마높이: 지표면으로부터 건축물의 지붕틀 또는 이와 비슷한 수평재를 지지하는 벽·깔도리 또는 기둥의 상단까지의 높이로 한다.

7. 반자높이: 방의 바닥면으로부터 반자까지의 높이로 한다. 다만, 한 방에서 반자높이가 다른 부분이 있는 경우에는 그 각 부분의 반자면적에 따라 가중평균한 높이로 한다.

8. 층고: 방의 바닥구조체 윗면으로부터 위층 바닥구조체의 윗면까지의 높이로 한다. 다만, 한 방에서 층의 높이가 다른 부분이 있는 경우에는 그 각 부분 높이에 따른 면적에 따라 가중평균한 높이로 한다.

9. 층수: 승강기탑, 계단탑, 망루, 장식탑, 옥탑, 그 밖에 이와 비슷한 건축물의 옥상 부분으로서 그 수평투영면적의 합계가 해당 건축물 건축면적의 8분의 1(「주택법」 제16조제1항에 따른 사업계획승인 대상인 공동주택 중 세대별 전용면적이 85제곱미터 이하인 경우에는 6분의 1) 이하인 것과 지하층은 건축물의 층수에 산입하지 아니하고, 층의 구분이 명확하지 아니한 건축물은 그 건축물의 높이 4미터마다 하나의 층으로 보고 그 층수를 산정하며, 건축물이 부분에 따라 그 층수가 다른 경우에는 그 중 가장 많은 층수를 그 건축물의 층수로 본다.

10. 지하층의 지표면: 법 제2조제1항제5호에 따른 지하층의 지표면은 각 층의 주위가 접하는 각 지표면 부분

	의 높이를 그 지표면 부분의 수평거리에 따라 가중평균한 높이의 수평면을 지표면으로 산정한다. ② 제1항 각 호(제10호는 제외한다)에 따른 기준에 따라 건축물의 면적·높이 및 층수 등을 산정할 때 지표면에 고저차가 있는 경우에는 건축물의 주위가 접하는 각 지표면 부분의 높이를 그 지표면 부분의 수평거리에 따라 가중평균한 높이의 수평면을 지표면으로 본다. 이 경우 그 고저차가 3미터를 넘는 경우에는 그 고저차 3미터 이내의 부분마다 그 지표면을 정한다. ③ 제1항제5호다목 또는 제1항제9호에 따른 수평투영면적의 산정은 제1항제2호에 따른 건축면적의 산정방법에 따른다. [전문개정 2008.10.29]	
		제44조(규제의 재검토) 국토교통부장관은 제13조에 따른 가설건축물 축조신고 등에 대하여 2014년 1월 1일을 기준으로 3년마다(매 3년이 되는 해의 1월 1일 전까지를 말한다) 그 타당성을 검토하여 개선 등의 조치를 하여야 한다. [본조신설 2013.12.30]
제85조(「행정대집행법」 적용의 특례) ① 허가권자는 제11조, 제14조, 제41조와 제79조제1항에 따라 필요한 조치를 할 때 다음 각 호의 어느 하나에 해당하는 경우로서 「행정대집행법」 제3조제1항과 제2항에 따른 절차에 의하면 그 목적을 달성하기 곤란한 때에는 해당 절차를 거치지 아니하고 대집행할 수 있다. 1. 재해가 발생할 위험이 절박한 경우 2. 건축물의 구조 안전상 심각한 문제가 있어 붕괴 등 손괴의 위험이 예상되는 경우		

3. 허가권자의 공사중지명령을 받고도 불응하여 공사를 강행하는 경우 4. 도로통행에 현저하게 지장을 주는 불법건축물인 경우 5. 그 밖에 공공의 안전 및 공익에 심히 저해되어 신속하게 실시할 필요가 있다고 인정되는 경우로서 대통령령으로 정하는 경우 ② 제1항에 따른 대집행은 건축물의 관리를 위하여 필요한 최소한도에 그쳐야 한다. [전문개정 2009.4.1]	제119조의2(「행정대집행법」 적용의 특례) 법 제85조제1항제5호에서 "대통령령으로 정하는 경우"란 「대기환경보전법」에 따른 대기오염물질 또는 「수질 및 수생태계 보전에 관한 법률」에 따른 수질오염물질을 배출하는 건축물로서 주변 환경을 심각하게 오염시킬 우려가 있는 경우를 말한다. [본조신설 2009.8.5] [종전 제119조의2는 제119조의3으로 이동 <2009.8.5>]	
제86조(청문) 허가권자는 제79조에 따라 허가나 승인을 취소하려면 청문을 실시하여야 한다.		
제87조(보고와 검사 등) ① 국토교통부장관, 시·도지사, 시장·군수·구청장, 그 소속 공무원, 제27조에 따른 업무대행자 또는 제37조에 따른 건축지도원은 건축물의 건축주 등, 공사감리자 또는 공사시공자에게 필요한 자료의 제출이나 보고를 요구할 수 있으며, 건축물·대지 또는 건축공사장에 출입하여 그 건축물, 건축설비, 그 밖에 건축공사에 관련되는 물건을 검사하거나 필요한 시험을 할 수 있다. <개정 2013.3.23> ② 제1항에 따라 검사나 시험을 하는 자는 그 권한을 표시하는 증표를 지니고 이를 관계인에게 내보여야 한다.		제42조(출입검사원증) 법 제87조제2항에 따른 검사나 시험을 하는 자의 권한을 표시하는 증표는 별지 제33호서식과 같다. <개정 1999.5.11, 2008.12.11>

제88조(건축분쟁전문위원회) ① 제4조제2항에 따른 건축분쟁전문위원회는 건축물의 건축등과 관련된 다음 각 호의 분쟁(「건설산업기본법」 제69조에 따른 조정의 대상이 되는 분쟁은 제외한다. 이하 같다)의 조정(調停) 및 재정(裁定)을 하며, 중앙건축위원회에 두는 중앙건축분쟁전문위원회와 시·도지사가 설치하는 지방건축위원회에 두는 지방건축분쟁전문위원회로 구분한다. <개정 2009.4.1> 1. 건축관계자와 해당 건축물의 건축등으로 피해를 입은 인근주민(이하 "인근주민"이라 한다) 간의 분쟁 2. 관계전문기술자와 인근주민 간의 분쟁 3. 건축관계자와 관계전문기술자 간의 분쟁 4. 건축관계자 간의 분쟁 5. 인근주민 간의 분쟁 6. 관계전문기술자 간의 분쟁 7. 그 밖에 대통령령으로 정하는 사항 ② 중앙건축분쟁전문위원회는 특별시장·광역시장·특별자치시장 또는 특별자치도지사가 허가권자인 사항을 관할하고, 지방건축분쟁전문위원회는 시장(행정시의 시장을 포함한다)·군수·구청장이 허가권자인 사항을 관할한다. <개정 2009.4.1, 2014.1.14> ③ 중앙건축분쟁전문위원회의 회의·운영, 그 밖에 필요한 사항은 국토교통부령으로 정하고, 지방건축분쟁전문위원회의 회의·운영, 그 밖에 필요한 사항은 특별시·광역시·도·특별자치도의 조례로 정한다. <개정 2009.4.1, 2013.3.23, 2014.1.14> [제목개정 2009.4.1]	제119조의3(분쟁조정) ① 법 제88조에 따라 분쟁의 조정 또는 재정(이하 "조정등"이라 한다)을 받으려는 자는 국토교통부령으로 정하는 바에 따라 신청 취지와 신청사건의 내용을 분명하게 밝힌 조정등의 신청서를 법 제88조제2항에 따른 관할 건축분쟁전문위원회(이하 "분쟁조정전문위원회"라 한다)에 제출(전자문서에 의한 제출을 포함한다)하여야 한다. <개정 2009.8.5, 2013.3.23> ② 조정위원회는 법 제95조제2항에 따라 당사자나 참고인을 조정위원회에 출석하게 하여 의견을 들으려면 회의 개최 5일 전에 서면(당사자 또는 참고인이 원하는 경우에는 전자문서를 포함한다)으로 출석을 요청하여야 하며, 출석을 요청받은 당사자 또는 참고인은 조정위원회의 회의에 출석할 수 없는 부득이한 사유가 있는 경우에는 미리 서면 또는 전자문서로 의견을 제출할 수 있다. ③ 법 제88조부터 제104조까지의 규정에 따른 분쟁의 조정등을 할 때 서류의 송달에 관하여는 「민사소송법」 제174조부터 제197조까지를 준용한다. ④ 조정위원회 또는 재정위원회는 법 제102조제1항에 따라 당사자가 분쟁의 조정등을 위한 감정·진단·시험 등에 드는 비용을 내지 아니한 경우에는 그 분쟁에 대한 조정등을 보류할 수 있다. <개정 2009.8.5> ⑤ 법 제102조제2항에 따라 조정위원회 또는 재정위원회는 비용을 예치할 금융기관을 지정하고 예치기간을 정하여 당사자로 하여금 비용을 예치하게 할 수 있다. [전문개정 2008.10.29] [제119조의2에서 이동, 종전 제119조의3은 제119조의4로 이동 <2009.8.5>]	제43조의2(분쟁조정의 신청) ①영 제119조의3제1항에 따라 분쟁의 조정 또는 재정(이하 "조정등"이라 한다)을 받으려는 자는 다음 각 호의 사항을 기재하고 서명·날인한 분쟁조정등신청서에 참고자료 또는 서류를 첨부하여 건축분쟁전문위원회에 제출(전자문서에 의한 제출을 포함한다)하여야 한다. <개정 2006.5.12, 2007.12.13, 2010.8.5> 1. 신청인의 성명(법인의 경우에는 명칭) 및 주소 2. 당사자의 성명(법인의 경우에는 명칭) 및 주소 3. 대리인을 선임한 경우에는 대리인의 성명 및 주소 4. 분쟁의 조정등을 받고자 하는 사항 5. 분쟁이 발생하게 된 사유와 당사자간의 교섭경과 6. 신청연월일 ②제1항의 경우에 증거자료 또는 서류가 있는 경우에는 그 원본 또는 사본을 분쟁조정등신청서에 첨부하여 제출할 수 있다. <개정 2006.5.12> [본조신설 1996.1.18]

| | 제119조의4(선정대표자) ① 여러 사람이 공동으로 조정등의 당사자가 될 때에는 그 중에서 3명 이하의 대표자를 선정할 수 있다.
② 건축분쟁전문위원회는 당사자가 제1항에 따라 대표자를 선정하지 아니한 경우 필요하다고 인정하면 당사자에게 대표자를 선정할 것을 권고할 수 있다. <개정 2009.8.5>
③ 제1항 또는 제2항에 따라 선정된 대표자(이하 "선정대표자"라 한다)는 다른 신청인 또는 피신청인을 위하여 그 사건의 조정등에 관한 모든 행위를 할 수 있다. 다만, 신청을 철회하거나 조정안을 수락하려는 경우에는 서면으로 다른 신청인 또는 피신청인의 동의를 받아야 한다.
④ 대표자가 선정된 경우에는 다른 신청인 또는 피신청인은 그 선정대표자를 통해서만 그 사건에 관한 행위를 할 수 있다.
⑤ 대표자를 선정한 당사자는 필요하다고 인정하면 선정대표자를 해임하거나 변경할 수 있다. 이 경우 당사자는 그 사실을 지체 없이 건축분쟁전문위원회에 통지하여야 한다. <개정 2009.8.5>
[전문개정 2008.10.29]
[제119조의3에서 이동, 종전 제119조의4는 제119조의5로 이동 <2009.8.5>]

제119조의5(절차의 비공개) 건축분쟁전문위원회가 행하는 조정등의 절차는 법 또는 이 영에 특별한 규정이 있는 경우를 제외하고는 공개하지 아니한다. <개정 2009.8.5>
[본조신설 2006.5.8]
[제119조의4에서 이동 <2009.8.5>] | |

	제120조(규제의 재검토) 국토교통부장관은 다음 각 호의 사항에 대하여 다음 각 호의 기준일을 기준으로 3년마다(매 3년이 되는 해의 기준일과 같은 날 전까지를 말한다) 그 타당성을 검토하여 개선 등의 조치를 하여야 한다. 1. 제5조의5제1항제1호 및 제4호에 따른 지방건축위원회의 심의사항: 2014년 1월 1일 2. 제8조제1항에 따라 특별시장이나 광역시장의 허가를 받아야 하는 건축물의 건축 및 같은 조 제3항에 따라 도지사의 승인을 받아야 하는 건축물의 건축: 2014년 1월 1일 3. 제12조제1항제3호에 따른 신고 대상의 적절성: 2014년 1월 1일 4. 제14조에 따른 용도변경: 2014년 1월 1일 5. 제18조에 따른 건축사가 아닌 경우에도 설계등을 할 수 있는 건축물의 범위: 2014년 1월 1일 6. 제23조의2제1항 및 제5항에 따라 정기점검 또는 수시점검을 실시하여야 하는 건축물의 종류 및 규모 등과 그 기준일 설정이 적절한지 여부: 2014년 1월 1일 7. 제28조에 따른 대지와 도로의 관계: 2014년 1월 1일 [전문개정 2013.12.30]	
제89조(건축분쟁전문위원회의 구성) ① 중앙건축분쟁전문위원회 및 지방건축분쟁전문위원회(이하 "건축분쟁전문위원회"라 한다)는 각각 위원장과 부위원장 각 1명을 포함한 15명 이내의 위원으로 구성한다. <개정 2009.4.1> ② 중앙건축분쟁전문위원회의 위원은 건축이나 법률에 관한 학식과 경험이 풍부한 자로서 다음 각 호의 어느 하나에 해당하는 자 중에서 국토교통부장관이 임명하거		제43조의3(중앙건축분쟁전문위원회의 회의 · 운영 등) ①법 제88조에 따른 중앙건축분쟁전문위원회(이하 "중앙분쟁전문위원회"라 한다)의 위원장은 중앙분쟁전문위원회를 대표하고 중앙분쟁전문위원회의 업무를 통할한다. <개정 2008.12.11, 2010.8.5>

나 위촉한다. 이 경우 제4호에 해당하는 자가 2명 이상 포함되어야 한다. <개정 2009.4.1, 2013.3.23, 2014.1.14>
1. 1급이나 1급 상당 이상의 공무원으로 1년 이상 재직한 자
2. 2급·3급 또는 2급·3급 상당 이상의 공무원으로 3년 이상 재직한 자
3. 「고등교육법」에 따른 대학에서 건축공학이나 법률학을 가르치는 조교수 이상의 직(職)에 3년 이상 재직한 자
4. 판사, 검사 또는 변호사의 직에 6년 이상 재직한 자
5. 「건축사법」 제23조에 따라 건축사사무소개설신고를 하고 건축사로 6년 이상 종사한 자
6. 건설공사나 건설업에 대한 학식과 경험이 풍부한 자로서 그 분야에 15년 이상 종사한 자
③ 지방건축분쟁전문위원회의 위원은 제2항 각 호에 해당하는 자 중에서 시·도지사가 임명하거나 위촉한다. 이 경우 제2항제4호에 해당하는 자가 2명 이상 포함되어야 한다. <개정 2009.4.1>
④ 건축분쟁전문위원회의 위원장과 부위원장은 위원 중에서 호선한다. <개정 2009.4.1>
⑤ 공무원이 아닌 위원의 임기는 3년으로 하되, 연임할 수 있으며, 보궐위원의 임기는 전임자의 남은 임기로 한다.
⑥ 건축분쟁전문위원회의 회의는 재적위원 과반수의 출석으로 열고 출석위원 과반수의 찬성으로 의결한다. <개정 2009.4.1>
⑦ 다음 각 호의 어느 하나에 해당하는 자는 건축분쟁전문위원회의 위원이 될 수 없다. <개정 2009.4.1>
1. 금치산자, 한정치산자 또는 파산선고를 받고 복권되지

② 중앙분쟁전문위원회의 위원장은 중앙분쟁전문위원회의 회의를 소집하고 그 의장이 된다. <개정 2010.8.5>
③ 중앙분쟁전문위원회의 위원장이 부득이한 사유로 직무를 수행할 수 없는 때에는 부위원장이 그 직무를 대행한다. <개정 2010.8.5>
④ 중앙분쟁전문위원회의 사무를 처리하기 위하여 간사를 두되, 간사는 국토교통부 소속 공무원 중에서 중앙분쟁전문위원회의 위원장이 지정한 자가 된다. <개정 2008.3.14, 2010.8.5, 2013.3.23>
⑤ 중앙분쟁전문위원회의 회의에 출석한 위원 및 관계전문가에 대하여는 예산의 범위 안에서 수당을 지급할 수 있다. 다만, 공무원인 위원이 그 소관 업무와 직접적으로 관련되어 출석하는 경우에는 그러하지 아니 하다. <개정 2010.8.5>
[본조신설 2006.5.12]
[제목개정 2010.8.5]

아니한 자 2. 금고 이상의 실형을 선고받고 그 집행이 끝나거나(집행이 끝난 것으로 보는 경우를 포함한다)되거나 집행이 면제된 날부터 2년이 지나지 아니한 자 3. 법원의 판결이나 법률에 따라 자격이 정지된 자 [제목개정 2009.4.1] 제90조(위원의 제척 등) ① 건축분쟁전문위원회의 위원이 다음 각 호의 어느 하나에 해당하면 그 직무의 집행에서 제외된다. <개정 2009.4.1> 1. 위원 또는 그 배우자나 배우자였던 자가 해당 분쟁사건(이하 "사건"이라 한다)의 당사자가 되거나 그 사건에 관하여 당사자와 공동권리자 또는 의무자의 관계에 있는 경우 2. 위원이 해당 사건의 당사자와 친족이거나 친족이었던 경우 3. 위원이 해당 사건에 관하여 진술이나 감정을 한 경우 4. 위원이 해당 사건에 당사자의 대리인으로서 관여하였거나 관여한 경우 5. 위원이 해당 사건의 원인이 된 처분이나 부작위에 관여한 경우 ② 건축분쟁전문위원회는 제척 원인이 있는 경우 직권이나 당사자의 신청에 따라 제척의 결정을 한다. <개정 2009.4.1> ③ 당사자는 위원에게 공정한 직무집행을 기대하기 어려운 사정이 있으면 건축분쟁전문위원회에 기피신청을 할 수 있으며, 건축분쟁전문위원회는 기피신청이 타당하다고 인정하면 기피의 결정을 하여야 한다. <개정 2009.4.1>		

④ 위원은 제1항이나 제3항의 사유에 해당하면 스스로 그 사건의 직무집행을 회피할 수 있다.

제91조(대리인) ① 당사자는 다음 각 호에 해당하는 자를 대리인으로 선임할 수 있다.
1. 당사자의 배우자, 직계존·비속 또는 형제자매
2. 당사자인 법인의 임직원
3. 변호사
② 당사자가 제1항제1호나 제2호에 해당하는 자를 대리인으로 선임하려면 건축분쟁전문위원회위원장의 허가를 받아야 한다. <개정 2009.4.1>
③ 대리인의 권한은 서면으로 소명하여야 한다.
④ 대리인은 다음 각 호의 행위를 하기 위하여는 당사자의 위임을 받아야 한다.
1. 신청의 철회
2. 조정안의 수락
3. 복대리인의 선임

제92조(조정등의 신청) ① 건축물의 건축등과 관련된 분쟁의 조정 또는 재정(이하 "조정등"이라 한다)을 신청하려는 자는 제88조제2항에 따른 관할 건축분쟁전문위원회에 조정등의 신청서를 제출하여야 한다. <개정 2009.4.1>
② 제1항에 따른 조정신청은 해당 사건의 당사자 중 1명 이상이 하며, 재정신청은 해당 사건 당사자 간의 합의로 한다. 다만, 건축분쟁전문위원회는 조정신청을 받으면 해당 사건의 모든 당사자에게 조정신청이 접수된 사실을 알려야 한다. <개정 2009.4.1>
③ 건축분쟁전문위원회는 당사자의 조정신청을 받으면 90일 이내에, 재정신청을 받으면 180일 이내에 절차를

마쳐야 한다. 다만, 부득이한 사정이 있으면 건축분쟁전문위원회의 의결로 기간을 연장할 수 있다. <개정 2009.4.1>

제93조(조정등의 거부와 중지) ① 건축분쟁전문위원회는 분쟁의 성질상 건축분쟁전문위원회에서 조정등을 하는 것이 맞지 아니하다고 인정하거나 부정한 목적으로 신청되었다고 인정되면 그 조정등을 거부할 수 있다. 이 경우 조정등의 거부 사유를 신청인에게 알려야 한다. <개정 2009.4.1>
② 건축분쟁전문위원회는 신청된 사건의 처리 절차가 진행되는 도중에 한쪽 당사자가 소를 제기한 경우에는 조정등의 처리를 중지하고 이를 당사자에게 알려야 한다. <개정 2009.4.1>
③ 시·도지사 또는 시장·군수·구청장은 위해 방지를 위하여 긴급한 상황이거나 그 밖에 특별한 사유가 없으면 조정등의 신청이 있다는 이유만으로 해당 공사를 중지하게 하여서는 아니 된다.

제94조(조정위원회와 재정위원회) ① 조정은 3명의 위원으로 구성되는 조정위원회에서 하고, 재정은 5명의 위원으로 구성되는 재정위원회에서 한다.
② 조정위원회의 위원(이하 "조정위원"이라 한다)과 재정위원회의 위원(이하 "재정위원"이라 한다)은 사건마다 분쟁위원회의 위원 중에서 위원장이 지명한다. 이 경우 재정위원회에는 제89조제2항제4호에 해당하는 위원이 1명 이상 포함되어야 한다. <개정 2009.4.1, 2014.5.28>
③ 조정위원회와 재정위원회의 회의는 구성원 전원의 출석으로 열고 과반수의 찬성으로 의결한다.

제95조(조정을 위한 조사 및 의견 청취) ① 조정위원회는 조정에 필요하다고 인정하면 조정위원 또는 사무국의 소속 공무원에게 관계 서류를 열람하게 하거나 관계 사업장에 출입하여 조사하게 할 수 있다. ② 조정위원회는 필요하다고 인정하면 당사자나 참고인을 조정위원회에 출석하게 하여 의견을 들을 수 있다. ③ 분쟁의 조정신청을 받은 관할 조정위원회는 조정기간 내에 심사하여 조정안을 작성하여야 한다. 제96조(조정의 효력) ① 조정위원회는 제95조제3항에 따라 조정안을 작성하면 지체 없이 각 당사자에게 조정안을 제시하여야 한다. ② 제1항에 따라 조정안을 제시받은 당사자는 제시를 받은 날부터 15일 이내에 수락 여부를 조정위원회에 알려야 한다. ③ 조정위원회는 당사자가 조정안을 수락하면 즉시 조정서를 작성하여야 하며, 조정위원과 각 당사자는 이에 기명날인하여야 한다. ④ 당사자가 제3항에 따라 조정안을 수락하고 조정서에 기명날인하면 당사자 간에 조정서와 동일한 내용의 합의가 성립된 것으로 본다. 제97조(분쟁의 재정) ① 재정은 문서로써 하여야 하며, 재정 문서에는 다음 각 호의 사항을 적고 재정위원이 이에 기명날인하여야 한다. 1. 사건번호와 사건명 2. 당사자, 선정대표자, 대표당사자 및 대리인의 주소·성명		

3. 주문(主文)
4. 신청 취지
5. 이유
6. 재정 날짜
② 제1항제5호에 따른 이유를 적을 때에는 주문의 내용이 정당하다는 것을 인정할 수 있는 한도에서 당사자의 주장 등을 표시하여야 한다.
③ 재정위원회는 재정을 하면 지체 없이 재정 문서의 정본(正本)을 당사자나 대리인에게 송달하여야 한다.

제98조(재정을 위한 조사권 등) ① 재정위원회는 분쟁의 재정을 위하여 필요하다고 인정하면 당사자의 신청이나 직권으로 재정위원 또는 소속 공무원에게 다음 각 호의 행위를 하게 할 수 있다.
1. 당사자나 참고인에 대한 출석 요구, 자문 및 진술 청취
2. 감정인의 출석 및 감정 요구
3. 사건과 관계있는 문서나 물건의 열람·복사·제출 요구 및 유치
4. 사건과 관계있는 장소의 출입·조사
② 당사자는 제1항에 따른 조사 등에 참여할 수 있다.
③ 재정위원회가 직권으로 제1항에 따른 조사 등을 한 경우에는 그 결과에 대하여 당사자의 의견을 들어야 한다.
④ 재정위원회는 제1항에 따라 당사자나 참고인에게 진술하게 하거나 감정인에게 감정하게 할 때에는 당사자나 참고인 또는 감정인에게 선서를 하도록 하여야 한다.
⑤ 제1항제4호의 경우에 재정위원 또는 소속 공무원은 그 권한을 나타내는 증표를 지니고 이를 관계인에게 내

보여야 한다.		
제99조(재정의 효력 등) 재정위원회가 재정을 한 경우 재정 문서의 정본이 당사자에게 송달된 날부터 60일 이내에 당사자 양쪽이나 어느 한쪽으로부터 그 재정의 대상인 건축물의 건축등의 분쟁을 원인으로 하는 소송이 제기되지 아니하거나 그 소송이 철회되면 당사자 간에 재정 내용과 동일한 합의가 성립된 것으로 본다.		
제100조(시효의 중단) 당사자가 재정에 불복하여 소송을 제기한 경우 시효의 중단과 제소기간의 산정에 있어서는 재정신청을 재판상의 청구로 본다.		
제101조(조정 회부) 분쟁위원회는 재정신청이 된 사건을 조정에 회부하는 것이 적합하다고 인정하면 직권으로 직접 조정할 수 있다. <개정 2009.4.1, 2014.5.28>		
제102조(비용부담) ① 분쟁의 조정등을 위한 감정·진단·시험 등에 드는 비용은 당사자 간의 합의로 정하는 비율에 따라 당사자가 부담하여야 한다. 다만, 당사자 간에 비용부담에 대하여 합의가 되지 아니하면 조정위원회나 재정위원회에서 부담비율을 정한다. ② 조정위원회나 재정위원회는 필요하다고 인정하면 대통령령으로 정하는 바에 따라 당사자에게 제1항에 따른 비용을 예치하게 할 수 있다. ③ 제1항에 따른 비용의 범위에 관하여 중앙건축분쟁전문위원회의 소관 사항은 국토교통부령으로 정하고, 지방건축분쟁전문위원회의 소관 사항은 시·도의 조례로 정한다. <개정 2009.4.1, 2013.3.23>		제43조의4(비용부담) 법 제102조제3항에 따라 조정등의 당사자가 부담할 비용의 범위는 다음 각 호와 같다. <개정 2008.3.14, 2008.12.11, 2010.8.5, 2013.3.23>

		1. 감정·진단·시험에 소요되는 비용
		2. 검사·조사에 소요되는 비용
		3. 녹음·속기록·참고인 출석에 소요되는 비용, 그 밖에 조정등에 소요되는 비용. 다만, 다음 각 목의 어느 하나에 해당하는 비용을 제외한다.
		  가. 중앙분쟁전문위원회의 위원 또는 국토교통부 소속 직원이 중앙분쟁전문위원회의 회의에 출석하는데 소요되는 비용
		  나. 중앙분쟁전문위원회의 위원 또는 국토교통부 소속 직원의 출장에 소요되는 비용
		  다. 우편료 및 전신료
		[본조신설 2006.5.12]

제103조(사무국) ① 위원회의 사무를 처리하기 위하여 위원회에 사무국을 둘 수 있다. ② 위원회에는 다음 각 호의 사무를 나누어 맡도록 심사관을 둔다. 1. 분쟁의 조정등에 필요한 사실조사와 인과관계의 규명 2. 피해액의 산정 및 산정기준의 연구·개발 3. 그 밖에 위원장이 지정하는 사항 ③ 위원회의 위원장은 특정 사건에 관한 전문적인 사항을 처리하기 위하여 관계 전문가를 위촉하여 제2항 각 호의 사무를 하게 할 수 있다. 제104조(조정등의 절차) 제88조부터 제103조까지의 규정에서 정한 것 외에 분쟁의 조정등의 방법·절차 등에 관하여 필요한 사항은 대통령령으로 정한다.		

제105조(벌칙 적용 시 공무원 의제) 다음 각 호의 어느 하나에 해당하는 사람은 공무원이 아니더라도 「형법」 제129조부터 제132조까지의 규정과 「특정범죄가중처벌 등에 관한 법률」 제2조와 제3조에 따른 벌칙을 적용할 때에는 공무원으로 본다. <개정 2009.4.1, 2014.1.14>
1. 제4조에 따른 건축위원회의 위원
2. 제27조에 따라 현장조사·검사 및 확인업무를 대행하는 사람
3. 제37조에 따른 건축지도원
4. 제82조제4항에 따른 기관 및 단체의 임직원
5. 제89조에 따른 건축분쟁전문위원회의 위원

제10장 벌칙

제106조(벌칙) ① 제23조, 제24조제1항 및 제25조제2항을 위반하여 설계·시공이나 공사감리를 함으로써 공사가 부실하게 되어 착공 후 「건설산업기본법」 제28조에 따른 하자담보책임 기간에 다중이용 건축물의 기초와 주요구조부에 중대한 손괴(損壞)를 일으켜 공중(公衆)에 대하여 위험을 발생하게 한 자는 10년 이하의 징역에 처한다.
② 제1항의 죄를 범하여 사람을 죽거나 다치게 한 자는 무기징역이나 3년 이상의 징역에 처한다.

제107조(벌칙) ① 업무상 과실로 제106조제1항의 죄를 범한 자는 5년 이하의 징역이나 금고 또는 5천만원 이하의 벌금에 처한다.
② 업무상 과실로 제106조제2항의 죄를 범한 자는 10년

제10장 벌칙 <신설 2013.5.31>

이하의 징역이나 금고 또는 1억원 이하의 벌금에 처한다.		
제108조(벌칙) ① 도시지역에서 제11조제1항, 제19조제1항 및 제2항, 제47조, 제55조, 제56조, 제58조, 제60조 또는 제61조를 위반하여 건축물을 건축하거나 대수선 또는 용도변경을 한 건축주 및 공사시공자는 3년 이하의 징역이나 5천만원 이하의 벌금에 처한다. <개정 2014.5.28> ② 제1항의 경우 징역과 벌금은 병과(倂科)할 수 있다.		
제109조(벌칙) 제27조제2항에 따른 보고를 거짓으로 한 자는 2년 이하의 징역이나 2천만원 이하의 벌금에 처한다.		
제110조(벌칙) 다음 각 호의 어느 하나에 해당하는 자는 2년 이하의 징역 또는 1천만원 이하의 벌금에 처한다. <개정 2008.3.28, 2008.6.5, 2011.9.16, 2014.5.28> 1. 도시지역 밖에서 제11조제1항, 제19조제1항 및 제2항, 제47조, 제55조, 제56조, 제58조, 제60조 또는 제61조를 위반하여 건축물을 건축하거나 대수선 또는 용도변경을 한 건축주 및 공사시공자 2. 제16조(변경허가 사항만 해당한다), 제21조제3항, 제22조제3항 또는 제25조제6항을 위반한 건축주 및 공사시공자 3. 제20조제1항에 따른 허가를 받지 아니하거나 제83조에 따른 신고를 하지 아니하고 가설건축물을 건축하거나 공작물을 축조한 건축주 및 공사시공자 4. 다음 각 목의 어느 하나에 해당하는 자 가. 제25조제1항 전단을 위반하여 공사감리자를 지정하지 아니하고 공사를 하게 한 자		

나. 제25조제1항 후단을 위반하여 공사시공자 본인 및 계열회사를 공사감리자로 지정한 자
5. 제25조제2항을 위반하여 공사감리자로부터 시정 요청이나 재시공 요청을 받고 이에 따르지 아니하거나 공사 중지의 요청을 받고도 공사를 계속한 공사시공자
6. 제25조제5항을 위반하여 정당한 사유 없이 감리중간보고서나 감리완료보고서를 제출하지 아니하거나 거짓으로 작성하여 제출한 자
7. 제35조를 위반한 건축물의 소유자 또는 관리자
8. 제40조제4항을 위반한 건축주 및 공사시공자
9. 제48조를 위반한 설계자, 공사감리자, 공사시공자 및 제67조에 따른 관계전문기술자
9의2. 제50조의2제1항을 위반한 설계자, 공사감리자 및 공사시공자
10. 제52조에 따른 방화(防火)에 지장이 없는 재료를 사용하지 아니한 공사시공자 또는 그 재료 사용에 책임이 있는 설계자나 공사감리자
11. 제62조를 위반한 설계자, 공사감리자, 공사시공자 및 제67조에 따른 관계전문기술자

제111조(벌칙) 다음 각 호의 어느 하나에 해당하는 자는 500만원 이하의 벌금에 처한다. <개정 2009.2.6, 2014.5.28>
1. 제14조, 제16조(변경신고 사항만 해당한다), 제20조제2항, 제21조제1항 또는 제22조제1항에 따른 신고 또는 신청을 하지 아니하거나 거짓으로 신고하거나 신청한 자
2. 제24조제3항을 위반하여 설계 변경을 요청받고도 정당한 사유 없이 따르지 아니한 설계자

3. 제24조제4항을 위반하여 공사감리자로부터 상세시공도면을 작성하도록 요청받고도 이를 작성하지 아니하거나 시공도면에 따라 공사하지 아니한 자
4. 제28조제1항을 위반한 공사시공자
5. 제41조나 제42조를 위반한 건축주 및 공사시공자
6. 제81조제1항 및 제5항에 따른 명령을 위반하거나 같은 조 제4항을 위반한 자
7. 삭제 <2009.2.6>
8. 삭제 <2009.2.6>

제112조(양벌규정) ① 법인의 대표자, 대리인, 사용인, 그 밖의 종업원이 그 법인의 업무에 관하여 제106조의 위반행위를 하면 행위자를 벌할 뿐만 아니라 그 법인에도 10억원 이하의 벌금에 처한다. 다만, 법인이 그 위반행위를 방지하기 위하여 해당 업무에 관하여 상당한 주의와 감독을 게을리하지 아니한 때에는 그러하지 아니하다.
② 개인의 대리인, 사용인, 그 밖의 종업원이 그 개인의 업무에 관하여 제106조의 위반행위를 하면 행위자를 벌할 뿐만 아니라 그 개인에게도 10억원 이하의 벌금에 처한다. 다만, 개인이 그 위반행위를 방지하기 위하여 해당 업무에 관하여 상당한 주의와 감독을 게을리하지 아니한 때에는 그러하지 아니하다.
③ 법인의 대표자, 대리인, 사용인, 그 밖의 종업원이 그 법인의 업무에 관하여 제107조부터 제111조까지의 규정에 따른 위반행위를 하면 행위자를 벌할 뿐만 아니라 그 법인에도 해당 조문의 벌금형을 과(科)한다. 다만, 법인이 그 위반행위를 방지하기 위하여 해당 업무에 관하여 상당한 주의와 감독을 게을리하지 아니한 때에는 그러하지 아니하다.

④ 개인의 대리인, 사용인, 그 밖의 종업원이 그 개인의 업무에 관하여 제107조부터 제111조까지의 규정에 따른 위반행위를 하면 행위자를 벌할 뿐만 아니라 그 개인에게도 해당 조문의 벌금형을 과한다. 다만, 개인이 그 위반행위를 방지하기 위하여 해당 업무에 관하여 상당한 주의와 감독을 게을리하지 아니한 때에는 그러하지 아니하다.		
제113조(과태료) ① 다음 각 호의 어느 하나에 해당하는 자에게는 200만원 이하의 과태료를 부과한다. <개정 2009.2.6, 2014.5.28> 1. 제19조제3항에 따른 건축물대장 기재내용의 변경을 신청하지 아니한 자 2. 제24조제2항을 위반하여 공사현장에 설계도서를 갖추어 두지 아니한 자 3. 제24조제5항을 위반하여 건축허가 표지판을 설치하지 아니한 자 ② 다음 각 호의 어느 하나에 해당하는 자에게는 100만원 이하의 과태료를 부과한다. <신설 2009.2.6, 2012.1.17, 2014.5.28> 1. 제25조제3항을 위반하여 보고를 하지 아니한 공사감리자 2. 제27조제2항에 따른 보고를 하지 아니한 자 3. 제35조제2항에 따른 보고를 하지 아니한 자 4. 제36조제1항에 따른 신고를 하지 아니한 자 5. 제75조제2항을 위반하여 정당한 사유 없이 허가권자에게 모니터링보고서를 제출하지 아니하거나 거짓이나 그 밖의 부정한 방법으로 모니터링보고서를 제출한 건축주 또는 소유자	제121조(과태료의 부과기준) 법 제113조제1항 및 제2항에 따른 과태료의 부과기준은 별표 16과 같다. [본조신설 2013.5.31]	

6. 제77조제2항을 위반하여 모니터링에 필요한 사항에 협조하지 아니한 건축주, 소유자 또는 관리자 7. 제79조제5항을 위반한 자 8. 제87조제1항에 따른 자료의 제출 또는 보고를 하지 아니하거나 거짓 자료를 제출하거나 거짓 보고를 한 자 ③ 제1항 및 제2항에 따른 과태료는 대통령령으로 정하는 바에 따라 국토교통부장관, 시·도지사 또는 시장·군수·구청장이 부과·징수한다. <개정 2009.2.6, 2013.3.23> ④ 삭제 <2009.2.6> ⑤ 삭제 <2009.2.6> 　　　　부칙 <제8974호, 2008.3.21.> 제1조(시행일) 이 법은 공포한 날부터 시행한다. 다만, 부칙 제13조제62항의 개정규정은 2008년 4월 7일부터 시행하고, 부칙 제13조제43항의 개정규정은 2008년 4월 11일부터 시행하며, 부칙 제13조제5항의 개정규정은 2008년 6월 8일부터 시행하고, 부칙 제13조제70항의 개정규정은 2008년 6월 28일부터 시행하며, 제22조제4항제4호의 개정규정은 2008년 8월 28일부터 시행하고, 제69조제2항제5호의 개정규정은 2008년 9월 22일부터 시행하며, 부칙 제13조제67항, 제13조제68항 및 제13조제69항의 개정규정은 각각 2008년 12월 28일부터 시행한다. 제2조(시행일에 관한 경과조치) 부칙 제1조 단서에 따라 제22조제4항제4호 및 제69조제2항제5호의 개정규정이 시행되기 전까지는 그에 해당하는 종전의 제18조제4항제6호 및 제60조제2항제5호부터 제7호까지의 규정을 적	부칙 <제13655호, 1992.5.30.> 제1조(시행일) 이 영은 1992년 6월 1일부터 시행한다. 제2조(건축허가를 받은 것등에 관한 경과조치) 이 영 시행전에 건축허가를 받았거나 건축허가신청을 한 것과 건축을 위한 신고를 한 것에 관하여는 종전의 규정에 의한다. 제3조(조례에 위임된 사항에 관한 경과조치) 이 영에 의하여 새로이 건축조례에 위임된 사항은 이 영 시행일부터 1년의 범위내에서 당해 건축조례가 제정될 때까지는 종전의 규정에 의한다. 제4조(종전의 규정에 의하여 건축허가가 제한된 건축물에 관한 경과조치) 종전의 제96조의 규정에 의하여 건축허가가 제한되어 신청한 건축허가가 반려된 건축물의 건축에 대하여는 당해 제한이 해소된 날부터 6월까지는 종전의 규정에 의한다.	부칙 <제504호, 1992.6.1.> 제1조(시행일) 이 규칙은 1992년 6월 1일부터 시행한다. 제2조(건축허가를 받은 것등에 관한 경과조치) 이 규칙 시행전에 건축허가를 받았거나 건축허가신청을 한 것과 건축을 위한 신고를 한 것에 관하여는 종전의 규정에 의한다. 제3조(조례에 위임된 사항에 관한 경과조치) 이 규칙에 의하여 새로이 건축조례에 위임된 사항은 이 규칙 시행일부터 1년의 범위내에서 건축조례가 제정될 때까지는 종전의 규정에 의한다. 제4조(건축허가수수료에 관한 경과조치) 제10조의 개정규정에 의한 건축허가수수

용한다.
제3조(복합단지에서의 건축물의 높이 제한에 관한 경과조치) 이 법 시행 당시 종전의 「지역균형개발 및 지방중소기업 육성에 관한 법률」(법률 제7695호 지역균형개발및지방중소기업육성에관한법률 일부개정법률로 개정되기 전의 것을 말한다) 제2조제5호에 따른 복합단지에 대하여는 제61조제3항제3호의 개정규정에도 불구하고 종전의 규정을 적용한다.
제4조(건축기준 등에 관한 경과조치) 법률 제7696호 건축법중개정법률(이하 "종전법"이라 한다)의 시행일인 2006년 5월 9일 전에 건축허가를 받은 경우와 건축허가를 신청하거나 건축신고를 할 경우의 건축기준 등의 적용에 있어서는 종전의 규정에 따른다. 다만, 종전의 규정이 개정규정(제21조제4항은 제외한다)에 비하여 건축주·시공자 또는 공사감리자에게 불리한 경우에는 개정규정에 따른다.
제5조(건축허가 신청 등에 관한 경과조치) 종전법 시행 당시 종전의 규정에 따라 시장·군수·구청장에게 건축허가 또는 건축신고 없이 건축이 가능한 건축물을 건축중인 경우에는 제11조제1항 또는 제14조제1항의 개정규정에 따라 건축허가를 받거나 건축신고를 한 것으로 본다.
제6조(공사현장의 안전관리 등에 관한 경과조치) ① 허가권자는 종전법 시행 당시 건축허가를 받은 건축물로서 바닥면적의 합계가 5천제곱미터 이상인 공사현장이 1년 이상 방치되어 도시미관을 저해하고 안전에 위해하다고 판단하면 제13조제5항의 개정규정에 따라 개선을 명하여야 한다.
② 제1항의 개선명령을 이행하지 아니하면 제13조제6항

제5조 (건폐율등에 대한 적용의 특례) ①제78조제1항의 규정에 의한 중심상업지역 및 일반상업지역의 건폐율과 제79조제1항의 규정에 의한 중심상업지역 및 일반상업지역의 용적률은 제78조제1항 및 제79조제1항의 개정규정에 불구하고 1993년 5월 31일까지는 종전의 규정에 의한다.
②별표2 내지 별표7<%생략:별표2%><%생략:별표3%><%생략:별표4%><%생략:별표5%><%생략:별표6%><%생략:별표7%> 및 별표9 내지 별표14의<%생략:별표9%><%생략:별표10%><%생략:별표11%><%생략:별표12%><%생략:별표13%><%생략:별표14%> 규정에 의하여 도시계획법에 의한 용도지역안에서 개정규정의 시행전에는 건축이 허용되었으나 개정규정 또는 건축조례에 의하여 건축이 금지되는 용도의 건축에 대하여는 별표의 개정규정 및 건축조례의 규정에 불구하고 1994년 5월 31일(관광진흥법의 규정에 의한 관광숙박시설과 동 관광숙박시설안에 설치하는 시설과 석유 및 가스판매소의 경우에는 1994년 12월 31일)까지는 종전의 규정에 의한다. <개정 1994.5.28>
제6조 (다른 법령의 개정등) ①민방위기본법시행령중 다음과 같이 개정한다.
제14조제1항제1호중 "건축법 제22조의3"을 "건축법 제44조"로 한다.
②소방법시행령중 다음과 같이 개정한다.
제2조제1호중 "건축법시행령 제101조제1항제3호"를 "건축법시행령 제119조제1항제3호"로 하고, 동조제2호중 "건축법시행령 제101조제1항제4호"를 "건축법시행령 제119조제1항제4호"로 하며, 동조제3호중 "건축법 제2조제5호"를 "건축법 제2조제4호"로 하고, 동조제6호중 "건축

료는 이 규칙 시행일부터 1년의 범위내에서 건축조례가 제정될 때까지는 이 규칙에서 정한 하한액으로 한다.
제5조 (다른 법령등의 개정등) ①건축사법시행규칙중 다음과 같이 개정한다.
제18조제1항을 다음과 같이 개정한다.
①영 제25조제3항에서 "건설부령으로 정하는 건축물"이라 함은 4층이하로서 연면적이 2천제곱미터미만인 건축물을 말한다.
별지 제27호의2서식중 "준공검사"를 "사용검사"로 한다.
②공동주택관리규칙중 다음과 같이 개정한다.
제4조제2호 및 제4조중 "건축법시행규칙 제2조"를 각각 "건축법시행규칙 제6조"로 한다.
③토지의형질변경등행위허가기준등에관한규칙중 다음과 같이 개정한다.
제9조제2항제3호중 "건축법시행규칙 제10조"를 "건축법시행규칙 제15조"로 한다.
④제1항 내지 제3항외에 이 규칙 시행당시에 다른 법령에서 종전의 건축법시행규칙의 규정을 인용하고 있는 경우에 이 규칙중 그에 해당하는 규정이 있는 경우에는 종전의 규정에 갈음하여 이 규칙의 해당 규정을 인용한 것으로 본다.

부칙 <제522호, 1992.12.16.> (도시계

의 개정규정에 따라 대집행을 하고, 대집행에 드는 비용은 제22조의 개정규정에 따른 해당 건축물의 사용검사의 신청 시 납부하도록 건축주에게 부과하여 이를 납부한 후에 사용승인서를 교부하여야 한다.

제7조(건축물의 사용승인에 관한 경과조치) 종전법 시행 당시 사용승인이 신청된 건축물에 대하여는 제22조의 개정규정에도 불구하고 종전의 규정에 따른다.

제8조(건축분쟁조정 등에 관한 경과조치) 종전법 시행 당시 신청된 건축분쟁사건은 제88조제2항의 개정규정에도 불구하고 종전의 규정에 따른 관할 건축분쟁조정위원회(종전의 규정에 따른 시·도조정위원회의 관할 사건은 제88조와 제89조의 개정규정에 따라 구성되는 지방건축분쟁조정위원회)가 처리한다. 다만, 종전의 규정에 따른 관할 건축분쟁조정위원회는 제88조제2항의 개정규정에 따른 건축분쟁조정위원회가 처리할 필요가 있으면 해당 사건을 관할 건축분쟁조정위원회에 이첩할 수 있다.

제9조(이행강제금에 관한 경과조치) 종전법 시행 당시 부과된 이행강제금의 징수와 이의절차에 관하여는 제80조의 개정규정에도 불구하고 종전법에 따라 개정되기 전의 규정에 따른다.

제10조(건축신고 등에 관한 경과조치) ① 법률 제8219호 건축법 일부개정법률의 시행일인 2007년 7월 4일 전에 건축허가를 받은 경우와 건축허가를 신청하거나 건축신고를 한 경우의 건축기준 등을 적용할 때에는 종전의 규정에 따른다. 다만, 종전의 규정이 개정규정에 비하여 건축주·시공자 또는 공사감리자에게 불리한 경우에는 개정규정에 따른다.

② 법률 제8219호 건축법 일부개정법률의 시행일인 2007년 7월 4일 전에 건축신고를 한 건축물에 대하여는 제

법 제2조제7호"를 "건축법 제2조제6호"로 한다.
제2조제7호중 "건축법 제2조제9호"를 "건축법제2조제7호"로 하고, 동조제8호중 "건축법 제10호"를 "건축법시행령 제2조제1항제8호"로 하며, 동조제9호중 "건축법 제2조제11호"를 "건축법시행령 제2조제1항제10호"로 하고, 동조제10호중 "건축법시행령 제2조제1항제8호"를 "건축법시행령 제2조제1항제11호"로 하며, 동조제11호중 "건축법시행령 제2조제9호"를 "건축법시행령 제2조제1항제9호"로 한다.
제4조제1항중 "건축법 제5조"를 "건축법 제8조"로 하고, "건축법 제8조"를 "건축법 제25조"로 한다.

③옥외광고물등관리법시행령중 다음과 같이 개정한다.
제12조제1항제1호중 "건축법에 의하여 지정공고된 도시설계구역"을 "도시계획법에 의한 도시설계지구"로 하고, 제19조제4항제2호중 "건축법시행령 제101조제1항제2호"를 "건축법시행령 제119조제1항제2호"로 하며, 제32조제1항제2호중 "건축법에 의하여 지정공고된 도시설계구역"을 "도시계획법에 의한 도시설계지구"로 한다.

④토지초과이득세법시행령중 다음과 같이 개정한다.
제23조제3호중 "건축법 제44조"를 "건축법 제12조"로 한다.

⑤농어촌발전특별조치법시행령중 다음과 같이 개정한다.
제51조제2항중 "건축법시행령 제66조"를 "건축법시행령 제65조"로 한다.

⑥전기공사공제조합법시행령중 다음과 같이 개정한다.
제2조의2제2항제12호중 "건축법시행령 제15조제4항"을 "건축법시행령 제27조제2항"으로 한다.

⑦토지구획정리사업법시행령중 다음과 같이 개정한다.
제31조제1항중 "건축법 제39조의2제1항"을 "건축법 제49

휴시설기준에관한규칙〉
①(시행일) 이 규칙은 공포한 날부터 시행한다.
②내지 ④생략
⑤(다른 법령의 개정) 건축법시행규칙중 다음과 같이 개정한다.
제34조를 다음과 같이 한다.
제34조 (용도지역안 건축물 용도제한의 예외) 영 제76조제1항에서 "건설부령이 정하는 시설"이라 함은 도시계획시설기준에관한규칙에서 정하는 시설을 말한다.

부칙 〈제556호, 1994.7.21.〉
①(시행일) 이 규칙은 공포한 날부터 시행한다.
②(건축허가를 받은 것등에 관한 경과조치) 이 규칙 시행당시 종전의 규정에 의하여 건축허가를 받았거나 건축허가신청 또는 건축신고를 한 것에 대하여는 종전의 규정에 의한다.

부칙 〈제46호, 1996.1.18.〉
제1조 (시행일) 이 규칙은 공포한 날부터 시행한다.
제2조 (건축허가를 받은 건축물에 대한 경과조치) 이 규칙 시행전에 건축허가를 받았거나 건축허가신청을 한 것과 건축을 위한 신고를 한 것에 관하여는 종전의 규정에 의한다.

14조제3항의 개정규정에도 불구하고 종전의 규정에 따른다.
③ 법률 제8219호 건축법 일부개정법률 제69조의2제6항의 시행일인 2007년 1월 3일 전에 이행강제금 부과처분을 받은 자가 이행강제금을 납부기한까지 내지 아니한 경우에는 제80조제6항의 개정규정에 따라 징수할 수 있다.
제11조(처분 등에 관한 일반적 경과조치) 이 법 시행 당시 종전의 규정에 따른 행정기관의 행위나 행정기관에 대한 행위는 그에 해당하는 이 법에 따른 행정기관의 행위나 행정기관에 대한 행위로 본다.
제12조(벌칙이나 과태료에 관한 경과조치) 이 법 시행 전의 행위에 대하여 벌칙이나 과태료 규정을 적용할 때에는 종전의 규정에 따른다.
제13조(다른 법률의 개정) ① 건설기술관리법 일부를 다음과 같이 개정한다.
제40조 중 "제21조"를 "제25조"로 한다.
② 건축물의분양에관한법률 일부를 다음과 같이 개정한다.
제3조제1항 각 호 외의 부분 중 "건축법 제8조"를 "「건축법」 제11조"로 하고, 같은 항 제1호 중 "건축법 제73조"를 "「건축법」 제84조"로 한다.
제4조제1항제1호 중 "건축법 제16조"를 "「건축법」 제21조"로 한다.
제5조제1항 중 "건축법 제8조"를 "「건축법」 제11조"로 한다.
③ 건축사법 일부를 다음과 같이 개정한다.
제4조제1항 중 "건축법 제19조제1항"을 "「건축법」 제23조제1항"으로 하고, 같은 조 제2항 중 "건축법 제21조

조제1항"으로 한다.
⑧주택건설촉진법시행령중 다음과 같이 개정한다.
제10조의2제2항중 "건축법시행령 제53조제1항"을 "건축법시행령 제89조제1항"으로 한다.
제32조제2항제3호중 "건축법시행령 제5조제1항"을 "건축법시행령 제9조제1항"으로 한다.
⑨특정지역종합개발촉진법시행령중 다음과 같이 개정한다.
제17조제1호중 "건축법 제39조의2"를 "건축법제49조"로 한다.
⑩공동주택관리령중 다음과 같이 개정한다.
제2조제2항중 "건축법 제5조"를 "건축법 제8조"로 한다.
⑪건설업법시행령중 다음과 같이 개정한다.
제6조제2호중 "건축법 제5조"를 "건축법 제8조"로 한다.
제17조제1항제3호중 "건축법 제7조제1항"을 "건축법 제16조제1항 및 제18조제1항"으로 한다.
제55조제1호중 "건축법 제2조제7호"를 "건축법제2조제6호"로 한다.
⑫한국토지개발공사법시행령중 다음과 같이 개정한다.
제28조제1항제1호중 "건축법 제39조의2제1항"을 "건축법 제49조제1항"으로 한다.
⑬건설기술관리법시행령중 다음과 같이 개정한다.
제47조제1항제2호중 "건축법시행령 부표"를 "건축법시행령 별표1"로 한다.
⑭택지소유상한에관한법률시행령중 다음과 같이 개정한다.
제5조중 "건축법 제39조의2"를 "건축법 제49조"로 한다.
제21조의2중 "건축법 제5조"를 "건축법 제8조"로 하고, "건축법 제44조"를 "건축법 제12조"로 한다.

제3조 (다른 법령의 개정) ①건축사법시행규칙중 다음과 같이 개정한다.
제3조를 다음과 같이 한다.
제3조 (설계도서의 범위) 법 제2조제3호에서 "기타 건설교통부령이 정하는 공사에 필요한 서류"라 함은 다음 각호의 서류를 말한다.
1. 건축설비계산 관계서류
2. 토질 및 지질 관계서류
3. 기타 공사에 필요한 서류
제17조제2항중 "제6조세2항"을 "제6조제3항"으로 한다.
제21조를 삭제한다.
제24조제1항중 "사용검사"를 "사용승인"으로 한다.
②건축물대장의기재및관리등에관한규칙중 다음과 같이 개정한다.
제4조제1항제4호중 "사용검사필증"을 "사용승인서"로, "사용검사대상"을 "사용승인대상"으로 하고, 동항제10호중 "시공자"를 "공사시공자·현장관리인"으로 한다.
제5조제1항 및 제2항중 "사용검사를" 각각 "사용승인을"로 한다.
별지 제1호서식·별지 제2호서식·별지 제4호서식 및 별지 제7호서식중 "준공일자"를 각각 "사용승인일자"로, "시공자"를 각각 "공사시공자(현장관리인)"로 한다.
③토지의형질변경등행위허가기준등에관한

제1항"을 "건축법 제25조제1항"으로 한다.
제11조제1항제6호 중 "건축법 제19조 또는 제21조"를 "「건축법」 제23조 또는 제25조"로 한다.
제23조제1항 중 "건축법 제19조 및 제21조"를 "「건축법」 제23조 및 제25조"로 한다.
④ 경관법 일부를 다음과 같이 개정한다.
제16조제4항제2호 중 "제72조제1항"을 "제83조제1항"으로 한다.
⑤ 법률 제8667호 경제자유구역의지정및운영에관한법률일부개정법률 일부를 다음과 같이 개정한다.
제11조제1항제37호 중 "동법 제8조"를 "같은 법 제11조"로, "동법 제15조"를 "같은 법 제20조"로, "동법 제25조"를 "같은 법 제29조"로 한다.
제27조제1항제2호 중 "건축법 제4조·제8조·제9조·제10조·제12조·제14조 내지 제16조·제18조·제23조·제25조·제25조의2·제27조·제28조·제29조·제29조의2·제35조·제36조·제51조·제67조·제69조·제69조의2·제70조·제72조·제74조·제76조의2·제76조의3 및 제82조"를 "「건축법」 제4조, 제11조, 제14조, 제16조, 제18조, 제19조부터 제21조까지, 제22조, 제27조, 제29조, 제30조, 제36조, 제37조부터 제39조까지, 제43조, 제45조, 제46조, 제60조, 제79조부터 제81조까지, 제83조, 제85조, 제88조, 제89조 및 제113조"로 한다.
⑥ 공공기관 지방이전에 따른 혁신도시 건설 및 지원에 관한 특별법 일부를 다음과 같이 개정한다.
제14조제1항제23호 중 "「건축법」 제8조"를 "「건축법」 제11조"로, "제9조"를 "제14조"로, "제10조"를 "제16조"로, "제15조"를 "제20조"로, "제25조"를 "제29조"로 한다.

제34조제2항중 "건축법 제39조의2"를 "건축법 제49조"로 한다.
⑮주차장법시행령중 다음과 같이 개정한다.
제10조제1항중 "건축법 제7조제4항"을 "건축법 제18조제3항"으로 한다.
<16>주택건설기준등에관한규정중 다음과 같이 개정한다.
제4조제6호중 "건축법 제2조제4호"를 "건축법제2조제3호"로 한다.
제6조제1항중 "건축법시행령 제82조"를 "건축법시행령 제76조"로 한다.
제8조제1항중 "건축법시행령 제2조제2항제4호"를 "건축법시행령 제3조제1항제4호"로 한다.
제11조중 "건축법 제22조의3"을 "건축법 제44조"로 한다.
제15조제1항중 "건축법시행령 제53조제1항"을 "건축법시행령 제89조제1항"으로 하고, 동조 제5항중 "건축법 제22조"를 "건축법 제57조"로 한다.
제16조제4항 "건축법시행령 제38조·제39조 및 제41조"를 "건축법시행령 제34조·제35조 및 제37조"로 한다.
제24조중 "건축법시행령 제44조 내지 제46조"를 "건축법시행령 제40조·제42조·제43조"로 한다.
제29조제1항중 "건축법 제9조의2제2항"을 "건축법 제32조"로 한다.
제36조제3항중 "건축법시행령 제33조"를 "건축법시행령 제54조"로 한다.
제37조제1항중 "건축법시행령 제51조제1항"을 "건축법시행령 제93조제1항"으로 한다.
제40조제4항 "건축법 제21조"를 "건축법시행령 제103조"로 하며, 동조제5항중 "건축법시행령 제58조의2"를 "건

규칙중 다음과 같이 개정한다.
제7조제1항 단서중 "사용검사"를 "사용승인"으로 한다.
④주택공급에관한규칙중 다음과 같이 개정한다.
제6조제3항제2호 가목중 "사용검사"를 "사용승인"으로 한다.

부칙 <제123호, 1997.10.18.>
①(시행일) 이 규칙은 공포한 날부터 시행한다. 다만, 별표 10 창호·철물·기타 재료란의 건축재료중 제1호 내지 제6호의 개정규정은 1998년 8월 1일부터 시행한다.
②(건축허가를 받은 건축물 등에 관한 경과조치) 이 규칙 시행당시 건축허가를 신청중인 건축물과 건축허가를 받아 건축중인 건축물에 사용하는 건축재료에 대하여는 제32조 및 별표 10의 개정규정에 불구하고 종전의 규정에 의한다.

부칙 <제138호, 1998.6.25.> (외국인토지법시행규칙)
①(시행일) 이 규칙은 1998년 6월 26일부터 시행한다.
②(다른 법령의 개정) 건축법시행규칙중 다음과 같이 개정한다.
제6조제4항제2호를 삭제한다.

제50조제3항 중 "「건축법」 제12조"를 "「건축법」 제18조"로 한다.
⑦ 국민임대주택건설 등에 관한 특별조치법 일부를 다음과 같이 개정한다.
제12조제1항제1호 중 "건축법 제15조"를 "「건축법」 제20조"로 한다.
제23조제4항제1호 중 "건축법 제8조"를 "「건축법」 제11조"로, "동법 제9조"를 "같은 법 제14조"로, "동법 제15조"를 "같은 법 제20조"로 한다.
제28조제1항 중 "건축법 제18조"를 "「건축법」 제22조"로 한다.
⑧ 국제회의산업 육성에 관한 법률 일부를 다음과 같이 개정한다.
제17조제1항 각 호 외의 부분 중 "「건축법」 제8조"를 "「건축법」 제11조"로, "제8조제6항"을 "제11조제5항"으로 하고, 같은 조 제2항 각 호 외의 부분 중 "「건축법」 제18조"를 "「건축법」 제22조"로, "제18조제4항"을 "제22조제4항"으로 한다.
⑨ 국토의 계획 및 이용에 관한 법률 일부를 다음과 같이 개정한다.
제2조제15호 중 "「건축법」 제47조"를 "「건축법」 제55조"로, "「건축법」 제48조"를 "「건축법」 제56조"로 한다.
제52조제3항 중 "「건축법」 제32조·제33조·제51조·제53조 및 제67조"를 "「건축법」 제42조·제43조·제44조·제60조 및 제61조"로 한다.
제56조제1항제4호 중 "「건축법」 제49조"를 "「건축법」 제57조"로 한다.
제62조제1항 단서 중 "「건축법」 제18조"를 "「건축

축법시행령 제100조"로 한다.
제56조제2항중 "건축법 제9조 및 동법 제9조의2제1항"을 "건축법 제30조 및 제31조제1항"으로 한다.
<17>약국및의약품등의제조업·수입자와판매업의시설기준령중 다음과 같이 개정한다.
제2조제4호중 "건축법시행령 제101조"를 "건축법시행령 제119조"로 한다.
<18>전기통신공사업법시행령중 다음과 같이 개정한다.
제2조제3호중 "건축법시행령 제58조"를 "건축법시행령 제98조"로 하고, 동조 제5호중 "건축법시행령 제61조"를 "건축법시행령 제99조"로 한다.
<19>우편법시행령중 다음과 같이 개정한다.
제51조제2항중 "건축법시행령 제59조"를 "건축법시행령 제101조"로 한다.
<20>제1항 내지 제19항외에 이 영 시행 당시에 다른 대통령령에서 종전의 건축법시행령의 규정을 인용하고 있는 경우에 이 영 중 그에 해당하는 규정이 있는 경우에는 종전의 규정에 갈음하여 이 영의 해당 규정을 인용한 것으로 본다.

부칙 <제13782호, 1992.12.21.> (식품위생법시행령)
제1조 (시행일) 이 영은 공포한 날부터 시행한다. 다만, 제7조 내지 제9조, 제15조제1호, 부칙 제2조 및 부칙 제5조의 개정규정은 공포후 6월이 경과한 날부터 시행한다.
제2조 내지 제4조 생략
제5조 (다른 법령의 개정등) ①생략
②건축법시행령중 다음과 같이 개정한다.
[별표1] 제4호 가목(2)의 "다과점"을 "휴게음식점"으로, 나목(1)의 "대중음식점·다방"을 "일반음식점"으로, 나목

부칙 <제150호, 1998.9.29.>
①(시행일) 이 규칙은 공포한 날부터 시행한다. 다만, 별표 10의 창호·철물·기타재료의 건축재료란중 제1호 내지 제3호의 개정규정은 공포후 1년이 경과한 날부터 시행한다.
②(건축허가를 받은 건축물 등에 관한 경과조치) 이 규칙 시행당시 건축허가를 신청중인 건물과 건축허가를 받아 건축중인 건축물에 사용하는 건축재료에 대하여는 별표 10의 개정규정에 불구하고 종전의 규정에 의한다.

부칙 <제189호, 1999.5.11.>
제1조 (시행일) 이 규칙은 공포한 날부터 시행한다.
제2조 (일반적 경과조치) 이 규칙 시행당시 건축허가를 신청중인 경우와 건축허가를 받거나 건축신고를 하고 건축중인 경우의 건축기준등의 적용에 있어서는 종전의 규정에 의한다. 다만, 이 규칙에 의한 건축기준이 종전의 규정에 의한 건축기준보다 완화된 경우에는 이 규칙에 의한다.
제3조 (건축허가대장등의 경과조치) 이 규칙 시행당시 종전의 규정에 의한 건축허가대장 및 가설건축물대장은 각각 제8조 및 제13조의 개정규정에 의한 건축허가(신고)대장 및 가설건축물관리대장으로

법」 제22조"로 한다.
제84조제2항 단서 중 "「건축법」 제40조제2항"을 "「건축법」 제50조제2항"으로 한다.
제92조제1항제1호 중 "「건축법」 제8조"를 "「건축법」 제11조"로, "동법 제9조"를 "같은 법 제14조"로, "동법 제15조"를 "같은 법 제20조"로 한다.
⑩ 금강수계물관리및주민지원등에관한법률 일부를 다음과 같이 개정한다.
제15조제1항 중 "건축법 제8조"를 "「건축법」 제11조"로 한다.
⑪ 기업도시개발 특별법 일부를 다음과 같이 개정한다.
제13조제1항제1호 중 "건축법 제8조"를 "「건축법」 제11조"로, "동법 제9조"를 "같은 법 제14조"로, "동법 제10조"를 "같은 법 제16조"로, "동법 제15조"를 "같은 법 제20조"로, "동법 제25조"를 "같은 법 제29조"로 한다.
⑫ 기업활동 규제완화에 관한 특별조치법 일부를 다음과 같이 개정한다.
제16조의2 각 호 외의 부분 중 "「건축법」 제72조"를 "「건축법」 제83조"로 한다.
제17조 중 "건축법 제8조"를 "「건축법」 제11조"로, "동법 제18조"를 "같은 법 제22조"로 한다.
제26조제1항, 같은 조 제2항 각 호 외의 부분 본문 및 단서 중 "건축법 제32조"를 각각 "「건축법」 제42조"로 한다.
제27조 중 "건축법 제18조제3항"을 "「건축법」 제22조제3항"으로 한다.
⑬ 낙동강수계물관리및주민지원등에관한법률 일부를 다음과 같이 개정한다.
제6조제4항 중 "건축법 제18조"를 "「건축법」 제22조

(2)의 "다과점"을 "휴게음식점"으로 하고, 동표 제14호가목을 다음과 같이 한다.
　　가. 주점영업(단란주점 및 유흥주점 기타 이와 유사한 것을 포함한다)
③내지 ⑥생략

　부칙　<제13811호, 1992.12.31.>　(청소년기본법시행령)
제1조 (시행일) 이 영은 1993년 1월 1일부터 시행한다.
제2조 내지 제9조 생략
제10조 (다른 법령의 개정) ①건축법시행령중 다음과 같이 개정한다.
[별표1] 건축물의 용도분류중 제32호를 다음과 같이 한다.
　32. 청소년수련시설
　　가.　생활권수련시설(청소년수련원·청소년수련관·청소년수련실·기타 이와 유사한 것)
　　나.　자연권수련시설(청소년수련마을·청소년수련의 집·청소년야영장·기타 이와 유사한 것)
　　다. 유스호스텔
[별표3] 제2호러목, [별표4] 제2호러목, [별표5] 제2호파목, [별표6] 제2호거목, [별표7] 제2호서목, [별표8] 제2호타목, [별표10] 제2호카목, [별표11] 제2호너목, [별표12] 제2호카목, [별표13] 제1호자목 및 [별표14] 제1호파목중 "청소년시설"을 각각 "청소년수련시설"로 한다.
②내지 ⑩생략
제11조 생략

　부칙　<제13869호, 1993.3.6.>　(문화체육부와그소속기

본다.
제4조 (서식에 관한 경과조치) 이 규칙 시행당시 종전의 규정에 의한 서식은 이 규칙 시행일부터 3월간 이 규칙에 의한 개정서식과 함께 사용할 수 있다.
제5조 (다른 법령의 개정) ①건축물대장의 기재및관리등에관한규칙중 다음과 같이 개정한다.
제6조제1항에 제3호를 다음과 같이 신설한다.
　3. 당해건축물에 거주하는 임차인에게 당해건축물의 용도변경으로 인하여 동번호 및 호수등이 변경된다는 사실을 통지하였음을 증명하는 서류(다가구주택을 다세대주택으로 전환하고자 하는 경우에 한한다)
②표준설계도서등의운영에관한규칙중 다음과 같이 개정한다.
제2조제3항중 "건설기술관리법 제5조제1항 본문의 규정에 의한 중앙건설기술심의위원회"를 "「건축법」 제4조제2항의 규정에 의한 중앙건축위원회"로 한다.

　부칙　<제246호, 2000.7.4.>
①(시행일) 이 규칙은 공포한 날부터 시행한다.
②(일반적 경과조치) 이 규칙 시행당시 건축허가를 받거나 건축신고를 하였거나 건축허가를 신청한 것에 대한 건축기준

로 한다.
제15조제1항 중 "건축법 제8조"를 "「건축법」 제11조"로 한다.
⑭ 노인복지법 일부를 다음과 같이 개정한다.
제55조제1항 중 "「건축법」 제14조"를 "「건축법」 제19조"로 한다.
⑮ 농산물가공산업 육성법 일부를 다음과 같이 개정한다.
제5조제5항제3호 중 "건축법 제15조"를 "「건축법」 제20조"로 한다.
<16> 농어촌정비법 일부를 다음과 같이 개정한다.
제92조제1항제8호 중 "제8조"를 "제11조"로, "제15조"를 "제20조"로 한다.
<17> 농어촌주택개량촉진법 일부를 다음과 같이 개정한다.
제11조제1항 중 "건축법 제19조제4항"을 "「건축법」 제23조제4항"으로 한다.
<18> 다중이용업소의 안전관리에 관한 특별법 일부를 다음과 같이 개정한다.
제11조 중 "제39조제1항"을 "제49조제1항"으로, "동법 제40조·제41조·제43조 및 제44조"를 "같은 법 제50조부터 제53조까지"로 한다.
<19> 대한주택공사법 일부를 다음과 같이 개정한다.
제9조제2항제6호 중 "「건축법」 제18조제2항"을 "「건축법」 제22조제2항"으로 한다.
<20> 도시 및 주거환경정비법 일부를 다음과 같이 개정한다.
제32조제1항제2호 중 "건축법 제8조"를 "「건축법」 제11조"로, "동법 제15조"를 "같은 법 제20조"로 한다.

관직제)
제1조 (시행일) 이 영은 공포한 날부터 시행한다.
제2조 및 제3조 생략
제4조 (다른 법령의 개정) ①내지 <40>생략
<41>건축법시행령중 다음과 같이 개정한다.
제8조제2항제3호중 "문화부장관"을 "문화체육부장관"으로 한다.
<42>내지 <70>생략

　　　부칙 <제13870호, 1993.3.6.> (상공자원부와그소속기관직제)
제1조 (시행일) 이 영은 공포한 날부터 시행한다.
제2조 및 제3조 생략
제4조 (다른 법령의 개정) ①내지 <166>생략
<167>건축법시행령중 다음과 같이 개정한다.
제87조제2항중 "동력자원부장관"을 "상공자원부장관"으로 한다.
<168>내지 <188>생략

　　　부칙 <제13953호, 1993.8.9.>
①(시행일) 이 영은 공포한 날부터 시행한다.
②(건축허가를 신청한 것에 대한 경과조치) 이 영 시행 당시 종전의 규정에 의하여 허가대상인 건축물이었으나 제11조의 개정규정에 의하여 신고대상으로 된 건축물의 건축허가를 신청한 것에 대하여는 법 제9조의 규정에 의한 건축신고를 한 것으로 본다.

　　　부칙 <제14271호, 1994.5.28.>
이 영은 공포한 날부터 시행한다.

등의 적용에 있어서는 종전의 규정에 의한다. 다만, 종전의 규정이 개정규정에 비하여 건축주·시공자 또는 공사감리자에게 불리한 경우에는 개정규정에 의한다.

　　　부칙 <제298호, 2001.9.28.>
제1조 (시행일) 이 규칙은 공포한 날부터 시행한다.
제2조 (일반적 경과조치) 이 규칙은 시행 당시 이미 건축허가를 신청(건축허가를 신청하기 위하여 영 제5조의 규정에 의하여 건축위원회의 심의를 신청한 경우를 포함한다)한 경우와 건축허가를 받거나 건축신고를 하고 건축중인 경우의 건축기준 등의 적용에 있어서는 종전의 규정에 의한다. 다만, 종전의 규정이 개정규정에 비하여 건축주·시공자 또는 공사감리자에게 불리한 경우에는 개정규정에 의한다.

　　　부칙 <제363호, 2003.7.1.> (도시및주거환경정비법시행규칙)
제1조 (시행일) 이 규칙은 2003년 7월 1일부터 시행한다.
제2조 생략
제3조 (다른 법령의 개정) ①건축법시행규칙중 다음과 같이 개정한다.
제3조제2호중 "도시저소득주민의주거환경

제33조제1항제3호 중 "건축법 제33조"를 "「건축법」 제44조"로 하고, 같은 항 제4호 중 "건축법 제36조"를 "「건축법」 제46조"로 하며, 같은 항 제5호 중 "건축법 제53조"를 "「건축법」 제61조"로 한다.
제41조제1항 중 "건축법 제49조"를 "「건축법」 제57조"로 한다.
제42조제3항제1호 중 "건축법 제33조"를 "「건축법」 제44조"로 하고, 같은 항 제2호 중 "건축법 제51조 및 제53조"를 "「건축법」 제60조 및 제61조"로 한다.
제51조제2항 중 "건축법 제16조"를 "「건축법」 제21조"로 한다.
<21> 무역거래기반 조성에 관한 법률 일부를 다음과 같이 개정한다.
제15조제1항 각 호 외의 부분 중 "「건축법」 제8조"를 "「건축법」 제11조"로, "같은 법 제9조"를 "같은 법 제14조"로, "같은 법 제8조제6항"을 "같은 법 제11조제5항"으로 하고, 같은 조 제2항 각 호 외의 부분 중 "「건축법」 제18조"를 "「건축법」 제22조"로 하며, 같은 조 제4항제1호 중 "제8조제1항"을 "제11조제1항"으로 하고, 같은 항 제2호 중 "제9조제1항"을 "제14조제1항"으로 하며, 같은 항 제3호 중 "제18조제1항"을 "제22조제1항"으로 한다.
<22> 물류시설의 개발 및 운영에 관한 법률 일부를 다음과 같이 개정한다.
제21조제1항제1호 중 "제8조"를 "제11조"로, "제9조"를 "제14조"로, "제10조"를 "제16조"로, "제15조"를 "제20조"로, "제25조"를 "제29조"로 하고, 같은 조 제2항 각 호 외의 부분 본문 중 "제18조"를 "제22조"로 한다.
제30조제1항제2호 중 "제8조"를 "제11조"로, "제9조"를

부칙 <제14447호, 1994.12.23.> (건설교통부와그소속기관직제)

제1조 (시행일) 이 영은 공포한 날부터 시행한다. <단서 생략>
제2조 내지 제4조 생략
제5조 (다른 법령의 개정) ①내지 <204>생략
<205>건축법시행령중 다음과 같이 개정한다.
제2조제1항,제3조제3항,제5조제1항,제8조제2항, 제13조, 제46조제1항·제6항, 제60조, 제62조제1항, 제64조제2항·제3항, 제105조제2항, 제106조제1항, 제111조제4항·제5항, 제117조제1항 및 제120조제1항중 "건설부장관"을 각각 "건설교통부장관"으로 하고, 제5조제1항중 "건설부"를 "건설교통부"로 하며, 제5조제2항, 제6조제1항, 제7조제3항, 제8조제3항, 제9조제1항·제2항, 제14조제1항, 제16조제4항·제5항, 제17조제1항·제2항, 제20조제1항·제2항, 제22조제1항, 제25조, 제26조, 제30조제1항·제2항, 제32조제1항, 제37조제3항, 제40조제3항, 제45조제1항, 제48조제4항, 제51조제1항·제2항, 제53조제2항, 제60조, 제62조제1항, 제63조제1항, 제76조제1항, 제86조, 제87조제2항, 제88조제1항, 제89조제1항·제3항·제4항, 제90조제3항, 제92조, 제93조제1항·제2항, 제94조제, 제95조제6항, 제100조제2항, 제103조, 제105조제3항, 제106조제1항, 제111조제6항, 제115조, 제118조제3항, 제119조제1항 및 제120조제4항중 "건설부령"을 각각 "건설교통부령"으로 한다.

부칙 <제14486호, 1994.12.31.> (도농복합형태의시설치에따른상훈법시행령등중개정령)

개선을위한임시조치법에 의하여 준공검사필증"을 "도시및주거환경정비법에 의한 주거환경개선사업의 준공인가증"으로 한다.
②및 ③생략
제4조 생략

부칙 <제378호, 2003.11.21.>
이 규칙은 공포한 날부터 시행한다.

부칙 <제382호, 2003.12.15.> (주택법시행규칙)
제1조 (시행일) 이 규칙은 공포한 날부터 시행한다.
제2조 내지 제7조 생략
제8조 (다른 법령의 개정) ①및 ②생략
③건축법시행규칙중 다음과 같이 개정한다.
제2조의4제1호 다목 및 라목중 "주택건설촉진법"을 각각 "주택법"으로 한다.
④내지 <19> 생략

부칙 <제411호, 2004.11.29.> (전자적민원처리를위한개발제한구역의지정및관리에관한특별조치법시행규칙등중개정령)
이 규칙은 공포한 날부터 시행한다.

부칙 <제459호, 2005.7.18.>
①(시행일) 이 규칙은 공포한 날부터 시

제14조"로, "제10조"를 "제16조"로, "제15조"를 "제20조"로, "제25조"를 "제29조"로 한다.
제52조제1항 각 호 외의 부분 중 "제8조"를 "제11조"로, "제18조"를 "제22조"로 하고, 같은 항 제2호 중 "제15조제1항·제2항"을 "제20조제1항·제2항"으로, "제72조"를 "제83조"로 한다.

<23> 벤처기업육성에 관한 특별조치법 일부를 다음과 같이 개정한다.
제17조의4제2항 전단 중 "「건축법」 제14조제1항"을 "「건축법」 제19조제1항"으로 한다.
제18조제2항 각 호 외의 부분 중 "제18조"를 "제22조"로 한다.
제18조의2제1항 각 호 외의 부분 전단 중 "제14조제1항"을 "제19조제1항"으로 한다.
제18조의3제1항 각 호 외의 부분 중 "제14조제1항"을 "제19조제1항"으로 하고, 같은 조 제3항 중 "제14조제4항제2호"를 "제19조제4항제2호"로 한다.
제21조제3항 전단 중 "제14조제1항"을 "제19조제1항"으로 한다.

<24> 부동산개발업의 관리 및 육성에 관한 법률 일부를 다음과 같이 개정한다.
제2조제1호나목 후단 중 "제2조제1항제9호·제10호 및 제10호의2"를 "제2조제1항제8호부터 제10호까지의 규정"으로, "제14조"를 "제19조"로 한다.
제4조제1항 각 호 외의 부분 본문 중 "제73조"를 "제84조"로 한다.

<25> 산업기술단지 지원에 관한 특례법 일부를 다음과 같이 개정한다.
제8조제2항 각 호 외의 부분 전단 중 "제14조제1항"을

이 영은 1995년 1월 1일부터 시행한다.

부칙 <제14521호, 1995.2.2.>

이 영은 공포한 날부터 시행한다.

부칙 <제14548호, 1995.3.23.> (소년원법시행령)

제1조 (시행일) 이 영은 공포한 날부터 시행한다.
제2조 (다른법령의 개정) ①내지 ③생략
④건축법 시행령중 다음과 같이 개정한다.
별표1의 제26호가목중 "소년감별소"를 "소년분류심사원"으로 한다.
⑤ 및 ⑥생략

부칙 <제14891호, 1995.12.30.>

제1조 (시행일) 이 영은 1996년 1월 6일부터 시행한다. 다만, 제78조 및 제80조의 개정규정은 공포한 날부터 시행한다.
제2조 (건축허가를 받은 건축물에 대한 경과조치) 이 영 시행전에 건축허가를 받았거나 건축허가신청을 한 것과 건축을 위한 신고를 한 것에 관하여는 종전의 규정에 의한다.
제3조 (조례에 위임된 사항에 관한 경과조치) 이 영에 의하여 새로이 건축조례에 위임된 사항은 당해 건축조례가 제정될 때까지는 종전의 규정에 의한다.
제4조 (다른 법령의 개정등) ①건축사법시행령중 다음과 같이 개정한다.
제2조 및 제3조를 각각 삭제한다.
[별표1]을 삭제한다.
②주차장법시행령중 다음과 같이 개정한다.

행한다.
②(일반적 경과조치) 이 영 시행 당시 건축허가를 신청중인 경우와 건축허가를 받거나 건축신고를 하고 건축중인 경우(제19조의2제2항을 적용하는 경우를 제외한다)의 건축기준 등의 적용에 있어서는 종전의 규정에 의한다. 다만, 종전의 규정이 개정규정에 비하여 건축주·시공자 또는 공사감리자에게 불리한 경우에는 개정규정에 의한다.

부칙 <제475호, 2005.10.20.>

①(시행일) 이 규칙은 공포한 날부터 시행한다.
②(일반적 경과조치) 이 규칙 시행전에 건축허가를 받은 경우와 건축허가를 신청하거나 건축신고를 한 경우의 건축기준 등의 적용에 있어서는 종전의 규정에 의한다. 다만, 종전의 규정이 개정규정에 비하여 건축주·시공자 또는 공사감리자에게 불리한 경우에는 개정규정에 의한다.
③(건축허가 수수료에 관한 경과조치) 이 규칙 시행일부터 1년의 범위 내에서 건축조례가 개정될 때까지는 별표 4의 개정규정에 불구하고 이 규칙 시행 당시 건축조례에서 정한 건축허가 수수료를 부과한다.

제19조제1항"으로 한다.
<26> 산업입지 및 개발에 관한 법률 일부를 다음과 같이 개정한다.
제21조제1항제28호 중 "제8조"를 "제11조"로, "제9조"를 "제14조"로, "제10조"를 "제16조"로, "제15조"를 "제20조"로, "제25조"를 "제29조"로 한다.
<27> 산업집적활성화 및 공장설립에 관한 법률 일부를 다음과 같이 개정한다.
제13조의2제1항제16호 중 "「건축법」 제8조제1항"을 "「건축법」 제11조제1항"으로, "동법 제9조제1항"을 "같은 법 제14조제1항"으로, "제14조제2항"을 "제19조제2항"으로, "동법 제15조제1항·제2항"을 "같은 법 제20조제1항·제2항"으로, "동법 제72조제1항"을 "같은 법 제83조제1항"으로 한다.
제14조제1항 각 호 외의 부분 중 "「건축법」 제8조"를 "「건축법」 제11조"로, "동법 제9조"를 "같은 법 제14조"로 하고, 같은 항 제7호 중 "「건축법」 제15조제1항·제2항"을 "「건축법」 제20조제1항·제2항"으로, "동법 제72조"를 "같은 법 제83조"로 하며, 같은 조 제3항 중 "「건축법」 제8조제1항"을 "「건축법」 제11조제1항"으로, "동법 제9조제1항"을 "같은 법 제14조제1항"으로 한다.
제14조의2제1항 각 호 외의 부분 및 같은 조 제3항 중 "「건축법」 제18조제1항"을 각각 "「건축법」 제22조제1항"으로 한다.
제28조의2제2항 전단 중 "「건축법」 제18조제1항"을 "「건축법」 제22조제1항"으로 한다.
<28> 소방시설설치유지 및 안전관리에 관한 법률 일부를 다음과 같이 개정한다.

제10조제1항 전단중 "(건축법 제7조제4항 단서의 규정에 의하여 가사용의 승인을 한 경우에는 가사용승인서를 말한다. 이하 이 항에서 같다)"를 "(건축물인 경우에는 건축법제18조의 규정에 의한 사용승인서 또는 임시사용승인서를 말한다. 이하 이항에서 같다)"로 한다.
별표1. 비고란 제11호중 "교육연구시설·전시시설 및 건축법시행령 제89조제2항의 규정에 의한 승용승강기설치대상건축물에는"을 "장애인복지법시행령 제30조제1항의 규정에 의한 장애인전용주차장 설치대상 건축물에는"으로 한다.

부칙 <제14920호, 1996.2.22.> (교육법시행령)
제1조 (시행일) 이 영은 1996월 3월 1일부터 시행한다.
제2조 (국민학교의 명칭변경에 따른 다른 법령의 개정등)
①내지 <28>생략
<29>건축법시행령중 다음과 같이 개정한다.
제33조제1항, 별표1 제9호, 별표3 각호, 별표10 제2호, 별표11 제2호, 별표12 제2호 및 별표13 제2호중 "국민학교"를 각각 "초등학교"로 한다.
<30>내지 <32>생략

부칙 <제15096호, 1996.6.29.> (도시재개발법시행령)
제1조 (시행일) 이 영은 1996년 6월 30일부터 시행한다.
제2조 생략
제3조 (다른 법령의 개정) ①내지 ⑨생략
⑩건축법시행령중 다음과 같이 개정한다.
제8조제4항 단서중 "제1호 및 제2호에"를 "도시재개발사업에 의하여 건축허가를 하는 경우와 제1호 및 제2호에"로 한다.

부칙 <제512호, 2006.5.12.>
①(시행일) 이 규칙은 공포한 날부터 시행한다.
②(경과조치) 이 규칙 시행당시 건축 등의 허가를 신청한 경우에는 종전의 규정에 따른다.
③(다른 법령의 개정) 건축물의 설비기준 등에 관한 규칙 일부를 다음과 같이 개정한다.
제9조제1호 내지 제3호중 "높이 41미터"를 각각 "높이 31미터"로 한다.

부칙 <제551호, 2007.3.19.> (주민등록번호 보호 및 행정서류용 사진규격 통일을 위한 개발이익환수에 관한 법률 시행규칙 등 일부개정령)
이 규칙은 공포한 날부터 시행한다.

부칙 <제594호, 2007.12.13.> (전자정부 구현을 위한 개발이익환수에 관한 법률 시행규칙등 일부개정령)
이 규칙은 공포한 날부터 시행한다.

부칙 <제4호, 2008.3.14.> (정부조직법의 개정에 따른 감정평가에 관한 규칙 등 일부 개정령)
이 규칙은 공포한 날부터 시행한다.

부칙 <제76호, 2008.12.11.>

제10조제1항 각 호 외의 부분 중 "제39조제1항"을 "제49조제1항"으로, "동법 제40조·제41조·제43조 및 제44조"를 "같은 법 제50조부터 제53조까지"로 한다.
<29> 수도권신공항건설 촉진법 일부를 다음과 같이 개정한다.
제8조제1항제19호 중 "동법 제8조"를 "같은 법 제11조"로, "동법 제15조제1항"을 "같은 법 제20조제1항"으로, "동법 제25조"를 "같은 법 제29조"로 한다.
제8조의2제1항 각 호 외의 부분 중 「건축법」 제39조·동법 제40조 및 동법 제44조"를 「건축법」 제49조·제50조 및 제53조"로 한다.
<30> 수목원조성 및 진흥에 관한 법률 일부를 다음과 같이 개정한다.
제8조제2호 중 "제8조"를 "제11조"로, "동법 제15조"를 "같은 법 제20조"로 한다.
<31> 승강기제조 및 관리에 관한 법률 일부를 다음과 같이 개정한다.
제24조제1항 중 "건축법 제18조"를 「건축법」 제22조"로 하고, 같은 조 제2항 중 "건축법 제26조"를 「건축법」 제35조"로 한다.
<32> 신행만건설촉진법 일부를 다음과 같이 개정한다.
제9조제2항제17호 중 "동법 제8조"를 "같은 법 제11조"로, "동법 제15조제1항"을 "같은 법 제20조제1항"으로, "동법 제25조"를 "같은 법 제29조"로 한다.
제10조제2항 중 "제15조제1항"을 "제20조제1항"으로 한다.
제11조제1항 각 호 외의 부분 중 "제39조·제40조 및 법 제44조"를 "제49조·제50조 및 제53조"로 한다.
<33> 신행정수도 후속대책을 위한 연기·공주지역 행정

제4조 (다른 법령과의 관계) 이 영 시행당시 다른 법령에서 종전의 도시재개발법시행령의 규정을 인용하고 있는 경우에 이 영중 그에 해당하는 규정이 있는 경우에는 종전의 규정에 갈음하여 이 영의 해당 규정을 인용한 것으로 본다.

부칙 <제15396호, 1997.6.17.> (기술대학설립·운영규정)
①(시행일) 이 영은 공포한 날부터 시행한다
②(방화구조 등의 품질검사에 관한 경과조치) 이 영 시행당시 종전의 규정에 의하여 건설교통부장관으로부터 방화구조·난연재료·불연재료·준불연재료 및 내화구조에 대한 품질검사를 행하는 자로 지정된 자는 제2조제1항제8호사목·제9호·제10호나목·제11호 및 제3조제3항제8호의 개정규정에 의하여 국립시험소장으로부터 방화구조·난연재료·불연재료·준불연재료 및 내화구조에 대한 품질검사를 행하는 자로 지정된 것으로 본다.

부칙 <제15476호, 1997.9.9.>
①(시행일) 이 영은 공포한 날부터 시행한다
②(방화구조 등의 품질검사에 관한 경과조치) 이 영 시행당시 종전의 규정에 의하여 건설교통부장관으로부터 방화구조·난연재료·불연재료·준불연재료 및 내화구조에 대한 품질검사를 행하는 자로 지정된 자는 제2조제1항제8호 사목·제9호·제10호 나목·제11호 및 제3조제3항제8호의 개정규정에 의하여 국립시험소장으로부터 방화구조·난연재료·불연재료·준불연재료 및 내화구조에 대한 품질검사를 행하는 자로 지정된 것으로 본다.

제1조(시행일) 이 규칙은 공포한 날부터 시행한다.
제2조(건축허가신청 등에 관한 경과조치) 이 규칙 시행 당시 건축허가를 신청하거나 건축신고를 한 경우에는 제6조제1항제2호 및 제14조제1항제2호의 개정규정에도 불구하고 종전의 규정에 따른다.
제3조(건축조례에 위임된 사항에 관한 경과조치) 제10조제2항의 개정규정에 따라 건축조례에 위임된 사항은 해당 건축조례가 제정 또는 개정될 때까지 종전의 규정에 따른다.

부칙 <제83호, 2008.12.31.> (도시교통정비촉진법시행규칙)
제1조(시행일) 이 규칙은 2009년 1월 1일부터 시행한다.
제2조 생략
제3조(다른 법령의 개정) ① 건축법 시행규칙 일부를 다음과 같이 개정한다.
제4조제2호를 다음과 같이 한다.
2. 「도시교통정비 촉진법」에 따른 교통영향분석·개선대책의 검토를 위하여 같은 법에서 제출하도록 한 서류 (법 제10조제2항에 따라 사전결정신청과 동시에 교통영향분석·개선대책의 검토를 신청하는 경우만 해당됩니다)
별지 제1호서식 앞쪽의 <25>일괄처리 내용란 중 "교통영향평가"를 "교통영향분석

- 805 -

중심복합도시 건설을 위한 특별법 일부를 다음과 같이 개정한다.

제8조제1항 전단 중 "「건축법」 제12조"를 "「건축법」 제18조"로, "「건축법」 제8조"를 "「건축법」 제11조"로, "동법 제9조"를 "같은 법 제14조"로 한다.

제22조제1항제1호 중 "「건축법」 제8조"를 "「건축법」 제11조"로, "동법 제10조"를 "같은 법 제16조"로, "동법 제15조"를 "같은 법 제20조"로 한다.

<34> 아시아문화중심도시 조성에 관한 특별법 일부를 다음과 같이 개정한다.

제33조제1항제32호 중 "제8조·제9조 및 제10조"를 "제11조·제14조 및 제16조"로, "제15조"를 "제20조"로, "제25조"를 "제29조"로 한다.

<35> 어촌·어항법 일부를 다음과 같이 개정한다.

제8조제14조 중 "「건축법」 제8조"를 "「건축법」 제11조"로, "동법 제15조"를 "같은 법 제20조"로, "동법 제25조"를 "같은 법 제29조"로 한다.

제10조제5항제3호 중 "「건축법」 제18조제2항"을 "「건축법」 제22조제2항"으로 한다.

<36> 영산강·섬진강수계물관리및주민지원등에관한법률 일부를 다음과 같이 개정한다.

제15조제1항 중 "건축법 제8조"를 "「건축법」 제11조"로 한다.

<37> 옥외광고물 등 관리법 일부를 다음과 같이 개정한다.

제20조의2제1항 단서 중 "건축법 제83조"를 "「건축법」 제80조"로 한다.

<38> 외국인투자촉진법 일부를 다음과 같이 개정한다.

별표 1 구분란 제1호의 의제대상 허가등란 더목 중 "건

부칙 <제15480호, 1997.9.11.> (국토이용관리법시행령)

제1조 (시행일) 이 영은 공포한 날부터 시행한다.
제2조 및 제3조 생략
제4조 (다른 법령의 개정) ①생략
②건축법시행령중 다음과 같이 개정한다.
제79조제1항제14호중 "400퍼센트이하"를 "400퍼센트이하(국토이용관리법에 의한 준농림지역의 경우에는 100퍼센트이하)"로 한다.

부칙 <제15639호, 1998.2.19.> (자연환경보전법시행령)

제1조 (시행일) 이 영은 공포한 날부터 시행한다. <단서 생략>
제2조 (다른 법령의 개정) ①내지 ④생략
⑤건축법시행령중 다음과 같이 개정한다.
제8조제2항제14호를 다음과 같이 한다.
　14. 자연환경보전법 제20조
⑥내지 ⑪생략
제3조 생략

부칙 <제15659호, 1998.2.24.> (수도법시행령)

제1조 (시행일) 이 영은 1998년 3월 1일부터 시행한다.
제2조 및 제3조 생략
제4조 (다른 법령의 개정) ①건축법시행령중 다음과 같이 개정한다.
제91조의2를 다음과 같이 한다.
제91조의2 (절수설비의 설치) 건축물에는 수도법 제11조

·개선대책수립대책"으로 하고, 같은 쪽의 구비서류란 제2호를 다음과 같이 한다.
　2. 「도시교통정비 촉진법」에 따른 교통영향분석·개선대책의 검토를 위하여 같은 법에서 제출하도록 한 서류(법 제10조제2항에 따라 사전결정신청과 동시에 교통영향분석·개선대책의 검토를 신청하는 경우만 해당됩니다)
별지 제1호의2서식 중 "교통영향평가"를 "교통영향분석·개선대책"으로 한다.
② 부터 ④ 까지 생략

부칙 <제271호, 2010.8.5.>

제1조(시행일) 이 규칙은 공포한 날부터 시행한다.
제2조(공개공지등의 표지판 설치에 관한 경과조치) 이 규칙 시행 당시 이미 기존건축물에 설치된 공개공지등의 소유자는 이 규칙 시행후 1년 이내에 제26조의3의 개정규정에 적합하게 표지판을 설치하여야 한다.

부칙 <제321호, 2011.1.6.>

제1조(시행일) 이 규칙은 공포한 날부터 시행한다.
제2조(건축신고 시 제출서류에 관한 적용례) 제12조제2항의 개정규정은 이 규칙 시행 후 최초로 건축신고를 하는 경우부

축법 제8조제1항"을 "「건축법」 제11조제1항"으로, "동법 제9조제1항"을 "같은 법 제14조제1항"으로, "동법 제15조제1항·제2항"을 "같은 법 제20조제1항·제2항"으로, "동법 제72조제1항"을 "같은 법 제83조제1항"으로 한다. 별표 1 구분란 제3호 중 "건축법 제8조"를 "「건축법」 제11조"로 하고, 같은 호 의제대상 허가등란 사목 중 "건축법 제9조제1항"을 "같은 법 제14조제1항"으로, "동법 제15조제1항·제2항"을 "같은 법 제20조제1항·제2항"으로, "동법 제72조"를 "같은 법 제83조"로 한다. 별표 1 구분란 제5호 중 "건축법 제18조"를 "「건축법」 제22조"로 한다. 별표 2 제1호 중 "건축법 제14조"를 "「건축법」 제19조"로 한다. <39> 용산공원 조성 특별법 일부를 다음과 같이 개정한다. 제17조제1항제1호 중 "제8조"를 "제11조"로, "제9조"를 "제14조"로, "제10조"를 "제16조"로, "제15조"를 "제20조"로, "제72조"를 "제83조"로 한다. <40> 원자력법 일부를 다음과 같이 개정한다. 제11조제6항 중 "「건축법」 제2조제2호"를 "「건축법」 제2조제1항제2호"로, "동법 제8조제3항의 규정에 의한 기본설계도서"를 "같은 법 제11조제3항에 따른 설계도서"로, "동법 제8조"를 "같은 법 제11조"로 한다. <41> 자연재해대책법 일부를 다음과 같이 개정한다. 제17조제2항제2호라목 중 "제2조제2호"를 "제2조제1항제2호"로 한다. <42> 장애인·노인·임산부등의편의증진보장에관한법률 일부를 다음과 같이 개정한다.	의2의 규정에 의하여 절수설비를 설치하여야 한다. ②생략 부칙 <제15675호, 1998.2.24.> (장애인·노인·임산부등의편의증진보장에관한법률시행령) 제1조 (시행일) 이 영은 1998년 4월 11일부터 시행한다. 제2조 및 제3조 생략 제4조 (다른 법령의 개정) ①생략 ②건축법시행령중 다음과 같이 개정한다. 제87조제3항중 "장애인복지법령"을 "장애인·노인·임산부등의편의증진보장에관한법률"로 한다. ③ 및 ④생략 부칙 <제15802호, 1998.5.23.> ①(시행일) 이 영은 공포한 날부터 시행한다. 다만, 제14조제2항의 개정규정은 공포후 3월이 경과한 날부터 시행한다. ②(산업촉진지구안에서의 건축에 관한 적용례) 제11조제2항제4호·별표14의2 및 별표14의3의 개정규정중 산업촉진지구안에서의 건축에 관한 사항은 이 영 시행후 새로이 건축허가를 신청하거나 건축을 위한 신고를 하는 분부터 적용한다. ③(건축조례에 위임된 사항에 관한 경과조치) 제62조·제81조 및 별표3제2호바목의 개정규정에 의하여 새로이 지방자치단체의 건축조례에 위임된 사항은 당해 지방자치단체의 건축조례가 제정될 때까지는 종전의 규정에 의한다. 부칙 <제16026호, 1998.12.31.> (건설교통부와그소속	터 적용한다. 부칙 <제348호, 2011.4.1.> (서식 설계기준 변경에 따른 부동산 가격공시 및 감정평가에 관한 법률 시행규칙 등 일부개정령) 제1조(시행일) 이 규칙은 공포한 날부터 시행한다. 제2조(서식 개정에 관한 경과조치) 이 규칙 시행 당시 종전의 규정에 따른 서식은 2011년 6월 30일까지 이 규칙에 따른 서식과 함께 사용할 수 있다. 부칙 <제349호, 2011.4.7.> (경제활성화 및 친서민 국민불편해소 등을 위한 건설기술관리법 시행규칙 등 일부개정령) 이 규칙은 공포한 날부터 시행한다. 부칙 <제361호, 2011.6.29.> 제1조(시행일) 이 규칙은 공포한 날부터 시행한다. 다만, 별지 제1호의3서식 제2면 및 별지 제6호서식 제2면의 개정규정은 2011년 12월 1일부터 시행한다. 제2조(건축면적의 산정방법에 관한 적용례) 제43조제1항의 개정규정은 이 규칙 시행 후 최초로 건축허가를 신청(건축위원회의 심의를 신청한 경우를 포함한다)하거나 신고하는 경우부터 적용한다. 제3조(건축허가 신청 시 첨부서류 등에 관

제14조제2항 후단 중 "건축법 제19조제4항"을 "「건축법」 제23조제4항"으로 한다. <43> 법률 제8341호 장애인차별금지 및 권리구제 등에 관한 법률 일부를 다음과 같이 개정한다. 제3조제15호 중 "제2조제1항제2호·제5호 및 제6호"를 "제2조제1항제2호·제6호 및 제7호"로 한다. <44> 재래시장 및 상점가 육성을 위한 특별법 일부를 다음과 같이 개정한다. 제35조제1항제3호 및 제37조제3항제3호중 "「건축법」 제12조제2항"을 각각 "「건축법」 제18조제2항"으로 한다. 제40조제1항제2호 중 "「건축법」 제8조"를 "「건축법」 제11조"로, "제15조"를 "제20조"로 한다. 제48조 본문 중 "「건축법」 제12조제2항"을 각각 "「건축법」 제18조제2항"으로 한다. 제53조 중 "「건축법」 제53조제2항"을 "「건축법」 제61조제2항"으로 한다. <45> 전기통신기본법 일부를 다음과 같이 개정한다. 제30조의3제1항 중 "건축법 제2조제2호"를 "「건축법」 제2조제1항제2호"로 한다. <46> 전원개발촉진법 일부를 다음과 같이 개정한다. 제6조제3항 중 "건축법 제2조제2호"를 "「건축법」 제2조제1항제2호"로, "동법 제8조제2항"을 "같은 법 제11조제2항"으로, "동법 제8조 또는 제9조"를 "같은 법 제11조 또는 제14조"로 한다. <47> 전통사찰보존법 일부를 다음과 같이 개정한다. 제9조제5항제5호 중 "제8조제1항 또는 제9조제1항"을 "제11조제1항 또는 제14조제1항"으로 한다. 제10조제4항 중 "제8조제1항"을 "제11조제1항"으로 한다.	기관적제) 제1조 (시행일) 이 영은 1999년 1월 1일부터 시행한다. <단서 생략> 제2조 생략 제3조 (다른 법령의 개정) ①건축법시행령중 다음과 같이 개정한다. 제2조제1항제8호 사목·제9호·제10호 나목·제11호 및 제3조제3항제8호중 "국립건설시험소장"을 각각 "한국건설기술연구원장"으로 한다. ② 및 ③생략 부칙 <제16179호, 1999.3.12.> (국토이용관리법시행령) ①(시행일) 이 영은 공포한 날부터 시행한다. ②(다른 법령의 개정) 건축법시행령중 다음과 같이 개정한다. 제79조제1항제14호중 "400퍼센트이하(국토이용관리법에 의한 준농림지역의 경우에는 100퍼센트이하)"를 "400퍼센트이하(국토이용관리법시행령 제14조제1항제3호의3 단서에 해당하는 준농림지역의 경우에는 110퍼센트이하, 그밖의 준농림지역의 경우에는 100퍼센트이하)"로 한다. 부칙 <제16284호, 1999.4.30.> ①(시행일) 이 영은 1999년 5월 9일부터 시행한다. 다만, 제11조·제15조·제27조·제81조·제90조·제111조·별표 3 제2호 차목·별표 4 제2호 사목·별표 5 제2호 아목·별표 6 제2호 바목·별표 7 제2호 사목·별표 8 제2호 사목·별표 11 제1호 라목·별표 12 제2호 라목·별표 13 제1호 사목 및 별표 14 제2호 마목의 개정규정	한 경과조치) 이 규칙 시행 당시 건축허가를 신청(건축위원회의 심의를 신청한 경우를 포함한다)하거나 착공신고를 한 경우에는 제6조제1항제2호 및 제14조의 개정규정에도 불구하고 종전의 규정에 따른다. 부칙 <제448호, 2012.3.16.> (지적재조사에 관한 특별법 시행규칙) 제1조(시행일) 이 규칙은 2012년 3월 17일부터 시행한다. <단서 생략> 제2조(다른 법령의 개정) 건축법 시행규칙 일부를 다음과 같이 개정한다. 제3조에 제5호를 다음과 같이 신설한다. 5. 「지적재조사에 관한 특별법」에 따른 지적재조사사업으로 새로운 지적공부가 작성된 경우 부칙 <제456호, 2012.4.13.> (국토의 계획 및 이용에 관한 법률 시행규칙) 제1조(시행일) 이 규칙은 2012년 4월 15일부터 시행한다. <단서 생략> 제2조 생략 제3조(다른 법령의 개정) ① 및 ② 생략 ③ 건축법 시행규칙 일부를 다음과 같이 개정한다. 제38조의2 중 "도시계획"을 "도시·군계획"으로 한다. ④부터 <23>까지 생략

<48> 제주특별자치도 설치 및 국제자유도시 조성을 위한 특별법 일부를 다음과 같이 개정한다.
제230조제1항제30호 중 "「건축법」 제8조 및 제9조"를 "「건축법」 제11조 및 제14조"로, "같은 법 제15조"를 "같은 법 제20조"로 한다.
제309조제2항 중 "「건축법」 제8조 및 제9조"를 "「건축법」 제11조 및 제14조"로 한다.

<49> 주차장법 일부를 다음과 같이 개정한다.
제2조제5호 중 "건축법 제2조제2호"를 "「건축법」 제2조제1항제2호"로 하고, 같은 조 제6호 중 "건축법 제2조제9호"를 "「건축법」 제2조제1항제8호"로, "동법 제14조"를 "같은 법 제19조"로 한다.
제12조의2제2항 중 "건축법 제49조 및 동법 제51조"를 "「건축법」 제57조 및 제60조"로 한다.
제19조의4제4항 중 "건축법 제69조제1항"을 "건축법 제79조제1항"으로, "동법 동조제2항 본문"을 "같은 조 제2항 본문"으로 한다.

<50> 주택법 일부를 다음과 같이 개정한다.
제2조제6호나목 중 "「건축법」 제2조제3호"를 "「건축법」 제2조제1항제4호"로 한다.
제17조제1항제1호 중 "「건축법」 제8조"를 "「건축법」 제11조"로, "동법 제9조"를 "같은 법 제14조"로, "동법 제15조"를 "같은 법 제20조"로 한다.
제38조제1항 각 호 외의 부분 중 "「건축법」 제8조"를 "「건축법」 제11조"로 한다.
제42조제4항 중 "「건축법」 제14조"를 "「건축법」 제19조"로 한다.
제46조제1항 중 "「건축법」 제8조"를 "「건축법」 제11조"로, "「건축법」 제18조"를 "「건축법」 제22조"

과 종전의 제33조·제45조·제66조·제67조·제69조제3항·제91조·제91조의2 및 제92조를 삭제한 부분은 공포일부터 시행하고, 종전의 제69조제1항·제2항, 제70조 내지 제72조, 제74조 및 제75조를 삭제한 부분은 2000년 5월 9일부터 시행한다.
②(일반적 경과조치) 이 영 시행당시 건축허가를 신청중인 경우와 건축허가를 받거나 건축신고를 하고 건축중인 경우의 건축기준등의 적용에 있어서는 종전의 규정에 의한다. 다만, 종전의 규정이 개정규정에 비하여 건축주·시공자 또는 공사감리자에게 불리한 경우에는 개정규정에 의한다.
③(기존의 건축물의 용도에 관한 경과조치) 이 영 시행당시의 건축물의 용도중 다음 표의 왼쪽란에 해당하는 용도는 동표의 오른쪽란의 용도에 해당하는 것으로 본다.

종전의 용도	개정된 용도
기숙사	공동주택
근린공공시설	제1종 근린생활시설
문화 및 집회시설	문화 및 집회시설
판매시설, 운수시설	판매 및 영업시설
장례식장	의료시설
노유자시설,청소년수련시설	교육연구 및 복지시설
동물관련시설,식물관련시설	동물 및 식물관련시설
발전소,교정시설,군사시설,방송·통신시설	공공용시설

④(현장조사등의 업무를 대행하는 건축사에 관한 경과조치) 이 영 시행당시 종전의 규정에 의하여 건축과 관련된 현장조사·검사 및 확인업무를 대행하고 있는 건축사로서 제20조제1항의 개정규정에 의하여 동업무를 대행할 수 없게 된 자는 동 개정규정에 불구하고 이 영 시행당시 수행중인 업무에 한하여 이를 계속하여 행할

부칙 <제467호, 2012.5.23.>
이 규칙은 공포한 날부터 시행한다.

부칙 <제500호, 2012.7.19.>
이 규칙은 공포한 날부터 시행한다.

부칙 <제552호, 2012.12.12.>
제1조(시행일) 이 규칙은 공포한 날부터 시행한다. 다만, 별지 제10호서식 및 별지 제17호서식의 개정규정은 공포 후 1개월이 경과한 날부터 시행하고, 제17조제2항의 개정규정은 2013년 2월 23일부터 시행한다.
제2조(옹벽의 높이 기준 적용에 관한 적용례) 제25조제2호의 개정규정은 이 규칙 시행 후 건축허가를 신청(건축허가를 신청하기 위하여 법 제4조에 따른 건축위원회의 심의를 신청한 경우를 포함한다)하는 경우부터 적용한다.
제3조(입면도 표시사항에 관한 적용례) 별표 2의 개정규정은 이 규칙 시행 후 건축허가를 신청(건축허가를 신청하기 위하여 법 제4조에 따른 건축위원회의 심의를 신청한 경우를 포함한다)하는 경우부터 적용한다.
제4조(사용승인 신청서에 관한 적용례) 별지 제17호서식의 개정규정은 부칙 제1조 단서에 따른 시행일 후 사용승인을 신청

하고, 같은 조 제5항 중 "「건축법」 제76조의2"를 "「건축법」 제88조"로 한다. <51> 주한미군 공여구역주변지역 등 지원 특별법 일부를 다음과 같이 개정한다. 제12조제6항 중 "「건축법」 제29조제1항"을 "「건축법」 제38조제1항"으로 한다. 제29조제1항제26호 중 "같은 법 제8조"를 "같은 법 제11조"로, "같은 법 제9조"를 "같은 법 제14조"로, "같은 법 제15조제1항"을 "같은 법 제20조제1항"으로, "같은 법 제25조"를 "같은 법 제29조"로 한다. <52> 주한미군기지 이전에 따른 평택시 등의 지원 등에 관한 특별법 일부를 다음과 같이 개정한다. 제5조제1항제14호 중 "건축법 제4조"를 "「건축법」 제4조"로, "동법 제8조"를 "같은 법 제11조"로, "동법 제9조"를 "같은 법 제14조"로, "동법 제15조제1항"을 "같은 법 제20조제1항"으로, "동법 제25조"를 "같은 법 제29조"로 한다. 제8조제2항 중 "건축법 제29조제1항"을 "「건축법」 제38조제1항"으로 한다. <53> 중소기업창업 지원법 일부를 다음과 같이 개정한다. 제35조제2항 각 호 외의 부분 중 "제8조"를 "제11조"로 하고, 같은 항 제10호 중 "제8조제1항"을 "제11조제1항"으로, "제9조제1항"을 "제14조제1항"으로, "제15조제1항과 제2항"을 "제20조제1항과 제2항"으로, "제72조제1항"을 "제83조제1항"으로 하며, 같은 조 제3항 각 호 외의 부분 중 "제18조"를 "제22조"로 하며, 같은 조 제4항 전단 중 "제8조제1항"을 "제11조제1항"으로, "제18조제1항"을 "제22조제1항"으로 한다.'	수 있다. ⑤이 영 시행전의 위반행위에 대한 이행강제금에 관하여는 종전의 별표 15의 규정에 의한다. 부칙 <제16508호, 1999.8.6.> (오수·분뇨및축산폐수의처리에관한법률시행령) 제1조 (시행일) 이 영은 1999년 8월 9일부터 시행한다. 제2조 내지 제5조 생략 제6조 (다른 법령의 개정) ①내지 ⑤생략 ⑥건축법시행령중 다음과 같이 개정한다. 제96조제1항중 "오수정화시설 또는 정화조"를 "오수처리시설 또는 단독정화조"로 한다. ⑦ 및 ⑧생략 부칙 <제16523호, 1999.8.7.> (청소년기본법시행령) 제1조 (시행일) 이 영은 공포한 날부터 시행한다. <단서 생략> 제2조 및 제3조 생략 제4조 (다른 법령의 개정) ①건축법시행령중 다음과 같이 개정한다. 별표 1 제8호 아목 및 자목을 각각 다음과 같이 한다. 　아. 생활권수련시설(청소년수련관·청소년문화의집·유스호스텔 기타 이와 유사한 것을 말한다) 　자. 자연권수련시설(청소년수련원·청소년야영장 기타 이와 유사한 것을 말한다) ②생략 부칙 <제16874호, 2000.6.27.> 제1조(시행일) 이 영은 2000년 7월 1일부터 시행한다.	하는 경우부터 적용한다. 부칙 <제570호, 2013.2.22.> (녹색건축물 조성 지원법 시행규칙) 제1조(시행일) 이 규칙은 2013년 2월 23일부터 시행한다. <단서 생략> 제2조 생략 제3조(다른 법령의 개정) ① 생략 ② 건축법 시행규칙 중 일부를 다음과 같이 개정한다. 제38조를 삭제한다. ③ 생략 부칙 <제1호, 2013.3.23.> (국토교통부와 그 소속기관 직제 시행규칙) 제1조(시행일) 이 규칙은 공포한 날부터 시행한다. <단서 생략> 제2조부터 제5조까지 생략 제6조(다른 법령의 개정) ①부터 ⑬까지 생략 ⑭ 건축법 시행규칙 일부를 다음과 같이 개정한다. 제1조의2 각 호 외의 부분, 제2조의4 각 호 외의 부분, 제3조 각 호 외의 부분, 제9조, 제22조제1항, 같은 조 제2항 각 호 외의 부분, 제26조의2, 제26조의3, 제38조의2, 제38조의3제3항, 같은 조 제4항 각 호 외의 부분, 제38조의4제3항·제4항 및 제38조의5제2항 각 호 외의 부분 중

제36조 중 "제8조제1항"을 "제11조제1항"으로, "제18조제1항"을 "제22조제1항"으로 한다.

<54> 지방세법 일부를 다음과 같이 개정한다.
제104조제9호 중 "건축법 제2조제1항제9호"를 "「건축법」 제2조제1항제8호"로 하고, 같은 조 제10호 중 "건축법 제2조제1항제10호"를 "「건축법」 제2조제1항제9호"로 한다.

<55> 지방소도읍육성지원법 일부를 다음과 같이 개정한다.
제9조제1항제25호 중 "건축법 제8조"를 "「건축법」 제11조"로, "동법 제9조"를 "같은 법 제14조"로 한다.
제21조제1항제1호 중 "건축법 제33조"를 "「건축법」 제44조"로, "동법 제36조"를 "같은 법 제46조", "동법 제37조"를 "같은 법 제47조"로 한다.

<56> 지역균형개발 및 지방중소기업 육성에 관한 법률 일부를 다음과 같이 개정한다.
제18조제1항제27호 중 "「건축법」 제15조"를 "「건축법」 제20조"로 한다.

<57> 지역특화발전특구에 대한 규제특례법 일부를 다음과 같이 개정한다.
제36조의10 중 "제15조제1항"을 "제20조제1항"으로 한다.

<58> 철도건설법 일부를 다음과 같이 개정한다.
제11조제1항제15호 중 "건축법 제4조"를 "「건축법」 제4조"로, "동법 제8조"를 "같은 법 제11조", "동법 제9조"를 "같은 법 제14조"로, "동법 제15조"를 "같은 법 제20조"로, "제25조"를 "같은 법 제29조"로 한다.
제18조제1항 각 호 외의 부분 중 "건축법 제39조·제40조·제44조"를 "「건축법」 제49조·제50조·제53조"로 한다.

제2조(일반적 경과조치) 이 영 시행당시 건축허가를 받거나 건축신고를 하였거나 건축허가를 신청한 것에 대한 건축기준등의 적용에 있어서는 종전의 규정에 의한다. 다만, 종전의 규정이 개정규정에 비하여 건축주·시공자 또는 공사감리자에게 불리한 경우에는 개정규정에 의한다.

제3조(건축조례에 위임된 사항에 관한 경과조치) 이 영에 의하여 새로이 건축조례에 위임된 사항은 당해건축조례가 제정될 때까지는 종전의 규정에 의한다.

제4조(다른 법령의 개정) 주택건설촉진법시행령중 다음과 같이 개정한다.
제2조제1항을 다음과 같이 하고, 제4조의2제1항 본문중 "제2조제1항제1호 및 제2호의 주택"을 "건축법시행령 별표 1제2호 가목 및 나목의 주택"으로 한다.
①법 제3조제3호의 규정에 의한 공동주택의 종류와 범위는 건축법시행령 별표 1제2호의 규정이 정하는 바에 의한다.

부칙 <제17028호, 2000.12.27.>
①(시행일) 이 영은 공포한 날부터 시행한다.
②내지 ⑤생략

부칙 <제17365호, 2001.9.15.>
①(시행일) 이 영은 공포한 날부터 시행한다.
②(일반적 경과조치) 이 영 시행 당시 이미 건축허가를 신청(건축허가를 신청하기 위하여 제5조의 규정에 의하여 건축위원회의 심의를 신청한 경우를 포함한다)한 경우와 건축허가를 받거나 건축신고를 하고 건축중인 경우의 건

"국토해양부령"을 각각 "국토교통부령"으로 한다.
제2조제1항 각 호 외의 부분, 제43조의3 제4항 및 제43조의4제3호가목·나목 중 "국토해양부"를 각각 "국토교통부"로 한다.
제2조의2, 제2조의3제3항, 제22조의2제2항, 제22조의3, 제39조 각 호 외의 부분, 제43조제1항 후단, 별표 2 시방서의 표시하여야 할 사항란 제1호, 별지 제24호의2서식, 별지 제27호의2서식 및 별지 제33호서식 뒤쪽 중 "국토해양부장관"을 각각 "국토교통부장관"으로 한다.
제21조제3항 중 "지식경제부장관"을 "산업통상자원부장관"으로 한다.
별표 3 제1호 시방서의 표시하여야 할 사항란 중 "건설교통부장관"을 "국토교통부장관"으로 한다.
⑮부터 <126>까지 생략

부칙 <제40호, 2013.11.28.>
이 규칙은 2013년 12월 1일부터 시행한다.

부칙 <제54호, 2013.12.30.> (행정규제기본법 개정에 따른 규제 재검토기한 설정을 위한 개발이익환수에 관한 법률 시행규칙 등 일부개정령)
이 규칙은 2014년 1월 1일부터 시행한다.

- 811 -

<59> 체육시설의 설치·이용에 관한 법률 일부를 다음과 같이 개정한다. 제28조제1항제10호 중 "제72조제1항"을 제83조제1항"으로 한다. <60> 택지개발촉진법 일부를 다음과 같이 개정한다. 제11조제1항제20호 중 "「건축법」 제15조"를 "「건축법」 제20조"로 한다. <61> 토지이용규제 기본법 일부를 다음과 같이 개정한다. 별표의 연번란 2의 근거법률란 중 "「건축법」 제12조"를 "「건축법」 제18조"로 한다. <62> 법률 제8338호 하천법 전부개정법률 일부를 다음과 같이 개정한다. 제32조제1항제1호 중 "제8조"를 "제11조"로, "제9조"를 "제14조"로, "제15조제1항"을 "제20조제1항"으로, "제25조"를 "제29조"로 한다. <63> 학교시설사업 촉진법 일부를 다음과 같이 개정한다. 제5조의2제1항 전단 중 "「건축법」 제8조 및 제9조"를 "「건축법」 제11조 및 제14조"로 하고, 같은 조 제3항 중 "「건축법」 제25조제1항"을 "「건축법」 제29조제1항"으로 하며, 같은 조 제4항 중 "「건축법」 제8조 또는 제9조"를 "「건축법」 제11조 또는 제14조"로, "「건축법」 제25조제1항"을 "「건축법」 제29조제1항"으로 하고, 같은 조 제5항 중 "「건축법」 제10조, 제11조, 제15조제1항·제2항, 제16조제1항, 제21조, 제23조, 제27조제1항 및 제69조"를 "「건축법」 제16조, 제17조, 제20조제1항·제2항, 제21조제1항, 제25조, 제27조, 제36조제1항 및 제79조"로 한다.	기준 등의 적용에 있어서는 종전의 규정에 의한다. 다만, 종전의 규정이 개정규정에 비하여 건축주·시공자 또는 공사감리자에게 불리한 경우에는 개정규정에 의한다. ③(건축조례에 위임된 사항에 관한 경과조치) 이 영에 의하여 새로이 건축조례에 위임된 사항은 당해 건축조례가 제정될 때까지는 종전의 규정에 의한다. ④(다른 법령의 개정) 국토이용관리법시행령중 다음과 같이 개정한다. 제17조제1항 단서중 "건폐율은 20퍼센트이하"를 "건폐율은 40퍼센트이하"로 한다. 부칙 <제17395호, 2001.10.20.> (음반·비디오물및게임물에관한법률시행령) 제1조 (시행일) 이 영은 공포한 날부터 시행한다. 제2조 생략 제3조 (다른 법령의 개정) ①생략 ②건축법시행령중 다음과 같이 개정한다. 별표 1의 제4호 아목중 "게임제공업소(음반·비디오물및게임물에관한법률 제2조제5호 다목의 규정에 의한 게임제공업에 사용되는 시설을 말한다. 이하 같다)"를 "게임제공업소, 멀티미디어문화컨텐츠설비제공업소, 복합유통·제공업소(음반·비디오물및게임물에관한법률 제2조제9호·제10호 및 제12호의 규정에 의한 시설을 말한다)"로 한다. 별표 1의 제4호 마목중 "종교집회장 및 공연장"을 "종교집회장·공연장이나 비디오물감상실·비디오물소극장(음반·비디오물및게임물에관한법률 제2조제8호 가목	부칙 <제90호, 2014.4.25.> 이 규칙은 2014년 4월 25일부터 시행한다.

제13조제4항 중 "「건축법」 제18조"를 "「건축법」 제22조"로, "「건축법」 제25조제3항 단서"를 "「건축법」 제29조제3항 단서"로 한다.

<64> 한국토지공사법 일부를 다음과 같이 개정한다.
제22조제5호 중 "제18조"를 "제22조"로 한다.

<65> 항공법 일부를 다음과 같이 개정한다.
제104조제1항 단서 중 "「건축법」 제18조"를 "「건축법」 제22조"로 한다.

<66> 항만과 그 주변지역의 개발 및 이용에 관한 법률 일부를 다음과 같이 개정한다.
제17조제1항제14호 중 "제8조"를 "제11조"로, "제9조"를 "제14조"로, "제10조"를 "제16조"로, "제15조"를 "제20조"로, "제25조"를 "제29조"로 한다.

<67> 법률 제8806호 금강수계물관리및주민지원등에관한법률 일부개정법률 일부를 다음과 같이 개정한다.
제15조제1항 중 "제8조"를 "제11조"로 한다.

<68> 법률 제8807호 낙동강수계물관리및주민지원등에관한법률 일부개정법률 일부를 다음과 같이 개정한다.
제6조제4항제3호 중 "제18조"를 "제22조"로 한다.
제15조제1항 중 "제8조"를 "제11조"로 한다.

<69> 법률 제8808호 영산강·섬진강수계물관리및주민지원등에관한법률 일부개정법률 일부를 다음과 같이 개정한다.
제15조제1항 중 "제8조"를 "제11조"로 한다.

<70> 법률 제8796호 식품산업진흥법 일부를 다음과 같이 개정한다.
제16조제4항제1호 중 "제15조"를 "제20조"로 한다.

제14조(다른 법령과의 관계) 이 법 시행 당시 다른 법령에서 종전의 「건축법」 또는 그 규정을 인용한 경우에

및 나무의 시설을 말한다. 이하 같다)"으로 한다.
별표 1의 제5호 나목중 "서어커스장"을 "서어커스장·비디오물감상실·비디오물소극장"으로 한다.
별표 1의 제6호 나목중 "게임제공업소"를 "게임제공업소, 멀티미디어문화컨텐츠설비제공업소 및 복합유통·제공업소"로 한다.
③내지 ⑤생략

부칙 <제17816호, 2002.12.26.> (국토의계획및이용에관한법률시행령)

제1조 (시행일) 이 영은 2003년 1월 1일부터 시행한다.
제2조 내지 제15조 생략
제16조 (다른 법령의 개정) ①내지 ④생략
⑤건축법시행령중 다음과 같이 개정한다.
제3조제1항제3호중 "도시계획법 제2조제1항제3호"를 "국토의계획및이용에관한법률 제2조제7호"로 한다.
제3조제2항제4호중 "도시계획법 제4조의 규정에 의한 토지형질변경허가"를 "국토의계획및이용에관한법률 제56조의 규정에 의한 개발행위허가"로 한다.
제3조의3제2호의 도로의 너비란 및 제15조제5항제9호중 "도시계획구역"을 각각 "도시지역"으로 한다.
제6조의2제1항제1호중 "도시계획"을 "도시관리계획"으로 한다.
제8조제2항에 제3호를 다음과 같이 신설한다.
 3. 국토의계획및이용에관한법률 제2조제19호의 규정에 의한 기반시설부담구역
제11조제2항제4호를 다음과 같이 한다.
 4. 국토의계획및이용에관한법률제36조제1항제1호 다목의 규정에 의한 공업지역, 동법 제51조제3항의 규정

이 법 가운데 그에 해당하는 규정이 있으면 종전의 규정을 갈음하여 이 법 또는 이 법의 해당 규정을 인용한 것으로 본다.

　　부칙 <제9049호, 2008.3.28.>
이 법은 공포 후 3개월이 경과한 날부터 시행한다.

　　부칙 <제9071호, 2008.3.28.> (도시교통정비 촉진법)
제1조(시행일) 이 법은 2009년 1월 1일부터 시행한다. <단서 생략>
제2조부터 제9조까지 생략
제10조(다른 법률의 개정) ① 건축법 일부를 다음과 같이 개정한다.
　제10조제2항 중 "「환경·교통·재해 등에 관한 영향평가법」에 의한 교통영향평가"를 "「도시교통정비 촉진법」에 따른 교통영향분석·개선대책의 검토"로 한다.
　제72조제3항 중 "「환경·교통·재해 등에 관한 영향평가법」 제17조에 따른 평가서의 협의(교통영향평가분야만 해당된다)"를 "「도시교통정비 촉진법」 제16조에 따른 교통영향분석·개선대책의 검토"로, "제5조에 따른 교통영향평가에 관한"을 "제16조에 따른 교통영향분석·개선대책에 관한"으로 한다.
　제72조제4항 중 "교통영향평가"를 "교통영향분석·개선대책"으로, "「환경·교통·재해 등에 관한 영향평가법」 제17조에 따른 교통영향평가서의 협의"를 "「도시교통정비 촉진법」 제17조에 따른 교통영향분석·개선대책의 심의"로 한다.
　② 부터 <23> 까지 생략
제11조 생략

에 의한 제2종지구단위계획구역(산업형에 한한다) 및 산업입지및개발에관한법률에 의한 산업단지안에서 건축하는 2층 이하인 건축물로서 연면적의 합계가 500제곱미터 이하인 공장
제15조제1항제6호중 "도시계획법 제50조"를 "국토의계획및이용에관한법률 제64조"로 하고, 동조제6항중 "도시계획법 제53조"를 "국토의계획및이용에관한법률 제76조"로 한다.
제18조제1항제1호 및 제2호중 "국토이용관리법에 의한 도시지역 및 준도시지역"을 각각 "국토의계획및이용에관한법률 제6조제1호의 규정에 의한 도시지역 및 동법 제51조제3항의 규정에 의한 제2종지구단위계획구역"으로 한다.
제27조제1항제9호중 "국토이용관리법"을 "국토의계획및이용에관한법률"로, "준농림지역"을 "관리지역(제2종지구단위계획구역으로 지정된 지역을 제외한다)"으로 한다.
제31조제2항중 "도시계획법 제42조"를 "국토의계획및이용에관한법률 제51조"로 한다.
제78조 및 제79조를 각각 삭제한다.
제82조제1항제1호를 다음과 같이 한다.
　1. 도시관리계획 등의 토지이용계획
제118조제3항 본문중 "도시계획법 제53조"를 "국토의계획및이용에관한법률 제76조"로 하고, 동항 단서중 "법 제53조의 규정은 제1항제3호의 공작물에 한하여 이를 준용하고, 도시계획법 제53조의 규정은 제1항제8호 및 제9호의 공작물에 한하여 건축조례가 정하는 바에 따라 이를 준용한다"를 "법 제53조의 규정은 제1항제3호의 공작물에 한하여 이를 준용한다"로 한다.

부칙　<제9103호, 2008.6.5.>
이 법은 공포한 날부터 시행한다.

　　부칙　<제9384호, 2009.1.30.>　(승강기시설 안전관리법)
제1조(시행일) 이 법은 공포 후 1개월이 경과한 날부터 시행한다.
제2조부터 제7조까지 생략
제8조(다른 법률의 개정) ① 건축법 일부를 다음과 같이 개정한다.
　제22조제4항제3호 중 "「승강기제조 및 관리에 관한 법률」"을 "「승강기시설 안전관리법」"으로 한다.
　② 및 ③ 생략
제9조 생략

　　부칙　<제9437호, 2009.2.6.>
이 법은 공포 후 6개월이 경과한 날부터 시행한다.

　　부칙　<제9594호, 2009.4.1.>
①(시행일) 이 법은 공포 후 6개월이 경과한 날부터 시행한다.
②(건축분쟁조정등에 관한 경과조치) 이 법 시행 당시 신청된 건축분쟁사건은 이 법의 개정규정에도 불구하고 종전의 규정에 따른 관할 건축분쟁조정위원회가 처리한다.
③(다른 법률의 개정) 주택법 일부를 다음과 같이 개정한다.
제46조제5항 중 "「건축법」 제88조에 따른 건축분쟁조정

별표 15 제10호의 위반건축물란중 "도시계획법에 의하여 지정된 지역 및 지구"를 "국토의계획및이용에관한법률 제36조 및 제37조의 규정에 의하여 지정된 용도지역 및 용도지구"로 한다.
⑥내지 <73>생략
제17조 생략

　　부칙　<제17926호, 2003.2.24.>
①(시행일) 이 영은 공포한 날부터 시행한다. 다만, 제86조의2의 개정규정은 2003년 2월 27일부터 시행한다.
②(일반적 경과조치) 이 영 시행 당시 이미 건축허가를 신청한 경우와 건축허가를 받거나 건축신고를 하고 건축중인 경우의 건축기준 등의 적용에 있어서는 종전의 규정에 의한다.
③(권한위임의 폐지에 따른 경과조치) 동장 또는 읍·면장은 제117조제4항의 개정규정에 불구하고 이 영 시행 당시 법 제9조의 규정에 의한 건축신고를 하고 건축중인 건축물에 관한 다음 각호의 업무를 할 수 있다.
1. 법 제18조제1항 및 제2항의 규정에 의한 사용승인
2. 사용승인전까지의 법 제69조의 규정에 의한 시정명령

　　부칙　<제18039호, 2003.6.30.>　(산업집적활성화및공장설립에관한법률시행령)
제1조 (시행일) 이 영은 2003년 7월 1일부터 시행한다.
제2조 내지 제4조 생략
제5조 (다른 법령의 개정) ①내지 ③생략
④건축법시행령중 다음과 같이 개정한다.
제4조제1항제2호 및 제27조제1항제4호중 "공업배치및공장설립에관한법률"을 각각 "산업집적활성화및공장설립

- 815 -

부칙 <제9770호, 2009.6.9.> (소음·진동관리법)

제1조(시행일) 이 법은 2010년 7월 1일부터 시행한다. <단서 생략>

제2조부터 제5조까지 생략

제6조(다른 법률의 개정) ① 및 ② 생략

③ 건축법 일부를 다음과 같이 개정한다.

제11조제5항제17호 중 "「소음·진동규제법」"을 "「소음·진동관리법」"으로 한다.

제22조제4항제12호를 삭제한다.

④ 부터 <38> 까지 생략

제7조 생략

부칙 <제9774호, 2009.6.9.> (측량·수로조사 및 지적에 관한 법률)

제1조(시행일) 이 법은 공포 후 6개월이 경과한 날부터 시행한다.

제2조부터 제17조까지 생략

제18조(다른 법률의 개정) ① 및 ② 생략

③ 건축법 일부를 다음과 같이 개정한다.

제2조제1항제1호 본문 중 "「지적법」"을 "「측량·수로조사 및 지적에 관한 법률」"로 한다.

제22조제4항제2호 중 "「지적법」 제3조"를 "「측량·수로조사 및 지적에 관한 법률」 제64조"로 한다.

제26조 중 "「지적법」에 따른 측량"을 "「측량·수로조사 및 지적에 관한 법률」에 따른 지적측량"으로 한다.

④ 부터 <44> 까지 생략

에 관한 법률"로 한다.

⑤내지 <43>생략

제6조 생략

부칙 <제18044호, 2003.6.30.> (도시및주거환경정비법시행령)

제1조 (시행일) 이 영은 2003년 7월 1일부터 시행한다.

제2조 내지 제11조 생략

제12조 (다른 법령의 개정) ①내지 ③생략

④건축법시행령중 다음과 같이 개정한다.

제47조제1항제2호중 "도시재개발법에 의한 도심재개발사업"을 "도시및주거환경정비법에 의한 도시환경정비사업"으로 한다.

⑤내지 <24>생략

제13조 생략

부칙 <제18108호, 2003.9.29.> (산지관리법시행령)

제1조 (시행일) 이 영은 2003년 10월 1일부터 시행한다.

제2조 내지 제5조 생략

제6조 (다른 법령의 개정) ①내지 ④생략

⑤건축법시행령중 다음과 같이 개정한다.

제3조제2항제3호중 "산림법 제90조의 규정에 의한 산림형질변경허가"를 "산지관리법 제14조의 규정에 의한 산지전용허가"로 한다.

제8조제4항제10호를 다음과 같이 한다.

10. 산지관리법 제8조, 동법 제10조, 동법 제12조, 동법 제14조 및 동법 제18조와 산림법 제62조, 동법 제70조 및 동법 제90조

⑥내지 <18>생략

제19조 생략

    부칙 <제9858호, 2009.12.29.>
①(시행일) 이 법은 공포 후 1년이 경과한 날부터 시행한다.
②(건축물의 외부 마감재 사용에 관한 적용례) 제52조제2항의 개정규정은 이 법 시행 후 최초로 건축허가를 신청하거나 건축신고를 하는 분부터 적용한다.

    부칙 <제10331호, 2010.5.31.> (산지관리법)
제1조(시행일) 이 법은 공포 후 6개월이 경과한 날부터 시행한다. <단서 생략>
제2조부터 제11조까지 생략
제12조(다른 법률의 개정) ① 부터 ③ 까지 생략
④ 건축법 일부를 다음과 같이 개정한다.
제10조제6항제2호 본문 및 제11조제5항제5호 본문 중 "산지전용신고"를 각각 "산지전용신고, 같은 법 제15조의2에 따른 산지일시사용허가·신고"로 한다.
⑤ 부터 <89> 까지 생략
제13조 생략

    부칙 <제10599호, 2011.4.14.> (국토의 계획 및 이용에 관한 법률)
제1조(시행일) 이 법은 공포 후 1년이 경과한 날부터 시행한다. <단서 생략>
제2조부터 제7조까지 생략
제8조(다른 법률의 개정) ①부터 ③까지 생략
④ 건축법 일부를 다음과 같이 개정한다.
제3조제2항 중 "제2종 지구단위계획구역"을 "같은 법 제

제7조 생략

    부칙 <제18146호, 2003.11.29.> (주택법시행령)
제1조 (시행일) 이 영은 2003년 11월 30일부터 시행한다. <단서 생략>
제2조 내지 제14조 생략
제15조 (다른 법령의 개정) ①내지 ④생략
⑤건축법시행령중 다음과 같이 개정한다.
제3조제1항제4호를 다음과 같이 한다.
  4. 주택법 제16조의 규정에 의한 사업계획승인을 얻어 주택과 그 부대시설 및 복리시설을 건축하는 경우에는 동법 제2조제4호의 규정에 의한 주택단지
제113조제5항중 "주택건설촉진법 제33조제1항"을 "주택법 제16조제1항"으로 한다.
제119조제1항제5호 다목 및 동항제9호중 "주택건설촉진법 제33조제1항"을 각각 "주택법 제16조제1항"으로 한다.
⑥내지 <54>생략

    부칙 <제18404호, 2004.5.29.> (소방시설설치유지및안전관리에관한법률시행령)
제1조 (시행일) 이 영은 2004년 5월 30일부터 시행한다. <단서 생략>
제2조 내지 제9조 생략
제10조 (다른 법령의 개정) ①건축법시행령중 다음과 같이 개정한다.
제61조제5호중 "소방법시행령 제4조의2"를 "소방시설설치유지및안전관리에관한법률시행령 제13조"로 한다.
②및 ④생략

51조제3항에 따른 지구단위계획구역"으로 하고, 같은 조 제3항 중 "도시계획시설"을 "도시·군계획시설"로 한다.
제14조제1항제2호 단서 중 "제2종 지구단위계획구역"을 "「국토의 계획 및 이용에 관한 법률」 제51조제3항에 따른 지구단위계획구역"으로 한다.
제18조제2항 중 "도시계획"을 "도시·군계획"으로 한다.
제20조제1항 중 "도시계획시설 및 도시계획시설예정지"를 "도시·군계획시설 및 도시·군계획시설예정지"로 한다.
제22조제4항제9호 중 "도시계획시설사업"을 "도시·군계획시설사업"으로 한다.
제71조제1항제4호 전단·후단 중 "도시관리계획"을 각각 "도시·군관리계획"으로 하고, 같은 조 제3항 및 제6항 및 제9항 중 "도시관리계획"을 각각 "도시·군관리계획"으로 한다.
제74조제4항 중 "도시관리계획"을 각각 "도시·군관리계획"으로 한다.
⑤부터 <83>까지 생략
제9조 생략

　　부칙 <제10755호, 2011.5.30.>
제1조(시행일) 이 법은 공포 후 6개월이 경과한 날부터 시행한다.
제2조(건축위원회 심의 유효기간에 관한 적용례) 제11조제10항의 개정규정은 이 법 시행 후 최초로 제4조제1항에 따른 건축위원회의 심의를 받은 경우부터 적용한다.

　　부칙 <제10764호, 2011.5.30.> (택지개발촉진법)
제1조(시행일) 이 법은 공포한 날부터 시행한다.<단서 생

제11조 생략

　　부칙 <제18542호, 2004.9.9.>
①(시행일) 이 영은 공포한 날부터 시행한다.
②(건축물의 내부마감재료에 관한 경과조치) 이 영 시행 당시 건축허가를 신청중인 경우와 건축허가를 받거나 건축신고를 하고 건축중인 경우의 내부마감재료 적용에 있어서는 종전의 규정에 의한다.

　　부칙 <제18740호, 2005.3.18.> (청소년활동진흥법 시행령)
제1조 (시행일) 이 영은 공포한 날부터 시행한다.
제2조 및 제3조 생략
제4조 (다른 법령의 개정) ①생략
②건축법시행령 일부를 다음과 같이 개정한다.
별표 1의 제8호 아목을 다음과 같이 하고, 동호 자목을 삭제한다.
　　　　아. 청소년수련시설(청소년수련관·청소년수련원·청소년문화의집·청소년특화시설·청소년야영장·유스호스텔 그 밖에 이에 유사한 것을 말한다)
③내지 ⑫생략
제5조 생략

　　부칙 <제18796호, 2005.4.22.> (석유 및 석유대체연료 사업법 시행령)
제1조 (시행일) 이 영은 2005년 4월 23일부터 시행한다.
<단서 생략>
제2조 및 제3조 생략
제4조 (다른 법령의 개정) ①건축법시행령 일부를 다음과

략>

제2조 및 제3조 생략

제4조(다른 법률의 개정) ① 건축법 일부를 다음과 같이 개정한다.

제61조제3항제1호 중 "택지개발예정지구"를 "택지개발지구"로 한다.

②부터 <20>까지 생략

　　부칙 <제10892호, 2011.7.21.> (환경영향평가법)

제1조(시행일) 이 법은 공포 후 1년이 경과한 날부터 시행한다. <단서 생략>

제2조부터 제8조까지 생략

제9조(다른 법률의 개정) ① 건축법 일부를 다음과 같이 개정한다.

제10조제3항 중 "「환경정책기본법」 제25조의2에 따른 사전환경성검토대상인 경우"를 "「환경영향평가법」 제43조에 따른 소규모 환경영향평가 대상사업인 경우"로, "사전환경성검토에 관한 협의"를 "소규모 환경영향평가에 관한 협의"로 한다.

②부터 <35>까지 생략

제10조 생략

　　부칙 <제11037호, 2011.8.4.> (소방시설 설치·유지 및 안전관리에 관한 법률)

제1조(시행일) 이 법은 공포 후 6개월이 경과한 날부터 시행한다.

제2조부터 제5조까지 생략

제6조(다른 법률의 개정) ① 생략

② 건축법 일부를 다음과 같이 개정한다.

같이 개정한다.

별표 1 제15호중 "석유사업법"을 "「석유 및 석유대체연료 사업법」"으로 한다.

②내지 <20>생략

제5조 생략

　　부칙 <제18931호, 2005.6.30.> (철도건설법 시행령)

제1조 (시행일) 이 영은 2005년 7월 1일부터 시행한다.

제2조 및 제3조 생략

제4조 (다른 법령의 개정) ①생략

②건축법시행령일부를 다음과 같이 개정한다.

제27조제2항제3호중 "철도법 제2조제1항"을 "「철도건설법」 제2조제1호"로 한다.

③내지 ⑧생략

　　부칙 <제18951호, 2005.7.18.>

①(시행일) 이 영은 공포한 날부터 시행한다. 다만, 제86조·제119조제1항제2호 및 제4호(다목을 제외한다)의 개정규정은 공포후 6월이 경과한 날부터 시행한다.

②(일반적 경과조치) 이 영 시행당시 다음 각 호의 어느 하나에 해당하는 경우에는 건축기준 등의 적용(제19조제7항 내지 제9항을 적용하는 경우를 제외한다)에 있어서는 종전의 규정에 의한다. 다만, 종전의 규정이 개정규정에 비하여 건축주·시공자 또는 공사감리자에게 불리한 경우에는 개정규정에 의한다.

1. 건축허가를 신청한 경우와 건축허가를 받거나 건축신고를 하고 건축중인 경우
2. 건축허가를 신청하기 위하여 제5조의 규정에 의하여 건축위원회의 심의를 신청한 경우

제73조제3항 중 "「소방시설설치유지 및 안전관리에 관한 법률」"을 "「소방시설 설치·유지 및 안전관리에 관한 법률」"로 한다. ③부터 <25>까지 생략 　　부칙 <제11057호, 2011.9.16.> 제1조(시행일) 이 법은 공포 후 6개월이 경과한 날부터 시행한다. 제2조(건축물의 구조 안전 확인에 관한 적용례) 제48조제3항의 개정규정은 이 법 시행 후 최초로 건축허가를 신청하거나 건축신고를 하는 분부터 적용한다. 제3조(피난안전구역의 설치 등에 관한 적용례) 제50조의2 제1항의 개정규정은 이 법 시행 후 최초로 건축허가를 신청하는 분부터 적용한다. 　　부칙 <제11182호, 2012.1.17.> 이 법은 공포 후 6개월이 경과한 날부터 시행한다. 다만, 제11조제4항의 개정규정은 공포 후 3개월이 경과한 날부터 시행한다. 　　부칙 <제11365호, 2012.2.22.> (녹색건축물 조성 지원법) 제1조(시행일) 이 법은 공포 후 1년이 경과한 날부터 시행한다. 제2조 및 제3조 생략 제4조(다른 법률의 개정) ① 건축법 일부를 다음과 같이 개정한다. 제65조를 삭제한다. 제66조를 삭제한다.	3. 건축하고자 하는 대지에 「국토의 계획 및 이용에 관한 법률」 제30조제6항의 규정에 의하여 지구단위계획에 관한 도시관리계획의 결정고시(다른 법률에 의하여 의제되는 경우를 포함한다)가 있는 경우. 다만, 지구단위계획에 포함된 건축기준에 한하여 종전의 규정을 적용할 수 있다. ③(건축조례에 위임된 사항에 대한 경과조치) 이 영에 의하여 건축조례에 위임된 사항은 당해 건축조례가 제정 또는 개정될 때까지 종전의 규정에 의한다. 　　부칙 <제18978호, 2005.7.27.> (식품위생법 시행령) 제1조 (시행일) 이 영은 2005년 7월 28일부터 시행한다. 제2조 및 제3조 생략 제4조 (다른 법령의 개정) ①생략 ②건축법 시행령 일부를 다음과 같이 개정한다. 제52조제2호중 "휴게음식점"을 "휴게음식점 및 제과점"으로 하고, 동조제3호중 "일반음식점 및 휴게음식점"을 "일반음식점, 휴게음식점 및 제과점"으로 한다. 별표 1 제3호 나목 및 제4호 나목중 "휴게음식점"을 각각 "휴게음식점·제과점"으로 한다. ③내지 ⑮생략 　　부칙 <제19092호, 2005.10.20.> ①(시행일) 이 영은 공포한 날부터 시행한다. ②(경과조치) 이 영 시행전에 건축허가를 받은 경우와 건축허가를 신청하거나 건축신고를 한 경우의 건축기준 등의 적용에 있어서는 종전의 규정에 의한다. 다만, 종전의 규정이 개정규정에 비하여 건축주·시공자 또는 공사감리자에게 불리한 경우에는 개정규정에 의한다.

제66조의2를 삭제한다.
② 생략

　　부칙　<제11495호, 2012.10.22.> (자연재해대책법)
제1조(시행일) 이 법은 공포 후 6개월이 경과한 날부터 시행한다.
제2조부터 제4조까지 생략
제5조(다른 법률의 개정) ① 건축법 일부를 다음과 같이 개정한다.
　　제11조제4항제2호 중 "자연재해위험지구"를 "자연재해위험개선지구"로 한다.
　　②부터 ⑤까지 생략

　　부칙　<제11599호, 2012.12.18.> (한국토지주택공사법)
제1조(시행일) 이 법은 공포한 날부터 시행한다.
제2조 및 제3조 생략
제4조(다른 법률의 개정) ① 건축법 일부를 다음과 같이 개정한다.
　　제13조제2항 중 "「대한주택공사법」에 따른 대한주택공사, 「한국토지공사법」에 따른 한국토지공사"를 "「한국토지주택공사법」에 따른 한국토지주택공사"로 한다.
　　②부터 ⑬까지 생략

　　부칙　<제11690호, 2013.3.23.> (정부조직법)
제1조(시행일) ① 이 법은 공포한 날부터 시행한다.
② 생략
제2조부터 제5조까지 생략
제6조(다른 법률의 개정) ①부터 <544>까지 생략

　　부칙　<제19163호, 2005.12.2.>
제1조(시행일) 이 영은 공포한 날부터 시행한다.
제2조(기존 건축물의 발코니 구조변경에 대한 경과조치)
① 이 영 시행 전에 건축허가를 신청한 경우와 건축신고를 하거나 건축허가를 받은 주택에 설치된 발코니(종전의 제119조제1항제3호 다목의 규정에 의한 간이화단 부분을 포함한다)의 경우에는 제2조제15호의 개정규정에 의하여 거실·침실·창고 등으로 사용할 수 있다. 이 경우 1992년 6월 1일 이전에 건축신고를 하거나 건축허가를 받은 주택에 설치된 발코니를 제2조제15호의 개정규정에 의하여 거실·침실·창고 등으로 사용하고자 하는 경우에는 건축사 또는 건축구조기술사의 구조안전점검을 받은 후 구조안전확인서를 당해 허가권자에게 제출하여야 한다.
② 이 영 시행 전에 건축허가를 신청한 경우와 건축신고를 하거나 건축허가를 받은 공동주택 중 아파트에 설치된 발코니를 제1항의 규정에 의하여 거실·침실·창고 등으로 사용하고자 하는 경우에는 제46조제4항 및 제5항의 개정규정에 적합한 대피공간 또는 경계벽을 설치하여야 한다. 다만, 실내의 다른 부분과 구획된 바닥면적 2제곱미터 이상의 실의 출입문 또는 실내와 접한 부분에 전면 유리창이 설치되지 아니한 발코니의 출입문에 제64조의 규정에 의한 갑종방화문을 설치하는 경우에는 제46조제4항의 개정규정에 의한 대피공간을 설치한 것으로 본다.
제3조(바닥면적의 산정방법에 관한 경과조치) 이 영 시행 전에 건축허가를 신청한 경우와 건축신고를 하거나 건축허가를 받은 건축물의 노대등에 대한 바닥면적의 산

<545> 건축법 일부를 다음과 같이 개정한다.
제2조제1항제4호·제14호, 제4조제5항, 제10조제5항, 제11조제2항 각 호 외의 부분, 같은 조 제3항, 제14조제1항 각 호 외의 부분, 제17조제2항, 제19조제2항 각 호 외의 부분, 같은 조 제3항 본문, 제20조제4항, 제21조제1항 본문, 제22조제1항, 같은 조 제2항 각 호 외의 부분 본문, 같은 조 제3항제2호, 제23조제2항 단서, 같은 조 제4항, 제24조제5항, 제25조제3항·제5항, 제26조, 제27조제2항·제3항, 제30조세1항 각 호 외의 부분, 같은 조 제2항, 제32조제1항, 제36조제3항, 제38조제2항, 제39조제2항, 제40조제4항, 제41조제1항, 제45조제1항 각 호 외의 부분 본문, 같은 조 제3항, 제48조제4항, 제49조제1항·제2항, 제50조제1항·제2항, 제50조의2제1항 후단, 같은 조 제2항, 제51조제3항, 제52조제1항, 같은 조 제2항 후단, 제53조, 제63조, 제64조제1항 후단, 같은 조 제2항 단서, 제64조의2, 제65조의2제5항, 제68조제1항, 제71조제1항제6호 후단, 제72조제1항 각 호 외의 부분 후단, 같은 조 제7항, 제75조제2항 후단, 제78조제4항, 제79조제4항, 제88조제3항 및 제102조제3항 중 "국토해양부령"을 각각 "국토교통부령"으로 한다.
제4조제1항 각 호 외의 부분, 같은 조 제2항, 제11조제8항 전단, 같은 조 제9항, 제15조제3항, 제18조제1항·제4항·제5항, 제23조제2항 본문, 같은 조 제4항, 제25조제7항·제8항, 제30조제1항 각 호 외의 부분, 제31조제1항, 제32조제2항 각 호 외의 부분 본문, 같은 항 제1호, 같은 조 제3항 전단, 제33조제1항, 제42조제2항, 제65조의2제1항·제2항, 같은 조 제4항 각 호 외의 부분, 제68조제1항부터 제3항까지, 제69조제1항 각 호 외의 부분, 제71조제1항 각 호 외의 부분, 같은 조 제2항·제3항, 같은

정방법에 대하여는 제119조제1항제3호 다목의 개정규정에 불구하고 종전의 규정에 의한다. 이 경우 부칙 제2조제1항의 규정에 의하여 구조변경된 부분의 경우에도 구조변경이 되지 아니한 것으로 보아 종전의 규정에 의하여 바닥면적을 산정한다.

부칙 <제19466호, 2006.5.8.>

제1조 (시행일) 이 영은 2006년 5월 9일부터 시행한다.
제2조 (일반적 경과조치) 이 영 시행당시 다음 각 호의 어느 하나에 해당하는 경우에는 건축기준 등의 적용(제10조의2 및 제17조제5항을 적용하는 경우를 제외한다)에 있어서는 종전의 규정에 따른다. 다만, 종전의 규정이 개정규정에 비하여 건축주·시공자 또는 공사감리자에게 불리한 경우에는 개정규정에 의한다.
1. 건축허가를 신청한 경우와 건축허가를 받거나 건축신고를 한 경우
2. 건축허가를 신청하기 위하여 제5조에 따라 건축위원회의 심의를 신청한 경우
3. 건축하고자 하는 대지에 「국토의 계획 및 이용에 관한 법률」 제30조제6항에 따라 지구단위계획에 관한 도시관리계획의 결정고시(다른 법률에 따라 의제되는 경우를 포함한다)가 있는 경우. 다만, 지구단위계획에 포함된 건축기준에 한하여 종전의 규정을 적용할 수 있다.
제3조 (건축조례에 위임된 사항에 관한 경과조치) 이 영에 따라 건축조례에 위임된 사항은 당해 건축조례가 제정 또는 개정될 때까지 종전의 규정에 따른다.
제4조 (기존 건축물의 용도분류에 대한 경과조치) 이 영 시행당시의 건축물 중 다음 표의 왼쪽란에 해당하는 건

은 조 제4항 전단 및 후단, 같은 조 제5항, 같은 조 제8항 각 호 외의 부분 전단 및 후단, 제72조제6항·제7항, 제76조제2항, 제77조제1항, 같은 조 제2항 전단, 제78조제1항·제3항·제4항, 제81조제4항, 제82조제1항·제4항, 제87조제1항, 제89조제2항 각 호 외의 부분 전단 및 제113조제3항 중 "국토해양부장관"을 각각 "국토교통부장관"으로 한다. <546>부터 <710>까지 생략 제7조 생략 　　　부칙 <제11763호, 2013.5.10.> 이 법은 공포한 날부터 시행한다. 　　　부칙 <제11794호, 2013.5.22.> (건설기술 진흥법) 제1조(시행일) 이 법은 공포 후 1년이 경과한 날부터 시행한다. 제2조부터 제24조까지 생략 제25조(다른 법률의 개정) ① 및 ② 생략 ③ 건축법 일부를 다음과 같이 개정한다. 제25조제9항 중 "「건설기술관리법」 제27조에 따른 책임감리 대상"을 "「건설기술 진흥법」 제39조제2항에 따라 건설사업관리를 하게 하는"으로 한다. 제72조제8항 전단 중 "「건설기술관리법」 제2조제5호"를 "「건설기술 진흥법」 제2조제6호"로 한다. ④부터 <25>까지 생략 제26조 생략 　　　부칙 <제11921호, 2013.7.16.> 이 법은 공포 후 6개월이 경과한 날부터 시행한다.	축물은 동표의 오른쪽란의 용도에 해당하는 것으로 본다. | 대상 건축물 | 개정된 용도 | |---|---| | 문화 및 집회시설 중 다음 각 목의 어느 하나에 해당하는 것 가. 종교집회장(교회·성당·사찰·기도원·수도원·수녀원·제실·사당, 그 밖에 이와 유사한 것으로서 제2종 근린생활시설에 해당하지 아니하는 것을 말한다) 나. 종교집회장 안에 설치하는 납골당으로서 제2종 근린생활시설에 해당하지 아니하는 것 | 종교시설 | | 제2종 근린생활시설 중 다음에 해당하는 것 게임제공업소, 멀티미디어문화컨텐츠설비제공업소, 복합유통·제공업소 (「음반·비디오물 및 게임물에 관한 법률」 제2조제9호·제10호 및 제12호에 따른 시설을 말한다)로서 동일한 건축물 안에서 그 용도에 쓰이는 바닥면적의 합계가 150제곱미터 이상에서 500제곱미터 미만인 것 | 판매시설 | | 판매 및 영업시설 중 다음 각 목의 어느 하나에 해당하는 것 가. 도매시장(도매시장에 소재한 근린생활시설을 포함한다) 나. 소매시장(「유통산업발전법」에 의한 시장·대형점·백화점 및 쇼핑센터 그 밖에 이와 유사한 것을 말하며 그에 소재한 근린생활시설을 포함한다) 다. 상점(상점에 소재한 근린생활시설을 포함한다) (1) 별표 1 제3호 가목에 해당하는 용도로서 그 용도에 쓰이는 바닥면적의 합계가 1천제곱미터 이상인 것 (2) 별표 1 제4호 아목에 해당하는 용도로서 그 용도에 쓰이는 바닥면적의 합계가 500제곱미터 이상인 것 | 판매시설 | | 판매 및 영업시설 중 다음 각 목의 어느 하나에 해당하는 것 가. 여객자동차터미널 및 화물터미널 나. 철도역사 다. 공항시설 라. 항만시설 및 종합여객시설 | 운수시설 | | 교육연구 및 복지시설 중 다음 각 목의 어느 하나에 해당하는 것 | 교육연구 |

부칙 <제11998호, 2013.8.6.> (지방세외수입금의 징수 등에 관한 법률) 제1조(시행일) 이 법은 공포 후 1년이 경과한 날부터 시행한다. 제2조 생략 제3조(다른 법률의 개정) ①부터 ④까지 생략 ⑤ 건축법 일부를 다음과 같이 개정한다. 제80조제6항 중 "지방세 체납처분의 예에 따라 징수한다"를 "「지방세외수입금의 징수 등에 관한 법률」에 따라 징수한다"로 한다. ⑥부터 <71>까지 생략 부칙 <제12246호, 2014.1.14.> 제1조(시행일) 이 법은 공포한 날부터 시행한다. 다만, 제105조제1호의 개정규정은 공포 후 6개월이 경과한 날부터 시행하고, 제7조, 제11조제5항제1호, 제14조제1항제2호, 제20조(제4항은 제외한다), 제57조제3항, 제60조제3항제3호, 제69조제1항, 제71조, 제72조제6항·제7항, 제76조제2항, 제77조, 제77조의2부터 제77조의13까지 및 제111조제1호의 개정규정은 공포 후 9개월이 경과한 날부터 시행한다. 제2조(재해취약지역 내 건축허가에 관한 적용례) 제14조제1항제2호의 개정규정은 부칙 제1조 단서에 따른 시행일 후 건축허가를 신청한 경우부터 적용한다. 제3조(건축물의 높이 제한에 관한 적용례) 제60조제3항 단서 및 각 호의 개정규정은 해당 지방자치단체의 조례가 제정되거나 개정된 후 건축허가를 신청(건축허가를 신청하기 위하여 제4조에 따른 건축위원회에 심의를 신청	가. 학교(초등학교·중학교·고등학교·전문대학·대학교, 그 밖에 이에 준하는 각종 학교를 말한다) 나. 교육원(연수원, 그 밖에 이와 유사한 것을 포함한다) 다. 직업훈련소(동일한 건축물 안에서 그 용도에 쓰이는 바닥면적의 합계가 500제곱미터 이상인 것을 말하되, 운전·정비관련 직업훈련소를 제외한다) 라. 학원(자동차학원 및 무도학원을 제외한다) 마. 연구소(연구소에 준하는 시험소와 계측계량소를 포함한다) 바. 도서관 시설 교육연구 및 복지시설 중 다음 각 목의 어느 하나에 해당하는 것 가. 아동 관련 시설(영유아보육시설·아동복지시설·유치원, 그 밖에 이와 유사한 것을 말한다) 나. 노인복지시설 다. 그 밖에 다른 용도로 분류되지 아니한 사회복지시설 및 근로복지시설 노유자시설 교육연구 및 복지시설 중 다음 각 목의 어느 하나에 해당하는 것 가. 생활권수련시설(청소년수련관·청소년문화의집·유스호스텔, 그 밖에 이와 유사한 것을 말한다) 나. 자연권수련시설(청소년수련원·청소년야영장, 그 밖에 이와 유사한 것을 말한다) 수련시설 교육연구 및 복지시설 중 다음에 해당하는 것 지역아동센터 제1종 근린생활시설 교육연구 및 복지시설 중 다음에 해당하는 것 직업훈련소(동일한 건축물 안에서 그 용도에 쓰이는 바닥면적의 합계가 500제곱미터 미만인 것을 말하되, 운전·정비 관련 직업훈련소를 제외한다) 제2종 근린생활시설 교육연구 및 복지시설 중 다음에 해당하는 것 운전·정비관련 직업훈련소 자동차관련시설 공공용시설 중 다음에 해당하는 것 발전소(집단에너지공급시설을 포함한다)로 사용되는 건축물로서 발전시설

한 경우를 포함한다)하거나 건축신고(변경신고를 포함한다)를 하는 경우부터 적용한다.
제4조(공장의 건축허가 취소에 관한 경과조치) 이 법 시행 당시 건축허가를 받은 공장의 경우에는 제11조제7항의 개정규정에도 불구하고 종전의 규정에 따른다.
제5조(다른 법률의 개정) ① 국가통합교통체계효율화법 일부를 다음과 같이 개정한다.
제65조제1항제1호 중 "「건축법」 제20조제1항·제2항"을 "「건축법」 제20조제1항·제3항"으로 한다.
② 기업도시개발 특별법 일부를 다음과 같이 개정한다.
제34조의2제2항제1호 중 "제2항"을 "제3항"으로 한다.
③ 농업인등의 농외소득 활동 지원에 관한 법률 일부를 다음과 같이 개정한다.
제11조제2항제1호 중 "제2항"을 "제3항"으로 한다.
④ 물류시설의 개발 및 운영에 관한 법률 일부를 다음과 같이 개정한다.
제52조제1항제2호 중 "「건축법」 제20조제1항·제2항"을 "「건축법」 제20조제1항·제3항"으로 한다.
⑤ 산업집적활성화 및 공장설립에 관한 법률 일부를 다음과 같이 개정한다.
제13조의2제1항제15호 중 "제20조제1항·제2항"을 "제20조제1항·제3항"으로 한다.
제14조제1항제7호 중 "「건축법」 제20조제1항·제2항"을 "「건축법」 제20조제1항·제3항"으로 한다.
⑥ 제주특별자치도 설치 및 국제자유도시 조성을 위한 특별법 일부를 다음과 같이 개정한다.
제243조의2제2항 중 "제20조제1항부터 제3항까지"를 "제20조제2항부터 제4항까지"로 한다.
⑦ 중소기업창업 지원법 일부를 다음과 같이 개정한다.

제1종근린생활시설로 따로 분류되지 아니한 것	
공공용시설 중 다음 각 목의 어느 하나에 해당하는 것 가. 교도소(구치소·소년원 및 소년분류심사원을 포함한다) 나. 감화원, 그 밖에 범죄자의 갱생·보육·교육·보건 등의 용도에 쓰이는 시설 다. 군사시설	교정 및 군사시설
공공용시설 중 다음 각 목의 어느 하나에 해당하는 것 가. 방송국(방송프로그램 제작시설 및 송신·수신·중계시설을 포함한다) 나. 전신전화국 다. 촬영소, 그 밖에 이와 유사한 것 라. 통신용시설	방송통신시설

제5조 (다른 법령의 개정) 농지법 시행령 일부를 다음과 같이 개정한다.
제35조제2항제1호 나목중 "제3호 가목·라목 내지 사목"을 "제3호 가목·라목 내지 사목·자목"으로 한다.
제49조제3항제1호중 "제5호 나목 내지 바목, 제6호 라목 내지 사목, 제8호 다목·라목·바목, 제10호 내지 제12호, 제16호 나목 내지 바목 및 제21호"를 "제5호, 제8호, 제10호 다목·라목·바목, 제14호 내지 제16호, 제20호 나목 내지 바목 및 제27호"로 하고, 동항제2호중 "제3호 가목·다목 내지 사목"을 "제3호 가목·다목 내지 사목·자목"으로, "제5호 가목, 제8호 사목 내지 자목, 제9호, 제15호, 제16호 가목·사목·아목 및 제20호"를 "제6호, 제11호, 제12호, 제13호, 제19호, 제20호 가목·사목·아목 및 제26호"로 하며, 동항제4호중 "제6호 가목·나목, 제13호, 제14호"를 "제7호 가목·나목, 제17호, 제18호"로 한다.
별표 2 제25호의2의 시설구분란중 "제8호 나목·다목·아목 또는 자목"을 "제10호 나목·다목·제12호로 한

제35조제2항제10호 중 "제2항"을 "제3항"으로 한다.

　　부칙 <제12248호, 2014.1.14.> (도로법)
제1조(시행일) 이 법은 공포 후 6개월이 경과한 날부터 시행한다.
제2조부터 제23조까지 생략
제24조(다른 법률의 개정) ①부터 ⑤까지 생략
⑥ 건축법 일부를 다음과 같이 개정한다.
제11조제5항제8호 및 제9호를 각각 다음과 같이 한다.
　　8. 「도로법」 제36조에 따른 도로관리청이 아닌 자에 대한 도로공사 시행의 허가, 같은 법 제52조제1항에 따른 도로와 다른 시설의 연결 허가
　　9. 「도로법」 제61조에 따른 도로의 점용 허가
제22조제4항제7호를 다음과 같이 한다.
　　7. 「도로법」 제62조제2항에 따른 도로점용 공사의 준공확인
⑦부터 <126>까지 생략
제25조 생략

다.

　　부칙 <제19639호, 2006.8.4.> (산림자원의 조성 및 관리에 관한 법률 시행령)
제1조 (시행일) 이 영은 2006년 8월 5일부터 시행한다.
제2조 내지 제4조 생략
제5조 (다른 법령의 개정) ①및 ②생략
③건축법 시행령 일부를 다음과 같이 개정한다.
제8조제4항제10호중 ""「산림법」 제62조, 동법 제70조 및 동법 제90조"를 "「산림자원의 조성 및 관리에 관한 법률」 제36조제1항·제4항 및 제45조제1항·제2항"으로 한다.
④내지 <35>생략
제6조 생략

　　부칙 <제19714호, 2006.10.26.> (영화 및 비디오물의 진흥에 관한 법률 시행령)
제1조 (시행일) 이 영은 2006년 10월 29일부터 시행한다.
제2조 및 제3조 생략
제4조 (다른 법령의 개정) ①건축법 시행령 일부를 다음과 같이 개정한다.
별표 1 제4호 마목중 "「음반·비디오물 및 게임물에 관한 법률」 제2조제8호 가목 및 나목의 시설"을 "「영화 및 비디오물의 진흥에 관한 법률」 제2조제16호 가목 및 나목의 시설"로 한다.
②내지 ⑨생략
제5조 생략

　　부칙 <제19920호, 2007.2.28.>

①(시행일) 이 영은 공포한 날부터 시행한다.
②(일반적 경과조치) 이 영 시행 전에 건축허가를 받은 경우와 건축허가를 신청하거나 건축신고를 한 경우의 건축기준 등의 적용에 있어서는 종전의 규정에 따른다. 다만, 종전의 규정이 개정규정에 비하여 건축주에게 불리한 경우에는 개정규정에 따른다.
③(건축조례에 위임된 사항에 관한 경과조치) 제86조제2항 각 호 외의 부분 단서의 개정규정에 따라 건축조례에 위임된 사항은 해당 건축조례가 제정 또는 개정될 때까지 종전의 규정에 따른다.

부칙 <제19954호, 2007.3.23.> (다중이용업소의 안전관리에 관한 특별법 시행령)

제1조 (시행일) 이 영은 2007년 3월 25일부터 시행한다.
제2조 내지 제4조 생략
제5조 (다른 법령의 개정) ①건축법 시행령 일부를 다음과 같이 개정한다.
제61조제6호중 "「소방시설설치유지 및 안전관리에 관한 법률 시행령」 제13조"를 "「다중이용업소의 안전관리에 관한 특별법 시행령」 제2조"로 하고, 제119조제1항제2호 단서중 "「소방시설 설치유지 및 안전관리에 관한 법률 시행령」 제14조"를 "「다중이용업소의 안전관리에 관한 특별법 시행령」 제9조"로 한다.
②내지 ④생략
제6조 생략

부칙 <제20160호, 2007.7.3.>

이 영은 2007년 7월 4일부터 시행한다.

부칙 <제20222호, 2007.8.17.> (문화재보호법 시행령)

제1조 (시행일) 이 영은 공포한 날부터 시행한다.
제2조부터 제7조까지 생략
제8조 (다른 법령의 개정) ①건축법 시행령 일부를 다음과 같이 개정한다.
 제10조제1항제17호 중 "제20조"를 "제33조"로 한다.
 ② 부터 ⑭ 까지 생략
제9조 생략

부칙 <제20254호, 2007.9.10.> (전통사찰보존법 시행령)

제1조 (시행일) 이 영은 공포한 날부터 시행한다.
제2조 생략
제3조 (다른 법령의 개정) 건축법 시행령 일부를 다음과 같이 개정한다.
 제10조제1항제18호 중 "제6조의2"를 "제10조"로 한다.
제4조 생략

부칙 <제20506호, 2007.12.31.> (전자적 업무처리의 활성화를 위한 국유재산법 시행령 등 일부개정령)

이 영은 공포한 날부터 시행한다.

부칙 <제20647호, 2008.2.22.>

제1조 (시행일) 이 영은 공포한 날부터 시행한다. 다만, 제107조제2항제3호의 개정규정은 2008년 6월 22일부터 시행한다.
제2조 (용도변경에 관한 적용례) 제14조제5항제9호 및 별표 1의 개정규정은 이 영 시행 후 최초로 용도변경을

하는 분부터 적용한다.

제3조 (가설건축물에 관한 적용례) 제15조제5항제8호 및 같은 조 제10항의 개정규정은 이 영 시행 후 최초로 가설건축물을 신고하는 분부터 적용한다.

제4조 (건축조례에 위임된 사항에 관한 경과조치) 제5조제4항제3호의2 및 제15조제5항제12호의 개정규정에 따라 건축조례에 위임된 사항은 해당 건축조례가 제정 또는 개정될 때까지 종전의 규정에 따른다.

제5조 (기존 건축물의 용도분류에 관한 경과조치) 종전의 제14조제5항제6호가목의 의료시설 중 장례식장의 용도에 해당하는 건축물은 제14조제5항제9호의 개정규정에 따른 장례식장의 용도에 해당하는 것으로 보고, 종전의 별표 1 제9호다목의 장례식장의 용도에 해당하는 건축물은 별표 1 제28호의 개정규정에 따른 장례식장의 용도에 해당하는 것으로 본다.

제6조 (다른 법령의 개정) ① 국토의 계획 및 이용에 관한 법률 시행령 일부를 다음과 같이 개정한다.

별표 4 제2호마목 중 "격리병원 및 장례식장"을 "격리병원"으로 한다.

별표 5 제2호라목 중 "격리병원 및 장례식장"을 "격리병원"으로 한다.

별표 6 제2호라목 중 "격리병원 및 장례식장"을 "격리병원"으로 한다.

별표 7 제1호바목 중 "격리병원 및 장례식장"을 "격리병원"으로 하고, 같은 표 제2호마목을 삭제하며, 같은 호에 너목을 다음과 같이 신설한다.

너. 「건축법 시행령」 별표 1 제28호의 장례식장

별표 8 제2호에 파목을 다음과 같이 신설한다.

파. 「건축법 시행령」 별표 1 제28호의 장례식장

별표 9 제1호에 너목을 다음과 같이 신설한다.
　너.「건축법 시행령」별표 1 제28호의 장례식장
별표 10 제1호에 하목을 다음과 같이 신설한다.
　하.「건축법 시행령」별표 1 제28호의 장례식장
별표 11 제2호라목을 삭제하고, 같은 호에 너목을 다음과 같이 신설한다.
　너.「건축법 시행령」별표 1 제28호의 장례식장
별표 12 제2호바목 중 "의료시설(장례식장을 제외한다)"을 "의료시설"로 한다.
별표 13 제2호에 파목을 다음과 같이 신설한다.
　파.「건축법 시행령」별표 1 제28호의 장례식장
별표 14 제1호에 너목을 다음과 같이 신설한다.
　너.「건축법 시행령」별표 1 제28호의 장례식장
별표 15 제2호에 타목을 다음과 같이 신설한다.
　타.「건축법 시행령」별표 1 제28호의 장례식장
별표 16 제2호에 거목을 다음과 같이 신설한다.
　거.「건축법 시행령」별표 1 제28호의 장례식장
별표 17 제1호에 더목을 다음과 같이 신설한다.
　더.「건축법 시행령」별표 1 제28호의 장례식장
별표 18 제2호에 파목을 다음과 같이 신설한다.
　파.「건축법 시행령」별표 1 제28호의 장례식장
별표 19 제2호에 너목을 다음과 같이 신설한다.
　너.「건축법 시행령」별표 1 제28호의 장례식장
별표 20 제1호에 러목을 다음과 같이 신설한다.
　러.「건축법 시행령」별표 1 제28호의 장례식장
별표 21 제2호에 파목을 다음과 같이 신설한다.
　파.「건축법 시행령」별표 1 제28호의 장례식장
별표 26 제2호에 러목을 다음과 같이 신설한다.
　러.「건축법 시행령」별표 1 제28호의 장례식장

별표 27 제1호에 거목을 다음과 같이 신설한다.
　　거. 「건축법 시행령」 별표 1 제28호의 장례식장
② 대덕연구개발특구 등의 육성에 관한 특별법 시행령 일부를 다음과 같이 개정한다.
별표 3 제8호 중 "격리병원 및 장례식장"을 "격리병원"으로 한다.
별표 4 제8호 중 "격리병원 및 장례식장"을 "격리병원"으로 한다.
별표 5 제7호 중 "격리병원 및 장례식장"을 "격리병원"으로 한다.
별표 6 제6호 중 "격리병원 및 장례식장"을 "격리병원"으로 한다.
별표 8 제8호 중 "격리병원 및 장례식장"을 "격리병원"으로 한다.

　　부칙 <제20722호, 2008.2.29.> (국토해양부와 그 소속기관 직제)
제1조(시행일) 이 영은 공포한 날부터 시행한다. 다만, 부칙 제6조에 따라 개정되는 대통령령 중 이 영의 시행 전에 공포되었으나 시행일이 도래하지 아니한 대통령령을 개정한 부분은 각각 해당 대통령령의 시행일부터 시행한다.
제2조부터 제5조까지 생략
제6조(다른 법령의 개정) ① 부터 ⑧ 까지 생략
　⑨ 건축법 시행령 일부를 다음과 같이 개정한다.
제2조제1항제15호 후단, 제5조제1항제2호, 제5조제3항 각 호 외의 부분, 제6조의3제1항 각 호 외의 부분 후단, 제14조제3항 전단, 제19조제8항, 제22조의2제4항 본문, 제22조의2제6항, 제22조의3제1항제1호ㆍ제2항 각 호 외의

	부분·제4항 및 제5항, 제27조제3항 전단, 제46조제1항 각 호 외의 부분 본문·제4항제4호, 제91조제5항, 제105조제2항제3호, 제107조제3항 각 호 외의 부분 및 같은 항 제6호·제4항 각 호 외의 부분 전단·제5항, 제108조제4항·제5항, 제120조제1항 및 별표 1 제14호나목 중 "건설교통부장관"을 각각 "국토해양부장관"으로 한다. 제2조제1항제7호·제7호의2 및 제8호부터 제11호까지, 제5조제2항, 제6조제2항제2호나목, 제6조의2제1항제4호, 제8조제6항, 제9조제1항 본문·제2항, 제10조의2제1항제5호, 제15조제8항 본문·제9항, 제17조제2항, 제19조제6항제3호·제7항 각 호 외의 부분, 제22조제1항 본문·제3항, 제22조의2제4항 본문, 제23조제2항 전단, 제25조제3호, 제27조제1항제8호, 제32조제1항 각 호 외의 부분·제2항제3호·제4호, 제34조제2항 각 호 외의 부분, 제35조제1항 각 호 외의 부분 본문, 제38조 각 호 외의 부분, 제39조제1항 각 호 외의 부분·제2항, 제40조제3항, 제46조제1항 각 호 외의 부분 본문, 제47조제1항 각 호 외의 부분 단서, 제48조제1항·제2항, 제50조, 제51조제1항·제2항 본문, 제52조 각 호 외의 부분, 제53조 각 호 외의 부분, 제54조, 제56조제1항제4호 단서, 제57조제2항·제3항, 제61조제4호가목부터 다목까지, 제64조, 제86조제4항 본문, 제87조제2항, 제90조제3항, 제91조제2항·제6항, 제91조의3제1항 각 호 외의 부분·제2항·제3항, 제105조제2항제2호·제4항 각 호 외의 부분 및 같은 항 제6호, 제108조제1항제4호, 제110조, 제115조제2항, 제115조의2제3항, 제118조제2항·제4항, 제119조제1항제2호 단서, 제119조의2제1항, 제120조제4항 중 "건설교통부령"을 각각 "국토해양부령"으로 한다. 제5조제1항 각 호 외의 부분 중 "건설교통부"를 "국토해

양부"로 한다.
제87조제4항 중 "정보통신부령이 정하는"을 "방송통신위원회가 정하여 고시하는"으로 한다.
⑩ 부터 <138> 까지 생략

부칙 <제20782호, 2008.5.15.>
제1조 (시행일) 이 영은 공포한 날부터 시행한다.
제2조 (기존 건축물의 용도 분류에 대한 경과조치) 이 영 시행 당시의 건축물 중 다음 표의 왼쪽란에 해당하는 건축물은 같은 표의 오른쪽란의 용도에 해당하는 것으로 본다.

대상 건축물	개정된 용도
제1종 근린생활시설 중 다음에 해당하는 것 「철도건설법」 제2조제6호에 따른 역시설에 포함된 것	운수시설
제2종 근린생활시설 중 다음에 해당하는 것 「철도건설법」 제2조제6호에 따른 역시설에 포함된 것	운수시설
판매시설 중 다음 각 목의 어느 하나에 해당하는 것 　가. 서점 　나. 「게임산업진흥에 관한 법률」 제2조제6호의2가목에 따른 시설 및 같은 조 제8호에 따른 복합유통게임제공업의 시설(청소년이용불가 게임물을 제공하는 경우는 제외한다)로서 같은 건축물 안에서 그 용도에 쓰이는 바닥면적의 합계가 150제곱미터 이상 500제곱미터 미만인 것 　다. 「게임산업진흥에 관한 법률」 제2조제7호에 따른 인터넷컴퓨터게임시설제공업의 시설로서 같은 건축물 안에서 그 용도에 쓰이는 바닥면적의 합계가 150제곱미터 이상 300제곱미터 미만인 것	제2종근린생활시설
위락시설 중 다음에 해당하는 것 　물놀이형시설로서 같은 건축물 안에서 그 용도에 쓰이는 바닥면적의 합계가 500제곱미터 미만인 것	제2종근린생활시설

	위락시설 중 다음에 해당하는 것 물놀이형시설로서 같은 건축물 안에서 그 용도에 쓰이는 바닥면적의 합계가 500제곱미터 이상인 것	운동시설

    부칙 <제20791호, 2008.5.26.> (장사 등에 관한 법률 시행령)

제1조 (시행일) 이 영은 공포한 날부터 시행한다.
제2조 및 제3조 생략
제4조 (다른 법령의 개정) ① 건축법 시행령 일부를 다음과 같이 개정한다.
  제56조제1항제3호 및 제6호 단서 중 "화장장"을 각각 "화장시설"로 한다.
  별표 1 제26호가목부터 다목까지를 각각 다음과 같이 한다.
    가. 화장시설
    나. 봉안당(종교시설에 해당하는 것은 제외한다)
    다. 묘지와 자연장지에 부수되는 건축물
② 부터 <18> 까지 생략

    부칙 <제20947호, 2008.7.29.> (자본시장과 금융투자업에 관한 법률 시행령)

제1조(시행일) 이 영은 2009년 2월 4일부터 시행한다. <단서 생략>
제2조부터 제25조까지 생략
제26조(다른 법령의 개정) ① 부터 ③ 까지 생략
 ④ 건축법 시행령 일부를 다음과 같이 개정한다.
  제10조의2제1항제4호를 다음과 같이 한다.
    4. 「자본시장과 금융투자업에 관한 법률 시행령」제192조에 따른 증권

⑤ 부터 <113> 까지 생략
제27조 및 제28조 생략

　　　부칙 <제21025호, 2008.9.22.> (군사기지 및 군사시설 보호법 시행령)
제1조(시행일) 이 영은 공포한 날부터 시행한다.
제2조 및 제3조 생략
제4조(다른 법령의 개정) ① 건축법 시행령 일부를 다음과 같이 개정한다.
　　제10조제1항제1호를 다음과 같이 하고, 같은 항 제2호 및 제3호를 각각 삭제한다.
　　　1. 「군사기지 및 군사시설 보호법」 제13조
　② 부터 <26> 까지 생략

　　　부칙 <제21098호, 2008.10.29.>
제1조(시행일) 이 영은 공포한 날부터 시행한다. 다만, 제10조제1항제15호의 개정규정은 2009년 1월 1일부터 시행한다.
제2조(시행일에 따른 경과조치) 부칙 제1조 단서에 따라 제10조제1항제15호가 시행되기 전까지는 같은 호는 다음과 같이 규정된 것으로 본다.
　　　15. 「도시교통정비촉진법」 제16조 및 제18조
제3조(건축조례에 위임된 사항에 관한 경과조치) 제6조제2항제3호 및 제82조제4항의 개정규정에 따라 건축조례에 위임된 사항은 해당 건축조례가 제정 또는 개정될 때까지 종전의 규정에 따른다.
제4조(다른 법령의 개정) ① 건설산업기본법 시행령 일부를 다음과 같이 개정한다.
　　제37조제3호 중 "「건축법」 제8조의 규정에 의한"을 "

「건축법」 제11조에 따른"으로 한다.

② 건축사법 시행령 일부를 다음과 같이 개정한다.

별표 1 제2호 위반사항란의 제6호나목 중 "「건축법」 제21조제5항의 규정에 의한"을 "「건축법」 제25조제5항에 따른"으로 하고, 같은 호 다목 중 "「건축법」 제23조의 규정에 의한"을 "「건축법」 제27조에 따른"으로 한다.

별표 1 제2호 위반사항란의 제9호가목 중 "「건축법」 제21조제2항 또는 제3항의 규정에 의한"을 "「건축법」 제25조제2항 또는 제3항에 따른"으로 하고, 같은 호 나목 중 "「건축법」 제21조제7항의 규정에 의한"을 "「건축법」 제25조제7항에 따른"으로 하며, 같은 호 다목 중 "「건축법」 제23조의 규정에 의한"을 "「건축법」 제27조에 따른"으로 하고, 같은 호 라목 중 "「건축법」 제24조의 규정에 의한"을 "「건축법」 제28조에 따른"으로 하며, 같은 호 마목 중 "「건축법」 제30조 및 동법 제31조의 규정에 의한"을 "「건축법」 제40조 및 같은 법 제41조에 따른"으로 하고, 같은 호 바목 중 "「건축법」 제33조 내지 동법 제37조의 규정에 의한"을 "「건축법」 제44조부터 제47조까지의 규정에 따른"으로 하며, 같은 호 사목 중 "「건축법」 제38조의 규정에 의한"을 "「건축법」 제48조에 따른"으로 하고, 같은 호 아목 중 "「건축법」 제39조 내지 제41조 및 동법 제43조의 규정에 의한"을 "「건축법」 제49조부터 제52조까지의 규정에 따른"으로 하며, 같은 호 자목 중 "「건축법」 제44조, 동법 제47조 내지 제49조, 동법 제50조의2, 동법 제51조, 동법 제53조 내지 제55조 및 동법 제67조의 규정을"을 "「건축법」 제43조, 제53조, 제55조부터 제57조까지 및 제59조부터 제62조까지를"로 한다.

③ 공유재산 및 물품관리법 시행령 일부를 다음과 같이 개정한다.

제29조제1항제9호 및 제38조제1항제4호 중 "「건축법」 제49조제1항의 규정에 의한"을 각각 "「건축법」 제57조제1항에 따른"으로 한다.

④ 과세자료의 제출 및 관리에 관한 법률 시행령 별표 제11호의 과세자료명란 중 "「건축법」 제16조제1항"을 "「건축법」 제21조제1항"으로 한다.

⑤ 국토의 계획 및 이용에 관한 법률 시행령 일부를 다음과 같이 개정한다.

별표 1 제9호 중 "「건축법 시행령」 제2조제1항제14호나목"을 "「건축법 시행령」 제2조제13호나목"으로 한다.

⑥ 다중이용업소의 안전관리에 관한 특별법 시행령 일부를 다음과 같이 개정한다.

제3조 각 호 외의 부분 단서에서 "「건축법」 제43조"를 "「건축법」 제52조"로 한다.

⑦ 대덕연구개발특구 등의 육성에 관한 특별법 시행령 일부를 다음과 같이 개정한다.

별표 2 제5호 중 "초등학교"를 "유치원 및 초등학교"로 한다.

별표 3 제9호 중 "초등학교"를 "유치원, 초등학교"로 한다.

별표 4 제9호 중 "초등학교"를 "유치원, 초등학교"로 한다.

별표 5 제8호 중 "교육연구시설(자동차학원 및 무도학원을 제외한 학원에 한한다)"을 "교육연구시설 중 유치원 및 학원(자동차학원 및 무도학원은 제외한다)"으로 한다.

별표 6 제7호 중 "연수원"을 "유치원 및 연수원"으로 한다.
⑧ 도로교통법 시행령 일부를 다음과 같이 개정한다.
별표 5 제12호 중 "「건축법」 제15조제1항"을 "「건축법」 제20조제1항"으로 한다.
⑨ 도시공원 및 녹지 등에 관한 법률 시행령 일부를 다음과 같이 개정한다.
별표 2 제2호가목의 건축물의 건축 또는 공작물의 설치의 범위란 중 "「건축법」 제15조의 규정에 의한"을 "「건축법」 제20조에 따른"으로 한다.
⑩ 도시 및 주거환경정비법 시행령 일부를 다음과 같이 개정한다.
제2조제1항제1호 중 "「건축법」 제49조제1항의 규정에 의하여"를 "「건축법」 제57조제1항에 따라"로 한다.
제6조 각 호 외의 부분 본문 및 단서에서 "「건축법」 제8조의 규정에 의한"을 각각 "「건축법」 제11조에 따른"으로 한다.
제9조제3항제7호 중 "「건축법」 제47조의 규정에 의한"을 "「건축법」 제55조에 따른"으로, "「건축법」 제48조의 규정에 의한"을 "「건축법」 제56조에 따른"으로 한다.
제43조제3호 중 "「건축법」 제33조의 규정에 의한"을 "「건축법」 제44조에 따른"으로 하고, 같은 조 제4호 중 "「건축법」 제36조의 규정에 의한"을 "「건축법」 제46조에 따른"으로 하며, 같은 조 제5호 중 "「건축법」 제53조의 규정에 의한"을 "「건축법」 제61조에 따른"으로 한다.
별표 2 제2호 각 목 외의 부분 단서 중 "「건축법」 제49조의"를 "「건축법」 제57조에 따른"으로 한다.

⑪ 도시재정비 촉진을 위한 특별법 시행령 일부를 다음과 같이 개정한다.
제14조제1항제2호 중 "「건축법」 제51조"를 "「건축법」 제60조"로 한다.
⑫ 민방위기본법 시행령 일부를 다음과 같이 개정한다.
제15조제1항제1호 중 "「건축법」 제2조제1항제4호"를 "「건축법」 제2조제1항제5호"로 한다.
⑬ 산지관리법 시행령 일부를 다음과 같이 개정한다.
제26조제1항제1호가목 중 "「건축법」 제18조의 규정에 의한"을 "「건축법」 제22조에 따른"으로 한다.
⑭ 소기업 및 소상공인 지원을 위한 특별조치법 시행령 일부를 다음과 같이 개정한다.
제3조의2제1항 각 호 외의 부분 중 "동법 제8조 또는 제9조의 규정에 의하여"를 "같은 법 제11조 또는 제14조에 따라"로 한다.
⑮ 소방기본법 시행령 일부를 다음과 같이 개정한다.
별표 1 난로의 내용란의 제3호카목 중 "「건축법」 제15조의 규정에 의한"을 "「건축법」 제20조에 따른"으로 하고, 같은 표 노·화덕설비의 내용란의 제4호가목 중 "「건축법」 제2조제6호의 규정에 의한"을 "「건축법」 제2조제1항제7호에 따른"으로 한다.
<16> 수산업법 시행령 일부를 다음과 같이 개정한다.
별표 2의2 제2호사목 중 "초등학교"를 "유치원·초등학교"로 한다.
<17> 어촌·어항법 시행령 일부를 다음과 같이 개정한다.
제35조제3호 중 "「건축법」 제2조제1항제3호 및 제6호의 규정에 따른 건축설비와 주요 구조물"을 "「건축법」 제2조제1항제4호에 따른 건축설비와 같은 항 제7

	호에 따른 주요구조부"로 한다. <18> 옥외광고물 등 관리법 시행령 일부를 다음과 같이 개정한다. 제19조제5항제3호 중 "「건축법」 제18조의 규정에 의한"을 "「건축법」제22조에 따른"으로 한다. <19> 외국인투자촉진법 시행령 일부를 다음과 같이 개정한다. 별표 2 제3호의 구분란 중 "「건축법」 제8조"를 "「건축법」 제11조"로 하고, 같은 표 제5호의 구분란 중 "「건축법」 제18조"를 "「건축법」제22조"로 한다. <20> 자연재해대책법시행령 일부를 다음과 같이 개정한다. 제15조제2호라목 중 "「건축법」 제2조 및 동법 시행령 제3조의 규정에 의한"을 "「건축법 시행령」 별표 1 제3호아목에 따른"으로 한다. <21> 자연환경보전법 시행령 일부를 다음과 같이 개정한다. 제15조제1항제2호가목 중 "일반목욕장"을 "목욕장"으로 하고, 같은 호 나목 중 "총포판매소"를 "총포판매사"로 하며, 같은 호 다목 중 "동표 제7호 가목"을 "같은 표 제9호가목"으로 하고, 같은 호 라목 중 "동표 제17호 가목 또는 마목"을 "같은 표 제21호가목 또는 마목"으로 한다. <22> 재래시장 및 상점가 육성을 위한 특별법 시행령 일부를 다음과 같이 개정한다. 제11조제2호 중 "「건축법」 제8조"를 "「건축법」 제11조"로 한다. <23> 재해위험 개선사업 및 이주대책에 관한 특별법 시행령 일부를 다음과 같이 개정한다.	

제12조제1항제3호 중 "「건축법」 제25조"를 "「건축법」 제29조"로 한다.

<24> 전기통신설비의 기술기준에 관한 규정 일부를 다음과 같이 개정한다.

제17조제1항 본문 중 "「건축법」 제8조제1항"을 "「건축법」 제11조제1항"으로 한다.

<25> 전자정부법 시행령 일부를 다음과 같이 개정한다.

별표 제3호 중 "「건축법」 제29조"를 "「건축법」 제38조"로 한다.

<26> 정보통신공사업법 시행령 일부를 다음과 같이 개정한다.

제16조제1항제5호 및 같은 조 제2항제4호 중 "「건축법」 제15조"를 각각 "「건축법」 제20조"로 한다.

제22조제3항제5호 중 "「건축법」 제15조"를 "「건축법」 제20조"로 한다.

제35조제1항제2호 중 "「건축법」 제9조"를 "「건축법」 제14조"로 한다.

<27> 종합부동산세법 시행령 일부를 다음과 같이 개정한다.

제3조제1항제4호다목 중 "「건축법」 제18조"를 "「건축법」 제22조"로 한다.

제4조제1항제3호나목 중 "「건축법」 제8조의 규정에 의한"을 "「건축법」 제11조에 따른"으로 한다.

<28> 주차장법 시행령 일부를 다음과 같이 개정한다.

제10조제1항 본문 중 "「건축법」 제18조의 규정에 의한"을 "「건축법」 제22조에 따른"으로 한다.

<29> 주택건설기준 등에 관한 규정 일부를 다음과 같이 개정한다.

제11조 단서 중 "「건축법」 제44조의 규정에 의한"을 "

	「건축법」제53조에 따른"으로 한다. 제15조제5항 중 ""「건축법」 제57조의 규정은"을 ""「건축법」 제64조는"으로 한다. 제24조 중 ""「건축법」제38조 내지 제41조, 제43조·제55조 및 제59조"를 ""「건축법」 제48조부터 제52조까지, 제62조 및 제66조"로 한다. 제29조제1항 단서 중 ""「건축법」 제32조의 규정을"을 ""「건축법」 제42조를"로 한다. 제56조제2항 중 ""「건축법」 제30조 및 제31조제1항의 규정"을 ""「건축법」 제40조 및 같은 법 제41조제1항"으로 한다. <30> 주택법 시행령 일부를 다음과 같이 개정한다. 제4조의2 중 ""「건축법」 제18조"를 ""「건축법」 제22조"로, ""「건축법」 제29조"를 ""「건축법」 제38조"로 한다. 제38조제1항제3호다목 중 ""「건축법」 제8조"를 ""「건축법」 제11조"로 한다. 제42조의4제1항 중 ""「건축법」 제8조"를 ""「건축법」 제11조"로 한다. 제46조제2항 중 ""「건축법」 제8조의 규정에 의한"을 ""「건축법」 제11조에 따른"으로 하고, 같은 조 제3항 중 ""「건축법」 제8조"를 ""「건축법」 제11조"로 한다. 제48조 각 호 외의 부분 및 같은 조 제4호 중 ""「건축법」 제8조"를 각각 ""「건축법」 제11조"로 한다. 제60조제3항제4호 중 ""「건축법」 제8조의 규정에 의하여"를 ""「건축법」 제11조에 따른"으로 한다. 별표 3 제1호의 부대시설 및 입주자 공유인 복리시설의 허가기준 란 중 ""「건축법」 제8조의 규정에 의한"을 ""「건축법」 제11조에 따른"으로 한다.	

<31> 지방소도읍육성지원법시행령 일부를 다음과 같이 개정한다.

별표 제4호 각 목 외의 부분 중 "건축시행령 별표 1 제6호의 판매 및 영업시설"을 "「건축법 시행령」 별표 1 제7호의 판매시설"로 하고, 같은 호 다목부터 바목까지를 삭제하며, 같은 표에 제4호의2를 다음과 같이 신설한다.

  4의2. 「건축법 시행령」 별표 1 제8호의 운수시설 중 다음의 것
    가. 여객자동차터미널 및 화물터미널
    나. 철도시설
    다. 공항시설
    라. 항만시설 및 종합여객시설

별표 제5호 각 목 외의 부분 중 "건축법시행령 별표 1 제7호"를 "「건축법 시행령」 별표 1 제9호"로 하고, 같은 표 제6호 각 목 외의 부분 중 "건축법시행령 별표 1 제8호의 교육연구 및 복지시설"을 "「건축법 시행령」 별표 1 제10호의 교육연구시설"로 하며, 같은 호 바목부터 아목까지를 삭제하고, 같은 표에 제6호의2 및 제6호의3을 각각 다음과 같이 신설한다.

  6의2. 「건축법 시행령」 별표 1 제11호의 노유자시설 중 다음의 것
    가. 아동 관련 시설: 해당 용도로 쓰이는 바닥면적의 합계가 500제곱미터 이상이거나 수용 인원이 50명 이상인 것
    나. 노인복지시설: 해당 용도로 쓰이는 바닥면적의 합계가 500제곱미터 이상이거나 수용 인원이 50명 이상인 것
    다. 그 밖에 다른 용도로 분류되지 아니한 사회복지

시설 및 근로복지시설: 해당 용도로 쓰이는 바닥면적의 합계가 500제곱미터 이상이거나 수용 인원이 50명 이상인 것

6의3. 「건축법 시행령」 별표 1 제12호의 수련시설

별표 제7호 각 목 외의 부분 중 "건축법시행령 별표 1 제9호"를 "「건축법 시행령」 별표 1 제13호"로 하고, 같은 표 제8호 중 "건축법시행령 별표 1 제10호"를 "「건축법 시행령」 별표 1 제14호"로 하며, 같은 표 제9호 중 "건축법시행령 별표 1 제11호 나목"을 "「건축법 시행령」 별표 1 제15호나목"으로 하고, 같은 표 제10호 중 "건축법시행령 별표 1 제13호"를 "「건축법 시행령」 별표 1 제17호"로 하며, 같은 표 제11호 중 "건축법시행령 별표 1 제21호 가목"을 "「건축법 시행령」 별표 1 제27호가목"으로 한다.

<32> 지방자치단체를 당사자로 하는 계약에 관한 법률 시행령 일부를 다음과 같이 개정한다.

제127조제3호 중 "「건축법」 제19조"를 "「건축법」 제23조"로 한다.

<33> 폐기물처리시설 설치촉진 및 주변지역지원 등에 관한 법률 시행령 일부를 다음과 같이 개정한다.

제11조의4제2항 중 "「건축법」 제49조의 규정에 의한"을 "「건축법」 제57조에 따른"으로 한다.

<34> 학교시설사업촉진법시행령 일부를 다음과 같이 개정한다.

제9조제1항 중 "건축법 제72조의 규정에 의하여"를 "「건축법」 제83조에 따라"로, "건축법이"를 "「건축법」이"로 한다.

<35> 한국토지공사법 시행령 일부를 다음과 같이 개정한다.

제28조제1항제1호 중 "「건축법」 제49조제1항"을 "「건축법」 제57조제1항"으로 한다.

<36> 항만법 시행령 일부를 다음과 같이 개정한다.

제42조제2항 중 "「건축법」제18조"를 "「건축법」 제22조"로 한다.

<37> 행정권한의 위임 및 위탁에 관한 규정 일부를 다음과 같이 개정한다.

제29조제2항제2호 중 "「건축법」 제8조제6항 및 제9조제2항의 규정에 의한"을 "「건축법」 제11조제6항 및 제14조제2항에 따른"으로 한다.

<38> 환경개선비용 부담법 시행령 일부를 다음과 같이 개정한다.

제4조제1항제4호 중 "「건축법 시행령」 별표 1 제14호의 규정에 의한"을 "「건축법 시행령」 별표 1 제18호에 따른"으로 하고, 같은 항 제5호 중 "「건축법 시행령」 별표 1 제15호 다목 및 라목의 규정에 의한"을 "「건축법 시행령」 별표 1 제19호다목 및 라목에 따른"으로 하며, 같은 항 제6호 중 "「건축법 시행령」 별표 1 제16호 가목의 규정에 의한"을 "「건축법 시행령」 별표 1 제20호 가목에 따른"으로 하고, 같은 항 제7호 중 "「건축법 시행령」 별표 1 제17호 가목의 규정에 의한"을 "「건축법 시행령」 별표 1 제21호가목에 따른"으로 하며, 같은 항 제8호 중 "「건축법 시행령」 별표 1 제17호 마목 내지 아목의 규정에 의한"을 "「건축법 시행령」 별표 1 제21호마목부터 아목까지에 따른"으로 하고, 같은 항 제9호 중 "「건축법 시행령」 별표 1 제19호 다목의 규정에 의한"을 "「건축법 시행령」 별표 1 제23호다목에 따른"으로 한다.

별표 4 제1호의 용도란 중 "일반목욕장"을 "목욕장"으로 하고, 같은 표 제5호의 용도란 중 "의료시설"을 "의료시설, 장례식장"으로 하며, 같은 표 제6호의 용도란 각 목 외의 부분 중 "건축법시행령 별표 1 제8호 가목 내지 바목"을 "「건축법 시행령」 별표 1 제10호가목부터 바목까지"로 하고, 같은 란 중 나목을 다음과 같이 한다.
　나. 그 밖의 교육연구시설(유치원은 제외한다)
별표 4 제8호의 용도란 중 "건축법시행령 별표 1 제3호 바목 내지 아목"을 "「건축법 시행령」 별표 1 제3호바목부터 아목까지"로, "동표 제17호 가목 내지 라목의 동물관련시설"을 "같은 표 제21호 가목부터 라목까지의 시설"로, "동표 제19호 마목 내지 아목의 공공용시설"을 "같은 표 제23호의 교정 및 군사시설, 같은 표 제24호의 방송통신시설 및 같은 표 제25호의 발전시설"로 하고, 같은 표 제9호의 용도란을 다음과 같이 한다.

9. 「건축법 시행령」 별표 1 제10호가목의 학교 중 유치원, 같은 표 제11호의 노유자시설, 같은 표 제12호의 수련시설 및 같은 표 제15호의 숙박시설

별표 4 제10호의 용도란 중 "건축법시행령 별표 1 제6호 가목 내지 다목(상점에 한한다)"을 "「건축법 시행령」 별표 1 제7호 가목부터 다목(상점만 해당한다)까지"로 하고, 같은 표 제11호란을 삭제하며, 같은 표 제13호의 용도란을 다음과 같이 하고, 같은 표 비고란의 제1호 중 "건축법시행령 별표 1"을 "「건축법 시행령」 별표 1"로 한다.

13. 「건축법 시행령」 별표 1 제8호의 운수시설

부칙 <제21445호, 2009.4.21.> (보금자리주택건설 등에 관한 특별법 시행령)

제1조(시행일) 이 영은 공포한 날부터 시행한다. <단서 생략>

제2조(다른 법령의 개정) ① 생략

② 건축법 시행령 일부를 다음과 같이 개정한다.

제105조제1항제5호를 다음과 같이 한다.

5. 「보금자리주택건설 등에 관한 특별법」 제2조제2호에 따른 보금자리주택지구

③ 부터 <24> 까지 생략

제3조 생략

      부칙 <제21528호, 2009.6.9.> (전통사찰의 보존 및 지원에 관한 법률 시행령)

제1조(시행일) 이 영은 공포한 날부터 시행한다.

제2조(다른 법령의 개정) ① 생략

② 건축법 시행령 일부를 다음과 같이 개정한다.

제10조제1항제17호를 다음과 같이 한다.

17. 「전통사찰의 보존 및 지원에 관한 법률」 제10조

③ 부터 ⑧ 까지 생략

제3조 생략

      부칙 <제21565호, 2009.6.26.> (한국농어촌공사 및 농지관리기금법 시행령)

제1조(시행일) 이 영은 2009년 6월 30일부터 시행한다. 다만, ···<생략>··· 부칙 제3조는 공포한 날부터 시행한다.

제2조 생략

제3조(다른 법령의 개정) ① 및 ② 생략

③ 건축법 시행령 일부를 다음과 같이 개정한다.

제106조제1항제8호를 다음과 같이 한다.

| | 8. 「한국농어촌공사 및 농지관리기금법」에 따른 한국농어촌공사
④ 부터 <48> 까지 생략
제4조 생략

　　부칙 <제21590호, 2009.6.30.> (한시적 행정규제 유예 등을 위한 건축법 시행령 등 일부 개정령)
제1조(시행일) 이 영은 2009년 7월 1일부터 시행한다. 다만, 제8조 및 제9조의 개정규정은 2010년 1월 1일부터 시행한다.
제2조(「농지법 시행령」 개정에 따른 유효기간 등) ① 「농지법 시행령」 별표 2 제46호란의 개정규정은 2011년 6월 30일까지 효력을 가진다.
② 「농지법 시행령」 별표 2 제46호란의 개정규정은 이 영 시행 후 최초로 농지전용허가(변경허가의 경우와 다른 법률에 따라 농지전용허가 또는 그 변경허가가 의제되는 인가 또는 허가 등의 경우를 포함한다. 이하 이 항에서 같다)를 신청하거나 농지전용신고(변경신고를 포함한다. 이하 이 항에서 같다)를 하는 것부터 적용하고, 2011년 6월 30일까지 농지전용허가를 신청하거나 농지전용신고를 하는 것에 대하여도 이를 적용한다.
제3조(「관광진흥법 시행령」 개정에 따른 적용례) 「관광진흥법 시행령」 제32조제1호의 개정규정은 이 영 시행 전에 법 제15조에 따른 사업계획의 승인을 받거나 승인을 신청한 자에 대하여도 적용한다.
제4조(「산업입지 및 개발에 관한 법률 시행령」의 개정에 따른 적용례 등) ① 「산업입지 및 개발에 관한 법률 시행령」 제40조제2항의 개정규정은 이 영 시행 후 최초로 분양계획서를 작성하는 분부터 적용한다. | |

② 「산업입지 및 개발에 관한 법률 시행령」 제40조제2항의 개정규정에 따라 조례에 위임된 사항은 해당 조례가 제정 또는 개정될 때까지 종전의 규정에 따른다.

제5조(「고용보험법 시행령」의 개정에 따른 경과조치) 「고용보험법 시행령」 제13조제1항제2호의 개정규정은 이 영 시행 후 최초로 「고용보험법 시행령」 제13조제1항에 따라 근로시간을 단축한 사업장부터 적용한다.

제6조(「부동산개발업의 관리 및 육성에 관한 법률 시행령」의 개정에 따른 경과조치) 이 영 시행 전의 행위에 대한 과태료의 적용은 종전의 규정에 따른다.

제7조(「신항만건설촉진법 시행령」의 개정에 따른 경과조치) 이 영 시행 당시 종전의 규정에 따라 신항만건설사업실시계획 승인 신청기간의 연장을 받아 그 기간 중에 있는 자에 대하여는 「신항만건설촉진법 시행령」 제9조제5항 후단의 개정규정을 적용하되, 같은 개정규정에 따라 1회의 연장을 받은 것으로 본다.

제8조(「자원의 절약과 재활용촉진에 관한 법률 시행령」의 개정에 따른 경과조치) 이 영 시행 전의 행위에 대한 과태료의 적용은 종전의 규정에 따른다.

제9조(「하수도법 시행령」의 개정에 따른 경과조치) ① 「하수도법 시행령」 제38조제2항제2호가목의 개정규정에 따른 최초의 재교육은 이 영 시행 전에 실시한 가장 최근의 재교육 완료일부터 기산하여 5년이 되는 날이 속하는 해에 실시한다.

② 「하수도법 시행령」 제38조제2항제2호나목의 개정규정은 이 영 시행 후 최초로 해당 영업정지처분을 받은 경우부터 적용한다.

부칙 <제21626호, 2009.7.7.> (규제일몰제 적용을 위

한 옥외광고물 등 관리법 시행령 등 일부개정령)
이 영은 공포한 날부터 시행한다.

부칙 <제21629호, 2009.7.16.>
제1조(시행일) 이 영은 공포한 날부터 시행한다.
제2조(일반적 경과조치) 이 영 시행 당시 다음 각 호의 어느 하나에 해당하는 경우 건축기준 등의 적용에 있어서는 종전의 규정에 따른다. 다만, 종전의 규정이 개정규정에 비하여 건축주, 시공자 또는 공사감리자에게 불리한 경우에는 개정규정에 따른다.
1. 건축허가를 받은 경우
2. 건축허가를 신청한 경우나 건축허가를 신청하기 위하여 제5조에 따른 건축위원회의 심의를 신청한 경우
3. 건축하려는 대지에 「국토의 계획 및 이용에 관한 법률」 제30조제6항에 따라 지구단위계획에 관한 도시관리계획 결정의 고시(다른 법률에 따라 의제되는 경우를 포함한다)가 있는 경우. 다만, 지구단위계획에 포함된 건축기준에 대해서만 종전의 규정을 적용할 수 있다.
제3조(건축조례에 위임된 사항에 관한 경과조치) 이 영에 따라 건축조례에 위임된 사항은 해당 건축조례가 제정 또는 개정될 때까지 종전의 규정에 따른다.
제4조(의료시설에 설치된 장례식장에 관한 경과조치) 이 영 시행 당시 별표 1 제9호가목의 병원 중 종합병원, 병원, 한방병원 및 요양병원에 설치되어 있는 장례식장은 의료시설의 부수시설로 본다.
제5조(다른 법령의 개정) ① 국토의 계획 및 이용에 관한 법률 시행령 일부를 다음과 같이 개정한다.
제41조제5항제2호의2 중 "같은 호 차목 및 타목"을 "같

은 호 차목·타목 및 파목"으로 한다.
별표 2 제2호사목 중 "초등학교"를 "유치원·초등학교"로 한다.
별표 3 제2호라목 중 "초등학교"를 "유치원·초등학교"로 한다.
별표 4 제1호라목 중 "초등학교"를 "유치원·초등학교"로 하고, 같은 표 제2호차목(1) 중 "「대기환경보전법」제2조제8호"를 "「대기환경보전법」 제2조제9호로 하며, 같은 목 (2) 중 "「대기환경보전법」 제2조제9호"를 "「대기환경보전법」 제2조제11호로 하고, 같은 목 (3) 본문 중 "「수질환경보전법」"을 "「수질 및 수생태계 보전에 관한 법률」"로 하며, 같은 목 (4) 중 "「수질환경보전법」"을 "「수질 및 수생태계 보전에 관한 법률」"로, "동법 시행령 별표 8에 따른 제1종사업장 내지 제4종사업장"을 "같은 법 시행령 별표 13에 따른 제1종사업장부터 제4종사업장까지"로 하고, 같은 목 (6) 중 "「소음·진동규제법」 제8조"를 "「소음·진동규제법」 제7조"로 하며, 같은 호 타목 중 "액화가스판매소"를 "액화가스 취급소·판매소"로, "무공해·저공해자동차"를 "저공해자동차"로 하고, 같은 호 거목 중 "군사시설"을 "국방·군사시설"로 한다.
별표 5 제1호마목 중 "초등학교"를 "유치원·초등학교"로 하고, 같은 표 제2호카목 중 "액화가스판매소"를 "액화가스 취급소·판매소"로, "무공해·저공해자동차"를 "저공해자동차"로 하고, 같은 호 하목 중 "군사시설"을 "국방·군사시설"로 한다.
별표 6 제1호마목 중 "초등학교"를 "유치원·초등학교"로 하고, 같은 표 제2호카목 중 "액화가스판매소"를 "액화가스 취급소·판매소"로, "무공해·저공해자동차"를 "

	저공해자동차"로 하며, 같은 호 하목 중 "군사시설"을 "국방·군사시설"로 한다.
	별표 7 제2호자목 중 "무공해·저공해자동차"를 "저공해자동차"로 하며, 같은 호 타목 중 "군사시설"을 "국방·군사시설"로 한다.
	별표 8 제1호차목을 다음과 같이 한다.
	    차. 「건축법 시행령」 별표 1 제23호라목의 국방·군사시설
	별표 8 제2호차목 중 "무공해·저공해자동차"를 "저공해자동차"로 하고, 같은 호 타목을 다음과 같이 한다.
	    타. 「건축법 시행령」 별표 1 제23호의 교정 및 국방·군사시설(같은 호 라목의 국방·군사시설은 제외한다)
	별표 9 제1호파목을 다음과 같이 한다.
	    파. 「건축법 시행령」 별표 1 제23호라목의 국방·군사시설
	별표 9 제2호아목 중 "무공해·저공해자동차"를 "저공해자동차"로 하고, 같은 호 카목을 다음과 같이 한다.
	    카. 「건축법 시행령」 별표 1 제23호의 교정 및 국방·군사시설(같은 호 라목의 국방·군사시설은 제외한다)
	별표 10 제2호자목 중 "무공해·저공해자동차"를 "저공해자동차"로 하고, 같은 호 타목 중 "군사시설"을 "국방·군사시설"로 한다.
	별표 11 제2호카목 중 "무공해·저공해자동차"를 "저공해자동차"로 하고, 같은 호 파목 중 "군사시설"을 "국방·군사시설"로 한다.
	별표 12 제2호자목 중 "군사시설"을 "국방·군사시설"로 한다.	

별표 13 제2호카목 중 "군사시설"을 "국방·군사시설"로 한다.

별표 14 제2호파목 중 "군사시설"을 "국방·군사시설"로 한다.

별표 15 제1호나목을 다음과 같이 한다.
  나. 「건축법 시행령」 별표 1 제18호가목의 창고(농업·임업·축산업·수산업용만 해당한다)

별표 15 제1호다목 중 "군사시설"을 "국방·군사시설"로 하고, 같은 표 제2호사목 중 "중학교"를 "유치원·중학교"로 한다.

별표 16 제1호다목 중 "초등학교"를 "유치원·초등학교"로 하고, 같은 호 사목을 다음과 같이 하며, 같은 호 차목 중 "군사시설"을 "국방·군사시설"로 한다.
  사. 「건축법 시행령」 별표 1 제18호가목의 창고(농업·임업·축산업·수산업용만 해당한다)

별표 16 제2호아목(1) 중 "「대기환경보전법」 제2조제8호"를 "「대기환경보전법」 제2조제9호"로 하고, 같은 목 (2) 중 "「대기환경보전법」 제2조제9호"를 "「대기환경보전법」 제2조제11호"로 하며, 같은 목 (3) 본문 중 "「수질환경보전법」"을 "「수질 및 수생태계 보전에 관한 법률」"로 하고, 같은 목 (4) 중 "「수질환경보전법」"을 "「수질 및 수생태계 보전에 관한 법률」"로, "동법 시행령 별표 8에 따른 제1종사업장 내지 제4종사업장"을 "같은 법 시행령 별표 13에 따른 제1종사업장부터 제4종사업장까지"로 하며, 같은 호 자목을 다음과 같이 한다.
  자. 「건축법 시행령」 별표 1 제18호가목의 창고(농업·임업·축산업·수산업용으로 쓰는 것은 제외한다)

별표 17 제1호자목을 다음과 같이 하고, 같은 호 타목

중 "군사시설"을 "국방·군사시설"로 한다.
　　　자. 「건축법 시행령」 별표 1 제18호가목의 창고(농업·임업·축산업·수산업용만 해당한다)
별표 17 제2호카목을 다음과 같이 한다.
　　　카. 「건축법 시행령」 별표 1 제18호가목의 창고(농업·임업·축산업·수산업용으로 쓰는 것은 제외한다) 및 같은 호 라목의 집배송시설
별표 18 제1호다목 중 "군사시설"을 "국방·군사시설"로 하고, 같은 표 제2호마목 중 "중학교"를 "유치원·중학교"로 하며, 같은 호 사목을 다음과 같이 한다.
　　　사. 「건축법 시행령」 별표 1 제18호가목의 창고(농업·임업·축산업·수산업용만 해당한다)
별표 19 제1호마목을 다음과 같이 하고, 같은 호 사목 중 "군사시설"을 "국방·군사시설"로 한다.
　　　마. 「건축법 시행령」 별표 1 제18호가목의 창고(농업·임업·축산업·수산업용만 해당한다)
별표 19 제2호바목 중 "중학교"를 "유치원·중학교"로 하고, 같은 호 자목(1) 중 "「대기환경보전법」 제2조제8호"를 "「대기환경보전법」 제2조제9호로 하며, 같은 목 (2) 중 "「대기환경보전법」 제2조제9호"를 "「대기환경보전법」 제2조제11호"로 하고, 같은 목 (3) 본문 중 "「수질환경보전법」"을 "「수질 및 수생태계 보전에 관한 법률」"로 하며, 같은 목 (4) 중 "「수질환경보전법」"을 "「수질 및 수생태계 보전에 관한 법률」"로, "동법 시행령 별표 8에 따른 제1종사업장 내지 제4종사업장"을 "같은 법 시행령 별표 13에 따른 제1종사업장부터 제4종사업장까지"로 한다.
별표 20 제1호카목을 다음과 같이 하고, 같은 호 하목 중 "군사시설"을 "국방·군사시설"로 한다.

	카.「건축법 시행령」 별표 1 제18호가목의 창고(농업·임업·축산업·수산업용만 해당한다)	
	별표 20 제2호파목을 다음과 같이 한다.	
	파.「건축법 시행령」 별표 1 제18호의 창고시설(같은 호 가목의 창고 중 농업·임업·축산업·수산업용으로 쓰는 것은 제외한다)	
	별표 21 제1호라목을 다음과 같이 한다.	
	라.「건축법 시행령」 별표 1 제18호가목의 창고(농업·임업·축산업·수산업용만 해당한다)	
	별표 21 제2호차목 중 "군사시설"을 "국방·군사시설"로 한다.	
	별표 22 제2호마목을 다음과 같이 한다.	
	마.「건축법 시행령」 별표 1 제23호라목의 국방·군사시설 중 관할 시장·군수 또는 구청장이 입지의 불가피성을 인정한 범위에서 건축하는 시설	
	별표 23 제1호마목을 다음과 같이 하고, 같은 호 사목 중 "군사시설"을 "국방·군사시설"로 한다.	
	카.「건축법 시행령」 별표 1 제18호가목의 창고(농업·임업·축산업·수산업용만 해당한다)	
	② 대덕연구개발특구 등의 육성에 관한 특별법 시행령 일부를 다음과 같이 개정한다.	
	별표 6 제15호를 다음과 같이 한다.	
	15.「건축법 시행령」 별표 1 제23호의 교정 및 군사시설(같은 호 가목부터 다목까지의 시설은 증축 또는 개축만 해당한다)	
	③ 도시공원 및 녹지 등에 관한 법률 시행령 일부를 다음과 같이 개정한다.	
	제22조제9호다목 중 "축사·버섯재배사·종묘배양시설·화초 및 분재 등의 온실"을 "축사, 작물 재배사, 종묘배	

- 855 -

양시설, 화초 및 분재 등의 온실"로 하고, 같은 호 라목 중 "버섯재배사·종묘배양시설·화초 및 분재 등의 온실과 유사한 것(동·식물원을 제외한다)"을 "작물 재배사, 종묘배양시설, 화초 및 분재 등의 온실과 비슷한 것(동·식물원은 제외한다)"으로 한다.
별표 2 제2호가목(2)의 건축물의 건축 또는 공작물의 설치의 범위란 본문 중 "축사·버섯재배사·종묘배양시설·화초 및 분재 등의 온실"을 "축사, 작물 재배사, 종묘배양시설, 화초 및 분재 등의 온실"로 한다.
④ 도시교통정비 촉진법 시행령 일부를 다음과 같이 개정한다.
제17조제1항제12호 중 "같은 표 제23호다목에 따른 군사시설"을 "같은 표 제23호라목에 따른 국방·군사시설"로 한다.
⑤ 문화예술진흥법 시행령 일부를 다음과 같이 개정한다.
제12조제1항제5호 중 "항만시설 중 창고기능에 해당하는 시설 및 집배송시설"을 "항만시설 중 창고기능에 해당하는 시설"로 한다.
⑥ 수도법 시행령 일부를 다음과 같이 개정한다.
제24조제1항제5호 중 "교도소"를 "교정시설, 소년원 및 소년분류심사원"으로 한다.
제51조제1항제2호를 다음과 같이 하고, 같은 조 제2항제4호 중 "교도소 또는 감화원"을 "교정시설, 보호관찰소, 갱생보호소, 소년원 및 소년분류심사원"으로 한다.
　2. 「건축법 시행령」 별표 1 제8호의 운수시설
⑦ 신에너지 및 재생에너지 개발·이용·보급 촉진법 시행령 일부를 다음과 같이 개정한다.
제15조제1항제1호 중 "「건축법 시행령」 별표 1 제5호

부터 제16호까지, 제23호가목·나목, 제24호부터 제28호까지 용도의"를 "「건축법 시행령」 별표 1 제5호부터 제16호까지, 제23호가목부터 다목까지 및 제24호부터 제28호까지의 용도 중 하나 이상의 용도로 쓰는"으로 한다.
⑧ 자연공원법 시행령 일부를 다음과 같이 개정한다.
제14조의4제2항제3호를 다음과 같이 한다.

   3. 「건축법 시행령」 별표 1 제19호라목의 액화가스 판매소

제14조의5제6호를 다음과 같이 한다.

   6. 「건축법 시행령」 별표 1 제23호의 교정 및 군사시설(같은 호 라목의 국방·군사시설은 제외한다)

⑨ 자연환경보전법 시행령 일부를 다음과 같이 개정한다.
제15조제1항제2호라목 중 "버섯재배사"를 "작물 재배사"로 한다.
⑩ 지방소도읍육성지원법시행령 일부를 다음과 같이 개정한다.
별표 제4호의2를 다음과 같이 한다.

   4의2. 「건축법 시행령」 별표 1 제8호의 운수시설

⑪ 하수도법 시행령 일부를 다음과 같이 개정한다.
제21조제1항제2호 중 "운수시설(집배송시설은 제외한다)"을 "운수시설"로 하고, 같은 항 제4호 중 "교도소"를 "교정시설"로 한다.
⑫ 환경개선비용 부담법 시행령 일부를 다음과 같이 개정한다.
제4조제1항제9호 본문을 다음과 같이 한다.

   「건축법 시행령」 별표 1 제23호라목에 따른 국방·군사시설

부칙 <제21656호, 2009.7.30.> (경제자유구역의 지정 및 운영에 관한 법률 시행령)

제1조(시행일) 이 영은 2009년 7월 31일부터 시행한다.
제2조(다른 법령의 개정) ① 생략
② 건축법 시행령 일부를 다음과 같이 개정한다.
제105조제1항제3호 중 "「경제자유구역의 지정 및 운영에 관한 법률」"을 "「경제자유구역의 지정 및 운영에 관한 특별법」"으로 한다.
③ 부터 ⑮ 까지 생략

부칙 <제21668호, 2009.8.5.>

제1조(시행일) 이 영은 2009년 8월 7일부터 시행한다. 다만, 제5조제1항제2호, 같은 조 제4항제2호, 제119조의2부터 제119조의5까지의 개정규정은 2009년 10월 2일부터 시행한다.
제2조(적용례) 제11조제1항의 개정규정은 이 영 시행 당시 종전의 규정에 따라 건축허가를 신청한 경우에도 적용한다.
제3조(다른 법령의 개정) ① 건설기술관리법 시행령 일부를 다음과 같이 개정한다. <개정 2010.2.18>
제41조제1항제2호 중 "「건축법 시행령」 제5조제4항제3호"를 "「건축법 시행령」 제5조제4항제4호"로 한다.
② 건축사법 시행령 일부를 다음과 같이 개정한다.
제6조의2 중 "「건축법 시행령」 제5조제4항제3호"를 "「건축법 시행령」 제5조제4항제4호"로 한다.

부칙 <제21719호, 2009.9.9.> (항공법 시행령)

제1조(시행일) 이 영은 2009년 9월 10일부터 시행한다.
제2조 생략

제3조(다른 법령의 개정) ① 건축법 시행령 일부를 다음과 같이 개정한다.
    제27조제2항제2호 중 "「항공법」 제2조제6호"를 "「항공법」 제2조제8호"로 한다.
  ② 부터 <17> 까지 생략

    부칙   <제21744호, 2009.9.21.> (한국토지주택공사법 시행령)
제1조(시행일) 이 영은 2009년 10월 1일부터 시행한다.
제2조 및 제3조 생략
제4조(다른 법령의 개정) ① 부터 ⑤ 까지 생략
  ⑥ 건축법 시행령 일부를 다음과 같이 개정한다.
    제106조제1항제1호를 다음과 같이 하고, 같은 항 제4호를 삭제한다.
    1. 「한국토지주택공사법」에 따른 한국토지주택공사
  ⑦ 부터 <54> 까지 생략
제5조 생략

    부칙   <제21881호, 2009.12.14.> (측량·수로조사 및 지적에 관한 법률 시행령)
제1조(시행일) 이 영은 공포한 날부터 시행한다. <단서 생략>
제2조부터 제5조까지 생략
제6조(다른 법령의 개정) ① 및 ② 생략
  ③ 건축법 시행령 일부를 다음과 같이 개정한다.
    제3조제1항제2호 각 목 외의 부분 중 "「지적법」 제20조제3항"을 "「측량·수로조사 및 지적에 관한 법률」 제80조제3항"으로 한다.
  ④ 부터 <36> 까지 생략

	제7조 생략
	부칙 <제22052호, 2010.2.18.>
	제1조(시행일) 이 영은 공포한 날부터 시행한다.
	제2조(가설건축물에 관한 적용례 등) ① 제15조의2 및 제15조의3의 개정규정은 이 영 시행 후 최초로 건축허가를 받거나 축조신고를 한 가설건축물(제2항에 따라 존치기간 연장 허가를 받거나 신고를 한 가설건축물을 포함한다)부터 적용한다.
	② 이 영 시행 전에 설치한 가설건축물이 이 영 시행 후 최초로 존치기간이 만료되는 경우에는 제15조의2 및 제15조의3의 개정규정에도 불구하고 종전의 규정에 따라 연장허가를 받거나 신고를 하여야 한다.
	제3조(일반적 경과조치) 이 영 시행 당시 다음 각 호의 어느 하나에 해당하는 경우에는 건축기준 등을 적용할 때에는 종전의 규정에 따른다. 다만, 종전의 규정이 개정규정에 비하여 건축주, 시공자 또는 공사감리자에게 불리한 경우에는 개정규정에 따른다.
	1. 건축허가를 받은 경우
	2. 건축허가를 신청한 경우나 건축허가를 신청하기 위하여 제5조에 따른 건축위원회의 심의를 신청한 경우
	3. 건축하려는 대지에 「국토의 계획 및 이용에 관한 법률」 제30조제6항에 따라 지구단위계획에 관한 도시관리계획 결정의 고시(다른 법률에 따라 의제되는 경우를 포함한다)가 있는 경우. 다만, 지구단위계획에 포함된 건축기준에 대해서만 종전의 규정을 적용할 수 있다.
	제4조(건축조례에 위임된 사항에 관한 경과조치) 이 영의 개정규정에 따라 건축조례에 위임된 사항은 해당 건축

조례가 제정 또는 개정될 때까지 종전의 규정에 따른다.

　　　　부칙　＜제22073호, 2010.3.9.＞ (산림보호법 시행령)

제1조(시행일) 이 영은 2010년 3월 10일부터 시행한다.
제2조(다른 법령의 개정) ① 건축법 시행령 일부를 다음과 같이 개정한다.
　제10조제1항제9호를 다음과 같이 한다.
　　9. 「산림자원의 조성 및 관리에 관한 법률」 제36조 및 「산림보호법」 제9조
② 부터 ⑬ 까지 생략
제3조 생략

　　　　부칙　＜제22224호, 2010.6.28.＞ (소음·진동관리법 시행령)

제1조(시행일) 이 영은 2010년 7월 1일부터 시행한다.
제2조 및 제3조 생략
제4조(다른 법령의 개정) ① 생략
② 건축법 시행령 일부를 다음과 같이 개정한다.
　별표 1 제3호다목, 제4호사목1) 및 2) 중 "「소음·진동규제법」"을 각각 "「소음·진동관리법」"으로 한다.
③ 부터 ＜17＞ 까지 생략
제5조 생략

　　　　부칙　＜제22254호, 2010.7.6.＞ (주택법 시행령)

제1조(시행일) 이 영은 공포한 날부터 시행한다. ＜단서 생략＞
제2조부터 제10조까지 생략
제11조(다른 법령의 개정) ① 건축법 시행령 일부를 다음과 같이 개정한다.

제6조제2항제2호다목 중 "원룸형 주택 또는 기숙사형 주택"을 "원룸형 주택"으로 한다.
② 생략

      부칙 <제22351호, 2010.8.17.>
제1조(시행일) 이 영은 공포한 날부터 시행한다.
제2조(일반적 경과조치) 이 영 시행 당시 다음 각 호의 어느 하나에 해당하는 경우 건축기준 등을 적용할 때에는 종전의 규정에 따른다. 다만, 종전의 규정이 개정규정에 비하여 건축주, 시공자 또는 공사감리자에게 불리한 경우에는 개정규정에 따른다.
1. 건축허가를 받은 경우
2. 건축허가를 신청한 경우나 건축허가를 신청하기 위하여 제5조에 따른 건축위원회의 심의를 신청한 경우
3. 건축하려는 대지에 「국토의 계획 및 이용에 관한 법률」 제30조제6항에 따라 지구단위계획에 관한 도시관리계획 결정의 고시(다른 법률에 따라 의제되는 경우를 포함한다)가 있는 경우. 다만, 지구단위계획에 포함된 건축기준에 대해서만 종전의 규정을 적용할 수 있다.

      부칙 <제22493호, 2010.11.15.> (은행법 시행령)
제1조(시행일) 이 영은 2010년 11월 18일부터 시행한다.
제2조 및 제3조 생략
제4조(다른 법령의 개정) ①부터 ⑥까지 생략
 ⑦ 건축법 시행령 일부를 다음과 같이 개정한다.
 제10조의2제1항제2호 중 "금융기관"을 "은행"으로 한다.
 ⑧부터 <115>까지 생략
제5조 생략

부칙 <제22525호, 2010.12.13.> (건설기술관리법 시행령)

제1조(시행일) 이 영은 공포한 날부터 시행한다. <단서 생략>

제2조부터 제12조까지 생략

제13조(다른 법령의 개정) ① 생략

② 건축법 시행령 일부를 다음과 같이 개정한다.
제19조제1항제12호 중 "「건설기술관리법 시행령」 제52조"를 "「건설기술관리법 시행령」 제105조"로 하고, 같은 조 제5항 각 호 외의 부분 전단 중 "「건설기술관리법 시행령」 제51조의2"를 "「건설기술관리법 시행령」 제104"로 한다.

③부터 ⑭까지 생략

제14조 생략

부칙 <제22526호, 2010.12.13.>

제1조(시행일) 이 영은 공포한 날부터 시행한다. 다만, 제61조제2항의 개정규정은 2010년 12월 30일부터 적용한다.

제2조(장례식장 용도변경에 관한 적용례) 제14조제5항의 개정규정은 이 영 시행 후 최초로 용도변경 허가를 신청하거나 신고하는 경우부터 적용한다.

제3조(가설건축물에 관한 적용례) 제15조제6항의 개정규정은 이 영 시행 후 최초로 건축허가를 받거나 축조신고를 하는 가설건축물부터 적용한다.

제4조(다중이용 건축물이 건축되는 대지에서의 소방자동차 접근 통로 개설에 관한 적용례) 제41조제2항의 개정규정은 이 영 시행 후 최초로 건축허가를 신청하거나 건

축위원회의 심의를 신청(건축허가를 신청하기 전에 심의를 신청한 경우로 한정한다)하는 경우부터 적용한다.

제5조(건축물의 외부 마감재료에 관한 적용례) 제61조제2항의 개정규정은 부칙 제1조 단서에 따른 제61조제2항의 개정규정 시행 후 최초로 건축허가를 신청하거나 건축위원회의 심의를 신청(건축허가를 신청하기 전에 심의를 신청한 경우로 한정한다)하는 경우부터 적용한다.

제6조(특별건축구역의 지정에 관한 적용례) 제107조제2항제2호의2·제4호 및 제117조제1항의 개정규정은 이 영 시행 후 최초로 특별건축구역의 지정을 신청하는 경우부터 적용한다.

제7조(건축허가 등에 관한 경과조치) 이 영 시행 당시 이미 건축허가를 신청(건축위원회 심의를 신청한 경우를 포함한다)한 경우에는 제8조제1항의 개정규정에도 불구하고 종전의 규정에 따른다.

부칙 <제22560호, 2010.12.29.> (문화재보호법 시행령)

제1조(시행일) 이 영은 2011년 2월 5일부터 시행한다.
제2조부터 제4조까지 생략
제5조(다른 법령의 개정) ① 건축법 시행령 일부를 다음과 같이 개정한다.
제10조제1항제16호를 다음과 같이 한다.
　16. 「문화재보호법」 제35조
②부터 ⑮까지 생략
제6조 생략

부칙 <제22626호, 2011.1.17.> (엔지니어링산업 진흥법 시행령)

제1조(시행일) 이 영은 공포한 날부터 시행한다.
제2조부터 제4조까지 생략
제5조(다른 법령의 개정) ① 및 ② 생략
　③ 건축법 시행령 일부를 다음과 같이 개정한다.
　　제108조제4항 중 "「엔지니어링기술 진흥법」 제10조"를 "「엔지니어링산업 진흥법」 제31조"로 한다.
　④부터 <39>까지 생략
제6조 생략

　　　부칙 <제22829호, 2011.4.4.> (경제활성화 및 친서민 국민불편해소 등을 위한 개발제한구역의 지정 및 관리에 관한 특별조치법 시행령 등 일부개정령)
제1조(시행일) 이 영은 공포한 날부터 시행한다.
제2조(「건축법 시행령」의 개정에 따른 용적률 산정에 관한 적용례) 「건축법 시행령」 제119조제1항제4호라목의 개정규정은 이 영 시행 후 최초로 건축허가를 받는 것부터 적용한다.
제3조(「도시 및 주거환경정비법 시행령」의 개정에 따른 변경인가에 관한 적용례) 「도시 및 주거환경정비법 시행령」 제27조제3호의 개정규정은 이 영 시행 후 최초로 조합설립인가의 내용을 변경하는 것부터 적용한다.
제4조(과징금 또는 과태료에 관한 경과조치) ① 이 영 시행 전의 위반행위에 대하여 과징금 또는 과태료의 부과기준을 적용할 때에는 종전의 규정에 따른다.
　② 이 영 시행 전의 위반행위로 받은 과징금 또는 과태료 부과처분은 이 영의 개정규정에 따른 위반행위의 횟수 산정에 포함하지 아니한다.

　　　부칙 <제22993호, 2011.6.29.>

제1조(시행일) 이 영은 공포한 날부터 시행한다. 다만, 제14조제4항 및 별표 1 제4호파목의 개정규정은 공포 후 3개월이 경과한 날부터 시행한다.

제2조(고시원의 용도변경에 관한 적용례) 제14조제5항의 개정규정은 이 영 시행 후 최초로 용도변경 허가를 신청하거나 신고하는 경우부터 적용한다.

제3조(면적 등의 산정방법에 관한 적용례) 제119조제1항제2호나목 및 제3호아목의 개정규정은 이 영 시행 후 최초로 건축허가를 신청(건축허가를 신청하기 위하여 제5조에 따른 건축위원회의 심의를 신청한 경우를 포함한다)하거나 신고하는 경우부터 적용한다.

제4조(일반적 경과조치) 이 영 시행 당시 다음 각 호의 어느 하나에 해당하는 경우 용도분류나 건축기준 등을 적용할 때에는 종전의 규정에 따른다. 다만, 종전의 규정이 개정규정에 비하여 건축주, 시공자 또는 공사감리자에게 불리한 경우에는 개정규정에 따른다.

1. 건축허가를 받은 경우나 건축신고를 한 경우
2. 건축허가를 신청한 경우나 건축허가를 신청하기 위하여 제5조에 따른 건축위원회의 심의를 신청한 경우
3. 건축하려는 대지에 「국토의 계획 및 이용에 관한 법률」 제30조제6항에 따라 지구단위계획에 관한 도시관리계획 결정의 고시(다른 법률에 따라 의제되는 경우를 포함한다)가 있는 경우. 다만, 지구단위계획에 포함된 건축기준에 대해서만 종전의 규정을 적용할 수 있다.

부칙 <제23248호, 2011.10.25.> (원자력안전법 시행령)

제1조(시행일) 이 영은 2011년 10월 26일부터 시행한다.

	제2조 생략 제3조(다른 법령의 개정) ① 생략 ② 건축법 시행령 일부를 다음과 같이 개정한다. 　제46조제1항 단서 중 "「원자력법」"을 각각 "「원자력안전법」"으로 한다. ③부터 <21>까지 생략 제4조 생략 　　　　부칙 <제23330호, 2011.11.30.> 제1조(시행일) 이 영은 2011년 12월 1일부터 시행한다. 제2조(일반적 경과조치) 이 영 시행 당시 다음 각 호의 어느 하나에 해당하는 경우 건축기준 등을 적용할 때에는 종전의 규정에 따른다. 다만, 종전의 규정이 개정규정에 비하여 건축주, 시공자 또는 공사감리자에게 불리한 경우에는 제91조의 개정규정에 따른다. 1. 건축허가를 받은 경우 2. 건축허가를 신청한 경우나 건축허가를 신청하기 위하여 제5조에 따른 건축위원회의 심의를 신청한 경우 3. 건축하려는 대지에 「국토의 계획 및 이용에 관한 법률」 제30조제6항에 따라 지구단위계획에 관한 도시관리계획 결정의 고시(다른 법률에 따라 의제되는 경우를 포함한다)가 있는 경우. 다만, 지구단위계획에 포함된 건축기준에 대해서만 종전의 규정을 적용할 수 있다. 　　　　부칙 <제23356호, 2011.12.8.> (영유아보육법 시행령) 제1조(시행일) 이 영은 2011년 12월 8일부터 시행한다. <단서 생략>	

제2조(다른 법령의 개정) ①부터 ④까지 생략
⑤ 건축법 시행령 일부를 다음과 같이 개정한다.
제2조제13호다목 중 "직장보육시설"을 "직장어린이집"으로 한다.
제119조제1항제2호다목7) 및 같은 항 제3호자목 중 "영유아보육시설"을 각각 "어린이집"으로 한다.
별표 1 제1호 각 목 외의 부분 및 제2호 각 목 외의 부분 본문 중 "가정보육시설"을 각각 "가정어린이집"으로 하고, 같은 표 제11호가목 중 "영유아보육시설"을 "어린이집"으로 한다.
⑥부터 <54>까지 생략

부칙 <제23469호, 2011.12.30.>

제1조(시행일) 이 영은 2012년 3월 17일부터 시행한다.
제2조(건축물의 옥상 공간 확보에 관한 적용례) 제40조의 개정규정은 이 영 시행 후 최초로 건축허가를 신청(건축허가를 신청하기 위하여 제5조에 따른 건축위원회에 심의를 신청한 경우를 포함한다)하는 경우부터 적용한다.
제3조(건축물의 소방자동차 접근 통로 확보에 관한 적용례) 제41조제2항의 개정규정은 이 영 시행 후 최초로 건축허가를 신청(건축허가를 신청하기 위하여 제5조에 따른 건축위원회에 심의를 신청한 경우를 포함한다)하는 경우부터 적용한다.
제4조(건축물의 소방관 진입가능 식별표시에 관한 적용례) 제51조제4항의 개정규정은 이 영 시행 후 최초로 건축허가를 신청(건축허가를 신청하기 위하여 제5조에 따른 건축위원회에 심의를 신청한 경우를 포함한다)하는 경우부터 적용한다.

제5조(건축물의 마감재료 사용에 관한 적용례) 제61조제2항제2호의 개정규정은 이 영 시행 후 최초로 건축허가를 신청(건축허가를 신청하기 위하여 제5조에 따른 건축위원회에 심의를 신청한 경우를 포함한다)하는 경우부터 적용한다.

제6조(이행강제금의 부과에 관한 경과조치) 이 영 시행 당시 신고를 하지 아니하고 증설 또는 해체로 대수선을 한 건축물에 대해서는 별표 15 제1호의 개정규정에도 불구하고 종전의 규정에 따른다.

　부칙　<제23718호, 2012.4.10.>　(국토의 계획 및 이용에 관한 법률 시행령)

제1조(시행일) 이 영은 2012년 4월 15일부터 시행한다.
<단서 생략>

제2조부터 제13조까지 생략

제14조(다른 법령의 개정) ① 및 ② 생략
③ 건축법 시행령 일부를 다음과 같이 개정한다.
제3조제1항제3호 및 같은 조 제2항제1호 중 "도시계획시설"을 각각 "도시·군계획시설"로 한다.
제5조제3항제8호 중 "도시계획"을 "도시·군계획"으로 한다.
제6조제1항제7호의2 중 "제2종 지구단위계획구역"을 "지구단위계획구역"으로 한다.
제6조의2제1항제1호 중 "도시관리계획"을 "도시·군관리계획"으로 하고, 같은 항 제2호, 같은 조 제2항제3호 및 제4호 중 "도시계획시설"을 각각 "도시·군계획시설"로 한다.
제11조제2항제4호 중 "제2종 지구단위계획구역"을 "지구단위계획구역"으로, "산업형"을 "산업·유통형"으로 하고, 같은 항 제5호 중 "도시계획"을 "도시·군계획"으로

	한다.
제15조제1항제2호 단서 중 "도시계획사업"을 "도시·군계획사업"으로 하고, 같은 조 제4항 중 "도시계획"을 "도시·군계획"으로 한다.
제18조제1호 중 "도시계획"을 "도시·군계획"으로 한다.
제27조제1항제9호 중 "제2종 지구단위계획구역"을 "지구단위계획구역"으로 한다.
제82조제1항제1호 중 "도시관리계획"을 "도시·군관리계획"으로 한다.
제86조제1항 각 호 외의 부분 단서 중 "도시계획시설"을 "도시·군계획시설"로 한다.
제107조제1항 각 호 외의 부분 중 "도시관리계획"을 "도시·군관리계획"으로 하고, 같은 항 제2호 중 "도시관리계획"을 "도시·군관리계획"으로, "도시계획시설"을 각각 "도시·군계획시설"로 하며, 같은 조 제2항제1호 중 "도시관리계획"을 "도시·군관리계획"으로, "도시계획시설"을 "도시·군계획시설"로 하고, 같은 조 제3항제5호 중 "도시계획시설"을 "도시·군계획시설"로 하며, 같은 조 제4항제2호 중 "도시관리계획"을 "도시·군관리계획"으로 한다.
제119조제1항제1호나목 중 "도시계획시설"을 각각 "도시·군계획시설"로 한다.
④부터 <85>까지 생략
제15조 생략

    부칙 <제23928호, 2012.7.4.> (위원회 운영의 공정성 제고를 위한 경제자유구역 및 제주국제자유도시의 외국교육기관 설립·운영에 관한 특별법 시행령 등 일부개정령)
이 영은 공포한 날부터 시행한다. <단서 생략> | |

부칙 <제23963호, 2012.7.19.>

제1조(시행일) 이 영은 공포한 날부터 시행한다.
제2조(정기점검 대상 건축물 등에 관한 적용례) 제23조의2 제1항제3호 및 같은 조 제5항의 개정규정에 따라 특별자치도 또는 시·군·구의 건축조례에 위임된 사항은 해당 조례가 제정되거나 개정된 후 실시하는 정기점검이나 수시점검부터 적용한다.
제3조(점검 결과의 보고 등에 관한 적용례) 제23조의5의 개정규정은 이 영 시행 후 실시하는 정기점검부터 적용한다.
제4조(기존 건축물의 정기점검의 실시에 관한 경과조치) ① 이 영 시행 당시 사용승인을 받은 건축물로서 제23조의2제1항 각 호의 개정규정 중 어느 하나에 해당하는 건축물은 다음 각 호의 구분에 따른 기간 이내에 제23조의2의 개정규정에 따른 정기점검을 실시하고, 제23조의5의 개정규정에 따라 점검 결과를 보고하여야 한다.
1. 사용승인일부터 20년 이상의 기간이 지난 건축물: 이 영 시행 후 2년 이내
2. 사용승인일부터 10년 이상 20년 미만의 기간이 지난 건축물: 이 영 시행 후 2년 6개월 이내
② 제1항 각 호의 어느 하나에 해당하는 건축물의 소유자나 관리자가 제1항에 따른 정기점검을 실시하기 전에 제23조의2제5항의 개정규정에 따른 수시점검을 실시하고 그 결과를 보고한 경우에는 제1항에 따른 정기점검을 실시하고 그 결과를 보고한 것으로 본다.
③ 제1항에 따라 정기점검을 실시한 건축물(제2항에 따라 제1항의 정기점검을 실시한 것으로 보는 건축물을 포함한다)의 다음 정기점검기간은 제1항 각 호의 구분

에 따른 기간이 종료하는 날부터 기산한다.

　　　부칙 <제23994호, 2012.7.26.> (고도 보존 및 육성에 관한 특별법 시행령)

제1조(시행일) 이 영은 공포한 날부터 시행한다.
제2조(다른 법령의 개정) ① 건축법 시행령 일부를 다음과 같이 개정한다.
　제10조제1항제20호 중 "「고도 보존에 관한 특별법」"을 "「고도 보존 및 육성에 관한 특별법」"으로 한다.
② 및 ③ 생략

　　　부칙 <제24229호, 2012.12.12.>

제1조(시행일) 이 법은 공포한 날부터 시행한다. 다만, 제47조제2항제2호의 개정규정은 공포 후 3개월이 경과한 날부터 시행하고, 제6조제1항제3호 및 제15조제6항의 개정규정은 2013년 2월 23일부터 시행한다.
제2조(지방건축위원회의 심의 등에 관한 적용례) ① 제5조의5제1항제4호 및 제6항의 개정규정에 따라 지방자치단체의 건축조례에 위임된 사항은 해당 건축조례가 제정되거나 개정된 후 개최하는 지방건축위원회부터 적용한다.
② 제5조의6제2항의 개정규정에 따라 지방자치단체의 건축조례에 위임된 사항은 해당 건축조례가 제정되거나 개정된 후 개최하는 전문위원회부터 적용한다.
제3조(건축기준 적용 완화 등에 관한 적용례) 제6조제1항제8호·제11호, 제6조제2항제5호 및 제119조제1항제4호 다목 및 라목의 개정규정은 이 영 시행 후 건축허가를 신청(건축허가를 신청하기 위하여 제5조 또는 제5조의5에 따른 건축위원회에 심의를 신청한 경우를 포함한다)

하는 경우부터 적용한다.

제4조(용도변경에 관한 적용례) 제14조제4항제2호의 개정규정은 이 영 시행 후 건축물대장 기재내용의 변경을 신청하는 경우부터 적용한다.

제5조(방화에 장애가 되는 용도의 제한에 관한 적용례) 제47조제2항제2호의 개정규정은 부칙 제1조 단서에 따른 시행일 후 건축허가를 신청(건축허가를 신청하기 위하여 제5조 또는 제5조의5에 따른 건축위원회에 심의를 신청한 경우를 포함한다)하거나 용도변경을 신청(용도변경 신고 및 건축물대장 기재내용의 변경 신청을 포함한다)하는 경우부터 적용한다.

제6조(일조 등의 확보를 위한 건축물의 높이 제한에 관한 적용례) 제86조제1항의 개정규정은 해당 건축조례가 제정되거나 개정된 후 건축허가를 신청(건축허가를 신청하기 위하여 제5조 또는 제5조의5에 따른 건축위원회에 심의를 신청한 경우 및 변경허가를 신청하는 경우를 포함한다)하거나 건축신고(변경신고를 포함한다)를 하는 경우부터 적용한다.

제7조(방송 공동수신설비 설치에 관한 적용례) 제87조제4항제1호의 개정규정은 이 영 시행 후 건축허가를 신청(건축허가를 신청하기 위하여 제5조 또는 제5조의5에 따른 건축위원회에 심의를 신청한 경우를 포함한다)하는 경우부터 적용한다.

제8조(건축위원회 위원의 임기에 관한 경과조치) 이 영 시행 당시 위촉된 중앙건축위원회 및 지방건축위원회의 위원에 대해서는 제5조제6항 및 제5조의5제6항제1호마목의 개정규정에도 불구하고 그 임기 만료일까지 해당 건축위원회의 위원으로 본다.

제9조(이행강제금의 부과에 관한 경과조치) 이 영 시행 당

시 허가를 받지 아니하고 증설 또는 해체로 대수선을 한 건축물에 대해서는 별표 15 제1호의 개정규정에도 불구하고 종전의 규정에 따른다.
제10조(다른 법령의 개정) 수도법 시행령 중 일부를 다음과 같이 개정한다.
제51조제2항제4호 중 "보호관찰소, 갱생보호소"를 "갱생보호시설"로 한다.

　　　　부칙 <제24391호, 2013.2.20.> (녹색건축물 조성 지원법 시행령)
제1조(시행일) 이 영은 2013년 2월 23일부터 시행한다.
제2조 생략
제3조(다른 법령의 개정) ① 건축법 시행령 중 일부를 다음과 같이 개정한다.
제23조의3제1항제6호 중 "제65조, 제65조의2, 제66조제2항 및 제66조의2"를 "제65조의2와 「녹색건축물 조성 지원법」 제15조제1항, 제16조 및 제17조"로 한다.
제91조 및 제91조의2를 각각 삭제한다.
② 생략

　　　　부칙 <제24443호, 2013.3.23.> (국토교통부와 그 소속기관 직제)
제1조(시행일) 이 영은 공포한 날부터 시행한다. <단서 생략>
제2조부터 제5조까지 생략
제6조(다른 법령의 개정) ①부터 ⑦까지 생략
⑧ 건축법 시행령 일부를 다음과 같이 개정한다.
제2조제6호부터 제11호까지, 제5조의4, 제5조의6제2항, 제6조제2항제2호나목, 제6조의2제1항제3호, 제8조제6항,

| | 제9조제1항 본문, 같은 조 제2항, 제10조의2제1항제5호, 제15조제8항 본문, 같은 조 제9항, 제17조제2항, 제19조제6항제3호, 같은 조 제7항 각 호 외의 부분, 제22조제1항 본문, 같은 조 제3항, 제22조의2제4항 본문, 제25조제3호, 제27조제1항제8호, 제27조의2제3항제1호, 제32조제1항 각 호 외의 부분, 같은 항 제6호·제7호, 제34조제1항 단서, 같은 조 제2항 각 호 외의 부분, 같은 조 제4항 단서, 같은 조 제5항, 제35조제1항 각 호 외의 부분 본문, 제38조 각 호 외의 부분, 제39조제1항 각 호 외의 부분, 같은 조 제2항, 제40조제4항, 제46조제1항 본문, 같은 조 제5항제3호, 제47조제1항 각 호 외의 부분 단서, 제48조제1항·제2항, 제50조, 제51조제1항, 같은 조 제2항 본문, 같은 조 제3항·제4항, 제52조 각 호 외의 부분, 제53조 각 호 외의 부분, 제54조, 제56조제1항제3호 단서, 제57조제2항·제3항, 제61조제1항제4호가목부터 다목까지, 같은 조 제2항제1호나목, 제64조, 제86조제4항 본문, 제87조제2항·제6항, 제90조제3항, 제91조의3제1항제5호, 같은 조 제2항 각 호 외의 부분, 같은 조 제3항, 제105조제2항제2호, 제107조제4항 각 호 외의 부분 전단, 같은 항 제4호, 제108조제1항제4호, 제110조, 제115조제2항, 제115조의2제3항, 제118조제2항·제4항, 제119조제1항제2호나목1)부터 3)까지 외의 부분 및 제119조의3제1항 중 "국토해양부령"을 각각 "국토교통부령"으로 한다.
제2조제14호 후단, 제5조제1항제5호, 같은 조 제4항·제5항, 제5조의3 각 호 외의 부분, 제5조의6제1항 각 호 외의 부분, 제6조의3제1항 각 호 외의 부분 후단, 제14조제3항 전단, 제19조제8항, 제22조의2제4항 본문, 같은 조 제6항, 제22조의3제1항제1호, 같은 조 제2항 각 호 외의 | |

부분, 같은 조 제4항·제5항, 제23조의6제1항 각 호 외의 부분, 같은 항 제5호, 같은 조 제2항, 제27조제3항 전단, 제46조제1항 본문, 같은 조 제4항제4호, 제105조제2항제3호, 제107조제3항 각 호 외의 부분, 같은 항 제6호, 같은 조 제4항 각 호 외의 부분 전단, 같은 조 제5항, 제108조제4항·제5항, 제117조제1항, 제120조제3항 및 별표 1 제14호나목2) 중 "국토해양부장관"을 각각 "국토교통부장관"으로 한다.

제5조제1항 각 호 외의 부분 중 "국토해양부"를 "국토교통부"로 한다.

제6조제1항제3호 중 "지식경제부령"을 "산업통상자원부령"으로 한다.

제87조제2항 중 "지식경제부장관"을 "산업통상자원부장관"으로 한다.

제87조제5항 중 "방송통신위원회가"를 "미래창조과학부장관이"로 한다.

⑨부터 <146>까지 생략

부칙 <제24568호, 2013.5.31.>

제1조(시행일) 이 영은 공포한 날부터 시행한다. 다만, 제6조제2항제2호다목 및 제91조의3제5항의 개정규정은 공포 후 6개월이 경과한 날부터 시행한다.

제2조(리모델링 대상 건축물에 대한 건축기준 완화에 관한 적용례) 제6조제1항제6호의 개정규정은 이 영 시행 후 「주택법」 제16조에 따른 사업계획의 승인 또는 법 제11조에 따른 건축허가·대수선허가를 신청(「주택법」 제16조에 따른 사업계획의 승인 또는 법 제11조에 따른 건축허가·대수선허가를 신청하기 위하여 제5조 또는 제5조의5에 따른 건축위원회에 심의를 신청한 경우를

포함한다)하거나 법 제14조에 따른 건축신고ㆍ대수선신고를 하는 경우부터 적용한다.

제3조(리모델링 시 건축기준 완화 기준에 관한 적용례) 제6조제2항제2호다목의 개정규정은 부칙 제1조 단서에 따른 시행일 이후 「주택법」 제16조에 따른 사업계획의 승인 또는 법 제11조에 따른 건축허가ㆍ대수선허가를 신청(「주택법」 제16조에 따른 사업계획의 승인 또는 법 제11조에 따른 건축허가ㆍ대수선허가를 신청하기 위하여 제5조 또는 제5조의5에 따른 건축위원회에 심의를 신청한 경우를 포함한다)하거나 법 제14조에 따른 건축신고ㆍ대수선신고를 하는 경우부터 적용한다.

제4조(건축물을 대수선하는 경우 지진에 대한 안전 확인 생략에 관한 적용례) 제32조제2항의 개정규정은 이 영 시행 후 「주택법」 제16조에 따른 사업계획의 승인 또는 법 제11조에 따른 대수선허가를 신청(「주택법」 제16조에 따른 사업계획의 승인 또는 법 제11조에 따른 대수선허가를 신청하기 위하여 제5조 또는 제5조의5에 따른 건축위원회에 심의를 신청한 경우를 포함한다)하거나 법 제14조에 따른 대수선신고를 하는 경우부터 적용한다.

제5조(건축구조기술사의 협력에 관한 적용례) 제91조의3제5항의 개정규정은 부칙 제1조 단서에 따른 시행일 이후 「주택법」 제16조에 따른 사업계획의 승인 또는 법 제11조에 따른 건축허가를 신청(건축허가를 신청하기 위하여 제5조 또는 제5조의5에 따른 건축위원회에 심의를 신청한 경우를 포함한다)하는 경우부터 적용한다.

제6조(과태료의 부과에 관한 적용례) ① 제121조 및 별표 16의 개정규정은 이 영 시행 후 과태료를 부과ㆍ징수하는 경우부터 적용한다.

② 이 영 시행 전의 위반행위로 받은 과태료 부과처분은 별표 16의 개정규정에 따른 위반행위의 횟수 산정에 포함하지 아니한다.

부칙 <제24621호, 2013.6.17.> (주택건설기준 등에 관한 규정)

제1조(시행일) 이 영은 공포 후 6개월이 경과한 날부터 시행한다. <단서 생략>
제2조부터 제8조까지 생략
제9조(다른 법령의 개정) ① 건축법 시행령 일부를 다음과 같이 개정한다.
제109조제1항 중 "제50조, 제52조 및 제53조"를 "제50조 및 제52조"로 한다.
② 및 ③ 생략

부칙 <제24874호, 2013.11.20.>

제1조(시행일) 이 영은 공포한 날부터 시행한다. 다만, 제118조제4항의 개정규정은 공포 후 1년이 경과한 날부터 시행한다.
제2조(공작물에 대한 구조 안전 확인에 관한 적용례) 제118조제4항의 개정규정은 부칙 제1조 단서에 따른 시행일 이후 공작물 축조 신고를 하는 경우부터 적용한다.

부칙 <제24884호, 2013.11.29.> (관광진흥법 시행령)

제1조(시행일) 이 영은 공포 후 3개월이 경과한 날부터 시행한다. 다만, ···<생략>··· 부칙 제4조의 규정(호스텔 및 소형호텔 관련 부분으로 한정한다)은 공포한 날부터 시행한다.
1. 및 2. 생략

제2조 및 제3조 생략

제4조(다른 법령의 개정) 건축법 시행령 일부를 다음과 같이 개정한다.

별표 1 제15호나목 중 "가족호텔 및 휴양 콘도미니엄"을 "가족호텔, 호스텔, 소형호텔, 의료관광호텔 및 휴양 콘도미니엄"으로 한다.

부칙 <제25050호, 2013.12.30.> (행정규제기본법 개정에 따른 규제 재검토기한 설정을 위한 주택법 시행령 등 일부개정령)

이 영은 2014년 1월 1일부터 시행한다. <단서 생략>

부칙 <제25273호, 2014.3.24.>

제1조(시행일) 이 영은 공포한 날부터 시행한다. 다만, 부칙 제4조제2항(대통령령 제25090호 국토의 계획 및 이용에 관한 법률 시행령 일부개정령 별표 20 제2호라목의 개정규정에 한정한다)은 2014년 7월 15일부터 시행한다.

제2조(용도별 건축물의 종류에 관한 적용례) 별표 1의 개정규정은 이 영 시행 후 법 제11조에 따른 건축허가·대수선허가를 신청(법 제11조에 따른 건축허가·대수선허가를 신청하기 위하여 제5조 또는 제5조의5에 따른 건축위원회에 심의를 신청한 경우를 포함한다)하거나 법 제14조에 따른 건축신고·대수선신고를 하는 경우부터 적용한다.

제3조(용도별 건축물의 종류에 관한 경과조치) 이 영 시행 당시 종전의 별표 1에 따라 다음 표의 왼쪽란에 해당하는 용도의 건축물은 별표 1의 개정규정에 따라 다음 표의 오른쪽란에 해당하는 용도의 건축물로 본다.

{16828214}
{16828235}
제4조(다른 법령의 개정) ① 건설산업기본법 시행령 일부를 다음과 같이 개정한다.

제36조제2항제7호를 다음과 같이 한다.

7. 「건축법 시행령」 별표 1 제4호거목에 따른 다중생활시설

② 국토의 계획 및 이용에 관한 법률 시행령 일부를 다음과 같이 개정한다.

제41조제5항제2호의2 및 제57조제1항제1호의2다목4) 중 "같은 호 차목·타목 및 파목"을 각각 "같은 호 거목, 더목 및 러목"으로 한다.

별표 1 제7호나목 중 "「건축법 시행령」 별표 1 제3호아목의 건축물"을 "「건축법 시행령」 별표 1 제3호사목에 따른 주민이 공동으로 이용하는 시설로서 공중화장실, 대피소, 그 밖에 이와 비슷한 것 및 같은 호 아목에 따른 주민의 생활에 필요한 에너지공급이나 급수·배수와 관련된 시설로서 변전소, 정수장, 양수장, 그 밖에 이와 비슷한 것"으로 하고, 같은 표 제37호 중 "「건축법 시행령」 별표 1 제4호마목"을 "「건축법 시행령」 별표 1 제4호나목"으로 한다.

별표 1의3 제22호 중 "분뇨 및 쓰레기처리시설"을 "자원순환 관련 시설"로 한다.

별표 2 제1호나목 중 "「건축법 시행령」 별표 1 제3호의 제1종 근린생활시설 중 동호 가목 내지 사목에 해당하는 것으로서 당해 용도"를 "「건축법 시행령」 별표 1 제3호가목부터 바목까지 및 사목(공중화장실·대피소, 그 밖에 이와 비슷한 것 및 지역아동센터는 제외한다)의 제1종 근린생활시설로서 해당 용도"로 하고, 같은 표

제2호다목 중 "「건축법 시행령」 별표 1 제3호의 제1종 근린생활시설 중 같은 호 아목, 자목 및 차목에 해당하는 것으로서 당해 용도"를 "「건축법 시행령」 별표 1 제3호사목(공중화장실·대피소, 그 밖에 이와 비슷한 것 및 지역아동센터만 해당한다) 및 아목에 따른 제1종 근린생활시설로서 해당 용도"로 한다.
별표 7 제1호자목 중 "분뇨 및 쓰레기 처리시설"을 "자원순환 관련 시설"로 한다.
별표 8 제1호자목 중 "분뇨 및 쓰레기 처리시설"을 "자원순환 관련 시설"로 한다.
별표 9 제1호사목 중 "분뇨 및 쓰레기 처리시설"을 "자원순환 관련 시설"로 한다.
별표 10 제1호아목 중 "분뇨 및 쓰레기 처리시설"을 "자원순환 관련 시설"로 한다.
별표 11 제1호자목 중 "분뇨 및 쓰레기 처리시설"을 "자원순환 관련 시설"로 한다.
별표 12 제1호나목 중 "제2종 근린생활시설(동호 가목·나목·차목 및 타목에 해당하는 것을 제외한다)"을 "제2종 근린생활시설[같은 호 아목·자목·타목(기원만 해당한다)·더목 및 러목은 제외한다]"로 하고, 같은 호 사목 중 "분뇨 및 쓰레기 처리시설"을 "자원순환 관련 시설"로 하며, 같은 표 제2호나목 중 "동호 가목·나목 및 타목"을 "같은 호 아목·자목·타목(기원만 해당한다) 및 러목"으로 한다.
별표 13 제1호자목 중 "분뇨 및 쓰레기처리시설"을 "자원순환 관련 시설"로 한다.
별표 16 제2호파목 중 "분뇨 및 쓰레기처리시설"을 "자원순환 관련 시설"로 한다.
별표 17 제1호다목 중 "제2종 근린생활시설(동호 나목에 해당하는 것과 일반음식점·단란주점 및 안마시술소를 제외한다)"을 "제2종 근린생활시설[같은 호 아목, 자목, 더목 및 러목(안마시술소만 해당한다)은 제외한다]"로 하고, 같은 호 카목 중 "분뇨 및 쓰레기처리시설"을 "자원순환 관련 시설"로 하며, 같은 표 제2호나목을 다음과 같이 한다.
　　　나. 「건축법 시행령」 별표 1 제4호아목·자목 및 러목(안마시술소만 해당한다)에 따른 제2종 근린생활시설
별표 18 제2호나목 중 "제2종 근린생활시설(동호 나목 및 사목에 해당하는 것과 일반음식점 및 단란주점을 제외한다)"을 "제2종 근린생활시설(같은 호 아목, 자목, 너목 및 더목은 제외한다)"로 한다.
별표 19 제1호나목을 다음과 같이 하고, 같은 표 제2호나목 중 "제1종 근린생활시설(같은 호 가목·나목·아목 및 차목에 해당하는 것을 제외한다)"을 "제1종 근린생활시설[같은 호 가목, 나목, 사목(공중화장실, 대피소, 그 밖에 이와 비슷한 것만 해당한다) 및 아목은 제외한다]"로 하며, 같은 호 다목 중 "제2종 근린생활시설(동호나목 및 사목에 해당하는 것과 일반음식점 및 단란주점을 제외한다)"을 "제2종 근린생활시설(같은 호 아목, 자목, 너목 및 더목은 제외한다)"로 하고, 같은 호 파목 중 "분뇨 및 쓰레기처리시설"을 "자원순환 관련 시설"로 한다.
　　　나. 「건축법 시행령」 별표 1 제3호가목, 사목(공중화장실, 대피소, 그 밖에 이와 비슷한 것만 해당한다) 및 아목에 따른 제1종 근린생활시설
별표 20 제2호다목을 다음과 같이 한다.
　　　다. 「건축법 시행령」 별표 1 제4호아목, 자목, 너

목 및 러목(안마시술소만 해당한다)에 따른 제2종 근린생활시설

대통령령 제25090호 국토의 계획 및 이용에 관한 법률 시행령 일부개정령 별표 20 제2호라목 중 "같은 호 사목"을 "같은 호 너목"으로 한다.

별표 21 제1호나목을 다음과 같이 하고, 같은 표 제2호가목 중 "제1종 근린생활시설(같은 호 나목, 아목 및 차목에 해당하는 것을 제외한다)"을 "제1종 근린생활시설[같은 호 나목, 사목(공중화장실, 대피소, 그 밖에 이와 비슷한 것만 해당한다) 및 아목은 제외한다]"로 하며, 같은 호 나목 중 "제2종 근린생활시설(동호 나목 및 사목에 해당하는 것과 일반음식점·단란주점 및 안마시술소를 제외한다)"을 "제2종 근린생활시설[같은 호 아목, 자목, 너목, 더목 및 러목(안마시술소만 해당한다)은 제외한다]"로 하고, 같은 호 자목 중 "분뇨 및 쓰레기처리시설"을 "자원순환 관련 시설"로 한다.

　나. 「건축법 시행령」 별표 1 제3호사목(공중화장실, 대피소, 그 밖에 이와 비슷한 것만 해당한다) 및 아목에 따른 제1종 근린생활시설

별표 22 제2호가목 중 "같은 호 가목, 바목, 사목, 아목 및 차목"을 "같은 호 가목, 바목, 사목(지역아동센터는 제외한다) 및 아목"으로 한다.

별표 23 제1호다목 중 "제2종 근린생활시설(동호 나목에 해당하는 것과 일반음식점·단란주점 및 안마시술소를 제외한다)"을 "제2종 근린생활시설[같은 호 아목, 자목, 더목 및 러목(안마시술소만 해당한다)은 제외한다]"로 하고, 같은 표 제2호나목을 다음과 같이 하며, 같은 호 파목 중 "분뇨 및 쓰레기처리시설"을 "자원순환 관련 시설"로 한다.

나.「건축법 시행령」별표 1 제4호아목・자목 및 러목(안마시술소만 해당한다)에 따른 제2종 근린생활시설
별표 27 제1호카목 중 "분뇨 및 쓰레기처리시설"을 "자원순환 관련 시설"로 한다.
③ 농지법 시행령 일부를 다음과 같이 개정한다.
제30조제2항제1호나목 및 다목을 각각 다음과 같이 한다.
　　　나.「건축법 시행령」별표 1 제3호가목, 라목부터 바목까지 및 사목(공중화장실 및 대피소는 제외한다)에 해당하는 시설
　　　다.「건축법 시행령」별표 1 제4호가목, 나목, 라목부터 사목까지, 차목부터 타목까지, 파목(골프연습장은 제외한다) 및 하목에 해당하는 시설
제30조제2항제2호 중 "「건축법 시행령」별표 1 제3호아목에 해당하는 시설(변전소는 제외한다)"을 "「건축법 시행령」별표 1 제3호사목(공중화장실, 대피소, 그 밖에 이와 비슷한 것만 해당한다) 및 아목(변전소 및 도시가스배관시설은 제외한다)에 해당하는 시설"로 한다.
제44조제3항제1호 중 "제4호가목(일반음식점에 한한다)・나목・사목(이 영 제29조제2항제1호 및 제29조제7항제3호・제4호의 시설을 제외한다)・차목"을 "제4호아목・자목・너목(이 영 제29조제2항제1호 및 제29조제7항제3호・제4호의 시설은 제외한다)・더목"으로 한다.
제44조제3항제2호 중 "제3호가목・다목부터 바목까지・자목, 제4호가목(일반음식점을 제외한다)・다목부터 바목까지・아목・자목・카목부터 파목까지"를 "제3호가목, 다목부터 바목까지 및 사목(지역아동센터만 해당한다), 제4호가목부터 사목까지, 차목부터 거목까지 및 러목"으

로 한다.
④ 도시공원 및 녹지 등에 관한 법률 시행령 일부를 다음과 같이 개정한다.
제33조제1호 각 목 외의 부분 본문 중 "제1종근린생활시설(「건축법 시행령」 별표 1 제3호에 따른 제1종근린생활시설을 말하며, 같은 호 아목을 제외한다)"을 "제1종 근린생활시설[「건축법 시행령」 별표 1 제3호에 따른 제1종 근린생활시설을 말하며, 같은 호 사목(공중화장실 및 대피소만 해당한다) 및 아목(도시가스배관시설은 제외한다)은 제외한다]"로 한다.
⑤ 문화예술진흥법 시행령 일부를 다음과 같이 개정한다.
제12조제1항제2호 중 "제1종 근린생활시설(「건축법 시행령」 별표 1 제3호바목부터 자목까지의 시설은 제외한다)"을 "제1종 근린생활시설[「건축법 시행령」 별표 1 제3호바목, 사목 및 아목(도시가스배관시설은 제외한다)의 시설은 제외한다]"로 한다.
⑥ 수산자원관리법 시행령 일부를 다음과 같이 개정한다.
별표 16 제2호다목1) 단서 중 "「건축법 시행령」 별표 1 제4호나목 및 사목에 해당하는 것"을 "「건축법 시행령」 별표 1 제4호아목 및 너목에 해당하는 것"으로 하고, 같은 목 2)을 다음과 같이 한다.
　　2) 「건축법 시행령」 별표 1 제4호나목의 종교집회장 및 같은 호 카목 중 학원
⑦ 연구개발특구의 육성에 관한 특별법 시행령 일부를 다음과 같이 개정한다.
별표 6 제5호 중 "같은 표 제4호나목·다목"을 "같은 표 제4호라목·아목"으로 한다.

⑧ 자연환경보전법 시행령 일부를 다음과 같이 개정한다.

제14조제1항제1호나목 중 "수퍼마켓 또는 일용품 등의 소매점"을 "일용품 등을 판매하는 소매점"으로 하고, 같은 호 다목을 다음과 같이 한다.

　　다. 동표 제3호나목 중 휴게음식점

제15조제2항제2호부터 제4호까지를 각각 다음과 같이 한다.

　2. 동표 제4호아목의 휴게음식점·제과점
　3. 동표 제4호자목의 일반음식점
　4. 동표 제12호의 수련시설

⑨ 주차장법 시행령 일부를 다음과 같이 개정한다.

별표 1 제3호의 시설물란 중 "제1종 근린생활시설(「건축법 시행령」 별표 1 제3호바목 및 사목은 제외한다)"을 "제1종 근린생활시설[「건축법 시행령」 별표 1 제3호바목 및 사목(공중화장실, 대피소, 지역아동센터는 제외한다)은 제외한다]"로 한다.

⑩ 주택건설기준 등에 관한 규정 일부를 다음과 같이 개정한다.

제5조제1호 중 "고시원을"을 "다중생활시설은"으로 한다.

⑪ 주택법 시행령 일부를 다음과 같이 개정한다.

제2조의2제2호를 다음과 같이 한다.

　2. 「건축법 시행령」 별표 1 제4호거목 및 제15호다목에 따른 다중생활시설

별표 3 제1호 부대시설 및 입주자 공유인 복리시설의 신고기준란 중 "「건축법 시행령」 별표 1 제3호 마목·사목·자목 및 제4호라목의 시설"을 "「건축법 시행령」 별표 1 제3호마목·사목(공중화장실 및 대피소는 제외한다) 및 제4호파목의 시설"로 한다.

⑫ 지방소도읍육성지원법시행령 일부를 다음과 같이 개정한다.
별표 제2호 중 "건축법시행령 별표 1 제4호 마목"을 "「건축법 시행령」 별표 1 제4호가목"으로 한다.
⑬ 환경개선비용 부담법 시행령 일부를 다음과 같이 개정한다.
별표 4 제8호의 용도란 중 "「건축법 시행령」 별표 1 제3호의 제1종 근린생활시설 중 바목부터 아목까지의 시설"을 "「건축법 시행령」 별표 1 제3호바목·사목(지역아동센터는 제외한다)·아목(도시가스배관시설은 제외한다)의 제1종 근린생활시설"로 하고, 같은 표 제9호의 용도란 중 "파목의 고시원"을 "거목의 다중생활시설"로 한다.
제5조(다른 법령과의 관계) 이 영 시행 당시 다른 법령에서 종전의 별표 1의 규정을 인용한 경우 이 영 가운데 그에 해당하는 규정이 있을 때에는 종전의 규정을 갈음하여 별표 1의 개정규정을 인용한 것으로 본다.

　　부칙　<제25339호, 2014.4.29.>　(공공주택건설 등에 관한 특별법 시행령)
제1조(시행일) 이 영은 공포한 날부터 시행한다.
제2조(다른 법령의 개정) ① 생략
② 건축법 시행령 일부를 다음과 같이 개정한다.
제6조제1항제10호 중 "「보금자리주택건설 등에 관한 특별법」 제2조제1호에 따른 보금자리주택"을 "「공공주택건설 등에 관한 특별법」 제2조제1호에 따른 공공주택"으로 한다.
제105조제1항제5호를 다음과 같이 한다.
　5. 「공공주택건설 등에 관한 특별법」 제2조제2호에

	따른 공공주택지구 ③부터 <30>까지 생략 제3조 생략 　　부칙 <제25358호, 2014.5.22.> (건설기술 진흥법 시행령) 제1조(시행일) 이 영은 2014년 5월 23일부터 시행한다. 제2조부터 제12조까지 생략 제13조(다른 법령의 개정) ①부터 ⑤까지 생략 　⑥ 건축법 시행령 일부를 다음과 같이 개정한다. 　제19조제1항제2호 중 "「건설기술관리법」에 따른 건축감리전문회사·종합감리전문회사(공사시공자 본인이거나 「독점규제 및 공정거래에 관한 법률」 제2조에 따른 계열회사인 건축감리전문회사·종합감리전문회사는 제외한다) 또는 건축사(「건설기술관리법 시행령」 제105조에 따라 감리원을 배치하는 경우만 해당한다)"를 "「건설기술 진흥법」에 따른 건설기술용역업자(공사시공자 본인이거나 「독점규제 및 공정거래에 관한 법률」 제2조에 따른 계열회사인 건설기술용역업자는 제외한다) 또는 건축사(「건설기술 진흥법 시행령」 제60조에 따라 건설사업관리기술자를 배치하는 경우만 해당한다)"로 하고, 같은 조 제2항 중 "「건설기술관리법」"을 "「건설기술 진흥법」"으로 하며, 같은 조 제5항 각 호 외의 부분 전단 중 "「건설기술관리법 시행령」 제104조에 따른 토목·전기 또는 기계 분야의 감리원 자격"을 "「건설기술 진흥법 시행령」 제4조에 따른 건설사업관리를 수행할 자격"으로 한다. 　제23조의2제6항제2호 중 "「건설기술관리법」 제28조제1항에 따라 등록한 건축감리전문회사 및 종합감리전문회	

사"를 "「건설기술 진흥법」 제26조제1항에 따라 등록한 건설기술용역업자"로 한다.
⑦부터 <37>까지 생략
제13조 생략

부칙 <제25456호, 2014.7.14.> (도로법 시행령)
제1조(시행일) 이 영은 2014년 7월 15일부터 시행한다.
제2조부터 제4조까지 생략
제5조(다른 법령의 개정) ①부터 ③까지 생략
④ 건축법 시행령 일부를 다음과 같이 개정한다.
제10조제1항제10호를 다음과 같이 한다.
10. 「도로법」 제40조 및 제61조
⑤부터 <50>까지 생략
제6조 생략

부칙 <제25509호, 2014.7.28.> (지역문화진흥법 시행령)
제1조(시행일) 이 영은 2014년 7월 29일부터 시행한다.
제2조(다른 법령의 개정) ① 건축법 시행령 일부를 다음과 같이 개정한다.
제105조제1항제13호 중 "「문화예술진흥법」 제8조에 따른 문화지구"를 "「지역문화진흥법」 제18조에 따른 문화지구"로 한다.
② 생략
제3조 생략

시행령 별표

[별표 1] <개정 2014.3.24>

용도별 건축물의 종류(제3조의4 관련)

1. 단독주택[단독주택의 형태를 갖춘 가정어린이집·공동생활가정·지역아동센터 및 노인복지시설(노인복지주택은 제외한다)을 포함한다]
 가. 단독주택
 나. 다중주택: 다음의 요건을 모두 갖춘 주택을 말한다.
  1) 학생 또는 직장인 등 여러 사람이 장기간 거주할 수 있는 구조로 되어 있는 것
  2) 독립된 주거의 형태를 갖추지 아니한 것(각 실별로 욕실은 설치할 수 있으나, 취사시설은 설치하지 아니한 것을 말한다. 이하 같다)
  3) 연면적이 330제곱미터 이하이고 층수가 3층 이하인 것
 다. 다가구주택: 다음의 요건을 모두 갖춘 주택으로서 공동주택에 해당하지 아니하는 것을 말한다.
  1) 주택으로 쓰는 층수(지하층은 제외한다)가 3개 층 이하일 것. 다만, 1층의 바닥면적 2분의 1 이상을 필로티 구조로 하여 주차장으로 사용하고 나머지 부분을 주택 외의 용도로 쓰는 경우에는 해당 층을 주택의 층수에서 제외한다.
  2) 1개 동의 주택으로 쓰이는 바닥면적(부설 주차장 면적은 제외한다. 이하 같다)의 합계가 660제곱미터 이하일 것
  3) 19세대 이하가 거주할 수 있을 것
 라. 공관(公館)
2. 공동주택[공동주택의 형태를 갖춘 가정어린이집·공동생활가정·지역아동센터·노인복지시설(노인복지주택은 제외한다) 및 「주택법 시행령」 제3조제1항에 따른 원룸형 주택을 포함한다]. 다만, 가목이나 나목에서 층수를 산정할 때 1층 전부를 필로티 구조로 하여 주차장으로 사용하는 경우에는 필로티 부분을 층수에서 제외하고, 다목에서 층수를 산정할 때 1층의 바닥면적 2분의 1 이상을 필로티 구조로 하여 주차장으로 사용하고 나머지 부분을 주택 외의 용도로 쓰는 경우에는 해당 층을 주택의

층수에서 제외하며, 가목부터 라목까지의 규정에서 층수를 산정할 때 지하층을 주택의 층수에서 제외한다.
　가. 아파트: 주택으로 쓰는 층수가 5개 층 이상인 주택
　나. 연립주택: 주택으로 쓰는 1개 동의 바닥면적(2개 이상의 동을 지하주차장으로 연결하는 경우에는 각각의 동으로 본다) 합계가 660제곱미터를 초과하고, 층수가 4개 층 이하인 주택
　다. 다세대주택: 주택으로 쓰는 1개 동의 바닥면적 합계가 660제곱미터 이하이고, 층수가 4개 층 이하인 주택(2개 이상의 동을 지하주차장으로 연결하는 경우에는 각각의 동으로 본다)
　라. 기숙사: 학교 또는 공장 등의 학생 또는 종업원 등을 위하여 쓰는 것으로서 공동취사 등을 할 수 있는 구조를 갖추되, 독립된 주거의 형태를 갖추지 아니한 것(「교육기본법」 제27조제2항에 따른 학생복지주택을 포함한다)
3. 제1종 근린생활시설
　가. 식품·잡화·의류·완구·서적·건축자재·의약품·의료기기 등 일용품을 판매하는 소매점으로서 같은 건축물(하나의 대지에 두 동 이상의 건축물이 있는 경우에는 이를 같은 건축물로 본다. 이하 같다)에 해당 용도로 쓰는 바닥면적의 합계가 1천 제곱미터 미만인 것
　나. 휴게음식점, 제과점 등 음료·차(茶)·음식·빵·떡·과자 등을 조리하거나 제조하여 판매하는 시설(제4호너목 또는 제17호에 해당하는 것은 제외한다)로서 같은 건축물에 해당 용도로 쓰는 바닥면적의 합계가 300제곱미터 미만인 것
　다. 이용원, 미용원, 목욕장, 세탁소 등 사람의 위생관리나 의류 등을 세탁·수선하는 시설(세탁소의 경우 공장에 부설되는 것과 「대기환경보전법」, 「수질 및 수생태계 보전에 관한 법률」 또는 「소음·진동관리법」에 따른 배출시설의 설치 허가 또는 신고의 대상인 것은 제외한다)
　라. 의원, 치과의원, 한의원, 침술원, 접골원(接骨院), 조산원, 안마원, 산후조리원 등 주민의 진료·치료 등을 위한 시설
　마. 탁구장, 체육도장으로서 같은 건축물에 해당 용도로 쓰는 바닥면적의 합계가 500제곱미터 미만인 것
　바. 지역자치센터, 파출소, 지구대, 소방서, 우체국, 방송국, 보건소, 공공도서관, 건강보험공단 사무소 등 공공업무시설로서 같은 건축물에 해당 용도로 쓰는 바닥면적의 합계가 1천 제곱미터 미만인 것
　사. 마을회관, 마을공동작업소, 마을공동구판장, 공중화장실, 대피소, 지역아동센터(단독주택과 공동주택에 해당하는 것은 제외한다) 등 주민이 공동으로 이용하는 시설
　아. 변전소, 도시가스배관시설, 정수장, 양수장 등 주민의 생활에 필요한 에너지공급이나 급수·배수와 관련된 시설
4. 제2종 근린생활시설

가. 공연장(극장, 영화관, 연예장, 음악당, 서커스장, 비디오물감상실, 비디오물소극장, 그 밖에 이와 비슷한 것을 말한다. 이하 같다)으로서 같은 건축물에 해당 용도로 쓰는 바닥면적의 합계가 500제곱미터 미만인 것
나. 종교집회장[교회, 성당, 사찰, 기도원, 수도원, 수녀원, 제실(祭室), 사당, 그 밖에 이와 비슷한 것을 말한다. 이하 같다]으로서 같은 건축물에 해당 용도로 쓰는 바닥면적의 합계가 500제곱미터 미만인 것
다. 자동차영업소로서 같은 건축물에 해당 용도로 쓰는 바닥면적의 합계가 1천제곱미터 미만인 것
라. 서점(제1종 근린생활시설에 해당하지 않는 것)
마. 총포판매소
바. 사진관, 표구점
사. 청소년게임제공업소, 복합유통게임제공업소, 인터넷컴퓨터게임시설제공업소, 그 밖에 이와 비슷한 게임 관련 시설로서 같은 건축물에 해당 용도로 쓰는 바닥면적의 합계가 500제곱미터 미만인 것
아. 휴게음식점, 제과점 등 음료·차(茶)·음식·빵·떡·과자 등을 조리하거나 제조하여 판매하는 시설(너목 또는 제17호에 해당하는 것은 제외한다)로서 같은 건축물에 해당 용도로 쓰는 바닥면적의 합계가 300제곱미터 이상인 것
자. 일반음식점
차. 장의사, 동물병원, 동물미용실, 그 밖에 이와 유사한 것
카. 학원(자동차학원 및 무도학원은 제외한다), 교습소(자동차 교습 및 무도 교습을 위한 시설은 제외한다), 직업훈련소(운전·정비 관련 직업훈련소는 제외한다)로서 같은 건축물에 해당 용도로 쓰는 바닥면적의 합계가 500제곱미터 미만인 것
타. 독서실, 기원
파. 테니스장, 체력단련장, 에어로빅장, 볼링장, 당구장, 실내낚시터, 골프연습장, 놀이형시설(「관광진흥법」에 따른 기타유원시설업의 시설을 말한다. 이하 같다) 등 주민의 체육 활동을 위한 시설(제3호마목의 시설은 제외한다)로서 같은 건축물에 해당 용도로 쓰는 바닥면적의 합계가 500제곱미터 미만인 것
하. 금융업소, 사무소, 부동산중개사무소, 결혼상담소 등 소개업소, 출판사 등 일반업무시설로서 같은 건축물에 해당 용도로 쓰는 바닥면적의 합계가 500제곱미터 미만인 것
거. 다중생활시설(「다중이용업소의 안전관리에 관한 특별법」에 따른 다중이용업 중 고시원업의 시설로서 독립된 주거의 형태를 갖추지 않은 것을 말한다. 이하 같다)로서 같은 건축물에 해당 용도로 쓰는 바닥면적의 합계가 500제곱미터 미만인 것
너. 제조업소, 수리점 등 물품의 제조·가공·수리 등을 위한 시설로서 같은 건축물에 해당 용도로 쓰는 바닥면적의 합계가 500

제곱미터 미만이고, 다음 요건 중 어느 하나에 해당하는 것
 1) 「대기환경보전법」, 「수질 및 수생태계 보전에 관한 법률」 또는 「소음·진동관리법」에 따른 배출시설의 설치 허가 또는 신고의 대상이 아닌 것
 2) 「대기환경보전법」, 「수질 및 수생태계 보전에 관한 법률」 또는 「소음·진동관리법」에 따른 배출시설의 설치 허가 또는 신고의 대상 시설이나 귀금속·장신구 및 관련 제품 제조시설로서 발생되는 폐수를 전량 위탁처리하는 것
더. 단란주점으로서 같은 건축물에 해당 용도로 쓰는 바닥면적의 합계가 150제곱미터 미만인 것
러. 안마시술소, 노래연습장

5. 문화 및 집회시설
가. 공연장으로서 제2종 근린생활시설에 해당하지 아니하는 것
나. 집회장[예식장, 공회당, 회의장, 마권(馬券) 장외 발매소, 마권 전화투표소, 그 밖에 이와 비슷한 것을 말한다]으로서 제2종 근린생활시설에 해당하지 아니하는 것
다. 관람장(경마장, 경륜장, 경정장, 자동차 경기장, 그 밖에 이와 비슷한 것과 체육관 및 운동장으로서 관람석의 바닥면적의 합계가 1천 제곱미터 이상인 것을 말한다)
라. 전시장(박물관, 미술관, 과학관, 문화관, 체험관, 기념관, 산업전시장, 박람회장, 그 밖에 이와 비슷한 것을 말한다)
마. 동·식물원(동물원, 식물원, 수족관, 그 밖에 이와 비슷한 것을 말한다)

6. 종교시설
가. 종교집회장으로서 제2종 근린생활시설에 해당하지 아니하는 것
나. 종교집회장(제2종 근린생활시설에 해당하지 아니하는 것을 말한다)에 설치하는 봉안당(奉安堂)

7. 판매시설
가. 도매시장(「농수산물유통 및 가격안정에 관한 법률」에 따른 농수산물도매시장, 농수산물공판장, 그 밖에 이와 비슷한 것을 말하며, 그 안에 있는 근린생활시설을 포함한다)
나. 소매시장(「유통산업발전법」 제2조제3호에 따른 대규모 점포, 그 밖에 이와 비슷한 것을 말하며, 그 안에 있는 근린생활시설을 포함한다)
다. 상점(그 안에 있는 근린생활시설을 포함한다)으로서 다음의 요건 중 어느 하나에 해당하는 것
 1) 제3호가목에 해당하는 용도(서점은 제외한다)로서 제1종 근린생활시설에 해당하지 아니하는 것

2) 「게임산업진흥에 관한 법률」 제2조제6호의2가목에 따른 청소년게임제공업의 시설, 같은 호 나목에 따른 일반게임제공업의 시설, 같은 조 제7호에 따른 인터넷컴퓨터게임시설제공업의 시설 및 같은 조 제8호에 따른 복합유통게임제공업의 시설로서 제2종 근린생활시설에 해당하지 아니하는 것

8. 운수시설
 가. 여객자동차터미널
 나. 철도시설
 다. 공항시설
 라. 항만시설
 마. 삭제 <2009.7.16>

9. 의료시설
 가. 병원(종합병원, 병원, 치과병원, 한방병원, 정신병원 및 요양병원을 말한다)
 나. 격리병원(전염병원, 마약진료소, 그 밖에 이와 비슷한 것을 말한다)

10. 교육연구시설(제2종 근린생활시설에 해당하는 것은 제외한다)
 가. 학교(유치원, 초등학교, 중학교, 고등학교, 전문대학, 대학, 대학교, 그 밖에 이에 준하는 각종 학교를 말한다)
 나. 교육원(연수원, 그 밖에 이와 비슷한 것을 포함한다)
 다. 직업훈련소(운전 및 정비 관련 직업훈련소는 제외한다)
 라. 학원(자동차학원 및 무도학원은 제외한다)
 마. 연구소(연구소에 준하는 시험소와 계측계량소를 포함한다)
 바. 도서관

11. 노유자시설
 가. 아동 관련 시설(어린이집, 아동복지시설, 그 밖에 이와 비슷한 것으로서 단독주택, 공동주택 및 제1종 근린생활시설에 해당하지 아니하는 것을 말한다)
 나. 노인복지시설(단독주택과 공동주택에 해당하지 아니하는 것을 말한다)
 다. 그 밖에 다른 용도로 분류되지 아니한 사회복지시설 및 근로복지시설

12. 수련시설

가. 생활권 수련시설(「청소년활동진흥법」에 따른 청소년수련관, 청소년문화의집, 청소년특화시설, 그 밖에 이와 비슷한 것을 말한다)
나. 자연권 수련시설(「청소년활동진흥법」에 따른 청소년수련원, 청소년야영장, 그 밖에 이와 비슷한 것을 말한다)
다. 「청소년활동진흥법」에 따른 유스호스텔

13. 운동시설
가. 탁구장, 체육도장, 테니스장, 체력단련장, 에어로빅장, 볼링장, 당구장, 실내낚시터, 골프연습장, 놀이형시설, 그 밖에 이와 비슷한 것으로서 제1종 근린생활시설 및 제2종 근린생활시설에 해당하지 아니하는 것
나. 체육관으로서 관람석이 없거나 관람석의 바닥면적이 1천제곱미터 미만인 것
다. 운동장(육상장, 구기장, 볼링장, 수영장, 스케이트장, 롤러스케이트장, 승마장, 사격장, 궁도장, 골프장 등과 이에 딸린 건축물을 말한다)으로서 관람석이 없거나 관람석의 바닥면적이 1천 제곱미터 미만인 것

14. 업무시설
가. 공공업무시설: 국가 또는 지방자치단체의 청사와 외국공관의 건축물로서 제1종 근린생활시설에 해당하지 아니하는 것
나. 일반업무시설: 다음 요건을 갖춘 업무시설을 말한다.
 1) 금융업소, 사무소, 결혼상담소 등 소개업소, 출판사, 신문사, 그 밖에 이와 비슷한 것으로서 제2종 근린생활시설에 해당하지 않는 것
 2) 오피스텔(업무를 주로 하며, 분양하거나 임대하는 구획 중 일부 구획에서 숙식을 할 수 있도록 한 건축물로서 국토교통부장관이 고시하는 기준에 적합한 것을 말한다)

15. 숙박시설
가. 일반숙박시설 및 생활숙박시설
나. 관광숙박시설(관광호텔, 수상관광호텔, 한국전통호텔, 가족호텔, 호스텔, 소형호텔, 의료관광호텔 및 휴양 콘도미니엄)
다. 다중생활시설(제2종 근린생활시설에 해당하지 아니하는 것을 말한다)
라. 그 밖에 가목부터 다목까지의 시설과 비슷한 것

16. 위락시설
가. 단란주점으로서 제2종 근린생활시설에 해당하지 아니하는 것
나. 유흥주점이나 그 밖에 이와 비슷한 것

다. 「관광진흥법」에 따른 유원시설업의 시설, 그 밖에 이와 비슷한 시설(제2종 근린생활시설과 운동시설에 해당하는 것은 제외한다)
라. 삭제 <2010.2.18>
마. 무도장, 무도학원
바. 카지노영업소

17. 공장

물품의 제조·가공[염색·도장(塗裝)·표백·재봉·건조·인쇄 등을 포함한다] 또는 수리에 계속적으로 이용되는 건축물로서 제1종 근린생활시설, 제2종 근린생활시설, 위험물저장 및 처리시설, 자동차 관련 시설, 분뇨 및 쓰레기처리시설 등으로 따로 분류되지 아니한 것

18. 창고시설(위험물 저장 및 처리 시설 또는 그 부속용도에 해당하는 것은 제외한다)

가. 창고(물품저장시설로서 「물류정책기본법」에 따른 일반창고와 냉장 및 냉동 창고를 포함한다)
나. 하역장
다. 「물류시설의 개발 및 운영에 관한 법률」에 따른 물류터미널
라. 집배송 시설

19. 위험물 저장 및 처리 시설

「위험물안전관리법」, 「석유 및 석유대체연료 사업법」, 「도시가스사업법」, 「고압가스 안전관리법」, 「액화석유가스의 안전관리 및 사업법」, 「총포·도검·화약류 등 단속법」, 「유해화학물질 관리법」 등에 따라 설치 또는 영업의 허가를 받아야 하는 건축물로서 다음 각 목의 어느 하나에 해당하는 것. 다만, 자가난방, 자가발전, 그 밖에 이와 비슷한 목적으로 쓰는 저장시설은 제외한다.

가. 주유소(기계식 세차설비를 포함한다) 및 석유 판매소
나. 액화석유가스 충전소·판매소·저장소(기계식 세차설비를 포함한다)
다. 위험물 제조소·저장소·취급소
라. 액화가스 취급소·판매소
마. 유독물 보관·저장·판매시설
바. 고압가스 충전소·판매소·저장소

사. 도료류 판매소
아. 도시가스 제조시설
자. 화약류 저장소
차. 그 밖에 가목부터 자목까지의 시설과 비슷한 것

20. 자동차 관련 시설(건설기계 관련 시설을 포함한다)
   가. 주차장
   나. 세차장
   다. 폐차장
   라. 검사장
   마. 매매장
   바. 정비공장
   사. 운전학원 및 정비학원(운전 및 정비 관련 직업훈련시설을 포함한다)
   아. 「여객자동차 운수사업법」, 「화물자동차 운수사업법」 및 「건설기계관리법」에 따른 차고 및 주기장(駐機場)

21. 동물 및 식물 관련 시설
   가. 축사(양잠·양봉·양어시설 및 부화장 등을 포함한다)
   나. 가축시설[가축용 운동시설, 인공수정센터, 관리사(管理舍), 가축용 창고, 가축시장, 동물검역소, 실험동물 사육시설, 그 밖에 이와 비슷한 것을 말한다]
   다. 도축장
   라. 도계장
   마. 작물 재배사
   바. 종묘배양시설
   사. 화초 및 분재 등의 온실
   아. 식물과 관련된 마목부터 사목까지의 시설과 비슷한 것(동·식물원은 제외한다)

22. 자원순환 관련 시설
   가. 하수 등 처리시설

나. 고물상
　다. 폐기물재활용시설
　라. 폐기물 처분시설
　마. 폐기물감량화시설
23. 교정 및 군사 시설(제1종 근린생활시설에 해당하는 것은 제외한다)
　가. 교정시설(보호감호소, 구치소 및 교도소를 말한다)
　나. 갱생보호시설, 그 밖에 범죄자의 갱생·보육·교육·보건 등의 용도로 쓰는 시설
　다. 소년원 및 소년분류심사원
　라. 국방·군사시설
24. 방송통신시설(제1종 근린생활시설에 해당하는 것은 제외한다)
　가. 방송국(방송프로그램 제작시설 및 송신·수신·중계시설을 포함한다)
　나. 전신전화국
　다. 촬영소
　라. 통신용 시설
　마. 그 밖에 가목부터 라목까지의 시설과 비슷한 것
25. 발전시설
　　발전소(집단에너지 공급시설을 포함한다)로 사용되는 건축물로서 제1종 근린생활시설에 해당하지 아니하는 것
26. 묘지 관련 시설
　가. 화장시설
　나. 봉안당(종교시설에 해당하는 것은 제외한다)
　다. 묘지와 자연장지에 부수되는 건축물
27. 관광 휴게시설
　가. 야외음악당
　나. 야외극장
　다. 어린이회관

라. 관망탑
　　마. 휴게소
　　바. 공원·유원지 또는 관광지에 부수되는 시설
28. 장례식장[의료시설의 부수시설(「의료법」 제36조제1호에 따른 의료기관의 종류에 따른 시설을 말한다)에 해당하는 것은 제외한다]

비고
　1. 제3호 및 제4호에서 "해당 용도로 쓰는 바닥면적"이란 부설 주차장 면적을 제외한 실(實) 사용면적에 공용부분 면적(복도, 계단, 화장실 등의 면적을 말한다)을 비례 배분한 면적을 합한 면적을 말한다.
　2. 비고 제1호에 따라 "해당 용도로 쓰는 바닥면적"을 산정할 때 「집합건물의 소유 및 관리에 관한 법률」에 따라 건축물의 내부를 여러 개의 부분으로 구분하여 독립한 건축물로 사용하는 경우에는 그 구분된 면적 단위로 바닥면적을 산정한다. 다만, 다음 각 목에 해당하는 경우에는 각 목에서 정한 기준에 따른다.
　　가. 제4호너목에 해당하는 건축물의 경우에는 내부가 여러 개의 부분으로 구분되어 있더라도 해당 용도로 쓰는 바닥면적을 모두 합산하여 산정한다.
　　나. 동일인이 둘 이상의 구분된 건축물을 같은 세부 용도로 사용하는 경우에는 연접되어 있지 않더라도 이를 모두 합산하여 산정한다.
　　다. 구분 소유자가 다른 경우에도 구분된 건축물을 같은 세부 용도로 연계하여 함께 사용하는 경우(통로, 창고 등을 공동으로 활용하는 경우 또는 명칭의 일부를 동일하게 사용하여 홍보하거나 관리하는 경우 등을 말한다)에는 연접되어 있지 않더라도 연계하여 함께 사용하는 바닥면적을 모두 합산하여 산정한다.
　3. 「청소년 보호법」 제2조제5호가목8) 및 9)에 따라 여성가족부장관이 고시하는 청소년 출입·고용금지업의 영업을 위한 시설은 제1종 근린생활시설 및 제2종 근린생활시설에서 제외한다.
　4. 국토교통부장관은 별표 1 각 호의 용도별 건축물의 종류에 관한 구체적인 범위를 정하여 고시할 수 있다.

[별표 2] <개정 2013.5.31>

대지의 공지 기준(제80조의2 관련)

1. 건축선으로부터 건축물까지 띄어야 하는 거리

대상 건축물	건축조례에서 정하는 건축기준
가. 해당 용도로 쓰는 바닥면적의 합계가 500제곱미터 이상인 공장(전용공업지역, 일반공업지역 또는 「산업입지 및 개발에 관한 법률」에 따른 산업단지에 건축하는 공장은 제외한다)으로서 건축조례로 정하는 건축물	· 준공업지역: 1.5미터 이상 6미터 이하 · 준공업지역 외의 지역: 3미터 이상 6미터 이하
나. 해당 용도로 쓰는 바닥면적의 합계가 500제곱미터 이상인 창고(전용공업지역, 일반공업지역 또는 「산업입지 및 개발에 관한 법률」에 따른 산업단지에 건축하는 창고는 제외한다)로서 건축조례로 정하는 건축물	· 준공업지역: 1.5미터 이상 6미터 이하 · 준공업지역 외의 지역: 3미터 이상 6미터 이하
다. 해당 용도로 쓰는 바닥면적의 합계가 1,000제곱미터 이상인 판매시설, 숙박시설(여관 및 여인숙은 제외한다), 문화 및 집회시설(전시장 및 동·식물원은 제외한다) 및 종교시설	· 3미터 이상 6미터 이하
라. 다중이 이용하는 건축물로서 건축조례로 정하는 건축물	· 3미터 이상 6미터 이하
마. 공동주택	· 아파트: 2미터 이상 6미터 이하 · 연립주택: 2미터 이상 5미터 이하 · 다세대주택: 1미터 이상 4미터 이하
바. 그 밖에 건축조례로 정하는 건축물	· 1미터 이상 6미터 이하(한옥의 경우에는 처마선 2미터 이하, 외벽선 1미터 이상 2미터 이하)

2. 인접 대지경계선으로부터 건축물까지 띄어야 하는 거리

대상 건축물	건축조례에서 정하는 건축기준
가. 전용주거지역에 건축하는 건축물(공동주택은 제외한다)	·1미터 이상 6미터 이하(한옥의 경우에는 처마선 2미터 이하, 외벽선 1미터 이상 2미터 이하)
나. 해당 용도로 쓰는 바닥면적의 합계가 500제곱미터 이상인 공장(전용공업지역, 일반공업지역 또는 「산업입지 및 개발에 관한 법률」에 따른 산업단지에 건축하는 공장은 제외한다)으로서 건축조례로 정하는 건축물	·준공업지역: 1미터 이상 6미터 이하 ·준공업지역 외의 지역: 1.5미터 이상 6미터 이하
다. 상업지역이 아닌 지역에 건축하는 건축물로서 해당 용도로 쓰는 바닥면적의 합계가 1,000제곱미터 이상인 판매시설, 숙박시설(여관 및 여인숙은 제외한다), 문화 및 집회시설(전시장 및 동·식물원은 제외한다) 및 종교시설	·1.5미터 이상 6미터 이하
라. 다중이 이용하는 건축물(상업지역에 건축하는 건축물은 제외한다)로서 건축조례로 정하는 건축물	·1.5미터 이상 6미터 이하
마. 공동주택(상업지역에 건축하는 공동주택은 제외한다)	·아파트: 2미터 이상 6미터 이하 ·연립주택: 1.5미터 이상 5미터 이하 ·다세대주택: 0.5미터 이상 4미터 이하
바. 그 밖에 건축조례로 정하는 건축물	·0.5미터 이상 6미터 이하(한옥의 경우에는 처마선 2미터 이하, 외벽선 1미터 이상 2미터 이하)

비고: 제1호가목 및 제2호나목에 해당하는 건축물 중 법 제11조에 따른 허가를 받거나 법 제14조에 따른 신고를 하고 2009년 7월 1일부터 2015년 6월 30일까지 법 제21조에 따른 착공신고를 하는 건축물에 대하여는 건축조례로 정하는 건축기준을 2분의 1로 완화하여 적용한다.

[별표 3] <개정 2010.12.13>

특별건축구역의 특례사항 적용 대상 건축물 (제106조제2항 관련)

용도	규모(연면적, 세대 또는 동)
문화 및 집회시설, 판매시설, 운수시설, 의료시설, 교육연구시설, 수련시설	2천제곱미터 이상
운동시설, 업무시설, 숙박시설, 관광휴게시설, 방송통신시설	3천제곱미터 이상
종교시설	-
노유자시설	5백제곱미터 이상
공동주택(아파트 및 연립주택만 해당한다)	300세대 이상(주거용 외의 용도와 복합된 경우에는 200세대 이상)
단독주택(한옥이 밀집되어 있는 지역의 건축물로 한정하며, 단독주택 외의 용도로 쓰이는 건축물을 포함할 수 있다)	50동 이상
그 밖의 용도	1천제곱미터 이상

비고
1. 위의 용도에 해당하는 건축물은 허가권자가 인정하는 비슷한 용도의 건축물을 포함한다.
2. 위의 용도가 복합된 건축물의 경우에는 해당 용도의 연면적 합계가 기준 연면적을 합한 값 이상이어야 한다. 다만, 공동주택과 주거용 외의 용도가 복합된 경우에는 각각 해당 용도의 연면적 또는 세대 기준에 적합하여야 한다.

[별표 15] <개정 2012.12.12>

이행강제금의 산정기준(제115조의2제2항 관련)

위 반 건 축 물	해당 법조문	이행강제금의 금액
1. 허가를 받지 않거나 신고를 하지 않고 제3조의2제8호에 따른 증설 또는 해체로 대수선을 한 건축물	법 제11조, 법 제14조	시가표준액의 100분의 10에 해당하는 금액
1의2. 허가를 받지 아니하거나 신고를 하지 아니하고 용도변경을 한 건축물	법 제19조	허가를 받지 아니하거나 신고를 하지 아니하고 용도변경을 한 부분의 시가표준액의 100분의 10에 해당하는 금액
2. 사용승인을 받지 아니하고 사용 중인 건축물	법 제22조	시가표준액의 100분의 2에 해당하는 금액
3. 유지ㆍ관리 상태가 법령등의 기준에 적합하지 아니한 건축물	법 제35조	시가표준액(법 제42조를 위반한 경우에는 위반한 조경의무면적에 해당하는 바닥면적의 시가표준액)의 100분의 3에 해당하는 금액
4. 건축선에 적합하지 아니한 건축물	법 제47조	시가표준액의 100분의 10에 해당하는 금액
5. 구조내력기준에 적합하지 아니한 건축물	법 제48조	시가표준액의 100분의 3에 해당하는 금액
6. 피난시설, 건축물의 용도ㆍ구조의 제한, 방화구획, 계단, 거실의 반자 높이, 거실의 채광ㆍ환기와 바닥의 방습 등이 법령등의 기준에 적합하지 아니한 건축물	법 제49조	시가표준액의 100분의 3에 해당하는 금액
7. 내화구조 및 방화벽이 법령등의 기준에 적합하지 아니한 건축물	법 제50조	시가표준액의 100분의 10에 해당하는 금액
8. 방화지구 안의 건축물에 관한 법령등의 기준에 적합하지 아니한 건축물	법 제51조	시가표준액의 100분의 10에 해당하는 금액
9. 법령등에 적합하지 아니한 내부 마감재료를 사용한 건축물	법 제52조	시가표준액의 100분의 5에 해당하는 금액
10. 높이 제한을 위반한 건축물	법 제60조	시가표준액의 100분의 10에 해당하는 금액
11. 일조 등의 확보를 위한 높이제한을 위반한 건축물	법 제61조	시가표준액의 100분의 10에 해당하는 금액
12. 건축설비의 설치ㆍ구조에 관한 기준과 그 설계 및 공사감리에 관한 법령 등의 기준을 위반한 건축물	법 제62조	시가표준액의 100분의 10에 해당하는 금액
13. 그 밖에 이 법 또는 이 법에 따른 명령이나 처분을 위반한 건축물		시가표준액의 100분의 3 이하로서 위반행위의 종류에 따라 건축조례로 정하는 금액(건축조례로 규정하지 아니한 경우에는 100분의 3으로 한다)

[별표 16] <신설 2013.5.31>

과태료의 부과기준(제121조 관련)

1. 일반기준

  가. 위반행위의 횟수에 따른 과태료의 부과기준은 최근 1년간 같은 위반행위로 과태료를 부과받은 경우에 적용한다. 이 경우 위반 횟수는 같은 위반행위에 대하여 최초로 과태료 부과처분을 한 날과 다시 같은 위반행위를 적발한 날을 각각 기준으로 하여 계산한다.

  나. 과태료 부과 시 위반행위가 둘 이상인 경우에는 부과금액이 많은 과태료를 부과한다.

  다. 부과권자는 위반행위의 정도, 동기와 그 결과 등을 고려하여 제2호에 따른 과태료 금액의 2분의 1 범위에서 그 금액을 늘릴 수 있다. 다만, 과태료를 늘려 부과하는 경우에도 법 제113조제1항 및 제2항에 따른 과태료 금액의 상한을 넘을 수 없다.

  라. 부과권자는 다음의 어느 하나에 해당하는 경우에는 제2호에 따른 과태료 금액의 2분의 1 범위에서 그 금액을 줄일 수 있다. 다만, 과태료를 체납하고 있는 위반행위자의 경우에는 그 금액을 줄일 수 없으며, 감경 사유가 여러 개 있는 경우라도 감경의 범위는 과태료 금액의 2분의 1을 넘을 수 없다.

    1) 위반행위자가 「질서위반행위규제법 시행령」 제2조의2제1항 각 호의 어느 하나에 해당하는 경우

    2) 위반행위가 사소한 부주의나 오류 등으로 인한 것으로 인정되는 경우

    3) 위반행위자가 법 위반상태를 바로 정정하거나 시정하여 해소한 경우

    4) 그 밖에 위반행위의 정도, 동기와 그 결과 등을 고려하여 줄일 필요가 있다고 인정되는 경우

2. 개별기준

(단위: 만원)

위반행위	근거 법조문	과태료 금액		
		1차 위반	2차 위반	3차 이상 위반
가. 법 제24조제2항을 위반하여 공사현장에 설계도서를 갖추어 두지 않는 경우	법 제113조제1항제1호	50	100	200
나. 법 제24조제5항을 위반하여 건축허가 표지판을 설치하지 않는 경우	법 제113조제1항제2호	50	100	200
다. 공사감리자가 법 제25조제3항을 위반하여 보고를 하지 않는 경우	법 제113조제2항제1호	10	20	30
라. 법 제27조제2항에 따른 보고를 하지 않는 경우	법 제113조제2항제2호	10	20	30
마. 법 제35조제2항에 따른 보고를 하지 않는 경우	법 제113조제2항제3호	10	20	30
바. 법 제36조제1항에 따른 신고를 하지 않는 경우	법 제113조제2항제4호	10	20	30
사. 건축주 또는 소유자가 법 제75조제2항을 위반하여 정당한 사유 없이 허가권자에게 모니터링보고서를 제출하지 않거나 거짓이나 그 밖의 부정한 방법으로 모니터링보고서를 제출한 경우	법 제113조제2항제5호	10	20	30
아. 건축주, 소유자 또는 관리자가 법 제77조제2항을 위반하여 모니터링에 필요한 사항에 협조하지 않는 경우	법 제113조제2항제6호	10	20	30
자. 법 제79조제5항을 위반한 경우	법 제113조제2항제7호	10	20	30
차. 법 제87조제1항에 따른 자료의 제출 또는 보고를 하지 않거나 거짓 자료를 제출하거나 거짓 보고를 한 경우	법 제113조제2항제8호	10	20	30

시행령 별표

[별표 1] 삭제 <2000.7.4>

[별표 2] <개정 2014.4.25>

건축허가신청에 필요한 설계도서(제6조제1항 관련)

도서의 종류	도서의축척	표시하여야 할 사항
건축계획서	임의	1. 개요(위치·대지면적 등) 2. 지역·지구 및 도시계획사항 3. 건축물의 규모(건축면적·연면적·높이·층수 등) 4. 건축물의 용도별 면적 5. 주차장규모 6. 에너지절약계획서(해당건축물에 한한다) 7. 노인 및 장애인 등을 위한 편의시설 설치계획서(관계법령에 의하여 설치의무가 있는 경우에 한한다)
배 치 도	임의	1. 축척 및 방위 2. 대지에 접한 도로의 길이 및 너비 3. 대지의 종·횡단면도 4. 건축선 및 대지경계선으로부터 건축물까지의 거리 5. 주차동선 및 옥외주차계획 6. 공개공지 및 조경계획
평 면 도	임의	1. 1층 및 기준층 평면도 2. 기둥·벽·창문 등의 위치 3. 방화구획 및 방화문의 위치

평면도	임의	4. 복도 및 계단의 위치 5. 승강기의 위치
입면도	임의	1. 2면 이상의 입면계획 2. 외부마감재료 3. 간판 및 건물번호판의 설치계획(크기·위치)
단면도	임의	1. 종·횡단면도 2. 건축물의 높이, 각층의 높이 및 반자높이
구조도 (구조안전 확인 또는 내진설계 대상 건축물)	임의	1. 구조내력상 주요한 부분의 평면 및 단면 2. 주요부분의 상세도면 3. 구조안전확인서
구조계산서 (구조안전 확인 또는 내진설계 대상 건축물)	임의	1. 구조내력상 주요한 부분의 응력 및 단면 산정 과정 2. 내진설계의 내용(지진에 대한 안전 여부 확인 대상 건축물)
시방서	임의	1. 시방내용(국토교통부장관이 작성한 표준시방서에 없는 공법인 경우에 한한다) 2. 흙막이공법 및 도면
실내마감도	임의	벽 및 반자의 마감의 종류
소방설비도	임의	「소방시설설치유지 및 안전관리에 관한 법률」에 따라 소방관서의 장의 동의를 얻어야 하는 건축물의 해당소방 관련 설비
건축설비도	임의	냉·난방설비, 위생설비, 환경설비, 전기설비, 통신설비, 승강설비 등 건축설비
토지굴착 및 옹벽도	임의	1. 지하매설구조물 현황 2. 흙막이 구조(지하 2층 이상의 지하층을 설치하는 경우에 한한다) 3. 단면상세 4. 옹벽구조

[별표 3] <개정 2013.3.23>

대형건축물의 건축허가 사전승인신청시 제출도서의 종류 (제7조제1항제1호관련)

1. 건축계획서

분야	도서종류	표시하여야 할 사항
건축	설계설명서	○공사개요 　위치·대지면적·공사기간·공사금액 등 ○사전조사사항 　지반고·기후·동결심도·수용인원·상하수와 주변지역을 포함한 지질 및 지형, 인구, 교통, 지역, 지구, 토지이용현황, 시설물현황 등 ○건축계획 　배치·평면·입면계획·동선계획·개략조경계획·주차계획 및 교통처리계획 등 ○시공방법 ○개략공정계획 ○주요설비계획 ○주요자재 사용계획 ○기타 필요한 사항
	구조계획서	○설계근거기준 ○구조재료의 성질 및 특성 ○하중조건분석 적용 ○구조의 형식선정계획 ○각부 구조계획 ○건축구조성능(단열·내화·차음·진동장애 등) ○구조안전검토
	지질조사서	○토질개황 ○각종 토질시험내용 ○지내력 산출근거 ○지하수위면 ○기초에 대한 의견
	시방서	○시방내용(국토교통부장관이 작성한 표준시방서에 없는 공법인 경우에 한한다)

[별표 3의2] <신설 2001.9.28>

수질환경 등의 보호관련 건축허가 사전승인신청시 제출도서의 종류 (제7조제1항제2호관련)

1. 건축계획서

분 야	도 서 종 류	표시하여야 할 사항
건 축	설 계 설 명 서	○공사개요 　위치·대지면적·공사기간·착공예정일 ○사전조사사항 　지역·지구, 지반높이, 상·하수도, 토지이용현황, 주변현황 ○건축계획 　배치·평면·입면·주차계획 ○개략공정계획 ○주요설비계획

2. 기본설계도서

분 야	도 서 종 류	표시하여야 할 사항
건 축	투시도 또는 투시도사진	색채사용
	평면도(주요층,기준층)	1. 각실의 용도 및 면적 2. 기둥·벽·창문 등의 위치
	2면 이상의 입면도	1. 축 척 2. 외벽의 마감재료
	2면 이상의 단면도	1. 축 척 2. 건축물의 높이, 각층의 높이 및 반자높이
	내 외 마 감 표	벽 및 반자의 마감재의 종류
	주 차 장 평 면 도	1. 주차장면적 2. 도로·통로 및 출입구의 위치
설 비	건 축 설 비 도	1. 난방설비·환기설비 그 밖의 건축설비의 설비계획 2. 비상조명장치·통신설비 설치계획
	상·하수도계통도	상·하수도의 연결관계, 저수조의 위치, 급·배수 등

[별표 4] <개정 1999.5.11, 2005.10.20, 2006.5.12>

건축허가등 수수료의 범위 (제10조 관련)

연 면 적 합 계	금 액	
200제곱미터 미만	단독주택	2천원7백원 이상 4천원 이하
	기 타	6천7백원 이상 9천4백원 이하
200제곱미터 이상 1천제곱미터 미만	단독주택	4천원 이상 6천원 이하
	기 타	1만4천원 이상 2만원 이하
1천제곱미터 이상 5천제곱미터 미만		3만4천원 이상 5만4천원 이하
5천제곱미터 이상 1만제곱미터 미만		6만8천원 이상 10만원 이하
1만제곱미터 이상 3만제곱미터 미만		13만5천원 이상 20만원 이하
3만제곱미터 이상 10만제곱미터 미만		27만원 이상 41만원 이하
10만제곱미터 이상 30만제곱미터 미만		54만원 이상 81만원 이하
30만제곱미터 이상		108만원 이상 162만원 이하

※ 설계변경의 경우에는 변경하는 부분의 면적에 따라 적용한다.

[별표 4의2] 삭제 <2006.5.12>

[별표 5] <개정 2010.8.5>

건축허용오차 (제20조관련)

1. 대지관련 건축기준의 허용오차

항 목	허용되는 오차의 범위
건축선의 후퇴거리	3퍼센트 이내
인접대지 경계선과의 거리	3퍼센트 이내
인접건축물과의 거리	3퍼센트 이내
건 폐 율	0.5퍼센트 이내(건축면적 5제곱미터를 초과할 수 없다)
용 적 률	1퍼센트 이내(연면적 30제곱미터를 초과할 수 없다)

2. 건축물관련 건축기준의 허용오차

항 목	허용되는 오차의 범위
건 축 물 높 이	2퍼센트 이내(1미터를 초과할 수 없다)
평 면 길 이	2퍼센트 이내(건축물 전체길이는 1미터를 초과할 수 없고, 벽으로 구획된 각실의 경우에는 10센티미터를 초과할 수 없다)
출 구 너 비	2퍼센트 이내
반 자 높 이	2퍼센트 이내
벽 체 두 께	3퍼센트 이내
바 닥 판 두 께	3퍼센트 이내

[별표 6] <개정 2013.11.28>

옹벽에 관한 기술적 기준 (제25조관련)

1. 석축인 옹벽의 경사도는 그 높이에 따라 다음 표에 정하는 기준 이하일 것

구 분	1.5미터까지	3미터까지	5미터까지
멧 쌓 기	1 : 0.30	1 : 0.35	1 : 0.40
찰 쌓 기	1 : 0.25	1 : 0.30	1 : 0.35

2. 석축인 옹벽의 석축용 돌의 뒷길이 및 뒷채움돌의 두께는 그 높이에 따라 다음 표에 정하는 기준 이상일 것

구 분 높이		1.5미터까지	3미터까지	5미터까지
석 축 용 돌 의 뒷 길 이 (센티미터)		30	40	50
뒷 채 움 돌 의 두 께 (센티미터)	상부	30	30	30
	하부	40	50	50

3. 석축인 옹벽의 윗가장자리로부터 건축물의 외벽면까지 띄어야 하는 거리는 다음 표에 정하는 기준 이상일 것. 다만, 건축물의 기초가 석축의 기초 이하에 있는 경우에는 그러하니 아니하다.

건 축 물 의 층 수	1층	2층	3층 이상
띄우는 거리(미터)	1.5	2	3

4. 옹벽의 윗가장자리로부터 안쪽으로 2미터 이내에 묻는 배수관은 주철관, 강관 또는 흡관으로 하고, 이음부분은 물이 새지 아니하도록 할 것

5. 옹벽에는 3제곱미터마다 하나 이상의 배수구멍을 설치하여야 하고, 옹벽의 윗가장자리로부터 2미터 이내에서의 지표수는 지상으로 또는 배수관으로 배수하여 옹벽의 구조상 지장이 없도록 할 것

6. 성토부분의 높이는 법 제40조에 따른 대지의 안전 등에 지장이 없는 한 인접대지의 지표면보다 0.5미터 이상 높게 하지 아니할 것. 다만, 절토에 의하여 조성된 대지 등 시장·군수·구청장이 지형조건상 부득이하다고 인정하는 경우에는 그러하지 아니하다.

[별표 7]

토질에 따른 경사도 (제26조제1항관련)

토 질	경 사 도
경 암	1 : 0.5
연 암	1 : 1.0
모 래	1 : 1.8
모래질흙	1 : 1.2
사력질흙, 암괴 또는 호박돌이 섞인 모래질흙	1 : 1.2
점토, 점성토	1 : 1.2
암괴 또는 호박돌이 섞인 점성토	1 : 1.5

[별표 8] 내지 [별표 10] 삭제 <1999.5.11>
[별표 11] 삭제 <2000.7.4>
[별표 12] 삭제 <1999.5.11>